Der elektrische Durchschlag von Gasen

Von

Dr.-Ing. habil. Berthold Gänger

Mit 212 Abbildungen

Springer-Verlag
Berlin / Göttingen / Heidelberg
1953

ISBN 978-3-642-51609-2   ISBN 978-3-642-51608-5 (eBook)
DOI 10.1007/978-3-642-51608-5

Vorwort.

Das Gebiet der elektrischen Gasentladungen ist in den letzten Jahrzehnten verschiedentlich in Buchveröffentlichungen behandelt worden. Fast durchweg sind dies zusammenfassende Darstellungen, in denen außer den zum Zünden führenden Prozessen auch die Vorgänge in den hieran anschließenden stationären Entladungen behandelt werden. Nur zwei Autoren beschränken sich auf die instabilen Vorgänge beim Übergang von der praktischen Nichtleitung von Gasen zur wesentlich höheren Leitfähigkeit beim Zünden. Es sind dies W. O. Schumann mit seinem bekannten Werk: Elektrische Durchbruchfeldstärke von Gasen, und L. B. Loeb: Fundamental Processes of Electrical Discharge in Gases. Während nahezu alle Bücher über Gasentladungen von Physikern unter besonderer Betonung der Elementarvorgänge geschrieben wurden, bringt allein das Schumannsche Buch die den Hochspannungstechniker und Gasentladungsphysiker gleicherweise interessierenden technischen Angaben und Zahlenwerte über die Vorgänge beim Durchschlag einer Gasstrecke.

Das Buch von Schumann ist vor drei Jahrzehnten erschienen. In der Zwischenzeit war es das Bestreben Vieler, den Umfang der Erfahrungstatsachen zu erweitern und damit gleichzeitig unsere Vorstellungen vom Durchschlagvorgang zu vertiefen. Eine Flut wissenschaftlicher Veröffentlichungen berichtet über eine fast unübersehbare Menge von Forschungsergebnissen spezieller Art. Wohl nur der unmittelbar damit Befaßte konnte sich durch unausgesetztes Studium des periodisch erscheinenden Fachschrifttums auf dem laufenden halten. Heute erscheint eine Einarbeitung in das Gesamtgebiet oder auch nur in einen Abschnitt ohne sachkundige Anleitung bei tragbarem Zeitaufwand kaum noch möglich. Und selbst bei intensivstem langdauerndem Studium der einschlägigen Veröffentlichungen ist die Wahrscheinlichkeit groß, daß bedeutsame Arbeiten übersehen werden und hierdurch vielleicht der Wert eigener Untersuchungen entscheidend gemindert wird. Hier Abhilfe zu schaffen, ist eines der vornehmsten Ziele des vorliegenden Werkes. Es soll unter möglichst vollständiger Darstellung und Auswertung des vorhandenen Schrifttums einen Gesamtüberblick über die Zündvorgänge in Gasentladungen vermitteln und damit sowohl dem Fachmann Hilfe leisten bei der Bearbeitung spezieller Probleme als auch dem Anfänger sowohl den Umfang des Gebietes aufzeigen als ihm auch das Rüstzeug zu eigener wissenschaftlicher Betätigung geben. Erst die Ordnung des Wissensstoffes und der Mosaik-Zusammenbau der zahlreichen Einzeltatsachen ermöglicht ja das Ziehen von Querverbindungen und die Schau innerer Zusammenhänge und erst dadurch läßt sich die Vielzahl der Erscheinungsformen als Ausdruck eines oder einiger weniger Ordnungsprinzipien erkennen. Begünstigt durch die Entwicklung neuartiger Untersuchungsmethoden und die Verfeinerung der wissenschaftlichen Arbeitsmittel haben die Vorstellungen vom Wesen und Mechanismus der Zündvorgänge in den beiden zurückliegenden Jahrzehnten ungeahnte Fortschritte gemacht. Immer wieder wurde aufgezeigt, daß das Gebiet der Zündung von Gasentladungen noch lange nicht als voll erschlossen gelten kann und um so ausgedehnter erscheint, je weiter der forschende Geist in die Geheimnisse der Natur einzudringen vermag.

Im vorliegenden Werk werden die atomphysikalischen und elektrotechnischen Grundlagen nur insoweit behandelt, als dies zum Verständnis der nachfolgenden Ausführungen notwendig erscheint. So wurde in den Eingangskapiteln über die Berechnung der Feldstärke bei einfachen Elektrodenanordnungen, Eigenschaften der Gase sowie Entstehung und Bewegung von Ladungsträgern keine Vollständigkeit angestrebt und es wurden auch nur wenige Literaturhinweise eingefügt. Erst mit Kap. VIII setzt das eigentliche Thema ein. Aufbauend auf die Untersuchungsergebnisse über die Trägervermehrung im Gas und an der Kathode wird zunächst die Ausbildung der selbständigen Entladung und der Durchschlag bei niederem Druck behandelt. Der Darstellung des für höhere Gasdrucke und Überspannung anzunehmenden Durchschlagmechanismus gehen zwei kleinere Kapitel über Ähnlichkeitsgesetze und den Durchschlag im luftleeren Raum voraus. Es folgen die Kapitel über Entladeverzug, Durchschlag in Preßgasen sowie Überschlag längs der Trennfläche Gas — fester Isolator und über Gleitentladungen. Eine besondere Betrachtung ist der Spitzenentladung gewidmet, wobei in erster Linie über die Ergebnisse der neueren Untersuchungen der LOEB-Schule berichtet wird. Sonderprobleme wie die Abhängigkeit der statischen Durchbruchspannung von Bestrahlung und Frequenz runden das Bild vom Gasdurchschlag ab. Anknüpfend an die TOEPLERschen Untersuchungen wird gezeigt, wie der Übergang von der Funken- in die Lichtbogenentladung vor sich geht. Von besonderer Wichtigkeit für den Hochspannungstechniker ist der Inhalt der Kap. XXI und XXII mit den Angaben über die Zündfeldstärke bei technisch besonders wichtigen Elektrodenformen sowie über die Koronaverluste. Wegen des engen Zusammenhangs mit dem Gasdurchschlag und der überragenden Bedeutung für die Technik der Hochleistungsübertragung auf weite Entfernung werden die Koronaverluste hier behandelt, wenn auch die

Koronaerscheinungen nicht mehr den eigentlichen Zündvorgängen zuzurechnen sind. Stichwortartige Hinweise über die Ausbildung der Blitzentladung schließen die Monographie ab.

Die beiden bereits genannten Bücher von Prof. SCHUMANN und Prof. LOEB waren dem Verfasser Einführung und Wegbereiter bei eigenen Arbeiten. Dankbar sei auch des zweibändigen Werkes von v. ENGEL-STEENBECK gedacht, das in seiner Art gleichfalls unerreicht ist, ferner der Werke von Prof. SEELIGER und von DOSSE-MIERDEL. Weitere Förderung wurde der Arbeit vielfach zuteil durch Überlassung und Vermittlung von Veröffentlichungen, wodurch es überhaupt erst möglich war, das ausländische, insbesondere anglo-amerikanische Schrifttum der Kriegs- und ersten Nachkriegsjahre ebenfalls auszuwerten. Herrn Prof. E. MARX sei auch hier für die Überlassung der Aufnahme einer Gleitentladung (Abb. 172), Herrn Prof. H. RAETHER für einige Originalaufnahmen von Elektronenlawinen (Abb. 48, 89, 92) gedankt, ferner der Karlsruher Hochschulvereinigung für eine finanzielle Beihilfe zu den Kosten der Erstzeichnungen. Nicht zuletzt gilt dieser Dank auch dem Springer-Verlag für die sorgfältige und mustergültige Herstellung des Werkes und das bereitwillige Eingehen auf spezielle Wünsche sowie meiner Frau LIESL für ihre Mithilfe bei der Niederschrift des Manuskripts.

Wettingen b. Baden (Schweiz),
im Dezember 1952 **Berthold Gänger.**

Inhaltsverzeichnis.

Verzeichnis der Zeitschriftenabkürzungen.

Amer. J. Sci.	American Journal of Science, New Haven, Conn.
Ann. Phys.	Annalen der Physik, Leipzig;
(Ann. Phys. Chem.)	vor 1900: Annalen der Physik und Chemie.
Ann. phys.	Annales de physique, Paris;
(Ann. chim. phys.)	vor 1914: Ann. de chimie et de physique, Paris.
Arch. Elektrotechn.	Archiv für Elektrotechnik, Berlin (ab 1947 Berlin-Göttingen-Heidelberg).
Arch. Sci. phys. nat.	Archives des sciences physiques et naturelles, Genève.
ATM	Archiv für technisches Messen, München und Berlin.
BBC Mitt.	Brown Boveri Mitteilungen, Baden (Schweiz).
BBC Nachr.	Brown Boveri Nachrichten, Mannheim.
Bull. S. E. V.	Bulletin des schweizerischen Elektrotechnischen Vereins, Zürich.

Bull. S. F. E.	Bulletin de la Société française des Electriciens, Paris.
Bur. Stand. J. Res.	Bureau of Standards Journal of Research, Washington 1928—1934 (Fortsetzung s. J. Res. Nat. Bur. Stand.).
CIGRE	Conférence Internationale des Grands Réseaux Electriques, Paris.
C. R.	Compte rendu hebdomadaire des séances de l'Académie des sciences, Paris.
C. R. Acad. Sci. USSR	Compte rendu de l'Académie des sciences de l'USSR, Leningrade.
El. Bahnen	Elektrische Bahnen, Berlin.
Electrician	Electrician, London.
El. Engng.	Electrical Engineering, New York; früher: Proc. A. I. E. E. von 1907—1919; J. A. I. E. E. von 1920—1930; El. Engng. Trans. von 1934—1946.
Electronic Engng.	Electronic Engineering, London.
Electrotechn. J., Tokio	Electrotechnical Journal, Tokio.
Elektrotechn.	Elektrotechnik, Berlin.
Elettrotecn.	L'Elettrotecnica, Milano.
El. J.	Electric Journal, Pittsburg, Pa.
El. World	Electrical World, New York.
Energia elett.	L'Energia elettrica, Milano.
ETZ	Elektrotechnische Zeitschrift, Berlin (ab 1948 Wuppertal).
E. u. M.	Elektrotechnik und Maschinenbau, Wien.
FIAT	Field Information Agency Technical.
Gen. el. Rev.	General Electrical Review, Schenectady, N. Y.
Hescho Mitt.	Mitteilungen der Hermsdorf-Schomburg Isolatoren G. m. b. H.
Helv. phys. Acta	Helvetia Physica Acta, Basel.
Industr. Engng. Chem.	Industrial and Engineering Chemistry, Easton, Pa.
J. A. I. E. E.	Journal of the American Institute of Electrical Engineers, New York (s. El. Engng.).
J. Appl. Phys.	Journal of Applied Physics, Lancaster, Pa.
J. chem. Phys.	Journal of chemical Physics, Lancaster, Pa.
J. chem. Society	Journal of the American chemical Society, Washington, D. C.
J. Chim. phys.	Journal de chimie physique, Paris.
J. Franklin Inst.	Journal of the Franklin Institute, Philadelphia, Pa.
J. I. E. E.	Journal of the Institution of Electrical Engineers, London.
J. opt. Soc. Amer.	Journal of the Optical Society of America, Philadelphia, Pa.
J. Res. Nat. Bur. Stand.	Journal of Research of the National Bureau of Standards, Washington (vor 1934: Bur. Stand. J. Res.).
Meteorol. Z.	Meteorologische Zeitschrift, Braunschweig.
Nature	Nature, London.
Naturwiss.	Naturwissenschaften, Berlin.
Philips Res. Rep.	Philips Research Reports, Eindhoven.
Philips techn. Rdsch.	Philips technische Rundschau, Eindhoven.
Phil. Mag.	London, Edinburgh and Dublin Philosophical Magazine and Journal of Science, London.
Phil. Trans. Roy. Soc.	Philosophical Transactions of the Royal Society, London.
Physica	Physica, 's-Gravenhage.
Physics	Physics, New York (ab 1936: J. Appl. Phys.).
Phys. Rev.	Physical Review, New York.

Phys. Z.	Physikalische Zeitschrift, Leipzig.
Pogg. Ann.	Poggendorf's Annalen der Physik und Chemie, Leipzig.
Proc. A. I. E. E.	Proceedings of the American Institute of Electrical Engineers, New York (s. El. Engng.).
Proc. Cambr. Phil. Soc.	Proceedings of the Cambridge Philcsophical Society, Cambridge.
Proc. Inst. Radio Engrs.	Proceedings of the Institute of Radio Engineers, New York.
Proc. Konink. Ned. Akad. Proc. Königl. Akad. Wiss., Amsterdam Proc. Roy. Acad. Amsterdam	Proceedings van de Koninklijke Nederlandsche Akademie van Wetenschappen, Amsterdam.
Proc. phys. Soc. Lond.	Proceedings of the R. Physical Society of London, London.
Proc. Roy. Soc. Edinb.	Proceedings of the Royal Society of Edinburgh, Edinburgh and London.
Proc. Roy. Soc. Lond.	Proceedings of the Royal Society, London.
Rev. BBC	Revue Brown Boveri, Baden (Schweiz).
Rev. gén. Electr.	Revue générale de l'électricité, Paris.
Rev. Mod. Phys.	Reviews of Modern Physics, New York.
Rev. sci. Instr.	Review of Scientific Instruments, Menasha, Wis.
Siemens Mitt.	Siemens technische Mitteilungen des Fernmeldewerks, Berlin.
Techn. Phys. USSR	Technical Physics of the USSR, Leningrad.
Tekn. Tidskr.	Teknisk Tidskrift, Stockholm.
Trans. A. I. E. E.	Transactions of the American Institute of Electrical Engineers, New York.
VDE Fachber.	VDE Fachberichte, Berlin.
Verh. phys. Ges.	Verhandlungen der Physikalischen Gesellschaft zu Berlin, Berlin.
Westingh. Engr.	Westinghouse Engineer, Pittsburgh.
Wied. Ann.	Wiedemann's Annalen.
Wiss. Veröff. Siemens Werk	Wissenschaftliche Veröffentlichungen aus den Siemens Werken, Berlin.
Z. angew. Phys.	Zeitschrift für angewandte Physik, Berlin.
Z. Instrum. Kde.	Zeitschrift für Instrumentenkunde, Berlin.
Z. Naturf.	Zeitschrift für Naturforschung, Wiesbaden.
Z. Phys.	Zeitschrift für Physik, Braunschweig.
Z. techn. Phys.	Zeitschrift für technische Physik, Leipzig.
Z. VDI	Zeitschrift des Vereins deutscher Ingenieure, Berlin.

I. Elektrostatische Felder.

a) Rechnungsgrundlagen. Maß der elektrischen Beanspruchung eines Dielektrikums ist die elektrische Feldstärke. Dargestellt wird ein elektrisches Feld durch den Verlauf der Flächen gleichen Potentials bzw. der zu ihnen senkrechten Feldlinien. Die Feldstärke ergibt sich als Gradient des skalaren Potentials $\varphi(x, y, z)$ zu

$$\mathfrak{E} = -\operatorname{grad} \varphi = -\left(\frac{\partial \varphi}{\partial x} \mathfrak{i} + \frac{\partial \varphi}{\partial y} \mathfrak{j} + \frac{\partial \varphi}{\partial z} \mathfrak{k} \right),$$

mit $\mathfrak{i}$, $\mathfrak{j}$, $\mathfrak{k}$ als Einheitsvektoren in den drei Raumrichtungen. Sofern das Potential im Raumpunkt x, y, z ausschließlich durch die Form und Ladungen der Elektroden bestimmt ist, gilt für ein solches quellenfreies Feld die lineare, homogene, partielle Differentialgleichung 2. Ordnung

$$\Delta \varphi = 0 \,. \tag{I, 1}$$

Das Symbol Δ bezeichnet die Differentialoperation $\Delta = \frac{\partial^2}{\partial x^2} + \frac{\partial^2}{\partial y^2} + \frac{\partial^2}{\partial z^2}$. Sind außer den Elektrodenladungen noch weitere Quellen des elektrischen Feldes im Raum zu berücksichtigen, so gilt statt der nach LAPLACE benannten Gl. (I, 1) die POISSONsche Grundgleichung

$$\Delta \varphi = -\frac{\eta}{\varepsilon} \,. \tag{I, 2}$$

Hierin ist $\varepsilon = \varepsilon_0 \varepsilon_\mathrm{r}$ die Dielektrizitätskonstante des erfüllenden Mediums mit $\varepsilon_0 \approx \frac{1}{4\pi \cdot 9 \cdot 10^{11}}$ F/cm im praktischen Maßsystem; ε_r ist für alle Gase auch bei größeren Abweichungen vom Normalzustand sehr nahe gleich eins. $\eta(x, y, z)$ kennzeichnet die räumliche Verteilung der Ladungsdichte.

Oft mag es dem zu behandelnden Problem besser entsprechen, an Stelle CARTESIScher Koordinaten der Rechnung ein anderes Bezugssystem zugrunde zu legen. Für rechtswendige Zylinderkoordinaten nimmt die LAPLACE-Gleichung die Form an

$$\Delta \varphi = \frac{1}{\varrho} \cdot \frac{\partial}{\partial \varrho} \left(\varrho \frac{\partial \varphi}{\partial \varrho} \right) + \frac{1}{\varrho^2} \cdot \frac{\partial^2 \varphi}{\partial \alpha^2} + \frac{\partial^2 \varphi}{\partial z^2} = 0 \,, \tag{I, 3}$$

wobei z die axiale Länge, ϱ den Abstand von der Achse und α den im

Gegenuhrzeigersinn gemessenen Winkel des Aufpunktes in der Grundfläche angibt. Für Kugelkoordinaten gilt

$$\Delta\varphi = \frac{1}{r^2}\cdot\frac{\partial}{\partial r}\left(r^2\frac{\partial\varphi}{\partial r}\right) + \frac{1.}{r^2\sin\vartheta}\cdot\frac{\partial}{\partial\vartheta}\left(\sin\vartheta\cdot\frac{\partial\varphi}{\partial\vartheta}\right) + \frac{1}{r^2\sin^2\vartheta}\cdot\frac{\partial^2\varphi}{\partial\alpha^2} \qquad (I, 4)$$

mit r als Abstand vom Ursprung, ϑ als Polar- und α als Längenwinkel.

Für krummlinige Orthogonalkoordinaten u, v, w, die ihrerseits durch
CARTESIsche Koordinaten x, y, z definiert sind, lautet die LAPLACE-
Gleichung

$$\frac{\partial}{\partial u}\left(\frac{VW}{U}\cdot\frac{\partial\varphi}{\partial u}\right) + \frac{\partial}{\partial v}\left(\frac{WU}{V}\cdot\frac{\partial\varphi}{\partial v}\right) + \frac{\partial}{\partial w}\left(\frac{UV}{W}\cdot\frac{\partial\varphi}{\partial w}\right) = 0\,; \qquad (I, 5)$$

hierbei ist[1]

$$U = \sqrt{\left(\frac{\partial x}{\partial u}\right)^2 + \left(\frac{\partial y}{\partial u}\right)^2 + \left(\frac{\partial z}{\partial u}\right)^2}\,; \qquad V = \sqrt{\left(\frac{\partial x}{\partial v}\right)^2 + \left(\frac{\partial y}{\partial v}\right)^2 + \left(\frac{\partial z}{\partial v}\right)^2}\,;$$

$$W = \sqrt{\left(\frac{\partial x}{\partial w}\right)^2 + \left(\frac{\partial y}{\partial w}\right)^2 + \left(\frac{\partial z}{\partial w}\right)^2}\,. \qquad (I, 6)$$

Ist ein krummliniges Orthogonalsystem u, v, w mit einem Zylindersystem durch $\varrho = \varrho(u,v)$, $z = z(u,v)$, $w = \alpha$ ($\alpha =$ Längenwinkel) verbunden, so gilt bei Rotationssymmetrie $\frac{\partial\varphi}{\partial\alpha} = 0$; für die meridianebenen
Koordinaten folgt daraus schließlich die LAPLACE-Gleichung[1]

$$\frac{\partial}{\partial u}\left(\frac{V}{U}\varrho\frac{\partial\varphi}{\partial u}\right) + \frac{\partial}{\partial v}\left(\frac{U}{V}\varrho\frac{\partial\varphi}{\partial v}\right) = 0\,; \qquad (I, 7)$$

hierbei ist

$$U = \sqrt{\left(\frac{\partial\varrho}{\partial u}\right)^2 + \left(\frac{\partial z}{\partial u}\right)^2}\,; \qquad V = \sqrt{\left(\frac{\partial\varrho}{\partial v}\right)^2 + \left(\frac{\partial z}{\partial v}\right)^2}\,. \qquad (I, 8)$$

Kompliziertere elektrostatische Felder in der Ebene, wie sie vielfach
bei der Behandlung praktischer Aufgaben auftreten, lassen sich oft mit
den Methoden der konformen Abbildung auf einfache und leicht übersehbare Anordnungen zurückführen, und zwar in erster Linie auf das
wohlbekannte Feld des unendlich ausgedehnten Plattenkondensators[1,2].

Viele wichtige Feldformen können als ebene Vielecke mit geraden
Begrenzungen aufgefaßt werden. Die Aufgabe besteht dann darin, den
von den Elektrodenberandungen in einer komplexen z-Ebene eingegrenzten polygonalen Bereich auf die ebenfalls komplexe obere w-Halbebene
abzubilden. Kann der zu übertragende Bereich in ein Rechteck umgeformt werden, so stellt die zu bestimmende Abbildungsfunktion unmittelbar die gesuchte Potentialverteilung dar, und der Betrag der Feld-

---

[1] S. beisp. OLLENDORFF, F.: Potentialfelder der Elektrotechnik. Berlin:
Springer 1932.

[2] S. beisp. OBERDORFER, G.: Lehrbuch der Elektrotechnik, Bd. II, S. 337.
München u. Berlin: R. Oldenbourg 1940.

stärke ergibt sich sofort zu $E_z = \left|\dfrac{\mathrm{d}w}{\mathrm{d}z}\right|^{1}$. Dieser Fall liegt vor bei einer Zusammensetzung der vorgegebenen Berandung aus aufeinanderfolgenden Feld- und Äquipotentiallinien. Unter Beachtung der Randbedingung des Problems erhält man die Abbildungsfunktion durch Integration der Potenzreihe

$$\frac{\mathrm{d}z}{\mathrm{d}w} = k\,(w - w_1)^{-\gamma_1/\pi} \cdot (w - w_2)^{-\gamma_2/\pi} \cdots (w - w_n)^{-\gamma_n/\pi} . \qquad (\mathrm{I},\,9)$$

w_i und γ_i sind konstante reelle Zahlen, k eine komplexe Konstante.

b) Homogenfeld des planparallelen Plattenkondensators. Bei vorgegebener Potentialdifferenz U ist die Feldstärke im Innenraum nur vom Plattenabstand d abhängig. Wird die X-Achse in die Richtung der Feldlinien gelegt und die laufende Koordinate von der einen Platte aus gezählt, so ergibt die zweimalige Integration der LAPLACE-Gleichung $\varDelta\varphi = \dfrac{\partial^2\varphi}{\partial x^2} = 0$ unter Einführung der Integrationskonstanten φ_0 und E_0

$$\varphi = \varphi_0 + E_0\,x .$$

φ_0 bezeichnet hierin das freigewählte Potential der Platte mit $x=0$. Das der anderen ergibt sich für $x=d$ zu

$$\varphi_d = \varphi_0 + E_0 \cdot d \; ; \quad \text{daraus folgt} \quad \varphi_d - \varphi_0 = U = E_0 d \quad \text{oder} \quad E_0 = \frac{U}{d} .$$

Das elektrische Feld im Innenraum des Plattenkondensators ist von konstanter Stärke und nur von Elektrodenentfernung und angelegter Spannung U abhängig. Da örtliche Feldverdichtungen nicht vorkommen und damit das Dielektrikum vollkommen gleichmäßig beansprucht wird, sichert das homogene Plattenfeld bestmögliche Ausnutzung des Isolierstoffes.

c) Feld zwischen konzentrischen Zylindern. Das radialhomogene Feld zwischen zwei koaxialen Zylindern unbegrenzter Länge verändert sich nur mit dem Abstand von der Achse. In der LAPLACE-Gleichung (I, 3) verschwinden somit die Ableitungen nach den beiden anderen Koordinaten und es verbleibt nur

$$\varDelta\varphi = \frac{1}{\varrho} \cdot \frac{\partial}{\partial\varrho}\left(\varrho\,\frac{\partial\varphi}{\partial\varrho}\right) = 0 \; ; \quad \text{daraus folgt} \quad \varrho\,\frac{\partial\varphi}{\partial\varrho} = \text{const} = c_1 .$$

Wird die Bedingung, daß zwischen den beiden Zylindern mit den Radien R und r die Potentialdifferenz U herrscht, in die allgemeine Lösung der Differentialgleichung $\varphi(\varrho) = c_1 \ln \varrho + c_2$ eingeführt, so wird

$$\varphi(\varrho) = \varphi_R + U\,\frac{\ln \varrho/r}{\ln R/r} . \qquad (\mathrm{I},\,10)$$

---

[1] WEBER, E.: Arch. Elektrotechn. **17** (1926) 174, insbes. S. 189.

1*

Für die Stärke des Feldes zwischen den Elektroden folgt daraus

$$E(\varrho) = \frac{U}{\ln R/r} \cdot \frac{1}{\varrho}\,.$$

Sie erreicht ihren Größtwert am Rande des inneren Zylinders (Radius r) mit

$$E_r = \frac{U}{r \cdot \ln R/r}\,. \qquad (\mathrm{I},\,11)$$

Bei unveränderlichem Durchmesser des einen Zylinders und Variation des anderen Durchmessers muß diese Feldstärke sowohl bei sehr dünnem Innenleiter als auch bei einem Innenleiter von fast gleichem Durchmesser wie der des einhüllenden Zylinders sehr groß werden (s. Abb. 1). Eine einfache Minimumbetrachtung $\left(\dfrac{\mathrm{d}E_r}{\mathrm{d}r} = 0\right)$ ergibt, daß die Randfeldstärke ihren kleinstmöglichen Wert für $R/r = e = 2{,}718\ldots$ erreicht. Die minimale Randfeldstärke bei vorgegebenem Außenleiterdurchmesser (bei $R = 2{,}718\,r$) ergibt sich damit zu U/r. Gegenüber dem Feld des Plattenkondensators ist selbst in diesem günstigsten Fall bei gleichem Elektrodenabstand die an der Oberfläche des Innenleiters auftretende Beanspruchung des Dielektrikums um 71,8% größer.

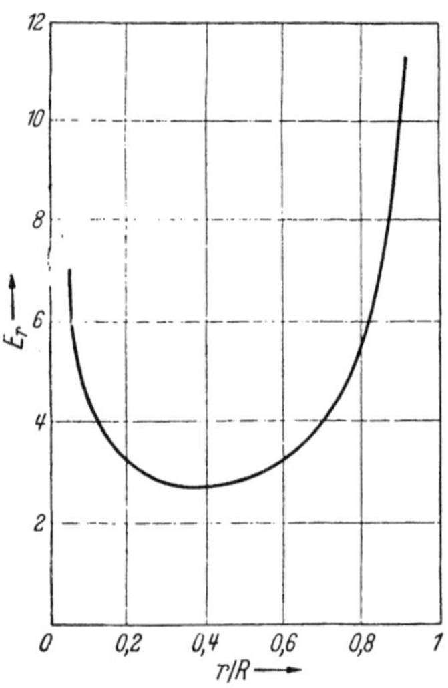

Abb. 1. Randfeldstärke bei veränderlichem Durchmesser des Innenleiters.

d) Feld zwischen konzentrischen Kugeln. Die innere Kugel (Radius r) sei gegenüber der sie vollkommen einhüllenden (Radius R) aufgeladen. Die Potentialverteilung kann etwa aus der LAPLACE-Gleichung für Kugelsymmetrie oder auch durch Auswertung des Linienintegrals der Feldstärke $U = \int_r^R \mathfrak{E}_\varrho\, \mathrm{d}\varrho$ gewonnen werden unter Beachtung, daß die elektrische Ladung einer Kugel Quelle des Verschiebungsflusses Q ist und $E_\varrho = \dfrac{Q}{4\pi\varepsilon\varrho^2}$. Es wird dann

$$E_\varrho = \frac{U}{(1/r - 1/R)\,\varrho^2}\,.$$

Die Randfeldstärke an der Oberfläche der inneren Kugel, also der Größtwert der Beanspruchung des Dielektrikums zwischen den Elektroden, ergibt sich zu

$$E_r = \frac{U}{(1/r - 1/R)\,r^2} = \frac{U}{r} \cdot \frac{R}{R - r}\,. \qquad (\mathrm{I},\,12)$$

Der Vergleich mit dem entsprechenden Ausdruck (I, 11) des Zylinderfeldes zeigt, daß bei gleichem Innen- und Außenleiterradius die Randfeldstärke einer Kugel wegen ihrer allseitigen Krümmung im Verhältnis $\dfrac{\ln R/r}{1-r/R}$ größer ist (der Wert des Verhältnisses ist stets größer als die Einheit, da der Zähler stets größer und der Nenner stets kleiner als eins ist).

Auch im Kugelfeld muß die Feldstärke sowohl für eine sehr kleine als auch für eine die einhüllende fast berührende Innenkugel auf überaus große Werte ansteigen und im Zwischengebiet einen Kleinstwert durchlaufen. Zur Bestimmung dieses ausgezeichneten Wertes bilden wir $\dfrac{dE_r}{dr}$ und setzen den Differentialquotienten gleich null:

$$\frac{dE_r}{dr} = -\frac{R}{R-r}\cdot\frac{U}{r^2}+\frac{U}{r}\cdot\frac{R}{(R-r)^2}=0; \quad \text{daraus folgt} \quad r=\frac{R}{2}.$$

Nur wenn der Durchmesser der Hüllkugel gerade doppelt so groß als der der kleineren Kugel ist, nimmt die Feldstärke bei festgehaltener Spannung zwischen den Elektroden ihren kleinstmöglichen Wert $$E_{r\,\min}=\frac{U\cdot 2r}{r(2r-r)}=2\frac{U}{r}\ \text{an.}$$ Gegenüber dem Homogenfeld des Plattenkondensators gleichen Elektrodenabstandes tritt somit an der inneren Kugel wegen ihrer allseitigen Krümmung selbst bei günstigster Bemessung die doppelte Feldstärke auf.

Für eine einzelne, frei im Raum schwebende aufgeladene Kugel berechnet sich die an ihrer Oberfläche herrschende Feldstärke aus (I, 12) für $R\gg r$ zu $\dfrac{U}{r}$; im Abstand ϱ von ihrem Mittelpunkt herrscht die Feldstärke $E_\varrho=\dfrac{Ur}{\varrho^2}$.

e) Feld zwischen parallelen, exzentrischen Zylindern. Aus dem elektrischen Feld paralleler Linienquellen läßt sich bei geeigneter Auswahl zweier Niveauflächen das Feld zylindrischer Leiter herleiten. Ein einzelner, sehr dünner Kreiszylinder ($r\to 0$) mit der Ladung Q pro Längeneinheit erzeugt bei ausreichendem Abstand von seiner Umgebung ein radialhomogenes Feld. In der Entfernung ϱ von seiner Achse gilt für die Feldstärke $E_\varrho=\dfrac{Q}{2\pi\varepsilon\varrho}$ und für das Potential

$$\varphi_\varrho=\int\mathfrak{E}_\varrho\,d\varrho=-\frac{Q}{2\pi\varepsilon}\ln\varrho+\text{const}.$$

Das von zwei parallelen Linienquellen hervorgerufene Potential im Aufpunkt P (Abstand ϱ_1 und ϱ_2 von den Achsen) ergibt sich durch Überlagerung der Einzelfelder zu $\Phi_P=\dfrac{Q}{2\pi\varepsilon}\ln\dfrac{\varrho_1}{\varrho_2}+\text{const}$. Flächen konstanten Potentials erfüllen demnach die Bedingung $\varrho_1/\varrho_2=\text{const}$. Es läßt sich zeigen, daß diese Flächen Kreisquerschnitt besitzen, also Schnitte von Kreiszylindern sind, deren Mittelpunkte auf der Verbindungsgerade der elektrischen Achsen jenseits derselben liegen.

Das Feldbild der beiden Linienquellen bleibt ungeändert, wenn die zwei Niveauflächen, welche die Rolle der Leiter der Doppelleitung übernehmen sollen, durch dünnwandige Metallzylinder ersetzt werden. Bei Beschränkung auf die Erfassung des hauptsächlich interessierenden Feldverlaufs in Richtung der Verbindungsgeraden der elektrischen Achsen (X-Achse) lassen sich Potential und Feldstärke durch einfache Ausdrücke beschreiben. Für die Feldstärke zwischen Leiter und Symmetrieebene (Erdboden) erhält man

$$E(x)_{(\text{Zyl.-Eb.})} = U \, \frac{2\sqrt{h^2 - r^2}}{(h^2 - r^2 - x^2)\ln \dfrac{\sqrt{h^2 - r^2} + h - r}{\sqrt{h^2 - r^2} - h + r}} , \qquad (\text{I, }13)$$

$r = $ Leiterradius

$h = $ Abstand Leiterachse — Erdboden

für die Höchstfeldstärke am Rande des Leiters auf der dem Boden zugewandten Seite ($x = h - r$)

$$E_{r_{(\text{Zyl.-Eb.})}} = \frac{U}{r} \cdot \frac{\sqrt{\dfrac{h + r}{h - r}}}{\ln \dfrac{\sqrt{h^2 - r^2} + h - r}{\sqrt{h^2 - r^2} - h + r}} . \qquad (\text{I, }14)$$

Hieraus läßt sich mit $d = 2h$ als Abstand der Leiterachsen die Feldstärke längs der Verbindungsgerade der Mittelpunkte zweier paralleler Metallzylinder gleichen Durchmessers $2r$ ableiten. Es ist

$$E(x)_{(2\,\text{Zyl.})} = 2\,U \, \frac{\sqrt{d^2 - 4r^2}}{(d^2 - 4r^2 - 4x^2)\ln \dfrac{\sqrt{d^2 - 4r^2} + d - 2r}{\sqrt{d^2 - 4r^2} - d + 2r}} \qquad (\text{I, }15)$$

und für sehr große Leiterabstände ($d \gg r$)

$$E(x)_{(2\,\text{Zyl.})} = 2\,U \, \frac{d}{d^2 - 4\,x^2 \ln d/r} . \qquad (\text{I, }16)$$

Für $x = \dfrac{d}{2} - r$ folgt aus (I, 15) für die Randfeldstärke

$$E_r = \frac{U}{2\,r} \cdot \frac{\sqrt{\dfrac{d + 2r}{d - 2r}}}{\ln \dfrac{\sqrt{d^2 - 4r^2} + d - 2r}{\sqrt{d^2 - 4r^2} - d + 2r}} . \qquad (\text{I, }17)$$

Bei zwei Zylindern ungleichen Durchmessers ist die an der Innenkante des kleineren Zylinders (Radius r_1) auftretende Randfeldstärke

$$E_r = \frac{U}{r_1} \cdot \frac{\sqrt{\dfrac{d^2 + r_1^2 - r_2^2 + 2r_1 d}{d^2 + r_1^2 - r_2^2 - 2r_1 d}}}{\ln \dfrac{d^2 - (r_2 - r_1)^2 + \sqrt{(r_1^2 + r_2^2 - d^2)^2 - 4r_1^2 r_2^2}}{d^2 - (r_2 - r_1)^2 - \sqrt{(r_1^2 + r_2^2 - d^2)^2 - 4r_1^2 r_2^2}}} .$$

Zwischen zwei sich einhüllenden parallelen Zylindern (Abb. 2) tritt am Innenleiter an der Stelle kleinsten Abstandes die größte Feldstärke auf. Für sie errechnet man

$$E_r = \frac{U}{r_1} \cdot \frac{\sqrt{\dfrac{d^2 + r_1^2 - r_2^2 - 2r_1 d}{d^2 + r_1^2 - r_2^2 + 2r_1 d}}}{\ln \dfrac{(r_1 + r_2)^2 - d^2 + \sqrt{(r_1^2 + r_2^2 - d^2)^2 - 4r_1^2 r_2^2}}{(r_1 + r_2)^2 - d^2 - \sqrt{(r_1^2 + r_2^2 - d^2)^2 - 4r_1^2 r_2^2}}} \cdot$$

f) Spitzenfeld.

Rotationshyperboloide als Elektroden. Eine Spitze, die ja in der Praxis stets in einer Halbkugel von sehr kleinem Krümmungs-

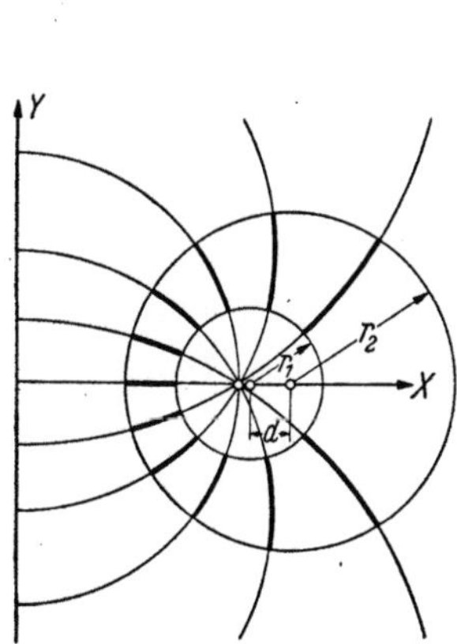

Abb. 2.
Feld zwischen exzentrischen Zylindern.

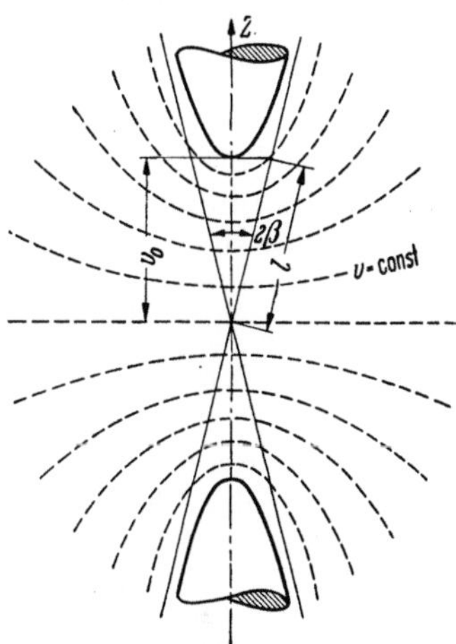

Abb. 3.
Feld zwischen zwei Rotationshyperboloiden.

halbmesser endigt, läßt sich durch ein schmales, langgestrecktes Rotationshyperboloid annähern[1]. Für zwei derartige, sich gegenüberstehende „Spitzen" sind die Feldflächen langgestreckte Rotationsellipsoide, die Niveauflächen Hyperboloide mit $v=$ const (Abb. 3). Der „Spitzenwinkel" 2β ist gegeben durch $\cos\beta = \dfrac{v_0}{l}$ ($v_0 =$ große Halbachse der Hyperbel; kleine Halbachse $= \sqrt{l^2 - v_0^2}$).

Die von OLLENDORFF durchgeführte Berechnung des Feldes aus der LAPLACE-Grundgleichung für krummlinige Koordinaten (I,5) ergibt für die Feldstärke längs der Drehachse den Ausdruck

$$E(z) = -\frac{U}{2\ln \cot g\, \beta/2} \cdot \frac{l}{l^2 - z^2} \tag{I, 18}$$

---

[1] OLLENDORFF, F.: Potentialfelder der Elektrotechnik, S. 311. Berlin: Springer 1932.

und für die größte Feldstärke am Scheitel einer Elektrode

$$E_r = \frac{U}{2 \ln \cotg \beta/2 \cdot l \sin^2 \beta} \cdot \qquad (\text{I, 19})$$

Bei sehr schlanken Ellipsoiden steigt das Feld schon bei mäßiger Spannung in unmittelbarer Scheitelnähe auf hohe Werte an. Gegenüber dem Homogenfeld des Plattenkondensators mit demselben Elektrodenabstand ($= 2 v_0 = 2 l \cos \beta$) erreicht die Überhöhung der Feldstärke am Scheitel ein Vielfaches. Es ist

$$\frac{E_r}{E_{\text{mittel}}} = \frac{\cos \beta}{\ln \cotg \beta/2 \cdot \sin^2 \beta} \cdot$$

Für sehr kleine Spitzenwinkel strebt dieses Verhältnis, das als numerische Spitzenwirkung bezeichnet wird, dem Grenzwert $\left.\dfrac{E_r}{E_{\text{mittel}}}\right|_{\beta \to 0} = \dfrac{1}{\beta^2 \ln 2/\beta}$ zu. So ergibt z. B. ein Asymptotenkegel von $2\beta = 5°$ eine Feldstärke vom 108fachen Betrag der mittleren Feldstärke.

Für die Anordnung Spitze — Platte errechnet sich die Feldstärke längs der Achse zu

$$E = \frac{U}{\ln \cotg \beta/2} \cdot \frac{l}{l^2 - z^2} \qquad (\text{I, 20})$$

mit $E_r = \dfrac{U}{\ln \cotg \beta/2 \cdot l \sin^2 \beta}$ als Höchstfeldstärke. Dementsprechend sinkt die Feldstärke mit der Entfernung von der Spitze rasch ab und hat unmittelbar vor der Platte nur noch den sehr kleinen Wert

$$E_{\min} = \frac{U}{l} \cdot \frac{1}{\ln \cotg \beta/2} ,$$

der zum Höchstwert E_r im Verhältnis $\sin^2 \beta : 1$ steht.

Konfokale Paraboloide als Elektroden. In brauchbarer Annäherung läßt sich das Feld zwischen Spitze — Platte auch durch Verwendung zweier Paraboloide mit zusammenfallenden Brennpunkten darstellen. Damit das eine Paraboloid recht schlank und spitzenförmig wirkt, ist sein Scheitelabstand vom Brennpunkt klein und der des einhüllenden Drehkörpers so groß zu machen, daß seine Fläche im Vergleich zum schlanken Paraboloid nur schwach gekrümmt ist (s. Abb. 4). Die Äquipotentialflächen dieses Feldes sind konfokale Paraboloide, deren Potentiale lediglich von den Scheitelabständen vom gemeinsamen Brennpunkt abhängen.

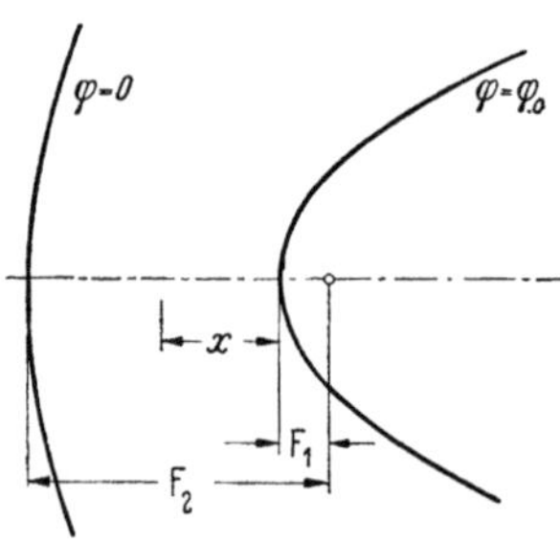

Abb. 4. Zwei Paraboloide als Elektroden.

Bezeichnen F_1 und F_2 die Brennpunktsabstände der Scheitel des inneren und des äußeren Paraboloids und x den Abstand des Aufpunktes auf der Drehachse von der „Spitze", so gilt für die Feldstärke zwischen den Scheiteln[1]

$$E(x) = \frac{U}{(x + F_1) \ln F_1/F_2} \cdot \tag{I, 21}$$

Sie erreicht ihren größten Wert $E_{\max} = \dfrac{U}{F_1 \ln F_1/F_2}$ am Scheitel des inneren Paraboloids und fällt hyperbolisch zuerst rasch und später nur noch langsam auf den Kleinstwert $E_{\min} = \dfrac{U}{(F_1 + F_2) \ln F_1/F_2}$ an der großflächigen Gegenelektrode ab.

Bei Zählung des Potentials von der Spitze aus gilt

$$\varphi(x) = \frac{U}{\ln F_1/F_2} \left(1 + \frac{x}{F_1}\right). \tag{I, 22}$$

g) Feld zweier gegenüberliegender Schneiden. Mit Hilfe der Methoden der konformen Abbildung läßt sich der Feldverlauf zwischen zwei leitenden Halbebenen bestimmen, deren Kanten im Abstand $2d$ parallel laufen. Bei Zählung der Koordinate ab Feldmitte ergibt sich die Feldstärke auf der Verbindungsgerade zu

$$E(x) = \frac{U}{\pi d} \cdot \frac{1}{\sqrt{1 - \left(\dfrac{x}{d}\right)^2}} \cdot$$

Im Koordinatenursprung ($x = 0$) ist das Feld um den 2π-ten Teil schwächer als das Homogenfeld eines Plattenkondensators gleichen Elektrodenabstandes $2d$. An den Kanten selbst ($x = \pm d$) steigt die Feldverdichtung über alle Grenzen an[2].

h) Das Randfeld des Plattenkondensators. Das Feld eines von planparallelen Seitenflächen begrenzten Kondensators hat überall im Innern die Stärke $E_0 = \dfrac{\varphi_0}{d}$, wenn die im Abstand $2d$ befindlichen Platten auf die Potentiale $+\varphi_0$ und $-\varphi_0$ gebracht werden. Die endliche Ausdehnung der Plattenflächen führt notwendigerweise zu einer Deformation des Feldes an den Rändern; es fällt dort nicht plötzlich auf Null ab, sondern greift weit in den Außenraum hinaus und verschwindet erst im Unendlichen. Zur Darstellung dieses Randfeldes ist es aus Symmetriegründen zulässig, nur das Feld zwischen der einen (scharfkantigen, sehr dünnen) Elektrodenplatte und der im Abstand d befindlichen Mittelebene der Anordnung, der das Potential Null zukommt, zu betrachten.

Die bereits von J. C. MAXWELL gegebene Lösung des Problems kann mittels der Methoden der konformen Abbildung durch zweimalige Trans-

---

[1] SMYTHE, W. R.: Static and Dynamic Electricity, S. 109. New-York: McGraw-Hill 1939.

[2] Über die Berechnung des Feldes einer kantigen Elektrode gegen eine parallele Ebene s. SCHILLING, W.: Arch. Elektrotechn. **22** (1929) 337.

formation unter Verwendung des SCHWARZschen Satzes (I,9) zur Bestimmung der jeweiligen Abbildungsfunktionen gewonnen werden. Der
erste Schritt besteht in der geeigneten Abbildung der Spuren von Halb-
und Vollebene auf die negative und positive Realachse einer w-Ebene,
der zweite in der Umwandlung der beiden Potentiallinien der w-Ebene
in die Begrenzungen des Homogenfeldes einer neuen χ-Ebene[1]. Man
erhält für die Beziehung zwischen Potential φ und einem Parameter ψ
einerseits und den Koordinaten eines CARTESIschen Systems andererseits
die Ausdrücke

$$x = \frac{d}{\pi}\left(e^{-\pi\frac{\psi}{\varphi_0}}\cos\pi\frac{\varphi}{\varphi_0} - \pi\frac{\psi}{\varphi_0}\right)$$

$$y = \frac{d}{\pi}\left(e^{-\pi\frac{\psi}{\varphi_0}}\sin\pi\frac{\varphi}{\varphi_0} + \pi\frac{\varphi}{\varphi_0}\right).$$

Für $\varphi=0$ wird $y=0$ und für $\varphi=\varphi_0$ wird $y=d$, wie dies für die
Symmetrieebene bzw. für die Plattenelektrode sein muß. Allgemein
führt $\varphi=$const bei be-
liebiger Änderung von ψ
zu Linien bzw. Flächen
konstanten Potentials
(Abb. 5), während
$\psi=$const den Verlauf
der Feldlinien zwischen
Voll- und Halbebene
wiedergibt. Eine Be-
trachtung der Abszissen-
werte an der Plattenelek-
trode

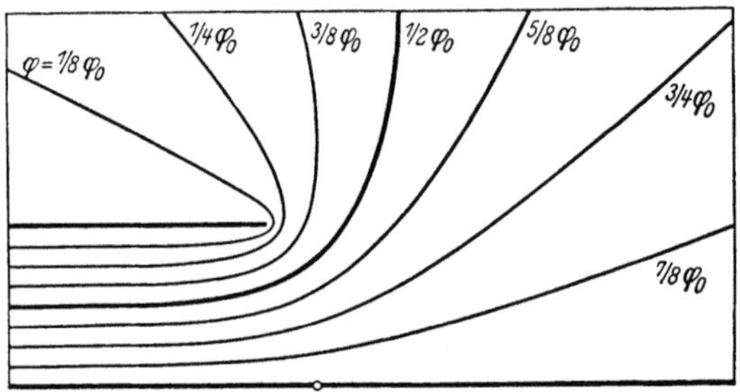

Abb. 5. Verlauf der Niveaulinien beim einseitig unendlich
ausgedehnten Plattenkondensator.

$$\left(x = -\frac{\pi}{d}\left[e^{-\pi\frac{\psi}{\varphi_0}} + \pi\frac{\psi}{\varphi_0}\right]\right)$$ läßt erkennen, daß für große positive ψ-Werte
die e-Funktion gegenüber dem zweiten Klammerausdruck vernachlässigt
werden kann und x sich fast verhältnisgleich mit ψ ändert; für große
negative ψ-Werte überwiegt die Potenzfunktion und x erreicht sehr rasch
große Werte im Negativen. An der Kante der Halbebene findet der Übergang von positiven zu negativen ψ-Werten statt. Daraus ergibt sich,
daß an der Innenfläche der positiven Elektrodenplatte die Feldlinien
nach innen gerichtet sind und ihre Verteilung im Innern des Kondensators als fast homogen betrachtet werden darf; auf der Außenfläche
haben dagegen die Feldlinien entgegengesetzte Richtung, und ihre Dichte
nimmt mit der Entfernung von der Elektrodenkante außerordentlich
rasch ab.

---

[1] Einzelheiten des Rechnungsganges siehe etwa bei OLLENDORFF, F.: Potentialfelder der Elektrotechnik, S. 212. Berlin: Springer 1932.

Für das Verhältnis der Feldstärke zu der des ungestörten Homogenfeldes E_0 weit im Innern des Kondensators erhält man

$$\frac{E}{E_0} = \frac{1}{\sqrt{1 + e^{-2\pi\frac{\psi}{\varphi_0}} + 2e^{-\pi\frac{\psi}{\varphi_0}}\cos\pi\frac{\varphi}{\varphi_0}}} \,.$$

An der Symmetrieebene $(\varphi = 0)$ wird $\dfrac{E_{\varphi=0}}{E_0} = \dfrac{1}{1 + e^{-\pi\frac{\psi}{\varphi_0}}}$. Für große

positive Werte von ψ, also im Kondensatorinnern, ist $E \approx E_0$ und sinkt zum Außenraum hin monoton ab. Um zu erfahren, wie weit längs der Symmetrieebene die Randstörungen noch merklich in den Innenraum eingreifen, werde z. B. $\psi = \varphi_0$ gesetzt (dies trifft an der Stelle $x \approx -d$ zu), was zu einem Wert von rd. 96% von E_0 führt; für beisp. $\psi = 2\varphi_0$ wird $x \approx -2d$ und $E = 99{,}8\% \, E_0$. An der Vollebene wird somit nirgends der Wert der Feldstärke im Inneren überschritten.

· Wohl aber steigt die Feldstärke im Randbereich der Plattenelektrode auf hohe Werte an und bleibt auch weiter im Innern stets etwas höher als im ungestörten Mittelfeld. Für diese Elektrode ist

$$E_{\varphi=\varphi_0} = \frac{E_0}{1 - e^{-\pi\frac{\psi}{\varphi_0}}}$$

und

$$x_{\varphi=\varphi_0} = \frac{d}{\pi}\left(-e^{-\pi\frac{\psi}{\varphi_0}} - \pi\frac{\psi}{\varphi_0}\right).$$

Am scharfkantigen ·Rand $(x = -d/\pi)$ wird die Feldstärke rechnungsmäßig unendlich groß. Weiter im Innern, beispielsweise bei $\psi = -\varphi_0$, also etwa an der Stelle $x = -\dfrac{2}{3}\, d$, ist die Feldstärke an der Halbebene nur noch um $4^1/_2\%$ höher als E_0, und für $\psi = -2\varphi_0$, $x \approx -2d$ nur noch um $2^0/_{00}$ höher als E_0: das Feld kann somit in einer Entfernung von den Elektrodenkanten gleich dem· Abstand der Platten des Vollkondensators für die meisten Fälle als homogen betrachtet werden.

Nachdem die Feldstärke an der Symmetrieebene stets kleiner und an der Innenfläche der Elektrode stets größer als E_0 ist, muß es eine Niveaufläche geben, für die $E = E_0$. Wird diese unter Beibehaltung ihres Potentials zur Elektrode des Kondensators gewählt, so ändert sich hierdurch das Feldbild nicht. Zur Bestimmung dieser ausgezeichneten Fläche ist der Differentialquotient $\dfrac{\mathrm{d}E}{\mathrm{d}\psi}$ zu bilden und gleich null zu setzen. Die Rechnung ergibt

$$\psi = -\frac{\varphi_0}{\pi}\ln\left(-\cos\pi\frac{\varphi}{\varphi_0}\right).$$

Nur für $\varphi > \dfrac{\varphi_0}{2}$ kommt dem ψ ein vernünftiger Wert zu; die Feldstärke durchläuft dann ein Maximum. Auf der Fläche $\varphi = 0{,}5\,\varphi_0$ treten gerade keine Überhöhungen der Feldstärke mehr über den Wert E_0 im Kondensatorinnern ein; dabei sinkt die Feldstärke $E = E_0 \Big/ \sqrt{1 + e^{-2\pi\frac{\psi}{\varphi_0}}}$ zum Außenraum hin monoton ab. Die zur Vermeidung des Kanteneffekts einzuhaltende Elektrodenform (sie ist in Abb. 5 hervorgehoben) hat daher folgende Koordinaten:

$$x = d\,\frac{\psi}{\varphi_0}; \qquad y = d\left(\frac{1}{2} + \pi e^{-\pi\frac{\psi}{\varphi_0}}\right). \qquad (\text{I, 23})$$

Nur in ausreichender Entfernung vom Rand darf dieses Profil noch als näherungsweise eben angesehen werden. Sein Abstand von der Symmetrieebene ist stets größer als $0{,}5\,d$, nähert sich jedoch diesem Wert rasch. Soll ein solches ROGOWSKI-Profil für beide Elektroden ausgeführt werden (W. ROGOWSKI[1] hat diese Profilierung für Meßfunkenstrecken entwickelt), so ist zur Berechnung der Elektrodenform beim Abstand a der Elektroden $d = a$ zu wählen.

Zu beachten ist, daß die Gleichungen nur für einseitig unendlich große Elektroden gelten und die praktischen Erfordernisse ihrer Begrenzung bei runden Elektroden endlichen Durchmessers eine unbekannte zusätzliche Erhöhung der Feldstärke mit sich bringen. Doch dürfte die Vermutung erlaubt sein, daß diese Vergrößerung der Feldstärke über den Wert des Homogenfeldes als Folge der Krümmung senkrecht zur Zeichenebene auch bei der Linie $\varphi = 0{,}5\,\varphi_0$ bei ausreichend großem Verhältnis von Plattendurchmesser zu Plattenabstand bedeutungslos ist. Gleichfalls darf der Wulst der Elektrode nach anfänglicher Anpassung an die strenge Profilgebung unter Inkaufnahme einer leichten Felderhöhung in Elektrodennähe zur Erzielung kleinerer Abmessungen rascher abgekrümmt werden, weil der Einsatz einer Entladung am Rand auch bei leicht verstärktem Feld wegen des vergrößerten Überschlagweges nicht zu befürchten ist[2].

STOERK[3] macht darauf aufmerksam, daß nur bei symmetrischer Potentialverteilung beide Elektroden in der durch (I, 23) festgelegten Weise auszubilden sind und es bei gegen Erde angelegter Prüfspannung zweckmäßiger ist, nur die Hochvoltelektrode vorschriftsgemäß abzurunden und die auf Erdpotential befindliche Elektrode plan mit möglichst großem Durchmesser auszuführen.

i) Feld der Kugelfunkenstrecke. Für die Hochspannungstechnik ist das elektrische Feld zweier sich gegenüberstehender Metallkugeln von be-

[1] ROGOWSKI, W.: Arch. Elektrotechn. **12** (1923) 1.

[2] S. hierzu a. W. ROGOWSKI u. H. RENGIER: Arch. Elektrotechn. **16** (1926) 73; H. RENGIER: dto. S. 76; W. SCHILLING: Arch. Elektrotechn. **24** (1930) 383.

[3] STOERK, C: ETZ **52** (1931) 43.

sonderem Interesse, weil eine derartige Anordnung zum Studium der Entladungsvorgänge und vor allem bei gleicher Kugelgröße zur Spannungsmessung umfangreiche Verwendung findet. Von G. KIRCHHOFF wurde 1882 erstmalig die Feldverteilung bei beliebigen Elektrodenpotentialen berechnet. Um die Ausgestaltung der Rechenverfahren auf die Fälle der Praxis und die Angabe von Näherungsformeln und Tabellen zur raschen numerischen Auswertung bemühten sich eine Reihe weiterer Forscher. Eine ausgezeichnete Zusammenstellung des Rechnungsganges findet sich bei OLLENDORFF[1], der für symmetrische Potentialverteilung folgenden Ausdruck für den am Kugelscheitel auftretenden Höchstwert der Feldstärke ableitet:

$$E_r = \frac{\mathfrak{Sin}\,\mu}{R}\left[\varphi_{\mathrm{I}} \sum_0^{n=\infty} \frac{\mathfrak{Sin}\,(\mu+\lambda n) + \mathfrak{Sin}\,\lambda n}{[\mathfrak{Sin}\,(\mu+\lambda n) - \mathfrak{Sin}\,\lambda n]^2}\right.$$

$$\left. + \varphi_{\mathrm{II}} \sum_0^{n=\infty} \frac{\mathfrak{Sin}\,(\mu+\lambda n) + \mathfrak{Sin}\,\lambda\,(n+1)}{[\mathfrak{Sin}\,(\mu+\lambda n) - \mathfrak{Sin}\,\lambda\,(n+1)]^2}\right] . \qquad (\mathrm{I},24)$$

Hierbei bedeuten λ und μ Konstante, die nur vom Verhältnis von Schlagweite S und Kugelhalbmesser R abhängen. Es ist

$$\mathfrak{Cof}\,\lambda = 1 + 2\frac{S}{R} + \frac{1}{2}\left(\frac{S}{R}\right)^2$$

und

$$\mathfrak{Cof}\,\mu = \frac{2R}{S+2R}\,\mathfrak{Cof}\,\lambda = \frac{\left(2+\dfrac{S}{R}\right)^2 - 2}{2+\dfrac{S}{R}} .$$

Einen einfacheren Ausdruck leitet PEEK[2] ab. Nach ihm gilt für die Feldstärke auf der Verbindungslinie der Kugelscheitel in einem Aufpunkt, der y cm von Schlagweitenmitte entfernt liegt, bei der Spannung U zwischen den Kugeln vom Radius R

$$E = \frac{2S\,[S^2\,(k+1) + 4y^2\,(k-1)]\,U}{[S^2\,(k+1) - 4y^2\,(k-1)]^2} ,$$

worin

$$k = \frac{\dfrac{S}{R} + 1 + \sqrt{\left(\dfrac{S}{R}+1\right)^2 + 8}}{4} .$$

Sowohl für den Fall unsymmetrischer Spannungsverteilung als auch bei Erdung einer Kugel erweist sich die Feldstärke am Kugelscheitel

---

[1] OLLENDORFF, F.: Potentialfelder der Elektrotechnik, S. 266. Berlin: Springer 1932; s. a. K. KÜPFMÜLLER: Einführung in die theoretische Elektrotechnik, S. 63. Berlin: Springer 1932.

[2] PEEK, F. W.: Dielectric Phenomena in High-Voltage Engineering, S. 68. New York: McGraw-Hill 1929.

bei kleinen Schlagweiten und großen Kugelabmessungen wegen des hierbei näherungsweise homogenen Feldes im Bereich der kürzesten Verbindung der Kugelscheitel nur wenig höher als die Feldstärke $E_0 = \dfrac{U}{S}$ des Plattenkondensators. Erst bei größeren Werten des Verhältnisses Schlagweite/Kugelradius steigt der Faktor f, mit dem E_0 zu vervielfachen ist, insbesondere bei unsymmetrischem Betrieb erheblich über den Wert 1 an. Bei einpolig geerdeter Kugel ist somit bei großem Verhältnis S/R die Randfeldstärke an der isolierten Kugel und damit auch die Beanspruchung des umgebenden Mediums wesentlich höher als bei der symmetrischen Schaltung mit jeweils halber Spannung gegen Erde; so kommt z. B. für $S/R > 8$ die Feldstärke am Scheitel der isolierten Kugel der einer frei im Raum schwebenden Kugel mit auf der ganzen Oberfläche gleichmäßig hoher Feldstärke bereits recht nahe. Für die symmetrische Anordnung ist (bei im allgemeinen nicht mehr realisierbarer Entfernung der Umgebung) ein sehr viel größerer Abstand für eine gleichgroße Feldstärke an beiden Kugelscheiteln erforderlich.

Es gilt somit für den von S/R abhängigen Faktor f

$$E_{r_{\text{sym}}} = \frac{U}{S} \cdot f_{\text{sym}} \quad \text{und} \quad E_{r_{\text{unsym}}} = \frac{U}{S} \cdot f_{\text{unsym}} \, .$$

Bei beliebigen Potentialen der beiden Kugeln gilt für die Randfeldstärke von Kugel I[1] unter der Voraussetzung $|\varphi_{\text{I}}| > |\varphi_{\text{II}}|$ [2]

$$E_{r\text{I}} = \frac{|\varphi_{\text{I}}| - |\varphi_{\text{II}}|}{S} f_{\text{unsym}} + \frac{2|\varphi_{\text{II}}|}{S} (f_{\text{unsym}} - f_{\text{sym}})$$

$$= \frac{|\varphi_{\text{I}}|}{S} f_{\text{unsym}} - \frac{|\varphi_{\text{II}}|}{S} (2 f_{\text{sym}} - f_{\text{unsym}}) \, .$$

Für die f-Faktoren gelten die folgenden Näherungsformeln[3]:

$$f_{\text{sym}} = \frac{1}{2}\left(\frac{S}{R} + 1\right) + \frac{1}{\frac{S}{R} + 2} + \frac{S/R}{2\left(\frac{S}{R} + 2\right)^3}$$

$$+ \frac{S/R}{2\left(\frac{S}{R} + 2\right)^4} + \frac{S/R}{2\left(\frac{S}{R} + 2\right)^5} - \frac{S/R}{\left(\frac{S}{R} + 2\right)^7} - \frac{2\frac{S}{R}}{\left(\frac{S}{R} + 2\right)^8} \, .$$

(Für $S/R < 0,1$ oder $> 0,7$ ist der Fehler $< 1^0/_{00}$, im Zwischengebiet $< 2^0/_{00}$). Für kleines Verhältnis S/R erlaubt die Formel

$$f_{\text{unsym}} = 1 + \frac{1}{3} \cdot \frac{S}{R} + \frac{1}{45}\left(\frac{S}{R}\right)^2 + \frac{73}{53\,760}\left(\frac{S}{R}\right)^3$$

---

[1] SCHUSTER, A.: Phil. Mag. 29 (1890) 182; A. HEYDWEILLER: Wied. Ann. 40 (1890) 464; 48 (1893) 213.

[2] Den Fall beliebiger Phasenverschiebung zweier Wechselspannungen an den Kugeln behandelt S. FRANCK, Arch. Elektrotechn. 24 (1930) 70.

[3] KIRCHHOFF, G.: Wied. Ann. 27 (1886) 673; A. RUSSEL: Phil. Mag. (6) 6 (1906) 237; J. I. E. E. 57 (1919) (Suppl.) 223.

eine rasche Berechnung; bis zu $S/R = 0,3$ ist der Fehler bei ihrem Gebrauch $< 7^0/_{00}$, bis $S/R = 0,5$ bleibt er noch unter 3%.

Für große Schlagweiten ($S/R > 1$) gilt

$$f_{\text{unsym}} = \frac{S}{R} + \frac{1}{\frac{S}{R} + 1} + \frac{1}{\left(\frac{S}{R} + 1\right)\left(\frac{S}{R} + 2\right)^3}.$$

Tab. 1 gibt einige Werte der Faktoren zur Bestimmung der Randfeldstärke aus Spannung und Schlagweite. Man erkennt, daß mit einer für die meisten Fälle ausreichenden Genauigkeit der Verlauf von f_{sym} (S/R) durch eine bzw. zwei Geraden von der Gleichungsform $1 + k \dfrac{S}{R}$ wiedergegeben werden kann. In dem hauptsächlich interessierenden Bereich $0 < \dfrac{S}{R} < 1$ gilt mit einem kleineren Fehler als 1% mit $k = 0,35$ $f_{\text{sym}} = 1 + 0,35 \dfrac{S}{R}$ und für alle überhaupt praktisch interessierenden Werte in etwas gröberer Annäherung $f_{\text{sym}} = 1 + \dfrac{2}{5} \dfrac{S}{R}$. Die stärkere Zunahme der f-Werte mit größerem Kugelabstand bei einpoliger Erdung verbietet die Aufstellung einer ebenso einfachen Formel.

Tab. 1. Zahlenwerte der f-Faktoren.

S/R	f_{sym}	f_{unsym}	S/R	f_{sym}	f_{unsym}
0	1,000	1,000	1,5	1,559	1,909
0,1	1,034	1,034	2,0	1,770	2,338
0,2	1,068	1,068	3,0	2,214	3,252
0,3	1,102	1,106	4,0	2,677	4,200
0,4	1,137	1,150	5,0	3,151	5,172
0,5	1,173	1,199	6,0	3,632	6,144
0,6	1,208	1,253	7,0	4,117	7,126
0,7	1,245	1,313	8,0	4,604	8,112
0,8	1,283	1,378	10,0	5,586	—
0,9	1,321	1,446	100,0	50,51	—
1,0	1,359	1,517	1000,0	500,5	—

Zur Bestimmung der Durchschlagspannung reicht die Kenntnis der nur an einer Stelle auftretenden Höchstfeldstärke nicht aus, sondern es muß die Verteilung der Feldstärke längs des gesamten Durchschlagweges bekannt sein. Die verwickelte Abhängigkeit der Feldstärke $E(x)$ von den Einflußgrößen entsprechend den bisher angeschriebenen Gleichungen würde eine solche Berechnung von vornherein zur Aussichtslosigkeit verurteilen. Zu diesem Zwecke hat SCHUMANN in seinem Buch[1]

---

[1] SCHUMANN, W. O.: Elektrische Durchbruchfeldstärke von Gasen, S. 222. Berlin: Springer 1923.

einen einfachen Weg für die Darstellung von $E(x)$ gewiesen, indem er die tatsächliche Feldstärkekurve längs der Verbindung der Kugelscheitel durch eine Parabel approximierte. Diese verläuft durch die vorgegebenen Punkte der Höchstfeldstärke an den Stellen $x = \pm S/2$ und ist außerdem durch die Bedingung festgelegt, daß die Kugelfläche an der maßgeblichen Stelle mit einer Niveaufläche des Feldes der Ersatzpunktladungen zusammenfalle, d. h. daß beide Flächen im Bereich der Verbindungslinie gleiche mittlere Krümmung aufweisen sollen.

Auch hier sei von den gleichen Voraussetzungen ausgegangen. Das tatsächliche Feld mit symmetrisch zur Abstandsmitte liegenden Höchst-

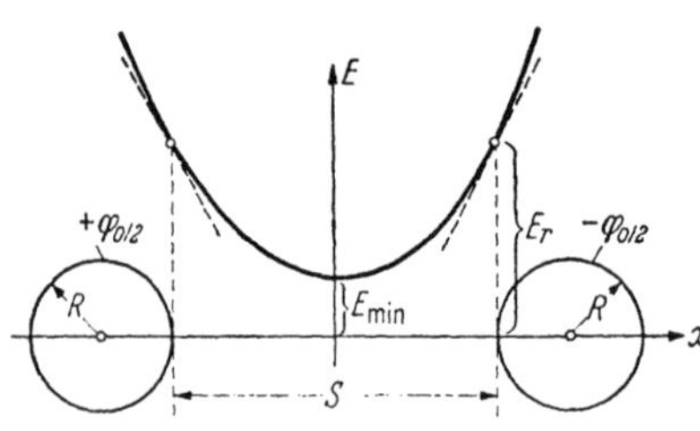

Abb. 6. Zur angenäherten Berechnung des Feldverlaufs zwischen zwei Kugeln.

werten und bis hin zur Mitte absinkenden Feldstärken werde in seinem Verlauf durch eine Parabel der Gleichung

$$E_x = E_{\min} + a\,x^2$$

ersetzt, welche dieselben Höchstwerte an den Kugelscheiteln ergebe und dort dieselbe Anfangstangente wie das wirkliche Feld besitze (s. Abb. 6).

Je stärker eine Niveaufläche gekrümmt ist, desto größer ist das Gefälle des Potentials, und zwar gilt nach einem Satz der Potentialtheorie[1]

$$\ln\left(-\frac{\partial\varphi}{\partial n}\right) = \int K \cdot \mathrm{d}n + c \qquad \text{oder} \qquad \frac{\mathrm{d}\ln E_x}{\mathrm{d}x} = K,$$

worin K die mittlere Krümmung der Niveaufläche an der betrachteten Stelle bezeichne. Für eine Kugel ist $K = 2/R$ und somit wird

$$\left.\frac{\mathrm{d}\ln E_x}{\mathrm{d}x}\right|_{x=S/2} = \frac{2}{R} \qquad \text{oder} \qquad \frac{1}{E_r}\cdot\left.\frac{\mathrm{d}E_x}{\mathrm{d}x}\right|_{x=S/2} = \frac{2}{R}\,.$$

Die Differentiation des Parabelansatzes liefert für die Tangentenrichtung

$$\frac{\mathrm{d}E_x}{\mathrm{d}x} = 2\,a\,x \qquad \text{oder} \qquad a = \frac{\mathrm{d}E_x}{\mathrm{d}x}\cdot\frac{1}{2\,x}\,,$$

welche Bestimmungsgleichung für a auch für die Stelle $x = S/2$ gilt:

$$a = \left.\frac{\mathrm{d}E_x}{\mathrm{d}x}\right|_{x=S/2}\cdot\frac{1}{S} = \frac{2\,E_r}{R\cdot S}\,.$$

Wird dieser Ausdruck für a in die Parabelgleichung eingesetzt und gleichzeitig $E_r = \dfrac{U}{S}\cdot f_{\mathrm{sym}}$ eingeführt, wo f_{sym} durch die Näherung

---

[1] S. beisp. Andronescu, P.: Arch. Elektrotechn. 14 (1924) 379.

$f_{\mathrm{sym}} = 1 + k\dfrac{S}{R}$ mit $k = 0{,}35$ oder $0{,}4$ je nach Bereich gegeben ist, so ergibt dies

$$E_x = E_{\min} + \frac{2}{RS}\frac{U}{S}f_{\mathrm{sym}}\cdot x^2;$$

daraus errechnet sich die niedrigste Feldstärke in Mitte· des Schlagraumes zu

$$E_{\min} = E_x - \frac{2\,U}{R\,S^2}f_{\mathrm{sym}}\cdot x^2.$$

Diese Bestimmungsgleichung für $E_{\min}$ gilt für jedes beliebige Wertepaar von E_x und x, also auch für $x = S/2$ und $E_x = E_r$:

$$E_{\min} = E_r - \frac{2f_{\mathrm{sym}}\cdot U}{R\,S^2}\cdot\frac{S^2}{4} = \frac{f_{\mathrm{sym}}\cdot U}{S} - \frac{2f_{\mathrm{sym}}\cdot U}{4\,R}$$

$$= \frac{U}{S}\cdot f_{\mathrm{sym}}\left(1 - \frac{1}{2}\cdot\frac{S}{R}\right). \qquad (\mathrm{I},\,25)$$

Somit wird

$$E_x = \frac{U}{S}f_{\mathrm{sym}}\cdot\left(1 - \frac{1}{2}\cdot\frac{S}{R}\right) + \frac{2\,U}{R\,S^2}f_{\mathrm{sym}}\cdot x^2$$

$$= \frac{U}{S}f_{\mathrm{sym}}\left(1 - \frac{1}{2}\cdot\frac{S}{R} + 2\,\frac{x^2}{R\,S}\right). \qquad (\mathrm{I},\,26)$$

Die so erhaltene einfache Gleichung für den Verlauf der Feldstärke zwischen zwei Kugeln in symmetrischer Anordnung läßt genaue Werte der Feldstärke nur in der Nachbarschaft der Kugelscheitel erwarten, die tatsächlichen Werte in Feldmitte vermag die Näherung nur unvollkommen zu spiegeln. Doch ist in diesem feldschwächeren Gebiet die Stoßionisation während des Durchschlagvorganges auch geringer, und daher dürfte bei der Berechnung der Durchschlagspannung der Fehler nicht so sehr ins Gewicht fallen.

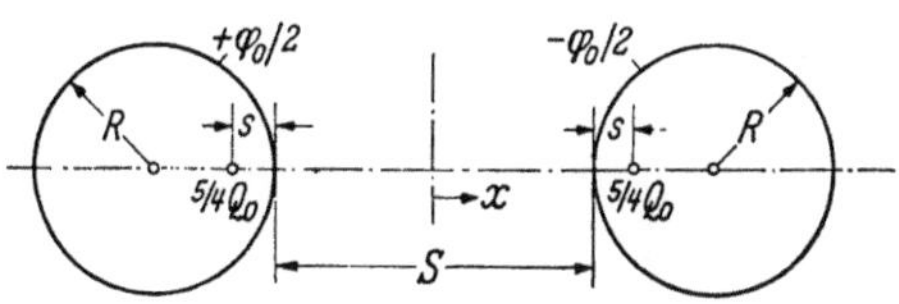

Abb. 7. Zur Ableitung der genaueren Gleichung des Kugelfeldes.

Eine Abschätzung der zu erwartenden Abweichungen zwischen errechneter und tatsächlicher Feldstärke ergibt sich aus folgender Überlegung. Die Gesamtladung aller äquivalenten Punktquellen im Innern einer Kugel läßt sich bei nicht allzu großen Kugelabständen mit einem Fehler von weniger als 1% zu $1{,}25\,Q_0$ angeben mit $Q_0 = 4\,\pi\varepsilon R\,\dfrac{\varphi_0}{2}$.[1] Nach Abb. 7 habe diese Summenladung den noch unbekannten Abstand s

---

[1] Küpfmüller, K.: Einführung in die theoretische Elektrotechnik, S. 65. Berlin: Springer 1932.

vom Kugelscheitel. Dann gilt für das resultierende Potential $\frac{\varphi_0}{2}$, herrührend von den beiden Punktladungen im Abstand s bzw. $S + s$

$$4\pi\varepsilon\,\frac{\varphi_0}{2} = \frac{5}{4}Q_0\left(\frac{1}{s} - \frac{1}{S+s}\right) \quad \text{und somit} \quad s(S+s) = \frac{5}{4}RS;$$

die Auflösung der quadratischen Gleichung $s^2 + sS - \frac{5}{4}RS = 0$ ergibt

$$s = -\frac{S}{2} \pm \sqrt{\frac{S^2}{4} + \frac{5}{4}RS}\,.$$

Für die Feldstärke an der Stelle x läßt sich schreiben

$$4\pi\varepsilon E_x = \frac{\dfrac{5}{4}Q_0}{\left(s + \dfrac{S}{2} + x\right)^2} + \frac{\dfrac{5}{4}Q_0}{\left(s + \dfrac{S}{2} - x\right)^2}$$

$$= \frac{5}{4}Q_0\frac{\left(s + \dfrac{S}{2} - x\right)^2 + \left(s + \dfrac{S}{2} + x\right)^2}{\left(s + \dfrac{S}{2} + x\right)^2 \cdot \left(s + \dfrac{S}{2} - x\right)^2} = 2{,}5\,Q_0\frac{\left(s + \dfrac{S}{2}\right)^2 + x^2}{\left[\left(s + \dfrac{S}{2}\right)^2 - x^2\right]^2}\,.$$

Diese Gleichung ergibt beisp. für $x = S/2$

$$E_r = \frac{2{,}5}{4\pi\varepsilon} \cdot 4\pi\varepsilon R\,\frac{U}{2} \cdot \frac{\left(s + \dfrac{S}{2}\right)^2 + \dfrac{S^2}{4}}{\left[\left(s + \dfrac{S}{2}\right)^2 - \dfrac{S^2}{4}\right]^2} = \frac{5}{4}RU\,\frac{\dfrac{1}{2}S + \dfrac{5}{4}R}{\left(\dfrac{5}{4}\right)^2 SR^2}$$

$$= \frac{U}{S}\left(1 + 0{,}4\,\frac{S}{R}\right).$$

Die Ersetzung der Summe aller unendlich vielen Einzelladungen im Kugelinnern durch $1{,}25\,Q_0$ führt also unmittelbar zur bereits bekannten Näherung für die Höchstfeldstärke an den Kugelscheiteln. Der größte Fehler des abgeleiteten genaueren Ansatzes tritt in Schlagraummitte für $x = 0$ auf, wofür man erhält

$$E'_{\min} = \frac{5}{4}RU\,\frac{1}{\left(s + \dfrac{S}{2}\right)^2} = \frac{5}{4}RU\,\frac{4}{S^2 + 5RS} = \frac{U}{S} \cdot \frac{1}{1 + 0{,}2\,\dfrac{S}{R}}\,. \qquad \text{(I, 27)}$$

Der Vergleich von (I, 27) mit (I, 25) liefert für den größtmöglichen prozentualen Fehler des einfachen Ansatzes zur Berechnung des Kugelfeldes gegenüber der genaueren Gleichung (I, 27)

$$\frac{E_{\min}}{E'_{\min}} \cdot 100 = \left(1 + 0{,}4\,\frac{S}{R}\right)\left(1 - 0{,}5\,\frac{S}{R}\right)\left(1 + 0{,}2\,\frac{S}{R}\right) \cdot 100$$

$$= 100 + 10\,\frac{S}{R} - 22\left(\frac{S}{R}\right)^2 - 4\left(\frac{S}{R}\right)^3\;\%\,.$$

Innerhalb des üblichen Verwendungsbereiches von Kugelfunkenstrecken ($S/R < 1$) erreicht der größte Fehler höchstens 16%, bei kleineren Schlagweiten nimmt er rasch ab und wird vernachlässigbar.

II. Eigenschaften der Gase.

a) Energieverteilung. Eine Stromleitung in Gasen ist nur dann möglich, wenn Träger elektrischer Ladungen dem Gas beigemischt sind bzw. wenn sich Ladungsträger im Gas oder an den begrenzenden Wänden bilden können. Die Trägerteilchen, mit denen wir es hier ausschließlich zu tun haben, sind die Elektronen mit kleinster bekannter Masse (Ruhemasse $m_0 = 0,9 \cdot 10^{-27}$ g) und negativer Elementarladung ($e = -1,59 \cdot 10^{-19}$ C), sowie die negativen oder positiven Ionen, die sich aus Atomen oder Molekülen beim Zufügen oder Wegnehmen von einem oder auch mehreren Elektronen bilden.

Die kleinsten mit den herkömmlichen Methoden der Chemie nicht mehr weiter unterteilbaren Partikel, deren Art die spezifischen Eigenschaften des betreffenden Gases ausmacht, sind die Atome und die aus Atomen unter Freiwerden von Bindungsenergie zusammengesetzten Moleküle. Atome kommen im allgemeinen nur bei Edelgasen (He, Ne, A, Kr, Xe) und bei Metalldämpfen (z. B. Hg) vor, während sich die übrigen Gase und Dämpfe aus Molekülen aufbauen. Erst wenn dem Gas Energie z. B. durch Erhitzen zugeführt wird, können sich in Molekülgasen die Moleküle in Untergruppen oder in freie Atome aufspalten, wobei die zur Dissoziation verbrauchte Energie aus dem Wärmevorrat des Gases gedeckt wird; oder es wird die Energie von einem äußeren elektrischen Feld geliefert.[1]

Die Zahl der in der Raumeinheit vorhandenen Gasteilchen hängt von der Gasdichte ab, also von der herrschenden Temperatur und dem Druck. Bei Normalzustand ($0°$ C, $p_0 = 760$ Torr) sind in jedem cm³ $N_0 = 2,69 \cdot 10^{19}$ Molckel vorhanden; beim Druck p und der Temperatur T ($°$K) sind es $N_{p,\,T} = \dfrac{p}{760} \cdot \dfrac{273}{T} N_0$. Alle diese Stoffteilchen befinden sich fortwährend in einer ungeordneten Schwirrbewegung; dabei stoßen sie in ungleichen Abständen miteinander zusammen oder prallen auf die Wände auf und werden dort zurückgeworfen. Die überaus große Zahl der Stöße pro Zeiteinheit auf die Gefäßwandung führt zu einer praktisch gleichbleibenden Kraftausübung auf die Flächeneinheit, die als Druck des eingeschlossenen Gases bei einer bestimmten Temperatur und vorgegebener Zahl der Molekel in der Raumeinheit gemessen wird. Bei höherem Druck besteht nur für randnahe Molekel eine größere Wahrscheinlichkeit, mit der Gefäßwand zu kollidieren, weil im Innern befindliche Teilchen viel eher untereinander zusammenstoßen, als daß sie bei zufällig langem unbehindertem Flug nach außen gelangen.

---

[1] Im folgenden wird nach neuerem Brauch (s. z. B. Hdbch. Phys., 2. Aufl. Bd. 23, I, S. 26) als zusammenfassender Oberbegriff für Atome und Moleküle der Ausdruck Molekel benutzt, während der Begriff Molekül dem zwei- oder mehratomigen Gebilde vorbehalten bleibt.

Die zwischen den Zusammenstößen zurückgelegten Wegstrecken unterliegen dem Spiel des Zufalls. Bei jedem Zusammenstoß wird zwischen den Stoßpartnern Energie ausgetauscht, was mit einer rein zufallsbedingten Richtungsänderung verbunden ist. Zwischen den Zusammenstößen ist die Flugbahn geradlinig. Auch die Erdgravitation vermag die Geradlinigkeit der Bahnen nicht in feststellbarem Ausmaß zu ändern. Nur bei hohem Druck und tiefer Temperatur, also kurz vor der Verflüssigung, bei den dann niedrigen Molekelgeschwindigkeiten und kleinen gegenseitigen Abständen, werden die Flugbahnen wegen ihrer dann sehr kleinen „Steifigkeit" und der großen Nähe der Atomstreufelder merklich gekrümmt. Für die Molekel sind alle Geschwindigkeitsrichtungen gleichberechtigt.

Wird ein Gasstrom in einen bereits gaserfüllten Raum eingeleitet, so sorgen die überaus zahlreichen Stoßvorgänge dafür, daß die zunächst gerichtete Energie der Strahlteilchen durch die Stöße auf alle Stoßpartner aufgeteilt und in alle Richtungen zerstreut wird. Im Gleichgewichtszustand entfällt im Mittel auf jedes Gasatom der Energiebetrag $\frac{3}{2} kT$, wobei $k = 1{,}37 \cdot 10^{-16}$ Erg/°K die nach BOLTZMANN benannte Konstante ist. Da beim Atom Schwingungszustände nicht möglich sind, kann diese Energie nur kinetischer Art sein. Ist m die Masse des Teilchens und v_{eff} die der mittleren Energie zugehörige Geschwindigkeit, so gilt

$$\frac{1}{2} m\, v_{\mathrm{eff}}^{2} = \frac{3}{2}\, k\, T \qquad \text{oder} \qquad v_{\mathrm{eff}} = \sqrt{\frac{3\, k\, T}{m}}\,. \qquad (\mathrm{II, 1})$$

Je höher somit die Temperatur und je leichter das Teilchen ist, desto größer ist sein Geschwindigkeitsmittel. Für eine H_2-Molekel mit $m = 2 \cdot 1{,}66 \cdot 10^{-24}$ g ist bei Zimmertemperatur $v_{\mathrm{eff}} = 2000$ m/sek; eine Stickstoffmolekel mit 7facher Masse besitzt eine mittlere Geschwindigkeit von 757 m/sek.

Die Molekel bewegen sich nicht gleichschnell; im Gas sind alle Geschwindigkeiten zwischen Null und sehr hohen Werten möglich, doch ist es recht unwahrscheinlich, daß diese Extremzustände häufig vorkommen. Der Gleichgewichtszustand, in dem sich das Gas bei überall gleicher Temperatur befindet, ist offensichtlich dadurch gekennzeichnet, daß zur gleichen Zeit ebensoviele Teilchen neu zu einem Geschwindigkeitsbereich (zwischen v und $v + dv$) hinzukommen, als andere Teilchen diesen Bereich verlassen. Das die Geschwindigkeitsverteilung beschreibende Gesetz gibt die auf die Gesamtzahl N_0 bezogene wahrscheinlichste Anzahl in der Teilchengruppe mit einer Geschwindigkeit zwischen v und $v + dv$ an. Das Gesetz wurde von MAXWELL abgeleitet und von BOLTZMANN auf den Fall elastischer Stöße von kugelförmigen Gasmolekeln angewandt. BOLTZMANN konnte nachweisen, daß nur eine einzige Verteilung der Energie möglich ist und der kennzeichnende Verlauf der Kurve von Änderungen der Temperatur nicht beeinflußt wird. Die MAXWELL-Verteilung gehorcht der Gleichung

$$\frac{dN}{N_0} = \frac{4}{\sqrt{\pi}} \left(\frac{v}{v_w}\right)^2 e^{-\left(\frac{v}{v_w}\right)^2} d\left(\frac{v}{v_w}\right). \qquad (II, 2a)$$

Wird $v/v_w = x$ gesetzt, so kann mit einer kleinen Umstellung auch geschrieben werden

$$\frac{\frac{dN}{N_0}}{d\frac{v}{v_w}} = \frac{v_w}{N_0} \cdot \frac{dN}{dv} = \frac{4}{\sqrt{\pi}} x^2 e^{-x^2}, \qquad (II, 2b)$$

welche Form der graphischen Veranschaulichung meist zugrundegelegt wird (s. Abb. 8). Die glockenförmige Kurve erreicht ihren Höchstwert bei· $v = v_w$, womit v_w die am häufigsten vorkommende, also die wahrscheinlichste Geschwindigkeit ist. Wegen ihres unsymmetrischen Verlaufs ist die von der Kurve und der Abszisse eingegrenzte Fläche links vom Wert $\frac{v}{v_w} = 1$ kleiner als die rechts davon befindliche Fläche; dies bedeutet, daß bei einer arithmetischen Mittelung aller vorkommenden Geschwindigkeiten der so gebildete Mittelwert $\bar{v}$ größer als v_w sein muß. Die Rech-

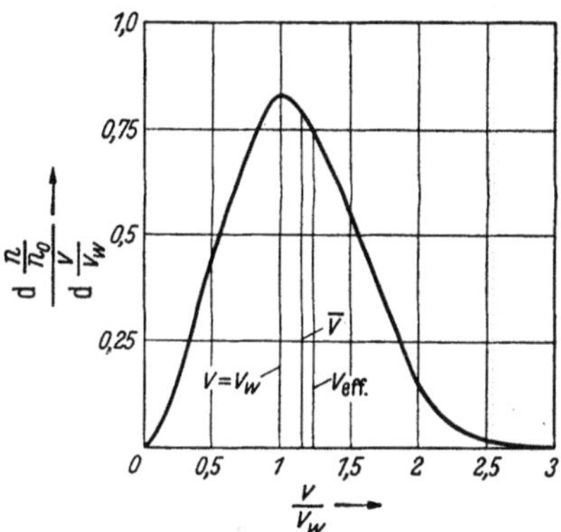

Abb. 8.
MAXWELLsche Geschwindigkeitsverteilung.

nung ergibt für $\bar{v} = \frac{2}{\sqrt{\pi}} v_w = 1{,}128 \, v_w$. Eine weitere, bereits durch (II, 1) dargestellte und ebenfalls oft benutzte Geschwindigkeitsgröße ergibt sich dann, wenn das Mittel aus den Quadraten einer großen Anzahl von Teilchengeschwindigkeiten einem mittleren Geschwindigkeitsquadrat gleichgesetzt wird:

$$v_{eff} = \sqrt{\frac{3}{2}} \, v_w = 1{,}223 \, v_w. \qquad (II, 3)$$

v_{eff} ist um 22,3% größer als v_w, weil bei der Bildung des quadratischen Mittelwerts die höheren Werte mehr betont werden als die kleineren. Wird v_{eff} in (II, 1) durch (II, 3) ersetzt, so gilt

$$v_w = \sqrt{\frac{2}{m} k T} \qquad \text{bzw.} \qquad \frac{1}{2} m v_w^2 = k T. \qquad (II, 4)$$

Somit ist kT die am häufigsten auf ein Atom des Gases entfallende Energie, während $\frac{3}{2} kT = \frac{1}{2} m v_{eff}^2$ den Mittelwert aller möglichen Teilchenenergien darstellt.

Der vorausgesetzte Gleichgewichtszustand schließt eine gerichtete Teilchenbewegung im Gas etwa als Folge von Diffusion, Wärmeströmung oder einer Beschleunigung vorhandener Ladungsträger durch ein äußeres elektrisches Feld aus. Nur dann entfällt im Mittel auf jedes Teilchen, ob Atom, Ion oder Elektron, die Bewegungsenergie $\frac{3}{2} kT$ bei der für alle Teilchen einheitlichen Temperatur T, und nur mit dieser Voraussetzung gilt

$$\frac{m_G}{2} v_{\text{eff}_G}^2 = \frac{1}{2} m_{\text{Ion}} v_{\text{eff}_{\text{Ion}}}^2 = \frac{1}{2} m_{\text{El}} v_{\text{eff}_{\text{El}}}^2 = \frac{3}{2} kT \,.$$

Wegen der sehr viel kleineren Elektronenmasse liegt somit die ungeordnete Geschwindigkeit der Elektronen weit über jener der Gasmolekel.

Oft wird der Energiezustand eines „Elektronengases" durch Angabe seiner Temperatur T_{El} gekennzeichnet. Diese ergibt sich zu

$$T_{\text{El}} = \frac{2 E_{\text{kin}}}{3 \cdot 1{,}37 \cdot 10^{-16}} = 4{,}87 \cdot 10^{15} E_{\text{kin}} [^\circ K] \,,$$

wenn die mittlere, auf das Teilchen entfallende Energie E_{kin} in Erg gemessen wird, oder zu

$$T_{\text{El}} = \frac{2 \cdot 1{,}59 \cdot 10^{-12} E_{\text{kin}}}{3 \cdot 1{,}37 \cdot 10^{-16}} = 7740\, E_{\text{kin}} \,,$$

wenn E_{kin} nach allgemeinem Brauch in Elektronenvolt gemessen wird $(1\,\text{eV} = 1{,}59 \cdot 10^{-12}\,\text{Erg})$. So haben demnach Elektronen von nur 1 eV dieselbe Energie wie die Molekel eines auf 7740° K erhitzten Gases; Elektronen, die sich im energetischen Gleichgewicht mit den Molekeln eines Gases von Zimmertemperatur befinden, besitzen im Mittel eine Energie von rd. $^1/_{25}$ eV.

Voraussetzung für eine Anwendung des Temperaturbegriffes ist allerdings, daß die Elektronen unter sich durch häufige Zusammenstöße ihre Energien gegenseitig austauschen und deswegen im großen und ganzen noch eine Maxwell-Verteilung der Energien bzw. der Geschwindigkeiten angenommen werden darf. Bei Anwesenheit eines Gases normaler Temperatur wird diesem durch die von einem äußeren Feld beschleunigten Elektronen Energie zugeführt und das Gas aufgeheizt. Dabei wird das Elektronengas gekühlt, wenn auch erst über sehr viele Zusammenstöße wegen der jeweils nur geringen Energieabgabe. Da Ionen beim elastischen Stoß mehr Energie abgeben, wird bei ihnen die Energie rascher ausgetauscht. Bei höheren Elektronenenergien sind die Verhältnisse verwickelter, weil außer dem Energieanteil auf Grund der Stoßgesetze auch unelastische Stöße mit Anregung oder Ionisierung vorkommen können.

b) Freie Weglänge. Die große Zahl der auch noch bei geringem Druck in einem Gefäß vorhandenen Gasmolekel und ihre große Geschwindigkeit machen gegenseitige Zusammenstöße zu einem häufigen Ereignis.

Verfolgt man die Bahn eines Teilchens, so zeigt sich, daß es nach einem Zusammenstoß geradlinig weiterfliegt, bis es nach dem Weg λ_1 wiederum kollidiert und anschließend in einer anderen Richtung mit neuer Geschwindigkeit weiterfliegt; nach dem Weg λ_2 erleidet es wiederum einen Zusammenstoß, wobei von neuem Betrag und Richtung seiner Geschwindigkeit in zufallsbedingter, aber doch gesetzmäßiger Weise geändert werden. Das arithmetische Mittel aller bei einem Teilchen in einer längeren Zeitspanne oder bei vielen Teilchen zur selben Zeit vorkommenden freien Weglängen werde als *mittlere freie Weglänge* $\bar{\lambda}$ bezeichnet, wobei sowohl die räumliche als auch die zeitliche Mittelung zum selben Ergebnis führen.

Der Stoßvorgang selbst ist recht komplizierter Natur. Die Atome enthalten elektrische Ladungen, die sich zwar in größerer Entfernung vom Schwerpunkt des Systems in ihrer Wirkung aufheben, aber doch in nächster Nähe kräftige Streufelder ausbilden. Geraten z. B. zwei Atome in enge Nachbarschaft, so entwickeln ihre an der Peripherie befindlichen Elektronen starke abstoßende Kräfte, die bei der Annäherung mit einer hohen Potenz des Abstandes rasch anwachsen. Dadurch wird ein zentral stoßendes Teilchen bis zur Bewegungsumkehr abgebremst, wobei seine gesamte kinetische Energie kurzzeitig in potentielle Energie der Deformation der beiderseitigen Kraftfelder übergeht, ähnlich dem Vorgang beim Spannen einer Feder oder des Zusammenpralles zweier Gummibälle. Durch die im Augenblick der Bewegungsumkehr besonders großen auseinandertreibenden Kräfte wird die Rückverwandlung der potentiellen in Geschwindigkeitsenergie eingeleitet; das stoßende Teilchen entfernt sich mit geänderter Geschwindigkeit, nicht ohne einen gewissen Anteil seiner mitgebrachten Energie auf den (ruhend gedachten) Stoßpartner übertragen zu haben. Stoßen dagegen zwei geladene Teilchen zusammen, so wirken ihre Kraftfelder auf sehr viel weitere Entfernung, und wegen der nach COULOMB nur mit dem Quadrat der Annäherung zunehmenden Kräfte beginnt die gegenseitige Beeinflussung früher, wodurch der „Stoß" weicher wird.

Es ist erstaunlich, daß dieses recht verwickelte Zusammenspiel der beiderseitigen Streufelder mit stufenlosem Übergang von Anfangs- in Endzustand in vielen Auswirkungen durch das grobe Schema des Stoßes nicht verformbarer fester Kugeln zumindest seiner Größenordnung nach recht gut wiedergegeben wird. Der Zusammenstoß zweier solcher Kugeln erfolgt, wenn sich ihre Mittelpunkte bis auf die Summe ihrer Radien genähert haben, bzw. wenn der Mittelpunkt des einen Teilchens eine das andere Teilchen einhüllende Kugel vom Halbmesser der Summe beider Teilchenradien $r_1 + r_2$ erreicht.

Um die im Mittel auftretende freie Weglänge zu berechnen, sei angenommen, daß alle Gasmolekel mit einer solchen Schutzhülle vom Stoßradius $\sigma = r_1 + r_2$ umgeben seien und daß die Molekelgeschwindigkeit so klein sei, daß die Teilchen für kurze Zeit als unbeweglich im Raum angesehen werden dürfen; dabei ist es durchaus noch möglich, daß σ keine Konstante ist, sondern etwa von der Relativgeschwindigkeit abhängt. Bezeichnet L die Zahl der in 1 cm³ vorhandenen Teilchen, dann befinden sich in einer schmalen Scheibe vom Querschnitt 1 cm² und der Dicke dx $L\,dx$ Molekel. In dieser sehr dünnen Schicht können sich die zufällig darin enthaltenen Teilchen nicht überdecken, sondern liegen regellos über den Querschnitt verstreut. Der tatsächlich von ihnen eingenommene Querschnitt ist $\pi(r_1 + r_2)^2 L\,dx$, und somit ist der Bedeckungsgrad als Verhältnis der ausgefüllten zur gesamten Fläche $\pi(r_1 + r_2)^2 L\,dx : 1$.

$\pi(r_1 + r_2)^2 L$ ist die Querschnittssumme aller Molekel der angenommenen Größe in 1 cm³ und gibt damit die Flächenausdehnung an, die von den in 1 cm³ enthaltenen Molekeln lückenlos bedeckt sei. Diese Größe mit der Maßeinheit cm²/cm³ wird als *Wirkungsquerschnitt* bezeichnet, da innerhalb dieses Querschnitts alle senkrecht anfliegenden Teilchen des Strahls eine Änderung ihrer Zahl und ihres Fluges nach Richtung und Geschwindigkeit erleiden. Die Änderung erfolgt in erster Linie durch Ablenkung, dann aber auch durch Absorption, Energieabgabe oder Reflexion. Meist wird der Zahlenwert des Wirkungsquerschnitts Q_W für einen Druck von 1 Torr und für 0° C angegeben (Q_{W0}), wobei gilt: $Q_W = p\,Q_{W0}$.

Wird in das Gas mit vergleichsweise langsamen Molekeln ein raschfliegender Teilchenstrahl beliebiger Art hineingeschossen, dann muß dessen Dichte beim Passieren der einzelnen Schichten wegen der Zusammenstöße und Streuung der Strahlteilchen ständig geringer werden. Die Zahl der bei den Stößen innerhalb einer Schicht nach Richtung und Geschwindigkeit beeinflußten (gestreuten) Teilchen in der Entfernung x vom Strahleintritt ist der Zahl der an dieser Stelle noch vorhandenen Strahlteilchen, dem für alle Schichten gleichen Bedeckungsgrad und selbstverständlich der Schichtdicke dx verhältnisgleich. Also gilt

$$dN = -\,N\pi(r_1 + r_2)^2 L\,dx\ .$$

Mit N_0 als Zahl der Teilchen im Strahl beim Eintritt in das Gas folgt daraus

$$N(x) = N_0\,e^{-\pi(r_1 + r_2)^2 Lx}$$

bzw. für die Dichte des Strahls

$$I = I_0\,e^{-\pi(r_1 + r_2)^2 Lx}\ .$$

Auf dem Weg durch das Gas nimmt die Strahldichte exponentiell ab; so z. B. sind in der Entfernung $x = \dfrac{1}{\pi(r_1 + r_2)^2 L} = \dfrac{1}{Q_W}$ nur noch 36,8% aller anfänglichen Strahlteilchen noch nicht abgelenkt, bei $x = \dfrac{5}{\pi(r_1 + r_2)^2 L}$

sind so gut wie alle anfänglich vorhandenen Teilchen (99%) aus dem Strahl ausgeschieden.

Unmittelbar beim Strahleintritt in das Gas ist die Stoßhäufigkeit am größten. Je länger der bis zu einem Zusammenstoß zurückgelegte Weg ist, desto unwahrscheinlicher ist er auch. Die Häufigkeit eines Weges der Länge x (genauer: im Bereich von 0 bis x und 0 bis $x + dx$) wird durch die Zahl der in diesem Bereich kollidierenden Molekel gemessen. Das arithmetische Mittel aller von den N_0 Strahlteilchen zurückgelegten freien Wege, also die mittlere freie Weglänge, ist

$$\bar{\lambda} = \frac{1}{N_0} \int_0^\infty x \, dN = - \frac{\pi (r_1 + r_2)^2 L N_0}{N_0} \int_0^\infty x \, e^{-\pi (r_1 + r_2)^2 L x} \, dx :$$

wegen

$$\int_0^\infty x \, e^{-ax} \, dx = \frac{1}{a^2}$$

wird

$$\bar{\lambda} = \frac{1}{\pi (r_1 + r_2)^2 L} = \frac{1}{Q_W} \qquad \text{oder} \qquad \bar{\lambda} \cdot Q_W = 1 \, .$$

Der mittlere Weg längs eines freien Fluges erweist sich somit als der Kehrwert des Wirkungsquerschnitts.

Enthält der Strahl nur Elektronen, deren Ausdehnung gegenüber den Gasmolekeln vernachlässigt werden kann ($r_2 = 0$), so gilt

$$\bar{\lambda}_{El} = \frac{1}{\pi r^2 L} \, . \tag{II, 5a}$$

Der Wirkungsquerschnitt der Einzelmolekel gegenüber Elektronen ergibt sich daher zu $q_W = \dfrac{Q_W}{L}$, und für 1 Torr und 0° C zu

$$q_{W_0} = \frac{Q_{W_0}}{L_0} = \frac{Q_{W_0} \cdot 760}{2,69 \cdot 10^{19}} = 0,28 \cdot 10^{-16} Q_{W_0}$$

mit der Maßeinheit $\dfrac{cm^2}{cm^3 \, Torr}$ bei 0° C; der Wirkungsradius der Einzelmolekel ist $r = \sqrt{\dfrac{q_{W_0}}{\pi}} = 0,3 \cdot 10^{-8} \sqrt{Q_{W_0}}$ cm. Sind im Strahl geladene Teilchen derselben Art wie im Gasraum vorhanden (Ionenstrahl), für welche somit $r_1 = r_2 = r$, so wird $\bar{\lambda}_{Ion} = \dfrac{1}{4 \pi r^2 L}$; Voraussetzung ist jedoch hierbei noch immer, daß die Geschwindigkeit der Gasmolekel gegenüber jener der Teilchen des Strahles vernachlässigt werden kann. Entfällt diese Voraussetzung, so erhält man die mittlere freie Weglänge der Gasmolekel selbst, wenn beachtet wird, daß die dann gleichen Geschwindigkeiten von Strahl- und Gasteilchen im Mittel senkrecht aufeinander.

stehen und die Weglänge hierdurch um das $\sqrt{2}$-fache verkürzt wird, zu

$$\bar{\lambda}_G = \frac{1}{\sqrt{2} \cdot 4\pi r^2 L}. \tag{II, 5b}$$

Der Vergleich von (II, 5a) mit (II, 5b) zeigt, daß die Elektronen im Mittel einen um $4\sqrt{2}$ längeren Weg zwischen zwei Zusammenstößen mit den Gasmolekeln zurücklegen als die Molekel des Gases selbst.

Wegen der Abhängigkeit der pro Raumeinheit vorhandenen Teilchen L von Temperatur und Druck ist auch die freie Weglänge von diesen beiden Einflußgrößen abhängig; es gilt

$$\lambda = \lambda_{760} \frac{760}{p}\Big|_{T=\text{const}} \qquad \text{bzw.} \qquad \lambda_{p,T} = \lambda_0 \frac{p_0}{p} \cdot \frac{T}{273}. \tag{II, 6}$$

Für die Molekel kann der Größenordnung nach ein Halbmesser von 10^{-8} cm angenommen werden, womit $\bar{\lambda}_G$ bei Normaldruck etwa $2 \cdot 10^{-5}$ cm, bei 1 Torr 0,15 mm erreicht. Tatsächlich liegen auch die gemessenen freien Wege in dieser Größenordnung; so ist bei 0° C für H_2 $\bar{\lambda}_{760} = 1,83 \cdot 10^{-5}$ cm, für He $1,8 \cdot 10^{-5}$ cm, für N_2 $0,94 \cdot 10^{-5}$ cm.

Die Kenntnis des im Mittel zurückgelegten freien Weges erlaubt auch die sofortige Angabe, daß längs einer Bahn von 1 cm $1/\bar{\lambda}$ Zusammenstöße erfolgen oder daß in einer Sekunde $Z = \frac{\bar{v}}{\bar{\lambda}}$ Zusammenstöße zu erwarten sind, wenn $\bar{v}$ das arithmetische Geschwindigkeitsmittel bezeichnet. So erleidet beispielsweise eine Stickstoffmolekel von Normalzustand ($\bar{v} = 700$ m/s, $\bar{\lambda} = 0,94 \cdot 10^{-5}$ cm) in 1 sek rd. $7,5 \cdot 10^9$ Stöße. Die Zahl aller Stöße in 1 sek bei L vorhandenen Molekeln pro cm³ ist $\frac{N \cdot \bar{v}}{\bar{\lambda}}$.

c) **Stoßgesetze.** Der Austausch von Energie und Bewegungsgröße (Impuls) bei der engen Annäherung von Teilchen beliebiger Art wird als Stoß bezeichnet. Dabei können Moleküle oder Atome, angeregte Atome, Ionen oder Elektronen sowie in weiterer Begriffsfassung auch Lichtquanten in Wechselwirkung mit einem Masseteilchen treten. Der Stoß wird als elastisch bezeichnet, wenn die Summe der kinetischen Energien der Stoßpartner beim Stoß nicht geändert wird, wenn also die inneren (potentiellen) Energien der Teilchen durch den Stoß keine Änderung erfahren. Wird dagegen ein Teil der kinetischen Energie in potentielle umgewandelt und hierdurch ein angeregtes oder ionisiertes Teilchen gebildet oder bei umgekehrtem Ablauf der höhere Energiezustand unter Freiwerden von kinetischer Energie rückgängig gemacht, so wird ein solcher Stoß als unelastisch bezeichnet.

Beim zentralen Stoß, bei dem die Verbindungsgerade der beiden Massenschwerpunkte durch die Punkte kleinsten gegenseitigen Abstandes hindurchgeht, wird die größtmögliche Energie vom stoßenden auf das gestoßene Teilchen übertragen. Keine Energie wird beim nur streifenden Tangentialstoß ausgetauscht, bei den vielen mit gleicher Wahrscheinlichkeit vorkommenden Zwischenlagen des exzentrischen oder schiefen Stoßes ein Betrag zwischen dem größtmöglichen und Null. Es erscheint auch ohne Begründung plausibel, daß bei einer Reihe aufeinanderfolgender, rein zufallsbedingter Stöße zwischen zwei elastischen Kugeln im Mittel jeweils gerade die Hälfte des höchstmöglichen Energiebetrages ausgetauscht wird. Daher genügt es, hier als Grenzfall nur den zentralen Stoß zu betrachten und die Vielzahl der anderen möglichen Stoßrichtungen durch den mittelnden Faktor 1/2 zu berücksichtigen[1].

Elastischer zentraler Stoß. Da die Stoßpartner ein in sich abgeschlossenes System bilden, gelten nach den Regeln der Mechanik die Grundgleichungen von der Unveränderlichkeit der eingebrachten Bewegungsgröße und der kinetischen Energie. Wegen der sich nur durch das Vorzeichen unterscheidenden Stoßrichtungen ist es zulässig, auch in der Impulsgleichung nur die Beträge der Geschwindigkeiten anzuschreiben. Werden mit m und M die Massen der beiden Stoßpartner, mit v_m und v_M ihre Geschwindigkeiten bezeichnet und durch den weiteren Index a bzw. e die Geschwindigkeiten vor und nach dem Zusammentreffen gekennzeichnet, so gilt

$$\frac{1}{2}\left(m\,v_{m_a}^2 + M\,v_{M_a}^2\right) = \frac{1}{2}\left(m\,v_{m_e}^2 + M\,v_{M_e}^2\right)$$

und

$$m\,v_{m_a} + M\,v_{M_a} = m\,v_{m_e} + M\,v_{M_e}\,.$$

Die Auflösung der beiden Gleichungen liefert für die Geschwindigkeiten nach dem Stoß

$$v_{M_e} = \frac{2\,m\,v_{m_a} + (M - m)\,v_{M_a}}{m + M}$$

und

$$v_{m_e} = \frac{2\,M\,v_{M_a} + (m - M)\,v_{m_a}}{m + M}\,.$$

Da es für die Wucht des Stoßes nur auf den Geschwindigkeitsunterschied beider Teilchen ankommt, kann unter Zuschlag der Geschwindigkeit des einen Teilchens der Masse M zu der des anderen Teilchens ohne Einschränkung auch $v_{M_a} = 0$ angenommen werden, womit die Gleichungen besonders einfach ausfallen. Die Geschwindigkeit des gestoßenen Teilchens ergibt sich damit zu

$$v_{M_e} = 2\,v_{m_a}\frac{m}{m + M}$$

---

[1] Von A. M. Cravath: Phys. Rev. **36** (1930) 248, wurde gezeigt, daß an Stelle des Faktors $\frac{1}{2}$ besser $\frac{3}{8} = \frac{1}{2,66} = 0,375$ zu verwenden ist, um den Einfluß der Geschwindigkeitsverteilung der Elektronen zu berücksichtigen.

und die des stoßenden Teilchens zu

$$v_{m_e} = v_{m_a} \frac{m - M}{m + M} \cdot$$

Beim elastischen Stoß wird somit auf das zuvor ruhende Teilchen bestenfalls die Energie $\frac{1}{2} M v_{M_e}^2$ übertragen. Hierfür ist die Energieabgabe des stoßenden Teilchens, bezogen auf seine anfängliche Energie

$$f_{\max} = \frac{\frac{1}{2} M v_{M_e}^2}{\frac{1}{2} m v_{m_a}^2} = \frac{M \cdot 4 v_{m_a}^2 \left(\frac{m}{m + M}\right)^2}{m v_{m_a}^2} = 4 \frac{m M}{(m + M)^2} \qquad \text{(II, 7a)}$$

und die bezogene Energieabgabe des stoßenden Teilchens unter Berücksichtigung aller möglichen Stoßrichtungen

$$f = \frac{1}{2} f_{\max} = 2 \frac{m M}{(m + M)^2} \cdot \qquad \text{(II, 7b)}$$

Stößt ein Ion mit einer langsamen Molekel gleicher Masse zusammen, so wird bei einem solchen Stoß im Mittel der Bruchteil $f = \frac{1}{2}$, also die Hälfte der verfügbaren kinetischen Energie auf die Molekel übertragen. Beim zentralen Stoß gibt das Ion seine gesamte mitgebrachte Energie ab, und die Molekel fliegt nach dem Stoßvorgang mit der Anfangsgeschwindigkeit des nach dem Stoß unbeweglich zurückbleibenden Ions in derselben Richtung weiter. Stößt dagegen ein Elektron mit einer vergleichsweise ruhenden Gasmolekel zusammen ($m \ll M$), so wird bei rein elastischem Stoß im Mittel nur der kleine Bruchteil $f = 2 \frac{m}{M}$ der anfänglichen Elektronenenergie abgegeben. Da die Atommasse ein Vielfaches vom 1836fachen der Elektronenmasse ist, kann selbst beim leichtesten Atom, dem Wasserstoff, bei einem einzelnen Stoß bestenfalls $f_{\max} = \frac{4}{1836} \approx 2^0/_{00}$ der verfügbaren Energie abgegeben werden; das Elektron fliegt also mit nur unmerklich erniedrigter Geschwindigkeit wieder in die Richtung zurück, aus der es kam. Beim elastischen Zusammenprall mit dem schweren Quecksilberdampfatom verliert ein Elektron höchstens $\frac{4}{1836 \cdot 200,6} \approx 10^{-2} \, {}^0/_{00}$ seiner Energie.

Unelastischer zentraler Stoß. Hierbei wird die eingesetzte Bewegungsenergie zu einem gewissen Anteil in potentielle Energie E_p des Atoms oder Moleküls umgesetzt. Die Ausgangsgleichungen, die der Einfachheit halber für $v_{M_a} = 0$ angeschrieben seien, lauten somit

$$\frac{1}{2} m v_{m_a}^2 = \frac{1}{2} m v_{m_e}^2 + \frac{1}{2} M v_{M_e}^2 + E_p$$

$$m v_{m_a} = m v_{m_e} + M v_M \cdot$$

Die Elimination von v_{M_e} ergibt

$$m v_{m_a}^2 = m v_{m_e}^2 + \frac{m^2}{M}\left(v_{m_a} - v_{m_e}\right)^2 + 2 E_p . \qquad \text{(II, 8)}$$

Um den Wert von v_{m_e} zu finden, bei dem die aufgenommene innere Energie ihren Größtwert bei vorgegebener Anfangsenergie des stoßenden Teilchens erreicht, ist diese Gleichung zu differenzieren:

$$0 = 2\, m\, v_{m_e} - 2\,\frac{m^2}{M}\left(v_{m_a} - v_{m_e}\right) + 2\,\frac{dE_p}{dv_{m_e}}$$

und $\dfrac{dE_p}{dv_{m_e}} = 0$ zu setzen:

$$\frac{dE_p}{dv_{m_e}} = \frac{m^2}{M}\left(v_{m_a} - v_{m_e}\right) - m\, v_{m_e} = 0 .$$

Daraus folgt als Bedingung für größte Energieaufnahme des gestoßenen Teilchens

$$\frac{v_{m_e}}{v_{m_a}} = \frac{m}{m + M} .$$

Setzt man den so gefundenen Wert von v_{m_e} zur Bestimmung des Größtbetrages $E_{P\max}$ in (II, 8) ein, so erhält man

$$m v_{m_a}^2 = m\left(\frac{m}{m+M}\right)^2 v_{m_a}^2 + \frac{m^2}{M}\left(v_{m_a} - v_{m_a}\frac{m}{m+M}\right)^2 + 2 E_{P\max}$$

und daraus

$$E_{P\max} = \frac{1}{2}\, m\, v_{m_a}^2 \left[1 - \left(\frac{m}{m+M}\right)^2 - \frac{m}{M}\left(1 - \frac{m}{m+M}\right)^2\right] = \frac{1}{2}\, m\, v_{m_a}^2 \frac{M}{m+M} .$$

Man erkennt, daß beim unelastischen Stoß zweier gleichschwerer Teilchen auf das gestoßene Teilchen bestenfalls die Hälfte der Energie des stoßenden übertragen wird; beim Stoß eines Elektrons auf ein Atom kann wegen der sehr ungleichen Massen ($m \ll M$) praktisch die volle kinetische Energie des Elektrons zur Erhöhung der inneren Energie des gestoßenen Teilchens freigemacht werden. Zur Bereitstellung der für einen unelastischen Stoß benötigten Energie muß ein Ion von der Masse der Gasmolekel mindestens eine kinetische Energie vom doppelten Betrag der eines Elektrons besitzen.

d) Atomaufbau. Wir wissen heute, daß ein Atom nicht unteilbar ist, sondern sich in mehr oder weniger komplizierter Art aus sehr viel kleineren Urteilchen unter Zugabe von Bindungsenergie zusammensetzt. In modellmäßiger Vorstellung können bei jedem Atom zwei Bereiche unterschieden werden: den auf kleinstem Raum ($\approx 10^{-13}$ cm Durchmesser) konzentrierten Kern mit nahezu gesamter Atommasse und daher überaus großem spezifischem Gewicht und den in größerem Abstand vom Kern befindlichen negativen Elementarladungen, den Elektronen. Da sich jedes Atom in größerer Entfernung als elektrisch ungeladen erweist, muß der Kern ebensoviel positive Ladungseinheiten besitzen als Elektronen in den Hüllen oder „Schalen" vorhanden sind. Die Zahl der Elektronen bzw. Kernladungen ist gleich der Ordnungszahl des betreffenden Atoms im Periodischen System der Elemente. Der Durchmesser der äußersten Elektronenschale ist von der Größenordnung 10^{-8} cm und entspricht dem etwa aus Stoßversuchen errechneten Atomdurchmesser. Wegen der bei chemischen Vorgängen relativ geringen eingesetzten Energien spielen sich die chemischen Reaktionen und Bindungen in der Hauptsache nur in der äußeren Schale ab, weshalb deren Konstitution von ausschlaggebender Bedeutung für das chemische Verhalten des betreffenden Atoms ist. Das Bestreben der äußeren Elektronen eines Atoms zur mehr oder weniger innigen Bindung von Elektronen benachbarter Atome und zur Herstellung von Elektronenkonfigurationen größerer Stabilität entscheidet über das chemische Verhalten des jeweiligen Stoffes, also vor allem über seine Wertigkeit („Valenzelektronen").

Das Element einfachsten Aufbaus ist der Wasserstoff mit nur einer positiven Kernladung, dem Proton, und einem Elektron. Somit kommt dem Wasserstoff die Ordnungszahl und die Masse 1 zu. Nächstfolgendes Element mit 2 Protonen und 2 Hüllelektronen ist das der Edelgasgruppe angehörende Helium; da sein Atomgewicht nicht 2, sondern 4 ist, ist daraus zu folgern, daß der Heliumkern außer den Protonen noch zwei ungeladene Masseteilchen, zwei Neutronen, enthält. In gleichartiger Weise ist der Aufbau von Elementen höherer Ordnungszahl zu denken; stets enthält ein Element der Ordnungszahl Z und dem Atomgewicht von M Masseneinheiten Z Protonen bzw. Elektronen und $M-Z$ Neutronen. Das Bildungsprinzip von Elementen höherer Ordnungszahl ergibt sich daraus, daß jede Schale nur eine gewisse Höchstzahl von Elektronen aufnehmen kann; spätestens nach ihrer vollen Besetzung wird die nächstfolgende Schale in größerer Entfernung vom Kern aufgebaut. Ein Atom mit nahezu voll besetzter äußerer Schale vereinigt sich gerne mit einem weiteren Elektron zur vollständigen Auffüllung der Schale; ein Gas mit derartigem Verhalten seiner Molekel wird als *elektronegativ* bezeichnet. Andererseits vermögen Atome mit nur einem Elektron in der äußeren Schale, also bei gerade begonnener Auffüllung, dieses eine Elektron besonders leicht abzugeben; sie werden aus diesem Grunde als stark *elektropositiv* bezeichnet.

Elemente mit voll besetzter Schale sind die chemisch weitgehend inaktiven Edelgase. Helium mit nur 2 Elektronen hat seine einzige Schale gerade vollbesetzt. Nächstes Edelgas mit vollgefüllter zweiter Schale ist das Neon mit $2+8$ Elektronen. Werden die Schalen in ihrer Aufeinanderfolge innen beginnend mit den Buchstaben K, L, M, ... bezeichnet, so geht die Aufteilung der bei den Edelgasen insgesamt vorhandenen Elektronen aus nachstehender Aufstellung hervor.

Ordnungs-zahl	Element	Zahl der Elektronen in				
		K-Schale	L-Schale	M-Schale	N-Schale	O-Schale
2	He	$2 = 2^1$				
10	Ne	2	$8 = 2 \cdot 2^2$			
18	A	2	8	8		
36	Kr	2	8	$18 = 2 \cdot 3^2$	8	
54	Xe	2	8	18	18	8

e) Ionisierung. Unter Aufwendung von Energie kann einem Atom ein oder auch mehrere Elektronen entrissen werden. Durch die Abtrennung negativer Elementarladungen vom zurückbleibenden positiven Rest entstehen aus dem elektrisch neutralen Atom mindestens zwei Elektrizitätsträger. Dieser Vorgang wird als (einfache oder mehrfache) *Ionisierung* bezeichnet, der positive Atomrest als positives Ion. Die zur Ionisierung benötigte Arbeit ist je nach Bindung des Elektrons an den Atomverband von unterschiedlicher Größe. Gegenüber den nur lose gebundenen äußeren Elektronen sind die auf den inneren Schalen befindlichen Elektronen fester im Atomverband verankert und erfordern daher auch eine wesentlich größere Energie zu ihrer Abtrennung. Ähnliches gilt auch für die Ablösung eines Elektrons aus einer vollbesetzten äußeren Schale. Die Edelgase benötigen daher besonders hohe Ionisierungsarbeiten.

In Tab. 2 mit den Zahlenwerten der Ionisierungsarbeiten aller Elemente ist als Maßeinheit nicht etwa das Erg gewählt, sondern die in Volt gemessene Ionisierungsspannung. Nach Vervielfachung mit dem Zahlenwert der Elementarladung ergibt sich aus ihr die in Ws $= 10^7$ Erg gemessene Ionisierungsarbeit. Diese schwankt je nach der Stellung des betreffenden Elementes im Periodischen System. Elektropositive Elemente benötigen nur sehr kleine Energie zu ihrer Ionisierung; so wird Cs-Dampf schon durch Elektronen von nur 3,9 V Geschwindigkeit ionisiert.

Wurde ein Atom durch Wegnahme des am leichtesten abtrennbaren Elektrons zunächst nur einfach ionisiert, so können noch weitere Elektronen in der Reihenfolge zunehmender Bindung an den Atomrest gleichfalls abgetrennt werden, allerdings nur unter Aufbringung einer rasch zunehmenden Energie. Auf diese Weise lassen sich **mehrfach** geladene Ionen erzeugen. Außer den Werten für die Einfachionisierung sind in Tab. 2 auch noch die Spannungswerte für den Übergang zum Zwei- und Dreifachion verzeichnet, soweit diese Zahlen bekannt sind.

f) Anregung. Wird einem Gas etwa durch Stoßprozesse mit Elektronen regelbarer Geschwindigkeit Energie von wohlbekanntem Höchstwert zugeführt, so ist eine etwa eintretende Ionisation das sichere Kennzeichen unelastischer Stöße mit beträchtlicher Energieübertragung auf

Tab. 2. *Ionisierungsspannung der Elemente.*

Ordnungszahl	Element	Ionisierungsspannung (Volt)	Energiebedarf beim Übergang vom einfach zum zweifach geladenen Ion (in eV)	Energiebedarf beim Übergang vom zwei- zum dreifach geladenen Ion (in eV)
1	H	13,5		
1	H_2	15,4		
2	He	24,5	54,2	
3	Li	5,37	75,3	121,9
4	Be	9,28	18,14	153,1
5	B	8,33	24,0	37,8
6	C	11,3	24,28	46,3
7	N	14,5	29,5	47,2
7	N_2	15,6		
8	O	13,6	34,9	54,9
8	O_2	12,5		
9	F	18,6	34,5	
10	Ne	21,5	40,9	63,4
11	Na	5,12	47,5	70,8
12	Mg	7,6	15,0	
13	Al	5,9	18,7	28,3
14	Si	8,1	16,3	33,4
15	P	11,1	19,8	30,0
16	S	10,2	23,3	34,7
17	Cl	13,0	23,7	39,7
18	Ar	15,7	27,8	36,8
19	K	4,32	31,7	46,1
20	Ca	6,1	11,8	50,8
21	Sc	6,6	12,8	24,6
22	Ti	6,8	13,6	27,6
23	V	6,7	14,7	
24	Cr	6,7	16,6	
25	Mn	7,4	15,7	
26	Fe	7,8	16,5	
27	Co	7,8	17,3	
28	Ni	7,6	18,1	
29	Cu	7,7	20,2	
30	Zn	9,3	17,9	
31	Ga	5,9	18,9	
32	Ge	7,8	15,9	
33	As	9,9		
34	Se	9,7		
35	Br	11,8		

Ordnungszahl	Element	Ionisierungsspannung (Volt)	Energiebedarf beim Übergang vom einfach zum zweifach geladenen Ion (in eV)	Energiebedarf beim Übergang vom zwei- zum dreifach geladenen Ion (eV)
36	Kr	13,94	24,7	38,0
37	Rb	4,16	27,3	47,5
38	Sr	5,7	11,0	
39	Y	6,5	12,3	
40	Zr	6,0	14,0	
42	Mo	7,3		
44	Ru	(7,5)		
45	Rh	(7,7)		
46	Pd	(8,3)		
47	Ag	7,5	17,1	
48	Cd	8,9	16,8	
49	In	5,8	18,8	
50	Sn	7,4	14,5	
51	Sb	8,4	13,8	
52	Te	8,9		
53	J	10,4		
54	X	12,08	21,1	33
55	Cs	3,88	23,5	34,6
56	Ba	5,2	9,9	
57	La	5,5		
58	Ce	(6,9)		
59	Pr	(5,7)		
60	Nd	(6,3)		
62	Sm	(6,55)		
64	Gd	(6,6)		
65	Tb	(6,7)		
66	Dy	(8,8)		
70	Yb	7,0		
75	Re	7,8		
78	Pt	8,9		
79	Au	9,2		
80	Hg	10,4	18,7	(41)
81	Tl	6,1	20,3	29,7
82	Pb	7,4	15,0	31,9
83	Bi	7,2		
86	Rn	10,7		
88	Ra	5,4	10,2	

die Gasteilchen. Doch ist die dadurch hervorgerufene Modifikation im Aufbau des Atoms nicht die einzig mögliche; schon vor dem Eintritt einer Ionisierung erweist sich ein Teil der Stöße als unelastisch und führt zu einer Energieaufnahme der Gasteilchen. Außer dem Grundzustand des Atoms sind nämlich noch eine Reihe weiterer Energiezustände ohne Abtrennung von Elektronen möglich: durch die Energiezufuhr wird ein Elektron unter Verbleib im Atomverband von seinem Normalniveau auf ein höheres Energieniveau in größerer Entfernung vom Kern angehoben. Dieser Vorgang wird als *Anregung* und ein solches Atom vermehrter innerer Energie als *angeregtes Atom* bezeichnet. Die Energiezufuhr kann nur gequantelt in dem Atom eigentümlichen Energiestufen erfolgen. Ein verlustfreier Gleichgewichtszustand zwischen der COULOMBschen Anziehungskraft zwischen positivem Kern und negativer Elektronenladung und der von der Rotation um den Kern herrührenden Zentrifugalkraft ist nur auf solchen ausgezeichneten Elektronenbahnen möglich, auf denen das Elektron nach wellenmechanischer Auffassung durch eine stehende Welle wiedergegeben werden kann. Von der einen zur anderen Bahn kann es nur sprungweise unter Verbrauch oder Freimachung eines bestimmten Vielfachen ν des PLANCKschen Wirkungsquantums $h = 6,54 \cdot 10^{-27}$ Ergsek übergehen.

Unterhalb der ersten Stufe über Normalzustand besteht bei Atomen keine Möglichkeit zur Energieaufnahme, und somit sind in einem schwachen Beschleunigungsfeld unterhalb der kleinsten Anregungsspannung nur rein elastische Stöße möglich. Nur für solche Stöße gelten in guter Näherung die Stoßgesetze der klassischen Mechanik, während im Gegensatz hierzu die Zuführung oder Abgabe innerer Energie völlig von den PLANCKschen Gesetzmäßigkeiten der gequantelten Energie beherrscht wird.

In vielen Fällen ist der Zustand erhöhter innerer Energie kein stabiler und wird unter teilweiser oder auch ganzer Freigabe der zuvor eingefangenen Energie nach einer kurzen Zeitspanne der Größenordnung 10^{-8} sek wieder in einen Zustand größerer Stabilität übergeführt. Die freiwerdende Energie ΔE wird dabei restlos in Form einer Lichtwelle abgestrahlt, so daß gilt

$$\Delta E = h\nu = \frac{h c}{\lambda} \qquad \text{oder} \qquad \lambda = \frac{h c}{\Delta E}, \qquad \text{(II, 9)}$$

wo ν die Frequenz der elektromagnetischen Welle in Hz ist, λ ihre Wellenlänge und c die Lichtgeschwindigkeit im Vakuum (rd. $3 \cdot 10^{10}$ cm/sek). Für manche Anregungszustände besteht allerdings fast keine Möglichkeit, die aufgenommene Energie in Form von Photonen abzustrahlen; die spontane Rückkehr zu einem Zustand niedrigerer innerer Energie ist sehr unwahrscheinlich („verboten"), und der Anregungszustand bleibt über längere Zeit (bis zu Sekunden) erhalten, im allgemeinen solange, bis solche „metastabilen" Atome die gespeicherte Energie bei einem Stoßvorgang an ihre Stoßpartner bzw. die Gefäßwand abgeben können. Merkliche Konzentrationen von angeregten Atomen in einem Gas sind wegen deren kurzen Lebensdauer unwahrscheinlich, dagegen können Metastabile in beachtenswerter Zahl auftreten und das Verhalten eines Gases bei Entladungsvorgängen wesentlich beeinflussen. Nur in dem Falle, daß das bei der Rückkehr in den Grundzustand abgestrahlte Licht von Nachbarmolekeln im Gas absorbiert wird, werden sich die kurzzeitig angeregten Molekel bei der Weitergabe ihrer inneren Energie immer wieder von neuem Nachfolger gleichen Zustandes schaffen. Auf diesem Umweg über die eingefangene *Resonanz*strahlung wird durch das fortgesetzte Spiel Emission—Absorption trotz kurzer Lebensdauer des Einzelzustandes eine erhöhte Konzentration angeregter Atome geschaffen und die Anregungsenergie bleibt erhalten.

Der angeregte Zustand gibt Anlaß zur Abstrahlung eines Lichtquants der Frequenz $\nu = \dfrac{\Delta E}{h}$, das im Bereich des sichtbaren oder auch unsichtbaren ultravioletten Lichts liegt ($\lambda = 4000$—7000 Å bzw. $\lambda < 4000$ Å). Mehrere Lichtquanten werden abgestrahlt, wenn das Elektron nicht in einem einzigen Sprung, sondern über Zwischenstufen seine Normalbahn erreicht. Doch wird stets die Bedingung erfüllt, daß die Summe der Strahlungsenergieanteile der freigemachten potentiellen Energie gleicht. Bei sehr großer Energiezufuhr, etwa beim Beschuß mit raschen Elektronen, wird ein Elektron aus den inneren K- und L-Schalen abgetrennt; die entstehende Lücke wird durch ein von der M-Schale abgegebenes Elektron aufgefüllt und die beim Übergang von $M \rightarrow L$ oder von $M \rightarrow K$ frei werdende Energie als Röntgen-Spektrallinie kurzer Wellenlänge abgestrahlt. Außer der Lichtaussendung wird bei diesem Prozeß das Atom infolge des Verlustes eines Elektrons ionisiert.

In entsprechender Weise wie das hochangeregte Atom seine Energie in Stufen unter Aussendung mehrerer diskreter elektrischer Wellenzüge abzugeben vermag, kann auch beim umgekehrten Ablauf in aufeinanderfolgenden Etappen ein Anregungszustand hoher potentieller Energie oder über stufenweise Anregung schließlich Ionisation erreicht werden. So können Ladungsträger im Gas gebildet werden, obwohl die stoßenden Teilchen gar nicht die zur Durchführung des Prozesses in einem Zug erforderliche Energie besitzen; doch muß ihre Energie mindestens zur Anregung der untersten Stufe ausreichen. Bei größerer Konzentration der angeregten Atome, also vorzugsweise beim Vorhandensein von Metastabilen, ist die Wahrscheinlichkeit für eine neuerliche Energieaufnahme eines bereits angeregten Atoms durch Stoß oder durch Photoneneinwirkung verhältnismäßig groß; das angeregte Atom erhöht seine potentielle Energie weiterhin, wobei es sogar ionisiert werden kann.

Als Beispiel einer solchen stufenweisen Ionisierung sei die verschiedentlich angezweifelte Trägerbildung in Luft durch einen Quecksilberdampfstrahler mit einer von der Quarzumhüllung noch durchgelassenen kleinsten Wellenlänge von rd. 1800 Å erwähnt. Nachdem die Ionisierungspotentiale von N_2 und O_2 bei 15,6 bzw. 12,5 V liegen, besteht für das UV-Licht keine Möglichkeit zur unmittelbaren Ionisierung, doch reicht seine Energie noch gerade zur Anregung der untersten Stufe des Stickstoffs mit 6,1 eV und erst recht zur Schwingungs- oder Rotationsanregung der Moleküle (s. den folgenden Abschnitt), für welche beim O_2-Molekül bereits 1,62 eV genügen. Durch Akkumulierung aufeinanderfolgender Photonenenergien wird schließlich in der letzten Stufe ein Elektron unter Ionisierung des Moleküls abgetrennt. Die bei der Bestrahlung gleichzeitig bemerkbare Ozonbildung ($2\,O_2 + 2\,O \rightleftharpoons 2\,O_3$) wird durch Dissoziation des Sauerstoffmoleküls eingeleitet (erforderliche Energie 6,2 eV), welche vom UV-Licht ebenfalls noch in einer Energieumsetzung bewirkt werden kann. Somit dürfte es als wahrscheinlich anzusehen sein, daß die Trägerbildung durch das Licht einer Quarzlampe nicht nur an den Wänden des Raumes, sondern auch im Gas selbst stattfinden kann[1].

Molekülanregung. Unterhalb der kleinsten Anregungsarbeit kann auf ein Atom keine innere Energie übertragen werden; alle Stöße noch kleinerer eingesetzter Energie verlaufen bei Atomen rein elastisch. Während für Atome nur die drei Freiheitsgrade in den drei Richtungen des Raumes verfügbar sind, können die zu einem Molekül verbundenen Atome auch noch gegeneinander schwingen und umeinander rotieren. Die Hervorrufung solcher Zustände ist schon mit sehr viel kleinerem Arbeitsaufwand als bei der Atom-Anregung möglich. Somit ist bei Molekülen außer Ionisation und Anregung als weiterer Zustand mit erhöhter Energie gegenüber dem normalen der Zustand einer *Schwingungs-* oder *Rotationserregung* zu unterscheiden, der teilweise schon mit Energien von wenigen zehntel eV hervorgerufen werden kann.

Oft tritt der Fall ein, daß das Molekül beim Stoß aufgespalten wird, wenn die Schwingungsenergie einen bestimmten Betrag erreicht hat. Die Dissoziationsprodukte können normale, angeregte, ionisierte Atome oder auch Ionenkomplexe sein. Auf die hier vorliegenden, z. T. recht unübersichtlichen und auch nicht immer restlos geklärten Verhältnisse wird später eingegangen (S. 64).

g) Stöße zweiter Art. Bei der bisher behandelten Art unelastischer Stöße wird der Anregungs- oder Ionisierungsbedarf des gestoßenen Teilchens aus der mitgebrachten kinetischen Energie seines Stoßpartners gedeckt. Bei einem Elektron reicht hierzu bereits eine Geschwindigkeitsenergie vom einfachen Betrag der aufzubringenden potentiellen Energie aus, während ein Ion von derselben Masse wie sein Stoßpartner mindestens die doppelte Energie mit sich führen muß. Auch bei Erfüllung dieser Voraussetzung erfolgt eine Anregung oder Ionisierung nicht bei jedem Stoß, sondern nur mit einer Wahrscheinlichkeit, die z. T. erheblich unter der Einheit liegen dürfte.

---

[1] S. hierzu beisp. G. R. Wait: Phys. Rev. **72** (1947) 158 sowie R. van Cauwenberghe, Bull. S. F. E. **7** (1937) 1005.

Außer solchen Stößen „erster Art" sind auch noch andersartig verlaufende Wechselwirkungen bei der Annäherung von Teilchen möglich, dann nämlich, wenn an Stelle kinetischer Energie die potentielle Energie angeregter Atome zur Verfügung gestellt wird, vorzugsweise von Metastabilen wegen deren großer Lebensdauer. Sie werden als *Stöße zweiter Art*[1] bezeichnet. Hierbei wird die Energie der angeregten Atome nicht durch Lichtemission verausgabt, sondern unter Wahrung der Gesetze von der Erhaltung der Energie und des Impulses auf ein Elektron oder eine Molekel übertragen. Nach dem Energieaustausch fliegt dann das Elektron mit erhöhter Geschwindigkeit weiter, das Atom kann gleichfalls beschleunigt oder auch seinerseits angeregt oder gar ionisiert werden (letzteres selbstverständlich nur dann, wenn seine Ionisierungsarbeit kleiner als die verfügbare Anregungsenergie ist), schließlich kann ein mehratomiges Molekül dissoziiert und die Spaltprodukte bei ausreichend hoher Anregungsenergie vielleicht auch noch beschleunigt oder ihrerseits angeregt werden. Die Vielzahl der möglichen Vorgänge lassen sich durch die nachfolgenden Gleichungsformen darstellen, bei denen A oder B ein Atom, M ein Molekül, E ein Elektron bezeichnen und der Index ang einen Anregungszustand kennzeichnet:

Stoß zwischen angeregtem (metastabilem) Atom und Elektron:

$$A_{ang} + E_{langsam} = A + E_{schnell}$$

Stoß zwischen zwei Atomen derselben Art:

$$A_{1\,ang} + A_{2\,langsam} = A_1 + A_{2\,schnell}$$
$$A_{1\,ang} + A_2 = A_1 + A_{2\,ang}$$

$\left.\right\}$ (Reiner Austausch der potentiellen Energie unter den Stoßpartnern; „Umladung")

Stoß zwischen zwei Atomen verschiedener Art:

$$A_{ang} + B_{langsam} = A + B_{schnell}$$
$$A_{ang} + B = A + B_{ang\,(+\,schnell)}$$

$\left.\right\}$ Voraussetzung: Anregungsenergie von Atom der Art B kleiner als Energie des angeregten Atoms der Art A)

$$A_{ang} + B_{ang} = A + B_{Ion} + E$$

Stoß zwischen angeregtem Atom und dissoziierendem Molekül:

$$A_{ang} + M = A + M_1 + M_{2\,ang\,(oder\,schnell)}$$

Als Regel gilt für die Wahrscheinlichkeit eines bestimmten Stoßes 2. Art, daß der Vorgang kleinster Energieunterschiede bevorzugt wird; dann nimmt der in Geschwindigkeitsenergie umzusetzende Restbetrag einen Kleinstwert an. So werden beispielsweise Hg-Atome ($V_{met} = 5{,}4\,V$; $V_i = 10{,}4\,V$) bei Stößen mit metastabilen Krypton- oder Argonatomen ($V_{met} = 9{,}9$ bzw. $11{,}5\,V$) unter sonst gleichen Umständen in größerer

---

[1] KLEIN, O. u. S. ROSSELAND: Z. Phys. **4** (1921) 46.

Zahl angeregt oder auch ionisiert als etwa durch die Stöße von Neon-Metastabilen höherer potentieller Energie ($V_{met} = 16{,}5$ V), weil die verfügbaren Energien der Kr- oder A-Atome dem geforderten Energiebetrag näher liegen. Die große Bedeutung dieser Prozesse liegt in der hierdurch gegebenen Möglichkeit, durch Zumischung von Gasen niedriger Ionisierungsarbeit zu einem Grundgas hoher Anregungs- und Ionisierungsarbeit die Zünd- oder Brennspannung eines solchen Gemischs wesentlich herabzusetzen, auch wenn die Beimischung nur spurenweise vorhanden ist.

Zu den Stößen zweiter Art können schließlich auch solche gezählt werden, bei denen die potentielle Energie eines langsamen Ions auf eine im Grundzustand befindliche Molekel übertragen wird, welche hierdurch angeregt oder/und ionisiert wird.

Als Sonderfall eines Stoßes ist die Umkehrung des Ionisationsvorgangs in Form des sogenannten *Dreierstoßes* möglich und wohl auch von Bedeutung für manche Gasentladungen: Bei einem zufälligen Zusammentreffen von zwei Elektronen und einem Ion vereinigt sich eines der beiden Elektronen mit dem Ion zu einer neutralen Gasmolekel unter Übertragung der freiwerdenden Vereinigungsenergie vom Betrag der Ionisierungsarbeit auf das anwesende zweite Elektron, das als Nutznießer des Prozesses mit hoher Geschwindigkeit weiterfliegt.

III. Die Bewegung von Elektrizitätsträgern in Gasen unter dem Einfluß eines äußeren elektrischen Feldes.

a) Im Hochvakuum. Bei geringem Gasdruck legen die im Gas vorhandenen Ladungsträger große Wege zwischen den Zusammenstößen mit den Gasmolekeln zurück. Auch die in einem abgeschlossenen Raum befindlichen Molekel kollidieren dann nur selten untereinander und fast nur noch mit den begrenzenden Wänden. Bei einem Unterdruck von beisp. 10^{-6} Torr sind zwar bei Zimmertemperatur immer noch mehr als 10^{10} Molekel in 1 cm³ vorhanden, doch erreicht die mittlere freie Weglänge bereits die Größenordnung 100 m.

Ein äußeres elektrisches Feld zieht vorhandene Ladungsträger zu den Elektroden, wobei die geladenen Teilchen bei vernachlässigbarer Anfangsgeschwindigkeit in Richtung der Feldlinien beschleunigt werden. Elektronen und negative Ionen wandern zur positiv aufgeladenen Elektrode, der Anode, die positiven Ionen zur Kathode. Die auf den Träger in jedem Punkt des Feldes einwirkende Kraft ist durch das Produkt aus seiner Ladung e und der dort herrschenden Feldstärke E gegeben. $K = eE$ (K in 10^7 dyn $= 10{,}2$ kg, wenn e in C und E in V/cm gemessen wird). Durchfällt der Träger (Masse m) gänzlich das homogene Feld im Mittelraum eines Plattenkondensators ohne Zusammenstoß, so nimmt er aus dem Feld bei der Elektrodenspannung $U = Ed$ die Arbeit $eEd = eU$ auf und setzt sie in die Geschwindigkeitsenergie $1/2 \cdot m v^2$ um. Die Gleichsetzung beider Ausdrücke liefert $v = \sqrt{\dfrac{2\,e\,U}{m}}$. Mit dem Zahlenwert der spezifischen Elektronenladung

$$\frac{e}{m} = \frac{1{,}59 \cdot 10^{-19}}{0{,}9 \cdot 10^{-27}} = 1.76 \cdot 10^8 \ \text{C/g}$$

wird für Elektronen

$$v_{\text{El}} = \sqrt{2 \cdot 10^7 \frac{e}{m} U} = 595 \sqrt{U} \ \text{km/sek} \quad (\text{für } U \text{ in Volt}) . \quad (\text{III, 1a})$$

Ein Ion erreicht wegen seiner vielfach höheren Masse M nur die Geschwindigkeit

$$v_{\text{Ion}} = 595 \sqrt{\frac{m}{M}} \sqrt{U} \ \text{km/sek} . \quad (\text{III, 1b})$$

Da bei Elektronen die Endgeschwindigkeit im homogenen Feld von der durchfallenen Spannung eindeutig bestimmt ist, wird diese auch als „Voltgeschwindigkeit" bezeichnet und der Höchstwert der auftretenden Geschwindigkeit oft durch die Angabe der angelegten Beschleunigungsspannung charakterisiert.

Bei der Beschleunigung durch sehr hohe Spannungen und Annäherung an die Vakuumlichtgeschwindigkeit c ist die Massenzunahme der Teilchen über die Ruhemasse m_0 hinaus zu berücksichtigen, die verhindert, daß die Grenzgeschwindigkeit jemals voll erreicht werde. Zur Teilchengeschwindigkeit v gehört nach dem Relativitätsgesetz die Masse

$$m = \frac{m_0}{\sqrt{1 - \left(\dfrac{v}{c}\right)^2}} . \quad (\text{III, 2a})$$

Die im Feld aufgenommene Arbeit findet sich als Unterschiedsbetrag der beiden Massen, multipliziert mit dem Quadrat der Lichtgeschwindigkeit, wieder. Somit gilt $(m - m_0)c^2 = eU$, woraus sich unter Beachtung von (III.2a) die Trägergeschwindigkeit zu

$$v = c \sqrt{1 - \frac{1}{1 + \dfrac{e\,U}{m_0 c^2}}} \quad (\text{III, 2b})$$

errechnet. Die Korrektur ist schon bei Elektronen von einigen zehntausend Volt Geschwindigkeit zu beachten; bei einer frei durchfallenen Spannung von einigen MV kommen diese bereits bis auf einige Promille an die Lichtgeschwindigkeit heran. Bei Ionen treten merkliche Massenzunahmen und gegenüber dem einfachen Ansatz (III, 1b) herabgesetzte Geschwindigkeiten erst bei sehr viel höherer Beschleunigungsspannung auf, da selbst das Proton als leichtestes Ion erst über 100 MV etwa halbe Lichtgeschwindigkeit erreicht.

b) Die Veränderung des Wirkungsquerschnittes mit der Trägergeschwindigkeit. Bei der gleichzeitigen Anwesenheit von Molekeln und Ladungsträgern in einem Raum liefert die Modellvorstellung starrer Kugeln nur eine mehr oder weniger unvollständige Annäherung an die tatsächlichen Verhältnisse. Die mittlere freie Weglänge zwischen zwei Zusammenstößen, die sich nach der einfachen Vorstellung für ein Elektron zum $4\sqrt{2}$-fachen, für Ionen des Grundgases zum $\sqrt{2}$-fachen des Wertes für Molekel ergab (s. (II, 5)), sowie der ihr entsprechende Kehrwert des Wirkungsquerschnitts ändern sich mit der Geschwindigkeit der stoßenden Ladungsträger. Der Grund hierfür ist darin zu suchen, daß eine Wechselwirkung zwischen zwei Teilchen nicht erst bei einer sehr starken Annäherung zwischen beiden stattfindet, sondern daß die Teilchen sich auch schon in größerer Entfernung beeinflussen, wenn auch nur mit geringerer Kraft. Beim Zusammentreffen zweier Molekel ist deren Wirkungsbereich recht scharf begrenzt und fällt etwa mit dem durch den Durchmesser der äußersten Elektronenhülle gegebenen Bereich zusammen, weil das Molekel-Streukraftfeld außerordentlich rasch, etwa mit der 9. bis 14. Potenz des Abstandes vom Kern zum Außenraum hin abfällt. Das Feld eines Trägers der Ladung e ändert sich jedoch nach der Gleichung $E = \dfrac{e}{4\pi\varepsilon r^2}$ nur mit $\dfrac{1}{r^2}$, so daß beisp. in $r = 10^{-5}$ cm Entfernung von einem Elektron oder einem einfach geladenen Ion noch das beachtliche Feld von 1,4 kV/cm vorhanden ist. Nachdem das Feld der im Trägerbereich polarisierten Molekel mit $\dfrac{1}{r^3}$ abfällt, ändert sich die Kraft zwischen Träger und Dipol-Molekel somit proportional $\dfrac{1}{r^5}$. Verglichen mit der gegenseitigen Beeinflussung zweier Molekel ist der Wirkungsbereich einer Molekel gegenüber einem Träger viel ausgedehnter, und der „Stoß" beginnt mit merklicher Kraftausübung bei sanftem Einsatz schon bei größerem Abstand beider Teilchen.

Ein Ladungsträger hoher Geschwindigkeit durchquert den maßgeblichen Einwirkungsbereich einer Molekel schnell und wird dabei weniger nach Richtung und Geschwindigkeit beeinflußt als bei langsamer Bewegung. Dies bedeutet, daß der Wirkungsquerschnitt der Molekel bei kleineren Geschwindigkeiten ansteigt. Tatsächlich zeigen auch Messungen des Wirkungsquerschnittes gegenüber Ladungsträgern veränderlicher Geschwindigkeit im allgemeinen einen solchen Gang, doch treten in vielen Gasen bei ziemlich kleinen Trägergeschwindigkeiten auch Abweichungen von dem erwarteten Effekt einer recht starken Einwirkung beider Teilchen aufeinander auf; diese Änderungen lassen sich nur unter Zuhilfenahme wellenmechanischer Überlegungen erklären und nachrechnen. Beim Durchgang langsamer Elektronen durch Edelgase haben als Erste ÅKESSON und nach ihm vor allem RAMSAUER derartige Anomalien nachgewiesen und genaue Messungen des jeweiligen Wirkungsquerschnittes vorgenommen[1].

Abb. 9a und b gibt eine Zusammenstellung der Ergebnisse solcher Messungen des Wirkungsquerschnittes Q_{W_0} einiger Gase bei 1 Torr und $0°$ C gegenüber langsamen Elektronen der Voltgeschwindigkeit U. Der Vergleich läßt erkennen, daß eine gleichartige Anordnung der Elektronen der äußeren Schale auch zu einem gleichartigen Verlauf der Wirkungsquerschnittkurven führt. Während etwa die Dämpfe von Hg, Zn, Cd einen Kurvenverlauf ergeben, der ungefähr dem nach klassischer Auffassung erwarteten entspricht mit stetig zunehmendem Wirkungsquerschnitt bei Verringerung der Elektronengeschwindigkeit, stellt sich z. B. bei den Edelgasen Ar, Kr oder Xe ein ausgesprochenes Maximum bei rd. 10 V ein, auf das bei sehr niedrigen Elektronengeschwindigkeiten (unter 1 V) ein Kleinstwert folgt. So ändert sich die Durchlässig-

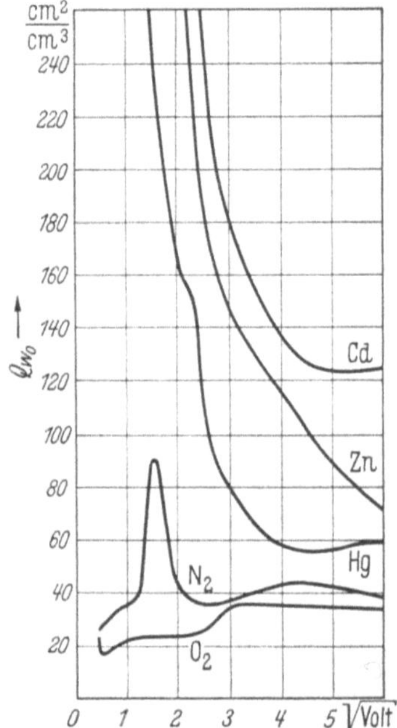
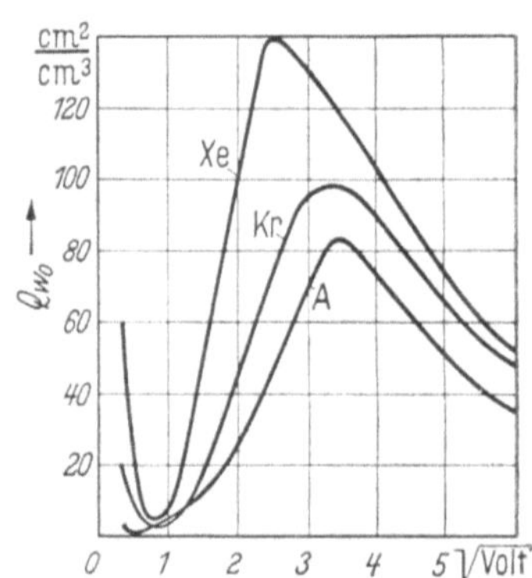

Abb. 9a u. b. Wirkungsquerschnitte einiger Gase für Elektronen veränderlicher Geschwindigkeit (entnommen aus Hdbch. Phys., Bd. 22).

keit von Argon für Elektronen zwischen den beiden Extremwerten um den Faktor 150, und zwar ist ganz entgegengesetzt zu den Erwartungen das Gas bei 30-facher Elektronengeschwindigkeit nicht etwa durchlässiger, sondern scheinbar um das 150-fache dichter geworden.

So zeigt gerade dieses Beispiel in aller Deutlichkeit, daß die Annahme eines unveränderlichen Wirkungsquerschnittes bzw. eines gleichbleibenden Mittelwertes der freien Weglänge in dem bei Gasentladungen vorzugsweise interessierenden Gebiet mäßiger Trägerenergien zu ganz falschen Schlüssen führen kann und daß eine genauere Rechnung die Än-

[1] S. hierzu etwa die zusammenfassende Darstellung von C. Ramsauer u. R. Kollath in Hdbch. Phys. Bd. 22, 2. Aufl. (1933) S. 243—312. Berlin: Springer.

derungen des Wirkungsquerschnittes berücksichtigen muß. Wird ein Ladungsträger über eine gewisse Strecke von einem äußeren Feld bewegt, so besitzt er nach freiem Durchfallen eine sehr viel größere Energie als bei behinderter Zurücklegung desselben Weges, weil er bei den Zusammenstößen mit den Molekeln jeweils völlig unregelmäßig aus der Richtung des beschleunigenden Feldes gestreut wird und schließlich nur mit geringer Energie an seinem Ziele ankommt. Lange Freiflüge als Folge großer Durchlässigkeit des Gases ergeben Träger hoher kinetischer Energie und begünstigen dadurch die Schaffung neuer Träger durch Stoßionisierung.

Über den Durchgang von Ionen durch ein Gas liegen ebenfalls einige wenige Messungen vor, die z. T. auf ähnliche Abweichungen des Wirkungsquerschnittes vom erwarteten Verlauf hinweisen. Wegen der geringen Wahrscheinlichkeit einer Ionisierung durch Ionenstoß in Gasentladungen kommt diesen Messungen, die auch nur mit größeren Ungenauigkeiten durchführbar sind, nicht die gleiche hervorragende Bedeutung zu wie denen über den Durchgang von Elektronen durch ein Gas[1].

c) Die gerichtete Bewegung von Ladungsträgern. Mit steigendem Gasdruck werden die freien Wege zwischen zwei Zusammenstößen kürzer, und die Wahrscheinlichkeit der Streuung von Trägern an Molekeln nimmt zu. Ein äußeres elektrisches Feld der Stärke E vermag die Träger dann nur mehr auf sehr kurzen Wegstrecken zu beschleunigen; die Zickzackbahn eines geladenen Teilchens ist nicht länger aus lauter geradlinigen Wegstücken zusammengesetzt, sondern wegen der bei jedem freien Fall gleichmäßig und stetig angreifenden Feldkraft eE aus kurzen Stücken von Wurfparabeln (s. Abb. 10). Bei schwachem Feld und hohem Druck wird ein Träger bei jedem Stoß im Mittel um eine nur sehr kleine

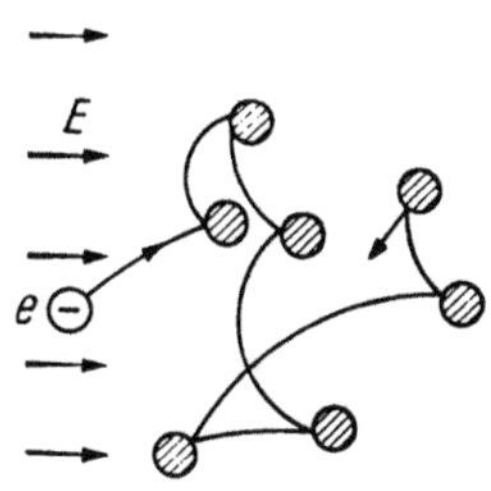

Abb. 10. Bewegung eines Ladungsträgers im elektrischen Feld der Stärke E.

Wegstrecke in Feldrichtung verschoben, auch wird die beim Freiflug erlangte zielstrebige („gerichtete") Geschwindigkeitskomponente beim folgenden Zusammenstoß fast vollständig durch die neuerliche Streuung in eine beliebige Richtung des Raumes ausgelöscht und geht in der ungeordneten thermischen Bewegung der Teilchen unter.

Mit den bei schwachem Feld zulässigen Annahmen, daß zu Beginn des neuen Freiflugs eine gerichtete Geschwindigkeit nicht mehr vorhanden ist und die Trägerbahn durch ihre geringfügige Krümmung nicht merk-

---

[1] Messungen hierzu s. beisp. C. Ramsauer u. O. Beck: Ann. Phys. **87** (1928) 1; F. Wolf: Z. Phys. **72** (1931) 42; W. Weizel u. O. Beck: Z. Phys. **76** (1932) 250.

lich verlängert wird, berechnet sich die Strecke, um die der Träger in oder gegen die Feldrichtung je nach dem Vorzeichen seiner Ladung verschoben wird, zu $l = \frac{1}{2}\gamma t^2$; $\gamma = \frac{eE}{m}$ bezeichnet hierbei die gleichbleibende Beschleunigung des geladenen Teilchens der Masse m. Der Mittelwert der Zeitdauer t eines Freiflugs errechnet sich als Verhältnis des mittleren freien Weges zur mittleren Trägergeschwindigkeit zu $t = \bar{\lambda}/\bar{v}$. Damit ergibt sich für die Geschwindigkeit des Trägers in Feldrichtung der Ausdruck

$$ u = \frac{l}{t} = \frac{1}{2} \cdot \frac{e}{m} \cdot \frac{\bar{\lambda}}{\bar{v}} E \, . \tag{III, 3a}$$

Die zielstrebige Fortschreitungsgeschwindigkeit erweist sich dem Kehrwert der thermischen Trägergeschwindigkeit und bei konstantem Wert des Verhältnisses $\bar{\lambda}/\bar{v}$ auch der einwirkenden Feldstärke verhältnisgleich.

Mit der Einführung der Größe $b = 0{,}5 \frac{e}{m} \cdot \frac{\bar{\lambda}}{\bar{v}}$ kann auch geschrieben werden

$$ u = b E \, . \tag{III, 3b}$$

b hat die Maßeinheit $\frac{\text{cm}}{\text{s}} : \frac{\text{V}}{\text{cm}} = \frac{\text{cm}^2}{\text{Vs}}$ und wird als *Beweglichkeit* des Ladungsträgers im Gas bezeichnet; im Feld der Stärke 1 V/cm gleicht der Zahlenwert der Beweglichkeit dem Zahlenwert der gerichteten Geschwindigkeit.

Weicht die Trägermasse m von der Masse M einer Molekel des Gases ab und wird auch noch der Umstand berücksichtigt, daß die vereinfachte Ableitung von (III, 3a) eine unzulässige Verwendung von Mittelwerten für die stark streuenden Einzelwerte der freien Weglänge und der thermischen Geschwindigkeit der Ladungsträger einschließt (wegen der quadratischen Abhängigkeit des Fallweges von der Fallzeit führen die über dem Durchschnitt liegenden freien Weglängen zu einer Verlängerung der bei jedem Freiflug in Feldrichtung zurückgelegten Strecke), so führt die von Langevin vorgenommene Berechnung zu der ähnlichen Gleichung

$$ b = f \frac{e}{M} \cdot \frac{\bar{\lambda}}{v_{\text{eff}}} \sqrt{\frac{m+M}{m}} \, , \tag{III, 4a}$$

in welcher dem Zahlenfaktor f der Wert 0,815 oder $\sqrt{\frac{8}{3\pi}} = 0{,}921$ beizulegen ist, je nachdem, ob die thermische Geschwindigkeit der Gasmolekel als vernachlässigbar angesehen wird oder nicht. v_{eff} ist hier die Wurzel aus der Summe der Geschwindigkeitsquadrate der Gasmolekel, $\bar{\lambda}$ die mittlere freie Weglänge der Ladungsträger. Für Ionen des Grundgases, also für $M = m$, nimmt die Wurzel den Wert $\sqrt{2}$ an, und es wird

$$ b_{\text{Ion}} = f \sqrt{2} \frac{e}{M} \cdot \frac{\bar{\lambda}}{v_{\text{eff}}} = \begin{Bmatrix} 1{,}15 \\ 1{,}30 \end{Bmatrix} \cdot \frac{e}{M} \cdot \frac{\bar{\lambda}}{v_{\text{eff}}} \, . \tag{III, 4b}$$

Für Elektronen gilt $m \ll M$ und

$$b_{\mathrm{El}} = f\,\frac{e\bar{\lambda}}{v_{\mathrm{eff}}\sqrt{M}} \cdot \frac{1}{\sqrt{m}} \cdot \qquad \text{(III, 4c)}$$

Unter Berücksichtigung gleicher mittlerer kinetischer Energien für Molekel und Elektron $\left(\frac{1}{2}\,m\,v_{\mathrm{eff\,El}}^2 = \frac{1}{2}\,M\,v_{\mathrm{eff}}^2\right)$ läßt sich die Molekelgeschwindigkeit v_{eff} durch die Trägergeschwindigkeit ersetzen:

$$b_{\mathrm{El}} = f\,\frac{e}{m} \cdot \frac{\bar{\lambda}}{v_{\mathrm{eff\,El}}}; \qquad \text{(III, 4d)}$$

bei Wiedereinführung des arithmetischen Mittelwertes der Elektronengeschwindigkeit $\bar{v}_{\mathrm{El}}$ an Stelle des Effektivwertes

$$v_{\mathrm{eff\,El}} = \sqrt{\frac{3\pi}{8}}\,\bar{v}_{\mathrm{El}} = 1,085\,\bar{v}_{\mathrm{El}}$$

folgt

$$b_{\mathrm{El}} = \begin{Bmatrix} 0,75 \\ 0,85 \end{Bmatrix} \cdot \frac{e}{m} \cdot \frac{\bar{\lambda}}{\bar{v}_{\mathrm{El}}} \cdot \qquad \text{(III, 4e)}$$

Die Beweglichkeit der Ionen. Wie (III, 4b) zeigt, ist die Beweglichkeit der Ladungsträger dem Verhältnis der freien Weglänge zur Teilchengeschwindigkeit, also der Zahl der Stöße in 1 sek verhältnisgleich. Daraus folgt, daß sich die Beweglichkeit umgekehrt proportional zur Gasdichte ändert. Bezeichnen b_0 und ϱ_0 die Beweglichkeit und Gasdichte bei 0° C und 760 Torr, so gilt

$$b = b_0\,\frac{\varrho_0}{\varrho} \qquad \text{oder} \qquad b_0 = b \cdot \frac{p}{760} \cdot \frac{273}{T} \qquad \text{(III, 5a)}$$

bei einer Messung des Druckes p in mm Hg-Säule $=$ Torr und der Temperatur in Kelvin-Graden. Danach müßte sich die Beweglichkeit bei konstanter Temperatur umgekehrt wie der Druck ändern:

$$b = b_0\,\frac{760}{p}\bigg|_{T\,=\,\mathrm{const}} \cdot \qquad \text{(III, 5b)}$$

Für Ionen gilt (III, 5b) in jedem praktisch vorkommenden Druckbereich von geringen bis zu sehr hohen Drucken mit großer Genauigkeit. Dagegen ergeben die bei unterschiedlicher Temperatur durchgeführten Messungen den nach der Theorie zu erwartenden Zusammenhang zwischen Beweglichkeit und Temperatur nicht. Nach der Grundgleichung ist $b \sim \frac{1}{\bar{v}}$; für die Teilchengeschwindigkeit gilt wegen $\frac{3}{2}\,kT = \frac{1}{2}\,m\,v_{\mathrm{eff}}^2$ somit $\bar{v} \sim \sqrt{T}$ und damit müßte $b \sim \frac{1}{\sqrt{T}}$ sein.

Aus (III, 3b) folgt für die gerichtete Geschwindigkeit der Ionen $u = b_0 \cdot 760\,\frac{E}{p}$, welche somit für ein bestimmtes Gas nur von der reduzierten Feldstärke E/p abhängt. Die hierbei vorausgesetzte Konstanz der Ionenbeweglichkeit auch bei einer Änderung der Feldstärke oder genauer gesagt des Verhältnisses E/p wird bis zu höheren E/p-Werten vom Experiment bestätigt; erst bei Feldstärken, die in der Größenordnung der zum Durchschlag erforderlichen liegen, steigt die Beweglichkeit bei einigen Gasen leicht an, um nach Durchlaufen eines bald erreichten Höchstwertes wieder abzufallen. Nach den getroffenen Voraussetzungen müßte die Beweglichkeit ungeändert bleiben, solange der Energiegewinn im Feld pro freie Wegstrecke nicht mit dem Betrag der thermischen Energie vergleichbar wird. Jenseits dieser Grenze wäre für die Abhängigkeit der gerichteten Geschwindigkeit von der Feldstärke ein Wurzelgesetz zu erwarten, wie dies weiter unten für Elektronen nachgewiesen wird.

Das Experiment zeigt, daß Ionen negativer Ladung im allgemeinen eine größere Beweglichkeit als positiv geladene Ionen besitzen. Nur bei wenigen Gasen wie z.B. bei Cl_2, HCl und SO_2 wurden Ausnahmen von dieser Regel festgestellt. Die Unterschiede dürften darauf zurückzuführen sein, daß bereits spurenweise Beimengungen und Verunreinigungen eines Gases in erster Linie für die positiven Ladungsträger Veranlassung geben mögen, sich an Gebilde größerer Masse anzuhängen und Komplexionen zu bilden oder auch ihre Ladungen auf die Molekel von Fremdgasen zu übertragen; solche Umladungsvorgänge sind z.B. vorzugsweise bei der nur schwer vermeidbaren Anwesenheit von Hg-Dampf bei Unterdruckversuchen zu erwarten und haben das Auftreten einer großen Zahl von relativ langsamen positiven Hg-Ionen im Gefolge. Nur in völlig reinen Gasen niedriger Temperatur bleiben die Ionen von angehängten Molekeln frei; Beispiele hierfür bieten etwa Alkaliionen in einem Edelgas. Andererseits können die Unterschiede in den gemessenen scheinbaren Beweglichkeiten auch darin begründet sein, daß die negativen Ionen hin und wieder bei Stößen vor allem bei hoher Geschwindigkeit ihre nur leicht gebundenen Elektronen verlieren und die freien Elektronen in gleichen Zeiten eine um rd. 4 Zehnerpotenzen größere Wegstrecke zurückzulegen vermögen als negative Ionen. Die Messung der Beweglichkeit negativer Ionen führt in solchen Fällen zu einem Mischwert aus tatsächlicher Ionenbeweglichkeit und der vielfach höheren einer geringen Zahl ebenfalls vorhandener Elektronen, wodurch ein zu großer Wert der Ionenbeweglichkeit vorgetäuscht wird[1].

Daß schon geringste Zugaben von Fremdgasen sich in erheblichem Maße auf die Beweglichkeit auswirken können, folgt daraus, daß selbst bei sehr geringen Beimischungen die große Zahl der in der Zeiteinheit stattfindenden Stöße dafür sorgt, daß sich solche spurenweise Beimischungen deutlich ausprägen. Nachdem ein Teilchen bei atmosphäri-

---

[1] HERWEG, J.: Ann. Phys. **19** (1906) 333.

schem Druck rd. 10^9 Stöße pro sek und cm³ erleidet, wird selbst bei der sehr großen Verdünnung von z. B. $^1/_{1000}{}^0/_{00} = 10^{-6}$ ein Ladungsträger nach bereits rd. $^1/_{1000}$ sek doch einmal auf eine Molekel der Verunreinigung stoßen und kann sich bei größerer Affinität an diese anlagern, gegebenenfalls unter Abstoßung der bisher gebundenen Molekel des Grundgases.

Hieraus ergibt sich auch die Erklärung für die vielfach beobachtete und zweifelsfrei sichergestellte Veränderung der Beweglichkeit mit der Lebensdauer der Ionen. Der Zahlenwert der Ionenbeweglichkeit in gut gereinigten Gasen ist nur unmittelbar nach der Ionenentstehung ($t < 10^{-6}$ sek) für das betreffende Gas kennzeichnend und wäre bei völliger Reinheit des Gases nachher unveränderlich. Spätestens nach einer tausendstel oder hundertstel Sekunde, vielfach auch wohl in noch kürzerer Zeit nach seiner Entstehung, ist der Träger bei seinen vielen Stößen mit einer geeigneten Fremdmolekel zusammengetroffen, die sich an ihn anhängt. Diese Änderungen der Masse und der Abmessungen des Trägers haben Änderungen des Beweglichkeitswertes zur Folge. Erst nach einer Alterungszeit von rd. $^1/_{100}$ sek kann eine gewisse Stabilität gegenüber weiteren Umbildungen und eine Konstanz des Beweglichkeitswertes erwartet werden.

In manchen Gasen, mit Sicherheit in Luft, wurden nicht nur Ionen von Normalgröße, sondern auch solche mit besonders großem Durchmesser festgestellt. Sie bilden sich im Lauf von Alterungsvorgängen durch die Zusammenballung und Anlagerung vieler Molekel und von festen Staubteilchen um positive oder negative Ladungsträger. Bei einem Durchmesser von über 10^{-6} cm erweisen sie sich im allgemeinen mehrfach geladen, und zwar steigt ihre Beladung halbwegs verhältnisgleich mit dem Durchmesser an. Zwei Arten solcher Großionen können in atmosphärischer Luft vorzugsweise beobachtet werden: Die besonders großen und langsamen LANGEVIN-Ionen, die bis zu 10^7 Molekel enthalten und eine Beweglichkeit von etwa $5 \cdot 10^{-4}\,\dfrac{cm^2}{Vs}$ entwickeln, und Mittelionen mit einigen tausend Molekeln und einer Beweglichkeit von rd. $0{,}07\,\dfrac{cm^2}{Vs}$ in trockener und nur etwa $10^{-4}\,\dfrac{cm^2}{Vs}$ in feuchter Luft. Während sich die letzteren beim Zersprühen von Wassertröpfchen bilden, verdanken die bis zur mikroskopischen Sichtbarkeit anwachsenden LANGEVIN-Ionen ihre Größe festen Staubteilchen, die im Gase schweben.

Wegen des großen Einflusses des Alters der Ionen, von Umladungsvorgängen, Feuchtigkeit, von Verunreinigungen und Beimischungen des Gases auf den Zahlenwert der Beweglichkeit streuen die Meßwerte in Abhängigkeit vom Meßverfahren und den Ausgangsbedingungen sehr stark. Eine Mittelung führt zu einem auf jeden Fall ungenauen und verwaschenen Mittelwert, der nicht mehr die besonderen Bedingungen bei der Messung zu kennzeichnen vermag. Es hat daher wenig Zweck, all die vielfach gemessenen Werte anzuführen. Nur einige wenige Mittelwerte der Beweglichkeit bei Atmosphärendruck und $0°$ C seien hier zur ungefähren Kennzeichnung der Größenordnung angegeben (Tab. 3).

Tab. 3.' *Beweglichkeit positiver und negativer Ionen*

$in\ \dfrac{cm}{s} : \dfrac{V}{cm}$ *bei 760 Torr und 0° C.*

Gas	b_0^+	b_0^-
Helium	5,1	6,2
„ (sehr rein)	20	$2,2 \cdot 10^4$ (freie Elektronen)
Argon	1,3	1,7
„ (sehr rein)	1,3	$6,2 \cdot 10^4$ (freie Elektronen)
Luft (trocken)	1,3	1,95
„ (sehr rein)	1,85	2,5
Sauerstoff (O_2)	1,3	1,85
Stickstoff (N_2)	1,3	1,85
Wasserstoff (H_2)	6	8
„ (sehr rein)	—	7,8
Äthylalkohol (C_2H_5OH)	0,35	0,37
Ammoniak (NH_3)	—	1,5—1,4 (abfallend in der ersten tausendstel Sekunde)
Stickstoffoxydul (N_2O)	—	1,15—0,85 (abfallend in der ersten tausendstel Sekunde)

Für die Mischung zweier ionenhaltiger Gase der Partialdrucke p_A und p_B $(p_A + p_B = 760$ Torr$)$ und den auf Normaldruck reduzierten Einzelbeweglichkeiten b_{0A} und b_{0B} kann die resultierende Beweglichkeit berechnet werden nach[1]

$$b_{0\,res} = \frac{b_{0\,A} \cdot b_{0\,B}}{\dfrac{p_B}{760} b_{0\,A} + \left(1 - \dfrac{p_B}{760}\right) b_{0\,B}} ; \quad \frac{1}{b_{0\,res}} = \frac{p_B/760}{b_{0\,B}} + \frac{1 - p_B/760}{b_{0\,A}} . \quad \text{(III, 6)}$$

In Abhängigkeit vom Zumischungsgrad von Gas B zum Grundgas A ergibt sich damit ein hyperbolischer Verlauf der Kurve der resultierenden Beweglichkeit zwischen den Grenzwerten der Trägerbeweglichkeiten in den reinen Gasen. Zu beachten ist allerdings, daß die Beigabe eines Gases B die wirksamen Werte von Ionenradius und Ionenmasse und damit der mittleren freien Weglänge im Gas A in kürzester Zeit erheblich ändern kann; in diesem Fall findet durch die Zumischung zunächst eine rasche Änderung der Beweglichkeit vom Wert b_A auf b'_A statt, und der Berechnung der resultierenden Beweglichkeit nach (III, 6) ist der modifizierte Wert der Ionenbeweglichkeit zugrunde zu legen.

Die gerichtete Bewegung von Elektronen im Gas. Bei der Ableitung von (III, 3a) wurde vorausgesetzt, daß das elektrische Feld

---

[1] BLANC, A.: J. phys. **7** (1908) 825; s. hierzu a. A. W. OVERHAUSER: Phys.Rev. **76** (1949) 250.

zu schwach sei, als daß es die Temperatur der Ladungsträger erheblich über die der Molekel erhöhen könne. Die nach der Gleichung zu erwartende Proportionalität zwischen der gerichteten Geschwindigkeit der Ladungsträger und der wirkenden Feldstärke ist zwar bei Ionen noch bis zu recht hohen Feldstärken, doch nicht mehr bei Elektronen bei den praktisch vorkommenden Feldstärkewerten erfüllt. Solange die Elektronen nur elastische Stöße mit den Molekeln ausführen, geben sie im Mittel nur den sehr kleinen Bruchteil $\varkappa = 2{,}66\,\dfrac{m}{M}$ ihrer kinetischen Energie beim Stoß ab und behalten den weit überwiegenden Teil zurück. Daher wird ein Elektron von zufällig sehr kleiner Anfangsgeschwindigkeit zunächst sehr stark beschleunigt, wobei es einen zunehmenden Energiebetrag auf seine Stoßpartner überträgt; nach einer Reihe von freien Wegen nimmt seine Energie nur noch langsam zu, und es stellt sich asymptotisch ein Gleichgewichtszustand ein, der dadurch gekenn-

zeichnet ist, daß das Elektron bei den Stößen im Mittel ebensoviel Energie abgibt, als es in der gleichen Zeit durch sein Fortschreiten im Felde erworben hat. Dabei kann die Elektronengeschwindigkeit weit über dem aus der Gleichung $v_{\mathrm{eff}} = \sqrt{\dfrac{3\,k\,T}{m}}$ errechneten Wert liegen (T = Gastemperatur),

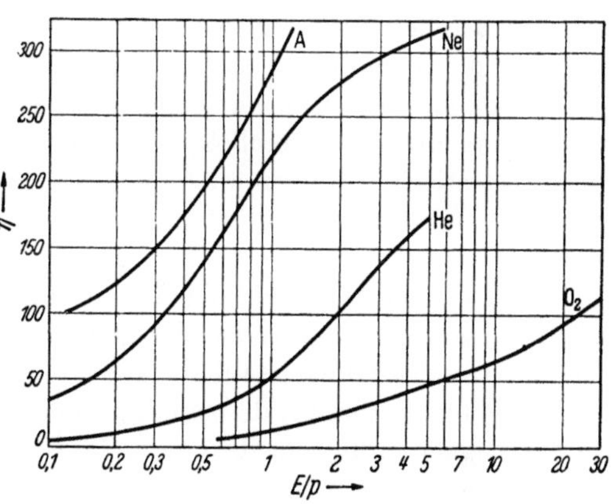

Abb. 11. $\eta = \mathrm{f}\,(E/p)$ (Erklärung siehe im Text).

wie von TOWNSEND und seinen Schülern erkannt wurde.

Abb. 11 gibt für die Edelgase He, Ne und A sowie für Sauerstoff die gemessenen Werte des Verhältnisses $\eta = \dfrac{\text{Mittelwert der Elektronenenergie}}{\text{Mittelwert der Molekelenergie}}$

$= \dfrac{m \cdot v_{\mathrm{eff\,El}}^{2}}{M \cdot v_{\mathrm{eff\,M}}^{2}}$ in Abhängigkeit vom Verhältnis E/p. Diese Meßwerte erlauben somit die Angabe der auf ein Elektron nach Erreichen des Beharrungszustandes entfallenden Energie bei vorgegebener Gastemperatur. Die Elektronengeschwindigkeit liegt umso höher, je kleiner $\varkappa$ ist, je größer also die Masse einer elastisch stoßenden Gasmolekel ist und je später unelastische Stöße einsetzen. Weil bei Molekülgasen die unterste Stufe einer Aufnahme potentieller Energie wegen der Möglichkeit der Übertragung von Schwingungsquanten extrem tief liegt, erleiden die Elektronen z. B. in Sauerstoff eine größere Energieeinbuße als in den angeführten Edelgasen, welche erst bei Elektronengeschwindigkeiten von mehr als 11,5 V potentielle Energie aufnehmen können. In den Edelgasen oder in Metalldämpfen erlangen die Elektronen daher im allgemeinen bei gleichem Feld höhere Geschwindigkeiten als in den Molekülgasen; erst bei solchen E/p-Werten, bei denen auch in den Edelgasen eine größere Zahl unelastischer Stöße erfolgt, sinkt η wieder, da nunmehr das Elektron nach einem Zusammenstoß seinen neuen Freiflug oftmals mit geringer Geschwindigkeit beginnen muß.

Die Kenntnis der im Mittel auf ein Elektron entfallenden Energie besagt noch nichts über die voraussichtliche Verteilung der von null bis unendlich reichenden Geschwindigkeits- und Energiewerte auf die Gesamtzahl der vorhandenen Elektronen. In stromschwachen Entladungen, also bei geringer Elektronendichte, wird die Geschwindigkeitsverteilung sicherlich nicht durch die BOLTZMANN-MAXWELL-Gleichung beschrieben, weil die Elektronen fast ausschließlich mit Molekeln elastisch zusammenstoßen und hierbei die im Feld gewonnene Energie größtenteils festhalten und nicht austauschen. Dagegen erscheint es bei hoher Elektronenkonzentration mit oftmaligen Stößen der Elektronen untereinander recht wahrscheinlich, daß der kräftige Energieaustausch bei solchen elastischen Stößen auch nach Störungen immer wieder zu einer MAXWELL-Verteilung hinführt.

Ohne genauere Vorstellungen über die Energieverteilung der Elektronen ist es nicht möglich, die Abhängigkeit der Elektronenbeweglichkeit bzw. -geschwindigkeit von der Feldstärke anzugeben. Dabei erweist sich die Geschwindigkeitsabhängigkeit der freien Weglänge der Elektronen als recht störend; die zum Teil mehr als größenordnungsmäßigen Durchlässigkeitsunterschiede eines Gases für unterschiedlich schnelle Elektronen erfordern eine Einbeziehung der RAMSAUER-Kurven in den Rechnungsgang. Dies kann dadurch erfolgen, daß die für ein bestimmtes Gas gemessene Wirkungsquerschnittkurve durch einen möglichst einfachen analytischen Ausdruck angenähert wird oder daß der Rechnungsgang an dieser Stelle durch graphische Näherungsmethoden unter Zugrundelegung der Meßwerte des Wirkungsquerschnittes fortgesetzt wird.

Die erste bedeutsame Darstellung der Geschwindigkeitsverteilung von Elektronen, allerdings unter Vernachlässigung der Änderungen des Wirkungsquerschnitts und bei alleiniger Berücksichtigung elastischer Stöße mit den Molekeln, stammt von DRUYVESTEYN[1]. Er nimmt zur weiteren Vereinfachung an, daß das elektrische Feld nur schwach sei, daß also der Energiezuwachs auf einer freien Weglänge gegenüber der thermischen Energie gering bleibe; auch soll bei jedem Stoß mit einer der praktisch unbeweglichen Molekeln die gerichtete Geschwindigkeitskomponente des Elektrons vollkommen ausgelöscht werden. Mit diesen Voraussetzungen

---

[1] DRUYVESTEYN, M. J.: Physica 10 (1930) 69.

erhält DRUYVESTEYN eine Verteilungskurve für den Gleichgewichtszustand nach vielen freien Wegen, die der MAXWELL-Verteilung ähnelt; wie
der nächstehende Ausdruck (III, 7) zeigt, tritt im Zähler des Exponenten
die Geschwindigkeit v nicht mehr quadratisch, sondern in der 4. Potenz
auf, was einen steileren Flankenabfall der Kurve gegenüber der MAXWELL-
Verteilung bedingt. Bezeichnet $\varrho(v)\,dv$ die Zahl der in 1 cm³ vorhandenen
Elektronen der Geschwindigkeit v (genauer: mit Geschwindigkeiten
zwischen v und $v + dv$) und N_0 die Zahl der pro cm³ vorhandenen Molekel,
so gilt nach DRUYVESTEYN

$$\varrho(v)\,dv = 3{,}26\,N_0 \cdot \left(\frac{3}{8} \cdot \frac{\varkappa\,m^2}{(e\,\lambda\,E)^2}\right)^{3/4} \cdot v^2 \cdot e^{-\frac{3}{8}\varkappa\left(\frac{m\,v^2}{e\,E\lambda}\right)^2}\,dv\,. \qquad (\text{III, 7})$$

Hierbei ist wiederum $e\,E\,\lambda$ die vom Elektron bei einem zufällig gerade
in Feldrichtung stattfindenden Freiflug aufgenommene Energie. Die
Berücksichtigung eines veränderlichen Wirkungsquerschnittes erfolgt
durch die Verteilungsfunktion [1]

$$\varrho(v)\,dv = A\,e^{-\frac{3\,N_0^2\,m^3}{(e\,E)^2\,M}\int_0^v Q_W^2(v)\,dv}\,dv\,, \qquad (\text{III, 8})$$

wobei der Faktor A seinerseits geschwindigkeitsabhängig ist. Von
DAVIDOV[2] wurde eine ähnliche Gleichung abgeleitet, die durch die Einbeziehung der Molekelgeschwindigkeit noch einen Schritt weitergeht und
daher auch noch bei sehr geringer Feldstärke zu brauchbaren Ergebnissen führt.

Bei größerer Elektronendichte kann die Wechselwirkung der Elektronen unter sich nicht mehr vernachlässigt werden. Während beim
elastischen Stoß gegen eine Molekel im Mittel nur der sehr kleine Bruchteil $2{,}66\frac{m}{M}$ der Elektronenenergie übertragen wird, verliert das stoßende
Teilchen beim Stoß Elektron—Elektron einen erheblichen Teil seiner
Energie, weshalb sich solche Stöße in der Energiebilanz auch bei relativer
Seltenheit stark auszuprägen vermögen. Das Problem, die Geschwindigkeitsverteilung von Elektronen auch unter Einbeziehung der zwischen
den Elektronen herrschenden elektrostatischen Kräfte zu bestimmen,
wurde von CAHN[3] gelöst. Die von ihm angegebene Lösung erlaubt
grundsätzlich die Berücksichtigung eines geschwindigkeitsabhängigen
Wirkungsquerschnitts der Molekel gegenüber den Elektronen. Für den
Sonderfall eines der Elektronengeschwindigkeit umgekehrt proportionalen Wirkungsquerschnitts findet CAHN die MAXWELL-Verteilung als für
alle vorkommenden Elektronendichten gültig. Für den Fall unveränder-

---

[1] MORSE, P. M., W. P. ALLIS u. E. S. LAMAR: Phys. Rev. 48 (1935) 412.
[2] DAVIDOV, B.: Phys. Z. Sowjetunion 8 (1935) 59; 9 (1936) 433.
[3] CAHN, J. H.: Phys. Rev. 75 (1949) 293.

lichen Wirkungsquerschnitts kann in einer Niederdruckentladung bei einer Elektronendichte unter 10^6 cm^{-3} der gegenseitige Energieaustausch vernachlässigt werden, und noch bis zu einer Trägerdichte von 10^9 cm^{-3} gilt in Annäherung die DAVIDOV-Verteilung bzw. bei Vernachlässigung der Molekelgeschwindigkeit Gl. (III, 8). Darüber ändert sich der Charakter der Kurve rasch und nähert sich bei Elektronendichten von mehr als 10^{12} cm^{-3} immer mehr der MAXWELL-Verteilung.

Die Angabe der Energieverteilung von Elektronen in starken Feldern bei hohem Gasdruck, wo oft unelastische Stöße mit Anregung und Ionisierung vorkommen, wäre für die Erfassung der grundlegenden Prozesse in Gasentladungen von besonderer Bedeutung. Leider sind die sich einer derartigen Rechnung entgegenstellenden Schwierigkeiten überaus groß und dürften auch wegen der für fast jedes Gas anderen Geschwindigkeitsabhängigkeit des absorbierenden Molekelquerschnitts in allgemeingültiger Form nicht zufriedenstellend zu überwinden sein, sondern jeweils nur für ein ganz bestimmtes Gas unter Zugrundelegung dessen spezieller Eigenschaften.

Auf diese nur mit einem erheblichen Aufwand an mathematischen Hilfsmitteln und Rechenarbeit möglichen Überlegungen sei hier nicht weiter eingegangen. Zur größenordnungsmäßigen Abschätzung der gerichteten Elektronengeschwindigkeit und ihrer Änderung mit der treibenden Feldstärke begnügen wir uns im nachfolgenden damit, von einer MAXWELL-Verteilung der Energie auszugehen.

Bei seinem Zickzackweg durch das Gas gibt das Elektron bei jedem Zusammenprall im Mittel den Bruchteil $\varkappa$ seiner gerade vorhandenen kinetischen Energie ab. Nach dem Stoß wird es vom äußeren Feld von neuem beschleunigt. Der sich nach einer Reihe von Stößen einstellende stationäre Zustand ist dadurch gekennzeichnet, daß sich Energieabgabe beim Stoß und Energiegewinn im Feld gerade das Gleichgewicht halten. Beim Fortschreiten längs eines Zentimeter in Feldrichtung beträgt die vom Feld zugeführte Energie eE; die tatsächliche Länge des Zickzackweges sei hierbei s cm (s = Umwegfaktor = mittlere Geschwindigkeit des Elektrons : gerichtete Geschwindigkeit des Elektrons = $\bar{v}:u$). Da ein Teilchen auf 1 cm seines Weges $1/\bar{\lambda}$ Zusammenstöße und längs 1 cm in Feldrichtung $s/\bar{\lambda}$ Zusammenstöße erfährt, gilt für den Gleichgewichtszustand

$$\frac{s}{\bar{\lambda}}\varkappa\cdot\frac{1}{2}\,m\,v_{\text{eff}}^2 = e\,E \qquad \text{oder} \qquad \frac{1}{2}\cdot\frac{\bar{v}}{u}\,\varkappa\,m\,v_{\text{eff}}^2 = e\,E\,\bar{\lambda}. \qquad \text{(III, 9)}$$

$E\,\bar{\lambda}$ stellt die bei einem Freiflug in Feldrichtung durchfallene Potentialdifferenz dar und $e\,E\,\bar{\lambda}$ die hierbei umgesetzte Energie; unter Beachtung von (III, 4e) kann $e E\,\bar{\lambda}$ durch $\dfrac{1}{0{,}75}\,u\,m\,\bar{v}$ ersetzt werden:

$$\frac{1}{2}\cdot\frac{\bar{v}}{u}\,\varkappa\,m\,v_{\text{eff}}^2 = \frac{1}{0{,}75}\,u\,m\,\bar{v},$$

womit

$$\left(\frac{v_{\text{eff}}}{u}\right)^2 = \frac{8}{3} \cdot \frac{1}{\varkappa} \, . \qquad\qquad \text{(III, 10)}$$

Nachdem zwischen dem MAXWELLschen Effektivwert der Elektronengeschwindigkeit v_{eff} und dem arithmetischen Mittelwert $\bar{v}$ die Beziehung $\bar{v} = \sqrt{\dfrac{8}{3\pi}} \, v_{\text{eff}}$ besteht und der Umwegfaktor das Verhältnis von mittlerer thermischer zur gerichteten Geschwindigkeit kennzeichnet, folgt weiterhin

$$\frac{3\pi}{8}\left(\frac{\bar{v}}{u}\right)^2 = \frac{8}{3\varkappa} \quad \text{oder} \quad s = \frac{1{,}5}{\sqrt{\varkappa}} \, . \qquad \text{(III, 11a)}$$

Wird an Stelle von 0,75 mit dem Faktor 0,85 gerechnet (s. (III, 4e)), so erhält man

$$s = \frac{1{,}59}{\sqrt{\varkappa}} \, . \qquad\qquad \text{(III, 11b)}$$

Solange die Stöße elastisch erfolgen, also bei mittleren Feldstärken vorzugsweise in den Edelgasen, erreicht $\varkappa = 2\,\dfrac{m}{M}$ bzw. $= 2{,}66\,\dfrac{m}{M}$ seinen Größtwert bei Helium mit nur $3{,}6 \cdot 10^{-4}$ und ist in den anderen Edelgasen oder Metalldämpfen noch kleiner. Somit erstreckt sich der Zickzackweg eines Elektrons in einer Gasentladung beim Fortschreiten über 1 cm in Feldrichtung mindestens über die Länge

$$s = \frac{1{,}50}{\sqrt{3{,}6 \cdot 10^{-4}}} = 79 \text{ cm} \, .$$

Aus (III, 9) folgt für den quadratischen Mittelwert der Elektronengeschwindigkeit $v_{\text{eff}} = \sqrt{\dfrac{2}{s\varkappa} \cdot \dfrac{eE\bar{\lambda}}{m}}$ und bei Einsetzen des Wertes für s:

$$v_{\text{eff}} = \begin{Bmatrix} 1{,}15 \\ 1{,}12 \end{Bmatrix} \cdot \frac{1}{\sqrt[4]{\varkappa}} \cdot \sqrt{\frac{eE\bar{\lambda}}{m}} \text{ und daraus für die gerichtete Geschwindig-}$$

keit unter Beachtung von (III, 10)

$$u = \sqrt{0{,}375\,\varkappa}\; v_{\text{eff}} = 0{,}705 \sqrt[4]{\varkappa} \sqrt{\frac{e}{m}\,\bar{\lambda}\,E}$$

bzw.

$$u = 1{,}12 \cdot 0{,}652 \sqrt[4]{\varkappa} \cdot \sqrt{\frac{e}{m}\,\bar{\lambda}\,E} = 0{,}73 \sqrt[4]{\varkappa} \cdot \sqrt{\frac{e}{m}\,\bar{\lambda}\,E} \, .$$

Für die Elektronenbeweglichkeit folgt

$$b_{\text{El}} = \begin{Bmatrix} 0{,}705 \\ 0{,}73 \end{Bmatrix} \cdot \sqrt[4]{\varkappa} \cdot \sqrt{\frac{e}{m} \cdot \frac{\bar{\lambda}}{E}} \, , \qquad \text{(III, 12)}$$

und somit ist bei allen praktisch vorkommenden Feldstärkewerten mit einer Abnahme der Beweglichkeit mit der W u r z e l aus der Feldstärke zu rechnen. Bei unelastischen Stößen, also in starken Feldern und vor

4*

allem in Molekülgasen, darf für den relativen Energieverlust nicht mehr der sehr kleine Wert $2{,}66\,\dfrac{m}{M}$ eingesetzt werden, sondern $\varkappa$ muß dann durch besondere Versuche oder Überlegungen bestimmt werden. Das Auftreten unelastischer Stöße zeigt sich durch einen steilen Anstieg von $\varkappa$ an; führt ein Großteil der Stöße zur Ionisierung, dann mag es berechtigt sein, für $\varkappa$ einen oberen Grenzwert von 0,5 anzunehmen.

Wohl die genauesten Messungen der Elektronenbeweglichkeit in verschiedenen Gasen verdanken wir den Angehörigen der LOEB-Schule[1]. Sie konnten auf die von L. B. LOEB zum Studium der Entstehung freier Elektronen aus negativen Ionen benutzte Methode des Elektronenfilters zurückgreifen. Der Grundgedanke ist einfach: Die in einem homogenen Feld gleichmäßig fortschreitenden Elektronen können auf ihrem Weg zur Anode zwei einander folgende Durchlässe (Filter) nur zu ganz bestimmten Zeiten durchlaufen, und zwar muß hierzu ihre gerichtete Geschwindigkeit dem Zeitunterschied und dem Abstand der beiden Filter entsprechen. Jedes der Elektronenfilter besteht aus dünnen, in einer Ebene nebeneinander liegenden Drähten, die wechselweise an einer Hochfrequenzspannung liegen. Bei von null verschiedenem Augenblickswert der Wechselspannung werden die Elektronen von den Gitterdrähten eingefangen und können ihren Weg zur Anode nicht fortsetzen; nur in einem kleinen Bereich in der Umgebung des jeweiligen Nulldurchganges der Hochfrequenzspannung läßt die Gitteranordnung die Elektronen durch die Lücken zwischen den Drähten hindurchtreten und im Gleichfeld weiterfliegen. Die von den Elektronen benötigte Zeit zum Durchfliegen der Meßstrecke zwischen den beiden Gittern muß der Dauer einer Halbwelle oder eines Vielfachen derselben gleichen, damit die Elektronen das zweite Filter ebenfalls bei einem Nulldurchgang der Wechselspannung erreichen und durchgelassen werden.

Die gemessenen Beweglichkeitswerte bzw. die Geschwindigkeiten der Elektronen $u = 760\,b_0\,\dfrac{E}{p}$ in einigen Gasen bei veränderlichem E/p sind in den Abb. 12 und 13 zusammengestellt. Diese zeigen den erwarteten Gang: Bei niedrigen E/p-Werten eine recht hohe — bei kleinsten Feldstärkewerten konstante — Beweglichkeit, die bei steigender Feldstärke rasch kleiner wird; bei Annäherung an die Durchschlagfeldstärke sind durchweg Beweglichkeitswerte in der Größenordnung $500\,\dfrac{\mathrm{cm^2}}{\mathrm{Vs}}$ zu erwarten.

Oszillogramme des gasverstärkten Stromes einer durch Lichtblitz plötzlich eingeleiteten TOWNSEND-Entladung ermöglichen ebenfalls die Ausmessung der Laufzeiten von Elektronen (und von Ionen) bei niederen

---

[1] BRADBURY, E. u. R. A. NIELSEN: Phys. Rev. **49** (1936) 388; **50** (1936) 950; **51** (1937) 69.

E/p-Werten[1]. Durch unmittelbare Beobachtung der Spur ionisierender Elektronen bei ihrem Fortschreiten in einem gleichförmigen Feld gelang es RAETHER, die Elektronengeschwindigkeiten im Bereich hoher E/p-

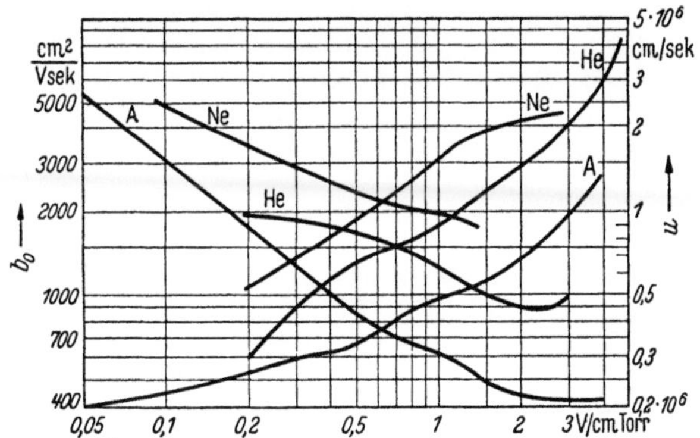

Abb. 12. Geschwindigkeits- und Beweglichkeitswerte von Elektronen in Helium, Neon und Argon in Abhängigkeit von E/p.

Werte in einer Reihe von Gasen zu messen (s. a. S. 251). Das elektrische Feld muß dabei eine solche Höhe erreichen, daß bei dem gewählten Gasdruck Stoßionisation stattfindet. Die hierbei erzeugten Ionen bilden die Ansatzpunkte für kondensierende Nebeltröpfchen, welche durch ihre

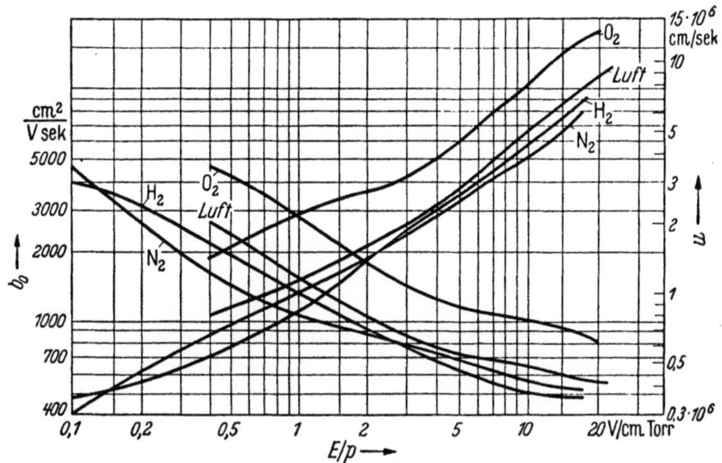

Abb. 13. Geschwindigkeits- und Beweglichkeitswerte von Elektronen in einigen Molekülgasen in Abhängigkeit von E/p.

praktisch unveränderliche Lage den Weg der rasch abwandernden Elektronen markieren. Der in einfacher Weise ausmeßbare Zuwachs der Lawinenlänge bei bekannter Verlängerung der Einwirkdauer des elek-

---

[1] HORNBECK, J. A.: Phys. Rev. **83** (1951) 374.

trischen Feldes auf die Elektronen ergibt sofort die gesuchte Fortschreitgeschwindigkeit unter den vorliegenden Umständen.

Nachstehende Tabelle gibt die von RAETHER[1] bzw. RIEMANN[2] gefundenen Geschwindigkeits- bzw. Beweglichkeitswerte für verschiedene
Gase als Mittel aus je rd. 100 Einzelmessungen. Die Beweglichkeitswerte in so hohen Feldern, wie sie beim Durchschlag in Nähe des atmosphärischen Drucks auftreten, liegen somit völlig in dem Bereich, wie
er nach den Messungen bei niedrigeren E/p-Werten zu erwarten war,
nämlich bei rd. $500 \frac{cm^2}{Vs}$.

Tabelle 4. *Elektronengeschwindigkeiten in starken Feldern.*

Gas	Druck (Torr)	E/p (V/cm Torr)	u (cm/s)	b_0 $\left(\frac{cm}{s} \middle/ \frac{V}{cm}\right)$
CO_2	285	36	$1{,}72 \cdot 10^7$	630
O_2	290	34	$1{,}63 \cdot 10^7$	633
Luft	285	37	$1{,}47 \cdot 10^7$	522
N_2	280	38	$1{,}20 \cdot 10^7$	416
	143	39	$1{,}24 \cdot 10^7$	420
	94	42	$1{,}29 \cdot 10^7$	405
H_2	467	22	$0{,}68 \cdot 10^7$	407
	305	26	$0{,}80 \cdot 10^7$	406
	121	31	$0{,}92 \cdot 10^7$	390
A	528	12	$0{,}43 \cdot 10^7$	470
	290	16	$0{,}53 \cdot 10^7$	435

IV. Diffusion von Ladungsträgern.

Bei den in Gasentladungen üblicherweise vorkommenden mäßigen
Konzentrationen von Ladungsträgern gleichen Vorzeichens können die
zwischen diesen wirkenden elektrostatischen Abstoßungskräfte·meist vernachlässigt werden. Auch wenn kein äußeres Feld vorhanden ist, so
wird sich doch ein gerichteter Fluß von Ladungsträgern allein unter
dem Einfluß von räumlichen Dichteunterschieden als Folge der thermischen Bewegung und der im einzelnen nicht voraussehbaren Streuungen in die Raumrichtungen ausbilden. Formal können die vorliegenden Verhältnisse in völlig gleichartiger Weise wie im Falle eines Wärme-
stroms von einem Orte höherer zu einem solchen niedrigerer Temperatur
behandelt werden. So unwahrscheinlich es ist, daß sich in miteinander
verbundenen Räumen zu irgend einer Zeit verschiedene Gasdrucke unter
dem Einfluß der ungeordneten Bewegung der Molekel einstellen, so wenig
wahrscheinlich ist ebenso die Erhaltung einer sich selbst überlassenen

---

[1] RAETHER, H.: Z. Phys. **107** (1937) 91.
[2] RIEMANN, W.: Z. Phys. **122** (1944) 216.

Trägerballung innerhalb eines weiten Gefäßes. Wenn auch einige Träger durch ihre Zufallsbewegungen in die Häufung der übrigen hineinfliegen mögen, so wird doch eine weit größere Zahl zu Stellen geringerer Trägerdichte gelangen und dadurch im gesamten zu einer Auflockerung der Ladungsanhäufung und zu einem schließlichen Ausgleich der Dichteunterschiede im Raum führen. Dieser Vorgang der Wanderung von Ladungsträgern zu Stellen geringerer Konzentration wird als *Diffusion* bezeichnet.

Die Stärke des sich etwa in X-Richtung einstellenden Teilchenstromes ist der Änderung des skalaren Konzentrationsfeldes in dieser Richtung verhältnisgleich. Bezeichnet n die zur Zeit t vorhandene Konzentration der Ladungsträger ($=$ ihre Zahl pro cm³), so gilt für die Anzahl dN der in der kleinen Zeit dt durch die Einheitsfläche senkrecht zur X-Koordinate hindurchtretenden Träger

$$\frac{dN}{dt} = -D\,\frac{dn}{dx} \qquad \text{und allgemein} \qquad \frac{dN}{dt} = -D\,\text{grad}\,n\,. \qquad \text{(IV, 1)}$$

Der Proportionalitätsfaktor D (Maßeinheit cm²/s) wird als *Diffusionskoeffizient* bezeichnet. Das negative Vorzeichen gibt an, daß der Diffusionsvorgang auf einen Abbau der bestehenden Dichteunterschiede hinarbeitet.

Nach der Definition einer elektrischen Strömung stellt $\frac{dN}{dt}$ die Dichte des Teilchenstromes dar. Diese Strömungsdichte kann auch durch das Produkt der Trägerkonzentration und ihrer mittleren Geschwindigkeit in der betrachteten Richtung ausgedrückt werden. Für die Diffusionsgeschwindigkeit etwa in X-Richtung folgt hieraus

$$v_x = -\frac{D}{n}\cdot\frac{dn}{dx}\,. \qquad \text{(IV, 2)}$$

(IV, 1) läßt nur dann einen zeitlich gleichbleibenden Teilchenstrom erwarten, wenn die Dichteverteilung durch die Wegführung von Trägern nicht geändert wird, wenn also die abwandernden Teilchen stets in gleicher Zahl und am gleichen Ort durch neugeschaffene ersetzt werden. Ist diese Voraussetzung nicht erfüllt und bleibt etwa eine anfänglich bestehende Häufung von Trägern sich selbst überlassen, so wird durch den Abbau der Dichteunterschiede der Diffusionsstrom im Laufe der Zeit geringer. Für die zeitliche Änderung der Konzentration gilt dann in völlig gleichartiger Weise wie bei der Wärmeleitung die dort als FOURIER-Gleichung bekannte lineare, partielle Differentialgleichung 2. Ordnung

$$\frac{dn}{dt} = D\left(\frac{\partial^2 n}{\partial x^2} + \frac{\partial^2 n}{\partial y^2} + \frac{\partial^2 n}{\partial z^2}\right) = D\,\nabla^2 n\,. \qquad \text{(IV, 3)}$$

Die beim Diffusionsvorgang sich einstellende gerichtete Geschwindigkeit der Teilchenströmung ist allein durch die Zahlenwerte von thermischer Geschwindigkeit und mittlerer freier Weglänge der vorhandenen Ladungsträger bestimmt. Die Berechnung des Diffusionskoeffizienten erfolgt daher in gleicher Weise wie die Bestimmung der Trägerbeweglichkeit unter Einwirkung eines elektrischen Feldes. Analog (III, 4a) für die Beweglichkeit $b = f \frac{e}{M} \cdot \frac{\bar{\lambda}}{v_{\text{eff}_M}} \sqrt{\frac{m+M}{m}}$, worin v_{eff_M} den Effektivwert der Molekelgeschwindigkeit darstellt, ergibt die Rechnung bei gleichartiger Mittelwertbildung

$$D = f \frac{v_{\text{eff}_M} \cdot \bar{\lambda}}{3} \sqrt{\frac{m+M}{m}} . \qquad (\text{IV, 4a})$$

Für Elektronen mit $m \ll M$ folgt daraus unter Beachtung von $\frac{1}{2} m v_{\text{eff}_{El}}^2 = \frac{1}{2} M v_{\text{eff}_M}^2$ mit $f = 0,921$

$$D_{El} = 0,307 \, v_{\text{eff}} \bar{\lambda} , \qquad (\text{IV, 4b})$$

worin nunmehr v_{eff} die Elektronengeschwindigkeit und $\bar{\lambda}$ den Mittelwert der freien Elektronenweglänge bezeichnen.

Mit (III, 4a) und (IV, 4a) ergibt sich für das Verhältnis von Beweglichkeit und Diffusionskoeffizient

$$\frac{b}{D} = \frac{3\,e}{M v_{\text{eff}_M}^2} = \frac{3\,e}{3\,k\,T} = \frac{e}{k\,T} = \text{const} \Big|_{T=\text{const}}$$

mit $T = \dfrac{M v_{\text{eff}_M}^2}{3\,k}$ als Temperatur des Trägergases.

Bei Zimmertemperatur und bei der Annahme einfach geladener Ionen nimmt die Konstante mit $k = 1,37 \cdot 10^{-23} \frac{\text{W s}}{\text{Grad}}$ den Wert an

$$\frac{b}{D}\Big|_{T=20°C} = \frac{1,59 \cdot 10^{-19}}{1,37 \cdot 10^{-23} \cdot 293} \approx 40 .$$

Wie die Messungen zeigen, wird diese Bedingung in allen Gasen recht gut erfüllt. Die damit gegebene Rückführung des Zahlenwertes des Diffusionskoeffizienten auf den bereits vielfach und mit großer Genauigkeit gemessenen Zahlenwert der Beweglichkeit macht das nur geringe Interesse an einer unmittelbaren Messung des Diffusionskoeffizienten verständlich. Für Ionen folgt bei einer angenommenen mittleren Beweglichkeit von $b_0 = 2 \frac{\text{cm}^2}{\text{Vs}}$ der Wert $D_{\text{Ion}} = 0,05 \frac{\text{cm}^2}{\text{s}}$, für Elektronen mit $b_0 \approx 10^3 \frac{\text{cm}^2}{\text{Vs}}$ der Wert $D_{El} = 50 \frac{\text{cm}^2}{\text{s}}$.

Bei Druckerniedrigung nimmt D in gleichem Maß wie b zu; die hieraus resultierende erhöhte Diffusionsgeschwindigkeit ist der Grund für die erhebliche seitliche Ausdehnung von Gasentladungen bei niederen Drucken. Dann mögen auch oft Wandaufladungen und Wandströme eine bedeutende Rolle spielen, vor allem bei mäßiger Längsfeldstärke im

Entladungsrohr, so etwa bei der positiven Säule von Niederdruckbögen. Wegen der sehr viel höheren Beweglichkeit der Elektronen ist die große radiale Erstreckung der Entladung in erster Linie das Werk der Elektronen.

Lösungen der Grundgleichung (IV, 3) können in einfachen Fällen dann angegeben werden, wenn die Ausgangsbedingungen des jeweiligen Diffusionsproblems bekannt sind. Bei Wärmeleitungsaufgaben dürfte die Formulierung der Randbedingungen im allgemeinen auf geringere Schwierigkeiten stoßen, weil die Temperatur als zeitabhängige Variable einer Messung leicht zugänglich ist. Im Gegensatz hierzu kann die Trägerdichte in einer Entladung nicht unmittelbar gemessen werden; sie ist über den Umweg der auszumessenden Aufladung Q kleiner Raumelemente V gemäß $n = \dfrac{Q}{V}$ zu berechnen.

Als einfaches Beispiel sei angenommen, daß zu Beginn der Betrachtung N_0 Ladungsträger sich gleichmäßig verteilt in einem kugelförmigen Raum in nächster Nähe des Koordinatenursprungs befinden (ihre Dichte sei jedoch immer noch so gering, daß die abstoßenden Kräfte zwischen den Ladungen vernachlässigbar bleiben). Die Integration der Grundgleichungen für diesen Fall führt auf eine Verteilung der Träger nach der GAUSSschen Fehlerkurve[1]. Eine solche Verteilung ist schon allein aus rein statistischen Überlegungen zu erwarten, nachdem die seitliche Einzelverrückung einer Partikel bei jedem Zusammenstoß völlig regellos erfolgt und die Wahrscheinlichkeit für seine Anwesenheit an einem bestimmten Ort nach zahlreichen Zusammenstößen vollständig durch die Fehlerkurve beschrieben wird, welche damit auch die Verteilung der Träger über den Querschnitt des Trägerhaufens kennzeichnet. Die von der Entfernung r vom Ursprung und der Zeit t ab Beginn des Diffusionsvorganges abhängige räumliche Konzentration der Träger ergibt sich zu

$$n\,(r,t) = \frac{N_0}{(4\,\pi\,DT)^{3/2}}\, e^{-\frac{r^2}{4\,Dt}}.$$

Für die beliebig gerichtete quadratische Verschiebung r^2 eines Trägers vom Ursprung aus folgt hieraus

$$r^2 = -\,4\,Dt\,\ln\left[\frac{n}{N_0}\,(4\,\pi Dt)^{3/2}\right].$$

Das mittlere Verschiebungsquadrat $\overline{r^2}$ ist so definiert, daß das Produkt aus der Zahl aller Ladungsträger und dem mittleren Verschiebungsquadrat dem Summenquadrat der Einzelverschiebungen gleicht:
$N_0\,\overline{r^2} = \sum\limits_{0}^{\infty} r^2\,N(r)$. In einer Kugelschale der Breite dr befinden sich im

---

[1] EINSTEIN, A.: Ann. Phys. **17** (1905) 549; F. OLLENDORFF: Arch. Elektrotechn. **26** (1932) 193.

Abstand r vom Ursprung $n \cdot 4\pi r^2 \cdot dr$ Träger; damit gilt

$$\overline{r^2} = \frac{1}{N_0} \int\limits_0^\infty r^2 \cdot n \cdot 4\,\pi r^2\, dr = \frac{1}{N_0} \cdot \frac{N_0 \cdot 4\pi}{(4\,\pi Dt)^{3/2}} \int\limits_0^\infty e^{-\frac{r^2}{4\,Dt}} \cdot r^4 \cdot dr\,.$$

Wird der Exponent der e-Funktion durch die neue Variable z eliminiert, so ist

$$\int\limits_0^\infty e^{-\frac{r^2}{4\,Dt}} r^4 dr = \int\limits_0^\infty e^{-z} \cdot (4\,Dt)^{3/2} \cdot z^{3/2} \cdot 2\,Dt \cdot dz =$$

$$= (4\,Dt)^{3/2} \cdot 2\,Dt \int\limits_0^\infty z^{3/2}\, e^{-z}\, dz\,;$$

das hier vorkommende Integral mit dem Parameter $3/2 + 1$ ist als Gammafunktion tabelliert und hat im vorliegenden Fall den Wert $\frac{3}{4}\sqrt{\pi}$ [1]. Somit wird

$$\overline{r^2} = \frac{4\,\pi \cdot (4\,Dt)^{3/2} \cdot 2\,Dt \cdot 3\,\sqrt{\pi}}{(4\,\pi Dt)^{3/2} \cdot 4} = 6\,Dt\,.$$

Die Wurzel aus den gemittelten Verschiebungsquadraten gibt nicht etwa den arithmetischen Mittelwert aller Verschiebungen, weil die großen Verschiebungen sich durch die Quadratbildung stärker ausprägen. Bei der hier vorliegenden Verteilung gilt für den arithmetischen Mittelwert

$$\overline{r} = \sqrt{\frac{2}{\pi}}\,\sqrt{\overline{r^2}} = \sqrt{\frac{12}{\pi}\,Dt}\,. \tag{IV, 5a}$$

Bei ausschließlicher Betrachtung der Verrückung in nur einer Richtung, etwa längs der X-Achse, folgt auf gleiche Weise

$$\overline{x} = \sqrt{\frac{2}{\pi}}\,\sqrt{\overline{x^2}} = \sqrt{\frac{2}{\pi}}\,\sqrt{2\,Dt} = \sqrt{\frac{4}{\pi}\,Dt}\,, \tag{IV, 5b}$$

und für den Mittelwert in der Ebene

$$\sqrt{\overline{x^2} + \overline{y^2}} = \sqrt{\frac{8}{\pi}\,Dt}\,. \tag{IV, 5c}$$

Eine Abschätzung der Größe der mit der Wurzel aus der Zeit ansteigenden mittleren Verschiebung ergibt bei Verwendung des Wertes $D \approx 0{,}5$ für Ionen

$$\overline{x}_{\text{Ionen}} = \sqrt{\frac{4}{\pi}\,0{,}05}\,\sqrt{t} = \frac{1}{4}\,\sqrt{t}\ \text{cm} \tag{IV, 5d}$$

und für Elektronen

$$\overline{x}_{\text{El}} = \sqrt{\frac{4}{\pi}\,50}\,\sqrt{t} = 8\,\sqrt{t}\ \text{cm}\,. \tag{IV, 5e}$$

---

[1] S. beisp. G. Oberdorfer: Lehrbuch der Elektrotechnik II (1944) 128. 4. Aufl., R. Oldenbourg.

Während sich beispielsweise Ionen nach $t = 10^{-4}$ sek im Mittel erst um $\frac{1}{40}$ mm von ihrer Ausgangslage entfernt haben und damit bei dieser für einen Entladungsaufbau schon recht langen Zeit noch als fast unbeeinflußt vom Diffusionsvorgang angesehen werden dürfen, erreicht die Verrückung von Elektronen als Folge ihrer rd. tausendfachen Diffusionsgeschwindigkeit in gleicher Zeit bereits 0,8 mm und befindet sich damit im Bereich des gut Beobachtbaren.

Wirkt außer der Diffusion gleichzeitig noch ein mäßig starkes elektrisches Feld auf die Ladungsträger ein (das Feld soll die thermische Teilchengeschwindigkeit noch nicht wesentlich vergrößern, da andernfalls die Diffusion nicht länger in alle Richtungen des Raumes gleichmäßig erfolgt), so überlagert sich der gerichteten Bewegung im Feld etwa längs der X-Richtung mit der Geschwindigkeit $u = bE$ die seitliche Ausbreitung der Träger in der zur Feldrichtung senkrechten Ebene. In der Strahlachse ist die Trägerdichte am größten; sie fällt nach außen nach Art der Gaussschen Fehlerkurve ab. Die mittlere Breite ϱ der von den Ladungsträgern während der Zeit $t = \dfrac{x}{u}$ überstrichenen Fläche wächst nach (IV, 5c) mit der Wurzel aus der Zeit und damit auch mit x an; es ist

$$\varrho = \sqrt{\frac{8}{\pi}\,Dt} = \sqrt{\frac{8}{\pi}\,D\frac{x}{u}}\,.$$

Der von den Elektronen durchquerte Raum wird demnach von einem Rotationsparaboloid eingegrenzt (s. Abb. 14). Ausdrücklich sei darauf hingewiesen, daß die Art des angewandten Meßverfahrens zur Feststellung der Abmessungen und der Form des Trägerkanals darüber entscheidet, ob etwa die mittlere Trägerverrückung von der Kanalachse beobachtet wird oder etwa der Spurenrand, der bei einer gewissen minimalen Teilchendichte gerade noch erkennbar ist (s. S. 251).

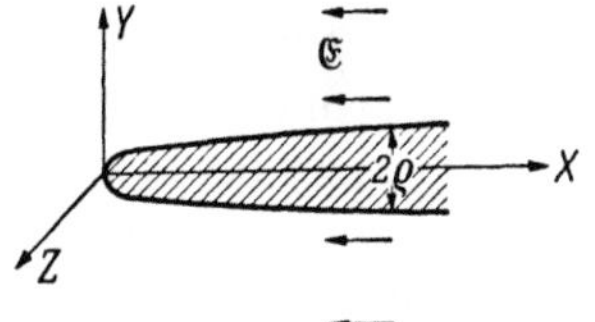

Abb. 14. Form der Elektronenlawine beim Fortschreiten im Feld.

Ein elektrisches Feld bewirkt nicht nur eine Verkrümmung der freien Wege zwischen den Zusammenstößen eines Trägers mit den Molekeln zu Teilstücken von Wurfparabeln, sondern erzeugt auch durch die einseitige Verschiebung der Teilchen eine erhöhte Konzentration in Richtung der Feldkraft. Die so geschaffene ungleiche Verteilung der Träger im Raum ist Ursache einer der gerichteten Bewegung im Feldgegenläufigen Trägerströmung, wodurch insgesamt das Fortschreiten der Ladungsträger gehemmt wird. Von G. Hertz wurde das hier vorliegende Problem der Bewegung von Elektronen im schwachen elektrischen Feld unter Einbeziehung der Diffusion bei einer vorgegebenen räumlichen Verteilung

$n(x)$ behandelt[1]; dabei wurde die Masse einer Molekel als überaus groß gegenüber der Elektronenmasse vorausgesetzt, also völlig verlustfreie Stöße angenommen, was in guter Näherung für einatomige Gase unterhalb ihrer untersten Anregungsstufe gilt. Mit diesen Voraussetzungen ergibt die Abzählung der nach ihrem letzten Zusammenstoß in beiden Richtungen durch ein Oberflächenelement hindurchtretenden Elektronen und die Integration über den ganzen Raum für ihre Fortschreitgeschwindigkeit im Konzentrationsgefälle $\dfrac{dn}{dx}$ und im Feld E

$$u = \frac{1}{3} \cdot \frac{e}{m} \cdot \frac{\bar{\lambda}}{\bar{v}} E - \frac{\bar{v}\bar{\lambda}}{3} \cdot \frac{1}{n} \cdot \frac{dn}{dx} \tag{IV, 6}$$

e/m spezifische Ladung der Elektronen,

λ ihre mittlere freie Weglänge,

$\bar{v}$ ihre mittlere Geschwindigkeit.

Das erste Glied stellt hierbei die vom Feld verursachte Geschwindigkeit dar. Ein Vergleich mit den früher hierfür angeschriebenen Gleichungen läßt erkennen, daß die Fortschreitgeschwindigkeit weiterhin umgekehrt proportional der thermischen Teilchengeschwindigkeit ist, daß aber in schwachen Feldern die Diffusion nicht mehr vernachlässigt werden darf. Die Berücksichtigung des durch die Trägerwanderung erzeugten Konzentrationsgefälles führt zu einem auf rd. ein Drittel verkleinerten Wert der Elektronenbeweglichkeit.

V. Trägerumwandlung und Trägerverluste[2].

a) **Bildung negativer Ionen.** Eine Anlagerung von Elektronen an Atome oder Moleküle unter Bildung negativer Ionen erfolgt nicht in den Edelgasen und beispielsweise auch nicht in reinem Wasserstoff oder Stickstoff, dagegen bereitwillig bei den in der 6. und 7. Spalte des Periodischen Systems aufgeführten elektronegativen Gasen oder Dämpfen, wie etwa bei Sauerstoff oder den Halogenen. Je weiter rechts die Gruppe steht, der das betreffende Element angehört, desto leichter wird ein Elektron gebunden. Gleichartiges gilt auch für entsprechende chemische Verbindungen wie etwa SO_2 oder HCl-Dampf, aus denen schon bei mäßiger Energie des stoßenden Teilchens elektronenbindende Elemente abgetrennt werden können. In vielen Fällen bedarf es zur Anlagerung einer gewissen Ionenbildungsenergie, die in erster Linie von den Elektronen vermöge ihrer Geschwindigkeit zur Verfügung gestellt wird.

Selbst bei ausreichender Energie wird jedoch nicht bei jedem Zusammenstoß eines Elektrons mit einer geeigneten Molekel ein negatives Ion gebildet, sondern nur mit einer z. T. sehr kleinen Wahrscheinlichkeit.

---

[1] Hertz, G.: Z. Phys. **32** (1925) 298.

[2] Literaturangaben zu diesem Kapitel s. S. 75.

Die Zahl z der im Mittel zur Anlagerung erforderlichen Begegnungen eines Elektrons mit Molekeln ist der Anlagerungswahrscheinlichkeit h umgekehrt verhältnisgleich, $z = \frac{1}{h}$, und hängt außer von der Gasart von der Elektronengeschwindigkeit und damit von E/p und vielleicht auch noch vom Gasdruck ab. Für Edelgase ist $z = \infty$ und $h = 0$; für Gase mit anderem Verhalten kommt dem h ein von null verschiedener Wert zu, der sich um so mehr der Einheit nähert, je größer die Elektronenaffinität des Gases ist.

Dieser von Thomson [1] eingeführte Begriff der Anlagerungswahrscheinlichkeit gestattet die Berechnung der Zahl verlorengehender Elektronen und des im Mittel von den Elektronen bis zu ihrer Anlagerung zurückgelegten Weges. Ein zur Anode durch die Entladungsstrecke mit der Geschwindigkeit $u = bE$ bewegtes Elektron erleidet in 1 sek $\frac{\bar{v}}{\lambda}$ Stöße; dabei bezeichnet $\bar{v}$ den Mittelwert der thermischen Geschwindigkeit des Elektrons und $\bar{\lambda}$ seine mittlere freie Weglänge. Zum Zurücklegen von 1 cm Weg in Feldrichtung braucht es $\frac{1}{u} = \frac{1}{bE}$ sek und stößt hierbei $\frac{\bar{v}}{\lambda} \cdot \frac{1}{bE}$ mal mit den Molekeln zusammen, beim Zurücklegen von x cm erleidet es somit $\frac{v}{\lambda bE} x$ Zusammenstöße. Längs des kurzen, in Feldrichtung gemessenen Wegstückes dx bilden sich hierbei aus N an der Stelle x vorhandenen Elektronen entsprechend der Anlagerungswahrscheinlichkeit

$$dN = -Nh\frac{\bar{v}}{\lambda} \cdot \frac{1}{bE}\,dx$$

negative Ionen. Wird nach (III, 4e) $\frac{\bar{v}}{\lambda}$ durch $0{,}85\frac{e}{m} \cdot \frac{1}{b}$ ersetzt, so nimmt der Ansatz die Form an

$$\frac{dN}{N} = -0{,}85\frac{e}{m} \cdot \frac{h}{b^2 E}\,dx\,.$$

Die Zahl der nach Durchlaufen einer Strecke vom Koordinatenursprung bis zur Stelle x noch freien Elektronen ergibt sich nach Integration mit $N = N_0$ für $x = 0$ zu

$$N = N_0\, e^{-0{,}85\frac{e}{m} \cdot \frac{h}{b^2 E}\, x}\,. \qquad (V, 1)$$

Für den Weg $\bar{x}$, den die Elektronen durchschnittlich bis zur Anlagerung zurücklegen müssen, gilt

$$\bar{x} \cdot N_0 = \int\limits_0^{N_0} x \cdot dN\,.$$

Wird hierin aus (V, 1) $x = -\dfrac{m\,b^2\,E}{0{,}85\,e\,h}\ln\dfrac{N}{N_0}$ eingesetzt, so erhält man

$$\bar{x} = -\frac{m\,b^2\,E}{0{,}85\,e\,h\,N_0}\int\limits_0^{N_0}\ln\frac{N}{N_0}\,dN = -\frac{m\,b^2\,E}{0{,}85\,e\,h}\left[\frac{N}{N_0}\ln\frac{N}{N_0} - \frac{N}{N_0}\right]_0^{N_0} = \frac{m\,b^2\,E}{0{,}85\,e\,h}\,.$$

Mit diesem Ergebnis läßt sich (V, 1) in der sehr einfachen Form schreiben

$$N = N_0\,e^{-\frac{x}{\bar{x}}}\,. \tag{V, 2}$$

Die Wahrscheinlichkeit für ein Teilchen, beispielsweise mehr als den doppelten mittleren Weg zurückzulegen, ist somit gleich $e^{-2} = 0{,}135$; für den 4-fachen Weg ist sie nur noch gleich 0,018. Der Weg bis zur Anlagerung ist um so länger, je geringer die Anlagerungswahrscheinlichkeit und je größer die Feldstärke und die im Exponenten quadratisch vorkommende Beweglichkeit sind. Bei Geschwindigkeitsmessungen an negativen Ladungsträgern in elektronenbindenden Gasen ist am Strahleintritt eine hohe Geschwindigkeit der Teilchen zu erwarten und gegen Ende des Strahlweges nur noch eine stark reduzierte, die den Mischwert der Geschwindigkeiten der beiden dort vorhandenen negativen Trägerarten dargestellt. Umgekehrt bietet die Auswertung solcher Beweglichkeitsmessungen unter Benutzung von (V, 1) die Möglichkeit zur Berechnung des Faktors h.

Um eine Vorstellung von den zu erwartenden Wegen der freien Elektronen z. B. in Luft zu geben, seien in (V, 1) passende Werte eingesetzt. Es sei $E/p = 2$, $p = 760$ Torr; unter diesen Bedingungen ist $h = 4 \cdot 10^{-6}$ und $b = 10^3\,\dfrac{\text{cm}^2}{\text{Vs}}$. Damit wird $N/N_0 = e^{-4x}$. Im Mittel legen die Elektronen unter diesen Bedingungen in Luft somit einen Weg von 2,5 mm bis zu ihrer Anlagerung an Sauerstoffmoleküle zurück, wobei sich ihre Zahl auf 36,8% des Anfangswertes erniedrigt; nach 1 cm Weg gibt es fast keine freien Elektronen mehr. Bei einer Erniedrigung des Druckes erhöht sich $\bar{x}$, so z. B. bei $p = 100$ Torr auf $\bar{x} = 1{,}88$ cm.

Die Auswertung von (V, 1 u. 2) wird dadurch erschwert, daß die Zahl $z = \dfrac{1}{h}$ der im Mittel zur Anlagerung erforderlichen Stöße von der Elektronenenergie und damit von E/p abhängt. Die Ursache für diese Abhängigkeit ist unschwer zu erkennen: In den meisten Gasen gehört zur Anlagerung ein bestimmter Energiebetrag, die Bildungsarbeit des negativen Ions, der aus dem kinetischen Energievorrat des Elektrons entnommen wird. Besitzt das Elektron gerade die richtige Geschwindigkeit, dann vollzieht sich die Anlagerung ohne Behinderung. Bei zu hoher Geschwindigkeit bringt es zwar zu jedem Stoß die erforderliche Energie mit, doch bestehen nur geringe Aussichten zur Unterbringung des Überschußbetrages; dieser kann nämlich nicht etwa in kinetische Energie des

gebildeten Ions umgesetzt werden, weil die Molekelmasse durch das Einfangen des Elektrons nicht merklich größer wurde und die Bewegungsgröße mv der Molekel daher auch ungeändert bleiben muß. Je heftiger
der Stoß, desto geringer ist die Anlagerungswahrscheinlichkeit. Wir werden weiter unten sogar erkennen, daß ein bereits gebildetes Ion bei zu
großer Heftigkeit des Zusammenstoßes wieder in Molekel und Elektron aufgespalten werden kann.

Bedarf es zur Anlagerung wie etwa im Falle von O_2 oder SO_2 keiner
oder doch nicht nennenswerter Energie, so ist die Wahrscheinlichkeit
für eine Bindung dann recht groß, wenn das Elektron bei unmittelbar
vorhergehenden Stößen bis auf thermische Energie abgebremst wurde.
Nachdem Elektronen bei elastischen Stößen mit den Molekeln eine so
starke Energieeinbuße nicht erleiden, ist die Anlagerung unter diesen
Umständen vor allem an die Möglichkeit unelastischer Stöße geknüpft;
ein besonders großer h-Wert kann daher bei den Molekülgasen bei der
Anregung von Schwingungszuständen (s. S. 35) erwartet werden. Für
Sauerstoff liegt die niedrigste Anregungsstufe bei 1,6 V, und tatsächlich
zeigt auch das Experiment in Sauerstoff für Elektronen dieser Geschwindigkeit einen ausgeprägten Anstieg der Anlagerungswahrscheinlichkeit mit nachfolgendem Maximum,
wie es in schwächerem Maße auch in
Luft beobachtet werden kann[1].

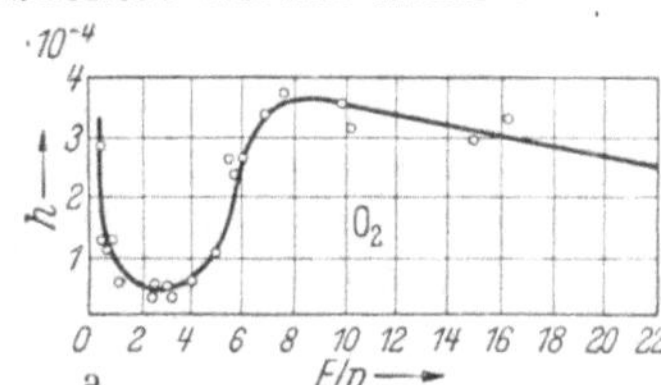
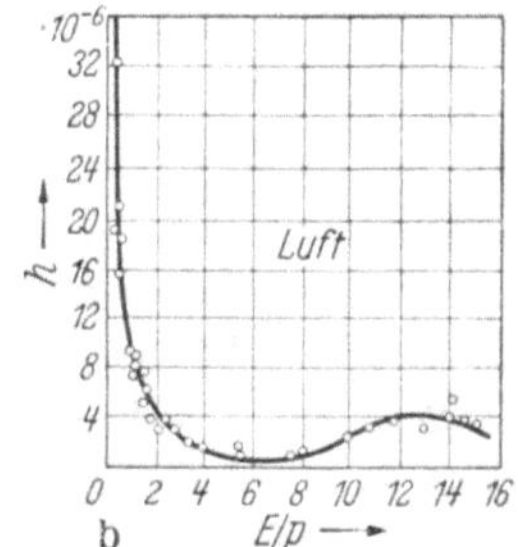

Abb. 15. Anlagerungswahrscheinlichkeiten in Luft und Sauerstoff in Abhängigkeit von E/p.

Abb. 15 gibt die von CRAVATH [2] und BAILEY [3] gemessenen
h-Werte in Sauerstoff und in Luft wieder. Weitere Messungen der Anlagerungswahrscheinlichkeit wurden von BRADBURY [4,5] durchgeführt
für Ammoniakgas (NH_3), Schwefelwasserstoff (H_2S) und Lachgas
(N_2O); Messungen in Jod-, Hg-Dampf und A s. [19]. In den zuerst-
genannten Gasen bleiben die Elektronen bis zu einem bestimmten Wert
der Feldstärke völlig frei; negative Ionen können sich in dann rasch ansteigender Zahl erst bei entsprechend hohen Elektronenenergien bilden.
Dabei werden auch in Gasen, die wie z. B. NH_3 selbst keine Elektronenaffinität besitzen, negative Ionen gebildet, was auf eine Dissoziation des

---

[1] Zu beachten ist, daß in Abb. 15 h als f (E/p) und nicht in Abhängigkeit von der
kinetischen Energie der Elektronen aufgetragen ist und daher der Anstieg der
h-Kurve bei dem entsprechenden E/p-Wert (≈ 6) zu suchen ist.

Moleküls bei ausreichender Elektronenenergie und eine große Anlagerungsfreudigkeit der Molekülbruchstücke zurückzuführen ist. Die erforderliche Energie wird demnach nicht etwa für die Anlagerung selbst, sondern für die zuvor durchzuführende Aufspaltung des Moleküls benötigt. Andererseits wird die Bildung negativer Ionen aus Molekülbruchstücken durch eine hohe Dissoziationsenergie bis zu sehr kräftigen Feldern unterbunden. Als Beispiel sei das in seiner Elektronenkonfiguration dem Stickstoff ähnliche CO-Molekül angeführt, das selbst keine Elektronenbindung eingeht und wegen des hohen Energiebedarfs von 9,61 eV erst in sehr starken Feldern dissoziiert. Trotz der großen Affinität des O-Atoms für Elektronen konnten daher in CO bei Feldstärkewerten bis zu 20 V/cm Torr, was einer Elektronenenergie von rd. 2 eV entsprechen dürfte, keine negativen Ionen entdeckt werden ([5] bis [7]).

Der Anstieg der N_2O-Kurve setzt bei einem E/p-Wert knapp unter 2 ein, wozu eine Elektronengeschwindigkeit von $\approx 1,8$ V gehört. Damit läßt sich der beim Durchtritt von Elektronen durch Lachgas abspielende Vorgang wie folgt in Gleichungsform anschreiben

$$N_2O + e + 1,8 \text{ eV} \rightarrow N_2 + O^-.$$

Die Ionenbildung in H_2S erfolgt sehr wahrscheinlich nach dem Schema

$$H_2S + e + 3,7 \text{ eV} \rightarrow HS^- + H\,.$$

Eine Zusammenstellung der hauptsächlichen Meßergebnisse [5, 8] findet sich in Tab. 5. Aus ihr ist ersichtlich, daß die Edelgase wie auch beispielsweise die Gase Wasserstoff und Stickstoff keine negativen Ionen bilden; dagegen reagieren die stark elektronegativen Gase Chlor, Brom- und Joddampf bei jedem Stoß mit einem Elektron beliebiger Energie, indem das Molekül sofort in seine Atome auseinanderfällt und das Elektron sich unter Freiwerden von überschüssiger Energie an eines der Bruchstücke heftet. Der Überschuß an Energie ergibt sich z. B. im Falle des Cl_2 dadurch, daß bei der Bildung eines negativen Chlorions eine Energie von 4,1 eV frei wird, während zur Dissoziation des Cl_2-Moleküls nur 1,5 eV benötigt werden. Die Energie kann bei Molekülionen in Form von Schwingungszuständen zunächst gespeichert und anschließend bei darauffolgenden elastischen Stößen verausgabt werden; oder sie kann unter Beteiligung einer weiteren Molekel an der Ionenbildung (Dreierstoß) auf diese übertragen werden. Die Aussicht einer Energieabgabe durch Strahlung ist äußerst unwahrscheinlich.

Ein der Anlagerung von Elektronen an Molekel gerade entgegengesetzter Verlauf des Stoßprozesses, nämlich die Aufspaltung negativer Ionen unter Bildung freier Elektronen, konnte von LOEB [9] aufgefunden und gedeutet werden. LOEB konnte zeigen, daß in Sauerstoff oder Luft vorhandene O_2^--Ionen in hohen Feldern ($E/p > 90$) solche Energien erlangen, daß die Stoßenergie größer als rd. 1/3 eV wird und dann zur Ablösung des Elektrons vom Molekül ausreicht. Sehr wahrscheinlich wird bei einem solchen heftigen Stoß ein Schwingungszustand angeregt, dessen Energie die Bindungsenergie des Elektrons an das O_2-Molekül übertrifft,

Tabelle 5. *Zusammenstellung von Anlagerungsprozessen.*

Molekel	Bildet die Molekel ein negatives Ion?	Zur Anlagerung benötigte Mindestenergie des Elektrons	Wahrscheinlichster Vorgang bei der Anlagerung
He, Ne, A, Kr, Xe	Nein	—	—
H_2, N_2	,,	—	—
Cl_2, Br_2, J_2	,,	Bei jeder beliebigen Energie wird Molekel aufgespalten, Elektron lagert sich an Atom an	$Cl_2 + e \rightarrow Cl^- + Cl + (4,1 - 1,5)$ eV
HCl, HBr, HJ	,,	In HCl weniger als 0,5 eV	HCl $+ e + (4,5 - 4,1)$ eV $\rightarrow H + Cl^-$
NH_3	,,	Oberhalb 3 eV	$NH_3 + e + 3$ eV $\rightarrow NH^- + H_2$
N_2O	,,	Oberhalb 1,7 eV	$N_2O + e + 1,7$ eV $\rightarrow O^- + N_2$
CO_2	,,	—	—
H_2S	,,	Oberhalb 3,7 eV	$H_2S + e + 3,7$ eV $\rightarrow HS^- + H$
H_2O	,,	Oberhalb 5,4 eV	$H_2O + e + 5,4$ eV $\rightarrow HO^- + H$
O_2	Ja	Bei jeder Energie, doch nimmt Anlagerungswahrscheinlichkeit mit steigender Energie ab	$O_2 + e \rightarrow O_2^-$
NH	,,	In NH_3 oberhalb 3 eV	$NH + e \rightarrow NH^-$
SO	,,	In SO_2 oberhalb 5,7 eV	$SO + e \rightarrow SO^-$
SO_2	,,	Bei jeder Energie, doch nimmt Anlagerungswahrscheinlichkeit mit steigender Energie ab	$SO_2 + e \rightarrow SO_2^-$
NO	,,	Bei jeder Energie; oberhalb 1—2,5 eV	$2NO \rightarrow (NO)_2$; $(NO)_2 + e \rightarrow NO^- + NO$ $NO + e + 1,1$ eV $\rightarrow N + O^-$
OH	,,	In H_2O oberhalb 5,7 eV	$OH + e \rightarrow (OH)^-$
H_2O	Nein	Bei jeder Energie	$(2H_2O) + e \rightarrow 2(H_2O)^-$ $H_2O + CO_2 + e \rightarrow H_2CO_3^-$
Cl	Ja	Bei jeder Energie	$Cl + e \rightarrow Cl^-$
O	,,	Bei jeder Energie	$O + e \rightarrow O^-$

wodurch das Elektron abgeschüttelt wird. Die ihm in Form von Geschwindigkeit mitgegebene Energie stellt den bei der Rückführung des Moleküls in seinen Grundzustand freiwerdenden Energiebetrag abzüglich der zur Ablösung des Elektrons erforderlichen Arbeit dar. Die Bildung solcher freien Elektronen ist von Bedeutung für die Entladungsvorgänge in hohen Feldern, vor allem im stark divergierenden Feld einer spitzen Anode.

b) Trägerverluste. Die Anlagerung von Elektronen an Molekel bedeutet zwar keine Verarmung einer Gasentladung an elektrischen Ladungen, doch ist die hierdurch bewirkte Beschwerung und Verlangsamung der negativen Ladungsträger für die Entladung oftmals als Verlust zu werten, weil die negativen Ionen sich bei den üblicherweise vorkommenden Feldstärken nicht aktiv am Aufbau und Weiterbestehen der Entladung beteiligen können. Ein echter Verlust entsteht in der Trägerbilanz durch Verschwinden der den Stromübergang vermittelnden Ladungsträger als Folge ihres Eintritts in die Elektroden, durch ihren Übergang zu den Gefäßwänden oder durch die Vereinigung von Trägern entgegengesetzten Vorzeichens.

Der Eintritt in die Elektroden stellt das natürliche Ende der Ladungsträger einer Gasentladung dar. Die positiven Ionen prallen auf die Kathode auf, vermögen bei großer Geschwindigkeit sogar in das Metall einzudringen und neutralisieren ihre mitgebrachte Ladung durch Aufnahme von Metallelektronen. Hierdurch werden sie wieder neutrale Gasmolekel; sie diffundieren in den Gasraum zurück, sofern sie nicht bei zu tiefem Eindringen in das Metall als Gasbeladung eingeschlossen bleiben. Auf diesen Aufzehrungseffekt ist z. B. mindestens teilweise die Druckerniedrigung in länger brennenden Niederdruckentladungen und das Härterwerden von älteren Ionen-Röntgenröhren zurückzuführen [10], [11]. An der Kathode wird eine Energiemenge frei vom Betrag der Ionisierungsarbeit + mitgebrachter Geschwindigkeitsenergie des Ions abzüglich der Austrittsarbeit für die zur Neutralisation benötigte Energie:

$$\Delta E = eV_i + \frac{1}{2} m v^2 - eV_a. \tag{V, 3}$$

Die Elektronen treten beim Erreichen der Anodenoberfläche in das Metall ein und setzen ihren Weg zum positiven Pol des Generators fort. Die freiwerdende Energie vom Betrag der Austrittsarbeit einschließlich der kinetischen Energie des Teilchens dient in erster Linie zur Erhöhung der Anodentemperatur. Nur ein bescheidener Bruchteil der Gesamtenergie ($<1\%$) wird bei sehr hohen Teilchengeschwindigkeiten in Röntgenstrahlen umgesetzt. Die kürzeste Wellenlänge der emittierten Bremsstrahlung ergibt sich unter Vernachlässigung des bei höherer Elektronengeschwindigkeit unbedeutenden Anteils der potentiellen Energie entsprechend (II, 8) zu $\lambda_{min} = \dfrac{12,34}{\sqrt{U}}$ Å, wenn die Aufprallgeschwindigkeit der Elektronen durch die äquivalente Beschleunigungsspannung U in kV ausgedrückt wird.

Negative Ionen geben an der Anode ihr bisher gebundenes Elektron ab und bilden sich dadurch zu neutralen Gasmolekeln zurück. Ob bei diesem Vorgang Energie frei wird, hängt davon ab, ob die Summe aus freiwerdender Eintrittsarbeit und mitgebrachter kinetischer Energie größer oder kleiner ist als die Arbeit zur Abtrennung der mehr oder weniger fest mit der Molekel verbundenen Elementarladung.

Weitere Trägerverluste treten an den Begrenzungen des Entladungsraumes auf. Bei metallisch leitenden Wänden werden in deren Nähe geratene Ladungen durch die Bildkraft zwischen Träger- und Influenzladung (s. S. 76) angezogen und treten in das Metall ein. Durch eine Aufladung der Wand auf ein hohes Potential vom Vorzeichen der Trägerladung läßt sich dieser Verlust vermeiden. An nichtleitenden Wänden werden sehr raschfliegende Träger im allgemeinen reflektiert und in den Entladungraum zurückgeworfen. Dagegen bleiben langsame Träger zunächst an der Wand kleben; die adsorbierte monomolekulare Ionenschicht führt zu einer Aufladung solcher Höhe, daß weitere Ladungsträger gleicher Art selbst bei höherer Geschwindigkeit nicht mehr gegen das so geschaffene elektrische Feld anlaufen können. Dafür werden Ladungsträger des anderen Vorzeichens begierig angezogen, wodurch sich die Wandladung verdünnt und infolgedessen wieder gleichnamige Träger höherer Geschwindigkeit aufnehmen kann. Die Wandadsorption führt zu einer Druckminderung in Niederdruckentladungen [12]; auf ihr beruht auch die Aufladung der Glasinnenwand von Entladungsrohren und die hierdurch bewirkte Konzentration der Entladung in Achsenrichtung. In Kathodennähe lädt die positive Raumladung die Glaswand positiv auf, längs der positiven Säule und im Bereich der Anode erweist sich die Wand negativ geladen. Andererseits ist es möglich, adberierte Feuchtigkeits- und Gashäute durch den Aufprall von Ladungsträgern abzulösen; auf diese Weise können zwecks Reinigung einer Versuchsapparatur an den Gefäßwandungen haftende Gasreste durch eine elektrodenlose Hochfrequenzentladung in sehr kurzer Zeit losgelöst und von der Pumpe abgesaugt werden [13], [14].

Unter gewissen Umständen kann auch die Diffusion von Ladungsträgern als Trägerverlust aufgefaßt werden. Zwar verschwinden die Träger hierbei nicht, doch können sie sich durch ihre seitliche Verrückung so weit aus dem maßgeblichen Entladungsgebiet entfernen, daß ihr ferneres Schicksal für die Entladung bedeutungslos geworden ist. Dann hat auch die Diffusion zu einer Verarmung an Ladungsträgern in dem für die Entladung wichtigen Gebiet geführt und deren Ökonomie beeinträchtigt.

Wohl in den meisten Fällen ist die Vereinigung und Neutralisierung zweier sich begegnender Ladungsträger verschiedenen Vorzeichens die bedeutendste Verlustursache in Gasentladungen. Die Vereinigung kann beim Treffen sowohl eines Elektrons mit einem positiven Ion als auch eines negativen und eines positiven Ions beliebiger Art eintreten. Bei der Ionen-Vereinigung tritt das Elektron oder auch mehrere vom negativen zum positiven Ion über, wobei bei gleichen Ladungsmengen der Partner zwei neutrale Gasmolekel entstehen. Die viele Molekel umfassenden Groß- und Mittelionen verlieren bei ihrer Neutralisierung die den Molekelhaufen zusammenhaltende Kraft und zerbröckeln im Anschluß hieran unter dem Einfluß der Diffusion.

Zur Neutralisierung eines einfach geladenen positiven Ions ist das Einfangen eines Elektrons in die unbesetzte Quantenbahn erforderlich. Dabei braucht die potentielle Energie nicht bis auf null verringert werden, sondern kann unter Bildung eines angeregten Atoms teilweise erhalten bleiben. Die bei der Vereinigung freiwerdende Energie vom Betrag der Ionisierungsarbeit wird beim Zusammentreffen zweier Ionen um den Betrag der aufzubringenden Trennungsarbeit für die Abgabe des Elektrons durch das negative Ion vermindert. Zur verfügbaren Energie ist im Falle der Elektron-Ion-Vereinigung die kinetische Energie des Elektrons hinzuzurechnen. Weil die Molekelmasse durch die Vereinigung nicht geändert wird, kann die Molekelgeschwindigkeit nicht zunehmen, und die anfallende Energie muß gespeichert oder in Form von Strahlung verausgabt werden.

Kehrt eine Molekel in den Grundzustand zurück, dann ist die größte Wellenlänge des Vereinigungsleuchtens durch die kleinste freiwerdende Energie bei der Elektronengeschwindigkeit null gegeben. Aus der Energiebilanz

$$h\,\nu = h\,\frac{c}{\lambda} = e\,V_i + \frac{1}{2}\,m\,v^2 \qquad (V, 4)$$

ist ersichtlich, daß die emittierten Wellenzüge um so mehr zur violetten Seite des Spektrums rücken, je größer im Einzelfall die mitgebrachte kinetische Energie des Elektrons $0,5\,m\,v^2$ ist. Damit stoßen wir hier zum erstenmal auf den Fall, daß die von einer Gasentladung ausgehende Strahlung nicht nur wenige scharf ausgeprägte Frequenzen enthält, sondern daß sich an die langwellige Seriengrenze $\lambda_{max} = \dfrac{h\,c}{e\,V_i}$ ein Band anschließt, das allerdings wegen der Seltenheit hoher Elektronengeschwindigkeiten zur kurzwelligen Seite hin rasch an Helligkeit einbüßt.

Zur Präzisierung unserer Vorstellung von dem sich abspielenden Vereinigungsvorgang sei ein von Ladungsträgern entgegengesetzten Vorzeichens gleichmäßig erfüllter Raum angenommen. Die Zahl der sich innerhalb der kurzen Zeitspanne dt ereignenden Vereinigungen muß dann den Mengen N^+ und N^- der vorhandenen Ladungsträger sowie der betrachteten Zeit verhältnisgleich sein. Mit einem für die Vereinigung charakteristischen Zahlenwert R läßt sich die Abnahme der Ladungsträger eines Vorzeichens ($\equiv$ Zahl der stattfindenden Neutralisierungen) im Raum beschreiben:

$$\mathrm{d}N = - R\,N^+\,N^-\,\mathrm{d}t\,. \qquad\qquad (\mathrm{V},\,5)$$

Im oft vorkommenden Fall gleicher Anzahl der ungleichnamigen Ladungen ($N^+ = N^- = N$) gilt

$$\mathrm{d}N = - R\,N^2\,\mathrm{d}t\,.$$

Die Integration von der Zeit 0 bis t, ausgehend von der vorhandenen Zahl N_0 der Träger, führt über

$$\int\limits_{N_0}^{N}\frac{\mathrm{d}N}{N^2} = - Rt; \qquad -\frac{1}{N}\Big|_{N_0}^{N} = - Rt \qquad\text{zu}\qquad N = N_0\,\frac{1}{1+N_0 R t}\,. \qquad (\mathrm{V},\,6)$$

Die Trägerzahl und damit auch die Konzentration der Ladungsträger nimmt wegen des dauernden Verlustes bei der Vereinigung entgegengesetzter Ladungen hyperbolisch mit der Zeit ab.

In einem weiteren einfachen Fall werde angenommen, daß fortwährend gleiche Mengen beider Trägerarten in gleichen Zeiten bei gleichmäßiger Erfüllung des Raumes durch einen beliebigen Ionisator geschaffen werden und daß wiederum ihre Vereinigung die einzige Verlustursache darstellt und nur hierdurch ein unbegrenztes Anwachsen der Trägerdichte unterbunden werde. Dann wird sich nach einiger Zeit bei einer ganz bestimmten Konzentration ein Gleichgewicht zwischen Erzeugung und Verlust an Ladungsträgern einstellen. Werden in der Raumeinheit N_0 Ionenpaare pro Sekunde erzeugt, dann folgt für die Konzentrationsänderung ($=$ Änderung der Trägerzahl in 1 cm^3) in der kleinen Zeit $\mathrm{d}t$

$$\mathrm{d}n = N_0\,\mathrm{d}t - R\,n^2\,\mathrm{d}t\,.$$

Nachdem zu Beginn der Ionisation noch keine Raumladungen vorhanden sein sollen, ist von $n = 0$ bis $n = n$ zur Zeit t zu integrieren. Über die Zwischenstufe

$$\int\limits_0^n \frac{\mathrm{d}n}{N_0 - R\,n^2} = \sqrt{\frac{1}{N_0 R}}\int\limits_0^n \frac{\mathrm{d}\left(\sqrt{\frac{R}{N_0}}\cdot n\right)}{1-\left(\sqrt{\frac{R}{N_0}}\cdot n\right)^2} = t$$

findet man

$$\frac{1}{2}\ln\frac{1+\sqrt{\frac{R}{N_0}}\,n}{1-\sqrt{\frac{R}{N_0}}\,n}\Bigg|_0^n = R N_0 t; \qquad \ln\frac{\sqrt{\frac{N_0}{R}}+n}{\sqrt{\frac{N_0}{R}}-n} - 0 = 2\sqrt{N_0 R}\,t$$

und schließlich für die Trägerdichte zur Zeit t

$$n = \sqrt{\frac{N_0}{R}} \cdot \frac{e^{2\sqrt{N_0 R}\,t} - 1}{e^{2\sqrt{N_0 R}\,t} + 1}\,. \qquad (V, 7a)$$

In zuerst schnellem und dann immer langsamer werdendem Anstieg wird asymptotisch die Endkonzentration

$$n_\infty = \sqrt{\frac{N_0}{R}} \qquad (V, 7b)$$

des Gleichgewichtszustands erreicht, wie dies Abb. 16 veranschaulicht. Der Kurve sind die Werte $N_0 = 10^7$ Ionenpaare/cm³ und $R =$

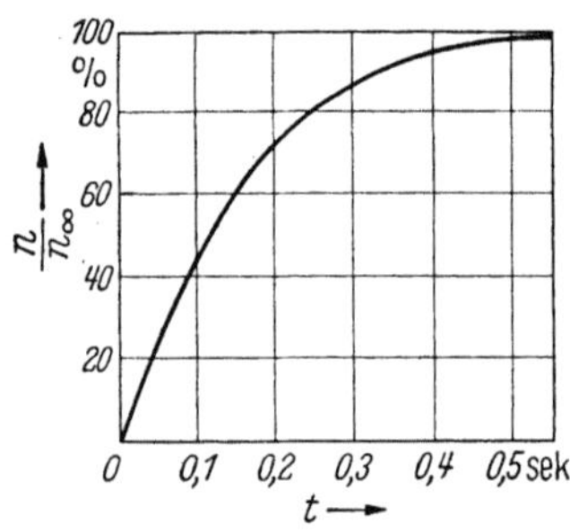

Abb. 16. Verlauf der Trägerdichte nach (V, 7a).

$2,2 \cdot 10^{-6}$ cm³/Ionenpaare · sek zugrunde gelegt, wie sie in Luft bei Röntgenbestrahlung auftreten mögen.

Die Herleitung von (V, 6 und 7) ist an die Voraussetzungen gebunden, daß die Träger völlig gleichmäßig über den Raum verteilt sind und nur unter dem ausschließlichen Einfluß zusammentreffender und miteinander kombinierender ungleichnamiger Ionen an Zahl abnehmen; ferner, daß der Vereinigungskoeffizient R konzentrations- und zeitunabhängig ist und somit irgendwelche Alterungseffekte nicht in beachtlichem Maße auftreten. Bei einer Änderung von R im erstbetrachteten Fall einer sich selbst überlassenen Ladungshäufung muß die Beobachtungszeit so klein gehalten werden, daß innerhalb der kurzen Zeit $t_2 - t_1$ eine Konstanz des R vorausgesetzt werden darf. Die Integration liefert für diesen Fall an Stelle von (V, 6) den Ausdruck

$$N_2 = \frac{N_1}{1 + N_1 R (t_2 - t_1)} \qquad \text{bzw.} \qquad R = \frac{1}{t_2 - t_1}\left(\frac{1}{N_2} - \frac{1}{N_1}\right). \qquad (V, 8)$$

Bei gleichzeitiger Wirksamkeit von Trägervereinigung und Diffusion gilt für die Änderung der Ionendichte eines Zeichens wiederum mit N_0 als Zahl der Ionenbildungen pro Raum- und Zeiteinheit die Differentialgleichung

$$\frac{dn}{dt} = N_0 - R n^2 + D \nabla^2 n\,. \qquad (V, 9)$$

Oft sind die Verhältnisse nicht so einfach gestaltet, wie im Sonderfall der Kombination gleichmäßig über das Gesamtvolumen zerstreuter Träger angenommen wurde, bei dem sich die regellos verteilten Träger unter dem Antrieb der ungeordneten Wärmebewegung zufallsbedingt auf die notwendige Entfernung nähern und dann miteinander in Wechselwirkung mit dem möglichen Endergebnis der Neutralisierung treten. Entfällt diese Voraussetzung, so etwa im Falle der inhomogenen Ionisierung eines Gases durch einen scharf begrenzten Strahl von α- oder β-Teilchen, dann würde es zu völlig falschen Schlüssen führen, wenn an Stelle der hohen Trägerdichte längs des Ionisierungsweges eine mittlere Dichte im Versuchsraum angenommen würde. Die rechnerische Behandlung einer solchen Kolonnenvereinigung führt nur unter Beachtung der speziellen Bedingungen, d. h. bei vorausgehender Bestimmung der zunächst unbekannten Trägerverteilung in der Strahlbahn, zur richtigen Lösung. Oder es sei in einem anderen Falle der Druck im Prüfgefäß so hoch, daß die Ladungsträger sich nach ihrer Entstehung wegen der sehr dichten Packung der Molekel nicht weit voneinander entfernen können und im Bereich ihrer Kraftfelder verbleiben. Bildet außerdem das Gas bereitwillig negative Ionen, so kann der negative Träger durch diese Beschwerung trotz der Diffusionsbewegung dem Wirkungsbereich des positiven Ions nicht entrinnen; die ungeordnete Wärmebewegung vermag wohl ein Zusammenkommen der beiden Ionen zu behindern, doch führt die stete Anziehung unweigerlich die beiden Ladungsträger wieder zusammen. Eine solche echte Wieder-Vereinigung (auch bevorzugte Wiedervereinigung genannt [15]) erbringt nicht etwa sehr viel höhere R-Werte als bei der normalen Volumen-Vereinigung, wie zunächst wegen der mit eins anzusetzenden Wahrscheinlichkeit des Wiederzusammenfindens aller gebildeten Ladungsträger anzunehmen ist, sondern etwa dieselbe Größenordnung. Dies ist darauf zurückzuführen, daß das zur Zählung der erzeugten Ionen hergestellte äußere Feld nur die Ionen verschieben kann, die sich nicht in unmittelbarer Nähe befinden; andernfalls ist die zwischen zwei Ionen derselben Herkunft wirkende Anziehung größer als die Kraft des äußeren Feldes und macht eine Trennung unmöglich. Somit wird unter den Bedingungen der Hochdruck-Wiedervereinigung immer nur ein kleiner Bruchteil aller überhaupt gebildeten Ladungsträger erfaßt. Bei fehlendem äußeren Feld scheint das ionisierte Gas sogar ohne Ladungsträger zu sein.

In elektronegativen Gasen wird bei einer Ionisierung durch β-, γ- oder Röntgenstrahlen mit deren schwächerer Trägerausbeute pro Raumeinheit eine Abnahme des Wertes von R mit der Zeit beobachtet. Die Erklärung folgt daraus, daß auch bei erniedrigtem Druck sich hierbei viele Ionen paarweise in kleinerem gegenseitigem Abstand befinden als bei einer völlig gleichmäßigen Verteilung über den Raum, was bei der eintretenden Anfangs-Wiedervereinigung zunächst zu viel höheren Trägerverlusten als nach einiger Zeit führt.

Wiederum andere Vereinigungsbeiwerte, und zwar um wahrscheinlich rd. vier Zehnerpotenzen kleinere, gelten für die Kombination Elektron–positives Ion. Eine Vereinigung ist in diesem Falle um so unwahrscheinlicher, je größer die Geschwindigkeit des Elektrons ist, da es dann nur äußerst kurzzeitig im Wirkungsbereich des Ions verweilt und von diesem nicht eingefangen werden kann. Nur wenn zufällig bei einem der letzten Stöße die Geschwindigkeit des Elektrons so weit herabgesetzt wurde, daß es beim Zusammentreffen mit dem Ion in eine geschlossene (Ellipsen-)Bahn in dessen Kraftfeld gezwungen wird, führt der Stoß zu einem Einfangen des Elektrons und Abstrahlung einer Lichtwelle. Bei höherer Geschwindigkeit wird das Elektron zwar weiterhin zum Ion hingezogen, doch ist sein Impuls für ein Einfangen zu groß, und es durchfällt den Wirkungsbereich des Ions auf einer offenen Parabel- oder Hyperbelbahn. Somit ist das Eintreten einer Vereinigung in hohem Maße von der rein zufallsbedingten Wahrscheinlichkeit des Vorkommens sehr kleiner Elektronengeschwindigkeiten beim Stoß abhängig; dies ist die Ursache des im Falle der Elektron–Ion-Vereinigung besonders niedrigen Beiwertes des Vorgangs, für den meist ein Mittelwert von 10^{-10} cm³/Ion·sek angegeben wird. Doch konnte neuerdings [16] bei der Untersuchung des Rekombinations-Nachleuchtens beim Tastbetrieb einer elektrodenlosen Glimmentladung in reinem Neon bei $p = 10 - 30$ Torr gezeigt werden, daß unter den hier vorliegenden Bedingungen die Elektron–Ion-Vereinigung häufiger als vermutet eintritt. Der Rekombinationskoeffizient ergab sich zu $1,1 \cdot 10^{-7}$ cm³/Ion·sek. In einer Heliumatmosphäre erbrachten gleichartige Messungen den Wert $1,5 \cdot 10^{-8}$ cm³/Ion·sek [17] (s. a. [20]).

Nur bei niederem Druck und hoher Ionendichte ist mit der Kombination Elektron–Ion zu rechnen. Aber selbst im Plasma vollzieht sich die Vereinigung ungleichmäßiger Ladungen nur in einem solchen Maße, daß die hohe Trägerdichte erhalten bleibt; würden nicht in der Hauptsache Elektronen, sondern negative Ionen die negativen Träger repräsentieren, dann wäre eine rasche Trägerverarmung und das Ende des Plasmas unvermeidlich.

Die bei der Vereinigung eines einatomigen Ions mit einem Elektron freiwerdende Energie muß in Form einer Lichtwelle abgestrahlt werden, während sie bei zwei- und mehratomigen Ionen durch die Anregung von Schwingungs- und Rotationszuständen absorbiert wird. Die größere Bereitwilligkeit zu einer solchen Energieumsetzung erhöht den Vereinigungsbeiwert hierbei auf wesentlich größere Werte als bei der Kombination einatomiges Ion–Elektron. So haben BIONDI und BROWN [18] bei Ionen und Elektronen sehr geringer Geschwindigkeit in H_2 einen Vereinigungsbeiwert von $R = 2,5 \cdot 10^{-6}$, im einatomigen Helium dagegen von nur $1,7 \cdot 10^{-8}$ cm³/sek gemessen.

Die Größenordnung des Vereinigungskoeffizienten läßt sich aufgrund folgender Überlegung angeben, die auch Gelegenheit bietet, unsere Vorstellungen vom Zusammenfinden der Ladungsträger zu verfeinern: Das eine der beiden Ionen möge als ruhend bezüglich des anderen angesehen werden. Vermöge seiner Ladung e entwickelt es im Abstand a von seinem Zentrum ein elektrisches Feld der Stärke $E = \dfrac{e}{4\pi\varepsilon_0 a^2}$ und zieht die dort befindliche Gegenladung mit der Kraft $K = eE$ an. Unter Einwirkung der Anziehung versucht diese, sich der ruhenden zu nähern. Auf seinem Weg erleidet das Ion fortgesetzt Zusammenstöße, die es hin und her stoßen und immer wieder von seinem Ziel abbringen. Nur innerhalb einer Kugel um das ruhende Ion von einem gewissen Halbmesser a wird die anziehende Kraft die regellose Kraftäußerung der Wärmebewegung übertreffen und dann zu einer immer schnelleren Annäherung führen. Die Gleichsetzung der potentiellen COULOMBschen Energie des beweglichen Teilchens (= die Arbeit, die zur Verbringung des beweglichen Ions von der Entfernung a bis zur Unendlichkeit im Feld des anderen Ions erforderlich ist; $A = \displaystyle\int\limits_a^\infty \dfrac{e^2}{4\pi\varepsilon_0 a^2}\,da = \dfrac{e^2}{4\pi\varepsilon_0 a}$) und seiner mittleren Bewegungsenergie $\dfrac{3}{2}kT$ ergibt den kritischen Abstand zu $a = \dfrac{e^2}{4\pi\varepsilon_0 \cdot \dfrac{3}{2}kT}$.

Ob sich die Ionen beim Zusammentreffen auch tatsächlich neutralisieren, hängt noch von der Zufälligkeit ab, ob die im Beschleunigungsfeld gewonnene kinetische Energie kurz zuvor in ausreichendem Maße bei Stößen verausgabt wurde oder nicht, nachdem nur langsame Ionen miteinander kombinieren können. Diese Wahrscheinlichkeit werde im Ansatz durch den Faktor p berücksichtigt.

Die Relativgeschwindigkeit der beiden Ionen zueinander ist

$$u = (b_+ + b_-)\,E = (b_+ + b_-)\,\frac{e}{4\pi\varepsilon_0 a^2}\,.$$

Durch jeden cm^2 einer senkrecht zur Bewegungsrichtung gestellten Fläche treten in 1 sek $\dfrac{dn}{dt} = n_+ u$ positiv geladene Teilchen hindurch, die jedoch nicht alle mit dem im Mittelpunkt der Hüllfläche angenommenen negativen Ion zusammentreffen, sondern nur mit dem Anteil $p\,n_+ u$. Durch die Gesamtheit der Hüllflächen um alle negativen Ladungen eines cm^3 $4\pi a^2 n_-$ treten somit in einer Sekunde

$$\frac{dn}{dt} = p\,n_+\,(b_+ + b_-)\,\frac{4\pi a^2 n_-\, e}{4\pi a\,\varepsilon_0} = p\,n_+ n_-\,\frac{ae}{\varepsilon_0}\,(b_+ + b_-)$$

„erfolgreiche" Ladungsträger positiven Vorzeichens. Da der Vereinigungskoeffizient nach (V, 5) durch $dn = R\,n_+ n_-\,dt$ definiert ist, gilt bei Elimination von $\dfrac{dn}{dt}\cdot\dfrac{1}{n_+ n_-}$ durch R

$$R = p\,\frac{e}{\varepsilon_0}\,(b_+ + b_-)\,. \tag{V,10}$$

Damit ist der Zahlenwert des Ionen-Vereinigungskoeffizienten auf die Werte der Ionenbeweglichkeiten zurückgeführt, und zu seiner Abschätzung bedarf es nur noch gewisser Annahmen über die Größe des Faktors p. Obwohl diese zuerst von LANGEVIN abgeleitete Gleichung von der schematisierten Vorstellung eines isolierten Systems zweier Punktladungen ausgeht, die nur dem Spiel ihrer eigenen elektrostatischen Kräfte und den Kräften der Wärmebewegung unterliegen, liefert sie doch bereits die richtige Größenordnung der experimentell bestimmten R-Werte, und zwar bei der Annahme $p = 1$ etwa drei- bis fünffach zu große Werte. Für Luft beispielsweise folgt mit $p = 1$, $\varepsilon_0 = \dfrac{10^{-11}}{4\pi \cdot 9}$ F/cm

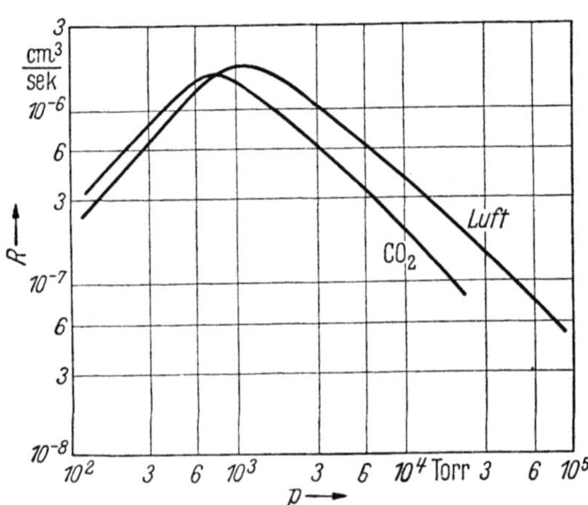

Abb. 17. Diffusionskoeffizient für Luft und Kohlensäure in Abhängigkeit vom Druck.

und einem Mittelwert der Beweglichkeit von 1,6 für den Vereinigungskoeffizienten bei Normaldruck $R = 5,8 \cdot 10^{-6}$ cm³/sek, während der richtige Wert bei $2 \cdot 10^{-6}$ liegt. Die Annahme p nahezu gleich eins trifft für hohen Gasdruck ($p > 3$ at) und damit in erster Linie für den Fall der bevorzugten Wiedervereinigung zu, da unter diesen Umständen das wandernde Ion sehr viele Stöße erleidet und immer wieder die bei der Annäherung an das Gegenion gewonnene Energie verliert.

Mit steigendem Druck müßte nach (V, 10) der Vereinigungsbeiwert in derselben Weise wie die Beweglichkeit umgekehrt proportional zum Druck abnehmen. Dies trifft bei hohem Druck auch zu. Dagegen ergibt das Experiment im Gegensatz zu den Voraussagen der LANGEVIN-Theorie bei niedrigem Druck einen zunächst proportionalen und dann sich verlangsamenden Anstieg von R; in Luft liegt der Höchstwert bei etwas höherem als atmosphärischem Druck. Den Abfall bei weiterer Druckerhöhung enstprechend $Rp = $ const zeigt Abb. 17. Mit der Lebensdauer der Ionen nimmt im allgemeinen die Größe des Vereinigungskoeffizienten zunächst ab, was zumeist auf den Einfluß von Verunreinigungen und Beimischungen im Gas und die hierdurch bewirkte Abnahme der Beweglichkeit zurückzuführen ist; erst bei längeren Zeiten als 10^{-2} sek kann im allgemeinen mit einem unveränderlichen R-Wert gerechnet werden.

Ohne weiteres Eingehen auf die feineren Züge der theoretischen Vorstellungen, wegen deren übersichtlicher Darstellung auf das Buch von L. B. Loeb, Fundamental Processes of Electrical Discharges in Gases, verwiesen sei, werde hiermit die Übersicht über den Vorgang der Vereinigung ungleichnamiger Ladungsträger abgeschlossen. Dies ist um so eher zulässig, als während des Aufbaues von Gasentladungen der dabei stattfindende Trägerverlust durch Vereinigung zumeist vernachlässigt werden kann; für die Ökonomie stationär brennender Entladungen und für die erzielbaren Lichtausbeuten sind dagegen die angestellten Betrachtungen von großer Bedeutung.

Literaturhinweise zu Kapitel V.

1. Thomson, J. J.: Phil. Mag. **30** (1916) 321.
2. Cravath, A. M.: Phys. Rev. **34** (1929) 605.
3. Bailey, V. A.: Phil. Mag. **22** (1925) 825.
4. Bradbury, N. E.: Phys. Rev. **44** (1933) 883.
5. Bradbury, N. E.: J. chem. Phys. **2** (1934) 827.
6. Townsend, J. S.: J. Franklin Inst. **200** (1925) 563.
7. Tate u. Lozier: Phys. Rev. **39** (1932) 254.
8. Hanson, E. E.: Phys. Rev. **48** (1935) 476; **51** (1937) 86.
9. Loeb, L. B.: Phys. Rev. **48** (1935) 684.
10. Alterthum, H., A. Lompe, R. Seeliger: Phys. Z. **37** (1936) 833.
11. Bartholomeyczyk, W.: Ann. Phys. **42** (1943) 43 u. 534.
12. v. Meyeren, W.: Z. Phys. **91** (1934) 727.
13. Townsend, J. S. u. S. P. MacCallum: Phil. Mag. (7) **5** (1928) 695.
14. Huxley, L. G. H.: Phil. Mag. (7) **5** (1928) 721.
15. Harper, W. R.: Proc. Cambr. Phil. Soc. **29** (1933) 149.
16. Holt, R. B., J. M. Richardson, B. Howland u. B. T. McClure: Phys. Rev. **77** (1950) 239.
17. McClure, B. T., R. A. Johnson u. R. B. Holt: Phys. Rev. **79** (1950) 232; **80** (1950) 376; s. a. M. A. Biondi: Phys. Rev. **83** (1951) 1078.
18. Biondi, M. A. u. S. C. Brown: Phys. Rev. **76** (1949) 457; **76** (1949) 1697.
19. Hey, W. u. A. Leipunski: Z. Phys. **66** (1930) 669.
20. Craggs, J. D., W. Hopwood u. J. M. Meek: J. Appl. Phys. **18** (1947) 919.

VI. Bildung von Ladungsträgern an Grenzflächen[1].

a) Die Austrittsarbeit. Ladungsträger bedürfen zu ihrem Austritt aus einem Körper einer gewissen Mindestenergie, da sie an der Grenze zum Außenraum ein von den Ionen des Körpers herrührendes hohes Feld durchfliegen müssen, das sie ins Innere zurückzutreiben sucht. Auf einem Weg von weniger als $^1/_{1000}$ mm ist eine Potentialdifferenz von ca. 1 V zu überwinden, damit das Elektron frei sei. Bei Zimmertemperatur entspricht die einem eingeschlossenen Elektron im Mittel zukommende kinetische Energie einer Beschleunigungsspannung von nur $^1/_{30}$ V, und es gibt daher bei niedrigen Temperaturen so gut wie kein Elektron von zu-

---

[1] Literaturhinweise zu diesem Kapitel s. S. 88.

fällig solch hoher Geschwindigkeit, das den Potentialwall ohne äußere Hilfe durchqueren könnte. Wird dagegen den Ladungsträgern Energie in geeigneter Form zugeführt, dann können in steigender Anzahl sowohl Elektronen als in besonderen Fällen auch positive Ionen in Freiheit gesetzt werden.

In den Metallen wird die zurückhaltende Kraft einerseits durch die Summenwirkung der Atomladungen bzw. der Gitterionen aufgebracht. Der rasche Abfall des resultierenden Ionenkraftfeldes läßt eine beachtenswerte Kraft dieser Art nur bis zu einer Entfernung ab der Grenzfläche von der Größenordnung der molekularen Abmessungen erwarten. Darüber hinaus wirkt auf das austretende Elektron hauptsächlich die von ihm im Leiter influenzierte Ladung mit der Bildkraft $K = \dfrac{e^2}{4\pi\varepsilon_0 x^2}$ ein ($x =$ Abstand des Elektrons von der Grenzfläche). Die gesamte zum Austritt erforderliche Energie, die *Austrittsarbeit*, setzt sich in erster Annäherung unter Vernachlässigung eines Übergangsgebietes aus der Arbeit längs einer kurzen Wegstrecke x_0 gegen eine mangels besserer Unterlagen konstant angenommene Kraft K_0 zusammen (Bereich I in Abb. 18) und der Arbeit zur Überwindung der Bildkraft (Bereich II) ab der Nahewirkungssphäre bis zu einer solchen Entfernung von der Metalloberfläche, in der das emittierte Teilchen als praktisch frei angesehen werden darf. In Abb. 18 entspricht die schraffierte Fläche unter der Kraft–Wegkurve der für den Austritt eines Elektrons aufzubringenden Arbeit eV_a. Es gilt

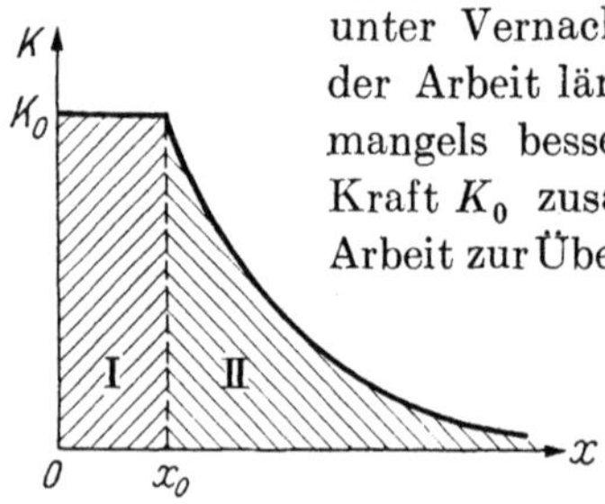

Abb. 18.
Zur Abschätzung der Austrittsarbeit.

$$eV_a = \frac{1}{4\pi\varepsilon_0}\left[K_0\,x_0 + \int\limits_{x_0}^{\infty}\frac{e^2}{4x^2}\,\mathrm{d}x\right] = \frac{1}{4\pi\varepsilon_0}\left[\frac{e^2}{4x_0^2}\,x_0 - \frac{e^2}{4x}\Big|_{x_0}^{\infty}\right] = \frac{1}{4\pi\varepsilon_0}\cdot\frac{e^2}{2x_0}.$$

Zur Abschätzung sei für x_0 der zweifache Betrag der Molekelabmessung angenommen, also $x_0 = 2\cdot10^{-8}\,\mathrm{cm}$; damit wird die zu überwindende Potentialdifferenz $V_a = 3{,}6\,\mathrm{V}$, was in der Größenordnung der experimentell ermittelten Werte liegt.

Von SCHOTTKY [1] wurde eine viel benutzte Modellvorstellung zur Veranschaulichung der den Austritt behindernden Kräfte entwickelt. Danach hat man sich die auf die Elektronen einwirkenden elektrischen Kräfte durch die Wirkung der Schwerkraft auf massebehaftete Kugeln ersetzt zu denken, welche diese im Innern eines Topfes mit schrägen Wänden endlicher Höhe zurückhält. Je nach Geschwindigkeit steigen die kugelig gedachten Elektronen an der Topfwand mehr oder weniger hoch, wobei sie bis zur Bewegungsumkehr abgebremst werden; vor Erreichen des Topfrandes fallen sie unter Rückgewinnung ihrer Geschwindigkeitsenergie zum Boden zurück. Nur ganz wenigen Elektronen mit extrem hoher Geschwindigkeit gelingt es, den Napf zu verlassen. Deren Zahl erhöht sich allerdings rasch, wenn ihre Geschwindigkeitsenergie vergrößert oder die Topfhöhe verringert wird.

Die gemessenen Werte der Austrittsarbeit hängen vom Stoffaufbau und vom Zustand der Metalloberfläche ab. Sehr reine Oberflächen lassen sich nur im Hochvakuum bei sorgfältiger Entgasung und Erhitzung erzielen. Sobald ein Metall mit Fremdstoffen in Berührung kommt, bildet sich eine mehr oder minder dicke metallfremde Grenzschicht aus; diese besteht entweder aus einer adsorbierten Gas- oder Feuchtigkeitshaut oder aus einer feinen Oxydschicht, also einer chemischen Verbindung des Metalls mit der umgebenden Luft. Bei stärkerer elektropositiver Bedeckung gibt eine heranfliegende Gasmolekel ein Elektron an das Grundmetall ab und lädt sich hierbei positiv auf. Negative Ionen enthaltende Schichten bilden sich bei der Bedeckung durch M lekel, deren Elektronenaffinität größer als die der Grundschicht ist. Eine positiv geladene Doppelschicht, mit der man es in der Mehrzahl der Fälle zu tun hat, führt zu einer Verringerung der Austrittsarbeit durch eine Erniedrigung des an der Körperbegrenzung wirksamen Feldes der Ladungsträger. Der Wall des Potentialnapfes, in dem die Metallelektronen eingeschlossen

Tabelle 6. *Austrittsarbeiten reiner Metalle in eV [34].*

Metall	Austrittsarbeit	Metall	Austrittsarbeit
Li	2,39	Cr	4,51
Na	2,27	Mo	4,27
K	2,15	W	4,50
Cs	1,89	Fe	4,36
Ca	2,76	Co	4,18
Ba	2,29	Ni	4,84
Mg	3,46	Pt	5,29
Zn	3,74	Cu	4,47
Hg	4,52	Ag	4,28
Al	3,74	Au	4,58

sen liegen, wird durch die Doppelschicht sowohl erniedrigt als auch verschmälert, so daß die Elektronen schon bei geringerer Energie „überlaufen" bzw. herausspringen können oder auch als Folge des Tunneleffekts (s. S. 86) durch den Potentialwall endlicher Breite durchzudringen vermögen. Vorzugsweise bei Oxydfilmen kann die Austrittsarbeit auch über den für die reine Metalloberfläche gültigen Wert ansteigen [2].

Tab. 6 gibt für eine Reihe von Metallen die Mittelwerte der von verschiedenen Seiten gemessenen Austrittsarbeiten. Die niedrigsten Werte finden sich bei den Metallen mit großem Atomvolumen, wie etwa bei den elektropositiven Alkali- und Erdalkalimetallen. Besonders fest werden die eingeschlossenen Elektronen in den Metallen der Eisengruppe, in Hg oder den Edelmetallen zurückgehalten. Bei einer Auftragung aller bekannten Austrittsarbeiten über der Ordnungszahl der Elemente fällt und steigt die Kurve recht regelmäßig beim Durchgang durch die Gruppen des Periodischen Systems in gleichartiger Weise, wie dies auch für die Ionisierungsarbeiten gilt [*34*].

Für die Zuführung von Energie zwecks Auslösung von Elektronen aus Metallen bestehen folgende Möglichkeiten:

Stoß von Ladungsträgern auf die Metalloberfläche,

Stoß von (metastabil) angeregten Molekeln oder auch von sehr rasch-fliegenden Molekeln im Grundzustand,

Bestrahlung der Oberfläche mit kurzwelligem Licht (*Photoeffekt*),

Aufheizung des Metalls (*Thermoemission*),

Herstellung eines hohen Feldes mit dem emittierenden Metall als Kathode (*Feldemission*).

Der Vollständigkeit halber sei erwähnt, daß auch positive Ionen durch Erhitzen von Metallsalzen in einem Dissoziationsprozeß erhalten werden können. Fast unveränderliche Ergiebigkeit läßt sich mit der von KUNSMAN [*3*] angegebenen, Alkaliionen emittierenden Glühanode aus Eisenoxyd mit kleinen Zusätzen aus Alkalioxyd und Aluminiumoxyd erzielen.

Von Interesse ist, daß Elektronen auch aus Nichtleitern in die Umgebung austreten können. So stellt BRAUNBECK [*4*] bei der Untersuchung einer Niederdruckentladung mit einer Elektrolytflüssigkeit als Kathode fest, daß die Auslösung von Elektronen nicht an das Vorhandensein „freier" Elektronen geknüpft ist, sondern daß diese auch aus dem Elektrolyt freigemacht werden können.

b) Elektronenbefreiung durch Stoß von Ladungsträgern. Auf die Metallfläche aufprallende Ladungsträger bringen außer ihrer kinetischen auch noch potentielle Energie mit. Bei Elektronen ist diese vom Betrag der Austrittsarbeit, bei positiven Ionen berechnet sich die freiwerdende potentielle Energie gemäß (V, 3) aus dem bei der Neutralisierung an der Kathode freiwerdenden Überschußbetrag der Ionisierungsarbeit nach Abzug der Austrittsarbeit für das zur Neutralisierung benötigte Elektron. In diesem Falle ist für die Austrittsarbeit des neutralisierenden Elektrons nur ein Bruchteil der üblichen Werte einzusetzen, weil das Elektron ja nicht in weite Entfernung, sondern nur zu dem unmittelbar an der Oberfläche befindlichen Ion zu bringen ist, und weil außerdem das Ion durch seine Anwesenheit den Potentialrand herunterbiegt.

Aufprallende Elektronen können bereits an den äußersten Schichten so abgelenkt werden, daß sie ohne wesentliche Änderung ihrer kinetischen Energie wieder in den Gasraum zurückfliegen. Bei höheren Geschwindigkeiten vermögen sie jedoch in die Oberflächenschichten einzudringen, wo sie bei elastischen Stößen jeweils nur verschwindend kleine Energiebeträge auf die Molekel übertragen können, jedoch sehr wohl große Energien auf die im Metall eingeschlossenen Elektronen. Ihre Gesamtenergie $e V_a + 1/2\, m v^2$ kann einem gestoßenen Elektron eine so hohe Geschwindigkeit verleihen, daß dieses bei einem zufällig normal zur Oberfläche gerichteten Stoß in den Außenraum hinausfliegt. Bei ausreichender Energie des Primärelektrons ist es auch durchaus möglich, daß mehr Sekundärelektronen (unter Einschluß des Primärelektrons) emittiert werden, als Primärelektronen auf das Metall zuflogen; die Ausbeute des Prozesses ist dann größer als eins, d. h., daß im „reflektierten" Strahl die Elektronenzahl größer als im Primärstrahl ist. Die

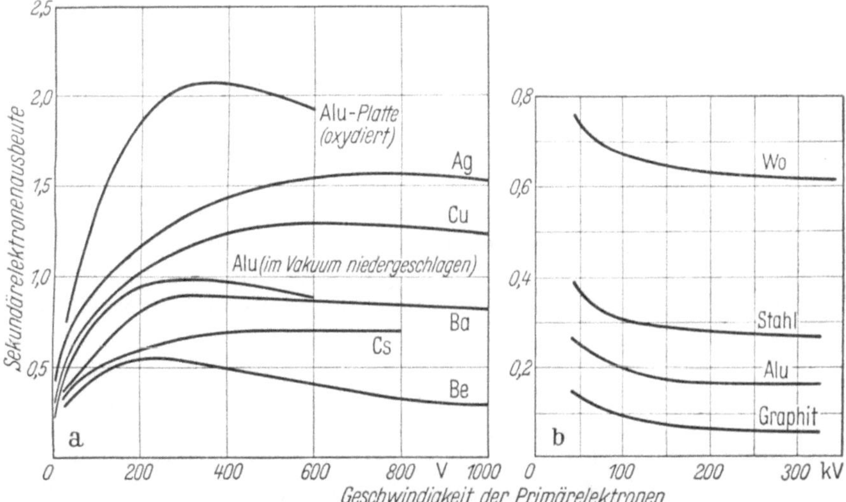

Abb. 19. Verhältnis der zurückfliegenden Sekundärelektronen zur Zahl der auftreffenden Primärelektronen. Diagramm a) nach Messungen von BRUINING u. DE BOER [6, 7], Diagramm b) nach TRUMP u. VAN DE GRAAFF [8].

Zahl der Sekundärelektronen hängt ab von der Geschwindigkeit der Primärelektronen, ihrem Einfallswinkel, der Art des getroffenen Körpers und seiner Oberflächenbeschaffenheit.

Von HASTINGS [5] wurde an Silberschichten auf Platingrundlage die Tiefe der Schichten gemessen, aus denen die emittierten Sekundärelektronen stammen. Bei einer Auftreffgeschwindigkeit entsprechend 20 V kommen die Sekundärelektronen aus Tiefen von weniger als 15 Atomschichtdicken heraus und auch noch bei 50 V-Geschwindigkeit haben sie nicht mehr als höchstens 30 Schichten zu durchqueren.

Für Elektronen sehr unterschiedlicher Geschwindigkeit geben die Diagramme von Abb. 19 a und b die Ergebnisse neuerer Messungen der Ausbeuten wieder (weitere Messungen s. beisp. [9—11]). Die Ausbeute steigt bis zu einigen hundert Volt mit der Geschwindigkeit der aufprallenden Elektronen an, um nach Überschreiten eines für jedes Metall spezifischen Höchstwertes monoton abzufallen. Je nach Vorbehandlung und Beschaffenheit der Werkstoffoberfläche differieren die am gleichen Metall vorgenommenen Ausbeutemessungen erheblich. Ein Beispiel hierfür bieten die beiden Kurven von Abb. 19a für Aluminium, das selbst im Hochvakuum seine Oxydschicht nicht verliert und in diesem Zustand eine Höchstausbeute von über 2 ergibt, und für im Hochvakuum aufgedampftes, also völlig reines Aluminium, das auch im besten Fall nicht mehr als ein Sekundärelektron für jedes aufprallende Elektron abgibt. Die elektropositiven Elemente ergeben bei Beschuß mit Elektronen von einigen hundert Volt Geschwindigkeit überraschenderweise eine geringere Ausbeute als Metalle höherer Austrittsarbeit [6]. Hingegen ist die Sekundäremission von Compoundschichten der elektropositiven Metalle weit größer als die der Elemente, aus denen die Schichten aufgebaut sind. Wie die Messungen von VAN DE GRAAFF und TRUMP [8] (Abb. 19b) für sehr schnelle Elektronen zeigen, ändert sich die Ausbeute über 100 kV Beschleunigungsspannung fast nicht mehr und liegt beträchtlich unter der Einheit. Daß die Ausbeute mit der Ordnungszahl des getroffenen Werkstoffes im Periodischen System zunehme, ist eine nicht immer zutreffende Regel.

Für das Zustandekommen von Gasentladungen sind diese Ergebnisse ohne größere Bedeutung, nur beim Stromdurchgang durch das Vakuum und bei gewissen Hochfrequenzentladungen mag mit einer Befreiung von Ladungsträgern aus den Gefäßwänden auf diese Art zu rechnen sein. Von ungleich größerem Interesse für die Entladungsvorgänge in gasgefüllten Räumen ist die von den positiven Ionen an der Kathode ausgeübte Rolle. Außer einer auch in diesem Falle möglichen Reflexion einzelner Ionen des Strahles oder auch einer Zertrümmerung des Gefüges unter dem Aufprall der schweren Ionen durch Wegschleudern einzelner Atome oder Moleküle des Grundmaterials findet vor allem eine Neutralisierung der auftreffenden positiven Ionen statt, die mit dem Freiwerden von Energie verbunden ist. Fast immer erfüllte Voraussetzung einer Neutralisierung ist, daß die Ionisierungsarbeit des Teilchens größer als die Energie für das Herausholen eines Elektrons aus dem Metall ist. Beim Vorgang der *Kathodenzerstäubung* [12—14] können Oxyd- und Gasfilme unter dem Aufprall der Ionen von der getroffenen Oberfläche losgelöst werden, wodurch deren Austrittsarbeit geändert wird. Der Film wird sich allerdings bei der Anwesenheit von Sauerstoff oder anderen chemisch aktiven Gasen rasch neubilden. Für die Hochvakuumtechnik ist der längere Betrieb eines Metalls als Kathode einer bei niederem Druck in einem Edelgas brennenden Glimmentladung ein bewährtes Mittel, das Gas zu reinigen und adherierte Gashäute, die selbst bei einer Hochfrequenzerhitzung im Vakuum nicht restlos entfernt werden können, zum Verschwinden zu bringen.

Bei den Zusammenstößen des heranfliegenden Ions der Masse M mit den im Metall eingeschlossenen Elektronen kann jeweils nur höchstens der Bruchteil $f_{max} = 4\,\dfrac{m}{M}$, also auf jeden Fall weniger als ein tausendstel der noch vorhandenen Geschwindigkeitsenergie, auf ein Elektron übertragen werden. Hieraus ist zu schließen, daß die Abbremsung des Ions in erster Linie an den Gittermolekeln erfolgt und daß die kinetische Energie des Ions erst bei größeren Werten eine Elektronenauslösung merklich zu begünstigen vermag. Zur Neutralisierung des Ions bedarf es der Aufnahme eines Elektrons aus dem Metall, wobei aus bereits angegebenem Grund nur der Bruchteil $\varkappa$ der Austrittsarbeit aufzubringen ist. Für einen etwaigen weiteren Elektronenaustritt in den Außenraum steht damit noch die Energie

$$\varDelta E = f_{max} \cdot \frac{1}{2} M v^2 + \mathrm{e}V_i - \varkappa\,\mathrm{e}V_a \qquad\qquad \text{(VI, 1)}$$

zur Verfügung. Sie reicht bestimmt zur Freimachung eines Elektrons auch bei maximaler Neutralisierungsenergie ($\varkappa = 1$) aus, wenn

$$f_{max} \cdot \frac{1}{2} M v^2 + \mathrm{e}V_i \geqslant 2\,\mathrm{e}V_a . \qquad\qquad \text{(VI, 2)}$$

(VI, 1) bzw. (VI, 2) lassen den Grund erkennen, warum etwa langsame Ionen von Na oder anderen Alkalimetallen niedriger Ionisierungsarbeit aus Metallen hoher Austrittsarbeit wie z. B. aus einer Nickeloberfläche kein Elektron freizumachen vermögen. Andererseits folgt aus der Energiebilanz, daß sogar Ionen vernachlässigbarer Geschwindigkeit zum Austritt von Elektronen führen können, wenn nur ihre potentielle Energie in Form der freiwerdenden Ionisierungsarbeit ausreichende Größe hat. Mit steigender Auftreffgeschwindigkeit, also einer Vergrößerung des Wertes von E/p, ist eine Vermehrung der Zahl der austretenden Elektronen zu erwarten. Dies hat zweierlei Gründe: Ein hohes Kathodenfeld erhöht nicht nur die kinetische Energie der Ionen und damit auch die Auslösewahrscheinlichkeit für die im Metall eingeschlossenen Elektronen, sondern gleichzeitig die Wahrscheinlichkeit, daß das abgetrennte Elektron nicht wieder zur Kathode zurückfindet. In einem hohen Feld werden die Elektronen rasch aus der nächsten Kathodenumgebung abgezogen, sodaß sie nicht mehr als Folge einer Streuung an den Molekeln zur Kathode zurückdiffundieren können. Für sehr raschfliegende Wasserstoffionen findet Schneider [15] eine konstante Ausbeute an freigemachten Elektronen, unabhängig von der Art der beschossenen Metallplatte, und zwar lag die Zahl der Sekundärelektronen bei Alu, Cu, Au im Mittel bei 4,3 bei einer Ionengeschwindigkeit zwischen 23 bis 46 kV. Linford [16] beobachtet beim Aufprall raschfliegender Hg-Ionen auf Metalloberflächen die Emission von 7—20 Elektronen pro einfallendes Ion, wobei ebenfalls die Art des Metalls von untergeordneter

Bedeutung bleibt. Nur bei frischgebildeten Alkali-Oberflächenschichten sind die Ausbeuten noch größer und steigen bei einem Lithiumüberzug bis auf 50 Elektronen pro Ion an. Die Mehrzahl der Sekundärelektronen besitzt in jedem Fall eine Austrittsgeschwindigkeit von weniger als 10V.

Die Einzelheiten der Elektronenbefreiung sind unbekannt. Möglicherweise wird die bei der Vereinigung des Ions mit einem Elektron freiwerdende Energie als kurzwellige Strahlung emittiert und in unmittelbarer Umgebung der Neutralisierungsstelle wieder eingefangen und zur Ausstoßung eines zweiten Elektrons verwertet [17]; oder die bei der Neutralisierung freiwerdende Energie mag örtlich zu einer solchen „Überhitzung" des Gefüges führen, daß bei den heftigen Gitterschwingungen ein Elektron weggeschleudert wird. Schließlich könnte das Ion auch eine so starke Deformation und Einbuchtung im Randfeld hervorrufen, daß das Elektron unter dem Einfluß des Mikrofeldes nach Art der Autoelektronenemission aus dem Material herausgezogen wird. Auf Grund theoretischer Spekulationen fordert NEWTON [18] als Voraussetzung einer Befreiung mehrerer Elektronen durch ein aufprallendes Ion extrem hohe Feldstärken von über 10^7 V/cm. Für die Auslösung nur eines einzigen Elektrons hält er allerdings auch schon sehr viel schwächere Felder ausreichend.

Nachdem der Ablauf des Auslösevorgangs selbst unbekannt ist, können wir ihn nur summarisch durch Ausmessung der Zahl γ der von einem Ion freigemachten Elektronen beschreiben (ohne das zur Neutralisation benötigte Elektron mitzuzählen). γ ist in erster Linie von der Austrittsarbeit des getroffenen Materials und der Ionenart und in geringerem Maß von der kinetischen Energie des aufprallenden Teilchens abhängig. In dem vorzugsweise interessierenden Fall niedriger Ionengeschwindigkeit dürfte γ stets bei kleinen bis zu sehr kleinen Bruchteilen der Einheit liegen (unter 10%).

Die wenigen vorliegenden direkten Messungen der Zahl der von einem Ion ausgelösten Elektronen wurden zum überwiegenden Teil mit im Hochvakuum beschleunigten Ionen mit einer Geschwindigkeit von einigen hundert Volt ausgeführt und liegen damit außerhalb des interessierenden Bereichs von wenigen Volt. Nachdem wegen der nur bei Anwendung moderner Entgasungstechnik kontrollierbaren Beschaffenheit von Metalloberflächen alle bisherigen Messungen nicht-reproduzierbare Ergebnisse erbrachten, sei hier als Beispiel für eine Messung bis herab zu relativ niedrigen Geschwindigkeiten nur die von PENNING [19] mit einer Ni-Oberfläche angeführt (Abb. 20). Hierbei wurde besonderes Augenmerk auf die Vermeidung des Stoßes metastabiler oder sehr raschfliegender Atome sowie von Photonen auf die Kathode gerichtet, um die Elektronen ausschließlich durch den Stoß positiver Ionen zu erzeugen. Die Meßwerte zeigen einen langsamen Anstieg des γ mit der Feldstärke

und lassen erkennen, daß ungefähr jedes zwanzigste auffallende Ion ein
Elektron ablöst. Auch diese Messungen können als genau und eindeutig
kennzeichnend für die gerade vorliegende Oberflächenbeschaffenheit nur

oberhalb einer Ionengeschwindigkeit entsprechend 50 V angesehen werden, doch besteht
die begründete Vermutung,
daß die Extrapolation auf sehr
kleineGeschwindigkeiten keine
allzu großen Fehler bei der
Bestimmung des γ für praktisch wichtige Fälle mit sich
bringt. Bei Beschleunigungsspannungen zwischen 200 und
700 V fand OLIPHANT [20]
keine merkliche Änderung des
γ bei sorgfältig entgasten Oberflächen.

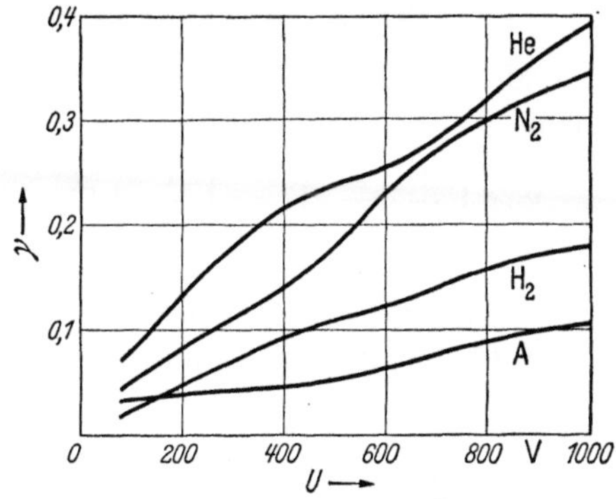

Abb. 20. Anzahl γ der von einem positiven Ion an
einer Ni-Fläche ausgelösten Elektronen.

c) Elektronenbefreiung durch Stoß angeregter oder sehr schneller neutraler Teilchen. Bei der Berührung eines Körpers wird ein angeregtes
Atom seine potentielle Energie fast immer an der Grenzfläche unter
Rückkehr in den Normalzustand abgeben. Selbstverständliche Voraussetzung für eine Elektronenbefreiung ist wiederum, daß die mitgebrachte
Energie größer als die Austrittsarbeit ist. Edelgase mit hoher (metastabiler) Anregungsstufe geben das Mehrfache der Energie ab, die zur
Auslösung eines Elektrons nötig ist; daher ist auch in diesem Fall die
Wahrscheinlichkeit für eine Elektronenauslösung groß und dürfte der
Einheit nahekommen, so daß demnach praktisch jedes die Grenzfläche
berührende angeregte Edelgasatom ein Elektron befreit. In dieser
Wandwirkung ist auch die hauptsächliche Ursache für die Rückführung
metastabiler in unangeregte Zustände zu suchen. Der Effekt ist auf wenige
Gase mit metastabilen oder auch Resonanz-Anregungsstufen beschränkt.

Ebenfalls dürfte der Stoß sehr raschfliegender Molekel zur Elektronenauslösung an Grenzflächen geeignet sein. Solche schnellen Molekel
treten entweder bei sehr hoher Temperatur oder vorzugsweise bei geringem Druck beim Vorgang der Umladung auf. Als *Umladung* bezeichnet
man die Neutralisierung eines Ions durch Aufnahme eines Elektrons,
das einer neutralen Molekel unter Ionisierung derselben entrissen wird.
Das zuvor im elektrischen Feld beschleunigte Ion wurde hierdurch zu
einem neutralen Teilchen hoher Geschwindigkeit. Auf diese Weise lassen
sich elektrisch neutrale Strahlen bekannter Geschwindigkeit erzeugen,
wie zuerst von KALLMANN und ROSEN [21] gezeigt worden war, nachdem
schon WIEN [22] den Umladungsvorgang nachgewiesen hatte.

6*

Beim Aufprall der Molekel auf das Metall steht zur Auslösung eines Elektrons allein ihre kinetische Energie zur Verfügung. Voraussetzung einer Elektronenbefreiung bei günstigstem Stoß ist

$$4\frac{m}{M} \cdot \frac{1}{2} M v^2 > eV_a \qquad \text{bzw.} \qquad 2\,m v^2 > eV_a\,.$$

Die Molekel-(Ionen-)Geschwindigkeit muß daher der Bedingung genügen

$$v > \sqrt{\frac{1}{2} \cdot \frac{e}{m} \cdot V_a} = \sqrt{\frac{1}{2} \cdot 1{,}77 \cdot 10^{15} V_a} = 2{,}98 \cdot 10^5 \sqrt{V_a}\,[\text{m/sek}]\,.$$

Saubere Messungen über diese beiden Möglichkeiten einer Elektronenauslösung scheinen noch nicht vorzuliegen.

d) Photoemission. Damit die Energie eines Photons der Frequenz v bzw. der Wellenlänge $\lambda = \dfrac{c}{v}$ zur Auslösung eines Elektrons ausreicht, muß die Bedingung erfüllt sein

$$h v \geqslant eV_a \qquad \text{oder} \qquad v \geqslant \frac{e}{h} V_a \qquad \text{bzw.} \qquad \lambda V_a \leqslant \frac{ch}{e} = \frac{3 \cdot 10^{10} \cdot 6{,}55 \cdot 10^{-27}}{1{,}59 \cdot 10^{-19}}$$

$$\lambda V_a \leqslant 12340 \qquad\qquad\qquad\qquad (\text{VI, 3})$$

für V_a in Volt und λ in Å-Einheiten ($=10^{-8}$ cm).

Nur Metalle besonders kleiner Austrittsarbeit, wie etwa die Alkalimetalle Na, Ba, Cs emittieren schon bei einer Bestrahlung mit Tageslicht ($\lambda_{min} = 4000$ Å) Photoelektronen. Bei Bestrahlung mit dem UV-Licht eines quarzumhüllten Quecksilberdampfstrahlers ($\lambda_{min} = 1800$ Å) können aus der überwiegenden Mehrzahl aller Leiter Elektronen freigemacht werden.

Die Intensität des Photoelektronenstroms ist der Intensität der Bestrahlung verhältnisgleich. Bei kurzwelligem Licht dient der Energieanteil oberhalb des photoelektrischen Schwellenwertes dazu, den Elektronen eine Austrittsgeschwindigkeit mitzugeben, doch wird nur dann die überschüssige Energie voll und ganz als Geschwindigkeitsenergie wiedergefunden, wenn das Elektron der äußersten Oberflächenschicht entstammt. In diesem Falle gilt $\frac{1}{2} m v^2 = h v - eV_a$. Meist wird ein Teil der Energie der weiter im Innern getroffenen Elektronen bei Zusammenstößen auf dem Weg zur Oberfläche aufgezehrt, und das Elektron verläßt das Metall mit verringerter Geschwindigkeit. Im Mittel liegt die häufigst vorkommende Austrittsgeschwindigkeit bei solchen durch kurzwelliges Licht (Röntgenstrahlen) freigemachten Elektronen bei rd. der Hälfte der höchsten Geschwindigkeit $v = \sqrt{\dfrac{2}{m} (h v - eV_a)}\,.$

Die Ausbeute des lichtelektrischen Prozesses an Oberflächen ist wesentlich kleiner als die Einheit. Nach KENTY [23] sind im Mittel

rd. 100 Lichtquanten des Wellenlängengebiets 800—1200 Å zur Ablösung eines Elektrons aus einer Nickelfläche erforderlich.

e) Thermoemission. Wird ein Metall erhitzt, so erlangen immer mehr
Elektronen eine solche thermische Energie, daß sie vermöge ihrer kräftigen Wärmebewegung bei einem näherungsweise normalen Stoß auf
die äußeren Schichten diese durchdringen und dem Bereich der rück-
ziehenden Kräfte entrinnen können. Dabei ist es ohne Belang, ob sich
das Metall im leeren oder in einem gaserfüllten Raum befindet. Bei
negativer Polung des emittierenden Metalls und Herstellung eines ausreichend kräftigen Feldes werden alle Elektronen nach ihrer Befreiung
sofort zur Anode abgesaugt. Sie repräsentieren pro cm² auf die Ab-
soluttemperatur T erhitzter Oberfläche einen elektrischen Strom der
Stärke

$$i_S = A\,T^2\,e^{-\frac{B}{T}}\ \text{A/cm}^2 \qquad\qquad (VI, 4)$$

(RICHARDSON-Gleichung der Sättigungsstromdichte).

Hierbei ist A eine Konstante, der für reine gasfreie Metalloberflächen
der universelle Wert $60{,}2\,\dfrac{\text{A}}{\text{cm}^2\,\text{Grad}^2}$ zukommt. Die Konstante B im
Exponenten ist kennzeichnend für die Art des Materials; sie erweist
sich der Austrittsarbeit proportional. Es gilt

$$B = \frac{eV_a}{k} = \frac{1{,}59 \cdot 10^{-19}}{1{,}37 \cdot 10^{-23}}\,V_a = 11600\,V_a\ .$$

Nachstehend sind für verschiedene Metalle einige gemessene Werte für
B angeführt, die sich mit dem theoretisch zu fordernden Wert in be-

	W	Mo	Cu		Ag	Ca
			fest	flüssig		
$B\,[°\text{K}]$	52 560	51 300	51 000	53 000	47 000	26 000

friedigender Übereinstimmung befinden. Für Erdalkalioxyde mit ihrer
niedrigen Austrittsarbeit ist B ganz besonders klein, was zu einer
kräftigen Elektronenemission auch schon bei mäßigen Temperaturen
Anlaß gibt. In der Technik haben solche Oxydkathoden aus diesem
Grunde ganz besondere Bedeutung gewonnen. Bemerkenswert ist die
leichte Vergrößerung von B beim Übergang vom festen in den flüssigen
Zustand, was sich wegen des Vorkommens von B im Exponenten ungefähr in einer Halbierung der Emissionsstromdichte bei gleicher Temperatur auswirkt.

f) Feldemission. Durch ein sehr hohes elektrisches Feld zwischen
Kathode und Anode wird der Austritt von Elektronen in den umgebenden
Raum erleichtert, weil das äußere Feld den Potentialsprung verkleinert.
Nach der Theorie von SCHOTTKY vermindert diese Absenkung des

Potentialwalles die Austrittsarbeit um den Betrag $\sqrt{\dfrac{e^3 E}{4\pi\varepsilon_0}}$. Nur Elektronen der Mindestgeschwindigkeit $V_\mathrm{a} - \sqrt{\dfrac{eE}{4\pi\varepsilon_0}}$ könnten nach dieser klassischen Vorstellung aus dem Metall austreten. Für ein Feld von beispielsweise 10^6 V/cm beträgt die im Zähler des Exponenten von (VI, 4) anzubringende Korrektur $\sqrt{\dfrac{eE}{4\pi\varepsilon_0}} = \sqrt{1{,}59 \cdot 10^{-19} \cdot 10^6 \cdot 9 \cdot 10^{11}} = 0{,}38$ V.

Von FOWLER und NORDHEIM [24] wurde jedoch nachgewiesen, daß auch schon Elektronen erheblich kleinerer Geschwindigkeit austreten können. Nach wellenmechanischer Auffassung wird dies dadurch ermöglicht, daß die Elektronen nicht nur über den Potentialwall springen, sondern wegen dessen endlicher Breite auch durch ihn dringen können (*Tunneleffekt*). Trotz der sehr kleinen Wahrscheinlichkeit eines solchen Vorgangs für ein Elektron niedriger Geschwindigkeit spielen doch die Zustände geringer Energie hierbei wegen ihrer großen Häufigkeit die maßgebliche Rolle. FOWLER und NORDHEIM legten der Berechnung der Zahl der austretenden Elektronen einen linearen Potentialabfall am Rand des Metalls zugrunde; wird nach SOMMERFELD und BETHE [25] die Abrundung der Potentialschwelle durch die Bildkraft berücksichtigt, dann ergibt sich für den Emissionsstrom aus einem Material der Austrittsarbeit V_a bei der absoluten Temperatur T unter Einfluß des äußeren Feldes der Stärke E der Ausdruck

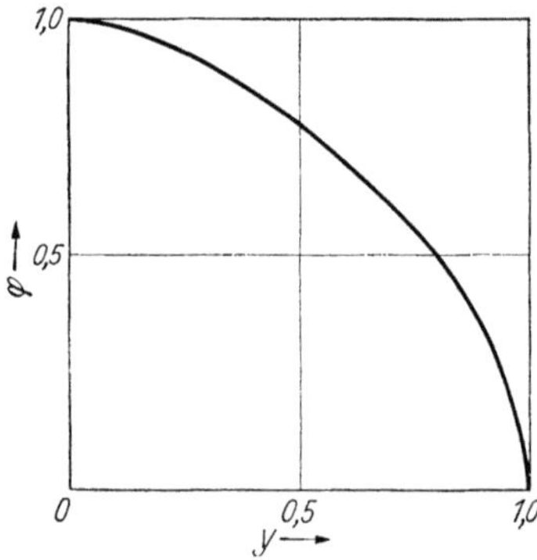

Abb. 21. Hilfsfunktion zu (VI, 5).

$$i = 1{,}55 \cdot 10^{-6}\,\frac{E^2}{V_\mathrm{a}}\exp\left[-6{,}88 \cdot 10^7\,\frac{V_\mathrm{a}^{3/2}}{E} - \varphi\left(\frac{3{,}62 \cdot 10^{-4}\sqrt{E}}{V_\mathrm{a}}\right)\right] \text{A/cm}^2 . \tag{VI, 5}$$

Die im Exponenten vorkommende Bildkraftkorrektion $\varphi(y)$ ist in Abb. 21 mit ihrem Verlauf aufgezeichnet. Bei den vorzugsweise interessierenden Werten von Feldstärke und Austrittsarbeit ist sie nur wenig kleiner als die Einheit.

Der nach (VI, 5) berechnete Emissionsstrom setzt in merklicher Stärke erst bei Feldern von einigen 10^7 V/cm ein; nach dem plötzlichen Einsatz erreicht er in exponentiellem Anstieg sehr rasch überaus hohe Werte. So erhält z. B. HAEFER [26] an Wolframspitzen bei $3{,}1 \cdot 10^7$ V/cm eine Stromdichte von 45 A/cm^2; beim Rückgang auf den dritten Teil der Feldstärke erreicht sie nur noch $3 \cdot 10^{-16}$ A/cm^2. Im Gegensatz hierzu erbrachte die Mehrzahl der älteren Untersuchungen das Ergebnis, daß die Feldemission schon bei um rund eine Zehnerpotenz niedrigeren

Feldstärkewerten beginnt, was allerdings durch eine lokale Erhöhung der Feldstärke gegenüber dem aus der Elektrodenanordnung errechneten Wert erklärt werden kann oder vielleicht auch als Folge einer ungleichmäßigen Beschaffenheit der Oberfläche mit stellenweisen Verunreinigungen geringerer Austrittsarbeit. Bereits Schottky [1] hatte darauf hingewiesen, daß submikroskopische Unregelmäßigkeiten auf der emittierenden Metalloberfläche zu einer Überhöhung der aus der geometrischen Gestalt der Anordnung berechneten makroskopischen Feldstärke führen und daß der Grob-Feinfaktor zur Bestimmung des wahren Wertes der Feldstärke an Kuppen und Vorsprüngen der Oberfläche zu etwa 10 geschätzt werden kann. Selbst bei einer höchstwertig polierten Fläche muß mit einer Rauhigkeit von mindestens 10^{-5} cm gerechnet werden. Von derselben Größenordnung ist auch das Auflösungsvermögen eines Lichtmikroskops, sodaß alle darunterliegenden Abweichungen von der planen Form und gar die Zerklüftungen der Grenzfläche im atomaren Gebiet von 10^{-7} bis 10^{-8} cm sich der Beobachtung entziehen.

Eine starke Stütze für diese Vorstellung einer Emission von Elektronen aus vorgeschobenen Spitzen und Vorsprüngen mit örtlich überhöhtem Feld bilden Beobachtungen [27, 28], wonach die Emissionsströme nicht von der gesamten Kathodenoberfläche, sondern ausschließlich von engbegrenzten Bezirken ausgehen, an denen die Feldstärke bis zu zehnmal größer ist als die makroskopisch berechnete. Den schlüssigen Beweis für die Richtigkeit von (VI, 5) und des zu ihr führenden Ansatzes erbrachte schließlich Haefer [26] durch die Bestimmung der Form emittierender Wolframspitzen mit Hilfe des elektronenoptischen Übermikroskops mit einem Auflösungsvermögen von 10^{-6} cm und Berechnung der Scheitelfeldstärke der näherungsweise parabolischen Elektroden. Für das Einsetzen der Feldemission bei Krümmungsradien ab $1,6 \cdot 10^{-6}$ cm war eine Randfeldstärke an der mikroskopisch glatten Spitze von rd. $3 \cdot 10^{7}$ V/cm erforderlich; dies ist genau der Wert, den (VI, 5) für den Einsatz eines merklichen Emissionsstromes bei Wolfram voraussagt.

Entgegen den Erwartungen erbrachten andere Versuche mit einer völlig planen Metalloberfläche ohne irgendwelche Bearbeitungsunvollkommenheiten, wie sie etwa mit flüssigem Quecksilber verwirklicht werden kann, nicht ebenfalls eine klare Bestätigung der Theorie, da Feldemission schon bei erheblich niedrigeren Feldstärkewerten einsetzte [29—31]; doch konnte von Warmoltz [31] wahrscheinlich gemacht werden, daß eine molekulare Störung der Oberfläche mit einer Anfangshöhe von nur 10^{-8} cm dem elektrostatischen Zug des Feldes folgt und zur Bildung einer feinen Metallspitze Anlaß gibt, an deren Scheitel die für die Feldemission nötige hohe Feldstärke tatsächlich auftritt.

Die nach der Fowler-Nordheim-Gleichung zu fordernde Linearität bei einer Auftragung des logarithmisch genommenen Emissionsstroms über dem Kehrwert der Feldstärke ist voll erfüllt [32]. Die bis zu einem Gasdruck von 110 at durchgeführten Versuche bewiesen die Unabhängigkeit des Effekts vom Gasdruck. Dagegen konnte die von der Theorie vorausgesagte Abhängigkeit des Emissionsstroms von der Austrittsarbeit der Kathode nicht bestätigt werden; nach Müller [33] ist der Emissionsstrom sehr viel stärker von V_a abhängig, als dies (VI, 5) angibt, und zwar änderte er sich bei Versuchen mit Ba-, Mg- oder Cs-bedeckten Wolframelektroden etwa mit V_a^3 an Stelle von $V_a^{3/2}$ im Exponenten der e-Funktion.

Literaturhinweise zu Kapitel VI.

1. SCHOTTKY, W.: Z. Phys. 14 (1923) 63.
2. WEISSLER, G. L. u. R. W. KOTTER: Phys. Rev. 73 (1948) 538.
3. BARTON, H. A., G. P. HARNWELL u. C. H. KUNSMAN: Phys. Rev. 27 (1926) 739.
4. BRAUNBECK, W.: Z. Phys. 91 (1934) 184.
5. HASTINGS, A. E.: Phys. Rev. 57 (1940) 695.
6. BRUINING, H. u. J. H. DE BOER: Physica 5 (1938) 17.
7. BRUINING, H.: Physica 5 (1938) 913.
8. TRUMP, J. G. u. R. J. VAN DE GRAAFF: Phys. Rev. 75 (1949) 44.
9. BECKER, A.: Ann. Phys. 17 (1905) 381.
10. GEHRTS, A.: Ann. Phys. 36 (1911) 995.
11. KURRELMEYER, D.: Phys. Rev. 51 (1937) 1007.
12. DOSSE, J. u. G. MIERDEL: Der el. Strom im Hochvakuum u. in Gasen. Leipzig: Verl. Hirzel, 2. Aufl. 1945, S. 316.
13. NEWMAN, F. H.: Phil. Mag. (7) 14 (1932) 1047.
14. BARHOLOMEYCZYK, W.: Ann. Phys. 42 (1942/43) 534; S. METHFESSEL: Glas- u. Hochvakuumtechn. 1 (1952) 6 u. 20.
15. SCHNEIDER, G.: Ann. Phys. 11 (1931) 382.
16. LINFORD, L. H.: Phys. Rev. 47 (1935) 279.
17. TAYLOR, J. B.: Phil. Mag. 3 (1927) 753; Proc. Roy. Soc. A 114 (1927) 73.
18. NEWTON, R. R.: Phys. Rev. 73 (1948) 1122.
19. PENNING, F. M.: Proc. Kön. Akad. Wiss. Amsterdam 31 (1928) 14; 33 (1930) 841.
20. OLIPHANT, M. L.: Proc. Roy. Soc. A 127 (1930) 373.
21. KALLMANN, H. u. B. ROSEN: Z. Phys. 61 (1930) 61; 64 (1930) 806.
22. WIEN, W.: Ann. Phys. (4) 27 (1908) 1025.
23. KENTY, C.: Phys. Rev. 44 (1933) 891.
24. FOWLER, R. A. u. L. NORDHEIM: Proc. Roy. Soc. A 119 (1928) 173.
25. SOMMERFELD, A. u. H. BETHE: Hdbch. Phys. 24 (2) 439.
26. HAEFER, R.: Z. Phys. 116 (1940) 604.
27. MILLIKAN, R. A. u. C. F. EYRING: Phys. Rev. 27 (1926) 51.
28. WEHNELT, A. u. W. SCHILLING: Z. Phys. 98 (1936) 286.
29. BEAMS, J. W.: Phys. Rev. 44 (1933) 803.
30. QUARLES, C. R.: Phys. Rev. 48 (1935) 260.
31. WARMOLTZ, N.: Philips Res. Rep. 2 (1947) 426.
32. ADAMS, J. B., J. C. HUBBARD u. R. T. R. MURRAY: Phys. Rev. 51 (1937) 63.
33. MÜLLER, E. W.: Z. Phys. 102 (1936) 734.
34. MICHAELSON, H. B.: J. Appl. Phys. 21 (1950) 536.

VII. Die unselbständige Trägerströmung[1].

a) Die Strömung in der Entladungsstrecke. Wird ein elektrisches Feld in einem evakuierten oder gaserfüllten Raum aufgebaut, dann stellt sich ein elektrischer Strom im Kreis Generator—Zuleitungen einschl. Widerstände—Entladungsstrecke ein, wenn die Entladungsstrecke elektrisch geladene Teilchen enthält oder ihr solche zugeführt werden. Bei der sich einstellenden Trägerwanderung treffen die Ladungen in unregelmäßiger und zufallsbedingter Folge an den anziehenden Elektroden ein. Ein im Kreis liegender trägheitsfreier Strommesser ausreichender Empfindlichkeit zeigt einen Stromstoß nicht etwa erst beim Eintreffen einer Ladung an der anziehenden Elektrode an; schon während des Vorwärtsschreitens des Trägers ruft die stetige Veränderung der von ihm auf den Elektroden influenzierten Teilladungen einen Stromfluß im äußeren Kreis hervor, der erst mit dem Eintreffen des Trägers an der Elektrode endet.

Abb. 22 veranschauliche die Verhältnisse in einem besonders übersichtlichen Fall. Im Raum zwischen den beliebig geformten Metallplatten A und B bewege sich ein beispielsweise positiv geladener Träger eines größeren Vielfachen der Elementarladung. Zur Herausstellung des Grundsätzlichen sei zunächst angenommen, daß ein beschleunigendes Feld nicht bestehe und das geladene Teilchen im leeren Entladungsraum entstanden sei und zu einer der Elektroden, etwa B, hin-

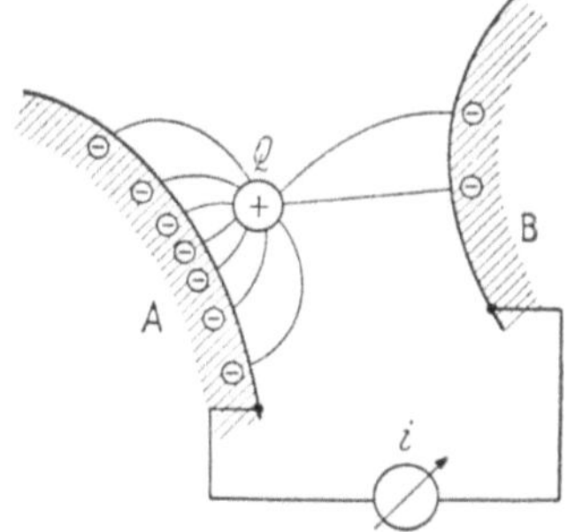

Abb. 22.
Elektrische Strömung bei der gerichteten Bewegung eines Ladungsträgers.

fliege. Solange sich der Träger noch in unmittelbarer Nähe von A befindet, influenziert er eine Ladung auf dieser Elektrode, die (mit umgekehrtem Vorzeichen) fast die Größe Q seiner eigenen erreicht. Nur ganz wenige Feldlinien spannen sich nach B als Zeichen dafür, daß auch auf B eine wenn auch sehr kleine Ladung influenziert wird. Die Summe beider Influenzladungen ergibt die negativ genommene Trägerladung. Beim Vorrücken zu B nimmt die influenzierte Ladung in A und dementsprechend auch die Zahl der sich dorthin erstreckenden Feldlinien ab. In dem Maße, wie sich die Ladung auf A verringert, erhöht sie sich auf B. Von A nach B muß somit im Schließungskreis eine gewisse Elektrizitätsmenge verschoben werden; der damit hergestellte Stromfluß hat bei konstanter Fortschreitgeschwindigkeit des Teilchens unveränderliche Größe und endet erst mit dessen Eintreffen in B. Die gesamte während der Trägerbewegung durch den Strommesser geflossene Ladung ist $\int i\,dt = -Q$.

---

[1] Literaturangaben zu diesem Kapitel s. S. 106.

Wandern viele Träger gleichen Vorzeichens pausenlos zu einer der Elektroden, dann registriert der Strommesser wegen seiner Trägheit nicht mehr die Einzelschwankungen der elektrischen Strömung, die durch die Zufälligkeiten der Trägerentstehung im Feldraum bedingt sind; er zeigt einen Mittelwert an, der umso näher dem jeweiligen Augenblickswert liegt, je größer die Teilchenzahl in der Zeiteinheit ist, weil dann die individuellen Einzelheiten der Trägerbewegung in der großen Masse untergehen.

Beim gleichzeitigen Vorhandensein positiver und negativer Träger wandert jede Trägerart zu der ihr ungleichnamigen Elektrode; der Gesamtstrom wird durch die Summe der Beträge beider Teilchenströmungen angegeben. Entstehen oder verschwinden Träger im Meßraum durch Ionisation oder durch Vereinigung, dann springt der Strom im Augenblick eines solchen Akts fast unvermittelt auf den Wert, der von dem Zuwachs bzw. der Abnahme an Feldlinien durch die Änderung der influenzierten Ladungen auf den Elektroden gefordert wird. Hierbei ist es für die Menge der im äußeren Kreis transportierten Ladungen und für die Stärke des Stromes ohne Belang, an welcher Stelle des Meßraumes die Trägerpaare sich bilden oder verschwinden.

Eine angelegte Spannung verleiht den im Gasraum vorhandenen Trägern zusätzlich zur bereits vorhandenen thermischen Bewegung die Fortschreitgeschwindigkeit $u = bE$, wobei im Falle von Elektronen die Beweglichkeit b keine Konstante ist, sondern ihrerseits von der Feldstärke E abhängt (s. S. 51). Die zielstrebige Verschiebung der in 1 cm³ enthaltenen n_+ und n_- positiven und negativen Träger mit den Geschwindigkeiten u_+ bzw. u_- läßt sie in einer Sekunde die Wegstrecke b_+E bzw. b_-E zurücklegen; dies läßt sich auch so ausdrücken, daß in 1 sek durch den Querschnitt 1 cm³ senkrecht zur Strömungsrichtung insgesamt $n_+u_+ + n_-u_-$ Träger hindurchtreten, die bei Beladung mit der Elementarladung e eine Stromdichte der Größe

$$j = j_+ + j_- = e\,n_+u_+ + e\,n_-u_- = eE(n_+b_+ + n_-b_-) \qquad \text{(VII, 1a)}$$

bzw.

$$j = \eta_+u_+ + \eta_-u_- \qquad \text{(VII, 1b)}$$

darstellen, wenn $\eta = en$ die von den Trägern eines Vorzeichens erzeugte Ladungsdichte angibt. Für die Größe der resultierenden Raumladung folgt daraus

$$\eta = \eta_+ + \eta_- = \frac{j_+}{b_+E} - \frac{j_-}{b_-E}\,. \qquad \text{(VII, 2)}$$

Die Ladungsträger können durch eine äußere Einwirkung an den Raumbegrenzungen oder im Gas selbst entstanden sein. Die Aufrechterhaltung der Entladung ist damit an die fortgesetzte Einwirkung von Ionisatoren gebunden, da ohne die von außen bewirkte Neuerzeugung die Entladungsstrecke an Trägern verarmen müßte und der Stromdurchgang schließlich sein natürliches Ende fände. Eine derartige Entladung wird als *unselbständig* bezeichnet und der Strom manchmal auch als *Vorstrom der Dunkelentladung*, weil die Feldstärke voraussetzungsgemäß nicht ausreicht, um die mit einer Leuchterscheinung verbundenen Anregungs- oder gar Ionisierungsvorgänge auszulösen.

Auch wenn die Ladungsträger zunächst sehr gleichmäßig den Raum erfüllen, so sind sie doch einige Zeit nach dem Aufbau des elektrischen Feldes als Folge der auf sie einwirkenden Anziehungs- und Abstoßungskräfte ungleichmäßig verteilt, und zwar finden sich dann in Kathodennähe fast nur noch positive Ionen, in Anodennähe nur noch negative Träger.

Die an den Elektroden oder im Zwischenraum erzeugten Ladungsträger treffen nicht alle an der sie anziehenden Gegenelektrode ein. Ein Teil der Träger wird durch die Vereinigung ungleichnamiger Ladungen, durch Diffusion oder vermöge ihrer Anfangsgeschwindigkeit und der begrenzten Elektrodenausdehnungen verlorengehen oder in feldfreie Gebiete oder zu den Wänden gelangen und sich dadurch der vollkommenen Erfassung durch einen im äußeren Kreis liegenden Strommesser entziehen. Mit steigender Feldstärke gelingt es immer weniger Trägern, der vom Feld ausgeübten Kraft zu entrinnen. Auch der Verlust durch Rekombination wird schließlich unbedeutend, weil die Träger nach ihrer Entstehung zu kurze Zeit im Entladungsraum verweilen, als daß sie sich in größerer Anzahl paarweise zusammenfinden könnten. Der Strom nähert sich damit einer oberen Grenze und hängt nicht mehr von der einwirkenden Feldstärke ab, sondern nur noch von der Anzahl der pro Zeiteinheit neuerzeugten Ladungsträger. Sein nie voll erreichter Endwert wird als *Sättigungsstrom* bezeichnet. Bei einer Auslösung von Z Ladungsträgern pro Sekunde an einer der Elektroden kommt dem Sättigungsstrom der Wert

$$i_S = eZ \qquad\qquad \text{(VII, 3)}$$

zu; bei einer Fremd- oder Thermoionisation im Gasvolumen mit N_0 sekundlich in der Raumeinheit erzeugten Ionenpaaren wird $i_s = e N_0 V$ [A] und die Sättigungsstromdichte

$$j_S = e N_0 d \ [\text{A/cm}^2] \qquad\qquad \text{(VII, 4)}$$

für den Fall planparalleler Elektroden im Abstand d und einem von ihnen eingegrenzten Gasvolumen V, wie sich aus einer Abzählung der in einer Sekunde durch eine Parallelebene zu den Elektroden hindurchtretenden Ladungsträgern ergibt.

In sehr schwachen Feldern kann in erster Annäherung der Trägerentzug durch den Abtransport von Ionen zu den Elektroden gegenüber den größeren Verlusten durch Rekombination und Diffusion vernachlässigt werden. Bei ausschließlicher Berücksichtigung der Rekombination ist die sich schließlich einstellende stationäre Trägerkonzentration nach (V, 7b) zu $n = \sqrt{\dfrac{N_0}{R}}$ gegeben. Für die Größe der sich im Feld E ausbildenden Stromdichte gilt damit unter Beachtung von (VII, 1a) $j = e\,(b_+ + b_-)\,\sqrt{\dfrac{N_0}{R}}\,E$. Im Bereich kleinster Feldstärke erweist sich somit der Strom nach Art des Ohmschen Gesetzes verhältnisgleich der Feldstärke bzw. der an den Elektroden liegenden Spannung. Die Entladungsstrecke hat die Anfangsleitfähigkeit

$$\lambda_\mathrm{a} = \frac{j}{E} = e\,(b_+ + b_-)\,\sqrt{\frac{N_0}{R}}. \tag{VII, 5}$$

Bei einer Auftragung des Stromes über der Spannung (s. Abb. 23) verläuft die Charakteristik zunächst nach einer Geraden mit dem Steigungsmaß λ_a/d ($d =$ Plattenabstand), um bald ihren Anstieg zu verringern und schließlich asymptotisch dem Sättigungswert i_s zuzustreben. Über den Grenzwert hinaus kann der Strom ohne Vermehrung der Zahl der in der Zeiteinheit erzeugten Träger auch durch eine weitere Vergrößerung der Spannung nicht verstärkt werden.

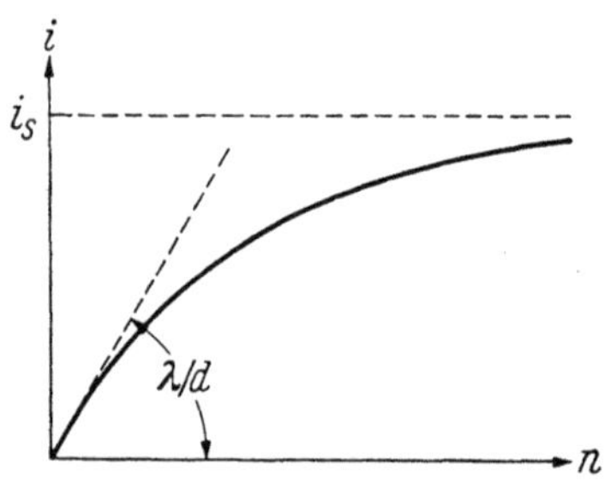

Abb. 23. Charakteristik einer unselbständigen Entladung.

In der Atmosphäre werden in einer Sekunde durchschnittlich einige Ionenpaare/cm³ spontan durch eine von der Sonne und aus dem Weltall stammende Strahlung oder durch die natürliche Radioaktivität gewisser Substanzen des Erdbodens erzeugt. Mit $N_0 = 5\,\dfrac{1}{\mathrm{cm^3\,s}}$ und $R = 2 \cdot 10^{-6}$ wird die stationäre Trägerdichte in der Luft $n_\infty = \sqrt{\dfrac{5}{2 \cdot 10^{-6}}} = 1600\,\dfrac{1}{\mathrm{cm^3}}$ [1]; mit der Vereinfachung $b_+ \approx b_- \approx 2$ wird

$$\lambda_\mathrm{a} = 1{,}59 \cdot 10^{-19} \cdot 4 \cdot 1600 = 10^{-15}\,\frac{1}{\Omega\,\mathrm{cm}}.$$

Bei einem Kondensator mit 2 cm Plattenabstand hat die Sättigungsstromdichte nach (VII, 4) die Größe $j_\mathrm{s} = 1{,}59 \cdot 10^{-19} \cdot 5 \cdot 2 \approx 1{,}6 \cdot 10^{-18}$ A/cm². Die Wegführung der neuerzeugten Ladungsträger zu den Elektroden und damit auch die Sättigung wäre bei gleichbleibender Leitfähigkeit der Entladungsbahn bereits bei $U = j_\mathrm{s}\,d/\lambda_\mathrm{a} = 10^{15} \cdot 2 \cdot 1{,}6 \cdot 10^{-18} = 3{,}2 \cdot 10^{-3}$ V, also schon bei allerkleinsten Spannungen vollkommen.

---

[1] Maurain [1] gibt die Zahl der normalen Kleinionen für einen französischen Landort zu rd. 300 cm⁻³, die der Großionen mit nur rd. $^1/_2\,^0/_{00}$ der Beweglichkeit der Kleinionen zu 1600 cm⁻³. Für Paris lauten diese Zahlen 80 Kleinionen und 17 000 Großionen; s. hierzu auch [2].

b) Feldverzerrung bei Volumenionisation. Ohne Einbeziehung der Rekombination. Auch bei einer gleichmäßig über den Raum verteilten Erzeugung von Ladungsträgern durch ein ionisierendes Mittel erfüllen die Träger einige Zeit nach Anlegen der Spannung an die Elektroden infolge des auf sie einwirkenden Feldes nicht mehr gleichmäßig den Feldraum. Die negativen Ladungsträger werden sofort nach ihrer Entstehung zur Anode hingezogen, die positiven Ionen zur Kathode. Somit sind im stationären Zustand die Gebiete vor den Elektroden an Ladungsträgern desselben Vorzeichens verarmt, und das Innenfeld eines Plattenkondensators kann nicht länger als homogen angesehen werden; unmittelbar vor einer Elektrode sind nur Ladungsträger des anderen Vorzeichens vorhanden. Während bei einer gleichmäßigen Raumerfüllung mit Ladungen beiderlei Vorzeichens diese sich gegenseitig in ihrer Wirkung abschirmen und das makroskopische Feld keine Raumladungserscheinungen zeigt, sind nunmehr in den elektrodennahen Gebieten Raumladungen aufgehäuft, die im Anoden- und Kathodenfallgebiet eine Versteilerung und Überhöhung der Feldstärke über den Wert zur Folge haben, wie er im mittleren Gebiet mit ungefähr gleicher Konzentration beider Trägerarten vorliegt.

Die Erstreckung der Raumladungsgebiete in den Entladungsraum hinein hängt von der Beweglichkeit der beiden Trägerarten ab. Vor jener Elektrode ist das Raumladungsgebiet weiter ausgedehnt, der die Ladungsträger der kleineren Beweglichkeit zutreiben, da eben diese geringere Beweglichkeit ein stärkeres Feld erfordert, um auch diese Ladungen mit derselben Geschwindigkeit und in gleicher Anzahl wie die der anderen Trägerart aus dem Feldraum herauszuziehen. Bei gleichen Beweglichkeiten sind auch die Fallgebiete von gleicher Ausdehnung und reichen bis zur Mitte der Entladungsstrecke; dort sind die Trägerdichten gleich und die Raumladung verschwindet.

Bezeichnet $\varphi(x, y, z)$ das ortsveränderliche Potential einer Entladungsstrecke, so gilt bei Berücksichtigung der Raumladung $\eta(x, y, z)$ die Poissonsche Gleichung $\Delta\varphi + \eta/\varepsilon = 0$. Für Gase kann die Dielektrizitätskonstante ε mit ausreichender Genauigkeit als unabhängig vom Druck mit dem Wert der Konstanten des leeren Raumes angenommen werden: $\varepsilon_{\text{Gas}} \approx \varepsilon_0 \approx \dfrac{1}{4\pi \cdot 9 \cdot 10^{11}}$ F/cm im praktischen Maßsystem. Bei Verwendung elektrostatischer Einheiten wäre für η/ε $4\pi\eta$ zu setzen. Bei axialer Symmetrie des zu behandelnden Problems empfiehlt es sich, von der Gleichung

$$\frac{\partial^2\varphi}{\partial x^2} + \frac{1}{\varrho} \cdot \frac{\partial\left(\varrho\,\dfrac{\partial\varphi}{\partial\varrho}\right)}{\partial\varrho} + \frac{\eta}{\varepsilon} = 0$$

auszugehen, worin ϱ den Abstand des Aufpunkts von der X-Achse und

x seine in Feldrichtung gemessene Entfernung vom Koordinatenursprung bezeichnet.

Im Innenfeld eines Plattenkondensators gilt wegen der ausschließlichen Potentialänderung in Feldrichtung

$$- \frac{dE}{dx} = \frac{d^2 \varphi}{dx^2} = - \frac{\eta}{\varepsilon_0} .$$

Die resultierende Raumladungsdichte η folgt aus dem Unterschied der Trägerkonzentrationen:

$$\eta = (n_+ - n_-) \, e .$$

Bei Sättigung ist die Zahl der durch einen Querschnitt an beliebiger Stelle der Entladung hindurchtretenden Träger nur von der Anzahl der neuerzeugten Träger abhängig. In 1 cm³ sollen sekundlich N_0 einfach geladene Ionenpaare erzeugt werden. Denken wir uns parallel zu den Elektrodenplatten in der Entfernung x von der Kathode bzw. $d-x$ von der Anode eine Ebene gelegt, so treten in einer Sekunde nach (VII, 4) $j_+ = e N_0 x$ positive Ionen und $j_- = e N_0 (d - x)$ negative Ionen durch diese Ebene hindurch. Daraus folgt

$$\eta_+ = \frac{j_+}{u_+} = \frac{e N_0 x}{b_+ E} \quad \text{und} \quad \eta_- = \frac{j_-}{u_-} = \frac{e N_0 (d - x)}{b_- E} .$$

Somit gilt

$$\frac{dE}{dx} = \frac{e N_0}{\varepsilon_0 E} \left(\frac{x}{b_+} - \frac{d - x}{b_-} \right) \tag{VII, 6}$$

und mit einer kleinen Umformung

$$E \frac{dE}{dx} = \frac{1}{2} \cdot \frac{dE^2}{dx} = \frac{e N_0}{\varepsilon_0} \left(\frac{x}{b_+} + \frac{x - d}{b_-} \right). \tag{VII, 7}$$

Die Integration führt unter Voraussetzung feldstärkeunabhängiger Trägerbeweglichkeiten auf

$$E^2 - E_A^2 = \frac{e N_0}{\varepsilon_0} \left(\frac{x^2}{b_+} + \frac{x^2 - 2 x d}{b_-} \right) . \tag{VII, 8}$$

Die Wurzel aus der Integrationskonstante E_A^2 stellt die Feldstärke für $x = d$, also an der Anode dar oder auch an der Stelle $x = 2 \, d \, \dfrac{b_+}{b_+ + b_-}$ in Kathodennähe, wie man durch Nullsetzen des Klammerausdruckes findet. Im letzteren Fall ergibt sich nur dann eine vernünftige Lösung $(x < d)$, wenn $b_- \gg b_+$, wenn also die Feldstärke an der Anode wegen der größeren Beweglichkeit der negativen Träger kleiner als die vor der Kathode ist.

Da die nochmalige Integration zur Darstellung des Potentialverlaufs in Abhängigkeit von x und zur Bestimmung des E_0 für $\varphi(d) = U$ auf eine unhandliche Gleichungsform führt, sei deren Ergebnis hier nicht angeschrieben. Nur die Lage x_0 des Feldstärkeminimums sei angegeben, welches wegen der Feldstärkehöchstwerte an den Elektroden irgendwo im Mittelteil der Entladungsstrecke auftreten muß. Dieses Minimum bestimmt sich für

$$\frac{dE}{dx} = 0 \quad \text{aus (VII, 6) zu} \quad x_0 = \frac{b_+}{b_+ + b_-} d \quad \text{bzw.} \quad d - x_0 = \frac{b_-}{b_+ + b_-} d$$

und der Feldstärkewert selbst zu

$$E_{\min} = \sqrt{E_A^2 - \frac{e N_0}{\varepsilon_0} \cdot \frac{b_+ d^2}{b_- (b_+ + b_-)}}\ .$$

Der Verlauf der Kurve $E(x)$ bei Volumenionisation ist in Abb. 24 für den zugrunde gelegten Fall der Sättigung dargestellt (Kurve I).

Bei sehr kleiner Elektrodenspannung werden die Ladungsträger nicht mehr in dem Maße ihrer Erzeugung aus dem Feldraum abgesaugt, und die Raumladungsgebiete sind dann nur noch schwach in unmittelbarer Elektrodennähe ausgeprägt; mit steigender Spannung wachsen sie in den Entladungsraum hinein und stoßen beim Sättigungsstrom aneinander.

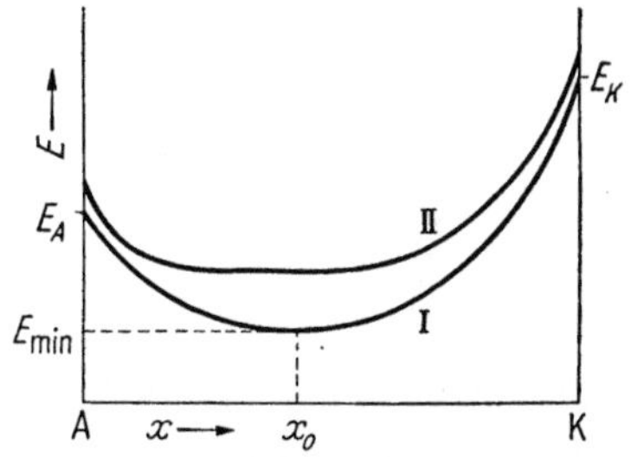

Abb.24. Feldverlauf zwischen Plattenelektroden bei Volumenionisation und Sättigung (Kurve II mit Berücksichtigung der Rekombination).

Mit Rekombination. Das Problem der Feldverteilung beim Plattenkondensator mit fremdionisiertem Gasvolumen unter Berücksichtigung der Trägerverluste durch die Vereinigung ungleichnamiger Ladungen wurde von Thomson [3] gelöst. Die Kondensatorplatten seien so groß, daß die seitliche Diffusion von Trägern vernachlässigt werden kann. Bei stationärer Strömung herrscht Gleichgewicht zwischen der Trägererzeugung im Gas (N_0 Teilchen pro sek und cm³) und dem Verlust durch Abführung der Träger zu den Elektroden $\left(= \dfrac{d\,(n\,u)}{dx}\right)$ und durch Rekombination ($= R n_+ n_-$):

$$N_0 = \frac{d\,(n_+ b_+ E)}{dx} + R n_+ n_- \quad \text{(für die positiven Träger)}$$

$$N_0 = \frac{d\,(n_- b_- E)}{dx} + R n_+ n_- \quad \text{(für die negativen Träger)}.$$

Aus den Grundgleichungen für das Potential bzw. für die Feldstärke

$$-\frac{d^2 \varphi}{dx^2} = \frac{dE}{dx} = \frac{1}{\varepsilon_0} (n_+ e - n_- e)$$

und für die Strömung $j = e n_+ b_+ E + e n_- b_- E$ folgt für die einzelnen Ladungsdichten

$$n_+ e = \frac{1}{b_+ + b_-} \left[\frac{j}{E} + \varepsilon_0 b_- \frac{dE}{dx} \right]$$

und

$$n\,\mathrm{e}_- = \frac{1}{b_+ + b_-}\left[\frac{j}{E} - \varepsilon_0\, b_+\, \frac{\mathrm{d}E}{\mathrm{d}x}\right].$$

Wird eine dieser Ladungsdichten, etwa die der positiven Träger, in die zugehörige Gleichung der Trägerbilanz eingesetzt, so ergibt sich

$$N_0 - R\,n_+ n_- = \frac{\mathrm{d}\left[\dfrac{b_+}{\mathrm{e}\,(b_+ + b_-)}\,E\left(\dfrac{j}{E} + \varepsilon_0\, b_-\, \dfrac{\mathrm{d}E}{\mathrm{d}x}\right)\right]}{\mathrm{d}x}$$

$$= \frac{\mathrm{d}\left[\dfrac{b_+}{b_+ + b_-}\cdot\dfrac{j}{\mathrm{e}} + \varepsilon_0\, \dfrac{b_+ \cdot b_-}{b_+ + b_-}\cdot\dfrac{\mathrm{d}E^2}{\mathrm{d}x}\right]}{\mathrm{d}x}\,.$$

Bei der Differentiation verschwindet das erste Glied der Summe wegen $\dfrac{\mathrm{d}j}{\mathrm{d}x} = 0$, und es entsteht

$$\frac{\mathrm{d}^2 E^2}{\mathrm{d}x^2} = \frac{2\,\mathrm{e}}{\varepsilon_0}\left(\frac{1}{b_+} + \frac{1}{b_-}\right)\left[N_0 - \frac{R}{\mathrm{e}^2\,(b_+ + b_-)^2}\left(\frac{j}{E} + \varepsilon_0\, b_-\, \frac{\mathrm{d}E}{\mathrm{d}x}\right)\left(\frac{j}{E} - \varepsilon_0\, b_+\, \frac{\mathrm{d}E}{\mathrm{d}x}\right)\right]$$

und nach Ersatz des Vereinigungsbeiwertes durch die Beweglichkeiten gemäß (V, 9) $R = \dfrac{\mathrm{e}}{\varepsilon_0}\,(b_+ + b_-)$ und einer kleinen Umformung

$$\frac{\mathrm{d}^2 E^2}{\mathrm{d}x^2} = \frac{2\,\mathrm{e}}{\varepsilon_0}\left(\frac{1}{b_+} + \frac{1}{b_-}\right)\left[N_0 - \frac{1}{\varepsilon_0\,\mathrm{e}(b_+ + b_-)E^2}\left(j + \frac{\varepsilon_0\, b_-}{2}\cdot\frac{\mathrm{d}E^2}{\mathrm{d}x}\right)\left(j - \frac{\varepsilon_0\, b_+}{2}\cdot\frac{\mathrm{d}E^2}{\mathrm{d}x}\right)\right].$$

Unter Übergehung der Zwischenrechnung sei hier nur das Ergebnis nach THOMSON angegeben: Im Gegensatz zum zuvor behandelten Fall des ausschließlichen Trägerverlustes durch Abwanderung zu den Elektroden wirkt sich die Berücksichtigung der Rekombination dahingehend aus, daß die Raumladungen und Feldverzerrungen auf Elektrodennähe beschränkt bleiben und die Feldstärke im Mittelteil der Entladungsstrecke konstant ist (Kurve II von Abb. 24). Dies bedeutet eine lineare Potentialänderung im mittleren Gebiet. Für das Verhältnis der Feldstärke E_A bzw. E_K an einer der Elektroden zu der im Mittelteil (E_M) gilt

$$\frac{E_\mathrm{A}}{E_\mathrm{M}} = \sqrt{1 + \frac{b_+}{b_-}} \quad\text{bzw.}\quad \frac{E_\mathrm{K}}{E_\mathrm{M}} = \sqrt{1 + \frac{b_-}{b_+}}. \tag{VII, 9}$$

Wiederum ist vor der mit den schnelleren Trägern gleichnamigen Elektrode die stärkere Raumladung und das höhere Feld vorhanden. Im Fall einer Vermittlung der Strömung durch Elektronen und positive Ionen ist daher die positive Ladungsanhäufung besonders kräftig und versteilert das Feld vor der Kathode unter Hervorrufung eines erheblichen Potentialanstieges viel mehr, als dies die vergleichsweise schwache Raumladung der Elektronen vor der Anode zuwege bringt.

c) **Die Strömung bei Auslösung der Träger an einer Elektrode.** Ohne Feldverzerrung, mit Gasfüllung. Ladungsträger einheitlicher Art werden hauptsächlich durch Aufheizung oder auch durch

Bestrahlung einer Elektrode mit kurzwelligem Licht freigemacht. Bei lichtelektrischer Auslösung erteilt der Überschuß an Photonenenergie nach Abzug der Austrittsarbeit dem austretenden Träger (Elektron) eine Anfangsgeschwindigkeit von größenordnungsmäßig 1 V bei UV-Licht.

Nur im Hochvakuum werden alle emittierten Träger unter Einwirkung eines hohen Beschleunigungsfeldes zur Gegenelektrode fliegen (große Ausdehnung der Elektroden und mäßige Elektrodenentfernung vorausgesetzt) und repräsentieren dabei nach (VII, 3) einen Strom der Stärke eZ_0. Eine weitere Voraussetzung hierbei ist allerdings, daß die Stromdichte klein gehalten wird und die Erfüllung des Entladungsraumes mit Trägern gleichen Vorzeichens so gering bleibt, daß die vorhandene Raumladung vernachlässigt werden kann. Stromdichten von mehr als etwa 10^{-12} bis 10^{-10} A/cm² verlangen im allgemeinen eine Berücksichtigung des Raumladeeffekts, da die Erniedrigung des Feldes in Umgebung der emittierenden Elektrode zu einem Zurücktreiben der freigemachten Ladungsträger und dadurch zu einer Begrenzung des Emissionsstromes und einer Sättigung Anlaß gibt.

Bei einer Gaserfüllung des Raumes gehen zwar unter der Annahme einer ungeänderten Austrittsarbeit bei gleicher Temperatur oder gleicher Einstrahlung ebensoviel Träger von der Elektrode aus wie im Hochvakuum, doch gelangen nicht alle Teilchen in größere Entfernung und zur Gegenelektrode. Schuld hieran ist die *Rückdiffusion*: Die mit nicht unerheblicher Anfangsgeschwindigkeit in beliebiger Richtung austretenden Teilchen stoßen mit Gasmolekeln zusammen und werden bei nicht allzu hohen Feldstärken völlig regellos gestreut. Ein gewisser Teil der Ladungsträger fliegt als Folge der schon nach wenigen freien Weglängen hergestellten ungeordneten Wärmebewegung gegen die Kraft des äußeren Feldes zur emittierenden Elektrode zurück. Die zurückfliegenden Träger können bis zur Ausgangselektrode gelangen und werden dann von dieser eingefangen. Bei Anwesenheit von Gasmolekeln ist demnach der die Saugelektrode erreichende Trägerstrom kleiner als er im Hochvakuum ohne den hemmenden Einfluß der Stoßvorgänge wäre. Die Stärke des Effektes hängt vom Verhältnis der Austrittsgeschwindigkeit der Ladungsträger zu ihrer Weglängenspannung ab; je nachdem, ob $\dfrac{V_\mathrm{a}}{\lambda E} \ll 1$ oder $\gg 1$, kehrt die Mehrzahl der die emittierende Elektrode verlassenden Träger zu ihr zurück oder nicht.

Bezeichnet Z_0 die Zahl der die Elementarladung e tragenden Teilchen, die im Hochvakuum in 1 sek von 1 cm² der emittierenden Elektrode ausgehen, und ist ferner Z_D die Zahl der in gleicher Zeit durch Rückdiffusion wieder zur Flächeneinheit der Ausgangselektrode zurückkehrenden Träger, so gilt für die Stromdichte im Kreis

$$j = e\,(Z_0 - Z_\mathrm{D})\,.$$

Unter Annahme eines gleichförmigen Feldes der Stärke E und einer im Raum zwischen den Elektroden konstanten Dichte n der Trägerteilchen gilt weiterhin

$$j = n\, \mathrm{e}\, b\, E\,.$$

Nach der kinetischen Gastheorie prallen in der Zeiteinheit um so mehr Teilchen auf eine Fläche als Folge ihrer ungeordneten Wärmebewegung auf, je heftiger diese Bewegung ist; hieraus läßt sich für Z_D in Abhängigkeit von der Trägerkonzentration und der mittleren oder der effektiven Trägergeschwindigkeit eine einfache Beziehung ableiten. Es gilt (s. z. B. [4])

$$Z_\mathrm{D} = n\, \frac{\bar{v}}{4} = n\, \frac{v_\mathrm{eff}}{\sqrt{6\pi}}$$

mit v_eff als Wurzel aus den gemittelten Quadraten der Teilchengeschwindigkeit in Nähe der Auftrefffläche. Somit ist

$$j = Z_0\mathrm{e} - n\,\mathrm{e}\, \frac{v_\mathrm{eff}}{\sqrt{6\pi}} = Z_0\mathrm{e} - \frac{j}{bE} \cdot \frac{v_\mathrm{eff}}{\sqrt{6\pi}}$$

und

$$j = \frac{\sqrt{6\pi}\, b\, E}{\sqrt{6\pi}\, b\, E + v_\mathrm{eff}}\, \mathrm{e}\, Z_0\,. \tag{VII, 10}$$

Für $v_\mathrm{eff} \ll \sqrt{6\pi}\, b\, E$, also einer gegenüber der vom Feld bewirkten zielstrebigen Bewegung vernachlässigbar kleinen Austrittsgeschwindigkeit, ergibt sich nach (VII, 10) ein vom Felde nahezu unabhängiger Sättigungsstrom. Um so mehr Träger kehren zur emittierenden Elektrode zurück, je höher ihre Austrittsgeschwindigkeit ist. Beim photoelektrischen Effekt kann der Größtwert der Austrittsgeschwindigkeit aus der EINSTEIN-Gleichung $\frac{1}{2}\, m\, v_\mathrm{max}^2 = h\nu - \mathrm{e}\, V_\mathrm{a}$ mit m als Elektronenmasse zu

$$v_\mathrm{max} = \sqrt{\frac{2}{m}\, (h\nu - \mathrm{e}\, V_\mathrm{a})} \tag{VII, 11}$$

bestimmt werden. Ist die Geschwindigkeitsverteilung und damit auch die wahrscheinlichste Austrittsgeschwindigkeit bekannt, so erweist sich (VII, 11) sehr gut erfüllt und erlaubt dann beispielsweise die Berechnung der Elektronenbeweglichkeit aus der Messung von Strom-Spannungskurven einer solchen unselbständigen Entladung (s. hierüber [5]).

Von erheblicher Auswirkung dürfte die Verringerung der im Gasraum verfügbaren Trägerzahl durch Rückdiffusion auf die Ausbildung einer selbständigen Entladung sein. Damit diese sich aufbauen und weiterbestehen kann, müssen fortgesetzt Nachfolgeelektronen geschaffen werden, die sich bei einer Auslösung an der Kathode nur in stark verringerter Zahl an den Vorgängen im Gasraum beteiligen können. Zur Erreichung einer gewissen Elektronenzahl muß dann die Feldstärke vor der Kathode erhöht werden.

Für den Fall der konzentrischen Zylinderanordnung wurde der rückdiffusionsbegrenzte Strom von RICE [6] berechnet. Die von ihm abgeleitete Gleichung der Strom-Spannungscharakteristik lautet

$$U = r \ln \frac{R}{r} \cdot \frac{v_{\text{eff}}}{\sqrt{6\pi b}} \cdot \frac{i}{J_{\text{s}} - i}$$

oder

$$i = \frac{J_{\text{s}} \cdot U}{A + U}, \quad \text{wobei} \quad A = r \ln \frac{R}{r} \cdot \frac{v_{\text{eff}}}{\sqrt{6\pi b}}. \qquad \text{(VII, 12)}$$

Für vorgegebene Versuchsbedingungen ist J_{s} der Wert des Stromes bei sehr großer Spannung, also der schließlich erreichte Sättigungsstrom. Die Konstante A ist dem Gasdruck verhältnisgleich. J_{s} und A können gemäß der umgeformten Gleichung $U = J_{\text{s}} \cdot \frac{U}{i} - A$ aus Strom-Spannungsmessungen durch Auftragen von U über U/i bestimmt werden. Bei einer solchen Darstellung wird die Ordinatenachse von der die Meßpunkte verbindenden Gerade vom Steigungsmaß J_{s} in der Entfernung A vom Ursprung geschnitten. Die Einsetzung der damit bestimmten Konstanten in (VII, 12) erlaubt die Berechnung der bei der Spannung U tatsächlich aus dem Bereich der Kathode in den entfernteren Gasraum gelangenden Trägerzahl.

Über Vorstrommessungen in atmosphärischer Luft mit koaxialen Zylindern von $R = 2$ cm und $R/r = 80$ siehe [7].

Berücksichtigung der Feldverzerrung. Plattenkondensator. Bei Stromdichten über 10^{-10} A/cm² wird das Feld durch die Raumladung im Bereich der emittierenden Elektrode sowohl im Vakuum als auch bei Gasfüllung merklich verzerrt. Von Interesse sind hierbei in erster Linie die sich bei einer Entladung im gaserfüllten Raum einstellenden Verhältnisse. Bei alleiniger Berücksichtigung der Verluste an Ladungen durch die Trägerbewegung hin zur anziehenden Elektrode, also bei Vernachlässigung vor allem von Rekombination und Diffusion, läßt sich das Verhalten der Entladung in elementarer Weise darstellen.

Wiederum für das eindimensionale Feld des Plattenkondensators gilt für die Kenngrößen der Entladung in der Entfernung x von der emittierenden Elektrode

$$\frac{\mathrm{d}E}{\mathrm{d}x} = \frac{\eta}{\varepsilon_0}$$

und bei Vernachlässigung der Rückdiffusion

$$j = \eta u = \eta b E \quad \text{für eine Ionenströmung;}$$

unter Berücksichtigung des mit der Feldstärke nicht verhältnisgleichen Anstiegs der Elektronengeschwindigkeit gilt für Elektronen näherungs-

7*

weise $j = \eta\, b'\sqrt{E}$. Wird η aus beiden Gleichungen eliminiert, so ergibt sich

$$\frac{\mathrm{d}E}{\mathrm{d}x} = \frac{j}{\varepsilon_0\, b\, E} \qquad \text{bzw.} \qquad \frac{\mathrm{d}E}{\mathrm{d}x} = \frac{j}{\varepsilon_0\, b'\sqrt{E}}\,.$$

Die Integration liefert für den Fall der Ionenströmung mit E_0 als Feldstärke an der emittierenden Elektrodenoberfläche

$$E^2 - E_0^2 = \frac{2j}{\varepsilon_0\, b}\, x$$

und für eine Elektronenemission

$$E^{3/2} - E_0^{3/2} = \frac{3}{2\,\varepsilon_0} \cdot \frac{j}{b'}\, x\,.$$

Unter den getroffenen Voraussetzungen hat demnach ganz im Gegensatz zur Volumenionisation die Feldstärke an der emittierenden Elektrode ($x = 0$) den Kleinstwert E_0 und nimmt zur Gegenelektrode hin mit der Quadratwurzel aus dem Abstand zu (bei einer Elektronenströmung etwas rascher). Bei einer Zählung von der emittierenden Elektrode aus $\left(\varphi\,(0) = 0\right)$ folgt für das Potential durch nochmalige Integration bei einer Ionenströmung

$$\varphi\,(x) = \frac{\varepsilon_0\, b}{3\,j} \sqrt{\left(E_0^2 + \frac{2j}{\varepsilon_0\, b}\, x\right)^3}$$

und für die Spannung

$$U = \frac{\varepsilon_0\, b}{3\,j} \sqrt{\left(E_0^2 + \frac{2j}{\varepsilon_0\, b}\, d\right)^3}\,,$$

womit sich die noch unbekannte Feldstärke an der trägerliefernden Elektrode zu

$$E_0 = \sqrt{\left(\frac{3j}{\varepsilon_0\, b}\, U\right)^{2/3} - \frac{2j}{\varepsilon_0\, b}\, d}$$

berechnet.

Liefert die emittierende Elektrode mehr Ladungsträger als bei niedriger Spannung durch die Strömung abgeführt werden können, dann hüllt sie sich mit einer dichten Raumladungswolke gleichnamiger Träger ein, welche so stark abschirmend wirken kann, daß die Feldstärke an der Elektrode bis auf Null absinkt. Die austretenden Träger finden dann kein sie führendes und beschleunigendes Feld mehr vor. Mit $E_0 = 0$ ergibt sich für diesen Fall der raumladungsbegrenzten Ionenströmung

$$\left(\frac{3j}{\varepsilon_0\, b}\, U\right)^{2/3} = \frac{2j}{\varepsilon_0\, b}\, d \qquad \text{und daraus} \qquad j = \frac{9}{8}\, \varepsilon_0\, b\, \frac{U^2}{d^3}\,. \tag{VII, 13}$$

Für die Elektronenströmung folgt in gleicher Weise

$$U = \frac{2}{5} \cdot \frac{\varepsilon_0\, b'}{j} \left(\frac{3}{2} \cdot \frac{j}{\varepsilon_0\, b'}\, d + E_0^{3/2}\right)^{5/3} \quad \text{und} \quad E_0 = \left[\left(\frac{5j}{2\,\varepsilon_0\, b'}\, U\right)^{3/5} - \frac{3j}{2\,\varepsilon_0\, b'}\, d\right]^{2/3};$$

bei verschwindender Feldstärke an der Kathodenoberfläche ist die Dichte des Elektronenstroms

$$j = \frac{10\sqrt{5}}{9\sqrt{3}}\,\varepsilon_0 b'\,\frac{U^{3/2}}{d^{5/2}}\,. \qquad\qquad \text{(VII, 14)}$$

Werden beispielsweise bei genügender Elektronenergiebigkeit der Kathode zwei planparallele Elektrodenplatten von 1 mm Abstand in einem Elektronen nichtanlagernden Gas von Atmosphärendruck an eine Spannung von $U = 10\,\mathrm{V}$ gelegt ($b' \approx 4 \cdot 10^4$), so fließt pro cm² Kondensatorfläche ein Strom von

$$j = \frac{10\sqrt{5}}{9\sqrt{3}} \cdot \frac{4\cdot10^4}{4\pi\cdot9\cdot10^{11}} \cdot \frac{10^{3/2}}{0,1} = 50\,\mu\,\mathrm{A/cm^2}\,.$$

Koaxiale Zylinderelektroden. Der Fall konzentrischer Leiter ist von ganz besonderer Wichtigkeit für die Praxis, weil die Zählrohranordnungen nach diesem Schema aufgebaut sind und die Gesetze der Koronaentladungen sich am übersichtlichsten an diesem Modell untersuchen lassen.

An den beiden gleichachsigen Metallzylindern vom Halbmesser r und R liege die Spannung U einer äußeren Quelle. Vermöge eines bestimmten Effekts sollen aus der Oberfläche des Innenzylinders oder auch aus der unmittelbar benachbarten Gasschicht Träger einheitlicher Ladung herausquellen.

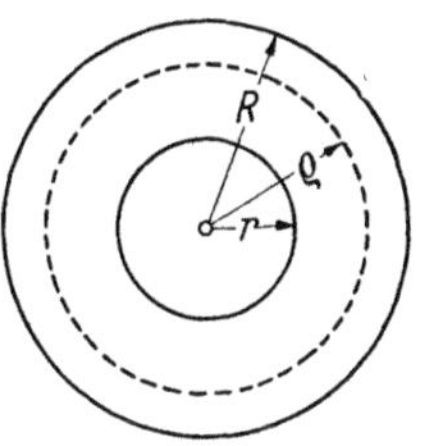

Abb. 25. Zylinderanordnung.

Nachdem jeder zur Achse senkrechte Schnitt dasselbe Feldbild ergibt und somit $\dfrac{\partial\varphi}{\partial x} = 0$, hängt die Feldstärke nur vom Aufpunktabstand ϱ ab, und der Poissonsche Ansatz (I, 2 bzw. 3) vereinfacht sich zu

$$\frac{1}{\varrho}\cdot\frac{\mathrm{d}(\varrho E)}{\mathrm{d}\varrho} = \frac{\eta}{\varepsilon_0}\,.$$

Wiederum ist die Raumladungsdichte η aus der Dichte der Trägerströmung und ihrer Geschwindigkeit zu berechnen. Die sekundlich durch die Flächeneinheit des gedachten Hüllzylinders mit dem Halbmesser ϱ hindurchtretende Elektrizitätsmenge ist

$$j = u\eta = bE\eta$$

und der Gesamtstrom pro Längeneinheit der Anordnung

$$i = 2\varrho\pi bE\eta\,.$$

Dies nach η aufgelöst und in die Potentialgleichung eingesetzt, führt über

$$\frac{\mathrm{d}(\varrho E)}{\mathrm{d}\varrho} = \frac{1}{\varepsilon_0}\cdot\frac{i}{2\varrho\pi bE}\,\varrho \quad\text{und}\quad \frac{\mathrm{d}(\varrho E)^2}{\mathrm{d}\varrho} = \frac{i}{\varepsilon_0\pi b}\,\varrho$$

zu

$$(\varrho\, E)^2 = \frac{i}{2\pi\varepsilon_0 b}\, \varrho^2 + C\,. \qquad\qquad (VII, 15)$$

Hierbei wurde die Beweglichkeit als unabhängig von der Feldstärke angenommen, wie dies bei den Verhältnissen der Praxis wohl immer erfüllt ist. Die Integrationskonstante C folgt aus der Festlegung, daß die Feldstärke am Innenzylinder zur Zündung der Entladung einen bestimmten Wert E_{r_Z} erreichen muß:

$$C = \left(r\, E_{r_Z}\right)^2 - \frac{i}{2\pi\varepsilon_0 b}\, r^2\,.$$

Wäre an Stelle der selbständigen Glimmentladung die unselbständige Elektronenströmung aus einem aufgeheizten oder mit kurzwelligem Licht bestrahlten Innenzylinder hinsichtlich ihres Strom-Spannungsverhaltens zu untersuchen, dann wäre für E die bei der Spannung U am Rande des Innenzylinders herrschende Feldstärke einzusetzen; diese würde bei überschüssiger und nicht abgeführter Elektronenproduktion auf Null absinken[1].

Die Einsetzung des Wertes der Konstanten in (VII, 15) ergibt für die gegenüber dem raumladungsfreien Feld vergrößerte Feldstärke im Abstand ϱ von der Achse

$$E = \frac{1}{\varrho}\sqrt{\left(r\, E_{r_Z}\right)^2 + \frac{i}{2\pi\varepsilon_0 b}\,(\varrho^2 - r^2)} = \frac{r}{\varrho}\, E_{r_Z}\sqrt{1 + \frac{i}{2\pi\varepsilon_0 b}\cdot\frac{\varrho^2 - r^2}{(r\, E_{r_Z})^2}}\,.$$

Die Raumladungsverteilung folgt hieraus zu

$$\eta = \frac{i}{2\varrho\pi E} = \frac{i}{2\pi r E_{r_Z}\sqrt{1 + \dfrac{i}{2\pi\varepsilon_0 b}\cdot\dfrac{\varrho^2 - r^2}{(r\, E_{r_Z})^2}}}\,.$$

---

[1] Für den Fall der Begrenzung des Stromes unter dem Zusammenwirken von Raumladung und Rückdiffusion erhält RICE [6] durch Gleichsetzen der aus der Rückdiffusionsgleichung und der Raumladegleichung errechneten Trägerdichten an der Oberfläche des Innenzylinders folgenden Ausdruck für die Feldstärke

$$E(\varrho) = \frac{\sqrt{A}}{\varrho}\sqrt{\varrho^2 + \frac{r^2 B^2 - r^2 A}{A}}\,,$$

worin

$$A = 1{,}8\cdot 10^{12}\,\frac{i}{b} \qquad \text{und} \qquad B = \frac{v_{\text{eff}}}{\sqrt{6\pi b}}\cdot\frac{i}{J_S - i}$$

ist. Hierin bezeichnet i den Strom, der die Längeneinheit der Innenelektrode tatsächlich verläßt, und J_S den bei hoher Spannung schließlich erreichten Sättigungsstrom.

Zur Auffindung der Potentialänderung mit ϱ ist die Gleichung zu integrieren. Teillösungen für gewisse Bereiche der Strom-Abstandscharakteristik ergeben sich je nachdem, ob A größer oder kleiner als B ist. Als Sonderfall der reinen Rückdiffusionsbegrenzung des Stromes entsteht hierbei auch die bereits auf S. 99 angeführte Gleichung (VII, 12).

Für sehr kleinen Strom ist die Feldstärke identisch mit der des raumladungsfreien Feldes mit hyperbolischem Abfall zum Außenzylinder hin; die schwache Raumladung ist hierbei im Elektrodenzwischenraum überall von gleicher Stärke. Der Grund für diese Konstanz ist in den gegenläufigen Radienabhängigkeiten der Ionenkonzentration von Fortschreitungsgeschwindigkeit bzw. Feldstärke und von durchquerter Fläche beim Lauf zur Gegenelektrode zu suchen. Für sehr große Ströme steigt η nur noch mit der Wurzel aus dem Strom an und vermindert sich unter Außerachtlassung der nächsten Umgebung des Innenleiters umgekehrt proportional mit der Entfernung von der Achse; unter denselben Bedingungen ist $E =$ const. Das von der Raumladung geschaffene Feld wirkt demnach ausgleichend auf das vor dem Entladungsbeginn bestehende elektrostatische Feld, sofern vom Ionisationsgebiet um den Innenzylinder abgesehen wird. Soll der Strom weiter vergrößert werden, so ist zur Überwindung der Bremswirkung der Raumladung die Elektrodenspannung zu erhöhen.

Wenn auch die nochmalige Integration der Feldstärkegleichung in der vorliegenden Form zur Aufstellung der Strom-Spannungsbeziehung möglich wäre, so ist dieser Weg doch nicht empfehlenswert, da er zu unübersichtlichen Ausdrücken führt. Zweckmäßigerweise wird nach dem Vorschlag von PRINZ [8] die Feldstärke in guter Annäherung abhängig von der Summe zweier Glieder dargestellt. Der weiteren Rechnung sei dieser umgeformte Ausdruck zu Grunde gelegt, den PRINZ wie folgt angibt:

$$E(\varrho) = \frac{i\varrho}{2\pi\varepsilon_0 b \sqrt{\dfrac{i\varrho^2}{2\pi\varepsilon_0 b} + r^2\left[E_{r_Z}^2 - \dfrac{i}{2\pi\varepsilon_0 b}\right]}}.$$

Nachdem die Entladungsströme bei den in der Praxis interessierenden Koronaanordnungen weit unter 1 mA pro cm Zylinderlänge liegen, gilt aus diesem Grund $E_{r_Z}^2 \gg \dfrac{i}{2\pi\varepsilon_0 b}$. Bei einer Zählung vom Innenzylinder aus gilt dann für das Potential

$$\varphi(\varrho) = \sqrt{\frac{i}{2\pi\varepsilon_0 b}\,\varrho^2 + (rE_{r_Z})^2} + rE_{r_Z}\ln\varrho$$

und für die Spannung

$$U = rE_{r_Z}\left[\ln\frac{R}{r} - 1 + \sqrt{1 + \frac{i}{2\pi\varepsilon_0 b}\left(\frac{R}{r}\right)^2 \frac{1}{E_{r_Z}^2}}\,\right].$$

Das erste Glied der Summe $rE_{r_Z}\ln\dfrac{R}{r} = U_Z$ stellt die Zündspannung dar, wie sie sich aus der Zündfeldstärke ohne Berücksichtigung der Raumladungen errechnen würde. Für den Entladungsstrom folgt

$$i = \frac{2\pi\varepsilon_0 b}{R^2}\, U(U - U_0), \qquad\qquad \text{(VII, 16a)}$$

wenn mit

$$U_0 = rE_{r_Z}\left[2\left(\ln\frac{R}{r}-1\right)+\frac{rE_{r_Z}}{U}\ln\frac{R}{r}\left(\ln\frac{R}{r}-2\right)\right]$$

$$= U_Z\left[2-\frac{1}{\ln\frac{R}{r}}+\frac{\ln\frac{R}{r}-2}{U}\right] \approx U_Z\left(2-\frac{1}{\ln\frac{R}{r}}\right)$$

eine von der angelegten Spannung praktisch nicht abhängige Größe bezeichnet wird. Sie kennzeichnet die Spannung, bei der die Entladung an der Zylinderanordnung unter den vorgegebenen Bedingungen (Gasart, Druck, Temperatur) einsetzt.

Das Produkt aus Strom und Spannung gibt die Koronaverluste, also diejenige Leistung, welche zur Bildung der Träger in der Ionisierungszone und zu ihrem Transport im Gasraum benötigt wird.

Werden der Halbmesser R der Hüllelektrode in cm, die Ionenbeweglichkeit in cm²/Vs und die Spannungen in kV gemessen, dann ergibt sich die Größe des Entladungsstroms der Gleichspannungskorona, bezogen auf 1 m Zylinderlänge zu

$$i = 55{,}5\,\frac{b}{R^2}\,U(U-U_0)\,\mu\mathrm{A/m}\,. \qquad\qquad (\text{VII, 16b})$$

In einer gleichartigen Rechnung hat MAYR [9] (s. a. [10]) mit Hilfe einer ähnlich aufgebauten Gleichung aus der gemessenen Koronastromstärke und der Spannungsüberhöhung $U-U_0$ über die Einsatzspannung U_0 die Beweglichkeit der Ionen im Feld bestimmt, wobei sich eine befriedigende Übereinstimmung mit den anderweitig bekannten Beweglichkeitswerten ergab.

Die parabolische Beziehung zwischen Strom und Spannung nach (VII, 16) kann auch in der Form angeschrieben werden

$$U-U_0 = Wi\,, \qquad\qquad (\text{VII, 17})$$

in welcher $W=\dfrac{R^2}{2\pi\varepsilon_0 bU}$ den bei der Überspannung $U-U_0$ wirksamen Widerstand der Entladungsstrecke bezeichnet. Mit zunehmender Überspannung wird dieser Widerstand kleiner.

Der Weg zur Bestimmung der Ionenbeweglichkeit aus Strom-Spannungsmessungen der Koronaentladung im Zylinderfeld war von TOWNSEND [11] aufgewiesen worden, der folgende Gleichung ableitete:

$$\frac{U-U_0}{U_0}\ln\frac{R}{r} = \sqrt{1+A}-1+\ln\frac{2}{\sqrt{1+A}+1}\,, \quad\text{wobei}\quad A=\frac{2i}{bE_r^2}\cdot\frac{R^2}{r^2}\,.$$

(Strom, Spannungen und Feldstärke sind hier in elektrostatischen Einheiten einzusetzen). Mit Hilfe dieser Beziehung wurde die Beweglichkeit positiver Ionen, also bei positiver Aufladung des Innenleiters, in Helium und Neon [12] und in einigen zweiatomigen Gasen [13, 14] von niederem Druck bestimmt. Bei negativer Entladung konnten wegen der sprungweisen Stromänderungen trotz gleichbleibender Spannung keine brauchbaren Werte erhalten werden. Unterhalb eines kritischen Wertes von E/p arbeitet die Methode recht genau und liefert durchweg etwas höhere Werte, als sie sich nach den anderen Methoden der Beweglichkeitsbestimmung bei höherem Druck ergeben [15]; dies mag ein Zeichen dafür sein, daß die positiven Ionen unter den vorliegenden Umständen nur einzeln und nicht auch schon teilweise zusammengeballt zu Großionen vorkommen. Oberhalb des kritischen E/p-Wertes steigt die Beweglichkeit mit E/p an (Zunahme der freien Ionenweglänge ?).

d) Die Strömung bei Anwesenheit beider Arten von Ladungsträgern. Wird eine kathodische Metallplatte mit kurzwelligem Licht bestrahlt und gleichzeitig eine gegenüberstehende Kunsmananode (s. S. 78) aufgeheizt, so emittieren b e i d e Elektroden Träger entgegengesetzten Vorzeichens. Oder werden beispielsweise zwei parallele Drähte oder zwei sich gegenüberstehende Spitzen auf entgegengesetzt gleiche Potentiale gebracht, dann quellen in diesem praktisch besonders wichtigen Fall bei ausreichend hoher Spannung ungleichnamige Ladungsträger aus den Lufthüllen um die Leiter heraus und wandern zur jeweiligen Gegenelektrode. Die resultierende Raumladung hängt in hohem Maße von dem Verhältnis der Trägerbeweglichkeiten ab. Bei gleichen Teilstromdichten überwiegt der Einfluß der Trägerart geringerer Beweglichkeit, weil die langsameren Ionen länger im Raum zwischen den Elektroden verweilen, während etwa Elektronen als Folge ihrer hohen Geschwindigkeit sehr viel rascher aus dem Entladungsraum herausgezogen werden.

Im Vakuum verhalten sich die Fallgeschwindigkeiten von Elektronen und Ionen des Molekulargewichts M wie $\sqrt{1836\,M} : 1$. Ein Elektron fliegt demnach im gleichen Feld 86mal schneller als ein Heliumion ($M = 4$) oder 606mal so schnell als ein Quecksilberion ($M = 200{,}6$). Somit vermag ein Hg-Ion in einer Quecksilberdampfentladung von sehr geringem Druck die von 600 Elektronen bewirkte Raumladung zu kompensieren. Auch bei höheren Gasdrucken sind die Fortschreitgeschwindigkeiten der Elektronen mit einem hohen Vielfachen jener der Ionen anzusetzen. Nur wenn die Elektronen nach ihrer Entstehung in anlagernden Gasen zu negativen Ionen umgebildet werden, unterscheiden sich die Geschwindigkeiten beider Trägerarten nicht mehr erheblich, und die positiven Träger können dann der Größenordnung nach nur noch die gleiche Zahl negativer Träger kompensieren.

Wegen des Auftretens beider Trägerarten im Elektrodenzwischenraum mit den dort meist nur niedrigen Feldstärken und daher geringen Trägergeschwindigkeiten ist neben der Abwanderung zu den Elektroden der Trägerverlust durch Rekombination von besonderer Bedeutung. Je größer der Vereinigungsbeiwert, desto größer ist auch der Trägerverlust und um so mehr wird der Entladungsstrom geschwächt.

Auf die rechnerische Behandlung eines solchen Problems sei hier verzichtet, da sich die Rechnung nur mit erheblichem Zeitaufwand und doch nur näherungsweise durchführen läßt.

Literaturhinweise zu Kapitel VII.

1. MAURAIN, CH.: La Foudre, Collection A. Collin, Paris, No. **248**, (1948) S. 13.
2. v. ENGEL, A. u. M. STEENBECK: Elektrische Gasentladungen, **II**, Tab. 14 S. 175, Berlin: Springer 1934
3. THOMSON, J. J.: Conduction of Electricity through Gases, Cambridge University Press 3. Aufl. **I**, (1928) S. 193.
4. v. ENGEL, A. u. M. STEENBECK: El. Gasentladungen **I**, (1932) S. 235, Berlin: Springer.
5. BRADBURY, N. E.: Phys. Rev. **44** (1933) 883.
6. RICE, C. W.: Phys. Rev. **70** (1946) 228.
7. JODLBAUER, A.: Z. Phys. **92** (1934) 116.
8. PRINZ, H.: Arch. Elektrotechn. **31** (1937) 756.
9. MAYR, O.: Arch. Elektrotechn. **18** (1927) 273.
10. UHLMANN, E.: Arch. Elektrotechn. **23** (1929) 323.
11. TOWNSEND, J. S.: Phil. Mag. (**6**) **28** (1914) 83.
12. HUXLEY, L. G. H.: Phil. Mag. (**7**) **5** (1928) 721.
13. BRUCE, J. B.: Phil. Mag. (**7**) **10** (1930) 476.
14. BOULIND, H. F.: Phil. Mag. (**7**) **18** (1934) 909.
15. BOULIND, H. F.: Phil. Mag. (**7**) **20** (1935) 68.

VIII. Die unselbständige gasverstärkte Strömung[1].

a) Die Elektronenionisierung. Im vorhergehenden Kapitel wurde nachgewiesen, daß der Strom einer fremdionisierten Gasstrecke schon bei mäßiger Elektrodenspannung einen nur wenig beeinflußbaren Sättigungswert erreicht, weil nahezu alle an der Kathode oder im Gasraum erzeugten Träger sofort nach ihrer Entstehung zur Anode oder auch zu beiden Elektroden abgesaugt werden. Wohl führt eine weitere Erhöhung der Feldstärke zu einer Verminderung der Trägerverluste durch Rekombination, Diffusion und Rückdiffusion, doch ist dieses Mehr an Trägern zahlenmäßig nicht sehr bedeutsam und wirkt sich nur geringfügig hinsichtlich einer Stromsteigerung aus. Erst in relativ starken Feldern tritt eine neue Erscheinung auf, die mit einem scharfen Anstieg des Stromes verbunden ist: Die Elektronen werden auf ihrem Zickzackweg zur Anode bei jedem Freiflug kräftig beschleunigt. Bei unelastischen Zusammenstößen geben sie einen großen Teil der gewonnenen Energie an die Molekel ab und regen dadurch bei Anwesenheit mehratomiger Moleküle Rotations- und Schwingungszustände an und veranlassen schließlich auch Elektronensprünge im Atom oder gar Ionisierungen. Wegen der

---

[1] Literaturangaben zu diesem Kapitel s. S. 138.

großen Streuung der Geschwindigkeiten und Energien der stoßenden Teilchen um einen Mittelwert von 0 bis ∞ wird dieser Zustand nicht plötzlich bei einem festen Wert der Feldstärke erreicht; auch schon bei niedriger Feldstärke verfügt eine sehr kleine Zahl von Ladungsträgern mit zufällig besonders langen Freiflügen in Feldrichtung über die zur Stoßionisation nötige Energie. Doch ist die Anzahl der in schwachen Feldern bewirkten Aufspaltungen des Atoms so unbedeutend, daß bei der Behandlung praktischer Fälle vielfach von einem wenn auch nicht sehr scharf ausgeprägten kritischen Wert der Feldstärke in einem bestimmten Gas ausgegangen werden kann.

Wird ein homogener Strahl von Elektronen bekannter Geschwindigkeit in ein Gas eingeschossen, so finden demnach bei Strahlgeschwindigkeiten unterhalb der Ionisierungsspannung keine Ionisierungen statt; mit zunehmender Beschleunigungsspannung wächst die Zahl der bei den Stoßprozessen gebildeten Sekundärelektronen und erreicht beispielsweise in Luft von 1 Torr nach Messungen von BUCHMANN [1] einen Höchstwert mit rd. 10 Sekundärelektronen längs eines Strahlweges von 1 cm. Bei noch höherer Geschwindigkeit fällt die Zahl der gebildeten Elektronen zunächst rasch

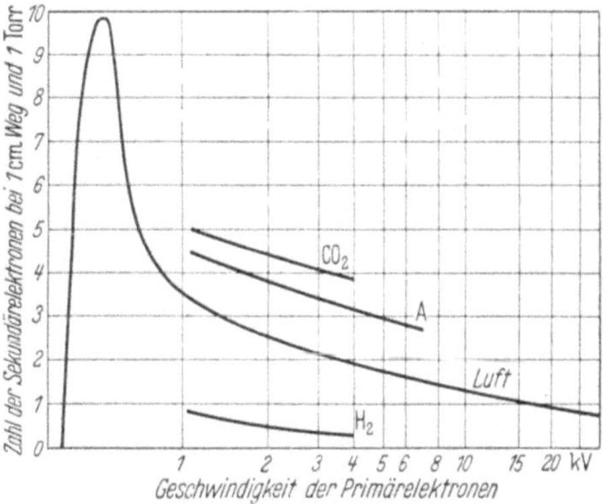

Abb. 26. Sekundärelektronenausbeute eines Elektrons hoher Geschwindigkeit.

und später langsamer ab, so daß unter den obigen Bedingungen beispielsweise ein 15 kV-Elektron nur ein weiteres Elektron beim Durchlaufen von 1 cm zu erzeugen vermag (Abb. 26).

Ein erster Versuch zur Abschätzung der von einem Ladungsträger in einem Feld gegebener Stärke bewirkten Zahl von Ionisierungen wurde von TOWNSEND [2] unternommen. Mangels besserer Unterlagen ging er davon aus, daß der negative Elektrizitätsträger seine für eine Ionisierung ausreichende Energie ausschließlich auf dem letzten Freiflug vor dem ionisierenden Stoß gewonnen habe und also bei vernachlässigbarer Anfangsgeschwindigkeit in Feldrichtung eine außergewöhnlich lange Strecke bis zum Zusammenstoß zurückgelegt habe. Ferner soll die Ionisierungswahrscheinlichkeit eins sein, was bedeutet, daß jeder diese Bedingungen erfüllende Träger beim Zusammentreffen mit einem Atom dieses auch aufspaltet. Die erste der genannten Voraussetzungen schließt ein, daß der Ladungsträger bei jedem Stoße seine kinetische

Energie einbüßt und stets von neuem mit der Geschwindigkeit Null beginnen muß. Bezeichnet eV_i die aufzubringende Ionisierungsarbeit, dann müßte somit im Felde E ein solcher Freiflug längs des Weges $\lambda_i \geqslant \dfrac{V_i}{E}$ stattfinden. Entsprechend (V, 2) ist die Zahl der Teilchen, die einen längeren Weg als λ_i ohne Zusammenstoß zurücklegen, durch das Verteilungsgesetz

$$N = N_0 e^{-\frac{\lambda_i}{\bar{\lambda}}}$$

gegeben, worin $\bar{\lambda}$ den Mittelwert aller vorkommenden Flugwege, also die mittlere freie Weglänge bezeichnet. Wird unter N_0 die Gesamtzahl der Zusammenstöße eines Elektrons längs 1 cm in Flug-(Feld-)Richtung verstanden $\left(N_0 = \dfrac{1}{\bar{\lambda}}\right)$, dann gibt N die Zahl der Flüge von größerer Länge als $\bar{\lambda}$ und damit die Zahl der „erfolgreichen" Stoßprozesse des Elektrons längs 1 cm in Feldrichtung an. Diese Zahl wird allgemein als *erster Townsendscher Koeffizient der Stoßionisierung* α bezeichnet. Es gilt somit

$$\alpha = \frac{1}{\bar{\lambda}} e^{-\frac{V_i}{E\bar{\lambda}}}. \tag{VIII, 1}$$

Wegen der Druckabhängigkeit von $\bar{\lambda} = \bar{\lambda}_0 \dfrac{760}{p}$ mit $\bar{\lambda}_0$ als mittlerer freier Weglänge bei Atmosphärendruck und mit p als Gasdruck, gemessen in mm Quecksilbersäule $=$ Torr (eigentlich wäre p_0 zu schreiben, weil bei größeren Temperaturabweichungen der Druck gemäß $p_0 = p \dfrac{273}{T}$ auf $0°$ C zu reduzieren ist), kann auch geschrieben werden

$$\frac{\alpha}{p} = \frac{1}{760\,\bar{\lambda}_0} e^{-\frac{V_i}{760\,\bar{\lambda}_0} \cdot \frac{1}{E/p}} = A\, e^{-\frac{Bp}{E}}. \tag{VIII, 2}$$

Da A und B für ein gegebenes Gas Konstante sind, ist α/p demnach eine eindeutige Funktion von E/p. Eine Abhängigkeit dieser Art folgt auch schon allein aus der Bedingung, daß bei einer Veränderung des Gasdrucks die Feldstärke im selben Maß zu ändern ist, um wieder gleiche Weglängenspannungen $E\lambda$ und damit denselben Prozentsatz ionisierender Stöße aus allen Kollisionen zwischen Elektron und Molekeln zu erzielen. Die Gesamtzahl der ionisierenden Stöße ist für $E/p =$ const dem Gasdruck (genauer: der Gasdichte) verhältnisgleich.

Townsend führte seine Versuche nur bei Unterdruck aus; doch erbrachten die noch zu besprechenden weiteren Untersuchungen mit Veränderung des Druckes bis zum Mehrfachen des atmosphärischen den Nachweis, daß α/p außer von der Art des Gases einzig und allein von E/p abhängt. Abweichungen in Richtung erhöhter Ionisierungsausbeute, die HELLMANN [3] in Stickstoff bei Drucken unter 3,5 Torr aufzufinden glaubte, konnten bei gleichartigen Untersuchungen nicht festgestellt werden und sind wohl durch einen Meßfehler bedingt. Alle Messungen des Stoßionisierungskoeffizienten für ein Gas lassen sich somit durch eine einzige Kurve darstellen. Damit kommt der Größe E/p die entscheidende Bedeutung für die Vorgänge in Gasentladungen zu. [1]

Es ist überraschend, daß trotz der offensichtlichen weitgehenden Vereinfachungen des in seiner vollen Kompliziertheit erst später erkannten Problems die von TOWNSEND angestellten Überlegungen zu einem Gleichungstypus führen, der in einer Reihe von Fällen und in jeweils begrenz-

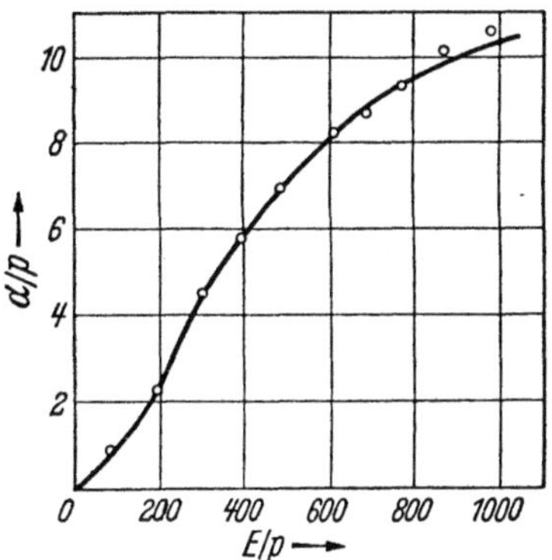

Abb. 27. Vergleich von Exponentialfunktion und Meßwerten der Ionisierungsausbeute in Luft.

ten Bereichen die gemessenen α-Werte in Abhängigkeit von E/p bei passender Wahl der Konstanten recht brauchbar wiedergibt. So ist in Abb. 27 die Kurve $\alpha/p = f(E/p)$ ($=$ Zahl der bei 1 Torr gebildeten Ionenpaare) gemäß (VIII, 2) mit passend gewählten Konstanten aufgezeichnet und erlaubt einen Vergleich mit den gleichfalls eingetragenen gemessenen Werten. Der Charakter der Kurve entspricht durchaus dem Gang der Meßwerte. Doch darf andererseits die Nützlichkeit und Gültigkeit des abgeleiteten Ausdrucks nicht überschätzt werden. Angesichts der stark schematisierten Vorstellung bei der Ableitung von (VIII, 2) muß eine solche Übereinstimmung doch mehr als Zufall gewertet werden unter Berücksichtigung dessen, daß der Ionisierungsvorgang nur einer von mehreren möglichen Prozessen des Energieaustausches ist und daß die Einbeziehung aller auf die Ladungsträger bei ihrem Lauf im Gasraum einwirkenden Einflüsse eine überaus verwickelte und auch heute noch nicht voll gelöste Aufgabe darstellt. Vor allem ist es unzulässig, (VIII, 2) über ihre durch den Versuch festzulegenden Gültigkeitsgrenzen hinaus anzuwenden und Schlüsse aus ihr für einen Bereich zu ziehen, in dem die der Rechnung zugrundeliegenden Voraussetzungen nicht mehr zutreffen. Schließlich kann jeder Kurvenverlauf innerhalb gewisser Grenzen durch einen mehr oder weniger einfachen analytischen Ausdruck mit geeig-

---

[1] Die hier als Ionisierungsausbeute über 1 cm in Feldrichtung definierte Zahl α darf nicht mit dem von Physikern benutzten Koeffizienten der sogenannten differentialen Ionisierung verwechselt werden. Letzterer mißt die Zahl der Ionenpaare, die längs 1 cm der tatsächlichen Zickzackbahn des stoßenden Teilchens erzeugt werden.

neten Konstanten mit beliebiger Genauigkeit angenähert werden, und es wird auch noch gezeigt werden, daß verschiedenartige Gleichungen jeweils in bestimmten Bereichen sich zur Darstellung der Funktion $\alpha/p = f(E/p)$ recht gut eignen.

Eine genauere Abschätzung von α verlangt die Kenntnis der Geschwindigkeits- bzw. Energieverteilung der Elektronen in einem elektrischen Feld, des ferneren die Einbeziehung der Veränderlichkeit des Wirkungsquerschnitts mit der Geschwindigkeit (s. S. 39) und die Berücksichtigung aller bei ihren Zusammenstößen mit den Molekeln auftretenden Energieumsetzungen, wie sie in großer Zahl bei elastischen Stößen mit im Einzelfall sehr kleiner Energieabgabe durch das Elektron und in stärkeren Feldern durch unelastische Stöße mit Schwingungs- und Elektronensprunganregung bei den zugehörigen Einsatzspannungen erfolgen, schließlich noch die Berücksichtigung etwaiger Stufenprozesse und bei großen Elektronendichten auch noch des Energieaustauschs der Elektronen untereinander. Auszugehen ist hierbei von der Energiebilanz. Die den Elektronen vom elektrischen Feld zugeführte Energie wird nicht nur in Stoßprozessen verausgabt, sondern dient in Kathodennähe zunächst zur Erhöhung der mittleren Elektronengeschwindigkeit und zuguterletzt auch zur Erhöhung der Geschwindigkeit der neugebildeten Elektronen auf den Wert, den die bereits vorhandenen Elektronen besitzen. In nicht zu schwachen Feldern darf gegenüber diesen Anteilen der kleine Energieverlust der Elektronen bei elastischen Stößen vernachlässigt werden. Wie PENNING [4] zeigte, gilt dann für den stationären Gleichgewichtszustand in einem Atomgas (Schwingungs- und Rotationserregung entfallen!) für eine Strömung von N Elektronen in einem schmalen Feldausschnitt der Breite $\mathrm{d}x = \dfrac{\mathrm{d}\varphi}{E}$ ($\mathrm{d}\varphi$ = Potentialänderung längs $\mathrm{d}x$; E = Feldstärke)

$$N \cdot \mathrm{d}\varphi = V_\mathrm{i} \cdot \mathrm{d}N + V_\mathrm{ang} \cdot \mathrm{d}N_\mathrm{ang} + V_\mathrm{m} \cdot \mathrm{d}N + N \cdot \mathrm{d}V_\mathrm{m}. \quad \text{(VIII, 3)}$$

Hierbei ist

$$V_\mathrm{i} \quad = \text{die Ionisierungsspannung des Gases}$$
$$V_\mathrm{ang} = \text{die Anregungsspannung des Gases}$$
$$\mathrm{d}N = \alpha N \frac{\mathrm{d}\varphi}{E} = \text{Zahl der Ionisierungen zwischen } \varphi \text{ und } \varphi + \mathrm{d}\varphi$$
$$\text{[siehe hierzu (VIII, 4)]}$$
$$\mathrm{d}N_\mathrm{ang} = \text{Zahl der Anregungen zwischen } \varphi \text{ und } \varphi + \mathrm{d}\varphi$$
$$V_\mathrm{m} \quad = \text{die der mittleren Elektronenenergie entsprechende Spannung.}$$

In Anbetracht der Verschiedenheiten dieser Größen bei den einzelnen Gasen und der Veränderlichkeit der Form der Verteilungsfunktion mit E/p sowie der sich einer Berücksichtigung auch nur der wichtigsten Einflußgrößen entgegenstellenden großen mathematischen Schwierigkeiten bei der Integration von (VIII, 3) sind bisher Näherungsberechnungen des Ionisierungskoeffizienten nur in wenigen Fällen und dann mit den

im Einzelfall zulässigen Vereinfachungen durchgeführt worden (so für
Neon von DRUYVESTEYN [5] und von DRUYVESTEYN und KRUITHOFF
[6], für H_2, N_2, O_2, Luft und A von EMELEUS, LUNT und MEEK [7] und
DEAS und EMELEUS [7a]).

Bei Kenntnis des Ionisierungskoeffizienten für ein vorgegebenes Verhältnis E/p kann die Zahl aller längs einer bestimmten Strecke bewirkten
Ionisierungen berechnet werden. Dabei erfolgt die Trägervermehrung
nicht allein durch das in Kathodennähe startende Anfangselektron;
außer den vorhandenen Elektronen beteiligen sich auch alle neugeschaf-
fenen an der weiteren Trägerbildung. Beim ersten Ionisierungsakt gesellt sich dem stoßenden Elektron ein weiteres hinzu, das von der gestoßenen Molekel abgetrennt wurde. Beide Elektronen gewinnen neue
Energie und vermögen zu ionisieren, wonach 4 Elektronen und insgesamt 3 positive Ionen vorhanden sind;
bei den nachfolgenden Stößen werden aus
den 4 Elektronen 8, 16, 32 ... Elektronen.

Wir verfolgen die Zahl der Stoßionisierungen (Abb. 28). Von der Kathode K
sollen in der Zeiteinheit N_0 Elektronen
ausgehen und auf ihrem Zickzackweg durch
das Gas bis hin zur Stelle x auf insgesamt
N Elektronen angewachsen sein. In einer
schmalen Scheibe der Breite dx werden

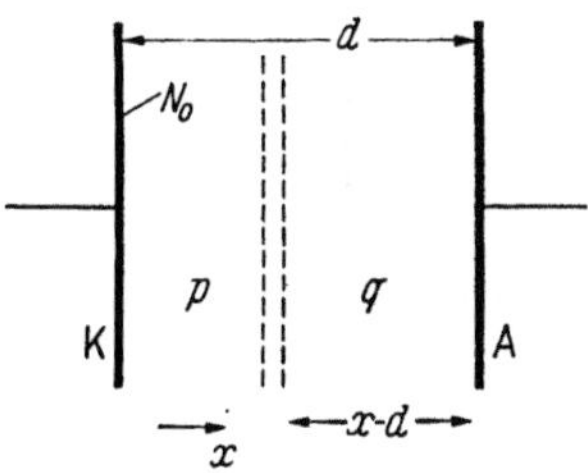

Abb. 28. Zur Trägervermehrung
durch Elektronenstoß.

dN neue Ionenpaare durch Stoßionisierung geschaffen, und zwar verhältnisgleich zur Zahl N der an x vorhandenen Elektronen und der betrachteten Streifenbreite dx. Proportionalitätsfaktor ist α gemäß seiner
Definition als Zahl der Ionisierungsakte eines längs 1 cm in Feldrichtung
eilenden Elektrons:

$$dN = N \cdot \alpha \cdot dx . \qquad (VIII, 4)$$

Die Integration ergibt unter Beachtung der Randbedingungen

$$\int_{N_0}^{N} \frac{dN}{N} = \ln \frac{N}{N_0} = \int_0^x \alpha \, dx \qquad \text{und} \qquad N = N_0 \, e^{\int_0^x \alpha \, dx} . \qquad (VIII, 5)$$

Im Sonderfall des homogenen Feldes eines Plattenkondensators ohne
feldverzerrende Raumladungen ist $\alpha = \text{const}$ und (VIII, 5) geht über in

$$N = N_0 \, e^{\alpha x} . \qquad (VIII, 6a)$$

Die Zahl der Ionenpaare wächst somit während des Laufs der Elektronen zur Anode nach einer e-Funktion an. Beim Fortschreiten um
$x = 1/\alpha$ cm in Richtung auf die Anode erhöht sich die Trägerzahl im

homogenen Feld jeweils um das e ($= 2{,}71$)fache. Schon ein einziges Anfangselektron wird Ursache eines lawinenartig anwachsenden Elektronenhaufens, wenn nur die Feldstärke ausreichende Höhe besitzt. Der Trägervermehrung entspricht — etwaige Trägerverluste nichtberücksichtigt — ein gleichartiger Anstieg des Stroms im Kreis, so daß bei Multiplikation von (VIII, 6a) mit der Elektronenladung e (unter Vernachlässigung des sehr kleinen auf die positive Ionengruppe zurückgehenden Stromanteils) auch geschrieben werden kann

$$J = J_0 e^{\alpha x}. \qquad \text{(VIII, 6b)}$$

Bei niedriger Spannung zwischen den Elektroden und mäßiger Austrittsgeschwindigkeit des Elektrons aus der Kathode vermag es in unmittelbarer Nachbarschaft der Kathode nicht zu ionisieren, sondern erst nach einer größeren Anzahl freier Wege, auf denen sich seine kinetische Energie bis und über den zur Ionisierung erforderlichen Energiebetrag erhöhen konnte. Dies trifft unter Vernachlässigung anderer Energieverluste bei Zusammenstößen dann zu, wenn die bis zur Entfernung δ von der Kathode durchfallene Potentialdifferenz mindestens gleich der Ionisierungsspannung des Gases ist. Für das homogene Feld gilt

$$\delta \geqslant \frac{V_i}{E}.$$

Untere Integrationsgrenze von (VIII, 5) bei niedriger Elektrodenspannung (geringer Gasdruck) ist daher nicht 0, sondern δ. Die Berücksichtigung der erst in einiger Entfernung von der Kathode einsetzenden Stoßionisierung führt zur modifizierten Gleichung

$$N = N_0 e^{\alpha (x - \delta)}. \qquad \text{(VIII, 7)}$$

b) Experimentelle Bestimmung von α. Nach (VIII, 6) nimmt der Logarithmus des Verhältnisses $\dfrac{\text{Elektronenzahl an Stelle } x}{\text{Zahl der Anfangselektronen}}$ bei ungeändertem α, also für $E/p =$ const, linear mit der Entfernung von der Kathode zu. Wird der Logarithmus des Stromes als Funktion des Plattenabstandes x eines ebenen Kondensators mit E/p als Parameter aufgenommen, so ergeben sich bei der graphischen Veranschaulichung lauter Gerade mit um so größerem Steigungsmaß, je größer E/p und damit auch α ist (s. Abb. 29 mit Messungen von MASCH [12]). Längs der Abszisse ist hierbei der Abstand Kathode—Anode aufgetragen, auf der Ordinate der Logarithmus des im Kreis fließenden Stromes. Die Anpassung der gemessenen Werte an den theoretisch geforderten Verlauf ist ein überzeugender Beweis für die Richtigkeit der entwickelten Anschauungen über die Elektronenvermehrung und gibt auch nachträglich die Berechtigung zu der stillschweigend angenommenen Vernachlässigung von Trägerverlusten durch Diffusion und Rekombination. Auch noch in relativ schwachen Feldern tritt eine geringfügige Trägervermehrung auf, die allerdings wegen der begrenzten Empfindlichkeit der Meßapparatur bei zu kleinen E/p-Werten nicht mehr angezeigt wird. Daß in Abb. 29 die Geraden nicht alle zum selben Punkt der Ordinate hinweisen, dürfte wohl durch Raumladungseinflüsse aufgrund der bei den Versuchen benutzten relativ hohen Fremdstromdichte bedingt sein.

Die genaue Erfassung des Anfangsstromes J_0 für $x = 0$ bzw. bei beliebigem Abstand im Hochvakuum stößt angesichts der Kleinheit der mit Rücksicht auf Raumladungsverzerrungen noch zulässigen Anfangsstromdichten auf große Schwierigkeiten. Meist ist es zweckmäßiger, ihn

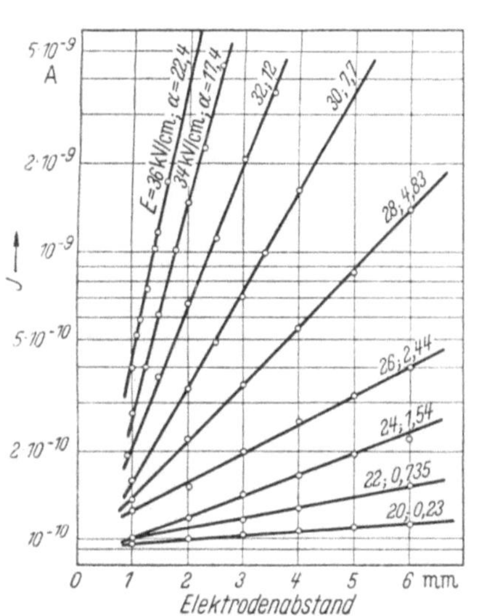

Abb. 29. Anstieg des gasverstärkten Stromes mit dem Elektrodenabstand x für E/p = const (p = 747 Torr, Luft).

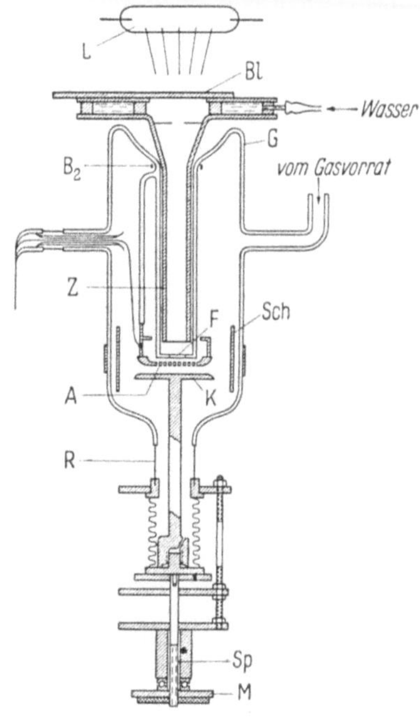

Abb. 30. Versuchsgefäß zur α-Messung.

indirekt durch Messungen des gasverstärkten Stromes bei zwei verschiedenen Elektrodenentfernungen zu ermitteln. Es ist beim Abstand x_1

$$\alpha x_1 = \ln \frac{J_1}{J_0} \qquad \text{und beim Abstand } x_2 \qquad \alpha x_2 = \ln \frac{J_2}{J_0}.$$

Daraus folgt

$$\frac{\ln \dfrac{J_1}{J_0}}{x_1} = \alpha = \frac{\ln \dfrac{J_2}{J_0}}{x_2} \qquad \text{oder} \qquad \ln J_0 = \frac{x_2 \ln J_1 - x_1 \ln J_2}{x_2 - x_1}.$$

Ein Versuchsgefäß mit Glasisolation, wie es von KRUITHOFF und PENNING [9] bei niedrigen Anodenspannungen und mäßigen Elektrodenabständen benutzt

wurde und in einfacherer, jedoch grundsätzlich gleichartiger Ausführung bereits
von PAAVOLA [*11*] und MASCH [*12*], ist schematisch in Abb. 30 dargestellt. Bei
höheren Spannungen kommen auch Metallgefäße mit besonderer Hochspannungseinführung zur Verwendung [*13, 14*]. Eine batteriegespeiste Quecksilberdampflampe L bestrahlt durch eine einstellbare Blende Bl und Quarzfenster F im Glasgefäß G und durch die siebartig durchlöcherte Anode A hindurch einen Ausschnitt
der geerdeten Kathode K. Bei anderen Ausführungen hat sich auch ein schräger
Strahleneinfall auf die Kathode durch ein seitliches Quarzfenster bewährt [*13* bis *15*].
Kathode und quarzisolierte Anode sind ebene Kupfer- oder Nickelplatten mit
Randverrundung. An das Glasgefäß ist ein Chromeisenring R angeschmolzen,
der einen dehnbaren Metallbalg und die Verstellvorrichtung der unteren Elektrode
trägt. Durch Drehen der Mutter M wird die Spindel Sp und mit ihr die im ab-
geschlossenen Versuchsraum untergebrachte Kathode in ihrer Höhenlage verstellt.
Zur Vermeidung unerwünschter Elektronenauslösungen und unkontrollierbarer
Temperaturerhöhungen durch die Wärmeeinstrahlung des Quarzbrenners ist der
Kopfteil des Gefäßes durch einen wassergekühlten Kupferzylinder Z abgedeckt.
Ein Schild Sch aus Molybdändrahtgeflecht schirmt die Elektroden gegen eine
etwaige Fremdionisation; Metallbeläge B_1, B_2, ... fangen Kriechströme ab. In
das Gefäß werden nur sorgfältig gereinigte Gase eingefüllt.

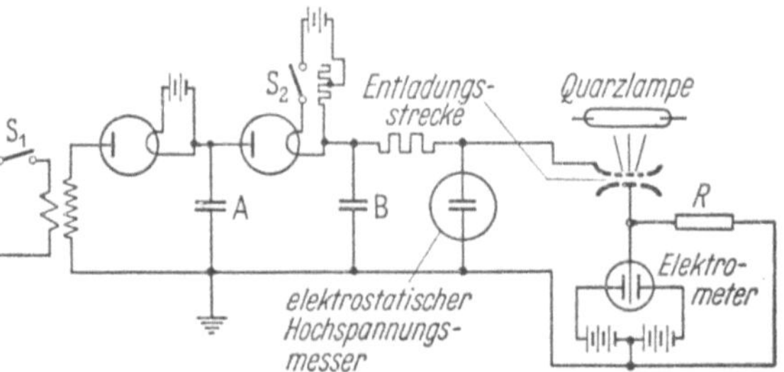

Abb. 31. Schaltung zur α-Bestimmung.

Die starke Abhängigkeit des Ionisierungskoeffizienten von der Feldstärke läßt
es ratsam erscheinen, bei Elektrodenspannungen bis zu einigen 1000 V Akku-
mulatorenbatterien zu verwenden, und zwingt bei höheren Spannungen zu besonderen Maßnahmen zur Konstanthaltung der Netzspannung und vorzüglichen
Glättung des nach Aufwärtstransformierung gleichgerichteten Stromes, damit die
Schwankungen der eingestellten Spannung mit Sicherheit unter $1^0/_{00}$ bleiben.
Abb. 31 zeigt die von MASCH [*12*] verwandte Schaltung, wie sie auch schon
PAAVOLA [*11*] in vereinfachter Ausführung benutzt hatte. Die Anode des Prüf-
gefäßes liegt über einen Hochohm-Dämpfungswiderstand an der Hochspannung
des Kondensators B. Dieser selbst wird sehr langsam über ein unterheiztes Ventil
geringer Emission vom Kondensator A aufgeladen. Vor der Messung wird die
Gleichrichteranlage durch Ziehen der Schalter S_1 und S_2 vom Netz abgetrennt
und dadurch jede äußere Beeinflussung der Ladespannung des Kondensators B
unterbunden. Die Spannungssenkung durch den Ladungsentzug aus B während
der kurzen Meßzeit als Folge von Isolationsfehlerströmen und des sehr kleinen
Meßstromes ist überaus klein und darf außer Betracht bleiben. Zur Messung des
Durchgangsstromes wird in die Erdleitung der Kathode entweder ein hochemp-
findliches Spiegelgalvanometer eingeschaltet, das Messungen bis unter 10^{-10} A
zuläßt, oder bei noch kleineren Strömen ein Hochohmwiderstand R wohlbekannter
Größe (10^8—10^{12} Ω), dessen Spannungsverbrauch mit einem parallel geschalteten,

hochwertig isolierten Faden- oder Quadrantenelektrometer (bis 1000 mm/Volt) bestimmt wird.

Die ersten α-Messungen gehen auf TOWNSEND und seine Schule zurück. Die von SCHUMANN [16] nachgewiesene Möglichkeit, die Zündspannungen von Funkenstreckenanordnungen bei Kenntnis der Feld-. stärkeabhängigkeit der Ionisierungsfunktion annähernd berechnen zu können (s. Kap. XXII), hatte die überragende Bedeutung der Ionisierungsfunktion für die Gasentladungsphysik noch unterstrichen. In der Folgezeit wurde sie daher von mehreren Seiten für eine Reihe von Gasen mit zum Teil besonders hoher Reinheit neu bestimmt unter Ausdehnung des Meßbereichs zu möglichst kleinen und zu recht großen E/p-Werten. Sehr kleine E/p-Werte sind für die Kenntnis des Durchbruchvorgangs bei hohem Druck nötig. Sie verlangen eine hohe Empfindlichkeit der Strommessung und die Benutzung von großen Elektrodenabständen und damit großer Elektroden- und Gefäßabmessungen, um das ungestörte Homogenfeld voraussetzen zu dürfen. Umgekehrt gehört zur Zündung einer Entladung in einem stark verdünnten Gas und bei kleinen Elektrodenabständen ein hoher E/p-Wert.

Durch Messungen bei äußerster Reinheit der untersuchten Gase und der Gefäß- und Elektrodenflächen ab 1936, nachdem PENNING [17] einige Jahre zuvor bemerkt hatte, daß eine Spur von Hg-Dampf den α-Koeffizienten in Edelgasen erheblich verändern kann, wurde der bedeutende Einfluß von Verunreinigungen des Gases und ganz besonders der Einfluß von Hg-Dampf auf die α-Werte nachgewiesen. Gegenüber reinen Gasen wird durch Hg-Dampf vor allem bei niedrigem Gasdruck die Ionisierungsausbeute im allgemeinen erheblich vergrößert, so beispielsweise nach den Messungen von BOWLS [18] in Stickstoff um 17%, nach HALE [15] bei manchen E/p-Werten gar um das Doppelte. Die starke Einwirkung solcher Hg-Spuren auf den Meßstrom hat ihre Ursache im Vorkommen metastabiler Anregungsstufen der Stickstoffmoleküle, durch welche die beigemischten Quecksilberatome wegen ihrer niedrigen Ionisierungsspannung von nur 10,4 V gegenüber der Ionisierungsspannung des Stickstoffmoleküls von 15,6 V schon in schwachen Feldern ionisiert werden können. Da die überwiegende Mehrzahl der älteren Messungen bei Unterdruck ausgeführt worden war, wobei zur Evakuierung des Versuchsraums meist Quecksilberdiffusionspumpen oder doch zumindest Quecksilbermanometer zur Druckmessung Verwendung gefunden hatten, war im Versuchsraum stets Quecksilber mit seinem Dampfdruck von rd. 10^{-3} Torr zurückgeblieben und hatte die Elektroden und die zur Messung eingebrachten Gase verunreinigt. Nur die Verwendung von dauernd eingeschalteten und reichlich bemessenen Kühlfallen mit Kohlensäure oder flüssiger Luft zwischen Versuchsgefäß und Anschlußleitungen erlaubt, die zum Gefäß strömenden Quecksilberdämpfe auszufrieren und die anfängliche Reinheit des Füllgases trotz des Anschlusses von Quecksilberdampfpumpe und -manometer zu erhalten. Ist einmal Quecksilber in das Versuchsgefäß eingedrungen, so kann es weder durch Hochfrequenzbeheizung der Metallteile noch durch dauernden Saugbetrieb an der Pumpe entfernt werden; nur eine Demontage des Gefäßes und das Auswaschen aller Teile in Salpetersäure vermag das auf den Metalloberflächen gebildete Amalgam zu beseitigen. Die Unkenntnis dieser Tatsache dürfte eine Erklärung für die zu hohen α-Meßwerte in N_2 bei niedrigem Druck von HELLMANN [3] abgeben, der zwar sein Versuchsgefäß mit Kühlfallen gegen das Eindringen von Quecksilber- und Fettdämpfen während der Hauptversuche abriegelte, aber anscheinend schon bei den Vorversuchen das Gefäßinnere verunreinigt hatte, woran die nachfolgende Hochfrequenzbeheizung nichts mehr zu ändern vermochte.

Unter Nichtberücksichtigung älterer Messungen der TOWNSENDschule [22—25] können die nachstehend aufgeführten Messungen wohl als die zuverlässigsten angesehen werden:

Für Luft von Atmosphärendruck . . . PAAVOLA [11]
Für quecksilberdampfverunreinigte
    Luft, N_2 . . . . SANDERS [13]
Für quecksilberdampfverunreinigte
    Luft, N_2, O_2 . . . . MASCH [12]
Für N_2 (quecksilberdampfverunreinigt) . POSIN [14]
Für quecksilberfreies A, Ne und A+Ne KRUITHOFF u. PENNING [9, 10]
Für quecksilberfreies A, Kr, Xe . . . KRUITHOFF [19]
Für quecksilberfreies N_2 . . . . BOWLS [18]
Für quecksilberfreies H_2 . . . . HALE [15] sowie
                              FUCKS und KETTEL [20]

Über α-Messungen in den elektronegativen Gasen Schwefelhexafluorid (SF_6), den Äthanderivaten C_2H_5Cl und C_2H_5Br, in den Dämpfen von Penthan (C_5H_{12}), Chloroform ($CHCl_3$) und Tetrachlorkohlenstoff (CCl_4) siehe [21]. Durchweg liegen die α-Werte sehr viel niedriger als in den sonstigen Gasen unter gleichen Verhältnissen. So erreicht z. B. α in SF_6 bei $E/p \approx 120$ erst den 30. Teil des Wertes von Luft bei gleicher Beanspruchung.

Tab. 7 gibt die Meßreihen für die zweiatomigen Gase Luft und Stickstoff, mit und ohne Hg-Verunreinigung, und verunreinigten Sauerstoff. PAAVOLAS Werte von atmosphärischer Luft wurden nur im engen Bereich $33,5 < E/p < 45,7$ gewonnen; da sie nicht erheblich von denen von MASCH abweichen, sind sie in der Tabelle nicht angeführt. Bei Abweichungen gegenüber den Werten von MASCH dürften wohl die Messungen von SANDERS [13] in Luft und Stickstoff wegen der Verwendung

Tabelle 7. *Meßwerte von α/p für Luft, Stickstoff und Sauerstoff.*

E/p $\left(\dfrac{\text{V}}{\text{cm}\cdot\text{Torr}}\right)$	α/p-Werte für					
	Luft		Stickstoff			Sauerstoff
	MASCH	SANDERS	MASCH	POSIN	BOWLS (Hg-frei)	MASCH
20		0,000034		0,000087		
22		0,000052				
24		0,000134				
25			0,00009			
26		0,000234	0,00022	0,000258		
27			0,00041			
28		0,000430	0,00060	0,00045		
29			0,00081			
30		0,000910	0,00112	0,00091		
31	0,00152	0,00136	0,00150			0,00110
32	0,00204	0,00201	0,00190	0,0020		0,00335
33	0,00309	0,00305	0,00245			0,00720
34	0,0044	0,00459	0,00315	0,0028		0,0128
35	0,0059	0,00605	0,00385	0,0030		0,026
36	0,0076	0,00820	0,00475	0,0044		0,0285
38	0,0120	0,0071	0,0071	0,0052		0,0465
40	0,0168	0,0167	0,0100	0,0073		0,064
44				0,0107		
45	0,0335		0,0208	0,0135		0,105
50	0,057	0,0554	0,0373			0,153
59				0,0934	0,119	
60	0,130	0,127	0,087			0,280
65					0,213	
68				0,145		
70	0,235	0,224	0,162			0,435
78				0,283	0,28	
80	0,365	0,340	0,260			0,61
88				0,41		
90	0,51	0,491	0,375			0,79
94					0,405	
100	0,68	0,637	0,505	0,70		0,97
108				0,729		
110	0,85	0,806	0,65	0,73		1,16
115					0,61	
120	1,05	1,007	0,80	0,95		1,37
127				1,13		
130	1,23	1,236	0,98			1,55
137				1,27		
140	1,40	1,47	1,15	1,40	0,96	1,75
142				1,45		
150	1,60		1,32			1,93
156				1,64		
160	1,83	1,76	1,50		1,2	2,13
166				2,02		
176				2,35		
180	2,25		1,95			2,48

(Tabelle 7 Fortsetzung).

E/p $\left(\dfrac{V}{cm \cdot Torr}\right)$	α/p-Werte für					
	Luft		Stickstoff			Sauerstoff
	MASCH	SANDERS	MASCH	POSIN	BOWLS (Hg-frei)	MASCH
195					1,9	
196				2,52		
198					2,0	
200	2,60		2,25			2,85
215				3,07	2,2	
230				3,20		
250	3,50		3,15	3,50	2,7	3,65
270				4,00		
290					3,4	
300	4,36		3,90			4,4
310				4,40		
320					3,6	
350	5,10		4,53	4,93	4,0	5,1
400	5,8		5,2	5,50		
440					4,4	
450	6,5		5,7	6,00		
500	7,0		6,1	6,23	5,16	
530					5,19	
660					6,2	
750				8,78		
800					7,19	
1000				10,8	7,58	

größerer Elektrodenabstände und der kleineren Fremdstromdichte etwas höher zu bewerten sein. Nach Abschluß des Manuskripts erst bekanntgewordene Messungen [*39*] in quecksilberfreier Luft und Stickstoff im Bereich von $40 < E/p < 45$ geben α/p-Werte, die nur wenig von den vergleichbaren von Masch abweichen.

Die Auftragung $\ln \alpha/p = f(p/E)$ in Abb. 32 entsprechend (VIII,2) zeigt durch die Abweichungen der Kurven von Geraden nochmals die nur in Einzelfällen und auch dann nur in begrenztem Umfange zulässige Verwendbarkeit dieser Gleichung. Für Luft ergibt sich eine gute Näherung an die Meßwerte mit den Konstanten $A = 8,6$ und $B = 254$ im Bereich $36 < E/p < 180$; für Stickstoff lassen sich die Mittelwerte der Messungen von Masch und Posin mit den Konstanten $A = 8,8$ und $B = 275$ im Bereich $27 < E/p < 200$ annähern. Die in Abb. 32 mitaufgenommenen Meßpunkte für Sauerstoff liegen dagegen auch nicht in engen Bereichen auf Geradestücken, ebenfalls nicht die der Edelgase. In ähnlicher Weise gestatten die stärker streuenden Werte von Hale [*15*] für reinen Wasserstoff (mitgeteilt von Loeb [*26*]) nur mit einiger Willkür eine Wiedergabe durch eine mittelnde Exponentialkurve mit den Konstanten $A = 2,8$ und $B = 127$ (für $E/p = 45$—154). Nach eigenen Messungen halten Fucks und Kettel [20] die Werte $A=6$ und $B=136$ für geeigneter. Die Haleschen Werte stimmen bei hohem Druck befriedigend mit den älteren, allerdings nur in dem engen E/p-Bereich von 20—36 gewonnenen Ergebnissen des Townsend-Schülers Ayres überein [25]. Nur bei niederem Druck und höheren E/p-Werten, wo der bei Ayres anzunehmende Hg-Zusatz größere Bedeutung erlangt, treten größere Abweichungen auf, und zwar liegen dann die Meßwerte für reinen Wasserstoff fast bei der Hälfte der für das verunreinigte Gas gültigen Werte.

Daß α/p eine reine Gasfunktion ist und in keiner Weise vom Kathodenmaterial abhängt, konnte Hale [15] durch wahlweise Verwendung von Platin-, Aluminium- und Nickel-Oberflächen von neuem bestätigen, da seine Versuche innerhalb der Meßgenauigkeit ausnahmslos zu übereinstimmenden α/p-Werten führten. In seiner letzten Arbeit dehnte er seine Messungen in Wasserstoff bis zu extrem hohen E/p-Werten $((E/p)_{\max} =1700)$ bei sehr kleinem Druck aus und konnte dabei ein schon früher

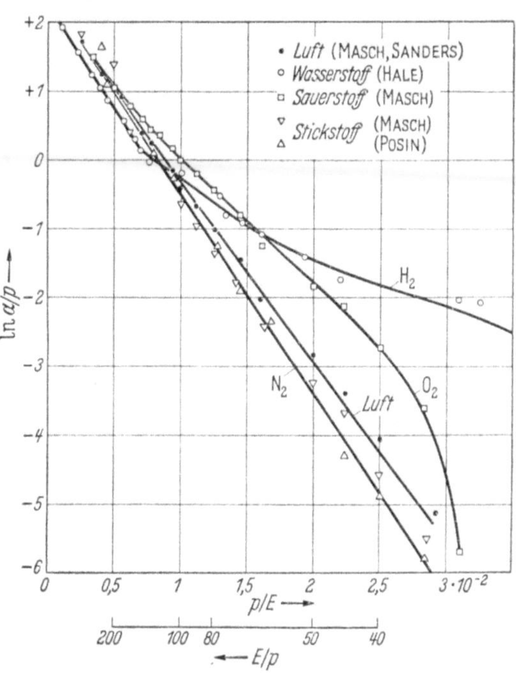

Abb. 32. $\ln \alpha/p = f(p/E)$ für Luft, Stickstoff, Sauerstoff und Wasserstoff.

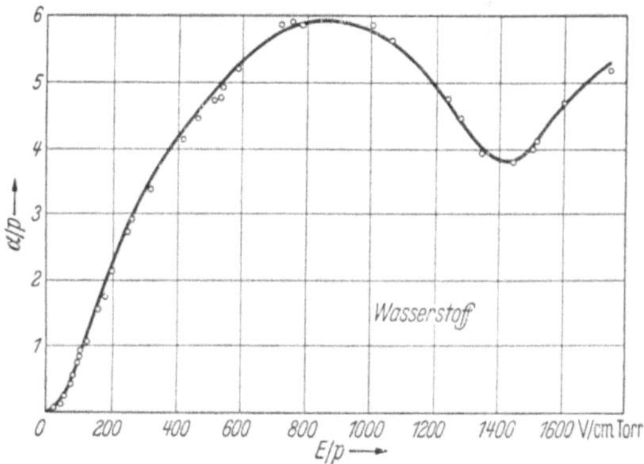

Abb. 33. Ionisierungsausbeute in reinem Wasserstoff.

vermutetes und von Huxford [27] in Argon gefundenes Maximum der α/p-Kurve eindeutig sicherstellen (Abb. 33). Nach einem flachen Höchstbereich bei $E/p=900$ fällt die Ionisierungskurve bis zu $E/p=1400$ ab, um anschließend von neuem steil anzusteigen. Der Abfall nach dem Höchstwert dürfte seine Ursache in dem für Elektronen hoher Geschwindigkeit verringerten Wirkungsquerschnitt und der hierbei kleinen Ionisierungswahrscheinlichkeit haben, der Wiederanstieg in dem sehr niedrigen Druck im Meßraum (rd. 0,1 Torr) und den dabei großen freien Wegen der Elektronen.

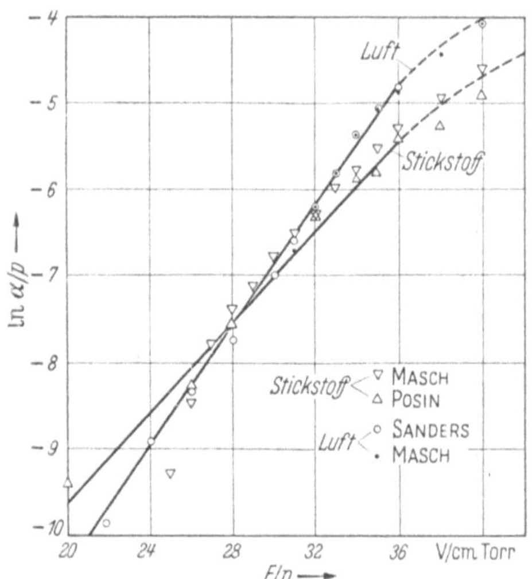

Abb. 34. $\ln \alpha/p = f(E/p)$ für Luft und Stickstoff.

Der für die Durchbrucherscheinungen im Gebiet atmosphärischen Drucks besonders wichtige Bereich kleiner E/p-Werte ist in Abb. 34 gesondert mit einer Auftragung des Logarithmus von α/p in Abhängigkeit von E/p (nicht vom Kehrwert p/E) wiedergegeben. Es geht hieraus hervor, daß sich die Werte für Luft von $E/p = 20$ bis 36 sehr gut durch eine Gerade[1] und damit durch die Gleichung

$$\alpha/p = 2{,}7 \cdot 10^{-8} \cdot e^{0,35\,E/p}$$

wiedergeben lassen; die Meßwerte von POSIN für Stickstoff im gleichen Bereich gehorchen der gleichartigen e-Funktion

$$\alpha/p = 3{,}3 \cdot 10^{-7}\, e^{0,265\,E/p}.$$

Der sich an den ersten Bereich anschließende steilere Anstieg der Ionisierungskurve kann, wie dies Abb. 35 mit einer Auftragung von

$$\sqrt{\alpha/p} = f(E/p)$$

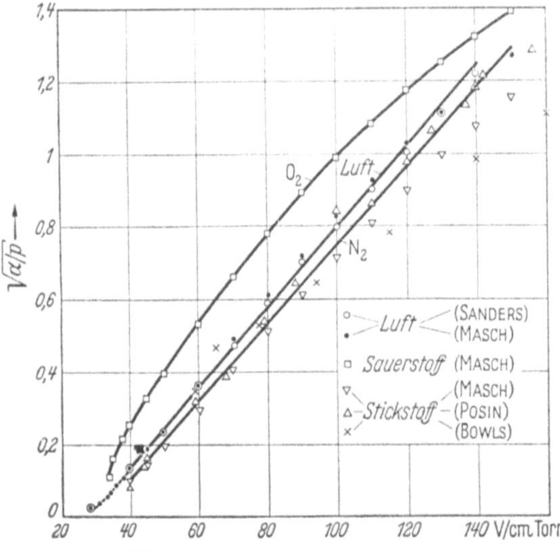

Abb. 35. $\sqrt{\alpha/p} = f(E/p)$ für Luft, Stickstoff und Sauerstoff.

zeigt, durch eine quadratische Gleichung der Form $\alpha/p = A(E/p - B)^2$ erfaßt werden, wie bereits PAAVOLA [11] gefunden hatte; für Luft

[1] Nach neuesten Messungen [38] gilt dies auch für O_2 im Bereich $27,5 < E/p < 75$.

(Mittelwerte von MASCH [8] und SANDERS [13]) ist hierbei im Bereich $E/p = 30$ bis 140 für A $1,24 \cdot 10^{-4}$, für B 28,3 einzusetzen; für Stickstoff (POSINWerte) ist $A = 1,2 \cdot 10^{-4}$ und $B = 30$ von $E/p = 45$ bis 150. Schließlich kann in einem dritten Bereich hoher E/p-Werte der dann langsamere Anstieg in manchen Fällen durch eine Wurzelabhängigkeit von E/p ausgedrückt werden entsprechend den Gleichungen

$$\alpha/p = 0,487 \sqrt{\frac{E}{p}} - 4 \qquad \text{für Sauerstoff,} \quad 110 < E/p < 350 \, ;$$

$$\alpha/p = 0,54 \sqrt{\frac{E}{p}} - 5 \qquad \text{für Luft,} \qquad 130 < E/p < 500 \, ,$$

welche Gleichung auch für die Meßwerte von Stickstoff im Bereich $E/p = 120$ bis 350 gilt; bis zu den allerhöchsten Meßwerten gilt die Gleichung

$$\frac{\alpha}{p} = 0,21 \sqrt{\frac{E}{p}} - 3,65 \qquad \text{für Stickstoff,} \quad 200 < E/p < 1000 \, .$$

Bei denselben Feldstärkewerten ist die Ionisierungsausbeute in Edelgasen wegen des Fehlens unelastischer Stöße kleiner Energieumsetzung erheblich größer als in den Molekülgasen; daher läßt sich in ihnen noch in sehr viel schwächeren Feldern eine Ionisierung nachweisen (teilweise herab bis $E/p = 2$). Dadurch ist selbst noch bei niederem Druck mit kleinen

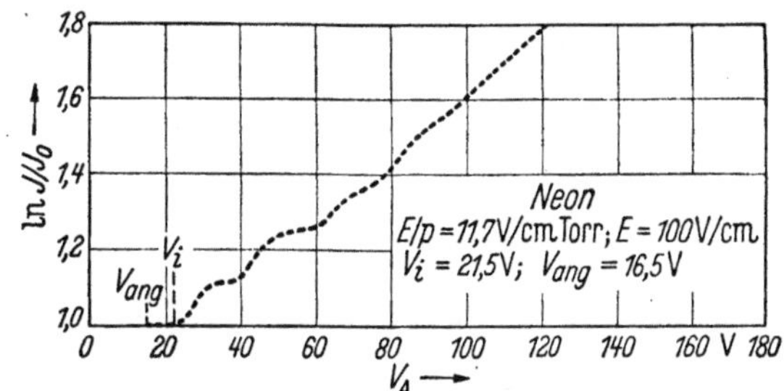

Abb. 36. Stufenionisierung in Neon bei niederem Druck und schwachem Feld.

E/p-Werten, also bei mäßigem Anodenpotential und kleinem Elektrodenabstand, eine merkliche Trägervermehrung möglich. Bei der Benutzung solch niedriger Spannungen wächst der Logarithmus des gasverstärkten Elektronenstroms J bei konstanter Feldstärke nicht länger verhältnisgleich mit dem Abstand bzw. dem Anodenpotential V_A an, sondern in Stufen (Abb. 36). Der Grund hierfür ist folgender: In Kathodennähe ist die Geschwindigkeitsverteilung der Elektronen noch keine stationäre, da ihre Energie unter dem erst nach längerem Lauf zur Anode erreichten Mittelwert liegt. Sie treten mit kleiner Anfangsgeschwindigkeit aus dem Kathodenmetall aus und müssen bei der kleinen Feldstärke eine große Strecke durchfallen, ehe sie im Mittel die zur Ausführung unelastischer Stöße erforderliche Energie aufgenommen haben. Der größte Teil der Ladungsträger verliert die gewonnene Energie beim Erreichen der Anregungsspannung des Gases innerhalb eines kurzen Weges und muß dann auf einer Folge von Freiflügen von neuem Energie ansammeln, bevor weitere unelastische Stöße möglich sind. Nur ein kleiner Teil aller Elektronen erleidet bei der Anregungsgrenze V_{ang} keine unelastischen Stöße und kann seine Energie sogar noch darüber hinaus vermehren. Erst wenn diese wenigen Elektronen die Strecke $\delta = \dfrac{V_i}{E}$ ab Kathode zurückgelegt haben, verausgaben auch sie ihre Energie mit einer gewissen Wahrscheinlichkeit bei Ionisierungsstößen. Der erste Stromanstieg über den Wert des Vakuumstroms hinaus ist demnach bei $V_A = V_i$ zu erwarten. Ein neuer Anstieg erfolgt bei $V_A = V_i + V_{ang}$, also dort, wo eine Gruppe der an der Stelle $x = \dfrac{V_{ang}}{E}$ bis auf Null gebremsten Elektronen neuerdings ein Potentialgefälle der Höhe V_i durchfallen hat und jetzt ihrerseits über die Ionisierungsenergie verfügt. Dieser Vorgang der schicht- bzw. stufenweisen Energiezunahme und nachfolgenden Energieeinbuße der Ladungsträger ähnlich den in Glimmentladungen beobachtbaren Erscheinungen wiederholt sich in abnehmender Stärke etwa 3 bis 5mal, bis eine stationäre Geschwindigkeitsverteilung erreicht ist. Erst dann geht die stufenweise Stromzunahme in die rein exponentielle von (VIII,6b) über.

Für Neon ist diese in hohem Maß von der Feldstärke abhängige Erscheinung in Abb. 36 nach Messungen von KRUITHOFF [19] für $E = 100$ V/cm und $p = 8{,}5$ Torr dargestellt. Die Abweichungen vom glatten Stromanstieg machen sich in diesem Fall nur unterhalb einer Anodenspannung von 100 V bemerkbar. Entsprechend den niedrigeren Ionisierungsspannungen läßt sich der gewellte Bereich bei Argon, Krypton und Xenon nach den Messungen von KRUITHOFF bereits bei Verwendung von Anodenspannungen über 60, 55 und 46 V vermeiden. Bei plötzlicher Einleitung einer Edelgasentladung macht sich der Effekt während der kurzen Zeit des Laufs der Elektronen zur Anode durch ausklingende Schwankungen im Stromoszillogramm bemerkbar [37].

In ähnlicher Weise tritt eine derartige stufenweise Trägervermehrung in Gasgemischen beim Vorkommen eines metastabilen Anregungszustandes im Gas der höheren Ionisierungsspannung auf [28]. Wiederum prägt sich die Feinstruktur der Stromkennlinie in schwachen Feldern am besten aus ($E/p < 20$ V/cm Torr). Messungen von KRUITHOFF und PENNING [10] sind in Abb. 37 für verschiedene Mischungsgrade der Gase Neon und Argon wiedergegeben. In reinem Neon lassen sich die zuvor geschilderten Wellen in der Stromkurve bei dem hier gewählten Darstellungsmaßstab nicht mehr erkennnen; bei einer Vergrößerung des Elektrodenabstandes bzw. der Spannung zwischen Kathode und Anode nimmt die Zahl der Träger nur langsam zu. Mit steigender Beimischung von Argon wächst der Absolutwert des Stromes, auch tritt

danh der wellige Charakter der Kennlinien stärker hervor. Beide
Auswirkungen laufen parallel und sind bei einer Zumischung von etwas
mehr als 0,1% Argon am stärksten ausgeprägt, um bei noch weiter erhöhtem Zusatz wieder zurückzugehen.

Die Erklärung des Effekts ist wiederum die, daß die Geschwindigkeitsverteilung der Elektronen erst dann als stationär angesehen werden kann, wenn diese eine größere Potentialdifferenz als 100 V durchfallen haben, und sie bei kleineren Elektrodenspannungen schichtweise beschleunigt und abgebremst werden. Mit zunehmendem Anodenpotential, was wegen $E/p =$ const mit einer Abstandsvergrößerung gleichbedeutend ist, werden nach Erreichen der Anregungsspannung des Neons von 16,5 V zunächst viele Metastabile des Grundgases Neon gebildet; als Folge

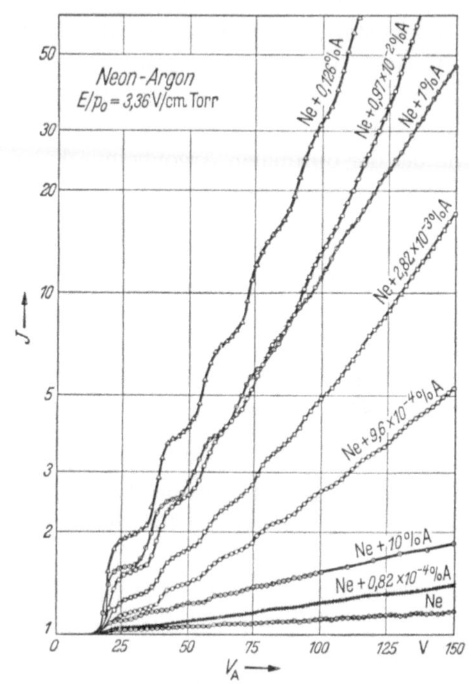

Abb. 37. Gasverstärkter Photostrom in Ne-A-Gemischen in Abhängigkeit vom Anodenpotential V_A.

der Energieabgabe der langangeregten Neonatome an die Argonatome
resultiert daraus eine Ionisierung des Argons ($V_{i_\mathrm{A}} = 15,8$ V $< V_{\mathrm{ang\,Ne}}$).
Somit durchlaufen die von der Kathode ausgehenden Photoelektronen
eine gewisse Strecke, an deren Ende die Trägerzahl in der Entladungsstrecke über den Umweg der Neonanregung und einer Ionisierung der
in viel geringerer Zahl vorhandenen Argonatome scharf ansteigt. Direkte
Ionisierungen im Gas kommen fast nicht vor, weil die Ionisierungsspannung des Neons zu hoch liegt und andererseits die Argonatome mit
einer für die Elektronenstöße zu geringen Häufigkeit vorhanden sind.
Sowohl die stoßenden als auch die neugebildeten Elektronen werden
durch Energieaufnahme aus dem Feld von neuem beschleunigt, bis sie

nach einem weiteren Weg ebenfalls der Länge $\delta \approx \dfrac{V_{\mathrm{ang}}}{E}$ neuerdings
Neonatome anregen können. Der höchste Wirkungsgrad dieses Prozesses ist dann gegeben, wenn bei großer Zahl der Neonatome eine aus-

reichende Zahl von Argonatomen zur Übernahme der Energie der Metastabilen vorhanden ist. Mit weiter erhöhter Beimischung werden die Argonatome unmittelbar durch Elektronenstoß angeregt und teilweise auch ionisiert, während die Neonatome zum überwiegenden Teil in ihrem Grundzustand verbleiben, weil die Elektronen ihre Energie bei Stößen mit Argonatomen verausgaben ($V_{\mathrm{ang\,A}} = 11{,}5$ V). Die Zunahme der Trägerzahl mit dem Elektrodenabstand bzw. mit V_{A} erfolgt dann wieder ohne ausgeprägte Stufen und erreicht auch nicht mehr das Ausmaß wie bei der optimalen Argonbeimischung, weil die Elektronen mehr anregend als ionisierend wirken.

Messungen des α für reines A und Ne sowie Ne + A wurden von KRUITHOFF und PENNING [9, 10] ausgeführt. Später dehnte KRUITHOFF [19] diese Messungen auf Kr und Xe und bei A auf noch höhere Werte von E/p aus. Tab. 8 gibt die Zusammenfassung all dieser Messungen bei 0° C, wobei die untersuchten Gase als vollkommen rein und quecksilberfrei angesehen werden dürfen.

In der Tabelle ist nicht nur α/p, sondern auch die daraus abgeleitete Größe $\eta = \dfrac{\alpha/p}{E/p} = \dfrac{\alpha}{E}$ angeführt. Sie kennzeichnet die Zahl der Ionisierungen eines Elektrons pro Volt durchfallener Potentialdifferenz. Der unmittelbare Nutzen der Einführung dieses modifizierten Ionisierungskoeffizienten liegt darin, daß die η-Werte einen kleineren Bereich als die α/p-Werte bei gleicher E/p-Spanne umfassen. Auch mag es als Vorzug gelten, daß η eine Funktion von E/p ist, während gleiches für α nicht gilt, und daß die Zündbedingung einer Funkenstrecke sich unter Verwendung von η einfacher als bei Verwendung von α anschreiben läßt [19].

Unter Benutzung von η nimmt die Gleichung für die exponentielle Trägervermehrung die Form an

$$N = N_0\, e^{\eta\, E\, (x-\delta)} \quad \text{bzw.} \quad N = N_0\, e^{\eta\, (V_{\mathrm{A}} - V_\delta)}.$$

Tabelle 8. *Elektronenionisierung in den Edelgasen (nach KRUITHOFF [19]).*

E/p_0 $\left(\dfrac{\mathrm{V}}{\mathrm{cm\ Torr}}\right)$	Neon		Argon		Krypton		Xenon	
	α/p	$100\,\eta$	α/p	$100\,\eta$	α/p	$100\,\eta$	α/p	$100\,\eta$
2	0,000 62	0,031						
2,2	0,000 79	0,036						
2,5	0,001 15	0,046						
2,8	0,001 57	0,056						
3,2	0,002 31	0,072						
3,6	0,003 16	0,088						
4,0	0,004 24	0,106						
4,5	0,005 93	0,132						
5,0	0,007 95	0,159	0,000 24	0,0048	0,000 155	0,0031		
5,5	0,0104	0,189	0,000 368	0,0067	0,000 242	0,0044		

Tabelle 8 (Fortsetzung).

E/p $\left(\dfrac{\text{V}}{\text{cm Torr}}\right)$	Neon		Argon		Krypton		Xenon	
	α/p	$100\,\eta$	α/p	$100\,\eta$	α/p	$100\,\eta$	α/p	$100\,p$
6	0,013 26	0,221	0,000 558	0,0093	0,000 366	0,0061		
7	0,020 3	0,290	0,001 13	0,0161	0,000 77	0,0110		
8	0,028 88	0,361	0,002 335	0,0259	0,001 44	0,0180	0,000 192	0,0024
9	0,0387	0,430	0,003 46	0,0384	0,002 53	0,0281	0,000 36	0,0040
10	0,0499	0,499	0,005 76	0,0576	0,004 14	0,0414	000 64	0,0064
11	0,0640	0,563	0,008 86	0,0805	0,006 47	0,0587	0,001 09	0,0098
12	0,0745	0,621	0,012 9	0,1075	0,009 46	0,0789	0,001 72	0,0143
14	0,104	0,723	0,023 9	0,171	0,018 5	0,132	0,003 85	0,0275
16	0,13	0,811	0,038 4	0,240	0,031 7	0,198	0,0076	0,0476
18	0,16	0,889	0,056	0,311	0,048 6	0,270	0,013 45	0,0749
20	0,1915	0,958	0,076 6	0,383	0,069	0,345	0,021 8	0,1091
22	0,203	1,019	0,10	0,454	0,093	0,422	0,029 5	0,1478
25	0,275	1,099	0,140	0,561	0,134	0,535	0,054 3	0,2136
28	0,327	1,166	0,188	0,672	0,18	0,644	0,08 04	0,2869
32	0,396	1,239	0,261	0,816	0,25	0,782	0,126 4	0,395
36	0,467	1,297	0,338	0,939	0,33	0,917	0,182	0,506
40	0,540	1,346	0,430	1,076	0,418	1,045	0,247	0,619
45	0,627	1,392	0,549	1,220	0,536	1,191	0,339	0,754
50	0,712	1,424	0,672	1,343	0,661	1,321	0,441	0,882
60	0,88	1,464	0,928	1,546	0,927	1,545	0,666	1,110
70	1,035	1,478	1,187	1,695	1,20	1,711	0,92	1,315
80	1,197	1,494	1,444	1,805	1,45	1,838	1,18	1,497
90	1,34	1,494	1,7046	1,894	1,75	1,946	1,50	1,664
100	1,489	1,489	1,977	1,977	2,035	2,035	1,804	1,804
120	1,75	1,461	2,50	2,079	2,55	2,193	2,40	2,000
140	1,99	1,426	3,00	2,142	3,20	2,288	3,01	2,152
160	2,22	1,386	3,485	2,177	3,77	2,354	3,66	2,280
180	2,42	1,344	3,96	2,204	4,31	2,399	4,30	2,384
200	2,596	1,298	4,43	2,213	4,834	2,417	4,96	2,470
240	2,89	1,204	5,28	2,199	5,80	2,416	6,19	2,577
280	3,14	1,120	6,03	2,154	6,67	2,383	7,37	2,635
320	3,32	1,034	6,71	2,097	7,50	2,343	8,47	2,645
360	3,45	0,958	7,34	2,036	8,27	2,294	9,46	2,622
400	3,56	0,890	7,90	1,975	8,94	2,236	10,40	2,600
450			8,50	1,891	9,70	2,159	11,53	2,565
500			9,07	1,814	10,45	2,089	12,525	2,505
600			10,03	1,672	11,71	1,951	14,50	2,417
700			10,78	1,540	12,715	1,815	16,08	2,298
800			11,4	1,423	13,52	1,690	17,50	2,184
900			11,88	1,320	14,157	1,573	18,70	2,074
1000			12,28	1,228	14,67	1,467	19,77	1,977
1200			12,85	1,074	15,40	1,284	21,55	1,795
1400			13,3	0,952	15,94	1,138	22,9	1,637
1600			13,65	0,854	16,3	1,019	23,9	1,495
1800					16,6	0,922	24,8	1,377
2000					16,78	0,839	25,24	1,267
2400							26,1	1,087

Der Kehrwert von η läßt sich als die im Mittel zur Erzeugung eines Ionenpaares benötigte Energie deuten, wie sich leicht zeigen läßt: Bei stationärer Geschwindigkeit ist die längs eines Weges l cm in Feldrichtung vom stoßenden Elektron aufgenommene Energie $E\,l$ Elektronenvolt; auf diesem Weg werden vom Anfangselektron $\alpha\,l$ Ionenpaare erzeugt. Zur Schaffung eines Ionenpaares wird somit die Energie $\dfrac{E\,l}{\alpha\,l} = \dfrac{E}{\alpha} = \dfrac{1}{\eta}$ verbraucht.

Die graphische Veranschaulichung der η-Werte zeigt Abb. 38. In doppeltlogarithmischer Auftragung ergeben sich Kurven mit steilem An-

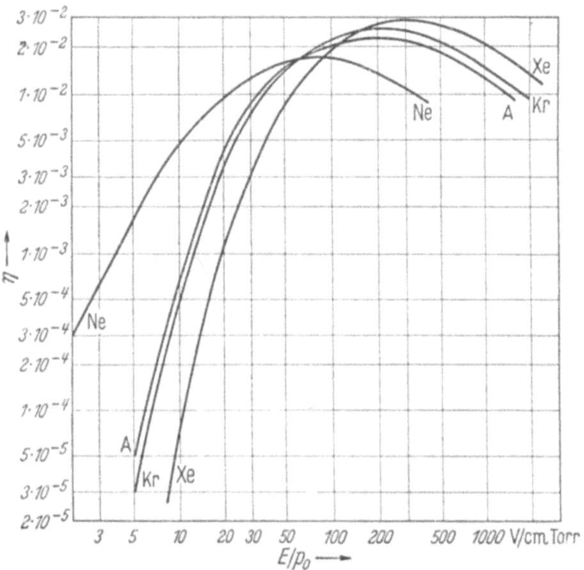

Abb. 38. Ionisierungsfunktion η für Edelgase (bei 0° C).

stieg und flachem Maximum. Dagegen steigen die α/p-Werte selbst bei höchsten E/p-Werten immer noch weiter an, wenn auch die Messungen etwa gerade bei Ne und A einen Hinweis zu geben scheinen, daß das Maximum der α/p-Kurven in nicht allzuweiter Ferne liegen dürfte. Die Höchstwerte des η folgen einander in der Reihe Ne—A—Kr—Xe, wie dies aus der Abnahme der Zahlenwerte der Ionisierungsarbeiten erwartet werden konnte. Unterhalb $E/p = 40$ ist die Ionisierung in Neon am stärksten und nimmt für die anderen Gase in der angegebenen Folge ab. Bei hohen E/p-Werten ergibt sich für die Ionisierungsausbeute die umgekehrte Reihenfolge.

Auch im Fall der Edelgase lassen sich für gewisse Bereiche analytische Ausdrücke für den Verlauf des α/p als Funktion von E/p finden.

Wie eine hier nicht wiedergegebene Darstellung zeigt, kann z. B. für Argon näherungsweise gesetzt werden

$$\alpha/p = 3{,}5 \cdot 10^{-4}\,(E/p - 5{,}5)^2 \qquad \text{für } 10 < E/p < 50$$

sowie

$$\alpha/p = 0{,}18\,[(E/p)^{2/3} - 10] \qquad \text{für } 50 < E/p < 450\ .$$

Für Äthylalkohol (C_2H_5OH) fanden Costa und Tzschaschl nach Angabe von Raether [29] α/p-Werte, die in Nähe der Luftkurve verlaufen. Für die E/p-Werte 40, 50, 60 und 100 ist $\alpha/p = 3{,}5{-}5$, $8{-}10$, $19{-}22$ und $91 \cdot 10^{-2}$, und zwar sowohl für 96%igen als auch für reinen Alkohol.

c) Stoßionisierung im inhomogenen Feld. Entsprechend der begrifflichen Festlegung des Ionisierungskoeffizienten α wäre strenggenommen nur die Trägererzeugung im **gleichförmigen** Feld mittels der Townsendgleichung $\ln \dfrac{N}{N_0} = \int \alpha\, dx$ mit $\alpha = \text{const}$ berechenbar, da nur in diesem Fall die mittlere Elektronengeschwindigkeit ortsunabhängig ist. Nur im homogenen Feld besteht für die zur Anode eilenden Elektronen im größten Teil des Feldraumes (vom Anlaufvorgang in unmittelbarer Kathodennähe sei abgesehen) Gleichgewicht zwischen Energiegewinn im Feld und Energieverlust durch Zusammenstöße mit den Molekeln. Dagegen weicht ihre kinetische Energie im stark inhomogenen Feld von der ab, die aufgrund der an einem Ort herrschenden Feldstärke dort erwartet werden könnte, worauf schon Compton und Morse [30] hinwiesen. Laufen die Elektronen von einer stark gekrümmten Kathode zu einer wenig oder gar nicht gekrümmten Anode in einem **divergenten** Feld, dann durchfallen sie auf der ersten Hälfte eines Freiflugs eine größere Potentialdifferenz als auf der zweiten; der restliche Weg wird daher mit mehr Energie als bei gleichmäßiger Beschleunigung in einem Feld konstanter Stärke durchflogen, und die Ionisierungsausbeute steigt über den Wert an, der dem Mittelwert der Feldstärke längs eines Freifluges entsprechen würde. Umgekehrt wäre eigentlich zu erwarten, daß beim Lauf im **konvergenten** Feld (hin zu einer scharfgekrümmten Anode) die Ionisierungswahrscheinlichkeit eines Elektrons kleiner als im homogenen Feld ist, weil es im schroff ansteigenden Feld jeweils erst gegen Ende eines Freiflugs hohe Energie gewinnt und vielfach diese Energie nicht mehr in Form unelastischer Stöße im Gas verausgaben kann. Im homogenen Feld wird ein Elektron bei den in Frage kommenden Feldstärken im Mittel eine Energie der Größenordnung 1 eV aufnehmen, und die Akkumulierung eines Mehrfachen der Ionisierungsarbeit dürfte überaus selten sein; hingegen wird im stark **konvergenten** Feld die kinetische Energie des Elektrons oft auf ein Vielfaches der Ionisierungsarbeit ansteigen, weil die zur Ionisierung erforderliche Energie bereits längs eines einzigen Freiflugs zugeführt wird und ein großer Teil der gesamten Potentialdifferenz sich auf nur wenige freie Weglängen konzentriert.

Ausdrücklich sei darauf verwiesen, daß die Größe $\int_K^A \alpha\, dx$ für die Trägerzunahme zwischen Kathode K und Anode A von der Richtung des Feldes unabhängig ist, nachdem die Vertauschung der Integrationsgrenzen den Zahlenwert des Integrals nicht ändert. Bei einer TOWNSENDschen Trägervermehrung dürfte daher ein Polaritätseffekt, wie er nach den obigen Ausführungen für das inhomogene Feld zu erwarten ist, die Größe der Elektronenlawine nicht beeinflussen.

Kriterium der Inhomogenität des Feldes ist der Grad der Feldänderung längs der mittleren freien Weglänge. Bei Unterdruck mit langen Wegen zwischen den Zusammenstößen mag schon eine mäßige Elektrodenkrümmung Verhältnisse ergeben, bei denen eine Berechnung der Trägervermehrung nach $\ln \dfrac{N}{N_0} = \int \alpha\, dx$ mit den im homogenen Feld bestimmten α-Werten zu merklichen Fehlern führt; andererseits bedarf es zur Feststellung eines solchen Einflusses bei höherem Druck der Verwendung stark gekrümmter Elektroden (scharfe Spitze, sehr dünner Draht), weil die mittlere freie Weglänge klein ist und zu den kurzen Wegen stark veränderliche Felder gehören.

Wohl ohne Kenntnis der wenige Jahre zuvor durchgeführten experimentellen Untersuchungen von Angehörigen der LOEB-Schule in den Vereinigten Staaten wurde von MEDICUS [31] die Elektronenvermehrung im Zylinderfeld aus Stoßbetrachtungen analog dem Vorgehen von TOWNSEND im gleichförmigen Feld abgeleitet, also mit den bereits angegebenen Annahmen, daß jedes Elektron beim Stoß seine ganze Energie verliert und jeder Stoß mit einer die Ionisierungsarbeit übertreffenden Energie auch tatsächlich zur Aufspaltung der Molekel führt. Es darf an ein solches Verfahren nicht etwa die Hoffnung geknüpft werden, daß es qualitative Aussagen über den Einfluß der Inhomogenität des Feldes auf die Ionisierungsausbeute ermöglichen könnte, doch ist aufgrund der unbestreitbaren, wenn auch vielleicht nur zufallsbedingten Erfolge im gleichförmigen Feld zu erwarten, daß die Rechnung die Richtung etwa auftretender Abweichungen erkennen läßt. Eine tatsächliche Berechnung der Ionisierungsfunktion im ortsveränderlichen Feld hätte von der Energieverteilung der Elektronen unter den vorliegenden Umständen auszugehen und müßte alle Möglichkeiten und Wahrscheinlichkeiten von Energieverlusten berücksichtigen. Ein erster Ansatz hierzu wurde von MORTON [32] mit gewissem Erfolg gewagt.

Wir folgen hier dem Gedankengang von MEDICUS [*31*]. Im koaxialen Zylinderfeld mit der Feldstärkeabhängigkeit

$$E(\varrho) = \frac{U}{\varrho \ln R/r} = E_r \frac{r}{\varrho}$$

U = Elektrodenspannung
r = Radius des Innenzylinders
R = Radius des Außenzylinders
ϱ = Abstand des Aufpunktes von der Achse
E_r = Randfeldstärke am Innenzylinder

können nur solche Elektronen ionisieren, die am Orte ϱ längere Freiflüge als solche der Länge λ_i zurücklegen. Die zur Erlangung der Ionisierungsenergie eV_i zu durchfallende Potentialdifferenz an der Stelle ϱ, ausgedrückt durch die Länge des im Feld zurückgelegten Weges, errechnet sich für den Fall des divergenten Feldes (Innenkathode) zu

$$V_i = \int\limits_{\varrho-\lambda_i}^{\varrho} E(\varrho)\, d\varrho = r E_r \ln \frac{\varrho}{\varrho - \lambda_i}\,,$$

für das konvergente Feld (Innenanode) zu

$$V_i = \int\limits_{\varrho}^{\varrho+\lambda_i} E(\varrho)\, d\varrho = r E_r \ln \frac{\varrho + \lambda_i}{\varrho}\,.$$

Daraus folgt für die zur Gewinnung der Ionisierungsenergie im Feld zurückzulegende Strecke

$$\lambda_i(\varrho) = \varrho \left(1 - e^{-\frac{V_i}{r E_r}}\right) \qquad \text{(Innenkathode)}$$

bzw.

$$\lambda_i(\varrho) = \varrho \left(e^{\frac{V_i}{r E_r}} - 1\right) \qquad \text{(Innenanode)}\,.$$

$$\left.\phantom{\begin{matrix}a\\a\\a\\a\end{matrix}}\right\} \quad \text{(VIII, 8)}$$

Mittels des Verteilungsgesetzes der freien Wege gelingt es, die Zahl der Elektronen N zu berechnen, die am Ort ϱ aus größerer Entfernung als $\lambda_i(\varrho)$ ankommen, also zur Ionisierung führen. Es gilt mit $\bar{\lambda}$ als mittlerer freier Weglänge

$$\frac{dN}{N} = \frac{1}{\bar{\lambda}}\, e^{-\frac{\lambda_i(\varrho)}{\bar{\lambda}}}\, d\varrho\,.$$

Nach Einsetzen des Wertes von $\lambda_i(\varrho)$ aus den vorhergehenden Gleichungen und nach Durchführung der Integration erhält man zur Berechnung der Gesamtzahl der im Feld vorhandenen Elektronen die Ausdrücke

$$\ln \frac{N}{N_0} = \frac{\exp\left[-\frac{\varrho}{\bar{\lambda}}\left\{1 - \exp\left(-\frac{V_\mathrm{i}}{r\,E_r}\right)\right\}\right]}{\exp\left(-\frac{V_\mathrm{i}}{r\,E_r}\right) - 1}\Bigg|_{\varrho\approx r}^{\varrho\approx R} \qquad \text{(Innenkathode)}$$

und

$$\ln \frac{N}{N_0} = \frac{\exp\left[-\frac{\varrho}{\bar{\lambda}}\left\{\exp\frac{V_\mathrm{i}}{r\,E_r} - 1\right\}\right]}{1 - \exp\frac{V_\mathrm{i}}{r\,E_r}}\Bigg|_{\varrho\approx r}^{\varrho\approx R} \qquad \text{(Innenanode)} \qquad \text{(VIII, 9)}$$

Die genaue Festlegung der Integrationsgrenzen bedarf einer besonderen Überlegung. In gleicher Weise, wie im gleichförmigen Feld erst ab der Entfernung $\delta = \frac{V_\mathrm{i}}{E}$ von der Kathode Stoßionisierung einsetzt, können auch im inhomogenen Feld die an der Kathode ausgelösten Elektronen erst dann ionisieren, wenn sie eine Potentialdifferenz vom Betrag der Ionisierungsspannung durchfallen haben. Innerhalb einer die Kathode einhüllenden Schicht der Dicke λ_{i_r} (Innenkathode) bzw. λ_{i_R} (Außenkathode) werden keine Träger erzeugt. Im divergenten Feld ergibt sich somit als untere Integrationsgrenze $r + \lambda_{\mathrm{i}_r}$ und als obere Grenze R, für eine Außenkathode r und $R - \lambda_{\mathrm{i}_R}$. Bei größerem Radienunterschied ist die Korrektur nur für den Fall der Innenkathode von Bedeutung, weil der Ionisierungsbeitrag einer im schwachen Feld weit entfernten Außenkathode sowieso vernachlässigbar ist.

Unter Beachtung des Gleichungspaars (VIII, 8) lassen sich die Integrationsgrenzen ausschließlich durch die vorgegebenen Konstanten ausdrücken, wenn in (VIII, 8) an Stelle von ϱ für die Innenkathode $r + \lambda_{\mathrm{i}_r}$ und für eine Außenkathode $R - \lambda_{\mathrm{i}_R}$ gesetzt wird. Damit ergeben sich die Grenzen $r \exp\left(\frac{V_\mathrm{i}}{r\,E_r}\right)$ und R für Innenkathode sowie $R \exp\left(-\frac{V_\mathrm{i}}{r\,E_r}\right)$ und r für Außenkathode. Werden diese Grenzen in (VIII, 9) eingesetzt und werden gleichzeitig die Ionisierungsspannung V_i und die mittlere freie Weglänge $\bar{\lambda}$ der Elektronen im Gas durch die im gleichförmigen Feld gefundenen Konstanten $A = \frac{1}{p\bar{\lambda}}$ und $B = \frac{V_\mathrm{i}}{p\,\bar{\lambda}}$, also $V_\mathrm{i} = B/A$, ersetzt (damit wird unterstellt, daß in beiden Fällen in einem gewissen Bereich eine Ionisierungsfunktion vom Typus $\frac{\alpha}{p} = A\,e^{-\frac{B\,p}{E}}$ vorausgesetzt werden darf), so folgt für die Trägervermehrung im inhomogenen Feld

$$\ln\frac{N'}{N_0} = \frac{\exp\left[-A\,p\,r\left(\exp\left(\frac{B}{A\,r\,E_r}\right)-1\right)\right] - \exp\left[-A\,p\,R\left\{1-\exp\left(-\frac{B}{A\,r\,E_r}\right)\right\}\right]}{1-\exp\left(-\frac{B}{A\,r\,E_r}\right)}$$

für Innenkathode

und

$$\ln\frac{N'}{N_0} = \frac{\exp\left[-A\,p\,r\left(\exp\left(\frac{B}{A\,r\,E_r}\right)-1\right)\right] - \exp\left[-A\,p\,R\left\{1-\exp\left(-\frac{B}{A\,r\,E_r}\right)\right\}\right]}{\exp\left(\frac{B}{A\,r\,E_r}\right)-1}$$

für Außenkathode.

$$\text{(VIII, 10)}$$

Der Apostroph bei N' soll daran erinnern, daß die Trägerzahl sich von der bei gleichförmigem Feld zu erwartenden als Folge der Auswirkungen nichtstationärer Elektronengeschwindigkeiten und der Anlaufzone in Kathodennähe unterscheidet.

Beide Gleichungen weichen in ihren Nennern voneinander ab; sie lassen somit einen Polaritätseffekt erwarten. Zur Vervollständigung der Darstellung sei die einfache Berechnung nach TOWNSEND hier zum Vergleich angefügt. Es gilt nach TOWNSEND

$$\ln\frac{N}{N_0} = \int_r^R \alpha\,d\varrho = \int_r^R p\,A\,e^{-\frac{Bp}{E}}\,d\varrho = p\,A\int_r^R e^{-\frac{Bp}{rE_r}\varrho}\,d\varrho$$

$$= -\frac{p\,A\,r\,E_r}{p\,B}\,e^{-\frac{Bp\varrho}{rE_r}}\Big|_r^R = \frac{A\,r\,E_r}{B}\left[e^{-\frac{Bp}{E_r}} - e^{-\frac{Bp\,R}{rE_r}}\right]. \qquad \text{(VIII, 11)}$$

Der Vergleich zeigt, daß (VIII, 10) für $r\,E_r \gg \frac{B}{A}$ in (VIII, 11) übergeht. E_r ist dann groß, wenn der Gasdruck hoch ist. Entsprechend den Erwartungen nähern sich somit die Verhältnisse im Zylinderfeld bei höherem Druck denen, welche bereits durch die einfache Gleichung (VIII, 11) mit ausreichender Genauigkeit erfaßt werden. Für $R/r \gg 1$ zeigt eine hier nicht wiedergegebene graphische Darstellung des Verlaufs der Trägerzahlen für Innen- und Außenkathode nach (VIII, 10), daß die Unterschiede nur bei kleinem pr Bedeutung erlangen und bereits oberhalb $pr \approx 3$ cm Torr verschwinden. Im Gebiet kleinster Elektrodenspannungen (Minimumgebiet, s. S. 179) macht sich der Einfluß der ionisierungsfreien Zone um die Kathode wegen der Verkürzung der für eine Ionisation zur Verfügung stehenden Wegstrecke stark bemerkbar, so daß im Druckbereich der Minimumspannung die größten Abweichungen von den tatsächlichen Verhältnissen bei der Berechnung der Trägerzahl vermittels der im homogenen Feld gemessenen α-Werte zu erwarten sind.

Die Zulässigkeit einer Verwendung des nur für das gleichförmige Feld bekannten Ionisierungskoeffizienten α auch im inhomogenen Feld wurde von MORTON [*32*] und JOHNSON [*33*] experimentell überprüft. Beide bestimmten in bekannter Weise den gasverstärkten Strom zwischen koaxialen Zylindern von unterschiedlichen Durchmessern. Um den störenden Einfluß der Rückdiffusion in der Umgebung des emittierenden inneren Zylinders klein zu halten und dadurch den unverstärkten Anfangsstrom (bei einer Elektrodenspannung unterhalb der Ionisierungsspannung des Gases) mit ausreichender Genauigkeit bestimmen zu können, durfte MORTON auf keine höheren Drucke als 4 Torr (bei $r = 5{,}5$ mm) bzw. 10 Torr (bei dem kleineren Innenzylinder mit $r = 1{,}6$ mm) gehen. Abb. 39 gibt die Abhängigkeit des gasverstärkten Photoelektronenstroms in reinem H_2 vom Druck nach MORTON [*32*] für die beiden Innenleiter bei einer frei gewählten Elektrodenspannung. In das Diagramm ist gestrichelt der Verlauf des sich bei Anwendung der TOWNSENDgleichung $J = J_0\, e^{\int \alpha\, dx}$ ergebenden Stromes eingetragen. Integriert wurde unter Verwendung der HALEschen α-Werte (s. S. 119) stückweise mit Hilfe der SIMPSONschen Regel bei radialer Unterteilung des Feldraumes in dünne Zylinderröhren, um nicht einer Rechnung eine doch nur begrenzt gültige Gleichungsform für α zugrundelegen zu müssen.

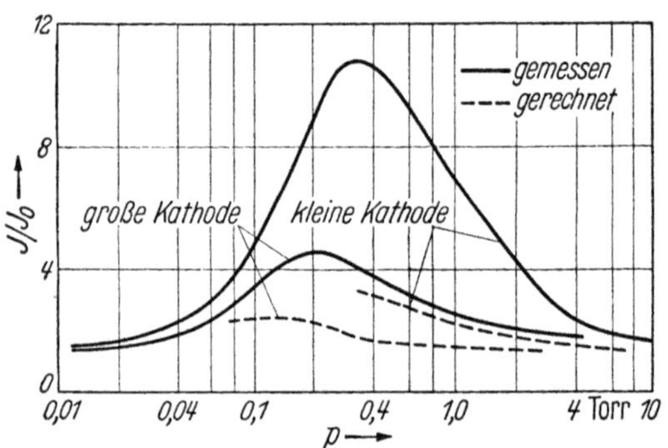

Abb. 39. Gasverstärkter Strom im Zylinderfeld (Innenkathode) in Abhängigkeit vom Druck bei $U = 180$ V.

Der Vergleich der gemessenen und der berechneten Trägerzahlen zeigt, daß unterhalb eines Druckes von 5 Torr ($p\,r \approx 1$ Torr cm) die Abweichungen sehr beträchtlich und tatsächlich dort am größten sind, wo die Durchschlagspannung des ebenen Feldes ein Minimum durchläuft. MORTON leitet aus seinen Messungen die Regel ab, daß die Feldinhomogenität dann nicht mehr vernachlässigt werden darf, wenn die Feldänderung längs einer freien Weglänge mehr als 1—2% ausmacht.

Die Untersuchungen von MORTON wurden von JOHNSON [*33*] wieder aufgenommen, nachdem in der Zwischenzeit RICE [*34*] für die Zylinderanordnung einen Weg zur Berechnung der Größe des Rückdiffusionsstromes gewiesen hatte (s. S. 99); damit konnte auch bei höherem Druck und dem hierbei großen Rückstrom von Elektronen zur Kathode die Größe des Anfangsstromes aus den aufgenommenen Strom-Spannungskurven entnommen werden. In welch hohem Maße der unverstärkte Vorstrom mit der Spannung anzusteigen vermag und somit noch weit-

von einer Sättigung entfernt ist, kann aus Abb. 40 nach Messungen von
JODLBAUER [35] in Luft für beide Polaritäten ($r = 0,025$ cm, $R = 2$ cm)
ersehen werden. JOHNSON arbeitete mit reinem, quecksilberfreiem Wasserstoff und ebensolcher Luft bei Drucken von 10^{-2} bis 760 Torr. Seine
wichtigste Feststellung ist, daß bei allen vorkommenden Innenleiterradien ($r = 0,157 - 0,555$ cm) und für alle Drucke die gemessenen Werte
der Trägervermehrung sich für ein bestimmtes Gas durch eine einzige
Kurve in Abhängigkeit von E_r/p darstellen lassen ($E_r =$ Randfeldstärke
am Innenleiter).

Unter Voraussetzung der Gültigkeit eines Gleichungstyps der Form
$$\frac{\alpha}{p} = A\, e^{-\frac{B\,p}{E}} \quad \text{gilt für } R/r \gg 1 \text{ nach (VIII, 11)} \quad \ln\frac{J}{J_0} = \frac{A\,r\,E_r}{B}\, e^{-\frac{B\,p}{E_r}}{}^1$$
und nach einer kleinen Umstellung
$$\frac{1}{p\,r}\ln\frac{J}{J_0} = \frac{A}{B}\cdot\frac{E_r}{p}\, e^{-B\,\frac{1}{E_r/p}} = g\,(E_r/p)\,. \qquad (\text{VIII, 12})$$

Sollte sich der Exponentialansatz für $\dfrac{\alpha}{p}$ tatsächlich
in einem weiten Bereich
als brauchbar erweisen,
dann müßte somit die
Größe $\dfrac{1}{p\,r}\ln\dfrac{J}{J_0}$ einzig und
allein von E_r/p abhängen.
Abb. 41 gibt die sich bei
einer solchen Darstellung
ergebenden Kurven für
Luft und Wasserstoff, auf
denen in der Originalarbeit

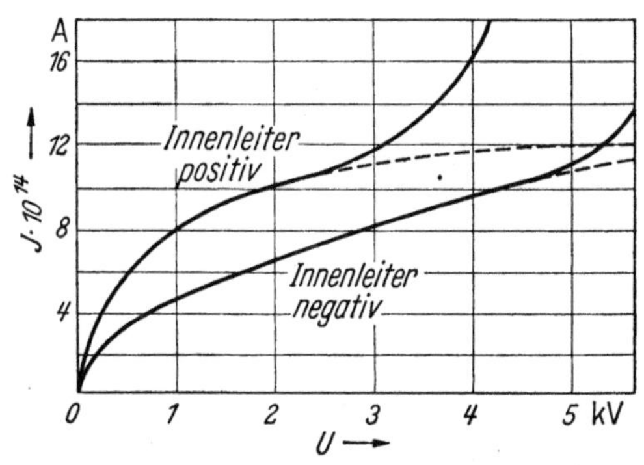

Abb. 40. Vorstrom im Zylinderfeld (gestrichelt geschätzter
Verlauf ohne Stoßionisierung).

alle gemessenen Punkte ausnahmslos dicht gedrängt mit nur sehr kleiner Streuung liegen und damit die Brauchbarkeit der Darstellung beweisen.

Im Bereich 48—96 V/cm Torr sind einige aus den Messungen von
JODLBAUER [35] in Luft mit negativem Innenleiter errechneten Werte
eingetragen. Unter Berücksichtigung des bei JODLBAUER sehr viel größeren Radienverhältnisses ($R/r = 80$) darf die Übereinstimmung mit der
JOHNSON-Kurve als recht gut bezeichnet werden.

Der graphisch gegebene Zusammenhang $\dfrac{1}{p\,r}\ln J/J_0 = g\,(E_r/p)$ erlaubt
somit in ähnlicher Weise wie die $\dfrac{\alpha}{p} = f\!\left(\dfrac{E}{p}\right)$-Darstellung im ebenen Feld

---

[1] Die Vernachlässigung des zweiten Glieds der rechten Seite von (VIII, 11) bedeutet, daß das Feld bis hin zum Außenzylinder so weit abgeklungen ist, daß eine
merkliche Ionisierung in diesem schwachen Feld nicht stattfindet.

die rasche Angabe der Trägervermehrung im Feld zweier gleichachsiger Zylinder.

Um einen Vergleich anstellen zu können, welche Fehler zu erwarten sind, wenn der Trägervermehrung im Zylinderfeld der TOWNSENDsche Ansatz zugrundegelegt wird, wird zweckmäßigerweise aus den Messungen von JOHNSON ein äquivalenter Ionisierungskoeffizient $\alpha_{\text{äquiv}}$ abgeleitet.

Nach TOWNSEND gilt

$$\frac{1}{p}\ln\frac{J}{J_0} = \int f\left(\frac{E}{p}\right) d\varrho\,, \qquad (\text{VIII, 13})$$

während sich nach JOHNSON [33] die Trägervermehrung zu

$$\frac{1}{p}\ln\frac{J}{J_0} = r \cdot g\left(\frac{E_r}{p}\right) \qquad (\text{VIII, 14})$$

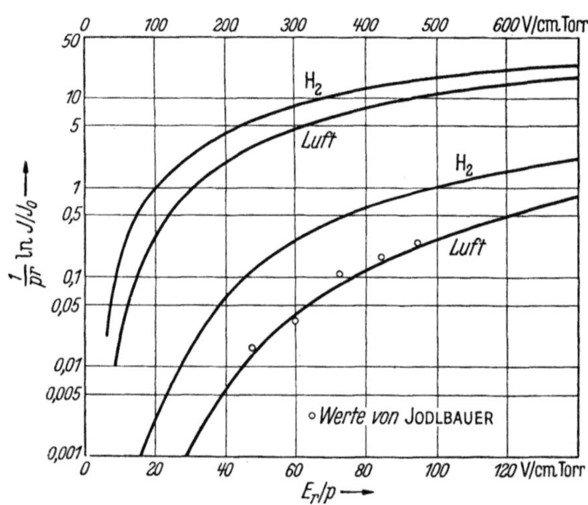

Abb. 41. Trägervermehrung im Zylinderfeld als Funktion von E_r/p bei beliebiger Polarität nach JOHNSON (oberer Abszissenmaßstab bezieht sich auf die beiden oberen Kurven).

bestimmt. Die obere Integrationsgrenze darf in (VIII,13) zu ∞ angesetzt werden, weil bei ausreichend großem Hüllzylinder nur die Zone um die Innenelektrode einen wesentlichen Beitrag zur Elektronenströmung liefert und der Strom somit vom Außenleiterradius unabhängig ist. Stoßionisation setzt nicht unmittelbar am Rand der Innenelektrode ein, sondern in einem etwas größeren Abstand r_0 von der Achse, der somit die untere korrigierte Integrationsgrenze darstellt. Für $\varrho = r_0$ ist $J = J_0$, und die rechten Seiten von (VIII,13) und (VIII,14) dürfen einander gleichgesetzt werden:

$$r_0 \cdot g\left(\frac{E_r}{p}\right) = \int\limits_{r_0}^{\infty} f\left(\frac{E}{p}\right) d\varrho\,. \qquad (\text{VIII, 15})$$

Nun gilt für das Zylinderfeld $\dfrac{E}{p} : \dfrac{E_r}{p} = r : \varrho$, woraus sich $d\varrho$ zu

$$d\varrho = -\frac{E_r}{p}\, r\, \frac{d\,(E/p)}{(E/p)^2}$$

errechnet. Nach Einsetzen in (VIII, 15) erhält man

$$r_0 \cdot g\left(\frac{E_r}{p}\right) = -\int\limits_{E_r/p}^{0} f\left(\frac{E}{p}\right) \frac{E_r}{p}\, r\, \frac{d\,(E/p)}{(E/p)^2}$$

und nach Umstellung und Berücksichtigung von $r \approx r_0$

$$\frac{g(E_r/p)}{E_r/p} = \int\limits_{0}^{E_r/p} \frac{f(E/p)}{(E/p)^2}\, d\left(\frac{E}{p}\right)$$

Die Differentiation nach E_r/p ergibt

$$\frac{g'(E_r/p)}{E_r/p} - \frac{g(E_r/p)}{(E_r/p)^2} = \frac{f(E_r/p)}{(E_r/p)^2} \qquad \text{oder} \qquad f\left(\frac{E_r}{p}\right) = \frac{E_r}{p}\, g'\left(\frac{E_r}{p}\right) - g\left(\frac{E_r}{p}\right)$$

und nach Einsetzen des Wertes der g-Funktion und Ausschreiben der Differentialoperation

$$\frac{\alpha_{\ddot{a}quiv}}{p} = f\left(\frac{E_r}{p}\right) = \frac{E_r}{p} \cdot \frac{d\left(\dfrac{1}{p\,r}\ln\dfrac{J}{J_0}\right)}{d\left(\dfrac{E_r}{p}\right)} - \frac{1}{p\,r}\ln\frac{J}{J_0}\,. \qquad \text{(VIII, 16)}$$

Die einer Berechnung nach TOWNSEND zugrunde zu legenden $\dfrac{\alpha_{\ddot{a}quiv}}{p}$-Werte werden somit gemäß der Vorschrift von (VIII,16) gewonnen durch Subtraktion der Ordinatenwerte von Kurve $\dfrac{1}{p\,r}\ln\dfrac{J}{J_0} = g\left(\dfrac{E_r}{p}\right)$ der Abb. 41 von den um den Faktor E_r/p gedehnten Ordinaten der graphisch differenzierten Kurve.

Der Vergleich wurde von JOHNSON durchgeführt. In nebenstehender Tabelle sind für einige Festwerte von E_r/p die so bestimmten $\dfrac{\alpha_{\ddot{a}quiv}}{p}$-Werte in reinem Wasserstoff denen des homogenen Feldes (α-Messungen von HALE, s. S. 119) gegenübergestellt und ihr Verhältnis gebildet. Auch noch im schwachen Feld sind die Ausbeuten des inhomogenen

Tabelle 9. *Vergleich der Ionisierungszahlen des inhomogenen und des homogenen Feldes in H_2.*

E_r/p	$\alpha_{\ddot{a}quiv}/p$ (JOHNSON)	α/p (HALE)	$\alpha_{\ddot{a}quiv}/\alpha$
35	0,106	0,10	1,06
45	0,266	0,17	1,56
60	0,52	0,31	1,68
100	1,06	0,71	1,49
200	3,60	1,95	1,85
300	5,0	3,30	1,52
400	6,0	4,30	1,39
500	5,9	5,05	1,17
600	6,0	5,8	1,03

Feldes größer als im ebenen Feld, wenn auch kleinere Unterschiede als rd. 20% wegen der Ungenauigkeit der beiderseitigen Vergleichsgrundlagen nicht beweiskräftig sind. In sehr starken Feldern nehmen die Unterschiede wieder aus nicht ersichtlichen Gründen ab. Für Luft gilt Ähnliches, wobei zu beachten ist, daß der Vergleich hierbei mit größerer Unsicherheit behaftet ist, weil zuverlässige α-Messungen in quecksilberfreier Luft noch fehlen.

Durch diese Messungen ist die eingangs ausgesprochene Vermutung nochmals eindeutig bestätigt, daß Elektronen, die in einem starken Feld ausgelöst werden und in ein abfallendes hineinlaufen, wegen ihrer rascheren Anfangsbeschleunigung und kürzeren Verweilzeit im schwächeren Feld in die folgenden Gebiete mit erhöhter Energie eintreten und stärker ionisieren, als dies die TOWNSENDgleichung erwarten läßt. Überraschenderweise gelten jedoch die Kurven von Abb. 41 für die Funktion $g(E_r/p)$ nach den Messungen von JOHNSON nicht nur für ein divergierendes, sondern auch für das konvergente Feld; nur in Wasserstoff niedrigen Drucks war die Trägerausbeute bei positiver Innenelektrode um ein weniges (höchstens 10%) geringer. Dies bedeutet, daß beim Lauf der Elektronen in ein ansteigendes Feld hinein ein noch nicht berücksichtigter Effekt sich in einer vermehrten Trägererzeugung auswirkt, nachdem ja in diesem Fall nach unserer Grundvorstellung eine kleinere Lawinengröße zu erwarten wäre. Die im feldschwachen Gebiet gebildeten Elektronen müßten erwartungsgemäß im Entstehungsbereich bei mäßiger Geschwindigkeit lange verweilen und nur wenig ionisieren, und auf dem letzten Wegstück vor dem Einfangen durch die Anode zwar sehr viel Energie aufnehmen, ohne jedoch das Ionisierungsdefizit im feldschwachen Gebiet wettmachen zu können. Der überraschend hohe Wert der gemessenen Trägervermehrung läßt sich wohl nur so erklären, daß ein großer Teil der Elektronen nicht sogleich in die Anode eintritt, sondern als Folge von Stößen mit Molekeln in Anodennähe aus der Feldrichtung gestreut wird, und die hohe Diffusionsgeschwindigkeit der Elektronen und die geringe Ausdehnung der Anode zu einem verlängerten Aufenthalt im Bereich des hohen Feldes führen; dabei sind zusätzliche Ionisierungen zu erwarten, wodurch die Trägerzahl erhöht wird.

In dieser Weise läßt sich qualitativ die hohe Ionisierungsausbeute des konvergenten Feldes verstehen, wenn auch die gefundene zahlenmäßige Übereinstimmung für beide Laufrichtungen der Elektronen im Felde unerklärlich bleibt und als reiner Zufall gewertet werden muß.

Die von JOHNSON [33] angegebene Beziehung gemäß (VIII,12) zur Bestimmung des Stromanstiegs in Abhängigkeit von Elektrodenspannung, Gasdruck und Elektrodenradien gilt zunächst nur für das Feld zwischen konzentrischen Zylindern. Doch erscheint es nicht ausgeschlossen, daß sie auf alle Feldformen anwendbar ist, bei denen sich die

Feldstärke von einem Höchstwert im umgekehrten Verhältnis vom Abstand des Aufpunktes erniedrigt. Ein solches Feld liegt z. B. bei der Anordnung Spitze – Platte oder genauer ausgedrückt bei Verwendung konfokaler Paraboloide als Elektroden vor, für die sich die Feldstärke auf der Achse in der Entfernung x von der „Spitze" nach (I, 21) zu

$$E(x) = \frac{U}{(F_1 + x) \ln \dfrac{F_1}{F_2}}$$

errechnet.

$F_1 =$ Brennpunktsabstand des Scheitels des inneren Paraboloids,
$F_2 =$ Brennpunktsabstand des Scheitels des äußeren Paraboloids.

Mit solchen Elektroden mit einem Krümmungsradius der Spitze von $^5/_{100}$ mm und einer Schlagweite von 4 cm wurden von FISHER und WEISSLER [36] orientierende Messungen über die Trägervermehrung in Wasserstoff bei Drucken zwischen 408 und 676 Torr durchgeführt. Die sehr viel stärkere Feldkonzentration führt bei diesem hohen Druck zu ähnlichen Verhältnissen hinsichtlich der Feldstärkeänderung pro freie Weglänge wie bei der Anordnung mit Zylinderelektroden, also zu Feldstärkeunterschieden in Spitzennähe von 1—2% bei aufeinanderfolgenden freien Weglängen. FISHER und WEISSLER stellen durch Vergleich des errechneten und des gemessenen Stromes fest, daß bei hohem Druck und mäßiger Elektrodenspannung selbst noch bei der von ihnen benutzten scharfgekrümmten Spitze die Trägervermehrung der nach TOWNSEND zu erwartenden entspricht, daß sich jedoch mit sinkendem Druck die Abweichungen in Richtung einer erhöhten Ionisierung immer stärker ausprägen.

JOHNSON [33] konnte nachweisen, daß (VIII, 12) unter Voraussetzung eines gleichbleibenden Anfangsstromes J_0 (Rückdiffusion der Elektronen im vorkommenden Druckbereich ungeändert) mit keinem größeren Fehler als 10% auch für das Feld der konfokalen Paraboloide gilt, wenn unter r der Brennpunktsabstand F_1 des spitzen Parabelscheitels verstanden wird. Auch ohne Kenntnis des nicht gemessenen Anfangsstromes J_0 läßt sich der Beweis dadurch erbringen, daß für eine Reihe von jeweils zwei Strommessungen auch im Parabelfeld die leicht aus (VIII, 12) abzuleitende Beziehung erfüllt ist

$$\ln J_1 - \ln J_2 = F_1 p \left[g\left(\frac{E_{r_1}}{p}\right) - g\left(\frac{E_{r_2}}{p}\right) \right].$$

E_{r_1} und E_{r_2} sind die zu den gemessenen Strömen J_1 und J_2 zugehörigen Scheitelfeldstärken, die sich nach (I, 21) aus den Elektrodenspannungen U_1 und U_2 für $x = 0$ ergeben. Dem JOHNSON-Zusammenhang für den Trägeranstieg im inhomogenen Feld gemäß (VIII, 12) und Abb. 41 dürfte somit eine allgemeinere Bedeutung über den Fall der Anordnung koaxialer Zylinderelektroden hinaus zukommen. Im Hinblick auf die große

Bedeutung dieser Ergebnisse erscheint eine Nachprüfung dieser erst in den letzten Jahren durchgeführten Untersuchungen und ihre Ausdehnung auf andere Gase und Feldformen sehr erwünscht.

Literaturhinweise zu Kapitel VIII.

1. BUCHMANN, E.: Ann. Phys. **87** (1928) 509.
2. TOWNSEND, J. S.: Electricity in Gases, Oxford Press 1914, Kap. VIII.
3. HELLMANN, R.: Z. Phys. **91** (1934) 556.
4. PENNING, F. M.: Nederl. Tijdschrift voor Natuurkunde **5** (1938) 33; Physica **5** (1938) 286.
5. DRUYVESTEYN, M. J.: Phys. Z. **33** (1932) 836.
6. DRUYVESTEYN, M. J. u. A. A. KRUITHOFF: Physica **3** (1936) 65; **4** (1937) 450.
7. EMELEUS, K. G., R. W. LUNT u. J. M. MEEK: Proc. Roy. Soc. **156** (1936) 394.
7a. DEAS, H. G. u. K. G. EMELEUS: Phil. Mag. (7) **40** (1949) 460.
8. MASCH, K.: Arch. Elektrotechn. **26** (1932) 587.
9. KRUITHOFF, A. A. u. F. M. PENNING: Physica **3** (1936) 515.
10. KRUITHOFF, A. A. u. F. M. PENNING: Physica **4** (1937) 430.
11. PAAVOLA, M.: Arch. Elektrotechn. **22** (1929) 443.
12. MASCH, K.: Arch. Elektrotechn. **26** (1932) 587.
13. SANDERS, F. H.: Phys. Rev. **41** (1932) 667; **44** (1933) 1020.
14. POSIN, D. Q.: Phys. Rev. **50** (1936) 650.
15. HALE, D. H.: Phys. Rev. **54** (1938) 241; **56** (1939) 815 u. 1199.
16. SCHUMANN, W. O.: Elektrische Durchbruchfeldstärke von Gasen, Berlin: Springer 1923.
17. PENNING, F. M.: Phil. Mag. **1** (1931) 979.
18. BOWLS, W. E.: Phys. Rev. **53** (1938) 293.
19. KRUITHOFF, A. A.: Physica **7** (1940) 519.
20. FUCKS, W. u. F. KETTEL: Z. Phys. **116** (1940) 657.
21. HOCHBERG, B. u. E. SANDBERG: J. Techn. Phys. Sowjetunion **12** (1942) 65; C. R. Acad. Sci. Sowjetunion **53** (1946) 511 [zitiert nach J. W. WARREN, W. HOPWOOD u. J. D. CRAGGS: Proc. Phys. Soc. B, **63** (1950) 180].
22. TOWNSEND, J. S.: Phil. Mag. **3** (1902) 557; **6** (1903) 389 u. 598; **8** (1904) 738.
23. HURST, H. E.: Phil. Mag. **11** (1906) 535.
24. GILL, E. W. u. B. F. PIDDUCK: Phil. Mag. **16** (1908) 280.
25. AYRES, T. L. R.: Phil. Mag. **45** (1923) 353.
26. LOEB, L. B.: Fundamental Processes of Electrial Discharges in Gases, J. Wiley & Sons, New-York, 1939, S. 356.
27. HUXFORD, W. S.: Phys. Rev. **55** (1939) 754.
28. PENNING, F. M. u. M. C. TEVES: Physica **9** (1929) 97.
29. RAETHER, H.: Z. Phys. **107** (1937) 91.
30. COMPTON, K. T. u. P. M. MORSE: Phys. Rev. **30** (1927) 305.
31. MEDICUS, G.: Z. angew. Phys. **1** (1949) 316.
32. MORTON, P. L.: Phys. Rev. **70** (1946) 358.
33. JOHNSON, G. W.: Phys. Rev. **73** (1948) 284.
34. RICE, C. W.: Phys. Rev. **70** (1946) 228.
35. JODLBAUER, A.: Z. Phys. **92** (1934) 116.
36. FISHER, L. H. u. G. L. WEISSLER: Phys. Rev. **66** (1944) 95.
37. HORNBECK, J. A.: Phys. Rev. **83** (1951) 374.
38. GEBALLE, R. u. M. A. HARRISON: Phys. Rev. **85** (1952) 372.
39. LLEWELLYN JONES, F. u. A. B. PARKER: Proc. Roy. Soc. A, **213** (1952) 185; J. DUTTON S. C. HAYDON u. F. LLEWELLYN JONES, dto. S. 203.

IX. Die Ausbildung der selbständigen Trägerströmung[1].

a) Die überexponentielle Trägervermehrung. Im Bereich der reinen Elektronenstoßionisierung ist ein Trägertransport durch die Gasstrecke stets an die Fremdauslösung von Anfangselektronen an der Kathode oder im Gas gebunden. Sobald etwa die Einstrahlung von kurzwelligem Licht unterbrochen wird, endet auch der Stromdurchgang durch die Entladungsstrecke. Wird jedoch die Spannung an den Elektroden über einen gewissen, von Druck und Elektrodenabstand abhängigen Wert hinaus erhöht, so beginnt der Strom stärker als bei reiner Elektronenionisierung anzusteigen und bei einer geringen weiteren Vergrößerung der Spannung einen Wert anzunehmen, der nicht mehr durch die Eigenschaften der Gasstrecke, sondern nur noch von den Konstanten des äußeren Stromkreises bestimmt wird. Bei genügender Ergiebigkeit des Generators und kleinem Kreiswiderstand erreicht der sich einstellende Kurzschlußstrom extrem hohe Stärke; die Gasstrecke wurde als Folge der hohen elektrischen Beanspruchung durchschlagen. Hat die Trägervermehrung einmal zu diesem Zustand geführt, dann bedarf es keiner weiteren Fremdeinwirkung auf die Entladungsstrecke zur Bereitstellung der Anfangselektronen, da diese von der Entladung selbst erzeugt werden: Die Entladung ist selbständig geworden.

Nur bei hinreichender Gleichförmigkeit des elektrischen Feldes äußert sich dieser Übergang in einem die Gasstrecke zwischen den Elektroden überbrückenden *Funken*, welcher damit den Niederbruch der elektrischen Festigkeit längs der vollen Elektrodenentfernung anzeigt. Ist das elektrische Feld durch die Formgebung der Elektroden stark verzerrt, dann wird bei der Einsatzspannung der selbständigen Entladung die Festigkeit des Gases nur im Gebiet hoher Feldstärke in unmittelbarer Nähe der starkgekrümmten Elektrode überschritten. Wegen der Reihenschaltung der durchbrochenen Gasstrecke sehr kleinen Restwiderstandes mit einer Strecke, die dem Stromdurchgang einen hohen Widerstand entgegensetzt, ist die Entladungsstromstärke in diesem Fall einer auf die Umgebung der scharfgekrümmten Elektrode beschränkten *Glimm-* oder *Koronaentladung* im allgemeinen sehr viel kleiner als beim totalen Niederbruch der elektrischen Festigkeit zwischen den Elektroden. Als Folge seiner hohen Stromstärke ist der Funke von einem Potentialsturz an den Elektroden begleitet; hingegen ist die Aufrechterhaltung der stromschwächeren Koronaentladung an das Fortbestehen einer hohen Elektrodenspannung gebunden.

Die überexponentielle Trägervermehrung im gleichförmigen Feld wenig unterhalb der Durchschlagspannung kann mit einiger Vorsicht fast bis hin zum stromstarken Entladungseinsatz in der von den α-Mes-

---

[1] Literaturhinweise zu diesem Kapitel s. S. 170.

sungen her bekannten Weise aufgenommen werden. Bei einer Auftragung von $\ln J/J_0$ über dem veränderlichen Elektrodenabstand x mit E/p als Parameter ergeben sich zumindest bei mäßigen E/p-Werten die wohlbekannten Geraden als Zeichen eines Stromanstiegs mit $e^{\alpha x}$, die alle vom Koordinatenursprung ausgehen und erst bei ganz bestimmten Werten von x wegen des dann folgenden Durchschlags abbrechen (Abb. 42). Doch ist bei hohen E/p-Werten kurz vor der Funkenausbildung ein schneller und immer schneller werdender Stromanstieg erkennbar, der auf das Auftreten eines neuen Effektes zurückgeführt

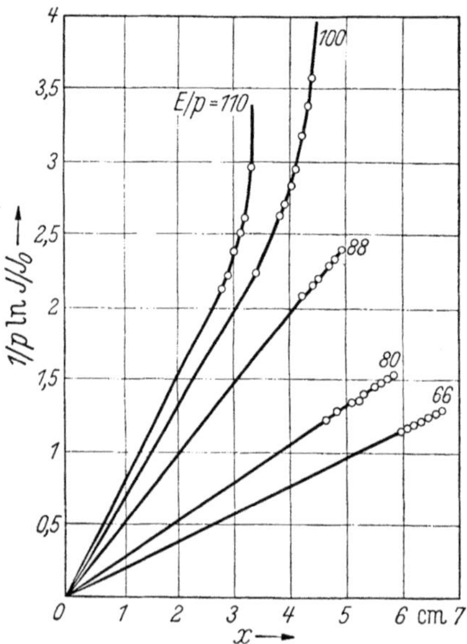

Abb. 42. Überexponentielle Trägervermehrung im homogenen Feld in Stickstoff bei hohen E/p-Werten [1].

werden muß. Bei großen Elektrodenentfernungen und mäßigen E/p-Werten ist die Erscheinung grundsätzlich die gleiche, nur tritt die Abweichung der Stromkurve vom geraden Verlauf mit dem rapiden Hochschießen des Stromes erst unmittelbar vor dem Durchschlag auf, so daß eine Erfassung dieser letzten Phase mit Rücksicht auf das vom Durchschlagstrom bedrohte hochempfindliche Meßinstrument und auch wegen des großen Einflusses kleinster Spannungsschwankungen auf die Stromstärke in diesem Gebiet nicht mehr möglich ist. Erst bei hohen E/p-Werten (niederer Druck) sind die Abweichungen auch schon bei Feldstärken, die erheblich unter den zum Durchbruch gehörenden Werten liegen, stärker ausgeprägt und erlauben die punktweise Aufnahme der Stromkurve bis fast zum letzten senkrechten Anstieg.

Die zusätzliche Trägererzeugung über jene der reinen Elektronenstoßionisierung hinaus kann ihre Ursache in verschiedenerlei Einwirkungen haben. Naheliegend erscheint eine Einbeziehung der von der Elektronenlawine gebildeten positiven Ionen in den Kreis der Betrachtungen. Die Wirkung dieser Ionen könnte recht unterschiedlicher Art sein: Zunächst erscheint es plausibel, auch den Ionen in einem elektrischen Feld ausreichender Stärke ein Ionisierungsvermögen in Analogie zur Volumenionisierung der Elektronen zuzuschreiben. Des ferneren ist mit Bestimmtheit zu erwarten, daß bei der Neutralisierung der Ionen an der Kathode einer Entladungsstrecke zusätzliche Elektronen aus der

Kathode in den Gasraum austreten (s. S. 82). Auch ist die Möglichkeit nicht von der Hand zu weisen, daß die trägen Ionen allein durch ihre Anwesenheit im Entladungsraum, nämlich durch die Bildung einer positiven Raumladung und durch die Verzerrung des vorherigen gleichförmigen Feldes, die weitere Stoßionisierung der Elektronen begünstigen und in dieser indirekten Weise ebenfalls zu einer vergrößerten Trägerausbeute führen. Eine nicht an die Ionen gebundene zusätzliche Trägerbildung könnte ihre Ursache darin haben, daß die zur Anode eilenden Elektronen nicht nur ionisieren, sondern auch Elektronensprünge innerhalb der Atome veranlassen, und mit der Elektronenlawine eine ihr proportionale Lawine angeregter Zustände gebildet wird, die bei der anschließenden Abgabe ihrer potentiellen Energie durch Strahlung oder Stöße zweiter Art neue Elektronen entweder im Gas oder an der Kathode auslöst. Schließlich kann auch die bei der Vereinigung ungleichnamiger Ladungsträger freiwerdende Energie zu weiteren Ionisierungen führen. Diese denkbaren Prozesse könnten durchaus nebeneinander bestehen und sich gegenseitig unterstützen. In ihrer reinen Form seien sie im nachfolgenden einer eingehenderen Betrachtung unterzogen.

b) Volumenionisierung der Ionen (β-Prozeß): Die ständige Ergänzung der durch Abwanderung zur Anode verlorengehenden Elektronen und damit die Erhaltung der selbständigen Entladung wurde von TOWNSEND [2] durch die Annahme einer Stoßionisierung der Gasmolekel durch die in Feldrichtung wandernden positiven Ionen zu erklären versucht. N_0 an der Kathode ausgelöste Elektronen erzeugen ja bis hin zur Entfernung x von der Kathode nicht nur $N_0(e^{\alpha x}-1)$ neue Elektronen bei den Stoßprozessen im Feld ausreichender Stärke, sondern auch gleichviel positive Ionen. Diese werden gleichfalls beschleunigt, jedoch in entgegengesetzter Richtung, und könnten vielleicht nach einem gewissen Weg ebenfalls die Energie gewonnen haben, die sie befähigt, Gasmolekel bei unelastischen Stößen aufzuspalten. Dadurch würden im rückwärtigen Bereich der ablaufenden Elektronenlawine Nachfolgeelektronen erzeugt, welche die gesamte Trägerzahl über den Betrag bei ausschließlicher Elektronenionisierung erhöhten und welche die Keime neuer Elektronenlawinen bildeten. Auf diese Weise würden die Ionen für einen Fortbestand der selbständig gewordenen Entladung sorgen.

Es liegt nahe, das so vorausgesetzte Ionisierungsvermögen der positiven Ionen in gleichartiger Weise wie bei der Elektronenstoßionisierung durch einen weiteren Ionisierungskoeffizienten β, den *zweiten TOWNSENDschen Koeffizienten der Stoßionisierung*, zu charakterisieren. Es bezeichne β die Zahl der von einem positiven Ion in einem gleichförmigen Feld der Stärke E erzeugten Ionenpaare pro cm Weg in Feldrichtung. Da der Vorgang der Stoßionisierung in beiden Fällen grundsätzlich der gleiche ist, kann nach Art der Ableitung von (VIII, 2) für β rein formal ein ebensolcher Ausdruck abgeleitet und β/p als Funktion von E/p dargestellt werden.

Die gesamte Trägervermehrung läßt sich danach für das homogene Feld in folgender Weise bestimmen[1]. Zwischen Anode A und Kathode K in der gegenseitigen Entfernung d herrsche die Feldstärke E. Als Folge einer Fremdauslösung sollen von der Flächeneinheit der Kathode N_0 Elektronen pro Sekunde ausgehen. Pro Flächeneinheit sollen im Raum zwischen Kathode und einer Ebene im Abstand x unter der Summenwirkung der Volumenionisation beider Trägerarten p positive Ionen in der Zeiteinheit erzeugt werden; in entsprechender Weise soll q die Zahl der zwischen Ebene (Abstand $(d-x)$ von der Anode) und Anode erzeugten Ionen messen. Bei der vorauszusetzenden hohen Feldstärke

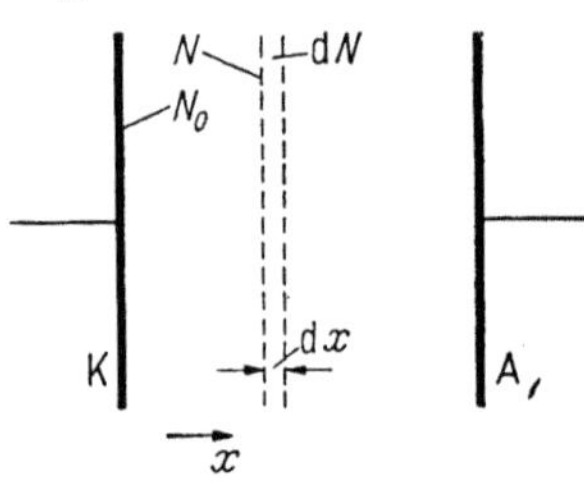

Abb. 43. Zur Ableitung der Gleichung der Trägervermehrung bei Volumenionisation.

brauchen Trägerverluste durch Diffusion und Vereinigung nicht berücksichtigt werden.

Nachdem bei den Ionisierungsakten gleichviel Elektronen und positive Ionen erzeugt werden, ist die Zahl der an der Anode eintreffenden Elektronen $N = N_0 + p + q$. In einer sehr dünnen Scheibe der Breite dx werden durch Elektronenstöße $(N_0 + p)\,\alpha\,dx$ und durch die Stöße positiver Ionen $q\beta\,dx$ Ionenpaare erzeugt, insgesamt also $(N_0 + p)\,\alpha\,dx + q\,\beta\,dx$ positive und negative Elektrizitätsträger. Wird etwa q entsprechend $q = N - N_0 - p$ eliminiert, so entsteht

$$\frac{dp}{dx} = \alpha(N_0 + p) + \beta(N - N_0 - p) = (N_0 + p)(\alpha - \beta) + N\beta .$$

Diese Differentialgleichung läßt sich durch Trennung der Veränderlichen lösen. Es ist

$$\frac{dp}{N_0 + p + \dfrac{N\beta}{\alpha - \beta}} = (\alpha - \beta)\,dx \quad \text{und} \quad \ln\left[N_0 + p + \frac{N\beta}{\alpha - \beta}\right] = x(\alpha - \beta) + \ln C$$

oder

$$N_0 + p = C e^{(\alpha - \beta)x} - \frac{N\beta}{\alpha - \beta} .$$

Die Integrationskonstante C und die Veränderliche p können aus den an den Elektroden einzuhaltenden Bedingungen errechnet werden. Es gilt

$$\text{für } x = 0: \quad p = 0 \quad \text{und} \quad N_0 = C - \frac{N\beta}{\alpha - \beta}; \quad C = N_0 + \frac{N\beta}{\alpha - \beta};$$

$$\text{für } x = d: \quad N = N_0 + p; \quad N = \left(N_0 + \frac{N\beta}{\alpha - \beta}\right) e^{(\alpha - \beta)d} - \frac{N\beta}{\alpha - \beta} .$$

---

[1] Wegen der Berechnung der Trägervermehrung unter Einbeziehung von β im radialsymmetrischen Feld zweier koaxialer Zylinder siehe [3].

Nach Umformung ergibt sich daraus

$$N \left(1 + \frac{\beta}{\alpha - \beta} - \frac{\beta}{\alpha - \beta}\, e^{(\alpha - \beta)\, d}\right) = N_0\, e^{(\alpha - \beta)\, d}$$

und schließlich die gesuchte Zahl der im stationären Zustand an der Anode eintreffenden Elektronen

$$N = N_0\, \frac{(\alpha - \beta)\, e^{(\alpha - \beta)\, d}}{\alpha - \beta\, e^{(\alpha - \beta)\, d}} \qquad\qquad \text{(IX, 1a)}$$

oder nach Multiplikation beider Seiten dieser Gleichung mit dem Zahlenwert der Elementarladung

$$J = J_0\, \frac{(\alpha - \beta)\, e^{(\alpha - \beta)\, d}}{\alpha - \beta\, e^{(\alpha - \beta)\, d}} \cdot \qquad\qquad \text{(IX, 1b)}$$

Man überzeugt sich leicht davon, daß (IX,1) für $\beta = 0$ in die wohlbekannte Gleichung (VIII, 6) der reinen Elektronenionisierung übergeht.

Ergänzend sei darauf hingewiesen, daß bei niederem Druck insbesondere im Bereich des Durchschlagminimums sowohl die Elektronen als auch die Ionen erst in größerer Entfernung von ihrem Entstehungsort die Energie gewonnen haben, die ihnen gestattet, sich an der Trägererzeugung zu beteiligen. Die Einführung entsprechend korrigierter Integrationsgrenzen im Verlauf der Ableitung eines Ausdrucks analog (IX,1) würde im vorliegenden Fall auf große Schwierigkeiten stoßen, weshalb hierauf verzichtet werde.

Mit zunehmender Elektrodenspannung können zunächst nur die Elektronen ionisieren, und es ist $\ln J \sim d$. Erst bei weiter erhöhter Spannung besteht auch für die Ionen eine Möglichkeit zur Ionisierung; jetzt werden zusätzlich Träger erzeugt, was sich in einem überproportionalen Anstieg der Trägerzahl bemerkbar macht (halbselbständige Entladung). Eine geringfügige weitere Erhöhung der Feldstärke im Entladungsraum oder auch eine Vergrößerung des Elektrodenabstandes bei gleichbleibender Feldstärke führt zu einem über alle Maßen ansteigenden Strom. Rechnerisch erhält man diesen senkrechten Anstieg des Stromes bei einer bestimmten Feldstärke, der Durchbruchfeldstärke des homogenen Feldes unter den vorgegebenen Festwerten von Druck und Schlagweite, durch Nullsetzen des Nenners von (IX, 1b). Nach TOWNSEND ist demnach die Bedingung für den Eintritt der selbständigen Entladung in der Form zu schreiben

$$\alpha - \beta\, e^{(\alpha - \beta)\, d} = 0 \qquad \text{oder} \qquad \frac{\alpha}{\beta} = \frac{e^{\alpha d}}{e^{\beta d}} \cdot \qquad \text{(IX, 2)}$$

Bei der Zündung stehen somit die Ionisierungszahlen im gleichen Verhältnis zueinander wie die im Entladungsraum erzeugten Trägermengen.

Für $\alpha \gg \beta$ kann die Zündbedingung auch angenähert $\beta = \dfrac{\alpha}{e^{\alpha d}}$ angeschrieben werden.

Schon an dieser Stelle sei darauf hingewiesen, daß nach der TOWN-SEND-Theorie die Größe des Fremdstromes keinen Einfluß auf die Höhe der Zündspannung ausübt, da ja in der Zündbedingung J_0 nicht mehr vorkommt. Im Grenzfall genügt demnach schon ein einziges Elektron zur Herbeiführung der Entladung. Nach dieser Auffassung wirkt der Fremdstrom gewissermaßen nur als Katalysator, der zwar unumgängliche Voraussetzung für den Aufbau einer Entladung ist, jedoch an ihrem Selbständigwerden nicht aktiv teilnimmt. Es wird sich späterhin notwendig erweisen, diesen Sachverhalt einer genaueren Prüfung zu unterziehen (s. Kap. XVIII).

Gegen die soeben geschilderte Vorstellung einer Zündung unter Mitwirkung der positiven Ionen bei der Volumenionisierung ist ein schwerwiegender Einwand zu erheben. Unbezweifelt ist das Vermögen der Ionen, in sehr starken elektrischen Feldern aus den Gasmolekeln Elektronen abzutrennen, doch erscheint es sehr fraglich, ob solche Verhältnisse im Zündbereich von Gasentladungen vorausgesetzt werden dürfen. Zunächst sei daran erinnert, daß ein Elektron praktisch seine ganze kinetische Energie beim unelastischen Stoß abgeben kann, während ein Ion von gleicher Masse wie das gestoßene Teilchen selbst bei zentralem Stoß mindestens den doppelten Betrag der zu übertragenden Energie mitbringen muß. Noch sehr viel ungünstiger erscheinen die hier vorliegenden energetischen Verhältnisse nach Betrachtungen von THOMSON [4], aus denen sich ergibt, daß ein Ion erst bei sehr viel höheren Energien zu ionisieren vermag. Trotz vieler Bemühungen ist es bisher auch nicht gelungen, Ionisierungen in einem Molekülgas vermittels eines Ionenstrahls mit einer Energie von weniger als 400 eV aufzufinden; nur bei Edelgasen konnte eine Aufspaltung durch Alkaliionen teilweise bis herab zu einer Energie von 70 eV nachgewiesen werden. Nur bei einem Prozeß ganz besonderer Art, nämlich dem der Stoßionisierung durch schnelle neutrale Strahlatome nach vorausgegangener Umladung (S. 83) treten in Atomgasen — und nur in diesen — Anregungen und auch Ionisierungen bereits ab einer minimalen Ionengeschwindigkeit von 35 V auf. So findet z. B. KIRSCHSTEIN [5] eine Anregung der Hg-Resonanzlinie $\lambda = 2536{,}5$ Å durch Na-Ionen bei 35 V Geschwindigkeit, wobei allerdings selbst bei 50 V Ionengeschwindigkeit nur jeder hunderttausendste Stoß unelastisch verlief. Desgleichen konnte VARNEY [6] zeigen, daß Edelgasatome durch ihre eigenen schnellen Atome bei Einsatzspannungen von 74 V (für Ne— Ne) bis herunter zu 35 V (für Xe— Xe) ionisiert werden, also immer noch beim mehr als dreifachen Wert ihrer Ionisierungsspannungen. Ein solcher modifizierter β-Prozeß, bei dem die kinetische Energie der positiven Ionen zunächst auf neutrale Atome übergeht und dann erst bei Ionisierungen verausgabt wird, läßt sich rein formal durch denselben β-Koeffizienten beschreiben, wie er für die unmittelbare Stoßionisierung gilt.

Dieser im großen und ganzen eindeutig negative Ausfall der Versuchsergebnisse bezüglich Stoßionisierung der positiven Ionen in Gasentladungen zwingt dazu, bei fast allen in der Gasentladungsphysik vorkommenden Fällen von Elektronennachlieferung auf die Mitwirkung einer Volumenionisation der positiven Ionen zu verzichten und damit nicht länger mit der Existenz eines Prozesses zu rechnen, der bei seinem Auftreten eine ungezwungene Erklärung für das Selbständigwerden einer Entladung abgäbe. Zwar versuchte TOWNSEND [7] mit dem großen Gewicht seiner Autorität eine Rettung der auf ihn zurückgehenden Theorie einer Ionisierung durch die positiven Ionen, doch weisen VARNEY, LOEB und HASELTINE [8] die Unverträglichkeit der vorgebrachten Argumente mit neueren Messungen in überzeugender Weise nach. Ebenfalls glaubt MEDICUS [3] aufgrund einer indirekten Beweisführung unter Auswertung von Zündspannungsmessungen im koaxialen Zylinderfeld die Elektronennachlieferung in Molekelgasen nur unter der Annahme eines modifizierten β-Prozesses erklären zu können, doch sind auch seine Argumente nicht so zwingend, als daß sie die große Masse der gegensätzlichen Auffassungen aufwiegen könnten (s. hierzu beisp. [9, 10]).

Wir stehen damit vor der Aufgabe, nach weiteren Möglichkeiten zur Schaffung von Nachfolgeelektronen zu suchen, wobei sich ähnliche Ausdrücke wie (IX, 1) ergeben müssen, weil diese Gleichung die hauptsächlichen Eigenschaften der Entladung rein formal sehr befriedigend beschreibt und gleiches auch von anderen Darstellungen verlangt werden muß. Ein noch nicht besprochener, schwerwiegender Einwand gegen eine Stoßionisierung der positiven Ionen im Gas führt zur Auffindung eines solchen neuen Mechanismus: Die Volumenionisation ist eine reine Gasfunktion und dürfte durch die Eigenschaften des Elektrodenmaterials in keiner Weise beeinflußt werden. Bei den höheren Drucken schien das Verhalten der Entladung beim Zünden ein klarer Beweis für die Abwesenheit solcher Einflüsse und für die Richtigkeit der TOWNSEND-Theorie zu sein, da die Zündspannung unter diesen Verhältnissen von der Beschaffenheit der Elektrodenoberflächen so gut wie unabhängig ist. Es gelang jedoch CAMPBELL [11] und insbesondere HOLST und OOSTERHUIS [12] den Nachweis zu erbringen, daß bei Unterdruck und vor allem im Gebiet des Minimums der Durchschlagspannung zwischen Plattenelektroden das Kathodenmaterial oder genauer ausgedrückt, die Oberflächenschicht der Kathode maßgebenden Einfluß auf die Durchschlagspannung gewinnt. Je nach deren Zustand stieg die Durchschlagspannung in den untersuchten Edelgasen unter Umständen bis über das Doppelte an. Dieses Ergebnis konnte in der Folgezeit bei einer großen Reihe gleichartiger Untersuchungen immer wieder bestätigt werden. Auch bemerkten HOLST und OOSTERHUIS kurz vor der Zündung eine Leuchterscheinung, und zwar nicht etwa diffus über den ganzen Entladungsraum verteilt, wie dies bei einer Auslösung von Rückwirkungselektronen durch Volumenionisierung zu erwarten wäre, sondern geschichtet im Grenzbereich der Kathode. Diese Versuche zeigen mit aller Sicherheit, daß die Elektronennachlieferung nicht an eine reine Gasfunktion gebunden ist und daß zumindest unter gewissen Umständen Elektronen auch an der Kathode gebildet werden (Oberflächenionisierung).

c) Elektronenauslösung durch Oberflächenionisierung an der Kathode (γ-Prozeß). Der Prozeß einer Elektronenauslösung an der Kathode, und zwar unter dem Aufprall der positiven Ionen, war schon von Townsend als möglich erklärt und von Thomson und Thompson [13] im Hinblick auf die Verhältnisse in einer Gasentladung einer näheren Betrachtung unterzogen worden.

Die von der ersten Elektronenlawine im Feldraum zurückgelassenen Ionen wandern mit Geschwindigkeiten von größenordnungsmäßig 10^5 cm/sek, also langsam im Vergleich zu den Elektronen, vom jeweiligen Ort ihrer Entstehung zur Kathode. Dort löst jedes Ion bei seiner Neutralisierung mit der Wahrscheinlichkeit γ neue Elektronen aus, die ihrerseits aufs neue zur Anode eilen und Nachfolgelawinen aufbauen. Sobald als Folge eines ausreichend hohen Feldes nach mehreren „Ionisierungsspielen" (Rogowski) die genügende Anzahl von Elektronen an der Kathode unter Einwirkung der Ionen bereitgestellt wird, kann auf die Mithilfe einer Fremdauslösung von Elektronen verzichtet werden und das Spiel: Lawinenablauf und Bildung von Lawinenprodukten — rückwärtige Elektronenauslösung an der Kathode — Aufbau neuer Lawinen vollzieht sich bei der Zündspannung der Gasstrecke in völliger Selbständigkeit.

Im Feld eines Plattenkondensators (Abstand der Platten d cm, Feldstärke E in V/cm, Gasdruck p in Torr) sollen pro Zeit- und Flächeneinheit an der Kathode N_0 Anfangselektronen durch Fremdeinwirkung ausgelöst werden, beispielsweise durch Bestrahlung mit dem kurzwelligen Licht eines quarzumhüllten Quecksilberbogens. Die Zahl der pro Zeit- und Flächeneinheit an der Anode ankommenden Elektronen sei N, jene der im stationären Entladungszustand an der Kathode unter der gleichzeitigen Einwirkung von Fremdauslösung und Ionenaufprall freigemachten sei N_0'. Mit diesen Bezeichnungen ist $N - N_0'$ die Zahl der durch Elektronenstoß im Gas erzeugten Ionenpaare und $\gamma(N - N_0')$ die Zahl der von den Ionen an der Kathode ausgelösten Elektronen. Die Wahrscheinlichkeit γ für die Erzeugung eines aktiven Elektrons durch ein Ion ist als Produkt zweier Wahrscheinlichkeiten darstellbar, nämlich der Wahrscheinlichkeit für die Ablösung eines Elektrons durch ein die Kathode erreichendes Ion und der weiteren Wahrscheinlichkeit, daß das freigemachte Elektron nicht etwa unter dem Einfluß der Diffusion zurückkehrt, sondern aktiv an der Trägererzeugung teilnimmt. Der letztere Umstand begünstigt einen Anstieg des γ mit der Feldstärke.

Für die Zahl N_0' aller verfügbaren Anfangselektronen gilt

$$N_0' = N_0 + \gamma \, (N - N_0'),$$

woraus sich N_0' zu

$$N_0' = \frac{N_0 + \gamma N}{1 + \gamma}$$

berechnet. Wegen der exponentiellen Trägerzunahme als Folge der unelastischen Elektronenstöße beim Lauf im Feld gilt

$$N = N_0' e^{\alpha d} = \frac{N_0 + \gamma N}{1 + \gamma} \, e^{\alpha d} \, ;$$

hieraus ergibt sich die gesuchte Zahl der an der Anode eintreffenden Elektronen zu

$$N = N_0 \, \frac{e^{\alpha d}}{1 - \gamma (e^{\alpha d} - 1)} \, . \tag{IX, 3a}$$

Ihnen entspricht ein Strom der Stärke

$$J = J_0 \, \frac{e^{\alpha d}}{1 - \gamma (e^{\alpha d} - 1)} \, . \tag{IX, 3b}$$

Man erkennt, daß bei mäßigen E/p-Werten der Strom wegen der hierbei vernachlässigbar kleinen Trägerausbeute an der Kathode ($\gamma \approx 0$) auch in diesem Fall mit $e^{\alpha d}$ zunimmt und der Anstieg des Stromes erst bei hohen E/p-Werten, also kurz vor dem Durchschlag, steiler wird. An Stelle der früheren Zündbedingung $\dfrac{\alpha}{\beta} = \dfrac{e^{\alpha d}}{e^{\beta d}}$ tritt nunmehr der sich wiederum durch Nullsetzen des Nenners ergebende Ausdruck

$$1/\gamma = e^{\alpha d} - 1 \, . \tag{IX, 4}$$

Die Größe $\mu = \gamma (e^{\alpha d} - 1)$ wurde von Rogowski [14, 15] als *Ionisierungsanstieg* bezeichnet. Für $\mu < 1$ erhält man die noch unselbständige Trägervermehrung beim dunklen Vorstrom; ohne Fremdionisierung erlischt die Entladung. Für $\mu = 1$ bildet sich strenggenommen noch nicht der Durchschlag aus, sondern der labile Gleichgewichtszustand der Entladung bei großer Stromstärke, bei dem sie gerade ihre Selbständigkeit erlangte. Zum Durchschlag bedarf es an und für sich noch einer beliebig kleinen Spannungserhöhung oder einer geringfügigen sonstigen Begünstigung der Trägervermehrung, um den Ionisierungsanstieg in einem instabilen Vorgang über 1 hinaus zu erhöhen.

Mit der Vereinfachung $\alpha \gg \beta$ sei (IX, 1b) zum Vergleich nochmals angeschrieben:

$$J = J_0 \frac{e^{\alpha d}}{1 - \beta/\alpha \cdot e^{\alpha d}} \, .$$

Wird in (IX, 3b) γ durch β/α ersetzt, so sind beide Gleichungen praktisch identisch. Allein die andere Schreibung des Koeffizienten der Ionenrückwirkung führt somit zu nicht mehr unterscheidbaren Endgleichungen bei den betrachteten Prozessen. Damit gelten die Bemerkungen für den β-Mechanismus hinsichtlich einer zutreffenden Beschreibung des Entladungsablaufs uneingeschränkt auch für den Fall der Elektronenauslösung an der Kathode, nur erscheint die Trägervermehrung vor und bei der Zündung nicht länger als eine reine Gasfunktion, sondern erweist sich in hohem Maß von der Art der Kathodenoberfläche abhängig.

Im Falle niedriger Elektrodenspannung ist zu berücksichtigen, daß die Elektronen erst im Abstand δ von der Kathode ionisieren können; die entsprechend korrigierte Gleichung nimmt dann die Form an

$$J = J_0 \frac{e^{\alpha\,(x-\delta)}}{1 - \gamma\left[e^{\alpha\,(x-\delta)} - 1\right]} \qquad \text{(IX, 5a)}$$

und lautet bei Verwendung der Ionisierungsfunktion $\eta(E) = \dfrac{\alpha}{E}$ mit U als Symbol für die Spannung zwischen Kathode und Anode und mit $U_\delta = E\,\delta$

$$J = J_0 \frac{e^{\eta\,(U-U_\delta)}}{1 - \gamma\left[e^{\eta\,(U-U_\delta)} - 1\right]}. \qquad \text{(IX, 5b)}$$

d) Auslösung der Nachlieferungselektronen durch den Photoeffekt. Eine Austreibung von Elektronen durch die positiven Ionen im Gas oder an der Kathodenoberfläche ist dann keinesfalls mehr möglich, wenn zur Ausbildung der selbständigen Entladung nur eine sehr kurze Zeit (Größenordnung 10^{-6} sek oder weniger) als Folge der Anwendung einer kurzen Einwirkdauer der Spannung zur Verfügung steht. In den beiden bereits behandelten Fällen der Ionenrückwirkung ist ein Fortschreiten der Ionen hin zur Kathode Voraussetzung ihrer Mitwirkung bei der Elektronenerzeugung, was angesichts ihrer mäßigen Geschwindigkeit in sehr kurzer Zeit nicht in ausreichendem Maße geschehen kann. Als Erster hatte ROGOWSKI [16] im Jahre 1926 auf diesen Sachverhalt hingewiesen und daraus den Schluß gezogen, „daß die positiven Ionen beim Durchschlag nicht die Rolle spielen, die ihnen die TOWNSENDtheorie zuschreibt". Dieselbe Unmöglichkeit für eine Elektronenablösung durch die Ionen besteht auch dann, wenn die Kathode sehr weit entfernt ist und im schwachen Feld liegt, wie dies beispielsweise bei der Glimm- oder Koronaentladung um einen positiv aufgeladenen Draht oder eine positive Spitze der Fall ist. Die Nachlieferungselektronen müssen in diesem Fall in oder nahe der Stoßionisierungszone erzeugt werden, also in der die scharfgekrümmte positive Elektrode umgebenden Gashülle.

Eine praktisch unverzögerte Elektronennachlieferung wäre bei einer photoelektrischen Auslösung der Elektronen im Gas oder an der Kathode dadurch möglich, daß von der sich aufbauenden Entladung kurzwelliges Licht abgestrahlt wird. Die Befreiung von Photoelektronen vollzieht sich in weniger als 10^{-8} sek [17]. Mag auch eine solche Deutung zunächst überraschen, so können ihr doch keine stichhaltigen Einwände entgegengesetzt werden. Beim Lawinenablauf werden ja die Molekel durch die Elektronenstöße nicht nur ionisiert, sondern zu einem gewissen Teil auch angeregt. Es bildet sich eine „Lawine angeregter Zustände" aus. Die aufgenommene potentielle Energie wird nach kurzer Zeit (Größenordnung 10^{-8} sek) in bekannter Weise entweder als weiche Röntgen- oder UV-Strahlung abgestrahlt [18] oder bei Resonanz- oder metastabiler Anregung auf andere Atome übertragen oder an die Gefäßbegrenzungen (Kathode!) abgegeben. Schließlich mag auch die Vereinigung von Elektronen mit Ionen Anlaß zur Abstrahlung von Photonen sein [19, 20]. Doch ist dieser letztangeführten Art der Energieumsetzung bei den stromschwachen Dunkelentladungen eine nur sehr geringe Wahrscheinlichkeit zuzubilligen, da die Intensität des Rekombinationsleuchtens vom Quadrat der Trägerzahl und damit vom Quadrat der Stromdichte abhängt. Allerdings vermöchte das Rekombinationsleuchten die direkte lichtelektrische Ionisierung in reinen Gasen auch ohne Annahme von solch unwahrscheinlichen Prozessen zu erklären wie sehr große Stoßenergie benötigende Elektronensprünge aus den inneren Atomschalen, Anregung der positiven Ionen bei Elektronenstößen [20] oder Absorption zweier kurz aufeinanderfolgender Quanten durch dasselbe Atom.

In reinen Gasen erscheint somit zunächst eine kathodische Elektronenauslösung durch das Lawinenlicht am wahrscheinlichsten, nachdem die Energie des Anregungsleuchtens wohl in allen Fällen die Austrittsarbeit übertrifft, meist aber nicht die Ionisierungsarbeit erreicht. Die Mitwirkung von Metastabilen bei der Elektronenauslösung an der Kathode ist von vornherein bei einer großen Zahl von Gasen ausgeschlossen, welche solche langdauernden Zustände erhöhter potentieller Energie nicht kennen. Auch können bei größerer Elektrodenentfernung oder kleiner Kathodenoberfläche Metastabile, die ja größtenteils in Nähe der Anode entstehen, wegen ihrer vom Feld unbeeinflußten ungeordneten Bewegung in nennenswerter Zahl nicht zur Kathode gelangen. Dagegen ist in Gasgemischen eine Gasionisierung bereits dann möglich, wenn die Ionisierungsspannung der Beimischung bzw. Verunreinigung unter der Anregungsspannung des Grundgases liegt, wenn also $V_{\mathrm{ang_I}} > V_{\mathrm{i_{II}}}$. In allen Fällen der Energieabstrahlung aus dem Bereich der Trägerlawine wandert die Energie mit der Lichtgeschwindigkeit von $3 \cdot 10^{10}$ cm/sek, also fast momentan, vom Ort ihrer Entstehung weg und vermag somit die Rückwirkungselektronen praktisch unverzögert auszulösen.

Wir betrachten hier mit LOEB [21] den für eine mathematische Behandlung einfacheren Fall der Elektronenauslösung an der Kathode.

Unter der gemeinsamen Wirkung von Fremd- und Lawinenlicht sollen pro Zeit- und Flächeneinheit von der Kathode $N_0' = N_0 + \delta Z$ Elektronen emittiert werden; hierin ist Z die Zahl der Photonen, die in 1 sek im Gasraum entstehen und auch die Flächeneinheit der Kathode erreichen, δ die Auslösewahrscheinlichkeit von Elektronen durch ein einfallendes Photon bestimmter Wellenlänge. In einer dünnen Schicht der Breite $\mathrm{d}x$ im Abstand x von der Kathode werden unter der Annahme einer Proportionalität zwischen der Lawine der Elektronen und der angeregten Zustände[1] mit den $N_0' e^{\alpha x}$ Elektronen gleichzeitig auch $N_0' e^{\alpha x} \vartheta\, \mathrm{d}x$ Photonen erzeugt. ϑ bezeichne die Zahl der Lichtquanten, die ein Elektron pro cm Weg im Gasraum erzeugt; wie α/p ist ϑ gleichfalls eine Funktion von E/p. Wegen der Schwächung der Strahlung im Gas gelangt von diesen Photonen nur ein um den Faktor $e^{-\mu x}$ verkleinerter Anteil auf die Fläche einer Hüllkugel vom Radius x^2.

Wegen des nicht einheitlichen Charakters der abgestrahlten Photonen und der unterschiedlichen Schwächung von Licht unterschiedlicher Frequenz ist unter μ ein mittlerer Absorptionskoeffizient zu verstehen, um die Rechnung nicht durch die Aufzählung aller im Einzelfall vorkommenden Frequenzen unübersichtlich zu machen. Wird noch berücksichtigt, daß selbst im Falle unendlich ausgedehnter Plattenelektroden wegen der allseitigen Ausbreitung der Lichtquanten bestenfalls die Hälfte des Lawinenlichts in Richtung zur Kathode abgestrahlt wird und bei kleinen Elektrodenabmessungen und großen Abständen der „Geometriefaktor" g erheblich unter 0,5 liegt[2], so erhält man die Zahl der aus einer dünnen Schicht im Abstand x stammenden und an der Kathode eintreffenden Photonen zu

$$\mathrm{d}Z = N_0' g\, \vartheta\, e^{\alpha x} e^{-\mu x}\, \mathrm{d}x$$

und nach Integration für die Gesamtzahl aller aus dem Entladungsraum ankommenden Photonen

$$Z = \int_0^d N_0' g\, \vartheta\, e^{(\alpha-\mu)x}\, \mathrm{d}x = \frac{N_0' g\, \vartheta}{\alpha - \mu}\left[e^{(\alpha-\mu)d} - 1\right].$$

Hierbei wurde angenommen, daß der Faktor g unveränderlich ist, was

---

[1] Über die Zulässigkeit einer solchen Annahme siehe MEDICUS [22] und über direkte Messungen COSTA [23].

[2] SCHADE [24] machte darauf aufmerksam, daß der Ansatz $e^{-\mu x}$ zur Berücksichtigung der Strahlenschwächung strenggenommen nur für parallelen Strahlenverlauf gilt und nur angenähert im vorliegenden Fall eines punktförmigen Strahlungszentrums und allseitiger Abstrahlung.

[3] Für kreisrunde Elektroden vom Radius r im Abstand d gibt KPUITHOFF [25] den Geometriefaktor mit $g = 0{,}5\left(1 - \dfrac{d}{\sqrt{r^2 + d^2}}\right)$ an.

wegen der Verlegung des Schwergewichtes der Photonenerzeugung beim Entladungsaufbau zur Kathode nur in erster Annäherung gilt.

Die Gesamtzahl aller im Gleichgewichtszustand von der Kathode emittierten Elektronen ist damit

$$N_0' = N_0 + \frac{N_0' \, g \, \vartheta \, \delta}{\alpha - \mu} \left[e^{(\alpha - \mu) d} - 1 \right],$$

woraus sich N_0' sofort errechnen läßt und damit auch die Zahl der an der Anode ankommenden Elektronen der stationären Entladung:

$$N = N_0 \frac{e^{\alpha d}}{1 - \dfrac{g \, \vartheta \, \delta}{\alpha - \mu} \left[e^{(\alpha - \mu) d} - 1 \right]}.$$

Auch diese Gleichung liefert eine über alle Grenzen ansteigende Trägerzahl beim Verschwinden des Nenners, also für

$$\frac{g \, \vartheta \, \delta}{\alpha - \mu} \left[e^{(\alpha - \mu) d} - 1 \right] = 1 \, .$$

Wird der Schwächungsbeiwert μ der Strahlung gegenüber der Ionisierungszahl α vernachlässigt, was im Gebiet niedrigen Drucks sicherlich zulässig ist, so nimmt der Ausdruck für die Trägervermehrung die Form an

$$N = N_0 \frac{e^{\varkappa d}}{1 - \dfrac{g \, \vartheta \, \delta}{\alpha} \left(e^{\alpha d} - 1 \right)} \tag{IX, 6}$$

und gleicht damit unter Ansetzung von $\gamma = \dfrac{g \, \vartheta \, \delta}{\alpha}$ vollkommen der Gleichung (IX, 3a) für eine Elektronennachlieferung durch den γ-Mechanismus und gleicht ebenso in großer Annäherung dem für eine Volumenionisierung der positiven Ionen (β-Mechanismus) abgeleiteten Ausdruck.

In gleichartiger Weise könnte die Trägervermehrung unter der Mitwirkung des photoelektrischen Effekts bei der Ionisierung der Gasmolekel oder metastabil angeregten Atomen mathematisch formuliert werden, doch ließe sich die Rechnung nur mit sehr vereinfachenden Annahmen durchführen, welche den Wert der Endgleichungen stark beeinträchtigten.

c) Die Zündbedingung in allgemeiner Form. Wir erhielten das überraschende Ergebnis, daß physikalisch recht verschiedenartige Rückwirkungen der Lawinenprodukte bei der Berechnung der Trägervermehrung stets zu demselben Gleichungstypus führen, dessen Spielarten für die Einzelprozesse sich unter meist geringen Vereinfachungen ineinander überführen lassen, und somit fast keine Möglichkeit zur gegenseitigen Unterscheidung besteht. Die Form der mathematischen Darstellung erwies sich gegenüber der physikalischen Ursache unempfindlich. Am ehesten wäre eine individuelle Ausprägung wohl für gleiche Größenordnung der Volumenionisierungszahlen α und β zu erwarten oder bei höherem Druck von einem Prozeß nach (IX, 6), wenn wegen des hohen Drucks die Schwächung der photoelektrisch wirksamen Strahlung nicht länger vernachlässigt werden darf. Abweichungen gegenüber der vereinfachten Gleichung (IX, 6) wären beispielsweise auch dann zu erwarten, wenn ein während des Entladungsaufbaus veränderlicher Geometriefaktor oder unterschiedlich große Elektrodenflächen die Entladung richtungsabhängig machten und damit einen Polaritätseinfluß im inhomogenen Feld verursachten [3]. Doch scheinen solche Prüfungsmöglichkeiten im gleichförmigen Feld und bei niederem Gasdruck nicht in ausreichender Schärfe zu bestehen, weshalb zumindest in diesem Gebiet eine eindeutige Auftrennung der Elektronennachlieferung auf die einzelnen Elementarvorgänge bisher nicht gelungen ist.

Was aus den Strom-Abstandskennlinien bei jeweils konstantem E/p oder aus der Durchschlagspannung im gleichförmigen Feld mit Hilfe der Zündbedingungen nach (IX, 4) errechnet werden kann, ist die Totalausbeute Γ an Elektronennachlieferung unter der Summenwirkung mehrerer Prozesse, von denen einer dominieren oder im Grenzfall auch rein auftreten kann. Γ ist stets größer als die anteilige Ausbeute eines einzigen Nachlieferungsmechanismus, wie er sich beispielsweise bei der Oberflächenionisierung der positiven Ionen in reiner Form darstellen läßt.

Allgemein lautet die Zündbedingung daher

$$1/\Gamma = e^{\alpha d} - 1, \quad \text{wobei} \quad \Gamma = \frac{\beta}{\alpha} + \gamma + \frac{g\,\vartheta\,\delta}{\alpha} + \cdots. \qquad \text{(IX, 7)}$$

Nachdem $\left(e^{\alpha d} - 1\right)$ die Gesamtzahl der von einem an der Kathode startenden Elektron erzeugten Trägerpaare ist und $\Gamma\left(e^{\alpha d} - 1\right)$ die Zahl der von den Lawinenprodukten an der Kathode ausgelösten Nachlieferungselektronen darstellt, kann die Bedingung für den Eintritt der selbständigen Entladung so formuliert werden: Damit eine Entladung ohne Fremdhilfe bestehen kann, ist im Mittel jedes zur Anode abwandernde Elektron vermöge einer ausreichend hohen Elektrodenspannung durch ein gleichartiges zu ersetzen; oder in noch kürzerer Fassung: *Jeder Ladungsträger hat für seinen Ersatz zu sorgen,* gleichgültig in welcher Weise. Dies gilt nicht nur für das die Lawine zündende Erstelektron, sondern wegen der Definition der Ionisierungszahl als Mittelwert der pro Längeneinheit ausgelösten Ionenpaare für alle Elektronen der Lawine.

Es bestehen keine Bedenken, dieses allgemeine und auch naheliegende Ergebnis der Betrachtungen im homogenen Feld auch auf die Verhältnisse im ungleichförmigen Feld zu übertragen. Die TOWNSENDsche Durchschlagbedingung in allgemeinster Formulierung lautet daher

$$\Gamma\left(e^{\int_0^d \alpha\,\mathrm{d}x} - 1\right) = 1. \qquad \text{(IX, 8)}$$

Für α ist die für die betrachtete Feldform gültige Ionisierungsfunktion in Abhängigkeit von der Feldstärke einzusetzen, sofern sie bekannt ist. Mäßige Abweichungen der Ionisierungsfunktion der vorliegenden Elektrodenanordnung von der des homogenen Feldes wirken sich nur geringfügig auf die Höhe der Zündspannung aus; bei ihrer Berechnung mit Hilfe von (IX, 8) ist es daher auch im Hinblick auf unsere lückenhaften Kenntnisse der Zahlenwerte der Rückwirkung fast immer berechtigt, α durch die für die wichtigsten Gase wohlbekannte Ionisierungsfunktion des ebenen Feldes auszudrücken.

f) Stromdichtebegünstigung der Elektronenionisierung. Einfluß der Eigenraumladung der Träger. Die bisherige Betrachtungsweise ist mit einem Fehler grundsätzlicher Art behaftet, da sie auf die Feldverzerrung der beim Aufschaukelungsprozeß der Lawinen in Nähe der Zündspannung gebildeten Raumladungen nicht eingeht. Die positiven Ionen verkörpern eine wegen ihrer Trägheit nur langsam zur Kathode abwandernde Anhäufung gleichnamiger Ladungen. Zwar wird die gleiche Menge an positiven und negativen Ladungen gebildet, doch verweilen die Elektronen wegen ihrer vielmals höheren Fortschreitgeschwindigkeit nur kurzzeitig im Feldraum, es sei denn, daß sie in feldschwache Gebiete geraten und dabei Gelegenheit finden, sich an Gasmolekel anzulagern und dadurch eine negative Raumladungswolke von ebenfalls beachtlicher Höhe auszubilden. Unter Außerachtlassung dieses Sonderfalls genügt es hier, nur die Einflußnahme der positiven Raumladung auf die Entladung zu berücksichtigen.

Beim Durchgang der ersten Lawine wurden bis zur Entfernung x von der Kathode $(e^{\alpha x} - 1)$ Ionenpaare erzeugt. Gegenüber den rasch weiterfliegenden Elektronen können die positiven Ladungsträger in erster Annäherung als unbeweglich angesehen werden. Somit ist der weit überwiegende Teil aller gebildeten Ionen nach Ablauf der ersten Lawine unmittelbar vor der Anode längs der letzten freien Wege der Elektronen angehäuft. Unter der Kraftwirkung des Feldes rückt der Ionenhaufen langsam zur Kathode vor, wobei er sich bei ausreichender Höhe der Elektrodenspannung nach einer der zuvor besprochenen Möglichkeiten an der Erzeugung von Nachlieferungselektronen und damit an der Auslösung neuer Lawinen beteiligt. Wegen der starken Abhängigkeit der Ionisierungszahl von der Feldstärke und wegen deren Vorkommen im Exponenten des Ausdrucks für die Trägervermehrung reagiert die Stromstärke wenig unterhalb der Zündspannung äußerst empfindlich auf Änderungen der Elektrodenspannung oder auch der Potentialverteilung. Eine Feldversteilerung in einem Teilgebiet des Entladungsraumes kann daher zu einer Verstärkung des Trägerstroms führen.

Die Ladungsanhäufung erreicht bei höherem Druck und großem Elektrodenabstand durchaus Werte, die mit der spezifischen Ladungsbelegung der Elektroden vergleichbar sind, wie ein Beispiel zeigen möge: Luft von Normalzustand wird im homogenen Feld bei 1 cm Plattenabstand bei einer Spannung von 31,6 kV durchschlagen; unter diesen Bedingungen ist bei der Zündung $E/p = 41,6$ V/cm Torr, und es wird nach dem auf S. 121 angegebenen Ausdruck $\alpha = p \cdot 1{,}24 \cdot 10^{-4} (E/p - 28{,}3)^2$ ≈ 17 cm^{-1}. Ein einziges Anfangselektron vermag zur Bildung von $e^{\alpha d} = e^{17} = 2{,}4 \cdot 10^7$ Ionen Veranlassung geben, die unmittelbar nach dem Lawinenablauf in ihrer überwiegenden Mehrzahl zu einem Klümpchen zusammengeballt vor der Anode liegen. Der Durchmesser des Lawinenkanals dürfte bei Atmosphärendruck aufgrund von Diffusionsbetrachtungen [26, 27] oder auch nach direkten Beobachtungen [28 bis 30] unter den vorliegenden Verhältnissen zu rd. 0,1—0,2 mm geschätzt werden,

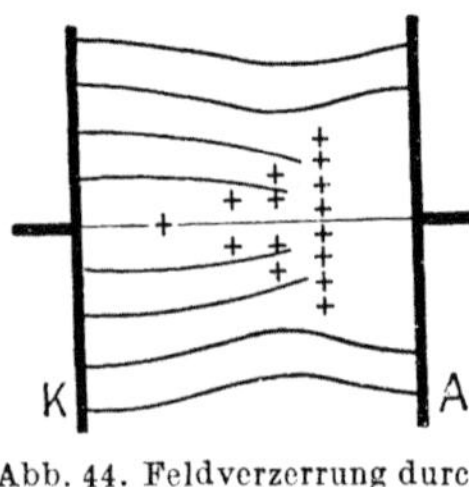

Abb. 44. Feldverzerrung durch die positive Raumladung.

woraus sich ein Entladungsquerschnitt von $q \approx 10^{-3}$ cm^2 errechnet. Auf jeder Elektrode sind

$$\sigma = \frac{\varepsilon_0 E}{e} = \frac{31\,600}{4\pi \cdot 9 \cdot 10^{11} \cdot 1{,}59 \cdot 10^{-19}} = 0{,}176 \cdot 10^{11}$$

Elementarladungen pro cm^2 angehäuft; dem Lawinenkopf liegen somit auf der Anode $\sigma q = 0{,}176 \cdot 10^{11} \cdot 10^{-3} \approx 10^7$ Elementarladungen gegenüber, also nach dieser groben Abschätzung tatsächlich der Größenordnung nach die gleiche Menge wie in der positiven Raumladung.

Zumindest bei größeren Schlagweiten und hohem Gasdruck erreicht demnach die von einer einzigen Lawine hinterlassene Raumladung wenig unterhalb der Durchbruchspannung die Größenordnung der Flächenbelegung der Auftreffstelle der Anode. Dies bedeutet, daß nach dem Eintritt der Elektronen in die Anode nicht mehr alle im Feldraum sich ausspannenden Kraftlinien zwischen den Elektroden verlaufen, sondern daß unter Entlastung des zunächst noch sehr kurzen Gebiets zwischen Raumladung und gegenüberliegender Anodenstelle Feldlinien sich zwischen Raumladung und Kathode erstrecken (s. Abb. 44). Das zuvor homogene Feld zwischen den Elektroden wird hierdurch derart verzerrt, daß die Feldstärke im rückwärtigen Lawinenteil über den Wert des homogenen Feldes angehoben wird [31] und dementsprechend die Feldstärke im restlichen Entladungsraum wegen der ungeänderten Elektrodenspannung sinkt. Eine nachfolgende Lawine läuft in dem erhöhten Feld und führt wegen der Begünstigung der Elektronenionisierung zu einer gesteigerten Trägerausbeute; die sich langsam zur Kathode vorschiebende Raumladung wird dadurch unter Zusammenschnürung des Feldes noch weiter verstärkt. Eine hohe Zahl von Anfangselektronen, also intensive Fremdbestrahlung, und ein ausreichend hohes Anfangsfeld führen damit zu einem instabilen Anstieg der Trägererzeugung.

Hiermit ist nachgewiesen, daß die sich einstellende *Raumladeinstabilität* der Dunkelentladung Anlaß zu dem vielfach beobachteten schnelleren Anstieg der Trägerzahl sein mag, als einer rein exponentiellen Zunahme nach $N_0 e^{\alpha x}$ entsprechen würde. Nicht gesagt ist jedoch, daß allein die Raumladeinstabilität schon zum Durchschlag führen könne; denn dieser ist ja an das Selbständigwerden der Entladung gebunden und durch eine Auslösung von Nachfolgeelektronen unter der Nachwirkung vorhergehender Lawinen gekennzeichnet. Die Raumladung vermag nur die Vermehrung der Träger zu begünstigen, nicht aber selbst Träger zu schaffen, sofern sie nicht mit irgendeinem Sekundäreffekt verknüpft ist, der zu einer Elektronenauslösung führt [14]. Allerdings mag unter günstigen Bedingungen die Wahrscheinlichkeit eines solchen Sekundäreffekts groß sein. So kann das verstärkte Feld nicht nur zu erhöhter Elektronenionisierung, sondern auch zu einer Erhöhung der Zahl der Anregungsvorgänge und damit der Metastabilen und Photonen sowie zu vermehrter Ausbeute der auf die Kathode aufprallenden Ionen führen.

Es bedarf noch einer besonderen Betrachtung, ob die Feldverzerrung auch tatsächlich stets mit einer erhöhten Elektronenionisierung verbunden ist [14, 32 bis 34]. Hierüber entscheidet der Wert des Integrals $\int_0^d \alpha\, dx$, welches die Gesamtzahl der von einem Elektron zwischen den Elektroden bewirkten Ionisierungen mißt. Erhöht sich dieser Wert bei einer Feldverzerrung gegenüber dem Homogenfeld, so nehmen Trägerzahl und Strom zu; fällt er dagegen unter den Wert des unverzerrten Feldes, dann hat die Raumladung die Bedingungen für die Trägervermehrung verschlechtert und der Entladungsstrom nimmt ab. Das elektrische Feld möge sich durch die Raumladung von seiner vorigen konstanten Höhe E_0 auf den ortsabhängigen Wert $E_0 + \Delta E_x$ ändern. Wegen der Unveränderlichkeit der Elektrodenspannung $U = \int_0^d E_0\, dx$ muß dann gelten

$$U = \int_0^d (E_0 + \Delta E_x)\, dx, \quad \text{womit} \quad \int_0^d \Delta E_x\, dx = 0. \qquad \text{(IX, 9)}$$

Wird $\alpha(E)$ in der Umgebung der Stelle $\alpha_0 = f(E_0)$ durch eine Reihenentwicklung bis zum zweiten Glied ersetzt

$$\alpha = \alpha_0 + \left(\frac{d\alpha}{dE}\right)_0 \Delta E + \left(\frac{d^2\alpha}{dE^2}\right)_0 (\Delta E)^2, \qquad \text{(IX, 10)}$$

so bestehen offensichtlich dreierlei Möglichkeiten für die Abhängigkeit der integralen Elektronenionisierung von der Feldstärke:

1. Es sei $\dfrac{d^2\alpha}{dE^2} = 0$. α ändere sich verhältnisgleich mit der Feldstärke, der Arbeitspunkt der Entladung liege im Bereich des Krümmungs-

wechsels der Ionisierungskurve. Dann ist

$$\int\limits_0^d \alpha\,\mathrm{d}x = \int\limits_0^d \left(\alpha_0 + \frac{\mathrm{d}\alpha}{\mathrm{d}E}\,\Delta E \right)\mathrm{d}x = \alpha_0 d$$

wegen (IX,9). Kann somit die Kurve der Elektronenionisierung durch die Tangente ersetzt werden, dann übt die Raumladung durch ihre Feldverzerrung keinen Einfluß auf die Trägervermehrung aus.

2. $\frac{\mathrm{d}^2\alpha\,(E)}{\mathrm{d}E^2} > 0$ (positive Krümmung der Ionisierungskurve). Bei einer mäßigen Änderung der Feldstärke übertrifft in einem gewissen Bereich die Zunahme des α seine Abnahme bei verkleinerter Feldstärke. Durch die Feldverzerrung werden insgesamt mehr Ladungsträger als im homogenen Feld gebildet $\left(\int\limits_0^d \alpha\,\mathrm{d}x > \alpha_0 d \right)$, weil die Mehrerzeugung im versteilerten Feld zwischen Kathode und Raumladeschwerpunkt die Unterproduktion im restlichen Entladungsgebiet mehr als wettmacht. Je größer die (positive) Krümmung ist, desto größer ist auch der Trägerzuwachs.

3. Umgekehrt führt eine negative Krümmung der Ionisierungskurve, also eine weniger als proportionale Zunahme der Elektronenionisierung mit der Feldstärke, zu einer Verringerung der von einer Lawine bei ihrem Lauf durch den Entladungsraum erzeugten Träger. Somit bestimmt ausschließlich die Krümmung der Kurve des Ionisierungskoeffizienten die Art und Weise der Raumladungseinwirkung auf die Elektronenionisierung.

Für alle Gase ist der kennzeichnende Verlauf der Ionisierungskurve der, daß von sehr kleinen α-Werten ausgehend die Ionisierung zunächst näherungsweise quadratisch mit der Feldstärke zunimmt, bei mittleren Feldstärken ($E/p = 180$ in Stickstoff, 130 in Luft) etwa geradlinig und bei darüber liegenden Feldstärkewerten langsamer ansteigt. Solange also das durch die Raumladung verzerrte Feld in atmosphärischer Luft keinen höheren Wert als $100\ \mathrm{kV/cm}$ annimmt — dies trifft für Entladungen bei nicht zu geringen Elektrodenabständen, im sogenannten Weitdurchschlaggebiet voll zu — unterstützt die Raumladung die Trägerproduktion, während bei Feldstärkewerten über $E/p = 130$, wie sie in Entladungen von niederem Druck erforderlich sind, die gebildete Raumladung hemmend auf den Lawinenaufbau einwirkt. Die kritische Feldstärke mit indifferentem Verhalten der Elektronenionisierung bei kleinen Verzerrungen des Feldes ist durch den Wendepunkt der $\alpha/p(E/p)$-Kurve gegeben.

Einfluß von Stufenprozessen. In gleicher Weise wie die Raumladeverzerrung vermag auch die Anwesenheit angeregter Atome in der Endphase des Entladungsaufbaus die Elektronenionisierung in erheblichem Maße zu fördern, wie von SCHADE [35] nachgewiesen wurde. In seiner Arbeit stellt SCHADE nochmals klar heraus, daß der erste TOWNSEND-sche Ionisierungskoeffizient α nur in solchen Fällen zur Beschreibung der Trägervermehrung ausreicht, in denen die stattfindenden Ionisierungen nach dem Ansatz $dN = \alpha N\, dx$ verhältnisgleich zur Zahl der in der Zeiteinheit durch die Flächeneinheit hindurchtretenden Träger und damit verhältnisgleich zur Stromdichte sind. Sobald sich am Stromanstieg Prozesse beteiligen, die nicht mehr linear, sondern quadratisch von der Stromdichte abhängen, nimmt die Trägerzahl stärker als bei einer rein TOWNSENDschen Vermehrung zu. Zu solchen Prozessen sind ganz allgemein all die zu zählen, bei denen sich die Anzahl der beiderseitigen Reaktionsteilnehmer verhältnisgleich mit der Stromdichte ändert; dann nimmt die Häufigkeit der Ionisierungen mit dem Quadrat der Stromdichte zu. Hierunter fallen: die Stufenionisierung bereits angeregter Atome durch Elektronen- oder Photonenstoß sowie die Auslöschung der Anregungszustände zweier Metastabiler in einem Stoß 2. Art unter Ionisierung des einen und Rückführung des anderen Stoßpartners in den Grundzustand.

Diese vom Quadrat der Trägerzahl bzw. der Stromdichte abhängigen Prozesse dürften vorzugsweise in Edelgasen eine Rolle spielen, in denen metastabile Zustände in merklicher Zahl möglich sind. Sie erfordern eine grundsätzliche Ergänzung des einfachen TOWNSEND-Ansatzes bei der Berechnung der Trägervermehrung. Unter Einführung einer entsprechenden Konstanten σ nimmt der Ansatz die Form an (wegen des hier nicht berücksichtigten Einflusses der Diffusion und der Lebensdauer der Metastabilen s. S. 402)

$$dN = (\alpha N + \sigma N^2)\, dx\,.$$

Die Integration zur Bestimmung des Trägeranstiegs beim Lauf der Lawine von Kathode zur Anode ist nach Trennung der Veränderlichen möglich.

$$\int_{N_0}^{N} \frac{dN}{\alpha N + \sigma N^2} = \int_{0}^{d} dx\,.$$

Im gleichförmigen Feld sind α und σ ortsunabhängig.

$$\ln\left[\frac{N}{\alpha + \sigma N}\right]_{N_0}^{N} = \alpha d\,,$$

$$\frac{\dfrac{N}{\alpha + \sigma N}}{\dfrac{N_0}{\alpha + \sigma N_0}} = \frac{N}{N_0} \cdot \frac{1 + \dfrac{\sigma}{\alpha} N_0}{1 + \dfrac{\sigma}{\alpha} N} = e^{\alpha d}\,.$$

Hieraus errechnet sich die Zahl der an der Anode eintreffenden Elektronen zu

$$N = \frac{N_0 e^{\alpha d}}{1 - \frac{\sigma}{\alpha} N_0 e^{\alpha d}} \, . \tag{IX, 11}$$

In Abhängigkeit vom Elektrodenabstand d steigt danach die Trägerzahl bei ungeänderter Feldstärke stärker als exponentiell an, weil der Zähler von (IX, 11) exponentiell mit d ansteigt und gleichzeitig der Nenner abnimmt. Wegen der quadratischen Abhängigkeit der zusätzlichen Ionisierungen von der Stromdichte setzt der Effekt in merklichem Maße erst in Nähe der Zündspannung ein. Bei logarithmischer Auftragung des gasverstärkten Stromes über dem Elektrodenabstand äußert er sich ebenso wie eine die Ionisierung begünstigende Raumladeverzerrung durch einen stärkeren als geradlinigen Anstieg der Stromkurve. Kennzeichnend für die Mitwirkung Metastabiler ist der verzögerte Anstieg des Stromes auf seinen stationären Wert mit einer relativ großen Zeitkonstante der Größenordnung 1 msek [74].

g) Meßwerte des zweiten Ionisierungskoeffizienten. Im vorhergehenden wurde gezeigt, daß die totale Ausbeute Γ an Nachlieferungselektronen sich als Summenwirkung recht verschiedenartiger Prozesse darstellt, weshalb eine große Mannigfaltigkeit und Variation der gemessenen bzw. errechneten Γ-Werte unter verschiedenen Versuchsbedingungen zu erwarten ist. In besonders hohem Maß wird Γ von der Gasbeladung der Kathodenoberfläche und der Reinheit des Gases abhängen und nur bei vollkommen entgaster und sauberer Metallfläche durch die Art des Kathodenmaterials mitbedingt sein. In gewissem Umfang vermag auch eine Änderung der Gasdichte etwa durch eine unterschiedliche Schwächung des Lawinenlichts oder einer anderen Aufteilung der unelastischen Stöße auf Anregungs- und Ionisierungsakte die großen Unterschiede in den von verschiedenen Seiten gemessenen Rückwirkungsausbeuten zu erklären. Die Streuung der ausgelösten Elektronen an Gasmolekeln in Kathodennähe führt zu einer teilweisen Rückdiffusion zur emittierenden Kathode und damit zu einer Verkleinerung der Rückwirkungsausbeute bei zunehmendem Druck. Besonders aufschlußreich für die Ausdeutung der Messungen wird sich der Gang der Meßwerte mit der Feldstärke erweisen, weil sich hierdurch in manchen E/p-Bereichen die Möglichkeit bietet, die Unvereinbarkeit gewisser Vorstellungen mit dem experimentellen Befund aufzuzeigen.

Im folgenden wird zur allgemeinen Kennzeichnung des Rückwirkungskoeffizienten stets das Symbol Γ benutzt und nur bei Betrachtung einer speziellen Art der Elektronennachlieferung eines der bereits früher eingeführten Symbole β/α, γ oder $g\vartheta\delta/\alpha$.

Die Aufnahme von Strom-Abstandskennlinien im Feld des Plattenkondensators bietet die Möglichkeit, durch Auswertung der Abweichungen von den Geraden bei der halblogarithmischen Darstellung $\ln J/J_0 = f(x)$ den Rückwirkungskoeffizienten in Abhängigkeit von E/p zu bestimmen, nur darf hiervon bei weitem nicht eine mit der Bestimmung der α-Werte vergleichbare Genauigkeit erwartet werden. Der Grund hierfür ist darin zu suchen, daß ausmeßbare Abweichungen wenn überhaupt dann nur wenige Prozent unterhalb der Durchschlagfeldstärke eintreten und dann auch nicht mit der Konstanz wie bei den Meßwerten im geradlinigen Teil der Kurve. Vor allem bei nicht eindeutig festliegender und während des Versuchs veränderlicher Oberflächenbeschaffenheit der Kathode und bei hohen Fremdstromdichten schwankt der Strom in störender Weise. Daher ist bei der Aufnahme unbedingt auf nur schwache UV-Einstrahlung zu achten, um den Einfluß der positiven Raumladung auf die Charakteristiken vernachlässigbar klein zu halten. Etwa aus (IX, 3b) berechnet sich der Rückwirkungskoeffizient zu

$$\Gamma = \frac{J - J_0 e^{\alpha d}}{J(e^{\alpha d} - 1)} \approx \frac{Je^{-\alpha d} - J_0}{J}.$$

Einfacher erscheint eine Bestimmung des Γ beim Durchschlag aus sauber gemessenen Zündspannungswerten des ebenen Feldes mit Hilfe der Zündbedingung $\Gamma = e^{-\alpha d}$ unter Verwendung bekannter Werte des ersten Stoßionisierungskoeffizienten. Tatsächlich wurde auch die Mehrzahl der vorliegenden Γ-Werte auf diese Weise gewonnen. Die Einfachheit des Verfahrens darf jedoch nicht darüber täuschen, daß die nicht ganz zu beseitigende Streuung der Zündspannungswerte zu großen Unsicherheiten bei der Bestimmung des Zahlenwerts der Rückwirkung führt. Auch ist die Auswertung in hohem Maß von der Genauigkeit der gemessenen $\alpha(E)$-Werte abhängig, weil α im Exponenten der e-Funktion vorkommt.

Angaben über Γ-Werte finden sich daher fast immer gepaart mit Ausmessungen des ersten Ionisierungskoeffizienten. Doch sind die älteren Messungen ohne große Bedeutung und für die vorkommende Gasart und das Metall der Kathode wenig kennzeichnend, da sie nicht den zu stellenden Reinheitsanforderungen genügen. Die damals noch nicht klar erkannte große Einwirkung spurenweiser Gasverunreinigungen schuf bei den vor 1936 durchgeführten Untersuchungen neben der Quecksilberdampfbeimischung zum Grundgas eine vom Grundmetall praktisch unabhängige einheitliche „Quecksilber"-kathode, die nichts von den Eigenheiten des jeweiligen Grundmetalls hinsichtlich der Elektronenablösung erkennen ließ. Diesen Einfluß von Quecksilberdampf konnte BOWLS [36] in überzeugender Weise dadurch nachweisen, daß er die $\ln J/J_0 (x)$-Kurven in zunächst vollkommen quecksilberfreiem Stickstoff mit reinen Elektroden bestimmte und anschließend durch Überbrückung der Ausfriertaschen in der Saugleitung Quecksilberdampf zum Gefäß strömen ließ und die Messungen in der verunreinigten Atmosphäre wiederholte. Die beiden Meßreihen wiesen erhebliche Unterschiede der Γ-Kurven auf, wobei die im Hg-Dampf erhaltenen Werte recht gut mit den älteren Messungen wie etwa denen von TOWNSEND oder POSIN [37] übereinstimmen.

Nicht nur Verunreinigungen im Gas oder unzureichende Reinheit der Kathodenoberfläche können der Grund zu einer solchen Gleichförmigkeit des zweiten Ionisierungskoeffizienten bei unterschiedlichen Kathodenwerkstoffen sein, sondern allein schon eine Aktivität des Füllgases vermag zu einer weitgehenden Identität der Oberflächenschichten verschiedenartiger Grundmetalle zu führen. Auf andere Weise ist es wohl nicht zu erklären, daß HALE [38] bei seinen Messungen in einer reinen Wasserstoffatmosphäre mit Platin-, Nickel- und Aluminiumkathoden im wesentlichen stets denselben charakteristischen Verlauf der Γ-Kurven mit nur mäßigen gegenseitigen Ordinatenunterschieden erhielt (Abb. 45). Alle drei Kurven zeigen bei $E/p \approx 125$ ein ausgesprochenes Maximum und bei den höheren E/p-Werten über 600 eine erhebliche

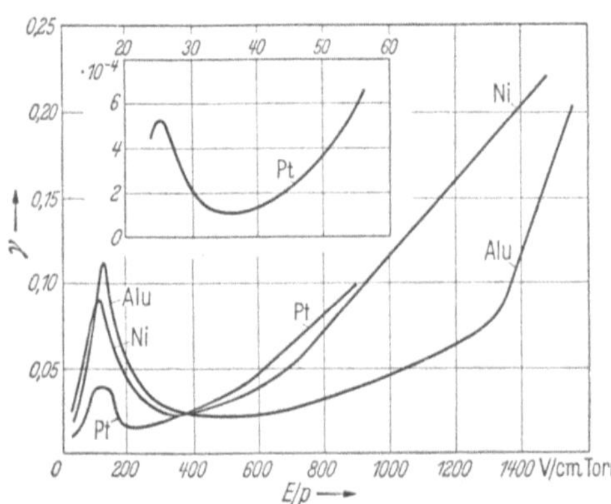

Abb. 45. $\Gamma(E/p)$ für Platin-, Reinnickel- und Aluminiumkathoden in Wasserstoff nach HALE (bis zu großen E/p-Werten) und FUCKS u. KETTEL (Pt-Kurve bis $E/p = 55$ in besonderem Diagramm).

Zunahme der bei Sekundärprozessen freigemachten Elektronen. Ebenso erhält auch JONES [39, 40] unter Verwendung der HALEschen α-Werte für eine Reihe von Kathodenwerkstoffen gleichartige Ergebnisse für Γ als Funktion von E/p. Einen seinem Wesen nach gleichartigen Verlauf finden ebenfalls FUCKS und KETTEL [41] für Platinelektroden in Wasserstoff; das Maximum liegt jedoch schon bei $E/p \approx 30$, und der Wiederanstieg erfolgt ab $E/p = 40$. Es mag durchaus sein, daß das schon bei sehr niedrigen E/p-Werten auftretende Maximum sich den Beobachtungen durch HALE und JONES entzog, die ihre Messungen bis zu weit höheren E/p-Werten ausdehnten; demnach würde der von FUCKS und KETTEL gefundene Verlauf die „Feinstruktur" der Γ-Kurve bei niedrigen E/p-Werten zeigen. Die Tendenz der HALEschen Kurven mit starkem Abfall bei kleinen E/p-Werten und der steile Anstieg im letzten Teil der Kurve von FUCKS und KETTEL in Richtung zu den hohen Γ-Werten von HALE schließen eine solche Deutung jedenfalls nicht aus.

Die resonanzartig ausgeprägten Maxima können auf keinen Fall durch Ionenstoß auf die Kathode erklärt werden, sondern wohl nur durch die selektive Wirksamkeit einer lichtelektrischen Elektronenauslösung. Die Mitwirkung metastabiler Anregungsstufen scheidet im vorliegenden Fall mit Sicherheit aus, da Wasserstoff keine Metastabilen kennt. Die Gleichartigkeit im Verlauf der HALEschen Kurven dürfte mit großer Wahrscheinlichkeit ihren Grund in einer Adsorption des Wasserstoffs an der Metalloberfläche unter Bildung einer Wasserstoffionenschicht haben [42], wodurch sich die Sekundäremission unter dem Aufprall positiver Wasserstoffionen im wesentlichen aus einer einheitlichen Oberflächenschicht vollzieht.

Für Argon, von dem eine derartige Einwirkung auf das Elektrodenmaterial nicht zu erwarten ist, wurde von SCHÖFER [43] Γ für die photoelektrisch besonders aktiven Metalle Magnesium und Barium sowie für Eisen und Nickel aus Messungen der Zündspannung unter Benutzung

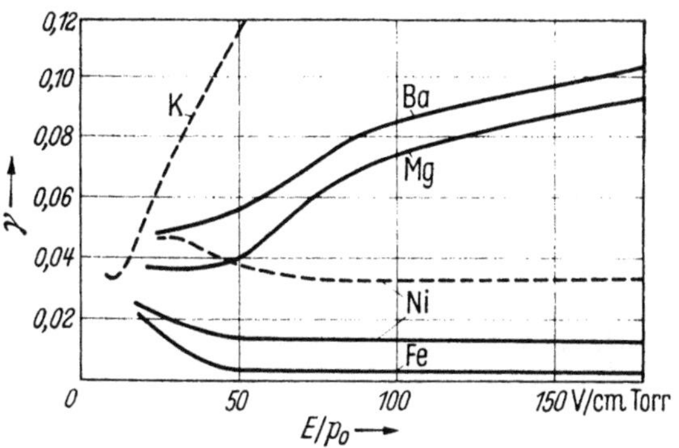

Abb. 46. $\Gamma = f(E/p)$ für einige Metalle in Argon (ausgezogene Kurven nach SCHÖFER [43], gestrichelte Kurven nach HEYMANN [45]).

der α-Messungen von KRUITHOFF und PENNING [44] bestimmt (Abb. 46). Für dasselbe Gas liegen noch Messungen von HEYMANN [45] mit Ni- und K-Kathoden vor, die ebenfalls in Abb. 46 gestrichelt eingetragen sind. Wenn auch die Absolutwerte der beiden Messungen mit Nickelkathode nicht übereinstimmen, so ist doch die Abhängigkeit des Γ von E/p gleichartig; dagegen verläuft die Γ-Kurve für die Gruppe Fe–Ni anders als bei der Gruppe Mg–Ba. Bei Eisen und Nickel sinkt Γ mit ansteigendem E/p, um oberhalb $E/p = 50$ konstant zu bleiben; für Nickel beispielsweise gibt SCHÖFER für Γ den Mittelwert 0,013 mit nur geringer Streuung an. Ganz andersartig ist die Abhängigkeit des Γ bei den untersuchten Erdalkali- und Alkalimetallen, bei denen Γ besonders bei mittleren E/p-Werten kräftig ansteigt.

Für die Metalle Ba, Mg und Alu geben JACOBS und LA ROCQUE [46] die Ausbeute an Nachlieferungselektronen beim Durchschlagminimum mit 0,15, 0,90 und 0,045 (in der Reihenfolge der Metalle) an.

In Neon finden KRUITHOFF und PENNING [47] beim Rückgang auf sehr kleine E/p-Werte ($<$ 10 V/cm Torr) einen leichten Anstieg des Koeffizienten der Elektronennachlieferung; in Krypton und Xenon ist dieser Anstieg nach Messungen der gleichen Autoren [48] noch sehr viel ausgeprägter, zumindest bei gewissen Oberflächenzuständen der benutzten Kupferkathode. Diese Zunahme der Wirksamkeit des Mechanismus der Elektronennachlieferung mit absinkender Feldstärke kann wiederum nicht auf den Stoß von Gasionen auf die Kathodenoberfläche zurückgeführt werden, nachdem sowohl deren verringerte kinetische Energie als auch die verminderte Kathodenfeldstärke ungünstigere Chancen für die Schaffung aktiver Elektronen bieten, sondern wohl nur auf eine Anregung von Edelgasatomen und einen nachfolgenden lichtelektrischen Effekt. Nach den Angaben von KRUITHOFF und PENNING [48] nimmt bei einer Absenkung von E/p das Verhältnis von Anregungs- zu Ionisierungsstößen zu, durch welche Verlagerung des Schwergewichts der unelastischen Stöße der Photoeffekt in der Entladungsstrecke zu größerer Bedeutung gelangt. Dagegen dürfte bei E/p-Werten über 15 V/cm Torr und erst recht im Bereich des Minimums der Durchschlagspannung die Oberflächenionisierung der positiven Ionen wenn nicht entscheidend so doch zumindest mitbestimmend sein. Hierfür sprechen unter anderem die beobachteten verhältnismäßig langen Ausbildungszeiten von Niederdruckentladungen, die zur Annahme zwingen, daß in diesem Fall die Laufzeit der Ionen von ihrem Entstehungsort zur Kathode für den Durchschlagvorgang eine wesentliche Rolle spielt [49] (s. hierzu auch S. 208). Ein deutlicher Hinweis auf die Wirksamkeit des lichtelektrischen Effekts kann den Messungen von BOWLS [36] in Stickstoff entnommen werden, der bei $E/p \approx 100$ ein sehr hohes Maximum für Γ mit beiderseitig steilem Abfall findet, ein Effekt, der nur durch die selektive Anregung oder Absorption einer Strahlung ganz bestimmter Wellenlänge im Gas bei einem bestimmten Wert der mittleren Elektronenenergie möglich erscheint.

Eine aufschlußreiche Vergleichsmöglichkeit bietet JONES [40] durch die Bestimmung der Γ-Werte von normalem und schwerem Wasserstoff aus Funkenspannungsmessungen im Bereich des Minimums. Beide Isotope unterscheiden sich nur durch die größere Masse des Deuteriumatoms; Unterschiede im elektrischen Verhalten können nur hiervon bzw. von der größeren Masse des D_2-Ions herrühren. Aus der Tatsache, daß Durchschlaguntersuchungen bei solchen E/p-Werten vorgenommen werden, bei denen die Zusammenstöße von Elektronen mit Gasmolekeln vielfach unelastisch erfolgen und hierbei der Masse des Atoms praktisch keine Bedeutung zukommt, ganz im Gegensatz zum Verlauf von elastischen Stößen, schließt JONES auf eine Gleichheit der Elektronenionisierung in beiden Gasen. Dann können aber etwaige Unterschiede der Zündspannungen nur durch unterschiedliche Γ-Werte bedingt sein. Solche Unterschiede wurden tatsächlich bei allen benutzten Kathodenwerkstoffen oberhalb $E/p = 150$ gefunden; sie steigen bis hin zu $E/p = 250$

auf 20—100% an (höhere Werte für H_2). Daraus folgt, daß in Wasserstoff bei E/p-Werten unter 150 die lichtelektrische Auslösung von Nachfolgeelektronen dominiert und erst darüber der Aufprall von Ionen auf die Kathode steigende Bedeutung gewinnt sowie daß die Geschwindigkeit der positiven Ionen eine gewisse Rolle bei der Elektronenbefreiung spielt.

Es möge dieser Überblick über die vorliegenden wichtigeren Bestimmungen des Koeffizienten der Rückwirkung genügen. Aus ihm dürfte mit ausreichender Deutlichkeit hervorgehen, wie unvollkommen und zum Teil sogar widersprechend unsere derzeitigen Kenntnisse über die Zahlenwerte einer der wichtigsten Größen in Gasentladungen sowie ihrer Abhängigkeiten von den Versuchsparametern sind. Es verbleibt noch, auf eine besondere Schwierigkeit hinzuweisen, die sich aus der Zündbedingung (IX, 4) für eine Elektronenablösung durch die positiven Ionen ergibt, um schon an dieser Stelle die Grenzen unserer bisherigen Vorstellungen vom Entladungsaufbau aufzuzeigen. Wird nämlich aus den vielfach gemessenen Durchschlagspannungen des homogenen Feldes die Rückwirkungsausbeute über einen weiten Bereich der Elektrodenabstände mit Hilfe der bekannten α-Werte ausgerechnet, so ergibt sich scheinbar eine überaus große Feldstärkeabhängigkeit des Γ. Für Luft von atmosphärischem Druck und für Elektrodenentfernungen von $d = 10^{-2}$ bis 10 cm sind die Werte in nachfolgender Tabelle zusammengestellt.

Tabelle 10. *Scheinbarer Rückwirkungskoeffizient Γ für Luft bei Variation des Elektrodenabstandes.*

d (cm)	E (kV/cm)	E/p	α/p	αd	$\Gamma = \dfrac{1}{e^{\alpha d} - 1}$
0,01	95,6	127	1,17	8,9	$1,4 \cdot 10^{-4}$
0,1	45	59	0,115	8,8	$1,5 \cdot 10^{-4}$
1	31,7	41,7	0,0223	17	$4,1 \cdot 10^{-8}$
10	26,6	35	0,0055	42	$5,7 \cdot 10^{-19}$

Sie zeigen statt der erwarteten ungefähren Konstanz der αd-Werte eine Änderung von rd. 9 bis über 40 innerhalb des betrachteten Bereichs, was wegen der exponentiellen Abhängigkeit des Γ von αd einen überaus starken Rückgang des Γ mit größeren Elektrodenabständen bedeutet. Für andere Gase sind die Verhältnisse ähnlich [50]. Wird Oberflächenionisation der positiven Ionen angenommen, so errechnen sich für kleine Elektrodenabstände γ-Werte, die als noch verträglich mit den bei niedrigem Druck gemessenen Werten angesehen werden können und die sich erwartungsgemäß auch nur in untergeordnetem Maße mit der Feldstärke ändern. Doch fallen die Zahlen mit sinkender Durchschlagfeldstärke (lange Funken, hoher Druck) um viele Zehnerpotenzen. Eine in dieser rein formalen Weise errechnete enorme Feldstärkeabhängigkeit des zweiten Ionisierungskoeffizienten kann offensichtlich nicht mit einer

Ionisierung der positiven Ionen in Zusammenhang gebracht werden, nachdem deren kinetische Energie nur in untergeordneter Weise die Elektronenablösung aus der Kathode beeinflußt und die Ablösung hauptsächlich durch den Energieüberschuß beim Neutralisationsprozeß erfolgt. Wir sehen uns daher zu dem Schluß gezwungen, daß bei hohem Druck und großen Elektrodenabständen Gl. (IX, 4) nicht mehr den wahren Tatbestand beim Zündvorgang spiegelt und der Durchbruch unter diesen Umständen nicht mehr dem einfachen Schema der TOWNSEND-Vorstellung vom wechselweisen Hochtreiben der Lawinenladungen und Lawinenprodukte folgt.

Der Grund für diese Unstimmigkeit der Theorie im Gebiet des ausgesprochenen Weitdurchschlags ist unschwer zu erraten: Schon bei einem einzigen Durchlauf erreicht die Lawinengröße wegen der großen Zahlenwerte der beiden Faktoren im Verstärkungsausdruck $e^{\alpha d}$ überaus hohe Werte; nicht nur d, sondern auch $\varkappa = p \cdot f(E/p)$ ist groß als Folge des hohen Gasdrucks, auch wenn die Feldstärke bei großen Elektrodenentfernungen leicht absinkt. Mit der Lawinengröße wächst die Eigenraumladung der Lawine und verzerrt das ursprüngliche Feld in der Umgebung des Lawinenkopfs noch während des Laufs zur Anode so sehr, daß die Bedingungen für die Neuerzeugung von Ladungsträgern gewaltig verbessert werden, noch ehe die Elektronen an der Anode eintreffen. Für ein eigentliches Ionisierungsspiel mit mehrfachem Ablauf von Folgelawinen ist dann keine Zeit mehr vorhanden.

Auf den somit notwendigen Umbau der TOWNSEND-Theorie für große Werte von $p\,d$ sei erst später eingegangen.

h) Die ionisierende Gasentladungsstrahlung. Das Auftreten und die Wirksamkeit des lichtelektrischen Effekts in Gasentladungen kann heute aufgrund unmittelbarer Beobachtung und Messung der von der Lawine ausgehenden Strahlung und der von ihr bewirkten Trägerzunahme als experimentell gesichert gelten. Das bereits von HERTZ [51] gefundene Vermögen einer Hilfsfunkenstrecke, beim Ansprechen eine in ihrer Nähe befindliche vorgespannte Hauptfunkenstrecke mitzunehmen, ist auf die Wirksamkeit des von der Hilfsfunkenstrecke ausgehenden Lawinenlichts zurückzuführen. Unbeachtet blieb die Bemerkung von STARK und FRIEDRICHS [52], daß von der Koronaentladung um eine Spitze eine intensive ultraviolette Strahlung ausgehe. Nach den Angaben dieser Forscher äußerte sie sich bei Verwendung eines Drahtgitters als Gegenelektrode durch die scharfe Abbildung des Gittermusters auf einem hinter dem Gitter aufgestellten fluoreszierenden Leuchtschirm. Auf die von einer Koronaentladung, insbesonders bei positiver Spitze, ausgehende Strahlung machten ebenfalls WYNN-WILLIAMS [53] und THOMSON [54] aufmerksam. Die hauptsächlich an Metallflächen lichtelektrisch wirksame, in schwächerem Maße aber auch ionisierende Strahlung wurde dadurch nachgewiesen, daß eine oder auch mehrere sprühende Spitzen in verschiedenen Anordnungen und Schaltungen die Bereitwilligkeit zur Zündung einer in ihrer Nähe aufgestellten Meßfunkenstrecke erhöhten und den Zündverzug unterdrückten. In Luft ließ sich die Strahlung noch bis zu 15 cm Entfernung von ihrem Ursprung nachweisen.

Die Entstehung und Mitwirkung kurzwelliger Strahlen bei Gasentladungen wurde von GREINER [55] von neuem beobachtet, was Anlaß zu einem intensiven Studium des Effekts gab. GREINER konnte an zwei gleichen, längs derselben Achse in veränderlichem Abstand angeordneten Zählrohren mit offenen Enden an ihren zugekehrten Seiten zeigen, daß eine in dem einen Zählrohr gezündete Entladung eine elektromagnetische Strahlung aussendet (LYMAN-Serie und noch kürzere Wellenlängen) und die Entladung ohne Verzug auf das benachbarte Zählrohr übergreift. Das Zwischenschieben von Folien größerer Dicke unterbindet eine Mitnahme der Nachweisentladungsstrecke gänzlich, ein eindeutiges Zeichen, daß der Effekt nicht durch elektrostatische Beeinflussung zustande kommt. Dagegen mindert die Verwendung sehr dünner, UV-durchlässiger Folien (Lithiumfluorid, Zelluloid) die Beeinflussung nur im Maße der Strahlenschwächung. Auf diese Weise ist es auch möglich, die Absorption der Strahlung im Füllgas durch Vergleich mit der von Folien bekannter Schwächung zu ermitteln.

Die lichtelektrische Wirksamkeit einer Koronaentladung sowohl im Gas als auch an der Kathode wurde bald darauf von CRAVATH [56] und bei Koronaentladungen und Funken von DECHÈNE [57] wahrscheinlich gemacht.

In grundsätzlich gleichartiger Weise wie von GREINER, nur unter Benutzung eines homogenen an Stelle eines radialsymmetrischen Feldes, konnte COSTA [58] nachweisen, daß nicht nur von der selbständigen, sondern auch bereits von einer unselbständigen Entladung eine kurzwellige Strahlung ausgesandt wird, deren Intensität der Stärke des dunklen Vorstroms direkt proportional ist. Bei seiner Anordnung waren zwei Plattenfunkenstrecken übereinander aufgebaut und die sich zugewandten Anodenbleche zur Ermöglichung eines Strahlendurchtritts mit Löchern versehen. Durch elektrische Sperrfelder im Zwischenraum der Anodenbleche wurde das Einwandern von Ladungsträgern der Primärentladung in die Nachweisstrecke unterbunden; eine unmittelbare Begünstigung der Sekundärentladung durch die Ladungsträger der Primärentladung war dadurch ausgeschlossen[1]. Die Messungen von COSTA

---

[1] Die starke Einwirkung einer Nachbarentladung auf Zündspannung und Kathodenfall der Hauptentladung wird durch Versuche von DEIMEL [64] mit Edelgasen und Wasserstoff im Bereich des Durchschlagminimums belegt. Oberhalb des Minimums bewirkten die Elektronen der Nebenentladung eine Absenkung der Zündspannung bis auf 20% des unbeeinflußten Wertes.

hatten zum Ergebnis, daß in Wasserstoff niedrigen Drucks 50--100% aller Nachlieferungselektronen der unselbständigen Entladung ihre Entstehung einer kurzwelligen Eigenstrahlung verdanken; in Luft sind es bei 0,72 Torr rd. 50%, welchen Wert auch CRISTOPH [59] angibt, und selbst bei 7,2 Torr sind es immer noch rd. 20%. CRISTOPH untersuchte zum Nachweis der Photonen eine Glimmentladung mit einem Zählrohr,

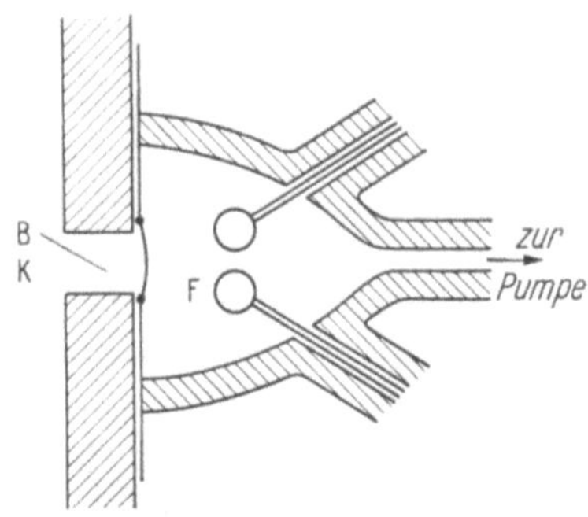

Abb. 47. RAETHERsche Versuchsanordnung zur Sichtbarmachung der Photolawinen.

wobei es sich zeigte, daß auch von dieser Entladungsform eine kurzwellige Strahlung ausgeht. Die Zahl der emittierten Quanten ergab sich proportional zum Verhältnis von Stromstärke zu Druck. CRAVATH [56] schätzt, daß bei einer Koronaentladung in Luft auf je 10^4 Ionen der Entladung 1 Photon entfällt. Ebenfalls mit einer Zählrohranordnung untersuchte SCHWIECKER [60] die unselbständige Entladung in Luft und Wasserstoff. Das Zählrohr mit längsgeschlitzter Wand befand sich hierbei hinter der durchlöcherten Anode eines Plattenkondensators und gestattete die Auszählung der von der Trägerlawine ausgehenden Strahlenquanten. Durch Zwischenschieben von Filtern unterschiedlicher Durchlässigkeit konnte die Intensität der Strahlung in verschiedenen Wellenlängenbereichen bestimmt werden.

Die unmittelbare Beobachtung der durch die Strahlung erzeugten Elektronen bzw. der von ihnen ausgelösten Trägerlawinen gelang RAETHER mit seiner Nebelkammeranordnung [61]. Die strahlerzeugende Funkenstrecke F befand sich außerhalb der Nebelkammer (siehe Abb. 47) und sandte den entsprechenden Bruchteil ihres Lichtes durch

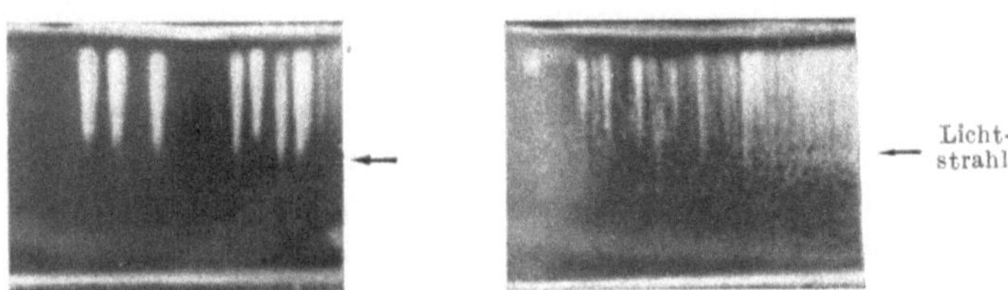

Abb. 48. Durch Funkenstrahlung ausgelöste Lawinen [61]. Kathode unten.

eine feine, mit einem dünnen Zelluloidhäutchen verschlossene Bohrung B in die Kammer K. Die darin erzeugten Photoelektronen bilden im elektrischen Feld der Nebelkammer durch Stoßionisation Trägerlawinen aus, deren Spur sichtbar gemacht und photographiert werden kann. Die erhaltenen Lawinenaufnahmen zeigt Abb. 48. Ein klarer Beweis für die Entstehung der die Lawinen zündenden Anfangselektronen unter der

Einwirkung der Funkenstrahlung ist der Beginn der Lawinen im Mittelraum der Nebelkammer und die Abnahme der Zahl der Lawinenspuren
längs der Strahlbahn als Folge der Strahlabsorption im Gas.

Von GEBALLE [62] wurde in Wasserstoff von rd. 1 Torr die von einer
unselbständigen Elektronenströmung erzeugte anteilige Photonenmenge
bestimmt, die von einer TOWNSEND-Lawine abgestrahlt wurde und auf einer
benachbarten Messingelektrode Elektronen auslöste. In dem untersuchten Meßbereich von $40 < E/p < 150$ verminderte sich die Photonenausbeute zuerst rasch und bei den höheren E/p-Werten nur noch langsam.
Wegen der unbekannten lichtelektrischen Wirksamkeit der Messing-
Auslöseelektrode ließ sich das Verhältnis der in der Gasstrecke erzeugten
Sekundärelektronen zu den gleichzeitig emittierten Lichtquanten nur
annähernd abschätzen. GEBALLE gibt an, daß dieses Verhältnis der Größenordnung nach bei der Einheit liegt und ein Elektron, das in Feldrichtung einen Weg von 1 cm zurücklegt, bei 1 Torr im Mittel 1 Photon
erzeugt.

Mit der Apparatur von GEBALLE konnte FISHER [63] weder in Luft,
noch in Stickstoff oder Argon bei beliebigem Druck selbst bei Feldstärken bis nahe zum Durchschlag
Photonen nachweisen, obwohl die
Empfindlichkeit der Meßvorrich-
tung noch Ströme bis unter
10^{-15}A nachzuweisen gestattete[1].

Aus der großen Zahl von
Arbeiten des letzten Jahrzehnts,
die sich mit der seitlichen Ausbreitung der Entladung im Zählrohr beschäftigen, seien hier nur
einige herausgegriffen. JAFFE,
CRAGGS und BALAKRISHNAN [65]

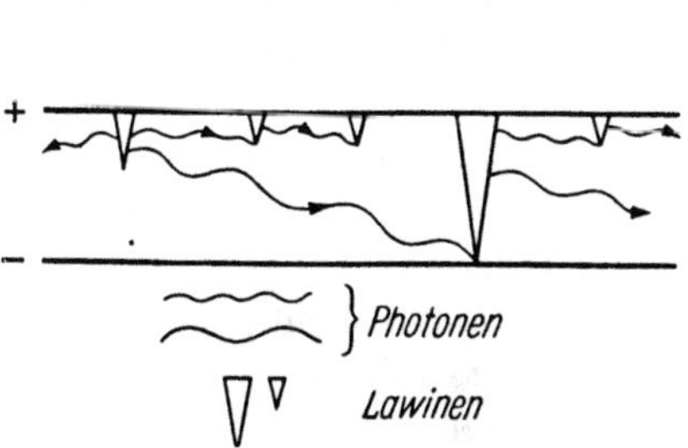

Abb. 49. Schema der Entladungsausbreitung
im Zählrohr.

kommen zu dem Schluß, daß fast alle Rückwirkungselektronen bei
den untersuchten Gasen (H_2, Ne, A, He) photoelektrisch ausgelöst
werden. Für die Ausdehnung der Entladung längs des positiven Innenzylinders gilt das aus Abb. 49 ersichtliche Schema. Ein von dem zu
zählenden Teilchen erzeugtes Photoelektron veranlaßt bei seinem Eintritt in die Ionisierungszone den Aufbau einer Lawine. Das hierbei
abgestrahlte Licht löst seitlich von der Erstlawine weitere Anfangselektronen aus und bewirkt hierdurch eine Ausbreitung der Entladung nach beiden Seiten [66, 67]. Eine Entscheidung darüber, ob die

---

[1] Nach einer persönlichen Mitteilung von Prof. GEBALLE gelang es bei neueren
Untersuchungen, in Wasserstoff eine Photonenproduktion bis herunter zu $E/p = 15$
nachzuweisen und eine solche auch für Stickstoff und Argon wahrscheinlich zu
machen.

Nachlieferungselektronen im Gas oder am negativen Hüllzylinder ausgelöst werden, konnte bisher weder durch Messung der seitlichen Ausbreitungsgeschwindigkeit noch des Gesamtverzugs für den Aufbau der Entladung getroffen werden. Der Hauptteil der Verzögerungszeit entfällt auf die Zeit für die Zurücklegung des ionisierungsfreien Weges vom Ort der Entstehung des Erstelektrons bis zum Beginn der Zone hoher Feldstärke in Innenleiternähe. Im ungünstigsten Fall (Auslösung des Erstelektrons am Hüllzylinder) findet man leicht durch Integration der Bewegungsgleichung $\frac{d\varrho}{dt} = bE$ mit $E = \dfrac{U}{\varrho \ln R/r}$ für die Übergangszeit

$$t = \frac{\ln R/r}{2\,b\,U}\,(R^2 - r^2)\,. \tag{IX, 12}$$

Der gesamte Entladeverzug bewegt sich in Abhängigkeit von Gasdruck und Überspannung zwischen Bruchteilen bis zu einem Vielfachen einer Mikrosekunde [73].

Die seitliche Ausbreitungsgeschwindigkeit erweist sich sowohl bei den mit einem reinen Gas gefüllten „langsamen" Zählern (langsam wegen des relativ großen Unempfindlichkeitsintervalls zwischen zwei Zählvorgängen) als auch bei den dampfgefüllten Zählern höheren Auflösungsvermögens nach TROST [68] (Füllung: Edelgas mit Dampfzusatz einer organischen Verbindung, meist Alkohol) proportional der Überspannung über den Wert, bei dem der Zähler zu arbeiten beginnt [67, 71]; im üblichen Druckbereich ist die Geschwindigkeit um so größer, je niedriger der Druck[1]. Der Vergleich der Messungen verschiedener Autoren ergibt beispielsweise für einen Zähler mit einer Füllung von 95 Torr Argon + 5 Torr Äthylalkoholdampf eine Zunahme der Ausbreitungsgeschwindigkeit v um 10^5 cm/sek pro Volt Überspannung. Liegt also die Arbeitsspannung eines Zählers beisp. um 50 V über dem Beginn des Zählbereichs, so breitet sich die Entladung mit $v = 5$ cm/μsek aus. In Zählern, die mit einem auch nach vielen Zählvorgängen noch unveränderlichen Elementargas angefüllt sind, liegt die Ausbreitungsgeschwindigkeit unter vergleichbaren Verhältnissen bis zum Zehnfachen höher [67]. So ergibt sich in einem bestimmten Fall ($r = 0{,}063$ mm, $R = 9{,}5$ mm, Kupferkathode) für eine Überspannung von 60 V und Argon von 150 Torr $v_{150} = 25$ cm/μsek, ferner $v_{100} = 33$ cm/μsek und $v_{50} = 43$ cm/μsek; bei Wasserstoff und gleicher Überspannung ist $v_{30} = 75$ und erniedrigt sich bis auf $v_{150} = 27$ cm/μsek bei einem Druck von 150 Torr; für Neon ist $v_{100} = 50$ cm/μsek und $v_{200} = 42$ cm/μsek.

Der Hauptanteil der emittierten Strahlung liegt nach den Untersuchungen von GREINER [55], CRAVATH [56], RAETHER [61] und SCHWIECKER [60] mit Bestimmtheit bei Wellenlängen unter 1000 bis

---

[1] Im homogenen Feld hatte STEENBECK [72] Unabhängigkeit der seitlichen Ausbreitungsgeschwindigkeit einer Edelgas-Glimmentladung vom Druck gefunden.

1250 Å. JAFFE, CRAGGS und BALAKRISHNAN [65] vermuten, daß die Gasentladungsstrahlung überaus kurzwellige Anteile bis herab zu 50 Å enthält und daß wegen der starken Schwächung im Gas selbst bei niedrigem Druck das Auftreten solcher energiereicher Strahlen in einiger Entfernung vom Emissionsort mit Zählrohranordnungen nicht mehr nachweisbar ist. Als Beispiel sei erwähnt, daß zur Photoionisation von N_2, dessen Ionisierungsspannung eine der höchsten der üblichen Gase ist, die Wellenlänge der absorbierten Strahlung nicht über 785 Å liegen darf.

Im Ausdruck für die Intensitätsabnahme eines Strahlenbündels einheitlicher Wellenlänge $J = J_0 e^{-\mu x}$ gibt $e^{-\mu x}$ die Wahrscheinlichkeit für ein Photon an, eine Materieschicht des Schwächungskoeffizienten $\mu\,[\mathrm{cm}^{-1}]$ von der Dicke x zu durchdringen. RAETHER [61] konnte μ direkt aus der Abnahme der Ionisierungsvorgänge bzw. der Lawinenspuren in der Nebelkammer senkrecht zur Strahlrichtung bestimmen. Bei den sonstigen Messungen folgt der Zahlenwert von μ des Versuchsgases aus einem Vergleich der Schwächung in einer Gasstrecke bestimmter Länge mit der bekannten Schwächung durch eine in den Strahlengang geschobene Folie oder aus der vorzunehmenden Änderung des Abstandes zwischen Strahlenursprung und Auffängerelektrode [62]. Die Angaben über die Größe des Absorptionskoeffizienten schwanken innerhalb weiter Grenzen (s. Tabelle 11). Eine der genauesten Messungen für Photonen, die gasionisierend wirken können, stammt von SCHNEIDER [69]; er erhält ebenso

Tabelle 11. *Schwächungskoeffizient der Entladungsstrahlung in verschiedenen Gasen (auf $p = 1$ Torr umgerechnet).*

H_2	Luft	O_2	He	Ne	A	$\frac{p}{(\text{Torr})}$	Messungen von
$1,8\cdot10^{-3}$	$(5-1)\cdot10^{-3}$					60–160	GREINER [55]
			$310\cdot10^{-3}$				VINTI [70]
	2,6 und						
	$13\cdot10^{-3}$						CRAVATH [56]
$36\cdot10^{-3}$	$70\cdot10^{-3}$					15	CRISTOPH [59]
$1,1\cdot10^{-3}$	$2,6\cdot10^{-3}$	$6,5\cdot10^{-3}$				>235	RAETHER [61]
$\approx1\cdot10^{-3}$	$2\cdot10^{-3}$					200	SCHWIECKER [60]
	$500\cdot10^{-3}$					≈1	SCHNEIDER [69]
$550\cdot10^{-3}$						1	GEBALLE [62]
$1,2\cdot10^{-3}$				$0,51\cdot10^{-3}$	$1,3\cdot10^{-3}$	25–100	JAFFE u. a. [65]

wie GEBALLE [62] besonders hohe und dabei für verschiedene Wellenlängen unregelmäßig schwankende Werte (auf 1 Torr bezogen ist $\mu = 840\cdot10^{-3}\,\mathrm{cm}^{-1}$ bei 791,5 Å, $79\cdot10^{-3}$ bei 966 Å und $18\cdot10^{-3}$ bei 1000 Å). GEBALLE vermutet als Ursache der von ihm gemessenen hohen

Absorption eine außergewöhnliche Unempfindlichkeit und große Austrittsarbeit der benutzten Photoelektrode, die wohl nur auf die energiereichsten Photonen ansprach. Bei hohem Gasdruck werden Photonen sehr hoher Schwingungszahl bereits in nächster Nähe ihres Ursprungs wieder eingefangen und können gar nicht registriert werden. Diese Tatsache macht die bei höherem Druck gemessenen sehr viel kleineren Absorptionsbeiwerte von GREINER, RAETHER und SCHWIECKER dann verständlich, wenn angenommen wird, daß bei diesen Messungen auch Photonen sehr viel geringerer Energie miterfaßt wurden. Zum überwiegenden Teil rührt die große Streuung der μ-Werte sicherlich von den verschiedenartigen Meßverfahren her, zum Teil ist sie auch darauf zurückzuführen, daß die Messungen sich von Bruchteilen eines Torr bis zu atmosphärischem Druck bei sehr unterschiedlichen Entladungsformen erstreckten und hierbei wahrscheinlich weder die Wellenlänge in allen Fällen dieselbe war noch die Schwächung etwa dem Druck verhältnisgleich ist; eine einfach proportionale Umrechnung auf einen einheitlichen Bezugsdruck ist damit unvermeidlicherweise mit erheblichen Fehlern behaftet. Auch ist zu bedenken, daß in einem Gas diejenigen Quanten bevorzugt absorbiert werden, deren Energie gleich oder nur wenig größer als die Ionisierungsarbeit des Gases ist. Ändern sich bei verschiedenartiger Versuchsdurchführung die Entstehungsbedingungen für die Entladung (durch Änderung des Drucks, der Feldstärke, Schlagweite usw.), so werden möglicherweise auch Frequenz und Intensität des Lawinenlichts in Mitleidenschaft gezogen und damit die für die Absorption maßgeblichen Verhältnisse geändert.

Wird beispielsweise in einem Gas bei $p=1$ Torr ein Schwächungskoeffizient von 0,01 gefunden, so ist unter atmosphärischen Verhältnissen μ mit 7,6 anzusetzen. Schon in einer Entfernung von nur 1 mm vom Strahlungszentrum ist dann mit einer Schwächung der emittierten Strahlung auf $J/J_0 = e^{-7,6 \cdot 0,1} = \dfrac{1}{e^{0,76}}$, also auf rd. die Hälfte zu rechnen. Es kann daher mit großer Wahrscheinlichkeit angenommen werden, daß bei hohem Druck die von der Entladung ausgehende Strahlung nur in nächster Nähe der Ursprungslawine neue Ionisierungsakte bewirken kann. Eine Auslösung von Elektronen an der Katbode oder auch an der Elektrode einer Nachweisstrecke erscheint bei größeren Elektrodenabständen und hohem Druck auch im Hinblick auf den dann kleinen Geometriefaktor als überaus unwahrscheinlich.

Literaturhinweise zu Kapitel IX.

1. POSIN, D. Q.: Phys. Rev. **50** (1936) 650.
2. TOWNSEND, J. S.: Phil. Mag. **3** (1902) 557; **6** (1903) 389 u. 598.
3. MEDICUS, G.: Z. angew. Phys. **1** (1948) 106.
4. THOMSON, J. J.: Phil. Mag. **23** (1912) 449.

5. KIRSCHSTEIN, B.: Z. Phys. **60** (1930) 184.
6. VARNEY, R. N.: Phys. Rev. **50** (1936) 159.
7. TOWNSEND, J. S.: Phil. Mag. (7) **28** (1939) 111.
8. VARNEY, R. N., L. B. LOEB u. W. R. HASELTINE, Phil. Mag. (7) **29** (1940) 379.
9. KLEMPERER, O.: Z. Phys. **52** (1928) 650.
10. STEENBECK, M.: Wiss. Veröff. Siemens-Werk 8, 3 (1930) 83.
11. CAMPBELL, N.: Phil. Mag. (6) **38** (1919) 214.
12. HOLST, G. u. E. OOSTERHUIS: Physica 1 (1921) 28; Phil. Mag. (6) **46** (1923) 1117.
13. THOMSON, J. J. u. G. P. THOMPSON: Conduction of Electricity through Gases, Cambridge Press 1911, 2. Aufl., 518.
14. ROGOWSKI, W.: Arch. Elektrotechn. **25** (1931) 551.
15. ROGOWSKI, W.: Z. Phys. **100** (1936) 1.
16. ROGOWSKI, W.: Arch. Elektrotechn. **16** (1926) 496.
17. LAWRENCE, E. O. u. J. W. BEAMS: Phys. Rev. **32** (1928) 478.
18. MOHLER, F. L.: Phys. Rev. **28** (1926) 46.
19. TAYLOR, L. J.: Phil. Mag. **3** (1927) 53.
20. HOPWOOD, W.: Proc. Phys. Soc. B (6) **62** (1949) 657.
21. LOEB, L. B.: Rev. Mod. Phys. **8** (1936) 267.
22. MEDICUS, G.: Z. angew. Phys. **1** (1949) 316.
23. COSTA, H.: Z. Phys. **113** (1939) 531.
24. SCHADE, R.: Z. Phys. **111** (1938/39) 437.
25. KRUITHOFF, A. A.: Physica **7** (1940) 519.
26. SLEPIAN, J.: El. World **91** (1928) 768.
27. OLLENDORFF, F.: Arch. Elektrotechn. **26** (1932) 193.
28. TOEPLER, M.: Ann. Phys. **53** (1917) 217.
29. BUSS, K.: Arch. Elektrotechn. **26** (1932) 261; T. E. ALLIBONE u. J. M. MEEK, Proc. Roy. Soc. Lond. (A) **166** (1938) 97.
30. RAETHER, H.: Z. Phys. **107** (1937) 91.
31. ROGOWSKI, W.: Arch. Elektrotechn. **20** (1928) 99; **24** (1930) 679; L. B. LOEB: J. Franklin Inst. **205** (1928) 305; A. v. HIPPEL u. J. FRANCK: Z. Phys. **57** (1929) 696.
32. ROGOWSKI, W.: Phys. Z. **33** (1932) 800.
33. v. ENGEL, A. u. M. STEENBECK: El. Gasentladungen II (1934) 50, Berlin: Springer.
34. VARNEY, R. N., H. J. WHITE, L. B. LOEB, D. Q. POSIN: Phys. Rev. **48** (1935) 818.
35. SCHADE, R.: Z. Phys. **108** (1938) 353.
36. BOWLS, W. E.: Phys. Rev. **53** (1938) 293.
37. POSIN, D. Q.: Phys. Rev. **50** (1936) 650.
38. HALE, D. H.: Phys. Rev. **55** (1939) 815; **56** (1939) 1199.
39. JONES, F. L.: Phil. Mag. (7) **28** (1939) 192.
40. JONES, F. L.: Phil. Mag. (7) **28** (1939) 328.
41. FUCKS, W. u. F. KETTEL: Z. Phys. **116** (1940) 657; W. FUCKS: Arch. Elektrotechn. **40** (1950) 16.
42. SUHRMANN, R.: Ergebn. exakt. Naturwiss. **13** (1934) 148.
43. SCHÖFER, R.: Z. Phys. **110** (1938) 21.
44. KRUITHOFF, A. A. u. F. M. PENNING: Physica **3** (1936) 515.
45. HEYMANN, F. G.: Proc. Phys. Soc. B **63** (1950) 25.
46. JACOBS, H. u. A. P. LaRocque: J. Appl. Phys. 18 (1947) 199.
47. KRUITHOFF, A. A u. F. M. PENNING: Physica 4 (1937) 430.
48. KRUITHOFF, A. A. u. F. M. PENNING: Physica **5** (1938) 203; A. A. KRUITHOFF: Physica **7** (1940) 51.
49. STEENBECK, M.: Wiss. Veröff. Siemens-Werk 9, 1 (1930) 42; R. SCHADE: Z. Phys. **104** (1937) 487.

50. RAETHER, H.: Z. Phys. **117** (1941) 524.
51. HERTZ, H.: Ann. Phys. **31** (1887) 983.
52. STARK, J. u. W. FRIEDRICHS: Wiss. Veröff. Siemens-Werk **3** (1922) 208.
53. WYNN-WILLIAMS, C. E.: Phil. Mag. (7) **1** (1926) 353.
54. THOMSON, J.: Phil. Mag. (7) **5** (1928) 513.
55. GREINER, E.: Z. Phys. **81** (1933) 543.
56. CRAVATH, A. M.: Phys. Rev. **47** (1935) 254.
57. DECHÈNE, G.: J. de phys. et rad. **7** (1936) 533.
58. COSTA, H.: Z. Phys. **113** (1939) 531; **116** (1940) 508.
59. CRISTOPH, W.: Ann. Phys. **30** (1937) 446.
60. SCHWIECKER, W.: Z. Phys. **116** (1940) 562.
61. RAETHER, H.: Z. Phys. **110** (1938) 611.
62. GEBALLE, R.: Phys. Rev. **66** (1944) 316.
63. FISHER, L.: Phys. Rev. **68** (1945) 279.
64. DEIMEL, C.: Phys. Z. **37** (1936) 610.
65. JAFFE, A. A., J. D. CRAGGS u. C. BALAKRISHNAN: Proc. Phys. Soc. B **62**, 1 (1949) 39.
66. BALAKRISHNAN, C., J. D. CRAGGS u. A. A. JAFFE: Phys. Rev. **74** (1948) 410.
67. BALAKRISHNAN, C. u. J. D. CRAGGS: Proc. Phys. Soc. A **63** (1950) 358.
68. TROST, A.: Z. Phys. **105** (1937) 399.
69. SCHNEIDER, E. A.: J. Opt. Soc. Amer. **30** (1940) 128.
70. VINTI, J. P.: Phys. Rev. **44** (1933) 524.
71. KNOWLES, A. J., C. BALAKRISHNAN u. J. D. CRAGGS: Phys. Rev. **74** (1948) 627.
72. STEENBECK, M.: Arch. Elektrotechn. **26** (1932) 306.
73. COLLINGE, B.: Proc. Phys. Soc. B **63** (1950) 665.
74. MOLNAR, J. P.: Phys. Rev. **83** (1951) 933 u. 940.

X. Zündung einer Gasentladung bei niederem Druck.

a) Der Zündmechanismus. Die Grundzüge der entwickelten TOWNSEND-Vorstellung über den Durchbruch in Gasen bei hoher elektrischer Beanspruchung sind zusammengefaßt die folgenden: Ein an der Kathode oder in Kathodennähe entstandenes Anfangselektron erzeugt bei seinem

$$\text{Lauf zur Anode } N = \exp\left(\int_0^d \alpha\,dx\right) - 1 \text{ weitere Elektronen, die bei atmosphäri-}$$

schen Verhältnissen mit einer Geschwindigkeit der Größenordnung 10^7 cm/sek auf die Anode zueilen und dort nach der Zeit $T_- = \dfrac{d}{u_-}$ absorbiert werden. Sie lassen ebensoviel positive Ionen im Entladungsraum zurück, die sich mit vergleichsweise niedriger Geschwindigkeit zur Kathode bewegen. Im gleichförmigen Feld wird der Bruchteil $\dfrac{N_x}{N}$ aller Ionen innerhalb einer Entfernung $\dfrac{1}{\alpha}\ln\dfrac{N}{N_x}$ von der Anode erzeugt; bei atmosphärischem Druck und 1 cm Elektrodenabstand ($E = 31,6$ kV/cm, $\varkappa = 17$ cm^{-1}) entsteht demnach die Hälfte aller Ionen ab einer Entfernung von nur 0,41 mm von der Anode, und 95% aller Ionen entstehen innerhalb einer Entfernung von 1,76 mm von der Anode.

Die in ihrer überwältigenden Mehrzahl erst nach der Zeit $T_+ = \dfrac{d}{u_+}$ ab ihrer Entstehung an der Kathode eintreffenden Ionen ($u_+ =$ Ionengeschwindigkeit) erzeugen dort $\gamma\,(e^{\alpha d} - 1)$ Nachfolgeelektronen und damit die Keime für ebensoviel weitere Lawinen. Wegen der geringen Diffusion der Ladungsträger verlaufen diese in unmittelbarer Nachbarschaft der ersten Lawinenbahn. Die hierbei erzeugten Ionen lösen aus der Kathode $\gamma^2\,(e^{\alpha d}-1)^2 \approx \gamma^2\,e^{2\alpha d}$ Elektronen aus, die neue Lawinen abrollen lassen. Haben n solcher Ionisierungsspiele stattgefunden, dann wurden $\gamma^{n-1}\,e^{n\,\alpha d}$ positive Ionen bei der letzten Lawinenfolge gebildet. Ab Start des auslösenden Elektrons bis zu dieser Entwicklungsstufe verging die Zeit $T_A = (T_- + T_+)\,n$. Möglicherweise unter Mithilfe der Feldverzerrung durch die positive Raumladung kann ein Zustand erreicht werden, bei dem die gesamten Trägerverluste durch die Eigenerzeugung gerade gedeckt werden. Dann ist die Zündbedingung $\gamma\,(e^{\alpha d} - 1) = 1$ erfüllt und die sich selbst erhaltende Entladung ausgebildet.

Zweierlei elektronenauslösende Prozesse sind somit Vorbedingung für das Selbständigwerden einer Entladung: Ein primärer Vermehrungsvorgang der Elektronen bei Stößen mit den Gasmolekeln, gekennzeichnet durch die erste TOWNSENDsche Ionisierungszahl α, und eine Rückwirkung des primären Vorgangs durch seine Ionen, Anregungszustände oder Strahlung an der Kathode oder auch im Gas, der die Keime neuer Lawinen schafft. Wird die Zündbedingung durch geeignete Wahl der Elektrodenspannung gerade erfüllt, so vermag ein Erstelektron eine im allgemeinen nicht mehr abreißende Folge von Trägerlawinen einzuleiten. Die Entladung ist dann unabhängig von J_0 und erhält sich selbst. $\gamma\,(e^{\alpha d} - 1) > 1$ bedeutet, daß die Lawinenprodukte, unterstützt von der sich allmählich zur Kathode vorschiebenden feldverzerrenden Raumladung, mehr als ein Elektron an der Kathode zuwege bringen; dann werden mehr Träger erzeugt, als durch Abwanderung oder sonstige Trägerverluste verloren gehen, und der Strom durch die Entladungsstrecke wächst in einem instabilen Anstieg rasch an. Das bei höherem Druck explosionsartig vor sich gehende Kippen von einem Zustand praktischer Nichtleitung oder geringer Leitung zu einem solchen hoher und höchster Leitfähigkeit der Gasstrecke endet entweder dadurch, daß der Aufbauvorgang der Entladung durch vorzeitige Erschöpfung der Elektrodenladungen gehemmt wird oder daß sich bei ausreichender Ergiebigkeit des äußeren Kreises durch den Aufbau einer starken positiven Raumladung vor der Kathode eine neue stabile Entladungsform einstellt, sei dies nun bei niederem Druck und mit Reihen-Stabilisierungswiderstand eine Glimmentladung hoher Fallraumspannung, sei es bei stark ungleichförmigem Feld die auf die Umgebung der scharfgekrümmten Elektrode begrenzte Korona oder Sprühentladung oder ein die Elektrodenentfernung überbrückender Lichtbogen. Nur bei ausreichender Gleichförmigkeit der Potentialaufteilung geht das lichtlose Fließen der Dunkelentladung beim Durchbruchsvorgang unvermittelt in die Funken- und Lichtbogenentladung über. Bei stark verzerrtem Feld vollzieht sich der mit genügend hoher Spannung ebenfalls herbeiführbare vollständige Durchbruch nur über eine oder mehrere jeweils stabile Zwischenstufen geringerer Stromstärke (Sprüh-, Streifen-, Büschelentladung). Die Funkenzündung geht Hand in Hand mit hoher Trägerkonzentration, was große Energieumsetzung längs des engen Durchschlagpfades bedeutet; in ihrem Gefolge steigt die Temperatur des Trägerschlauchs auf sehr hohe Werte an, wodurch Thermoionisation einsetzt. Dieser neue Prozeß schafft so viele weitere Träger längs der Entladungsbahn, daß im Endstadium des Zündvorgangs ein Lichtbogen mit vergleichsweise sehr geringem Spannungsverbrauch zwischen den Elektroden brennen kann[1].

Der Niederbruch des Isoliervermögens einer Gasstrecke kann somit in äußerlich sehr unterschiedlicher Weise nur teilweise beim unvollkommenen Durchbruch oder auch längs der gesamten Elektrodenentfernung vor sich gehen. Die Elementarvorgänge der Trägervermehrung sind in beiden Fällen dieselben trotz der sehr ungleichen Erscheinungsformen. Der Strom durch die zündende Entladungsstrecke kann in seiner Stärke so winzig bleiben, daß er nur mit empfindlichsten Meßgeräten nachgewiesen werden kann, er kann aber auch zu den höchsten Werten ansteigen, die wir zu beherrschen vermögen oder die bei atmosphärischen Entladungen eines der eindrucksvollsten Naturschauspiele entstehen lassen. Sowohl der Blitz als kilometerlanger Funken mit kurzzeitiger gewaltiger Leistungsumsetzung als auch das schon bei geringer Spannung an einer Spitze bemerkbare Lichtpünktchen, die Leuchterscheinung in einem GEISSLER-Rohr oder auch der gehörig verstärkte Stromimpuls beim Ansprechen eines Zählrohrs nach Einfallen eines Energiequants — sie alle lassen sich auf dieselben Elementarvorgänge zurückführen und verdanken ihre Entstehung dem lawinenförmigen Anstieg der Trägerzahlen im elektrischen Feld beim Durchschlag des Gases.

b) Das PASCHEN-Gesetz. Aus der allgemeinen Zündbedingung (IX, 7) folgt die zu einem bestimmten E/p-Wert gehörige Zündschlagweite im homogenen Feld zu

$$d_z = \frac{1}{\alpha}\ln\left(1 + 1/\Gamma\right). \qquad (X, 1)$$

Der erste TOWNSENDsche Ionisierungskoeffizient ist durch $\alpha = p \cdot f(E/p)$ gegeben; desgleichen kann Γ für einen bestimmten Kathodenwerkstoff als eine Funktion von E/p, $\Gamma = \varphi(E/p)$, angenommen werden. Damit

---

[1] Über die gegenseitige Abgrenzung von Glimm-, Funken- und Lichtbogenentladung s. THOMSON [1] und LOEB [2].

ergibt sich für den kritischen Elektrodenabstand (unter Weglassung des
auf die Zündung hinweisenden Index) der Ausdruck

$$d = \frac{1}{p \cdot f\,(E/p)}\, \ln\left[1 + \frac{1}{\varphi\,(E/p)}\right]$$

und bei Ersetzung der Zündfeldstärke E durch die Durchschlagspannung
$U_{\mathrm{D}} = E \cdot d$

$$pd = \frac{1}{f\left(\dfrac{U_{\mathrm{D}}}{pd}\right)}\, \ln\left[1 + \frac{1}{\varphi\left(\dfrac{U_{\mathrm{D}}}{pd}\right)}\right]. \qquad\qquad (\mathrm{X},\,2)$$

Danach hängt die Durchschlagspannung des homogenen Feldes für ein
bestimmtes Gas und einen bestimmten Kathodenwerkstoff einzig und
allein vom Produkt aus Gasdruck und Schlagweite ab und wird somit
durch die Anzahl der Molekelweglängen längs der kürzesten Elektrodenentfernung eindeutig bestimmt. Diese Konstanz der Zündspannung bei
gegenläufiger Änderung von Gasdruck und Elektrodenabstand war bereits 1880 von DE LA RUE und MÜLLER [3] gefunden worden. Die Gesetzmäßigkeit wurde von PASCHEN [4] mit Kugelelektroden in Luft,
Wasserstoff und Kohlensäure näher untersucht; nach ihm wird sie allgemein als PASCHEN-Gesetz bezeichnet. Von TOEPLER [5] wurde darauf
hingewiesen, daß das nur für das gleichförmige Feld gültige Gesetz bei
der Verwendung von Kugelelektroden in Strenge nur dann zutrifft,
wenn mit der Schlagweite auch der Kugeldurchmesser so geändert
wird, daß das Verhältnis von Kugeldurchmesser zu Schlagweite konstant bleibt.

Da die entscheidende Elektronenionisierung nicht eigentlich vom
Gasdruck, sondern von der Gasdichte abhängt (über eine Änderung
der Rückwirkungsausbeute $\varGamma$ mit der Temperatur ist nichts bekannt, eine
merkliche Beeinflussung ist wegen der nur logarithmischen Auswirkung auf pd auch nicht zu erwarten), ist das Gesetz nur nach vorheriger
Reduktion des Druckes auf einen einheitlichen Bezugswert erfüllt, worauf bereits PASCHEN hinwies. Meist wird den Angaben der Druck p_0 bei
$0°$ C oder auch bei $20°$ C zugrunde gelegt $\left(p_0 = p\,\dfrac{273}{273 + t}\right)$. Sofern demnach einer Erhöhung der Gasdichte auf das δ-fache durch eine Ver-
ringerung der Schlagweite auf den δ-ten Teil begegnet wird, ändert sich
die Durchschlagspannung zwischen Plattenelektroden mit korrigierter
Randausbildung nicht.

Das PASCHEN-Gesetz hat sich fast ausnahmslos in allen Gasen in
einem weiten Bereich von pd als vorzüglich erfüllt erwiesen; nur bei sehr
hohem Druck treten Abweichungen auf, die auf dem Boden der TOWN-
SEND-Theorie unverständlich bleiben und eine gesonderte Betrachtung
erfordern (S. 304). Für eine Reihe von Gasen ist die experimentell fest-

gestellte Durchschlagspannung als Funktion von pd in den Abb. 50 bis 53 wiedergegeben. Für sehr kleine pd-Werte (Abb. 50) zeigen die Kurven durchweg einen steilen Abfall mit zunehmendem pd, der sich verlangsamt und für jedes Gas bei einem bestimmten Wert $(pd)_{min}$ zu einem Minimalwert der Durchschlagspannung führt, um dann wieder rasch und bei großen pd-Werten annähernd geradlinig anzusteigen. Als Regel gilt, daß ein Gas elektrisch um so fester ist, je kleiner seine Ionisierungszahl α unter sonst gleichen Verhältnissen. Dementsprechend findet man bei den Edelgasen die niedersten Werte der Durchbruchspannung, die bis zu einem Bruchteil der von Luft absinken, während den elektronegativen

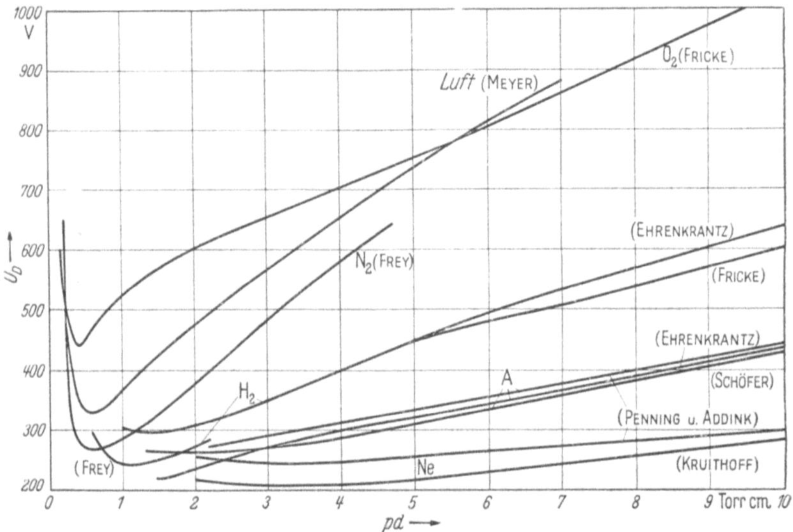

Abb. 50. Durchbruchspannungen im homogenen Feld in Abhängigkeit von pd nach Messungen von EHRENKRANTZ [6] (Pt-Kathode), FREY [7] (Messingkathode), FRICKE [8] (Fe-Kathode), KRUITHOFF [9] (Cu-Kathode), MEYER [10] (Messingkathode), PENNING u. ADDINK [11] (Fe-Kathode) und SCHÖFER [12] (Ni-Kathode). (Druck bei den Molekülgasen auf 20°C, bei den Edelgasen auf 0°C bezogen.)

Gasen größte Festigkeit zukommt als Folge der starken Behinderung der Trägerpaarbildung in diesen durch Anlagerung und Beschwerung der Elektronen.

Reiner Wasserdampf hat nach WEICHELT [82] (gemessen bei 115 bis 165° C und Schlagweiten von 0,5—3,2 cm) bzw. FRANCK [83] (gemessen bei 100° C) eine im Mittel um 16,6% bzw. 8% höhere Festigkeit als Luft gleicher Temperatur.

Zur näheren Untersuchung der Abhängigkeit der Durchschlagspannung von pd ist es zweckmäßig, in die Zündbedingung eine die Elektronenionisierung zumindest in einem gewissen E/p-Bereich hinreichend genau darstellende einfache Funktion nach Art der früher angegebenen Ausdrücke einzuführen. Wegen der begrenzten Gültigkeit eines Ausdrucks

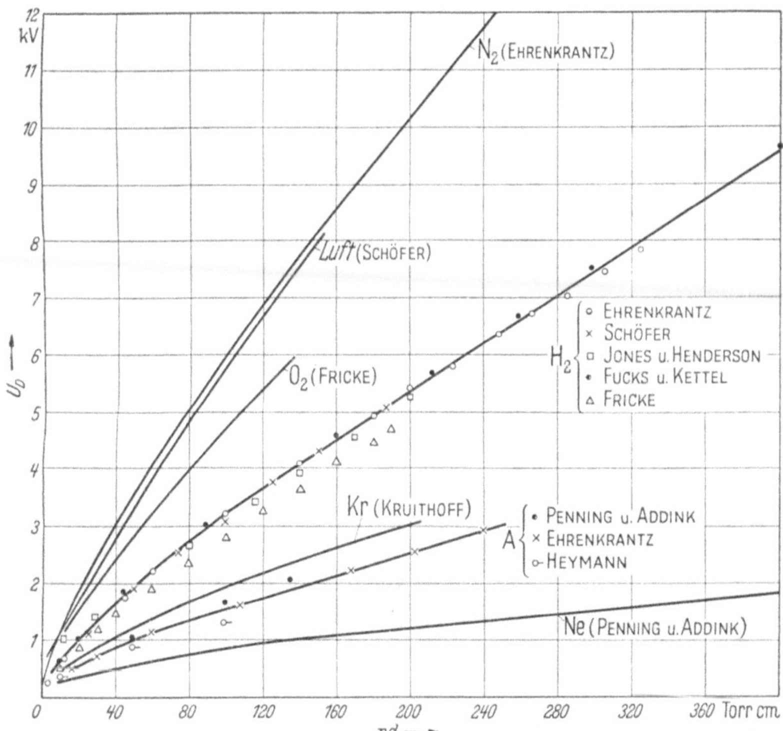

Abb. 51. Durchbruchspannungen im homogenen Feld in Abhängigkeit von pd nach Messungen von Ehrenkrantz [6], Fricke [8], Fucks u. Kettel [13], Heymann [14], Jones u. Henderson [15], Kruithoff [9], Penning u. Addink [11] und Schöfer [12]. (Druck bei den Molekülgasen auf 20° C, bei den Edelgasen auf 0° C bezogen.)

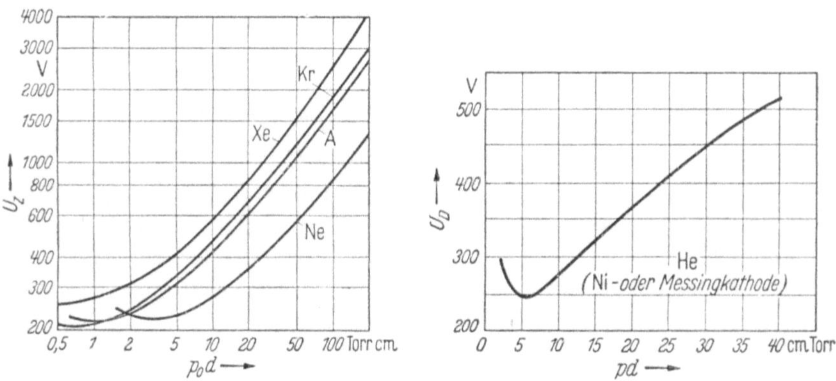

Abb. 52. Durchbruchspannungen im homogenen Feld in den Edelgasen (ohne He) in Abhängigkeit von pd bei 0° C nach Messungen von Kruithoff [9].

Abb. 53. Durchbruchspannung in Helium in Abhängigkeit von pd nach Levi [16].

sind je nach Höhe der E/p-Werte zweckmäßigerweise drei getrennte Bereiche zu unterscheiden.

Im **Weitdurchschlaggebiet** auf dem rechten Ast der PASCHEN-Kurve, also bei großen Elektrodenabständen und hohem Gasdruck, besitzt E/p im Bereich der Zündspannung verhältnismäßig niedrige Werte. Hier kann die Elektronenionisierung in guter Annäherung durch eine Gleichung der Form $\alpha/p = A_1 \exp(B_1 E/p)$ ausgedrückt werden. Wird diese Funktion in die Zündbedingung eingeführt, so entsteht

$$\ln(1/\Gamma + 1) = p\,d\,A_1 e^{B_1 \frac{E}{p}}$$

und mit $U_{\mathrm{D}} = E \cdot d$ für die Durchschlagspannung

$$U_{\mathrm{D}} = \frac{p\,d}{B_1} \ln \frac{\ln(1/\Gamma + 1)}{A_1 p\,d}. \tag{X, 3}$$

Die Durchschlagspannung nimmt somit etwas langsamer als verhältnisgleich mit $p\,d$ zu, sofern sich nicht etwa die Rückwirkungsausbeute Γ sehr stark ändert. Es müßte sich Γ wegen seiner nur doppeltlogarithmischen Auswirkung auf die Zündspannung allerdings schon um Zehnerpotenzen ändern, um merkliche Änderungen von U_{D} nach sich zu ziehen. Solche starken Änderungen mit $p\,d$ sind im Hinblick auf die physikalischen Vorgänge bei der Elektronennachlieferung höchst unwahrscheinlich. Bei alleiniger Änderung des Abstandes oder des Gasdrucks folgt die Durchschlagspannung der Änderung fast proportional.

Bei **mäßigem Unterdruck und kleinen Elektrodenentfernungen** empfiehlt sich zur Darstellung von $\frac{\alpha}{p} = f\left(\frac{E}{p}\right)$ für viele Gase eine quadratische Beziehung der Form $\alpha/p = A_2 \left(\frac{E}{p} - B_2\right)^2$. Damit folgt für die Durchschlagspannung im Feld des Plattenkondensators

$$\ln\left(\frac{1}{\Gamma} + 1\right) = A_2\, p\,d \left(\frac{U_{\mathrm{D}}}{p\,d} - B_2\right)^2$$

und

$$U_{\mathrm{D}} = B_2 \cdot p\,d + \sqrt{p\,d}\, \sqrt{\frac{1}{A_2} \ln\left(\frac{1}{\Gamma} + 1\right)}.$$

Mit abnehmendem $p\,d$ fällt nunmehr U_{D} stärker als zuvor; auch ist der Einfluß einer etwaigen Änderung des Γ etwas stärker ausgeprägt und müßte bei den Spannungsmessungen bereits erkennbar werden. Tatsächlich fanden JONES und HENDERSON [15] bei sorgfältigen Messungen in Wasserstoff unter reproduzierbaren Verhältnissen solche geringen Änderungen der Durchschlagspannung bei unterschiedlichen Kathodenwerkstoffen. Bei einer Auftragung der Durchschlagspannung über dem Produkt $p\,d$ liegt z. B. die Kurve für eine polierte Eisenkathode um den nahezu gleichbleibenden Betrag von rd. 20 V über der Kurve mit Kupfer als Kathode, die Kurve für Nickel und Aluminium liegt um etwa den gleichen Betrag darunter. Bei höheren $p\,d$-Werten mit Durchschlag-

spannungen über einigen tausend Volt wird die Differenz der Ordinatenwerte so gering, daß sie innerhalb der Meßgenauigkeit liegt und die Meßpunkte nicht mehr unterschieden werden können; bei Atmosphärendruck
oder darüber entsteht hierdurch zumindest bei den üblichen Kathodenwerkstoffen der Eindruck vollkommener Unabhängigkeit der Durchschlagspannung vom Kathodenmaterial.

Im Gebiet sehr kleiner pd-Werte (Nahdurchschlaggebiet) ist E/p
groß und α wächst nur noch verlangsamt, näherungsweise mit der Wurzel
aus E/p an: $\alpha/p = A_3 \sqrt{\dfrac{E}{p}} - B_3$. Es ist damit

$$\ln\left(\frac{1}{\Gamma} + 1\right) = pd\left(A_3\sqrt{\frac{E}{p}} - B_3\right),$$

woraus sich die Durchschlagspannung errechnet zu

$$U_\mathrm{D} = \left(\frac{B_3}{A_3^2}\right)^2 \cdot pd + 2\frac{B_3}{A_3^2}\ln\left(\frac{1}{\Gamma} + 1\right) + \frac{1}{pd} \cdot \frac{\ln^2(1/\Gamma + 1)}{A_3^2} \; . \quad (\mathrm{X}, 4)$$

Nunmehr kommt dem Wert von Γ eine wesentliche Bedeutung zu. Alle
Einflußgrößen wie Oberflächenbeschaffenheit und photoelektrische
Empfindlichkeit der Kathode sowie Photonenausbeute und -absorption
im Gas müssen sich jetzt merklich auf die Höhe der Zündspannung
auswirken.

c) **Die Minimumspannung.** Da U_D sowohl linear als auch verkehrt
proportional von pd abhängt, folgt aus den beiden gegenläufigen Abhängigkeiten nach (X, 4) ein kleinster Wert der Durchschlagspannung,
$U_{\mathrm{D}_{\min}}$, bei einem ganz bestimmten, von den Konstanten und Γ abhängigen
Wert von pd. Bei sehr kleinen pd-Werten, unterhalb des zum Minimum
gehörenden Werts, also auf dem linken Ast der PASCHEN-Kurve, überwiegt
der Einfluß des Gliedes von (X, 4) mit pd im Nenner den der beiden anderen Glieder; bei einer Verkleinerung von pd steigt die Durchschlagspannung in diesem Gebiet steil an. Die Begründung hierfür ist leicht zu
geben: Bei ständiger Verkleinerung des Druckes oder des Elektrodenabstandes verringert sich die Chance für ein an der Kathode befreites
Elektron immer mehr, beim Lauf zur Anode mit einer Gasmolekel zusammenzutreffen. Ist gar der Elektrodenabstand kleiner als die mittlere
freie Weglänge eines Elektrons, dann tritt die Mehrzahl der Elektronen in
die Anode ein, ohne ionisiert zu haben. So gehört z. B. zu $pd = 0{,}1$ Torr cm
und Nickelelektroden in Luft eine Durchschlagspannung von 4 kV.
Bei 1 cm Elektrodenabstand ist hierbei $E = 4000$ V/cm und $E/p =$
$4 \cdot 10^4$ V/cm Torr. Die mittlere freie Weglänge eines Elektrons ist unter
diesen Verhältnissen $\bar{\lambda}_\mathrm{E} = 4\sqrt{2}\,\bar{\lambda}_\mathrm{G} = 2{,}6$ mm; somit hat das Elektron
während seines Aufenthaltes im Entladungsraum Gelegenheit zu nur
wenigen Stößen mit den Gasmolekeln. Wenn auch Messungen bei solch
hohen E/p-Werten nicht vorliegen, so mag hier doch für eine ungefähre

Abschätzung die Annahme erlaubt sein, daß der Wert von α/p in der Größenordnung des bei erheblich niedrigeren E/p-Werten gemessenen liegt; nehmen wir $\alpha/p = 5$ an, so ist $\alpha = 0,5$, was bedeutet, daß ein Elektron auf seinem Weg zur Anode im Mittel noch nicht einmal ionisiert. Desgleichen ist die Photonenerzeugung aus demselben Grunde vernachlässigbar klein, so daß die Entladung erhaltende Elektronen in nennenswerter Anzahl wohl nur durch die Oberflächenionisierung positiver Ionen an der Kathode freigemacht werden können [17]. Die schwere Behinderung der Trägerbildung fordert hierfür allerdings ein erhöhtes elektrisches Feld, also eine bei kleinem pd-Wert hohe Spannung an den Elektroden, um die zum Zünden erforderliche Trägerzahl bereitstellen zu können.

Die Lage des Minimums der Durchschlagspannung läßt sich durch Differentiieren von (X, 4) nach pd und Nullsetzen des Differentialquotienten finden.

$$\frac{\mathrm{d}U_{\mathrm{D}}}{\mathrm{d}(pd)} = \left(\frac{B_3}{A_3}\right)^2 - \frac{\ln^2(1/\Gamma + 1)}{A_3^2(pd)^2} = 0;$$

$$(pd)_{\mathrm{min}} = \frac{\ln(1/\Gamma + 1)}{B_3}. \qquad (\mathrm{X,\ 5a})$$

Dies eingesetzt in die Gleichung der Durchschlagspannung (X, 4) ergibt für die *Minimumspannung* selbst

$$U_{\mathrm{D_{min}}} = 4\,\frac{B_3}{A_3^2}\ln\left(\frac{1}{\Gamma} + 1\right). \qquad (\mathrm{X,\ 5b})$$

Mit einer kleineren Potentialdifferenz als der Minimumspannung kann ein Gas keinesfalls durchschlagen werden. Für die meisten Gase liegt $(pd)_{\mathrm{min}}$ zwischen 0,5 und 4 Torr cm, $U_{\mathrm{D_{min}}}$ zwischen 100 und 400 V, E/p beim Zünden oberhalb 300 bis weit über 1000 V/cm Torr. So hat beispielsweise MEYER [10] mit Messingelektroden in trockener und sauberer Luft für $U_{\mathrm{D_{min}}}$ 327 V bei $(pd)_{\mathrm{min}} = 0,567$ Torr cm gefunden, FREY [7] für Stickstoff unter gleichen Verhältnissen $U_{\mathrm{D_{min}}} = 266$ V bei $(pd)_{\mathrm{min}} = 0,637$ Torr cm, für Wasserstoff $U_{\mathrm{D_{min}}} = 238$ V, $(pd)_{\mathrm{min}} = 1,04$ Torr cm. Für sehr gut gereinigten und völlig trockenen, jedoch nicht quecksilberdampffreien Wasserstoff findet FRICKE [8] mit Eisenelektroden das Minimum von 292 V bei 1,43 Torr cm, für Sauerstoff unter den gleichen Bedingungen bei 0,44 Torr cm und 440 V. In Benzoldampf ist $U_{\mathrm{D_{min}}} = 489$ V bei $(pd)_{\mathrm{min}} = 0,24$ Torr cm (Alu-Elektroden) [80]. In freier Atmosphäre müßten Messingelektroden bis auf $\frac{0,567}{760} = 7,5\,\mu$ einander genähert werden, um mit der kleinstmöglichen Spannung von rd. 327 V einen Durchschlag durch die trennende Gasschicht zu erzwingen. Eine noch weitere Verkleinerung von pd unter den Wert von $(pd)_{\mathrm{min}}$

hat einen Wiederanstieg der Durchschlagspannung zur Folge. Ältere Untersuchungen glaubten zwar noch niedrigere Durchschlagspannungen bei Elektrodenabständen von einigen Wellenlängen des sichtbaren Lichts gefunden zu haben, doch konnte gezeigt werden, daß diese Messungen durch die hohen elektrostatischen Zugkräfte zwischen den Elektroden und die nicht ausreichend starre Versuchsanordnung verfälscht waren.

Die Höhe des Spannungsminimums erweist sich nur von den Konstanten der Elektronenionisierung und dem Zahlenwert der Rückwirkungsausbeute abhängig. Nachdem die Nachlieferungselektronen vorzugsweise durch die positiven Ionen an der Kathode ausgelöst werden, gewinnt die Austrittsarbeit des Kathodenmetalls und damit die Ober-

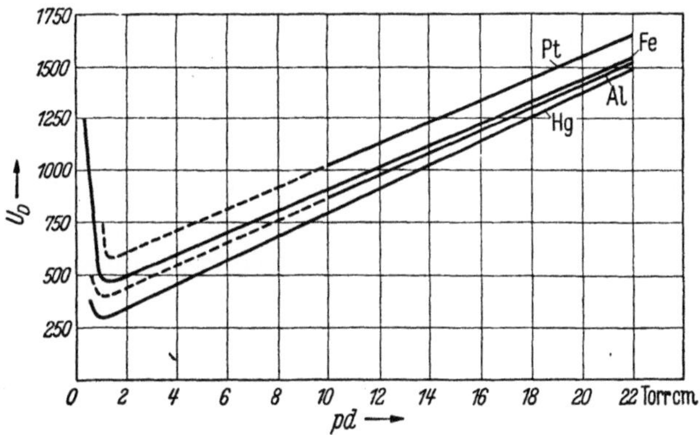

Abb. 54. Durchschlagspannung in Quecksilberdampf mit Kathoden aus Pt, Fe, Alu und Hg [18].

flächenbeschaffenheit der Kathode entscheidenden Einfluß auf die Höhe der Durchschlagspannung im Bereich des Minimums (s. hierzu beisp. Abb. 54 mit Messungen der Durchschlagspannung in Quecksilberdampf mit verschiedenen Kathodenwerkstoffen). Zwar konnte Frl. STÜCKLEN [19] einen solchen Einfluß nicht feststellen, auch nicht beim Versuch, durch Schaben der Kathodenoberfläche bei Unterdruck eine reine Metallfläche zu gewinnen; nur bei Zink in einer Stickstoffatmosphäre war ein geringer Spannungsunterschied von rd. 10 V nachweisbar. Doch kann die Ursache für das Mißlingen dieser Versuche darin vermutet werden, daß sich die Metallfläche bereits unmittelbar oder doch sehr bald nach dem Abschaben von neuem mit einer wenig unterschiedlichen Fremdschicht bedeckte und die kurz darauffolgende Spannungsmessung bereits wieder eine verunreinigte Kathode vorfand und keineswegs bei reiner Kathodenoberfläche erfolgte.

Es erbringt keinen Nutzen, all die vielfach gemessenen Werte der Minimumspannung für die wichtigeren Gas–Metallkombinationen anzuführen, weil die Angaben doch je nach den jeweiligen Versuchsbedingungen in Abhängigkeit von der Beschaffenheit der Kathodenoberfläche und den Verunreinigungen im Gas mehr oder weniger stark schwanken. Nur für einige chemisch wenig aktive und völlig reine Gase sind in den Tab. 12 u. 13 einige neuere Messungen der Minimumspannung zusammen-

Tabelle 12. *Minimumspannungen (in Volt) für verschiedene Gas–Metallkombinationen in völlig reinen Gasen.*

Kathoden-werkstoff	Gasart						
	He	Ne	A	Kr	Xe	H_2	N_2
Ba	157	129	94	104	83		
Mg	160	150	123	115	120		
Alu	189	160	154	135	150		
Fe		244	265				
Pt			195			295	275

gestellt. Die Werte in den Edelgasen mit Ba-, Mg- und Alu-Kathode sind von JACOBS und LA ROCQUE [20] angegeben, mit Fe- und Pt-Kathode von PENNING und ADDINK [11], die Messungen in H_2 und N_2 mit Platinelektroden von EHRENKRANTZ [6], in H_2 bei einer Reihe anderer Kathodenwerkstoffe von JONES und HENDERSON [15]. In schwerem Wasserstoff (Deuterium, D_2) liegen nach JONES [21] die Minimumspannungen bei denselben Kathodenwerkstoffen, für welche die Tabelle 13 gilt, gegenüber dem normalen Wasserstoff durchweg um rd. 3% höher; bei erhöhtem pd-Wert liegen allerdings die Durchschlagspannungen in Wasserstoff höher. Die Zusammenstellungen lassen erkennen,

Tabelle 13. *Minimumspannungen (in Volt) in völlig reinem Wasserstoff [15].*

Kathodenwerkstoff	$U_{D_{min}}$ (bei $E/p = 230$)
Handelsübliches Aluminium	256
Reines Aluminium	266,5
Nickel	279,6
Oxydierter Stahl	280
Kupfer	295
Polierter Stahl	312,5

daß die Minimumspannungen eindeutig vom Werkstoff der Kathode abhängen und daß mit abnehmender Ionisierungsspannung eines Gases und kleinerer Austrittsarbeit aus der Kathode im allgemeinen auch die Minimumspannung sinkt. In gleicher Weise wirkt sich die Anwesenheit von Verunreinigungen und die Oxydation einer blanken Metallfläche aus. Frl. EHRENKRANTZ [6] findet, daß unter dem Einfluß der Kathodenzerstäubung die Minimumspannung einer Platinkathode in Wasserstoff von rd. 200 V langsam auf einen Endwert von 275 V ansteigt. Mit steigender Kathodentemperatur fällt die Minimumspannung [88], ebenso bei Zugabe von ganz wenig Wasserdampf zu völlig trockener Luft [90].

d) Einfluß von Gasverunreinigungen auf die Zündspannung. Der Einfluß geringer Beimischungen zum Hauptgas auf die Elektronenionisierung wurde bereits S. 122 besprochen. Ist die in einer metastabilen

Anregungsstufe des Grundgases gespeicherte Energie größer als die Ionisierungsarbeit der Beimischung, dann beginnt die Volumenionisierung bereits bei erniedrigter Feldstärke und ergibt bei gleichen Elektrodenspannungen eine größere Trägerzahl als im reinen Gas. Die so begünstigte Elektronenlawine läßt den Durchschlag bei niedrigerer Spannung eintreten. Wegen seiner kleinen Anregungsspannung dürfte aus diesem Grund Argon auf die Beimischung von Fremdgasen nur wenig empfindlich sein, dagegen ist für Helium und Neon eine starke Abhängigkeit der Zündspannung von Fremdgaszusätzen zu erwarten.

Über diese Erniedrigung der Zündspannung in Edelgasen (bei Zumischung von Hg, A, Kr, H_2 und N_2 zu Ne) berichten HUXLEY [22], TOWNSEND und MCCALLUM [23] und vor allem PENNING [24, 25, 44], dem auch unter besonders sorgfältig gewählten Arbeitsbedingungen die Deutung des Effekts gelang. Abweichungen von der Regel (bei NO-Zusatz zu A und ausgeglühten Fe-Elektroden) ließen sich durch das Auftreten eines Nebeneffektes erklären [26]. Allerdings müssen sich Verunreinigungen eines Gases nicht immer zündspannungserniedrigend auswirken. Es können die Beimischungen auch die entgegengesetzte Wirkung haben oder ohne Einfluß bleiben, und zwar dann, wenn ihre Ionisierungsspannung so hoch liegt, daß etwaige Metastabile des Hauptgases nicht mehr ionisierend, sondern bestenfalls anregend wirken. Sie können aber auch zu einer Erhöhung der Zündspannung führen, wenn ihre Anwesenheit mit einer Verminderung der Zahl freier Elektronen verbunden ist, wie beispielsweise in den elektronegativen Gasen. Schon bei spurenweisem Vorkommen von z. B. O_2, SO_2 oder den Halogenen lagern sich die Elektronen an, wodurch sie für den weiteren Aufbau der Entladung verlorengehen; nur in hohen elektrischen Feldern können sie durch kräftige Stöße wieder abgelöst werden. Zur Ausbildung der Zündlawine muß dann die Feldstärke entsprechend erhöht werden.

Von der Art und dem Anteil der Beimischung hängt es somit ab, ob und in welcher Richtung sich die Zündspannung ändert. Beispielsweise wird sie in Argon nach Messungen von KLARFELD [27] schon durch äußerst geringe Beimengungen unedler Gase so stark erhöht, daß die Verfolgung der Zündspannung ein einfaches Mittel zur Überprüfung des Reinheitsgrades des Gases bildet. LEVI [16] findet, daß mit fortschreitender Reinigung die Zündspannung zunächst sinkt, um dann rasch anzusteigen; unentschieden bleibt hierbei allerdings, ob an dieser Änderung der Zündspannung eine druck- und gasabhängige Beschaffenheit der Kathodenoberfläche beteiligt ist. Nach ZOUCKERMANN [79] wird durch eine Hg-Dampfbeimischung die Zündspannung in A stets erniedrigt, während in O_2 nur im Bereich des Durchschlagminimum seine Absenkung erfolgt und bei erhöhtem Druck die Zündspannung des verunreinigten Gases höher liegt.

Die Durchschlagspannungen von Neon–Argon-Mischungen sind nach Messungen von PENNING und ADDINK [*11*] in Abb. 55 als Funktion von $p_0 d$ im Bereich des Minimums für verschiedene Mischungsverhältnisse bei einem gleichbleibenden Elektrodenabstand von $d = 2$ cm aufgetragen. Schon äußerst kleine Beigaben von Argon drücken die Durchschlagspannung im Gebiet $p_0 d > (p_0 d)_{\min}$ erheblich herunter. So ist beispielsweise ein Zusatz von nur $10^{-4}\%$ Argon deutlich nachweisbar; durch eine Beimischung von nur $10^{-3}\%$ Argon, bei der also auf je 100000 Neonatome nur 1 Argonatom entfällt, kann die Zündspannung des Neons unter Umständen um weit mehr als 100 V erniedrigt werden. Sogar zwei Minima der Durchschlagspannung in Abhängigkeit von $p_0 d$ können beim selben Mischungsgrad auftreten. Unter solchen Verhältnissen ist demnach das PASCHEN-Gesetz nicht mehr erfüllt. Die stärkste Spannungserniedrigung stellt sich bei einem Argonzusatz von $0,1\%$ ein. Bei weiterer Argonzumischung verlieren die zur Anode laufenden Elektronen in steigendem Maße ihre Energie bei unproduktiven Anregungsstößen mit Argonatomen, allerdings findet dann auch bereits eine unmittelbare Ionisierung des Zusatzgases statt. Insgesamt wird jedoch die Trägerausbeute geringer, und die Durchschlagspannung steigt an.

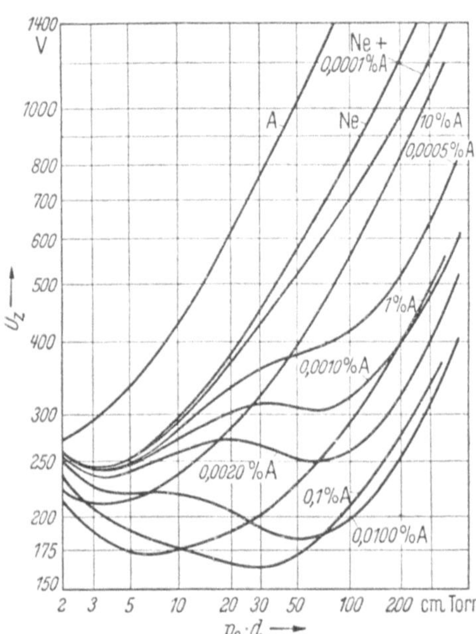

Abb. 55. Durchschlagspannungen von Neon–Argon-Gemischen in Abhängigkeit von $p\,d$ bei 0° C.

Eine eindrucksvolle Bestätigung seiner Deutung des Einflusses geringer Beimengungen niedriger Ionisierungsspannung auf die Zündspannung eines Gases konnte PENNING [*28*] dadurch erbringen, daß er die Neon-Entladungsstrecke mit dem Licht einer Neonröhre bestrahlte. Durch die Fremdbestrahlung mit dem Eigenspektrum des Gases werden die in der Entladung metastabil angeregten Neonatome durch Absorption der einfallenden Lichtquanten gerade passender Wellenlänge auf eine höhere Energiestufe gebracht, von wo sie nach kürzester Zeit in einen Zustand erniedrigter Energie zurückkehren, entweder wieder zur metastabilen Stufe oder zum Teil auch in den Grundzustand. Dieser letztere

Teil der Neonatome kann als Folge der Vernichtung metastabiler Zustände keine Argonatome mehr ionisieren; dadurch sinkt die totale Ionisierungsausbeute, und die Zündspannung steigt an. Das Ausmaß der Erhöhung ist vom Mischungsverhältnis und vom Gasdruck abhängig. Abb. 56 gibt für einen Druck von $p_0 = 18{,}4$ Torr diesen Einfluß der Bestrahlung für veränderlichen Elektrodenabstand wieder. Schon bei einer minimalen, durch sonstige Hilfsmittel nicht mehr nachweisbaren Verunreinigung kann eine geringe Überhöhung der Zündspannung festgestellt werden. Bei 0,0011% Argonzugabe ist der Effekt am stärksten ausgeprägt. Größere Beimischungen erhöhen die Aussicht für ein metastabiles Neonatom, schon nach einem Bruchteil seiner natürlichen Lebensdauer mit einem Argonatom zusammenzutreffen und dieses zu ionisieren, wodurch die Behinderung der Trägerbildung durch Bestrahlung verringert wird. Mit zunehmendem Elektrodenabstand wird der Unterschied der Zündspannungen für den bestrahlten und unbestrahlten Zustand ständig größer; so beträgt die Differenz bei 4 cm Plattenabstand beim wirkungsvollsten Mischungsverhältnis über 150 V. Bei festgehaltenem Mischungsgrad gibt es einen bestimmten Druck, bei dem die Spannungsunterschiede am größten sind. Bei hohem Druck ist der Bestrahlungseinfluß nur noch geringfügig.

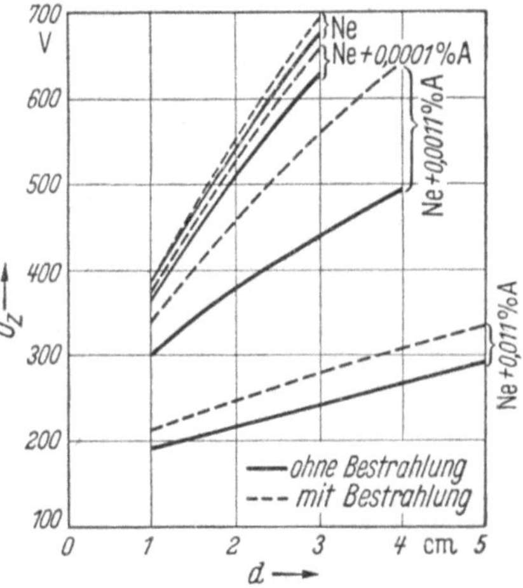

Abb. 56. Zündspannungserhöhung eines Ne—A-Gemisches bei Bestrahlung mit einer Neonlampe [28].

Unabhängig von diesem negativen PENNING-Effekt ist selbstverständlich die Erscheinung, daß eine Bestrahlung der Kathode mit kurzwelligem Licht mehr Anfangselektronen bereitstellt und diese Vergrößerung des Fremdstromes zu einer mäßigen Absenkung der Zündspannung führen kann. Eine solche Erniedrigung um gut ausmeßbare Beträge ist von mehreren Seiten festgestellt worden und wird an anderer Stelle gesondert behandelt (Kap. XVIII).

e) Die Zündspannung im Nahdurchschlaggebiet. Die Bestimmung der Höhe der Durchschlagspannung bei kleineren pd-Werten als dem zur minimalen Spannung gehörigen Wert wird dadurch erschwert, daß in diesem Gebiet zu einem längeren Funken eine niedrigere Durchschlagspannung gehört. Die unbehinderte Entladung bildet sich dann nicht mehr an der Stelle kleinster Elektrodenentfernung im Mittelteil des von planparallelen Platten begrenzten Raumes, sondern wandert aus und setzt etwa an den Elektrodenkanten oder rückwärtigen Flächen an, sofern ihr dieser Weg offen steht (*Umwegentladung*). Es ist daher erforderlich, die Randpartien der Elektroden abzudecken bzw. zu verkleiden, um die Entladung zu zwingen, längs des kleinsten Elektrodenabstandes zu brennen. Dies kann bei nicht allzu hohen Spannungen und bei Inkaufnahme eines beträchtlichen Wandeinflusses durch gelochte Isolierdistanzscheiben geschehen, die nur den Mittelausschnitt der Elektroden freilassen [10], durch seitlichen und rückwärtigen Abschluß der Elektroden oder zumindest der Kathode durch ein übergeschobenes, enganliegendes Glasrohr [29 bis 31] oder auch durch besonders geformte Glasschutzkappen, die sowohl die Ränder und Rückseiten der Elektroden als auch die Zuleitungen vollkommen umhüllen [32]. Für sehr hohe Spannungen dürfte zur Vermeidung von Gleitentladungen längs der Isoliertrennstrecken das letztgenannte Verfahren das zweckmäßigste sein, wie es nach einer Ausführung von FRICKE [32] in Abb. 57 dargestellt ist.

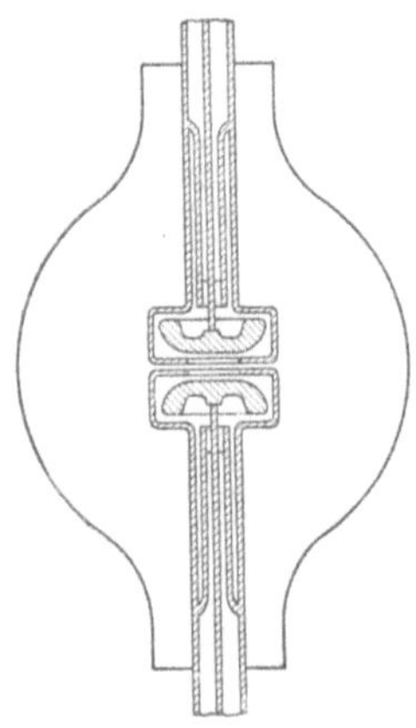

Abb. 57. Prüffunkenstrecke für das Nahdurchschlaggebiet.

Wegen der geringen technischen Bedeutung dieses Druckbereiches zwischen dem Hochvakuum und dem Gebiet der eigentlichen Niederdruckentladungen sowie wohl auch wegen der eben aufgezeigten experimentellen Schwierigkeit liegen nur verhältnismäßig wenige Messungen vor. Die früheste Messung im Nahdurchschlaggebiet ist die von CARR [33] mit Spannungen nur bis 1800 V, auf die erst sehr viel später weitere Untersuchungen bis zu wesentlich höheren Spannungen und mit besser gereinigten Gasen folgten. Zu nennen sind hier die Arbeiten von FRICKE [32] bis zu den höchsten noch beherrschbaren Spannungen mit reinem, jedoch nicht Hg-freiem Stickstoff, von CERWIN [31] in Hg-freier Luft bis zu 80 kV, ferner von QUINN [34] bei Spannungen bis zu 23 kV. Abb. 59 gibt das Ergebnis der Messungen von QUINN bei $d = 17{,}2$ mm in der PASCHEN-Darstellung für die quecksilberfreien Gase Luft, CO_2, H_2 und He unter Verwendung einer entgasten Nickelkathode. Für Luft ist eine weitere Kurve eingetragen, die mit einer Stahlkathode bei $d = 13{,}5$ mm gewonnen wurde. Gegenüber den Werten für Nickelkathode und etwas größerem Elektrodenabstand liegt die Durchschlagspannung bei gleichem pd-Wert höher; diese Abweichung ist jedoch nicht etwa auf eine Ungültigkeit des PASCHEN-Gesetzes zurückzuführen, das sich bei den Messungen sehr gut erfüllt erwies, sondern ist eine Folge der Verschiedenartigkeit der Kathodenwerkstoffe und ihrer Γ-Werte. Aus den Angaben von CERWIN für Elektrodenabstände von 2—9,8 mm, der gleichfalls das

PASCHEN-Gesetz bei nicht allzu hohen Spannungen recht gut erfüllt findet, ist eine weitere Luftkurve zusammengestellt (gestrichelt in Abb. 59), die zwischen den beiden QUINNschen Luftkurven verläuft. Der

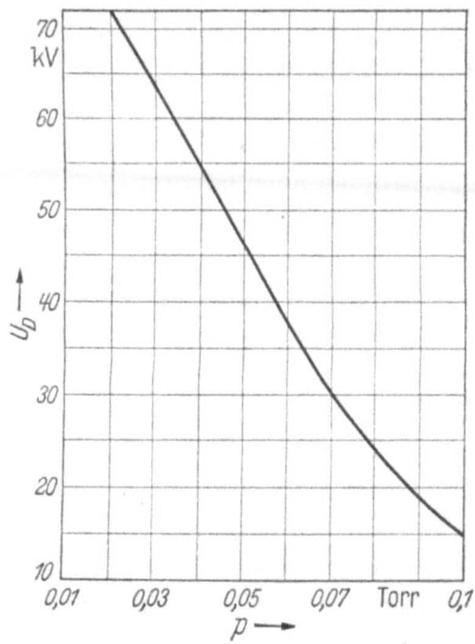

Abb. 58. Zündspannung im Nahdurchschlaggebiet in Stickstoff bei einem Plattenabstand von $d = 1{,}37$ cm [32].

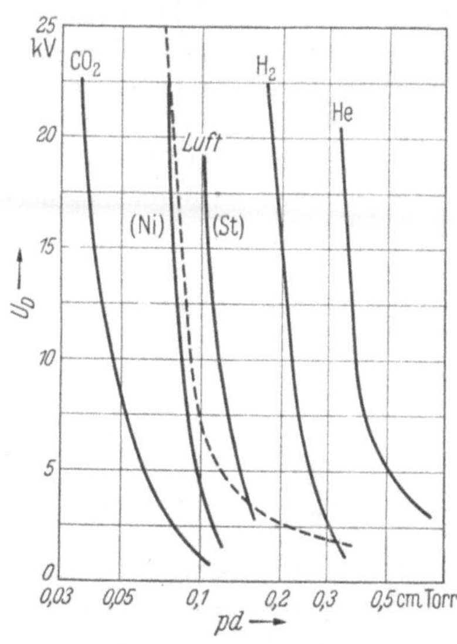

Abb. 59. Zündspannung im Nahdurchschlaggebiet für verschiedene Gase in Abhängigkeit von pd (bei 22° C).

steil ansteigende Teil der Kurven ist nahezu gerade und kann daher durch eine Gleichung der Form $U_D = a - b \ln pd$ erfaßt werden.

In Helium erhielt PENNING [30, 35] unterhalb von $(pd)_{min}$ nicht den erwarteten glatten Anstieg der Durchschlagspannung bei kleiner werdender Schlagweite und konstantem Druck, sondern eine merkwürdige Form der Kurve mit einem Minimum in bezug auf die Abszisse bei einem gewissen Elektrodenabstand (Abb. 60). Innerhalb eines bestimmten Abstandsbereichs kann die Durchschlagspannung d r e i verschiedene Werte annehmen, und zwar zwei für zunehmende und einen für abnehmende Elektrodenspannung. Nur für Werte von U_D und d im Gebiet rechts der Kurve zündet die Entladung, nicht aber für kleinere Elektrodenabstände. Oberhalb des Umkehrpunktes für kleinsten Elektrodenabstand muß die Spannung bis zu dem durch den eingestellten Abstand vorgeschriebenen Wert erniedrigt oder auch noch weiter erhöht werden, um die Zündung herbeizuführen. Daß hier Wandeinflüsse und Feldverzerrungen mit-

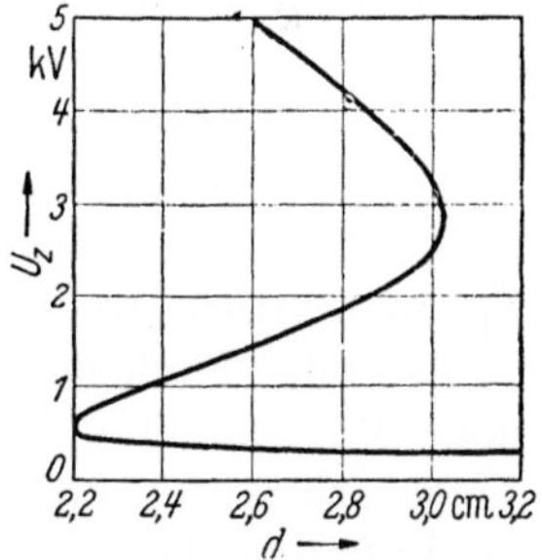

Abb. 60. Durchschlagspannung in reinem Helium bei veränderlichem Elektrodenabstand und konstantem Druck $(p_0 = 0{,}84$ Torr).

spielen und nicht mehr die übersichtlichen Verhältnisse des homogenen Feldes vorliegen, geht daraus hervor, daß der Effekt besonders gut bei einer besonderen Formgebung der Elektroden (Hohlelektrode mit eintauchender Gegenelektrode) beobachtet werden konnte. Ob die zur Deutung des Kurvenverlaufs gegebene und auch von LOEB [36] vertretene Erklärung, wonach der Umkehrpunkt bei niedriger Spannung durch ein wahrscheinliches Maximum der Elektronenionisierung verursacht wird, auf das bei erhöhten E/p-Werten ein Abfall der Ionisierungsausbeute und ein neuerlicher Wiederanstieg der Trägerzahl bei noch höherer Spannung wegen der Zunahme der Rückwirkungsausbeute folgt, die einzig mögliche ist, mag dahingestellt bleiben. QUINN [34] betont jedenfalls, daß er solche Unregelmäßigkeiten bei seinen Messungen, die allerdings mit etwas kleinerem Elektrodenabstand durchgeführt wurden, nicht auffinden konnte.

Eine Betrachtung über die Stabilität bzw. Instabilität der Entladung in den auftretenden negativen Bereichen der Strom-Spannungscharakteristik bei Reihenschaltung eines OHMschen Widerstandes findet sich bei PENNING [30, 37].

f) Die TOWNSEND-Entladung im ungleichförmigen Feld. Nur im annähernd homogenen Feld führt die Einleitung einer Gasentladung wegen der gleichmäßig hohen Feldstärke zwischen den Elektroden zu einem Zusammenbruch des Dielektrikums längs der gesamten Elektrodenentfernung. Nachdem bei stark gekrümmten Elektroden der größte Teil des verfügbaren Potentials in nächster Umgebung der Elektroden abfällt und für den übrigen Entladungsraum nur ein bescheidener Anteil der gesamten Potentialdifferenz übrig bleibt, sind in diesem schwachen Feld die Voraussetzungen für eine Trägervermehrung nicht gegeben; die in Elektrodennähe bei der *Zünd-* oder *Anfangsspannung* gebildete unvollkommene Entladung kann auf das feldschwache Gebiet nicht übergreifen. Das instabile Anwachsen der Trägerzahl beim Übergang von einem Zustand praktischer Nichtleitung zu einem solchen erhöhter Leitfähigkeit vermag nicht zu einer enormen Stromsteigerung und zu einem Spannungssturz als Begleiterscheinung eines die Trennstrecke kurzschließenden Funkens zu führen, sondern es stabilisiert der verbleibende hohe Widerstand der nichtdurchbrochenen Gasstrecke, die nur den Trägertransport zwischen Glimmzone und Gegenelektrode vermittelt, die Entladung bei einem hohen Wert der Elektrodenspannung und vergleichsweise mäßiger Stromstärke.

Der grundsätzliche Vorgang beim Zünden der Glimm- oder Koronaentladung ist derselbe wie im gleichförmigen Feld. Es muß gemäß der Zündbedingung $1 = \Gamma \left(\exp\left[\int_0^d \alpha\, dx\right] - 1 \right)$ im Mittel jeder Ladungsträger während seines Aufenthalts in der Entladungsstrecke einen gleichwertigen

Ersatz schaffen, damit die Entladung selbständig werden kann. Ein in anderen Fällen durchaus möglicher Rückwirkungsmechanismus, nämlich die Elektronenbefreiung aus der Kathode unter dem Aufprall positiver Ionen, muß im inhomogenen Feld einer scharfgekrümmten Anode bei weitentfernter Kathode vor allem bei hohem Druck als ausgeschlossen gelten. Bei der Koronaentladung einer positiven Spitze gegen Platte oder eines positiv gegen seine Umgebung aufgeladenen Drahtes können die Nachlieferungselektronen sicherlich nur durch den Eigenphotoeffekt der Lawine im Gas und nicht mehr an der in einem sehr schwachen Feld liegenden weitentfernten Gegenelektrode ausgelöst werden.

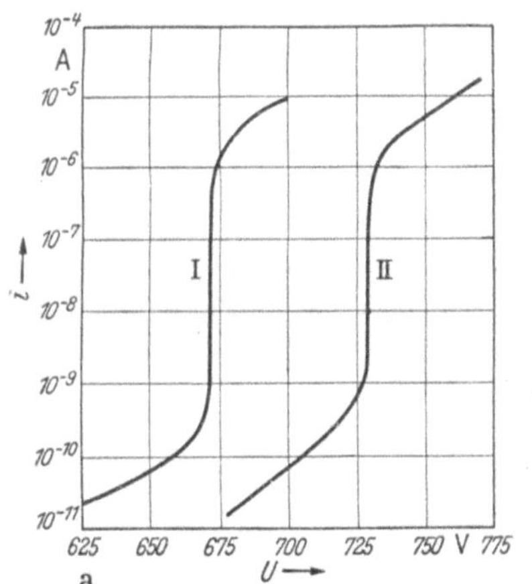

Über Strom-Spannungsmessungen an koaxialen Zylindern im Bereich der Zündspannung berichten PENNING [44] (Neon, $p_0 = 37$ Torr, $r = 0,088$ cm, $R = 2,3$ cm, Eisenzylinder), WERNER [47]

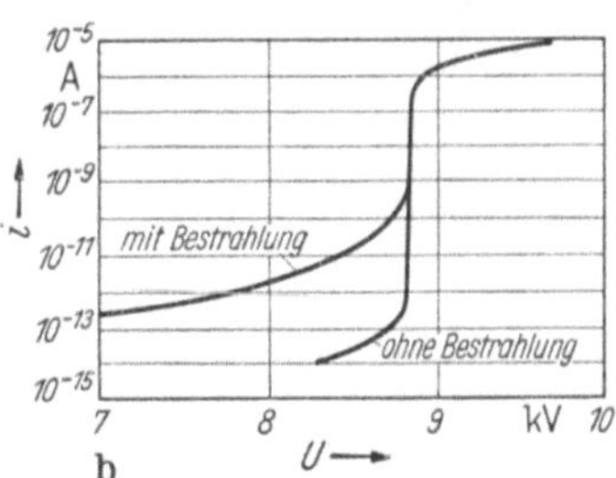

Abb. 61. Zündspannung bei koaxialen Zylinderelektroden.
a) (I WERNER [47], II PENNING [44]);   b) (JODLBAUER [48]).

($r = 0,005$ cm, Kupferzylinder mit $R = 0,5$ cm, H_2 von 50 Torr) und JODLBAUER [48] (Luft, $r = 0,025$ cm, Kupferzylinder von $R = 2$ cm)[1,2]. Ihre gleichartigen Ergebnisse für positiven Draht gegen geerdeten Hüllzylinder sind in Abb. 61 wiedergegeben. Im Gebiet der unselbständigen Entladung mit starker Abhängigkeit des Vorstromes von Intensität und Wellenlänge der Fremdeinstrahlung steigt der Strom bei Erhöhung der Spannung nach Maßgabe der Elektronenionisierung näherungsweise exponentiell an. Wenig unterhalb der Zündspannung U_Z verschnellert sich der Anstieg als Folge der zusätzlichen Bildung von Nachlieferungselektronen unter der Rückwirkung der Lawinenprodukte, möglicherweise auch als

---

[1] Über entsprechende Messungen im Spitze–Platte-Feld s. [86].
[2] Erst nach Niederschrift des Manuskripts bekanntgewordene Messungen von MILLER u. LOEB [89] in reinem N_2, O_2 und Mischungen dieser Gase ($r = 0,075$ mm, Pt; $R = 14,2$ mm, Ni; $p = 27 - 760$ Torr) konnten hier nicht mehr berücksichtigt werden.

Folge einer bereits merklich werdenden Feldverzerrung durch die positiven Ionen. Mit dem Erreichen der Zündspannung schnellt der Strom in fast senkrechtem Anstieg auf einen rd. tausendfach größeren Wert. Die jetzt selbständig gewordene Entladung kann jedoch wegen ihrer Begrenzung auf eine dünne Gashülle um den Draht keinen unbegrenzt anwachsenden Strom führen. Die Spannung an den Elektroden bricht daher auch nicht zusammen, sofern die Widerstände der äußeren Strombahn nicht zu hochohmig sind. Der Innenleiter umgibt sich beim Entladungseinsatz mit einer sehr schwach leuchtenden Schicht, deren Dicke zunächst Bruchteile eines Millimeter nicht übersteigt. Soll ein weiter vergrößerter Strom bei mäßiger Erweiterung des Glimmhüllendurchmessers und Verstärkung der Leuchterscheinung erzwungen werden, so muß die treibende Spannung erhöht werden. In einem letzten instabilen Stromanstieg wird dann schließlich bei weiter erhöhter Spannung der vollkommene Durchbruch als Funkenentladung mit nachfolgendem Lichtbogen herbeigeführt.

Bei negativ aufgeladenem Draht schwanken die Stromwerte in unregelmäßiger Weise und sind nicht mehr reproduzierbar. Dies hat seine Ursache darin, daß nunmehr die Nachlieferungselektronen nicht mehr aus der homogenen Gashülle des Drahtes, sondern aus der Drahtoberfläche selbst unter ständig wechselnden Bedingungen freizumachen sind. Die in Abhängigkeit von Rauheit, Reinheitsgrad und Gasbeladung recht verschiedenartige Austrittsarbeit längs des Drahtes läßt die Entladung jeweils an der Stelle gerade geringster Austrittsarbeit ansetzen. Die hier aufprallenden Ionen vermögen adherierte Gashäutchen der Oberflächenschicht durch Kathodenzerstäubung abzutrommeln; das kurzzeitig zu Tage tretende reine Grundmetall hat oft eine höhere Austrittsarbeit als seine Umgebung, weshalb die Entladung abreißt und an Nachbarstellen von neuem einsetzt. Diese Unregelmäßigkeiten, unterstützt durch später noch zu besprechende Raumladungseffekte (S. 361), führen zu einer unsteten Entladung mit flackernder Lichterscheinung und verhindern die Aufnahme einer eindeutigen Strom-Spannungskurve bei negativem Draht. Damit verbleibt zur Verwendung bei GEIGER-Zählrohren, wo der Effekt der Stromsteigerung um einige Zehnerpotenzen durch Einleiten der bloß gasverstärkten oder der selbständigen Entladung seine praktische Verwertung findet, nur die Schaltung mit positivem Zentraldraht und negativer Zylinderwand.

Eine größere Anzahl genauer Messungen der Einsatzspannung im ungleichförmigen Feld liegt für die Anordnung zweier koaxialer Zylinder vor. Auch hier fällt die Anfangsspannung mit sinkendem Druck in gleicher Weise wie im gleichförmigen Feld, um nach Durchschreiten eines Minimums wegen der Behinderung der Trägererzeugung durch den Mangel an ionisierbaren Molekeln schroff anzusteigen.

Entsprechend den unterschiedlichen dielektrischen Festigkeiten kommt wiederum der Edelgasgruppe niederste und den stark elektronegativen Gasen höchste Zündspannung unter sonst gleichen Verhältnissen zu. Als typisch für das Verhalten ihrer jeweiligen Gruppe seien hier die Zündspannungen von A, H_2, O_2 und CCl_2F_2 (Dichlordifluormethan, Frigen (Freon 12)) in Abhängigkeit vom Druck für beide Polaritäten nach Messungen von Craggs und Meek [38] miteinander verglichen (Abb. 62). Die Versuchsdaten sind hierbei: Wo-Innenelektrode mit $r = 0,063$ cm, Kupfer-Hüllzylinder mit $R = 1,25$ cm, keine extreme Reinheit von Elektroden und Gas, Gleichspannung. In Abhängigkeit vom Druck durchläuft die Einsatzspannung der Glimmentladung ein Minimum, das für beide Polaritäten im selben Druckbereich (bei oder unter 2 Torr) liegt, um anschließend wieder anzusteigen. Hierbei liegt im allgemeinen die Kurve für eine Konzentration des Feldes an der Kathode unterhalb der für eine Feldverdichtung an der Anode. Nur im Falle des Sauerstoffs überschneiden sich beide Kurven bei einem Umkehrpunkt rechts vom Minimum.

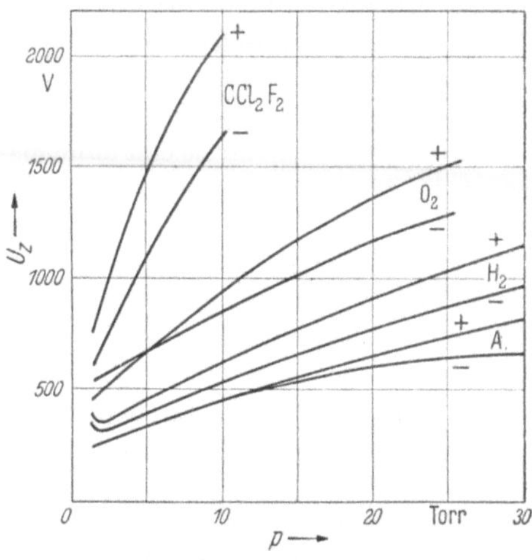

Abb. 62. Zündspannung zwischen koaxialen Zylinderelektroden in Abhängigkeit vom Druck für beide Polaritäten ($r = 0,063$ cm, $R = 1,25$ cm).

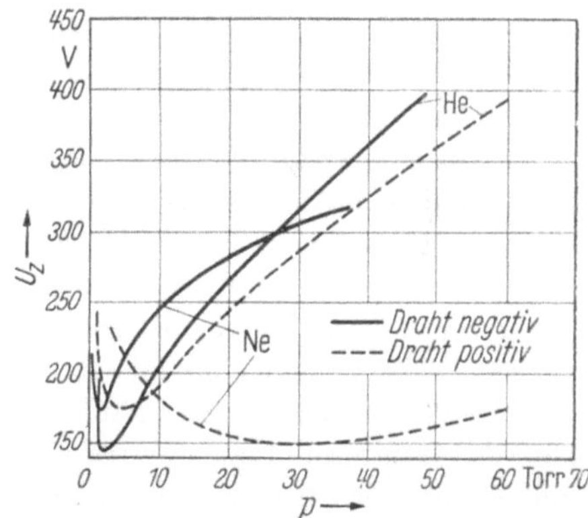

Abb. 63. Zündspannung in Helium und Neon im Zylinderfeld nach Huxley [39] ($2r = 1,65$ mm, $2R = 4,6$ cm; Nickelelektroden).

Weitere Messungen von Huxley [39] mit Helium und Neon ($2r = 1,65$ mm) (Abb. 63) sowie mit Stickstoff [40], von Bruce [41] mit Wasserstoff ($2r = 1,65$ und $3,16$ mm) und von Boulind [42] mit Luft, Sauerstoff und Kohlendioxyd ($2r = 3,16$ mm), alle unter Verwendung von Nickelelektroden und eines Außenzylinders von 4,6 cm Durchmesser sowie sorgfältig gereinigter Gase, zeigen, daß nicht nur bei Sauerstoff die Zündspannungskurven sich überschneiden, sondern daß gleiches auch für Luft (mit fast übereinstimmendem Kurvenverlauf wie bei Sauerstoff) und für die Edelgase Helium und Neon gilt. In Neon ist der Effekt am stärksten ausgeprägt (s. Abb. 63); das Minimum der positiven Einsatzspannung liegt in diesem Gas bei dem ausnahmsweise hohen Druck von rd. 30 Torr und erreicht nur die Hälfte der bei gleichem Druck benötigten Zündspannung einer Innenkathode. Allerdings konnte PENNING [43, 44] wahrscheinlich machen, daß die von HUXLEY verwandten Gase He und Ne doch noch durch Spuren von Fremdgasen verunreinigt waren und sie erst dann als „rein" angesehen werden dürfen, wenn die Zündspannung bei positiver Polarität des Innenzylinders durchweg über der bei umgekehrter Polung liegt (s. hierzu Abb. 65).

Über Messungen in einem wesentlich gleichmäßigeren Zylinderfeld ($r = 1$ cm, $R = 2$ cm, Ni-Elektroden) berichtet SCHÖFER [12]. Für Argon liegen seine Meßpunkte bei niedrigem Druck um weniges unterhalb der entsprechenden Kurve von Abb. 62 und bei höherem Druck etwa in der Mitte zwischen den beiden Kurvenästen von CRAGGS und MEEK [38]. Wegen der geringeren Inhomogenität des Feldes ist der Polaritätseinfluß nur schwach ausgeprägt, jedoch liegt die Zündspannung für Innenkathode der Regel entsprechend bei nicht allzu niederem Druck noch deutlich unter der für Außenkathode. Für fast dasselbe Radienverhältnis ($r = 0{,}515$ cm, $R = 1$ cm) gibt SCHÖFER die Zündspannungen von Luft und Wasserstoff auch noch bis zu höheren Drucken an. Seine Kurven für Innenkathoden liegen in beiden Fällen wenig unterhalb der für die andere Polarität; ab 50 Torr ist der Unterschied ziemlich konstant und beträgt bei Luft rd. 70 V, bei Wasserstoff rd. 20 V.

Die Angaben von SCHÖFER [12] eines im Bereich der Minimumspannung nicht mehr deutlich feststellbaren Polaritätseinflusses in Luft und Wasserstoff werden von anderen Beobachtern nicht gestützt. Auch entging ihm der auch in Luft beobachtete Wechsel des Polaritätseffekts, wie er für Sauerstoff aus Abb. 62 zu entnehmen ist und wie er bereits von WEHRLI [45] für ein ebenfalls nur mäßig verzerrtes Zylinderfeld mit Sicherheit festgestellt und später von BOULIND [42] bestätigt werden konnte. WEHRLI untersuchte bei Elektrodenentfernungen von 1—5 mm und Radienverhältnissen von 1,08—1,62 die Festigkeit der Luft und fand, daß ebenso wie in Sauerstoff oberhalb eines gewissen Drucks, der höher als der kritische beim Minimum ist, die Einsatzspannung bei Außenkathode unter der für Innenkathode liegt und daß der Umkehrpunkt sich mit zunehmender Inhomogenität des elektrischen Feldes zu höheren Drucken verschiebt. Für ein Radienverhältnis von $R/r = 1{,}62$ sind seine Zündspannungskurven in Abb. 64 wiedergegeben.

Weitere Messungen der Zündspannung bei koaxialen Zylinderelektroden und Wasserstofffüllung, die in ihrer Gesamtheit hier nicht besprochen werden können, finden sich bei DUBOIS [46] ($r = 0{,}01$ cm,

$R/r = 97,5$, nur Innenkathode), WERNER [47] ($r = 2,5 \cdot 10^{-3}$ cm bis $1 \cdot 10^{-2}$ cm, $R/r = 26{-}260$, nur Außenkathode), JODLBAUER [48] ($r = 0,025$ cm, $R/r = 80$, beide Polaritäten), DAUBENSPECK [49] ($r = 10^{-2}$ bis $4 \cdot 10^{-3}$ cm, $R/r = 340{-}850$, beide Polaritäten), FETZ und MEDICUS [50] ($r = 0,015{-}0,7$ cm, $R/r = 2,04{-}96,6$, nur Außenkathode).

Nach den Ergebnissen der α-Messungen im inhomogenen Feld (S. 136) dürfte die niedrigere Durchschlagspannung bei negativem Innenzylinder auf die im Falle von Wasserstoff niederen Drucks festgestellte erhöhte Ionisierungsausbeute beim Lauf der Elektronen in einem divergenten Feld zurückzuführen sein. Ob Gleiches auch für andere Gase gilt, muß solange dahingestellt bleiben, als für diese Gase keine Messungen der Elektronenionisierung im Zylinderfeld vorliegen. Möglich ist auch eine

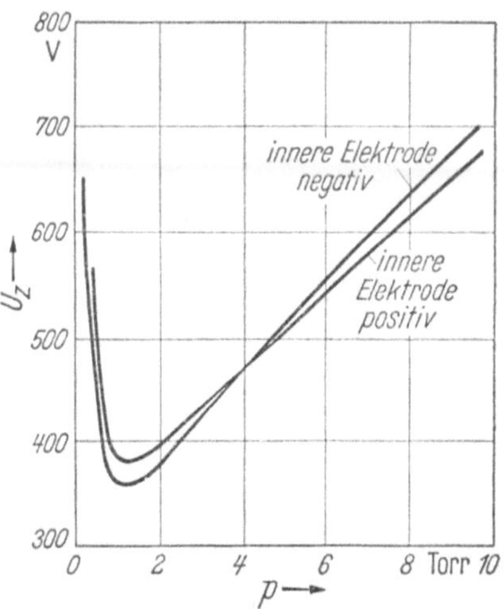

Abb. 64. Zündspannung in Luft zwischen koaxialen Zylinderelektroden ($r = 0,8$ cm, $R = 1,3$ cm) [45].

Deutung des Polaritätseffektes durch eine Feldstärkeabhängigkeit des Koeffizienten Γ der Rückwirkung derart, daß die höhere Kathodenfeldstärke bei negativer Innenelektrode zu einer Verstärkung der Elektronennachlieferung und Absenkung der Zündspannung führt. Dieser Fall läge dann vor, wenn bei Innenkathode mindestens ein Teil der Nachlieferungselektronen durch Ionenstoß am Metall abgelöst würde und andererseits bei weit entfernter Außenkathode das dort herrschende schwache Feld nur noch wenige oder gar keine Elektronen schafft und bei entsprechend erhöhter Elektrodenspannung der lichtelektrische Effekt an der Elektronenerzeugung beteiligt ist. Nicht von der Hand zu weisen ist ferner gerade im Falle des Sauerstoffs die Möglichkeit, daß die Anwesenheit eines chemisch aktiven Gases die Austrittsarbeit der Kathode durch Oxydation oder eine oberflächliche Adsorptionsschicht in unkontrollierbarer Weise verändert, womit auch die Rückwirkungsausbeute bei kathodischer Elektronenbefreiung geändert würde.

Ein unmittelbarer Vergleich der von verschiedenen Seiten angestellten Messungen der Zündspannungen für ein bestimmtes Gas scheitert an den unterschiedlichen Radien der benutzten Zylinderelektroden. Doch ist es unter Verwendung eines von TOWNSEND [51] angegebenen Ähnlichkeitsgesetzes möglich, dadurch eine einheitliche Vergleichsgrundlage zu schaffen, daß bei großem Durchmesser der Hüllelektroden das Produkt aus Zündfeldstärke E_{r_Z} an der Innenelektrode und Radius r des Innenzylinders über dem Produkt aus Gasdruck (Gasdichte) und Innenleiterradius aufgetragen wird. Die Berechtigung zu einer solchen Darstellung folgt aus der allgemeinen Zündbedingung, wenn diese für den Fall koaxialer Zylinder bei $R/r \gg 1$ unter Verwendung eines passenden Ansatzes für die Elektronenionisierung angeschrieben wird.

Aus dem Ansatz $\ln (1 + 1/\Gamma) = \int\limits_r^R \alpha \, d\varrho$ folgt unter Benutzung von

$$\frac{\alpha}{p} = A \, e^{-\frac{Bp}{E}}$$

$$\ln (1 + 1/\Gamma) = \frac{A}{B} \, r \, E_{r_Z} \, e^{-\frac{Bpr}{r \, E_{r_Z}}} \, ,$$

woraus hervorgeht, daß

$$r \, E_{r_Z} = f(p\,r) \, . \tag{X, 6}$$

Die physikalische Begründung für die damit bewiesene alleinige Abhängigkeit des $r\,E_{r_Z}$ von $p\,r$ ist leicht zu geben. Wird bei unveränderlichem Druck der Radius des äußeren Zylinders unter Konstanthaltung der Randfeldstärke am Innenleiter groß genug gewählt, so sinkt die Feldstärke im Bereich der Außenelektrode so weit ab, daß dort keine Stoßionisierung mehr erfolgt; dann werden Ladungsträger nur noch in der dem Innenleiter benachbarten Gashülle erzeugt, und die Hüllelektrode schneidet vom „Multiplikationsbereich" nichts ab. Eine noch weitere Vergrößerung des Außenleiterdurchmessers verändert die Kennwerte der Entladung nicht mehr, sofern nur E_{r_Z}/p konstant gehalten wird. Selbstverständlich nimmt die Zündspannung U_Z mit R zu; sie stellt sich jeweils auf den Wert ein, bei dem $E_{r_Z}/p = $ const. Nur dann, wenn der Gasdruck so weit erniedrigt wird oder bei gleichem Druck die Elektroden so sehr genähert werden, daß im ganzen Raum zwischen den Elektroden eine Vermehrung der Träger stattfindet, führt eine weitere Verringerung von p oder R zu einer Beeinträchtigung der Trägerbildung und erfordert eine Erhöhung der Zündfeldstärke über den durch $E_{r_Z}/p = $ const festgelegten Wert.

Eine ausführliche Würdigung aller bekannten Messungen für Molekülgase im Zylinderfeld auf der Vergleichsgrundlage dieses Ähnlichkeitsgesetzes, allerdings unter Darstellung der Lawinengröße N und nicht der Größe $r\,E_{r_Z}$, findet sich bei MEDICUS [52]. Je nach Art der Elektronennachlieferung ist das Ähnlichkeitsgesetz in der Mehrzahl der Fälle erfüllt; bei positiver Innenelektrode und photoelektrischer Auslösung der Elektronen im Gas, also bei Unabhängigkeit der Zündspannung vom

Elektrodenwerkstoff, fällt der Vergleich der voneinander völlig unabhängigen Messungen besonders befriedigend aus [*38*].

Wie im gleichförmigen, so wird auch im ungleichförmigen Feld die Zündspannung der selbständigen Entladung durch sehr geringe Beimischungen eines Gases niedriger Ionisierungsspannung abgesenkt, wenn die niederste metastabile Anregungsstufe des Hauptgases über der Ionisierungsspannung der Beimischung liegt. Dies beweisen die Kurven von Abb. 65a und b nach Messungen von PENNING [*44*] mit Neon als Hauptgas und Argon in veränderlichem Zusatz. Gleiches gilt auch für

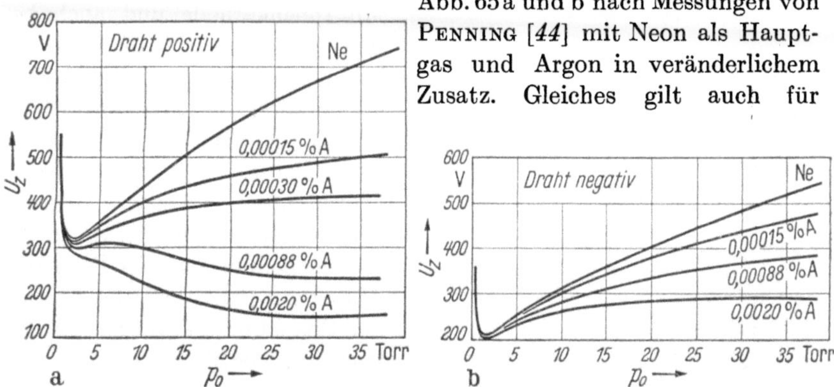

Abb. 65. Zündspannungserniedrigung bei koaxialen Zylinderelektroden durch Beimischung von Argon zur Neonfüllung ($r = 0,088$ cm, $R = 2,3$ cm, Nickelelektroden).

Argon mit Quecksilberdampfzusatz, weil die Ionisierungsspannung des Dampfes mit 10,4 V noch unter der Anregungsspannung des Argons liegt ($V_{ang\,A} = 11,6$ V). Für den Fall der Außenkathode ist die Spannungserniedrigung größer als für die Entladung bei negativem Draht.

Durch Absorption der Strahlung desselben Gases wird die Zündspannung solcher Mischungen als Folge der Auslöschung metastabiler Zustände erhöht [*25*]. Die Erhöhung wird für $r = 0,2$ cm, $R = 3$ cm als nur wenig abhängig vom Mischungsverhältnis bei Innenkathode zu rd. 30 V und bei Außenkathode zu rd. 50 V gefunden.

Wird der Druck im Versuchsgefäß unter den zum Spannungsminimum gehörenden Wert gesenkt, dann erhöht sich die Einsatzspannung der nunmehr behinderten Entladung. Dabei spielen Durchmesser und Polarität der Innenelektrode bei der Anordnung koaxialer Zylinder eine bedeutsame Rolle: Starten die Elektronen vom Innenzylinder aus, dann werden sie vom Feld gut geführt und erreichen die einhüllende Anode ohne große Umwege bei nur wenigen Zusammenstößen. Dagegen legt ein von der Außenkathode zum positiven Innenleiter laufendes Elektron vor dem schließlichen Eintritt in die Anode einen um so längeren Umweg in deren Umgebung zurück, je dünner der Draht ist, weil das Elektron als Folge seiner Streuung bei Zusammenstößen mit Molekeln oftmals am Draht vorbeischießt. Bei dünner Innenanode und niedrigem Druck mit großer freier Weglänge der Teilchen ist daher eine Zunahme der Zahl der Zusammenstöße mit den Molekeln und eine erhöhte Ionisierungsausbeute zu erwarten. Diese Überlegungen finden ihre Bestätigung in Messungen von PENNING, MOUBIS und ADDINK [54] in Helium mit zwei Innenelektroden verschiedenen Durchmessers (Abb. 66). Mit Innenkathode und auch bei nicht zu dünner Innenanode steigt die Zündspannung bei einer Druckerniedrigung in bekannter Weise schroff an; dagegen erreicht sie bei gleichem Druck und starkgekrümmtem positivem Innenzylinder nur einen kleinen Bruchteil der bei umgekehrter Polarität. Abgesehen von der Absoluthöhe der Spannungsdifferenzen ist die Richtung des Effekts gerade entgegengesetzt dem Verhalten im Weitdurchschlaggebiet auf dem anderen Ast der Zündspannungskurve. Für Argon und Xenon als Füllgas wurde ein gleichartiges Verhalten festgestellt.

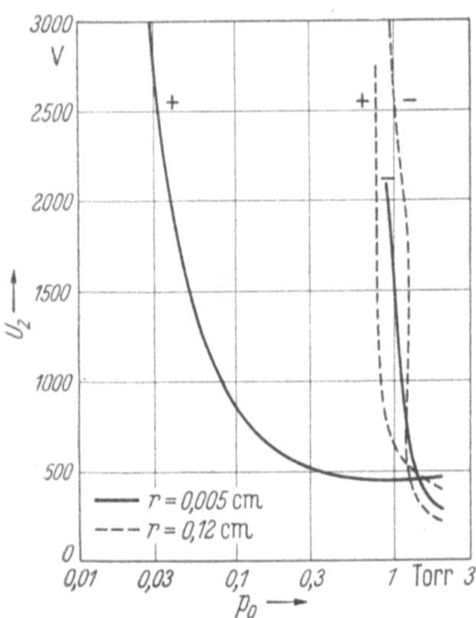

Abb. 66. Zündspannung der behinderten Entladung zwischen konzentrischen Zylindern in Helium ($r = 0,005$ cm (Wolfram) und $0,12$ cm (Nickel); $R = 1,5$ cm (Eisen).)

Längs der Oberfläche eines negativen Zentraldrahtes lassen sich bei entsprechend hoher Spannung (78 kV) an einigen wenigen Punkten noch aussetzende Sprühentladungen bis herab zu einem Druck von 10^{-3} bis 10^{-4} Torr beobachten [55]. Das abgestrahlte Licht ist nicht polarisiert und besitzt ein kontinuierliches Spektrum. Unter 10^{-5} Torr gelang es selbst bei einer Spannung von 95 kV nicht, eine Entladung hervorzurufen.

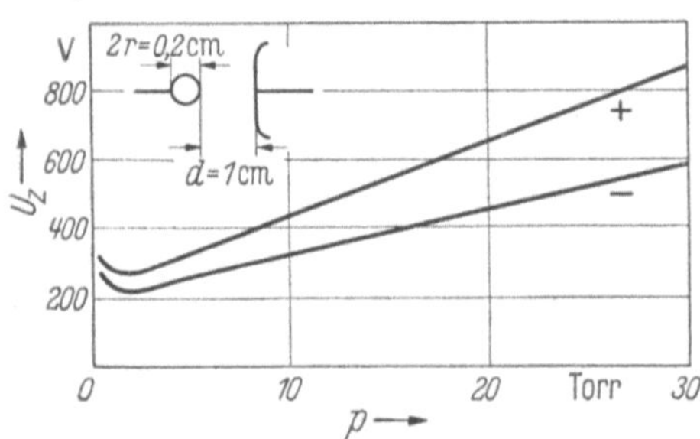

Abb. 67. Zündspannung zwischen „Spitze" und Platte in Argon für beide Polaritäten.

Für die Anordnung: starkgekrümmte Elektrode–Metallplatte liegt eine Messung der Zündspannung bei niederem Druck in Argon von CRAGGS und MEEK vor [38]. Der „Spitze" mit kugeliger Abrundung von 1 mm Radius steht in 1 cm Abstand eine Metallplatte gegenüber. Die Kurve der Zündspannung verläuft in Abhängigkeit vom Druck gleichartig wie im homogenen oder im Zylinderfeld. Bei rd. 2 Torr erreicht sie ihren Kleinstwert; die Kurve für positive Spitzenspannungen liegt bei um rd. ein Drittel höheren Werten als bei umgekehrter Polarität in Übereinstimmung mit der Masse der Versuchsergebnisse im Zylinderfeld.

g) Die Zündung im Magnetfeld. Ein magnetisches Feld übt auf senkrecht zu seinem Verlauf bewegte Ladungsträger eine ablenkende Kraft nach der dritten Raumrichtung aus. Im unveränderlichen Magnetfeld durchlaufen frei fliegende Ladungsträger Kreise vom Radius $\varrho = \dfrac{m\,u}{e\,H}$.

m Teilchenmasse in g

e Teilchenladung (Elementarladung) in elektromagnetischen Einheiten

u Fortschreitgeschwindigkeit des Teilchens in cm/sek

H Stärke des Magnetfeldes in Oersted

Die Mittelwerte der Bahnlänge zwischen zwei Zusammenstößen und der Zeit eines Freifluges werden durch das Vorhandensein eines Magnetfeldes nicht geändert, wohl aber wird durch die Krümmung der Trägerbahnen die (in gerader Linie gemessene) Entfernung zweier aufeinanderfolgender Zusammenstöße verkleinert. Die mittlere freie Weglänge erscheint daher verkürzt, was sich wie eine Erhöhung des Gasdrucks auswirkt.

Auf Ladungsträger, die sich längs der magnetischen Feldlinien fortbewegen, wird keine Kraft ausgeübt. Bei beliebiger Laufrichtung ist die ablenkende Kraft der zum Magnetfeld senkrechten Geschwindigkeitskomponente verhältnisgleich. Ein dem elektrischen Feld paralleles Magnetfeld (*longitudinales Feld*) kann demnach nur auf solche Teilchen einwirken, die durch Zusammenstöße mit Molekeln aus ihrer Fortschreitrichtung zur Elektrode gedrängt wurden. Dagegen ist ein *transversales Magnetfeld* (magnetische und elektrische Feldlinien senkrecht gekreuzt) von ungleich größerer Wirkung hinsichtlich einer scheinbaren Verkürzung der mittleren freien Weglänge $\bar{\lambda}$. Kennzeichnend für die Stärke der vom Magnetfeld hervorgebrachten Änderungen ist das Verhältnis $\varrho/\bar{\lambda}$ [56]. Ist $\varrho \gg \bar{\lambda}$, so bleibt der Abstand zwischen den Zusammenstößen eines Elektrons mit den Molekeln praktisch ungeändert, und das Magnetfeld kann keinen erheblichen Einfluß auf die Ionisierungsverhältnisse und die Zündspannung der Gasentladung ausüben. Ist dagegen $\varrho \ll \bar{\lambda}$, so wird der Abstand zwischen zwei Stößen merklich verkürzt.

Von der Änderung des Koeffizienten der Elektronenionisierung mit der Stärke des magnetischen Feldes hängt die Art und Stärke der Einflußnahme ab. Ist $\dfrac{\partial \alpha}{\partial H}$ größer, gleich oder kleiner Null, dann ist eine Erniedrigung, keine Beeinflussung oder eine Erhöhung der Zündspannung zu erwarten [45]. Der Grenzfall eines ungeänderten α bei einer kleinen Änderung von H bedeutet (vom trivialen Fall hohen Drucks sei abgesehen), daß ein Elektron als Folge seiner Ablenkung aus der Richtung des elektrischen Feldes bei einem Freiflug nur verringerte Energie gewinnt und diese Einbuße an kinetischer Energie durch die Vergrößerung seiner Stoßwahrscheinlichkeit über den in Feldrichtung gemessenen Weg gerade ausgeglichen wird. Dieser Sonderfall tritt bei einem bestimmten Verhältnis der elektrischen Feldstärke zum scheinbaren Druck auf.

Aus diesen Betrachtungen folgt, daß der größte Einfluß eines Magnetfeldes auf eine Entladung bei niedrigem Druck, also insbesondere im Minimumgebiet, zu erwarten ist. Das am stärksten wirksame transversale Magnetfeld müßte rechts vom Minimum oberhalb des kritischen Drucks eine Erhöhung der Zündspannung mit sich bringen. Bei sehr niederem Druck müßte wegen der Vergrößerung der Stoßwahrscheinlichkeit im Hinblick auf die große kinetische Energie der stoßenden Elektronen verstärkte Stoßionisierung erfolgen und damit die Einsatzspannung der Entladung absinken.

Als erster beobachtete THOMSON [57] den Einfluß eines Magnetfeldes auf eine Gasentladung. WARBURG [58] fand bei einem Druck zwischen 0,02 und 0,08

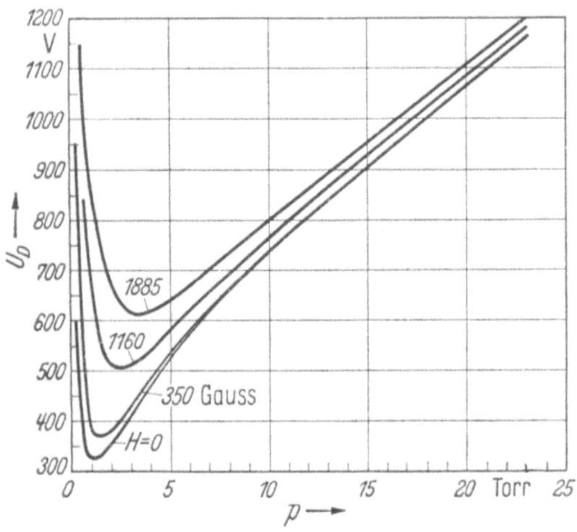

Abb. 68. $U_D = f(p)$ in Luft im homogenen Magnetfeld bei verschiedenen Magnetfeldstärken.

Torr bei 8,2 mm Elektrodenentfernung eine je nach Orientierung des Magnetfeldes unterschiedliche Beeinflussung der Zündspannung; seine bei transversalem Feld festgestellte Zündspannungsüberhöhung erreicht eine unwahrscheinliche Höhe. SIEVEKING [59] konnte deutlich einen Polaritätseffekt und eine besonders starke Beeinflussung der Entladung an einer negativen Spitze feststellen. Im Feld zweier Messing-Plattenelektroden, die durch durchlochte Distanzringe aus Hartgummi getrennt waren, untersuchte MEYER [10] den Einfluß eines transversalen Magnetfeldes auf die Zündspannung in trockener, staubfreier Luft bei Elektrodenabständen von 0,96—4,93 mm und Magnetfeldstärken bis 1885 Gauß. Seine Ergebnisse beim größten Abstand, bei dem der Effekt am ausgeprägtesten hervortritt, sind in Abb. 68 wiedergegeben. Entsprechend den Erwartungen zeigt sich, daß die Zunahme der Zündspannung mit der Stärke des Magnetfeldes und mit der Elektrodenentfernung größer wird; bei hohem Druck ist der Einfluß des Magnetfeldes vernachlässigbar. Mit stärkerem Magnetfeld wird der Druck, bei dem die Zündspannung ihren Kleinstwert durchläuft, zu höheren Werten verschoben.

Den Einfluß eines longitudinalen Magnetfeldes untersuchte EARHART [60]; er findet ihn gleichartig wie beim transversalen Feld, nur wesentlich schwächer. Bei atmosphärischem Druck will SMUROW [81] bei parallelen Feldern eine Erniedrigung der Zündspannung und bei Quermagnetisierung eine von den Versuchsumständen abhängige Beeinflussung gefunden haben.

Die Versuche von MEYER [10] können nicht als einwandfrei gelten, da sie durch den Umstand beeinträchtigt wurden, daß die enge Umgrenzung des Durchschlagraumes durch Isolierscheiben zu erhöhten Trägerverlusten führte: Das Magnetfeld wirft einen Teil der Elektronen an die Ringwand [61]. Dadurch waren die beobachteten Spannungswerte vom Querschnitt des Entladungsraumes abhängig. Zur völligen Vermeidung des Wandeinflusses verwendete WEHRLI [45] gleichachsige Zylinder als Elektroden; das transversale Magnetfeld wird hierbei durch eine übergeschobene stromdurchflossene Zylinderspule erzeugt. In diesem Fall bewegen sich die Elektronen auf Rollkreisbahnen, die in Ebenen senkrecht zur Zylinderachse liegen, weshalb die Entladung durch die seitlichen Begrenzungen nicht mehr gestört wird. WEHRLI findet, daß der Umkehrpunkt des in Luft im ungleichförmigen Feld auftretenden Polaritätseffekts mit zunehmendem Magnetfeld zu höheren Drucken verschoben wird und daß das Magnetfeld oberhalb eines gewissen Druckes, der etwas höher als der zum Umkehrpunkt gehörende liegt, eine Erhöhung und darunter eine Absenkung der Zündspannung verursacht. Erst bei stärkerem Magnetfeld geht die Erniedrigung ebenfalls in eine Erhöhung der Zündspannung über. Mit einer Außenkathode ist der Magnetfeldeinfluß größer als bei einer Innenkathode.

Im Hinblick auf die Bedeutung einer solchen Zylinder-Elektrodenanordnung für die zweckmäßige Dimensionierung von Magnetfeldröhren [62] untersuchte PENNING [63] hierfür die Zündspannung in Edelgasen bei tiefem Druck unterhalb des zum Minimum gehörenden. Die mittleren freien Weglängen sind in diesem Falle von der Größenordnung der Elektrodenentfernung; dies bedeutet, daß die Elektronen nur noch vereinzelt Zusammenstöße erfahren und trotz hoher kinetischer Energie nur selten oder gar nicht mehr ionisieren. Bei positivem Innenzylinder gelangen die von der Außenelektrode ausgehenden Elektronen nur bei schwachem Magnetfeld zu diesem. Im stärkeren magnetischen Feld wird die Zykloidenbahn so stark gekrümmt, daß das Elektron an der Anode vorbeiläuft und sich wieder dem Außenzylinder nähert. Weil es jedoch beim Anlaufen gegen das Kathodenfeld gebremst wird und bis hin zur

Kathode die Energie verliert, die es im ersten Teil seines Weges beim Fall im elektrischen Feld aufgenommen hatte, kann es die Kathode mit endlicher Geschwindigkeit nur dann erreichen und in sie eintreten, wenn es überschüssige Energie besitzt. Verliert es beispielsweise seine Austrittsenergie aus der Kathode bei einem oder mehreren Zusammenstößen mit Molekeln, so ist ihm die Rückkehr zur Kathode versperrt, und es wird reflektiert und von neuem zur Innenelektrode beschleunigt. Gegenüber dem freien Fall im Hochvakuum und im magnetfeldfreien Raum legt das Elektron einen sehr viel längeren Weg zurück und ionisiert viel häufiger. Bei einem kritischen Wert des Magnetfeldes ist ein schroffer Übergang von den kurzen, gestreckten Elektronenbahnen, die ohne Umwege an der Innenelektrode endigen, zu den starkgekrümmten längeren Bahnen

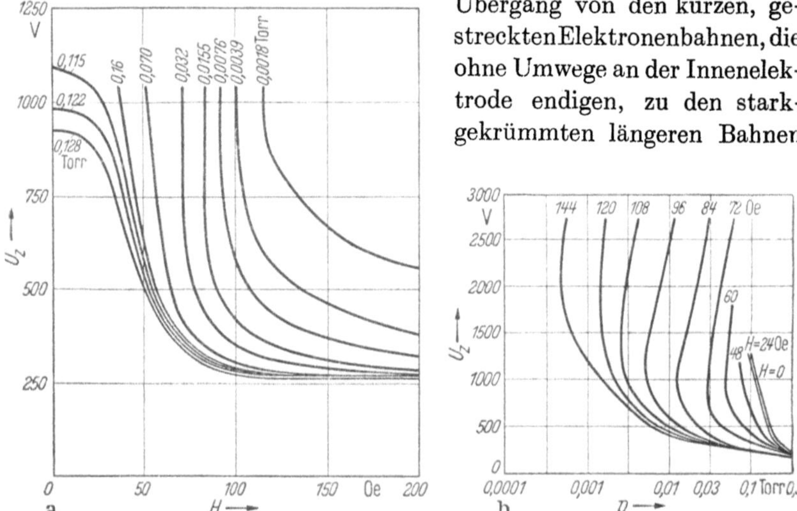

Abb. 69. Zündspannung in Argon zwischen konzentrischen Elektroden bei veränderlicher Magnetfeldstärke und veränderlichem Gasdruck ($r = 1$ cm, $R = 2,7$ cm) [63].

zu erwarten; die dann erhöhte Trägerausbeute ist an einem starken Rückgang der Zündspannung kenntlich.

Die mit außen liegender Kupferkathode ($R = 2,7$ cm, $r = 1$ cm) in Argon erhaltenen Ergebnisse sind in Abb. 69 dargestellt. Ohne Magnetfeld erhöht sich die Zündspannung bei Verringerung des Drucks in bekannter Weise. Je stärker das Magnetfeld, desto mehr wird bei einem bestimmten Druck die Zündspannung erniedrigt. Hinsichtlich der Zündspannung vermag das Magnetfeld unter Umständen wie eine mehr als hundertfache Drucksteigerung zu wirken. Das linke Diagramm zeigt deutlich die innerhalb eines kleinen Bereichs sehr starke Abnahme der Zündspannung beim kritischen Magnetfeld. Aus dem rechten Diagramm geht hervor, daß eine Zündung bei zu hoher Spannung unmöglich ist, sofern von einer schließlich doch einsetzenden Entladung abgesehen wird. Das hohe elektrische Feld streckt die Elektronenbahnen und läßt sie ohne Umwege an der Anode endigen, womit die Ionisierungsmöglichkeit verringert ist. Zur Zündung muß dann die Spannung an den Elektroden herabgesetzt werden, damit die Elektronen bei stärker gekrümmten Bahnen die Anode verfehlen und sich hin und her pendelnd lange im Elektrodenzwischenraum aufhalten. In diesem Bereich ist die Zündspannung mehrwertig, da zu jedem Druck zwei, und wenn berücksichtigt wird, daß die Spannung an den Elektroden nicht beliebig gesteigert werden kann und die Zündspannungskurve also nochmals umbiegen muß, sogar drei Zündspannungen gehören.

PENNING [63] dehnte seine Messungen bis herab zu 10^{-5} Torr und Spannungen bis zu 20 kV aus. Für Helium findet er ein gleichartiges Verhalten wie für Argon.

Bei Innenkathode endigt bereits die erste Zykloidenschleife reflexionsfrei auf der Außenelektrode, wenn der Fall außer Betracht bleibt, daß die Elektronenbahnen jenseits eines überaus hohen kritischen Wertes des Magnetfeldes so stark gekrümmt werden, daß die Elektronen wieder

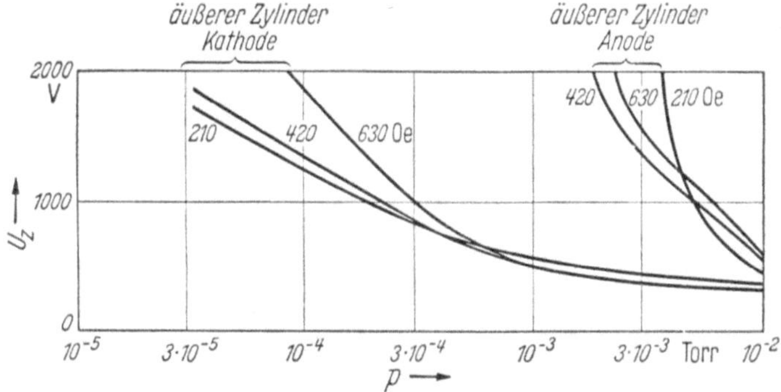

Abb. 70. Polaritätseffekt der Zündspannung im koaxialen Zylinderfeld bei einigen Magnetfeldstärken ($r = 1$ cm, $R = 2,7$ cm) [63].

zur Kathode zurücklaufen. Die geringere Trägerausbeute erfordert dann eine beträchtliche Erhöhung der Zündspannung gegenüber dem Fall der Außenkathode. Diese Folgerung großer Zündspannungsunterschiede in beiden Richtungen wird durch den Versuch klar bestätigt, wie Abb. 70 nach Messungen in Argon mit einigen Magnetfeldstärken zeigt.

h) Die Aufbauzeit der Niederdruckentladung. Stillschweigende Voraussetzung bei der Herleitung der Gleichungen für die Trägervermehrung durch Ionisation bei Stößen im Gas oder an der Kathodenoberfläche sowie der Zündbedingung war ein stationärer Gleichgewichtszustand zwischen Trägererzeugung und Trägerverlust durch Abwanderung. In diesem Zustand zeitlicher Unveränderlichkeit der Trägerkonzentration werden auch die stationären Größen von Trägerzahl bzw. Strom einer Entladungsstrecke zur Bestimmung der Kenngrößen von Stoßionisierung und Rückwirkung ausgemessen. Nun ist jedoch das instabile Anwachsen

von Trägerzahl und Lawinengröße kurz vor und beim Durchbruch gerade
durch die zeitliche Veränderung der Trägerströmung gekennzeichnet,
weshalb die Benutzung der abgeleiteten Gleichungen zur Darstellung des
Durchschlagvorgangs mit einem grundsätzlichen Fehler behaftet ist.
Eine widerspruchsfreie Darstellung erfordert die Berücksichtigung der
zeitlichen Änderung der Konzentration $\frac{dn}{dt}$ der negativen und positiven
Ladungsträger.

Gehen wir vom einfachen Fall reiner Elektronenionisierung und Auslösung der Nachfolgeelektronen an der Kathode durch die ankommenden
Ionen aus und vernachlässigen alle anderen Trägerverluste außer denen
der Abwanderung zu den Elektronen und ferner auch etwaige Raumladeverzerrungen des Zündfeldes, so ergeben sich die Bilanzgleichungen für
die Trägerkonzentration aus dem Vergleich des Verlustes durch Abwanderung mit der gerichteten Geschwindigkeit u und dem Zuwachs durch
die Volumenionisierung der Elektronen, gekennzeichnet durch α. Man
erhält (mit den Indices $+$ und $-$ für die Kennwerte der positiven und
negativen Träger) für beliebige Feldverteilung bei Zählung des Weges
in der üblichen Weise ab Kathode

$$\left.\begin{aligned}
\frac{\partial n_-}{\partial t} &= -\frac{\partial\,(n_-\,u_-)}{\partial x} + \alpha\,n_-\,u_- \\[2mm]
\frac{\partial n_+}{\partial t} &= \frac{\partial\,(n_+\,u_+)}{\partial x} + \alpha\,n_-\,u_-
\end{aligned}\right\} \qquad (\mathrm{X},\,7)$$

oder bei Einführung der Stromdichten $j\,(x,t) = n \cdot u$ (der Anteil des Verschiebungsstromes als Folge der zeitlichen Änderung kann wegen seiner
Kleinheit unbeachtet bleiben)

$$\left.\begin{aligned}
\frac{\partial}{\partial t}\left(\frac{j_-}{u_-}\right) &= -\frac{\partial j_-}{\partial x} + \alpha\,j_- \\[2mm]
\frac{\partial}{\partial t}\left(\frac{j_+}{u_+}\right) &= \frac{\partial j_+}{\partial x} + \alpha\,j_-\,.
\end{aligned}\right\}$$

Die unterschiedlichen Vorzeichen erklären sich durch die Verminderung
(Vermehrung) der Elektronen (positiven Ionen) an der Stelle x durch
ihre Abwanderung.

Die Stromdichte erweist sich nicht nur ortsabhängig, sondern auch
als eine Funktion der Zeit, eben weil nicht von vornherein eine zeitliche
Konstanz $\left(\frac{dn}{dt} = 0\right)$ vorausgesetzt wurde, sondern gerade der zeitliche
Anstieg der Trägerzahlen Gegenstand der Betrachtung ist.

Wie BARTHOLOMEYCZYK [64] zeigte, gelingt die Integration der Ausgangsgleichungen bei Annahme eines zeitlichen Exponentialanstieges der
Trägerzahlen mit der Zeitkonstanten T durch den Ansatz

$$j_-(x, t) = e^{t/T}\,i_-(x) \qquad \text{und} \qquad j_+(x, t) = e^{t/T}\,i_+(x).$$

Wird beachtet, daß die Fortschreitgeschwindigkeit u nur von der Längenkoordinate, nicht aber von der Zeit abhängt, so ergibt die Einführung dieses Ansatzes in die Trägerbilanz

$$\frac{1}{u_- T}\, i_-(x) = -\frac{\partial i_-}{\partial x} + \alpha\, i_- \left.\vphantom{\frac{\partial i_-}{\partial x}}\right\}$$
$$\frac{1}{u_+ T}\, i\ (x) = \frac{\partial i_+}{\partial x} + \alpha\, i_- .$$

Die Gleichung der negativen Träger läßt sich leicht durch Trennung der Veränderlichen integrieren; es ist

$$\frac{\partial i_-}{i_-} = \left(\alpha - \frac{1}{u_- T}\right) dx;\ \ \ln i_- = \int_0^x \left(\alpha - \frac{1}{u_- T}\right) dx + c;\ \ i_-(x) = C\, e^{\int_0^x \left(\alpha - \frac{1}{u_- T}\right) dx} .$$

Die Einführung dieses Ergebnisses in die Gleichung der positiven Träger ergibt

$$\frac{1}{u_+ T}\, dx = \frac{d i_+}{i_+} + \frac{\alpha}{i_+}\, C\, e^{\int_0^x \left(\alpha - \frac{1}{u_- T}\right) dx} \cdot dx$$

und nach Integration

$$i_+(x) = e^{\int_0^x \frac{1}{u_+ T} dx} \left(C' - C \int_0^x \alpha\, e^{\int_0^x \left(\alpha - \frac{1}{u T}\right) dx}\, dx \right). \tag{X, 8}$$

Dabei ist zur Abkürzung $\dfrac{1}{u} = \dfrac{1}{u_+} + \dfrac{1}{u_-}$ gesetzt; u ist demnach das harmonische Mittel der beiden Trägergeschwindigkeiten und darf wegen der vielfach höheren Elektronengeschwindigkeit jener der Ionen gleichgesetzt werden.

Zur Bestimmung der Integrationskonstanten sind die Randbedingungen zu verwerten. An der Kathode ($x=0$) ist die Elektronenströmung $i_-(0)$ eine alleinige Folge der Ablösung von Elektronen unter dem Aufprall der Ionen, gekennzeichnet durch den Rückwirkungskoeffizienten γ:

$$i_-(0) = C = \gamma\, i_+(0);\ \ \ i_+(0) = C';\ \ \ C = \gamma\, C' .$$

An der Anode ($x=d$) ist die Dichte der positiven Trägerströmung zu jeder Zeit Null:

$$i_+(d) = e^{\int_0^d \frac{1}{u_+ T} dx} \left[\frac{C}{\gamma} - C \int_0^d \alpha\, e^{\int_0^x \left(\alpha - \frac{1}{u T}\right) dx}\, dx \right] = 0 ,$$

woraus die verallgemeinerte TOWNSENDsche Zündbedingung für den Zusammenhang der Kennwerte der Entladung folgt:

$$\gamma \int\limits_0^d \alpha\, e^{\int\limits_0^x \left(\alpha - \frac{1}{u\,T}\right)\mathrm{d}x}\, \mathrm{d}x = 1\,. \tag{X, 9}$$

Für $T = \infty$ ergibt sich die wohlbekannte Zündbedingung (IX,8). Somit kennzeichnet diese einen Kleinstwert der Elektrodenspannung, der bei unbegrenzt langer Beanspruchungsdauer des isolierenden Mediums gerade noch zur Zündung der Entladung ausreicht. Soll der Aufbau der Entladung in kürzerer Zeit erzwungen werden, dann sind die Ionisierungsbedingungen durch Verwendung einer überhöhten Spannung zu verbessern. Durch das Glied $\frac{1}{u\,T}$ wird der Überschuß oder Unterbetrag der Elektronenionisierung pro cm Weg in Feldrichtung gegenüber der Ausbeute bei der stationären Gleichgewichtsentladung erfaßt. Positive Zeitkonstante bedeutet Abnahme der Trägerzahl und Erlöschen der Entladung, negative Zeitkonstante einen Anstieg der Trägerdichte und Aufbau der Entladung. Ist α ortsunabhängig (gleichförmiges Feld ohne Raumladeverzerrung!), dann ist eine Integration von (X,9) sofort möglich; es gilt dann

$$\gamma\,\alpha\,\frac{e^{\left(\alpha - \frac{1}{u\,T}\right)d} - 1}{\alpha - \frac{1}{u\,T}} = 1 \quad \text{oder} \quad \frac{u\,T\,\alpha\,\gamma}{u\,T\,\alpha - 1}\left(e^{\frac{u\,T\,\alpha - 1}{u\,T}\,d} - 1\right) = 1\,. \tag{X, 10}$$

Wird eine Auslösung der Nachfolgeelektronen durch den Photoeffekt an der Kathode vorausgesetzt, dann gelten dieselben Ausgangsgleichungen; an Stelle von $i_-(0) = \gamma\, i_+(0)$ ist für die Trägerbilanz an der Kathode nunmehr $i_-(0) = \delta \int\limits_0^d g(x)\,\vartheta(x)\,e^{-\mu x}\,i_-(x)\mathrm{d}x$ zu schreiben (wegen der Bedeutung der Formelzeichen s. S. 150). Als Zündbedingung folgt daraus

$$1 = \delta \int\limits_0^d g\,\vartheta\, e^{\int\limits_0^x \left[\alpha - \left(\frac{1}{u_-\,T} + \mu\right)\right]\mathrm{d}x}\, \mathrm{d}x\,. \tag{X, 11a}$$

Wird bei niederem Gasdruck von der Schwächung der Strahlung abgesehen und homogenes Feld und unveränderlicher Geometriefaktor vorausgesetzt, dann vereinfacht sich die Bedingung der reinen Photozündung zu

$$1 = \frac{\delta\,g\,\vartheta}{\alpha - \frac{1}{u_-\,T}}\left[e^{\left(\alpha - \frac{1}{u_-\,T}\right)d} - 1\right]\,. \tag{X, 11b}$$

Gegenüber der Zündbedingung mit γ-Auslösung (X, 10) ist die einzige, aber wesentliche Abweichung die, daß die Veränderung der Elektronenionisierung gegenüber dem stationären Zustand nicht mehr von der **Ionen-**, sondern von der **Elektronengeschwindigkeit** abhängt. Vor allem bei großen Elektrodenentfernungen könnte dieser Unterschied durch Messung der Zeitkonstante T der Entladung zur Bestimmung des im betreffenden Einzelfall wirksamen Mechanismus der Elektronennachlieferung ausgewertet werden.

BARTHOLOMEYCZYK [64] dehnte die Rechnung über den hier betrachteten Fall der seitlich unendlich ausgedehnten Entladung noch auf die Zündung einer Gassäule in einem engen Isolierrohr aus, zu dessen Wand aus der Entladung stammende Träger in rein radialer Bewegung diffundieren. Er erhält für diesen Fall die Zündbedingung durch einen Zuschlag zum Glied $\dfrac{1}{uT}$ von (X, 10), der die infolge Wanddiffusion pro cm Weg eines Entladungselektrons verlorengehenden Träger darstellt.

Durch Verfolgung des Lawinenaufbaus war es STEENBECK [65] bereits zehn Jahre früher gelungen, (X, 10) auf anschauliche Weise abzuleiten. Gleichfalls konnte SCHADE [66] unter gewissen vereinfachenden Voraussetzungen einen Ausdruck für die Dauer des Entladungsaufbaus ableiten, der als Näherungslösung der transzendenten Gleichung (X, 10) für T aufgefaßt werden kann. Zu einer solchen Näherung gelangt man, wenn nochmals die Zündbedingung für das gleichförmige Feld anschrieben wird:

$$\frac{\alpha\gamma}{\alpha-\dfrac{1}{uT}}\left(e^{\alpha d}\,e^{-\frac{d}{uT}}-1\right)=1\;.$$

Bei Vernachlässigung des $\dfrac{1}{uT}$ gegen α, also bei Beschränkung auf nicht allzu starke Abweichungen von der statischen Zündung, ist

$$\gamma\left(e^{\alpha d}\,e^{-\frac{d}{uT}}-1\right)=1 \quad\text{und}\quad e^{-\frac{d}{uT}}=\frac{1+\gamma}{\gamma e^{\alpha d}}\;. \qquad (\text{X, 12})$$

Entweder wird nunmehr zur Darstellung von $T=T(\alpha,d,\gamma)$ die e-Funktion gemäß $e^{\pm x}=1\pm\dfrac{x^1}{1!}\pm\dfrac{x^2}{2!}\pm\cdots$ entwickelt, wobei schon nach dem linearen Glied abgebrochen wird, was auf

$$\frac{1}{uT}=\frac{1}{d}\left(1-\frac{1+\gamma}{\gamma e^{\alpha d}}\right)\quad\text{und}\quad T=\frac{d}{u}\cdot\frac{1}{1-\dfrac{1}{\gamma e^{\alpha d}}}$$

bei Vernachlässigung des γ gegen die Eins führt; oder man findet durch Logarithmieren die bessere Näherung

$$\frac{1}{uT}=-\frac{1}{d}\left(\ln\frac{1+\gamma}{\gamma}-\ln e^{\alpha d}\right)=\alpha-\frac{1}{d}\ln\frac{1+\gamma}{\gamma}\;. \qquad (\text{X, 13})$$

In einer Zeit von der Dauer der Zeitkonstanten steigt der Strom in der Entladungsstrecke auf das $e\,(=2{,}718)$-fache an. Die Zeitkonstante kennzeichnet somit in eindeutiger und einfacher Weise die Schnelligkeit des Entladungsaufbaus. Sie darf keinesfalls etwa mit der gesamten Aufbauzeit t_A verwechselt werden, die ab Beginn des Trägeranstiegs bis zur Ausbildung der selbständigen Glimmentladung mit Strömen der Größenordnung mA gezäblt wird. Vom anfänglich ausschließlich vorhandenen Fremdstrom der ungefähren Größenordnung 10^{-13} A bei nicht zu starker Einstrahlung und mäßiger Elektrodengröße bis hin zu rd. 10^{-3} A bei voller Ausbildung der selbständigen Entladung steigt der Strom exponentiell um rd. 10 Zehnerpotenzen an. Für $t=t_A$ gilt somit $e^{t_A/T}=10^{10}=e^{23}$ oder $t_A=23\,T$. Allerdings gewinnt gerade in der Schlußphase dieser Entwicklung vor allem bei erhöhtem Druck und Stromdichten von mehr als 10^{-6} A/mm^2 die Raumladung der positiven Ionen einen beherrschenden Einfluß und führt zu einem beschleunigten Trägerzuwachs und einem Kippen in die stromstarke Entladung. Wird aus diesem Grunde die kurze Zeit vernachlässigt, derer die Entladung zur Steigerung der Stromstärke um die letzten 3—4 Zehnerpotenzen bedarf, so errechnet sich die Aufbauzeit zu rd. 15facher Zeitkonstante.

Die Größe der Zeitkonstante und damit die Schnelligkeit des Entladungsaufbaus hängen von d/u, der Laufzeit der positiven Ionen vom Ort ihrer Entstehung in Anodennähe bis zur Kathode, und ferner von der Höhe der an die Elektroden gelegten Spannung über den Wert U_0 bei der statischen Gleichspannungszündung ab. Zur Herausschälung dieser Spannungsabhängigkeit ist die Elektronenionisierung α in geeigneter Weise durch die Feldstärke auszudrücken. Mit Schade [66] wählen wir hierzu die Darstellung $\alpha = pA\,e^{-Bp/E}=a\,e^{-b/U}$ mit $a = pA$ und $b = Bpd$. In der Umgebung der Zündspannung, also für $\dfrac{U-U_0}{U}<1$, sei $\alpha=\alpha_0+\varDelta\alpha$ oder $a\,e^{-b/U}=a\,e^{-b/U_0}+\varDelta\alpha$, womit

$$\varDelta\alpha = a\,e^{-\frac{b}{U}}\left[1-e^{-\frac{U-U_0}{UU_0}\,b}\right].$$

Wiederum unter der soeben getroffenen Voraussetzung kleiner Überspannungen kann der in der Klammer stehende Ausdruck nach Reihenentwicklung der e-Funktion durch $\dfrac{b}{U_0^2}\,(U-U_0)$ ersetzt werden. Damit ist

$$\varDelta\alpha = a\,e^{-\frac{b}{U}}\,\frac{b}{U_0^2}\,(U-U_0).$$

Zur weiteren Entwicklung greifen wir auf (X,12) zurück, welche in der Form angeschrieben wird

$$\frac{1}{e^{\frac{d}{uT}}}\approx\frac{1}{1+\dfrac{d}{uT}}=\frac{1+\gamma}{\gamma\,e^{\alpha d}},$$

woraus sich unter Beachtung von $\gamma \ll 1$ die Zeitkonstante zu

$$T = \frac{d}{u} \cdot \frac{1}{\gamma e^{\alpha d} - 1} = \frac{d}{u} \cdot \frac{1}{\gamma e^{\alpha_0 d} e^{\varDelta \alpha d} - 1}$$

errechnet. Wegen $\gamma e^{\alpha_0 d} = 1$ als Bedingung der statischen Zündung wird

$$T = \frac{d}{u} \cdot \frac{1}{e^{\varDelta \alpha d} - 1}$$

und nach Ersetzung des $\varDelta \alpha$ durch den oben gefundenen Ausdruck

$$T = \frac{d}{u} \cdot \frac{1}{e^{a e^{-b/U} \cdot \frac{b}{U_0^2} (U - U_0) d} = 1} \approx \frac{d}{u} \cdot \frac{1}{\frac{a b}{U_0^2} (U - U_0) d} e^{\frac{b}{U}} = \frac{c}{U - U_0} e^{\frac{b}{U}} , \qquad (\mathrm{X}, 14)$$

wobei die spannungsunabhängigen Faktoren, zu denen hier auch die Ionengeschwindigkeit u gerechnet wurde, zu einer Konstanten $c = \dfrac{U_0^2}{u a b}$ zusammengefaßt sind.

(X,14) findet sich bereits bei SCHADE und wurde von ihm mit Erfolg zur Vorausberechnung der Aufbauzeit einer Glimmentladung in Abhängigkeit von der Überspannung über die statische Zündspannung benutzt.

Eine erste Prüfung der TOWNSEND-Theorie hinsichtlich ihrer Eignung zur Darstellung des zeitlichen Ablaufs der Trägervermehrung wurde von STEENBECK [65] vorgenommen. Er untersuchte die Abhängigkeit der Aufbauzeit vom Elektrodenabstand bei gleichbleibender Feldstärke, also für unveränderliche Werte von α, γ und u. Zur Darstellung dieser Abhängigkeit wird am besten von (X,13) ausgegangen:

$$\frac{1}{T} = u_+ \left(\alpha - \frac{1}{d} \ln 1/\gamma \right) .$$

Bei statischer Zündung $(1/T = 0)$ bildet sich die Entladung beim kritischen Elektrodenabstand $d_{\mathrm{kr}} = \dfrac{1}{\alpha} \ln 1/\gamma$ in unendlich langer Zeit aus. Das Zusammenwirken aller Rückwirkungsprozesse führt dann im Mittel gerade zu dem einen Nachlieferungselektron, das zu einer neuen Lawinenausbildung erforderlich ist. Unterhalb dieses Abstandes ist unter den vorgegebenen Bedingungen eine Zündung nicht möglich, da die Entladezeitkonstante negativ wird und ein bereits eingeleiteter gasverstärkter Strom wieder abnehmen muß. Nur zu einem Abstand $d > d_{\mathrm{kr}}$ gehört eine positive endliche Zeitkonstante mit umso kleinerem Wert, je größer d wird. Für sehr große Elektrodenentfernungen nähert sich T seinem Kleinstwert $T_{\mathrm{min}} = \dfrac{1}{u_+ \alpha}$ und hängt dann nur noch von der Ionengeschwindigkeit und der Stärke der Elektronenionisierung ab.

Für eine bestimmte Versuchsanordnung (Plattenfeld mit Nickel-elektroden, Argonfüllung von $p = 0{,}65$ Torr, $E = 600$ V/cm) führte STEENBECK den Vergleich zwischen Rechnung und Experiment durch. Dabei wurden der zeitliche Verlauf der Zündung einer stabilisierten Glimmentladung mit Hilfe eines Elektronenstrahloszillographen aufgenommen. Wegen der geringen Leuchtfleckhelligkeit mußte der Zündvorgang bei synchroner Auslösung von Stoß- und Zeitkreis vielmals wiederholt werden, um bei deckender Überschreibung der Einzelvorgänge die auf den Leuchtschirm angepreßte lichtempfindliche Schicht ausreichend zu schwärzen. Daß der Zündvorgang in reproduzierbarer Weise abläuft, hatten TANK und GRAF [67] kurz zuvor durch Aufnahme des Spannungsverlaufs einer oftmals zündenden Glimmentladung nachgewiesen. Mit den angegebenen Werten findet man $E/p = 920$ V/cm Torr, $\alpha/p = 11{,}9$, $\alpha = 7{,}8$ cm^{-1}, $\gamma \approx 0{,}1$, $u_+ = b_0 \cdot 760 \cdot E/p = 1{,}3 \cdot 760 \cdot 920 = 9{,}1 \cdot 10^5$ cm/sek; $d_{\mathrm{kr}} = 3{,}0$ mm (von STEENBECK gemessen $d_{\mathrm{kr}} = 3{,}3$ mm)

$$T_{\min} = 0{,}14 \cdot 10^{-6} \text{ sek und somit } T = 0{,}14 \cdot 10^{-6}\,\frac{d}{d-0{,}3}.$$ Abb. 71 gibt den

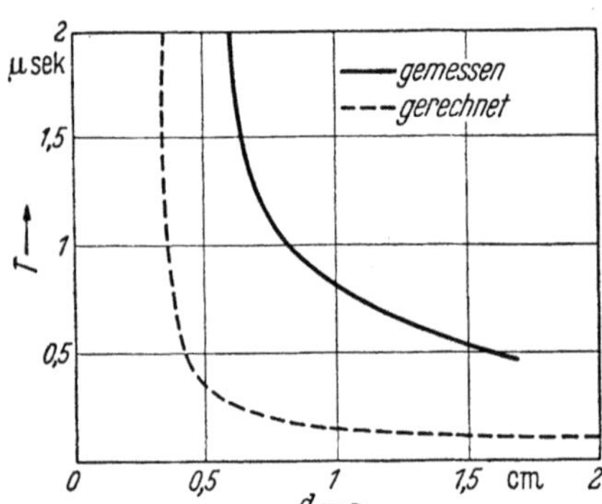

Abb. 71. Vergleich zwischen beobachteter und berechneter Zeitkonstante des Entladungsaufbaus bei ungeänderter Feldstärke.

Verlauf der Zeitkonstanten nach Messung und Rechnung. Der Charakter beider Kurven ist völlig der gleiche; die quantitative Übereinstimmung ist weniger befriedigend, da die errechneten Werte nur den 3.—4. Teil der beobachteten ausmachen. Doch wäre eine bessere zahlenmäßige Übereinstimmung als reiner Zufall zu werten, da nach den Vernachlässigungen bei der Herleitung von (X, 13) und im Hinblick auf die Unsicherheit mancher in die Rechnung eingehender Zahlenwerte sowie der von STEENBECK selbst zu etwa 30% angegebenen Meßfehler nicht mehr erwartet werden kann. Auch ist zu bedenken, daß die Rechnung ohne irgendwelche Zusatzannahmen durchgeführt wurde und neben den Elementarwerten der Elektronenionisierung, Ionenbeweglichkeit und Rückwirkungsausbeute keinerlei Faktoren zur Angleichuug von Rechnung und Experiment eingeführt wurden.

Mit Sicherheit ist aus den Messungen zu folgern, daß die Ionenlaufzeiten maßgeblich die Dauer des Entladungsaufbaus bestimmen und daß in dem betrachteten Druckgebiet die Ionen mindestens einen Teil der Nachlieferungselektronen erst bei ihrem Eintreffen an der Kathode freimachen.

Durch Bestimmung der Aufbauzeiten bei Vergrößerung des Elektrodenabstandes über einen weiten Bereich und konstant gehaltener Feldstärke müßte es gelingen, die verschiedenen Rückwirkungsmechanismen voneinander zu trennen [68]. Beim kritischen Abstand d_{kr} haben alle überhaupt vorkommenden Rückwirkungen Teil am Aufbau der Entladung. Dann spielt auch noch der am langsamsten arbeitende Prozeß eine Rolle, und zwar ist gerade dieser für die Schnelligkeit des Stromanstiegs ausschlaggebend. In den Edelgasen wäre dies die Elektronenbefreiung durch metastabil angeregte Atome; diese brauchen eine besonders lange Zeit, um von ihrem hauptsächlichen Entstehungsort in Anodennähe bis zur Kathode zu diffundieren. So sind beispielsweise die in einer Argonentladung von niederem Druck und lichtempfindlicher Caesiumkathode gemessenen langen Zeiten der Entladungsausbildung in der Größenordnung von Millisekunden mit Sicherheit auf die Diffusion metastabiler Argonatome zur Kathode zurückzuführen [69]. Mit Vergrößerung des Abstandes über d_{kr} hinaus erhöht sich die Zahl der von einer Lawine hinterlassenen Produkte und infolgedessen werden mehr Nachlieferungselektronen ausgelöst, als zum langsamsten Aufbau benötigt werden; auch ohne Mithilfe der Metastabilen vermag die Entladung sich daher ab eines bestimmten Abstandes auszubilden. Ihre Aufbauzeit wird nunmehr von der zeitlich wesentlich rascher erfolgenden Auslösung der Nachlieferungselektronen durch die positiven Ionen an der Kathode bestimmt. Eine nochmalige Verkürzung bei noch größerem Elektrodenabstand und einer entsprechend erhöhten Elektrodenspannung könnte dadurch zustande kommen, daß die von der Lawine ausgehenden Photonen schließlich ganz allein Nachlieferungselektronen in ausreichendem Maße auslösen. Die trägen Ionen könnten dann den Entladungsaufbau nicht mehr hemmen, dessen Dauer im wesentlichen durch die Laufzeit der Elektronen zwischen den Elektroden gegeben wäre.

Nach dieser Überlegung müßte die Aufbauzeit mit wachsendem Elektrodenabstand bei festgehaltener Feldstärke jeweils bei einem solchen Abstand stufenweise kleiner werden, bei dem auf die Mitwirkung des nächst langsameren Rückwirkungsprozesses verzichtet werden kann. Im Versuch [68] konnten solche plötzlichen Übergänge nicht aufgefunden werden, doch bieten die gemessenen Aufbauzeiten einen Hinweis für die etwaige Mitwirkung des Photoeffektes am Entladungsaufbau (s. Abb. 73). Nur in Wasserstoff vollzieht sich dieser so rasch, daß in diesem Falle eine Mitwirkung zur Kathode eilender Ionen unmöglich erscheint.

Eine umfassende Nachprüfung der TOWNSEND-Theorie ist SCHADE zu verdanken [66, 70]. Er benutzte zur Messung der Verzögerungszeit eine Röhrenschaltung, wie sie bei ähnlichen Anordnungen für gleichartige Messungen bereits zuvor beschrieben worden war [71, 72]. Die der Prüffunkenstrecke zugeführte Spannung steuert durch positive Aufladung des Steuergitters eines unterheizten Elektronenrohrs dieses solange auf Stromdurchlaß, als die volle Spannung an der Funkenstrecke liegt; erst wenn die Spannung in der Schlußphase des Zündvorgangs absinkt, wird auch der Strom im Anzeigekreis wieder unterbrochen. Wegen der Konstanz des Sättigungsstroms kann aus der durch das Elektronenrohr geflossenen Elektrizitätsmenge die Verzögerungszeit ab Anlegen der Spannung bis zur Ausbildung einer bestimmten Entladungsstromstärke angegeben werden.

Nach (X, 14) nimmt die Aufbauzeit bei kleinen Überspannungen proportional $\dfrac{1}{U-U_0}$ ab. Erst bei größeren Überspannungen macht sich der wachsende Einfluß des Exponentialgliedes $e^{b/U}$ durch ein Abweichen von diesem Verlauf bemerkbar. Diese vorausgesagte Abhängigkeit wurde durch das Experiment voll bestätigt. Dabei konnten bei einer minimalen Überhöhung der Spannung (Bruchteile eines Promille) über den gerade noch zum Zünden ausreichenden Wert sehr lange Verzögerungszeiten (bis zu 1 sek) aufgefunden werden, und zwar sowohl im Feld von Plattenelektroden als auch mit einer Zylinderanordnung. Für Plattenelektroden in 1 cm Abstand und Neonfüllung ($p=11{,}6$ Torr; statische Zündspannung rd. 191 V) sind die von SCHADE gemessenen Aufbauzeiten in Abb. 72 eingetragen. Miteingezeichnet ist die Kurve

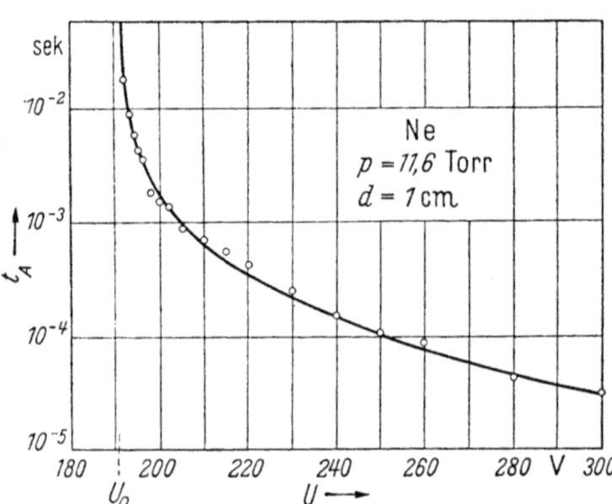

Abb. 72. Aufbauzeit in Neon in Abhängigkeit von der Überspannung [66].

$$t_{\mathrm{A}} = 20\,T = 20\,\frac{c}{U-U_0}\,e^{b/U}$$

mit den aus den beiden äußersten Meßpunkten berechneten Konstanten $b = 870$ und $c = 0{,}96 \cdot 10^{-5}$. Alle Meßpunkte liegen bei der so festgelegten Kurve. Die Konstanten könnten selbstverständlich auch aus den Einflußgrößen der Elektronenionisierung gemäß der zugrunde gelegten Funktion $\alpha/p = A\,e^{-Bp/E}$ und aus Ionenbeweglichkeit, Gasdruck und Elektrodenabstand berechnet werden, um die Folgerungen der TOWNSEND-Theorie für die Aufbauzeit quantitativ zu überprüfen, doch ergeben sich auch hierbei wiederum erheblich kürzere Aufbauzeiten (rd. eine Größenordnung). Diese zahlenmäßig weniger befriedigende Übereinstimmung darf aber auch nicht überbewertet werden, da die Elementarwerte z. T. nur näherungsweise bekannt sind und einige von ihnen in hohem Maß von Gasverunreinigungen abhängen und auch gerade für Neon die vorausgesetzte Gleichung für die Elektronenionisierung schlecht erfüllt ist.

Bei Füllung des Versuchsgefäßes mit Wasserstoff ergaben orientierende Messungen von SCHADE [66] um rd. zwei Zehnerpotenzen kleinere Aufbauzeiten. Dieses Ergebnis konnte durch v. GUGELBERG [68] ebenfalls durch Messung des Zündverzugs bei kräftiger Vorionisation in Abhängigkeit von der Überspannung bestätigt werden. Er untersuchte völlig reine Gase jeweils bei einem pd-Wert „merklich" über dem zum Minimum gehörenden. Wenn auch hierdurch bei einem gegebenen Elektrodenabstand der Gasdruck mit einer gewissen Willkür gewählt ist, so dürften doch die gefundenen Größenordnungen der Zeiten für die untersuchten Gase von allgemeinerer Bedeutung sein. Die Zusammenstellung der Meßergebnisse in Abb. 73 für Nickelelektroden in einem Abstand von 3 mm gilt für eine Stromsteigerung von rd. 10^{-11}A auf rd. 10^{-4}A. Sie zeigt, daß in Stickstoff und Helium die längsten Verzüge auftreten und weitaus die kürzesten in Wasserstoff; die anderen untersuchten Edelgase liegen zwischen

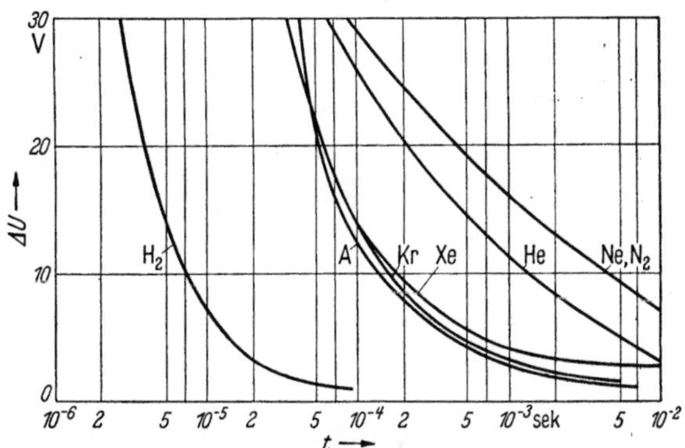

Abb. 73. Zündverzüge in Abhängigkeit von der Überspannung im näherungsweise gleichförmigen Feld bei $d = 3$ mm und Füllung mit He (7,5 Torr), A (5,6 Torr), Kr (4,7 Torr), Xe (2,8 Torr), H₂ (5,5 Torr) und N₂ (4,6 Torr) [68].

den Grenzkurven eng gedrängt in einem mittleren Bereich. Für sehr kleine Überspannungen von Bruchteilen eines Prozents der Zündspannung ergeben sich wiederum überaus lange Verzögerungszeiten bis zu 10^{-2} sek und auch noch längere. Bei kleinerem Elektrodenabstand und entsprechend erhöhtem Druck werden die Aufbauzeiten kleiner, wie hier nicht wiedergegebene Messungen zeigen.

Wird der dunkle Vorstrom durch Verstärkung der Fremdeinstrahlung vergrößert, so bedeutet dies für die Entladung, daß sie wegen des Starts von einem größeren Anfangsstrom rascher ihre Endstromstärke erreicht und die Zeit bis zu ihrer vollen Ausbildung kürzer als der rd. 20fache Betrag der Zeitkonstanten ist. Eine Vergrößerung des Anfangsstromes um das e-fache bedeutet jeweils eine Verkürzung der Aufbauzeit um eine Einheit. Bei logarithmischer Auftragung des Vorstroms müssen sich somit für die Abhängigkeit der Aufbauzeit vom Vorstrom bzw. von der

Intensität der Bestrahlung fallende Gerade ergeben, sofern der Strom mit der Zeit exponentiell ansteigt. Die Erfüllung dieser Voraussage durch das Experiment geht aus Abb. 74 hervor. Nur die Kurve kleinster Spannungsüberhöhung weicht in ihrem unteren Teil (bei hoher Vorstromdichte J_0) etwas vom geraden Verlauf ab und zeigt damit längere Aufbauzeiten an, als bei streng exponentiellem Anstieg desStromes zu erwarten wäre. Daß die Geraden einem gemeinsamen Schnittpunkt auf der Abszisse bei J_0 etwas mehr als 10^{-6} A zustreben, ist leicht zu erklären: Bei solch außergewöhnlich hohen Fremdstromstärken verläuft die Zündung von Anfang an in einem verzerrten Feld; die Raumladung der positiven Ionen bewirkt einen überexponentiellen Anstieg (Kippen) in die selbständige Entladung, was nicht mehr in den Zuständigkeitsbereich der hier dargestellten, im wesentlichen raumladungfreien TOWNSEND-Theorie fällt.

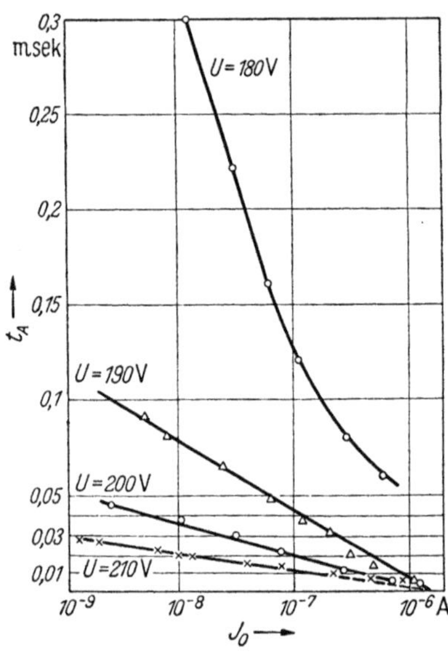

Abb. 74. Abhängigkeit der Aufbauzeit vom Vorstrom [66, 70], (Neon $p=10$ Torr, $d=0,8$ cm, $U_0=175$ V, bariumbedampfte Nickelkathode, Bestrahlung mit Quecksilberdampflampe).

Insgesamt darf die Prüfung der aus der TOWNSEND-Vorstellung fließenden Folgerungen für die Aufbauzeiten von Niederdruckentladungen als eine Bestätigung der Theorie aufgefaßt werden. Offen bleibt zunächst noch die Frage, ob eine Übertragung der Theorie auf höhere Drucke zulässig ist und ob etwa gar für hohen Druck gleichgroße Verzögerungszeiten zu erwarten sind. Sicher ist, daß die Eigenraumladungen der Trägerlawine das Elektrodenfeld bei sehr großer Trägerzahl so stark umbilden, daß im verzerrten Feld der Zündmechanismus von dem bisher ausschließlich betrachteten abweicht; hierauf ist an anderer Stelle noch ausführlich einzugehen (S. 252). Außer im Falle hoher Überspannung erreicht die Lawinengröße auch schon bei mäßiger Überspannung dann sehr hohe Werte, wenn die im Entladungsraum befindliche Gasmenge groß ist, wenn also das Produkt pd einen großen Wert annimmt. Hiernach wäre nicht nur bei niederem Druck, sondern allgemeiner ausgedrückt bei kleinem pd-Wert — also selbst bei hohem Druck, wenn nur der Elektrodenabstand nicht zu groß ist — eine Zündung nach dem TOWNSEND-Mechanismus wegen der noch kleinen Lawinengröße zu erwarten, kenntlich an Aufbauzeiten in der Größenordnung vom Mehrfachen der

Ionenlaufzeit. Diese liegt beispielsweise für eine Luftfunkenstrecke mit 1 mm Elektrodenabstand bei der Zündspannung ($E_Z = 45$ kV/cm, $\alpha = 88$ cm^{-1}, $u^+ = 1,3 \cdot 760 \cdot 59 = 5,8 \cdot 10^4$ cm/sek) bei $\dfrac{d}{u_+} = 2\,\mu$sek. Entsprechend (X, 13) errechnet sich nach unseren bisherigen Vorstellungen hierfür die Zeitkonstante des Entladungsaufbaus (γ angenommen zu 10^{-2}) aus $\dfrac{1}{T} = 5,8 \cdot 10^4 \left(88 - \dfrac{1}{0,1}\ln 100\right)$ zu $T = 0,7\,\mu$sek und die Aufbauzeit selbst zu $t_A \approx 15\,T \approx 10\,\mu$sek.

Tilles [72] führte an Luftfunkenstrecken mit einem Elektrodenabstand von 0,68 mm (statische Zündspannung angegeben mit 3,8 kV), also bei $pd = 52$ Torr cm, Messungen der Aufbauzeit durch und fand, daß bei geringer Überspannung von 2—6% über der statischen Zündspannung die kürzeste der gemessenen Verzögerungszeiten — es ist dies die Aufbauzeit — zwischen 5,5 und 8,5 μsek liegt. Die größenordnungsmäßige Übereinstimmung zwischen Rechnung und Experiment berechtigt zur Annahme, daß selbst bei Atmosphärendruck die Entladung im Bereich der statischen Zündspannung nach der Theorie von Townsend durch vielmalige Aufeinanderfolge von Ionisierungsspielen bei exponentieller Zunahme von Trägerzahl und Stromstärke aufgebaut wird. Diese Annahme wird durch oszillographische Messungen in Luft veränderlichen Drucks bis herab zu 40 Torr bei 0,3—2 cm Elektrodenentfernung gestützt [73, 74]. Gänger [73] findet für die Abhängigkeit der Aufbauzeit von der Höhe der angewandten Stoßspannung auch für recht unterschiedliche Drucke nur wenig voneinander abweichende Kurven. Bei Überspannungen von einigen Prozent dauert die Ausbildung der Entladung einige 10 μsek. Eine Extrapolation des Kurvenverlaufs läßt für die Aufbauzeit bei sehr geringer Überspannung Zeiten der Größenordnung 10^{-5} sek oder gar nur 10^{-4} sek erwarten, also gerade von der Dauer, welche für eine Zündung nach dem Townsend-Mechanismus zu fordern ist. In ihrem kurzen Bericht geben Fisher und Bederson [74] an, daß sie bei 1% Überspannung bei beliebigem Druck und $d = 1$ cm Aufbauzeiten von Bruchteilen einer μsek gemessen hätten; bei nur 0,2% Überhöhung der Zündspannung über den Wert bei reiner Gleichspannungsbeanspruchung erwies sich die Aufbauzeit als druckabhängig; von 2 μsek bei 40 Torr stieg sie auf einen Höchstwert von rd. 11 μsek bei 500 Torr an, um bei noch höherem Druck wieder leicht abzufallen.

Wenn auch gerade die letzgenannten Messungen mit ihren kürzeren Durchbruchzeiten, als sie nach Gänger zu erwarten sind, noch einer Bestätigung bedürfen[1], so beweisen sie doch, daß auch bei hohem Druck die

---

[1] In einer nach Fertigstellung des Manuskripts erschienenen Arbeit geben Fisher u. Bederson [78] längere Aufbauzeiten an, und zwar rd. 1 μsek bei 2% Überspannung.

bei verschwindender Überspannung ausgebildete Entladung verhältnismäßig lange Zeiten zu ihrer Ausbildung benötigt und das von der Townsend-Theorie geforderte oftmalige Ionisierungsspiel innerhalb der gemessenen Verzögerungszeit durchaus möglich ist. Es ist scharf zu unterscheiden zwischen den bei höherer Überspannung gemessenen extrem kurzen Funkenausbildungszeiten, die einem andersartigen Zündmechanismus unterliegen, und den auch bei hohem Druck ohne Überspannung zu verhältnismäßig langen Zeiten führenden Zündungen. Auf keinen Fall können die bei Überspannung gemessenen kurzen Durchschlagzeiten als Gegenbeweis gegen einen Townsend-Aufbau bei sehr langsamer Spannungssteigerung an der Prüffunkenstrecke angesehen werden, welche der Funkenentwicklung die benötigte Zeit bietet.

i) Die Zündspannung als statistischer Mittelwert. Die Gleichgewichtsbedingung $\Gamma e^{\alpha d} = 1$ drückt aus, daß im ausreichend hohen Feld jedes Elektron der Entladungsstrecke vor seinem Eintritt in die Anode für seinen Ersatz sorgen muß, damit die eingeleitete Entladung ohne weitere Fremdstromhilfe erhalten bleibt. Die Gleichung verknüpft die Kennwerte der primären und sekundären Elektronenauslösung miteinander, die beide als Mittelwerte für eine sehr große Zahl von Einzelvorgängen definiert sind und auch danach gemessen werden; α kennzeichnet die im Mittel längs einer Strecke von 1 cm in Feldrichtung durch Elektronenstoß ausgelösten Elektronen, Γ die mittlere Zahl der pro Ion freigemachten Elektronen an der Kathode oder im Gas. Im Einzelfall wird die Anzahl der längs der Wegeinheit geschaffenen Elektronen bei derselben Feldstärke kleiner oder größer als der Mittelwert sein, weil in Abhängigkeit von den Zufälligkeiten beim Stoß ein Ionisierungsakt beispielsweise schon innerhalb einer Strecke der Länge $\frac{1}{\alpha}$ ln 2 und nicht erst nach ihrem vollen Durchlauf stattfinden kann, wie es bei einem von keinerlei Schwankungen beeinflußten Prozeß der Fall wäre; oder es kann mit derselben Berechtigung angenommen werden, daß das stoßende Elektron seine im Feld gewonnene Energie vorzugsweise in elastischen Stößen oder zur Anregung von Elektronensprüngen oder Schwingungszuständen in Molekeln ohne zu ionisieren verausgabt. Durch solche einer Trägervermehrung ungünstigen Zufälligkeiten kann ein Aufbau der Lawine unterbunden werden oder zumindest bleibt die Lawinengröße hinter dem Durchschnitt zurück. Nicht jedes zur Zündung geeignete Anfangselektron führt zwangsläufig zum Durchbruch, auch wenn die Elektrodenspannung die an und für sich zum Zünden ausreichende Höhe besitzt. Besonders kritisch sind Abweichungen vom Mittelwert der Elektronenausbeute zu Beginn der Lawinenentwicklung, wo individuelle Schwankungen den Aufbau in hohem Maß zu fördern oder zu hemmen vermögen. In den nachfolgenden Entwicklungsphasen ist die Zahl der

Ladungsträger bereits so sehr angestiegen, daß die einzelnen Schwankungen den Mittelwert und die Lawinengröße nicht mehr merklich beeinflussen können.

Was hier über α ausgesagt wurde, gilt in entsprechender Weise auch für den Rückwirkungsbeiwert Γ. Auch dieser ist keine unveränderliche Größe, sondern nach seiner Definition als statistischer Mittelwert ebenfalls zu individuellen Schwankungen befähigt. Es kann durchaus vorkommen, daß an und für sich die Gesamtheit der Lawinenprodukte ihrer Zahl nach ausreichen müßte, um mindestens ein Elektron für die Fortsetzung der Lawinenfolge aus der Kathode freizumachen, daß aber ungünstige Umstände die Bildung eines solchen Elektrons vereiteln und dadurch den bereits eingeleiteten TOWNSEND-Aufbau unterbrechen. Dazu kommt noch, daß die auftretenden Abweichungen vom Mittelwert z. T. über den Umfang rein statistischer Streuungen hinausgehen. So mag bei einer Elektronenauslösung an der Kathode sich deren Oberflächenbeschaffenheit zeitlich in unkontrollierbarer Weise ändern, wovon Austrittsarbeit und Rückwirkungsausbeute in Mitleidenschaft gezogen werden.

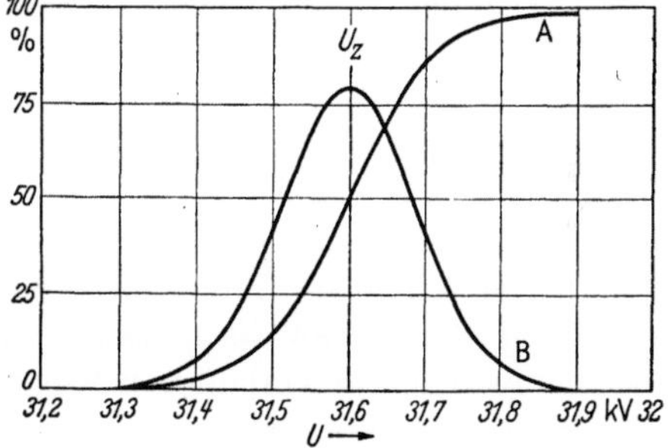

Abb. 75. Zündwahrscheinlichkeit (Kurve A) und Verteilung der Zündvorgänge (Kurve B) in Abhängigkeit von der Elektrodenspannung.

Diese Überlegungen [75] zeigen, daß als Folge des statistischen Charakters der hauptsächlichen Prozesse bei der Trägererzeugung in Gasentladungen die Bedingung $\Gamma e^{\alpha d} = 1$ die Zündspannung einer Entladung nicht eindeutig, sondern nur mit einer gewissen Wahrscheinlichkeit festlegt (wegen der Berechnung dieser Zündwahrscheinlichkeit s. [76]). Auch unterhalb des daraus zu errechnenden Spannungsmittelwertes kann bei günstigem Lawinenablauf und zufälligkeitsbegünstigter Rückwirkungsausbeute noch ein Durchschlag erfolgen, wenn auch wegen der starken Abhängigkeit des α von der Elektrodenspannung mit rasch abnehmender Wahrscheinlichkeit [87]. Wäre es möglich, das Auftreten einzelner Elektronen in Kathodennähe zu beobachten und in Abhängigkeit von der Elektrodenspannung U ihre Wirksamkeit hinsichtlich der Zündung einer Entladung festzustellen, dann müßte sich ein Verlauf der Zündwahrscheinlichkeit in Abhängigkeit von der Spannung ergeben, wie ihn Abb. 75 zeigt (aufgezeichnet für eine Luftfunkenstrecke bei 1 cm Plattenabstand). Die Kurvenwerte könnten etwa bei folgender Versuchsdurchführung gewonnen werden: An eine zum Schutz gegen störende Fremdeinstrahlung gepanzerte Funkenstrecke wird eine Gleichspannung der Höhe U gelegt. Nach Erzeugung eines einzelnen Elektrons in Kathodennähe wäre zu beobachten, ob dieses Anfangselektron einen Durchschlag herbeizuführen vermag oder nicht. Die vielmalige Wiederholung dieses Versuchs würde die Zündwahrscheinlichkeit als Verhältnis der „erfolgreichen" zur Zahl aller erzeugten Anfangselektronen bei der eingestellten Spannung ergeben. Die Durchführung mehrerer solcher Versuchsreihen bei veränderlicher Elektrodenspannung würde zeigen, daß bei ausreichend hoher Spannung jedes Elektron die zum Zünden benötigte Lawinenfolge auslöst und daß bei erniedrigter Spannung die Funkenstrecke nur noch selten bei besonders günstigem Ionisierungsablauf im Gas oder an der Kathode durchzündet [*84*]. Bei gekrümmten Elektroden wächst die für die Bildung des Anfangselektrons in Frage kommende Kathodenfläche bzw. der „nützliche" Raum zwischen den Elektroden mit der Spannung an, welcher Umstand ebenfalls die Chance einer Zündung erhöht [*85*].

Die statistische Verteilung der Zündvorgänge auf die jeweilige Elektrodenspannung ergibt sich durch eine Differentiation der Wahrscheinlichkeitskurve A von Abb. 75. Die so gewonnene Kurve B verläuft ähnlich einer GAUSSschen Fehlerkurve; an der Stelle des steilsten Anstiegs von Kurve A hat sie ihren Höchstwert, der als Mittelwert der Zündspannung oder kurz als *die* Zündspannung U_Z angesprochen werden kann. Bei symmetrischem Verlauf von Kurve B fällt U_Z mit der Spannung für eine 50%ige Zündwahrscheinlichkeit zusammen; im Mittel führt dann bei einer solchen Verteilung jedes zweite „brauchbare" Anfangselektron zur Zündung. Die Breite der Verteilungskurve hängt von der mittleren Schwankungsgröße ab und dürfte für lange Funken und auch für die Entladung im ungleichförmigen Feld vor allem bei negativer Spitze größer als bei kleinen Elektrodenabständen im gleichförmigen Feld sein.

Diese Überlegungen über den statistischen Charakter der Funkenzündung geben eine Begründung für die wohlbekannte Tatsache, daß bei der Durchführung von Versuchen zur Messung der Zündspannung stets kleinere oder größere Schwankungen um einen Mittelwert auftreten, die selbst bei Beachtung aller gebotenen Vorsichtsmaßregeln nicht völlig unterdrückt werden können. So zeigt es sich, daß schon unterhalb des meist vorkommenden Zündwertes vereinzelt Durchschläge erfolgen, während manchmal auch bei leicht überhöhter Spannung innerhalb der Beobachtungszeit trotz Aufhebung des Zündverzugs kein Durchschlag eintritt. Durch U_Z wird eben nur der Mittelwert einer statistisch schwankenden Größe gekennzeichnet, nicht aber ein physikalisch eindeutig festliegender Spannungswert, dessen längere Anwendung unbedingt zur selbständigen Entladung führen müßte. Erst bei einer unter Umständen erheblichen Erhöhung der Elektrodenspannung wird die Wahrscheinlichkeit eines günstigen Ablaufs der Ionisierungsprozesse gleich der Einheit, und jede elektrische Beanspruchung der Funkenstrecke führt dann zur Zündung.

Wie groß ein in geeigneter Weise zu definierender Mittelwert der Schwankungen in praxi ausfällt, kann allein aufgrund dieser Überlegungen ohne umfassende Kenntnis aller Einflußgrößen nicht gesagt werden. Wir verfügen bisher noch über keine ausreichenden Beweise, ob die im Versuch auftretenden Schwankungen der Höhe der Funkenspannung etwa auf individuelle Schwankungen der Ausbeutezahlen oder auf unkontrollierte Änderungen des Gas- und Elektrodenzustandes zurückzuführen sind, wie dies bei nicht sehr sorgfältiger Durchführung der Messungen oft der Fall sein wird. FISHER [77] vermutet, daß die Funkenspannung bei Einhaltung allergrößter Sorgfalt in einem reinen und trockenen Gas bis auf wenige Volt festgelegt werden kann und die statistischen Schwankungen der Ausbeutezahlen so geringfügig sind, daß sie sich der Erfassung entziehen.

Literaturhinweise zu Kapitel X.

1. THOMSON, J.: Phil. Mag. (7) **13** (1932) 824.
2. LOEB, L. B.: Fundamental Processes of Electrical Discharges in Gases, J. Wiley & Sons: New York 1939, 408; L. B. LOEB u. J. M. MEEK, The mechanism of the electric spark, Stanford University Press 1941, 1.
3. DE LA RUE, W. u. H. W. MÜLLER: Phil. Trans. Roy. Soc. London **171** (1880) 65.
4. PASCHEN, F.: Wied. Ann. **37** (1889) 69.
5. TOEPLER, M.: Ann. Phys. **29** (1909) 153.
6. EHRENKRANTZ, F.: Phys. Rev. **55** (1939) 219.
7. FREY, B.: Ann. Phys. **85** (1928) 381.
8. FRICKE, H.: Z. Phys. **86** (1933) 464.
9. KRUITHOFF, A. A.: Physica 7 (1940) 519.
10. MEYER, E.: Ann. Phys. **58** (1919) 297.
11. PENNING, F. M. u. C. C. J. ADDINK: Physica 1 (1934) 1007.
12. SCHÖFER, R.: Z. Phys. **110** (1938) 21.
13. FUCKS, W. u. F. KETTEL: Z. Phys. **116** (1940) 657.
14. HEYMANN, F. G.: Proc. Phys. Soc. B **63** (1950) 25.
15. JONES, F. L. u. J. P. HENDERSON: Phil. Mag. (7) **28** (1939) 185.
16. LEVI, F.: Ann. Phys. **6** (1930) 409.
17. DEMPSTER, A. J.: Phys. Rev. **46** (1934) 728.
18. GRIGOROVICI, R.: Z. Phys. **111** (1938) 596; weitere Messungen in Hg-Dampf s. JONES u. GALLOWAY: Proc. Phys. Soc. Lond. **50** (1938) 307.
19. STÜCKLEN, H.: Ann. Phys. **69** (1922) 597.
20. JACOBS, H. u. A. P. LaROCQUE: J. Appl. Phys. **18** (1947) 199; Phys. Rev. **73** (1948) 1244.
21. JONES, F. L.: Phil. Mag. (7) **28** (1939) 328.
22. HUXLEY, L. G. H.: Phil. Mag. (7) **5** (1928) 721.
23. TOWNSEND, J. S. u. S. P. McCALLUM: Phil. Mag. (7) **5** (1928) 695.
24. PENNING, F. M.: Naturwissenschaften 15 (1927) 818; Z. Phys. **46** (1928) 335.
25. PENNING, F. M.: Physica 12 (1932) 66.
26. PENNING, F. M.: Z. Phys. **72** (1931) 338.
27. KLARFELD, B.: Z. Phys. **78** (1932) 111.
28. PENNING, F. M.: Z. Phys. **57** (1929) 723; s. a. J. P. MOLNAR: Phys. Rev. **83** (1951) 940.

29. Steenbeck, M.: Wiss. Veröff. Siemens-Werk **9** (1930) 42.

30. Penning, F. M.: Proc. Roy. Acad. Amsterdam **34** (1931) 1303.

31. Cerwin, S. S.: Phys. Rev. **46** (1934) 1054.

32. Frickf, H.: Z. Phys. **78** (1932) 59.

33. Carr, W. R.: Phil. Trans. Roy. Soc. **201** (1903) 403.

34. Quinn, R.: Phys. Rev. **55** (1939) 482.

35. Penning, F. M.: Naturwissenschaften **19** (1931) 1042.

36. Loeb, L. B.: Fundamental Processes of Electrical Discharges in Gases, J. Wiley & Sons, New-York 1939, 477.

37. Penning, F. M.: Phys. Z. **33** (1932) 816.

38. Craggs, J. D. u. J. M. Meek: Proc. Phys. Soc. (4) **61** (1948) 327.

39. Huxley, L. G. H.: Phil. Mag. (7) **5** (1928) 721.

40. Huxley, L. G. H.: Phil. Mag. (7) **10** (1930) 185.

41. Bruce, J. B.: Phil. Mag. (7) **10** (1930) 476.

42. Boulind, H. F.: Phil. Mag. (7) **18** (1934) 909.

43. Penning, F. M.: Phil. Mag. (7) **7** (1929) 632.

44. Penning, F. M.: Phil. Mag. (7) **11** (1931) 961.

45. Wehrli, M.: Ann. Phys. **69** (1922) 285.

46. Dubois, E.: C. R. **173** (1921) 224; **175** (1922) 974.

47. Werner, S.: Z. Phys. **90** (1934) 384; **92** (1934) 705.

48. Jodlbauer, A.: Z. Phys. **92** (1934) 116.

49. Daubenspeck, O.: Arch. Elektrotechn. **30** (1936) 581.

50. Fetz, H. u. G. Medicus: Z. angew. Phys. **1** (1947) 19.

51. Townsend, J. S.: Electrician **71** (1913) 348.

52. Medicus, G.: Z. angew. Phys. **1** (1948) 106.

53. Penning, F. M.: Physica **12** (1932) 66.

54. Penning, F. M., J. Moubis u. C. C. J. Addink: Physica **13** (1933) 209.

55. Cohn, W. M.: Phys. Rev. **39** (1932) 382.

56. Penning, F. M.: Nederlandsch Tijdschrift voor Natuurkunde **10** (1943) 149.

57. Thomson, J. J.: Recent Researches, Oxford, Clarendon Press 1893, § 89—91.

58. Warburg, E.: Ann. Phys. **62** (1897) 385.

59. Sieveking, H.: Ann. Phys. **20** (1906) 209.

60. Earhart, R.: Phys. Rev. **3** (1914) 103.

61. Meyer, E.: Ann. Phys. **67** (1922) 1.

62. Hull, A. W.: Phys. Rev. **18** (1921) 31.

63. Penning, F. M.: Physica **3** (1936) 873.

64. Bartholomeyczyk, W.: Z. Phys. **116** (1940) 235.

65. Steenbeck, M.: Wiss. Veröff. Siemens-Werk **9** (1930) 42; A. v. Engel u. M. Steenbeck: El. Gasentladungen II, 178, Berlin: Springer 1934.

66. Schade, R.: Z. Phys. **104** (1937) 487.

67. Tank, F. u. G. Graf: Helv. Phys. Acta **2** (1929) 33.

68. v. Gugelberg, H. L.: Helv. Phys. Acta **20** (1947) 308.

69. Engstrom, R. W. u. W. S. Huxford: Phys. Rev. **58** (1940) 67; s. a. J. P. Molnar: Phys. Rev. **83** (1951) 940.

70. Schade, R.: Z. techn. Phys. **17** (1936) 391.

71. Büge, W.: Arch. Elektrotechn. **18** (1927) 616; **19** (1928) 480.

72. Tilles, A.: Phys. Rev. **46** (1934) 1015; El. Engng. **54** (1935) 868.

73. Gänger, B.: Arch. Elektrotechn. **39** (1949) 508.

74. Fisher, L. H. u. B. Bederson: Phys. Rev. **75** (1949) 1615.

75. Loeb, L. B.: Fund. Proc. Elect. Discharges in Gases, Wiley & Sons, New-York 1939, 424; Rev. Mod. Phys. **20** (1948) 151; Proc. Phys. Soc. **60** (1948) 562.

76. Wijsman, R. A.: Phys. Rev. **75** (1949) 833.

77. FISHER, L. H.: El. Engng. **69** (1950) 613.
78. FISHER, L. H. u. B. BEDERSON: Phys. Rev. **81** (1951) 109.
79. ZOUCKERMANN, R.: C. R. **204** (1937) 964.
80. BADAREU, E. u. L. CONSTANTINESCO: C. R. **207** (1938) 217.
81. SMUROW, A.: ETZ **51** (1930) 1459.
82. WEICHELT, E.: Phys. Z. **32** (1931) 182.
83. FRANCK, E.: Z. Phys. **69** (1931) 409.
84. WANGER, W.: Bull. S. E. V. **34** (1943) 259; W. WANGER u. W. FREY: BBC-Mitt. **30** (1943) 259; J. M. MEEK: J. I. E. E. **93**, II (1946) 97.
85. VAN CAUWENBERGHE, R.: Bull. S. F. E. **7** (1937) 1005; H. RAETHER: Z. Phys. **117** (1941) 375.
86. BANDEL, H. W.: Phys. Rev. **84** (1951) 92.
87. MÜLLER-STROBEL, J.: Arch. Elektrotechn. **32** (1938) 721.
88. JACOBS, H. u. J. MARTIN: J. Appl. Phys. **21** (1950) 681.
89. MILLER, Ch. G. u. L. B. LOEB: J. Appl. Phys. **22** (1951) 494, 614 u. 740.
90. HINZPETER, A. u. W. MEYER: Z. angew. Phys. **3** (1951) 216.

XI. Ähnlichkeitsgesetze [1].

Von entscheidendem Einfluß auf die Kennwerte und die Verhältnisse einer sich ausbildenden oder auch bereits bestehenden Entladung sind die mittlere freie Weglänge $\bar{\lambda}$ der Elektronen und die Feldstärke E an den verschiedenen Stellen des Entladungsraumes. Das Produkt beider Größen $\bar{\lambda} E$, die *Weglängenspannung*, gibt die von einem Elektron im Mittel aus dem Feld aufgenommene Energie bei einem Freiflug in Richtung einer Feldlinie an und bestimmt damit für das betreffende Gas sowohl die Größe der gerichteten Teilchengeschwindigkeit als auch das Anregungs- und Ionisierungsvermögen der Elektronen. Wegen $\bar{\lambda} \sim 1/p$ wird auch oft die der Weglängenspannung proportionale Größe E/p zur Kennzeichnung des Grades der „Erregung" eines Gases im elektrischen Feld benutzt.

Als *ähnliche Entladungen* seien im folgenden solche bezeichnet, bei denen an gleichbleibenden (homologen) Punkten die jeweiligen E/p-Werte und damit auch die α/p-Werte übereinstimmen. Aus dieser Definition folgt, daß ähnliche Entladungen geometrisch ähnliche Feld- und Potentialbilder besitzen und daß beim Auftreten von Trägerströmungen auch die Strömungsbilder der verglichenen Entladungsstrecken sich ähneln. Sie können also als proportionale Vergrößerungen oder Verkleinerungen einer einzigen Vorlage aufgefaßt werden, deren Eigenschaften mit denen aller ähnlichen Entladungen übereinstimmen. Werden zunächst Raumladungen aus dem Kreis der Betrachtungen ausgeschlossen, dann bleiben sich die Potential- und Strömungsbilder ähnlich, wenn sämtliche geometrische Abmessungen der Entladungsstrecke im gleichen Verhältnis vergrößert oder verkürzt werden und wenn die Nebenbedingung gleicher Kathodenwerkstoffe bzw. gleicher Rückwirkungs-

---

[1] Literaturhinweise zu diesem Kapitel s. S. 224.

ausbeuten erfüllt ist. Um auch gleiche Weglängenspannungen bzw. gleiche E/p-Werte an homologen Punkten des Raumes zu erhalten, muß der Gasdruck (bei ungeänderter Temperatur) im umgekehrten Verhältnis wie die linearen Abmessungen geändert werden. Dann stellen sich bei derselben Elektrodenspannung in allen ähnlichen Entladungsstrecken auch dieselben Trägerströmungen ein, und zwar gilt dies nicht nur für die stationäre Entladung, sondern auch für die noch im Aufbau begriffene. Bei gleicher Elektrodenspannung führen somit ähnliche Entladungen denselben Entladungsstrom, was miteinschließt, daß alle bei derselben Spannung zünden.

Die allgemeine Formulierung des Ähnlichkeitsgesetzes für beliebige Feldformen, wie es zuerst von TOWNSEND [1] für die Zündspannungen von Entladungen ausgesprochen wurde, schließt einige bereits an anderer Stelle behandelte Sonderfälle ein. Zu ihnen zählt die nach den einleitenden Bemerkungen nicht anders zu erwartende Eindeutigkeit der Funktion $\alpha/p = f(E/p)$ (s. S. 108) sowie als weiterer wohlbekannter Sonderfall das PASCHEN-Gesetz, das im gleichförmigen Feld seitlich weit ausgedehnter planparalleler Metallplatten Konstanz der Zündspannung bei beliebiger Änderung des Elektrodenabstandes und umgekehrt proportionaler Änderung der Gasdichte voraussagt[1]. Schließlich ist an das Ähnlichkeitsgesetz für koaxiale Zylinder bei sehr großem Durchmesser der äußeren Elektrode zu erinnern, das stets gleiche Entladungsbedingungen erwarten läßt, wenn Innenleiterradius und Gasdruck so geändert werden, daß ihr Produkt gleich bleibt; dann ändert sich auch das Produkt von Innenleiterradius und Randfeldstärke nicht (s. S. 194).

Es sei hier nochmals betont, daß zwei Entladungsstrecken nur dann bei derselben Spannung zünden, wenn sie auch tatsächlich in allen Teilen vollkommen ähnlich gestaltet sind. Dies schließt gleiche Elektronenergiebigkeiten beider Kathoden ein. Ändert sich z. B. bei einer Variation des Gasdruckes durch eine Aktivität des Gases die Oberflächenschicht der Kathode und mit ihr die Austrittsarbeit, so kann bei niederen pd-Werten eine genaue Einhaltung des PASCHEN-Gesetzes nicht länger erwartet werden. Auf einen solchen sekundären Einfluß muß es wohl zurückzuführen sein, daß FRICKE [2] bei sehr gut gereinigtem und getrocknetem, jedoch nicht quecksilberdampffreiem Sauerstoff und gleichartig behandeltem Wasserstoff im Bereich zwischen 2 und 30 Torr cm maximale Abweichungen von 6 bzw. 10,6% der bei verschiedenen Drucken, aber gleichen pd-Werten gemessenen Durchschlagspannungen findet. Weiterhin ist z. B. das PASCHEN-Gesetz nur für das gleichförmige

---

[1] Wegen des PENNING-Effekts (S. 122 u. 184) ist das PASCHEN-Gesetz nicht erfüllt bei schwacher Beimischung eines Gases, dessen Atome von den Metastabilen des Hauptgases ionisiert werden. Ganz allgemein vermögen Stufenprozesse die Ähnlichkeit zu stören.

Feld im Mittelteil planparalleler Plattenelektroden großer seitlicher Ausdehnung erfüllt, nicht aber bei einer Verzerrung des Feldes durch irgendwelche Einflüsse, sei dies nun vielleicht durch die Nachbarschaft iso-
lierender und Ladungen tragender oder auch spannungführender oder
geerdeter Wände oder sei dies etwa durch Elektroden mit zu kleinen
Abmessungen [3]. Die störenden Einflüsse formen das Feld zu einem
mehr oder weniger ungleichförmigen um, das dann bei einer Ähnlichkeits-
Transformation mehr als nur die Änderung von Elektrodenabstand und
Gasdruck verlangt. So genügt es wegen der wenn auch nur schwachen
Ungleichförmigkeit des Feldes einer Kugelfunkenstrecke nicht, bei einer
Gasdichteänderung allein den Elektrodenabstand neu einzustellen, son-
dern es muß bei genauen Messungen auch der Kugeldurchmesser mit-

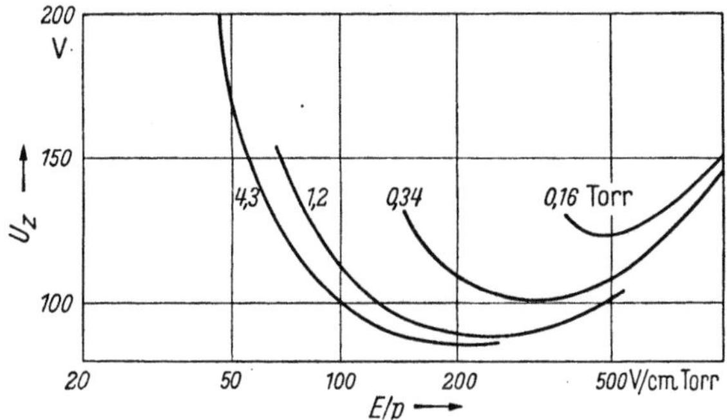

Abb. 76. Zündspannungen zwischen Plattenelektroden (2,8 cm Ø) in einem Glasrohr (3,0 cm Ø)
in Abhängigkeit von E/p bei verschiedenen Gasdrucken.

geändert werden. Der Einfluß von nahen Wänden bei einer Plattenfunkenstrecke in einem engen Isolierrohr sei an Hand von Messungen
von HEYMANN [4] aufgezeigt. In Abb. 76 sind die in einem Glasrohr
mit nur sehr kleinem Wandabstand der Elektroden gemessenen Zündspannungen als Funktion von E/p mit dem Gasdruck als Parameter aufgetragen. Als Anzeichen einer beim größten Abstand der Elektroden
(2,6 cm) nicht mehr vorhandenen Homogenität des Feldes und der unterschiedlichen Bedingungen für die Wanddiffusion bei einer Variation des
Abstandes und vielleicht auch als Folge einer Wandaufladung fallen die
einzelnen Kurven nicht zusammen, wie dies im streng gleichförmigen
und unbeeinflußten Feld der Fall wäre.

Die Ähnlichkeitsgesetze sind unter den angegebenen Bedingungen
dann von vornherein erfüllt, wenn die Potentialaufteilung ausschließlich
durch die Elektrodenladungen und die Elektrodenkonfiguration festgelegt ist. Sobald jedoch Raumladungen auftreten, bedarf es einer ge-
sonderten Betrachtung, ob hierdurch nicht etwa Prozesse ausgelöst werden, die sich bei einer proportionalen Änderung der Linearabmessungen
nicht in dem erforderlichen Maß mitändern. Beim Zündvorgang

treten wegen der im allgemeinen sehr kleinen Fremdstromdichten Raumladungen erst im letzten Stadium der Entladungsausbildung in beachtlicher Höhe auf, und zwar bei einer nur wenig unter der zur Zündung gehörenden Spannung; die Zündspannung ähnlicher Entladungen kann daher in keinem Falle durch Raumladungseinflüsse merklich verfälscht werden. Somit erfordern etwaige Raumladungen im allgemeinen nur bei der Transformation stationär brennender Entladungen eine besondere Beachtung hinsichtlich der Zulässigkeit von die Ähnlichkeit störenden (verbotenen) oder nichtbeeinflussenden Prozessen. Nur der Vollständigkeit halber sei hier vermerkt, daß nach HOLM [5] zur Gültigkeit der Ähnlichkeitsgesetze zusätzlich die Raumladungsdichten homologer Stellen wie die Quadrate homologer Linearabmessungen zu transformieren sind. Dann sind auch im Falle nicht mehr vernachlässigbarer Raumladungen die Potentialbilder ähnlich, und die Ladungsträger nehmen an homologen Stellen zweier Entladungsstrecken beim Durchfallen einer freien Weglänge dieselbe Energie aus dem Feld und besitzen die gleiche Geschwindigkeit.

Werden die geometrischen Abmessungen einer Entladungsstrecke II durch Multiplikation mit dem Faktor a in die einer geometrisch ähnlichen Entladungsstrecke I transformiert, dann ergeben sich die Bestimmungsstücke der in Strecke I brennenden ähnlichen Entladung nach den bisherigen Ausführungen durch die folgenden Transformationen:

Linearabmessungen in I	$= a \cdot$ Linearabmessungen in II
Gasdichte in I	$= \dfrac{1}{a} \cdot$ Gasdichte in II
Feldstärke in I	$= \dfrac{1}{a} \cdot$ Feldstärke in II
Oberflächen in I	$= a^2 \cdot$ Oberflächen in II
Volumina in I	$= a^3 \cdot$ Volumina in II
Strom in I	$=$ Strom in II
Spannung in I (einschl. Zündspannung)	$=$ Spannung in II (einschl. Zündspannung)
Strom-Spannungscharakteristik in I	$=$ Strom-Spannungscharakteristik in II
Stromdichte $\left(j = \dfrac{J}{F}\right)$ in I	$= \dfrac{1}{a^2} \cdot$ Stromdichte in II
Flächenladungsdichte in I	$= \dfrac{1}{a} \cdot$ Flächenladungsdichte in II
Raumladungsdichte in I	$= \dfrac{1}{a^2} \cdot$ Raumladungsdichte in II
Trägergeschwindigkeit in I	$=$ Trägergeschwindigkeit in II
Laufzeit von Trägern in I ($=$ Weg/Geschwindigkeit)	$= a \cdot$ Laufzeit in II
Zeitliche Stromänderung in I	$= \dfrac{1}{a} \cdot$ zeitl. Stromänderung in II.

Die zuletzt angeschriebene Folgerung für die Änderungsgeschwindigkeit beim Übergang in einen neuen Entladungszustand wurde von STEENBECK [6] aus den Voraussetzungen für ähnliche Entladungen abgeleitet. Sie folgt aus der Aussage von der Erhaltung der Trägergeschwindigkeit in ähnlichen Entladungen, wodurch sich die zeitlichen Abstände homologer Ereignisse — also auch die Zeitkonstante oder die Aufbauzeit — wie die transformierten Linearabmessungen verhalten. Da letztere jedoch dem Druck verkehrt proportional sind, kann das zeitliche Ähnlichkeitsgesetz auch in der Form: $\frac{di}{dt} \sim p$ angeschrieben werden. Die Stromänderung zu einem neuen Gleichgewichtszustand erfolgt demnach mit einer Geschwindigkeit, die dem Gasdruck verhältnisgleich ist.

Diese Folgerung aus den Ähnlichkeitsgesetzen wurde von STEENBECK bei der Ausbildung einer Glimmentladung zwischen Plattenelektroden in Argon im Gebiet der Minimumspannung bei einer möglichst großen Druck- bzw. Abstandsänderung (über 1:10) durch Oszillogramme des Aufbauvorganges überprüft und voll bestätigt gefunden. Sofern bei höherem Druck von der Raumladungsauswirkung noch abgesehen werden kann, würde somit die Ausbildung einer Entladung in der freien Atmosphäre 7,6mal so rasch erfolgen als die einer Entladung bei 100 Torr und 7,6mal größerem Elektrodenabstand.

Wird das Feldbild ausschließlich durch die Elektrodenladungen bestimmt, dann ist es durch Vornahme der vorgeschriebenen Transformationen, also durch Ausbildung geometrisch ähnlicher Entladungsstrecken, stets möglich, beliebig viele ähnliche Entladungen mit derselben Spannung zu zünden oder brennen zu lassen. Fraglich ist jedoch, wie raumladungsbeschwerte Entladungen zu behandeln sind, damit sie den Ähnlichkeitsgesetzen entsprechen. Zwar bereitet es keine Schwierigkeit, die Gefäß- und Elektrodenabmessungen nach Vorschrift herzustellen und bei dem richtigen Gasdruck die vorgeschriebene Spannung an die Elektroden zu legen, doch liegt es nicht in unserer Hand, in einer bereits brennenden Entladung die Raumladungen in der gewünschten Weise auszubilden und hierdurch ähnliche Feldbilder in den zu vergleichenden Entladungen zu erzwingen.

DÄLLENBACH [7] konnte zeigen, daß bei alleiniger Berücksichtigung von Stoßionisierung und Trägerwanderung im elektrischen Feld und bei Vernachlässigung aller sonstigen Elementarprozesse die vorschriftsgemäße Einstellung der übrigen Ähnlichkeitsbedingungen bereits die ausreichende Voraussetzung für die Ähnlichkeit von Entladungen auch beim Vorhandensein von Raumladungen darstellt, weil diese sich dann ohne weiteres Zutun in der richtigen Verteilung und Stärke ausbilden. Darüber hinaus erbrachte STEENBECK [8] den Nachweis, daß solch weitreichende Beschränkungen bei der Auswahl der zugelassenen Prozesse gar nicht erforderlich sind und nur einige wenige Elementarvorgänge zu den ähnlichkeitsstörenden „verbotenen" Prozessen zählen. Zu ihnen gehören neben dem PENNING-Effekt die stufenweise Ionisierung über bereits angeregte, vorwiegend metastabile Atome, und zwar sowohl durch Elektronen- als auch durch Photonenstoß; ferner die Ionisierung durch Photonen, die durch stufenweise Anregung oder auch bei der Vereinigung zweier ungleichnamiger Träger entstanden sind [8, 9]. Der Nachweis erfolgt durch die Prüfung, ob neben der Erfüllung der übrigen Ähnlichkeitsvoraussetzungen für den Gasdruck und die Linearabmessungen die zeitliche Änderung der Raumladungsdichte η in einer Entladung I vom a^3-fachen Betrag der zeitlichen Änderung der Raumladungs- bzw. Trägerdichte einer bereits bestehenden Entladung in II ist. Da nämlich wegen der Stationarität von Entladung II $\left(\dfrac{d\eta}{dt}\right)_{II} = 0$, müßte bei Erfüllung der Bedingung $\left(\dfrac{d\eta}{dt}\right)_{I} = \dfrac{1}{a^3} \cdot \left(\dfrac{d\eta}{dt}\right)_{II}$ auch für die erste Entladung $\dfrac{d\eta}{dt} = 0$ sein, womit bewiesen wäre, daß sie gleichfalls stationär zu brennen vermag und somit realisiert werden kann.

Literaturhinweise zu Kapitel XI.

1. TOWNSEND, J. S.: Electrician **71** (1913) 348.
2. FRICKE, H.: Z. Phys. **86** (1933) 464.
3. PENNING, F. M.: Physica **12** (1932) 66.
4. HEYMANN, F. G.: Proc. Phys. Soc. B **63**, 1 (1950) 25.
5. HOLM, R.: Phys. Z. **15** (1914) 289; Wiss. Veröff. Siemens-Werk **3**, 1 (1923) 159; Phys. Z. **25** (1924) 504.
6. STEENBECK, M.: Wiss. Veröff. Siemens-Werk **9** (1930) 42.
7. DÄLLENBACH, W.: Phys. Z. **26** (1925) 483.
8. STEENBECK, M.: Wiss. Veröff. Siemens-Werk **11**, 2 (1932) 36; A. v. ENGEL u. M. STEENBECK: El. Gasentladungen **II**, 97, Springer 1934.
9. FUCKS, W.: Arch. Elektrotechn. **40** (1950) 16.

XII. Der Durchschlag im Vakuum[1].

Bei ständiger Verringerung des Gasdrucks in einem abgeschlossenen Versuchsraum wird schließlich ein Zustand erreicht, bei dem die mittlere freie Weglänge der Molekel sowie etwa vorhandener freier Ladungsträger ein Vielfaches des Elektrodenabstandes ausmacht. Dies ist bei den üblicherweise benutzten Schlagweiten bei Drucken von weniger als 10^{-3} Torr der Fall. Dann tritt die überwiegende Mehrheit der kathodisch emittierten Elektronen nach ununterbrochenem Flug zur Anode in diese ein, ohne durch Stoßprozesse im Gasraum für den weiteren Nachschub

---

[1] Literaturhinweise zu diesem Kapitel s. S. 237.

von Trägern zu sorgen. Eine lawinenförmige Vermehrung der Träger durch Volumenionisierung muß demnach im Gebiet sehr niederen Drucks als ausgeschlossen gelten. Trotzdem beobachtet man selbst noch bei den am weitest getriebenen Gasverdünnungen bis unter 10^{-7} Torr die Ausbildung von stromstarken Entladungen, sobald ein von den jeweiligen Versuchsumständen — jedoch nicht mehr vom Gasdruck — abhängiger Spannungswert überschritten wird. Eine Druckänderung könnte sich dann höchstens noch über eine Veränderung der Oberflächenfilme auf den Elektroden bemerkbar machen, die bei fortschreitender Entgasung schwächer werden und Feuchtigkeit abgeben und dabei möglicherweise ihre für den Durchbruchsvorgang maßgebenden Eigenschaften ändern.

Nachdem unter diesen Umständen der verbliebene Gasinhalt des Versuchsgefäßes nicht merklich zur Trägererzeugung beitragen kann, bleibt nur der Schluß übrig, daß alle die Entladung tragenden elektrischen Teilchen den Elektroden oder möglicherweise auch den Wänden des Versuchsgefäßes entstammen. Einige wenige Elektronen treten ja spontan in unregelmäßiger Folge aus der Kathode unter Einwirkung von radioaktiven oder Höhenstrahlen oder von UV-Licht aus. Bei einem sehr kräftigen Feld vor der Kathode oder bei starker Aufheizung quellen sie kontinuierlich in großer Zahl als Folge der Feld- oder Thermoemission aus ihr hervor. Nachdem auch im Vakuum der Funkendurchbruch derselbe explosive, bei einer ganz bestimmten Spannung auftretende Vorgang ist mit fast momentaner Trägersteigerung von einem sehr kleinen Anfangswert zu einem nur durch den gesamten Kreiswiderstand begrenzten Höchstwert [1, 2, 24], wie wir dies beim Durchschlag im gaserfüllten Raum gefunden hatten, vermag offensichtlich die mit dem elektrischen Feld oder etwa auch mit der Kathodentemperatur stetig ansteigende Elektronenproduktion der Kathode für sich allein noch nicht zum Durchschlag zu führen. Die Elektronenemission gibt hierzu nur den Anstoß; zur Zündung bedarf es noch eines weiteren oder gar mehrerer sekundärer Effekte.

Nach der heute zumindest für kleine Schlagweiten und mäßiger Elektrodenspannung wohl allgemein gebilligten Vorstellung bringt die Energie der aufprallenden Elektronen das Material der Anode lokal auf sehr hohe Temperatur, und es wird an dieser Stelle außer dem Oberflächenfilm auch etwas Metall verdampft [1, 3]. Ein Gas- oder Dampfstrahl schießt dann mit hoher Geschwindigkeit aus der Anodenoberfläche hervor; über die stoßweise hergestellte Dampfbrücke zwischen den Elektroden vollzieht sich der Ausgleich ihrer Ladungen in der vom Gasdurchschlag her bekannten Weise durch Elektronenionisierung im Gas und Bildung von Sekundärelektronen durch die Lawinenprodukte. Die Spannung an den Elektroden bricht hierbei auf den niedrigen Wert der Lichtbogenspannung zusammen. Nach beendeter Entladung kondensiert

der Metalldampf und nach einer Entionisierungszeit von höchstens
10 μsek ist selbst nach Durchschlägen mit vielen tausend Ampere Entladungsstromstärke die alte Festigkeit wieder vorhanden [1].

Einzelheiten des Vorgangs sind wenig erforscht, obwohl doch gerade
der Vakuumdurchschlag dem Verständnis grundsätzlich leichter zugänglich sein müßte als die Gasentladung, nachdem er einzig und allein von
den Eigenschaften und der Form der Elektroden beeinflußt wird. Weder
treten irgendwelche Trägerverluste durch Vereinigung oder Diffusion
auf außer denen der Abwanderung zu den Elektroden, noch vermehrt
sich die Zahl der Elektronen bei ihrem Flug zur Anode auf praktisch
geradliniger Bahn durch irgendwelche, statistischen Gesetzmäßigkeiten
unterworfenen Vorgänge wie im Falle der Entladung bei hohem Gasdruck.
Insgesamt erscheint demnach der Mechanismus des Durchschlags im
leeren Raum prinzipiell einfacher, wenn auch nicht übersehen werden
darf, daß bei der Durchführung von Versuchen gewisse Schwierigkeiten
auftreten, die beim Gasdurchschlag entfallen oder doch an Bedeutung
zurücktreten: Die Verdampfung von Elektrodenmetall im nachfolgenden
Lichtbogen erhöht den Druck im Versuchsgefäß und verändert die
Elektrodenflächen durch Kraterbildung und Niederschläge, weshalb
nachfolgende Entladungen geänderte Bedingungen vorfinden.

Voraussetzung für eine Elektronenauslösung bei kalter Kathode ist
das Vorhandensein eines hohen elektrischen Feldes von rd. $3 \cdot 10^6$ bis
etwa 10^7 V/cm je nach Werkstoff der Kathode. Bei sorgfältiger Reinigung und Entgasung der Elektroden durch längere Hochfrequenzerhitzung bei laufender Pumpe und zuletzt noch durch oftmalige Überschläge bei geringer Stromstärke gelingt es sowohl bei scharfgekrümmten
als auch mit Kugel- oder Plattenelektroden in sehr kleinem Abstand,
einen Durchschlag bis zu Kathodenfeldstärken von einer oder gar mehreren Millionen Volt/cm zu verhindern [4]; bei scharfgekrümmter Anode
sind an dieser noch sehr viel höhere Feldstärken möglich [5]. Allerdings
bereitet es große Schwierigkeiten, festen Elektroden eine ausreichend
glatte Oberfläche mit möglichst nahe bei eins liegendem Grobfeinfaktor
zu verleihen (s. S. 87); unvermeidliche mikroskopische oder submikroskopische Unregelmäßigkeiten der Oberfläche vermögen an Kristall-
kanten oder Stellen mit Fremdeinschlüssen und an Bearbeitungsriefen
die Feldstärke lokal auf das Mehrfache der errechneten zu erhöhen, weshalb die wahre Feldstärke beim Beginn einer merklichen Elektronenemission fast immer nur sehr ungenau und höchstens der Größenordnung
nach bekannt ist. Zur Vermeidung dieser Unsicherheit benutzte
BEAMS [6] einen Quecksilbersee als Kathode, weil das flüssige Metall
ohne weiteres Dazutun eine völlig glatte Oberfläche annimmt und frei
von jeden Bearbeitungsunvollkommenheiten ist; auch läßt es sich durch
wiederholte Vakuumdestillation sehr rein darstellen, oder seine Aus-

trittsarbeit kann auf diese Weise sehr einfach innerhalb gewisser Grenzen geändert werden. Der Dampfdruck des Quecksilbers ist mit $2 \cdot 10^{-3}$ Torr bei Zimmertemperatur so gering und die bei den Versuchen zur Anwendung gelangenden Schlagweiten sind so klein, daß eine schlimme Störung der Versuchsbedingungen durch die Anwesenheit der Quecksilberatome nicht zu befürchten ist.

Allerdings bringt die Verwendung einer flüssigen Elektrode auch einen großen Nachteil mit sich: Bei den zur Herbeiführung eines Durchschlages benötigten Feldstärken werden die elektrostatischen Anziehungskräfte so groß, daß etwa bei einem Feld von 10^6 V/cm auf jede Fläche ein Zug von rd. $^1/_2$ kg/cm^2 einwirkt, wodurch die flüssige Quecksilberelektrode angehoben und zur Anode hingezogen wird. Die Deformation einer Flüssigkeitsoberfläche durch Ausbildung einer Kuppe an der Stelle kleinsten Elektrodenabstandes schon bei den mäßigen Feldstärken des Durchschlags in freier Atmosphäre wurde von MACKY [7] durch eine schöne Aufnahme einer Wasserfläche und darüber angeordneter Metallkugel als Gegenelektrode belegt. Ferner konnte TONKS [8] zeigen, daß eine erstarrte (eingefrorene) Quecksilberoberfläche zu wesentlich höherer Durchschlagsspannung zwischen den Elektroden führt als eine flüssige Oberfläche bei einer etwas über dem Gefrierpunkt liegenden Temperatur des Quecksilbers. Wie in derselben Veröffentlichung durch eine rechnerische Behandlung des vorliegenden Problems nachgewiesen wurde, überwindet die elektrostatische Anziehung die zurückhaltende resultierende Kraft aus Schwere und Oberflächenspannung schon bei einer Feldstärke

$$E_{\mathrm{kr}} = 2 \sqrt{\pi} \sqrt[4]{\varrho\, g\, \gamma}$$

(ϱ = spezifisches Gewicht der Flüssigkeit, g = Erdbeschleunigung, γ = Oberflächenspannung.)

Für Quecksilber folgt daraus eine kritische Feldstärke von 53 kV/cm, die somit weit unterhalb des für einen Durchbruch im Hochvakuum benötigten Wertes liegt. Zur Vermeidung einer solchen Störung der Versuchsbedingungen ist es daher erforderlich, an Stelle von Gleichspannung kurzdauernde Spannungsstöße zu verwenden.

Außer von BEAMS wurden derartige Versuche teilweise mit Spannungen bis zu 100 kV von seinen Schülern QUARLES [9] und MOORE [10] sowie von WARMOLTZ [11] angestellt. Die beiden Erstgenannten untersuchten hauptsächlich die Abhängigkeit der Durchschlagsspannung von der Austrittsarbeit der Kathode bei unterschiedlicher Reinheit der Quecksilberoberfläche. Die gemessenen Durchbruchfeldstärken liegen bei $5 \cdot 10^5$ V/cm und damit um rund eine Zehnerpotenz unter dem von (VI, 5) zur Erzeugung eines beachtlichen Elektronenstromes etwa von Bruchteilen eines Ampere geforderten Wert. BEAMS hatte bei ungereinigter Kathode $3,5 \cdot 10^5$ V/cm und nach Reinigung des Quecksilbers durch mehrfache Destillation $1,8 \cdot 10^6$ V/cm gefunden. Auch die quantitative Übereinstimmung von Messung und Rechnung hinsichtlich der Beziehung zwischen Austrittsarbeit und Durchschlagfeldstärke war unbefriedigend, wenn auch die Durchschlagsspannung mit der Austrittsarbeit zunahm und sich damit in der vorhergesagten Richtung änderte. So erhöhte sich die Zündfeldstärke bei einer Zunahme der Austrittsarbeit um 1 eV von 375 kV/cm auf 575 kV/cm.

MOORE [10] fand durch oszillographische Beobachtung des Durchschlagvorgangs bei Stoßspannungen bis zu 100 kV, daß die Ausbildung der stromstarken Entladung in einer Gesamtzeit von $2 \cdot 10^{-7}$ sek vor sich geht (Stirnanstieg der benutzten Prüfwelle mit $1,1 \cdot 10^{-7}$ sek Dauer allerdings recht langsam!). Es steht dies im Widerspruch zu einer neueren Angabe [5], wonach der Zusammenbruch des Isoliervermögens im Vakuum sehr viel rascher als im gasförmigen oder festen Isolierstoff erfolgt, deckt sich jedoch mit dem Ergebnis einer Untersuchung von SCHÄFFER [13] des Durchbruchs im Hochvakuum und einer gleichartigen Messung von WARMOLTZ [12] mit Wolframkügelchen als Elektroden in $^1/_4$ mm Abstand bei 15 kV Durchbruchspannung. Unter Benutzung der Meßablenkplatten eines an der Pumpe betriebenen Oszillographen als Versuchsfunkenstrecke gelang es SCHÄFFER, den Spannungsrückgang beim statischen Durchbruch zu oszillographieren. Im Gegensatz zum Durchbruch einer parallelgeschalteten Luftfunkenstrecke, deren Zusammenbruch in etwa $3 \cdot 10^{-8}$ sek erfolgt, verläuft der Hochvakuumdurchbruch (bei 28 kV) viel langsamer. Der Spannungsrückgang macht sich zunächst als Ausdruck einer wesentlich langsameren Trägervermehrung gegenüber der in freier Atmosphäre nur durch eine sehr allmähliche Verringerung der Elektrodenspannung bemerkbar und erreicht auch im weiteren Verlauf nur rund die Hälfte der sonst beobachteten Steilheit. Daher wird zur vollen Ausbildung des Lichtbogens in dem entwickelten Metalldampf eine Mindestzeit von etwa $2 \cdot 10^{-7}$ sek benötigt. Daß der Durchschlag bei der SCHÄFFERschen Messung zwischen den Kugeln der äußeren Meßfunkenstrecke in einem annähernd homogenen Feld erfolgte und im Hochvakuum von den vermutlich nicht abgerundeten Kanten der als Elektroden benutzten Meßplatten ausging, dürfte den Vergleich nicht beeinträchtigen, nachdem der Spannungszusammenbruch als Schlußphase des Durchbruchvorgangs fast nicht von der Elektrodenform und nur von der Beschaffenheit der bis dahin ausgebildeten Dampfatmosphäre und deren Ionisierungsmöglichkeiten abhängt.

Zur Bestimmung der zeitlichen Aufeinanderfolge der sichtbaren Entladungserscheinungen bei Stoßspannung verwendeten SNODDY [3] und CHILES [15] einen Drehspiegel. Dabei ließ sich auf der photographischen Platte der Aufnahmekamera durch eine extrem hohe Drehzahl des

Spiegels eine höchste Ablenkgeschwindigkeit von 15 km/sek erreichen. Hiermit konnte in ähnlicher Weise, wie dies von v. HÁMOS [16] mit gleichartigen Ergebnissen unter Ausnutzung des KERR-Effektes bei Luftfunkenstrecken gezeigt worden war, die Ausbildung und zeitliche Aufeinanderfolge der Leuchterscheinungen an den Elektroden und im Zwischenraum verfolgt werden. Bei allen untersuchten Elektrodenwerkstoffen war ein Leuchtfleck zuerst vor der Anode zu bemerken und erst nach Ablauf von weiteren 1 bis $2 \cdot 10^{-7}$ sek leuchtete auch der Raum vor der Kathode auf. Nur in wenigen seltenen Fällen waren schon vor Zündung der Hauptentladung schwache Leuchterscheinungen an der Kathode zu sehen. Diese Beobachtungen stützen die Auffassung, daß die Entladung in ihrer ersten Stufe aus einem reinen Elektronenstrom besteht, durch welchen die Anode bis zur Verdampfung erhitzt wird, und daß die Schlußphase des Durchbruchs erst beim Eintreffen des aus der Anodenoberfläche ausbrechenden Dampfstrahls an der Kathode beginnt. Für die Anfangsgeschwindigkeit des aus einer Quecksilberanode senkrecht zur Oberfläche hervorschießenden Dampfstrahls findet HAYNES [17] in einer Wasserstoffatmosphäre den druckunabhängigen Wert $1{,}5 \cdot 10^5$ cm/sek.

Die schließliche Aufklärung des Verhaltens flüssiger Metallkathoden beim Durchschlag im Hochvakuum und der Ursache der gemessenen niedrigen Durchschlagfeldstärken brachte die Arbeit von WARMOLTZ [11]. Seine Versuchsanordnung ist in Abb. 77 dargestellt. In den Boden eines Pyrex-Glasgefäßes G ist

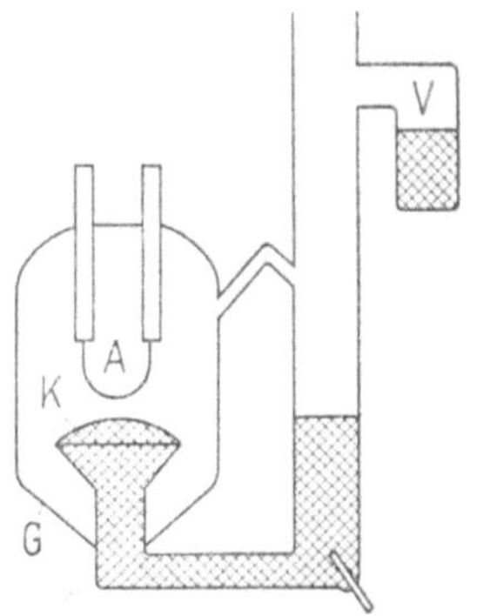

Abb. 77. Versuchsgefäß für Untersuchungen mit flüssiger Kathode.

ein enges, an seinem oberen Ende etwas erweitertes Glasrohr eingeschmolzen, das das flüssige Metall enthält. Durch Zufuhr weiterer Metalls aus dem Vorratsbehälter V kann der Abstand von der Kathodenkuppe K zur darüberbefindlichen Anode A verringert und auf die gewünschte Schlagweite gebracht werden ($^1/_4$ oder $^1/_8$ mm). Als Anode diente ein zylindrischer Wolframstift oder wie im dargestellten Fall ein dünnes, zu einem Halbkreis gebogenes und mit seinen Enden an zwei Durchführungselektroden angelötetes Wolframbändchen. Durch Aufheizung des Bändchens vor jedem Versuch gelingt es auf einfache Weise, etwaige am Draht haftende Verunreinigungen von kondensiertem oder von der Kathode abgeschleudertem Quecksilber zu entfernen, was sich im Verlauf der Untersuchungen als bedeutungsvoll erwies. Die zeitliche Ausbildung der Entladung bei Beanspruchung mit Stoßspannungen wurde auf dem Leuchtschirm eines Oszillographen verfolgt und gleichzeitig der Meniskus mit einem Telemikroskop auf etwaige Veränderungen hin beobachtet. Um sicher zu gehen, daß der Dampfdruck des Quecksilbers auf den Entladungsvorgang keinen Einfluß ausübt, wurde bei einigen Meßreihen das Quecksilber durch das bei Zimmertemperatur ebenfalls noch flüssige Metall Gallium ersetzt (Schmelzpunkt 29,9° C, Metall weit unterkühlbar), dessen Dampfdruck bei 10^{-40} Torr liegt. Die mit diesem Metall gewonnenen Ergebnisse stimmen mit denen für Quecksilber gut überein und bestätigen damit, daß der Entladevorgang vom Dampfdruck des Quecksilbers nicht merklich beeinflußt wird.

Die Versuche erbrachten folgende Ergebnisse: Bei Feldstärken unter 250 kV/cm zeigt die Beobachtung des vergrößerten Kathodenprofils, daß es im Augenblick des Durchschlags unscharf wird und die kathodische Leuchterscheinung zur Anode hin vorgerückt erscheint. Dies sind deutliche Anzeichen dafür, daß noch vor Entladebeginn die Kathodenoberfläche dem Zuge der Feldlinien folgend angehoben wird und der Abstand zwischen den Elektroden sich hierbei so weit verkürzt, daß im erhöhten Feld vor der deformierten Kathode die Elektronenemission auf den zur wirksamen Verdampfung von Anodenmetall erforderlichen Wert anzusteigen vermag.

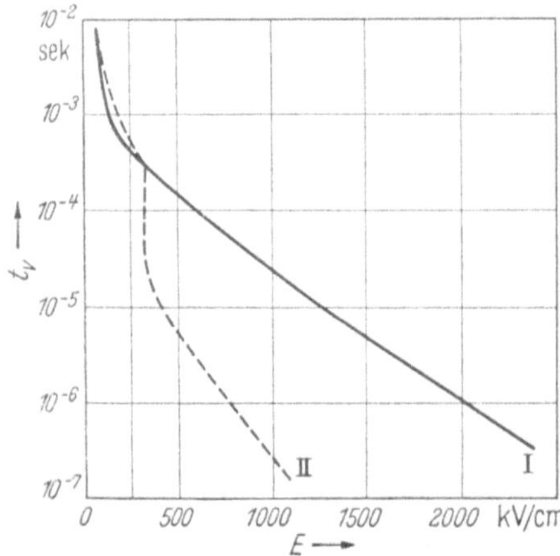

Abb. 78. Durchschlagverzögerung bei flüssiger Kathode in Abhängigkeit von der Feldstärke. Kurve I: Anode vor jedem Durchschlag gesäubert oder auch mit einer dichten Quecksilberschicht bedeckt; Kurve II: Anodenoberfläche nicht vor jedem Durchschlag erhitzt.

Allerdings setzt ein solcher Mechanismus wegen der Trägheit der zu bewegenden Flüssigkeitsmenge längere Zeiten als ca. 10^{-4} sek voraus. Liegt dagegen die Feldstärke von Anfang an über 250 kV/cm, so bleibt die Berandung der Kathodenkuppe ungeändert. Es kann angenommen werden, daß der Durchschlag sich hierbei zu rasch abspielt, als daß eine makroskopische Deformation der Kathodenoberfläche eintreten könnte.

Die von WARMOLTZ gemessenen Verzugszeiten der Funkenausbildung in Abhängigkeit von der herrschenden Feldstärke sind durch Kurve I von Abb. 78 für den Fall eines durch kurzzeitige Aufheizung vor jedem Durchschlag gereinigten Anodendrahtes wiedergegeben; im großen und ganzen ergab sich derselbe Kurvenverlauf bei einer Galliumkathode und ebenso bei einer stabförmigen Wolframanode, deren Unterfläche mit einer zusammenhängenden Quecksilberschicht überzogen war. Nur bei

spurenweiser Bedeckung der Anode durch vereinzelte submikroskopisch
kleine Quecksilberspritzer bei nicht vor jedem Stoß gesäuberter Oberfläche stellte sich der hiervon wesentlich abweichende Verlauf nach
Kurve II ein mit einer schon bei mäßig hoher Feldstärke viel kürzeren
Ausbildungszeit des Lichtbogens. An Stelle einer Feldstärke von mehreren 10^6 V/cm bei sehr kurzer Beanspruchungsdauer, wie sie bei der
Auslösung des Durchschlags durch Feldemission zu erwarten ist, genügen
dann schon wesentlich niedrigere Werte. Deutlich prägt sich im Verlauf
von Kurve II die Grenze aus zwischen sichtbarer Deformation der
Kathodenoberfläche und Erhaltung der planen Fläche durch einen Abfall der Funkenverzögerung von den langen „Ausziehzeiten" um eine
ganze Größenordnung bei Überschreiten einer Feldstärke im Entladungsraum von rd. 250 kV/cm.

Die niedrigen Durchbruchfeldstärken gemäß Kurve II und damit
auch die unter gleichen Umständen gewonnenen Werte von QUARLES [9]
und MOORE [10] erklärt WARMOLTZ durch die Anwesenheit winziger
Tröpfchen des Kathodenmetalls auf der Oberfläche der nicht vor jedem
Versuch durch kurzzeitige Erhitzung gereinigten Anode; sie verdanken
ihr Dasein der Kondensation von bei zuvorgehenden Entladungen ver-
dampftem Kathodenmetall oder auch dessem Wegspritzen und Zerstäu-
ben an der Ansatzstelle der Entladungen. Die Tröpfchen werden bei
Feldstärken oberhalb 250 kV/cm vom elektrischen Feld in die Länge
gezogen und abgerissen, wodurch die Entladung eingeleitet wird. Als
Ursache von Durchschlägen bei sauberer Anodenfläche (Kurve I in
Abb. 78) unterhalb der Feldstärkewerte, die rechnungsmäßig für eine
Feldemission anzusetzen wären, vermutet WARMOLTZ eine nicht mehr
beobachtbare submikroskopische Deformation der Kathodenoberfläche
in einem Bezirk von nicht viel mehr als molekularer Erstreckung. Solche
Störungen der glatten Oberfläche sind schon allein durch die BROWNsche
Wärmebewegung der Molekel zu erwarten, welche auch bei einer Flüssigkeit zu einer „Rauheit" und zu Unregelmäßigkeiten der Oberflächen-
kontur von etwa 10^{-8} cm führen dürfte [18]. Nach Überlegungen von
TONKS [8] könnte eine solche Stelle vom Feld in sehr kurzer Zeit zu einer
feinen Spitze ausgezogen werden, an deren Ende die Feldstärke erheblich über die des ungestörten Feldes anwächst und damit die für ein
Herausziehen von Elektronen aus dem Metall erforderliche Größe erreicht.

Die Messungen mit flüssigen Metallkathoden haben demnach nicht
ganz die in sie gesetzten Erwartungen erfüllt, weil die vielleicht nur submikroskopische Verformung der Elektrodenoberfläche zu einer Erniedrigung des Wertes der Durchschlagfeldstärke führt und weitere zunächst
nicht erkannte Nebeneinflüsse beim Experimentieren stören. Doch
konnte andererseits auch mehr als wahrscheinlich gemacht werden, daß

die wahre Anfangsfeldstärke im Augenblick des Entladebeginns höher
liegt als die scheinbare und voraussichtlich den für eine beachtliche
Elektronenemission nötigen Wert erreicht. Insgesamt dürfen somit auch
diese Versuche mit vergleichsweise niedriger Elektrodenspannung und
kleinen Schlagweiten als verträglich mit der Auffassung von einer Einleitung des Vakuumfunkens durch kalte Emission von Elektronen aus
der Kathode angesehen werden.

In keiner Weise ist jedoch mit der bisherigen Vorstellung vom Ablauf
des Vakuumdurchschlags die bei Versuchen mit hohen Spannungen gefundene Tatsache zu vereinbaren, daß bei größeren Schlagweiten die
Durchschlagspannung trotz homogenem Feld weit langsamer als ungefähr proportional mit der Schlagweite ansteigt und daher die im Ent-

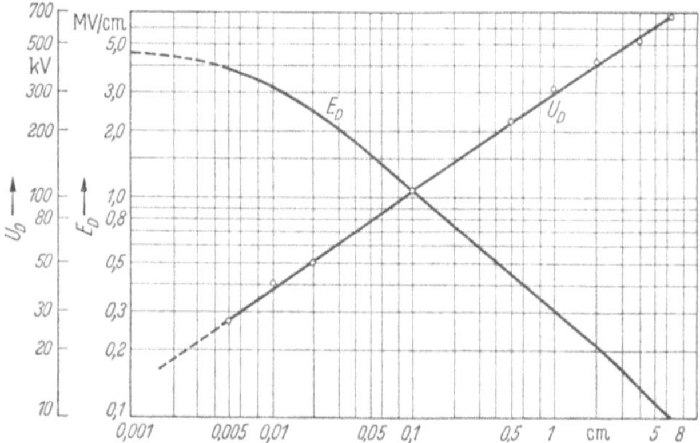

Abb. 79. Durchschlagspannung U_D und -feldstärke E_D im Vakuum zwischen einer 2,5 cm-Stahl-
kugel und einer Stahlscheibe von 5 cm Durchmesser in Abhängigkeit von der Schlagweite.

ladungsraum herrschende maximale Feldstärke auf recht geringe
Beträge absinkt. Abb. 79 zeigt die Änderung von Durchschlagspannung und Durchschlagfeldstärke im näherungsweise gleichförmigen
Feld in Abhängigkeit von der Schlagweite nach Messungen von AN-
DERSON [19] sowie TRUMP und VAN DE GRAAFF [5][1]. Bei einer Vergrößerung der Elektrodenentfernung sinkt die Durchschlagfeldstärke dauernd
ab, so daß beisp. bei 4 cm Schlagweite die makroskopische Feldstärke
vor der Kathode nur noch 125 kV/cm erreicht oder sich Feldstärken von
über 1 MV/cm nur bei Schlagweiten unter 1 mm verwirklichen lassen.
Zweifellos wird bei sehr kleiner Elektrodenentfernung wegen der auch
bei bester Bearbeitung nicht völlig planen Elektrodenoberflächen ein
mikroskopischer Feldstärkewert von einigen Millionen V/cm erreicht,
wie ihn die kalte Elektronenemission erfordert, doch ebenso sicher ist

---

[1] Weitere Meßwerte bis zu 7 MV s. bei [25].

es auch, daß bei größeren Entfernungen die wahre Feldstärke, also die unter Berücksichtigung lokaler Überhöhungen an Vorsprüngen und Kanten der zerklüfteten Oberfläche errechnete, nicht die Höhe erreicht, die zu einer beachtenswerten Elektronenemission genügt, und daß der Durchschlagmechanismus von anderer Art als bei den kleinen Schlagweiten sein muß. Wie der Übergang zum Lichtbogen vor sich geht, darüber bestehen bisher nur Vermutungen [5, 22, 25]. Naheliegend ist die Annahme einer wechselweisen, sich gegenseitig steigernden Auslösung von Trägern an den Elektroden.

Danach würde ein Elektron, das etwa durch UV-Bestrahlung der Kathode freigemacht worden ist, bei seinem Eintreffen an der Anode als Folge seiner großen mitgebrachten kinetischen Energie eU in einem Sekundärprozeß positive Ionen und sicherlich auch Photonen (Röntgenstrahlung! [24]) auslösen. Diese Produkte des Elektronenbeschusses würden — entweder mit der hohen Geschwindigkeit des die ganze Potentialdifferenz frei durchfallenden Ions oder gar mit Lichtgeschwindigkeit — auf die Kathode aufprallen und dort auf bekannte Weise neue Elektronen auslösen, die ihrerseits wieder zur Anode eilen usw. Wird mit γ die mittlere Zahl der von einem Ion an der Kathode ausgelösten Elektronen und mit δ die Auslösewahrscheinlichkeit des hypothetischen Erzeugungsprozesses von Ionen an der Anode bezeichnet, so wäre unter Vernachlässigung eines gleichartig darzustellenden Beitrages von Lichtquanten die Bedingung für eine Trägervermehrung in der Form

$$\delta\gamma > 1$$

anzuschreiben, da nur dann jedes in die Anode eintretende Elektron über den Umweg der Ionenbildung mindestens für seinen Nachfolger sorgt. Von der Feldstärke vor den Elektroden wären die Ausbeutezahlen unabhängig und wären nur eine Funktion der gesamten Beschleunigungsspannung und der Elektrodenbeschaffenheit. Nachdem die Größenordnung von γ mit rd. 10 Elektronen pro Ion bei den in Frage kommenden hohen Spannungen ungefähr bekannt ist, müßte δ beim Durchschlageintritt etwa den Wert 0,1 erreichen.

Für eine derartige Mitwirkung der Anode an der Trägererzeugung spricht ein von Bennett [20] angestellter Versuch zur Beeinflussung des Elektronenstroms einer Vakuumentladung durch ein das Versuchsgefäß durchsetzendes Magnetfeld. Dieses zwingt die von der Kathode ausgehenden Elektronen zu längeren Bahnen und zum Auftreffen auf weiter ab liegenden Stellen der Anode. Nach Herbeiführung einer stationären Trägerströmung bei bestimmten Werten des elektrischen und magnetischen Feldes ließ sich durch plötzliche Änderung der Magnetfeldstärke auf einen zuvor nicht benützten Wert ein neuer Auftreffort der Elektronen auf der Anode einstellen; dabei vergrößerte sich der Entladestrom stoßweise, um in kurzer Zeit wieder zum alten Wert zurückzukehren. Dieses Versuchsergebnis läßt sich dahingehend deuten, daß die erstmalig von Elektronen getroffene Stelle der Anode zunächst besonders ergiebig an Sekundärprodukten ist und der „eingebrannte" Zustand geringerer Ergiebigkeit nach kürzester Zeit erreicht wird.

Über den Einfluß von Elektrodenbeschaffenheit und Werkstoff auf die Höhe der elektrischen Festigkeit hat ANDERSON [19] einige Untersuchungen angestellt. Bei einer Schlagweite von 1 mm erzielte er im Hochvakuum mit Stahl, Nickel, Aluminium und Kupfer in dieser Reihenfolge Durchschlagspannungen von 121, 96, 41 und 37 kV und konnte damit einen entscheidenden Einfluß des Elektrodenmaterials auf die Höhe der Durchschlagspannung feststellen. Bei Verwendung von Stahl für die eine und von Kupfer für die andere Elektrode lag die Durchschlagspannung bei negativer Polung der Stahlelektrode höher als umgekehrt. Nach einiger Betriebszeit knapp unter der zu erwartenden Durchschlagspannung konnte auf der Stahlkathode deutlich ein bräunlicher Fleck bemerkt werden, den ANDERSON als Niederschlag von Anodenmaterial und als handgreiflichen Beweis für eine Ionenablösung an der Anode ansieht.

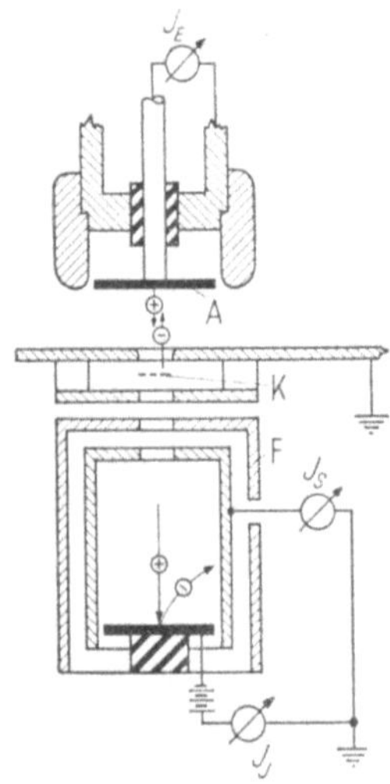

Abb. 80. Versuchsanordnung zur Messung von δ und δ' (A positive Hochvoltelektrode, K geerdete Elektrode, Q Elektronenquelle, F FARADAYscher Käfig).

Als bestgeeignete Behandlung der Elektroden zur Erzielung höchster Festigkeitswerte unter gegebenen Verhältnissen empfiehlt ANDERSON folgendes Verfahren: Nach Glätten und Säubern der Oberflächen mit feinstem Schmirgelpapier wird zwischen den Elektroden eine Niederdruckentladung in Wasserstoff von 1 Torr während 3 min bei $^1/_4$ A/cm² unterhalten; dann ist bis zur erreichbaren Grenze zu evakuieren und bei mäßiger Stromstärke ein mehrmaliger Funkenübergang bei gelegentlicher Umpolung herbeizuführen. Die durch eine derartige Nachbehandlung erzielbare Entgasung und Vergütung der Elektroden erbringt eine Mindeststeigerung der elektrischen Festigkeit auf das Doppelte ihres Anfangswertes.

Zur Untersuchung des vorausgesetzten Effekts einer Ionenablösung an der Anode unter Elektronenbeschuß und quantitativen Erfassung der Ausbeute benutzten TRUMP und VAN DE GRAAFF [5, 23] eine Anordnung, deren Schema Abb. 80 zeigt (ohne Vakuumgefäß). Zwischen der positiv aufgeladenen Hochvoltelektrode A aus Stahl und der zentral durchbohrten geerdeten Gegenelektrode K herrscht ein starkes Feld.

Ein auf Erdpotential befindlicher Heizdraht läßt durch die Bohrung
Elektronen in den Feldraum eintreten, wo sie zur Anode beschleunigt
werden (Strom J_E) und dort bei ihrem Aufprall die vorausgesagten Ionen
auslösen müßten. Wegen der vernachlässigbaren Anfangsgeschwindigkeit der freigemachten Ionen folgen diese dem Verlauf der Feldlinien
und fliegen ausnahmslos durch die Öffnung der Kathode hindurch. Mit
Hilfe des Strommessers in der Erdleitung der Auffängerelektrode wird
der von ihnen repräsentierte Strom J_I gemessen. Es ist $\delta = J_I/J_E$.
Nebenbei ermöglicht die Anordnung auch noch die Zählung der von den
Ionen freigesetzten Elektronen, die eine Hilfsspannung zu einem über-
gestülpten FARADAY-Käfig führt. Zu beachten ist, daß das Verhältnis γ'
des Sekundärelektronenstroms J_S zum Ionenstrom J_I nicht mit γ identisch ist, weil das Fehlen eines starken Feldes vor der Auffängerelektrode
den Elektronenaustritt behindert und an der Kathode einer Durchschlag-
strecke die Trägerausbeute höher ist.

Die von TRUMP und VAN DE GRAAFF angegebene Kurve der Auslösewahrscheinlichkeit von Ionen pro einfallendes Elektron hat bei niederer
Spannung (rd. 1—2 kV) ein ausgeprägtes Maximum mit $\delta_{max} = 10^{-3}$,
das nach Angabe der Autoren auf Stoßionisation im restlichen Gasinhalt
des Versuchsgefäßes zurückzuführen ist; bei weiterer Erhöhung der
Elektrodenspannung bis zu 160 kV ändert sich die Ausbeute von
$\delta = 2 \cdot 10^{-4}$ nicht, um dann bis zur höchsten angewandten Spannung von
225 kV steil anzusteigen. Die stark hervortretende Mitwirkung von
nicht völlig entferntem Gas bei niedriger Spannung mindert den Wert
der Untersuchungen sehr. Es liegt die Vermutung nahe, daß auch die
bei hoher Spannung gemessene Ionenbildung nicht auf Oberflächen-,
sondern auf eine Volumenionisation der Elektronen im Restgas zurückzuführen ist. Auch liegt der δ-Wert um mindestens eine Größenordnung
unter dem erwarteten, wenn auch der Anstieg bei Annäherung an die
Durchbruchspannung Beachtung verdient.

Die grundsätzliche Bedeutung der aufgeworfenen Frage nach der
Existenz eines Elementarprozesses, bei dem Ionen unter dem Aufprall
sehr rascher Elektronen aus der Anode in den freien Raum austreten,
und das nicht eindeutige Ergebnis der angestellten Versuche führten zu
einer Wiederholung der Messungen mit einer gleichartigen Anordnung [22]. Mit Beschleunigungsspannungen bis zu 70 kV bei einem
Arbeitsdruck von 10^{-6} Torr wurde der gleiche Kurvencharakter mit
flachem Mittelteil und anfänglichem Maximum bei 1 kV gefunden; das
Maximum prägt sich um so stärker aus, je weiter Elektronenquelle und
Erdelektrode von der Anode entfernt sind. Nur die Zahlenwerte von δ
waren um den Faktor 200—2000 kleiner als die von TRUMP und VAN DE
GRAAFF gemessenen, konnten jedoch dann auf etwa gleiche Höhe gebracht werden, wenn die Öldämpfe der Pumpe durch Überbrücken der

Kühlfallen in der Saugleitung bis zum Versuchsgefäß vordringen konnten. Dies deutet darauf hin, daß die älteren Messungen durch die Anwesenheit von Dämpfen im Versuchsraum verfälscht wurden und zu hohe Werte erbrachten. Die unter einwandfreien Versuchsbedingungen gewonnenen δ-Werte liegen mit rd. $2 \cdot 10^{-6}$ Ionen/Elektron so niedrig, daß sie durchaus als das Resultat gelegentlicher unelastischer Elektronenstöße im restlichen Gas gedeutet werden können und es zu ihrer Erklärung keiner ad hoc-Annahme bedarf. Der Wirkungsquerschnitt von Luftmolekeln ist unter den vorliegenden Umständen mit etwa 1 cm²/cm³ bei 1 Torr anzusetzen, woraus sich bei 10^{-6} Torr eine mittlere freie Weglänge der Elektronen von 10^6 cm errechnet. Bei einem Elektrodenabstand von 1 cm bedeutet dies, daß nur jedes millionste Elektron beim Flug zur Anode mit einer Gasmolekel zusammenstößt und Gelegenheit zur Ionenpaarbildung hat. Somit wäre unter diesen Verhältnissen $\delta = 10^{-6}$ und damit gerade von der Größenordnung des von FILOSOFO und ROSTAGNI angegebenen Wertes.

Die Ablehnung der Annahme einer Ionenauslösung findet eine gewisse Stütze im Ergebnis von Versuchen, die Vakuumfestigkeit in Abhängigkeit von einer Aufheizung der Kathode und somit einer zusätzlichen thermischen Emission von Elektronen zu bestimmen [22]. Bei vermehrter Elektronenerzeugung an der Kathode müßten auch mehr Ionen die Anode verlassen, und es müßte die Durchschlagspannung sinken. Doch erwiesen die mit Heizdraht und einer in veränderlichem Abstand gegenüberstehenden Kupferanode vorgenommenen Versuche, daß eine Thermoemission bis zu einigen Mikroampere ohne jeden Einfluß auf die Höhe der Durchschlagspannung bleibt, was gegen die Annahme einer Ionenbildung an der Anode spricht. Die Durchbruchfeldstärke an der Oberfläche des 0,028 mm starken Wolfram-Heizdrahtes lag durchweg bei rd. 600—700 kV/cm bei Spannungen von 18 bis über 50 kV.

Auch die Beobachtung von ANDERSON [19] eines Niederschlags auf der Kathode ist vermutlich nicht als Folge eines Ionenaustritts aus der Anode, sondern einer Volumenionisation im verbliebenen Gas zu deuten.

Insgesamt erscheint durch die geschilderten Versuche der angenommene Austritt positiver Ionen aus der Anode unter der Einwirkung energiereicher Elektronen zumindest bis zu Elektrodenspannungen von 70 kV als wenig wahrscheinlich. Da aber bei den höheren Spannungen die Kathodenfeldstärke keinesfalls zur Bereitstellung der notwendigen Elektronenmenge ausreicht, muß nach sonstigen Möglichkeiten zur Herbeiführung eines instabilen Trägeranstiegs Umschau gehalten werden. Hierbei wäre wohl in erster Linie an die bis jetzt so gut wie noch nicht berücksichtigte Auslösung von Röntgenquanten an der Anode [25] und deren lichtelektrische Wirksamkeit an der Kathode zu denken. Zwar wird bei der Abbremsung an der Anode über 99% der Elektronenenergie in Wärme umgesetzt, doch entsteht als Äquivalent für den bescheidenen Energie-rest eine kurzwellige Strahlung der Grenzwellenlänge $\lambda_{\min} = \dfrac{12346}{U}$ Å mit anschließendem kontinuierlichem Bremsspektrum, dem für das Anodenmaterial charakteristische Eigenschwingungen beachtlicher Amplitude überlagert sind. Nicht alle von der Anode abgestrahlten Licht-quanten erreichen den für einen Durchschlag in Frage kommenden Be-reich der Kathode; die dort eintreffenden Quanten ergeben sich unter Berücksichtigung des Geometriefaktors der Anordnung ($g < 1$). Mit f_1 als mittlerer Zahl der Photonen durchschnittlicher Wellenlänge, die ein Elektron erzeugt, und mit f_2 als die entsprechende Menge von Sekundär-elektronen, die von einem die wirksame Kathodenfläche erreichenden Photon ausgelöst werden, wäre die Zündbedingung in der Form anzu-schreiben

$$g\,f_1\,f_2 \geqslant 1\,.$$

Der hier gegebene Abriß der bis heute auf dem Gebiet des Vakuum-durchschlags geleisteten Arbeit läßt erkennen, daß noch vieles zu tun verbleibt. Selbst elementare Probleme wie etwa das nach der Herkunft der Träger bei der Entladungsausbildung bei hohen Elektrodenspan-nungen sind noch nicht zufriedenstellend gelöst. Dabei ist die Bedeutung dieses Sondergebiets der Entladungsphysik und das ihm entgegen-gebrachte Interesse wegen der zunehmenden Verwendung der Vakuum-isolation bei gewissen physikalischen und technischen Geräten auch bei hohen und höchsten Spannungen in den letzten Jahrzehnten erheblich angestiegen. Von künftigen Forschungsarbeiten sind noch bedeutsame Erkenntnisse zu erwarten.

Literaturhinweise zu Kapitel XII.

1. HULL, A. W. u. E. E. BURGER: Phys. Rev. **31** (1928) 1121.
2. SANNER, V. H.: Z. Phys. **108** (1938) 288.
3. SNODDY, L. B.: Phys. Rev. **37** (1931) 1678.
4. HAYDEN, J. C. R.: J. A.I.E.E. **41** (1922) 852.
5. TRUMP, J. G. u. R. J. VAN DE GRAAFF: J. Appl.Phys. **18** (1947) 327.
6. BEAMS, J. W.: Phys. Rev. **44** (1933) 803.
7. MACKY, W. A.: Proc. Roy. Soc. A **133** (1931) 553.
8. TONKS, L.: Phys. Rev. **48** (1935) 562.
9. QUARLES, L. R.: Phys. Rev **48** (1935) 260.
10. MOORE, D. H.: Phys. Rev. **50** (1936) 344.
11. WARMOLTZ, N.: Philips Res. Rep. **2** (1947) 426.
12. WARMOLTZ, N.: Philips Techn. Rdsch. **9** (1947) 105.
13. SCHÄFFER, H.: Arch. Elektrotechn. **25** (1931) 647.
14. SNODDY, L. B.: Phys. Rev. **37** (1931) 1678.
15. CHILES, J. A.: Phys. Rev. **49** (1936) 860.
16. v. HÁMOS, L.: Ann. Phys. (5) **7** (1930) 857.
17. HAYNES, J. R.: Phys. Rev. **73** (1948) 891; s. a. R. C. MASON: Trans. A.I.E.E. **52** (1933) 245.
18. GANS, R.: Ann. Phys. **74** (1924) 231.

19. ANDERSON, H. W.: El. Engng. **54** (1935) 1315.
20. BENNETT, W. H.: Phys. Rev. **39** (1932) 182.
21. FILOSOFO, J. u. A. ROSTAGNI: Phys. Rev. **75** (1949) 1269.
22. MASON, R. C.: Phys. Rev. **52** (1937) 126.
23. TRUMP, J. G. u. R. J. VAN DE GRAAFF: Phys. Rev. **75** (1949) 44.
24. GLEICHAUF, P. H.: J. Appl. Phys. **22** (1951) 535 u. 766.
25. CRANBERG, L.: J. Appl. Phys. **23** (1952) 518.

XIII. Die Entwicklung der Kanalentladung [1].

a) **Grenzen des TOWNSEND-Mechanismus.** Die in den zuvorgehenden Kapiteln behandelten Vorgänge ließen sich in ihrer Auswirkung auf die elektrische Festigkeit von Gasen widerspruchsfrei in die auf J.S.TOWNSEND zurückgehende Vorstellung vom Durchschlagvorgang einfügen und trugen vielfach zur Ergänzung des in seinen Grundzügen als richtig erkannten Bildes bei. So lassen sich Veränderungen des Gasdrucks oder der Schlagweite, der Einfluß der Feldform, eines Magnetfeldes, von Verunreinigungen des Füllgases oder etwa die stoßweise Anwendung überhöhter Spannungen in ihren Auswirkungen auf die Zündspannung durch diese Theorie ohne Zuhilfenahme besonderer Zusatzhypothesen sehr wohl verfolgen und vorausberechnen. Mit dem Begriff TOWNSENDTheorie sei hierbei die Vorstellung einander ablösender und sich begünstigender Trägerlawinen verbunden, die in vielfacher Aufeinanderfolge zwischen den Elektroden abrollen.

Sofern die Dichte des dunklen Vorstroms übliche Werte nicht überschreitet, gewinnt die Anhäufung der positiven Ionen im Entladungsraum erst gegen Ende der Entwicklung einen merklichen Einfluß auf die Schnelligkeit des Stromanstiegs. Gegenüber den zuvor stattfindenden Ionisierungsspielen darf die Zeit für diese letzte Stufe vor der Herstellung der stromstarken Entladung vernachlässigt werden. Von entscheidender Bedeutung für die Größe der gesamten Aufbauzeit sind die Laufzeit der Ionen vom Ort ihrer Entstehung bis zur Kathode, wo sie an der Auslösung von Nachlieferungselektronen maßgeblich beteiligt sind, und die Höhe der Überspannung über dem Wert für Gleichspannungszündung. Aus den Versuchen von SCHADE [1] kann geschlossen werden, daß bei geringer bis zu mäßiger Überspannung etwa hundert Ionisierungsspiele bis zur Ausbildung der stromstarken Entladung stattfinden.

Mit steigendem Gasdruck nimmt die Größe $e^{\alpha d}$ der von einem Elektron ausgelösten Lawine wegen der Zunahme der Ionisierungszahl α rasch zu. Zwar wird bei höherem Druck das für die Zündung erforderliche E/p kleiner, doch überwiegt im Ausdruck $\alpha = p \cdot f(E/p)$ die Zunahme um den Faktor p die Abnahme der Funktion $f(E/p)$, so daß insgesamt die Elektronenionisierung im Bereich der Zündung mit dem

---

[1] Literaturhinweise zu diesem Kapitel s. S. 269.

Druck bei sonst ungeänderten Verhältnissen ansteigt. Ebenfalls führt eine hohe Überspannung oder ein großer Elektrodenabstand schon beim Ablauf einer einzigen Lawine zu einer sehr starken Vervielfachung der Ladung des Erstelektrons. An Stelle einer Ladungsanhäufung über viele Ionisierungsspiele auf den Wert, der sich in merklichem Grad unterstützend und beschleunigend auf den weiteren Ablauf auswirkt, wird dann das Feld bereits während des Durchlaufs einer Lawine so weit umgebildet, daß die Träger im verzerrten Feld rascher zunehmen und der Durchschlag sich in einem instabilen Kippvorgang in kürzester Zeit vollzieht.

Die bei überhöhten Stoßspannungen gemessenen kurzen Ausbildungszeiten sind damit der stärkste Einwand gegen einen TOWNSEND-Aufbau, wie er zweifellos bei niederem Druck und voraussichtlich auch noch bei Atmosphärendruck und kleinen Elektrodenentfernungen im Bereich der statischen Zündung anzunehmen ist. Sobald bei Schlagweiten von einigen mm oder mehr Durchbruchzeiten von einigen 10^{-8} sek oder darunter beobachtet werden, zeigt dieser Befund deutlich an, daß in der kurzen zur Verfügung stehenden Zeit weder die Elektronenlawine die Anode erreichen kann noch etwa gar die gebildeten Ionen zur Kathode gelangen. Die stromstarke Entladung muß sich dann als Folge einer besonders starken und raschen Trägervermehrung bereits während des Ablaufs der zündenden Erstlawine im Raum zwischen den Elektroden entwickeln. Aufgabe dieses Kapitels ist es, die sich hierbei abspielenden Vorgänge herauszustellen und einer eingehenderen Betrachtung zu unterziehen. Zum besseren Verständnis seien jedoch zuvor die Methoden zur Bestimmung der Durchschlagzeit und zum Studium der Funkenentwicklung dargestellt.

b) Methoden zum Studium der Funkenausbildung. Eine Methode, die über alle Stadien der Funkenentwicklung erschöpfend Auskunft geben könnte, ist nicht bekannt. Wir müssen uns damit begnügen, entweder nur die Verzögerungszeit zwischen Anlegen der Spannung und Herstellen der stromstarken Entladung, kenntlich am Einsatz der Lichtabstrahlung, dem schroffen Anstieg des Stromes auf bequem meßbare Werte oder dem Zusammenbruch der Spannung an den Elektroden, zu erfassen; oder es ist eines dieser Kennzeichen herauszugreifen und seine Änderung während der Dauer des Funkenablaufs gesondert zu studieren, um Aufschluß über die Vorgänge in der Entladungsbahn zu erlangen. Beobachtbare Lichtaussendung und Spannungszusammenbruch stellen sich erst in der Schlußphase der Entwicklung ein, so daß deren Studium nur die letzten Vorgänge im Funkenkanal zu enthüllen vermag. Dagegen gewährt die Betrachtung der Strom-Zeit-Abhängigkeit bei gehöriger Verstärkung des Stromes grundsätzlich auch schon in frühere Phasen der Entwicklung Einblick. Die sich einer oszillographischen Erfassung des Stromes ent-

gegenstellenden Schwierigkeiten sind jedoch wegen der Forderung nach
verzerrungsfreier und hochverstärkter Wiedergabe auch bei kürzesten
Zeiten sehr groß, weshalb dieses Verfahren bisher nur bei stromschwachen
Dunkel- oder Glimmentladungen [2] oder neuerdings auch bei Atmosphärendruck zum Studium der intermittierenden Koronaentladung an
Spitzen (s. S. 342) mit Erfolg Anwendung fand. Glücklicherweise besitzen wir darüber hinaus noch in der Nebelkammer ein hochempfind-
liches Gerät zur Kenntlichmachung von Ionen und damit des Weges
ionisierender Elektronen, dessen Anwendung in der Gasentladungsphysik
wegen der Möglichkeit einer unmittelbaren Beobachtung der Lawinenentwicklung von ganz besonderem Erfolg begleitet war.

Die Mehrzahl der Kurzzeitmeßverfahren macht sich die Absenkung
der Spannung am Ende des Durchschlagvorganges zunutze. Wird von
der vorzugsweise zur Demonstration und für orientierende Messungen
geeigneten Methode der Benutzung kurzer Rechteckwellen abgesehen,
bei der die Entladung sich nur bis zu einem einstellbaren Wert aufbauen
darf und der vollkommene Durchbruch durch das Eingreifen einer
parallelgeschalteten Abschneidefunkenstrecke unterdrückt wird [3 bis 5],
so bleiben von weiteren Verfahren die Zweiwellenmethode, der Zeittransformator, der elektrooptische Momentverschluß und die Aufnahme
des Spannungsverlaufs mit dem Hochleistungsoszillographen übrig.

Zweiwellenmethode. Bei dieser von NEWMAN [6] angegebenen Methode
laufen sich auf Innen- und Außenelektrode einer koaxialen Leitung zwei um die
Dauer der Verzögerungszeit in ihrem Startzeitpunkt verschobene Wanderwellen
entgegengesetzter Polarität und unterschiedlicher Höhe von den beiden Leitungs-
enden entgegen. Während die Rückendauer der zeitbestimmenden Welle praktisch
unbegrenzt ist, hat die andere die Form eines Buckels, da sie durch das Ansprechen
der Versuchsfunkenstrecke nach deren Verzögerungszeit abgeschnitten wurde. Bei
verschwindender Ansprechverzögerung würden sich beide Wellen in Mitte der
koaxialen Leitung treffen, und es würde nur die Hälfte der polaritätsabhängigen
Spannungszeiger längs des Mittelstücks der Leitung ansprechen. Bei sehr langer
Verzögerungszeit läuft die abgeschnittene Welle vor Eintreffen der Zeitwelle über
alle Spannungsanzeiger hinweg und bringt sie zum Ansprechen. Durch Verschieben
der Spannungszeigergruppe aus der Mitte der Leitung in Richtung zur auflaufenden
Zeitwelle bzw. durch Verkürzen des zwischenliegenden Leitungsstücks läßt sich
auch noch bei großer Ansprechverzögerung der Versuchsfunkenstrecke der Treff-
punkt beider Wellen in die ungefähre Mitte der Spannungszeigergruppe legen,
kenntlich am Ansprechen der einen Hälfte aller Spannungszeiger. Die Differenz
der beiderseitigen Leitungslängen ergibt mit der bekannten Laufgeschwindigkeit
der Wellen von $3 \cdot 10^8$ m/sek sofort die Verzögerungszeit.

Zeittransformator. Lädt die an die Versuchsfunkenstrecke gelegte Stoßspannung während der Ansprechverzögerung einen Kondensator über einen geeigneten Widerstand auf, so kann die gespeicherte Ladung mittels ballistischem Gal-
vanometer bestimmt [7] oder im Anschluß an den Ladevorgang bei kleinerem Strom
und entsprechend verlängerter Dauer dem Kondensator wieder entnommen werden.
Bei jeweils konstanten Auflade- und Entladeströmen sind die entsprechenden Zeiten
einander proportional; dies bedeutet, daß die sehr kurze Aufladezeit (= Zündver-

zögerung) in eine erheblich längere, bequem ausmeßbare Zeit transformiert wurde. Die von STEENBECK und STRIGEL [8] hiernach entwickelte Grundschaltung eines „Zeittransformators" ist in Abb. 81 dargestellt.

Der Kondensator C_s des Stoßkreises wird mit geerdetem positivem Pol auf die erforderliche Spannungshöhe aufgeladen. Beim Schließen von Schalter S gelangt die Stoßwelle negativer Polarität zur Versuchsfunkenstrecke F, die erst nach ihrer Verzögerungszeit anspricht. Während dieser Zeit wird der Kondensator C_z des Zeittransformators über das unterheizte Gleichrichterrohr V_1 mit konstantem Strom aufgeladen, weil die Gegenspannung E_2 (eines aufgeladenen Kondensators) kleiner als die Stoßspannung E_1 ist. Sobald jedoch die Funkenstrecke gezündet hat und ihre Spannung auf die niedrige Restspannung abgesunken ist, verhindert die Gegenspannung eine weitere Aufladung von C_z. Über das gleichfalls unterheizte Ventil V_2 wird C_z mit einem um mehrere Größenordnungen kleineren Strom entladen. Die Batterie E_3 verhältnismäßig niedriger Spannung soll diese Entladung auch noch im Bereich des Nulldurchgangs linearisieren. Bis zur völligen Entladung von C_z wird über einen Verstärker WV ein empfindliches Relais R betätigt, das

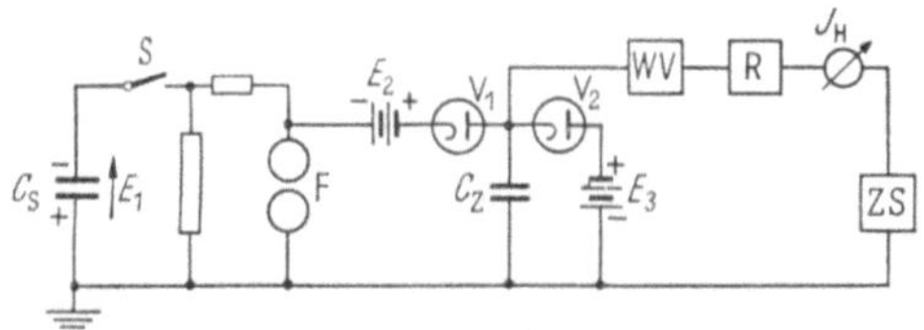

Abb. 81. Grundschaltung des Zeittransformators.

während der transformierten Dauer des Funkenverzugs einen Hilfsstrom J_H bequem meßbarer Größe durch einen Amperestundenzähler bzw. einen registrierenden Zeitschreiber ZS schickt.

Die bei sehr kurzen Verzugszeiten äußerst kleine Ladungsaufnahme des Kondensators C_z beschränkt den Anwendungsbereich des Zeittransformators auf längere Zeiten als etwa $5 \cdot 10^{-8}$ sek. Seine Anwendung ist dann mit besonderem Nutzen verbunden, wenn die Verzugszeit des Einzeldurchbruchs nicht interessiert und nur der Mittelwert einer großen Zahl von Funkenverzügen zu ermitteln ist. Dieser Wert ergibt sich unter Berücksichtigung des durch eine besondere Eichung zu bestimmenden Proportionalitätsfaktors des Geräts aus der Zeitsumme aller Funkenverzüge und der gleichfalls registrierten Ansprechhäufigkeit von Relais R. Die Eichung erfolgt mit Hilfe einer Kondensatorentladung bekannter Dauer nach Ersetzung der Funkenstrecke F durch einen Kondensator mit Parallelwiderstand.

Hochleistungsoszillograph. Die zielbewußte Entwicklung des Oszillographen mit BRAUNschem Rohr zum Hochleistungsoszillographen höchster Schreibleistung ist vor allem den Bemühungen von ROGOWSKI und seiner Mitarbeiter in Aachen zu danken, über deren Ergebnisse hauptsächlich im Archiv für Elektrotechnik der Jahre 1926—1932 berichtet wird (zusammenfassende Berichte s. etwa [9]). Die ersten Aufnahmen des zeitlichen Verlaufs der Spannung an einer stoßweise beanspruchten Funkenstrecke, durch die der Fachwelt unmittelbare Kunde von der rapiden Trägervermehrung in der Gasstrecke und der unerwartet kurzen Durchschlagzeit gegeben wurde, gelang der Aachener Schule 1927/28 [10]. Das Unvermögen der TOWNSEND-Theorie, die hierbei gemessenen außerordentlich kurzen Verzugszeiten zu erklären, war der Anlaß zum weiteren Ausbau unserer Vorstellungen vom Gasdurchschlag.

Beim Kleinelektronenstrahloszillographen mit Glühkathode ist es nur bei vielmaliger deckender Überschreibung des Leuchtschirms möglich, den periodisch ausgelösten Vorgang mit ausreichender Helligkeit auf dem Schirm der BRAUNschen Röhre zu beobachten. Bei einmaligem Ablauf und willkürlicher Auslösung des rasch veränderlichen Vorgangs genügt bisher nur der Hochleistungsoszillograph mit kalter Kathode und Spannungen an der elektronenerzeugenden Glimmentladung bis zu 60 kV auch den höchsten Ansprüchen an Schreibleistung bzw. Leuchtfleckhelligkeit. Allerdings kann erwartet werden, daß die Weiterentwicklung von abgeschmolzenen Oszillographenröhren mit Glühkathode und hoher Strahlspannung selbst bei der dann erforderlichen Außenaufnahme des Leuchtschirmbildes zu denselben hohen Schreibgeschwindig-

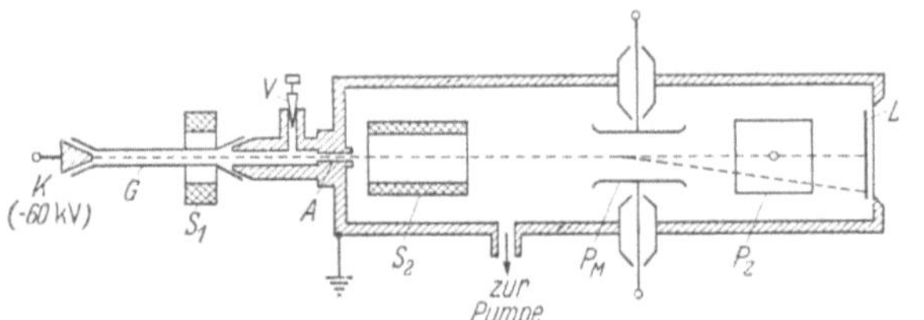

Abb. 82. Schema des Kaltkathodenstrahloszillographen.

keiten wie beim Kaltkathodenstrahloszillographen führen wird, was die Ausführung oszillographischer Arbeiten sehr erleichtern würde [1].

Abb. 82 zeigt schematisch den Aufbau eines Kaltkathodenstrahloszillographen. Im Rohr G brennt zwischen Kathode K und geerdeter Anode A eine Glimmentladung bei niederem Gasdruck. Die durch Ionenaufprall aus der Kathode ausgelösten Elektronen werden im Magnetfeld der Vorkonzentrierungsspule S_1 auf eine wassergekühlte Durchbohrung der Anode von wenigen zehntel mm Durchmesser ausgerichtet. Sie durchfliegen das Anodenloch und behalten im anschließenden Hochvakuumteil die Geschwindigkeit bei, die ihnen beim Durchfallen des Feldes zwischen Kathode und Anode erteilt wurde. Nachdem zur Erhaltung der Glimmentladung ein um 2—3 Größenordnungen höherer Druck benötigt wird, als er im Hochvakuumraum herrschen darf, und weil das als Strömungsdrossel ausgebildete Anodenloch etwas Luft nachströmen läßt, muß der eigentliche Meßraum durch ständig eingeschaltete Diffusionspumpen auf dem erforderlichen Vakuum gehalten werden (rd. 10^{-4} Torr ausreichend). Die Gasverarmung im Strahlerzeugungsrohr wird durch dosiertes Einströmen von Luft am Nadeleinlaßventil V rückgängig gemacht.

Der Hochvakuumteil ist von einem dickwandigen Stahlmantel umgeben, um die Einwirkung auch langsamer Änderungen äußerer Magnetfelder auf den langen Strahlweg zu unterbinden. In ihm befinden sich als wesentliche Elemente eine Hauptkonzentrierungsspule S_2, Meß- und Zeitplattenpaar P_M und P_Z, Leuchtschirm L sowie die nicht eingezeichneten Plattenpaare für Strahlsperrung und für die Zeiteichung. Durch entsprechende Einregelung des durch die Zylinderspule S_2 fließenden Gleichstroms wird der vom Anodenloch ausgeblendete Strahl auf dem mit einer geeigneten Leuchtmasse (z. B. Zinksulfid oder Calciumwolframat) bestrichenen Schirm in einem sehr hell leuchtenden Leuchtfleck von weniger als 1 mm Durchmesser konzentriert. Die Einwirkung der elektrischen Felder der beiden senkrecht

---

[1] Nach neuesten Unterlagen scheint diese Entwicklung zu dem erhofften Erfolg geführt zu haben. Zur Schonung der Kathode und zur Erzielung hoher Ablenkempfindlichkeit wird dabei die Beschleunigungsspannung zwischen den Hauptelektroden nicht über einigen tausend Volt gewählt und die erforderliche hohe Strahlgeschwindigkeit durch Nachbeschleunigung der Elektronen zwischen Anode und Schirm mit Zusatzspannungen bis zu 30 kV erreicht. Die Leistungsfähigkeit solcher Geräte scheint allen Anforderungen zu genügen.

zueinander gekreuzten Plattenpaare P_M und P_Z auf den Strahl führt den Leuchtfleck in gesetzmäßiger Weise über den Schirm, wobei er den Verlauf der an das Meßplattenpaar gelegten Spannung in Abhängigkeit von der Zeit nachzeichnet. Wird an Stelle des Leuchtschirmes eine photographische Platte in den Strahlengang gebracht, dann hinterläßt der einmalig ablaufende Vorgang seine Spur auf der lichtempfindlichen Schicht[1].

Am Zeitplattenpaar liegt nicht etwa wie beim Glühelektronenstrahloszillographen zur Aufnahme periodischer Vorgänge eine Sägezahnspannung mit langsamem Spannungsanstieg und raschem Zusammenbruch in fortwährender Aufeinanderfolge, sondern nur kurzzeitig die exponentiell abklingende Spannung eines Kondensators. Der Ablauf des Zeitkreises muß kurz vor dem Eintreffen des aufzunehmenden Vorgangs am Meßplattenpaar beginnen. Dies läßt sich durch eine Synchronisierung beider Vorgänge und zusätzliche Verzögerung des aufzunehmenden Vorgangs gegenüber dem Ablauf im Zeitkreis durch Zwischenschalten einer Wanderwellenleitung geeigneter Länge (Größenordnung 10 m) erreichen. Kann der Einsatz des aufzunehmenden Vorgangs nicht beeinflußt werden (statischer Durchschlag, Blitzentladung), dann muß die auflaufende Spannungswelle zunächst den Zeitkreis auslösen und darf über die Verzögerungsleitung erst dann zum Meßplattenpaar gelangen, wenn der Strahl freigegeben wurde und sich bereits in seiner Bewegung von links nach rechts befindet (s. beisp. [12]). Bei willkürlicher Einleitung des Vorganges ist es möglich, zuerst den Zeitkreis und nach kurzer Verzögerungszeit den Hauptstoßkreis auszulösen. Von Vorteil mag es hierbei sein, daß die Stoßwelle auf kürzestem Weg zum Oszillographen gelangt und Verzerrungen der Wellenform mit Sicherheit vermieden werden, wie sie beim Lauf über eine Verzögerungsleitung zu befürchten sind. Eine derartige Schaltung zur Beobachtung der Funkenverzögerung [13, 14] zeigt Abb. 83.

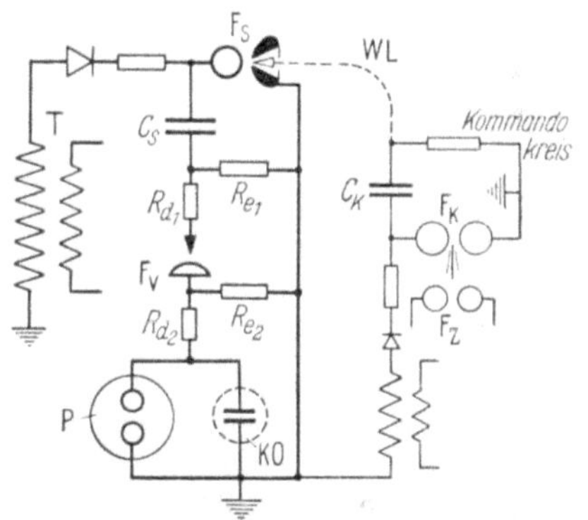

Abb. 83. Schaltung zur Aufnahme willkürlich ausgelöster Spannungsstöße mit dem Kathodenstrahloszillographen.

Durch die willkürlich eingeleitete Entladung des übergeordneten Kommandokreises über die Funkenstrecke F_K wird bei der plötzlichen Erniedrigung der Ansprechspannung der Funkenstrecke F_Z als Folge ihrer Bestrahlung mit dem Funkenlicht sowohl die Entladung des Zeitkreises als auch die des Hauptstoßkreises nach einer durch die Länge der Wanderwellenleitung WL bestimmten Verzögerungszeit eingeleitet. Hierzu wird der auf Hochspannungspotential befindliche Belag des Stoßkondensators C_S über den als Dreielektrodenfunkenstrecke ausgebildeten Schalter F_S an Erde gelegt. Die zuvor gebundene Ladung des hochohmig über R_{e_1} geerdeten anderen Belags wird plötzlich frei und gelangt über Dämpfungswiderstände R_d und eine etwa zur Aufsteilung der Wellenstirn eingeschaltete weitere Funkenstrecke F_V zum Prüfling P und dem parallel liegenden Meßplattenpaar des Oszillographen KO. Die präzise Mitnahme des Hauptstoßkreises gelang am besten mit einer besonders ausgebildeten Kathode der Schaltfunkenstrecke F_S. Diese

---

[1] Über die Gesetzmäßigkeiten der Strahlablenkung und eine ausführliche Darstellung der Wirkungsweise von Kathodenstrahloszillographen und ihre baulichen Einzelheiten s. z. B. [11].

Zündelektrode besteht aus einer zentrisch durchbohrten Kugelkalotte und einem isoliert eingesetzten Stift mit scharfkantigem Kopf; nur ein schmaler Ringspalt trennt beide an der Elektrodenoberfläche. Die am Stift eintreffende Auslösewelle durchschlägt diese Lufttrennstrecke mit überaus kleiner Verzögerung; der hierdurch gebildete Ionisationsherd führt zum sofortigen Durchzünden der Hauptstrecke zwischen den Elektroden[1].

Elektrooptischer Schnellverschluß. Zur optischen Untersuchung der Funkenzündung findet außer der Nebelkammer oder der Beobachtung der Entladungserscheinungen bei Verwendung abgeschnittener Stoßwellen einstellbarer Dauer [4] vor allem bei langen Funken (Blitz) die photographische Kamera mit rotierender Linse oder rotierendem Film Verwendung[2], durch welche die rasche zeitliche Aufeinanderfolge verschiedener Entwicklungsstadien des Funkens ebenso wie auch bei der Anwendung eines Drehspiegels [16] auseinandergezogen wird, sowie der sogenannte elektrooptische Schnellverschluß unter Ausnutzung des KERR-Effekts. Hierbei trifft das von der Funkenbahn ausgehende Licht auf die Anordnung zweier um 90° verdrehter NICOL-Prismen P und A (s. Abb. 84) mit zwischenliegender KERR-Zelle K, durch welche es nur durchtreten kann, wenn der so gebildete

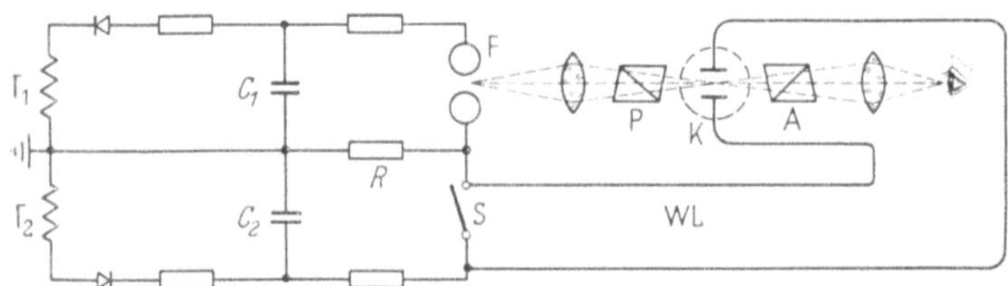

Abb. 84. Schaltung zur Bestimmung des Funkenverzugs mit dem elektrooptischen Schnellverschluß [18].

„Verschluß" auf Durchlaß gesteuert ist. Ein Beobachter findet nur dann sein Gesichtsfeld vom Funkenlicht aufgehellt, wenn der KERR-Kondensator die Ebene des vom ersten Prisma polarisierten Lichtes ausreichend dreht. Dies geschieht bekanntlich mit überaus kleiner Relaxationszeit ($<10^{-9}$ sek) [17] durch Anlegen einer hohen Spannung an die planparallelen Elektroden der KERR-Zelle. Der mit dem Quadrat der Feldstärke ansteigende KERR-Effekt ist in Nitrobenzol am größten.

Eine der zur Messung der Verzögerungszeit bei der Funkenausbildung verwendeten Stoßschaltungen ist in Abb. 84 dargestellt. Der Hauptstoßkreis mit Transformator T_1, Gleichrichter, Aufladewiderstand und Stoßkondensator C_1 läßt die Spannung an der Versuchsfunkenstrecke F langsam bis knapp unter die statische Ansprechgrenze ansteigen. Im gleichen Zeitmaß erhöht sich im ebenfalls unsymmetrisch geschalteten Auslösekreis mit Transformator T_2, Gleichrichter, Aufladewiderstand und Kondensator C_2 die Spannung am Schalter S bei entgegengesetzter Polarität. Beim plötzlichen Einlegen von Schalter S (WILSON [18] erzielt die bei kurzem Verzug sehr wichtige fast unvermittelte Überbrückung der Trennstrecke durch Verwendung eines besonders konstruierten Vakuumschalters) liegt zunächst die volle Spannung des Hilfskreises am Hochohmwiderstand R; an der Versuchsfunkenstrecke F baut sich die Summenspannung beider Kondensatoren auf. Nach

---

[1] Die Beschreibung ähnlich aufgebauter Drei- bzw. Vierelektrodenfunkenstrecken s. bei [13a].

[2] Eine Übersicht über dieses Verfahren und Zusammenstellung der wichtigeren Literatur gibt STRIGEL [15].

Maßgabe der Überhöhung der Stoßspannung über den zur statischen Zündung benötigten Wert schlägt die Funkenstrecke nach ihrer Verzögerungszeit durch und sendet einen Lichtblitz aus. Auf dem Weg zur Mattscheibe oder zur photographischen Platte muß das Funkenlicht den elektrooptischen Verschluß passieren. Mit der Überbrückung der Schaltstelle S brach auch die anstehende Spannung des Auslösekreises zusammen und in die Wanderwellenleitung WL zog eine Entladewelle ein. Beim Eintreffen der Entladewelle an der KERR-Zelle wird deren Dielektrikum feldfrei, wodurch sich der Verschluß praktisch trägheitsfrei schließt. Nur wenn die Laufzeit der Welle bis zum Kondensator länger als die Verzögerungszeit der Funkenausbildung ist (abzüglich des meist vernachlässigbar kleinen Lichtwegs von der Funkenstrecke bis zur KERR-Zelle) sieht der Beobachter eine Leuchterscheinung. Beginnend mit einer langen Verzögerungsleitung wird diese schrittweise solange verkürzt, bis das Funkenlicht gerade nicht mehr beobachtet werden kann. Diese Länge der Verzögerungsleitung ist ein einfaches Maß der Funkenverzögerung.

In ähnlicher Weise ist die Schaltung aufzubauen, wenn die Versuchsfunkenstrecke ohne wiederkehrende Spannung nur durch die auflaufende Stoßwelle gezündet werden soll [19] oder wenn sie ohne zusätzliche Stoßspannung beim Erreichen ihrer statischen Zündspannung von selbst anspricht [20, 21] oder sie bei anliegender Gleichspannung durch einen Lichtblitz zum Ansprechen gebracht wird und die Zeit ab Lichtblitz bis hin zum Aufleuchten beim Durchbruch gemessen werden soll [22].

Beobachtung der Funkenausbildung in der Nebelkammer. In der WILSON-Nebelkammer besitzt der Physiker ein hervorragendes Instrument zur Sichtbarmachung der Wege ionisierender Teilchen. Nachdem die Eignung der Nebelkammer zum Studium der sich abspielenden Prozesse bei einer großen Zahl kernphysikalischer Untersuchungen erwiesen war, lag es nahe, mit ihrer Hilfe auch die den Funken einleitende Trägervermehrung sichtbar zu machen. Allerdings ist dies grundsätzlich nur beim ersten Lawinenablauf möglich, weil die anschließenden Vorgänge durch die zurückgebliebenen Produkte vorhergehender Ionisierungen vernebelt werden. Aus diesem Grund kommt nur die Verwendung von Stoßspannungen in Frage, deren Dauer kleiner ist als die Laufzeit der Elektronenlawine im Raum zwischen den Elektroden.

Orientierende Untersuchungen zur Sichtbarmachung von Vorentladungen nach dieser Methode unter Verwendung verschiedener Gase im stark ungleichförmigen Feld wurden fast gleichzeitig und unabhängig voneinander von verschiedenen Seiten durchgeführt [23]. Sie zeigten die schon bekannte stark verästelte Struktur bei Entladungen um eine positive Spitze und eine verschwommene, wenig gegliederte Struktur bei negativer Spitze. Damit boten sie keine neuen Gesichtspunkte für ein besseres Verständnis der Entladungserscheinungen. Erst der Versuch einer Beobachtung der im gleichförmigen Feld abrollenden Erstlawine durch FLEGLER und RAETHER [24, 25] führte zu einem vollen Erfolg, da hierdurch nachgewiesen werden konnte, daß unter günstigen Bedingungen tatsächlich bereits ein einziger Lawinenablauf zur Ausbildung eines Funkenkanals ausreicht; die Beobachtung zeigte bis dahin unbekannte Feinheiten des Entladungsaufbaus und gab damit Anlaß zur Ausbildung einer neuartigen Durchschlagvorstellung.

Das Arbeitsprinzip der Nebelkammer besteht in der Sichtbarmachung von Ionisierungsbahnen durch Bildung von Nebeltröpfchen an den erzeugten Ionen als geeigneten Kondensationskeimen. Durch rasche Expansion wird die Temperatur der Gasfüllung plötzlich erniedrigt, wodurch das wasserdampfgesättigte Gas übersättigt wird und längs der ionenerzeugenden Strahlbahn Wassertröpfchen ausscheidet. Die unmittelbar nach der Expansion ablaufende Elektronenlawine erzeugt die benötigten Ionen.

Das Schema der von RAETHER gebauten Nebelkammer zeigt Abb. 85. Ein Vieleck-Glaszylinder G ist beiderseits mit planparallelen Elektroden abgeschlossen, die bei Anlegen einer Spannung ein gleichförmiges Feld im Mittelteil der Kammer entstehen lassen. Als untere (kathodische) Elektrode findet ein feinmaschiges Drahtnetz Verwendung, das beim Zurückziehen des Kolbens K und der mit ihm verbundenen Gummimembran M die Luft aus dem Versuchsraum unbehindert nachströmen läßt. Zur Fixierung des Ortes des Lawineneinsatzes im großen Kammerraum, was wegen der beschränkten Tiefenschärfe der Aufnahmeoptik notwendig ist, befindet sich in Mitte des Drahtnetzes ein kleines Blech; durch ein Loch in der Anode mit aufgekittetem Quarzglas Q wird es vom Licht einer Auslöse-

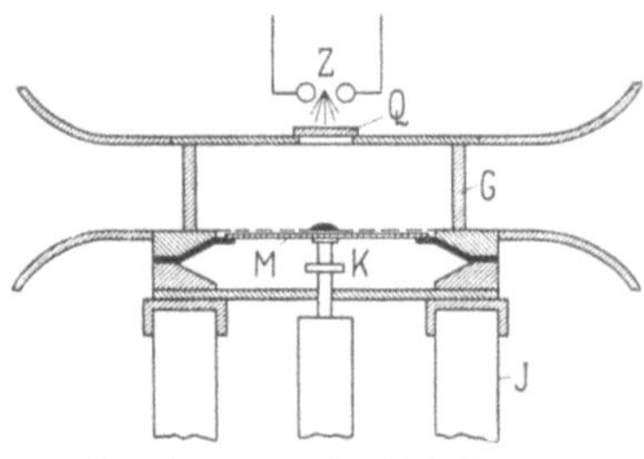

Abb. 85. Schema der Nebelkammer.

funkenstrecke Z bestrahlt. Die Kammer selbst ruht auf Isolierstützen J. Zur photographischen Aufnahme wird die Kammer von der Seite her von einem hochbelasteten Lichtbogen oder noch besser durch den Lichtblitz einer Kondensatorentladung über eine Edelgassäule bestrahlt [26]. Die Kondensationssubstanz in

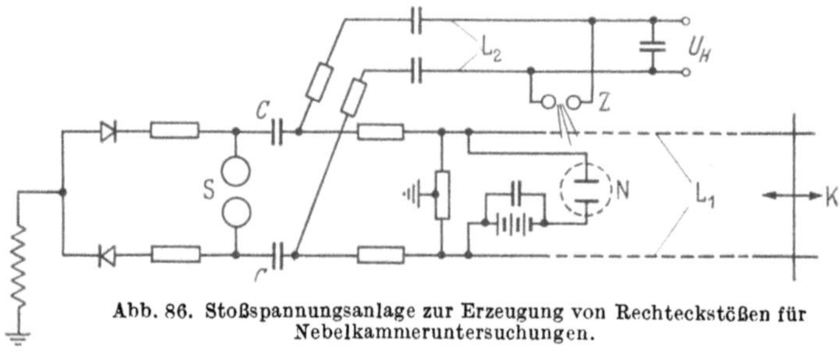

Abb. 86. Stoßspannungsanlage zur Erzeugung von Rechteckstößen für Nebelkammeruntersuchungen.

einer Vertiefung des Kolbens besteht aus einer Mischung von drei Teilen Wasser mit einem Teil Äthylalkohol oder einer 1:1 Mischung von Wasser und Methylalkohol [27]; dieses Gemisch ergibt bei einem etwas verringerten Expansionsverhältnis (1,13 bei Atmosphärendruck, 1,18 bei Luft von 300 Torr) etwas größere Tröpfchendichte.

Zur stoßweisen Unterspannungsetzung der Prüfstrecke wird die bekannte, von TOEPLER angegebene symmetrische Schaltung benutzt [25, 27, 15] (s. Abb. 86). Die Kondensatoren C werden jeweils auf die positive und negative Scheitelspannung des Transformators aufgeladen. Beim Zünden der passend eingestellten Schaltfunkenstrecke S werden die bisher gebundenen Ladungen der hochohmig geerdeten Gegenbeläge frei; in die Wanderwellenleitung L_1 zieht ein gegen Erde symmetrischer Spannungsstoß ein, der das elektrische Feld zwischen den Kammerelektroden aufbaut. Zur zeitlichen Begrenzung des Spannungsstoßes überbrückt der Kurzschlußbügel K die Doppelleitung in entsprechender Entfernung von der Kammer N. Wegen der sich mit Lichtgeschwindigkeit vollziehenden Änderung des elektrischen Zustandes längs der Leitung ist die Dauer der Unterspannungsetzung durch die doppelte Leitungslänge zwischen Kammer und Kurzschlußbügel gegeben; so liegt die näherungsweise rechteckförmige Stoßwelle bei beispielsweise 10 m Länge der Doppelleitung während $2 \cdot \dfrac{10}{3 \cdot 10^8} = 6{,}7 \cdot 10^{-8}$ sek an den Elektroden.

Zur Unterdrückung einer störenden Streuung des Lawineneinsatzes als Folge eines unregelmäßigen Ansprechens der Schaltfunkenstrecke S und zur Ausschaltung der endlichen Anstiegsteilheit der Stoßwelle wird das zündende Anfangselektron an der Kathode der Kammer erst gebildet, wenn die Stoßwelle bereits an den Elektroden eingetroffen ist. Hierzu wird ein Teil der Wellenenergie über die Leitung L_2 der Zündfunkenstrecke Z zugeführt; deren Elektroden bestehen aus Aluminium oder Magnesium, was bei kleinem Zündverzug besonders hohe photoelektrische Ausbeute des abgestrahlten Lichtes sichert. Wegen der größeren Länge dieser Leitung zündet die Funkenstrecke erst nach dem Aufbau des Feldes im Kammerraum. Zur sofortigen intensiven Bestrahlung wird die Zündfunkenstrecke durch die Ladespannung U_H eines „Heiz"kondensators knapp unter ihre Ansprechgrenze vorgespannt. Zur Fernhaltung der Gleichspannung riegeln kleine Kondensatoren die Nebelkammer gegen die Leitung L_2 ab. Um Restionen aus dem Kammerraum während der Zeit zwischen zwei Spannungsstößen abzusaugen, liegt eine Gleichspannung mäßiger Höhe an der Kammer. Ein zur Gleichspannungsbatterie parallelgeschalteter Kondensator großer Kapazität gewährt der Stoßwelle unbehinderten Zutritt zur Kammerelektrode.

Zur zwangsläufigen Steuerung der in abgemessenen Zeiten nacheinander ablaufenden Geschehnisse wird ein HELMHOLTZ-Pendel [28] benutzt, das bei seinem Herabfallen in entsprechendem Abstand angeordnete Kontakte bzw. Relais betätigt. Zunächst ist die Expansion durch plötzliches Zurückschieben des Kolbens einzuleiten; nach beendeter Expansion wird die Stoßwelle ausgelöst, die elektrische Anlage zur Verhinderung einer Neuaufladung der Stoßkondensatoren vom Netz abgetrennt und der Verschluß der photographischen Kamera geöffnet.

c) Vergleich der Meßverfahren. Beobachtungen mit der Nebelkammer können nur innerhalb eines verhältnismäßig eng begrenzten Spielraums für die Feldstärke im Kammerraum durchgeführt werden, der nach unten durch das Unmerklichwerden der Ionisierung und nach oben durch unerwünschte Verdickungen und stark streuende Verbreiterungen des Lawinenkopfes gegeben ist (z. B. für Luft $33 < E/p < 43$). Solchen experimentellen Beschränkungen unterliegen die Durchschlagsuntersuchungen mit dem Hochleistungsoszillographen nicht und können daher von verschwindender bis zu höchster Überspannung und kürzester Meßzeit und bei jedem gewünschten Druck ausgeführt werden. Für reine Zeitmessungen ist daher der Kathodenstrahloszillograph bei allerdings nicht unbeträchtlichem Aufwand das universelle Arbeitsgerät, wobei als schätzenswerter Vorteil hinzukommt, daß die Stoßwelle fortlaufend beobachtet werden kann und Abweichungen von der gewünschten Form sofort erkannt und behoben werden können. Bei Großzahlmessungen mit im einzelnen nicht zu kurzer Verzögerungszeit bringt die Verwendung des Zeittransformators eine erhebliche Zeitersparnis und läßt dann auch genaue Ergebnisse erwarten, wenn die Wellenform von Zeit zu Zeit mit dem Oszillographen überprüft wird. Die Verwendung des elektrooptischen Momentverschlusses schließlich ist mit Rücksicht auf die ausführbare Länge der Verzögerungsleitung und eine noch erträgliche Streuung der beobachteten Werte auf höhere Überspannungen begrenzt bzw. setzt bei der Beobachtung der statischen Funkenzündung den Verzicht auf

eine Erfassung der Vorstromzeit ab Beginn der Lawinenentwicklung bis
hin zum ersten Aufleuchten im Entladungskanal voraus; als im einzelnen
verfolgbares Ereignis liefert diese Methode nur die Entwicklungsstufen
der Leuchterscheinung des Funkenkanals.

Beim Vergleich der nach den angegebenen Methoden erhaltenen Ergebnisse ist sehr wohl zu beachten, daß die den verschiedenen Meßverfahren zugrunde liegenden Definitionen der Verzögerungszeit voneinander abweichen. Die Beobachtung der Lawinenausbildung in der
Nebelkammer erlaubt nur, die ersten Stadien der Funkenentwicklung
bis hin zur Ausbildung eines Anode und Kathode verbindenden Kanals
zu verfolgen, nicht jedoch die nachfolgenden Vorgänge mit hohem Strom
und Zusammenbruch der Elektrodenspannung. Im Gegensatz hierzu
vermag der Kathodenstrahloszillograph ohne eine vielfache Verstärkung
des Stromes nur den eigentlichen Durchschlagstrom bzw. die mit ihm

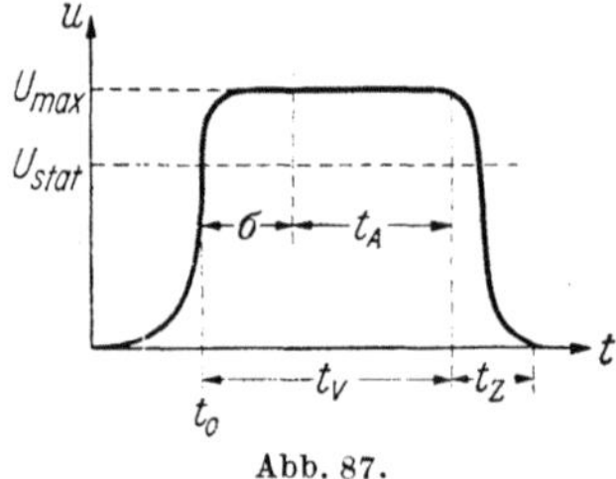

verbundene Spannungsabsenkung aufzu-
zeichnen, nicht aber den zuvor stattfindenden exponentiellen Anstieg·des Vorstroms. Ebenfalls kann weder die Ausnutzung des KERR-Effektes noch die Verwendung eines sehr rasch umlaufenden
Drehspiegels oder abgeschnittener Stoßwellen Kunde vom anfänglichen Aufbau
der Entladung zu geben, sondern nur

Abb. 87.
Zur Definition des Funkenverzugs.

von der letzten Phase des Durchschlags beim Aufleuchten des Funkenkanals.

Die gesamte Verzögerungszeit der Funkenausbildung wird nicht ab
Beginn des Spannungsanstiegs an der Versuchsfunkenstrecke gerechnet,
der sich oft nicht mit ausreichender Genauigkeit festlegen läßt und auch
physikalisch ohne Bedeutung ist, nachdem die Trägervermehrung im
zukünftigen Durchschlagkanal erst im Bereich der statischen Zündspannung U_{stat} einsetzt (s. Abb. 87). Meist wird der Verzug ab dem Zeitpunkt t_0 gezählt, ab welchem die Stoßspannung die Höhe der statischen
Zündspannung übersteigt. Als gesamte Verzögerungsdauer t_V gilt die
Zeit von dem so festgelegten Anfang bis hin zum gerade erkennbaren
Absinken der Spannung. Hieran schließt sich der Zusammenbruch der
Elektrodenspannung auf die Restspannung der Glimm- oder Lichtbogenentladung in der Zeit t_Z an.

Nur wenn an geeigneter Stelle im Entladungsraum mit dem Aufbau
des Feldes auch sofort ein Anfangselektron verfügbar ist, kann die Lawine ohne zusätzliche Verzögerung ablaufen; nur dann ist der Verzug
gleich der Aufbauzeit t_A. Im allgemeinen verstreicht ab Anlegen der
Spannung bzw. ab t_0 noch eine in ihrer Länge zufallsbedingte Zeitspanne
σ, bis ein geeignetes Elektron in der Entladungsstrecke gebildet wurde.

Diese Zeit streut um einen Mittelwert $\bar{\sigma}$, wobei im Einzelfall erhebliche Abweichungen möglich sind.

Der RAETHER-Aufbau vollzieht sich ab dem Beginn von t_A bis hin zum sich vielleicht noch gerade andeutenden Spannungszusammenbruch. Die Aufnahmen mit dem Oszillographen liefern genau den Kurvenverlauf, wie er in Abb. 87 dargestellt ist. Der elektrooptische Schnellverschluß gibt Kunde von der Umbildung zum stark leuchtenden Kanal während der Zusammenbruchdauer t_Z bei geringer Verlängerung der Verzögerungsleitung zur KERR-Zelle und liefert in geeigneter Schaltung [18, 22] die bis dahin ab Anlegen der Spannung bzw. Auslösung des zündenden Photoelektrons verflossene Zeit. Der Zeittransformator mißt die Zeit, während der die Stoßspannung über der Vorspannung E_2 liegt (Abb. 81).

Die Messung der Verzögerungszeit muß zwangsläufig um so ungenauer ausfallen, je geringer die Stirnsteilheit der Prüfwelle und je kleiner der Funkenverzug selbst ist. Die Verwendung von Stoßspannungen mit den üblichen Anstiegzeiten von $(2-3) \cdot 10^{-8}$ sek hat in der Vergangenheit vielfach eine untere Grenze des Verzugs von dieser Höhe vorgetäuscht [14, 22, 29], eine Grenze, die jedoch keinesfalls besteht. Durch Anwendung einer ausreichend hohen Spannung mit außerordentlich steilem Anstieg kann die Durchbruchzeit beliebig abgekürzt werden.

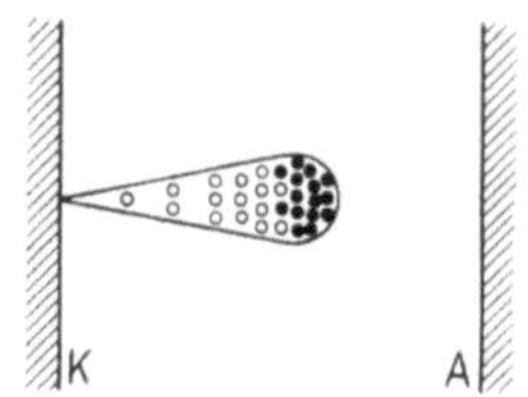

Abb. 88.
Ladungsverteilung in der Lawine.

d) Die Form der Lawine. Bei hoher Feldstärke wird die von einem Anfangselektron gezündete Trägerlawine während ihres Laufs im Entladungsraum so sehr verstärkt, daß die bei den Ionisierungsakten geschaffenen Trägerladungen das Elektrodenfeld in erheblichem Maß verzerren. Die alle mit derselben Geschwindigkeit ungefähr längs einer Kraftlinie zur Anode fliegenden Elektronen bilden den Kopf (Front) der Lawine, die positiven Ionen erfüllen den rückwärtigen Bereich (Abb. 88). Wegen der im gleichförmigen Feld exponentiellen Trägerzunahme beim Fortschreiten der Elektronen ist die Masse der Ionen in kurzer Entfernung hinter der im Lawinenkopf geballten Elektronenmenge angehäuft; 75% aller bis dahin gebildeten Ionen befinden sich innerhalb einer Strecke von $1/\alpha \cdot \ln 4$ cm, bei statischer Zündung einer 1 cm-Funkenstrecke ($\alpha = 17$ cm^{-1}) also innerhalb 0,815 mm vom Lawinenkopf.

Auf die Elektronen wirken zwei Kräfte ein, die auf eine Vergrößerung des Lawinenquerschnitts hinarbeiten: Die elektrostatische Abstoßung der gleichnamig geladenen Teilchen und die radiale Diffusion als Folge der Streuung bei Zusammenstößen mit Gasmolekeln. Es läßt sich leicht zeigen, daß die elektrostatische Abstoßung bei nicht gerade extrem hohen Konzentrationen der Träger innerhalb der kurzen Laufzeit keinen nennenswerten Betrag erreicht und die Verbreiterung des Lawinenquer-

schnitts somit ausschließlich die Folge der thermischen Energie der Elektronen ist. (Die Ionen sind an der Veränderung der Lawinenform nicht
beteiligt, da ihre gerichtete Geschwindigkeit und damit auch ihre Diffusionsgeschwindigkeit vielmals kleiner als die der Elektronen ist.) Hierzu
sei mit RAETHER [25] angenommen, daß die $e^{\alpha x}$ Elektronen der Summenladung Q in einer Kugel vom Radius ϱ konzentriert seien. Sie erzeugen
auf deren Oberfläche eine radial gerichtete Feldstärke vom Betrag

$$E_\varrho = \frac{Q}{4\pi\varepsilon_0\varrho^2} = \frac{e\cdot e^{\alpha x}}{4\pi\varepsilon_0\varrho^2}\,.$$

welche den Elektronen die Expansionsgeschwindigkeit

$$\frac{d\varrho}{dt} = u_- = b\;E_\varrho$$

verleiht. Da die Lawine zum Durchlaufen der Strecke x die Zeit

$$t = \frac{x}{u_-} = \frac{x}{b\cdot E_0}$$

benötigt, wobei E_0 die ungeänderte Feldstärke des (äußeren) Feldes sei,
so folgt durch Integration von $t=0$ $(\varrho=\varrho_0)$ bis zur Zeit t

$$\int_{\varrho_0}^{\varrho} \varrho^2\,d\varrho = \frac{b\cdot e}{4\pi\varepsilon_0} \int_0^t e^{\alpha b_- E_0 t}\,dt$$

und

$$\varrho^3 - \varrho_0^3 = \frac{3e}{4\pi\varepsilon_0\alpha E_0}\,(e^{\alpha x}-1) \approx 0{,}4\cdot 10^{-6}\,\frac{e^{\alpha x}}{\alpha E_0}\,.$$

Wird statische Zündung einer 1 cm-Luftfunkenstrecke angenommen, so
bleibt die durch die interelektronischen Kräfte verursachte größte Aufweitung des Lawinenkanals noch unter $1\,\mu$ und braucht somit nicht
weiter beachtet werden. Voraussetzung ist allerdings, daß die Eigenraumladung der Ladungskugel das äußere Feld noch nicht übermäßig verzerrt.

Dagegen übt die Diffusion der Elektronen einen ausschlaggebenden
Einfluß auf die Breite der Lawine aus. Es kann hier auf die bereits an
anderer Stelle (S. 57) gegebene Behandlung des Problems zurückgegriffen werden, wo sich ergeben hatte, daß die Dichte der Elektronen
in der Lawine nach dem Lauf des auslösenden Erstelektrons über die
Strecke $x = u_- t$ durch den Ausdruck

$$n_- = (4\pi Dt)^{-\frac{3}{2}} \exp\left[\alpha u_- t - \frac{x^2+y^2+(z-u_- t)^2}{4\,Dt}\right]$$

beschrieben wird und daß die mittlere Breite 2ϱ des von den Elektronen
überstrichenen Rotationsparaboloids mit der Quadratwurzel aus der
Elektronenlaufzeit anwächst: $\varrho = \sqrt{\frac{8}{\pi}Dt} \approx \sqrt{3\,Dt}$. In der Nebelkam-

mer dienen die längs der Elektronenbahnen erzeugten Ionen und nicht die Elektronen selbst als Ansatzkerne für die Nebeltröpfchen. Die Verteilung der Ionen folgt aus dem Ansatz

$$\frac{dn_-}{dt} = \alpha\, u_-\, n_-$$

zu

$$n_+ = \alpha\, u_- \int\limits_0^t (4\pi D t')^{-\frac{3}{2}} \exp\left[\alpha\, u_-\, t' - \frac{x^2 + y^2 + (z - u_-\, t')^2}{4\, D t'}\right] dt' .$$

Hierin stellt der Integrand die Elektronenverteilung zur Zeit t' dar. Eine Auswertung des Integrals ist in geschlossener Form nicht möglich.

Die Beobachtung des Lawinenprofils in der Nebelkammer liefert nicht die durch ϱ gekennzeichnete mittlere Teilchenverrückung von der Achse als quadratischen Mittelwert aller Einzelverrückungen, sondern einen etwas größeren Lawinendurchmesser, weil die beim Versuch festgestellte Begrenzung der Lawine durch eine gewisse minimale, gerade noch deutlich erkennbare Teilchendichte ($n_{+\min}$) bestimmt wird. Nach Angabe von RAETHER reichen etwa 10 Ionen/mm² zur Markierung des Lawinenrandes aus. Unter Zugrundelegung eines solchen Festwertes der Tröpfchendichte ergibt sich in grober Näherung eine verhältnisgleiche Zunahme der Lawinenbreite mit der Zeit, also eine keilförmige Lawinenspur [25].

Abb. 89 gibt eine besonders gut gelungene Lawinenaufnahme wieder [26]. Höhe und Dauer der an die Kammerelektroden gelegten Stoßspannung wurden hierbei so gewählt, daß die Elektronenlawine bis zu ³/₄ der Elektrodenentfernung vorwachsen konnte. Die von ihr längs dieses Weges gebildeten Ionen erfüllen die Lawinenbahn, deren Querschnitt als Folge der Elektronendiffusion in der

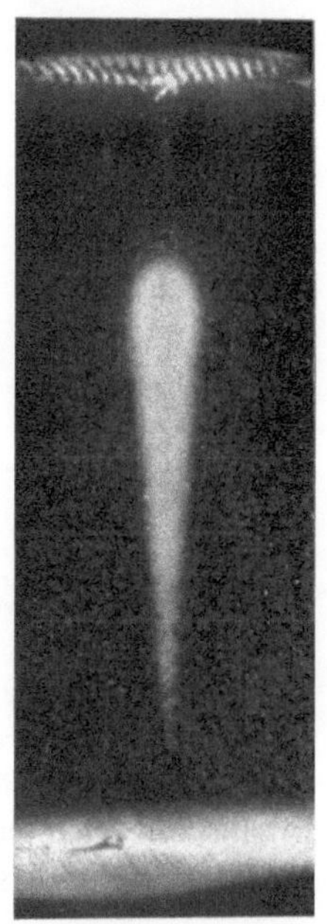

Abb. 89. Elektronenlawine bei p = 150 Torr. Kathode unten.

angegebenen Weise zunimmt. Auf Atmosphärendruck umgerechnet erreicht der Lawinenkanal einen Durchmesser von 0,1—0,2 cm. Der Keilwinkel, also das Verhältnis von Breite zu Länge, beträgt rd. 0,1 ($\approx 5°$); mit zunehmendem E/p wird er größer (Einzelwerte für verschiedene Gase s. [27]). Die Kondensationsspur reicht nicht bis zur Kathode, weil die Abkühlung der Kammerfüllung in Elektrodennähe durch die Wärmeabgabe des Metalls an die Umgebung verzögert wird und die Übersättigung des Gases an Wasserdampf mangelhaft bleibt.

Die gemessenen Zahlenwerte der Vorwachsgeschwindigkeit des Lawinenkopfes zu Beginn der Lawinenentwicklung (= gerichtete Geschwindigkeit der Elektronen) sind für die untersuchten Gase auf S. 54 angeführt. Sie wurden aus der Einwirkdauer des Feldes und dem in dieser Zeit vom Lawinenkopf zurückgelegten Weg bestimmt bzw. zur Ausschaltung des endlichen Stirnanstiegs der Stoßwelle aus der Zunahme des Lawinenwegs bei einer Verlängerung der Stoßzeit. Vermittels (III, 4e) kann aus der so gefundenen gerichteten Geschwindigkeit der Elektronen der Effektivwert v ihrer ungeordneten Geschwindigkeit bzw. die in Volt gemessene thermische Energie

$$U = \frac{1}{2}\, m\, v^2 = \frac{0{,}92}{2} \cdot \frac{e}{m} \cdot \left(\frac{\bar{\lambda}\, E}{u_-}\right)^2 .$$

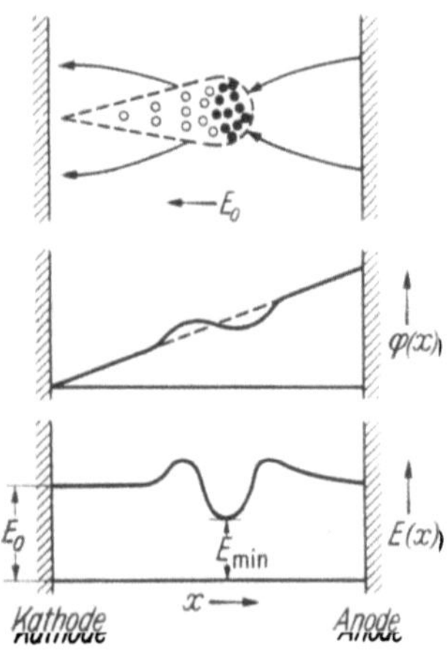

Abb. 90. Umbau des gleichförmigen Feldes durch die Lawinenladungen.

errechnet werden. Hierin sind Feldstärke E, Fortschreitgeschwindigkeit u_- der Elektronen und die spezifische Ladung $e/m = 1{,}77 \cdot 10^{15}$ des Elektrons wohlbekannt, nur die mittlere freie Weglänge der Elektronen kann wegen ihrer Geschwindigkeitsabhängigkeit nur annähernd angegeben werden. Wird der Einfachheit halber für $\bar{\lambda}$ der gaskinetisch errechnete Festwert mit $\lambda_{gaskin} = 2{,}6 \cdot 10^{-2}$ cm für 1 Torr angesetzt, dann wird für Luft von $p = 285$ Torr, $E/p = 37$, $u_- = 1{,}47 \cdot 10^7$ cm/sek $\bar{\lambda}_{285} = 0{,}91 \cdot 10^{-4}$ cm und $\bar{\lambda} E = 0{,}96$ V:

$U = 3{,}2$ V. Wegen der quadratischen Abhängigkeit der Elektronenenergie von der freien Weglänge ist der so errechnete Wert nur als eine ungefähre Abschätzung zu betrachten. Eine andere Näherung unter Benutzung der Diffusionsverbreiterung des Lawinenquerschnitts liefert für U Werte zwischen 0,5 und 1 V.

e) Die Ausbildung des Funkenkanals. Im Kopf der Lawine sind alle Elektronen und ein großer Teil der Ionen versammelt. Der Schwerpunkt einer die Elektronen einschließenden Raumladungs-„kugel" ist geringfügig gegen den elektrischen Schwerpunkt der positiven Ionen in Anodenrichtung verschoben. Einige der von der Anode ausgehenden Feldlinien endigen bereits an der Lawinenfront, in gleicher Weise spannen sich Feldlinien von der positiven Raumladung zur Kathode. Die Anwesenheit beider Raumladungen verzerrt das Feld in der Weise, daß es vor und hinter dem Lawinenkopf versteilert und im Raum zwischen den Ladungsanhäufungen erniedrigt wird, wie dies Abb. 90 für die Potentialverteilung $\varphi(x)$ und die Feldstärke $E(x)$ zeigt [29, 30].

Solange die Aufgabe nicht gelöst ist, das aus dem Zusammenwirken beider Raumladungen resultierende Feld bei der vorliegenden Ladungsverteilung in übersichtlicher und doch korrekter Form anzugeben, muß darauf verzichtet werden, die Auswirkungen des verzerrten Feldes auf die Ionisierungsverhältnisse in Strenge zu verfolgen. Statt dessen begnügen wir uns bei den nachfolgenden Abschätzungen mit der naheliegenden Idealisierung einer Anhäufung der Ladungsträger einer Art in einer Kugel und vernachlässigen die Raumladungswirkung der Gegenladungen (s. hierzu auch [52]). Diese Art der Darstellung ist dann noch am ehesten berechtigt, wenn die Elektronen gerade von der Anode aufgenommen wurden und nur noch die positiven Ionen sich im Raum zwischen den Elektroden befinden. Im allgemeinen wäre jedoch zu berücksichtigen, daß beide Ladungsanhäufungen vorhanden sind und sich teilweise durchdringen.

Die Ausbildung des anodengerichteten Kanals. Im versteilerten Kopffeld laufen die Elektronen mit erhöhter Geschwindigkeit auf die Anode zu und können dadurch verstärkt ionisieren. Hierdurch werden Raumladung und Feldverzerrung vergrößert, was das Ionisierungsvermögen der Elektronen noch mehr begünstigt. Mit Ausnahme des kurzen Mittelstücks im Kopfteil der Lawine zwischen den Raumladeschwerpunkten werden die Ionisierungsbedingungen längs der gesamten Elektrodenentfernung verbessert; allerdings steigt wegen des raschen Abfalls der Raumladungsfelder mit dem Quadrat des Aufpunktabstandes die Zahl der zusätzlich geschaffenen Ionenpaare nur in Nähe des Lawinenkopfes stark an. Die starken gegensätzlichen Raumladungen im Kopf bauen das Feld zwischen sich weitgehend ab, womit in diesem Zwischenstück jede Ionisierung aufhört; ja das Feld kann sogar auf Null zurückgehen oder gar seine Richtung umkehren. Etwas nacheilende Elektronen werden dadurch in ihrem Vorwärtsflug weiter verzögert oder gar zu einer Bewegungsumkehr veranlaßt; zumindest zeitweilig können sie nicht mehr ionisieren. Auf die rückwärtigen Elektronen des Lawinenkopfs übt demnach die positive Raumladung eine bremsende Wirkung aus. Erst wenn die positive Ladungsballung unter dem Einfluß rückwärtig ausgebildeter neuer Elektronenlawinen verdünnt wurde, können auch diese verzögerten Elektronen wieder rasch zur Anode weiterlaufen.

Die auf die Frontelektronen am vorgeschobenen Lawinenkopf einwirkende Kraft nimmt mit der Größe der Lawinenladung zu und läßt die unter atmosphärischen Bedingungen und bei den im Versuch vorkommenden Schlagweiten mit anfänglich $(1-2) \cdot 10^7$ cm/sek fliegenden Elektronen immer höhere Geschwindigkeiten annehmen. Allerdings bedarf es wegen der Wurzelabhängigkeit ihrer Geschwindigkeit von der Feldstärke beisp. für doppelte Geschwindigkeit bereits einer resultierenden

Feldstärke von der vierfachen Höhe des ungestörten Feldes. Nun hat RAETHER [*31*] Endgeschwindigkeiten des Lawinenkopfs von $8 \cdot 10^7$ cm/sek kurz vor dem Erreichen der Anode beobachtet. Ob diese sehr hohe Geschwindigkeit allein auf die Feldversteilerung zurückgeführt werden kann, erscheint sehr fraglich, da so hohe Feldstärken vom Vielfachen des ungestörten Feldes, wie sie zu diesen Geschwindigkeiten gehören, wenig wahrscheinlich sind. Ebensowenig ist ein erhebliches Vorwärtstreiben der Frontelektronen als Folge der Eigenraumladung des Lawinenkopfs zu erwarten, wie es STRIGEL zur Erklärung der hohen Kopfgeschwindigkeit annimmt [*29*]. Gegen eine solche Deutung spricht auch die Beobachtung, daß die Lawinenfront in gerader Bahn zur Anode vorwächst und somit das äußere Führungsfeld noch von bestimmendem Einfluß ist. Nicht unerwähnt soll allerdings bleiben, daß RAETHER [*31*] bei hohen E/p-Werten eine außergewöhnlich starke Verdickung des Kopfes beobachtete; doch dürfte diese Ausdehnung des Trägerhaufens wohl weniger eine Folge der elektrostatischen Abstoßungskräfte sein als ihren Grund in einer kräftigen Ionisation in der Umgebung des Lawinenkopfes durch die Lawinenstrahlung haben.

Mit großer Wahrscheinlichkeit ist diese gasionisierende Strahlung auch an der Erhöhung der Entwicklungsgeschwindigkeit beteiligt, wenn nicht gar ihr hauptsächlicher Anlaß [*30*a]. Der Lawinenkopf ist Emissionszentrum einer sich nach allen Seiten gleichmäßig ausbreitenden Strahlung. Wegen des hohen Absorptionskoeffizienten wird der größte Teil der Photonen in Nähe ihres Ursprungs wieder eingefangen, wobei die absorbierenden Molekel in Ionenpaare aufgespalten werden können. Die hierbei erzeugten Photoelektronen finden nur in der Fortschreitrichtung der Lawine ein stark erhöhtes Feld vor — seitlich vom Lawinenkopf bleibt das Feld ungeändert oder kann in seiner Stärke sogar leicht absinken — so daß sie nur vor dem Kopf zu neuen Lawinen Anlaß geben können. Daß tatsächlich Elektronenlawinen von der Mitte des Gasraums aus starten und nicht unbedingt an einen Ausgangspunkt auf der Kathode gebunden sind, hatte RAETHER [*32*] bereits mit dem auf S. 166 geschilderten Versuch zum Nachweis der gasionisierenden Strahlung eines Funkens nachgewiesen. In ähnlicher Weise konnte RIEMANN [*33*] zeigen, daß ein gleichzeitig mit der Stoßspannung ausgelöster Röntgenstrahlblitz, der durch die Nebelkammer geschickt wird, längs seiner Bahn Elektronen auslöst, deren Verstärkung im Kammerfeld zu einer großen Zahl von parallel zur Anode laufenden Lawinen führt. Die mit Lichtgeschwindigkeit eilenden Photonen tragen die Entladung in vernachlässigbar kurzer Zeit um das Wegstück $L-l$ zur Anode vor (Abb. 91) [*31, 34, 35*] und veranlassen den Lawinenkopf, diese Strecke gewissermaßen zu überspringen. Damit dies eintreten kann, muß die Ersatzlawine längs der Strecke l dieselbe Größe wie die Ursprungs-

lawine erreichen. Bei hohen E/p-Werten (Überspannung) mögen sich
solche kurzen Lawinenstücke in rascher Folge nacheinander ausbilden.
bis schließlich durch wiederholte Anstückelung die Anode erreicht ist.
Ingesamt ergibt die Mitwirkung des lichtelektrischen Effekts ein schnel-
leres Vorrücken des Lawinen-
kopfes. In einer gewissen Zeit
schreitet die Entladung um
das Wegstück L vor, während
das Photoelektron sich mit seiner Nachfolgeschaft nur um die
Strecke l vorwärts bewegte.
Somit ist L/l der Faktor, mit
dem die Elektronengeschwindigkeit zu vervielfachen ist, um die

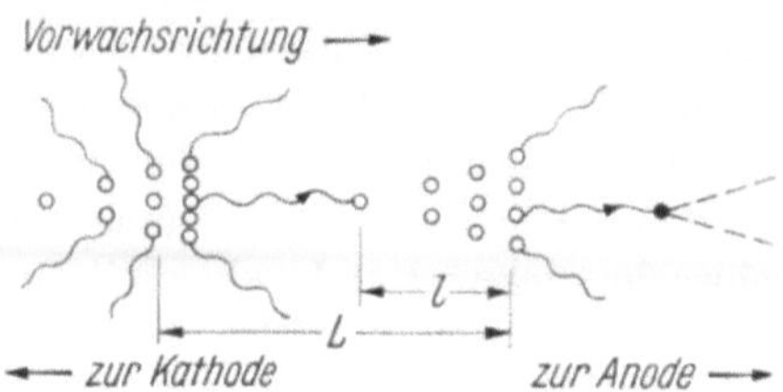

Abb. 91. Vorwachsen des anodengerichteten Kanals
unter Zuhilfenahme der Lawinenstrahlung.

Ausbreitungsgeschwindigkeit des anodengerichteten Kanals zu erhalten.

Dieser Prozeß des absatzweisen Vorwärtsspringens des Lawinenkopfes ist an das Vorhandensein eines hohen Kopffeldes gebunden. Ist
das Zusatzfeld der Frontelektronen so schwach, daß das ursprünglich
gleichförmige Feld der Stärke E_0 nur geringfügig deformiert wird, so
bleibt die Photoelektronenerzeugung aus dem Lawinenkopf heraus gering, und es wird auch die sich vor dem Kopf aufbauende Lawine nur
ungenügend verstärkt. Die vorgetriebene Lawinenspitze kann dann die
Rolle der Erstlawine nicht in kürzester Zeit übernehmen, und der Faktor
der Geschwindigkeitserhöhung wird nur unwesentlich größer als die Einheit. Durch eine notgedrungen grobe Abschätzung kommt RAETHER
[35] zu dem Schluß, daß nur bei sehr starken Feldüberhöhungen bis zu
etwa zehnfachem Betrag des ungestörten Feldes der Photoeffekt maßgeblich an der Entwicklung des anodengerichteten Kanals beteiligt ist und
daher die Begünstigung erst in der Schlußphase der Entwicklung wirksam wird. Anzunehmen ist wohl, daß das Zusammenwirken beider Kom-
ponenten, der Geschwindigkeitserhöhung der Elektronen im verzerrten
Feld und der gasionisierenden Lawinenstrahlung den rasch zur Anode
vorschießenden Kanal zuwege bringt. Diese Entwicklung setzt erst
dann in merklichem Maße ein, wenn die Ursprungslawine eine gewisse
Größe erreicht hat. Bis zu dieser kritischen Lawinengröße vollzieht sich
die Trägervermehrung im praktisch ungestörten Feld E_0 gemäß den unter
stationären Bedingungen ermittelten α-Werten; erst wenn $e^{\alpha x}$ auf diesen
kritischen Betrag angewachsen ist, wird das Feld erheblich verzerrt, und
sowohl die Photonenergiebigkeit des Lawinenkopfes als auch die Verstärkung der ausgelösten Photoelektronen werden bedeutsam und gewinnen einen bestimmenden Einfluß auf die weitere Entwicklung. Wegen der exponentiellen Zunahme der Trägerzahlen mit αx ist dieser Umschlag vom normalen Vorwachsen der Lawine in die *Kanalentladung* mit

ihrem abweichenden Mechanismus der Trägerbildung bei einem recht
gut ausgeprägten Wert von αx zu erwarten.

Der kathodengerichtete Kanal. Die RAETHERschen Nebel-
kammeraufnahmen [31] der Lawinenentwicklung zeigen folgendes Verhalten der Entladung: Bei der kritischen Kopfladung wird die normale
Fortschreitgeschwindigkeit der Lawinenfront von $(1-2)\cdot10^7$ cm/sek durch
die mehrfach höhere Vorwachsgeschwindigkeit eines auf die Anode zulau-
fenden Kanals abgelöst. Bei der Aufnahme von Bildreihe Abb. 92 wurde
zur deutlichen Kenntlichmachung dieser Kanalausbildung der ladungs-
schwache rückwärtige Lawinenteil durch Wahl eines unternormalen Ex-
pansionsverhältnisses in der Kammer (1:1,13 statt 1:1,18) unterdrückt;

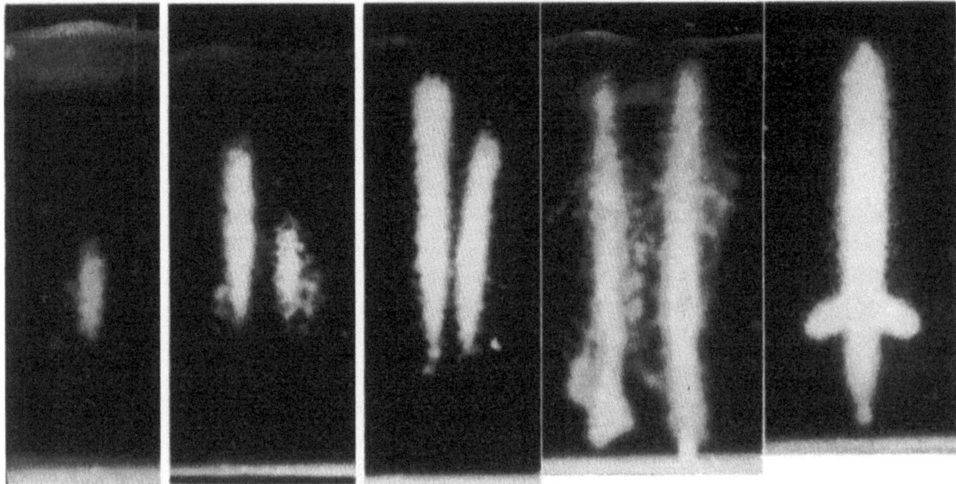

Abb. 92. Die Entwicklung der Elektronenlawine in die Kanalentladung. Kathode unten.
(Erklärung im Text) [31].

nur die Stellen größter Ladungsanhäufung im Lawinenkopf bzw. im
vorschießenden Kanal markieren sich noch durch die Bildung von Nebeltröpfchen. Die ersten drei Bilder der Reihe zeigen das in seinen Gründen bereits behandelte Vorwachsen des anodengerichteten Kanals (Gesamtlänge 1,4 cm) bei zweimaliger Verlängerung der Stoßzeit durch Verlängerung der zeitbestimmenden Wanderwellenleitung um maximal 3 m
mit einer aus diesen Angaben zu errechnenden Vorwachsgeschwindigkeit von $7\cdot10^7$ cm/sek. Bei gleichfalls ungeänderter Elektrodenspannung und einer nur um $1^1/_2$ m längeren Wanderwellenleitung wurden die
beiden letzten Bilder aufgenommen. Sie lassen deutlich erkennen, daß
beim Eintreffen des Kanals an der Anode vom Ort des ursprünglichen
Lawinenkopfes eine Brücke zur Kathode in äußerst kurzer Zeit geschla-
gen wird. Aus dem 1,2 cm von der Kathode entfernten Lawinenkopf

muß daher in Richtung des Feldes ein weiterer Kanal mit der sehr hohen Geschwindigkeit von rd. $1,2 \cdot 10^8$ cm/sek vorgetrieben worden sein, der das restliche Teilstück der gesamten Elektrodenentfernung überbrückte und damit die leitende Verbindung zwischen Kathode und Anode herstellte. Daß dieser Kanal nicht etwa von der Kathode, sondern tatsächlich vom Ort des Lawinenkopfes seinen Ausgang nimmt, zeigen weitere Beobachtungen bei wenig verkürzter Leitungslänge oder etwa der Vergleich von Aufnahmen mit der üblichen Streuung ihres Einsatzes bei derselben Leitungslänge, also etwas veränderlicher Dauer des Spannungsstoßes. Der so geschaffene Schlauch hoher Trägerdichte zwischen den Elektroden ist als der gesuchte Funkenkanal anzusprechen, über den sich nunmehr die Elektrodenladungen ausgleichen können.

Die Erklärung der überaus hohen Ausbildungsgeschwindigkeit dieses kathodengerichteten Kanals kann nur unter Heranziehung des lichtelektrischen Effekts der vom Lawinenkopf ausgesandten Photonen erfolgen, nachdem eine etwaige Trägerbildung durch die positiven Ionen schon allein wegen der kurzen zur Verfügung stehenden Zeit von vornherein ausscheidet. Die Bedingungen sind dem Photoeffekt im vorliegenden Fall recht günstig: Durch den bereits zur Anode hergestellten Verbindungskanal hoher Leitfähigkeit wurde das zwischen Lawinenkopf und Anode bestehende Feld weitgehend abgebaut bzw. kurzgeschlossen; fast die volle Elektrodenspannung konzentriert sich auf das verbliebene kurze

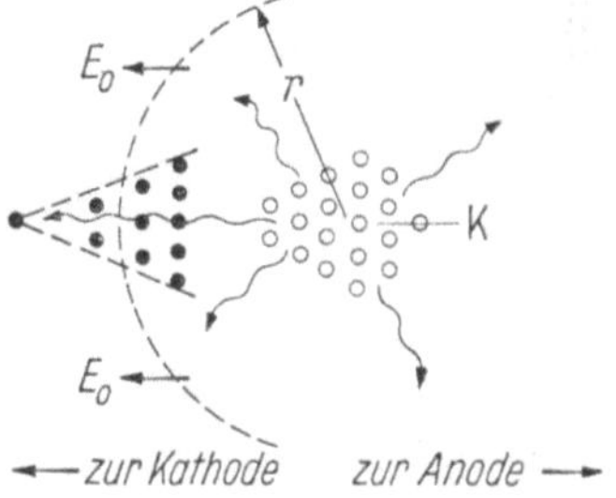

Abb. 93. Zur Ausbildung des kathodengerichteten Kanals.

Reststück vor der Kathode. Das so vervielfachte Ausgangsfeld, verstärkt durch die positive Raumladung der Ionen, läßt im rückwärtigen Lawinenteil gebildete Photoelektronen überaus wirksam ionisieren. In kürzester Zeit erreicht das Eigenfeld einer solchen rückwärtigen Lawine die Stärke des Feldes der bereits vorhandenen positiven Raumladungswolke, wodurch der neugebildete, zur Kathode um ein gewisses Stück vorgeschobene Lawinenkopf seinerseits die Fähigkeit erlangt, Photonen abzustrahlen und die Trägererzeugung neuerdings um ein Stück zur Kathode vorzutragen. Kurz vor Erreichen der Kathode mag das über den fast voll ausgebildeten Trägerschlauch nachgeschobene Anodenpotential zu einer solch enormen Versteilerung des Feldes an der Kathodenoberfläche führen, daß möglicherweise durch Feldemission, sicherlich aber durch die sehr starke Lawinenstrahlung Elektronen am Metall in überaus großer Zahl ausgelöst werden.

Abb. 93 möge diese Verhältnisse verdeutlichen: Die liegengebliebene positive Raumladungskugel K kann ungeschwächt ihr Eigenfeld ausbilden, da die Masse der Elektronen in Richtung Anode abgewandert ist. Anodenseitig wird das bestehende Feld E_0 geschwächt und kathodenseitig um den gleichen Betrag $\Delta E = \dfrac{e \cdot e^{\alpha x}}{4\pi \varepsilon_0 r^2}$ erhöht mit $r\,(>\varrho)$ als Abstand des Aufpunktes von der Ladungsmitte. Einzelne nachlaufende Elektronen werden durch Rekombination oder durch Anregung innerer Elektronensprünge beim Stoß mit Molekeln, vielleicht auch durch Ionenanregung, Anlaß zur allseitigen Aussendung energiereicher Photonen und damit zur Auslösung von Elektronen geben. Nur im rückwärtigen Lawinenteil finden die so geschaffenen Photoelektronen günstige Bedingungen für ihre Vermehrung vor. Sie laufen in einem hohen und beim Vorwärtsrücken rasch zunehmenden Feld und führen dadurch zu einer rapiden Trägervermehrung. Hat die Gesamtladung der Nachfolgelawine die Größe der positiven Raumladung erreicht, so wird sie ihrerseits Ausgang einer gleichartigen Entwicklung, wodurch die Kanalspitze von neuem zur Kathode vorgetragen wird. Die Vorwachsgeschwindigkeit dieses kathodengerichteten Kanals übertrifft die Geschwindigkeit der Elektronen um ein Mehrfaches, weil die Photonen praktisch ohne Verzögerung die vorgetriebenen Lawinenkeime schaffen. Für ein sehr hohes Zusatzfeld sprechen gelegentlich auftretende Verästelungen oder Mehrfachansätze des rücklaufenden Kanals (s. z. B. letztes Bild von Abb. 92). Das vergleichsweise schwache Feld der Elektrodenladungen vermag den zur Kathode vorschießenden Kanal nur mangelhaft zu leiten; unter dem Einfluß des kräftigen Radialfeldes der Ionenkugel können sich auch seitlich erzeugte Photoelektronen stark vermehren und führen dann zu geknickten Entladungsbahnen.

Während die Erstlawine und auch noch der anodengerichtete Kanal keine Leuchterscheinungen zeigen, kann im kathodengerichteten Kanal als Zeichen einer beträchtlichen Energiekonzentration ein schwaches, bläuliches Leuchten im Dunkeln beobachtet werden. Diese Leuchterscheinung in der letzten Phase vor der Herstellung des Durchschlagkanals hat der Entladung ihren Namen gegeben. Anodengerichteter Kanal und zur Kathode vorwachsender *Leuchtfaden* („*streamer*" im angelsächsischen Sprachgebrauch) sind somit die Kennzeichen der RAETHERschen Kanalentladung, die sich in dieser Weise erst bei einer kritischen Schlagweite oberhalb eines bestimmten Drucks ausbildet. Je höher die Feldstärke im Entladungsraum, desto früher wird die kritische Lawinengröße erreicht. Bei mäßiger Überspannung ändert sich der Mechanismus der Lawinenentwicklung erst in Anodennähe oder unmittelbar vor ihr. Mit zunehmender Überspannung wird der Lawinenweg bis zur Umbildung der Entladung immer kürzer; schließlich kann bereits in Kathodennähe die Kopfladung so groß werden, daß schon sehr frühzeitig anodengerichteter Kanal und leuchtende Fadenentladung in raschem

Vorwärtsschreiten die verbindende Brücke zwischen den Elektroden herstellen.

Ob bei Atmosphärendruck und Schlagweiten bis zu einigen cm diese Umbildung im Bereich der statischen Zündung schon beim Lauf einer Lawine durch den Entladungsraum stattfindet, kann zunächst nicht entschieden werden. Es erscheint durchaus möglich, daß unter solchen Verhältnissen mehrere Ionisierungsspiele im Sinne der TOWNSEND-Theorie einander folgen und daß erst nach mehrmaligem Lawinenablauf die kritische Kopfladung erreicht wird, welche die für den Kanalmechanismus notwendige Feldverzerrung schafft. Die Beobachtung eines solchen Verlaufs mit der Nebelkammer ist leider nicht möglich, weil die von der Erstlawine zurückgelassenen Lawinenprodukte nachfolgende Vorgänge hinter einem dichten Nebelschleier verbergen. Daß bei geringer Überspannung oder vielleicht auch schon bei Gleichspannungsbeanspruchung der Umschlag unmittelbar vor der Anode erfolgt, ist recht wahrscheinlich: Die beiden sich teilweise durchdringenden Ladungswolken entgegengesetzten Vorzeichens im heranrollenden Lawinenkopf schwächen sich gegenseitig in ihrer feldumbildenden Wirkung; sobald jedoch beim Eintreffen der Lawinenfront an ihrem Ziel die Elektronen von der Anode verschluckt wurden, ist die positive Raumladung von der bisherigen Hemmung befreit und kann nunmehr nachfolgende Photoelektronen mit ungehinderter Kraft zu sich heranziehen und auf ihrem Weg ionisieren lassen. Danach ist somit der Kanalmechanismus nicht unbedingt an die Ausbildung eines anodengerichteten Kanals geknüpft, sondern nur an das Auftreten eines in Richtung zur Kathode vorwachsenden Leuchtfadens. Nur wenn bei Stoßbeanspruchung oder großer Elektrodenentfernung die kritische Lawinengröße bereits in Mitte des Schlagraums erreicht wird, bedarf es zur Einleitung des Funkendurchbruchs zunächst der Herstellung eines Trägerpfades vom Lawinenkopf zur Anode[1].

Die quantitative Formulierung für die Ausbildung der Leuchtfadenentladung wurde in halbempirischer Weise fast gleichzeitig und unabhängig voneinander von MEEK [38] und RAETHER [37] gegeben. Beide nehmen mangels besserer Unterlagen in einer ersten groben Abschätzung an, daß sich der Kanalaufbau dann entwickelt, wenn das Zusatzfeld der Ladungsträger einer Art im Lawinenkopf ungefähr die Höhe des Elektrodenfeldes erreicht. Der Einfachheit wegen wird hierbei angenommen, daß die Masse der positiven Ionen innerhalb einer Kugel vom Durchmesser der Lawinenbreite liege; zwar wäre eine weniger vereinfachende Annahme hinsichtlich der Form und Verteilung der positiven Raum-

---

[1] Mit dieser Feststellung verliert der von RAETHER [36] vorgebrachte Einwand gegen die MEEK-LOEBsche Auffassung der Zündung bei Ausbildung des Leuchtfadens seine Berechtigung.

ladung durchaus möglich, doch würde dies zu Erschwerungen im Rechnungsgang führen und ergäbe voraussichtlich auch keine allzu großen Veränderungen der errechneten Zusatzfeldstärke. Nach (IV, 5c) ist der Radius dieser Kugel durch die Diffusionskonstante der Elektronen und die Zeit ab Beginn der Trägerentstehung gegeben zu $\varrho \approx \sqrt{3\,D\,t}$. In Strenge wäre das Zusatzfeld aus der Grundgleichung $\dfrac{dE}{dx} = \dfrac{\eta}{\varepsilon_0}$ zu bestimmen, worin für die Raumladungsdichte η nach der weiter unten gegebenen Ableitung $\eta = \dfrac{e\,\alpha\,e^{\alpha\,x}}{\pi\,\varrho^2}$ zu setzen wäre. Die Integration von $\dfrac{dE}{dx} = \dfrac{e\,\alpha\,u_-}{3\,\pi\,\varepsilon_0\,D} \cdot \dfrac{e^{\alpha\,x}}{x}$ ergäbe dann unter Beachtung der Randbedingungen das gesuchte Feld.

Die von der Raumladung an der Kugeloberfläche erzeugte Feldstärke berechnet sich zu

$$E_\varrho = \frac{e\,e^{\alpha\,x}}{4\,\pi\,\varepsilon_0\,\varrho^2}$$

und wird bei Einsetzen des Wertes von $t = \dfrac{x}{u_-} = \dfrac{x}{b_-\,E_0}$ in den Ausdruck für ϱ

$$E_\varrho = \frac{e \cdot e^{\alpha\,x} \cdot 9 \cdot 10^{11}}{3\,D\,\dfrac{x}{b_-\,E_0}}\,.$$

Sowohl die Elektronenbeweglichkeit als auch die Diffusionskonstante hängen von der Feldstärke bzw. von E/p ab und sind durch $\dfrac{D}{b} = \dfrac{k}{e}\,T$ miteinander verknüpft. Wird die thermische Energie der Elektronen $\dfrac{3}{2}\,kT$ in Volt ausgedrückt $\left(e\,U = \dfrac{3}{2}\,kT\right)$, so ist $\dfrac{D}{b} = \dfrac{2}{3}\,U$. Eingesetzt ergibt dies

$$E_\varrho = \frac{9 \cdot 10^{11}\,e\,e^{\alpha\,x}}{2\,U\,\dfrac{x}{E_0}}\,.$$

Dieses Feld soll mit dem von den Elektrodenladungen geschaffenen vergleichbar sein; wir setzen $E_\varrho = k\,E_0$ und erhalten

$$k\,E_0 = 4{,}5 \cdot 10^{11}\,\frac{e\,e^{\alpha\,x_{\mathrm{kr}}}}{U\,x_{\mathrm{kr}}}\,E_0\,,$$

woraus sich mit dem aus Lawinenbeobachtungen gefundenen Mittelwert von $U \approx 2$ V für Luft (S. 252) die Bedingung für das Auftreten des Leuchtfaden-Mechanismus im kritischen Abstand von der Kathode x_{kr} ergibt zu

$$e^{\alpha\,x_{\mathrm{kr}}} = \frac{k\,U\,x_{\mathrm{kr}}}{4{,}5 \cdot 10^{11}\,e} \approx 3 \cdot 10^{8}\,k\,x_{\mathrm{kr}}\,. \qquad \text{(XIII, 1)}$$

In diesem von RAETHER abgeleiteten Ausdruck ist nur der Faktor k als Verhältnis der an der Begrenzung der Ladungswolke auftretenden

Zusatzfeldstärke zur Stärke des unverzerrten Feldes unbekannt. Die Schätzungen für ihn schwanken zwischen 0,05 und 2 [39]. Somit läßt sich (XIII, 1) dahingehend ausdeuten, daß der Leuchtfaden der Kanalentladung sich dann ausbildet, wenn bei Funkenstrecken mäßiger Länge das Anfangselektron sich auf rd. 10^8—10^9 Elektronen vermehrt hat. Dies ist nur bei hoher Gasdichte und starkem Feld möglich, weshalb erst bei höherem Druck der Übergang von der TOWNSEND-Entladung zu diesem neuen Mechanismus zu erwarten ist [40].

Die Theorie erklärt damit in sehr einfacher und physikalisch recht befriedigender Weise die z. T. viele Jahre zuvor von TOEPLER [41], ROGOWSKI [42] und BUSS [43] ausgesprochene Vermutung bzw. aufgefundene Tatsache, daß bei Gleitentladungen oder bei einer elektrodenlosen Entladung zwischen Glasplatten bis hin zur Ausbildung eines Leuchtkanals oder zum Spannungszusammenbruch eine Ladungsmenge von etwa einer statischen Einheit, also rd. 10^9 Elektronen, durch die Entladungsbahn fließen muß.

f) Die Kanalentladung. Durch Logarithmieren nimmt (XIII, 1) die Form an

$$\alpha\, x_{\mathrm{kr}} = 19,5 + \ln x_{\mathrm{kr}} + \ln k\,, \qquad\qquad \text{(XIII, 2)}$$

woraus hervorgeht, daß der Umschlag zur Kanalentladung bei einem kritischen $\alpha\, x$-Wert von rd. 20 erfolgt. Erreicht die Lawine beim Durchlaufen der Strecke zwischen den Elektroden bei zu niedriger Feldstärke nicht die für den Umschlag erforderliche Größe, bleibt also ihre Kopfladung zumindest beim ersten Durchlauf zu klein, um durch Verzerrung des Feldes die Ionisierungsverhältnisse sehr viel günstiger zu gestalten, dann muß über nachfolgende TOWNSEND-Lawinen die Kopfladung stufenweise so weit gesteigert werden, bis entweder (XIII, 2) als Forderung für die Ausbildung eines zur Kathode vorwachsenden Leuchtfadens oder die TOWNSENDsche Zündbedingung $\Gamma = e^{-\alpha d}$ erfüllt ist.

Tabelle 14. *Zahlenwert des Exponenten im Verstärkungsfaktor $e^{\alpha d}$ bei verschiedenen Elektrodenentfernungen im homogenen Feld und bei statischer Zündung in Luft.*

d (cm)	0,5	1	1,2	1,4	1,6	1,8	2,0	2,5	3	4	10
E_0(kV)	35	31,7	31,3	30,8	30,3	30	29,8	29,3	29	28,4	26,4
E_0/p (V/cm Torr)	46	41,8	41,2	40,5	39,9	39,5	39,2	38,5	38,2	37,4	34,8
α/p	0,0388	0,0226	0,0206	0,0185	0,0167	0,0155	0,0148	0,0129	0,0122	0,0102	0,0054
α (1/cm)	29,5	17,2	15,6	14,0	12,7	11,8	11,2	9,8	9,3	7,75	4,1
αd	14,75	17,2	18,7	19,6	20,3	21,2	22,4	24,7	27,9	31	41

In Tab. 14 ist aus den bekannten Zündfeldstärken des gleichförmigen Feldes und den zugehörigen α-Werten die Größe von αd (für $x_{\mathrm{kr}} = d$) für verschiedene Elektrodenabstände in atmosphärischer Luft berechnet. Es geht aus ihr hervor, daß bei Elektrodenabständen unter 1,4 cm ($p\, d = 1,4 \cdot 760 = 1060$ Torr cm) die Lawine beim ersten Durchlauf nicht den kritischen Wert erreicht und daß bei mittleren Schlagweiten die

Umbildung zur Kanalentladung in nächster Nähe der Anode vor sich geht, da erst unmittelbar vor ihr die kritische Größe erreicht wird. Bei langen Funken tritt der Umschlag bereits in Mitte der Entladungsstrecke ein. In diesem Fall ist die Feldstärke, die zur Einleitung des Durchbruchs benötigt wird, größer als der Wert, der eigentlich zu der erforderlichen Verzerrung des Feldes vor der Anode beim Ablauf der Erstlawine ausreichen müßte. Warum die Entladung nicht schon bei diesem niedrigeren Wert der Feldstärke zündet und warum die Differenz zwischen beobachteter und berechneter Durchschlagspannung mit der Schlagweite anwächst, ist unbekannt. Es kann vermutet werden, daß bei den niedrigen Durchschlagfeldstärken die Trägerverluste im Lawinenkopf wegen des kleinen α-Wertes nicht mehr vernachlässigt werden dürfen; wegen der großen Empfindlichkeit des α genügt schon eine geringfügige Erhöhung der Feldstärke (beisp. bei $d = 10$ cm vom Rechenwert 24,9 kV/cm auf den experimentell ermittelten Wert 26,4 kV/cm), um bis hin zur Anode ungeachtet der Einbuße an Trägern die kritische Lawinengröße zu erreichen. Die scheinbar vorzeitige Umbildung des Lawinenkopfes mitten im Entladungsraum wäre demnach nur vorgetäuscht durch die Nichtberücksichtigung der Trägerverluste, die erst bei einem Weiterlauf der Lawine über die errechnete Entfernung hinaus das Erreichen der kritischen Verstärkung zulassen. In gleicher Richtung würde sich die Berücksichtigung des Umstandes auswirken, daß das Feld nicht erst bei einer ganz bestimmten Lawinenlänge, sondern in geringerem Grad auch schon zuvor verzerrt wird. Die Raumladungsbremsung der positiven Ionen vermindert die Ionisierungswahrscheinlichkeit etwas nachlaufender Elektronen, so daß die gesamte Trägervermehrung unter dem für das ungestörte Feld errechneten Wert $e^{\alpha x}$ bleibt [44]. Andererseits muß bei der statischen Zündung sehr langer Funken (Blitz) die Ausbildung des Leuchtfadens völlig unabhängig von der Anode werden. In diesem Fall wird der Entladungsmechanismus mit Sicherheit bei einer gewissen Länge der Erstlawine mitten im Elektrodenzwischenraum umgebaut und die Entladung absatzweise in einzelnen Ruckstufen vorgetragen.

Die Ausbildung eines Leuchtfadens bzw. der Vorgang des Kanaldurchschlags im gleichförmigen Feld ist damit an die Bedingung geknüpft, daß bei statischer Zündung das Produkt pd einen größeren Wert als rd. 1000 Torrcm besitzt. Bei kleinerem pd-Wert gehört zur Ausbildung einer stromstarken Entladung ein mehr als nur einmaliger Lawinenablauf, darüber genügt bereits die erste Lawine zur Umbildung des Feldes und zur Herbeiführung einer explosiven Zündung. Durch Anwendung erhöhter Spannung kann auch im Gebiet unter 1000 Torrcm der Einlawinendurchbruch bzw. die Vorverlegung des Umschlagorts erzwungen werden. Wegen der großen Empfindlichkeit der α-Werte auf Änderungen der Feldstärke sind dann auch schon bei mäßiger Überspannung erheblich kürzere Ausbildungszeiten der Entladung zu erwarten, als sie beim Townsend-Aufbau vorkommen. So kann sich z. B. bei der 1 cm-Funkenstrecke die schnell ablaufende Kanalentladung schon bei nur 3% Überspannung über den zum statischen Durchbruch gehörenden Wert ausbilden, wie eine einfache Nachrechnung zeigt.

Vom Faktor k sind diese Ergebnisse wegen dessen logarithmischem Eingehen in die Durchschlagbedingung nur wenig abhängig. Dies mag überraschen, da k ja schließlich Symbol der grundsätzlich dominierenden Feldänderung durch die Raumladung der Lawine ist. Neben der überragenden Bedeutung von αd verblaßt in (XIII, 2) der Einfluß aller anderen Glieder, die zu Korrekturgrößen minderer Bedeutung herabsinken. Es dürfte dies ein Ausdruck der Mängel bei der Herleitung der Gleichung sein, wobei in diesem Zusammenhang nochmals auf die soeben behandelten Unstimmigkeiten bei der Vorausberechnung der Zündspannung langer Funken hingewiesen sei (s. hierzu auch [53]).

Wird der Faktor k zu 1 angenommen, so gilt nach geringer Umformung als Raethersche Bedingung für die statische Zündung im gleichförmigen Feld

$$\frac{\alpha}{p} \cdot p\,d \approx 20 + \ln d \qquad\qquad \text{(XIII, 3 a)}$$

oder mit $\alpha/p = f\!\left(\dfrac{U_\mathrm{D}}{p\,d}\right)$, wobei $U_\mathrm{D} = $ Durchschlagspannung,

$$f\!\left(\frac{U_\mathrm{D}}{p\,d}\right) \cdot p\,d \approx 20 + \ln d. \qquad\qquad \text{(XIII, 3 b)}$$

Die von Meek [38] abgeleitete Gleichung ist nicht ganz so einfach aufgebaut, da Meek die thermische Energie der Elektronen nicht als unveränderlich voraussetzt, sondern sie in Abhängigkeit von E_0/p darstellt, und er außerdem zur Berechnung der Raumladungsfeldstärke E_1 nicht von der Zahl, sondern von der Dichte der Ionen ausgeht. Sie lautet

$$E_1 = k\,E_0 = 5{,}27 \cdot 10^{-7} \sqrt{\frac{p}{d}}\,\alpha\,e^{\alpha d}$$

bzw.

$$\frac{\alpha}{p} \cdot p\,d + \ln\frac{\alpha}{p} = 14{,}5 + \ln\frac{E_0}{p} - 0{,}5 \ln p\,d + \ln d \qquad \text{(XIII, 4 a)}$$

oder

$$f\!\left(\frac{U_\mathrm{D}}{p\,d}\right) \cdot p\,d + \ln f\!\left(\frac{U_\mathrm{D}}{p\,d}\right) = 14{,}5 + \ln\frac{U_\mathrm{D}}{p\,d} - 0{,}5 \ln p\,d + \ln d. \qquad \text{(XIII, 4b)}$$

Die Lösung dieser Gleichung kann nur durch Probieren gefunden werden; hierzu ist bei vorgegebenem p und d ein Wert von E_0/p zu wählen und der zugehörende α/p-Wert aus dem bekannten Zusammenhang

$\alpha/p = f(E_0/p)$ zu bestimmen. Die Einsetzung dieser Werte in (XIII, 4) wird im allgemeinen zu einer Ungleichheit der beiden Seiten führen, die durch Wahl eines abgeänderten E_0/p-Wertes in eine ungefähre Übereinstimmung zu bringen ist.

Die so nach MEEK für verschiedene Elektrodenabstände bestimmten Werte der Durchschlagfeldstärke weichen nur wenig von den nach (XIII, 3) berechneten Werten ab. Zwar gibt MEEK an Hand einer PASCHEN-Darstellung der beobachteten und berechneten Durchschlagspannungen die Grenze mit rd. 200 Torrcm an, also bei einem Fünftel des von RAETHER ermittelten Wertes; doch ist zu beachten, daß MEEK seine Werte für konstanten Abstand und veränderlichen Druck errechnete, was nach der weiter unten folgenden Überlegung nicht gleichbedeutend ist mit der Annahme eines konstanten Drucks und veränderlichen Abstands der Elektroden. Wie RAETHER [45] bemerkt, ist die scheinbare Diskrepanz zu einem guten Teil auch auf den logarithmisch gerafften Darstellungsmaßstab von MEEK zurückzuführen, durch welchen die kleinen Unterschiede zwischen den fast parallel verlaufenden Kurvenästen verwischt werden. Hingewiesen sei in diesem Zusammenhang auch auf eine Betrachtung von PETROPOULOS [46], der in gleichartiger Weise wie MEEK, nur mit der Annahme $E_1/E_0 = 0{,}05$ und durch eine etwas willkürliche Erfassung des resultierenden Feldes der Ionen und Elektronen im Lawinenkopf den kritischen pd-Wert zu rd. 500 Torrcm errechnet.

Beiden Gleichungen (XIII, 3) und (XIII, 4) ist gemeinsam, daß die Durchschlagsspannung nur noch näherungsweise von pd allein abhängt. Wird die Korrektur berücksichtigt, die das Glied $\ln d$ in beiden Fällen mit sich bringt, dann ist das PASCHEN-Gesetz im Bereich der Kanalentladung in Strenge nicht mehr erfüllt. Je nachdem, ob bei unveränderlichem Wert des Produkts pd entweder p größer und d kleiner oder d größer und p kleiner gemacht wird, ergeben sich rechnerisch verschiedene Werte der Durchbruchspannung [40]. Ob allerdings die zu erwartenden Abweichungen ein solches Ausmaß annehmen, daß sie experimentell nachgewiesen werden können, ist eine andere Frage. Zu bedenken ist, daß die Überprüfungen des PASCHEN-Gesetzes bei nicht allzuhohem Druck seine Gültigkeit innerhalb der Meßgenauigkeit stets erwiesen hatten und daß andererseits das aufgestellte Kriterium für die Ausbildung eines Leuchtfadens nur eine erste grobe Abschätzung zur Scheidung in TOWN-SEND- und Kanaldurchschlag ermöglichen soll und von ihm keine sehr weitgehende Genauigkeit bei der Vorausberechnung von Durchschlagspannungen erwartet werden darf. In erster Linie dürften sich Abweichungen vom PASCHEN-Gesetz bei Änderungen des Drucks über einen sehr großen Bereich einstellen (s. hierzu S. 304).

Das MEEK-RAETHERsche Kriterium enthält in der angeschriebenen Form eine grundsätzliche Unvollkommenheit, weil bei seiner Herleitung die zur Ausbildung des kathodengerichteten Kanals führende Photoionisation im rückwärtigen Gebiet nur sehr summarisch behandelt wird und alle feineren Züge zugunsten einer Einfachheit der Darstellung unterdrückt werden. Sobald die Zusatzfeldstärke der Raumladung des Lawinenkopfes das k-fache der ursprünglichen Feldstärke erreicht, sollten die lichtelektrisch ausgelösten Elektronen im Schwanz der Erstlawine zu neuen Lawinen gleicher Größe führen. In dieser Forderung steckt implicite die Annahme einer vernachlässigbaren Strahlenabsorption im Gas. Wird jedoch entsprechend den tatsächlichen Verhältnissen berücksichtigt, daß die Lawinenstrahlung bei unterschiedlichem Gasdruck in wechselndem Maße geschwächt wird und die zur Ausbildung weiterer Lawinen Veranlassung gebenden Photoelektronen je nach Gasdruck in veränderlicher Entfernung vom Ursprung der ionisierenden Strahlung erzeugt werden, so vermag diese weitere Druckabhängigkeit zu einem genaueren Bild des Entladungsvorganges zu führen und könnte auch vielleicht etwa eintretende größere Abweichungen vom PASCHEN-Gesetz verständlich machen.

MEEK [47] hat auch versucht, die Vorstellung vom Kanalmechanismus auf das mäßig inhomogene Feld einer Kugelfunkenstrecke zu übertragen. Im Mittelteil des Kugelfeldes sinkt die geometrisch bedingte Feldstärke bei etwas größeren Schlagweiten unter den zur Aufrechterhaltung der Elektronenionisierung erforderlichen Wert ab ($\alpha \approx 0$), wodurch eine von der Kathode ausgehende Elektronenlawine diffus wird und stagniert. Doch kann sich in Anodennähe eine neue Lawine ausbilden und bei starker Ionenanhäufung vermittels des Leuchtfadenmechanismus rückwärts zur Kathode vordringen (s. hierzu a. [48]). Im stark ungleichförmigen Feld von Drähten, Spitzen u. dgl. wächst die Kanalspitze stets nur ein kurzes Stück in den Raum vor und verkümmert dann wegen des abgeschwächten Feldes. Die rasche Folge und Überlagerung einer großen Anzahl solcher diskreter Leuchtfäden macht die sichtbaren Koronaerscheinungen in der Umgebung solcher Gebilde aus.

Im Kugelfeld ist (XIII, 4a) nur bei kleinem Wert von d/R mit fast homogenem Feldverlauf gültig; bei etwas größerer Schlagweite ist die Gleichung in folgender Weise anzuschreiben.

$$\int_0^d \alpha \, \mathrm{d}x + \ln \frac{\alpha_\mathrm{A}}{p} = 14{,}5 + \ln \frac{E_\mathrm{A}}{p} + 0{,}5 \frac{d}{p} \, . \qquad \text{(XIII, 5a)}$$

Hierin stellen α_A und E_A die diesbezüglichen Werte von α und E an der Anodenoberfläche dar. Sinkt die Feldstärke im Mittelraum so weit ab, daß dort die Elektronenionisierung vernachlässigbar klein wird, wie dies bei größeren Entfernungen der Kugelelektroden der Fall ist, so muß der Durchbruch durch den Aufbau einer erst im Anodenbereich entstehenden

Elektronenlawine eingeleitet werden. Hierfür ist (XIII, 5a) in der Form anzuschreiben

$$\int\limits_{R}^{R+a} \alpha\,\mathrm{d}x + \ln\frac{\alpha_\mathrm{A}}{p} = 14{,}5 + \ln\frac{E_\mathrm{A}}{p} + 0{,}5\ln\frac{d}{p} \qquad \text{(XIII, 5b)}$$

mit R als Radius der Anodenkugel und a als dem von der Kugeloberfläche aus gemessenen Abstand hin zum Beginn merklicher Ionisierung ($\alpha \approx 1$). Bei noch weiterer Vergrößerung des Kugelabstandes bleibt zwar (XIII, 5b) gültig, jedoch baut sich spätestens ab $d \approx 8\,R$ im Anschluß an die Lawine ein durchgehender Funkenkanal nicht mehr auf, sondern dann ist die Spannung zur Erzwingung des Vorwachsens von Leuchtfäden und zur Herbeiführung des Funkens noch weiter zu erhöhen.

Während bei kleiner Kugelentfernung die Entladung im quasihomogenen Feld eine durchgehende Lawine ausbildet (hierfür (XIII, 5a) gültig), entsteht bei großen Abständen die Lawine nur in Anodennähe bei dann erhöhtem Spannungsbedarf. MEEK konnte den Nachweis erbringen, daß der Übergang mit dem experimentell beobachteten Bereich vergrößerter Streuung zusammenfällt, der beisp. für 12,5 cm-Kugeln bei $d = 5—8$ cm liegt.

g) Das Kriterium von LOEB für die Leuchtfadenausbildung. In rein formaler Hinsicht befriedigt die Form der Zündbedingung von MEEK-RAETHER nicht, weil sie die grundlegende Bedingung für die Ausbildung jeder selbständigen Entladung nicht enthält [49]. Zu fordern ist, daß — unabhängig von dem vorliegenden Mechanismus der Funkenausbildung — der Durchschlag dann eintritt, wenn jeder Ladungsträger in der Entladungsbahn mindestens für seinen Nachfolger sorgt. Bei mäßigem Druck nimmt diese Bedingung nach TOWNSEND die wohlbekannte Form $\Gamma e^{\alpha d}=1$ an. Analog hierzu müßte es möglich sein, auch für die Ausbildung des Leuchtfadens eine ähnliche Bedingung aufzustellen, die das einfache MEEK-RAETHERsche Kriterium als Sonderfall einschließt.

In zwei aufeinanderfolgenden Aufsätzen zeigte LOEB den Weg zur Herleitung einer solchen Gleichung, und zwar wahlweise unter der Annahme, daß bereits ein einziges Photoelektron den Leuchtfaden auszubilden vermag [50] oder daß mehrere Photoelektronen zu Nachfolgelawinen im rückwärtigen Gebiet führen, die alle zur positiven Raumladungskugel laufen und bis zum Erreichen derselben in ihrer Gesamtheit gleiche Größe erlangt haben müssen [51]. Wir folgen hier der Darstellung für den zuletzt genannten Fall.

An Stelle einer Berechnung der Raumladungsfeldstärke aus der Gesamtzahl der Elektronen werde nach MEEK die Dichte der Ionen in einer Kugel vom Durchmesser der Lawinenbreite zugrunde gelegt. Längs der Strecke $\mathrm{d}x$ erzeugen die $e^{\alpha x}$ Elektronen $\mathrm{d}N = \alpha e^{\alpha x}\mathrm{d}x$ Ionen, welche gleichmäßig über die Lawinenbreite 2ϱ verteilt seien. Im Zylinder vom Radius ϱ der Höhe dx ist dann die Dichte der Ionen $\dfrac{\alpha e^{\alpha x}\,dx}{\pi \varrho^2\,dx} = \dfrac{\alpha e^{\alpha x}}{\pi \varrho^2}$. Wird der Einfachheit halber angenommen, daß die Masse der erzeugten Ionen den Raum $\dfrac{4}{3}\pi \varrho^3$ einer Kugel gleichmäßig erfüllen und außerhalb dieser Kugel die Ionendichte vernachlässigbar klein sei, dann enthält diese Kugel die Ladungsmenge

$$Q = e\,\frac{\alpha e^{\alpha x}}{\pi \varrho^2} \cdot \frac{4}{3}\pi \varrho^3 = \frac{4}{3}\,e\alpha\varrho\,e^{\alpha x}. \qquad \text{(XIII, 6)}$$

Im Abstand r von ihrem Mittelpunkt ruft sie eine Zusatzfeldstärke der Größe

$$E_1(r) = \frac{Q}{4\pi\varepsilon_0 r^2} = 12 \cdot 10^{11}\,\frac{e\alpha\varrho\,e^{\alpha x}}{r^2} \qquad \text{(XIII, 7)}$$

hervor. Die Vektorsumme von E_0 ($=$Stärke des ungestörten Feldes) und E_1 ergibt das resultierende Feld in der Entladungsstrecke, das nur in Umgebung des Lawinenkopfes erheblich von dem Wert des unverzerrten Feldes abweicht. Längs der Bahn der Erstlawine ist die Feldumbildung am größten und ergibt für den kathodenseitigen Teil einfach $E_{\text{res}} = E_0 + E_1$.

Mit der Elektronenlawine wird auch eine Lawine angeregter Zustände und eine exponentiell ansteigende Zahl von Photonen gebildet, die gleichmäßig nach allen Richtungen des Raumes abgestrahlt werden. Wird die Zahl Z der Photonen proportional der Zahl der Ladungsträger in der Lawine angesetzt (s. S. 166), so gilt $Z = f_1 N$; der Faktor f_1 dürfte in erheblichem Maße druckabhängig und voraussichtlich kleiner als die Einheit sein. Von den bei der Absorption der Strahlung allseitig ausgelösten Elektronen kommen für die Zündung von Nachfolgelawinen nur die in Frage, die im rückwärtigen Gebiet der Lawine produziert und daher in ihrer Ionisierung durch das Zusatzfeld begünstigt werden. Als Abgrenzung des aktiven Gebiets denkt sich LOEB einen koaxialen Zylinder vom Durchmesser der Lawine. Im Abstand $r > \varrho$ von der Kopfmitte wird demnach nur der Bruchteil $\dfrac{\pi \varrho^2}{4\pi r^2} = \dfrac{\varrho^2}{4 r^2}$ aller dort noch vorhandenen Photonen nutzbringend absorbiert. In einer dünnen Schale der Dicke dr sind dies $f_1 N\,\dfrac{\varrho^2}{4 r^2}\,e^{-\mu r}\mu\,dr$ Photonen, deren Bruchteil f_2 zur Bildung von Ionenpaaren führe, wobei

$$f_2 f_1 N\,\frac{\varrho^2}{4 r^2}\,e^{-\mu r}\mu\,dr \qquad \text{(XIII, 8)}$$

Elektronen erzeugt werden ($\mu =$ Schwächungskoeffizient der Photonen im Gas). In dem verstärkten Feld ist jedes dieser Elektronen Ausgang einer Lawine, die in Richtung zur kugeligen Anhäufung der vorhandenen

positiven Ionen abläuft. Entsprechend (XIII, 6) wächst jede der Nachfolgelawinen bis hin zur Stelle $r = \varrho$ auf

$$\frac{4}{3}\,\alpha_{\mathrm{res},\varrho}\,\varrho'\,e^{\int\limits_{\varrho}^{r}\alpha_{\mathrm{res}}\,dr} \qquad\qquad\text{(XIII, 9)}$$

Ionen an. Hierbei ist α_{res} der ortsveränderliche, gegenüber α erhöhte
Beiwert der Elektronenionisierung im verzerrten Feld E_{res} und $\alpha_{\mathrm{res},\varrho}$
sein Wert an der Stelle $r = \varrho$; mit ϱ' werde die halbe Breite eines neuen
Lawinenkanals bezeichnet, die wegen des verkürzten Laufwegs der
Elektronen gegenüber der bis zur Anode rollenden Erstlawine im Ver-
hältnis $\sqrt{\dfrac{r-\varrho}{d}} \approx \sqrt{\dfrac{r}{d}}$ kleiner ist, wobei vorausgesetzt sei, daß die Geschwindigkeit der Elektronen in beiden Fällen die gleiche ist; es gilt
also $\varrho' = \varrho\,\sqrt{\dfrac{r}{d}}$.

Die Gesamtheit aller erzeugten Ionen ergibt sich nach Zusammen-
fassung von (XIII, 8) und (XIII, 9) durch Integration über die gesamte
Elektrodenentfernung (genauer vom Lawinenkopf im Abstand ϱ vor der
Anode bis zur Kathode) zu

$$\int\limits_{\varrho}^{d} f_1 f_2\, N\, \frac{\varrho^2}{4\,r^2}\, e^{-\mu r}\, \mu\, dr \cdot \frac{4}{3}\, \alpha_{\mathrm{res},\varrho}\, \varrho\, \sqrt{\frac{r}{d}}\, e^{\int\limits_{\varrho}^{r}\alpha_{\mathrm{res}}\,dr}\ .$$

Gemäß der grundsätzlichen Bedingung für das Gleichgewicht bzw. die
Trägerzunahme in einer Entladung ist zu fordern, daß diese Ionenmenge
mindestens die Größe der Erstlawine erreicht. Nur dann kann aus der
Raumladung ein Leuchtfaden zur Kathode vorwachsen. Die Gleichsetzung der Menge N mit dem abgeleiteten Ausdruck liefert als Bedingung für die Ausbildung des Leuchtfadens und damit auch für den
Durchschlag im angenähert gleichförmigen Feld

$$\frac{1}{3}\, f_1 f_2\, \alpha_{\mathrm{res},\varrho}\, \varrho^3\, \mu\, \frac{1}{\sqrt{d}} \int\limits_{\varrho}^{d} r^{-\frac{3}{2}}\, e^{-\mu r}\, e^{\int\limits_{\varrho}^{r}\alpha_{\mathrm{res}}\,dr}\, dr = 1\ . \qquad \text{(XIII, 10)}$$

Formal erfüllt dieser Ausdruck die Forderung nach einem Gleichungstypus der Form $f\,K\,e^{\int\alpha\,dx} = 1$. Allerdings stellen sich die Konstanten in
einer solch verwickelten Abhängigkeit von Gasart, Druck und Schlagweite dar, daß die Auswertung von (XIII, 10) zu einer fast hoffnungs-
losen Angelegenheit wird. Wenn auch die theoretische Formulierung in
ihren grundsätzlichen Zügen unangreifbar ist und alle wesentlichen
Größen einschließt, von denen die Leuchtfadenausbildung abhängt, so
erbringt diese Allgemeinheit für die Praxis doch keine Vorteile, da das
Ergebnis unhandlich und undurchsichtig geworden ist.

Der Weg zur bis jetzt noch nicht versuchten Auswertung von (XIII, 10) in einem bestimmten Fall wäre folgender: Außer $\alpha = p \cdot f\left(\dfrac{E}{p}\right)$ in graphischer oder analytischer Form müßten die Größen f_1, f_2, μ und u_- bekannt sein. Nach der Wahl eines geeignet erscheinenden E_0 kann die halbe Lawinenbreite an der Anode $\varrho = \sqrt{3 D \dfrac{d}{u_-}}$ bestimmt werden. Aus den vorgegebenen Bedingungen folgt der Zahlenwert der Elektronenionisierung und nach (XIII, 7) die Zusatzfeldstärke und damit auch die resultierende Feldstärke im Bereich der positiven Raumladung. Damit wäre $\alpha_{\mathrm{res},\varrho}$ bestimmt. Mit den gefundenen Werten ist die graphische Integration der linken Seite von (XIII, 10) durchzuführen, welche im allgemeinen einen von der Einheit abweichenden Wert liefern wird. Dann ist die ganze Rechnung mit einem verbesserten Wert der Feldstärke von neuem durchzuführen, und zwar mit einem kleineren, wenn die linke Seite von (XIII, 10) sich größer als eins ergab, und dieses Verfahren solange zu wiederholen, bis die ungefähre Gleichheit beider Seiten hergestellt ist. Der hierzu angesetzte Wert von E_0 ist die Durchschlagfeldstärke zwischen Plattenelektroden unter den vorgegebenen Bedingungen. Wegen des Vorkommens des Schwächungsgliedes $e^{-\mu r}$ und mit einer etwaigen Druckabhängigkeit des μ werden sich bei Druckänderungen größere Abweichungen vom Paschen-Gesetz einstellen, als dies das einfache Meek-Raethersche Kriterium voraussagt.

Literaturhinweise zu Kapitel XIII.

1. Schade, R.: Z. Phys. **104** (1937) 487.
2. Steenbeck, M.: Wiss. Veröff. Siemens-Werk 9 (1930) 42; J. A. Hornbeck: Phys. Rev. **83** (1951) 374; J. P. Molnar: Phys. Rev. **83** (1951) 940.
3. Binder, L.: Die Wanderwellenvorgänge auf experimenteller Grundlage, Berlin: Springer 1928.
4. Schwaab, H.: Dissert. T.H. Aachen 1931.
5. Holzer, W.: Z. Phys. **77** (1932) 676.
6. Newman, M.: Phys. Rev. **52** (1937) 652.
7. Mayr, O.: Arch. Elektrotechn. **19** (1927) 108; J. D. Cobine u. E. C. Easton, Rev. Sci. Instr. **14** (1941) 301.
8. Steenbeck, M. u. R. Strigel: Arch. Elektrotechn. **26** (1932) 831; **28** (1934) 671.
9. Rogowski, W.: ETZ **52** (1931) 1245; St. Buchkremer: ETZ **59** (1938) 1035.
10. Rogowski, W., E. Flegler u. R. Tamm: Arch. Elektrotechn. **18** (1927) 507; Rogowski, W. u. R. Tamm: Arch. Elektrotechn. **20** (1928) 625.
11. Strigel, R.: Elektr. Stoßfestigkeit, S. 136—161. Berlin: Springer 1939.
12. Rogowski, W. u. H. Klemperer: Arch. Elektrotechn. **24** (1930) 127; Buss, K.: Arch. Elektrotechn. **26** (1932) 266.
13. Gänger, B.: Arch. Elektrotechn. **39** (1949) 508.
13a. Wilkinson, K. J. R.: J.I.E.E. **93**, IIIA (1946) 1090; J. D. Craggs, M. E. Haine u. J. M. Meek: J.I.E.E. **93**, IIIA (1946) 963.
14. Strigel, R.: Wiss. Veröff. Siemens-Werk **11**, 2 (1932) 52.
15. Strigel, R.: ATM V. 63—3 (1948).
16. Steenbeck, M.: Arch. Elektrotechn. **26** (1932) 306; L. B. Snoddy: Phys.

Rev. **40** (1932) 409; L. B. SNODDY u. J. W. BEAMS: Phys. Rev. **55** (1939) 663; J. R. HAYNES: Phys. Rev. **73** (1948) 891; J. B. HIGHAM u. J. M. MEEK: Proc. Phys. Soc. B **63** (1950) 649.

17. HANLE, W. u. O. MAERCKS: Z. Phys. **114** (1939) 407.
18. WILSON, R. R.: Phys. Rev. **50** (1936) 1082.
19. v. HÁMOS, L.: Ann. Phys. (5) **7** (1930) 857.
20. DUNNINGTON, F. G.: Phys. Rev. **35** (1930) 396; **38** (1931) 1535; H. W. WASHBURN: Phys. Rev. **39** (1932) 688.
21. WHITE, H. J.: Phys. Rev. **46** (1934) 99.
22. WHITE, H. J.: Phys. Rev. **49** (1936) 507; s. a. zus.fass. Darstellung von R. STRIGEL mit Literaturangaben in ATMV 63—4 (1948).
23. KROEMER, H.: Arch. Elektrotechn. **28** (1934) 703; Z. Phys. **95** (1935) 647; C. D. BRADLY u. L. B. SNODDY: Phys. Rev. **45** (1934) 432; **47** (1935) 541; U. NAKAYA u. F. YAMASAKI: Nature **134** (1934) 496; Proc. Roy. Soc. A **148** (1935) 446; H. RAETHER: Z. Phys. **94** (1934) 567.
24. FLEGLER, E. u. H. RAETHER: Z. techn. Phys. **16** (1935) 435 bzw. Phys. Z. **36** (1935) 829; Z. Phys. **99** (1936) 635; **103** (1936) 315.
25. RAETHER, H.: Z. Phys. **107** (1937) 91.
26. RIEMANN, W.: Z. Phys. **120** (1942) 16; über Blitzlampen s. a. G. GLASER: Glas- u. Hochv.-techn. **1** (1952) 91 u. 105.
27. RIEMANN, W.: Z. Phys. **122** (1943) 216.
28. FUCKS, W.: Arch. Elektrotechn. **18** (1930) 589.
29. STRIGEL, R.: Wiss. Veröff. Siemens-Werk **15**, 3 (1936) 1.
30. LOEB, L. B.: Fundamental Processes of Electrical Discharges in Gases, New York: Wiley & Sons 1939, S. 429.
30a. LOEB, L. B.: J. Franklin Inst. **246** (1948) 123.
31. RAETHER, H.: Z. Phys. **112** (1939) 464.
32. RAETHER, H.: Z. Phys. **110** (1938) 611.
33. RIEMANN, W.: Z. Phys. **122** (1943) 262.
34. CRAVATH, A. M. u. L. B. LOEB: Physics **6** (1935) 125.
35. RAETHER, H.: Arch. Elektrotechn. **34** (1940) 49.
36. RAETHER, H.: Ergebn. d. exakt. Nat. wiss. **22** (1949) S. 108.
37. RAETHER, H.: Z. Phys. **117** (1941) 375 u. 524.
38. MEEK, J. M.: Phys. Rev. **57** (1940) 722.
39. LOEB, L. B. u. J. M. HEEK: The mechanism of the electric spark, Stanford Press 1941, S. 42; K. E. FITZSIMMONS: Phys. Rev. **61** (1942) 175; L. H. FISHER: Phys. Rev. **65** (1944) 153; **69** (1946) 530; L. H. FISHER u. G. L. WEISSLER: Phys. Rev. **66** (1944) 95.
40. LOEB, L. B.: Proc. Phys. Soc. **60** (1948) 561.
41. TOEPLER, M.: Ann. Phys. **53** (1917) 261; Arch. Elektrotechn. **10** (1921) 163.
42. ROGOWSKI, W.: Z. Phys. **60** (1930) 776.
43. BUSS, K.: Arch. Elektrotechn. **26** (1932) 261.
44. HOPWOOD, W.: Proc. Phys. Soc. B **62**, 6 (1949) 657.
45. RAETHER, H.: Ergebn. d. exakt. Nat.wiss. **22** (1949) S. 107, Anmerkg. 1.
46. PETROPOULOS, G. M.: Phys. Rev. **78** (1950) 250.
47. MEEK, J. M.: J. Franklin Inst. **230** (1940) 229; L. B. LOEB u. J. M. MEEK, The mechanism of the electric spark, Stanfor d Press (1941) S. 120.
48. RAETHER, H.: Ergebn. d. exakt. Naturwiss. **22** (1949) S. 109.
49. LOEB, L. B.: Rev. Mod. Phys. **20** (1948) 151.
50. LOEB, L. B.: Phys. Rev. **74** (1948) 210.
51. LOEB, L. B. u. R. A. WIJSMAN: J. Appl. Phys. **19** (1948) 797.
52. TESZNER, S.: C. R. **220** (1945) S. 307 u. 390.
53. ZELENY, J.: J. Appl. Phys. **13** (1942) 444.

XIV. Die Zündverzögerung beim Stoßdurchschlag[1].

a) Die Streuzeit. Die gesamte Verzögerungszeit t_V bei der Ausbildung eines Funkens ab Anlegen der Spannung an die Elektroden der Funkenstrecke setzt sich aus der zufallsbedingten Dauer σ der Bildung und Vermehrung eines geeigneten Zündelektrons und der unter gegebenen Verhältnissen unveränderlichen Aufbauzeit t_A zusammen:

$$t_V = \sigma + t_A.$$

Das arithmetische Mittel $\bar{\sigma}$ aller vorkommenden Streuzeiten hängt ab von der Wahrscheinlichkeit w_1 der Bildung eines Elektrons an geeigneter Stelle im Entladungsraum — also beim Homogenfeld vor der Kathode — und der Wahrscheinlichkeit w_2, daß das freigemachte Elektron auch wirklich eine Lawine startet und aus dieser der Funke erwächst. Nicht jedes an der Kathode gebildete Elektron zieht selbst in einem an und für sich ausreichend kräftigen Feld eine Lawine nach sich und gleichfalls führt nicht jede bei der statischen Zündspannung oder leicht erhöhter Spannung gebildete Lawine zwangsläufig zum Durchbruch, weil gerade am Anfang der Entwicklung ungünstige Zufälligkeiten bei den Zusammenstößen normalerweise eintretende Ionisierungen verhindern können oder etwa die Ausbeute an Nachlieferungselektronen hinter dem an und für sich zu erwartenden Wert zurückbleibt. Auch werden nur solche Elektronen verwertet, die erst bei hoher Spannung auftreten, da während des vergleichsweise langsamen Anstiegs einer Wechselspannung die bereits vorhandenen Ladungsträger abgesaugt werden und für die Einleitung einer Zündung nicht mehr zur Verfügung stehen. All diese Zufälligkeiten beeinflussen die Funkenentwicklung und führen zu unterschiedlichen Verzugszeiten innerhalb einer Meßreihe.

Während die Wahrscheinlichkeit w_1 in erster Linie von der Größe des Vorstroms, also von der Fremdeinstrahlung und der Austrittsarbeit der Kathode abhängt, wird w_2 hauptsächlich von der Höhe der Überspannung bestimmt, in geringerem Maße wohl auch von der Art des Gases und dem Gasdruck. Der Kehrwert der resultierenden Wahrscheinlichkeit $\bar{\sigma} = \dfrac{1}{w_1 w_2}$ kennzeichnet die im Mittel bis zum Beginn des Entladungsaufbaus vergehende Zeit; $\bar{\sigma}$ ist also die *mittlere Streuzeit* als arithmetisches Mittel aller Streuzeiten innerhalb einer unter gleichbleibenden Bedingungen durchgeführten Meßreihe.

Wird die Aufbauzeit zunächst als vernachlässigbar klein angenommen und werden weiterhin die innerhalb einer Versuchsreihe mit N_0 Einzelversuchen gefundenen Funkenverzüge nach steigenden Zeiten geordnet, so findet man folgendes: Ein beträchtlicher Teil aller Durchschläge er-

---

[1] Literaturhinweise zu diesem Kapitel s. S. 291.

folgt mit nur kurzer Verzögerung; Verzüge von mittlerer Dauer sind schon nicht mehr so häufig und sehr lange Verzugszeiten kommen nur noch selten vor. Trotz ihrer Seltenheit liefern die langen Verzüge einen erheblichen Beitrag zur mittleren Streuzeit.

Mit N_t werde die Zahl der Versuche bezeichnet, die ab Anlegen der Spannung bis hin zur Zeit t noch nicht zum Durchschlag führten. In der darauffolgenden kurzen Zeitspanne dt nimmt ihre Zahl um dN_t ab, und zwar bei rein zufallsbedingter Verteilung der Verzüge verhältnisgleich zu N_t und der Zeitspanne dt. Proportionalitätsfaktor ist die resultierende Wahrscheinlichkeit $w_1 w_2 = \dfrac{1}{\sigma}$. Es gilt somit

$$dN_t = -\, w_1\, w_2\, N_t\, dt\,,$$

woraus durch Integration die bereits von v. LAUE [1] (s. a. [2]) abgeleitete Gesetzmäßigkeit für die Verteilung der Zündverzüge

$$\ln \frac{N_t}{N_0} = -\frac{t}{\sigma} \qquad \text{oder} \qquad N_t = N_0 e^{-\frac{t}{\sigma}} \qquad \text{(XIV, 1a)}$$

folgt. Der Anteil der Versuche einer Reihe, für den zur Einleitung des Entladungsaufbaus eine längere Zeit als t erforderlich ist, nimmt somit exponentiell mit der Zeit ab. Unter Berücksichtigung der Aufbauzeit nimmt das Verteilungsgesetz der Zündverzüge die Form an

$$N_t = N_0 e^{-\frac{t - t_A}{\sigma}}\,. \qquad \text{(XIV, 1b)}$$

Zur übersichtlichen Darstellung der Funkenverzüge einer Meßreihe ist es allgemein üblich, über der Zeit den Anteil der Verzüge in logarithmischem Maßstab aufzutragen, der zu längeren Durchbruchszeiten führt, als der zugehörige Abszissenwert angibt. Eine solche Darstellung ergibt bei idealstatistischer Verteilung der Einzelverzüge und überaus großem N_0 eine fallende Gerade und bei endlicher Anzahl der Versuche eine Treppenkurve mit umso besserer Anpassung an den Geradenverlauf, je größer N_0 ist. Solche Verteilungskurven wurden bei schwacher Bestrahlung der Funkenstrecke und mäßiger Überspannung stets gefunden (Ausnahme hiervon s. [43]), und zwar bei jedem Wert des Produkts pd [2—11, 46]. Verteilungskurven dieser Art zeigen, daß der Einzelverzug über den kürzest möglichen Verzug hinaus in regelloser, rein zufallsbedingter Weise schwankt. Für zwei in ihrer Höhe verschiedene Stoßspannungen, die durch den Stoßfaktor f als Verhältnis von angelegter Stoßspannung zur statischen Durchschlagspannung gekennzeichnet sind $\left(f = \dfrac{U_{\text{Stoß}}}{U_{\text{stat}}}\right)$, zeigt Abb. 94 zwei unter sonst gleichen Bedingungen gemessene Verteilungskurven. Die jede Treppenkurve mittelnde Gerade beginnt auf der Parallelen zur Abszisse im Abstand t_A von der Ordinate und fällt um so steiler ab, je höher die Überspannung.

Wird die längste überhaupt vorkommende Streuzeit in gleiche Zeitabschnitte unterteilt, so finden sich bei einer ausreichend großen Zahl von Einzelverzügen im 1. Abschnitt die größte Zahl von Durchschlägen, im 2. Abschnitt weniger usw., entsprechend dem durch (XIV, 1) ausgedrückten exponentiellen Zusammenhang[1]. Die mittlere statistische Streuzeit $\bar\sigma$ ist nach den Gesetzmäßigkeiten der e-Funktion die über t_A hinausgehende Zeit, nach der 36,8% aller Versuche noch nicht

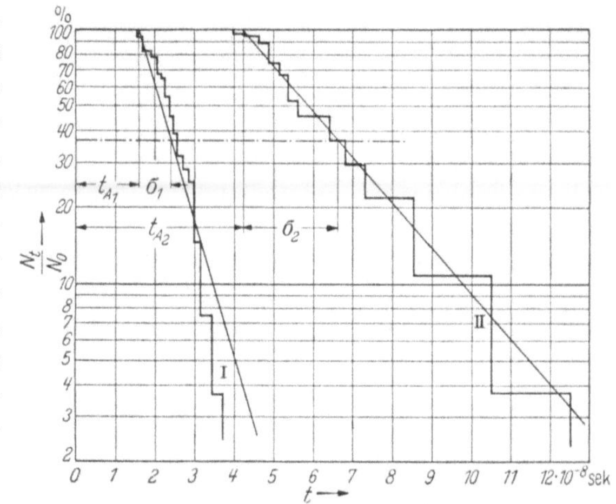

Abb. 94. Verteilungskurven des Entladeverzugs im Kugelfeld [10]. (5 cm-Kugeln in 0,4 cm Abstand, 250 Torr, Stoßfaktor für Kurve I 1,50, für Kurve II 1,21).

zum Durchschlag geführt haben, und kann der graphischen Darstellung der Verzugszeiten sofort entnommen werden. Andererseits läßt sich $\bar\sigma$ auch gemäß $\bar\sigma = \dfrac{\Sigma\sigma}{N_0} - t_A$ als Verhältnis der Summe aller Einzelverzüge zur Gesamtzahl der durchgeführten Versuche, vermindert um die Aufbauzeit, bestimmen.

Eine ausführliche Wiedergabe der Ergebnisse statistischer Streuzeitmessungen findet sich im Buch von Strigel [12]. Wir können uns daher hier darauf beschränken, nur die hauptsächlichsten Ergebnisse der Forschungsarbeit von Strigel [5—8, 13] und die ergänzenden Zusätze von anderer Seite zu bringen.

Die Streuzeit hängt insbesondere von der Zahl der in der Zeiteinheit an der Kathode ausgelösten Elektronen ab, also in erster Linie von der Art und der Stärke der Fremdbestrahlung und von der Höhe der Austrittsarbeit aus der Oberflächenschicht der Kathode in den Außenraum. Im Sonderfall hoher Feldstärke an der Kathode, also bei negativer Spitze und hohem oder extrem niedrigem Gasdruck, könnte das Erstelektron auch durch Feldemission ausgelöst werden [14]; eine Bestrahlung müßte hierbei ohne Einfluß bleiben. Der Versuch zeigt, daß mit steigender Intensität der Einstrahlung und Verkleinerung der Austrittsarbeit die

---

[1] Die Streuzeitkurve besitzt also bei Rechteckstoß nicht etwa ein Maximum, wie von anderer Seite [44] behauptet wird.

Streuzeit geringer wird. Ganz zum Verschwinden kann sie durch sehr starke Einstrahlung und hohe Überspannung gebracht werden; dann steht jederzeit ein auslösendes Elektron für den Lawinenaufbau zur Verfügung, und es wird sich auch das Anfangselektron mit größter Wahrscheinlichkeit bei Stoßvorgängen vermehren. STRIGEL [7] konnte nachweisen, daß bei ausreichend hoher Überspannung ($f=1{,}65$ bei blanker und $f=1{,}80$ bei oxydierter Kupferkathode) jedes an der Kathode ausgelöste Elektron zum Durchschlag führt. Hierzu bestimmte er die Größe des Vorstromes J_0 in Achsennähe zwischen zwei 5 cm-Kugeln, woraus sich die Zahl der pro Sekunde an der in Frage kommenden Kathodenfläche ausgelösten Elektronen zu $Z_0 = J_0/e$ errechnet. Die Versuche ergaben, daß mit hohem Stoßfaktor das Produkt aus mittlerer statistischer

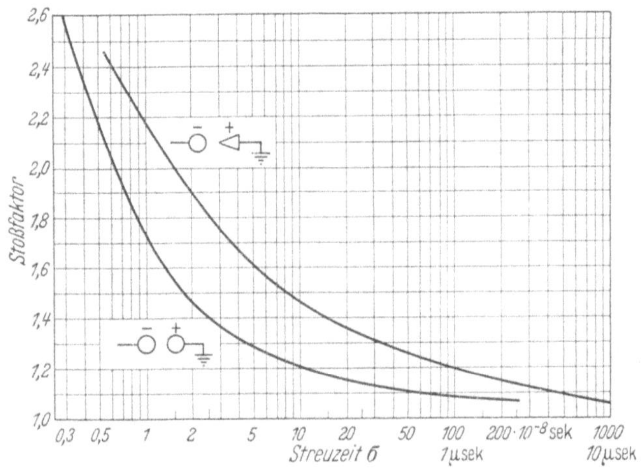

Abb. 95. Mittlere statistische Streuzeit als Funktion des Stoßfaktors [10].

Streuzeit und Z_0 dem Wert 1 zustrebt. Dies bedeutet, daß innerhalb der statistischen Streuzeit gerade ein Elektron die Kathode verläßt und daß unter diesen Bedingungen jedes ausgelöste Elektron auch tatsächlich die Zündung einleitet. Eine Schwäche der Beweisführung liegt in der willkürlichen Abgrenzung der für den Durchschlag in Frage kommenden Elektrodenfläche. STRIGEL nimmt den die Anfangselektronen liefernden Stromanteil zu einem zwölftel des Gesamtstroms an.

Die Abhängigkeit der Streuzeit von der Überspannung zeigt Abb. 95 bei unveränderlicher Einstrahlung für die Anordnung zweier 5 cm-Messingkugeln und von Spitze—Kugel. Beide Kurven gelten jeweils für den Druckbereich 25—760 Torr und für Elektrodenabstände bis zu 80 mm; nur bei der Kurve für das näherungsweise gleichförmige Feld dürfte möglicherweise bei den kleinen Abständen ($d=3$—4 mm) die Streuzeit bei gleichem Stoßfaktor etwas kleiner sein. Für negative

Spitze gegen Kugel erweist sich die Streuzeit stark druckabhängig. Die entsprechende Kurve fällt nur noch bei Atmosphärendruck und kleinem Stoßfaktor mit der für positive Spitze zusammen und verläuft bei hoher Überspannung etwas darunter; mit Erniedrigung des Druckes steigt die Streuzeit im Falle einer Feldverdichtung an der Kathode überaus stark an.

Der sehr große Einfluß der Bestrahlung im gleichförmigen Feld wird durch die Beobachtung [10] illustriert, wonach mit 5 cm-Messingkugeln bei einer Vergrößerung des Abstandes der bestrahlenden Quecksilberdampflampe von 35 cm auf 170 cm die Streuzeit von $0,26\,\mu s$ auf $1,14\,\mu s$ zunahm. Allerdings verringert sich der Bestrahlungseinfluß im Kugelfeld mit dem Druck, um unter 150 Torr unmerklich zu werden. Ähnliche Messungen über die Einwirkung verschiedener Ionisatoren (Hg-Brenner mit und ohne Filter, Radiumpräparate unterschiedlicher Stärke und Filterung) auf den Entladeverzug, leider mit einer Prüfwelle völlig unzureichender Steilheit, teilt MÜLLER [15] mit. Zur quantitativen Kennzeichnung gibt Abb. 96 Messungen von WILSON [16] wieder, bei denen die Stärke der Bestrahlung durch Einschieben geeichter Absorptionsschirme in den Strahlengang stufenweise von 0,1 bis 100% geändert wurde. Aufgetragen ist hierbei nicht die Streuzeit selbst, sondern unter Einschluß der Aufbauzeit der gesamte Verzug als Mittel aus je 100 Einzelmessungen. Bei sehr starker Einstrahlung (unterste Kurve mit

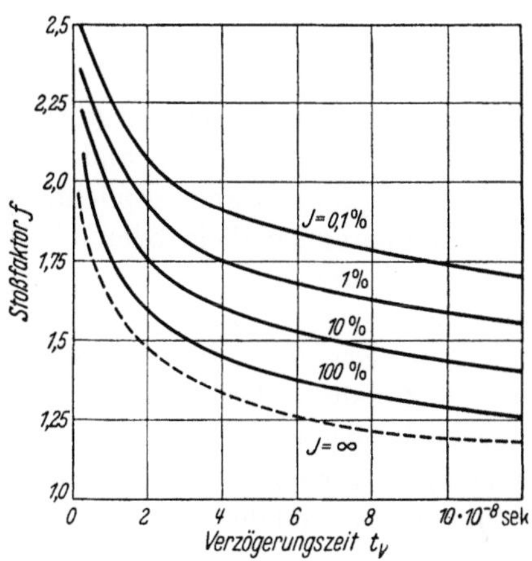

Abb. 96.
Verzugszeit bei verschieden starker Einstrahlung.

Bezeichnung $J = \infty$) wird die Streuung des Entladeverzugs klein, so daß die Kurve näherungsweise den Verlauf der Aufbauzeit in Abhängigkeit vom Stoßfaktor angibt. Als Faustregel kann der Darstellung entnommen werden, daß eine Verringerung der Bestrahlungsintensität auf den zehnten Teil durch eine rd. 20%ige Spannungserhöhung wettgemacht werden kann. Bei sehr schwacher Einstrahlung ist die Streuzeit sehr groß [43] und erreicht dann ein Mehrfaches der Aufbauzeit. Eine gleichartige Abhängigkeit, wenn auch nicht ganz von diesem Ausmaß, findet WHITE [17].

Für Überspannungen bis zu 6% über der statischen Funkenspannung gibt TILLES [9] für die Abhängigkeit der mittleren Streuzeit im Bereich von 10^{-4} bis 1 sek bei 2 cm-Kupferkugeln in 0,68 mm Abstand (statische Zündspannung 3,82 kV) die Näherungsformel $\sigma \sim e^{-39f} J_0^{-0,76}$ an. Hierin ist J_0 die im Vakuum gemessene Dichte des aus einer Nickelkathode austretenden lichtelektrischen Stroms. Die Formel zeigt den außerordentlich großen Einfluß des Stoßfaktors f auf die Streuzeit; sie läßt außerdem erkennen, daß die Streuzeit nicht ganz in dem Maße abnimmt, um das die Bestrahlungsintensität erhöht wird.

Vom Werkstoff der A n o d e ist die Streuzeit völlig unabhängig. Dagegen kann die Verwendung verschiedener K a t h o d e n werkstoffe zu sehr beträchtlichen Unterschieden führen. Bei gleichbleibender Bestrahlung findet STRIGEL [13] für die Materialien Elektron, Aluminium, Schmiedeeisen, Silber, Kupfer und Kupferoxyd bei hoher Überspannung als untere Grenze der Streuzeit 0,4, 0,6, 1,1, 2,4, 4,5 und $21 \cdot 10^{-7}$ sek in der angegebenen Reihenfolge, welche auch die Ordnung der Materialien nach zunehmender Austrittsarbeit angibt. Sehr stark vermögen Oberflächenveränderungen etwa im Gefolge von Verunreinigungen oder durch Alterung nach längerem Liegen an der Luft oder unter Auswirkung vorangegangener Überschläge die Streuzeit zu beeinflussen; diese kann z. B. durch Oxydation oder durch die Ausbildung von Fetthäuten bis zu drei Zehnerpotenzen vergrößert werden. Auf diesen Einfluß der Oberflächenbeschaffenheit und von Fett- und Ölhäuten weist schon PEDERSEN [18] hin und empfiehlt zur Kleinhaltung des Funkenverzugs eine Reinigung der Elektroden mit Schmirgelpapier oder noch besser mit Karborundumpapier. Eine geschmirgelte Metallfläche vermag Elektronen zu emittieren [33]. Im Gegensatz zu den Angaben von Pedersen und auch denen von STRIGEL [13], der insbesondere bei niedrigem Stoßfaktor eine starke Zunahme der Streuung durch das Altern der Elektrodenoberflächen beobachtet, findet GÄNGER [10] bei seinen Versuchen mit Messingkugeln vor und nach einer sorgfältigen Reinigung und auch bei zeitlich weit auseinanderliegenden Meßreihen praktisch dieselben Verzugszeiten. Nach WARBURG [19] und ZUBER [2] ist die Streuung in trockener Luft größer als in feuchter, welches Resultat von RITZ [20] auf Grund genauer Spannungsmessungen im homogenen Feld bestätigt wird.

Die Erklärung einer solchen Auswirkung der Oberflächenbeschaffenheit, soweit sie überhaupt in merklichem Ausmaß auftritt und nicht etwa von einer Vergrößerung der Austrittsarbeit herrührt, gibt PAETOW [21]. Er fand, daß die Elektroden von Gasentladungsstrecken im Anschluß an zuvorgehende Niederdruckentladungen ($p = 1 - 25$ Torr) noch für längere Zeit Elektronen emittieren (mit einer Halbwertszeit des Effekts von rd. 1 sek), die sich wegen ihrer geringen Anzahl zwar schlecht durch eine Strommessung, sehr gut jedoch durch Messung der Zündverzüge bei hohem Stoßfaktor nachweisen lassen. Die Nachwirkung vorhergehender Entladungen auf die Funkenverzögerung in H_2, N_2 und CO_2 von atmosphärischem Druck hatte bereits BATH [25] bei extrem schwacher Einstrahlung festgestellt und zur Unterdrückung des Effekts

die Einschaltung ausreichend langer Pausen zwischen den Entladungs-
ausbrüchen empfohlen. Die Größe der Nachströme wächst anfänglich verhältnisgleich mit der Ladungsmenge an, die bei der vorhergehenden Entladung durch die Funkenstrecke ging, und nähert sich
langsam einem Höchstwert. Von der Gasart sind die Ströme praktisch
unabhängig, soweit von einem hier nicht interessierenden rasch abklingenden Anteil bei Edelgasfüllung als Folge des Auftretens von Metastabilen abgesehen wird [23]. Mit fortschreitender Reinigung der Kathode (durch langdauerndes Glühen) verschwindet die spontane Elek-
tronemission fast gänzlich, was eindeutig darauf hinweist, daß ihr
Ursprung in Oberflächenanlagerungen der Kathode zu suchen ist. Bei
langem Stehen an der freien Atmosphäre erlangen zuvor gereinigte Elektroden wieder die Fähigkeit, im Anschluß an Entladungen spontan Elektronen auszusenden. Der aktive Zustand der Elektrodenoberfläche
kann durch ihre Verunreinigung mit Öl, Fett und Staub sehr rasch
wiederhergestellt werden. Durch Aufbringen von gröberen Verunreinigungen wie etwa von Staub oder gar von Magnesiumoxydpulver
werden die Nachströme so groß, daß ihre Feststellung bereits durch
eine hochempfindliche Messung des gasverstärkten Stromes möglich ist.

Folgende von PAETOW gegebene Deutung des Effekts dürfte den
physikalischen Vorgängen am nächsten kommen: Feinste isolierende
Staubkörnchen sind in eine halbleitende Fett- oder Oxydschicht auf der
Elektrodenoberfläche eingebettet. Während des Brennens einer Entladung werden die Atome der Isolierkörnchen vom Eigenlicht derselben
oder an der Kathode auch durch Trägerstoß angeregt oder ionisiert,
wobei sie sich positiv gegen ihre Unterlage aufladen. Nach Abschalten
der Erregung bleiben sie aufgeladen zurück und erzeugen örtlich solch
hohe Felder, daß aus dem Verband der metallischen Unterlage Elektronen herausgezogen werden. Teils wird hierdurch die Körnchenladung
neutralisiert, teils gelangen die austretenden Elektronen frei in den Gasraum, wo sie bei neuerlichem Anlegen der Spannung an die Elektroden
eine Entladung einleiten können.

LOEB [24] macht darauf aufmerksam, daß die beobachtete Elek-
tronemission auch noch auf andere Weise zustande kommen kann:
Potentialunterschiede zwischen aufgeladenen, eng benachbarten Isolierkörnchen (adsorbierte Ionen?) könnten bei hoher Feldstärke zu einer
Miniaturentladung im Dielektrikum selbst führen und hierbei Elektronen
frei machen; oder es könnten von der zuvorgehenden Hauptentladung
eingefangene Photonen in einem Phosphoreszenzvorgang erst verspätet
wieder emittiert werden und dann Photoelektronen im Gas erzeugen.
Eine Unterscheidung, welcher der drei möglichen Prozesse tatsächlich
auftritt, erscheint auf Grund des vorliegenden Versuchsmaterials kaum

möglich, wenn auch ein langverzögerter Niederbruch des Dielektrikums wenig Wahrscheinlichkeit für sich hat.

Ein Mechanismus, der mit dem von PAETOW gefundenen Effekt eine gewisse Verwandtschaft besitzt, wurde von MALTER [25] beschrieben, nachdem schon zuvor GÜNTHERSCHULZE [26] auf eine besondere Form der Glimmentladung („Spritzentladung") mit Halbleiter- oder isolierschichtbedeckter Kathode aufmerksam gemacht hatte. Nach MALTER bildet sich beim Aufprall von Primärelektronen auf Aluminium, dessen Oberfläche nach einem besonderen Verfahren oxydiert wurde, zwischen der Oberflächenhaut und dem Metall, die beide durch die dünne Oxydschicht voneinander isoliert sind, ein sehr hohes Feld aus, das Sekundärelektronen freisetzt. Auch noch nach Aufhören der Beschießung werden Elektronen durch die nur langsam abklingende Feldemission aus der Unterlage herausgezogen.

Inwieweit und ob überhaupt der PAETOW-Effekt auch bei Stoßvorgängen unter hohem Gasdruck und bei hoher Stromdichte an einer Verkleinerung der Zündverzüge beteiligt ist, wäre noch zu untersuchen. An und für sich ist die Elektronenergiebigkeit der emittierenden Elektrode so gering, daß die Zahl der pro Zeiteinheit freigemachten Elektronen für einen Kurzzeitdurchschlag ungenügend sein dürfte und als wirksames Mittel zur Kleinhaltung des Zündverzugs nur kräftige Fremdeinstrahlung übrig bleibt. Dagegen dürfte der Effekt bei niederer und verschwindender Überspannung und beim Fehlen einer künstlichen Vorionisation von Bedeutung sein und die bei manchen Zähleranordnungen oft störend langen Erholungszeiten zwischen den Stromstößen erklären [27]. Gleichfalls kann angenommen werden, daß er die Ursache der verschiedentlich beobachteten Streuzeitverkürzung ist, wenn die Wartezeit zwischen aufeinanderfolgenden Durchschlägen herabgesetzt wird. Eine solche Erklärung macht die Hypothese von „Klebeelektronen" überflüssig; diese sollten im Anschluß an ihre Bildung durch Fremdeinstrahlung oder durch die vorhergehende Entladung an die Elektrodenoberflächen angelagert und bei einer neuerlichen Beanspruchung unter der Wirkung des hohen elektrostatischen Feldes von der Kathode losgerissen werden.

Die Statistik des Entladeverzugs gibt Aufschluß über die Zahl N_t der innerhalb einer gewissen Verzugszeit nicht von einem Durchschlag begleiteten Beanspruchungen und damit auch über die Zahl der „erfolgreichen" Stöße. Wird diese Zahl $(N_0 - N_t)$ der innerhalb eines bestimmten Verzugs eintretenden Durchschläge auf die Gesamtzahl N_0 aller Versuche der Reihe bezogen, so kennzeichnet das Verhältnis die Wahrscheinlichkeit w des Eintretens einer Zündung unter den vorliegenden Bedingungen. Somit gilt

$$w = \frac{N_0 - N_t}{N_0} = 1 - \frac{N_t}{N_0}$$

und unter Beachtung von (XIV, 1)

$$w = 1 - e^{-\frac{t-t_A}{\bar{\sigma}}}. \qquad (XIV, 2)$$

Bei einer Auftragung der Stoß-Zündwahrscheinlichkeit über der Verzugszeit unter vorgegebenen Versuchsbedingungen, also bei konstanter Aufbau- und Streuzeit t_A und $\bar{\sigma}$, müßte die Kurve bei rein zufallsbedingter Streuung und einer ausreichenden Zahl von Versuchen oberhalb von $t = t_A$ zunächst rasch mit der Anstiegssteilheit $\left(\dfrac{dw}{dt}\right)_{max} = \dfrac{1}{\bar{\sigma}} = w_1 w_2$ ansteigen und sich schließlich asymptotisch dem Wert $w = 1$ annähern. Derartige Kurven der Zündwahrscheinlichkeit wurden von WILSON [16] aufgenommen (s. a. [43]); bei jeweils fester Stoßspannung und ungeänderter Länge der Verzögerungs-Wanderwellenleitung beobachtete er die Zahl der durch die KERR-Zelle sichtbaren Funkendurchbrüche bei je 100 Einzelversuchen. Seine bei verschiedenen Überspannungen gewonnenen Kurven (s. Abb. 97) zeigen keinen steilen Anstieg, sondern entfernen sich schleichend von der Abszisse. Nachdem eine idealstatistische Verteilung der Zündverzüge bei zahlreichen Messungen anderer Beobachter unter den verschiedensten Bedingungen immer wieder gefunden wurde, dürften die Abweichungen vom erwarteten Verlauf, wie er bei der w-Kurve für den Stoßfaktor $f = 1,60$ in Abb. 97 gestrichelt angegeben ist, durch Meßfehler oder Nebeneinflüsse bedingt sein. Wird vom Anfangsbereich der Kurven abgesehen, so folgt die Zündwahrscheinlichkeit der durch (XIV, 2) ausgedrückten Gesetzmäßigkeit. Sehr gut kommt durch den Verlauf der Kurven zum Ausdruck, daß die Zündwahrscheinlichkeit bei Stoß entsprechend $\dfrac{dw}{dt} = -\dfrac{1}{\bar{\sigma}} \exp\left[-\dfrac{t-t_A}{\bar{\sigma}}\right]$ um so langsamer zunimmt, je größer die mittlere Streuzeit bzw. je kleiner der Stoßfaktor ist.

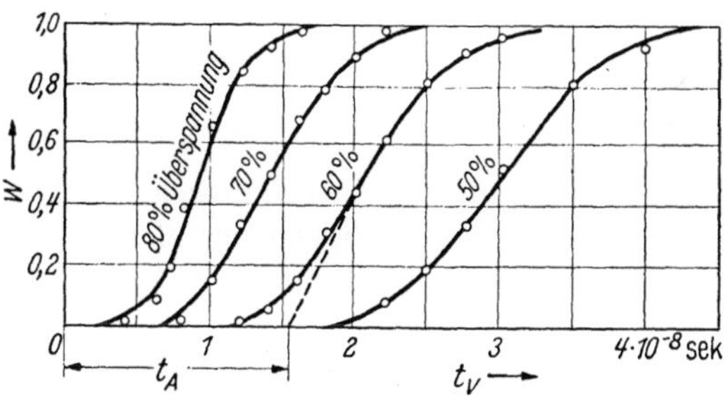

Abb. 97. Zündwahrscheinlichkeit in Abhängigkeit von der Verzugszeit bei verschiedenen Stoßfaktoren nach WILSON [16].

b) Die Aufbauzeit. Die Aufbauzeit ist der kürzest mögliche Verzug bei Durchschlägen unter gleichbleibenden Versuchsbedingungen. Nur bei verschwindend kleiner Streuzeit ist sie mit dem gesamten Entladeverzug der Funkenstrecke identisch. In aller Klarheit sprach es wohl

PEDERSEN [18] zum ersten Male aus, daß die bis dahin oft geäußerte Auffassung eines sofortigen Entladungseinsatzes nicht länger haltbar sei und jede Funkenausbildung auch unter günstigsten Umständen eine meßbare minimale Zeit benötige. Bei einer TOWNSEND-Ausbildung der Entladung und Auslösung der Nachlieferungselektronen durch Ionenaufprall wird die Aufbauzeit in erster Linie durch die Laufzeit der Ionen und die Zahl der zur Herbeiführung einer stromstarken Entladung erforderlichen Ionisierungsspiele bestimmt (s. S. 173); mit zunehmender Überspannung strebt sie dem unteren Grenzwert $t_{A\,\mathrm{min}} = \dfrac{d}{b_+ E}$ zu, der die Zeitdauer des Laufs der positiven Ionen von ihrem Erzeugungsort nahe der Anode bis zur Kathode angibt. Bei großem Wert von $p\,d$ oder auch schon bei kleinerem $p\,d$ aber hoher Überspannung ist die Aufbauzeit nach der Vorstellung von MEEK-RAETHER als Summe aus Laufzeit der Elektronen bis hin zum Ort der Leuchtfadenausbildung und der Zeit für die volle Überbrückung der Elektrodenentfernung durch anoden- und kathodengerichteten Kanal anzusetzen:

$$t_{A} = \frac{x_{\mathrm{kr}}}{b_- E} + \frac{d - x_{\mathrm{kr}}}{k_1 b_- E} + \frac{x_{\mathrm{kr}}}{k_2 b_- E}. \qquad (\mathrm{XIV},\,3)$$

Hierin sind k_1 und k_2 (>1) Faktoren zur Kennzeichnung der Steigerung der Vorwachsgeschwindigkeit der Kanäle über die Elektronengeschwindigkeit infolge der Feldumbildung und der neue Lawinen auslösenden Gasionisierung durch die Eigenstrahlung der sich aufbauenden Entladung. Sie hängen hauptsächlich von der Höhe der Überspannung und dem Gasdruck ab und können auf Grund der Nebelkammermessungen zu 5—6 bzw. rd. 8 angegeben werden.

Die Aufbauzeiten der Kanalentladung sind wesentlich kleiner als die der reinen TOWNSEND-Entladung, nachdem für sie die Elektronen- und nicht die Ionengeschwindigkeit maßgebend sind. Auch brauchen die Elektronen bei starker Spannungsüberhöhung nicht etwa den vollen Elektrodenabstand zu durchwandern, weil dann die Lawine schon nach kurzer Wegstrecke x_{kr} ihre kritische Verstärkung erreicht. In Anbetracht der vielfach höheren Kanalgeschwindigkeit stellt die Laufzeit der Elektronen zwischen den Elektroden die obere Grenze der Aufbauzeit dar; somit gilt bei reinem Kanaldurchschlag $t_{A\,\mathrm{max}} \approx \dfrac{d}{b_- E}$ [28].

Für die Ausmessung sehr kurzer Verzugszeiten bei hohem Stoßfaktor scheidet der Zeittransformator aus. Hierfür stehen nur der Hochleistungsoszillograph und der elektrooptische Schnellverschluß zur Verfügung, wenn von der originellen Zweiwellenmethode von NEWMAN [29] abgesehen wird. Bei der Verwendung des KERR-Effekts zur Verzugsbestimmung ist nur dann Gewähr für eine einwandfreie Messung geboten, wenn die Stoßwelle von Schwingungen und flüchtigen Spannungsüberhöhungen frei ist, wie sich solche leicht durch Teilreflexionen an Leitungsübergängen oder durch ungenügende Ausdämpfung des Stoßkreises ausbilden. Die Mehrzahl der Kerrzellenmessungen dürfte durch solche Einwirkungen in ihrem Wert gemindert und unsicher sein. Liegt die auszumessende Verzögerungszeit unter einigen 10^{-8} sek, so ist besonderes Augenmerk darauf zu richten, daß die Prüfwelle in wesentlich kürzerer Zeit ansteigt, als die Funkenstrecke zu ihrem Ansprechen benötigt. Ohne besondere Vorkehrungen erreicht die Stoßwelle ihren Höchstwert in etwa $2 \cdot 10^{-8}$ sek entsprechend der Funkenausbildung an der Schaltfunkenstrecke des Stoßkreises (s. Abb. 83). Ist der Verzug kleiner als die Stirnzeit des Prüfstoßes, dann setzt nach Bereitstellung des Erstelektrons die Trägervermehrung bereits während des Anstiegs der Spannung an den Elektroden der Prüffunkenstrecke ein, und die stromstarke Entladung kann sich schon vor Erreichen der vollen Wellenhöhe ausbilden; die Spannung bricht dann möglicherweise noch in der Stirn des Stoßes zusammen. Eine einigermaßen saubere Bestimmung der Verzugszeit ist hierbei nicht möglich, worauf schon Braunbeck [4] hinwies. Die Verwendung solcher Stoßwellen mit den sonst üblichen Anstiegssteilheiten oder gar von Normwellen mit einer Stirndauer von 1 μsek [30] oder einer bis hin zum Durchschlag näherungsweise geradlinig ansteigenden Spannung [31] hat in der Vergangenheit vielfach zu Fehlangaben der Verzugszeit bei hohem Stoßfaktor geführt und einen unteren Grenzwert der Durchbruchzeit in der ungefähren Größe von $(1-3) \cdot 10^{-8}$ sek vorgetäuscht, wie er tatsächlich nicht besteht. Auch die Aushilfe einer nachträglichen Korrektur der Meßergebnisse [8] ist wegen des raschen und in seinem Ausmaß zunächst unbekannten Zuwachses an Trägern in der Wellenstirn von umstrittenem Nutzen und verliert bei kürzesten Verzügen jeden Sinn.

Zur Versteilerung des Stirnanstiegs der Prüfwelle stehen verschiedene Wege offen. Entweder wird in den Leitungszug zwischen Stoßkreis und Prüffunkenstrecke eine stark überspannte Hilfsfunkenstrecke eingeschaltet (Funkenstrecke F_V in Abb. 83), welche die auflaufende Welle zunächst aufstaut und dann die Spannung beim Durchschlag in äußerst kurzer Zeit zusammenbrechen läßt [10]; bei geeigneter Einstellung des Elektrodenabstandes läßt sich hiermit eine Verkürzung der Stirndauer auf etwa den zehnten Teil der üblichen Zeit erreichen. Oder es wird der Schaltfunken in Preßgas oder auch in einer Isolierflüssigkeit [32] gezündet, wodurch ebenfalls die Schnelligkeit des Spannungszusammenbruchs sehr stark erhöht wird und damit die am Prüfling auflaufende Welle in äußerst kurzer Zeit ihren Höchstwert erreicht. Fletcher [11] erhält mit einer gekapselten Schaltfunkenstrecke in Stickstoff von 40 at Anstiegszeiten von nur $0,05 \cdot 10^{-8}$ sek und damit Spannungsänderungen um 10—20 kV beim Lauf einer Welle über nur 15 cm Leitungslänge.

Solche überaus raschen Änderungen des elektrischen Zustandes kommen sonst nur bei ultrakurzen Wellen vor; sie erfordern zur Erhaltung der enormen Steilheit einen gedrängten Versuchsaufbau und die Verwendung besonderer Leitungen sowie die geeignete Durchbildung der elektrischen Kreise (Verwendung konzentrischer Rohrleitungen, reflexionsfreie Gestaltung der Übergangsstellen, besondere Spannungsteiler für den Anschluß der Meßplatten des Mikrooszillographen [34].

c) Meßergebnisse. Die von verschiedenen Seiten an Platten- und Kugelfunkenstrecken durchgeführten Messungen der Aufbauzeit in atmosphärischer Luft sind in Abb. 98 zusammengestellt. Wenn auch im einzelnen

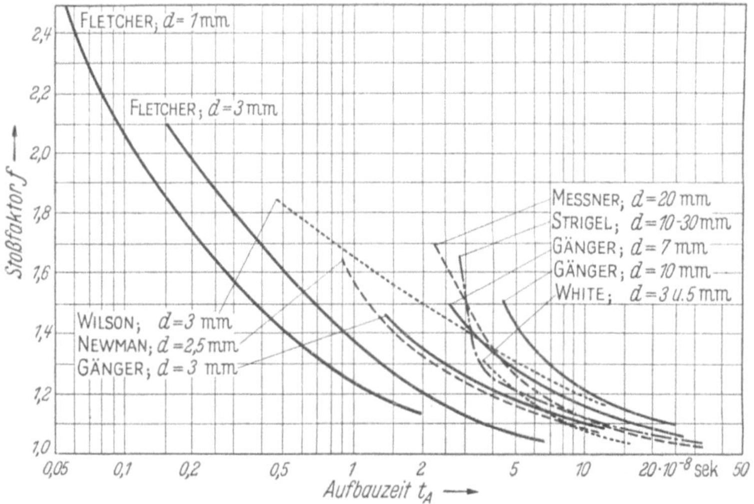

Abb. 98. Aufbauzeit im gleichförmigen Feld in Luft in Abhängigkeit vom Stoßfaktor.

größere Abweichungen zwischen den nach sehr unterschiedlichen Methoden erhaltenen Ergebnissen bestehen, so ist doch zumindest für mäßige Überspannung die Größenordnung der ermittelten Werte dieselbe. Zunächst geht aus den Messungen hervor, daß der Entladung bereits bei Überspannungen von wenigen Prozenten auch bei dem kleinsten untersuchten Elektrodenabstand kein reiner Townsendmechanismus mehr zugrunde liegen kann, weil die Aufbauzeit in jedem Fall unter $1\,\mu$sek und damit unter der Laufzeit der Ionen liegt. Damit die positiven Ionen eine Strecke von nur 1 mm Länge zwischen den Elektroden zurücklegen können, bedarf es einer Zeit von rd. $1\,\mu$sek, welche auch durch Überspannung nur wenig verkürzt wird. Diese Zeit steht ihnen nicht zur Verfügung und noch weniger könnten in der gebotenen Zeit mehrere Ionisierungsspiele einander folgen. Andererseits läßt sich aus Abb. 98 erkennen, daß bei Verzügen über $1\,\mu$sek die Durchbruchspannung im gleichförmigen Feld bei stoßweiser Beanspruchung nur knapp oberhalb des Wertes für statische Beanspruchung liegt und bei den in der Technik meist benutzten Stoßwellen von 50 oder auch nur $5\,\mu$sek Rückenhalbwertszeit beide Werte als praktisch zusammenfallend betrachtet werden dürfen. So hat HOLZER [35] bis zu Plattenentfernungen von 16 cm bei Verwendung von Keilwellen längerer (nicht näher angegebener) Rückendauer keine über die Meßgenauigkeit hinausreichende Erhöhung der Stoßspannung über den Wert der statischen Funkenspannung gefunden.

Mit Erhöhung des Stoßfaktors werden die Ausbildungszeiten rasch kleiner; der Durchbruch vollzieht sich schließlich in äußerst kurzen Zeiten, in denen auch die Elektronenlawine die Anode nicht mehr erreichen kann. Die Umbildung der Entladungsentwicklung erfolgt dann nach kurzem Lauf der Elektronen mitten im Gasraum. Die Vorwachsgeschwindigkeiten der zu den Elektroden vorstoßenden Kanäle liegen hierbei weit über der Elektronengeschwindigkeit und lassen sich nur unter Zuhilfenahme der Photoionisierung erklären. Bei weitem die kürzesten Ausbildungszeiten bei Spannungsüberhöhungen um mehr als 150% hat FLETCHER [11] ausgemessen, dem die Beobachtung von Verzügen von nur $5 \cdot 10^{-10}$ sek Dauer gelang. Damit wurde endgültig sichergestellt, daß eine untere Grenze der Verzugszeit nicht existiert und eine solche durch die Unvollkommenheiten der Meßapparaturen bzw. eine unzulängliche Zeitauflösung in älteren Arbeiten vorgetäuscht wurde.

Keine eindeutigen Aussagen lassen sich über die Abhängigkeit der Aufbauzeit vom Elektrodenabstand machen. Während WHITE [17] bei einer Vergrößerung der Schlagweite von 1 auf 3 und 5 mm eine leichte Erniedrigung findet, stellt GÄNGER [10] von $d=3$ bis 10 mm eine Erhöhung der Aufbauzeit fest, was auch die Messungen von FLETCHER[1] zu zeigen scheinen. Bei geringen Überspannungen finden FISHER u. BEDERSON [42] eine lineare Zunahme bei Vergrößerung der Schlagweite. STRIGEL [8] erhält für 10, 30 und 60 mm Schlagweite praktisch dieselben Aufbauzeiten. In Anbetracht der verwickelten Verhältnisse bei der Entwicklung und Umbildung der Entladung lassen sich von der Theorie her keine einigermaßen zuverlässigen Aussagen über die Abhängigkeit der Verzugszeit von der Schlagweite geben. Sicher ist, daß etwaige Abweichungen nicht allzu groß sein können.

Nur von WHITE [17] wurden auch in anderen Gasen als Luft einige Messungen der Aufbauzeit durchgeführt. Mit einer 5 mm-Funkenstrecke findet er in Kohlensäure nur wenig kürzere Zeiten als in Luft für gleiche Überspannungen, dagegen in Helium sehr viel längere. Nachdem WHITE

---

[1] FLETCHER gibt die Aufbauzeit in Abhängigkeit von der Feldstärke bei einigen Festwerten der Spannung; daher konnten die beiden in Abb. 98 eingezeichneten Kurven nur durch Umrechnung und Zusammenfassung der Meßwerte für Elektrodenabstände in der Nachbarschaft von $d = 1$ bzw. 3 mm gefunden werden.

jedoch nicht die Aufbauzeit selbst, sondern den gesamten Zündverzug bestimmte, ist zu vermuten, daß mindestens ein gewisser Teil der Verlängerung seiner „Aufbau"-Zeit auf das Konto der statistischen Streuung zu setzen ist, die bei den niedrigen Zündfeldstärken der Edelgase besonders groß sein dürfte. Doch sind wegen der Mitwirkung Metastabiler und der wahrscheinlich vernachlässigbar geringen Photonenerzeugung in den Edelgasen allgemein längere Aufbauzeiten zu erwarten.

Ein Einfluß der Bestrahlung auf die Aufbauzeit ist, wenn überhaupt, dann nur in geringem Maße vorhanden. Denkbar wäre es, daß der Umschlag der Entladungsform durch die Bereitstellung von Photoelektronen im Gas von einer zusätzlichen Fremdeinstrahlung unterstützt wird und dadurch die Aufbauzeit bei gleichem Stoßfaktor abnimmt. Auf Grund der Beobachtungen ist jedoch ein solcher Effekt nicht sehr wahrscheinlich. Die Angaben älterer Arbeiten über eine Abhängigkeit der Funkenverzögerung von der Bestrahlungsintensität kennen meist keine Unterscheidung zwischen Aufbau- und Streuzeit und dürfen daher keinesfalls als Beweis für eine Veränderung der Aufbauzeit mit der Bestrahlung angesehen werden.

Von besonderer Bedeutung sind Messungen der gleichbleibenden Zeit bei veränderlichem Druck, also bei einem in weiten Grenzen veränderlichen Wert des Produkts $p\,d$. Solche Versuche wurden in einem Druckbereich von 25—760 Torr und bei Schlagweiten von 3—80 mm durchgeführt [10]. Die hier nicht wiedergegebenen Meßkurven erstrecken sich über Aufbauzeit von Bruchteilen von 10^{-8} sek bis zu einigen 10^{-7} sek; sie passen sich dem allgemeinen Verlauf der für Atmosphärendruck geltenden Kurven von Abb. 98 gut an, sofern von längeren Verzügen bei großen Elektrodenentfernungen in dem dann nicht mehr gleichmäßigen Feld abgesehen wird. Damit beweisen sie, daß die Stoßdurchschlagzeit bis herab zu recht kleinen pd-Werten druckunabhängig ist. Dieses neuerdings [42] bestätigte Ergebnis, wonach sich bis unter 100 Torrcm der Durchschlag noch in kleinen Bruchteilen einer Mikrosekunde auszubilden vermag, ist recht überraschend, weil bei den niederen Drucken nach den Überlegungen von MEEK-RAETHER ein TOWNSEND-Durchschlag mit langer Funkenausbildungszeit erwartet werden könnte. Eindeutig ergibt das Experiment, das beim Stoßdurchschlag die Umbildung zur Kanalentladung mit kurzer Funkenverzögerung schon bei recht niederem Druck erfolgt. Die Ursache hierfür ist in der raschen Zunahme der Ionisierungszahl mit der Feldstärke zu suchen. Allerdings kann diese Umbildung nicht mehr bei verschwindender Überspannung oder bei den noch niedrigeren pd-Werten der eigentlichen Glimmentladung stattfinden; auch bei Überspannung verhindert schließlich die mit Verringerung des Drucks abnehmende Stoßzahl eines Elektrons und die zunehmende Verbreiterung des Lawinenquerschnitts als Folge der stärker in Erscheinung tretenden Elektronendiffusion ein Anwachsen der Kopfladung der Erstlawine auf den kritischen Wert während des Laufs zur Anode. Die Trägervermehrung erfolgt dann ausschließlich über nachfolgende Lawinen, bis die Zahl der vor der Kathode liegenden Ionen so groß geworden ist, daß in einem abschließenden Kippvorgang der Strom auf den Wert der stationären Entladung hochschnellt.

Weitere Untersuchungen bei noch niedrigeren Drucken und mit nicht allzu hoher Überspannung sind dringend erforderlich, um hierdurch vielleicht weiteren Aufschluß über die Grenze der Entladungsumbildung zu erhalten und damit den Anschluß an die Messungen von SCHADE (S. 210) über die Ausbildungszeit von Glimmentladungen herzustellen. Erste Versuche in dieser Richtung liegen bereits vor: FISHER und BEDERSON [36, 42] sowie FISHER und KACHICKAS [37] berichten über oszillographische Messungen der Verzögerungszeit an einer 1 cm-Plattenfunkenstrecke in Luft und Sauerstoff bei Elektrodenspannungen, die höchstens 1—2% über der statischen Zündspannung liegen. Um den sehr niedrigen Stoßfaktor mit der erwünschten Genauigkeit angeben zu können, darf hierbei die Spannung nicht etwa in voller Höhe plötzlich an die Elektroden gelegt werden, sondern es ist die Funkenstrecke mit einer langsam wiederkehrenden Spannung knapp unter ihre statische Zündspannung vorzuspannen und der Durchschlag durch eine zusätzliche Stoßspannung sehr geringer Höhe herbeizuführen. Auf diese Weise gelingt es, mit einer sehr gut geglätteten Vorspannung knapp an die Zündschwelle heranzugehen und die tatsächliche Elektrodenspannung im Augenblick des Durchbruchs auf geringe Bruchteile eines Prozents über dem statischen Zündwert anzugeben.

FISHER und BEDERSON finden, daß beim Stoßfaktor $f = 1{,}01$ die Aufbauzeit in Luft auch bei Unterdruck noch unter $1\,\mu$sek liegt[1]. Bei 0,2% Überspannung ist die Aufbauzeit im Gegensatz zum Verhalten bei etwas erhöhtem Stoßfaktor druckabhängig, und zwar steigt sie von rd. $1\,\mu$sek bei 30 Torr auf über $10\,\mu$sek bis hin zu 500 Torr, um dann wieder leicht abzufallen. Bei 0,01% Überspannung erreicht die Zündverzögerung in Luft $100\,\mu$sek. In Sauerstoff sind die gemessenen Aufbauzeiten wesentlich größer als in Luft (rund das Hundertfache) und erreichen beisp. $100\,\mu$sek schon bei $f = 1{,}01$ [37]. Diese Angaben sind als vorläufige zu betrachten, die erst noch einer Bestätigung bedürfen. Wie die Kurven von Abb. 98 erkennen lassen, erreichen die Zündverzüge von Luftfunkenstrecken bereits bei Überspannungen von wenigen Prozent größere Bruchteile einer Mikrosekunde; für einen Stoßfaktor $f = 1{,}01$ lassen sie bei einer Extrapolation des Kurvenverlaufs noch sehr viel längere Zeiten als $1\,\mu$sek erwarten. Wenn auch bei diesen Messungen die Höhe der Stoßspannung nur mit mäßiger Genauigkeit erfaßt wurde und die Span-

---

[1] In einer neuen Arbeit geben sie längere Aufbauzeiten an [42].

nungsüberhöhung sich in der Schaltung von Fisher und Bederson an und für sich wesentlich genauer bestimmen läßt, so kann der Verfasser auf Grund seiner eigenen Erfahrungen doch nicht glauben, daß allen bisherigen Messungen der Aufbauzeit bei geringen Überspannungen ein zu hoher Stoßfaktor zugrunde läge. Ganz außer Betracht bleibe hierbei, ob die elektrische Festigkeit einer Gasstrecke während einer Meßreihe tatsächlich so unveränderlich bleibt, daß sie mit einer relativen Genauigkeit von Bruchteilen eines Promille festgelegt werden kann.

Abgesehen von diesen Einwänden zeigen jedoch die neuen Messungen sowie eine Extrapolation der Kurven von Abb. 98 auf sehr kleinen Stoßfaktor, daß bei sehr geringen Überspannungen der Aufbau lange Zeiten erfordert, wie sie schon Tilles [9] in Luft für Überspannungen von einigen Prozenten zu mehreren Mikrosekunden angegeben hat. Bei fast geradlinigem, sehr langsamem Spannungsanstieg (unterer Teil der Ladekurve eines Kondensators) über den stationären Wert hinaus findet Viehmann [31] sogar, daß sich der Funke erst 10^{-3} sek nach Überschreiten der statischen Durchschlagspannung ausbildet. Wenn auch durch die Inkonstanz der an die Elektroden gelegten Spannung eine einigermaßen saubere Bestimmung der Verzögerungszeit auf diese Weise nicht möglich und die angegebene Zeit sicher zu lang ist, so gibt doch auch diese Messung einen Anhalt dafür ab, daß der Zündverzug bei sehr geringer Überspannung das Vielfache einer Mikrosekunde erreicht. Mit all diesen Messungen ist nachgewiesen, daß noch bis zu atmosphärischem Druck und bis zu mittleren Elektrodenabständen die Zündung im Bereich der statischen Spannung nach der Townsend-Vorstellung abläuft und daß es falsch wäre, aus den Messungen der Durchbruchzeit bei überhöhter Spannung auf ebenfalls sehr kurze Zeiten bei statischer Zündung zu schließen. Bei Funkenstrecken mäßiger Schlagweite in freier Atmosphäre ist somit bei sehr langsam steigender Elektrodenspannung wie auch beim Aufbau von Glimmentladungen mit einer Townsend-Zündung zu rechnen, die jedoch bei größeren Überspannungen spätestens oberhalb $p\,d = 40$ Torrcm in die Kanalentladung umschlägt. Aus den bisherigen Messungen der Aufbauzeit läßt sich die Grenze zwischen diesen beiden Mechanismen der Entladungsausbildung nicht mit der erwünschten Genauigkeit ziehen. So läßt sich beispielsweise nicht vorhersagen, ob in der freien Atmosphäre der statische Durchbruch einer Funkenstrecke bei näherungsweise gleichförmigem Feld sich bei größeren Schlagweiten als ca. 1,5cm tatsächlich als Kanalentladung nach Raether mit kurzem Verzug und bei kleineren Schlagweiten in erheblich längeren Zeiten vollzieht. Eine eindeutige Entscheidung zugunsten des einen oder des anderen Mechanismus dürfte nur dann möglich sein, wenn bei einer Townsend-Zündung die Nachlieferungselektronen an der Kathode nicht lichtelektrisch — also praktisch unverzögert — sondern erst beim Eintreffen der Ionen ausgelöst werden. Ein solcher Aufbau benötigt selbst bei einer etwaigen Umbildung gleich nach den ersten Ionisierungsspielen durch Entstehung eines zur Kathode vorwachsenden Kanals zum mindesten die Zeit für einen Lauf der Ionen bis zur Kathode; hingegen liegt die Verzugszeit des reinen Kanaldurchschlags nur geringfügig über der Laufzeit der Elektronen von Kathode zu Anode. Sobald jedoch der Photoeffekt in bestimmendem Maß an der Bereitstellung von Nachlieferungselektronen mitwirkt, dürfte allein aus Messungen der Verzugszeiten keine Entscheidung zwischen den beiden in Frage kommenden Entladungsmechanismen zu gewinnen sein; die unverzögerte Auslösung von Elektronen an der Kathode oder vielleicht auch im Gas ergibt dann bei dem vermuteten fließenden Übergang von der langdauernden in die kurze Entladungsform wegen der Verringerung der Zahl der Ionisierungsspiele und schließlichen Leuchtfadenausbildung im Endstadium der TOWNSEND-Entladung in beiden Fällen praktisch dieselben Zeiten.

d) Die Funkenverzögerung im ungleichförmigen Feld. Die Ausbildung eines die volle Elektrodenentfernung überbrückenden Funkens vollzieht sich im ungleichförmigen Feld unter bisher noch wenig erforschten Bedingungen. Nur die anfängliche Entwicklung verläuft analog dem Vorgang im gleichförmigen Feld nach TOWNSEND oder bei der Ausbildung eines kathodengerichteten Kanals nach dem Leuchtfadenmechanismus. Anschließend an diese erste Stufe muß die hohe Trägerdichte vom Bereich höchster Feldstärke in das feldschwache Gebiet vorgetragen werden. Auch im Hinblick auf die niederen Zünd- und Durchschlagspannungen bei statischer Beanspruchung darf sicherlich zu Recht vermutet werden, daß bei einer nur kleinen Spannungsüberhöhung sehr lange Zeit bis zur Herbeiführung des vollkommenen Durchschlags vergeht und der Kurzzeitdurchschlag eine hohe Überspannung erfordert.

Messungen der Verzögerungszeit im inhomogenen Feld, und zwar mit der Anordnung 5 cm-Kugel — 30°-Spitze (mit kugeliger Endabrundung, da eine Nähnadel zu inkonstante Verhältnisse ergibt) bzw. Spitze — Spitze liegen nur von STRIGEL [6] und GÄNGER [10] vor[1]. Abb. 99 veranschaulicht die Ergebnisse. Für positive Spitze stimmen die Kurven vor allem bei den kürzeren Zeiten gut überein, während bei umgekehrter Polarität die Messungen von GÄNGER wesentlich kürzere Aufbauzeiten erkennen lassen. Der Grund hierfür dürfte in der geringeren Zahl der von STRIGEL angestellten Einzelversuche pro Meßpunkt zu suchen sein; die kürzest gemessene Zeit ist in diesem Fall im allgemeinen noch wesentlich länger als die eigentliche Aufbauzeit.

---

[1] Für die Ausbildungszeit der positiven Korona unter erniedrigtem Druck werden bei sehr geringer Überspannung in einer neuen Arbeit rd. 10^{-7} sek angegeben [45].

Für beide Polaritäten liegen die Stoßfaktoren bei gleichen Aufbauzeiten höher als im gleichförmigen Feld; bei hoher Überspannung wird der Unterschied geringer. So sinkt beispielsweise bei positiver Spitze beim Stoß mit mehr als dem zweieinhalbfachen der statischen Durchschlagspannung die Verzugszeit ebenso wie im Plattenfeld unter 10^{-8} sek ab; bei negativer Spitze reicht hierfür sogar schon eine Spannungsüberhöhung von nur 90%. Zu beachten ist, daß der Stoßfaktor nur mit wesentlich größerer Unsicherheit als im gleichförmigen Feld angegeben werden kann, da die statische Funkenspannung sich in gewissen Druck- und Schlagweitenbereichen nur näherungsweise festlegen läßt.

Die von GÄNGER angegebene Kennlinie von Abb. 99 für positive Spitze gilt für einen Druckbereich von 40—760 Torr bei Elektroden-

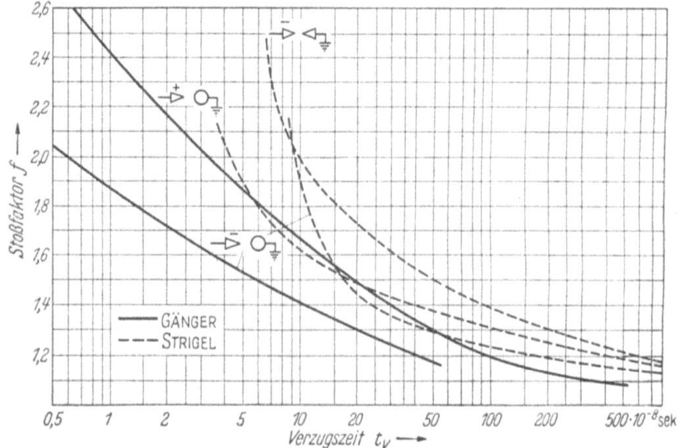

Abb. 99. Verzugszeiten (Aufbauzeit) im Spitzenfeld.

abständen von 5—45 mm, die für negative Spitze dagegen nur für Atmosphärendruck und einen Elektrodenabstand von 5—15 mm; STRIGEL führte seine Untersuchungen ausschließlich in freier Atmosphäre bei einer einheitlichen Schlagweite von 30 mm aus. Bei einer starken Feldverdichtung an der Anode wird wie im Kugelfeld ungefähre Unabhängigkeit der Aufbauzeit vom Gasdruck bis herab zu einem recht niederen Wert gefunden. Dies gilt jedoch nicht mehr für die Anordnung negative Spitze gegen Kugel, für welche die Ausbildungszeiten des vollkommenen Durchbruchs bei niederem Druck außerordentlich lang werden bzw. ein Kurzzeitdurchschlag nur mit sehr hoher Überspannung erzwungen werden kann [10]. Die Ursache hierfür ist nicht etwa in einem besonders hohen Absolutwert der Stoßspannung bei dieser Spitzenpolarität zu suchen, welche auch beim raschen Stoßdurchschlag nur auf etwa gleiche Höhe wie die bei positiver Spitze zu bringen ist [10, 40], sondern in der bei statischer Beanspruchung und niederem Druck sehr tief liegenden Durchschlagspannung bei spitzer Kathode. Die hier vorliegenden Verhältnisse sind wenig durchsichtig und auch bei weitem noch nicht in dem Maße wie im gleichförmigen Feld geklärt. Dort sind Einsatz- und Durchschlagspannung identisch, während hier im stark ungleichförmigen Feld nach dem Zünden der Entladung am Ort größter Feldverdichtung schwere Raumladungen den weiteren Ablauf in entscheidender Weise beeinflussen und ein Durchschlag bei bereits brennender unvollständiger Entladung durch eine weitere Erhöhung der Spannung herbeigeführt werden muß. Wie auf S. 382 gezeigt wird, steigt die Funkenspannung bei negativer Spitze im Bereich atmosphärischen Drucks und größerer Schlagweite bis zum rd. $2^1/_2$fachen des für eine positive Spitze gültigen Wertes an; bei 400 Torr und mittlerern Schlagweiten sind jedoch beide Funkenspannungen ungefähr gleich und liegen bei noch niedrigerem Druck gerade umgekehrt, so daß dann zur positiven Spitze die höhere Funkenspannung gehört. Nachdem aber die Stoßspannungen von ungefähr gleicher Höhe sind, bedeutet dies, daß die Erzwingung des Durchschlags bei negativer Spitze und niederem Druck einen erheblich höheren Stoßfaktor erfordert als bei der anderen Polarität.

Die ungefähre Gleichheit der Stoßdurchschlagspannungen deutet darauf hin, daß in beiden Fällen derselbe Mechanismus dem Stoßdurchschlag zugrunde liegt, der in seinen wesentlichen Zügen unserer Vorstellung von der Leuchtfadenentstehung im gleichförmigen Feld entspricht. Bei scharf gekrümmter Anode muß das Erstelektron stets im Gas noch im Bereich der hohen Feldstärke in Spitzennähe ausgelöst werden; auf dieselbe Weise entstehen auch die Nachlieferungselektronen für die Auslösung von Folgelawinen. Beim Vorwachsen der Entladung zur Gegenelektrode während des Durchschlags durch Vorwerfen des jeweiligen Lawinenursprungs durch lichtelektrische Auslösung von Elektronen und durch Anstückelung der Einzellawinen bleibt dieser Leuchtfadenmechanismus ungeändert und ist sowohl bei statischer als auch bei stoßweiser Beanspruchung der Funkenstrecke stets derselbe. Ganz anders ist dies jedoch bei einer Feldverdichtung an der Kathode. Dort entstammt das Anfangselektron der Spitze selbst, und auch die nachfolgenden Elektronen für weitere Lawinen werden beim Langzeitdurchschlag voraussichtlich unter der Wirkung des Ionenaufpralls schon bei niedriger Elektrodenspannung aus der Spitze ausgelöst. Die für das langsame Vorrücken der positiven Ionen aus der Tiefe des Raums bis zur Kathode benötigte Zeit steht hierbei in ausreichendem Maße zur Verfügung. Beim Stoßdurchschlag jedoch müssen die Anfangselektronen bei verschlechterter Ökonomie der Trägerbildung genau wie bei der Entladung von einer positiven Spitze aus im Gasraum durch die Eigenstrahlung der sich ausbildenden Entladung bei etwa gleichhoher Feldstärke in beiden Fällen und einem somit bei Unterdruck wesentlich höheren Stoßfaktor erzeugt werden, um das Vorwachsen der Entladung zur Gegenelektrode zu ermöglichen.

Die Streuzeiten im ungleichförmigen Feld folgen ebenfalls dem Verteilungsgesetz (XIII, 1) [6, 10] und sind daher rein statistischer Art. Bei mittlerer Bestrahlungsintensität (Hg-Dampfbrenner in rd. 40 cm Abstand von der Funkenstrecke) ist die mittlere Streuzeit von gleicher Größe wie die Aufbauzeit. Gegenüber dem gleichförmigen Feld ist sie größer [10]. Daher ergeben sich bei geringen Überspannungen sehr lange Zündverzüge, die auch schon mit Apparaturen mäßiger Zeitauflösung beobachtet werden können. Ganz besonders gilt dies für die Anordnung mit stark gekrümmter Kathode. Hieraus kann geschlossen werden, daß in diesem Fall die Wahrscheinlichkeit für eine Vermehrung des Anfangselektrons über die Folgeprozesse bei niederem Stoßfaktor sehr viel geringer ist als etwa im gleichförmigen Feld mit anfänglich überall gleicher Feldstärke und daß diese Wahrscheinlichkeit nur dann auf etwa gleiche Höhe gebracht werden kann, wenn eine sehr hohe Überspannung an die Elektroden gelegt wird.

Besonders große Zündverzögerungen werden beim statischen Durchschlag unter hohem Gasdruck beobachtet, sobald dem Funken kein Glimmen mehr vorangeht [41]. Nur unterhalb eines gewissen Druckes bildet sich an der Spitze vor dem Durchschlag bei langsamer Spannungssteigerung eine Glimmentladung aus, die den Entladungsraum so reichlich mit Ladungsträgern versorgt, daß sich der Durchschlag bei plötzlich erhöhter Spannung unverzögert entwickeln kann. Bei hohem Gasdruck (bei positiver Spitze über 7 atü, bei negativer Spitze erst bei noch höherem Druck) muß die vollständige Entladung sich aufbauen, ohne auf diese Ladungsträger zurückgreifen zu können, was selbst bei sehr langsamer Spannungssteigerung an der Funkenstrecke zu einer großen Durchschlagverzögerung und zu stark streuender Spannungsüberhöhung bis zu 30% und mehr führen kann. Im Gegensatz zu den Verhältnissen des homogenen Feldes mit ausgedehnten Elektrodenflächen muß das zündende Erstelektron im Spitzenfeld innerhalb eines sehr kleinen Gebietes oder an einer sehr kleinen Fläche gebildet werden. Bei alleiniger Einwirkung der natürlichen Ionisation von Höhen- oder radioaktiven Bodenstrahlen vollzieht sich der benötigte Ionisationsakt wegen der druckfesten Kapselung der Funkenstrecke beim Hochdruckdurchschlag erst nach langer Zeit, so daß in diesem Falle zur wirksamen Verringerung des Zündverzugs eine kräftige Vorionisation durch ein Radiumpräparat in Elektrodennähe oder durch Einstrahlung von UV-Licht durch ein Quarzfenster unumgängliches Erfordernis ist.

Literaturverzeichnis zu Kapitel XIV.

1. v. LAUE, M.: Ann. Phys. **76** (1925) 261.
2. ZUBER, K.: Ann. Phys. **76** (1925) 231.
3. MAUZ, E. u. R. SEELIGER: Phys. Z. **26** (1925) 47; M. BÜGE: Arch. Elektrotechn. **19** (1928) 480.
4. BRAUNBECK, W.: Z. Phys. **36** (1926) 582; **39** (1926) 6.
5. STRIGEL, R.: Arch. Elektrotechn. **26** (1932) 803.
6. STRIGEL, R.: Arch. Elektrotechn. **27** (1933) 377.
7. STRIGEL, R.: Wiss. Veröff. Siemens-Werk **11**, 2 (1932) 52.
8. STRIGEL, R.: Wiss. Veröff. Siemens-Werk **15**, 3 (1936) 1.
9. TILLES, A.: Phys. Rev. **46** (1934) 1015.
10. GÄNGER, B.: Arch. Elektrotechn. **39** (1949) 508.
11. FLETCHER, R. C.: Phys. Rev. **76** (1949) 1501.
12. STRIGEL, R.: Elektr. Stoßfestigkeit. Berlin: Springer 1939, S. 11—29.
13. STRIGEL, R.: Arch. Elektrotechn. **27** (1933) 137.
14. FLOWERS, J. W.: Phys. Rev. **48** (1935) 954.
15. MÜLLER, H. K.: El. Bahnen **19** (1943) 172.
16. WILSON, R. R.: Phys. Rev. **50** (1936) 1082.
17. WHITE, H. J.: Phys. Rev. **49** (1936) 507.
18. PEDERSEN, P. O.: Ann. Phys. **71** (1923) 317.
19. WARBURG, E.: Wied. Ann. **62** (1897) 385.
20. RITZ, H.: Arch. Elektrotechn. **26** (1932) 219.
21. PAETOW, H.: Z. Phys. **111** (1939) 770.
22. BATH, F.: Z. Phys. **86** (1933) 275.
23. SCHRÖTER und LUBSZYNSKI: Phys. Z. **31** (1930) 897; HOFFMANN, A.: Z. Phys. **119** (1942) 223; MOLNAR, J. P.: Phys. Rev. **83** (1951) 940
24. LOEB, L. B.: Fundamental Processes of Electrical Discharges in Gases, J. Wiley & Sons, New York 1939, S. 499.
25. MALTER, L.: Phys. Rev. **50** (1936) 48.
26. GÜNTHERSCHULZE, A.: Z. Phys. **86** (1933) 778 und 821; **96** (1935) 551.
27. CRANE, H. R.: Phys. Rev. **75** (1949) 985; PIDD, R. W. u. L. MADANSKY: Phys. Rev. **75** (1949) 1175.
28. LOEB. L. B.: Proc. Phys. Soc. **60** (1948) 561.
29. NEWMAN, M.: Phys. Rev. **52** (1937) 652.
30. HAGENGUTH, J. H.: El. Engng. **56** (1937) 67; BELLASCHI, P. L. u. W. L. TEAGUE: El. J. **32** (1935) 120.
31. VIEHMANN, H.: Arch. Elektrotechn. **25** (1931) 253.
32. BURAWOY, O.: Arch. Elektrotechn. **16** (1926) 186.
33. KRAMER, J.: Z. Phys. **125** (1949) 739; **128** (1950) 538; **129** (1951) 34.
34. LEE. G. M.: Proc. Inst. Radio Engrs. **34** (1946) 121 W.
35. HOLZER, W.: Arch. Elektrotechn. **26** (1932) 865.
36. FISHER, L. H. u. B. BEDERSON: Phys. Rev. **75** (1949) 1615; s. a. POLENSKY, H.: Dissert. T. H. Karlsruhe 1951.
37. FISHER, L. H. u. G. A. KACHICKAS: Phys. Rev. **79** (1950) 232.
38. VIEHMANN, H.: Arch. Elektrotechn. **25** (1931) 253.
39. STRIGEL, R.: Wiss. Veröff. Siemens-Werk **15**, 3 (1936) 13.
40. MARX, E.: Arch. Elektrotechn. **20** (1938) 589.
41. GÄNGER, B.: Arch. Elektrotechn. **34** (1940) 633.
42. FISHER, L. H. u. B. BEDERSON: Phys. Rev. **81** (1951) 109.
43. COBINE, J. D. u. E. C. EASTON: J. Appl. Phys. **14** (1943) 321.
44. MÜLLER-STROBEL, J.: Arch. Elektrotechn. **32** (1938) 721.
45. MENES, M. u. L. H. FISHER: Phys. Rev. **86** (1952) 134.
46. PROWSE, W. A. u. W. JASINSKI: Proc. I. E. E **99**, III (1952) 215.

XV. Der Durchschlag in verdichteten Gasen[1].

a) Einleitung. Mit steigendem Druck wird die mittlere freie Weglänge der Molekel und der etwa vorhandenen Ladungsträger in umgekehrtem Maß herabgesetzt. Die Betrachtung der hierbei zu erwartenden Erhöhung der elektrischen Festigkeit von Gasen ist nicht nur in physikalischer Hinsicht aufschlußreich, sondern stößt auch auf erhebliches technisches Interesse. Im Vergleich zu hochwertigen festen oder flüssigen Isolierstoffen ist die Beanspruchungsfähigkeit von Gasen im Normalzustand durch elektrische Felder wesentlich geringer. Dafür haben sie jedoch eine Reihe anderer Vorzüge aufzuweisen, wie etwa Verlustfreiheit im Wechselfeld, Unbrennbarkeit, kleinstes Gewicht, rascher Wiedergewinn der vollen Festigkeit nach vorausgegangener Entladung, niedrigste und mit dem Druck nur wenig veränderliche Dielektrizitätskonstante, welche Vorzüge im Einzelfall ihre Verwendung zur Isolierung von auf hohem Potential befindlichen Konstruktionsteilen geraten erscheinen lassen mögen. Eine wirksame Erhöhung des störend niedrigen Festigkeitswertes ist durch Erhöhung des Gasdrucks möglich. Von diesem rein praktischen Blickpunkt her gesehen ist es verständlich, daß über Edelgase mit ihren niedrigeren Durchschlagspannungen fast keine Untersuchungen bei hohem Druck vorliegen und das Hauptinteresse bei derartigen Messungen sich auf Gase höherer Beanspruchungsfähigkeit wie etwa Stickstoff, Luft oder Kohlensäure oder gar die ausgesprochen elektronegativen Gase mit besonders hoher Festigkeit richtet.

Für die Theorie des Gasdurchschlags verspricht die Beschäftigung mit dem Verhalten hochverdichteter Gase im elektrischen Feld wertvolle Aufschlüsse zu geben. Die TOWNSEND-Theorie des Gasdurchschlags führte zum PASCHEN-Gesetz mit dessen Aussage einer Konstanz der Durchschlagspannung bei unveränderlichem Produkt aus Gasdichte und Schlagweite im gleichförmigen Feld. Abweichungen von dieser Gesetzmäßigkeit würden der TOWNSEND-Vorstellung widersprechen und wären ein Hinweis für eine unumgängliche Ergänzung dieser Theorie oder gar ihrer Aufgabe zugunsten einer andersartigen Vorstellung vom Wesen des Durchbruchs. Der Kanalmechanismus mit seinem Kernstück der Leuchtfadenausbildung zur Kathode hin läßt solche Abweichungen für hohe Werte des Produkts pd erwarten, wenn auch nur von bescheidenem Ausmaß (s. S. 264). Da diese Theorie in ihrer ursprünglichen Form die Druckabhängigkeit der Erzeugung, Ausbreitung und Absorption von Photonen im Gas vernachlässigt, ist von einer Berücksichtigung dieser Einflüsse eine verstärkte Abweichung und Nichtbefolgung des PASCHEN-Gesetzes zu erwarten. In prinzipieller Form ist diese Erweiterung der MEEK-RAETHERschen Theorie durch LOEB erfolgt (s. S. 266), doch führt

---

[1] Literaturhinweise zu diesem Kapitel siehe S. 323.

diese Verfeinerung und Vervollständigung unserer Anschauungen vom Durchschlag bei hohem pd-Wert auf eine nur durch äußerst zeitraubendes Probieren lösbare Gleichungsform. Ungeachtet dieser Schwierigkeit wäre die experimentell gesicherte Feststellung von Abweichungen vom PASCHEN-Gesetz, soweit sie nicht auf ähnlichkeitsstörende Einflüsse zurückzuführen wären (wie etwa bei nicht ausreichend gleichförmigem Feld, bei Wandeinflüssen oder bei Autoelektronenemission der Kathode bei sehr hohen Feldstärken), eine starke Stütze der Kanalauffassung vom Durchbruchsvorgang nach MEEK-RAETHER-LOEB und ein Beweis für die Ungültigkeit der TOWNSEND-Theorie in dem untersuchten Druckbereich.

b) Die Arbeitsbedingungen beim Preßgasdurchschlag. Aus den vorliegenden Arbeiten ist klar ersichtlich, daß bei der Bestimmung der Festigkeit verdichteter Gase ganz besondere Sorgfalt auf Freiheit der verwendeten Gase von Staub und Feuchtigkeit sowie auf glatte Elektrodenflächen zu legen ist, da nur dann einwandfreie Ergebnisse erwartet werden können. Wegen des meist nur kleinen Elektrodenabstands muß derselbe mit peinlicher Genauigkeit ausgemessen werden, meist innerhalb einer Toleranz $< {}^2/_{100}$ mm; dies fällt gerade bei Plattenfunkenstrecken nicht leicht, da bei großen Plattendurchmessern eine auch nur schwache Schrägstellung der einen Platte zu erheblichen Fehlern führt. Bei guter Ausrichtung liegen die Durchschlagfußpunkte in gleichmäßiger Streuung über die ganze Elektrodenfläche verteilt. Dehnungen des die Funkenstrecke einschließenden druckdichten Gehäuses einschließlich einer etwaigen Auswanderung der mit dem Gehäuse verbundenen Durchführungen beim Auffüllen sind unbedingt zu berücksichtigen oder von vornherein durch eine geeignete Konstruktion der Elektrodenaufhängung in ihrer Auswirkung auf den Elektrodenabstand unschädlich zu machen. Dies gelingt durch Anordnung der Elektroden in einem Isolierrahmen, der fertig montiert in die Druckkammer eingeschoben wird, und durch federnde Verbindung der Elektroden mit den Spannungszuführungen [1, 2]. Eine genaue Ausrichtung der Elektroden bereitet in diesem Fall keine Schwierigkeiten. Allerdings ist hierbei eine Abstandsänderung und -kontrolle während einer Meßreihe nicht mehr in einfacher Weise möglich. Das druckfeste Gehäuse kann ein Isolierrohr sein [3—6], wobei besondere Spannungseinführungen entfallen. Die Mehrzahl der ausgeführten Konstruktionen benutzt jedoch wegen der hierbei nur schlechter zu bewerkstelligenden Abdichtung bei hohem Druck und zur Einhaltung eines größeren seitlichen Abstandes zwischen Gefäßwand und Funkenstrecke ein kugeliges oder birnenförmiges Stahlgefäß, auf welches die Hochspannungseinführung aufgeflanscht wird. Die Gegenelektrode wird hierbei mit dem Gehäuse an Erdpotential gelegt; mittels einer druckdicht durch die Wandung hindurchgeführten Stange und einer außen angebrachten Mikrometerschraube kann sie in ihrer Lage verstellt werden. Zur genauen Paralleleinstellung von Plattenelektroden kann ein Kugelgelenk in einen Elektrodenhalter eingebaut werden [7, 8]. Bei allerhöchsten Spannungen bietet die Verwendung eines preßgasisolierten Bandgenerators die Möglichkeit, ein besonderes Versuchsgefäß mit der dann sehr kostspieligen und empfindlichen Spannungseinführung dadurch zu vermeiden, daß die Elektroden der Funkenstrecke in Innern des Spannungserzeugers zwischen Hochvoltelektrode und geerdetem Druckgefäß montiert werden [9, 51]. Eine originelle Versuchsanordnung gibt SKILLING [1] an: Ein dickwandiger Glaszylinder isoliert zwei Stahlrohre gleichen Durchmessers voneinander. Nach Einbringen des Halterahmens mit den Elektroden werden die Öffnungen des so gebildeten dreiteiligen Rohrs durch flach aufgesetzte Stahlplatten abgeschlossen und das Ganze zur Aufnahme des inneren Überdrucks mittels zweier Stahl-Querträger verklammert. Zur äußeren Isolation werden in die Ober- und Untertraverse verbindenden Zugseile Isolatoren eingefügt.

Die Beeinflussung der Funkenspannung von Gasen durch Staub ist für Funkenstrecken in freier Atmosphäre wohlbekannt. Wegen ihrer höheren Dielektrizitätskonstante werden im Gas schwebende Staubteilchen zu den Stellen hoher Feldstärke hingezogen, also dorthin, wo schließlich der Durchschlag erfolgt. Sie geraten auf die Oberfläche der Elektroden und stellen sich in Richtung der Feldlinien ein. Solange der Staub absolut nichtleitend ist, ist eine wesentliche Beeinflussung der Gasfestigkeit nicht zu befürchten; nach TOEPLER [10] ruft eine solche Bestäubung nur gelegentliche Frühdurchschläge hervor, ohne jedoch den Mittelwert der Funkenspannung merklich herabzudrücken. Sobald jedoch die Leitfähigkeit des Staubes ansteigt, wirken Staubkörnchen oder senkrecht zur Fläche der Elektrode stehende Fasern als halbleitende Spitzen, die das Potential der Elektrode in den Raum vorschieben und örtliche Feldverdichtungen erzeugen, welche den Durchbruch schon bei erniedrigter Spannung eintreten lassen. Ein solcher Einfluß des Staubes in Abhängigkeit von seiner Leitfähigkeit wurde von FRANCK [11] bei Luftfunkenstrecken durch Aufstreuen verschiedener Staubarten auf die Elektroden nachgewiesen.

Bei erhöhtem Druck und dem dann verkleinerten Elektrodenabstand macht sich der Effekt besonders deutlich bemerkbar. Er führt bei feuchtem, staubhaltigem Gas wegen der außergewöhnlich hohen Dielektrizitätskonstante von Wasser zum Hereinziehen der feuchten Staubpartikelchen in den Elektrodenzwischenraum und zu unregelmäßigen Tiefdurchschlägen weit unterhalb der Durchbruchspannung von trockenem und staubfreiem Gas. Ist das Gas in dieser Weise verunreinigt, dann vermag dieser Einfluß sogar eine Sättigung im Gang der Durchschlagspannung mit dem Druck vorzutäuschen derart, daß diese oberhalb eines gewissen Drucks praktisch konstant bleibt und durch weitere Druckerhöhung nicht mehr gesteigert werden kann [12]. Nur bei kurzzeitig angelegter Spannung (Stoßbeanspruchung) dürfte die Festigkeit des Gases vom Staub- und Feuchtigkeitsgehalt nur geringfügig abhängig sein, weil die Schwebeteilchen in der kurzen Zeit der Feldeinwirkung nicht zum Ort größter Feldstärke hingezogen werden können.

Das Auftreten einer solchen Festigkeitsbegrenzung bei stark streuenden Tiefdurchschlägen ist ein untrügliches Zeichen für eine bei dem eingestellten Druck nicht ausreichende Reinheit des Gases und ein Hinweis auf die Notwendigkeit seiner Trocknung mit einem geeigneten Mittel wie etwa Silika-Gel oder Phosphorpentoxyd. In einem Zylinderfeld hat GOOSSENS [13] den von verschiedenen Seiten bestrittenen Effekt durch besondere Versuche nachgewiesen, indem er oberhalb der Elektrodenanordnung Watte bei verschiedenen Feuchtigkeitsgraden hin und her schüttelte. Bei praktisch trockenem Gas (relative Feuchtigkeit unter 10%) wurde die Durchschlagspannung hierdurch nur sehr wenig vermindert; mit zunehmendem Feuchtigkeitsgehalt des Versuchsgases sank sie dagegen bis auf etwa zwei Drittel des ursprünglichen Wertes ab. Durch vielmalige Wiederholung des Durchschläge läßt sich die Festigkeit des Gases allmählich verbessern, was seinen Grund darin haben dürfte, daß das die Frühdurchschläge einleitende Staubpartikelchen verbrannt wird. Hierbei besteht allerdings die Gefahr, daß die Verbrennungsprodukte sich an anderer Stelle wieder auf die Elektroden niedersetzen und dort von neuem einen Durchschlag einleiten. Doch läßt sich durch eine solche wiederholte Beanspruchung oder auch durch langes Stehenlassen der Gasfüllung die Festigkeit eines nicht ganz reinen Gases erwiesenermaßen verbessern [14, 51].

Ebenfalls ungünstig wirkt sich ein zu rasches Einblasen des Preßgases in das Versuchsgefäß aus. Bei der Expansion auf den niedrigen Druck im Versuchsgefäß kühlt sich das Gas ab und wird feuchter; dabei besteht die Gefahr, daß es in der Vorlage nicht ausreichend getrocknet wird und irgendwelche Fremd- und Schwebestoffe mit sich reißt. Vor dem Beginn des Versuchs muß dem Gas daher zur Beruhigung und Erreichen einer konstanten Temperatur ausreichend Zeit geboten werden; nur auf diese Weise läßt es sich vermeiden, daß Wischer auftreten und die Festigkeit des Gases bei großer Streuung der Durchschlagswerte bei zunehmendem Druck tiefer liegt als bei Wiederholung der Messungen bei abnehmendem Druck [4, 8].

Nicht so eindeutig ist der Einfluß der Elektrodenbeschaffenheit. Fest steht, daß zur Erzielung höchster Festigkeit die Elektroden glatt, ohne Riefen und Unebenheiten sein sollen, da sich andernfalls an den vorstehenden Kuppen störende Feldverdichtungen ausbilden. So findet RACE [15] bei Stoßspannungsversuchen unter atmosphärischem Druck, daß sich metallische oder auch nichtleitende Vorsprünge auf einer Elektrode vor allem bei positiver Polarität der auflaufenden Stoßwelle stark festigkeitsmindernd auswirken. HOWELL [7] berichtet, daß die Durchschlagspannung bei seinem Höchstdruck von 42 atü durch Aufrauhen der Elektroden mit dem Sandstrahl bis auf ein Viertel des Wertes bei glatter Elektrodenfläche absank. Bei niedrigeren Drucken ist der Rückgang zwar nicht so groß, doch kann er bei nur 2—3 atü immer noch 25% des wahren Wertes ausmachen. Allerdings erholt sich die Durchschlagspannung im Laufe vielmals wiederholter Durchschläge langsam. Hierbei war es ohne Belang, ob die Kathode oder die Anode rauh war. Durch die Aufrauhung nimmt der Vorstrom schon bei erniedrigter Spannung hohe Werte an und beweist hierdurch die vermutete Störung des Feldes durch die Vielzahl der auf den Elektroden sitzenden Spitzen. Nicht so wichtig dürfte es sein, ob die Elektroden auf besonders sorgfältige Weise gereinigt und hochglanzpoliert wurden oder ob der Messung viele Überschläge vorausgingen [16]. Dem steht eine Meßreihe von FÉLICI und MARCHAL [2] entgegen, die mit Eisenelektroden einen deutlichen Einfluß unterschiedlicher Oberflächengüte feststellten. Die von ihnen angegebenen Festigkeitswerte steigen vom niedersten Wert von 31 kV/cm bei nur oberflächlich gereinigten Elektroden auf 41 kV/cm bei normal polierter Fläche, die noch feine Schleifspuren erkennen läßt, und auf 51 kV/cm bei bester Politur.

Alle neueren Messungen stimmen darin überein, daß im gleichförmigen Feld der Bestrahlungseinfluß mit steigendem Druck geringer wird und daß oberhalb von 5—6 atü die Funkenverzögerung auch ohne besondere Fremdionisation unmerkbar klein wird. Dies gilt jedoch nicht mehr für das stark verzerrte Feld, wo bei der sofortigen Entwicklung des Durchbruchs aus der Einsatzspannung heraus, also bei hohem Druck und dann fehlender Glimmstufe, für beide Polaritäten ohne Bestrahlung sehr erhebliche Verzögerungen gefunden werden [8]. Durch intensive Röntgeneinstrahlung konnten POLLOCK und COOPER [17] die Glimmeinsatzspannung einer positiven Spitze wesentlich erniedrigen; doch dürfte es sich auch hierbei weniger um eine echte Absenkung der Zündspannung, als in erster Linie um eine Unterdrückung des Entladeverzugs handeln.

c) Zusammenstellung älterer Arbeiten über den Preßgasdurchschlag. Wohl die älteste Untersuchung über die Festigkeitszunahme von Gasen bei hohem Druck ist die von WOLF [18] (mit Luft, Wasserstoff, Sauerstoff, Stickstoff und Kohlensäure bis zu 10 at). Auch der Vielzahl der folgenden Arbeiten anderer Forscher kommt heute nur noch historisches Interesse zu, da sich diese Arbeiten in ihren Ergebnissen vielfach widersprechen und neuere Untersuchungen bei sorgfältiger Wahl der Versuchsbedingungen über einen ausgedehnten pd-Bereich vorliegen. Eine zusammenfassende Darstellung der älteren Untersuchungen findet sich in dem Buch von W. O. SCHUMANN, El. Durchbruchfeldstärke von Gasen.

Die Arbeit von HAYASHI [19] ist auch heute noch wegen des untersuchten großen Druck- und Schlagweitenbereichs beachtenswert. Als Elektroden wurden Kugeln von 1 cm Durchmesser aus Messing und Gold im Innern eines kleinen Metall-Druckbehälters benutzt. Bis zu 10 at ließen sich in Luft, Kohlensäure, Leuchtgas, Stickstoff, Wasserstoff und Mischungen der beiden letztgenannten Gase nur geringe Abweichungen vom PASCHEN-Gesetz auffinden; darüber stieg die Funkenspannung nur noch verlangsamt an. Bei hohem Druck und kleinem Elektrodenabstand liegen die gemessenen Spannungswerte daher tiefer als bei großem Abstand und niederem Druck, also gleichem Wert des Produkts der beiden für die Entladung maßgebenden Größen. Nachdem HAYASHI Meßwerte bis zu 70 at anführt und andererseits der Verflüssigungsdruck von Kohlensäure bei Zimmertemperatur bei nur 58,5 at liegt, müßte er entweder die Kohlensäure nachverdichtet haben, worauf jedoch in seinem Bericht nirgends hingewiesen wird, oder es sind wahrscheinlicher seine Druckangaben fehlerhaft, für welche Vermutung auch die von ihm gefundenen sehr großen Abweichungen vom PASCHEN-Gesetz sprechen. Auch dürfte die Reinheit der von ihm untersuchten Gase den zu stellenden Anforderungen nicht entsprochen haben; so erwähnt er, daß Luft nach vielen Entladungen eine gelbliche Farbe angenommen habe und in Kohlensäure die Elektroden sich schon nach wenigen Funkenübergängen mit einem schwarzen Belag überzogen hätten.

Recht genaue Messungen wurden von GUYE und Mitarbeitern in einer Reihe von Einzelarbeiten veröffentlicht. Mit dem Verhalten von Kohlensäure von 0° C beschäftigen sich GUYE und MERCIER [20]. Für Kugelelektroden von 45 mm Durchmesser in einem Abstand von 2 bis 5 mm wird das PASCHEN-Gesetz bei einem Druck bis 12 at als gut erfüllt gefunden, jedoch nicht mehr bei Schlagweiten unter 2 mm. In Stickstoff ist nach HAMMERSCHAIMB und MERCIER [21] das Gesetz für 15 mm-Kugeln auch noch bei hohem Druck gültig, dagegen weit weniger bei Plattenelektroden und Kugeln großen Durchmessers. Nochmalige Messungen mit 15 mm-Kugeln von GUYE und MERCIER [22] in Kohlensäure und von GUYE und WEIGLÉ [23] in Kohlensäure und Stickstoff erbringen eine Bestätigung des PASCHEN-Gesetzes bis zu recht hohem Druck und einem Elektrodenabstand von 0,5 bzw. 1 mm, für Kohlensäure mit seiner stärker als proportionalen Zunahme der Dichte mit dem Druck allerdings in der Form $U_D = f(p\,d)$ und nicht die von der Theorie geforderte Abhängigkeit vom Produkt aus Dichte und Elektrodenabstand. Eine Zusammenstellung der für Kohlensäure bis 40 at bei 0,5 mm und 20 at bei 1 mm gefundenen Ergebnisse findet sich bei GUYE, MERCIER und WEIGLÉ [24].

REHER [12] stellt mit staubhaltiger Preßluft bei Verwendung von Plattenelektroden Konstanz der Durchschlagspannung oberhalb von 20—25 at fest. Erst nach weiterer Reinigung das Gases nimmt die Festigkeit mit dem Druck wieder zu. Für Kugelelektroden von 1,6 cm ⌀ findet er das PASCHEN-Gesetz angenähert erfüllt, wobei allerdings bei höherem Druck die Meßwerte für gleiches $p\,d$ bereits deutlich unter denen für niederen Druck und größerem Elektrodenabstand liegen.

Messungen von SKILLING [1] mit Kugeln von 2,5 cm ⌀ unter annähernd denselben Arbeitsbedingungen wie bei REHER (ungereinigte Luft) führen zum gleichartigen Ergebnis, also zur Konstanz der Durchschlagspannung oberhalb 20 at.

PALM [3, 4] mißt die Festigkeit von nur unvollkommen gereinigtem Stickstoff und von Kohlensäure zwischen ebenen Elektroden bei Abständen bis zu 15 bzw. 8 mm und Wechselspannungen bis 260 kV Scheitelwert. Er findet bei hohem Druck die Kohlensäure wesentlich fester als Stickstoff. Bei einer Auftragung der Durchbruchfeldstärke über dem Elektrodenabstand für verschiedene Drucke erhält er sonst nirgends beobachtete Maxima der Kurven bei rd. 2 mm Schlagweite, die besonders deutlich mit Kohlensäure als Füllgas hervortreten. Vermutlich sind diese Besonderheiten auf ungenaue Ausrichtung der Plattenelektroden zurückzuführen oder eine sonstige Fehlmessung des Abstandes.

d) Die Ergebnisse neuerer Arbeiten im gleichförmigen Feld. Es ist offensichtlich, daß ein Teil der angeführten Messungen keine Gewähr für eine Richtigkeit ihrer Ergebnisse bei hohem Druck bietet und die Messungen vielfach durch im einzelnen nicht immer klar erkennbare Einflüsse verfälscht sind. Erst die neueren Arbeiten können wegen der bei ihnen aufgewandten großen Sorgfalt bei der Reinigung des Versuchsgases und der Schaffung aller Voraussetzungen des PASCHEN-Gesetzes auch Anspruch darauf erheben, seine einwandfreie Überprüfung zu gestatten. Mit die höchsten Drucke bei allerdings kleinen Elektrodenentfernungen und nur mäßig hoher Spannung (max. 100 kV) wendet ZEIER [16] an. Er untersuchte Luft, Stickstoff und Kohlensäure bis zu 120 at, wozu die ab 58,5 at flüssige Kohlensäure nachverdichtet wird. Zur Entfernung von mitgerissenen Staubpartikelchen aus der entscheidenden Durchschlagzone benutzte er ein zwischen die Elektroden einschiebbares Rohr, durch das Preßgas zum Wegblasen der an den Elektroden haftenden Staubteilchen und Fasern zugeführt werden konnte. Wegen der sehr kleinen Abstände werden in Luft mit Kugelelektroden von 1,5 cm ⌀ Abweichungen vom PASCHEN-Gesetz erst ab 60 at[1] merklich (Abb. 100). Bei größeren Elektrodenabmessungen (Kugeln von 30 cm ⌀) stellen sich bereits früher größere Abweichungen ein.

---

[1] 1 kg/cm² = 1 at absolut = 0 atü = 735 Torr.

In Stickstoff litten die Messungen von ZEIER gegenüber denen in Luft unter sehr viel größerer Streuung der Durchschlagwerte, ganz im Gegensatz zu den Messungen von GUYE und Mitarbeitern, die in Stick-

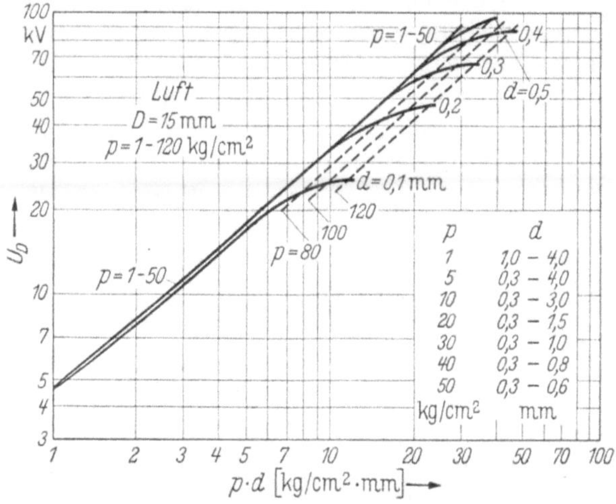

Abb. 100. Durchschlagspannung in Luft zwischen 15 mm-Kugeln als Funktion von pd bei 20° C.

stoff bis 50 at genaue und wenig streuende Durchschlagwerte erhalten hatten. Es dürfte dieses Verhalten vielleicht auf eine nicht erkannte Beimischung des benutzten Bombenstickstoffes zurückzuführen sein, was auch die gemessene niedrige Festigkeit (unter der von Luft) erklären könnte. Die Messungen zeigen sehr große Abweichungen vom PASCHEN-Gesetz derart, daß die Durchschlagspannung für eine bestimmte Schlagweite oberhalb eines Drucks von 60 at nur noch geringfügig zunimmt.

Bis zum Sättigungsdruck der Kohlensäure liegen

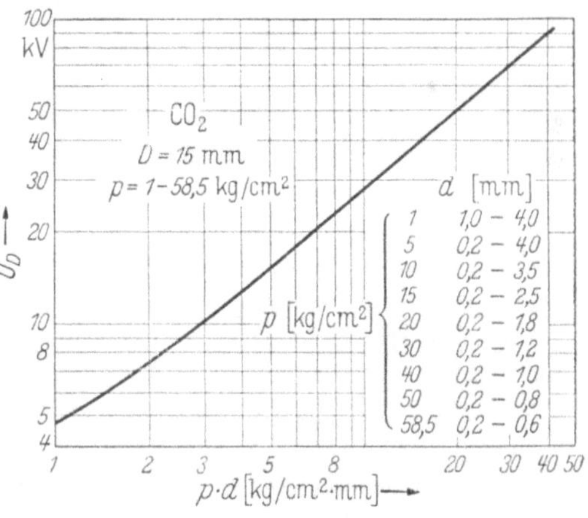

Abb. 101. Durchschlagspannung in gasförmiger Kohlensäure zwischen 1,5 cm-Kugeln als Funktion von pd bei 20° C [16].

bei den 1,5 cm-Kugelelektroden alle Meßwerte bei einer Auftragung $U_D = f\,(pd)$ auf einer einzigen Linie, die nur sehr wenig vom Geradenverlauf abweicht (Abb. 101). Nachdem die Dichte δ der Kohlensäure bei Annäherung an den Verflüssigungspunkt rascher als proportional mit dem Druck anwächst[1], ist somit das PASCHEN-Gesetz hierbei in der von der Theorie geforderten Form $U_D = f(\delta d)$ nicht erfüllt, und die alleinige Abhängigkeit der Durchschlagspannung vom Produkt $p\,d$ bei einer ganz bestimmten, kein streng gleichförmiges Feld ergebenden Elektrodenform muß als Zufall angesehen werden. Dieses Ergebnis steht in Übereinstimmung mit den erwähnten älteren Untersuchungen von GUYE und Mitarbeitern [22, 23]. Werden als Elektroden große Kugeln verwandt, dann ergibt sich in der PASCHEN-Darstellung nicht mehr eine einzige Kurve der Funkenspannung, sondern ein Bündel von Kurven für die jeweils eingestellten Elektrodenabstände; bei hohem Druck sind die Abweichungen von der Mittelkurve größer als bei niederen Drucken und großen Elektrodenabständen. Ein gleichartiges Ergebnis erhält auch YOUNG [25], der das PASCHEN-Gesetz bei den von ihm untersuchten kleinen Schlagweiten (höchstens einige zehntel mm) nur bis zu etwa 6 at erfüllt findet.

Die Versuche von ZEIER mit flüssiger Kohlensäure beim Sättigungsdruck zeigten trotz der Dichteänderung von rd. 0,2 auf 0,8 g/cm^3 beim Übergang von der gasförmigen in die flüssige Phase übereinstimmende Durchschlagwerte bzw. oberhalb des Sättigungsdrucks eine stetige Fortsetzung der in Abhängigkeit von $p\,d$ aufgetragenen Durchschlagspannung. Auch dieses Ergebnis wird durch die ausführliche Untersuchung von YOUNG [25] im wesentlichen bestätigt. Mit großer Wahrscheinlichkeit kann hieraus geschlossen werden, daß zumindest wenig oberhalb des Sättigungsdrucks der Durchschlag in der flüssigen Kohlensäure sich als verschleierter Gasdurchschlag vollzieht: Beim Anlegen der Spannung an die Elektroden beginnt die flüssige Kohlensäure zu verdampfen, wodurch an den Stellen höchster Feldstärke Gas ausgeschieden wird. Die Gasblasen werden im Feld in die Länge gezogen und überbrücken entweder teilweise oder auch gänzlich den Raum zwischen den Elektroden. Der Durchschlag findet in einer solchen Gasblase auf bekannte Art statt und vollzieht sich demnach in genau der gleichen Weise wie unterhalb des Verflüssigungsdrucks im reinen Gas.

Bei niedrigerem Druck aber wesentlich größeren Elektrodenentfernungen liegt eine größere Zahl von Messungen vor, und zwar von FINKELMANN [5] bis zu 20 at bei Spannungen bis zu 360 kV in Luft, N$_2$, H$_2$ und CO$_2$, von GÄNGER [8] in Luft und N$_2$ bis zum doppelten Druck bei Spannungen bis über 200 kV und von HOWELL [7] ebenfalls bis über 40 at in Luft, jedoch mit Spannungen bis über 400 kV. Abb. 102 zeigt in Luft erhaltene Werte für das gleichförmige Feld, wobei die Durchschlagspannung über der Schlagweite für eine Reihe von Festwerten des Druckes aufgetragen ist. Soweit ein Vergleich möglich ist, sind die

---

[1] Eingehende Angaben über die Beziehung zwischen Druck und Dichte für Kohlensäure bei verschiedenen Temperaturen finden sich bei YOUNG [25].

Messungen von HOWELL und GÄNGER in bester Übereinstimmung. Die Werte von HOWELL für noch größere Schlagweiten lassen sich durch geradlinige Fortsetzung der Kurven von Abb. 102 gewinnen. Meßwerte von GOOSSENS [13] für $d = 15$ mm bis 7 atü decken sich mit den hier gegebenen. Die Durchschlagspannung steigt weniger als verhältnisgleich mit dem Druck an. So gehört zu einem Elektrodenabstand von 4 mm bei einem Druck von 2,5 atü nach Abb. 102 eine Durchschlagspannung von 40 kV. Nähme die Festigkeit des Gases linear mit dem Druck zu, dann müßte z. B. bei 25 atü die Durchschlagspannung das $26/3,5 = 7,4$fache der bei 2,5 atü gemessenen sein und somit $7,4 \cdot 40 = 296$ kV betragen. Tatsächlich liegt sie jedoch bei 205 kV, also um rd. 30% tiefer als bei linearer Zunahme. Für noch höhere Drucke ist die absolute und die relative Minderung gegenüber einer proportionalen Festigkeitszunahme mit dem Druck noch erheblicher.

Die Kennlinien von Abb. 102 vermitteln eine anschauliche Vorstellung von der raschen Zunahme der elektrischen Festigkeit verdichteter Gase mit dem Druck im gleichförmigen Feld. Bei 40 at wird der Größenordnung nach rd. 100 kV/mm erreicht; durch Anwendung noch höherer Drucke kann die Festigkeit durchaus auf den doppelten

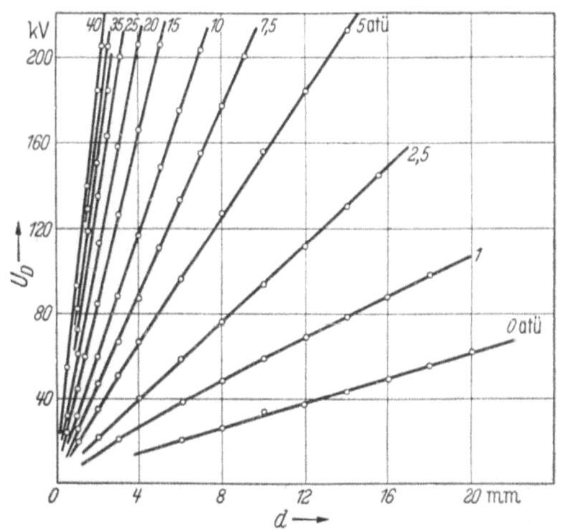

Abb. 102. Durchschlagspannung des gleichförmigen Feldes in Luft von 20° C [8].

Wert gebracht werden, wie die Arbeit von ZEIER [16] zeigt. Mit diesen Werten liegt die elektrische Festigkeit von Preßgasen weit über der von gutem Isolieröl und im Bereich der von hervorragenden festen Isolierstoffen und bietet damit einen Anreiz zur technischen Ausnutzung dieses hohen Isoliervermögens.

In Abb. 103 sind die Ergebnisse von FINKELMANN [5] für das streng gleichförmige Feld in der PASCHEN-Darstellung, also bei Auftragung der Durchschlagspannung über $p\,d$, wiedergegeben. Wie dies für niedere Drucke schon gezeigt wurde (Abb. 51), liegt auch bei hohem Druck die Festigkeit des Wasserstoffs weit unter der anderer Molekülgase. Bis auf den untersten Teil der Luftkurve steigen die Hauptäste der Kurven für Luft und Wasserstoff praktisch geradlinig bis zu den höchsten gemessenen Spannungswerten an, was auch mit den Messungen von GÄNGER für Luft bei gleichartiger Darstellung völlig übereinstimmt. Ausdrücklich sei hier darauf aufmerksam gemacht, daß das PASCHEN-Gesetz über die Form der sich bei einer Auftragung über $p\,d$ ergebenden Spannungskurve nichts aussagt und daß daher eine über einen größeren $p\,d$-Bereich beobachtete Linearität der Kurve oder etwa eine proportionale Zunahme der Durchschlagspannung bei einer Erhöhung des Gasdrucks nicht als Beweis für die Gültigkeit des Gesetzes angesehen werden kann, wenn auch angenähert ein solcher Verlauf nach den Ausführungen auf S. 178 zu erwarten ist.

Abweichungen vom geradlinigen Anstieg zu tiefer liegenden Spannungswerten machen sich um so früher bemerkbar, je höher der Druck bei einem bestimmten $p\,d$-Wert ist. Bei der Kohlensäurekurve ist die

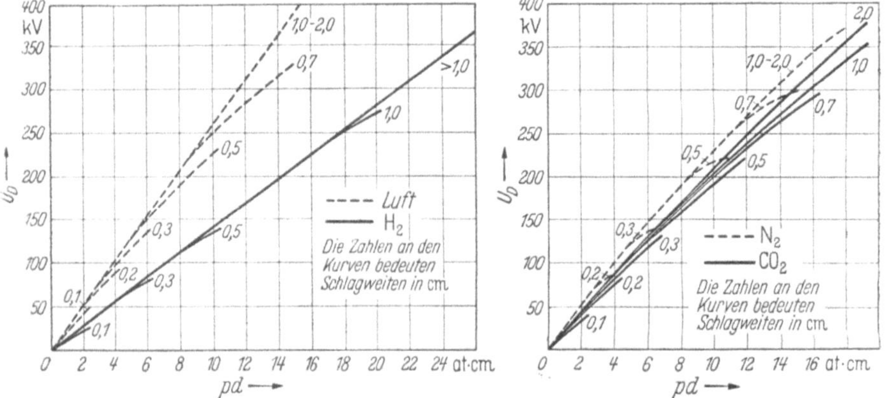

Abb. 103. Durchschlagspannung von Luft, N₂, H₂ und CO₂ zwischen Plattenelektroden.

Krümmung des Hauptastes der großen Schlagweiten zur Abszisse hin etwas stärker ausgeprägt und noch mehr beim Stickstoff. Die Seitenäste für die kleinen Schlagweiten und hohen Drucke liegen nach GÄNGER wesentlich höher; so zweigt z. B. die Kurve für $d = 1$ mm nicht schon bei rd. 30 kV vom Hauptast ab, wie dies FINKELMANN angibt, sondern erst bei knapp 80 kV, und die 2 mm-Kurve nicht bei 50 kV, sondern bei 130 kV usw. In Wasserstoff werden die Abweichungen vom PASCHEN-Gesetz am kleinsten und in Kohlensäure in Übereinstimmung mit den älteren Messungen am größten gefunden. Auch FINKELMANN gibt an, daß für Kohlensäure eine Gesetzmäßigkeit der Form: Durchschlagspannung ist eine Funktion von Druck × Schlagweite. nahezu erfüllt wäre.

Wie empfindlich die Durchschlagspannung schon auf kleinste Abweichungen vom streng homogenen Feldverlauf reagiert, geht aus weiteren Messungen [8] mit Kugelelektroden von 5 cm ∅ an Stelle der großflächigen Plattenelektroden hervor. Kleine Feldinhomogenitäten machen sich in der PASCHEN-Darstellung durch stärkeres Abbiegen der

Hauptkurve zur Abszisse hin frühzeitig bemerkbar. Die hier nicht wiedergegebene Veranschaulichung der Meßwerte zeigt, daß das Feld zwischen den Kugeln schon bei Elektrodenabständen von mehr als einigen Millimeter nicht mehr als gleichförmig betrachtet werden kann. Jedoch sind selbst bei einer Beschränkung auf kleinste Elektrodenabstände die Durchschlagspannungen des Platten- und des Kugelfeldes nicht dieselben, und zwar hat überraschenderweise das Kugelfeld bei hohem Druck die höheren Festigkeitswerte aufzuweisen, obwohl es bei solch kleinen Abständen ebenfalls als homogen angesehen werden darf. Dieses Ergebnis wird von FÉLICI und MARCHAL [2] bestätigt. Da eine fehlerhafte Messung als Folge einer ungenauen Ausrichtung der Plattenelektroden nicht anzunehmen ist, verbleibt zur Erklärung des Effekts nur die Hypothese, daß bei sehr hohem Druck die Durchschlagspannung noch von der Elektrodengröße, also vom Wirkungsbereich des elektrischen Feldes abhängig ist. Eine solche Deutung hat gute Gründe für sich: Der Zündvorgang unterliegt den Wahrscheinlichkeitsgesetzen; mit steigender Ausdehnung des vom Feld erfaßten Raumes besteht nicht nur eine vermehrte Einwirkmöglichkeit für Staubpartikelchen, sondern es nimmt auch die Zahl der Anfangselektronen und der sich unabhängig voneinander ausbildenden Elektronenlawinen zu sowie mit der Zahl der Einzellawinen die Wahrscheinlichkeit für einen sich zum Durchschlag steigernden Lawinenablauf. Die statistische Natur des Durchbruchvorgangs läßt eine Zündung auch schon bei verminderter Spannung zu, wenn durch eine große Zahl von Einzelergebnissen jede Möglichkeit zu einem besonders günstigen Ablauf vor allem der anfänglichen Stoßvorgänge und der rückwärtigen Elektronenauslösung wahrgenommen wird. So ist zu erwarten, daß mit der Elektrodengröße die Bedingungen für einen Entladungsaufbau günstiger werden und die Durchschlagspannung absinkt.

Über Messungen der Durchschlagspannung in Preßluft bei weitaus den größten Elektrodenabständen und dementsprechend auch größten $p\,d$-Werten berichten TRUMP, SAFFORD und CLOUD [9]. Sie arbeiten mit einem Bandgenerator für 1000 kV und $p\,d$-Werten bis zu 45 at cm. Um die Schwierigkeiten der Einführung solch hoher Spannungen in das Druckgefäß zu umgehen, waren die Elektroden im Innern des preßgasisolierten Generators zwischen Hochspannungspol und geerdetem Druckgefäß untergebracht. Bis zu einem Abstand von fast 40 mm konnte der maßgebliche Feldbereich in der Achse der leicht balligen Elektroden (15 cm ∅) noch als ausreichend homogen angesehen werden. Bei einer Auftragung der gemessenen Spannungswerte über der Elektrodenentfernung mit dem Druck als Parameter ergeben sich in noch ausgeprägterer Weise, als dies Abb. 102 zeigt, lauter Gerade, die in den Ursprung des Koordinatensystems münden. Abb. 104 gibt einen Querschnitt durch die Messungen; die Durchschlagspannung ist hierbei nach dem Vorschlag von LOEB [26] über der Schlagweite für freigewählte $p\,d$-Werte aufgetragen. Wäre das PASCHEN-Gesetz in Strenge erfüllt, dann müßten jeweils die zu gleichen $p\,d$-Werten gehörenden Meßpunkte auf Parallelen zur Abszisse liegen. Jedoch steigt die Spannung für konstantes $p\,d$ und zunehmendes d an. Selbst noch bis herab zu kleinstem $p\,d$-Wert macht sich eine schwache Abweichung bemerkbar, indem für höheren Druck die Funkenspannung wenn auch nur sehr wenig tiefer liegt als für niederen Druck und entsprechend größeren Elektrodenabstand.

Dies ist aber gerade das, was nach der MEEK-RAETHER-Theorie des Kanaldurchschlags zu erwarten ist. Wird etwa die RAETHERsche Zündbedingung des statischen Durchschlags (XIII, 3b) in der Form angeschrieben

$$f\left(\frac{U_{\mathrm{D}}}{p\,d}\right)\cdot p\,d = 20 + \ln d\,,$$

so ist zu ersehen, daß bei unveränderlichem $p\,d$ die Durchschlagspannung U_{D} mit d leicht ansteigen muß. Auch die etwas anders lautende MEEKsche Gleichung fordert dieselbe Abhängigkeit. Die experimentell gefundene Abweichung vom PASCHEN-Gesetz liegt demnach in der von der Leuchtfadentheorie geforderten Richtung.

In zahlenmäßiger Hinsicht ist die Übereinstimmung von Theorie

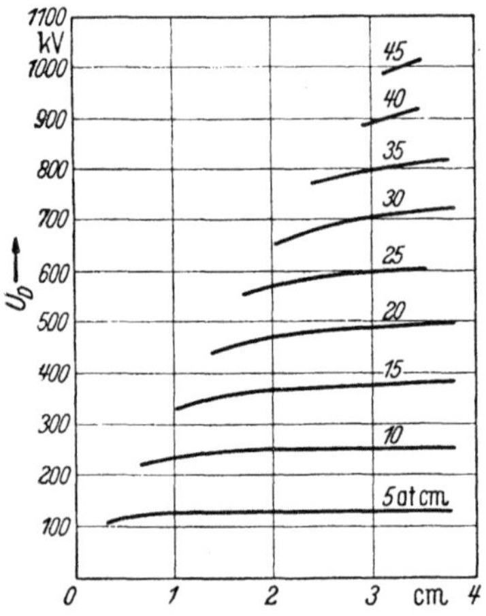

Abb. 104. Durchschlagspannung in Luft als Funktion der Schlagweite.

Tabelle 15. *Vergleich der nach* MEEK *errechneten und von* TRUMP *experimentell gefundenen Durchschlagswerte in Luft.*

$p\,d$ (at cm)	p (at)	d (cm)	U_{D} (kV) (TRUMP)	U_{D} (kV) (MEEK)
	9,53	3,74	830	773,9
35,7	11,63	3,07	813	773,2
	13,74	2,60	785	772,2
	5,27	4,06	528	487,3
	7,39	2,90	515	486,6
21,4	9,50	2,25	502	486,0
	11,6	1,85	487	485,6
	13,7	1,56	473	485,2
	1,05	3,40	95	94,3
	3,17	1,13	90	93,9
	5,27	0,68	87	93,8
3,58	7,39	0,48	87	93,6
	9,5	0,38	84	93,5
	11,6	0,31	82	93,4
	13,7	0,26	81	93,4

und Experiment allerdings weniger befriedigend. Dies zeigt ein Vergleich der mit Hilfe der MEEK-Gleichung von MILLER und LOEB [27] errechneten und der von TRUMP und Mitarbeitern experimentell bestimmten Durchschlagspannungen, wie aus Tab. 15 ersichtlich ist. Zu den willkürlich gewählten $p\,d$-Werten 35.7, 21.4 und 3.58 at cm und den ebenfalls freigewählten p-Werten wurden für die zugehörigen Schlagweiten in der vorletzten Spalte der Tabelle die durch den Versuch bestimmten und in der letzten Spalte die nach der MEEKschen Gleichung errechneten Durchschlagspannungen angegeben. Der Vergleich zeigt, daß die Rechnung bestenfalls 1% Erniedrigung der Durchschlagspannung voraussagt, während die tatsächlich beobachteten Abweichungen vom PASCHEN-Gesetz bis zu 14% ausmachen. Doch war keine bessere Übereinstimmung zu erwarten, nachdem die einfache MEEK-RAETHERsche Betrachtung die Druckabhängigkeit der Photoionisierung vernachlässigt und nur die von LOEB ergänzte Theorie (s. S. 266) eine erhöhte Druckempfindlichkeit der Durchschlagspannung zu geben verspricht.

Über neuartige und von den bisherigen Feststellungen zum Teil erheblich abweichende Ergebnisse berichten FÉLICI und MARCHAL [2]. Ihre Untersuchungen mit Gleichspannungen bis 250 kV (zwei gegeneinander geschaltete elektrostatische Generatoren geringer Ergiebigkeit) erstreckten sich bis zu einem Druck von 70 at. Sie finden, daß bei einem Druck oberhalb von etwa 30—40 at die Festigkeit der Luft in hohem Maße vom Werkstoff der Kathode abhängt und nur mit einem Werkstoff hoher Austrittsarbeit auch sehr hohe Festigkeitswerte erreichbar sind. Dieser Befund steht in Gegensatz zu der hier allein zum Vergleich geeigneten Arbeit von ZEIER [16], welcher angibt, daß weder eine Vorbeanspruchung der Elektroden durch vorausgegangene Durchschläge noch unterschiedliches Material (V2A, Stahl, Wo, Cu) zu erheblichen Verschiedenheiten der Spannungswerte geführt hätten. Auch beobachtete ZEIER in Luft bis zu einem Druck von 120 at ein Ansteigen der Gasfestigkeit. Dieser Befund stimmt mit einigen Angaben von BUEHL [28] über Durchschlaguntersuchungen in besonders sorgfältig getrocknetem Stickstoff von max. 140 at gut überein. Nach dem angegebenen Kurvenverlauf steigt die Festigkeit für einige Schlagweiten von 0,25—1,27 mm bis zum höchsten Druck stetig an, wenn auch bei weitem nicht so stark wie bei niederem Druck. Im Widerspruch zu diesen Angaben und die von FÉLICI und MARCHAL stützend sind Messungen von YOUNG [25], der in Kohlensäure bei Drucken über 30 at und Feldstärken von mehr als 75 kV/mm bei Zinkkathoden nur noch eine geringe Festigkeitszunahme bei weiterer Drucksteigerung fand, während bei Verwendung von Stahlelektroden die Durchschlagspannung mit dem Druck auch weiterhin kräftig anstieg. Auch TRUMP [51] beobachtete (bereits oberhalb 15 at) eine deutlich höherliegende Festigkeit bei Ersatz von Alu-Elektroden durch solche aus poliertem Stahl; bei 27 at erreicht der hierdurch erzielte Festigkeitsgewinn rd. 50%.

Vor einer Wiederaufnahme von Durchschlagunteruchungen bei Drucken möglichst oberhalb von 40 at kann nicht entschieden werden, welche Angaben die richtigen sind. Unbezweifelt ist wohl, daß die Festigkeit eines Gases durch Erhöhung des Druckes nicht beliebig gesteigert werden kann und daß schließlich bei sehr hohem Feld der Austritt von Elektronen aus der Kathode selbst ohne anschließende Vermehrung der Ladungsträger im Gasraum zu einem durchbruchartigen Vorgang führen muß. Fraglich ist allerdings, ob die hierzu benötigten Feldstärken schon bei einem Druck von etwa 30—40 at erreicht werden.

Tabelle 16. *Durchschlagfestigkeit in kV/mm von Preßluft zwischen Plattenelektroden von rd. 1,5 mm Abstand und rd. 5 cm ⌀ in Abhängigkeit von Druck und Elektrodenwerkstoff [2]. (Ein zwei Meßreihen verbindender Pfeil zeigt an, daß die Festigkeitswerte der ersten Reihe bei zunehmendem und die der nachfolgenden Meßreihe bei abnehmendem Druck gewonnen wurden.)*

$p_{(at)}$	Aluminium			Eisen		Kupfer			Nichtrostender Stahl	
5	16,5	16,5	15	19	19	19	19	16	—	15
10	26,5	27,5	26,8	27,5	28	25,5	27	27	—	30
15	26,5	40,5	36	33	36	34,5	37	34	—	43
20	40,5	51	45,5	42,5	48	43,5	45	42,5	∸	55
25	40,5	55,5	52,5	54,5	56,5	53,5	55,5	42,5	—	67
30	48	59	57	58	61	62,5	64,9	55	—	77
35	48	62	58,8	62	64,5	69,5	69	56	—	89
40	54	64	58,8	70,5	71	73,5	74,5	63	88	97
45	54	67	58,8	73,5	75	82	80,5	70	92	103
50	60	69	58,8	78	78,5	87	88	71	112	112
55	60	70	58,8	80,5	84	88,5	88,5	77	112	116
60	65	71,5	58,8	81,5	85	92	91,5	80,5	124	124
65	66,5	74	58,8	86,5	86,5	93	92	80,5	→	
70	66.5	74	58,8	86,5	86,5	93	93	80,5	—	—

Für verschiedene Kathodenmetalle sind die von Félici und Marchal gemessenen Festigkeitswerte im gleichförmigen Feld in Tab. 16 zusammengestellt. Sie zeigen zunächst, daß die Durchschlagspannung für jeden Elektrodenwerkstoff bei hohem Druck einen Grenzwert erreicht; bei Verwendung von Aluminium, Silber (in der Tabelle nicht angeführt), Eisen, Kupfer, nichtrostender Stahl erhöht sich der Endwert in dieser Reihenfolge von rd. 65 kV bei Aluminium auf fast den doppelten Wert bei der Verwendung von Stahl. Allerdings lassen die Messungen eine über das übliche Maß hinausgehende Streuung und unstetige Änderungen erkennen, die wohl davon herrühren, daß die Gase so verwandt wurden, wie sie aus der Bombe herauskamen, also ohne Ent-

feuchtung oder Reinigung von Schwebestoffen; auch wurde nicht auf
Konstanz der Gastemperatur geachtet, die bei Druckänderungen sowie
in geringem Maße als Folge der Funkenübergänge schwanken kann. Daß
die mangelnde Vorbehandlung des Gases seine Festigkeit verminderte,
ist insbesondere aus weiteren, hier nicht wiedergegebenen Tabellen zu
schließen, die eine nicht unbeträchtliche Verbesserung der Durchbruch-
festigkeit bei längerem Stehenlassen des Gases im Versuchsgefäß oder
bei Messungen mit abnehmendem Druck erkennen lassen. Es ist daher
keinesfalls verwunderlich, daß das Gas einen „Sättigungseffekt" zeigt,
ähnlich wie ihn REHER [12] bei seinen Versuchen in Preßluft bereits bei
einem Druck von 20—25 at feststellte und wie er zweifelsfrei auf den
Staub- und Feuchtigkeitsgehalt des Versuchsgases zurückzuführen ist.
Ob allerdings die Konstanz der Durchschlagspannung oberhalb eines
gewissen Drucks einzig und allein das Werk von Gasverunreinigungen
ist, sei dahingestellt. Wahrscheinlich ist, daß die besondere Festlegung
der Meßgröße ebenfalls eine gewisse Rolle spielt. FÉLICI und MARCHAL
suchten nämlich nicht, wie dies sonst allgemein üblich ist, jeweils die
Spannung auf, die unter Auslassung von Wischern und gelegentlichen
Tiefdurchschlägen innerhalb einer mäßig langen Wartezeit gerade noch
zum Durchbruch führt, sondern geben die vom technischen Standpunkt
aus mehr interessierende niederste überhaupt vorkommende Durchschlagspannung an. Bei großer Streuung der Durchschlagwerte, wie
sie im vorliegenden Fall vor allem bei hohem Druck mit Sicherheit
anzunehmen ist, wird durch eine solche Festlegung der Zahlenwert
der Gasfestigkeit ganz wesentlich herabgedrückt.

Diesen Einwänden steht die ebenfalls durchgeführte Messung der
Festigkeit von Wasserstoff bis zu hohem Druck entgegen (rd. 55 kV/mm
bei 70 at). Eine Sättigungserscheinung ist hierbei nicht deutlich nachweisbar; auch lassen sich nur geringfügige Unterschiede in den Festigkeitswerten für verschiedene Kathodenwerkstoffe feststellen. Die in
Lu ft beobachtete Abhängigkeit der Durchschlagspannung vom Kathodenwerkstoff bei hohem Druck kommt in besonders klarer Weise
bei der Verwendung einer Aluminium- und einer Stahlelektrode zum
Ausdruck, die abwechselnd umgepolt wurden. Ab 25 at liegt die Durchschlagspannung mit Stahlkathode höher und erreicht bei 2 mm Schlagweite und 60 at 192 kV gegenüber nur 141 kV mit der Alu-Kathode.
Für diesen Effekt bleibt — immer unter der Voraussetzung einer Bestätigung der Angaben durch weitere Versuche — wohl nur die von
FÉLICI und MARCHAL beigezogene Erklärung einer Feldemission unter
Einwirkung der hohen Feldstärke vor der Kathode übrig. Eine solche
Elektronenerzeugung ist sehr stark von der Austrittsarbeit der Kathode
abhängig (s. S. 86). Oberhalb einer gewissen Feldstärke ergäbe sie
einen so starken Elektronenstrom im Raum zwischen den Elektroden,

daß die anstehende Spannung wegen der sehr geringen Ergiebigkeit elektrostatischer Generatoren (im vorliegenden Fall unter 50 μA) zusammenbräche bzw. zumindest nicht weiter gesteigert werden könnte. Nicht zu vereinbaren hiermit ist die Angabe einer Erhöhung der Spannung weit über den Wert hinaus, bei dem sich zum erstenmal ein Sättigungseinfluß bemerkbar macht.

Sicher ist, daß die Feldstärke vor der Kathode eine gewisse Größe nicht überschreiten darf, um Autoelektronenemission zu vermeiden. Doch erscheint es fraglich, ob dieser Effekt schon bei Feldstärken von rd. 65 kV/mm wie im Falle der Verwendung von Aluminium als Elektrodenwerkstoff eintreten kann. Nach FÉLICI und MARCHAL wäre es nur mit besonders ausgewählten Elektroden möglich, in Preßluft Feldstärken der Größenordnung 100 kV/mm zu erreichen. Dem steht das bereits besprochene Ergebnis der Messungen von ZEIER [16] sowie weiterhin eine Angabe von ADAMS, HUBBARD und MURRAY [29] entgegen, wonach sich mit einem Stickstoffüberdruck von 110 at und einem sehr kleinen Elektrodenabstand (bei einer Gleichspannung von 25 kV) eine höchste Feldstärke zwischen den Elektroden von 160 kV/mm ohne Durchbruch erreichen läßt. Allerdings emittierte die Kathode hierbei bereits einen Strom von rd. 10 μA.

c) **Elektronegative Gase.** Aus rein praktischen Erwägungen haben die elektronegativen Gase in den vergangenen Jahren wegen ihrer erheblich höheren Festigkeit als Luft oder gleichartige Gase steigende Beachtung und zum Teil auch Verwendung in Hochspannungsgeräten gefunden. Sie erbringen schon bei wesentlich niedrigeren Drucken die gleichen Festigkeitswerte wie etwa hochverdichtete Luft oder Stickstoff. Für die Isolation der elektrostatischen VAN DE GRAAFF-Bandgeneratoren zur Erzeugung sehr hoher Gleichspannungen erweist sich die Verwendung von Preßgasen ganz besonders vorteilhaft, weil jede Erhöhung der zulässigen Feldstärke bei gleicher Maschinengröße sich quadratisch auf die Leistungsfähigkeit auswirkt bzw. das Maschinenvolumen sich bei gleicher Spannung umgekehrt proportional zur 3. Potenz der Feldstärke ändert. Die sonst sehr unangenehmen Nachteile der Preßisolation — gelegentliche Tiefdurchschläge bei unvollständig gereinigtem Gas und niedere Durchbruchspannung im stark verzerrten Feld — kommen hierbei nicht zur Auswirkung, weil hin und wieder auftretende Durchschläge und innere Kurzschlüsse den Betrieb so gut wie nicht beeinträchtigen und der Aufbau der Generatoren fast durchweg die Ausführung nur wenig verzerrter Felder ermöglicht.

Die erhöhte elektrische Festigkeit elektronegativer Gase hat ihre Ursachen teils in der großen Anzahl von Schwingungsanregungen der Moleküle bei Elektronenstößen und den damit hohen Energieverlusten der im Feld beschleunigten Elektronen; im gleichen Sinne einer verminderten Elektronenionisierung wirkt die Dissoziation des Moleküls bei Elektronenstoß und die hohe Elektronenaffinität der elektronegativen Molekülbruchstücke und die dadurch bedingte bereitwillige Anlagerung von Elektronen an diese unter Bildung träger negativer Ionen, die zur Ionisierung unfähig sind. Die Behinderung und Beschwerung der Elektronen läßt den Aufbau der zum Durchbruch benötigten Lawinengröße erst bei höheren Feldstärkewerten zu.

Diese besondere Eigenschaft elektronegativer Gase ist schon seit den Untersuchungen von NATTERER [30] mit verschiedenen Gasen und Dämpfen wie z. B. Tetrachlorkohlenstoff (CCl_4), Chlor, Brom- und Joddampf erwiesen. Messungen von RITTER [31] mit Chlor und Brom sowie von WARBURG und GORTON [32] im Spitzenfeld ergänzen und bestätigen seine Ergebnisse[1]. Weiterhin untersuchte WRIGHT [33] eine große Anzahl von Gasen und Dämpfen und verglich ihre Festigkeit mit der von Luft (s. hierzu a. Abb. 194). Nachdem JOLIOT, FELDENKRAIS und LAZARD [34] über die hohe Festigkeit von Tetrachlorkohlenstoff (CCl_4) berichtet hatten und damit die wertvollen Eigenschaften der elektronegativen Gase für die Isolation von Hochspannungsgeräten neuerdings aufzeigten, folgte eine Reihe weiterer Veröffentlichungen. Besonderes Interesse wandte sich hierbei dem CCl_4 und dem ursprünglich nur als Kühlmittel be-

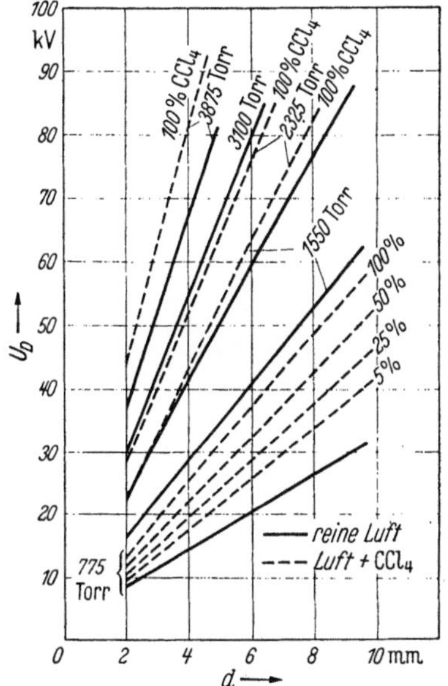

Abb. 105. Durchschlagspannung von CCl_4–Luftmischungen als Funktion der Schlagweite für verschiedene Drucke bei 25°C.

nutzten Dichlordifluormethan[2] zu (CCl_2F_2, Frigen; im angelsächsischen Sprachgebrauch als Freon 12 bezeichnet).

Neuere Messungen von RODINE und HERB [36] mit CCl_4 in unterschiedlichem Mischungsverhältnis mit Luft sind in Abb. 105 wiedergegeben. Das Meßfeld kann hierbei als gut gleichförmig angesehen werden, da die Entfernung der 5 cm-Kugelelektroden unter 1 cm blieb. Die ausgezogenen Kurven gelten für reine Luft bei einigen Festwerten

---

[1] Zur Herstellung einer reinen Br_2- oder J_2-Atmosphäre wird ein Stückchen des festen Stoffes in ein evakuiertes Gefäß eingebracht und der sich einstellende Dampfdruck durch Regelung der Temperatur am besten im Wasserbad auf den gewünschten Wert gebracht.

[2] Angaben über die Eigenschaften der Fluor-Chlor-Derivate s. unter [35].

des Druckes bis über 5 at, die gestrichelten für verschiedene Mischungsverhältnisse (die in der Originalarbeit mit allen Zwischenwerten auch für die höheren Drucke angegeben sind); der Dampfdruck des CCl_4 ist in Prozenten seines Sättigungsdrucks bei 25° C ($= 140$ Torr) angegeben. Aus der Darstellung geht hervor, daß schon eine geringe Zumischung von CCl_4-Dampf die elektrische Festigkeit von Luft erheblich erhöht, daß dagegen eine sehr viel weitergehende Erhöhung der Konzentration nur noch wenig einbringt. Bei atmosphärischem Druck vermag stärkste Konzentration des CCl_4 die Durchschlagspannung zwischen Plattenelektroden auf rd. das Doppelte zu steigern. Bei hohem Druck erhöht sich die Festigkeit von Luft durch Zumischung weniger als bei niederem Druck. Aus diesem Grund ist der Anreiz zur Isolation elektrostatischer Maschinen mit CCl_4 oder CCl_4–Luft-Gemischen nur gering.

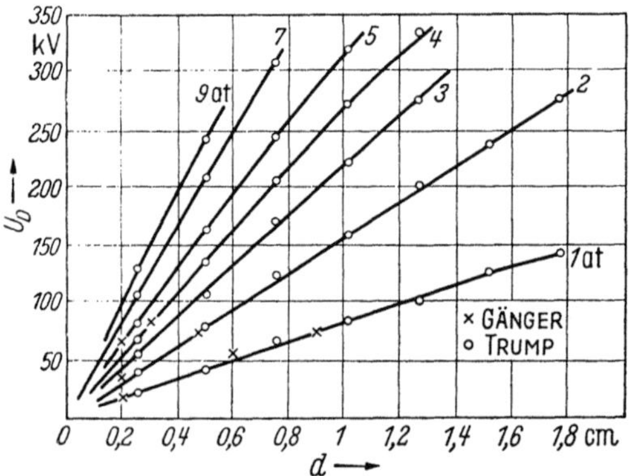

Abb. 106. Durchschlagspannung von Frigen im gleichförmigen Feld als Funktion der Schlagweite mit dem Druck als Parameter [9].

Für verschiedene Mischungsverhältnisse von Luft und CCl_4 gibt Goossens [13] die erzielbaren Spannungswerte bei Beanspruchung mit technischer Wechsel- und Stoßspannung (Stoß 1|50) bis zu 8 at an. Während in Luft bei solch langsam abfallenden Stoßspannungen keine Unterschiede gefunden werden, liegen in CCl_4-haltigem Gas die Stoßdurchschlagwerte um so höher über den Werten für Wechselbeanspruchung, je höher der Druck und je mehr CCl_4 der Luft beigemischt ist.

Zahlreiche Untersuchungen beschäftigen sich mit den elektrischen Eigenschaften von Frigen und Frigen–Luft-Mischungen. Im gleichförmigen Feld wurde reines Frigen von Nonken [37] bei 60 Hz-Wechselspannung bis zu 4,9 at sowie von Gänger [49] bis 85 kV (Scheitelwert) erprobt und in einem größeren Abstandbereich und bis zu noch höherem Druck von Trump u. Mitarbeitern [9] mit Gleichspannungen bis fast 350 kV. Soweit der gedrängtere Darstellungsmaßstab in der zuletztgenannten Arbeit einen Vergleich mit den Messungen von Gänger erlaubt, stimmen die beiderseitigen Ergebnisse recht gut überein. Es genügt daher, hier nur die für einen größeren Bereich gültigen Kurven wiederzugeben (Abb. 106); aufgetragen ist die Durchschlagspannung als Funktion des Plattenabstandes für einige Festwerte des Drucks[1].

---

[1] Siehe Fußnote auf S. 311.

Von WEBER [6] liegt eine Meßreihe für reines Frigen bei einem Abstand der Plattenelektroden von 3,5 mm vor, deren Werte bis 2 at noch gut mit denen von GÄNGER übereinstimmen, jedoch für höhere Drucke deutlich darunter liegen.

Ein Vergleich mit den Messungen in Luft oder etwa Stickstoff zeigt, daß Frigen eine $2^1/_2$—3fach größere Durchschlagfestigkeit besitzt [38]. Oberhalb von 4 at nimmt seine Festigkeit bei weiterer Drucksteigerung nur verlangsamt zu; möglicherweise ist dies dadurch bedingt, daß die Füllung des Versuchsgefäßes teilweise schon in die flüssige Phase übergeht und die Benetzung der Elektrodenflächen mit feinsten Tröpfchen zu örtlichen Feldstörungen Anlaß gibt. Mit Kugelelektroden von 6,25 cm ⌀ findet NONKEN [37] mit Stoßspannung (die sich nur beim Öl festigkeitserhöhend auswirkte) dieselbe elektrische Festigkeit bei Stickstoff von 12,3 at, Frigen von 4,3 at und in Isolieröl unter atmosphärischem Druck.

Nachteilig für eine Verwendung von Frigen und mancher ähnlicher Kohlenwasserstoffderivate [54] ist die geringe chemische Stabilität dieser Stoffe und ihre Neigung, sich in elektrischen Entladungen (Korona oder Funken) zu zersetzen [9]. Im Gefolge von Funkendurchbrüchen größerer Stromstärke vermindert sich die danach noch erzielbare Festigkeit und sinkt bei oftmaliger Wiederholung der Durchschläge stark ab [49]. Erst nach stundenlangem Warten kann dann die Messung nach „Erholung" des Gases wieder aufgenommen werden, sofern die Veränderungen im Gas nicht zu weit fortgeschritten sind (vielmalige Durchschläge hoher Stromstärke bei hohem Druck!). Beim Ausbau waren die Elektroden mit feinem Ruß bedeckt [49], wie er in beständigen Gasen nicht auftritt; verblieben die Elektroden während einiger Tage in dem durch Durchschläge veränderten Frigen, so waren sie feucht und blankgeätzt oder auch korrodiert. Nachdem bekannt ist, daß Frigen sich in Gegenwart offener Flammen oder an hocherhitzten Metallflächen zersetzt und daß in den Spaltprodukten neben Salzsäure und Fluorwasserstoff manchmal auch Spuren von Phosgen ($COCl_2$) beobachtet wurden [39], kann angenommen werden, daß die bei Durchschlagver-

---

[1] Bei einer Darstellung der Durchschlagsspannung mit pd als Parameter in gleichartiger Weise wie bei Abb. 104 machen sich um so größere Abweichungen vom abszissenparallelen Verlauf nach PASCHEN mit um so steilerem Anstieg der Kurve bemerkbar, je größer der Wert von pd ist. Da diese Abweichungen bereits ab 0,5 at cm auftreten und damit wesentlich größer als beispielsweise in Luft sind, ist die Vermutung nicht ausgeschlossen, daß die Meßergebnisse durch Temperatureinflüsse oder durch eine schwache Gaszersetzung etwas verfälscht wurden. Nachdem der Dampfdruck des Frigen bei 20° C nur 5,8 at beträgt, ist ein höherer Frigendruck bis zu dem angegebenen von 8,5 at nur durch Erwärmung des Versuchsgefäßes über Zimmertemperatur hinaus zu erreichen. Ob bei den Versuchen von TRUMP die Meßergebnisse auf einheitliche Temperatur reduziert wurden, ist nicht ersichtlich.

suchen festgestellten Metallkorrosionen und Minderungen der elektrischen Festigkeit von solchen Zersetzungen im Funken bzw. Lichtbogenkanal herrühren. Es wäre als großer Fortschritt in der Isolierstofforschung zu werten, wenn sich Gase mit ähnlich vorzüglichen elektrischen Eigenschaften wie etwa Frigen, aber völliger Stabilität gegenüber den Einwirkungen elektrischer Entladungen und den hohen Temperaturen im Lichtbogen finden ließen. In dieser Hinsicht dürfte die Verwendung von Schwefelhexafluorid (SF_6) gewisse Vorteile bieten [54]; diese Verbindung ist stabiler als Frigen und entwickelt bei Zimmertemperatur bereits einen Dampfdruck von 25 at [40, 54], doch bleibt auch sie bei oftmals wiederholten Entladungen nicht ungeändert [52].

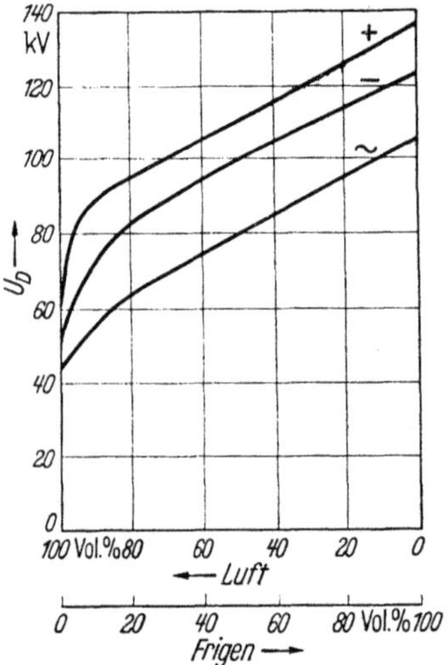

Abb. 107. Durchschlagspannung von Frigen–Luftgemischen zwischen Platten in 1,5 cm Entfernung.

Rund 50% höhere Festigkeit als Frigen besitzt eine erst neuerdings dargestellte Verbindung der Bruttoformel CSF_8 (Sättigungsdruck 4,3 at bei 20° C, Verflüssigung bei −20° C unter Atmosphärendruck) [53]. In elektrischen Entladungen zerfällt sie unter Druckerhöhung in CF_4 und SF_4.

Hinzuweisen ist auf die mit den hier mitgeteilten Beobachtungen nicht übereinstimmende Angabe von WEBER [6], der bei 20 aufeinanderfolgenden Durchschlägen in Frigen–Luftgemischen von Atmosphärendruck trotz des geringen Gasvolumens von nur 4 Ltr. keine Veränderung der Durchschlagspannung feststellen konnte. GOOSSENS [13] berichtet dagegen von einer starken Streuung der Meßwerte und dem Auftreten von Tiefdurchschlägen bei Mischungen mit einem höheren Frigengehalt als 10%. Zur Bestimmung der 50%-Stoßdurchschlagspannung mußte er bei hoher Frigenkonzentration zwischen den einzelnen Durchbrüchen längere Pausen einlegen, um ein zu starkes Absinken der Gasfestigkeit durch die bewirkte Zersetzung zu verhindern.

Abb. 107 gibt die von WEBER mit Wechsel- und Stoßspannung (1|50) gemessenen Durchschlagwerte. Wegen der verhältnismäßig kleinen Fläche der von ihm benutzten Elektroden (7 cm ⌀, plane Mittelfläche 4 cm ⌀) kann das Feld auch in Hinsicht auf die Wandnähe der einhüllenden Glasglocke (25 cm ⌀) nicht als ausreichend gleichförmig angesehen werden. Als Zeichen dieser Inhomogenität fallen die Stoßspannungskurven für positive und negative Polarität nicht zusammen. Wohl aus dem gleichen Grund liegt bei der Gleichspannungsprüfung die

Kurve für positive Polarität der nicht geerdeten Elektrode um rd. 10%
über der für umgekehrte Polung, welche ihrerseits mit der Wechselspannungskurve von Abb. 107 nahezu zusammenfällt. Ähnlich wie dies
für Tetrachlorkohlenstoff bereits nachgewiesen wurde, ergibt sich auch
bei der Zumischung von Frigen zu Luft anfänglich eine relativ rasche
Steigerung der elektrischen Festigkeit; höhere Konzentrationen über
20% erbringen nur geringeren Zuwachs.

Weitere Messungen mit technischer Wechselspannung und mit Stoßbeanspruchung für Luft mit 5, 10 und 29% Frigenzusatz bis zu 8 at
finden sich bei GOOSSENS [13]. Wie Abb. 108 zeigt, macht sich bei einer
Zunahme des Frigengehalts und des Drucks ein Unterschied zwischen
der höher liegenden Stoßspannungsfestigkeit und der bei
technischer Wechselspannung
bemerkbar; doch ist beisp. bei
7 at und 10% Frigenzusatz der
Stoßfaktor als Verhältnis von
Stoßdurchschlagspannung zur
Durchschlagspannung bei 50 Hz
noch nicht größer als 1,04. Für
höhere Frigenbeimischungen als
rd. 30% konnte die 50%-Stoßdurchschlagspannung wegen der
erheblichen Streuung der Meßwerte nicht mehr aufgenommen
werden.

Im Feld von 5 cm-Kugeln
bestimmten HUDSON, HOISING
TON und ROYT [41] die Festigkeit von Mischungen von Luft

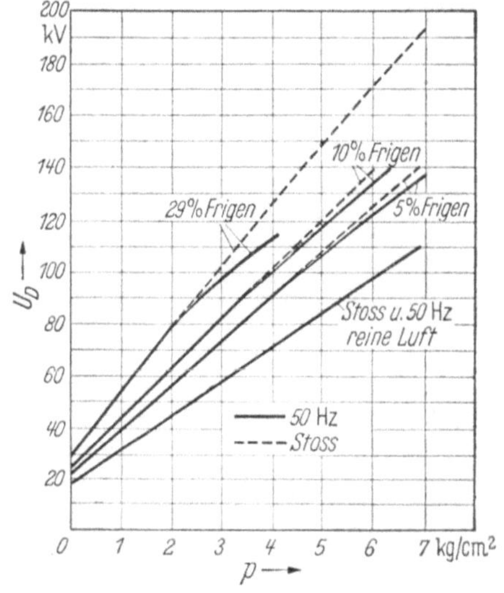

Abb. 108. Durchbruchspannung für Frigen–Luftgemische in Abhängigkeit vom Druck bei 20 °C [13].

mit Frigen und mit Schwefeldioxyd bis zu 7 at mit Gleichspannung
von 150 bzw. 100 kV. Weitere Messungen mit elektronegativen Gasen
der Methanreihe in Mischung mit Luft oder Wasserstoff s. [55].

f) Inhomogenes Feld. Über Messungen im Zylinderfeld unter erhöhtem Druck mit denselben Gasen wie bei seinen Versuchen mit Plattenelektroden berichtet FINKELMANN [5]. Bei einer lichten Weite des Hüllzylinders von $2R = 19,94$ cm variierte er den Radius der Innenelektrode
von $r = 5,96$ bis $r = 9,0$ cm. Die mit Wechselspannung erhaltenen Ergebnisse (ohne die in Stickstoff, die bei größeren Schlagweiten nur wenig von
denen für Luft abweichen) sind in Abb. 109 zusammengefaßt. Bei der
kleinsten Schlagweite von 0,97 cm, also einem angesichts der vergleichsweise großen Radien schon angenähert homogenen Feld, tritt in allen
untersuchten Gasen bei höherem Druck eine starke Festigkeitseinbuße

auf, deren Ursache nicht klar ist und wohl in einer nicht erkannten Störung der Versuchsbedingungen gesucht werden muß.

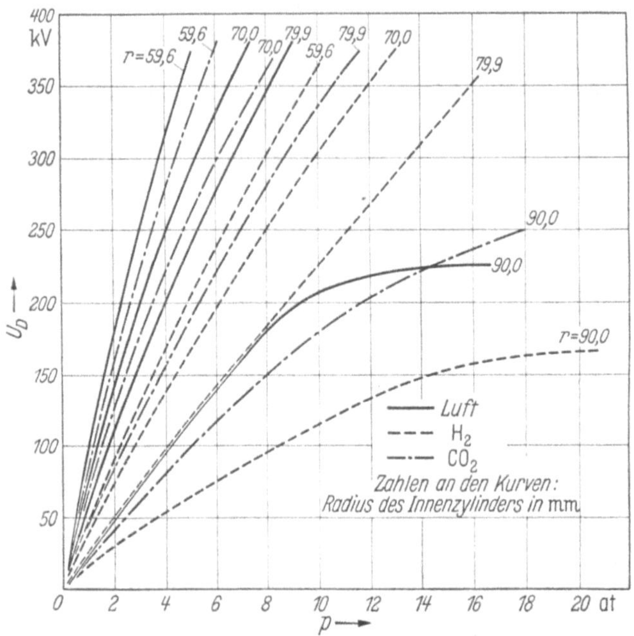

Abb. 109. Durchschlagspannung von Luft, Kohlensäure und Wasserstoff zwischen konzentrischen Zylindern als Funktion des Drucks.

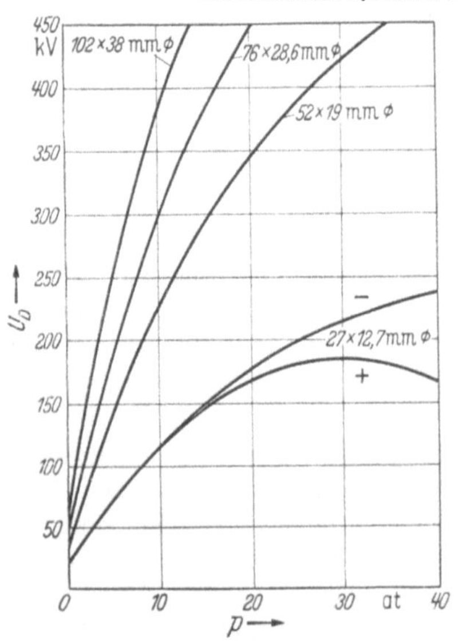

Abb. 110. Durchschlagspannung zwischen konzentrischen Zylindern in Luft (angeschriebene Zahlen geben Durchmesser der Elektroden.)

Über weitere Messungen in Stickstoff bis zu 14 at mit Zylindern von 25,4/31,8; 38/51; 133/170 und 150/170 mm Durchmesser s. PALM [4]. Mit Gleichspannung bis zu 450 kV untersuchte HoWELL [7] das Verhalten von Preßluft im Zylinderfeld; er benutzte Elektroden aus Kupfer mit $R/r \approx e$. Abb. 110 zeigt seine Ergebnisse. Beim Elektrodenpaar kleinster Abmessungen (12,7 und 27 mm ⌀) tritt ein deutlich ausgeprägter Polaritätseffekt auf; bei positiver Polung des Innenzylinders liegt die Durchschlagspannung unter starker Streuung der Meßwerte erheblich tiefer als bei negativer Innenelektrode.

Ebenfalls für das Feld zweier gleichachsiger Zylinder liegen Messungen von GOOSSENS [13] vor. Abb. 111 gibt seine Ergebnisse für Luft und ein 5%iges Frigen–Luftgemisch ab Atmosphärendruck bis zu 8 at. Eine 10%ige Frigenmischung erbringt nur eine geringfügige Festigkeitszunahme, dafür jedoch eine bei hohem Druck sehr große Streuung der Meßwerte. Wegen weiterer Meßergebnisse für Preßluft mit geringen CCl_4-Beimischungen muß auf die Originalarbeit verwiesen werden.

Die Kurven von Abb. 111 lassen beim Vergleich mit denen des gleichförmigen Feldes für denselben Elektrodenabstand von 1,2 cm erkennen, daß die ungleichmäßige Feldaufteilung mit einer Zusammendrängung der Feldlinien an der Innenelektrode zu einer erheblichen Absenkung der Festigkeit führt; auch tritt als Folge der Unsymmetrie ein Polaritätseffekt auf. Bei Drucken unter 4 at ist die Durchschlagspannung bei

negativem Innenzylinder größer, oberhalb 4,5 at bei positivem Innenleiter. Mit weiterer Steigerung des Drucks nimmt der Unterschied zu. Bei technischer Wechselspannung fällt die Durchschlagspannung entweder mit der jeweils niedrigeren Stoßdurchschlagspannung zusammen (bei niederem Druck) oder liegt nur sehr wenig darunter.

Polaritätseffekte prägen sich um so stärker aus, je mehr sich die Elektroden in ihrer Größe unterscheiden und je größer der Elektrodenabstand ist. Selbst bei nahe gegenüberstehenden Elektroden muß das Feld

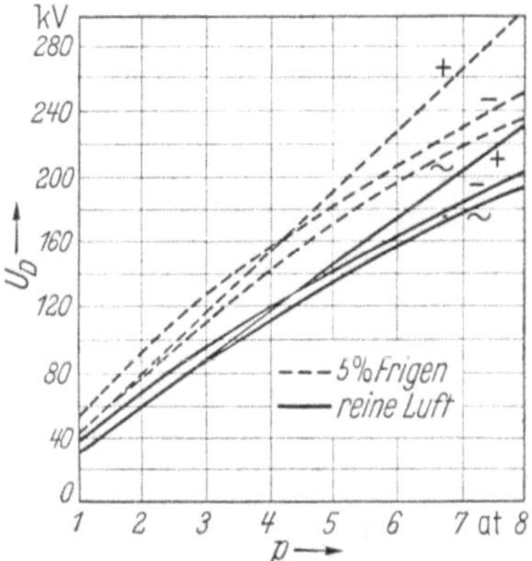

Abb. 111. Durchschlagspannung zwischen konzentrischen Zylindern in Preßluft und in einer 5%igen Frigenbeimischung ($R = 3,2$ cm, $r = 2,0$ cm).

im Achsenbereich bereits als leicht verzerrt angesehen werden, wenn eine der Elektroden etwa nur aus einer Kugel kleinen Durchmessers oder gar einer Spitze besteht. So berichtet ZEIER [16] über Messungen mit einer Kugel von 2 mm $\varnothing$ gegenüber einer ausgedehnten Metallfläche. Bei ausreichend hohem Druck (etwa ab 30 at) ließ sich sowohl in Luft und noch deutlicher in Stickstoff ein Polaritätsunterschied der Durchschlagspannungen nachweisen, und zwar ergab negative Polung der stärker gekrümmten Elektrode eine geringere Festigkeit der Anordnung.

Mit einer 5 mm-Kugel gegenüber einer großflächigen geerdeten Elektrode führte GÄNGER [8] Gleichspannungsversuche in Luft und Stickstoff bis 40 atü durch. Nur bei kleinen Abständen stimmen die Durchbruchspannungen für beide Polaritäten überein und erst unter 1 mm werden die Festigkeitswerte planparalleler Plattenelektroden erreicht. Bei größerer Elektrodenentfernung liegen die Funkenspannungen mit negativer Kugel bei niederem Druck bedeutend höher, bei hohem Druck tiefer als bei umgekehrter Polung der Elektroden. Infolgedessen ergibt die graphische Darstellung der Funkenspannung als Funktion der Schlagweite und mit dem Druck als Parameter einen proportionalen Anstieg bei sehr kleinen Abständen, der besonders im Gebiet von 4—6 mm in einen sehr viel langsameren und späterhin wieder geradlinigen Anstieg der Kurven übergeht.

Im inhomogenen Feld wie z. B. bei weitentfernten unterschiedlich großen Elektroden bilden sich bei langsamer Spannungssteigerung vor dem Durchschlag gut unterscheidbare Korona-Leuchterscheinungen aus. Bei negativer Polung der 5 mm-Kugel ist ihre der Gegenelektrode zugewandte Fläche nach dem Koronaeinsatz mit einer blauleuchtenden Glimmhülle überzogen, aus der kurz vor dem Durchschlag feine Leuchtstiele hervorzüngeln [8]. Damit das Leuchten auftritt, muß die Elektrodenentfernung bis zu 4 at mindestens 1,5 cm erreichen; bei 8,5 at glimmt die negative „Spitze“ erst knapp unter $d = 2{,}5$ cm. Bei hohem Druck geht das anfänglich diffuse Leuchten mit zunehmender Spannung in die Stielentladung über, so daß sich beisp. bei 10 atü Stickstoffüberdruck und einer Schlagweite von 2,5 cm folgendes Bild bietet: Aus der zur Gegenelektrode hingewandten Fläche der kleinen Kugel wachsen weißleuchtende (also stromstarke), etwa 5 mm lange Stiele hervor, mit denen die Kugelfläche dicht besät ist. Kurz vor dem Durchschlag kann manchmal ein äußerst feiner, sehr lichtschwacher Leuchtfaden bemerkt werden, der mit unruhig zuckender Bahn fast bis zur Platte reicht; bei geringer Spannungserhöhung erfolgt kurz darauf der vollkommene Durchbruch mit weiß leuchtendem Kanal als Folge der hohen Energieballung längs des Durchschlagwegs.

Mit positiver Kugel ist eine Leuchterscheinung vor der Funkenentladung nur bei niederem Druck (unterhalb von 3 at bei Schlagweiten bis zu 2,6 cm) feststellbar. Dabei lassen sich schon bei kleinen Elektrodenabständen feine blaue Leuchtfäden bemerken, die in das feldschwache Gebiet zur Kathode hin vorstoßen. Bei langsamer Spannungssteigerung kann man verfolgen, wie einer dieser Leuchtfäden schließlich bis zur Kathode heranreicht und damit den Durchschlag mit hellweiß leuchtendem Lichtbogenpfad einleitet. Bei Abständen über 1 cm und Drucken bis zu 3 at konnte eine interessanter Umschlag der Vorentladung beobachtet werden [8, 42]: Ohne UV-Bestrahlung schlägt die Gasstrecke bereits bei verhältnismäßig niederer Spannung durch, jedoch ist der Entladungsstrom so geringfügig, daß die Klemmenspannung des Hochspannungserzeugers hiervon fast nicht beeinträchtigt wird. Bei weiterer Erhöhung der Elektrodenspannung über den Durchschlagswert hinaus werden zunächst die bis zur Gegenelektrode reichenden stromschwachen Leuchtfäden immer kürzer, bis sie bei einer scharf markierten

Spannung völlig verschwinden und durch eine andere Entladungsform
ersetzt werden. Die Kugel ist jetzt im Bereich der höchsten Feldstärke
mit einer diffusen blauen Leuchtschicht erheblicher Dicke bedeckt, deren
Glimmsaum sich im Gasraum verliert. Mit der Spannung vergrößert die
Gasschicht ihre Leuchtkraft und Ausdehnung, bis schließlich bei rund
dem doppelten Wert der zum ersten stromschwachen Durchbruch führenden Spannung neuerdings ein Durchschlag eintritt, jetzt aber mit
hoher Stromstärke und starker Absenkung der Elektrodenspannung. Mit
Bestrahlung der Funkenstrecke tritt überraschenderweise ein Durchschlag bei der ersten Leuchtfaden-Entladungsstufe nicht ein, sondern
erst beim selben Spannungswert wie nach dem Umschlag der unbestrahlten Entladung. Über eine gleichartige Beobachtung der Einwirkung von
UV-Licht auf die Entladungsausbildung an Kugelelektroden bei großer
Schlagweite in Luft berichtet CLAUSSNITZER [43]. Vermutlich hängt der
Entladungsumschlag mit einer eigenartigen Strom-Spannungscharakteristik zusammen, wie sie von THIESSEN und BARTEL [44] bei Verwendung einer teilweise abgeschirmten positiven Spitze gegenüber einer negativen Plattenelektrode aufgenommen wurde. In Gasmischungen (am
ausgeprägtesten in Stickstoff mit 15% Sauerstoffzusatz) wird danach bei
atmosphärischem Druck in zunächst steilem Anstieg ein Stromhöchstwert erreicht; bei weiterer Erhöhung der Spannung verkümmert die Entladung, um sich erst nach Durchlaufen eines Stromkleinstwertes bei
neuerlichem langsamerem Anstieg des Glimmstromes wieder in bekannter
Weise aufzubauen.

Weitaus die größten Polaritätsunterschiede der Funkenspannungen
und noch ausgeprägtere Vorentladungen sind in dem am stärksten unsymmetrisch verzerrten Feld der Spitze–Plattenanordnung zu erwarten.
Zur eindeutigen Festlegung des Feldes im Bereich der scharfgekrümmten
Elektrode und zur besseren Reproduzierbarkeit der Messungen ist es zur
Vermeidung sonst eintretender Oberflächenveränderungen insbesondere
bei negativer Polung üblich, keine scharf zugespitzte Elektrode zu verwenden, sondern die Spitze in einer kugeligen Abrundung von einigen
zehntel Millimeter Durchmesser endigen zu lassen.

Bei negativer Spitze (Spitzenwinkel 25°) erscheint das Glimmen in
allen untersuchten Gasen (Luft, Stickstoff, Kohlensäure) bei nicht zu
kleinen Elektrodenabständen [8]. Bei niederem Druck ist die Lichterscheinung äußerst lichtschwach, ebenso bei kleinen Elektrodenabständen und erhöhtem Druck. Sie besteht in einem hellen Ansatzpunkt
auf der Spitze, dem Kathodenfleck, und einem unruhig zuckenden, in
einer unscharf begrenzten Spitze endigenden Leuchtraum von 3—5 mm
Tiefe, aus dem Entladungsfäden zur plattenförmigen Gegenelektrode
vorwachsen. Mit zunehmender Spannung geht die Entladung in ein sehr
heftiges Sprühen über mit fast bis zur Platte reichenden Vorentladungen

und bald nachfolgendem Durchschlag. Dessen blendend weißer Kanal verläuft zumeist nicht zur Mitte der Platte, sondern zum Rand hin. Die Einsatzspannung des Glimmens nimmt mit dem Druck viel weniger als die Durchschlagspannung zu. In Stickstoff kann die Vorentladung bei größeren Elektrodenentfernungen als 4 mm bis zum höchsten Druck verfolgt werden, während in Luft der Glimmbeginn sich mit zunehmendem Druck zu größeren Elektrodenentfernungen verschiebt, z. B. auf 12 mm bei 25 atü und 115 kV; bei noch größeren Abständen tritt das Glimmen in Luft nicht mehr auf, weil die absinkende Funkenspannung die Vorentladung unterdrückt. Die ziemlich geradlinig verlaufende Kennlinie der Glimmeinsatzspannung steigt wesentlich langsamer als die Kurve der Funkenspannung an.

In Kohlensäure erscheint bei positiver Spitze nur manchmal ein kurzes Aufleuchten an der Spitze knapp unter der zum Durchschlag benötigten Spannung. Bleibt die Vorentladung aus, so streut die Funkenspannung wegen des Mangels an geeigneten Anfangselektronen im Bereich des Spitzenfeldes außerordentlich stark. Diese Beobachtung [8] deckt sich nicht mit der von POLLOCK und COOPER [17], die für eine Elektrodenentfernung von 3 mm angeben (s. Abb. 3 ihrer Arbeit), daß oberhalb des Atmosphärendrucks die Glimmeinsatzspannung der positiven Spitze bis hin zum Tiefstwert der Funkenspannung beim kritischen Druck deutlich unter der Funkenspannung liegt. Dagegen herrscht Übereinstimmung darüber, daß sowohl in Luft als auch in Stickstoff von geringem Druck das Glimmen schon bei kleinen Elektrodenabständen auftritt. Es ist kenntlich an einer weiß leuchtenden Lichthaut auf der Spitze und nimmt mit der Spannung an Ausdehnung zu; auf die Lichthaut folgt eine bläulich-weiße kugelige Lichterscheinung mit verwaschenem Übergang zum nichtangeregten Raum. Mit steigendem Druck erscheint das Glimmen erst bei größeren Abständen, um nach dem Abfall der Funkenspannung nicht mehr aufzutreten. Kurz zuvor äußert sich die Instabilität der Vorentladung durch ein unregelmäßiges Aufflackern und Erlöschen: Auch bei völlig konstanter Spannung verschwindet die Glimmerscheinung plötzlich, leuchtet wieder in voller Ausdehnung auf und wandert auf der Spitze unregelmäßig hin und her, erlischt wieder usw.

Für einen Elektrodenabstand von 3 mm bestimmten POLLOCK und COOPER [17] Glimmeinsatz- und Funkenspannungen für beide Polaritäten bei einer Reihe von Gasen (A, He, H_2, N_2, O_2, CO_2, SF_6, CCl_2F_2 und einige Mischungen dieser Gase). Der Beginn des Glimmens wurde dabei dem erstmaligen Auftreten einzelner Stromimpulse bei der oszillographischen Beobachtung des Entladungsstromes gleichgesetzt. Bei allen Gasen liegt die Einsatzspannung der positiven Spitze höher, soweit die positive Vorentladung überhaupt beobachtet werden kann und noch nicht von der absinkenden Funkenspannung unterdrückt wird. Messungen von HOWELL [7] ergänzen diese Angaben; nach ihm verlaufen bei einer Darstellung der Elektrodenspannung als Funktion des Druckes die Kurven für konstanten Koronastrom bei positiver Spitze stets etwas oberhalb denen für umgekehrte Polung und steigen weit langsamer an als die Kurve der Funkenspannung.

Ein besonderes Charakteristikum der Funkenspannung im stark verzerrten Feld ist der schon mehrfach erwähnte Rückgang bei einem kritischen Druck in den meisten der bisher untersuchten Gasen. Solche auffälligen Einsattelungen der Funkenspannungskurven bei einer Auftragung über dem Druck wurden bereits vor vielen Jahren für die Anordnung zweier sich gegenüberstehender Spitzen von RYAN [45] beschrieben und auch die stärkere Ausprägung des Effekts bei größeren

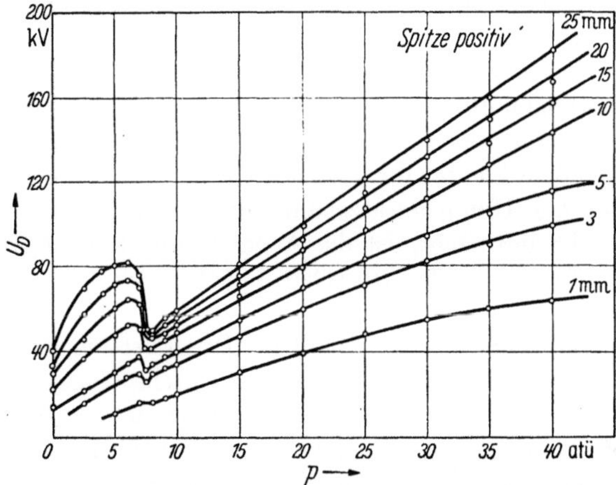

Abb. 112. Funkenspannung zwischen Spitze–Platte in Abhängigkeit vom Druck.

Elektrodenabständen festgestellt. Doch blieben seine Ergebnisse unbeachtet, und das besondere Verhalten stark ungleichmäßiger Elektrodenanordnungen wurde erst sehr viel später neuentdeckt und näher untersucht. In kurzer Aufeinanderfolge erschienen die Veröffentlichungen von GOLDMAN und WUL [46] (zitiert. nach [17]) über Untersuchungen der Spitzenentladung in Stickstoff mit einer Platinspitze von 0,43 mm $\varnothing$ bei Drucken bis zu 17 bzw. 31 at mit Gleich-, Wechsel- und Stoßspannungen, von POLLOCK und COOPER [17] über Gleichspannungsmessungen an einer großen Zahl von Gasen bei Drucken bis teilweise zu 30 at sowie von SKILLING [1], HOWELL [7] und HUDSON [47] in Luft bis zu 20 bzw. 30 at; ohne Kenntnis dieser Arbeiten berichteten BAER [48] über den Preßluftdurchschlag bis 30 at zwischen Spitze–Platte bei Wechselspannung und GÄNGER [8] über den Gleichspannungsdurchschlag in Luft, Stickstoff und Kohlensäure bis 40 atü bei veränderlicher Schlagweite sowie über den Wechselspannungsdurchschlag von Frigen im

Spitzenfeld [49]. Weitere Messungen liegen vor von GOOSSENS [13] mit Wechsel- und Stoßspannung in reiner Luft und Luft–Frigenmischungen bei 1 cm Spitze–Platte-Abstand sowie von BÖCKER [50] in Luft.

Zur Kennzeichnung des Effekts sind hier die besonders eingehenden Messungen von GÄNGER [8] in Abb. 112 für Luft wiedergegeben. Sie zeigen bei positiver Polung der einer geerdeten Platte gegenüberstehenden Spitze eine Zunahme der Durchschlagspannung nur bis zu einem gewissen kritischen Druck und bei Drucksteigerung darüber hinaus einen besonders in Luft jähen Rückgang und anschließend wieder einen langsamen, fast geradlinigen Anstieg. In Stickstoff ist der Verlauf gleichartig bei nur wenig höheren Durchschlagspannungen. Die Festigkeitsminderung bei den größeren Elektrodenabständen ist recht beträchtlich. Bei den kleinen Schlagweiten deutet sich der Effekt gerade noch an, weil dann das Feld zwischen der abgerundeten Spitze und der Platte in Achsennähe noch nicht allzusehr vom gleichförmigen abweicht. So liegt beispielsweise die Festigkeit der 1 mm-Strecke zwar noch unter der des Feldes zweier planparalleler Plattenelektroden, kommt ihr aber doch schon nahe.

Nachdem die Glimmeinsatzspannung diesen Abfall der Funkenspannung nicht mitmacht, ist die Angabe von HOWELL [7] wohl verständlich, daß oberhalb des kritischen Drucks auch kein Vorstrom über die Funkenstrecke fließt.

In Luft vollzieht sich der Abfall im Druckbereich zwischen 8 und 9 at; in Stickstoff wird der Höchstwert der Durchschlagspannung bereits bei 6 at erreicht (nach HOWELL [7] mit $d = 0{,}64$ mm erst bei 13 at), auch erfolgt der Spannungsrückgang nicht so plötzlich wie in Luft. Hier nicht wiedergegebene Kurven für Kohlensäure zeigen Höchstwerte der Durchschlagspannung mit positiver Spitze bei 4,5 at und eine geringere Festigkeitseinbuße. Auch in diesem Gas steigt die Durchschlagspannung nach dem Abfall näherungsweise geradlinig wieder an. Bei einer Erhöhung der Gastemperatur erhöht sich der kritische Druck [46]. Für eine stumpfe Spitze liegt er tiefer als für eine scharf zugespitzte [7]. Dem steht eine Angabe von SKILLING [1] entgegen, wonach der kritische Druck von der Form der Spitze nicht beeinflußt wird. Je stumpfer die Spitze, desto geringer ist der Festigkeitsverlust und um so rascher steigt die Funkenspannung bei weiterer Druckerhöhung an [1]. Wegen der bei scharfer Spitze nur geringfügigen Spannungserhöhung mit zunehmender Schlagweite bringt selbst eine vielfache Vergrößerung des Abstandes spannungführender Teile im stark verzerrten Feld und bei hohem Gasdruck nur einen unerheblichen Festigkeitsgewinn. Hieraus folgt für die praktische Anwendung der Preßgasisolation als wichtige Regel, daß in all den Fällen, in denen das Feld zwischen spannungführenden Teilen nicht näherungsweise gleichförmig gestaltet werden kann, der verhältnismäßig niedrig liegende kritische Druck nicht überschritten werden darf, weil eine weitere Drucksteigerung zu einer Einbuße an Spannungsfestigkeit führen kann.

Die Messungen von POLLOCK und COOPER [17] weichen von denen von GÄNGER [8] insoweit ab, als sie den Abfall der positiven Spitzenspannung auf höheren Druck verlegen (in Luft zwischen 11 und 14 at, in CO_2 zwischen 8 und 12 at); auch BÖCKER [50] gibt als optimalen Druck in Luft 12 at an. Worauf diese Diskrepanzen zurückzuführen sind, kann nicht gesagt werden. Nach HOWELL [7] beginnt der Abfall der Funkenspannung in Preßluft zwischen 8—11,5 at unter großer Streuung der Meßpunkte und erreicht bei rund 12 at den tiefsten Wert. SKILLING [1] gibt das Maximum der Funkenspannung zwischen Spitzen für 5—10 mm Schlagweite bei 8 at an. HUDSON [47] kennzeichnet den Verlauf der Funkenspannungskurve für positive Spitze bei 8 mm Schlagweite dahin, daß nach einem scharfen Anstieg ein Abfall auf näherungsweise halben Wert folgt und anschließend oberhalb 10 at die Funkenspannung wieder ansteigt. Sehr gut fügt sich eine Messung von GOOSSENS [13] mit 1 cm Elektrodenabstand bis zu 8 at in die Ergebnisse gemäß Abb. 112 ein; seine Funkenspannungen für positiven Stoß und Wechselspannung decken sich recht gut mit den vergleichbaren Werten und erreichen ihr Maximum ebenfalls bei etwa 7 at. Auch in Frigen liegt der von POLLOCK und COOPER [17] angezeigte Druckbereich, in dem sich der Abfall der Funkenspannung vollzieht, um rd. 2 Atmosphären höher, als ihn GÄNGER [49] (bei 2—3 at) angibt. Die Messungen von GOOSSENS können in diesem Fall nicht zum Vergleich herangezogen werden, da dieser nur Frigen-Luftmischungen mit einem Frigengehalt bis zu 50% untersuchte.

Bei negativer Spitze treten in Kohlensäure und Stickstoff keine Besonderheiten auf, außer daß sich in Stickstoff bei großen Schlagweiten und Drucken über 30 at die Spannung ebenfalls nicht weiter erhöhen läßt. Bis dahin steigt die Funkenspannung fast geradlinig an, so daß z. B. in Kohlensäure der Durchschlag bei Schlagweiten von 5—10 mm und Drucken von 30—40 at erst bei 160—200 kV oder noch darüber eintritt. Auch in Luft erfolgt der Anstieg anfänglich gleichmäßig rasch, doch schließt sich bei Elektrodenentfernungen von mehr als 8 mm ein Abfall an, der bei den kleineren Abständen bei 10 atü einsetzt und sich mit Vergrößerung des Abstandes zu höheren Werten des Druckes verschiebt. Die Streuung ist hierbei sehr groß, weshalb die Kurven für hochverdichtete Luft nur einen ungefähren Anhalt über das Verhalten der Funkenspannung bei hohem Druck und negativer Spitzenpolarität abzugeben vermögen. Messungen von HOWELL [7] decken sich mit den hier besprochenen von GÄNGER nur teilweise; für eine Schlagweite von $d = 6,3$ mm stimmen die Ergebnisse gut überein, dagegen steigt die

Howell-Kurve für $d = 12,7$ mm monoton an und führt ohne Einsattelung beim Höchstdruck von 40 at auf eine Spannung von 210 kV.

Die Ausdehnung der speziellen Ergebnisse im Spitzenfeld auf andere Felder mit ebenfalls stark gekrümmten Elektroden ist naheliegend und auch berechtigt, wie aus Untersuchungen von Nonken [37] mit Stabelektroden von quadratischem Querschnitt (12 mm Kantenlänge) hervorgeht. Die Durchschlagspannung einer solchen Anordnung erhöhte sich bei 60 Hz-Wechselspannung in Stickstoff nur bis zu rd. 7 at und in Frigen nur bis zu einem etwas über 1 at liegenden Druck und sank dann bei weiterer Drucksteigerung auf einen Wert ab, der nur wenig über der Koronaanfangsspannung lag.

In den Edelgasen Helium und Argon sowie in Wasserstoff, also in Gasen an und für sich geringer Festigkeit, lassen die Messungen von Pollock und Cooper [17] bis zu 28 at keinen Abfall der Funkenspannung erkennen. Dagegen stellt sich in den anderen untersuchten Gasen (Luft, Kohlensäure, Frigen, Schwefelhexafluorid, Sauerstoff und Mischungen von Sauerstoff mit 50 und 75% Helium, mit 75% Argon und mit 75% Stickstoff) der Spannungsrückgang bei positiver Spitze ein und scheint daher eine allgemeine Eigenschaft der negative Ionen bildenden Gase (Ausnahme Stickstoff) zu sein. Sicherlich ist der Grund für den frühzeitigen Durchschlag beim kritischen Druck in dem dann nicht mehr gehemmten Vorwachsen des den Durchbruch einleitenden Leuchtfadens zur Kathode zu suchen. Der sich vorbohrende Kanal muß in dem fraglichen Druckbereich besonders günstige Bedingungen für sein weiteres Fortschreiten vorfinden, sei dies nun etwa eine zu besonders hoher Ladungsdichte im Lawinenkopf führende druckbegünstigte Elektronenionisierung oder eine reichliche Erzeugung von Photoelektronen vor der Kanalspitze. Die Deutung des Spannungsrückgangs als Folge einer Feldemission [1] könnte höchstens für einen etwaigen Abfall bei negativer Spitze versucht werden. Doch erscheint eine solche Annahme nicht besonders aussichtsreich, nachdem die Elektrodenspannung durch Anwendung noch höherer Drucke weiter gesteigert werden kann und nachdem vor allem die Messungen in Stickstoff und erst recht in Kohlensäure bezeugen, daß der bisher nur in Luft beobachtete Abfall keine Eigenschaft des Kathodenmetalls, sondern der Gasfüllung ist und mit diesen beiden Gasen wesentlich höhere Durchschlagspannungen als in Luft erreicht werden können.

Hinzuweisen ist noch auf eine gewisse Verschiebung des Minimums der Funkenspannungskurve bei positiver Spitze durch eine sehr energiereiche Fremdeinstrahlung, wie dies Pollock und Cooper mit Röntgenlicht feststellten. Durch die Einstrahlung wird zunächst die gemessene Glimmeinsatzspannung wegen der Aufhebung des Zündverzugs erniedrigt; zum Teil wird aber auch der Funkeneinsatz im Bereich des kritischen Drucks zu etwas höherem Druck verschoben und hierdurch die Festigkeit des Gases leicht erhöht. Als Ursache hierfür vermuten Pollock und Cooper eine reichliche Zusatzerzeugung von Ionenpaaren und eine dadurch bedingte Absenkung des Feldes an den Spitzen der vorwachsenden Leuchtfäden, wodurch die Bedingungen für die Ausbreitung der Entladung bis zur Kathode verschlechtert würden.

Literaturhinweise zu Kapitel XV.

1. Skilling, H. H.: Trans. A. I. E. E. 58 (1939) 161; H. H. Skilling u. W. C. Brenner: Trans. A. I. E. E. 60 (1941) 112; 61 (1942) 191.
2. Félici, N. u. Y. Marchal: Rev. gén. Electr. 57 (1948) 155.
3. Palm, A.: ETZ 47 (1926) 904.
4. Palm, A.: Arch. Elektrotechn. 28 (1934) 298.
5. Finkelmann, E.: Arch. Elektrotechn. 31 (1937) 282.
6. Weber, W.: Arch. Elektrotechn. 36 (1942) 166.
7. Howell, A. H.: Trans. A. I. E. E. 58 (1939) 193.
8. Gänger, B.: Arch. Elektrotechn. 34 (1940) 633.
9. Trump, J. G., F. J. Safford u. R. W. Cloud: Trans. A. I. E. E. 60 (1941) 132.
10. Toepler, M.: Arch. Elektrotechn. 26 (1932) 429.
11. Franck, S.: Z. Phys. 87 (1934) 323; Arch. Elektrotechn. 28 (1934) 485; s. a. F. M. Bruce, J. I. E. E. 94, II (1947) 138.
12. Reher, C.: Arch. Elektrotechn. 25 (1931) 277.
13. Goossens, R. F.: CIGRE-Bericht 117 (1948).
14. Gänger, B.: Fiat-Bericht 778 (1946).
15. Race, H. H.: Gen. el. Rev. 43 (1940) 365.
16. Zeier, O.: Ann. Phys. 14 (1932) 415.
17. Pollock, H. C. u. F. S. Cooper: Phys. Rev. 56 (1939) 170.
18. Wolf, M.: Wied. Ann. 37 (1889) 306.
19. Hayashi, F.: Ann. Phys. 45 (1914) 431.
20. Guye, C. E. u. P. Mercier: Arch. sc. phys. et nat. (5) 2 (1920) 30 u. 99.
21. Hammerschaimb, G. u. P. Mercier: Arch. sc. phys. et nat. (5) 3 (1921) 356 u. 488.
22. Guye, C. E. u. P. Mercier: Arch. sc. phys. et nat. (5) 4 (1922) 27.
23. Guye, C. E. u. J. J. Weiglé: Arch. sc. phys. et nat. (5) 5 (1923) 19, 85 u. 197.
24. Guye, C. E., P. Mercier u. J. J. Weiglé: C. R. 180 (1925) 1251.
25. Young, D. R.: J. Appl. Phys. 21 (1950) 222.
26. Loeb, L. B.: Proc. Phys. Soc. 60 (1948) 561.
27. Miller, Ch. G. u. L. B. Loeb: Phys. Rev. 73 (1948) 84.
28. Buehl, R. C.: Trans. A. I. E. E. 58 (1939) 205.
29. Adams, J. B., J. C. Hubbard u. R. T. K. Murray: Phys. Rev. 51 (1937) 63.
30. Natterer, K.: Ann. Phys. Chem. 38 (1889) 663.
31. Ritter, F.: Ann. Phys. (4) 14 (1904) 118.
32. Warburg, E. u. F. R. Gorton: Ann. Phys. (4) 18 (1905) 128.
33. Wright, R.: J. Chem. Soc. 111 (1917) Teil II, 643.
34. Joliot, F., N. Feldenkrais u. A. Lazard: C. R. 202 (1936) 291.
35. Plank, R.: Beihefte d. Zeitschr. Ver. Deutsch. Chem. Nr. 44 (1942).
36. Rodine, M. T. u. R. G. Herb: Phys. Rev. 51 (1937) 508.
37. Nonken, G. C.: Trans. A. I. E. E. 60 (1941) 1017.
38. Charlton, E. E. u. F. S. Cooper: Gen. el. Rev. 40 (1937) 438.

39. Plank, R.: Sonderdruck „Großkältemaschinen“ nach VDI-Vortrag 1940.

40. Trump, J. G.: El. Engng., Juni 1947.

41. Hudson, C. M., L. E. Hoisington u. L. E. Royt: Phys. Rev. **52** (1937) 664.

42. Schwaiger, F.: Dissert. T. H. München 1940 (Ref. ETZ **61** (1940) 902).

43. Claussnitzer, J.: Phys. Z. **34** (1933) 891.

44. Thiessen, P. A. u. H. Bartel: Z. techn. Phys. **16** (1935) 285.

45. Ryan, H. J.: El. J. **2** (1905) 429; Trans. A. I. E. E. **30** (1911) 1.

46. Goldman, J. u. B. Wul: Techn. Phys. USSR **1** (1935) 497; **3** (1936) 16; J. Goldman, Techn. Phys. USSR **5** (1938) 355.

47. Hudson, G. G.: Phys. Rev. **55** (1939) 1122.

48. Baer, W.: Arch. Elektrotechn. **32** (1939) 684.

49. Gänger, B.: Arch. Elektrotechn. **37** (1943) 267.

50. Böcker, H.: Arch. Elektrotechn. **40** (1950) 37.

51. Trump, J. G., R. W. Cloud, J. G. Mann u. E. P. Hanson: El. Engng. **69** (1950) 961.

52. Schumb, W. C., J. G. Trump u. G. L. Priest: Industr. and Engin. Chemistry (Easton, Pa.) **41** (1949) 1348.

53. Geballe, R. u. F. S. Linn: J. Appl. Phys. **21** (1950) 592.

54. Camilli, G. u. J. J. Chapman: Trans. A. I.E.E. **66** (1947) 1463; Gen. el. Rev. **51** (1948) 35; W. A. Wilson, J. H. Simmons, T. J. Brice: J. Appl. Phys. **21** (1950) 203; M. J. Gross: Amer. J. Radiology **65** (1951) 103; G. Camilli, B. S. Gordon u. R. E. Plump: El. Engng. **71** (1952) 513.

55. Neubert, U.: Arch. Elektrotechn. **40** (1952) 370.

XVI. Der Überschlag fester Isolatoren in Gasen.

a) Ursachen der Festigkeitsverringerung. Spannungführende Teile einer elektrischen Anlage lassen sich durch Gase allein nicht isolieren. Die auf hohem Potential befindlichen Leiter müssen in vorbestimmter Lage angeordnet und festgehalten werden, was die zusätzliche Verwendung von Stütz- und Hängeisolatoren erfordert. Wie die Praxis beweist, vermindern solche Isolierkörper im Regelfall die elektrische Beanspruchungsfähigkeit der Anordnung, obwohl ihre Durchschlagfestigkeit (abgesehen vom Sonderfall sehr hoher Temperatur) fast immer die des umgebenden Gases übertrifft. Bei Steigerung der Spannung bildet sich der die Elektroden kurzschließende Funkenkanal im Gas längs der Oberfläche des festen Isolierstoffs oder auch neben diesem bei einer Spannung aus, die unter jener der isolatorfreien Anordnung liegt. Im Gegensatz zum unbeeinflußten Gas*durch*schlag sei eine derartige Funkenbildung entlang der Trennfläche von festem und gasförmigem Medium als *Über*schlag bezeichnet.

Nachdem der Überschlag sich im Gas abspielt, muß die Erklärung für die Minderung der Festigkeit in der Anwesenheit des festen Isolators gesucht werden. Dieser nimmt keinen aktiven Anteil an der Entladung und kann daher den Gasdurchschlag nur dadurch begünstigen, daß er das elektrische Feld verändert und verzerrt. Zur Untersuchung dieses Einflusses eignet sich am besten das ohne Isolator streng homogene Feld im Mittelraum zweier planparalleler Plattenelektroden mit ROGOWSKI-Randprofilierung, in das der feste Körper so eingeschoben wird, daß er eine Kraftröhre voll erfüllt. Hierdurch dürfte sich eigentlich am Feldverlauf nichts ändern; im Gasraum und im Innern des Isolators müßte dieselbe, nach den Gesetzen der Elektrostatik zu bestimmende Feldstärke herrschen. Doch ist die festgestellte niedrigere Festigkeit der Kombination gegenüber der bei alleiniger Erfüllung des Raumes durch das Gas ein Beweis dafür, daß das ursprüngliche Feld nicht erhalten bleibt und es längs der Trennfläche und damit auch in der angrenzenden Gasschicht verzerrt wird.

Die Ursachen zu einem solchen Feldumbau können verschiedenartiger Natur sein:

1. Der Oberflächenwiderstand des eingebrachten Isolators ist auch bei einem recht homogenen Material an verschiedenen Stellen nie derselbe. Der kleine Isolationsfehlerstrom längs der Oberfläche zwischen den Elektroden ruft an den Stellen niederen Widerstandes geringere Spannungsabfälle als in deren Nachbarschaft hervor, wodurch diese Stellen auf Kosten ihrer Umgebung von der elektrischen Beanspruchung mehr oder weniger entlastet werden; an den Stellen erhöhter Oberflächengüte steigt die Feldstärke über den Mittelwert an. Wäre der Isolationswert des festen Körpers etwa als Folge eines schlechten Materials oder durch gleichmäßige Verschmutzung gemindert, so könnte der hierbei verhältnismäßig große Kriechstrom das Feld höchstens vergleichmäßigen, aber nicht ungünstiger gestalten. Dies ist erst möglich, wenn die Oberflächenbeschaffenheit von Ort zu Ort schwankt. Dabei sind die örtlichen Unterschiede der Feldstärke zumeist nicht bei hoher resultierender Leitfähigkeit, sondern bei hohem Widerstand der Oberfläche stark ausgeprägt. Beispielsweise kann sich die Berührung eines gut getrockneten und gereinigten Isolators mit ungeschützten Fingern deutlich in einer Verminderung der Überschlagspannung bemerkbar machen. An der Stelle des Fingerabdrucks wird die Leitfähigkeit durch feinste Fett- oder Feuchtigkeitshäute erhöht, wodurch die Feldstärke im angrenzenden Gebiet ansteigt. Dort beginnt bei ausreichender Spannung zuerst die Ionisation im Gas und leitet damit den Durchbruch ein. In gleicher Weise wirken sonstige Verschmutzungen der Oberfläche, insbesondere wenn sie hygroskopisch sind.

Bei Gleichspannungsbeanspruchung bestimmt ausschließlich der OHMsche Widerstand die Potentialaufteilung längs der Isolatoroberfläche. Im Wechselfeld gesellt sich als weiterer maßgeblicher Faktor der Einfluß der Teilkapazitäten hinzu, die in periodischer Folge umzuladen sind. Es hängt von der relativen Größe von Wirk- und Blindwiderstand und damit hauptsächlich von der Frequenz der Wechselspannung ab, ob die Wirk- oder die Verschiebungsströme das Oberflächenfeld bestimmen. Danach dürfte im Wechselfeld der Oberflächengüte nicht mehr die überragende Bedeutung für die Spannungsaufteilung beizumessen sein, die ihr im Gleichfeld zukommt.

2. Das zunächst gleichmäßige Oberflächenfeld kann durch ungleichmäßig verteilte Flächenladungen entstellt werden. Schon schwächste Vorentladungen an den Elektroden oder zuvorgehende Überschläge können Quellen solcher Ladungen sein. Ihr Einfluß auf die Potentialverteilung ist um so größer, je schwächer die anderen feldbestimmenden Faktoren sind. So ist vor allem bei der Überschlagprüfung eines Isolators hoher Oberflächengüte mit Gleichspannung auch schon von minimalen Flächenladungen eine Festigkeitserniedrigung zu erwarten.

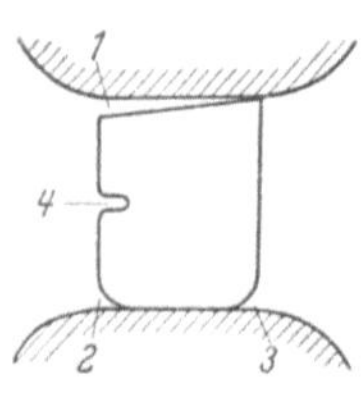

Abb. 113.
Festigkeitsmindernde
Lufteinschlüsse.

3. Alle Beobachter stimmen darin überein, daß die Überschlagfestigkeit dann in besonders hohem Maße beeinträchtigt wird, wenn der eingebrachte Isolator nicht voll und ganz den Raum einer Kraftröhre erfüllt, und zwar sind es gerade die sehr kleinen Lücken, die sich unheilvoll auswirken. Beispiele hierfür siehe Abb. 113. Die Pfeile 1—3 kennzeichnen Stellen, wo die Elektroden nicht satt am Isolator anliegen und beide Teile durch eine dünne Gasschicht getrennt sind; Pfeil 4 weist auf eine Einkerbung im festen Stoff hin. In allen Fällen sind die gasgefüllten Zwickel mit einem Material höherer Dielektrizitätskonstante in Reihe geschaltet. In ihnen steigt die Feldstärke nahezu auf den ε_r-fachen Wert der isolatorfreien Anordnung ($\varepsilon_r =$ relative Dielektrizitätskonstante des festen Isolierstoffes). Auch wenn der Mittelwert der Feldstärke zwischen den Elektroden noch weit unter dem zum Durchschlag gehörenden Wert liegt, so kann doch in den Spalten wegen ihres hohen dielektrischen Widerstandes gegenüber der Umgebung Ionisation einsetzen, wobei eine große Zahl von Ladungsträgern entsteht. Die Vorentladung versorgt ihre Umgebung mit freien Ladungen, die das Oberflächenfeld verzerren und der Entladung zur weiteren Ausbreitung verhelfen. Der Überschlag tritt unter diesen Umständen schon frühzeitig ein. Von besonderer Gefährlichkeit sind Gaseinschlüsse unmittelbar an den Elektroden, wie sie bei einem nicht überall satten Kontakt zwischen Endfläche des Isolators und anliegender Elektrode unvermeidlich sind, weil der sich ausbildenden Vorentladung Energie in unbegrenzter Menge zugeführt werden kann. Dagegen pflegen sich überbeanspruchte Gaseinschlüsse in einiger Entfernung von den Elektroden vor allem bei Gleichspannung weniger schlimm auszuwirken, weil der hohe Oberflächenwiderstand die zur Erhaltung des Ionisierungsprozesses notwendige Energie in nur kleinsten Beträgen zufließen läßt. Es erscheint sogar möglich, daß eine solche Einkerbung durch die einsetzende Ionisierung von der hohen Bean-

spruchung wegen der Vergleichmäßigung des Feldes entlastet wird. Sofern die erzeugten Ladungen keine nachteiligen Wirkungen ausüben, könnte eine gewisse Selbstheilung bzw. Stabilisierung der überbeanspruchten Stelle erwartet werden.

4. Wie noch zu zeigen ist, läßt eine Benetzung der Isolatoroberfläche die statische Überschlagspannung sehr erheblich unter die Durchschlagspannung des Gases sinken. Ein solcher Einfluß erscheint zunächst nur bei einer ungleichmäßigen Verteilung der Feuchtigkeit auf der Oberfläche unter Bildung von Zonen unterschiedlichen Oberflächenwiderstandes möglich; eine gleichmäßige Erhöhung der Oberflächenleitfähigkeit durch einen homogenen Feuchtigkeitsbelag und ein dadurch bedingter hoher Wert des Kriechstromes dürften eigentlich die Potentialverteilung nicht stören, sondern müßten eher die schwachen Einwirkungen zufälliger Unregelmäßigkeiten überdecken und stabilisierend wirken. Doch konnte zweifelsfrei nachgewiesen werden, daß bei höherem Feuchtigkeitsgehalt des Gases und damit auch der Isolatoroberfläche die Überschlagfestigkeit absinkt. Die Ursache einer solchen Festigkeitsverminderung kann wohl nur in einem Polarisationsvorgang in der Flüssigkeitshaut durch Ausbildung von „Raum"-Ladungen gesucht werden, die das Feld in Elektrodennähe versteilern. Vom Stromdurchgang durch schwache Elektrolyte ist es wohlbekannt, daß sich vor der Kathode positive und vor der Anode negative Ladungen ansammeln und in den Elektrodenbereichen zu stärkeren Potentialänderungen Anlaß geben. Der gleiche Effekt ist sicherlich auch bei langdauernder elektrischer Beanspruchung der Flüssigkeitshaut am Werk und bewirkt eine Aufladung des Isolators in Elektrodennähe. Nur bei Stoßbeanspruchung ist zu erwarten, daß sich die Überschlagfestigkeit bei benetzter Isolatoroberfläche nur wenig von der Durchschlagfestigkeit unterscheidet.

Fassen wir die angestellten Überlegungen zusammen, so sind für den Überschlag längs der Trennfläche Gas–fester Isolierstoff folgende Gesetzmäßigkeiten zu erwarten: Bei vollkommen trockener, idealhomogener Oberfläche und innigem Anliegen der Elektroden erreicht die Festigkeit beim Überschlag die des Durchschlags der isolatorfreien Anordnung. Gaseinschlüsse zwischen den Elektroden, ungleichmäßiger Oberflächenwiderstand und Benetzung der Isolatoroberfläche drücken die Überschlagfestigkeit unter diese obere Grenze herunter. Die Empfindlichkeit verdichteter Gase auf Störungen einer ursprünglich homogenen Potentialaufteilung läßt insbesondere für sie ein starkes Hervortreten dieser festigkeitsmindernden Einflüsse beim Einbringen eines festen Isolators erwarten.

b) Experimentelle Ergebnisse. Das vorliegende Untersuchungsmaterial ist der Zahl nach recht bescheiden. Systematische Untersuchungen wurden erst in geringem Umfange angestellt. Wohl als Erster wies

SCHWAIGER [1] auf den ungünstigen Einfluß hoher Luftfeuchtigkeit hin
und äußerte die Vermutung, daß die Werte der Durch- und Überschlagfestigkeit im völlig trockenen Gas gleich seien. Im gleichförmigen Feld
erhielt er bei einer Vergrößerung der Elektrodenentfernung eine wesentlich raschere Abnahme der elektrischen Festigkeit bei Anwesenheit eines
festen Isolators, selbst wenn für diesen Paraffin gewählt wurde, das sich
durch einen gleichbleibend hohen Oberflächenwiderstand auch bei Zunahme des Wassergehalts der Luft auszeichnet [18].

Messungen von KAMPSCHULTE [2] ließen den Einfluß von Elektrodenmaterial bzw. Oberflächenbeschaffenheit und eines guten Anliegens der
Elektroden an die Endflächen des zwischengeschobenen Isolators erkennen, wenn auch seine Ergebnisse wegen immer noch vorhandener
Störungen an den Enden des Prüfkörpers kein richtiges Bild vom spezifischen Verhalten einzelner Materialien vermitteln. Im Paraffin fand
KAMPSCHULTE einen Stoff, der die Festigkeit der Luft durch seine
Anwesenheit noch am wenigsten beeinträchtigt. Im Hochfrequenzfeld
(75 und 100 kHz) bringt Paraffin bei seiner Verwendung als Stütz-
isolator überhaupt keine Verringerung der Festigkeit mit sich; auch die
anderen untersuchten Stoffe (Turbonit, Porzellan, Glas) ergeben hierbei
nur ein geringes Absinken der Überschlagfestigkeit unter die Durchschlagfestigkeit des Gases. Die 50 Hz-Werte der Überschlagspannung
lagen tiefer. Dieses Ergebnis kann wohl nur so gedeutet werden, daß bei
Hochfrequenz die hinsichtlich der Potentialaufteilung allein bestimmenden Verschiebungsströme zu einem recht gleichmäßigen Oberflächenfeld
führen und etwa vorhandene Unregelmäßigkeiten wirkungslos machen.

Ein ähnliches Verhalten zeigte sich auch bei der Modelldarstellung
armierter Stützisolatoren. Die Plattenelektroden des gleichförmigen
Feldes waren hierbei durch zwei scharfkantige Blechringe ersetzt, die
passend auf einen Isolierstab aufgeschoben waren. In diesem inhomogenen Feld lag die im 50 Hz-Wechselfeld gemessene Überschlagspannung
für alle Materialien deutlich unter der Durchschlagspannung der Luft,
während bei Hochfrequenz die Zahlenwerte beider Spannungen zusam-
menfielen, ja die Überschlagspannung sogar für einige Stoffe noch etwas
höher lag, so daß in diesem Fall durch das Einbringen des festen Stoffes
die elektrische Festigkeit leicht erhöht wurde.

Während diese Versuche in freier Atmosphäre durchgeführt wurden,
unternahm es REHER [3], die Überschlagspannung in trockener Preßluft
zu messen. Durch Aufkitten der Elektroden konnte er Lufteinschlüsse
an den Enden des Prüfkörpers fast vollständig vermeiden, wodurch die
Festigkeit des Plattenfeldes bis zu 3 at beim Einbringen des Isolators
fast voll erhalten blieb. Bis hin zu 15 at sank die Überschlagspannung
auf rd. 70% der Durchschlagspannung ab. Die Angabe von REHER, daß
bei völlig einwandfreier Anordnung auch ein stärkerer Feuchtigkeits-

gehalt oder sogar eine zusammenhängende Feuchtigkeitshaut auf der Oberfläche des Isolators keine Minderung der Festigkeit mit sich bringe, wurde durch Versuche von anderer Seite widerlegt.

Orientierende Versuche über die Überschlagspannung in Stickstoff und Kohlensäure unter einem Überdruck bis zu 25 at von PALM [4] scheinen ohne besondere Trocknung der Isolierkörper und des Gases vorgenommen worden zu sein. Die gemessenen Festigkeitswerte steigen von einem sehr kleinen Wert bei 3 at bis hin zu 12 at auf das Doppelte an, um dann fast nicht mehr größer zu werden. Die Kurven für beide Gase decken sich fast. Die Messungen müssen als typisch für eine feuchte Oberfläche angesehen werden, die alle spezifischen Eigenschaften sowohl des Materials der Prüfkörper als auch des einhüllenden Gases unterdrückt.

Ebenfalls mit Wechselspannung bis zu 125 kV Scheitelwert führten GOLDMAN und WUL [5] Überschlagversuche an Hartgummizylindern in Stickstoff bis zu 20 at aus.

Die Beeinflussung der Überschlagspannung von Porzellanstützern für 10 und 30 kV Reihenspannung unter erhöhtem Luftdruck durch die Zumischung eines elektronegativen Dampfes untersuchte WEBER [6]. In Luft steigt die von ihm gemessene Überschlagspannung von 1 at bis hin zu 4 at auf knapp den doppelten Wert an, um dann konstant zu bleiben. Die Zumischung von Perchloräthylendampf (C_2Cl_4) erhöhte zwar die Überschlagspannung bei Atmosphärendruck erheblich, bis etwa zu dem in Luft von 4 at Überdruck gemessenen Wert, doch konnte die Festigkeit durch eine Erhöhung des Gemischdruckes nicht mehr nennenswert gesteigert werden.

Meßwerte für die 1|50-Stoßüberschlagspannung eines Porzellanzylinders von 1,5 cm Höhe zwischen Plattenelektroden gibt GOOSSENS [7] bis 5 at für Luft und Frigen-Luftmischungen. In Luft liegen seine Werte nur wenig unter der Durchschlagspannung, um sich bis zum höchsten Druck um rd. 30% von ihr zu entfernen. Schon geringe Frigenzusätze erhöhen die Durchschlagfestigkeit erheblich.

Die Abhängigkeit der Überschlagfestigkeit von der Luftfeuchtigkeit wurde von RITZ [8], HIPPAUF [9] und besonders eingehend von INGE und WALTHER [10] sowie BERBERICH u. a. [17] (s. auch S. 386) auch bei erniedrigtem Druck untersucht. RITZ findet, daß in der freien Atmosphäre die relative Feuchtigkeit bis auf 50% ansteigen darf, ohne zu einer erheblichen Minderung der Überschlagspannung zu führen; erst oberhalb 60% relativer Feuchtigkeit fällt die Überschlagspannung zunehmend und erreicht schließlich mit einem tiefsten Wert von 6 bis 8 kV/cm einen nur noch bescheidenen Bruchteil der Durchschlagfestigkeit. Bei größeren Elektrodenabständen ist diese minimale Festigkeit einer Anordnung nur wenig von den jeweiligen Versuchsumständen abhängig.

Die in gesättigtem Wasserdampf noch erzielbaren Überschlagwerte sind die niedersten, die überhaupt auftreten können. Es ist daher von einem gewissen technischen Interesse, diese Minimalfeldstärken zu kennen. Sie wurden von Böcker [11] bei Schlagweiten bis zu 3 cm in verdichteter Luft gemessen. In Abb. 114 sind die auch für Stickstoff geltenden Ergebnisse zusammengestellt. Aufgetragen ist die Überschlagfeldstärke $E_{\ddot{u}}$ für verschiedene Schlagweiten d in Abhängigkeit vom Druck. Aus dem Diagramm geht hervor, daß die minimale Überschlagspannung bei größeren Schlagweiten nicht mehr erheblich mit dem Abstand der Elektroden und dem Druck zunimmt. Die Meßwerte streuten nur wenig. Allerdings war es erforderlich, die Spannung bis zum Durchschlag rasch zu steigern (5 kV/sek), um eine Trocknung der Isolatoroberfläche durch Kriechströme oder Vorentladungen möglichst zu unterbinden. Aus dem gleichen Grund ist auch der Hochspannungserzeuger nach der Funkenbildung raschestens von der Versuchsanordnung abzutrennen und zwischen zwei Überschlägen jeweils eine längere Pause einzuschalten.

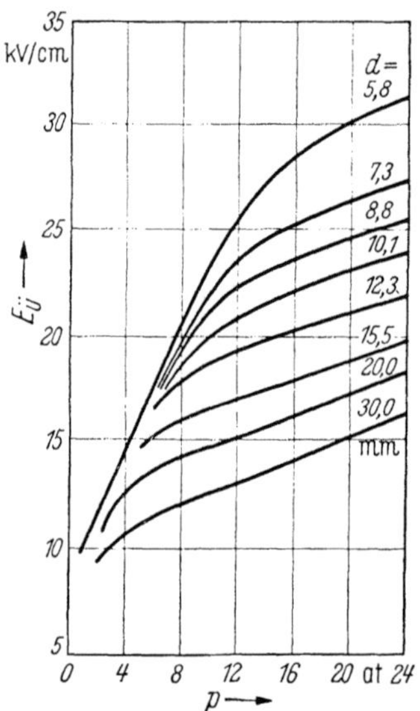

Abb. 114. Überschlagfeldstärke (Scheitelwert) bei Gleich- oder Wechselspannung in wasserdampfgesättigter Preßluft.

Die Erhöhung der Überschlagfestigkeit in feuchter Luft durch wiederholte Entladungen wird von Inge und Walther [10] bei atmosphärischem Druck und darunter nachgewiesen. Unterhalb 50 Torr verschwindet der Unterschied in den Zahlenwerten von Durch- und Überschlagspannung. Mit steigendem Druck nimmt die Überschlagfestigkeit weit weniger als verhältnisgleich zu. Durch die Auftrocknung der Isolatoroberfläche wachsen die Festigkeitswerte mit jedem Überschlag an und liegen nach etwa zehn Entladungen um 20—25% über dem Anfangswert. Eine weitere Verbesserung um den gleichen Betrag erbringt ein Abwaschen des Glas-Prüfkörpers mit Spiritus und Äther und längerem Trocknen unter vermindertem Druck. Im Gegensatz zu den Versuchen bei unbehandelter Oberfläche streuen die danach gemessenen Spannungswerte fast nicht mehr. Doch liegt die Überschlagspannung wegen der stark hygroskopischen Oberfläche von Glas immer noch erheblich unter der des Durchschlags, welche Angabe sich mit den Beobachtungen von Hippauf [9] an sauberen oder bakelitüberzogenen Porzellanzylindern deckt. Erst wenn auch die letzten Feuchtigkeitsreste aus der Glasoberfläche durch langdauerndes Erwärmen bei 350° C im Hochvakuum entfernt werden, nähert sich die in Abhängigkeit vom Druck gemessene Festigkeit jener der isolatorfreien Anordnung.

Bei der normalen Trocknung unter erniedrigtem Druck in Anwesenheit eines wirksamen Trockenmittels weichen die gemessenen Gleich- und Wechselüberschlagspannungen nur wenig voneinander ab; dagegen liegt die Stoßüberschlagspannung wesentlich höher und erreicht vor allem bei kurzen Prüfkörpern fast die Durchschlagspannung. Mit ebenso getrockneten Paraffinzylindern stimmen die gleichfalls in Funktion des Druckes gemessenen Werte von Durch- und Überschlagspannung bei kleinem Elektrodenabstand (0,5 cm) für alle Spannungsarten überein. Bei 2 cm Isolatorhöhe ist zwar schon ein gewisser Unterschied zwischen den Festigkeitswerten mit und ohne Isolator bemerkbar, doch ist er bedeutend geringer als bei Verwendung von Glas. Wiederum liegt hierbei die Kurve für Stoßbeanspruchung der Luftdurchschlagkurve am nächsten. Die kleinsten Festigkeitswerte ergeben sich mit Wechselspannung.

Durch Messung der sehr kleinen Leitungs- und Ionisationsströme vor dem Durchschlag bei veränderlichem Druck konnten es INGE und WALTHER [10] wahrscheinlich machen, daß das Feld bei benetztem Isolator vor dem Durchschlag verzerrt ist. Ebenfalls ergibt eine direkte Messung der Potentialverteilung längs eines benetzten Glaszylinders, daß die Feldstärke in den elektrodennahen Gebieten über denen im Mittelteil des Prüfkörpers liegt. Weiterhin ließ sich an einem kurz zuvor beanspruchten Paraffinzylinder eine Aufladung der Endflächen nachweisen; die negative Ladung des der Anode anliegenden Endes wurde größer gefunden als die am anderen Ende sitzende positive Ladung, was auf eine größere Feldverzerrung an der Anode schließen läßt. Desgleichen zeichneten sich auf einem lichtempfindlichen Papier, mit dem der Prüfkörper umhüllt war, bei herabgesetzter Spannung nur an der Anode Entladungsspuren auf. Diese Beobachtungen stehen in gewisser Übereinstimmung mit der von INGE und WALTHER, daß die Überschlagspannung bei Stoß- oder Gleichbeanspruchung bei schlechtem Kontakt an der Kathode nur wenig, dagegen bei schlechtem Anliegen der Anode an den Prüfkörper sehr viel stärker herabgesetzt wird.

Zur Feststellung der Auswirkung der Oberflächenbeschaffenheit auf die Überschlagspannung unter Stickstoffüberdruck unterzogen TRUMP und ANDRIAS [12] drei verschiedenartige Isoliermaterialien einer Prüfung mit Gleichspannung bis 250 kV. Die ausgewählten Materialien sollten jeweils für das Verhalten einer ganzen Gruppe gleichartiger Stoffe kennzeichnend sein. Material I war ein polymerisierter Kunststoff, der sich durch den hohen spezifischen Durchgangswiderstand von $10^{15}\,\Omega$ cm und einen sehr hohen Oberflächenwiderstand auszeichnete und bei geringer mechanischer Festigkeit leicht zu bearbeiten war, Material II ein Hartpapier mit wesentlich geringerem Durchgangswiderstand ($10^{11}\,\Omega$ cm) und mäßigem Oberflächenwiderstand, Nr. III ein magnesiumsilikathaltiges Porzellan mit glasierter Oberfläche mit dem hohen Durchgangswiderstand von $10^{14}\,\Omega$ cm und ebenfalls hohem Oberflächenwiderstand und völlig gleichmäßigem Gefüge, aber schlechter Bearbeitbarkeit. Die zylindrischen Prüfkörper wurden in ein homogenes Feld eingebracht und einem Druck bis 28 at ausgesetzt. Zur Herstellung eines guten Kontakts bewährte sich das Aufstreichen einer Graphitaufschwemmung auf die Endflächen des Prüfkörpers unter Freilassung einer 1 mm breiten Randzone. Würde sich der leitende Belag bis zum Rande oder gar noch etwas darüber hinaus auf die Seitenflächen erstrecken, dann würde das Feld durch Spitzenwirkung verzerrt. Vor dem Versuch wurde der Prüfkörper mit einem fettlösenden Reinigungsmittel abgewaschen und in einer vollkommen trockenen Atmosphäre während einiger Tage aufbewahrt.

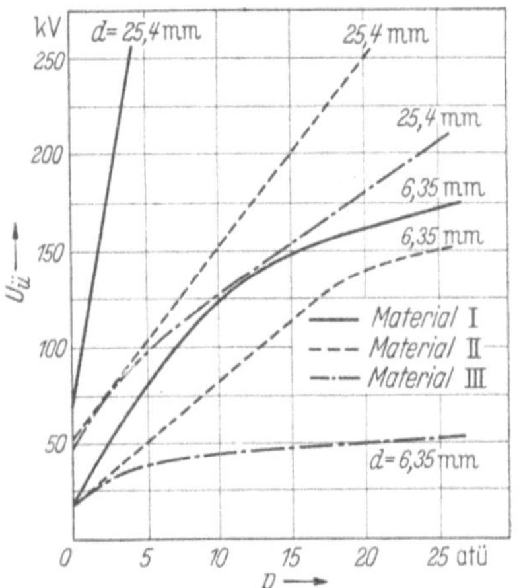

Abb. 115. Überschlag-Gleichspannung von drei verschiedenen Werkstoffen in verdichtetem Stickstoff für mehrere Prüfkörperlängen d.

Die Meßergebnisse bei Gleichspannungsbeanspruchung sind in Abb. 115 zusammengestellt. Weitaus die höchste Überschlagfestigkeit und eine nur mäßige Verringerung der Durchschlagfestigkeit ergibt sich bei Verwendung von Material I. Wohl wegen der schlechten Bearbeitbarkeit des keramischen Stoffs III und der deshalb nicht einwandfreien Elektrodenanlage, wie auch am Auftreten von Glimmen zu erkennen war, liegen die Meßwerte für Prüfkörper aus diesem Stoff am tiefsten. Hierbei verringert sich der Anstieg der Kurven $U_{\ddot{u}}=f(p)$ schon bei niederem Druck; bei weiterer Druckerhöhung nimmt die Überschlagspannung nur noch langsam, näherungsweise linear zu, gerade so wie dies bei Spitzenentladungen gefunden wird. Im Gegensatz hierzu steigt die Überschlagspannung bei den beiden anderen Materialien mit dem Druck anfänglich geradlinig an, um erst bei hohen Drucken abzubiegen und in einen langsameren Anstieg überzuleiten.

Die gleichen Autoren untersuchten auch den Einfluß einer Vergrößerung der Kriechweglänge durch eine Wellung der Isolatoroberfläche (auf 6 mm Länge eine Welle). Über einige orientierende Messungen an zylindrischen Hartgummikörpern mit vergrößerter Oberfläche hatte bereits PEEK [13] berichtet. Zwar führen die in den Gasraum vorgeschobenen Materialverdickungen wegen der Reihenschaltung des festen

Stoffes mit den zwischenliegenden gasgefüllten Aussparungen zu einer
Störung des ursprünglich homogenen Feldes und einer Zunahme der Gas-
beanspruchung auf fast das Doppelte, so daß Stellen hoher und niedriger
Feldstärke längs der Oberfläche abwechseln; doch zeigt die graphische
Veranschaulichung der Überschlagspannung solcher gewellter Prüfkörper
(von durchweg 12,7 mm Länge), daß die Verdickungen sich insgesamt
günstig auswirken. Ein Vergleich mit den Kurven von Abb. 115 läßt
erkennen, daß die mit fast 80% der Festigkeit des Gases bereits sehr hohe
Überschlagfestigkeit von Material I durch die Anbringung von Schirmen
nur noch geringfügig und dann nur bei hohem Druck gesteigert werden
kann, daß aber vor allem solche Stoffe von den Schirmen profitieren,

die an und für sich nur geringe Überschlagfestigkeit besitzen. Die Verfasser vermuten, daß sich ausbildende
Gleitentladungen durch die Verlängerung der Kriechwege auf ihren Entstehungsort beschränkt bleiben und
damit den Verdickungen eine ab-
schirmende und stabilisierende Rolle
zufällt. Nachdem gerade unter erhöhtem Druck auch schon geringste Unregelmäßigkeiten in der Oberflächenbeschaffenheit oder nicht ganz einwandfreie Endkontakte sich ungünstig
auf die Überschlagfestigkeit auswirken, empfehlen TRUMP und ANDRIAS
allgemein die Wellung von Isolatoren
bei ihrer Verwendung unter erhöhtem
Druck. Vorteilhaft erscheint es hierbei, den Stützer mit dem Kerndurch-

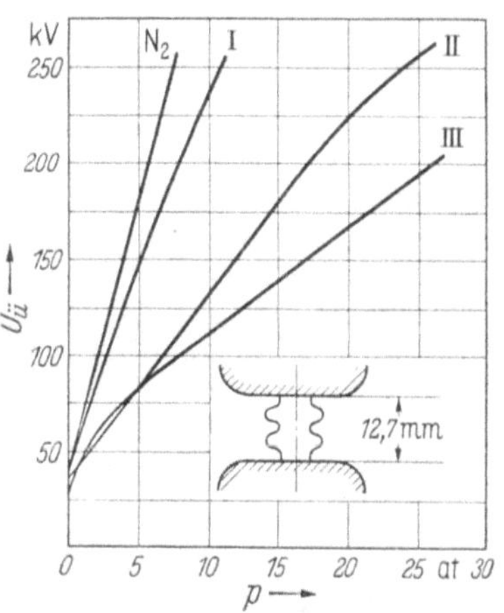

Abb. 116. Überschlag-Gleichspannung von
Isolierzylindern mit gewellter Oberfläche
in verdichtetem Stickstoff (wegen Kenn-
zeichnung der Materialien I—III siehe
Text; mit N₂ bezeichnete Kurve gibt die
Durchschlagspannung von Stickstoff zum
Vergleich).

messer und nicht etwa mit einer Verdickung an der Elektrode anliegen zu
lassen, damit der in Feldrichtung nachfolgende Schirm eine sich ausbildende Entladung auf kürzeste Länge stabilisieren kann.

Diese Übersicht über das bei weitem noch nicht systematisch er-
forschte Gebiet des Überschlags längs der Trennfläche von gasförmigem
und festem Isolierstoff bestätigt im großen und ganzen das eingangs entworfene Bild des Entladungsvorgangs: Die Isolatoroberfläche läßt das
Feld in der angrenzenden Gasschicht nur unter besonderen Bedingungen
unverändert bestehen und nur dann sind die Zahlenwerte von Durch-
und Überschlagspannung einander gleich. Meist jedoch wirken sich
irgendwelche Unregelmäßigkeiten an der Übergangsstelle von den Elektroden zum Isolator oder auf der Isolatoroberfläche oder auch ein Feuchtigkeitsbelag dahin aus, daß die zuvor bestehende Potentialverteilung

in eine solche mit erhöhter Feldstärke vor den Elektroden geändert wird·
In diesem verzerrten Feld tritt der Überschlag bei niedrigeren Werten
der Elektrodenspannung ein. Schnee oder Eis setzt die Überschlagspannung nicht herab [17].

Messungen der Überschlagspannung von Isolatoren bei Hochfrequenz s. [2, 14], im Hochvakuum [19]. Über die Funkenausbildung
längs der Oberfläche von leitenden Flüssigkeiten s. [15], längs einer
ölbedeckten Wasseroberfläche oder von Luft- und Seifenblasen s. [16].

<h3 style="text-align:center">Literaturhinweise zu Kapitel XVI.</h3>

1. SCHWAIGER, A.: Elektr. Festigkeitslehre, Springer Berlin 1925, S. 164.
2. KAMPSCHULTE, J.: Arch. Elektrotechn. **24** (1930) 525.
3. REHER, C.: Arch. Elektrotechn. **25** (1931) 277.
4. PALM, A.: Arch. Elektrotechn. **28** (1934) 296.
5. GOLDMAN, J. u. B. WUL: Techn. Phys. USSR. **3** (1936) 519 (zitiert nach [12]).
6. WEBER, W.: Arch. Elektrotechn. **36** (1942) 166.
7. GOOSSENS, R. F.: CIGRE-Bericht **117** (1948).
8. RITZ, H.: Arch. Elektrotechn. **26** (1932) 58.
9. HIPPAUF, E.: Z. Phys. **82** (1933) 803.
10. INGE, L. u. A. WALTHER: Arch. Elektrotechn. **26** (1932) 409.
11. BÖCKER, H.: Arch. Elektrotechn. **33** (1939) 801; **40** (1950) 37.
12. TRUMP, J. G. u. J. ANDRIAS: A. I. E. E. Techn. Paper 41—146 (1941).
13. PEEK, F. W.: Dielectric Phenomena in High-Voltage Engineering, McGraw·
    Hill Book Co. New York 1929, S. 255.
14. ROHDE, L. u. G. WEDEMEYER, ETZ **61** (1940) 1188; W. PETERS, Hochspan·
    nungsprobleme bei Großsender-Antennen, Druck W. Limpert, Berlin 1942.
15. SNODDY, L. B. u. J. W. BEAMS: Phys. Rev. **55** (1939) 663.
16. SNODDY, L. B., F. H. HENRY u. J. W. BEAMS: Phys. Rev. **57** (1940) 350.
17. BERBERICH, L. J., G. L. MOSES, A. M. STILES u. C. G. VEINOTT: Trans. A.I.E.E.
    63 (1944) 345.
18. SMAIL, G. G., R. J. BROOKSBANK u. W. M. THORNTON: J. I. E. E. **69** (1924) 427.
19. GLEICHAUF, P. H.: J. Appl. Phys. **22** (1951) 535 u. 766.

XVII. Die Spitzenentladung [1].

a) Feldausbildung und Trägervermehrung. Im näherungsweise gleichförmigen Feld führt eine sich ausbildende Entladung sofort zum vollkommenen Durchbruch, so daß Anfangs- und Funkenspannung zusammenfallen. Ein experimentelles Studium der sich beim Entladungsaufbau abspielenden Vorgänge wird durch deren explosiv-rasche Entwicklung erschwert und ist nur in begrenztem Umfang möglich. Im
Gegensatz hierzu erlaubt das ungleichförmige Feld eine relativ einfache
und bequeme Beobachtung der stationären Erscheinungsformen der
unvollständigen Entladung wegen des breiten Bereichs zwischen den
ersten Entladungsanzeichen und dem erst bei höherer Spannung erfol-

---

[1] Literaturhinweise zu diesem Kapitel s. S. 396.

genden Funkendurchbruch. Grundsätzlich lassen sich die anzustellenden Untersuchungen im ungleichförmigen Feld sowohl mit zylindrischen Leiteranordnungen wie etwa mit einem Draht in einem gleichachsigen Hohlzylinder oder mit parallelen Leitern (Doppelleitung) als auch mit anderen Elektrodenformen und -anordnungen anstellen. Als besonders geeignet empfiehlt sich die Anordnung Spitze–Platte, bei der das Feld an der Oberfläche der scharfgekrümmten Elektrode seinen höchsten Wert erreicht und in ihrer nächsten Umgebung sehr rasch abfällt. Durch die Punktsymmetrie der Spitze sind die Entladungserscheinungen auf einen ganz bestimmten, eng begrenzten Raumbereich festgelegt und ermöglichen deswegen ihre Erfassung und Beobachtung durch vergleichsweise einfache Hilfsmittel, während bei den anderen Formen des ungleichförmigen Feldes der Ort des Entladungseinsatzes wegen der Längssymmetrie der Anordnung nicht im voraus angegeben werden kann.

Die zahlreichen Veröffentlichungen über Vorentladungen und ihre Gesetzmäßigkeiten reichen bis zum Ende des vergangenen Jahrhunderts zurück. Sie begnügten sich hauptsächlich mit der Beobachtung und Klassifizierung der Erscheinungsformen und der Bestimmung der Einsatz- und Übergangsspannungen sowie der Strom-Spannungscharakteristiken und deren formelmäßiger Wiedergabe. Außer der Darstellung dieser äußeren Merkmale erbrachten sie nur geringe Fortschritte im Verständnis um das Zustandekommen und die Existenzbedingungen der möglichen Entladungsformen. Erst die Mitte der dreißiger Jahre aufgefundene Tatsache der Aussendung energiereicher Lichtquanten beim Lawinenablauf und deren für den Aufbau mancher Entladungen unentbehrlicher Mitwirkung lieferte den Schlüssel zum Verständnis der Spitzenentladung. Gleichfalls ermöglichte es die Verfeinerung der experimentellen Hilfsmittel, so in erster Linie der Einsatz leistungsfähiger Elektronenstrahloszillographen hoher Zeitauflösung, neuartige Untersuchungsmethoden anzuwenden und zu neuen Erkenntnissen zu gelangen, die es uns heute erlauben, ein ziemlich widerspruchsfreies und umfassendes Bild der sich abspielenden Vorgänge zu entwerfen. Die größten Fortschritte hierbei sind unzweifelhaft Prof. L. B. LOEB und seinen Mitarbeitern in Berkeley an der Universität von Kalifornien zu danken, wo das Problem der Spitzenentladung seit 1937 systematisch bearbeitet wurde. Die nachfolgende Darstellung ist daher in erster Linie eine Wiedergabe der Forschungsergebnisse der LOEB-Schule und der hierauf gegründeten Theorien.

Wird die Spannung an einer Spitze–Platteanordnung langsam gesteigert, so setzt bei einer gewissen Spannungshöhe die Korona an der Spitze ein. Hierbei strömen Ladungsträger vom Vorzeichen der Spitze zur entfernten Gegenelektrode ab; bei positiver Spitze sind dies somit

positive Ionen, bei negativer Spitze je nach Gasart Elektronen und/oder
negative Ionen. Im Falle einer Ionenströmung im feldschwachen Gebiet
werden die in Spitzennähe erzeugten gleichnamigen Ladungsträger wegen
ihrer großen Trägheit und der bereits sehr verringerten Feldkraft nur
langsam zur Gegenelektrode getrieben. Sie bilden eine Raumladung aus,
die bei ausreichender Stärke das ursprüngliche Feld zur Platte hin leicht
anhebt und zur Spitze hin schwächt und so stark absenken kann, daß
sich weitere Ionisierungen nicht mehr ereignen und ein Fortbestand der
Entladung unterbunden wird. In diesem Falle erlischt die Entladung
und kann erst wieder neu zünden, wenn die Raumladung weiter in den
Raum hinausgetrieben wurde oder sie vielleicht in der Nachbarschaft
ohne die Raumladungsbehinderung von neuem eingeleitet wird. Für
beide Polaritäten ist daher in der Mehrzahl der Fälle zu erwarten, daß
die Entladung nach ihrem Beginn nicht etwa stationär mit gleichbleibender Trägerzahl und Stromstärke weiterbrennt, sondern daß erhebliche Stromschwankungen auftreten und die Entladung sich stoßweise
ausbildet. Es war eines der bedeutsamsten Anfangsergebnisse der von
LOEB angeregten Untersuchungen, daß sich der intermittierende Charakter der Koronaentladung eindeutig nachweisen ließ und damit die
überlieferte Vorstellung von einer oberhalb ihrer Einsatzspannung konstant brennenden Entladung widerlegt wurde. Zwar hatte schon ZE-
LENY [1] auf solche Diskontinuitäten der Spitzenentladung an Wassertropfen hingewiesen und auch in der Folgezeit kam es zu gelegentlichen
Angaben über Schwankungen des Koronastroms einer Spitze, doch
mangelte es teils am Handwerkszeug zur erfolgreichen Durchforschung
des Gebiets, teils auch an der Erkenntnis der sich hier für das Verständnis des Entladevorgangs bietenden Möglichkeiten.

Zur reproduzierbaren und quantitativen Untersuchung und Darstellung der Entladung im Spitzenfeld muß den Messungen eine definierte
und in ihrem elektrischen Feld bekannte Elektrodenform zugrunde gelegt
werden. Handelt es sich nur um Vergleichsmessungen, dann genügt es,
einen zylindrischen Stift bzw. Draht mit abgerundetem Ende als „Spitze"
zu verwenden; soll jedoch die Feldstärke zwischen den Elektroden längs
der Achse aus der angelegten Spannung errechnet werden, dann sind die
Elektroden in ganz bestimmter Weise zu formen. Entweder wird als
Spitze ein schlankes Rotationshyperboloid mit einer Platte als Gegenelektrode benutzt, deren Radius größer als der Elektrodenabstand sein
soll [2], oder Spitze und Platte werden durch zwei konfokale Rotations-
paraboloide verkörpert (s. S. 8). Wenn auch die letztgenannte Elektrodenform gewisse Nachteile bei der praktischen Verwendung mit sich
bringt, die darin bestehen, daß auch die großflächige Gegenelektrode in
gesetzmäßiger Weise gekrümmt und achsengleich mit dem schlanken
Paraboloid sein muß und außerdem die Einhüllung der Entladungs-

strecke eine Beobachtung und auch die Durchlüftung des Entladungsraums erschwert, so wurde sie doch oft benutzt, wenn es sich darum handelte, die längs der Achse der Anordnung herrschende Feldstärke zu berechnen. Nach (I, 21) gilt hierfür

$$E(x) = \frac{U}{\ln\dfrac{f}{F}} \cdot \frac{1}{x+f} \ \text{V/cm} ,$$

wobei f und F die in cm gemessenen Scheitelabstände vom Brennpunkt von innerer und äußerer Parabel bezeichnen und x den Abstand des Aufpunktes auf der Achse vom Scheitel der inneren Parabel; U ist die in Volt gemessene Spannung zwischen den Elektroden.

Wegen ihrer leichten Herstellbarkeit und ihres einfacheren Gebrauchs wurden für die Mehrzahl der ausgeführten Untersuchungen zylindrische Stifte mit halbkugeligem Ende benutzt. Eine Übertragung der etwa nach (I, 21) errechneten Feldstärkewerte auf das Feld in der Umgebung eines zylindrischen Stifts ist nicht ohne weiteres möglich, weil der äquivalente Radius des Scheitelkrümmungskreises nicht bekannt ist. Würde er etwa für Halbkugel und Paraboloid als gleich groß und somit gleich dem doppelten Brennpunktabstand des inneren Parabelscheitels angenommen werden ($2f=r$), so ergäbe sich die Feldstärke nahe dem Stift zu niedrig gegenüber dem tatsächlichen Wert; wohl stimmen hierbei die Scheitelkrümmungen von Paraboloid und Halbkugel überein, doch ist die Endfläche des Stifts neben dem Scheitel stärker als die Paraboloidfläche gekrümmt. Eine ungefähre Abschätzung der Feldstärkeerhöhung ist durch Vergleichsmessungen im elektrolytischen Trog bei Nachbildung der Elektroden in möglichst großem Maßstab möglich. Aus der graphischen Veranschaulichung des Feldverlaufs für Stift–Platte, wie sie LOEB [3] als Ergebnis einer solchen punktweisen Feldausmessung gibt, kann entnommen werden, daß ein Stift in seiner Umgebung eine rund doppelt so rasche Feldänderung als ein Paraboloid mit $f=0,5\,r$ hervorruft. Nach eigenen Messungen mit allerdings nur mäßig großen Modellelektroden erhöht sich die Feldstärke beim Übergang vom Paraboloid zum Stift in nicht so starkem Maß, sondern nur um etwa 30—40%.

Wir legen der weiteren Betrachtung den oft untersuchten Fall eines Metallstiftes von 0,4 mm $\varnothing$ und kugeliger Endabrundung zugrunde, dem in 3 cm Entfernung eine große Platte gegenüberstehe. Die Spannung zwischen den Elektroden erreiche 5000 V und liegt damit im Bereich des Entladungseinsatzes der gewählten Elektrodenanordnung in Luft. Die aus diesen Daten für ein Paraboloidfeld mit $f=0,01$ cm und $F=3$ cm errechneten und zur Berücksichtigung der stärkeren Endabkrümmung des Zylinderstifts um ein Drittel erhöhten Feldstärkewerte in nächster Umgebung der Spitze sind in Abb. 117 dargestellt. Seinen höchsten Wert erreicht das Feld mit 110 kV/cm unmittelbar an der Spitzenoberfläche, um in hyperbolischem Abfall bereits innerhalb des ersten zehntel Millimeter auf rund die Hälfte abzusinken und in $^3/_{10}$ mm Entfernung nur noch einen Wert von knapp 30 kV/cm zu besitzen. Dementsprechend sinkt das Potential $q(x) = \dfrac{U}{\ln f/F} \ln\left(1 + \dfrac{x}{f}\right)$ innerhalb der ersten $^2/_{10}$ mm, also in weniger als 1% der gesamten Elektrodenentfernung, um 1140 V oder um 23% der verfügbaren Spannung ab.

b) Positive Spitze. Im stark konvergierenden Feld einer positiven Spitze werden im Raum zwischen den Elektroden befindliche negative Ladungsträger zur Anode hin beschleunigt. Diese können aus der Plattenelektrode etwa durch Bestrahlung mit UV-Licht oder im Gasraum durch Strahlen noch kürzerer Wellenlänge oder durch die natürliche Radioaktivität des Bodens bzw. kosmischer Einwirkungen ausgelöst worden sein. In Anwesenheit elektronegativer Gase wie etwa von Luft lagern sich die gebildeten Elektronen im schwachen Feld mit Vorliebe an O_2-Moleküle und bilden negative Ionen. Erst wenn diese vom Feld in

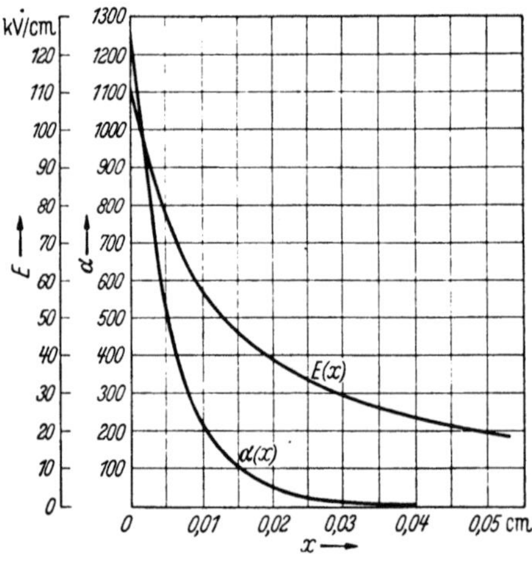

Abb. 117. Feldstärke und Elektronenionisierung in Spitzennähe.

die Nähe der Spitze getrieben wurden, wird ihre Bewegung im jetzt starken Feld so heftig, daß sie bei Zusammenstößen die anhängenden Molekel abschütteln und ihren Weg viel rascher als freie Elektronen fortsetzen. Für das O_2^--Ion gehört hierzu ein E/p-Wert von rd. 90 V/cm Torr (s. S. 64); für Cl_2^-- oder F_2^--Ionen von Frigen schätzen WEISSLER und MOHR [4] den zum Losreißen benötigten E/p-Wert auf über 200 V/cmTorr. In freier Luft wird somit für die Abschüttelung der O_2-Molekel ein Feldstärkewert von mindestens 68 kV/cm benötigt, wie er in dem für Abb. 117 vorausgesetzten Fall in 0,07 mm Entfernung vor der Spitze auch tatsächlich vorliegt. In diesem starken Feld beginnt das nunmehr freie Elektron auf seinem noch zurückzulegenden restlichen Wegstück bis zur Anode zu ionisieren. War das Elektron durch äußere Einwirkung in Nähe der spitzen Elektrode in einem bereits kräftig ansteigenden Feld gebildet worden, so kann angenommen werden, daß es frei bleibt und damit bereits in etwas größerer Entfernung von der Spitze aktiv wird. Der Verlauf des Beiwertes α der Elektronenionisierung für Luft in Abhängigkeit von Spitzenabstand x ist gleichfalls in Abb. 117 eingetragen (gestrichelte Kurve). Wegen des starken Abfalls der Elektronenionisierung fällt α von seinem hohen Maximum an der Spitze mit 1270 Ionenpaaren pro cm sehr rasch ab, um bereits in knapp 0,4 mm Entfernung bei einem E/p-Wert von 30,6 V/cmTorr unter $\alpha = 1$ abzusinken. Daher darf ohne ins Gewicht fallende Vernachlässigung die gelegentliche Stoßionisierung der Elektronen in Feldern unter $E/p = 30$ vernachlässigt werden [5]. Der Multiplikationsbereich um eine Spitze ist von sehr geringer Ausdehnung.

Schon bei mäßiger Elektrodenspannung steigt das Feld in allernächster Spitzenumgebung auf einen Wert, der zur Stoßionisierung ausreicht. Ist das Elektron frei, dann kann in Luft mit einem merklichen Beginn der Trägervermehrung gerechnet werden, sobald an einer Stelle ein Feldstärkewert von rd. 23 kV/cm überschritten wird; muß das Elektron erst von einem O_2-Molekül losgerissen werden, so beginnt die Ionisierung erst oberhalb 68 kV/cm. An der Anode kommt nicht nur das eine fremderzeugte Elektron an, sondern mit ihm die Lawine der bei den Zusammenstößen gebildeten Tochterelektronen. Man überzeugt sich leicht davon, daß unter den getroffenen Annahmen die größte Feldänderung längs einer freien Elektronenweglänge erst 0,6% erreicht und damit noch unter dem von MORTON angegebenen und von FISHER und WEISSLER bestätigten Wert von rd. 2% liegt (s. S. 132), oberhalb dessen die mit Hilfe des Ausdrucks $\exp\left(\int_0^a \alpha\,dx\right)$ errechnete Gesamtzahl der an der Spitze eintreffenden Elektronen hinter dem wahren Wert zurückbleibt; a ist hierbei der von der Spitze aus gezählte Abstand, ab welchem merkliche Ionisierung beginnt. Im hier vorausgesetzten Feld ist für a je nachdem, ob das Elektron sich erst losreißen muß oder ob es bereits frei ist, ein Wert von $^{7,5}/_{100}$ mm oder $^4/_{10}$ mm anzusetzen.

Zur Bestimmung der Gesamtionisierung bis hin zur Spitzenoberfläche, unmittelbar vor der die meisten Trägerpaare gebildet werden, ist das Integral $\int_0^a \alpha\,dx$ unter Verwendung der im gleichförmigen Feld erhaltenen α-Werte auszuwerten. Das Ausplanimetrieren der in Abb. 117 unter der α-Kurve liegenden Fläche zwischen $x = 0$ und $x = 0,04$ bzw. die graphische Integration der $\alpha(x)$-Kurve liefert im vorliegenden Fall $\int_0^{0,04} \alpha\,dx = 7,34$, womit sich die Gesamtzahl der an der Spitze eintreffenden Elektronen zu $e^{7,34} = 1530$ ergibt. Hätte das die Lawine auslösende Anfangselektron erst durch Dissoziation eines O_2^--Ions an der Stelle $x = 0,0075$ cm gebildet werden müssen, dann bestünde die einfallende Lawine aus nur $e^{5,25} = 190$ Elektronen.

Treffen im Mittel während einer Sekunde N_0 Anfangselektronen an der Anode ein, so zeigt ein hochempfindlicher Strommesser im Kreis mit Beginn der Stoßionisation einen feldverstärkten Strom der Größe $e N_0 \exp\left[\int_0^a \alpha\,dx\right]$ an. Dieser hängt von der Stärke der Fremdionisation, der Höhe der angelegten Spannung sowie von Elektrodenform und Gasart ab. Mit jeder Elektronenlawine entstehen auch energiereiche Photonen. Wird ihre Zahl entsprechend den Ergebnissen von COSTA und CHRISTOPH (S. 165) als verhältnisgleich zur Zahl der Elektronen angenommen und bezeichnet f_1 das Verhältnis von Photonen- zu Elektronenzahl, so werden von einer Lawine $f_1 \exp\left[\int_0^a \alpha\,dx\right]$ Photonen erzeugt. Sie fallen wegen ihrer Entstehung in unmittelbarer Nachbarschaft der Spitze zur Hälfte auf diese und gehen damit für eine zusätzliche Trägerbildung verloren. Die andere Hälfte wird wegen des hohen Absorptionskoeffizienten für die Strahlung in Nähe ihres Ursprungs von den Gasmolekeln absorbiert, wobei es zur Bildung von Photoelektronen kommen kann. Der Förderung und dem weiteren Aufbau der eingeleiteten Entladung sind nur solche Elektronen dienlich, die in Nähe der Achse jenseits des Abstandes a von der Spitze erzeugt werden. Nur diese Elektronen werden wirkungsvoll vom Feld beschleunigt und vermögen eine neue Lawine von gleicher Größe wie die soeben abgelaufene einzuleiten. Selbstverständlich ionisieren auch jene Elektronen, die diese Voraussetzungen nicht erfüllen, doch bleibt die Größe ihrer Lawinen hinter der der Erstlawine zurück. Würden alle Photonen innerhalb der Kugel vom Radius a absorbiert, so würde die Trägerzahl wieder kleiner werden, anstatt konstant zu bleiben oder gar anzuwachsen. Bezeichnet f_2 die Ausbeute eines Photons an entladungsfördernden Elektronen, also an solchen, die außerhalb der Kugel vom Radius a erzeugt wurden, so entstehen insgesamt $f_1 f_2 \exp\left[\int_0^a \alpha\,dx\right]$ verwertbare Photoelektronen. Ist bei ausreichend hoher Elektrodenspannung die Bedingung $f_1 f_2 \exp\left[\int_0^a \alpha\,dx\right] = 1$ erfüllt, dann sorgt im Mittel jede einmal ausgelöste Lawine gerade wieder für ein Anfangselektron und damit für eine gleich große Nachfolgelawine und diese wieder für ihre weitere Nachfolge, womit die Entladung selbständig geworden ist.

Die Auslösewahrscheinlichkeit f_2 kann unter Berücksichtigung des Absorptionskoeffizienten μ im Gas und der geometrischen Bedingungen unter der Voraussetzung, daß das Einfangen jedes Photons mit einer Ionisation verbunden ist, durch eine komplizierte Mittelwertsbildung berechnet werden [5]. Je größer die Absorption im Gas ist, desto geringer ist die Chance eines Photons, aus dem Kugelbereich vom Halb-

messer a um die Spitze herauszugelangen und erst außerhalb absorbiert
zu werden. Zur rohen Abschätzung der Größenordnung von f_2 seien hier
nur die Photonen berücksichtigt, die von der Spitze aus in einen Kegel
abgestrahlt werden, dessen Erzeugende mit der Achse der Elektrodenanordnung einen Winkel von 90° einschließt. Durch diese Festlegung
vermindert sich die Zahl der verwertbaren Elektronen auf die Hälfte.
Das Verhältnis der hiervon in eine größere Entfernung als 0,04 cm von
der Spitze gelangenden Photonen zur Gesamtzahl aller von der Lawine
abgestrahlten ist somit $\frac{1}{2} \cdot \frac{1}{2} e^{-\mu a} = 0,25 e^{-2 \cdot 0,04} = 23\%$. Fast ein Viertel
aller Photonen vermag somit nützliche Elektronen für den weiteren Auf-
bau der Entladung zu liefern. Wäre allerdings statt $\mu = 2$ cm^{-1} (was etwa
den Messungen von RAETHER entspricht) ein wesentlich höherer Absorptionskoeffizient des Gases angenommen worden, wie ihn etwa GE-
BALLE angibt (s. S. 169), so würde sich die Zahl der nützlichen Photonen
auf einen sehr viel kleineren Bruchteil aller abgestrahlten verringern.

Die Ausbeutezahlen f_1 und f_2 sind statistische Mittelwerte von
Größen, die individuell schwanken. Es ist daher nicht zu erwarten, daß
die selbständige Entladung, wenn sie einmal bei einer bestimmten Spannung eingesetzt hat, in gleichmäßiger Stärke weiterbrennt, vielmehr
bedingt z. B. eine Aufeinanderfolge zufällig großer f-Werte auch schon
bei leicht verkleinerter Spannung eine Folge von Lawinen, die allerdings
nur begrenzte Zeit andauert. Andererseits findet selbst bei kurzzeitig
überhöhter Spannung keine Zündung statt, wenn entweder das Anfangselektron fehlt oder durch eine zufällig außergewöhnlich geringe Ausbeute
an Photoelektronen der Umschlag der feldverstärkten Strömung in die
selbständige Entladung verhindert wird.

Eine weitere Ursache für das Abreißen einer bereits eingeleiteten und
brennenden Entladung ist in der Ausbildung einer positiven Raumladung
in Spitzenumgebung zu suchen. Die in der sehr kurzen Zeit von nur
1 bis $2 \cdot 10^{-9}$ sek die Ionisierungszone durcheilenden Elektronen treten in
die spitze Anode ein und hinterlassen die mit ihnen geschaffenen positiven Ionen, die nur langsam in den weiten Raum niedriger Feldstärke
hinauswandern. Bei ausreichend großer Zahl, wie sie im Verlauf einer
Reihe aufeinanderfolgender Lawinen erreicht werden kann, schirmen die
Ionen die Spitzenelektrode weitgehend von Feldlinien ab und verringern
hierdurch das Feld in deren Umgebung, wodurch eine weitere Ionisierung
zumindest behindert oder auch gänzlich unterdrückt wird. Bei ihrer
Abwanderung folgen sie ungefähr den radial von der Spitze ausgehenden
Feldlinien, wobei das Volumen des von ihnen erfüllten Raumes rasch
zunimmt. Nur solange Größe und Dichte der Raumladung mit der
Ladungsbelegung der gegenüberliegenden Elektrodenfläche vergleichbar
ist, wird das Feld durch die Trägerballung wirksam verformt. Durch die

Abwanderung aus dem Spitzenbereich verringert sich die Raumladungsdichte im umgekehrten Verhältnis zum Spitzenabstand und gleicherweise auch ihr Einfluß auf das Elektrodenfeld. Wird angenommen, daß
die Raumladung nach dem Fortschreiten zur Kathode um einige Millimeter bereits so sehr verdünnt ist, daß sie das Feld nicht mehr merklich
verzerrt, so dürfte vor Ablauf einer Pause von einigen Mikrosekunden
Dauer keine neue Lawine abrollen. Erst im weitgehend gesäuberten, nur
von den Elektrodenladungen und der Elektrodenform bestimmten Feld
kann mit dem Eintreffen eines Elektrons im „empfindlichen" Gebiet
ein neues Ionisierungsspiel beginnen.

Ein solches stoßweises. Einsetzen und Erlöschen in unregelmäßiger
Folge trotz gleichbleibender Elektrodenspannung ist bezeichnend für die
Entladung von einer positiven Spitze im Bereich ihrer Anfangsspannung.
Durch Vermehrung der Zahl der Anfangselektronen wird die Regelmäßigkeit und Frequenz der Ausbrüche gesteigert. Wegen der schwachen
spontanen Ionisation der Luft können einzig und allein auf diese natürliche Ionisation angewiesene Entladungsstrecken nur in längeren Pausen
gezündet werden. Die erhebliche Verzögerung ergibt bei nicht extrem
langsamer Spannungssteigerung eine sehr große Streuung und zu hoch
liegende Meßwerte. So berichtet EDMUNDS [6], daß der Verzögerungseffekt bei feinen Spitzen am größten sei und es vorkommen könne, daß
auch bei 50% Spannungsüberhöhung während einiger Minuten die Entladung nicht gezündet wird. Zur Sicherstellung eines präzisen Einsatzes
der Entladung läßt EDMUNDS wie auch schon zuvor ZELENY [7] ein
radioaktives Präparat auf die Funkenstrecke einwirken. Um die Einsatzspannung nicht merklich herabzudrücken, darf die Radiummenge
nicht zu groß gewählt werden; aus dem gleichen Grund ist auch der
Abstand des Strahlers von der Entladestrecke durch einen Vorversuch
festzulegen. Von ENGLISH [8] wird eine Impulsvermehrung auf etwa das
Dreifache gegenüber der sehr unregelmäßigen Auslösung bei der natürlichen Ionisation empfohlen, um die Entladungserscheinungen besser verfolgen und die Einsatzspannung mit größerer Genauigkeit ermitteln zu
können.

Zur Beobachtung der sich abspielenden Vorgänge benützte TRICHEL
[9] einen Elektronenstrahloszillographen, dessen Meßplattenpaar über
einen Röhrenverstärker parallel zu einem Hochohmwiderstand in der
Erdleitung der großflächigen Sammelelektrode lag und damit auf dem
Leuchtschirm den Verlauf des Entladungsstromes aufzeichnete; oder es
wurden die von den raschen Stromänderungen verursachten elektromagnetischen Wellen mittels einer neben der Entladungsstrecke angeordneten Antenne aufgenommen [9, 10].

Bei langsamer Steigerung der an die Elektroden gelegten Gleichspannung beobachtet man als Anzeichen des Selbständigwerdens der Ent-

ladung bei einer recht scharf markierten Spannung das Auftreten von diskreten Impulsen veränderlicher Dauer (Mittelwert bei $50-300\,\mu$ sek) und unregelmäßiger Höhe. Gleichzeitig können mit einem in den Hauptstromkreis eingeschalteten hochempfindlichen Strommesser gleichartige Stromstöße bemerkt werden. Die zuvor erst nach extremer Verstärkung meßbaren feldverstärkten Stromstöße mit einem weit unter 10^{-10} A liegenden Mittelwert [115] (Bereich des Proportionalzählers) sind bei der Einsatzspannung um mehrere Zehnerpotenzen größer geworden und damit in ein bequem ausmeßbares Gebiet gerückt. Der plötzliche Umschlag der Entladungsform gibt sich durch ein vielleicht schon bemerkbares Aufzucken eines Lichtpunktes an der Spitze, durch Ausschläge am Strommesser, das Erscheinen von Zacken auf dem Leuchtschirm oder auch durch Knacken in einem Lautsprecher kund. Nunmehr erreicht eine Lawine im Spitzenfeld im Durchschnitt eine solche Größe, daß die von ihr zurückgelassenen Produkte die ausreichende Menge an Photonen aussenden, um an geeigneter Stelle wieder ein Anfangselektron zu erzeugen, das von neuem eine Lawine einleitet, die ihrerseits für Nachfolge sorgt. Dieser Vorgang wiederholt sich solange, bis die anwachsende Raumladung oder individuelle Schwankungen der Ausbeutezahlen zu einer Unterbrechung der Folge führen und die Entladung abreißen lassen. Wegen der allseitigen Abstrahlung der Photonen wird im allgemeinen die neue Lawine nicht mehr im Bett der vorhergehenden verlaufen. Zwar münden die einzelnen Lawinenbahnen alle auf der Endfläche der Spitze, doch sind sie gegeneinander seitlich versetzt. Der Elektrodenscheitel ist mit einer bläulich-weißen Glimmhaut von wenigen zehntel Millimeter Dicke überzogen. Dem Auge erscheint das Glimmen bei etwas weiter erhöhter Spannung als ein in konstanter Stärke dauernd vorhandener Leuchtvorgang, während es sich tatsächlich um die stoßweise Folge einzelner Impulse handelt, die ihrerseits aus einer unregelmäßigen Aufeinanderfolge unzähliger Einzellawinen bestehen.

Die Spannung, bei der die ersten Entladungsausbrüche auf dem Leuchtschirm des Oszillographen sichtbar werden, werde als *Anfangsspannung* oder genauer als *Einsatzspannung der intermittierenden Ausbruchkorona* (burst pulse corona) bezeichnet. Mit leicht erhöhter Spannung nimmt die Zahl der Ausbrüche pro Zeiteinheit zu, sofern die negativen Anfangsladungsträger durch Fremdionisation zur Verfügung gestellt werden. Die Folge der Stromstöße wird bei weiter gesteigerter Spannung noch rascher und kann schließlich wegen der Überlappung der Lawinenschwärme nicht mehr in Einzelereignisse aufgelöst werden, so daß der Entladungsvorgang sich auf dem Leuchtschirm als leicht wellige oder gezackte Linie darstellt, die jedoch nicht mehr unterbrochen ist. Der diskontinuierliche Charakter des Entladungsstroms äußert sich in einem hohen Rauschpegel der Koronastrecke [11]. TRICHEL [9] gibt die

Höhe der verbleibenden kleinen Schwankungen, die Ursache des leicht summenden Koronageräusches sind, zu rd. 2,5% des Gleichstrommittelwertes an. Die Feldstärke im Entladungsraum erreicht bei der Einsatzspannung der *Dauerkorona* eine solche Höhe, daß die einmal hergestellte selbständige Entladung weder an einem gelegentlichen Mangel an Anfangselektronen für die Zündung neuer Lawinen noch an einer Behinderung durch die positive Raumladung zu leiden hat. Im Zwischengebiet der *intermittierenden Entladung* mit einer Breite von wenigen bis zu einigen hundert Volt je nach Versuchsbedingungen wird jeder irgendwie eingeleitete Ionisierungsakt durch einen Stromimpuls angezeigt. Allgemein bekannt ist die damit gegebene Verwendbarkeit der Anordnung positive Spitze — großflächige Gegenelektrode als GEIGER-Spitzenzähler (Auslösezähler) zur Registrierung von einzelnen Elementarteilchen vor allem bei erniedrigtem Druck und Füllung der Kammer mit einem besonders geeigneten Gas bzw. Dampfzusätzen zur Erhöhung des Auflösungsvermögens[1].

Aus seinen oszillographischen Aufnahmen kann TRICHEL [9] die Zahl der sekundlichen Schwankungen der Dauerkorona auszählen und erhält hierfür rd. $5 \cdot 10^5$ Einzelimpulse pro Sekunde. Eine Zahl ähnlicher Größe gibt auch NONKEN [15] in einer beiläufigen Bemerkung an. Bei einer Stromstärke von $1\mu A$ ist die mittlere Zahl der in 1 sek an der Spitze eintreffenden Elektronen $\dfrac{10^{-6}}{1{,}59 \cdot 10^{-19}} = 6{,}3 \cdot 10^{12}$ und die einen Impuls ausmachende Trägerzahl $\dfrac{6{,}3 \cdot 10^{12}}{5 \cdot 10^5} = 1{,}26 \cdot 10^7$ Elektronen/Impuls. Die Gegenüberstellung dieser Zahl mit der von einer Lawine geschaffenen Ladungsmenge von vielleicht 10^3 Trägerpaaren zeigt, daß ein Impuls sich aus bis zu 10^4 Einzellawinen zusammensetzt, die sich gegenseitig unterstützen und wegen des raumladeverzerrten Feldes wohl auch schon eine größere Länge als nur 0,4 mm erreichen.

In reinem Wasserstoff, Stickstoff und Argon gehen nach den Messungen von WEISSLER [16] der Dauerkorona keinerlei Einzelentladungen voraus[2]. Doch lassen schon geringe Verunreinigungen des Gases wie etwa die Zumischung von nur 0,1% Sauerstoff die intermittierende Entladung erscheinen. Das Ausbleiben eines Zählbereichs in den angeführten reinen Gasen weist darauf hin, daß die Photoionisierung zur Einleitung von Folgelawinen für sich allein nicht genügt (in H_2 und A dürfte sie

---

[1] Sehr gute zusammenfassende Berichte über Zählrohre und Spitzenzähler geben MAIER-LEIBNIZ [12] und BRINKMANN [13], über Leistungsvermögen und technische Anwendungen BERTHOLD u. TROST [14].

[2] Vorhergehende Messungen desselben Autors [17] hatten hiervon abweichende Ergebnisse erbracht, doch scheinen sie in erheblichem Maße durch Gasverunreinigungen und vielleicht auch durch eine Verwechslung der feldverstärkten Vorströme mit den Impulsen der selbständigen Entladung verfälscht zu sein.

ohnedies zu vernachlässigen sein) und daß auch den negativen Ionen
eine gewisse Bedeutung zukommt [9]. Bleiben alle Elektronen frei und
treten unverzögert in die Anode ein, so sind bei unzureichender Photoionisation nach der Säuberung des empfindlichen Gebiets von der positiven Raumladung keine Elektronen mehr vorhanden. Nur wenn sich
im schwachen Feld einige Elektronen an Molekel wie etwa O_2 anlagern,
besteht eine gewisse Chance für diese negativen Ladungsträger, wegen
ihrer stark verringerten Beweglichkeit noch im Feldraum anwesend zu
sein, auch wenn die positive Raumladung bereits einflußlos geworden
ist und das Feld in Spitzennähe seine alte Höhe erreicht hat. In diesem
starken Feld schütteln die Elektronen ihre anhängenden Molekel ab und
stehen damit zur Ionisation und zur Einleitung neuer Lawinen bereit.

c) **Die Leuchtfadenausbildung.** Im Zählbereich der positiven Spitzenentladung kann außer der intermittierenden Korona noch eine weitere
Entladungsform auftreten [10]. In (nicht zu trockener [115]) Luft zeigt
das Leuchtschirmbild etwa 50—100 V oberhalb des Entladebeginns
außer der spannungsbedingten Amplitudenvergrößerung der Ausbrüche
auf vielleicht doppelte Höhe unregelmäßige, starke Stromstöße und das
Auftreten einzelner stoßweise erscheinender und sofort wieder abklingender Impulse, die sich deutlich von den langdauernden Impulsen der intermittierenden Korona abheben. Bei nur gelegentlichem Auftreten des
Stoßes kann im abgedunkelten Raum beobachtet werden, daß er
von einer dünnen Streifen- bzw. Fadenentladung begleitet ist, die
von der Spitze ausgehend sich in den Entladungsraum hinein erstreckt.
Es ist in neuerer Zeit gelungen [8], Dauer und ungefähre Form des Strom-
stoßes mit einem leistungsfähigen Elektronenstrahloszillographen bei
einmaligem Zeitablauf aufzunehmen. Seine Gesamtdauer beträgt danach
0,4—0,5 μsek. An einen steilen Anstieg auf den Höchstwert, zu dessen
Aufnahme die Schreibleistung des Oszillographen nicht ausreichte,
schließt sich ein vom Verstärker vermutlich nicht allzusehr verzerrter
langsamer Abfall an. Neuerdings gelang es sogar [18], den Lichtblitz
beim Ablauf einer Einzelentladung unter Benutzung eines Sekundär-
elektronenvervielfachers in seinem zeitlichen Verlauf auf dem Leuchtschirm des Oszillographen festzuhalten. Die Dauer des Lichtstoßes liegt
mit rd. 10^{-7} sek noch unter der des Entladungsstromstoßes.

Die Länge der Leuchtfäden hängt in erster Linie von der Krümmung
der Spitzenabrundung und der Höhe der Elektrodenspannung ab. Mit
Annäherung an den Einsatz der Dauerkorona nimmt ihre Zahl wieder
ab; vom Beginn der Dauerkorona an ist in Luft zunächst keine Leuchtfadenausbildung mehr bemerkbar. Abb. 118 gibt eine Vorstellung von
dem Aussehen, das die Entladung im Zählbereich durch die vielfältige
Überlagerung der Einzelimpulse bei Betrachtung unter dem Telemikroskop mit etwa 50—100facher Vergrößerung bietet. Die an der Ober-

fläche der Spitze hängende bläulichweiße Leuchtschicht der intermittierenden Ausbruchentladung besitzt einen Durchmesser von 0,05 bis
0,1 mm. Der wesentlich hellere Lichtstreif der Leuchtfäden erstreckt
sich längs der Achse der Anordnung etwa 1,7 mm tief in den Raum.
Seine blaue Farbe deutet auf sehr hohe elektrische Felder hin, die zu
seiner Entstehung beitragen [*19, 43*]. Der dünne Lichtstreif ist von
einer schwächeren, unruhig zuckenden Leuchthülle von rötlichem
Schimmer umgeben, die sich in etwa 3 mm Entfernung von der Spitze im
Raum verliert. Mit kleiner werdendem Krümmungsradius der Spitze verringert
sich die Dicke der Lichthülle, bis schließlich nur noch die Vielzahl der in Achsenhöhe konzentrierten Leuchtfäden und ein an ihr spitz zulaufendes Ende anschließendes und im Dunkel des Raumes verschwimmendes Leuchten übrig bleibt. Mit allerfeinsten, völlig sauberen Spitzen (Spitzenradius unter $^1/_{100}$ mm) kann weder die intermittierende Ausbruchkorona noch die stoßartige Leuchtfadenausbildung, sondern nur die Dauerkorona beobachtet werden [*20*]. Erst eine leichte Verunreinigung durch Staub oder etwa

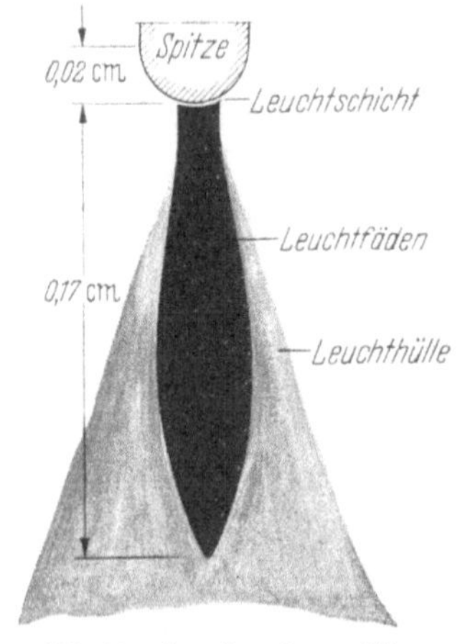

Abb. 118. Aussehen der positiven Korona oberhalb der Einsatzspannung.

mit Magnesiumoxydpulver läßt auch in diesem Fall die Einzelentladungen des GEIGER-Bereichs unterhalb der Einsatzspannung der
Dauerentladung auftreten.

Über spektralanalytische Untersuchungen der positiven Spitzenentladung in Wasserstoff s. [*21*], in Stickstoff und Sauerstoff [*22*].

Das Überraschende an der Leuchtfadenausbildung ist, daß diese
Entladungsform sich weit in den Raum hinaus erstreckt, wo das elektrostatische Feld allein keinesfalls mehr zur Ionisierung ausreicht. Sicherlich
entspricht die Entladungsform weitgehend der im homogenen Feld in
der Nebelkammer beobachteten und ihr Aufbau der von MEEK und
RAETHER ihrer Theorie des Durchschlags zugrunde gelegten Konzeption[1]. Die weitgehende Übereinstimmung der Erscheinungsformen legt
die Annahme nahe, daß der von einer positiven Spitze ausgehende
Leuchtfaden ebenso wie im gleichförmigen Feld von rd. 10^9 Ladungs-

---

[1] Der Versuch von MARX [*23*], die verzweigte Kanalstruktur der positiven
Spitzenentladung allein aus dem Vorhandensein der positiven Raumladung zu
erklären, mußte unvollkommen bleiben, da damals noch der Schlüssel zum vollen
Verständnis der Entladungsformen des inhomogenen Feldes, die lichtelektrische
Ionisation des Gases durch die Ausstrahlung der Lawinenprodukte, fehlte.

trägern pro Längeneinheit gebildet wird[1]. Auf keinen Fall ist er das
Werk einer einzigen Lawine von nur 0,04 cm Länge und vielleicht
10^2—10^3 Ladungsträgern, sondern kommt durch das Zusammenwirken
vieler zustande. Wir können mit LOEB [3] annehmen, daß eine zusammengehörige Folge von an der gleichen Stelle verlaufenden Elektronenlawinen eines Impulses der intermittierenden Entladung sowohl
eine kräftige positive Summenraumladung schafft als auch sehr viel
Photonen in die Umgebung abstrahlt. Das Kugelfeld der Ionenanhäufung überhöht die resultierende Feldstärke am stärksten unmittelbar vor der Raumladung und ergibt damit die Voraussetzung für einen
Lawinenablauf von einer vorgeschobenen Stelle aus mit einer größeren
Entfernung als $a = 0,04$ cm von der Spitze.

Eine unmittelbare Übertragung der Gleichungen von MEEK oder
RAETHER (s. S. 263) auf die Ausbildung eines Leuchtfadens im Spitzenfeld ist nicht möglich, weil das elektrostatische Feld mit der Entfernung
von der Spitze sehr rasch auf minimale Beträge absinkt, während im
gleichförmigen Feld die hohe Feldstärke an jedem Punkt der Versuchsstrecke stets bereit ist, die sich aufbauende Entladung in ihrem Vorwachsen zur Gegenelektrode zu fördern. Doch ist ein solches Vorwachsen auch hier an die grundsätzliche Forderung gebunden, daß
in dem hinreichend stark verzerrten Feld vor der Raumladung ein Photoelektron ausgelöst werde und die von ihm verursachte Lawine die zum
weiteren Vorwärtstreiben der Entladung nötigen Produkte hinterlasse.
Die Aussendung einer selbst noch auf größere Entfernungen wirksamen
kurzwelligen Strahlung durch eine Koronaentladung ist gerade bei
positiver Spitze mehrfach nachgewiesen worden (s. S. 164). Photoionisierung erfolgt besonders leicht bei Verunreinigungen des Gases durch
Zusätze kleinerer Ionisierungsarbeit: Bei der Rückkehr aus einem Anregungszustand zu einem tieferen Energieniveau wird von den Molekeln
des Hauptgases Energie abgestrahlt, die zur Ionisierung der Molekel
der Beimischung ausreicht. Die Vorwachsgeschwindigkeit der Kanalspitze liegt sicherlich in der Größenordnung der im Plattenfeld beobachteten, also bei rd. 10^8 cm/sek. Während seines Vorschießens ist
der Kanal ziemlich gleichmäßig mit positiven Ionen und den an der
Kanalspitze erzeugten und mit einer Geschwindigkeit von rd. 10^7 cm/sek
zur Spitze eilenden Elektronen erfüllt; in diesem Stadium stellt der
Kanal einen Plasmaschlauch dar, dessen hohe Leitfähigkeit das Potential
der Anode mit nur geringer Absenkung bis zur Kanalspitze vorschiebt.
Hierdurch wird das an und für sich schwache Feld vor dieser versteilert.
Die gegen Ende der Kanalausbildung sich verstärkende positive Über

---

[1] KIP [10] kommt auf Grund seiner oszillographischen Aufnahmen zu einer
den Leuchtfaden bildenden Trägerzahl von rd. $5 \cdot 10^9$ Ionen pro cm Leuchtfadenlänge.

schußladung bildet ein Radialfeld aus, das seitlich erzeugte Photoelektronen anzieht [3]; durch deren Stoßionisierung können Seitenäste
am Hauptkanal ansetzen. Bei weiterer Verlängerung des Trägerschlauchs wird schließlich eine Entwicklungsstufe erreicht, bei der das
äußere Feld sehr schwach geworden ist, auch behindert die große Leuchtfadenlänge den Ladungstransport. Jetzt sinken resultierende Feldstärke
und wohl auch die Photonenproduktion unter die Grenze ab, die zur Anstückelung des Kanals durch weiter vorn ausgelöste Lawinen einzuhalten
wäre: Die Länge des Leuchtfadens nimmt nicht mehr weiter zu, und die
noch im Plasma vorhandenen Elektronen wandern rasch zur Spitze ab,
wobei sie einen mit positiven Ionen erfüllten Trägerschlauch zurück-
lassen. Durch die auf kleinem Querschnitt zusammengedrängte Ionenanhäufung wird ein Radialfeld beachtlicher Stärke aufgebaut, unter
dessen Einwirkung sowie auch durch Diffusion der Kanal sich erweitert.
Die auseinanderfließende Ionenwolke ist Ursache des rötlichen Licht-
schleiers, der die in Achsenrichtung verlaufenden Leuchtfäden einhüllt
(Abb. 130). Die in ihm erzeugten Photonen sind von anderer Wellenlänge als die vom hohen Kopffeld der Kanalspitze ausgehenden, weshalb
sich beide Lichterscheinungen deutlich voneinander abheben [3].

Die Ionen wandern mit einer anfänglichen Höchstgeschwindigkeit
von $2 \cdot 10^5$ cm/sek und im anschließenden schwachen Feld von einigen
tausend V/cm mit einer Geschwindigkeit der Größenordnung 10^4 cm/sek
zur Kathode ab. Solange sich die positive Raumladung noch an ihrem
Erzeugungsort befindet, ist das resultierende Spitzenfeld abgesenkt und
vermag keine weitere Entladung auszubilden. Erst wenn der Raum vor
der Spitze nicht mehr von den Ionen abgeschirmt wird, kann ein neuer
Leuchtfaden in den Raum vorstoßen. Durch eine leichte Erhöhung der
Elektrodenspannung wird die Säuberung des in Frage kommenden Gebiets beschleunigt und eine schnellere Impulsfolge ermöglicht.

Eine mathematisch-strenge Behandlung der Leuchtfadenausbildung
im rasch abfallenden elektrostatischen Feld wurde bisher noch nicht
versucht. Doch enthält das hier entworfene Bild bereits alle wesentlichen Züge der beobachteten Ausbildung dieser besonderen Entladungsform: Der Leuchtfaden kann nur dann entstehen, wenn die intermittierende Ausbruchentladung bereits eingesetzt hat, da er ja aus dieser
bei der zufällig günstigen Folge von Lawinen geringer seitlicher Streuung
erwächst. Bei einer Vorstoßgeschwindigkeit von 10^8 cm/sek und einer
Gesamtlänge von $\approx 0,17$ cm baut er sich in etwa 10^{-9} sek auf und damit
in solch kurzer Zeit, daß ein Glühelektronenstrahloszillograph auch
hoher Schreibleistung den Stirnanstieg des Impulses nicht wiedergeben
kann. Nach der Ausbildung eines Leuchtfadens können im selben Bereich solange keine weiteren Leuchtfäden oder intermittierende Koronaentladungen auftreten, als die Wolke der positiven Ionen sich noch in

Spitzennähe befindet. Erst wenn nach dem Absterben der den Leuchtfaden treibenden Kräfte die von ihm hinterlassene Raumladung in größere Entfernung gebracht und damit die entscheidende Zone von störenden Ladungsträgern gesäubert wurde, erlaubt die Anhebung der Feldstärke auf ihren alten Wert die Neubildung von Trägerlawinen. Dieser Mechanismus schließt jedoch nicht aus, daß seitlich vom Leuchtfaden die andere Entladungsform des GEIGER-Zählbereichs gleichzeitig mit ihm auftritt bzw. von ihm durch Photoionisation gezündet wird. So kann bei der Beobachtung des Leuchtschirmbildes oft festgestellt werden, daß die Entwicklung eines Leuchtfadens die Ausbruchkorona nach sich zieht (Abb. 119).

Bei der Anwendung von Rechteck-Spannungsstößen von 1—2 μsek Dauer an Stelle von Gleichspannung [24] ermöglicht eine Pause von 20—0,5 msek zwischen den Beanspruchungen das Auseinander

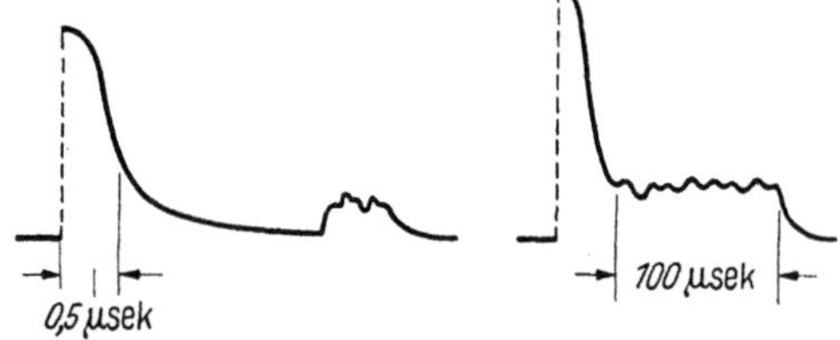

Abb. 119. Nachgezeichnete Oszillogramme einer Leuchtfadenentladung, der die Ausbruchkorona folgt [8].

fließen und Abwandern der positiven Raumladung aus Spitzennähe durch Diffusion und gegenseitige Abstoßung der gleichnamigen Ladungsträger; bei ausreichender Bereitstellung von Anfangselektronen durch Bestrahlung der empfindlichen Zone mit einem radioaktiven Präparat oder durch die Mithilfe zurückgebliebener negativer Ionen kann dann der Leuchtfadenaufbau mit der Wiederkehr der Elektrodenspannung sofort beginnen. Während bei der Einsatzspannung der Ausbruch- oder Leuchtfadenentladung der scharfmarkierte Impuls der Entladungsbildung rein zufallsbedingt zu jedem beliebigen Zeitpunkt innerhalb des Stoßes auftreten kann, verschiebt sich sein Einsatz mit zunehmender Spannung zum Anfang der Welle hin und stellt sich schließlich recht gleichmäßig etwa 0,2 μsek nach Stoßbeginn ein. Mehr als ein Leuchtfaden wird während eines Spannungsstoßes nicht ausgebildet. Dies ist ein deutliches Zeichen dafür, daß die eine Neuzündung verhindernde positive Raumladung innerhalb der Stoßzeit von 1—2 μsek nicht soweit abwandert, daß eine nachfolgende Entladung nicht mehr behindert würde. Andererseits beweist der regelmäßige Einsatz bei erhöhter Elektrodenspannung, daß die Pause zwischen zwei Spannungsstößen von mindestens 0,5 msek ausreicht, um die Ionenwolke aus der Spitzennähe wegzuschaffen, und daß eine genügend große Zahl negativer Ionen nach dem Zusammenbruch des Feldes zurückblieb, um bei der Wiederkehr der Spannung eine neue Entladung einzuleiten.

Während sich bei der Gleichspannungsentladung die Leuchtfäden eng um die Achse drängen, folgen sie bei der Stoßentladung den radial

verlaufenden Feldlinien in viel stärkerem Maß und bilden ein breit aus-
laufendes, fächerförmiges Büschel von Einzelentladungen. Die Leuchtfäden sind kräftiger und länger als bei Gleichspannung, weil sie nicht
mehr in ein noch von positiven Raumladungen verseuchtes Gebiet
hineinlaufen. Auf der Spitze selbst liegt die helle Lichthaut der Ausbruchkorona.

Ohne Kenntnis der physikalischen Vorgänge beschreibt TOEPLER [25]
nahezu ein halbes Jahrhundert zuvor seine fast übereinstimmenden Beobachtungen bei stoßweiser Energiezufuhr zu den Elektroden, wie er
sie durch Zwischenschalten einer auf kleinste Schlagweite eingestellten
Vorfunkenstrecke erzielte. Durch Begrenzung des Stromes mit einem
hohen Widerstand läßt es sich hierbei erreichen, daß sich an der Schaltfunkenstrecke kein Lichtbogen ausbildet und die Entladung periodisch
abreißt und neu zündet; hierbei werden die Elektroden der Versuchsstrecke in gleichmäßiger Folge stoßweise an Spannung gelegt. TOEPLER
beschreibt die reine Gleichspannungsentladung bei niederer Stromstärke
als eine fast kontinuierliche „Büschel"entladung mit schmalem, auf
nahezu gerader Bahn die Elektroden verbindendem Lichtstreif von rd.
1 mm Durchmesser; seine Färbung ist zur Anode hin karminrot, zur
Kathode hin bläulich. Bei stoßweisem Betrieb der Prüfstrecke wird
das konstante Glimmen durch zahlreiche kurze, zunächst nur bis zu
1 cm lange Lichtfäden ersetzt. Bei stärkerem Strom umgibt sich die
positive Spitze mit einer Strahlenkrone, die aus zahllosen kurzen gestielten Büscheln besteht. Nach TOEPLER wird somit die Dauerkorona
bei stoßweiser Energiezufuhr durch eine besondere Entladungsart, in
seiner Bezeichnungsweise durch die positive „Streifen"entladung abgelöst, welche von einer Anzahl kurzer fadenförmiger positiver Büschel
gebildet wird. Der Umschlag der Entladung ist uns leicht erklärlich:
In der spannungslosen Pause wird die empfindliche Zone von der positiven Ionenwolke geräumt, und die sich bei Spannungswiederkehr neu
aufbauende Entladung kann ungehindert in das feldschwache Gebiet
vorwachsen, was bei einer ununterbrochenen Folge von seitlich nebeneinander ausgelösten kurzen Lawinen der Dauerkorona wegen der Ver-
seuchung des Feldes durch die Ionen nicht möglich ist.

Es wurde bereits darauf hingewiesen, daß die Ausbildung von Leuchtfäden durch Verunreinigungen des Gases begünstigt wird; im gleichen
Sinne wirkt sich auch die Beimischung eines elektronegativen Gases
aus. FITZSIMMONS [26] sowie MOHR und WEISSLER [27] konnten zeigen,
daß eine umschlossene und daher schlecht gelüftete Luftfunkenstrecke
nach längerem Betrieb Leuchtfäden auch oberhalb des Zählbereichs im
Gebiet der Dauerkorona ausbildet. Wurde die Gasfüllung durch Frischluft ersetzt, so ergab sich anfänglich wieder das übliche Bild der Einzelentladungen unterhalb der Einsatzspannung der Dauerkorona und dar-

über nur diese ohne Einzelentladungen. Die Ursache für ein derartiges Verhalten kann wohl nur in der spurenweisen Bildung von Ozon und Stickoxyden gesucht werden. Daß die Funkenspannung unter solchen Umständen herabgedrückt wird (Erniedrigung der Funkenspannung bis auf 94% des anfänglich gemessenen Werts), hatte HASELTINE [28] gezeigt.

Ebenfalls vermögen sich Leuchtfäden leichter in feuchter als in trockener Luft auszubilden [26, 115] und erscheinen beispielsweise sofort beim Anhauchen der Funkenstrecke. Die Einsatzspannung selbst für das erstmalige Auftreten von Leuchtfäden wird nur unwesentlich vom Wassergehalt der Luft beeinflußt; eine größere relative Feuchtigkeit als 60% wirkt sich nur in einer vergrößerten Streuung der bei einer Schlagweite gemessenen Spannungswerte aus. Dagegen zieht eine Erhöhung der Feuchtigkeit über 55% bei der Dauerkorona wenig oberhalb der Einsatzspannung eine deutliche Veränderung der Erscheinungsform nach sich. Die Entladung wird unruhiger und lauter; auf dem Oszillographenschirm erscheinen kräftige Leuchtfadenimpulse in schnellerer Folge. Ein vom üblichen Verlauf besonders abweichendes Verhalten zeigt der Strom. Er nimmt ab Koronaeinsatzspannung nicht linear wie in halbwegs trockener Luft zu, sondern erreicht in steilem Anstieg einen Höchstwert, auf den ein Minimum folgt, um erst im Anschluß hieran in der gewohnten Weise geradlinig anzusteigen. Der Bereich dieser Unregelmäßigkeit der Strom-Spannungskurve ist eng begrenzt und entzieht sich dadurch bei nicht ganz langsamer Spannungssteigerung sehr leicht der Beobachtung; auch ist er stark vom Feuchtigkeitsgehalt abhängig, so daß nur schwer reproduzierbare Ergebnisse zu erlangen sind.

Die Zugabe geringer Beimengungen von Frigen von 10^{-4}—1% zu Frischluft wirkt sich in der Weise aus, daß sich bei einer Steigerung der Elektrodenspannung über die Einsatzspannung der Dauerkorona hinaus sofort Leuchtfäden ausbilden [27]. Bei erhöhtem Frigengehalt (über 1%) treten in einem mehrere 1000 V breiten Zählbereich fast keine Impulse der Ausbruchkorona und nur besonders kräftige Leuchtfäden mit deutlich erkennbaren Stromstößen auf. Frequenz und Intensität der Leuchtfäden erreichen bei diesem Frigengehalt Höchstwerte. Die überaus reiche Leuchtfadenausbildung mag auf einer verstärkten Photoionisierung im Gasgemisch beruhen, sicherlich wird sie auch durch die Anwesenheit negativer Ionen begünstigt. Die von den Lawinen erzeugten Elektronen wandeln sich im rückwärtigen Gebiet zwischen Kanalspitze und Anode mit abgesenkter Feldstärke nach Dissoziation von CCl_2F_2-Molekülen in negative Cl_2^-- und F_2^--Ionen um und verdünnen und neutralisieren die bereits vorhandene positive Raumladung. Hierdurch wird die Verflachung des Feldes in Spitzennähe rückgängig gemacht und weitere Lawinen können den ersten unverzögert folgen. Bei noch weiterer

Erhöhung des Frigenzusatzes folgt auf einen Leuchtfaden die aus vielen
Einzelimpulsen zusammengesetzte Ausbruchkorona mit ihren kleinen unregelmäßigen Schwankungen um einen Mittelwert; die Leuchtfäden selbst
verkümmern und werden kürzer und schwächer. Der zunächst scharf
markierte Schaft des Lichtstrichs von etwa 0,1 mm Durchmesser wird
dicker und verschwommener, die Zahl der Leuchtfäden nimmt ab und
ihr Leuchtschirmbild kann von dem der nach einiger Zeit abreißenden
Ausbruchkorona immer weniger unterschieden werden. Eine kontinuierliche Entladung bildet sich bei hohem Frigengehalt überhaupt nicht
mehr aus. Wegen der Abnahme der Elektronenionisierung in dem stark
elektronegativen Gasgemisch er-
höht sich die Einsatzspannung der
intermittierenden Entladung von
rd. 5 kV bei schwacher Frigenbeimischung auf rd. 13 kV (0,5 mm-
Spitze, 3,1 cm Elektrodenentfernung). Der Effekt der Frigenzer-
setzung bei längerdauernder Entladung (s. S. 311) drückte sich
nicht etwa in einer Erniedrigung,
sondern in einer allmählichen
weiteren Erhöhung der Einsatz-

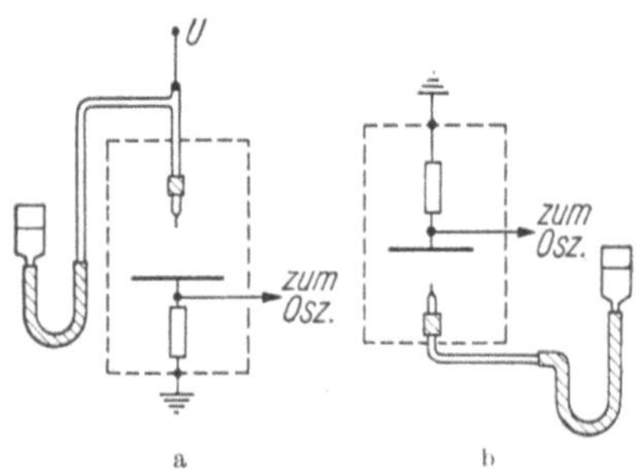

Abb. 120. Versuchsaufbau für Koronauntersuchungen an einem Wassertropfen.

spannung um mehrere 1000 V aus. Nur durch Einschieben längerer Pausen
zwischen den Messungen ließen sich reproduzierbare Ergebnisse erzielen.

Ein weiterer Beweis für den entscheidenden Anteil der positiven
Raumladung an der Unterdrückung einer kontinuierlichen Entladung
konnte von ENGLISH durch Versuche mit *Spitzenentladungen an einem
Wassertropfen* erbracht werden [*29*]. Aus einem engen Glasrohr (1,3 oder
0,41 mm Innendurchmesser), das luftfreies Wasser enthält und dauernd
aus einem Reservoir gleicher Spiegelhöhe nachgefüllt wird, tritt ein
Wassertropfen aus (Abb. 120). Unter dem Einfluß der Oberflächenspannung nimmt seine freie Oberfläche Halbkugelform an mit einem
ungefähren Durchmesser von der lichten Weite des Glasrohres. Die
Kugelform ist das Resultat der Anziehungskräfte zwischen den Molekeln
der Tropfenflüssigkeit, die nur bei den „Oberflächen"molekeln spürbar
werden und diese einseitig in die Flüssigkeit hineinzuziehen bestrebt sind.
Weil die Kugel bei gegebenem Volumen von allen Körpern kleinste
Oberfläche und damit auch kleinste Oberflächenenergie besitzt, nimmt
jeder Flüssigkeitstropfen bei Abwesenheit äußerer Kräfte Kugelgestalt
an. Die Oberflächenenergie selbst läßt sich unter Verwendung der Ka-
pillarkonstanten γ ($\gamma \approx 75$ Erg/cm² für Wasser von Zimmertemperatur)
als verhältnisgleich zur Oberfläche ansetzen. Für die Größe der zum

Mittelpunkt der Kugel gerichteten Druckwirkung findet man $p_i = 2\gamma/r$ mit r als Radius der Kugel.

Werden dem Tropfen elektrische Ladungen zugeführt, so greift an der Einheit seiner Oberfläche außer der nach innen gerichteten Oberflächenspannung die radial nach außen wirkende Feldkraft $p_a = \frac{\varepsilon_0}{2} E_r^2 = \frac{1}{2} \sigma E_r$ (mal 10,2 bei Messung von p_a in kg/cm²) an (σ = Ladungsbelegung der Flächeneinheit). Kugelgestalt ist nur bis zu einem gewissen kritischen Wert der Oberflächenfeldstärke E_r möglich, der durch Gleichsetzen von p_i und p_a bestimmt wird. Für diese Grenze der stabilen Tropfenform findet man $E_r = c \sqrt{\dfrac{\gamma}{r}}$ [30]. Bei geringfügiger weiterer Aufladung des Tropfens überwiegt die Feldkraft die Oberflächenspannung und deformiert bzw. zerreißt den Tropfen; hierbei bleibt nur so viel Flüssigkeitsmenge zurück, daß bei der sich wiederbildenden Kugel von kleinerem Radius ein stabiles Gleichgewicht der beiden Kräfte möglich ist, gleichgültig welches Volumen der Tropfen zuvor besaß [31]. Untersuchungen mit solchen zerplatzenden Wassertropfen stellte schon ZELENY [32 bis 35] mit Flüssigkeiten unterschiedlicher Oberflächenspannung in der Anordnung von Abb. 120b an sowie MACKY [36] mit Wassertropfen, die ein hohes elektrisches Feld von mehr als 5000 V/cm durchfallen. Als Mittelwert aus vielen Versuchen mit Wassertropfen von wechselndem Radius ($r = 0,085$ bis $0,25$ cm) erhielt MACKY für den Eintritt der Instabilität in einem vertikalen Feld die Bedingung $E_r \sqrt{r} = 3875$ (E_r in V/cm, r in cm) und für ein horizontales elektrisches Feld (senkrecht zur Fallrichtung der Tropfen) $E_r \sqrt{r} = 3870$. Daraus leitet sich für die Konstante der oben angeschriebenen Stabilitätsbeziehung bei beliebiger Tropfenflüssigkeit der Wert $c = 447$ ab. MACKY beobachtete, daß vor allem das induzierte positive Ende des Tropfens fadenförmig zu einer feinen Spitze von mehrfacher Länge des ursprünglichen Tropfendurchmessers ausgezogen wird und sich schließlich in winzige Tröpfchen auflöst, die perlschnurartig den Fallweg des Tropfens markieren. Zwischen Spitze und Elektrodenplatte bildet sich dabei eine Koronaentladung aus.

Ob bei der Anordnung nach Abb. 120 eine Steigerung der an die Elektroden gelegten Spannung zuerst Korona verursacht und erst bei weiter erhöhter Spannung der Tropfen deformiert wird oder ob der Vorgang in umgekehrter Reihenfolge abläuft, wird durch den Versuch dahingehend entschieden, daß in der freien Atmosphäre die Deformation der Flüssigkeitsoberfläche bis zu sehr kleinem Tropfenradius noch unterhalb der Koronaeinsatzspannung eintritt [33]. Hierbei werden feinste, fast nicht mehr sichtbare Sprühtröpfchen vom Haupttropfen abgerissen und weggeschleudert. Zum gleichen Ergebnis kommen auch PAU-

THENIER und DUHAUT [*31*] mit einem Wassertropfen, der an der Unterseite eines horizontal ausgespannten Drahtes von 5 mm Durchmesser hängt. Noch während sich die positiv aufgeladenen Sprühtröpfchen im Bereich des hohen Feldes befinden, werden sie in die Länge gezogen und geben Anlaß zu einer Vielzahl winziger Entladungen. Mit dem hier hauptsächlich interessierendem Mechanismus hat dieser, an das Zerplatzen des Wassertropfens gebundene Vorgang wenig zu tun. Die beobachteten Erscheinungen ähneln weitgehend denen an einer positiven Metallspitze: Den Impulsen der Ausbruchkorona von durchschnittlich 1 msek Dauer sind steile, nicht sehr kräftige Stöße überlagert, wie sie von der Ausbildung von Leuchtfäden herrühren könnten. Im Dunkeln kann auch eine entsprechende Lichterscheinung in Spitzennähe mit Leuchtfäden von wenigen Millimeter Länge beobachtet werden.

Bei Steigerung der Elektrodenspannung ändert sich das Bild wesentlich [*29, 35*]. Das sich zunächst noch verstärkende Wegschleudern von Wassertröpfchen wird wieder geringer und hört schließlich ganz auf. Dann bemerkt man auf dem Leuchtschirm das Auftreten der intermittierenden Ausbruchkorona und auch Leuchtfadenimpulse; am Wassertropfen sitzt an der Stelle höchster Feldstärke ein Glimmpunkt, an den sich das fächerförmige, von der Spitze ausgehende Büschel der Leuchtfäden anschließt. Der Wassertropfen ist nunmehr vollkommen rund. Diese neuerliche Stabilisierung der Tropfenform trotz erhöhter Elektrodenspannung kann nur auf einer Abschwächung des Feldes in Spitzennähe beruhen. Der Grund ist leicht einzusehen: Auf jede Einzelentladung folgt zur Abführung der gebildeten positiven Raumladung eine entladungsfreie Pause erheblicher Dauer, während der die Feldstärke an der Tropfenoberfläche erniedrigt ist. Erst nach weitgehender Säuberung des Raumes von Ionen könnte sie wieder den zum Zersprühen erforderlichen Wert erreichen. Zuvor jedoch beginnt die Ausbildung der nächstfolgenden Entladung, die von neuem zu einer Absenkung des Feldes an der Tropfenoberfläche führt und dadurch über viele Einzelvorgänge zu einem Mittelwert der Feldstärke, bei welchem die nach innen gerichtete Oberflächenspannung die Feldkraft überwiegt.

Bei weiterer Erhöhung der Spannung verstärkt sich das Glimmen am Scheitel des immer noch runden Tropfens, bis das Elektrodenfeld beim kritischen Wert den erniedrigenden Einfluß der Ionenwolke zu kompensieren vermag. Jetzt erfolgt unvermittelt das Zerreißen des Wassertropfens unter Ausstoßung eines feinen Sprühnebels. Somit spiegelt die Gestalt des Tropfens das Widerspiel der auf ihn einwirkenden Kräfte und liefert einen überzeugenden Beweis für das Auftreten einer das Spitzenfeld erniedrigenden positiven Raumladung.

d) Negative Spitze. Durch Umpolen der an die Spitze–Platteanordnung gelegten Gleichspannung ändert sich die Stärke und Verteilung des elektrostatischen Feldes zwischen den Elektroden nicht. Zur Berechnung der Trägervermehrung dürfen auch bei negativer Spitze die im gleichförmigen Feld gemessenen $\alpha(E)$-Werte zugrunde gelegt werden, solange das Feld im Multiplikationsbereich nicht zu sehr durch etwaige Raumladungen versteilert ist. Das eine Lawine einleitende Erstelektron muß nunmehr in unmittelbarer Nähe der Spitze entstehen, da es ja nicht mehr zur Spitze hin, sondern von dieser weggeführt wird. Daher wird es fast nie in der überaus kleinen „empfindlichen" Zone, sondern an der Spitzenoberfläche erzeugt. Höchstens bei einer äußerst feinen oder abgebrochenen Spitze mit zerklüfteter Oberfläche wird es durch Feldemission abgelöst. In der Mehrzahl der Fälle ist mit einer Elektronenbefreiung durch aufprallende Ionen oder den Photoeffekt, zum Teil auch durch den PAETOW-Effekt (S. 277) und im Sonderfall der erhitzten Spitze [37] mit thermischer Emission zu rechnen.

Die halbwegs regelmäßige Bereitstellung eines Anfangselektrons in abgemessenen Zeitspannen bereitet sehr viel mehr Schwierigkeit als bei positiver Spitze [8, 38]. Dort bewegen sich alle zwischen den Elektroden gebildeten negativen Träger zur Spitze hin und geraten unweigerlich in die Ionisierungszone, weshalb beispielsweise die Bestrahlung des Gasvolumens mit einem β-γ-Strahler ein einfaches und durch die Menge und den Abstand des radioaktiven Präparats leicht regelbares Mittel zur Versorgung der kleinen Ionisierungszone um die Spitze mit negativen Ladungsträgern ist. Hierbei ist nur zu beachten, daß die Fremdeinstrahlung nicht zu intensiv wird, da sonst die Einsatzspannungen der intermittierenden und der Dauerkorona gegenüber der mit „natürlicher" Bestrahlung durch kosmische und Umgebungseinflüsse allein arbeitenden Entladung herabgedrückt und die Übergänge der Entladungsformen verschliffen werden [39]. Bei spitzer Kathode ist dagegen ein radioaktives Präparat wegen der Verwertbarkeit nur jener Elektronen, die praktisch an der Spitzenoberfläche erzeugt werden, von sehr viel geringerer Wirksamkeit. Doch läßt sich auch noch mit sehr feinen Spitzen ein schwacher Einfluß der Fremdionisation nachweisen [38]. Auch die Bestrahlung der Spitze mit dem UV-Licht eines Quarzbrenners ist zur Einleitung regelmäßiger Zündungen wenig geeignet; manchmal, doch nicht immer, stellt sich die gewünschte Wirkung ein, manchmal auch erbringt die UV-Beleuchtung entweder gar keine Vermehrung der Einzelentladungen pro Zeiteinheit oder sogar eine deutliche Abnahme [38, 40][1]. Dem entspricht eine Beobachtung über eine ähnlich unregelmäßige Einwirkung einer Quecksilberdampflampe auf die Verzögerungszeit beim Stoßdurchschlag einer Spitzenfunkenstrecke [41]. Noch das beste Mittel zur Bereitstellung der

---

[1] In einer nach Abschluß des Manuskripts erschienenen Veröffentlichung gibt BANDEL an [115], daß diese Unregelmäßigkeiten von einer zu starken UV-Bestrahlung herrühren.

Anfangselektronen scheint die leichte Verunreinigung der Spitze durch
winzige Staubteilchen (Al_2O_3- oder MgO-Pulver) zu sein. Als Folge des
PAETOW-Effektes laden sich die isolierenden, mikroskopisch feinen Teilchen bei vorhergehenden Entladungen positiv gegen ihre Unterlage auf
und ergeben im Zusammenspiel mit dieser eine recht brauchbare Elektronenquelle. Zur längeren Haltbarkeit des Staubes auf der Spitzenoberfläche während der Dauer einer Meßreihe und zur guten Reproduzierbarkeit der Messungen empfiehlt ENGLISH [8], die Spitze in Aceton
und anschließend in MgO-Pulver einzutauchen. Der Staub haftet bei
einer solchen Behandlung ohne merkliche Beeinflussung der Einsatzspannung bis zu einigen Betriebsstunden auf der Spitze und ergibt oberhalb der Einsatzspannung einen verhältnismäßig wenig schwankenden
Mittelwert des Koronastroms. Ohne diese Maßnahme besteht die Gefahr,
daß die Entladung für längere Zeit erlischt und nur rein zufallsbedingt
wieder zündet.

Im Gegensatz zum Verhalten einer scharfgekrümmten Anode, deren
Anfangsspannung in keiner Weise vom Werkstoff und der Vorgeschichte
der Spitze beeinflußt wird, ist bei spitzer Kathode eine deutliche Abhängigkeit der Einsatzspannung von der Höhe der Austrittsarbeit wegen
der Abhängigkeit der Oberflächenionisierung vom Werkstoff zu erwarten. Von einer positiven Spitze berichten LOEB und ENGLISH [38],
daß Wiederholungsmessungen nach 9 Monaten genau dieselben Ergebnisse erbrachten trotz oftmaliger Benutzung der Elektrode in der Zwischenzeit; ferner, daß eine spitze Kupferanode nach Oxydation über
einer Bunsenflamme, anschließender Ätzung mit Salpetersäure und neuerlicher Oxydation in der Flamme keinerlei Änderungen des Wertes ihrer
Anfangsspannung ergeben hätte. Eine Form- oder meßbare Gewichts-
änderung tritt selbst bei langem Betrieb einer als Anode geschalteten
Spitze nicht ein [42, 43].

Ein an der negativen Spitze gebildetes Elektron läuft in einem
rasch abfallenden Feld zur Gegenelektrode. Bei nicht zu kleiner Elektrodenspannung ionisiert es in Spitzennähe. Wiederum darf das Elektron nach den Untersuchungen von MORTON-JOHNSON bei Atmosphärendruck trotz der raschen Feldänderung als im energetischen Gleichgewicht
befindlich angesehen werden, und es darf einer Berechnung der Zahl
der Ionisierungsakte der für das gleichförmige Feld bestimmte α-Wert
zugrunde gelegt werden. Bei derselben Spannung wie bei umgekehrter
Polarität der Elektroden wird zwar in beiden Fällen dieselbe Gesamtzahl an Ionenpaaren unabhängig von der Laufrichtung der Ladungsträger gebildet, doch ist die örtliche Verteilung der Ionisationen und
damit auch der positiven Ionenwolke von ganz anderer Art. Während bei
positiver Spitze die Stoßionisation ihr Maximum unmittelbar vor der
Spitze erreicht, ist an der Oberfläche einer negativen Spitze nur das

Anfangselektron vorhanden, das sich allerdings in dem zunächst sehr starken Feld rasch vermehrt. Auf dem Weg zur Gegenelektrode gelangen die gebildeten Elektronen in ein immer schwächer werdendes Feld. Trotz ihrer zunächst rasch angestiegenen Zahl verringert sich die Anzahl der Ionisierungsakte wegen des Abfalls der α-Werte doch wieder; schließlich erreichen die Elektronen bei $x = a = 0{,}04$ cm ein Gebiet, wo ihre Ionisierung vernachlässigbar klein ist ($\alpha \approx 1$, $E/p \approx 30$ V/cm Torr für Luft). Der Verlauf der Trägerbildung $N(x_1) = \exp\left(\int_0^{x_1} \alpha\, dx\right)$ in Abhängigkeit von der Entfernung x_1 von der Spitze und die Ionenverteilung

$$N(x_1) \cdot \exp\left(\int_{x_1}^{x_1 + \Delta x} \alpha\, dx\right)\Big/ \Delta x \quad \text{(gestrichelte Kurve) sind in Abb. 121 für}$$

dieselben Ausgangsbedingungen wie zuvor für die andere Polarität dargestellt, also für den Fall eines Drahtes von 0,4 mm $\varnothing$ mit halbkugeligem Ende, 3 cm Elektrodenabstand und einer Spannung von 5 kV an den Elektroden. Wie das Diagramm zeigt, erreicht die Dichte der positiven Ionen ihren Höchst-

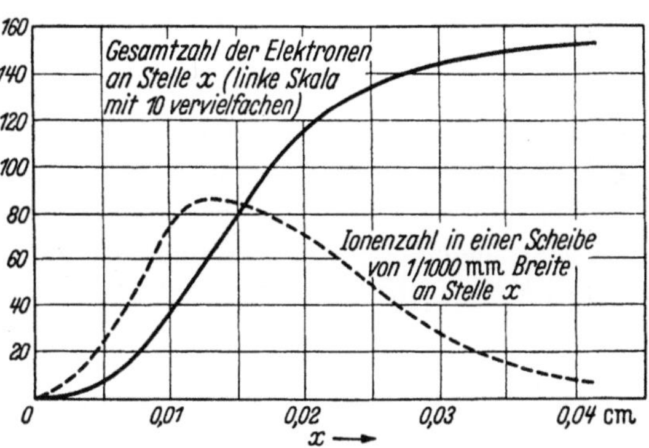

Abb. 121. Ionisierung und Ionenverteilung (gestrichelte Kurve) bei negativer Spitze.

wert in einer Entfernung von ein bis zwei zehntel Millimeter vor der Spitze.

Die positive Ladungswolke treibt auf die negative Spitze zu. Die Masse der Ionen hat den nur sehr kurzen Weg von rd. $^{15}/_{1000}$ cm zurückzulegen, wozu es einer Zeit von $0{,}015/2 \cdot 10^5 = 0{,}08\ \mu\text{sek}$ bedarf. Mit der Annäherung an das Ziel versteilert die Raumladung das Feld unmittelbar vor der Spitze, auch wenn die Zahl der Ionen noch geringfügig bleibt. Etwa durch den Aufprall der Vorausionen oder durch von der Lawine ausgesandte Photonen werden an der Spitze Nachfolgeelektronen freigesetzt, die in dem leicht verzerrten Feld eine etwas größere Energie als im rein elektrostatischen aufnehmen und daher mit etwas vergrößerter Ausbeute stoßionisieren. Die von ihnen geschaffene Raumladung unterstützt die bereits vorhandene in ihrer Wirksamkeit, wodurch das Feld in einer Zone von weniger als $^1/_{10}$ mm Tiefe vor der Spitze noch stärker verzerrt wird. Im rasch einanderfolgenden Spiel von Elektronen- und Raumladungsbildung wird die resultierende Feldstärke an der Spitze durch diese Kettenreaktion weit über den zur geometrischen Elektrodenkonfiguration gehörenden Wert angehoben. Wahrscheinlich steigt unmittelbar vor der Kathode das Potential so rasch an, daß die Elektronen sich unter diesen neuen Verhältnissen nicht länger im Gleichgewicht von Energieaufnahme aus dem Feld und -abgabe bei Stoßvorgängen befinden, sondern längs ihrer ersten freien Weglängen sehr hohe Energien vom Mehrfachen der Ionisierungsarbeit aufnehmen [*44*]. Im anschließenden Gebiet ionisieren sie daher sehr viel kräftiger, als nach dem α-Wert des elektrostatischen Feldes anzunehmen wäre. Insgesamt erhöht sich die Trägerausbeute über den durch $\exp\left(\int_0^a \alpha\,dx\right)$ gegebenen Wert; nach MORTON-JOHNSON (S. 132) kann die Ionisierungsausbeute $\exp\left(\int_0^a \alpha'\,dx\right)$ in dem stark verzerrten Feld auf ein Vielfaches der nach TOWNSEND errechneten ansteigen. Wegen der praktisch trägheitsfreien Elektronenablösung aus der Spitze und der hohen Geschwindigkeit der Elektronen wird somit in kürzester Zeit (höchstens einige 10^{-8} sek) vor der Spitze eine sehr starke positive Raumladung aufgebaut; ferner ist die totale Elektronenionisierung erheblich größer als der für das elektrostatische Feld errechnete Wert von 1530 Ionenpaaren. Auch der Beiwert Γ' der Rückwirkungsausbeute an der Kathode, also das Verhältnis der ausgelösten Elektronen zur Zahl der in der gleichen Zeit an der Kathode eintreffenden Ionen, dürfte wegen der erhöhten Aufprallenergie der Ionen im verzerrten Feld und vielleicht als Folge einer bereits beginnenden Feldemission über dem Anfangswert des unverzerrten Feldes liegen. Wird bei passender Wahl der Elektrodenspannung gerade die Bedingung $\Gamma'\exp\left(\int_0^a \alpha'\,dx\right) = 1$ erfüllt, so geht die bis dahin unselbständige in die selbständige Entladung über; sie ist dann auf die weitere Unterstützung von durch äußere Einwirkung geschaffenen Anfangselektronen nicht länger angewiesen, sofern nicht ein Prozeß eintritt, der ein Abreißen der Entladung nach sich zieht.

Aus bekannten Gründen (individuelle Schwankungen der Ionisierungskoeffizienten um ihre statistischen Mittelwerte) könnte erst oberhalb der Einsatzspannung ein ununterbrochener Entladungsablauf erwartet werden. Ohne das Hinzukommen eines neuen Effektes müßte beim Entladungseinsatz die Trägerproduktion und damit der Strom auf sehr hohe Werte ansteigen, weil alle bisher betrachteten Prozesse im Gefolge der Raumladeverzerrung durch die nur langsam auf die Spitze zuwandernde Wolke der positiven Ladungsträger die Ionisierung an der Kathode und im Gas und rückwirkend damit auch die Raumladung selbst erhöhen. Durch die gegenseitige Unterstützung müßte die Stromdichte in der Entladungsstrecke ungehemmt ansteigen und die Entladung zwangsläufig in einen Lichtbogen einmünden, sofern sie nicht durch einen hohen äußeren Widerstand stabilisiert wird. Tatsächlich zeigt die Entladung einer negativen Spitze in völlig reinem Argon [*16*] und in modifizierter Form auch in reinem Wasserstoff oder Stickstoff ein solches Verhalten [*16, 45*]. In Argon fallen Anfangs- und Funkenspannung zusammen; ohne erkennbare Vorentladungen bildet sich sofort ein Lichtbogen aus. Die Elektrodenspannung kann dann um mehrere hundert Volt erniedrigt werden, ohne daß die Entladung erlischt. In den beiden anderen Gasen bildet sich zwar die Dauerkorona ohne nachfolgenden Umschlag zur Lichtbogenentladung aus, doch hat die zunächst brennende stromschwache Entladung die Tendenz, in eine andere Form mit größerem Strom umzuschlagen: Bei der Einsatzspannung (2600 V in H_2, 3600 V in N_2; Platin-Drahtstift von vermutlich 0,5 mm $\varnothing$, 3,1 cm Elektrodenentfernung) erstreckt sich der Ansatz der zunächst diffusen Entladung über einen beträchtlichen Teil der Spitzenendfläche, um sich nach einiger Zeit auf einen sehr viel kleineren Querschnitt an der Stelle höchster Feldstärke zusammenzuziehen; dabei steigt der Strom auf etwa tausendfache Stärke. Je mehr die Elektrodenspannung über die Einsatzspannung überhöht wird, desto kürzer ist die Zeitspanne bis zum Umschlag in die stromstärkere Entladung. Deren Ansatzpunkt wandert bei höherer Spannung unruhig über die Spitzenoberfläche, wodurch bei rascher Aufeinanderfolge der Ansatzpunkte der Eindruck einer ausgedehnten Glimmhaut entstehen kann. Auf dem Leuchtschirm des Oszillographen macht sich der Wechsel der Ansätze durch viele kleine Stöße (mehrere tausend pro Sekunde) bemerkbar.

Die von WEISSLER gegebene und auch von LOEB [*38, 46*] gebilligte und noch verfeinerte Erklärung dieser Instabilität dürfte das Wesen der Erscheinung treffen: Bei der Einsatzspannung ist die Zündbedingung

$$\Gamma'' \exp\left[\int_0^d \alpha'\, dx\right] = 1$$

erfüllt; sobald ein Anfangselektron an der Spitze ausgelöst wird, bildet sich die selbständige Form der Entladung mit niedriger Stromstärke aus, wobei die Zahl der aus der Kathode freigemachten Elektronen begrenzt ist. Die Raumladung der positiven Ionen vor der Kathode dürfte hierbei noch so schwach sein, daß sie einen instabilen Anstieg der Trägerzahlen nicht in erheblichem Maß fördern kann. Unter der Wirkung des wohl in erster Linie für die Nachlieferung der Elektronen verantwortlichen Ionenaufpralls wird die Spitzenoberfläche an der Auftreffstelle verändert. So zeigen sich an einer Spitze, die während einiger Zeit als Kathode einer Glimmentladung diente, unter dem Mikroskop unzählige feine Löcher als Zeichen einer Abtragung von Material. Durch die aufprallenden Ionen, die das letzte zehntel Millimeter ihres Weges wegen der außerordentlich hohen Feldstärke mit hoher Geschwindigkeit durchfallen, werden auf der Spitze anhängende Gas-, Oxyd- und Wasserdampffilme ganz oder teilweise abgetrommelt und dadurch die Austrittsarbeit der Oberfläche geändert. Bei stabil haftendem kathodischem Fußpunkt besteht Gleichgewicht zwischen der Zahl der weggeschleuderten und der herandiffundierenden und die Oberflächenhäute neubildenden Molekel. Es kann aber auch der Fall eintreten, daß der Film sich nicht so rasch nachbilden kann; dann ist nur noch eine letzte, besonders fest haftende monoatomare Schicht vorhanden, oder es wird gar die reine Oberfläche des Metalls bloßgelegt, deren Austrittsarbeit oftmals niedriger ist als die der darüberliegenden Schichten. Sprungweise erhöht sich dann der Γ-Wert vielleicht um eine ganze Größenordnung; jetzt ist das zuvor vorhandene Gleichgewicht in der Trägerbilanz gestört, und die Anordnung verhält sich ebenso wie eine stark überspannte Funkenstrecke. Die sehr hohe Ausbeute an Nachlieferungselektronen führt zu der Kettenreaktion in der Trägervermehrung und dem beobachteten sprungweisen Anstieg des Stromes. Nach dieser Vorstellung ist es wohl verständlich, daß der Verzug bis zum Umschlag um so kürzer ist, je mehr die Elektrodenspannung über die Einsatzschwelle der TOWNSEND-Entladung ansteigt. Entsprechend dieser Deutung des beobachteten plötzlichen Umschlags einer Entladungsform in eine andere mit höherer Stromdichte dürfte der Effekt nicht nur auf die Entladung einer Spitze beschränkt sein. Tatsächlich konnte auch die gleichartige Erscheinung in Glimmentladungen mit Molybdän-Plattenkathode in den Edelgasen beobachtet werden [47]. Der Effekt äußert sich in der Weise, daß die Brennspannung der stationären Entladung zunächst über eine gewisse Zeit konstant bleibt und dann unter immer rascherer Kontraktion des Kathodenflecks auf etwa $^2/_3$ des Anfangswertes fällt; die Stromdichte steigt hierbei von ihrem normalen Wert auf rd. hundertfache Größe an. Durch etwas Sauerstoffzugabe konnte die Zeitspanne bis hin zum Umschlag stark verkürzt werden.

Das von WEISSLER beobachtete unruhige Wandern der Fußpunkte könnte darin seine Ursache haben, daß die schließlich freigelegte Metalloberfläche weniger Elektronen als ihr monoatomarer Überzug liefert; in diesem Falle müßte die Entladung zu einer Nachbarstelle überspringen, um mit hohem Strom weiterbrennen zu können, wo sich der Vorgang der Schichtabtragung bis zum reinen Metall wiederholt usw. Mit einiger Berechtigung kann auch angenommen werden, daß die Stromdichte am Kathodenfußpunkt ähnlich dem Vorgang bei manchen Lichtbögen an niedrig schmelzenden Metallen auf einen sehr hohen Wert ansteigt, bei dem die Ansatzstelle sehr stark überlastet wird und ein Strahl verdampfenden Metalls die Entladung wegbläst [46]. Wahrscheinlich ist auch, daß die von WEISSLER benutzten Molekülgase nicht vollkommen rein waren und der nachstehend beschriebene Effekt mit im Spiel war, ohne dessen Mitwirkung die Entladungen vermutlich ebenfalls in einem Lichtbogen geendet hätten.

WEISSLER [16] beobachtete, daß schon geringste Zusätze von Sauerstoff zu den von ihm untersuchten Gasen zu einer intermittierenden Entladung vor dem Eintritt der Dauerkorona führen. Schon zuvor war TRICHEL [48] durch oszillographische Beobachtung des Entladestroms der Nachweis gelungen, daß die Entladung einer negativen Spitze in Luft sich aus einer Folge diskreter Impulse zusammensetzt, deren Höhe und Frequenz nicht von den äußeren Schaltelementen des Stromkreises, sondern nur von den Verhältnissen in der Entladungsstrecke abhängen, also von Gasdruck, Spitzenform und Durchgangsstrom. Über hiermit übereinstimmende Beobachtungen berichtet auch NONKEN [15] in einer kurzen Notiz. Auch Frigen-Luftmischungen ergeben gleichartige Erscheinungen [4]. Mit einem GEIGER-Zählbereich hat dieses fortwährende Erlöschen und Neuzünden der Entladung wenig zu tun, da die Entladung in der Mehrzahl der Fälle im ganzen Spannungsbereich bis hin zum Funkendurchbruch nicht kontinuierlich brennt.

Sauerstoff und die Spaltprodukte von Frigen sind notorische elektronenanlagernde und negative Ionen bildende Gase. Cl- und F-Atome heften sich begierig an Elektronen an, wobei eine Energie von 3,8 bzw. 4eV frei wird; eine ähnlich große Elektronenaffinität hat auch das O-Atom mit 2,2 eV, das sich allerdings nur kurzzeitig erhalten kann, so daß wohl die häufigste Anlagerung in Luft auf das Konto des O_2-Moleküls mit einer Bildungswärme von weniger als 0,2 eV zu setzen ist [4]. Es lag nahe, das Abreißen einer einmal eingeleiteten Entladung mit der Entstehung einer kräftigen negativen Raumladung in Verbindung zu bringen, die das Feld in Spitzennähe absenkt [48]. Die im Bereich der Spitze bis zu einem kleinsten E/p-Wert von rd. 30 V/cm Torr durch Stoßionisation gebildeten Elektronen stellen bereits eine schwache Raumladung dar, die jedoch in den nichtanlagernden Gasen wegen ihrer raschen Abwanderung und Verdünnung ohne erkennbare Auswirkung auf die Trägererzeugung bleibt. In den Gasen hoher Elektronenaffinität dagegen heften sich die Elektronen nach Verlassen der Ionisierungszone wegen ihrer im schwächeren Feld geringen kinetischen Energie an Sauerstoffatome oder -molekel oder an elektronegative Spaltprodukte, die zuvor unter dem Stoß von Elektronen entstanden. So bilden sich die Elektronen im hier behandelten Fall der Stiftelektrode von 0,4 mm $\varnothing$ ab einer Entfernung von 0,4 mm von der Spitze in steigender Zahl in träge Ionen um, wobei eine dichte Wolke negativer Ionen entsteht. In der Ionisierungszone ist ein solcher Anlagerungsprozeß wegen der hohen Elektronengeschwindigkeit höchst unwahrscheinlich. Während bei positiver Spitze nur eine Raumladung, nämlich die der langsam in das feldschwache Gebiet hinaustreibenden positiven Ionen entsteht, sofern von der sehr kurzzeitigen und unmerkbaren Anwesenheit der Elektronen abgesehen wird, bilden sich bei der anderen Spitzenpolarität schon beim spurenweisen Vorhandensein elektronegativer Gase zwei schwere Raumladungen aus, jene der positiven Ionen in nächster Nähe der Spitze, durch welche die Trägervermehrung begünstigt wird, und die der nur langsam aus Spitzennähe abwandernden negativen Ionen. Deren Zahl ist weit höher als die der positiven Ionen wegen des sehr viel längeren von ihnen zurückzulegenden Weges. Daher wird die Höhe des resultierenden Feldes in der Ionisierungszone in erster Linie von der negativen Raumladung bestimmt, obwohl sie der Spitze weiter vorgelagert ist. Bei ausreichender Größe erniedrigt sie das Feld in der Umgebung der Spitze so sehr, daß die Trägerproduktion unterbunden wird; die Entladung wird in Abhängigkeit von der Schnelligkeit der Ionenbildung behindert und ausgeblasen und kann erst wieder neuzünden, wenn der Raum um die Spitze weitgehend von der negativen Ladungsanhäufung gesäubert ist. Wegen der rd. 30% höheren Beweglichkeit negativer Ionen kann erwartet werden, daß ihre felderniedrigende und entladungshemmende Wirkung von etwas kürzerem Bestand als die der positiven Raumladung bei positiver Spitze ist (im Bereich der Einsatzspannung einige Millisekunden).

Die Form und Dauer des Entladestromstoßes wurde von English[8] ermittelt. Die Anstiegsteilheit des Impulses ist kleiner als die der Leuchtfadenausbildung bei positiver Spitze, was auf die geringe Beweglichkeit der positiven Raumladung und die hierdurch merklich verzögerte Feldaufsteilung vor der Spitze zurückzuführen ist; so ergibt sich eine verhältnismäßig lange Stirnzeit von $0,2\,\mu$sek. Die Dauer des Impulses, also die zum Aufbau und Zerfall der Entladung benötigte Zeit, ist für beide Polaritäten mit $0,4-0,5\,\mu$sek dieselbe. Die Gleichartigkeit beider Impulsformen macht es wahrscheinlich, daß wie bei der Leuchtfadenausbildung auch die stoßartige Entladung einer negativen Spitze durch rd. 10^9 Ladungspaare aufgebaut wird. Die Dauer des bei einem Impuls ausgelösten Lichtstoßes ergibt sich mit rd. $4 \cdot 10^{-8}$ sek zu nur dem zehnten Teil der gemessenen Stromstoßdauer [18].

Zur Zündung des nächstfolgenden Entladungsstoßes nach Abführung der negativen Ionenwolke bedarf es eines Anfangselektrons. Wegen der Winzigkeit der ionisierungsempfindlichen Zone kann dieses bei rascher Impulsfolge nur bei außergewöhnlich starker radioaktiver Einstrahlung erzeugt werden. Zur Erzielung einer langsamen, aber doch verhältnismäßig regelmäßigen Impulsfolge hat sich eine Bestäubung der Spitze etwa mit MgO-Pulver noch am besten bewährt [8]. Ohne die dadurch bewirkte Elektronenemission schwankt der Entladungseinsatz sehr unregelmäßig und kann sich über einen Bereich von mehreren hundert Volt erstrecken. Er ist kenntlich an gelegentlichen Einzelstromstößen vom Vieltausendfachen der nur feldverstärkten Trägerströme bei niedrigeren Spannungen. Wegen des sehr geringen Strommittelwerts können die Stöße nur vom Oszillographen registriert werden. Mit eingestaubter Spitze und leicht überhöhter Spannung wird die Impulsfolge rascher und auch regelmäßiger, so daß auch ein Strommesser nunmehr einen schwachen Strom anzuzeigen vermag. Dabei kann auch eine Gruppe von Impulsen zu einem diskreten Ausbruch zusammengefaßt sein.

Die ersten Untersuchungen von Trichel [48] in freier Atmosphäre mit nicht ganz reinem Gas hatten eine überraschende Regelmäßigkeit der Einzelstöße ergeben; dagegen zeigten sich bei nachfolgenden Untersuchungen mit einer abgeschlossenen und mit staubfreier Luft erfüllten Anordnung nur unregelmäßige Impulse unterschiedlicher Amplitude [40, 49]. Eine Erhöhung der Elektrodenspannung macht sich fast nur in einer Anhebung der Feldstärke im ionisierungsfreien Gebiet bemerkbar, weshalb die Spitzenumgebung hierbei rascher von der negativen Raumladung gesäubert wird. Dabei erscheint auch eine Auslösung des Anfangselektrons des nachfolgenden Entladungsimpulses durch verspätet an der Kathode eintreffende positive Ionen möglich. Mit der Spannung erhöht sich die Frequenz der „Trichel"-Impulse fortgesetzt, ohne daß sich jedoch die ununterbrochene Dauerkorona ausbildet, wenn auch die Einzelimpulse auf dem Leuchtschirm nicht mehr voneinander getrennt werden können [8].

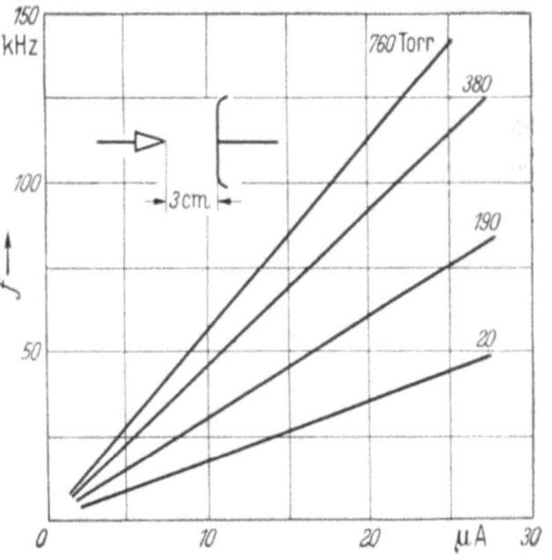

Abb. 122. Frequenz der Trichel-Impulse bei negativer Spitze in Abhängigkeit von Stromstärke und Luftdruck (Spitze 0,5 mm ⌀) [48].

Der Funkendurchbruch beendet schließlich das Spiel. Wegen der ungefähr gleichbleibenden Amplitude der Impulse sind Stromstärke und Impulsfrequenz einander proportional [31, 48, 50]. Bei gleicher Stromstärke ist die Frequenz um so höher, je höher der Gasdruck (s. Abb. 122) und je kleiner der Krümmungsradius der Spitze sind. Von der Elektrodenentfernung ist die Impulsfrequenz praktisch unabhängig [48, 49].

Das Aussehen der Spitzenentladung wurde schon sehr frühe unter dem Mikroskop beobachtet [51, 52]; dabei hatte sich folgendes ergeben: Bei negativer Spitze können mindestens drei Schichten mit den gleichen Färbungen festgestellt werden, wie sie auch bei Glimmentladungen von niederem Druck auftreten und dort bequem beobachtet werden können, nämlich das negative Glimmlicht, der Faradaysche Dunkelraum und die sich im übrigen Raum verlierende positive Säule.

Die Wiederaufnahme dieser Beobachtungen durch TRICHEL [*48*] und andere mit dem Telemikroskop bei über 30facher Vergrößerung der Entladungsvorgänge, deren rasch aufeinanderfolgende Einzelimpulse dem Auge den Eindruck einer stationären Erscheinung vermitteln, ergab bis dahin unbekannte Feinheiten des Aufbaus. Wegen der in freier Atmosphäre nur winzigen Ausdehnung der einzelnen Gebiete wird meist bei erniedrigtem Druck beobachtet. Zu tief darf der Gasdruck aber auch nicht gewählt werden, weil sonst die Begrenzungen der einzelnen Schichten sich nur unscharf abzeichnen und ineinander verschwimmen; empfohlen wird ein Druck von rd. 100 Torr oder auch noch etwas darunter. Die wahren Abmessungen bei Atmosphärendruck können hieraus in brauchbarer Annäherung durch Reduktion der gemessenen Längen im umgekehrten Verhältnis zum Druck erhalten werden. Doch lassen sich auch unter atmosphärischen Bedingungen alle Feinheiten der Entladungsausbildung beobachten, wie Abb. 123 zeigt.

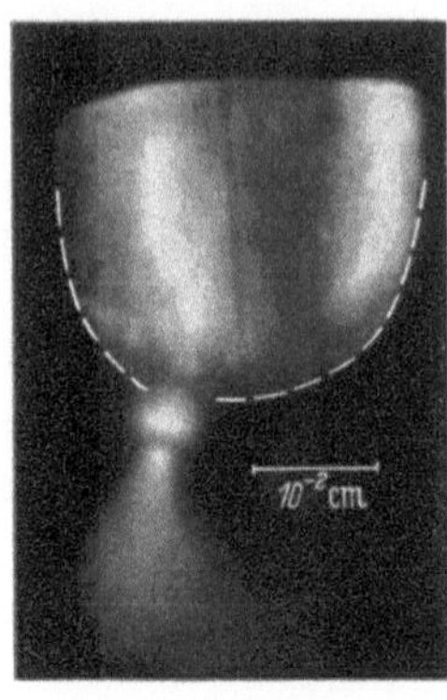

Abb. 123. Entladung einer negativen Spitze bei Atmosphärendruck und 100facher Vergrößerung ($2\,r = 0,3$ mm, $d = 2$ cm, $U = 23,5$ kV; linsenoptisch 50 ×, Nachvergrößerung 2 ×) [*53*].

Das Auftreten von zwei bzw. unter Einbeziehung der freien Elektronen sogar von drei Raumladungen bei negativer Spitze sowie die räumlichen und zeitlichen Schwankungen dieser drei sich teilweise durchdringenden Ladungswolken führen im Zusammenspiel der maßgebenden Faktoren zu folgendem Aussehen der Entladung (Abb. 124)[1]: In sehr geringer Entfernung von der Spitze, aber doch noch gerade von ihr abgehoben, bemerkt man den hellen, bläulichen Schein des negativen Glimmlichts. An Ausdehnung nimmt es bei Druckerniedrigung bis herab zu 100 Torr nur wenig zu, um erst darunter rasch zu wachsen. Es hat einen Durchmesser von 0,1 mm und ist etwa halb so dick. Zwischen Glimmlicht und Spitzenoberfläche erstreckt sich der winzige

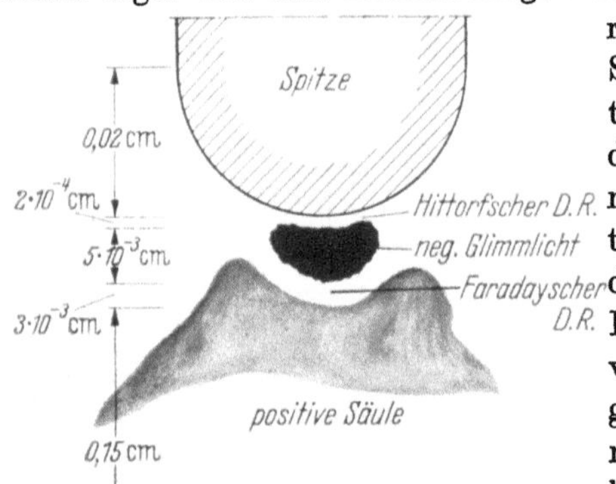

Abb. 124. Entladung von einer negativen Spitze aus nach LOEB (Maßangaben beziehen sich auf Atmosphärendruck).

---

[1] Wegen der Einzelheiten der hier nicht unbedingt zu diskutierenden und noch nicht abgeklärten Deutung des Zustandekommens der einzelnen Teile der Entladung sei auf die autoritativen Arbeiten von LOEB verwiesen [*3, 46*].

HITTORFsche (CROOKESsche) Dunkelraum, in dem die aus der Spitze
austretenden Nachlieferungselektronen längs einiger freier Weglängen
sehr hohe Energien aufnehmen, um diese erst in der Glimmlichtzone
bei Anregungs- und Ionisierungsstößen hoher Wirksamkeit zu verausgaben. Der Verlust des größten Teils ihrer Energie und die nur sehr
geringe Energieaufnahme im Gebiet der positiven Raumladung macht
es den Elektronen nach Durchlaufen des Glimmlichtgebietes unmöglich,
weiterhin beachtliche Energie auf die Gasmolekel zu übertragen. Daher
leitet das Glimmlicht allmählich in eine sehr viel lichtschwächere Zone,
den FARADAYschen Dunkelraum über. In ihm steigt das Potential
nach der geringen Zunahme im Glimmlichtgebiet als Folge der Anhäufung der verlangsamten Elektronen nunmehr wieder rasch an. In
dieses hohe Feld eintretende Elektronen werden kräftig beschleunigt.
Sie verausgaben die hierbei gewonnene Energie im anschließenden Gebiet der dunkelviolettglühenden positiven Säule und werden schließlich
bei noch weiter verringerter Geschwindigkeit von Sauerstoffmolekeln
eingefangen. Als Ionen treiben die negativen Ladungsträger langsam
zur Anode.

Die negative Spitzenentladung in Luft bei Zumischung von 10^{-4}-
100% Frigen wurde von WEISSLER u. MOHR untersucht [4]. Bis zu
einem Frigengehalt von 1% wurden
gleichartige Entladungserscheinungen
wie in trockener und staubfreier Luft
gefunden, also unregelmäßige, meist
gruppenweise auftretende TRICHEL-
Einzelentladungen mit einer Gesamtdauer von 10^{-3}—10^{-2} sek (Abb. 125).
Mit weiter erhöhtem Frigenzusatz

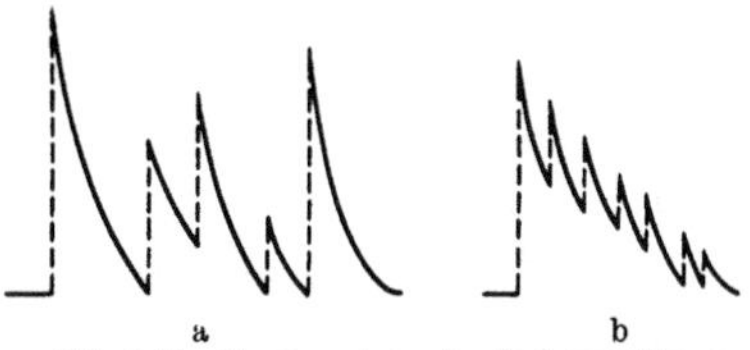

Abb. 125. Gruppenimpulse bei negativer
Spitze a) in reiner Luft; b) in Luft bei
10% Frigenbeimischung.

sind die Einzelimpulse im Gruppenausbruch nicht mehr so deutlich ausgeprägt, und es entsteht der Eindruck ihrer Verkümmerung (Abb. 125b).
Die Entladung erscheint bei der Beobachtung diffus-verschwommen und
läßt keine Dunkelräume mehr erkennen. Die Einsatzspannung verblieb
bei allen Mischungsverhältnissen bei rd. 6 kV, um erst in reinem Frigen
auf 12,6 kV anzusteigen (Platinstift von 0,5 mm $\varnothing$ mit Endabrundung
als Spitze, Elektrodenentfernung 3 cm). Bei geringem Frigengehalt
konnte etwa ab 13 kV das Leuchschirmbild nicht mehr in Einzelentladungen aufgelöst werden und vermittelte den Eindruck eines ununterbrochenen Trägerflusses durch die Entladungsstrecke.

An Stelle von Gleichspannung verwenden MOORE und ENGLISH [24]
abgeschnittene Stoßwellen zur Hervorrufung der Entladung an einer
negativen Spitze. Bei Ausbildung des TRICHEL-Impulses gegen Ende
der Stoßdauer kann hierbei die Situation entstehen, daß die Entladung

gerade an ihrem Höhepunkt maximaler Trägerzahl durch Wegnahme der Elektrodenspannung noch vor der vollen Ausbildung der negativen Ionenraumladung unterbrochen und die Spitze an Erdpotential gelegt wird. In diesem Fall des durch äußere Umstände herbeigeführten Zusammenbruchs des Elektrodenfeldes bleiben nur noch die jetzt unkompensierten Raumladungsfelder der positiven Ionen und der in etwas größerem Abstand von der Spitze befindlichen negativen Ladungsträger (Elektronen und negative Ionen) übrig. Bei geringer Entfernung und großer Trägerkonzentration könnte es möglicherweise zu einer Kanalentladung zwischen den beiden Ladungswolken kommen.

Der Versuch mit einem periodisch angewandten Rechteckstoß von $1-2\,\mu$sek Dauer zeigte, daß in Luft knapp oberhalb der Einsatzspannung die Erscheinungsformen der Entladung noch weitgehend denen bei Gleichspannung entsprechen. Bei erhöhter Elektrodenspannung entsteht nicht nur ein Impuls, sondern unerwarteterweise können sich sogar zwei oder drei während der kurzen Stoßdauer ausbilden. Der letzte Impuls tritt hierbei gegen Ende auf und wird vom Zusammenbruch der Spannung überrascht. Die zurückbleibenden Raumladungen rufen bei zuvor ausreichend hoher Elektrodenspannung tatsächlich eine Entladung in Form eines feinen Leuchtkanals hervor. Bei den periodisch in rascher Folge (50—2000 Hz) gezündeten Stoßentladungen mit seitlich breit ausladendem Büschel der Einzelentladungen gleichen sich die Ladungen der Ionenwolken längs der Achse der Anordnung durch das Büschel hindurch aus. Mit noch höherer Spannung und größerem Strom werden die Entladungserscheinungen kräftiger und nehmen an Ausdehnung zu; der Leuchtkanal gliedert sich in Seitenäste, bis schließlich die „Leuchtfäden" mehrere Zentimeter lang werden und den ganzen Entladungsraum durchziehen. Sicherlich ist dieser hierbei nicht nur von der unmittelbar vorausgegangenen, sondern auch von den akkumulierten Ionen früherer Entladungen erfüllt. In den elektropositiven Gasen Wasserstoff und Stickstoff treten solche Rückwärtsentladungen nicht auf, was einen gewissen Hinweis dafür abgibt, daß die negative Ionenraumladung Vorbedingung für deren Existenz ist.

Auch im Fall der abgeschnittenen negativen Entladung hatte TOEPLER [25] bereits fünf Jahrzehnte zuvor mit sehr viel primitiveren Mitteln ähnliche Erscheinungen beobachtet, selbstverständlich ohne eine Erklärung für sie zu besitzen. Periodische Spannungsstöße erzeugte er durch Strombegrenzung und Vorfunkenstrecke. Auch schon ohne stoßweisen Betrieb trat manchmal an der Kathode eine negative „Streifenentladung" in Form zischender Leuchtfäden auf (vielleicht herbeigeführt durch eine Spannungsabsenkung nach Eintritt der Entladung als Folge der geringen Leistungsfähigkeit des Spannungserzeugers?), mit der Vorfunkenstrecke jedoch ausschließlich diese Entladungsform.

Besonderes Interesse gebührt den Untersuchungen von ENGLISH über die Möglichkeit zur Herbeiführung negativer Spitzenentladungen an Wassertropfen [29]. Wasser enthält keine freien Elektronen und muß daher als ein Stoff von extrem hoher Austrittsarbeit und äußerst kleinem Beiwert der Oberflächenionisierung angesehen werden (dies gilt jedoch nicht für Eis! [118]). Im Hinblick auf die Zündbedingung $\Gamma \exp(\int \alpha \, dx) = 1$ wäre demnach zu vermuten, daß mit Wasser überhaupt keine Entladung bei negativer Spitze oder doch höchstens nur bei außergewöhnlich hoher Spannung möglich ist.

Der Versuch ergab, daß der Tropfen bei der gleichen Spannung wie bei umgekehrter Polung deformiert wird und hierbei feine Sprühtröpfchen in den Raum hinausschießen. Auf dem Leuchtschirm zeigen sich entweder Einzelimpulse, zum Teil auch in gruppenweiser Zusammenfassung und abklingender Amplitude, oder auch ein Bild, das dem der intermittierenden Ausbruchkorona von einer positiven Metallspitze ähnelt. Erst bei erhöhter Spannung kann eine schwache Lichterscheinung bemerkt werden, die auf der Tropfenoberfläche hin und her tanzt. Mit Verstärkung des Leuchtens nehmen auch die Ausbrüche an Zahl und Amplitude zu, bis bei einer um 20% über dem Anfangswert liegenden Spannung neben feinen Sprühtröpfchen auch größere Wassertropfen weggeschleudert werden. Bei einem hängenden Tropfen ohne Flüssigkeitsergänzung konnten PAUTHENIER und DUHAUT [31, 54] durch stroboskopische Beobachtung und Filmaufnahmen feststellen, daß nach dem Abschleudern der überschüssigen Flüssigkeitsmenge der Tropfen in einem engen Spannungsbereich periodisch seine Form ändert, wobei sein unteres Ende zu einer Spitze ausgezogen wird und er anschließend wieder zur Kugelform zurückschwingt, um wieder von neuem in eine Spitze auszulaufen usw. Die Eigenfrequenz eines derart schwingenden Tropfens von fast 5 mm Durchmesser liegt bei 100 Hz und erniedrigt sich leicht mit Erhöhung der Spannung. Das Leuchtschirmbild bot hierbei die auch von ENGLISH beobachtete Folge von Gruppenimpulsen abnehmender Amplitude; die Frequenz der Ausbrüche stimmte mit der mechanischen Schwingungsfrequenz des Tropfens überein. Dies beweist, daß die Schwingung stets dann von der Feldkraft aufs neue angeregt wird, wenn bei konisch zugespitztem Tropfenende die Feldstärke an der Spitze ihren Höchstwert erreicht, und daß die hierauf einsetzende Entladung das Oberflächenfeld stoßweise absenkt und den Tropfen wieder die von der Oberflächenspannung vorgeschriebene Kugelgestalt annehmen läßt.

ENGLISH hält eine echte Entladung von einem negativ aufgeladenen Wassertropfen wegen des niederen Γ-Wertes für unmöglich und führt die beobachtete Entladung auf die Ausbildung positiver Korona an den abgeschleuderten Nebeltröpfchen zurück. Diese werden im hohen Feld an ihrem der Spitze zugewandten Ende negativ aufgeladen und könnten deswegen sowohl kurze Leuchtfäden zum Wassertropfen hin entstehen lassen als auch das Auftreten einer intermittierenden positiven Korona verursachen. Die Hypothese ermöglicht eine zwanglose Erklärung der auf dem Leuchtschirm beobachteten Arten der beiden Entladungsformen. Nicht im Einklang mit der Feststellung von ENGLISH, daß sich an einem negativen Wassertropfen nur dann eine Entladung auszubilden vermag, wenn er durch die Feldkraft aufgebrochen und zersprüht wird, ist die von PAUTHENIER und DUHAUT [31] mitgeteilte Beobachtung, wonach der sich selbst überlassene hängende Tropfen bei negativer Polung des ihn tragenden Drahtes ohne weitere Wasserabgabe stets im Maximum der Schwingung einen Entladungsstoß abklingender Impulse verursacht. Welche der beiden Angaben die richtige ist, kann hier nicht entschieden werden. Ein gewichtiges Argument führt ENGLISH zugunsten seiner Beobachtung und der vom ihm vertretenen Hypothese an: Bei Erniedrigung des Luftdruckes bleiben die Einsatzspannungen bei beiden Polaritäten mit rd. 6400 V zunächst unbeeinflußt (Tropfendurchmesser 1,3 mm, Elektrodenabstand 4,2 cm); für eine negative Spitze gilt diese Aussage uneingeschränkt bis herab zum niedrigsten noch untersuchten Druck von 200 Torr, jedoch nicht mehr für die andere Polarität. Unter rd. 600 Torr sinkt die Anfangsspannung bei positiver Spitze linear mit dem Druck ab. Dies beweist, daß oberhalb von 600 Torr der Beginn der Entladung an ein Zerplatzen des Wassertropfens und das Auftreten von Sekundärentladungen gebunden ist, daß jedoch darunter bei positiver Spitze — und nur bei dieser — eine echte Entladung mit all den Kennzeichen der Korona einer positiv aufgeladenen Metallspitze möglich ist. Bei negativer Spitze bildet sich auch bei niederem Druck trotz des hierbei außergewöhnlich hohen E/p-Wertes an der Oberfläche des Tropfens keine Entladung aus, solange dieser die Kugelform beibehält, eben weil die Flüssigkeit so gut wie keine Nachlieferungselektronen abzugeben vermag.

e) Zahlenwerte der Kenngrößen von Spitzenentladungen.

Die Oberflächenfeldstärke beim Entladungseinsatz. Die Gleichheit der Zündbedingung $c \cdot \exp\left(\int \alpha\, dx\right) = 1$ für beide Polaritäten mit $c = \Gamma$ bei negativer und $c = f_1 f_2$ bei positiver Spitze erlaubt es, die Zündfeldstärke für beide Fälle auf dem Boden der TOWNSEND-Theorie zu berechnen. Hierzu wäre für die Elektronenionisierung im gegebenen Gas und im vorkommenden E/p-Bereich ein geeigneter Ansatz zu finden und außerdem Elektroden bekannter Feldverteilung wie z. B. zwei konfokale Paraboloide zu benutzen. Nachdem die Raumladeverzerrungen erst kurz vor dem Einsatz der Entladung bemerkbar werden, führt ihre Vernachlässigung zu nur geringen Fehlern. Für die Durchführung der Rechnung ist es weit unangenehmer, daß die großen Änderungen der

Feldstärke bzw. von E/p in der Ionisierungszone es fast unmöglich machen, einen den ganzen Bereich überdeckenden Ausdruck anzugeben, der den Verlauf der Elektronenionisierung in Abhängigkeit von E/p mit ausreichender Genauigkeit beschreibt. Desgleichen läßt sich im praktisch wichtigen Fall des zylindrischen Stifts mit kugeliger Abrundung das Feld der entscheidenden Zone in Spitzennähe nur höchst unvollkommen analytisch erfassen. Nicht ganz dieselbe Bedeutung wäre der Tatsache beizumessen, daß die Schätzungen für Γ mit 10^{-1} bis 10^{-4} und für $f_1\,f_2 \approx 10^{-4}$ in weiten Grenzen schwanken bzw. recht unsicher sind. Im Hinblick auf diese Unsicherheiten werde hier auf die Durchführung einer beispielsweise gerade im Parabelfeld und mit einem quadratischen Ansatz für α verhältnismäßig einfachen Rechnung verzichtet.

Experimentell bestimmte ZELENY [32, 35] die Feldstärke an der Oberfläche eines Wassertropfens unter Benutzung einer Anordnung entsprechend Abb. 120a. Bei angelegter Spannung wird der Tropfen etwas aus dem Glasrohr herausgedrängt. Diese herausziehende Wirkung des Feldes kann durch eine Verringerung des hydrostatischen Drucks kompensiert werden, um wieder Gleichgewicht in der Anfangslage herzustellen. Unter Voraussetzung einer Halbkugelform des Tropfens und Unveränderlichkeit der Feldstärke an der Tropfenoberfläche erhält man bei 1,5 cm Elektrodenentfernung für die Feldstärke beim Entladungseinsatz den einfachen Ausdruck

$$E_{\mathrm{a}}\sqrt{r} = 17\,,$$

wenn die Einsatzfeldstärke E_{a} bei Atmosphärendruck in kV/cm und der Tropfenhalbmesser r in cm gemessen wird. Im Versuch wurde r zwischen 0,15 und 0,54 mm variiert.

Für einen frei ein elektrisches Feld durchfallenden Wassertropfen hatte sich ergeben (S. 353), daß dieser bei einer Feldstärke $E > 3{,}875/\sqrt{r}$ in die Länge gezogen und instabil wird und sich dabei eine Vorentladung ausbildet (s. hierzu a. ZELENY [35]).

Unter Benutzung einer Näherungsformel zur Berechnung der Durchschlagspannung des gleichförmigen Feldes bei kleiner Schlagweite leitete EDMUNDS [6] eine mit dem ZELENYschen Ausdruck fast übereinstimmende Formel ab.

Für Stahlspitzen bestimmte CHATTOCK [55] die Feldstärke beim Entladungsbeginn aus der Größe der vom Feld ausgeübten Zugkraft in Richtung zur großflächigen Gegenelektrode. Hierzu war eine Nähnadel oder ein Draht mit abgerundetem Ende waagerecht schwebend der anziehenden Kraft einer aufgeladenen Gegenelektrode ausgesetzt; aus der mit dem Mikroskop gemessenen Verschiebung der geerdeten Spitze konnte die Größe der Kraft K bestimmt werden und daraus unter der Annahme einer über die Halbkugeloberfläche konstanten Ladungs- und

Liniendichte die Feldstärke (in kV/cm) zu $E_a = \dfrac{0,3 \sqrt{8\,K}}{r}$ bei Messung von K in Dyn. Für die Nähnadel ergab sich die Kraft beisp. zu 2,6 Dyn im Augenblick des positiven und zu 1,5 Dyn beim negativen Entladungseinsatz, unabhängig von der Elektrodenentfernung. Nur die Kraftlinien tragen zum Zug bei, die von der Endkuppe der Spitze ausgehen, weil die seitlich in den Schaft einmündenden Linien senkrecht auf der Zylinderoberfläche stehen und sich in ihrer Wirkung aufheben. (Das rückwärtige Ende der Nadel war abgeschirmt, so daß an ihrem fernen Ende keine Gegenkraft angreifen konnte.) Unter Beachtung einer von YOUNG [56] experimentell ermittelten Korrektur zur Gewinnung der gegenüber dem Mittelwert um rd. 9% größeren Scheitelfeldstärke konnte CHATTOCK

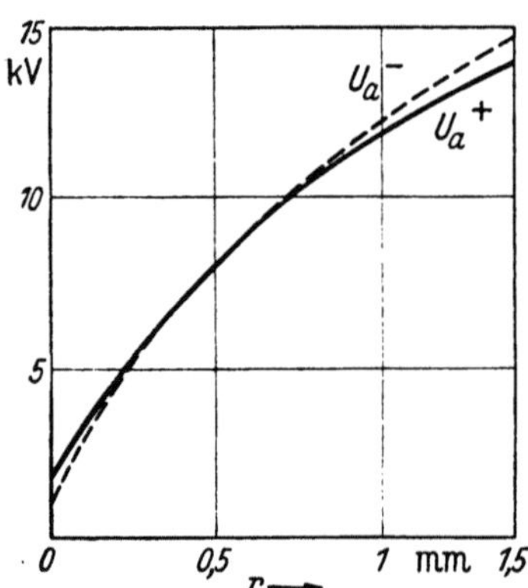

Abb. 126. Einsatzspannung U_a^+ und U_a^- zylindrischer Platinstifte vom Halbmesser r in Luft bei einem Abstand von 160 r zur Plattenelektrode.

seine Meßwerte für die positive Entladung durch die empirische Gleichung $E_a\, r^{0,8} \approx 5,4$ (E_a in kV/cm, $r > 0,01$ cm) befriedigend darstellen.

Die Einsatzspannungen. Die Höhe der Anfangsspannung ist stark von der Spitzenform abhängig. Je schlanker die Spitze, desto höher ist bei gegebener Spannung ihre Scheitelfeldstärke und um so früher setzt die Entladung ein. Für Luft gibt Abb. 126 den Zusammenhang zwischen der den GEIGER-Bereich einleitenden Einsatzspannung U_a und dem Durchmesser $2\,r$ von Drähten mit halbkugelig abgerundetem Ende für beide Polaritäten nach Messungen von ENGLISH und LOEB [38]. Für die feinsten Spitzen ($r_{\min} = 0,015$ mm) liegt dieser Spannungswert noch unter 2000 V; sowohl für positive als auch für negative Spitzen steigt er mit dem Durchmesser der Stiftelektrode rasch an. (Zu beachten ist, daß mit dem Spitzendurchmesser auch die Elektrodenentfernung vergrößert wurde.) Wenn auch nur die positive Einsatzspannung U_a^+ sich mit großer Genauigkeit festlegen läßt (auf ± 50 V) und im Gegensatz hierzu die Streuung und Unregelmäßigkeiten der TRICHEL-Impulse den Entladungseinsatz bei negativer Spitze unsicher machen, so kann nach den Messungen doch angenommen werden, daß in Luft bei schlanken Spitzen U_a^- leicht unter U_a^+ liegt. Für mittlere Spitzendurchmesser fallen beide Spannungswerte zusammen. Schon HEYDWEILLER [57] hatte darauf hingewiesen, daß die Anfangsspannungen der von positiven oder negativen Spitzen ausgehenden Entladungen sich, wenn überhaupt, dann höchstens um 5% unterscheiden, was späterhin mehrfach bestätigt wurde [58, 59].

Wir entnehmen nachträglich aus Abb. 126 die Berechtigung unserer der Berechnung der Trägerzahlen dienenden Annahme einer Einsatzspannung von 5 kV (genauer 5,05 kV) für eine 0,4 mm Spitze bei rd. 3 cm Elektrodenentfernung.

Ein der gleichen Arbeit von ENGLISH und LOEB [38] entnommenes Diagramm (Abb. 127) zeigt die Breite des GEIGER-Zählbereichs in Luft in Abhängigkeit von der Elektrodenentfernung bei unveränderlichem Spitzendurchmesser. Bei kleinem Abstand der Elektroden ist das Feld noch nicht stark verzerrt; daher folgt auf den Einsatz der intermittierenden Entladung bei nur geringer Spannungssteigerung die nicht mehr aussetzende Dauerkorona mit ihren schwachen Pulsationen des Stromes. Nur bei großem Elektrodenabstand liegen die verschiedenen Einsatzspannungen der positiven Spitze weit auseinander und ergeben einen breiten Zählbereich zwischen U_a und U_{DK}. Weitere Zahlenwerte für den Beginn der intermittierenden Ausbruchkorona (wahrscheinlich zu nieder angegeben), der Leuchtfadenausbildung, Dauerkorona und Funkenspannung zwischen 1—5 cm voneinander entfernten konfokalen Paraboloiden mit einem Scheitelabstand der inneren Elektrode vom Brennpunkt von $f = 0,0009$ bzw. 0,019 cm in trockener Luft und Luft von 55% relativer Feuchtigkeit s. [26].

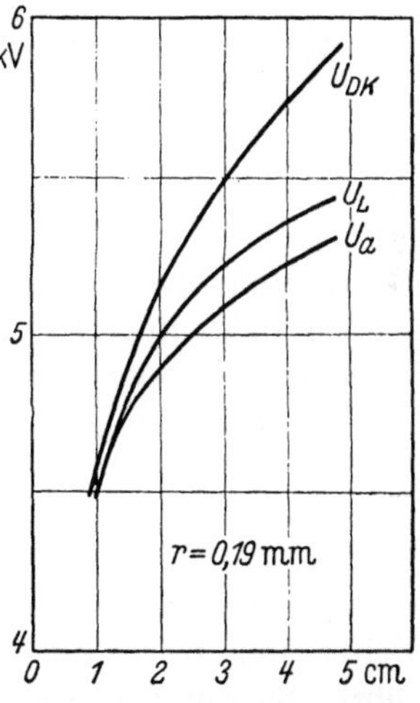

Abb. 127. Die Spannungswerte für den Einsatz der intermittierenden Ausbruchkorona U_a, der Leuchtfadenausbildung U_L und der Dauerkorona U_{DK} bei positiver Spitze von 0,38 mm ⌀ als Funktion der Elektrodenentfernung.

Ungefähre Gleichheit der Anfangsspannungen für beide Spitzenpolaritäten besteht nur in Luft. In reinem Wasserstoff ist nach WEISSLER [16] $U_a^+ = 3500$ V und $U_a^- = 2600$ V für eine 3,1 cm-Funkenstrecke bei nicht näher angegebenem Stiftdurchmesser (vermutlich 0,4 mm), so daß also die negative Entladung bei wesentlich niedrigerer Spannung einsetzt. In reinem Stickstoff war $U_a^+ = 4800$ V, $U_a^- = 3700$ V, in Argon waren beide Spannungswerte gleich ($\approx 3,5$ kV). Mit einem dünnen, zu einer feinen Spitze ausgezogenen Draht fanden WARBURG und GORTON [60] die Anfangsspannungen von H_2, N_2, Luft, O_2, Cl_2, Br_2 und J_2 bei positiver Spitze um 20—40% höher als bei umgekehrter Polung. Für die verschiedenen Gase erhöhten sich die Werte in der angegebenen Reihenfolge; unter gleichen Verhältnissen waren sie bei frisch angefeilten Spitzen am niedrigsten.

Infolge der unterschiedlichen Mechanismen der positiven und negativen Spitzenentladung vor allem hinsichtlich der Auslösung von

Sekundärelektronen wäre zu erwarten, daß wegen des kleineren Energiebedarfs bei einer Oberflächenionisierung die Entladung bei negativer
Spitze durchweg bei kleinerer Spannung beginnt. Überraschenderweise
trifft dies jedoch nach den eben angeführten Messungen nicht zu, wenn
auch einige ältere Messungen [7, 61] einen solchen Unterschied zumindest bis zu einem gewissen Spitzendurchmesser zu beweisen schienen.
Doch kann angenommen werden, daß hierbei als Anfangsspannung der
positiven Spitze stets die der Dauerkorona und nicht die darunter-
liegende der intermittierenden Entladung gemessen wurde. Gleichfalls
überrascht es, daß sich in Luft die Einsatzspannung der negativen Entladung innerhalb der nicht allzu großen Meßgenauigkeit als unabhängig
vom Werkstoff der Spitze erweist. So berichten LOEB und Mitarbeiter
[40] über Untersuchungen mit Platin, Kupfer, Aluminium, Eisen und
einigen Legierungen als Werkstoff der negativen Spitze, die ausnahmslos
den gleichen Wert für das erstmalige Auftreten von TRICHEL-Impulsen
erbringen. Gleichfalls konnten LOEB und ENGLISH bei einer neuerlichen
Überprüfung dieses Befundes [38] unter Verwendung von Kohle, Zink,
Kupfer und Kupferoxyd, Aluminium und Platin als Kathodenwerkstoffe
keine großen, klar erkennbaren Unterschiede feststellen; wegen des
hierbei benutzten größeren Spitzendurchmessers von 1 mm lag entsprechend Abb. 126 die Einsatzspannung bei negativer Spitze im Einzelfall um 1,5—10% höher als bei positiver Spitze.

Die ungefähre Gleichheit beider Einsatzspannungen in Luft und die
weitgehende Unabhängigkeit der Anfangsspannung einer negativen
Spitze vom Werkstoff hat zu verschiedenen Erklärungsversuchen geführt. So wurde versucht, das Losreißen der Elektronen von den O_2^--
Ionen bei $E/p = 90$ [44] oder die Ausbildung einer für alle Werkstoffe
gleichen Oxydhaut in Luft [3] hierfür verantwortlich zu machen; die
letztangeführte Hypothese könnte wohl die Gleichheit aller negativen
Einsatzspannungen, nicht aber auch die ungefähre Gleichheit der Spannungswerte für beide Polungen erklären, die das Ergebnis eines reinen
Zufalls sein müßte. Es könnte allerdings auch sein, daß der hypothetische
Oxydfilm die Austrittsarbeit der Kathode so stark erhöht, daß die von
den Lawinen abgestrahlten Photonen eher die Luftmolekel zu ionisieren
als dem Oberflächenfilm der Kathode Nachlieferungselektronen zu ent-
reißen vermögen, und daß somit für beide Polaritäten derselbe Prozeß
der lichtelektrischen Auslösung von Elektronen im Gas die Schwelle
für den Beginn der Entladung fixiert. Die schließliche Klärung brachte
eine Untersuchung von MILLER [62] mit dünnem Draht und konzen-
trischem Hüllzylinder als Entladungsstrecke. MILLER konnte nachweisen, daß unter diesen Umständen eine selbständige Entladung schon
bei äußerst geringem Strom (10^{-18} A) brennt und daß die TRICHEL-
Impulse sich erst nachträglich bei weiterer Spannungserhöhung unter

schroffem Anstieg des Stromes auf rd. 10^{-7} A einstellen. Aus diesen Versuchen ziehen ENGLISH und LOEB [*38*] den Schluß, daß die Einsatzspannung der TRICHEL-Impulse nicht das Selbständigwerden der Entladung anzeigt, wie bisher angenommen wurde, sondern einen neuerlichen Umschlag der bereits bei niedrigerer Spannung selbständigen Entladung in eine solche höherer Stromdichte (siehe hierzu a. [*117*]). Die wahre Anfangsspannung müßte danach für eine negative Spitze üblichen Durchmessers in Luft wesentlich tiefer liegen und einen nur äußerst kleinen Strom ausbilden, wie er sich bisher weder mit Strommesser noch durch Beobachtung des Leuchtschirmbildes oder etwaiger Lichterscheinungen an der Spitze feststellen ließ. Diese, durch die Bedingung $\Gamma \exp\left(\int \alpha \, dx\right) = 1$ fixierte Anfangsspannung müßte vom Werkstoff der Kathode abhängen und auch den Einfluß von Oberflächenhäuten usw. erkennen lassen. Die bisher als kennzeichnend für den Beginn der selbständigen Entladung angesehenen TRICHEL-Impulse haben mit den Werkstoffeigenschaften der Kathode nichts mehr zu tun. Sie kommen nach der Auffassung von LOEB und ENGLISH dadurch zustande, daß bei einer Verstärkung von Spannung und Strom über die Anfangswerte hinaus an der Aufprallstelle der Ionen die anhaftenden Schichten in zunehmendem Maße abgetrommelt und zerstäubt werden. Über einen gewissen Spannungsbereich können die weggeschleuderten Molekel durch neu herandiffundierende ersetzt werden, wobei sich ein Gleichgewichtszustand bei einer bestimmten Schichtstärke ausbildet. Bei hoher Stromdichte wird jedoch schließlich die reine Metalloberfläche freigelegt. Ihre niedrigere Austrittsarbeit mit großem Γ-Wert ergibt eine stoßartige Erhöhung der Zahl der Nachlieferungselektronen und eine explosive Trägersteigerung ähnlich dem Vorgang beim Stoßdurchschlag mit stark überhöhter Elektrodenspannung.

Nicht ganz im Einklang mit dieser Deutung der Entladungsausbildung ist der beobachtete relativ langsame Anstieg des TRICHEL-Impulses in rd. $0{,}2\,\mu$sek. Daher sind noch weitere Untersuchungen zur Stützung der neuen Anschauung, insbesondere Versuche zur Bestimmung der wahren Anfangsspannung einer negativen Spitze und ihrer Abhängigkeit von den maßgebenden Größen anzustellen. Doch kann wohl nicht bezweifelt werden, daß die hier skizzierte überraschende Aufklärung der zunächst widerspruchsvollen Versuchsergebnisse den Kern der Sache trifft, und es darf die Erklärung von LOEB und ENGLISH in ihrem Wesen als zutreffend unterstellt werden.

Die Strom-Spannungscharakteristiken. Die Begrenzung des Stromes durch die Raumladung nach dem Beginn der stetigen Entladung führt sowohl bei positiver als auch bei negativ aufgeladener Spitze zu einem über einen größeren Bereich ungefähr linearen Anstieg des Stromes mit der Spannung. Beim Einsatz springt die Stromstärke von einem weit

unter 10^{-10} A liegenden Wert des bloß feldverstärkten dunklen Vorstroms oder wie im eben behandelten Fall einer negativen Spitze in Luft
von dem ebenfalls äußerst niedrigen stabilen Wert einer selbständigen
TOWNSEND-Entladung sehr geringer Stromdichte auf einen leicht meßbaren Wert [115]. Selbst bei positiver Spitze fließt dann noch kein
Dauerstrom, sondern die Entladung reißt nach jedem Impuls oder Ausbruch wieder ab und ist zum Wiederbeginn auf die Neubildung eines
Anfangselektrons angewiesen. Erst wenn die Spannung über den GEIGER-
Zählbereich hinaus erhöht wird, fließt der Strom kontinuierlich mit
nur noch leichten Schwankungen um seinen Mittelwert, wie dies der
Oszillograph enthüllt. Bei negativer Spitze ist der Trägerfluß in elektronenanlagernden Gasen, vorzugsweise in Luft, stets diskontinuierlich,
wenn auch der Strommesser bei nicht zu langsamer Folge der TRICHEL-

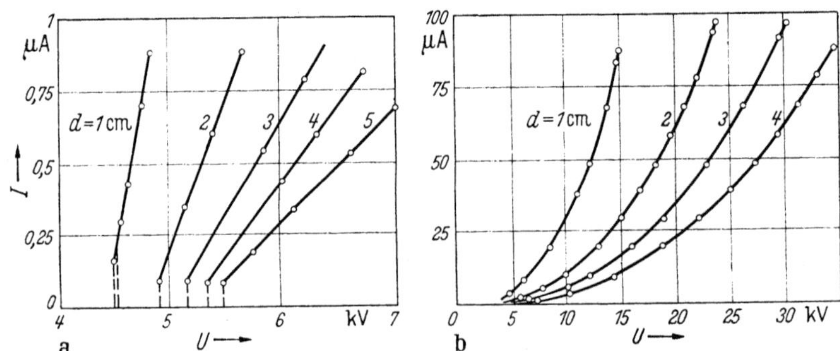

Abb. 128. Koronastrom einer positiven Spitze (0,5 mm ⌀, abgerundet) als Funktion der
Elektrodenspannung für verschiedene Abstände zur Gegenelektrode (Platte).

Impulse (bei erhöhter Elektrodenspannung) ebenfalls einen konstanten
Mittelwert anzeigt.

Für die Anordnung positive Spitze–Platte geben die Diagramme
von Abb. 128a und b die Strom-Spannungsabhängigkeit nach Messungen
von KIP [39]. Das linke Diagramm zeigt den Anfangsbereich in ver-
größertem Maßstab. Bei allmählicher Erhöhung der Spannung springt
der Strom bei einer ganz bestimmten Spannung U_{DK} von einem äußerst
kleinen auf einen gut meßbaren Wert, nachdem die vorher im Zählbereich auftretenden Einzelstöße vom Strommesser nicht angezeigt wurden. Bei Verzögerung des Einsatzes als Folge eines Mangels an Anfangselektronen bildet sich die Dauerentladung erst bei einer mehr oder weniger
höheren Spannung aus, wie schon WARBURG und GORTON [60] erkannten.
Zur genauen Festlegung des Anfangswertes U_{DK} der Dauerentladung ist
es weniger empfehlenswert, überaus stark vorzuionisieren, weil sonst die
rasche Folge der Stromstöße im Zählbereich einen tiefer liegenden Einsatz der Dauerentladung vortäuscht: zweckmäßigerweise wird die Span-

nung bei bereits brennender Entladung wieder langsam verringert und die Einsatzspannung aus dem mit hoher Genauigkeit bestimmbaren Wert für das Erlöschen der Entladung ermittelt („Minimumspannung" [63]). Wegen des großen Potentialbedarfes in Spitzennähe steht für die restliche Entladungsstrecke nur ein bescheidener Anteil an der gesamten Potentialdifferenz zur Verfügung; daher erhöht sich die so ermittelte Einsatzspannung nur wenig bei einer Vergrößerung des Elektrodenabstandes [39]. Der Strom steigt zunächst geradlinig an, wobei sein Anstieg bei großer Elektrodenentfernung wegen des langen Ionenweges und des somit erhöhten „inneren Widerstandes" der Anordnung geringer ist. Aus Abb. 128b ist der weitere Verlauf des Stromes bis hin zum Funkendurchbruch zu entnehmen, an welchem Punkt die Kurven jeweils enden. Der anfänglich geradlinige Anstieg macht einer schnelleren Zunahme Platz und kann dann näherungsweise durch eine Parabel dargestellt werden.

Ein derartiger Verlauf des Stromes in Abhängigkeit von der Elektrodenspannung war schon sehr viel früher gefunden worden. SIEVEKING [64] wies bereits darauf hin, daß die Stromstärke bis zu einer gewissen Spannung linear zunimmt, was von TOEPLER [65] bestätigt wurde. Zahlreiche Untersuchungen beschäftigten sich mit der Ausmessung der Strom-Spannungscharakteristiken und ihrer empirischen Darstellung in Gleichungsform. Daß hierbei keine Übereinstimmung erzielt werden konnte, braucht nicht weiter zu verwundern angesichts der Vielheit der benutzten Spitzenformen und Elektrodenabstände, ganz abgesehen davon, daß die Kompliziertheit der Entladungsvorgänge erst in jüngster Zeit offenbar wurde und es nicht erwartet werden kann, daß eine einfache Formel den ganzen Bereich mit all den möglichen Varianten der Einflußgrößen überdecke. WARBURG [66] gibt für positive und negative Spitzen in Luft eine Strom-Spannungsbeziehung der Form $J \sim U\,(U - U_0)$ an ($U_0 = $ Einsatzspannung der Entladung). Dieselbe Beziehung benutzt auch ALMY [67] zur Darstellung des Koronastroms in Abhängigkeit von der Spannung. Für positive Spitzen konnte ZELENY [7, 68] die Brauchbarkeit dieser Formel bestätigen, nicht jedoch für die andere Polarität. Weitere Überprüfungen s. [52, 59, 69]. FINKELSTEIN-CUKIER [42] findet für Spitzenentladungen in Wasserstoff rd. 10% höhere Stromwerte, als sie nach der WARBURG-Gleichung zu erwarten wären und schlägt eine Gleichung der Form $J \sim (U - U_0)\,(U + c_1)^2$ vor, worin c_1 für eine bestimmte Spitze und ungeänderten Druck und Gasart konstant ist. STARK und FRIEDRICHS [37] benutzten als spitze Elektrode einen über einer dünnen Scheibe (0,02 mm) um 180° umgeknickten 0,1 mm dicken Platindraht, um diese „Spitze" mit einem hindurchgeschickten Strom aufheizen zu können. Bei positiver Polung finden sie im untersuchten Bereich von 0,4—1 cm Elektrodenabstand die WARBURG-Formel

bestätigt; für negative Spitze erhalten sie eine brauchbare Darstellung
ihrer Meßwerte durch den Ausdruck $J \sim U^2 (U - c_2)$. Eine Aufheizung
der Spitze und damit auch des einhüllenden Gases im Bereich der Ionisierungszone wirkt wie eine Erniedrigung des Gasdrucks: die Anfangsspannung sinkt, während sich die Stromstärke für eine bestimmte Spannung erhöht.

Von STARK und FRIEDRICHS sowie von MIYAMOTO [70] wurde auch
die Verteilung des Glimmstromes über den Querschnitt der Auffang-
elektrode ermittelt. Hierzu war eine kleine Sonde isoliert in die Platte
eingesetzt; Plattenelektrode und Sonde konnten senkrecht zur Achse
der Anordnung ver-
schoben und so
der jeweils auf die
Sonde entfallende
Teilstrom bestimmt
werden. Die Strom-
dichte erreicht in
der Verlängerung
der spitzen Elek-
trode den Höchst-
wert und nimmt
nach außen erst
schnell und dann

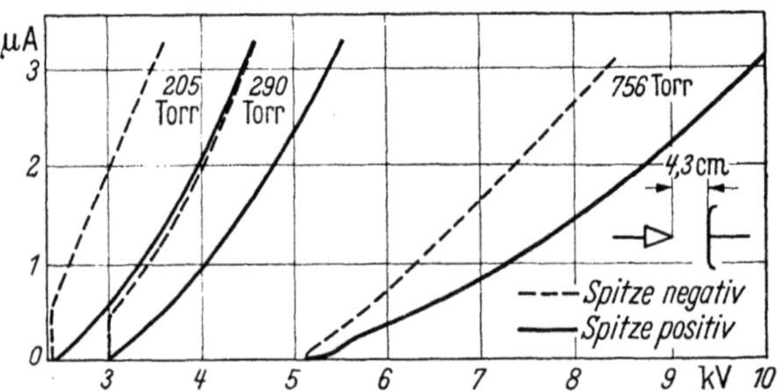

Abb. 129. Strom-Spannungskennlinien für beide Spitzenpolaritäten
bei erniedrigtem Druck (Abstand Spitze—Platte 4,3 cm, abgerundete
Platinspitze von 0,38 mm ⌀ [8].

langsamer ab. Bei negativer Spitze teilt sich der Gesamtstrom auf
eine größere Fläche auf.

Über den Übergang von einer stromstarken in eine stromschwächere
Entladungsform einer teilweise abgeschirmten positiven Spitze s. THIES-
SEN und BARTEL [71] (s. hierzu a. S. 317).

Abb. 129 gibt Strom-Spannungskurven bei erniedrigtem Luftdruck.
Stets verläuft die Kurve bei negativer Spitze oberhalb der für positive
Polung, was auf die höhere Beweglichkeit der negativen Ladungsträger
zurückzuführen ist, die rascher aus dem Spitzenbereich abwandern.
Auf die gleiche Ursache ist der steilere Anstieg aller Kurven bei erniedrigtem Druck zurückzuführen. Bei der Aufnahme der Charakteristik
einer negativen Spitze stellte sich manchmal ein unregelmäßiger Übergang zu einer abweichenden Entladungsform ein, der durch einen Wechsel
der kathodischen Ansatzstelle auf der Spitzenoberfläche verursacht wird.
Eine derartige plötzliche Änderung im Verhalten der Entladung prägt
sich in einem unstetigen Verlauf der Charakteristik aus; der Strom
nimmt sprungweise einen anderen Wert an, um meist nach einiger Zeit
wieder zum alten Wert zurückzukehren. Eine Zunahme des Stromes
ist hierbei von einer Frequenzerhöhung und einer Amplitudenabnahme
der TRICHEL-Impulse begleitet.

Frigenzusatz zu Luft drückt die Stromkurve stets herab; je größer der Frigengehalt der Mischung ist, desto allmählicher steigen die Kurven an [*4, 27*]. Wegen Strom-Spannungscharakteristiken für die Gase Wasserstoff, Stickstoff und Argon bis zu einem niedersten Druck von 10 Torr s. [*16*], für einen Wassertropfen als Spitze in Luft [*29*]. Über die Änderung der Glimmstromstärke bei Beblasung der Entladungsstrecke mit einem Luftstrom veränderlicher Geschwindigkeit s. [*72*].

f) Die Funkenspannung. Bei erheblicher Erhöhung der Spannung zwischen einer stark gekrümmten Anode und großflächiger Kathode über die Anfangsspannung hinaus nimmt das blauleuchtende Büschel an der Spitze weiter an Ausdehnung zu. Sofern nicht wie im Falle des Argons der Funkendurchbruch sofort nachfolgt, bilden sich aus der Dauerkorona neuerdings wieder Leuchtfäden aus als sicheres Zeichen dafür, daß das Elektrodenfeld nunmehr die behindernde Wirkung der positiven Raumladung überwindet. Das langgestreckte, schmale Stielbüschel der Leuchtfäden von rötlichem Schimmer nimmt rasch an Länge zu und erreicht schließlich die Gegenelektrode (s. Abb. 130). Im Dunkeln kann dabei vor der Platte ein diffus-verschwommenes Leuchten bemerkt werden. Einer der „Durchbruchs-Leuchtfäden" vermag eine Stelle auf der Kathode mit hoher

Abb. 130. Leuchtfadenentladung kurz vor dem Funkendurchbruch [*9*]. (Links Anodenspitze, rechts Kathode.)

Elektronenergiebigkeit zur Bildung eines Kathodenflecks auszunutzen und zieht damit den vollkommenen Durchbruch nach sich. Der Ausgleich der Elektrodenladungen in Form des Funkens vollzieht sich längs der vorionisierten Bahn dieses erfolgreichen Leuchtfadens, wobei die Elektrodenspannung zusammenbricht und die Stromstärke einen sehr hohen Wert annehmen kann. Die Streuung der Funkenspannung ist gering [*73*].

Die Durchbruchsleuchtfäden benutzen gerne die Pfade ihrer Vorgänger, wie durch seitliches Anblasen der Kanäle gezeigt werden kann [*9*]. In der Luftströmung verläuft der Vorentladungskanal nicht mehr auf dem kürzesten Weg zwischen den Elektroden und wird länger; trotzdem leuchtet er bei jedem Impuls immer wieder auf, bis schließlich der Umweg für die Entladung zu groß geworden ist und sie dann lieber auf die Begünstigung durch die Restionisierung des Kanals verzichtet und auf kürzestem Weg einen eigenen Pfad zur Gegenelektrode vortreibt. Durch die kräftige Luftbewegung wird die Funkenspannung leicht erhöht [*23*].

Bei weitentfernten Elektroden und großer Ergiebigkeit des Generators bildet sich als Zwischenstufe aus der Leuchtfaden-Büschelentladung die frei in den Raum hineinbrennende *Stielbüschelentladung* aus: Auf der Oberfläche der scharfgekrümmten Elektrode stehen ein oder auch mehrere kräftige, weißleuchtende Stiele, an deren freien Enden das unruhig zuckende Büschel der matter leuchtenden Büschelkrone ansetzt. Die Stromstärke im Stiel liegt bei Bruchteilen eines mA oder auch höher. Über außergewöhnlich lange und stromstarke Stielbüschelentladungen bei Stoßspannungen bis zu 1000 kV berichtet SCHNEIDER [74]. Unter Benutzung einer für die volle Hochspannung isolierten Beobachterkugel oszillographierte er den Strom, der von einer aus der Kugel hervorragenden Elektrode in den Raum und zur Gegenelektrode hin ausströmte; gleichzeitig wurde die Form der Entladungsgebilde photographisch festgehalten. Von der positiven Spitze geht ein hell leuchtender und gegen sein Ende hin lichtschwächer werdender Kanal mit seitlichen Verästelungen aus. Hauptkanal und Seitenäste setzen sich aus einzelnen, jeweils geraden Wachstumsstufen zusammen. Beim Entladungseinsatz steigt der Strom in höchstens $0{,}05 \cdot 10^{-8}$ sek auf seinen Höchstwert von einigen tausend Ampere an und klingt mit überlagerten Schwankungen, die vielleicht die ruckweise Ausbildung der Kanäle markieren, langsam ab. Wird die Spitze durch eine Kugel von 10 cm Durchmesser ersetzt, so werden bei dem nur noch rd. $0{,}15\,\mu$sek andauernden Entladungsstoß ungefähr zehnfach stärkere Ströme erreicht. An die Stelle der Stielbüschel treten hierbei Leuchtstreifen. Erst bei kleinerem Kugeldurchmesser und verringertem Abstand zur Gegenelektrode (Erde) kann die Streifen- wiederum in die Stielentladung umschlagen. Bei negativem Stoß entwickelt sich unabhängig von der Elektrodenform ein scharf begrenzter, geradliniger Stiel hoher Stromdichte, dessen Ende eine fächerförmige Krone trägt.

Bei einer scharf gekrümmten Elektrode als negativem Pol der Entladungsstrecke vergrößert sich die Leuchterscheinung in Spitzennähe bei Erhöhung der angelegten Gleichspannung zu einer gleichmäßig leuchtenden Aureole. Unmittelbar vor dem Durchschlag mag diese etwa ein viertel der Elektrodenentfernung überdecken; der übrige Raum bleibt vollkommen dunkel. Ohne weitere Erscheinungen bildet sich bei nicht zu großen Schlagweiten aus der Aureole der Funkenkanal aus. Die mittlere Feldstärke beim Durchschlag liegt in Luft und bei Benutzung üblicher Schlagweiten mit rd. 15 kV/cm wesentlich höher als bei positiver Spitze.

Für größere Schlagweiten hat WEICKER [75] die Arten der unvollkommenen Entladung bei Wechselspannung in Abhängigkeit von der Form der Spitze untersucht. Er findet, daß für sehr feine Spitzen (Öffnungswinkel $< 7°$) der Funke sich fast durchweg aus dem Glimmen ohne weitere Zwischenstufen ausbildet und erst bei einer leichten Vergrößerung des Spitzenwinkels der vollkommene Durchbruch teils aus

dem Glimmen und teils aus der Büschelentladung entsteht. Dabei
streut die Funkenspannung stark. Erst bei Spitzen mit einem Öffnungswinkel von mehr als 20° geht dem Durchschlag regelmäßig die Büschelentladung voraus. Bis auf sehr stumpfe Elektroden mit einem Öffnungswinkel über 100° ist die Streuung dabei gering, so daß solche Spitzen
mit einem Öffnungswinkel zwischen 20° bis etwa 90° zu Spannungsmessungen verwendet werden können (unter der Voraussetzung einer
nicht zu kleinen Schlagweite!). Bei Stabfunkenstrecken mit Elektroden
aus abgeschnittenen Vierkantstäben von 14—16 mm Kantenlänge, wie
sie als Grobschutz für Hochspannungsgeräte Verwendung finden, liegt
das Übergangsgebiet für die Entwicklung des Funkens entweder aus
Anfangs- oder Büschelgrenzspannung zwischen $d = 20$—40 cm. Selbst
bei sorgfältigem Messen muß in diesem Gebiet
mit einer Streuung von etwa $\pm 7\%$ gerechnet
werden [76]. Für noch größere Schlagweiten
($d > 36$ cm [77]) ist die Funkenspannung von
der Formgebung der Stabelektrode völlig unabhängig.

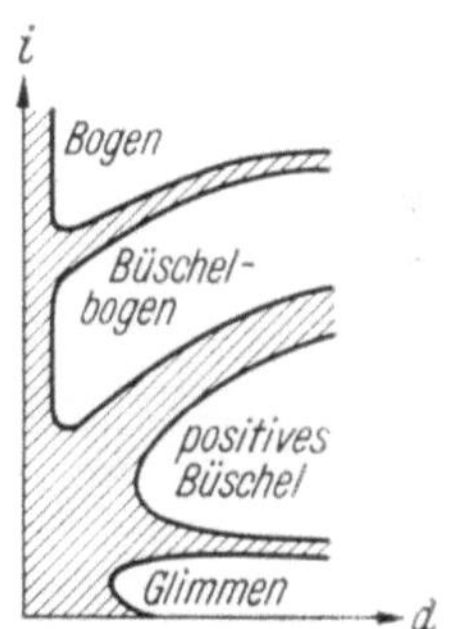

Abb. 131. Existenzbereiche
im Stromstärke-Schlag-
weitendiagramm nach
TOEPLER bei positiver
Polung der scharfge-
krümmten Elektrode.

Unabhängig von der Polarität der Spitze
nimmt der Koronastrom bis hin zur Funkenausbildung im allgemeinen stetig zu [114]. Zur Darstellung der Existenzbereiche der verschiedenen,
dem vollkommenen Durchbruch vorausgehenden
Entladungsformen ist es nach TOEPLER [25, 78]
nicht ratsam, deren zugehörige Spannungswerte
als Funktion des Elektrodenabstandes aufzutragen, weil in der Spannung–Schlagweiten-
ebene die Bereiche sich überdecken. Dagegen gehört zu jedem Wertepaar
von Stromstärke und Schlagweite nur ein einziger Entladungstypus von ganz bestimmter Spannung. Eine Darstellung der möglichen
Existenzbereiche im Stromstärke-Schlagweitendiagramm ergibt daher
nebeneinanderliegende, nichtübergreifende Flächenstücke (s. Abb. 131
für die Entladungen einer positiven Spitze). Das Diagramm läßt klar
erkennen, daß Glimmentladungen nur bis zu einer gewissen Grenzstrom-
stärke existieren können und eine weitere Erhöhung der Stromstärke
den Umschlag entweder gleich zur letzten Stufe, dem Funken- und
nachfolgendem Lichtbogendurchbruch, oder in die Büschel- bzw.
Stielbüschelentladung nach sich zieht. Jede Überschreitung der Grenzspannung einer Entladungsform bewirkt beim Übergang in die nächstfolgende einen Spannungssturz, der beim Funken am größten ausfällt.

Der Funke stellt sich bei einer positiven Spitze bei um so niedrigerer
Elektrodenspannung ein, je günstiger die Bedingungen für die Ausbildung und das Vorwachsen von Durchbruchs-Leuchtfäden sind. Somit

ist bei hohem Gasdruck und großem Elektrodenabstand, also großem
pd-Wert, in den Gasen mit kräftiger Photoionisierung oder etwa mit
elektronenanlagernden Beimischungen eine vergleichsweise tiefliegende
Funkenspannung bei positiver Spitze zu erwarten. In den Edelgasen
und auch noch in völlig reinem Wasserstoff und ebensolchem Stickstoff
müßte eine negative Polung der stark gekrümmten Elektrode wegen
der raschen Abwanderung der Elektronen und des Fehlens einer gleichnamigen Raumladung im entscheidenden Ionisierungsbereich zu einer
ungehemmten Ausbreitung der sowieso schon bei niedriger Spannung ge-

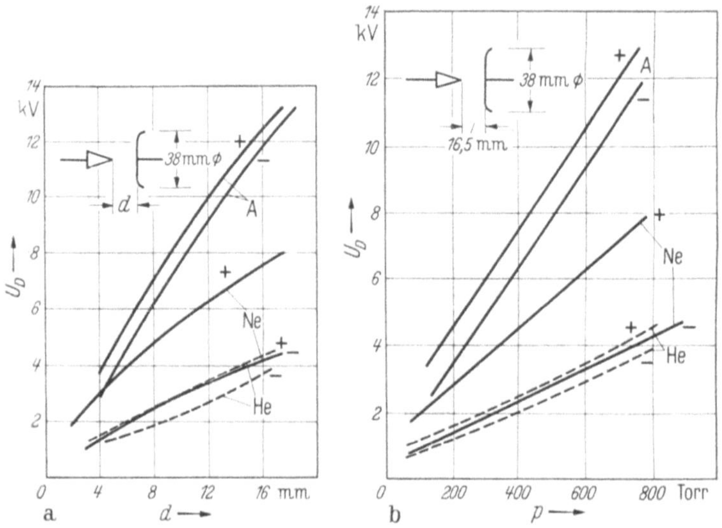

Abb. 132. Funkenspannung zwischen Nähnadelspitze und Eisenplatte in **He, Ne, A.**
a) als Funktion des Elektrodenabstandes bei Atmosphärendruck
b) als Funktion des Druckes bei einem Elektrodenabstand von 16,5 mm.

zündeten Koronaentladung und zu niedriger Funkenspannung führen.
Hingegen wird eine Beschwerung der Elektronen durch Anlagerung in
den elektronegativen Gasen und die hierdurch geschaffene negative
Raumladung das Anwachsen der Entladung behindern und sich in einer
hohen Funkenspannung widerspiegeln.

In den Diagrammen der Abb. 132 und 133 sind Messungen der
Funkenspannung einer Spitze–Platteanordnung bei Gleichspannung von
MIYAMOTO [70] in einigen Edel- und Molekülgasen sowohl in Abhängigkeit von der Schlagweite bei Atmosphärendruck als auch vom Gasdruck
bei einer bestimmten Schlagweite dargestellt. Als Spitze fand eine Nähnadel von 0,8 mm Schaftdurchmesser Verwendung. Entsprechend der
unterschiedlichen Festigkeit der untersuchten Edelgase steigen ihre
Funkenspannungen in der Reihenfolge Helium, Neon, Argon an. Stets

liegt die Funkenspannung bei negativer Spitze tiefer (s. hierzu auch das Diagramm Abb. 67 für eine Argonentladung bei sehr niederem Druck). In den ausgesprochen elektronegativen Gasen Chlor und Sauerstoff verlaufen dagegen die Kurven der Funkenspannung für die negative Spitze oberhalb denen für umgekehrte Polung, wie dies Abb. 133 zeigt (weitere Ergebnisse bei $d = 4{,}5$ und $16{,}5$ mm s. die Originalarbeit). Die

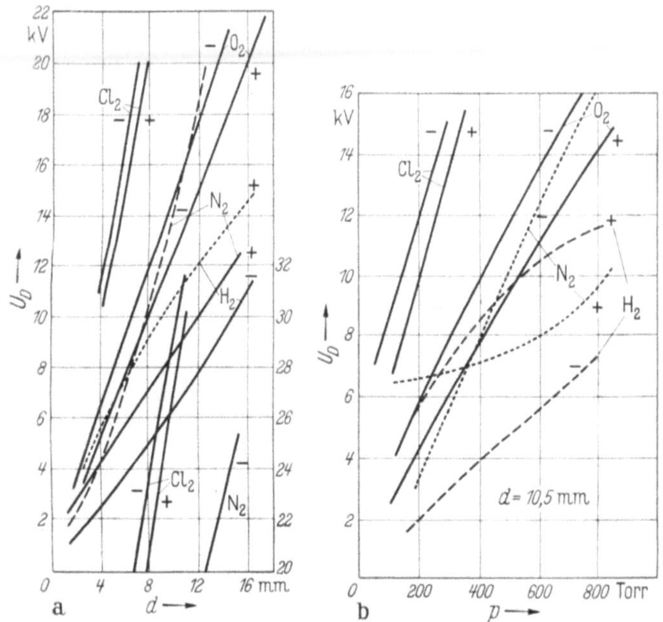

Abb. 133. Funkenspannung zwischen Nähnadelspitze und Eisenplatte in H_2, N_2, O_2 und Cl_2.
a) als Funktion des Elektrodenabstandes bei Atmosphärendruck.
b) als Funktion des Druckes bei einem Elektrodenabstand von 10,5 mm.

Edelgaseigenschaften von Wasserstoff äußern sich in einer erheblich tieferen Funkenspannung bei spitzer Kathode. Eine Zwischenstellung nimmt Stickstoff ein. Bei niederen Drucken und kleinen Elektrodenabständen tritt auch bei diesem Gas der Funkendurchbruch bei negativer Polung der scharfgekrümmten Elektrode früher ein, jedoch kehrt sich der Effekt bei großem $p\,d$-Wert um. In entsprechender Weise gibt es auch in Luft einen kritischen Wert der Schlagweite bzw. des Drucks, bei dem beide Funkenspannungen gleich sind, und nach dessen Unterschreitung die Kurve für negative Spitze unterhalb der für positive Spitze verläuft (Abb. 134). Bei Atmosphärendruck erfolgt dieser Wechsel bei einem Abstand Spitze–Platte von 4,5 mm, nach STRIGEL [79] bei 8,5 mm mit einer 5 cm-Kugel als Gegenelektrode. Für größere Schlag-

weiten kennzeichnet Abb. 135 den Verlauf der Kurven nach Messungen
von MARX [80]. Für den gleichen Schlagweitenbereich gibt UHLMANN
[81] einer tiefer liegende Kurve für negative Spitze; nach ihm sind demnach die Polaritätsunterschiede der Funkenspannung nicht ganz so stark
ausgeprägt, wie dies Abb. 135 angibt.

Bei negativer Spitze (Nähnadel) steigt die Funkenspannung in guter
Näherung verhältnisgleich zur Schlagweite an. Auch bei positiver
Spitze nimmt der Spannungsbedarf
oberhalb einer gewissen Schlagweite
($d > 4$ cm) linear mit dem Abstand
zu und läßt sich durch die Glei-
chung $U_\mathrm{D} = a + b\,d$ ausdrücken; die
Konstanten a und b hängen im vor-

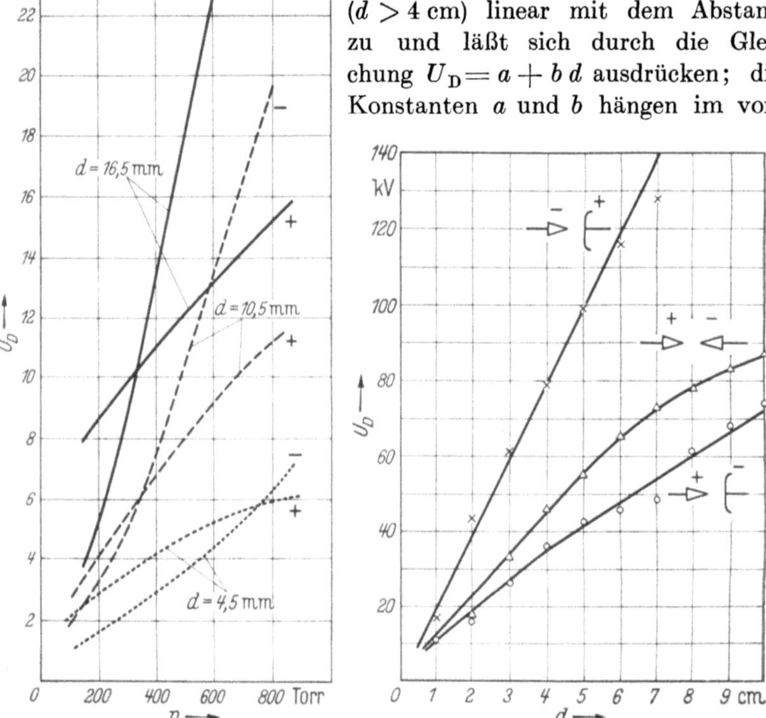

Abb. 134. Funkenspannung zwischen
Spitze–Platte für Luft von erniedrigtem
Druck [70].

Abb. 135. Funkenspannung in Luft zwischen
Spitze–Platte und zwischen Spitzen (Nähnadeln)
als Funktion der Schlagweite [80].

ausgesetzten stark verzerrten Feld nur wenig von der Elektrodenform
ab, weshalb die Spitze bei großen Schlagweiten etwa auch durch eine
kleine Kugel o. dgl. ohne wesentliche Zunahme der Funkenspannung ersetzt werden kann. Bei negativer Spitze liegt die Funkenspannung nur
rd. 30%, bei positiver Spitze dagegen rd. 70% unter der des gleichförmigen
Feldes. Es bedarf also bei scharfgekrümmter Kathode zur Herbeiführung des vollkommenen Durchbruchs in Luft einer wesentlich höheren
Spannung als bei umgekehrter Polung. Der bei größeren Schlagweiten

beachtliche *Polaritätseffekt* mit mehr als $2^1/_2$facher Funkenspannung bei spitzer Kathode hat schon mehrfach zu technischer Verwertung angeregt. Durch (axiales oder seitliches) Beblasen der Funkenstrecke mit Preßluft kann er noch weiter vergrößert werden, da hierdurch hauptsächlich die Funkenspannung der negativen Spitze erhöht wird [*82*].

Bei Verwendung von Wechselspannung kann erwartet werden, daß der Funke in der Halbwelle zündet, in der die stark gekrümmte Elektrode sich auf höchstem positivem Potential befindet. Jedoch brauchen die bei Gleichspannung an der Spitze und bei Wechselspannung gemessenen Funkenspannungen nicht übereinstimmen, weil die fortwährende Änderung der Feldrichtung zu Komplikationen im Entladungsaufbau durch nicht restlos abgeführte Raumladungen der vorhergehenden Halbwelle Anlaß geben mag. Nach Messungen von KAMPSCHULTE [*83*] mit allerdings nicht ausreichend großer Plattenelektrode liegt die 50 Hz-Wechseldurchschlagspannung für eine 30°-Spitze erheblich über den Funkenspannungen einer positiven Spitze (s. hierzu Abb. 135), wie sie MARX [*80*] und UHLMANN [*81*] angeben, nach Messungen von LUFT [*84*] etwas darunter. Zum großen Teil sind diese Unterschiede auf die erhöhte Streuung und die besonders große Empfindlichkeit der Spitzenfunkenstrecke gegenüber Feldbeeinflussungen durch die Umgebung sowie auch auf die unterschiedlichen Durchmesser der bei den Versuchen benutzten Plattenelektroden zurückzuführen.

Mitaufgenommen in Abb. 135 ist die Kurve der Funkenspannung zwischen Nähnadeln nach MARX. Bei einer solchen inhomogenen, symmetrischen Anordnung ist die Funkenspannung das Resultat zweier gegenwirkender Einflüsse: Einerseits muß die verfügbare Spannung an jeder Elektrode ein steil abfallendes Feld aufbauen, weshalb die Funkenspannung höher liegen müßte als bei der Anordnung positive Spitze–Platte; andererseits verdünnen die aus der einen Ionisierungszone abwandernden Ladungsträger die Raumladung vor der anderen Elektrode, was das Vorwachsen der Entladungskanäle begünstigt. Zwar kommt nach MARX die Kurve für Spitzen über die für positive Spitze-geerdete Platte zu liegen, doch läßt die Mehrzahl der vorliegenden Untersuchungen ein gegenteiliges Verhalten erkennen. Tiefer liegende Funkenspannungen zwischen einseitig geerdeten Spitzen erhalten STRIGEL [*70*] bei Gleichspannungsmessungen bis zu 1,6 cm Schlagweite und ebenso bei Wechselspannung, KAMPSCHULTE [*83*] mit 30°-Spitzen bis zu 22 cm Schlagweite, MISERÉ [*85*] bis zu 36 cm Schlagweite mit 60°-Spitzen und symmetrischem Anschluß sowie LUFT [*84*] bei symmetrischer und unsymmetrischer Schaltung. Zur Kennzeichnung des Verlaufs bei einseitig geerdeten Spitzen möge hier die Angabe genügen, daß U_D ab $d = 8$ cm von rd. 53 kV bis hin zu $d = 22$ cm geradlinig auf 115 kV bei

KAMPSCHULTE und auf 102 kV bei LUFT ansteigt. Bei Mittenerdung des speisenden Generators liegen die Durchschlagwerte höher.

Bei größeren Schlagweiten nimmt die Wechseldurchschlagspannung zwischen einseitig geerdeten Spitzen zumindest bis 1500 kV [*119*] geradlinig mit der Schlagweite zu. Nach Messungen von PEEK [*86*] bis 1080 kV besitzt die Kurve eine Neigungstangente von 5,23 kV/cm, nach Messungen bis 2 000 kV desselben Verfassers [*87*] von 5,25 kV/cm. Ebenfalls mit 60 Hz führten CARROLL und COZZENS [*88*] Messungen bis 1600 kV Scheitelwert für die Anordnung: beiderseitig isolierte Spitzen, und Spitze–geerdete Platte aus. Die Mittelwerte weiterer amerikanischer Messungen für die Spitzenfunkenstrecke sind in Abb. 136 wiedergegeben.

Ohne Quarzlampenbestrahlung streuen die Meßwerte bei positiver Spitze in gewissen, druckabhängigen Schlagweitenbereichen sehr stark. Diese Labilität äußert sich etwa dadurch, daß auch bei längerem Warten mit überhöhter, eigentlich zum Durchbruch vollauf ausreichender Elektrodenspannung die Gasstrecke nicht durchschlagen wird, während zu einer anderen Zeit die Funkenspannung ohne erkennbare Änderungen der Einflußgrößen erheblich niedriger ist. Bei Atmosphärendruck liegen solche Bereiche beispielsweise zwischen 0,6 und 1 cm sowie bei 0,2 cm Elektrodenabstand (s. a. Abb. 136). Auch mit ausreichender Vorionisierung läßt sich bei weitem nicht die Ansprechgenauigkeit erzielen, wie sie im Platten- oder Kugelfeld als üblich betrachtet wird.

Bei Aufheizung der Spitze bis auf 850° C findet MARX [*82*] bei negativer Spitze in Übereinstimmung mit Messungen von MAYR [*89*] die erwartete Absenkung der Funkenspannung (bei $d = 3$ cm um rd. 30%), dagegen bei positiver Spitze eine Erhöhung der Durchschlagspannung, allerdings nur bei Funkenbildung aus der Koronagrenzspannung, also bei nicht zu kleiner Schlagweite.

Nach MIYAMOTO [*70*] soll die Summe der Funkenspannungen für beide Spitzenpolaritäten bei allen von ihm untersuchten Gasen dem Gasdruck direkt proportional sein.

Unter Benutzung von Stoßwellen veränderlicher Rückendauer konnte MARX [*80*] nachweisen, daß die Stoßdurchschlagspannungen von Spitzenfunkenstrecken für beide Polaritäten sich mit Verkürzung der Beanspruchungsdauer einander nähern. Bei sehr kurzen Ausbildungszeiten des Funkendurchbruchs (bis unter 10^{-8} sek) und entsprechend hohem Stoßfaktor findet GÄNGER [*41*] eine ungefähre Übereinstimmung beider Durchschlagspannungen (s. S. 289). Der Grund für diese Gleichheit der Stoßdurchschlagspannungen liegt in der Gleichheit ihrer Ausbildungsmechanismen: Die Entladung einer negativen Spitze wird nicht länger in ihrem Fortschreiten durch eine negative Raumladung gehemmt, weil die Elektronen sich in der kurzen zur Verfügung stehenden Zeit und im erhöhten Feld nicht mehr an O_2-Moleküle anheften können; ferner verhindert die kurze Stoßzeit einen Nachschub von Sekundärelektronen von der Kathode und macht deren Bereitstellung auf genau die gleiche Art wie bei der Entladung von einer positiven Spitze erforderlich, nämlich durch Photoionisation vor dem Kanalkopf.

Wegen der technischen Bedeutung von Spitzen- oder Stabfunkenstrecken als Grobschutz in Hochspannungsanlagen und dem ungefähr gleichartigen Verhalten ihrer Funkenspannung wie die Überschlagspannung von Isolatoren vor allem bei veränderlicher Luftfeuchtigkeit wurde die Stoßdurchschlagspannung von Stabfunkenstrecken bei technischen Stoßwellen von verschiedenen Seiten gemessen. Eine Übersicht über

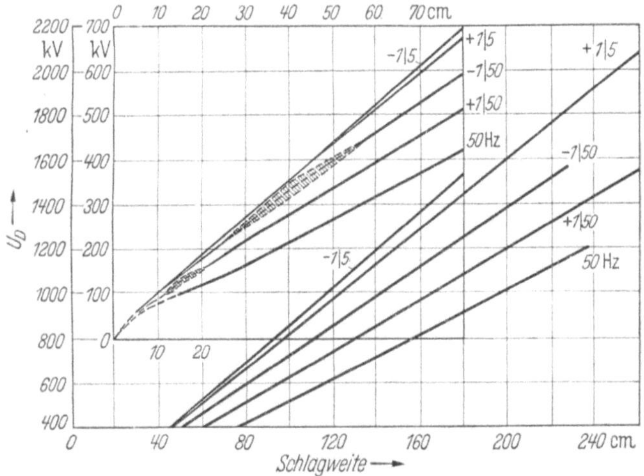

Abb. 136. Durchschlagspannung der Anordnung Spitze—geerdete Spitze bei technischer Wechselspannung und bei Stoßspannung (20° C, 760 Torr, absolute Luftfeuchtigkeit 11,0 g/m³. Übergangsgebiet zwischen Glimmgrenz- und Büschelgrenzspannung schraffiert).

die bei unterschiedlichen Anordnungen erhaltenen Mindest-Stoßdurchschlagspannungen geben JACOTTET [76] sowie JACOTTET und WEICKER [90] vorzugsweise nach Messungen eines amerikanischen Ausschusses [91] und von BELLASCHI und TEAGUE [92]. Abb. 136 veranschaulicht die 50%-Mittelwerte der gemessenen Wechsel- und Stoßdurchschlag-Spannungen mit den Wellen 1|50 und 1|5 für die Anordnung zweier Spitzen. Gegenüber diesen Mittelwerten können beim Versuch auch bei Einhaltung der üblichen Vorsichtsmaßnahmen Abweichungen bis zu etwa ± 7% auftreten (bis zu ± 14% nach [120]). Über neueste Messungen mit Stabfunkenstrecken bis zu extrem großen Schlagweiten (Wechselspannung bis 2000 kV, Stoß bis ± 3000 kV) s. [119]. Messungen über die Abhängigkeit des Stoßfaktors vom Durchschlagverzug bei Normalstoß s. bei [93, 100, 121].

Über die Normwellen-Stoßdurchschlagspannung betriebsmäßig montierter Stabfunkenstrecken bei gleichzeitiger Wechselspannungserregung berichtet STRIGEL [93]. Eine Abhängigkeit der Stoßdurchschlagspannung von der Phasenlage der erregenden Wechselspannung ist erst oberhalb der Koronaeinsatzspannung vorhanden und nimmt mit steigendem Wasserdampfgehalt der Luft zu. Während bei mäßiger Schlagweite die Höhe der negativen Stoßdurchschlagspannung durch die Wechselspannungserregung nur wenig geändert und nur die positive Stoßspannung stärker beeinflußt wird (diese erfährt ihre größte Erhöhung kurz nach Durchgang ·der Sinusspannung durch ihren positiven Scheitel), ist bei den größeren Schlagweiten die Stoßspannung bei negativem Stoß in stärkerem Maß von der Phasenlage der Vorerregung abhängig.

Über das Verhalten unterteilter Funkenstrecken mit Spitze–Platte-Elektroden bei Gleich- und Stoßbeanspruchung s. [113], über den Durchschlag zwischen einem Stab in Luft und einer 75 mm-Kugel unter Öl bei Stoß und Wechselspannung s. [116], über Messungen der Funkenspannung von Frigen-

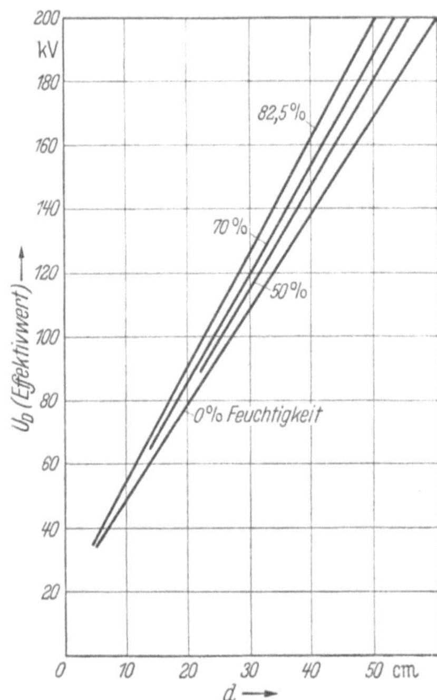

Abb. 137. Effektivwert der Wechseldurchschlagspannung zwischen Spitzen für verschiedene Feuchtigkeitsgrade [96].

Luftmischungen bei atmosphärischem Druck mit Gleich-, Wechsel- und Stoßspannung an der Spitze–Platte- und Spitze–Spitze-Anordnung bei einer Schlagseite von 3,5 cm s. [94]. Über den Funkendurchbruch im inhomogenen Feld bei erhöhtem Druck wird auf S. 292 berichtet, über den Hochfrequenzdurchschlag S. 422.

Die Durchschlagspannung von Spitzen- oder Stabfunkenstrecken (wie auch die Überschlagspannung technischer Isolatoren) wird nur im Gebiet der Büschelentladung, also bei größeren Schlagweiten, in erheblichem Maß von der *Luftfeuchtigkeit* beeinflußt. Fällt die Anfangs- mit der Funkenspannung zusammen oder entwickelt sich der Durchschlag aus der büschellosen Glimmentladung, so ist die Durchschlagspannung praktisch unabhängig vom Feuchtigkeitsgrad der Luft. Bei den größeren Schlagweiten nimmt die Durchschlagspannung mit Erhöhung der *absoluten*

Feuchtigkeit zu (s. Abb. 137) [98]. Nur bei Beregung der Funkenstrecke liegt die Durchschlagspannung etwas tiefer als im trockenen Zustand [95]; bei Stoß fällt die Trocken- mit der Naß-Durchschlagspannung praktisch zusammen. Nach WEICKER [75] gilt für die Abhängigkeit der Funkenspannung von Schlagweite und Feuchtigkeit die empirische Beziehung

$$U_D = 30 + (d - 6)\,(2{,}8 + 0{,}06\,f)$$

bei 740 Torr und 20° C (U_D Effektivwert der Durchschlagspannung in kV, d (>20) Schlagweite in cm, f absolute Feuchtigkeit in g/m³). Ausgedehnte Versuche von FIELDER [97] mit verschiedenen Elektrodenanordnungen führten zu einer Bestätigung der Brauchbarkeit dieser Formel [98]. Bei technischer Wechselspannung erweist sich der Feuchtigkeitseinfluß auf die Durchschlagspannung etwas größer als bei Stoßbeanspruchung mit üblichen Wellen und verringert sich in beiden Fällen bei Spannungen unter rd. 100 kV. FIELDER ermittelt beispielsweise für eine Zunahme der absoluten Feuchtigkeit um 1 g/m³ eine prozentuale Erhöhung der Wechseldurchschlagspannung von Spitzen- oder Stabfunkenstrecken größerer Schlagweite um rd. 1,2%, bei Kettenisolatoren um rd. 0,9%. Mit diesen Angaben ist es möglich, Meßwerte der Durchschlagspannung solcher Anordnungen bei mäßigen Ansprüchen an die Genauigkeit auf die übliche Bezugsfeuchtigkeit von 11,0 g/m³ umzurechnen. STRIGEL [93] kann diese Ergebnisse auf Grund von Stoßversuchen mit Stabfunkenstrecken nur für negativen Stoß bestätigen und gibt an, daß die Durchschlagspannung sich bei positivem Stoß nicht mehr linear mit der Feuchtigkeit ändert, sondern zur Umrechnung eine komplizierter verlaufende Korrekturkurve zu benützen ist. Weitere Untersuchungen über den Feuchtigkeitseinfluß auf die 60 Hz-Durchschlagspannung von Stabfunkenstrecken verschiedener Endausbildung s. [99], auf die Überschlagspannung technischer Isolatoren [100], auf die Stoßüberschlagspannung von Spitzenfunkenstrecken und Isolatoren [101]. Bis zu ca. 90% Luftfeuchtigkeit nimmt die Überschlagspannung zu, um erst darüber wegen der beginnenden Kondensation des Wasserdampfes auf der Isolatoroberfläche stark abzusinken. Eine Übersicht über die neueren Arbeiten über den Feuchtigkeitseinfluß auf die Überschlagspannung von Hochspannungsisolatoren gibt WEICKER [102].

g) Der Einfluß von Schirmen auf die Durchschlagspannung. Wird im Raum zwischen einer scharfgekrümmten Elektrode und einer großflächigen Gegenelektrode ein Isolierschirm senkrecht zur Verbindungslinie der Elektroden angeordnet, so wird hierdurch die Durchschlagspannung recht stark beeinflußt, nicht jedoch die Anfangsspannung. Diese Wirkung kann ihre Ursache in einer mechanischen Behinderung der Trägerströmung und der etwaigen Photoionisation in den Ladungskanälen sowie in einer Veränderung der Feldverteilung durch die Anwesenheit der Trennwand und deren Aufladung haben. Die Voraussetzung für derartige Eingriffe in das Verhalten der Entladung ist erst dann gegeben, wenn bereits eine Trägerströmung vorhanden ist, also nur im inhomogenen Feld und erst ab Beginn der Stoßionisation. Nur dann, wenn der eingebrachte Schirm aus leitendem Material besteht und seine Lage nicht mit der einer Äquipotentialfläche des ungestörten Feldes übereinstimmt, wird das Feld durch sein Einbringen in jedem Fall geändert; nachdem jedoch die Anfangsspannung in erster Linie von der Feldverteilung in allernächster Spitzenumgebung abhängt, vermag auch die Verwendung eines ebenen Metallschirmes das Zündfeld nur wenig zu beeinflussen.

Als Folge der Aussendung polgleichnamiger Träger lädt sich die der Sprühelektrode zugewandte Schirmfläche mit solchen auf. Zu einem gewissen Teil wird dadurch das Potential der Spitze zum Schirm vorgeschoben und das hohe Anfangsfeld um die Spitze abgesenkt und dafür im Raum zwischen Trennwand und Plattenelektrode angehoben; somit führt der Schirm zu einer Vergleichmäßigung des zuvor stark ungleichförmigen Feldes. Der Abstand des Schirmes von der scharfgekrümmten Elektrode beeinflußt die Veränderung des Potentialgefälles zwischen den Elektroden in ausschlaggebendem

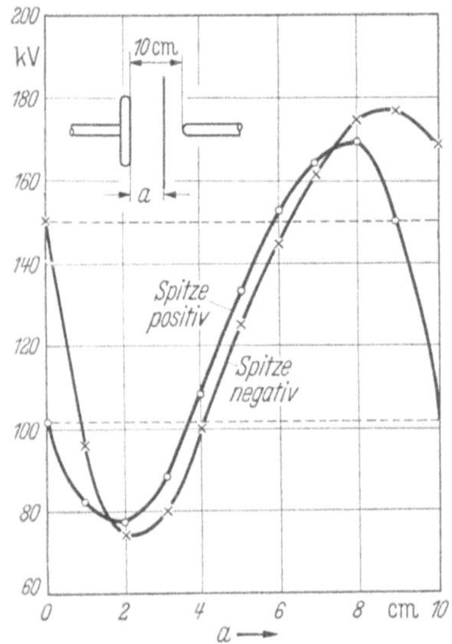

Abb. 138. Gleich-Durchschlagspannung zwischen Spitze—Platte in Abhängigkeit von der Lage des Schirms [103] (gestrichelt: Durchbruchspannungen der schirmfreien Anordnung).

Maße. Zur Erzielung der vollen Wirkung muß die Fläche des Schirmes mindestens doppelt so groß wie die der Plattenelektrode sein.

Den größten Einfluß übt ein Schirm in der Nähe der scharfgekrümmten Anode aus. Die an und für sich recht geringe Festigkeit bei positiver Spitze kann bei geeigneter Schirmlage erheblich (bis zum Zwei- und Dreifachen) verbessert werden, wie aus Abb. 138 hervorgeht, welche die Durchschlagspannung der Anordnung bei veränderlicher Stellung des Schirmes zeigt (weitere Versuchsergebnisse über die Wirkung von Schirmen in Luft s. [23]). Unmittelbare Auflage des Schirmes auf den Elektroden verändert die Durchschlagspannung fast nicht; doch steigt sie schon bei geringer Vergrößerung des Abstandes: positive Spitze—Schirm rasch auf den erreichbaren Höchstwert an. Nach Überschreitung dieses optimalen Wertes bei etwa 0,5—1 cm Spitzenentfernung fällt die Festigkeit der Anordnung bei weiterer Annäherung des Schirmes an die Plattenelektrode wieder und kann kurz vor der Auflage auf diese sogar noch unter die der schirmfreien Anordnung sinken. Wird die scharfgekrümmte Elektrode zur Kathode gewählt, so setzt der Schirm die an und für sich hohe Durchschlagspannung fast durchweg herab. Nur bei Aufstellung des Schirmes in Nähe der Spitze läßt sich auch in diesem Falle ein leichter Festigkeitsgewinn erzielen. Nachdem bei Wechselspannung der Durchbruch stets in der Halbwelle eintritt, in der die scharfgekrümmte Elektrode Anode ist, ist die Verwendung solcher Schirme auch im Wechselfeld von Vorteil. Zwischen zwei Spitzen erbringt die Anordnung eines Schirmes bei Wechselspannung fast keine Vorteile. Doch kann durch die Verwendung eines Doppelschirms, bestehend aus je einem Schirm in geringem Abstand vor jeder Elektrode, auch in diesem Fall eine Erhöhung der Durchschlagspannung erreicht werden.

Die Beeinflussung der Durchschlagspannung erweist sich praktisch unabhängig von Schirmmaterial und Schirmdicke; so kann sogar ein Blech verwendet werden. Schon dünnste Papiere führen bei geeigneter Anordnung zu hohem Festigkeitsgewinn, wenn sie nur dicht sind und damit den aufprallenden Ionen den weiteren Weg versperren [23, 103, 114]. Feuchtigkeit setzt die Wirkung von Papierschirmen etwas herab. Für die Durchführung von Versuchen empfiehlt sich z. B. die Verwendung dünner Hartpapiere, weil bei Papier auch bei straffer Einspannung in einen Halterahmen die Gefahr besteht, daß der von der Trägerbewegung herrührende Ionenwind gemeinsam mit der elektrostatischen Kraft die Papierfläche ausbaucht und von der scharfgekrümmten Elektrode wegdrückt, wodurch die Lagebestimmung unsicher wird. Mit porösen Schirmen ist der Gewinn etwas geringer, weil ein Teil der Träger durch die Öffnungen im Schirm hindurchtreten und so den Weg zur Platte fortsetzen kann.

Roser [103] konnte den überragenden Einfluß der Feldvergleichmäßigung durch die Schirmaufladung gegenüber den sonstigen noch mitspielenden Einflüssen dadurch nachweisen, daß er den Schirm am Ort der Verbindungslinie der Elektroden mit einem Ausschnitt versah und trotz der Schaffung eines ungehinderten Durchtritts für die Elektrizitätsträger immer noch eine Erhöhung der Durchschlagspannung bei spitzer Anode erzielte. Zwar wurde der Schirmeinfluß mit Vergrößerung des Lochdurchmessers geringer, doch blieb die Schutzwirkung auch bei einer recht großen Öffnung noch deutlich nachweisbar. So erhöhte ein Loch von 5 cm Durchmesser in einem Schirm, der annähernd in der Mitte zwischen den um 7 cm entfernten Elektroden aufgestellt war, die Durchschlagspannung immer noch um 50%.

Außer der Erhöhung der Durchschlagspannung bei scharfgekrümmter Anode bietet die Verwendung von Schirmen auch die Möglichkeit zur Absenkung des Koronastroms und zur Stabilisierung der leuchtenden Entladungen auf den Raum Spitze–Schirm selbst noch bei hohen Spannungen [103]. Von technischer Bedeutung ist jedoch in erster Linie der Festigkeitsgewinn bei Gleich-, Wechsel- und positiver Stoßspannung durch geeignete Anordnung von Isolierwänden zwischen den Elektroden. Die günstigste Lage des Schirmes muß durch Versuche bestimmt werden.

h) Die Stoßzündung langer Gassäulen bei niederem Druck. Als Abschluß der Betrachtungen über den Durchschlag im stark inhomogenen Feld sei noch über die Messungen bei Stoßzündung von verdünnten Gasen in langen Isolierrohren berichtet. Wegen der großen Elektrodenentfernung und des erheblichen Einflusses der Umgebung spielt hierbei die Form der Elektroden eine untergeordnete Rolle. Im Augenblick des Eintreffens der Stoßspannung am Hochspannungspol verhält sich dieser wie eine frei im Raum schwebende Elektrode und läßt ein annähernd kugelsymmetrisches Feld mit hoher Verdichtung der Feldlinien an seiner Oberfläche entstehen. Der an die Elektrode anschließende, von verdünntem Gas erfüllte langgestreckte zylindrische Raum bietet dem Feld angesichts des in ihm herrschenden hohen E/p-Wertes im Gegensatz zur Atmosphäre die Möglichkeit, eine Entladung in einer ganz bestimmten Richtung, eben der Längsrichtung des Rohres auszubilden. Wie die Messungen zeigen, pflanzt sich die Entladung in sehr kurzer Zeit um eine beträchtliche Wegstrecke fort, wobei ein trägererfüllter Schlauch mit nur geringen Potentialunterschieden in Längsrichtung geschaffen wird. Im Zuge der Ausbreitung der Entladung schiebt sich das Potential des Hochvoltpoles mit einer bei niederem Druck nur geringfügigen Absenkung zum Gegenpol vor. Das gasgefüllte Rohr kann daher als eine Übertragungsleitung besonderer Art mit gegenüber der üblichen Geschwindigkeit verzögerter Wellenausbreitung aufgefaßt werden. Für das Studium der sich abspielenden Vorgänge bietet es eine Reihe von Vorteilen, die u. a. darin bestehen, daß der Pfad der Entladung von vornherein festliegt und die große Länge zu Ausbildungszeiten der Entladung führt, deren oszillographische Erfassung keine sonderlichen Schwierigkeiten bietet.

Gleichzeitig mit der Ionisierung am Kopf der Welle eilt auch eine Leuchterscheinung mit hoher Geschwindigkeit auf die Abschlußelektrode zu. Dieser Lichtstoß durch das Gas wurde erstmalig von THOMSON [104] untersucht und für ihn eine endliche, meßbare Fortpflanzungsgeschwindigkeit gefunden. Mit einer verbesserten Methode konnte BEAMS [105] zeigen, daß die Leuchterscheinung mit 10^9—10^{10} cm/sek, also mit einem erheblichen Bruchteil der Ausbreitungsgeschwindigkeit elektromagnetischer Störungen im leeren Raum, weiterwandert und die

Geschwindigkeit durch die Höhe der angelegten Spannung und den Gasdruck bestimmt ist. Zur Messung benutzte er einen sehr rasch umlaufenden Spiegel, der das Licht zweier um 8 m voneinander entfernter Querschnitte der Entladung auffing und so die zeitliche Aufeinanderfolge der Lichtausbildungen in ein räumliches Nacheinander zweier Lichtstriche auf einer Skala auflöste.

In zwei weiteren Veröffentlichungen von SNODDY, DIETRICH und BEAMS [106] wird über die Untersuchung des Wellenverlaufs im Rohr bei Gasdrucken von 0,03—15 Torr mit Hilfe eines Kathodenstrahloszillographen berichtet. Abb. 139 zeigt die benutzte Anordnung.

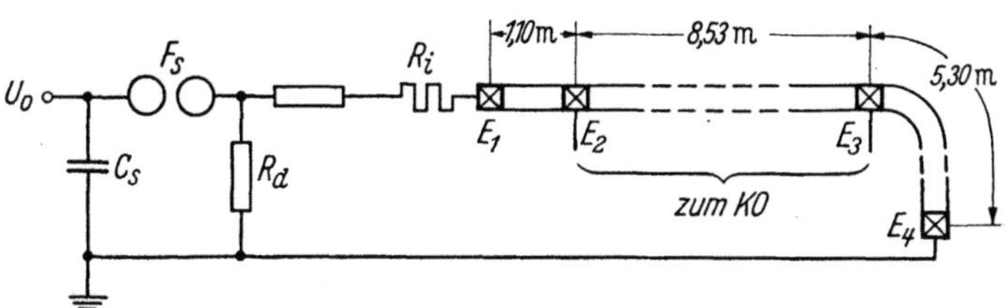

Abb. 139. Schema der Versuchsanordnung.

Die Versuchsstrecke besteht aus aneinandergesetzten Glasrohren von wahlweise 1,7, 5 oder 18 mm lichter Weite; an ihren Enden ist sie durch die Elektroden E_1 und E_4 abgeschlossen. Zwei weitere (Meß-)Elektroden E_2 und E_3 sind in einiger Entfernung von den Enden angeordnet und legen die Länge der Meßstrecke mit $s = 8,53$ m fest. In einer letzten Arbeit berichten MITCHELL und SNODDY [107] über gleichartige Versuche mit einem Rohr von 12 m Länge und 14 cm lichter Weite bei Drucken von 0,006—8 Torr und vorzugsweise negativer Polarität des Stoßes.

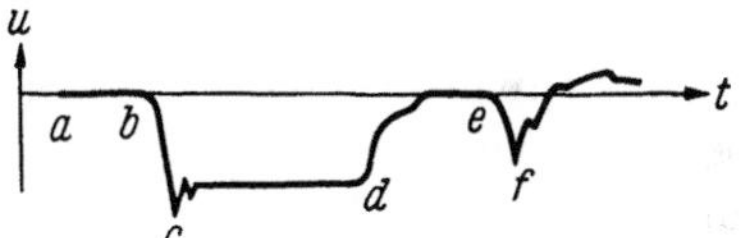

Abb. 140. Zeitlicher Ablauf der Spannung an den Meßelektroden E_2—E_3 (negativer Stoß angenommen).

Beim Ansprechen der Schaltfunkenstrecke F_S gelangt die Ladung des Stoßkondensators C_S plötzlich zur Eingangselektrode E_1. Über den hochohmigen Entladewiderstand R_e kann sie nur äußerst langsam nach Erde abfließen, so daß die Stoßspannung während der Ausbildungszeit der Gasentladung in praktisch gleichbleibender Höhe an E_1 ansteht. Zur Beobachtung des Wellenablaufs wurden die gegenseitigen Potentialänderungen der Meßelektroden E_2 und E_3 oszillographiert. Der sich bei einer Erdung der Endelektrode E_4 ergebende Spannungsverlauf ist schematisch in Abb. 140 dargestellt: Nach der Auslösung des Stoßes (Punkt a) zündet eine Art Koronaentladung („Grundentladung" [108]) in der Umgebung von E_1. Anschließend schiebt sich die Ionisationswolke im Rohr weiter vor, wobei nach einer Zeit entsprechend der Entfernung E_1-E_2 und der Laufgeschwindigkeit der Welle die Elektrode E_2 erreicht und deren Potential nahezu auf das der Eingangselektrode gebracht wird. Die hohe Schnelligkeit der Trägerbildung läßt im angeschlossenen Kreis einen Strom beträchtlicher Stärke fließen. Beim Weiterlaufen gelangt die Welle nach der Zeit $t = s/v$ mit v als gesuchter Wellengeschwindigkeit zur Elektrode E_3 (Punkt d im Oszillogramm Abb. 140), womit nunmehr die bisher vorhandene Potentialdifferenz zwischen E_2 und E_3 verschwindet. Entsprechend der Stirnsteilheit der auflaufenden Welle geht daher die Spannung auf Null zurück oder genauer ausgedrückt auf den Betrag, um den die Welle beim Zurücklegen der Meßstrecke abgesenkt wurde.

Erreicht die angelegte Spannung nur geringe Höhe, dann kann die Ionisationsstirn nur bis zu einer gewissen, von der Spannung und den gegebenen Verhältnissen abhängigen Länge vorstoßen [109]. Bei ausreichender Spannungshöhe wird das Ende des Entladungsrohres erreicht; von den dort vorgefundenen Bedingungen hängt die weitere Entwicklung ab. Stößt die Welle am Ende des Rohres auf eine isolierte Elektrode E_4, so kann ein Strom nicht länger fließen und die Ionisierung des Plasmas muß als Folge von Rekombinationen und der Wanddiffusion von Trägern abklingen. Im praktisch wichtigen und auch hauptsächlich interessierenden Fall ist jedoch die Endelektrode geerdeter Gegenpol des Stoßkreises. Hierbei läßt sich zunächst nicht übersehen, wie die weitere Durchzündung vor sich geht, nachdem die Entladung mit der einen hinlaufenden Welle sicherlich noch nicht ihre stationäre Endform gefunden hat. Das Oszillogramm zeigt, daß nach einer weiteren Zeitspanne entsprechend d—e die Spannung zwischen E_2-E_3 neuerlich ansteigt: Eine vom Ende zum Eingang rücklaufende Potentialwelle hat im Punkt e die Meßelektrode E_3 erreicht und erhöht kurzzeitig ihr Potential über das von E_2. Die im Oszillogramm sichtbaren Schwankungen im ausklingenden Wellenzug nach f können möglicherweise mehrfach nachfolgende Reflexionen anzeigen, können jedoch auch Störschwingungen der Ablenkplatten gegen Erde oder der Erdleitung gegen Nullpotential darstellen. Auch verursacht die Anwesenheit der Hilfselektroden E_2 und E_3 oder etwa außen um die Glaswand herumgelegter Schellen [109, 110] infolge der örtlichen Kapazitätserhöhung der Rohrwand Ausgleichvorgänge in der Zündwolke.

Die Auswertung solcher Oszillogramme liefert die mittlere Geschwindigkeit der Potentialwelle zwischen den Meßelektroden. Für trockene Luft, trockenen Wasserstoff oder Kohlensäure als Füllgas geben die älteren Arbeiten von SNODDY und Mitarbeitern fast übereinstimmende Werte an, die in hohem Maße druckabhängig sind; nach der neuesten Veröffentlichung [107] liegen die Geschwindigkeiten in Wasserstoff um 20—50% höher als in Luft. Ausgehend von 0,03 Torr nimmt die Ge-

schwindigkeit der Anfangswelle von einem unter 10^9 cm/sek liegenden
Wert in steilem Anstieg bis hin zu einem Druck von 0,2 Torr zu, um
dann langsamer anzusteigen und nach Überschreiten eines Höchstwertes
im Bereich von 1 Torr wieder abzusinken (bei konstanter Stoßspannungshöhe!). Der Höchstwert liegt bei positivem Stoß mit beisp. 130 kV bei
der Hälfte des Wertes für negativen Stoß, bei welchem im 1,8 cm-Rohr
nahezu $5 \cdot 10^9$ cm/sek und im 14 cm-Rohr gar rd. 10^{10} cm/sek erreicht
werden. Mit Verkleinerung des Rohrdurchmessers erniedrigt sich die
Wellengeschwindigkeit, sicherlich als Folge erhöhter Trägerverluste und
vielleicht auch einer ungünstigen Einwirkung der Wandung auf die
vorwachsende Entladung durch hemmende Wandladungen. Zwischen
Stoßspannungshöhe und Wellengeschwindigkeit besteht ein linearer Zusammenhang; so nimmt z. B. in einem Rohr von 0,5 cm lichter Weite
die Ausbreitungsgeschwindigkeit von $1 \cdot 10^9$ cm/sek bei 70 kV in ge-
radem Anstieg auf $3,7 \cdot 10^9$ cm/sek bei 177 kV zu ($p = 0,4$ Torr).

Bei rascherer Folge der Spannungsstöße wächst die Wellengeschwindigkeit; es ist dies eine Nachwirkung vorhergehender Entladungen durch die verbliebene Ionisierung.

Der mit der hinlaufenden Welle verbundene Strom läßt sich bei
Isolierung des fernen Endes durch Ausmessung des maximalen Spannungs-
abfalles an dem in Reihe zur Entladungsstrecke liegenden Widerstand R_i
(Abb. 139) etwa mit Hilfe einer bestrahlten Funkenstrecke bestimmen.
Strom und Wellengeschwindigkeit ändern sich mit dem Druck in gleicher
Weise. Beginnend mit 119 A bei 0,3 Torr und positivem Stoß mit 141 kV
in trockener Luft und einem Rohr von 0,5 cm lichter Weite erreicht der
Strom in steilem Anstieg 175 A bei 0,5 Torr, um bei weiterer Drucksteigerung nur noch unbedeutend zuzunehmen. Die Werte für die
maximalen Stromdichten bewegen sich unter der Voraussetzung gleichmäßiger Stromverteilung über den ganzen Querschnitt des Entladungsrohres zwischen 90 und 4000 A/cm² und sinken beim 14 cm-Rohr unter
1 A/cm² ab.

Die Geschwindigkeit der bei geerdeter Endelektrode auftretenden
Rückwärtswelle wurde mit rd. 10^{10} cm/sek noch höher als die der hin-
laufenden Welle und nahezu unabhängig von Druck, Rohrradius und
Polarität der Stoßspannung gefunden.

Ein Vergleich der unter denselben Bedingungen erhaltenen Geschwindigkeiten von hinlaufender Lichtwelle, gemessen nach der Drehspiegel-
methode, und von Potentialwelle, gemessen mit Kathodenstrahloszillograph, zeigt, daß beide Meßwerte um höchstens 20% voneinander abweichen. Es dürfte daher die Annahme berechtigt sein, daß die Lichterscheinung synchron mit der Potentialwelle durch das Rohr wandert
und die größte Helligkeit von einem Punkt der Welle ausgeht, der stets
um den gleichen Betrag gegen die Stelle steilsten Stirnanstiegs der

Potentialwelle verschoben ist. Eine rohe Bestimmung der Feldstärke in der Potentialfront ist aus der Anstieggeschwindigkeit des Potentials an den Meßelektroden, wie sie dem Oszillogramm direkt entnommen werden kann, und der bekannten Wellengeschwindigkeit möglich. Es ergeben sich Feldstärkewerte in der Größenordnung 10^3 V/cm und wegen des sich im Bereich 1 Torr bewegenden Druckes auch ähnlich hohe E/p-Werte, die damit zum Teil weit über denen bei statischer Zündung der Gassäule liegen.

Auf Grund dieser Daten vermag man sich folgende ungefähre Vorstellung von den Vorgängen zu machen: Unzweifelhaft beweisen die Messungen, daß die Fortpflanzungsgeschwindigkeit des Potentialstoßes über der nach den vorliegenden Umständen anzunehmenden Elektronengeschwindigkeit von rd. $3 \cdot 10^7$ cm/sek liegt und daß daher selbst bei negativem Stoß und anfänglicher Auslösung der Rückwirkungselektronen an der Hochvoltelektrode noch ein anderer, rascher arbeitender Ionisierungsprozeß als der einer reinen Elektronenionisierung im Gas an der Trägererzeugung beteiligt ist. Nach unseren heutigen Erkenntnissen kann dies nur die lichtelektrische Wirksamkeit der Produkte soeben abgelaufener Trägerlawinen sein. Das sich beim Anlegen der Stoßspannung an die Hochvoltelektrode E_1 aufbauende Feld überschreitet bei weitem den zur Einleitung einer Zündung erforderlichen Wert. Daher verursacht ein zufällig vorhandenes Anfangselektron eine je nach Polarität des Stoßes zur Elektrode hin- oder von ihr weglaufende Elektronenlawine, die in bekannter Weise im Gas oder an der Kathode für Nachfolgeelektronen sorgt und damit zu weiteren Lawinen Veranlassung gibt, wodurch sich die Raumladungsdichte der zurückbleibenden positiven Ionen rasch erhöht. Eine Ausbreitung der Entladung in Richtung zur Gegenelektrode ist bei positivem Stoß nur durch Vermittlung der von den Lawinen abgestrahlten Photonen möglich, die hierzu im Gas Photoelektronen vor der Raumladungswolke erzeugen müssen.

Auf ihrem Weg zur Anode ionisieren die geschaffenen Elektronen mitsamt ihren Tochterelektronen und schaffen eine starke positive Raumladung und auch Photonen, wodurch der gleiche Vorgang von neuem, jedoch an einer weiter zur Kathode vorgeschobenen Stelle ausgelöst wird. In vielfacher Aufeinanderfolge und Anstückelung schiebt sich auf diese Weise der von Anode bis zum jeweiligen Hauptort der Ionisierung reichende Plasmaschlauch mit der gemessenen Geschwindigkeit von einigen 10^9 cm/sek zur Kathode vor und mit ihm gleichzeitig bei nur mäßiger Absenkung das Potential der Anode. Im rückwärtigen niederen Feld bewegen sich die Elektronen nur noch langsam zur Anode; bei Anwesenheit elektronegativer Molekel lagern sie sich an diese an und werden dadurch noch weiter verzögert. Daher ist im Plasmaschlauch eine recht gleichmäßige Verteilung positiver und negativer Träger zu erwarten.

Die Änderung der Feldstärke in der Front der Ionisierungswelle muß so groß sein, daß die Dichte des Verschiebungsstromes $J = \varepsilon\,\dfrac{dE}{dt}$ bzw. $J = \varepsilon\,v\,\dfrac{\partial E}{\partial x}$ eine Fortsetzung des Konvektionsstromes im Plasma hinter der Wellenfront ermöglicht. RÜDENBERG [111] hat diesen Fall näher untersucht und unter vereinfachenden Bedingungen für die Ausbreitungsgeschwindigkeit der Zone maximaler Ionisierung ohne Berücksichtigung der relativistischen Korrektur den Ausdruck

$$v = 18 \cdot 10^{11}\,\frac{J}{r\,E}$$

abgeleitet mit r (cm) als Halbmesser des Entladungskanals. J Stromstärke in A und E in V/cm (s. hierzu a. [112]). Man überzeugt sich leicht davon, daß die nach RÜDENBERG errechnete Grenzgeschwindigkeit der Potentialwelle in der Größenordnung der bei den Versuchen aufgefundenen liegt.

Bei negativem Stoß mögen die Nachlieferungselektronen zu Entladungsbeginn noch aus der Kathode stammen, doch kann sich dieser Mechanismus mit der Abwanderung des Ionisationsschwerpunktes nicht erhalten, weil die Laufzeit der Elektronen von der Kathode bis hin zur Stelle hoher und rasch weiterrückender Feldstärke zu lang wäre. Auch bei dieser Polarität müssen daher die Sekundärelektronen im Gas durch den lichtelektrischen Effekt befreit werden. Anders wie im Fall des positiven Stoßes laufen die Elektronen nunmehr in derselben Richtung wie die Plasmastirn; die vorgeworfenen Photonen lösen bei ihrer Absorption im Gas weiter- und nicht mehr rückwärtslaufende Elektronen aus. Diese bauen ihrerseits Lawinen solcher Trägerdichte im hohen Stirnfeld auf, daß die hierbei reichlich emittierten Lichtquanten neuerdings vorgeschobene Elektronen entstehen lassen und damit Anlaß zu weiterlaufenden Lawinen geben. Die gleichsinnige Laufrichtung von nützlichen Photonen und Elektronen bringt bei negativem Stoß eine größere Vorrückgeschwindigkeit der Ionisierungszone und damit auch der Potentialwelle als bei positivem Stoß zuwege, welche Folgerung durch die Messungen bestätigt wird.

Mit der Ankunft der Welle am geerdeten Ende des Rohres ist der Aufbauvorgang der Entladung noch nicht abgeschlossen, da die vorgefundenen Bedingungen nicht mit denen übereinstimmen, wie sie der vorwärtsschießenden Potentialwelle zugrunde lagen. Vorläufig ist noch der größte Teil des Entladungskanals mit einem Plasma ungefähr gleicher Dichte von positiven und negativen Ladungsträgern erfüllt, während im stationären Gleichgewicht vor der Kathode eine Wolke positiver Ionen liegen muß. Diese Überführung in den Endzustand ist Sache einer zurücklaufenden Welle, die auf dem vorionisierten Pfad eine erhöhte und weitgehend von den Anfangsbedingungen unabhängige Geschwindigkeit erreicht. Es ist zu vermuten, daß auch diese „reflektierte" Welle noch nicht den endgültigen Zustand erbringt, sondern ihr noch weitere Wellen rasch abnehmender Amplitude oder vielleicht auch stehende Wellen nachfolgen. Im Oszillogramm lassen sich solche etwaigen weiteren Wellenzüge geringer Amplitude nicht mehr von den Störschwingungen unterscheiden.

Wenn auch dieses skizzenhafte Bild notgedrungen unvollständig bleiben muß, so enthält es doch in seinen Hauptzügen die beim Versuch beobachteten Eigenheiten des Entladungsaufbaus und darf daher als grundsätzlich richtig unterstellt werden. Weitergehende Betrachtungen hängen solange in der Luft, als über die inneren Vorgänge in der sich ausbreitenden Entladung nicht mehr Beobachtungsmaterial vorliegt und keine ausreichende Klarheit über Stärke und Ausdehnung des Ionisierungsfeldes in der Front der Potentialwelle geschaffen ist.

Literaturhinweise zu Kapitel XVII.

1. ZELENY, J.: Phys. Rev. **3** (1914) 88.
2. PARKER, J. M. u. L. B. LOEB: Phys. Rev. **74** (1948) 1557.
3. LOEB, L. B.: J. Appl. Phys. **19** (1948) 882.
4. WEISSLER, G. L. u. E. I. MOHR: Phys. Rev. **72** (1947) 289.
5. LOEB, L. B.: Phys. Rev. **73** (1948) 798.
6. EDMUNDS, P. J.: Phil. Mag. (6) **28** (1914) 234.
7. ZELENY, J.: Phys. Rev. **25** (1907) 305.
8. ENGLISH, W. N.: Phys. Rev. **74** (1948) 170.
9. TRICHEL, G. W.: Phys. Rev. **55** (1939) 382.
10. KIP, A. F.: Phys. Rev. **55** (1939) 549.
11. HINDERER, H. u. A. WALTER: Z. Phys. **117** (1941) 213.
12. MAIER-LEIBNIZ, H.: Phys. Z. **43** (1942) 333.
13. BRINKMANN, C.: Z. Instrkde. **64** (1944) 46.
14. BERTHOLD, R. u. A. TROST: Z. VDI **93** (1951) 73.
15. NONKEN, G. C.: Trans. A. I. E. E. **58** (1939) 204.
16. WEISSLER, G. L.: Phys. Rev. **63** (1943) 96.
17. WEISSLER, G. L.: Phys. Rev. **57** (1940) 340.
18. ENGLISH, W. N.: Phys. Rev. **77** (1950) 850; s. a. L. B. LOEB: Phys. Rev. **86** (1952) sowie H. M. GAUNT u. J. D. CRAGGS: Nature **167** (1951) 647.
19. MAYR, O.: Arch. Elektrotechn. **24** (1930) 8.
20. ENGLISH, W. N.: Phys. Rev. **71** (1947) 638.
21. WETH, M.: Ann. Phys. **62** (1920) 589.
22. SCHULTZ, A.: Ann. Phys. **64** (1921) 367.
23. MARX, E.: Arch. Elektrotechn. **24** (1930) 61; ETZ **51** (1930) 1161.
24. MOORE, D. B. u. W. N. ENGLISH: J. Appl. Phys. **20** (1949) 370.
25. TOEPLER, M.: Ann. Phys. **2** (1900) 560.
26. FITZSIMMONS, K. E.: Phys. Rev. **61** (1942) 175.
27. MOHR, E. I. u. G. L. WEISSLER: Phys. Rev. **72** (1947) 294.
28. HASELTINE, W. R.: Phys. Rev. **58** (1940) 188.
29. ENGLISH, W. N.: Phys. Rev. **74** (1948) 179.
30. Lord RAYLEIGH: Phil. Mag. (5) **14** (1882) 184; C. T. R. WILSON u. G. I. TAYLOR: Proc. Cambr. Phil. Soc. **22** (1925) 728.

31. PAUTHENIER, M. u. G. DUHAUT: Rev. gén. Electr. 58 (1949) 35.
32. ZELENYI, J.: Phys. Rev. 3 (1914) 69 u. 88.
33. ZELENYI, J.: Phys. Rev. 16 (1920) 108.
34. ZELENYI, J.: Proc. Cambr. Phil. Soc. 18 (1915) 17.
35. ZELENYI, J.: J. Franklin Inst. 219 (1935) 659.
36. MACKY, W. A.: Proc. Roy. Soc. 133 (1931) 565.
37. STARK, J. u. W. FRIEDRICHS: Wiss. Veröff. Siemens-Werk 3 (1922) 208.
38. ENGLISH, W. N. u. L. B. LOEB: J. Appl. Phys. 20 (1949) 707.
39. KIP, A. F.: Phys. Rev. 54 (1938) 139.
40. LOEB, L. B., A. F. KIP, G. G. HUDSON u. W. H. BENNETT: Phys. Rev. 60 (1941) 714.
41. GÄNGER, B.: Arch. Elektrotechn. 39 (1949) 508.
42. FINKELSTEIN-CUKIER, J.: Ann. Phys. 71 (1923) 509.
43. LOEB, L. B. u. W. LEIGH: Phys. Rev. 51 (1937) 149.
44. LOEB, L. B.: Phys. Rev. 71 (1947) 712.
45. LOEB, L. B.: J. Appl. Phys. 19 (1948) 882, Anmerkung S. 890.
46. LOEB, L. B.: Phys. Rev. 76 (1949) 255.
47. PENNING, F. M. u. J. H. A. MOUBIS: Philips Res. Rep. 1 (1945/46) 119.
48. TRICHEL, G. W.: Phys. Rev. 54 (1938) 1078.
49. LOEB, L. B., G. G. HUDSON u. A. F. KIP: Phys. Rev. 58 (1940) 195.
50. TYKOCINER, J. T. u. W. A. LANING: Phys. Rev. 39 (1932) 189.
51. STARK, J.: Verh. Dtsch. Phys. Ges. 6 (1904) 104; E. WARBURG, Verh. Dtsch. Phys. Ges. 6 (1904) 209.
52. EWERS, E.: Ann. Phys. 17 (1905) 781.
53. KRÜGER, P.: Diplomarbeit 1951 Hochspannungsinst. T. H. Karlsruhe.
54. PAUTHENIER, M. u. G. DUHAUT: Rev. gén. Electr. 59 (1950) 133.
55. CHATTOCK, A. P.: Phil. Mag. (5) 32 (1891) 285; (6) 20 (1910) 266.
56. YOUNG, F. B.: Phil. Mag. (6) 13 (1907) 542.
57. HEYDWEILLER, A.: Wied. Ann. 48 (1893) 226.
58. WARBURG, E.: Wied. Ann. 66 (1898) 652; M. TOEPLER, Ann. Phys. 2 (1900) 560; P. PRINGSHEIM, Ann. Phys. 24 (1907) 145.
59. TAMM, F.: Ann. Phys. 6 (1901) 259.
60. WARBURG, E. u. F. R. GORTON: Ann. Phys. (4) 18 (1905) 128.
61. TOWNSEND, J. S. u. P. J. EDMUNDS: Phil. Mag. (6) 27 (1914) 789.
62. MILLER, C. G.: Phys. Rev. 75 (1949) 1460.
63. ROENTGEN, W. C.: Gött. Nachr. (1878) S. 390.
64. SIEVEKING, H.: Ann. Phys. 1 (1900) 299.
65. TOEPLER, M.: Ann. Phys. 18 (1905) 757.
66. WARBURG, E.: Wied. Ann. 67 (1899) 69.
67. ALMY, J. E.: Amer. J. Sci. 12 (1901) 175.
68. ZELENY, J.: Phys. Rev. 26 (1908) 129 u. 448.
69. HOVDA, C.: Phys. Rev. 34 (1912) 25.
70. MIYAMOTO, Y.: Arch. Elektrotechn. 31 (1937) 371.
71. THIESSEN, P. A. u. H. BARTEL: Z. techn. Phys. 16 (1935) 285.
72. FUCKS, W.: Z. Naturf. 5a (1950) 89.
73. TOEPLER, M. u. T. SASAKI: Arch. Elektrotechn. 26 (1932) 111.
74. SCHNEIDER, H. H.: Arch. Elektrotechn. 34 (1940) 457.
75. WEICKER, W.: ETZ 32 (1911) 436.
76. JACOTTET, P.: ETZ 58 (1937) 628.
77. MÜLLER, H.: Arch. Elektrotechn. 31 (1937) 211.
78. TOEPLER, M.: ETZ 28 (1907) 1025; Arch. Elektrotechn. 30 (1936) 663.
79. STRIGEL, R.: Arch. Elektrotechn. 27 (1933) 377.

80. MARX, E.: Arch. Elektrotechn. **20** (1928) 589.

81. UHLMANN, E.: Arch. Elektrotechn. **23** (1929) 323.

82. MARX, E.: Lichtbogenstromrichter, Springer Berlin 1932, S. 23;　G. MIERDEL u. R. SEELIGER: Arch. Elektrotechn. **29** (1935) 149.

83. KAMPSCHULTE, J.: Arch. Elektrotechn. **24** (1930) 525.

84. LUFT, H.: Arch. Elektrotechn. **31** (1937) 93.

85. MISERÉ, F.: Arch. Elektrotechn. **26** (1932) 123.

86. PEEK, F. W.: El. World **78** (1921) 1319.

87. PEEK, F. W.: J. A. I. E. E. **42** (1923), Juni-Heft.

88. CARROLL, J. S. u. B. COZZENS: J. A. I. E. E. **47** (1928) 892.

89. MAYR, O.: Arch. Elektrotechn. **24** (1930) 15.

90. JACOTTET, P. u. W. WEICKER: ETZ **61** (1940) 565.

91. EEI—NEMA: El. Engng. **56** (1937) 712.

92. BELLASCHI, P. L. u. W. L. TEAGUE: El. Engng. **53** (1934) 1638; s.a. J. C. DOWELL und C. M. FOUST: Gen. el. Rev. **40** (1937) 141.

93. STRIGEL, R.: Wiss. Veröff. Siemens-Werk **21**, 1 (1942) 118.

94. WEBER, W.: Arch. Elektrotechn. **36** (1942) 166.

95. PEEK, F. W.: Dielectric Phenomena in High-Voltage Engineering, McGraw Hill, New York 1929, 139.

96. PEEK, F. W.: Dielectric Phenomena in High-Voltage Engineering, McGraw Hill, New York 1929, 177.

97. FIELDER, F. D.: El. J. **29** (1932) 348; **32** (1935) 543.

98. WEICKER, W.: ETZ **57** (1936) 1433; Hescho-Mitt. 1936, H. 74/75, S. 1; ETZ **58** (1937) 513. (In den beiden letztzitierten Berichten wird eine größere Zahl einschlägiger Messungen verschiedener Autoren zusammengefaßt und ausgewertet).

99. v. LEBACQZ, J.: Trans. El. Engng. **60** (1941) 44.

100. McAULEY, P. H.: El. J. **35** (1938) 273.

101. ISHIGURO, Y.: Electrotechn. J., Tokio **3** (1939) 147 (zitiert nach Referat in ETZ **61** (1940) 421).

102. WEICKER, W.: Arch. Elektrotechn. **36** (1942) 418; s. a. G. PFESTORF u. K. H. STRAUSS: Arch. Elektrotechn. **35** (1941) 740 u. O. GERBER: BBC-Mitt. **35** (1948) 296.

103. ROSER, H.: ETZ **53** (1932) 411.

104. THOMSON, J.: Recent Researches (1893) 115.

105. BEAMS, J. W.: Phys. Rev. **36** (1930) 997.

106. SNODDY, L. B., J. R. DIETRICH u. J. W. BEAMS: Phys. Rev. **50** (1936) 469; **52** (1937) 739.

107. MITCHELL, F. u. L. B. SNODDY: Phys. Rev. **72** (1947) 1202.

108. SEELIGER, R. u. K. BOCK: Z. Phys. **110** (1938) 717.

109. BARTHOLOMEYCZYK, W.: Ann. Phys. **36** (1939) 485.

110. BARTHOLOMEYCZYK, W. u. E. WOLTER: Ann. Phys. **37** (1940) 124.

111. RÜDENBERG, R.: Wiss. Veröff. Siemens-Werk **9**, 1 (1930) 1.

112. JEHLE, H.: Z. Phys. **82** (1933) 785; J. M. MEEK: Phys. Rev. **55** (1939) 972.

113. STRIGEL, R.: Z. Elektrotechn. **3** (1950) 1.

114. GROSSMANN, K.: Dissert. T. H. Braunschweig 1931.

115. BANDEL, H. W.: Phys. Rev. **84** (1951) 92.

116. WEBER, W.: Arch. Elektrotechn. **31** (1937) 197.

117. MILLER, Ch. G. u. L. B. LOEB: J. Appl. Phys. **22** (1951) 494, 614 u. 740.

118. BANDEL, H. W.: J. Appl. Phys. **22** (1951) 984.

119. HAGENGUTH, J. H., A. F. ROHLFS u. W. J. DEGNAN: El. Engng. **71** (1952) 318.

120. WANGER, W.: Bull. SEV **34** (1943) 193.

121. Hagenguth, J. H.: El. Engng. **56** (1937) 67; Trans. A. I. E. E. **60** (1941) 804; Harder u. Clayton: Trans. A. I. E. E. **68** (1949) 439; H. M. Lacey: J. I. E. E. **96**, II (1949) 287; Forrest: J. I. E. E. **97**, II (1950) 345; A. I. E. E. Committee Report: Trans. A. I. E. E. **69** (1950) 1187; L. V. Bewley: Traveling Waves on Transmission Systems, Verl. J. Wiley, New York, 2. Aufl. 1951, S. 352.

XVIII. Zündspannungsabsenkung bei Bestrahlung [1].

a) Ursachen und Gesetze. Die raumladungsfreie Townsend-Theorie sagt aus, daß im gleichförmigen Feld nach (IX, 3b) der feldverstärkte Vorstrom

$$J = J_0 \frac{e^{\alpha d}}{1 - \Gamma (e^{\alpha d} - 1)}$$

dem Fremdstrom J_0 direkt proportional ist. Γ kennzeichnet hierin die Rückwirkungsausbeute aller Lawinenprodukte und gibt das Verhältnis der auf die Kathode bezogenen Sekundärelektronen zur Zahl der in der gleichen Zeit dort eintreffenden Ionen an. Sowohl die primäre Elektronenionisierung α als auch Γ sind Funktionen von E/p.

Bei Vergrößerung von E/p wird schließlich ein Zustand erreicht, bei dem (IX, 3b) nicht mehr gilt und die Entladung selbständig wird. Dieser Gleichgewichtszustand zwischen eigener Trägererzeugung und -verlust findet seinen Ausdruck in der Zündbedingung $\Gamma (e^{\alpha d} - 1) = 1$.

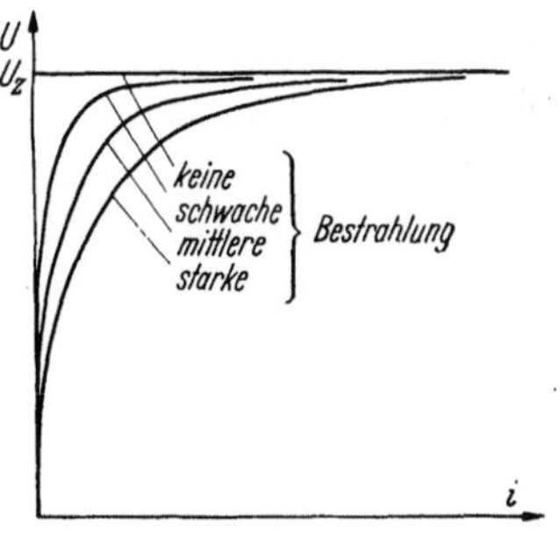

Abb. 141. Strom-Spannungscharakteristik nach Townsend.

Zwar wurde der durch äußere Einwirkung hervorgerufene Fremdstrom „katalytisch" zum Aufbau der selbständigen Entladung benötigt, doch hat nach Townsend seine Stärke keinen Einfluß auf die Höhe der Durchbruchspannung, da ja J_0 in der Zündbedingung gar nicht mehr vorkommt. Für die Strom-Spannungscharakteristik ergibt sich daher (Abb. 141) bei verschwindendem Fremdstrom ($J_0 \rightarrow 0$) eine Parallele zur Abszisse in Höhe der Zündspannung U_Z, wobei die Größe des Durchschlagstroms im Augenblick der Zündung unbestimmt bleibt. Die Elektrodenspannung der selbständig gewordenen Entladung ändert sich nicht. Zwar steigt die Größe des dunklen Vorstroms mit der Fremdstromstärke, doch geht die Entladung in die selbständige Form erst bei der zur Zündspannung U_Z gehörenden Feldstärke über.

Diese Aussagen der raumladungsfreien Townsend-Theorie werden durch das Experiment nicht gestützt, ja sie stehen sogar in offensichtlichem Widerspruch zu ihr. Nach eingetretener Zündung sinkt im allgemeinen die Elektrodenspannung ab, desgleichen läßt sich die Höhe

---

[1] Literaturhinweise zu diesem Kapitel s. S. 421.

der zum Zünden erforderlichen Spannung durch eine zusätzliche kurzwellige Bestrahlung, also durch Erhöhung des Fremdstromes, verringern. Der Einfluß der Bestrahlung ist ein zweifacher. Schon seit HERTZ [1] ist es bekannt, daß ultraviolettes Licht den Einsatz einer Gasentladung begünstigt, eine bestrahlte Funkenstrecke also leichter als eine unbestrahlte anspricht. Während lange Zeit die Ansicht vorherrschte, daß diese Begünstigung nur in einer Verkürzung oder Unterdrückung des statistischen Anteils der Funkenverzögerung und damit in der Beseitigung von Spannungsüberhöhungen über die statische Durchbruchspannung bestünde [2], konnte HERWEG [3] erstmalig nachweisen, daß die durch Röntgen- oder Kathodenstrahlen in einer Niederdruck-Entladungsstrecke ausgelösten Fremdelektronen die Einsatzspannung merklich herabsetzen. In einer weiteren Arbeit [4] berichtet derselbe Verfasser über die gleichartige Wirkung des UV-Anteils eines Lichtbogens und der Entladung zwischen Spitzen auf die Durchbruchspannung zwischen kleinen Zinkkugeln in freier Atmosphäre. So wurde die Funkenspannung der Versuchsfunkenstrecke bei 3 mm Schlagweite durch die Einwirkung der Strahlen eines Zinklichtbogens um fast 6% und bei der ungemein starken Ionisation des Gases durch einen intensiven Kathodenstrahl gar auf rd. die Hälfte herabgedrückt. Der starke UV-Gehalt des Funkenlichts war schon zuvor festgestellt worden [5]. Die Tatsache, daß bei Bestrahlung der Kathode schon allein der kurzwellige Anteil der Strahlen einer Bogenlampe zur Herbeiführung einer Zündspannungserniedrigung ausreicht, wurde viele Jahre später von LAMBERTZ [6] und GREINACHER [7] wiedergefunden. MASCH [8] stellte mit Sicherheit fest, daß auch in der freien Atmosphäre die Funkenspannung bei Bestrahlung mit dem Licht einer quarzumhüllten Quecksilberdampflampe verringert wird, und zwar um 1—3% je nach Intensität der einfallenden Strahlung. Gleichartige Ergebnisse wurden in der Folgezeit bei einer großen Reihe weiterer Untersuchungen erhalten.

Die Ursache für die Absenkung der Einsatzspannung wurde zunächst nur in der Auswirkung der positiven Raumladung in Kathodennähe auf die Trägerbildung vermutet. Die Verzerrung des ursprünglichen Feldes sollte sich danach in einer vergrößerten Rückwirkungsausbeute Γ auswirken, was nach (IX, 3b) bzw. (IX, 4) schon bei erniedrigter Elektrodenspannung zum Zünden führt. Im versteilerten Feld vor der Kathode fallen die Ionen mit erhöhter Geschwindigkeit auf die Kathodenoberfläche, wodurch sich ihre Sekundärelektronenausbeute erhöht. Auch bewirkt das starke Kathodenfeld eine Abschwächung der Rückdiffusion bereits emittierter Elektronen, die hierdurch eher in kathodenferne Gebiete gelangen und aktiv am Aufbau der Entladung teilnehmen können [9]. Auf der Grundlage dieser Anschauung leiteten ROGOWSKI und FUCKS [10] sowie ROGOWSKI und WALLRAFF [11] gewisse Gesetzmäßigkeiten über die Abhängigkeit von Spannungssenkung und Stärke des Durchschlagstromes vom Fremdstrom her, die quantitativ durch Messungen recht gut bestätigt wurden, ja zum Teil sogar verblüffend genau das Verhalten von Entladungen im Bereich ihres Selbständigwerdens beschreiben. Die qualitative Übereinstimmung, also die Übereinstimmung der auf Grund der theoretischen Überlegungen berechneten Proportionalitätskonstanten mit den sich aus den Messungen ergebenden, war weniger befriedigend.

Ein schwerwiegendes Argument wurde von SCHADE [12] gegen die Herleitung der Zündspannungsabsenkung aus einer Begünstigung der Rückwirkungsausbeute als Folge der Feldverzerrung geltend gemacht: Eine solche Begünstigung ist nur dann möglich, wenn Γ mit steigendem E/p-Wert zunimmt; dabei müßte eine solche Zunahme recht beträchtlich sein $\left(\dfrac{\mathrm{d}\Gamma}{\mathrm{d}E} \approx +10^{-4}\,\mathrm{cm/V}\right)$, um den Effekt voll erklären zu können. Bei allen Versuchen zeigte sich jedoch so gut wie ausnahmslos eine Erniedrigung der Zündspannung bei Bestrahlung in allen untersuchten Gasen, während Messungen des Γ in Abhängigkeit vom E/p zumindest in gewissen Bereichen und in manchen Gasen konstante oder gar mit zunehmendem E/p abnehmende Werte ergaben (s. S. 160). SCHADE führte daher die Absenkung auf eine andere Ursache zurück, nämlich auf die Bildung metastabil angeregter Atom in der Lawine. Beim Zusammenstoß zweier metastabiler Atome (Stoß zweiter Art), wobei der eine Stoßpartner unter Ionisierung des anderen in den Grundzustand zurückkehrt, oder bei der Ionisierung eines angeregten Atoms durch Elektronenstoß werden die langlebigen Anregungszustände in die Ionisierungsstufe übergeführt und tragen dadurch zu erhöhter Trägerbildung bei. All diese Stufenprozesse, deren Häufigkeit quadratisch mit der Dichte der metastabilen Atome ansteigt, vermögen daher ebenfalls die Entladung zu begünstigen und führen bei ihrer Einbeziehung ohne weitere Annahmen gleichfalls auf die von ROGOWSKI-FUCKS-WALLRAFF angegebenen Gesetze der bestrahlten Entladung. Allerdings erscheint eine solche Erklärung in erster Linie nur bei Edelgasen angebracht und für Molekülgase weniger geeignet. Sie entfällt von vornherein bei Gasen ohne metastabile Zustände wie etwa Wasserstoff, für welches Gas FUCKS und KETTEL [13] ebenfalls die Befolgung der Gesetzmäßigkeiten der bestrahlten Entladung nachwiesen.

In erheblichem Maße wurde die weitere Diskussion über die Ursachen der Zündspannungsabsenkung durch Beiträge von ROGOWSKI gefördert. ROGOWSKI wies zunächst nach [14], daß alle Rückwirkungsvorgänge, bei denen die Nachlieferungselektronen verhältnisgleich zur Zahl der Lawinenprodukte und damit auch proportional dem Entladungsstrom J (genauer proportional $J - J_0$) anfallen, nicht für die bei Fremdbestrahlung beobachteten Erscheinungen verantwortlich sind. Zu einer derartigen „proportionalen Eigenerregung" gehören all die Prozesse, die wir unter dem Symbol Γ zusammenfaßten, also die Rückwirkung der positiven Ionen, von Lawinenphotonen oder herandiffundierenden metastabilen Atomen an der Kathode. Dagegen führt jede Begünstigung der Ionisation durch eine „quadratische" Eigenerregung, bei der die Zahl der Rückwirkungselektronen mit einem zusätzlichen, hauptsächlich vom Quadrat des Entladungsstromes abhängigen Glied überlinear ansteigt, zu den beobachteten Gesetzmäßigkeiten. Dazu gehört die Raumladungsauswirkung auf die Rückwirkungsausbeute, sofern diese mit der Feldstärke zunimmt, und zwar sowohl bei einer Ionen- als auch bei einer Photoionisierung an der Kathode [15, 16], und ferner die zusätzliche Stufenionisierung metastabiler Atome bei Stößen unter sich oder mit anderen Lawinenprodukten (Elektronen oder Photonen). Auch die integrale Stoßionisierung der Elektronen wird durch die Raumladeverzerrung gefördert. Im verzerrten Feld ist $e^{\int_0^d \alpha\,dx}$ größer als $e^{\alpha d}$, weil wegen des überlinearen Zusammenhangs zwischen α und E das Ionisierungsplus in Kathodennähe das Defizit im übrigen Feldraum mehr als wettmacht. Die Beeinflussung der lichtelektrischen Rückwirkung durch die Raumladung ergibt sich daraus, daß die vor der Kathode versammelten Ionen das Feld im weitaus größten Teil des Entladungsraumes und vor allem am Ort der hauptsächlichen Erzeugung von Photonen — vor der Anode — abschwächen und bei erniedrigtem E/p-Wert der Anteil der Anregungen an den vorkommenden unelastischen Stößen zunehmen kann [13].

Zur Darstellung der Stufenprozesse schlug SCHADE [12] einen Ionisierungsansatz der Form

$$\frac{dN}{dx} = \alpha N + \sigma N^2 \qquad\qquad \text{(XVIII, 1)}$$

vor. Der TOWNSEND-Ansatz proportionaler Trägervermehrung entsprechend der an der Stelle x sekundlich durch 1 cm² hindurchtretenden N Elektronen ist hierbei um ein vom Quadrat der Elektronenzahl abhängiges Glied vermehrt. Der Beiwert σ kennzeichnet die Zahl der zur Ionisierung führenden, mit dem Quadrat der Stromdichte ansteigenden Stufenprozesse. Wenn auch diese Erweiterung des TOWNSEND-Ansatzes ebenfalls zur Darstellung der Bestrahlungseffekte einer Entladung führt, so konnte ROGOWSKI [16, 17] doch zeigen, daß das quadratische Zusatzglied keine einwandfreie Beschreibung von Stufenprozessen darstellt. Zwar ist die Zahl der gegenseitigen Zusammenstöße von Metastabilen vom Quadrat ihrer Dichte abhängig, jedoch besteht keine Proportionalität zwischen Metastabilendichte M und Elektronendichte N, weil die Dichte der Anregungszustände durch Diffusion und ihre begrenzte

Lebensdauer verringert wird. Daher müßte eigentlich an Stelle von (XVIII, 1) der Ausdruck

$$\frac{\mathrm{d}N}{\mathrm{d}x} = \alpha\,N + \sigma'\,M^2$$

treten bei Berücksichtigung der gegenseitigen Stöße von Metastabilen und

$$\frac{\mathrm{d}N}{\mathrm{d}x} = \alpha\,N + \sigma''\,N\,M$$

bei vorzugsweiser Ionisierung von Metastabilen durch Elektronen, wobei M mit N durch die Gleichung

$$-D\,\frac{\mathrm{d}^2 M}{\mathrm{d}x^2} + \frac{1}{T}\,M = \varepsilon\,N$$

gekoppelt wäre. (D Diffusionskoeffizient des Gases, T mittlere Lebensdauer der metastabilen Atome, ε Anregungswahrscheinlichkeit metastabiler Zustände durch Elektronen.) Nur bei Vernachlässigung der Diffusion ($D = 0$) lassen sich diese Grundgleichungen zum Ansatz von SCHADE (XVIII, 1) zusammenfassen.

Trotz dieses formalen Einwandes bleibt es doch unbestritten, daß Stufenprozesse ebenso wie auch die Raumladeverzerrungen die durch Versuch festgestellten Gesetzmäßigkeiten zu erklären vermögen. Die Situation ähnelt damit weitgehend der, die wir bei der Darstellung des Trägeranstieges unter Einbeziehung der Rückwirkungselektronen angetroffen hatten. Die Form der aus verschiedenartigen Ursachen abgeleiteten Endgleichungen war dieselbe und gestattete vom Experiment her keine Unterscheidung der möglichen Rückwirkungsanteile. Dieselbe Schwierigkeit ergibt sich auch bei der Erweiterung der TOWNSEND-Theorie unter Einbeziehung der quadratischen Auswirkungen des Entladungsstroms auf die Trägervermehrung, daß nämlich sehr unterschiedliche Effekte zu nicht mehr unterscheidbaren Endgleichungen bei der Darstellung des Fremdstromeinflusses führen und höchstens von der Größe und Abhängigkeit der Proportionalitätskonstanten in den Endgleichungen gewisse Aufschlüsse über die Art der Beeinflussung zu erwarten sind. Angesichts des noch nicht voll geklärten Standes der Dinge und der Wahrscheinlichkeit, daß alle möglichen Ursachen mit unterschiedlichen Anteilen zum resultierenden Effekt beitragen, werde hier davon abgesehen, dem Rechnungsgang einen speziellen Fall wie etwa die Auswirkung der Feldverzerrung auf die positive Oberflächenionisierung oder etwa die Stufenionisierung zugrunde zu legen. Wir schließen uns hier einem Gedankengang von ROGOWSKI [16] an, der in allgemeinster und dabei doch recht durchsichtiger Form zum Ziele führt. Wegen der andernfalls zu großen Schwierigkeiten sei die Darstellung ausschließlich auf die Behandlung der Vorgänge im gleichförmigen Feld beschränkt.

Ausgang der Betrachtungen sei der früher (S. 147) eingeführte Begriff des Ionisierungsanstiegs μ als Verhältnis der Trägerausbeute eines Lawinenablaufs zu jener der vorausgehenden Lawine:

$$\mu = \frac{N(t+\tau)}{N(t)} = \frac{J(t+\tau)}{J(t)} = \Gamma\left(e^{\int_0^d \alpha\, dx} - 1\right)$$

mit τ als Zeitdauer eines Ionisierungsspiels. Die Abweichung des μ-Wertes von der Einheit kennzeichnet die Instabilität der Entladung. Für $\mu < 1$ verringert sich der von der Entladungsstrecke geführte Strom, während bei $\mu > 1$ Trägerzahl und Strom ansteigen. Wird der Kürze wegen $e^{\int_0^d \alpha\, dx} - 1 = S$ gesetzt, so lautet die Bedingung für den Gleichgewichtszustand der selbständigen Entladung

$$\mu_0 = \Gamma S = 1\,.$$

Nach der ursprünglichen TOWNSEND-Vorstellung hängen Γ und S nur von der Spannung bzw. der reduzierten Feldstärke E/p ab. Die grundsätzliche Erweiterung, zu der wir uns genötigt sehen, sei die einer Darstellung dieser Größen nicht nur als Funktion der Spannung, sondern auch der Zahl der Lawinenprodukte und damit der Entladungsstromdichte i:

$$\mu = \mu(U, i)\,. \tag{XVIII, 2}$$

Damit wird festgelegt, daß das Verhalten der Entladung nicht mehr lediglich durch eine Einflußgröße beschrieben werden kann, sondern daß die Stärke des Entladungsstromes ebenfalls einen gewissen Einfluß ausübt. An Stelle eines einzigen Wertes der Zündspannung sind jetzt unendlich viele Wertepaare von Strom und Spannung beim Zünden möglich. Das Verhalten der Entladung vor und nach der Zündung wird durch Strom-Spannungscharakteristiken mit dem Fremdstrom als Parameter beschrieben.

Zur Überführung der bereits in (XVIII, 2) enthaltenen Strom-Spannungsabhängigkeit in die explicite Form wird μ in der Umgebung des Gleichgewichtspunktes unter Vernachlässigung höherer Glieder entwickelt:

$$\mu = \mu_0 + \frac{\partial\mu}{\partial i}\, i + \frac{\partial\mu}{\partial U}\, \Delta U \approx 1\,. \tag{XVIII, 3}$$

Da nur der Bereich kleiner Ströme in der Umgebung des Zündpunktes von Interesse ist, war es berechtigt, für Δi nur i, die Dichte des Entladungsstroms, anzuschreiben.

(XVIII, 3) drückt aus, daß die Charakteristik in der Nähe des Zündpunktes durch eine Gerade (Tangente) ersetzt wird, was solange erlaubt ist, als wir uns vom Zündeinsatz nicht zu weit entfernen. Wegen $\mu_0 = 1$ folgt mit den Abkürzungen $\dfrac{\partial \mu}{\partial i} = a$ und $\dfrac{\partial \mu}{\partial U} = b$ sofort

$$- \Delta U = \frac{a}{b}\, i = K_1\, i \quad \text{mit} \quad K_1 = \frac{a}{b}\,. \qquad \text{(XVIII, 4)}$$

Im Gegensatz zu TOWNSEND bleibt somit die Elektrodenspannung $U = U_0 + \Delta U$ einer Gasentladung nicht auf dem Anfangswert, sondern sinkt zunächst proportional der Entladestromstärke ab. K_1 werde als *Absenkungskonstante* bezeichnet.

ROGOWSKI hat an dieser Stelle zur Berechnung des Wertes der soeben eingeführten Konstanten den speziellen Fall einer Raumladebeeinflussung der Rückwirkungsausbeute betrachtet, wobei er die zusätzliche Kathodenfeldstärke verhältnisgleich dem Entladungsstrom ansetzt. In entsprechender Weise geht SCHADE mit seinem Ansatz der Stufenionisierung vor, mit dem er für den Ionisierungsanstieg den Ausdruck $\mu = \Gamma\,[(1 + c\,i)\,e^{\alpha d} - 1]$ erhält, worin $c \sim \sigma$. Mit MEILI [18] führen wir hier die Rechnung in aller Allgemeinheit ohne Bindung an einen speziellen Effekt weiter. Hierzu ist die Bilanz der Elektronenströmung an der Kathode zu bilden. Aus dieser treten die Elektronen unter dem Einfluß der Fremdbestrahlung und der Rückwirkung der Lawinenprodukte aus. In der Zeiteinheit sollen N_K Elektronen die Kathode verlassen. Sie erzeugen im Entladungsraum $N_K \cdot S$ positive Ionen und diese ihrerseits $\Gamma N_K S$ Nachlieferungselektronen. Bezeichnet N_0 die Zahl der pro Sekunde fremderzeugten Elektronen, so gilt für den Beharrungszustand

$$N_0 + \Gamma N_K S = N_K$$

oder wegen $\mu = \Gamma S$

$$N_0 + \mu N_K = N_K\,.$$

Nach Multiplikation mit $e\,S$ ($e =$ Elementarladung) folgt hieraus wegen $i = e\,N_K S$

$$i\,(\mu - 1) + i_0\,S = 0\,. \qquad \text{(XVIII, 5)}$$

i_0 sei die Sättigungsstromdichte des fremderzeugten dunklen Vorstroms.

Wären die Funktionen $\mu\,(U, i)$ und $S\,(U, i)$ bekannt, so könnte aus (XVIII, 5) die Strom-Spannungscharakteristik in ihrem ganzen Verlauf unter Berücksichtigung des Fremdstromeinflusses erschlossen werden. Da nur ihr Verlauf in der Umgebung des Zündbereichs, also die sog. *Anfangscharakteristik*, interessiert, werde die Kurve in bereits bekannter Weise durch ihre Tangente in Nähe des Zündpunktes ersetzt. Bei Beschränkung auf schwache Bestrahlung ist außerdem $i_0 S \ll i$, weshalb die Veränderung von S während des Entladungsaufbaus außer

Betracht bleiben und mit dem konstanten Wert S_0 des Zündpunkts gerechnet werden darf. Damit gilt

$$i\left(\mu_0 + \frac{\partial\mu}{\partial i}\,i + \frac{\partial\mu}{\partial U}\,\Delta U - 1\right) + S_0\,i_0 = 0$$

und wegen $\mu_0 = 1$

$$i\,(a\,i + b\,\Delta U) + S_0\,i_0 = 0\,.$$

Für die gegenseitigen Abhängigkeiten von Spannungsänderung und Entladungsstrom erhält man

$$\Delta U = U_0 - U = -\frac{a\,i^2 + S_0\,i_0}{b\,i} = -\left(\frac{a}{b}\cdot i + \frac{i_0 S_0}{b}\cdot\frac{1}{i}\right)$$

bzw. nach Auflösung der quadratischen Gleichung

$$i = \frac{-\,b\,\Delta U \pm \sqrt{b^2(\Delta U)^2 - 4\,a\,S_0\,i_0}}{2\,a}\,. \tag{XVIII, 6}$$

Für verschwindenden Fremdstrom geht (XVIII, 6) in (XVIII, 4) über.

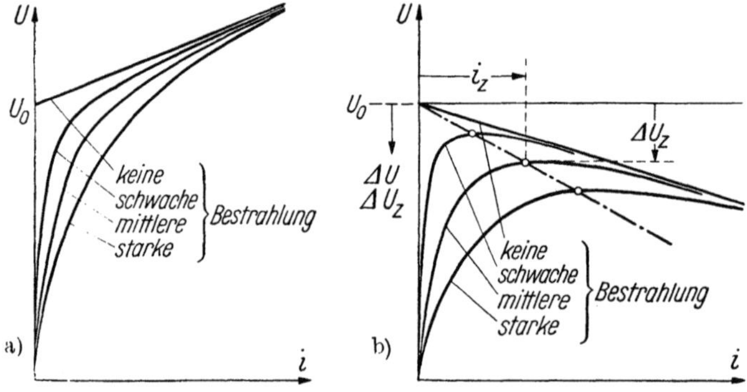

Abb. 142. a) Steigende Strom-Spannungscharakteristiken;
b) Charakteristiken bei Stromdichtebegünstigung.

Bei der Diskussion der Strom-Spannungscharakteristiken sind je nach dem Vorzeichen von a/b zwei Fälle zu unterscheiden. (Der Fall $a/b = 0$ führt auf die horizontale Anfangscharakteristik der reinen Townsend-Entladung und kann außer Betracht bleiben.)

1. $a/b < 0$: Wegen der negativen Spannungsabsenkung ist die Charakteristik der unbestrahlten Entladung eine vom Punkt U_0 auf der Ordinate aus ansteigende Gerade; die Elektrodenspannung „bestrahlt" erhöht sich bei einer Zunahme des Entladungsstroms (Abb. 142a). Ein eigentlicher Durchschlag tritt gar nicht mehr ein. Selbstverständlich ist eine solche ansteigende Charakteristik wenn überhaupt, dann nur zu Beginn der selbständigen Entladung möglich, unter welcher Voraussetzung die abgeleiteten Beziehungen auch nur gelten. Bei größerem Strom wird sich die Entladung unter der Einwirkung neuer Effekte

kontrahieren und nach einem hier nicht zur Diskussion stehenden Umschlag zur Glimmentladung mit erniedrigter Spannung weiterbrennen.

Eine sehr wohl mögliche Ursache einer ansteigenden Charakteristik
könnte beispielsweise die ungünstige Auswirkung der Raumladeverzerrung auf die integrale Elektronenionisierung oberhalb des Wende-
punktes der α (E)-Kurve sein [11, 19]. Daß tatsächlich die Spannung
bei steigendem Strom in einer selbständigen Entladung zunehmen kann,
wurde von Schade [12] und Büttner [20] für Neon mit geringem Argonzusatz gezeigt und wurde von Meili [18] auch in Wasserstoff bei kleinen
$p\,d$-Werten im Bereich des Minimums oder des nahen Weitdurchschlags
gefunden.

2. $a/b > 0$: Bei verschwindendem Fremdstrom vereinfacht sich die
Anfangscharakteristik im $U-i$-Diagramm zu einer fallenden Gerade
(Abb. 142b). Durch Bestrahlung wird die Charakteristik herabgedrückt
und von der Überlagerung einer Hyperbel und der Geraden gebildet. Bis
hin zum Durchschlagpunkt verlangt eine Vergrößerung des Stromes eine
Erhöhung der Elektrodenspannung, darüber fällt die Spannung bei der
eintretenden Stromsteigerung ab. Je größer der Entladungsstrom, desto
unbedeutender wird der Einfluß des Fremdstromes; daher münden alle
Charakteristiken asymptotisch in die fallende Gerade. Mit alleiniger
Ausnahme des Durchschlagpunktes gehören zu jedem Spannungswert
zwei Stromstärken, eine auf dem ansteigenden und eine auf dem abfallenden Ast der Charakteristik. Der Zündpunkt ist durch $\dfrac{dU}{di}=0$ bzw.
$\dfrac{di}{dU}=\infty$ zu definieren und ist somit der Scheitel der Charakteristik mit
waagerechter Tangente. Durch Nullsetzen der Wurzel von (XVIII, 6)
erhält man die Zündspannungsabsenkung

$$- \Delta U_z = 2\,\frac{\sqrt{a\,S_0}}{b}\,\sqrt{i_0} = K_2\,\sqrt{i_0};\qquad\text{(XVIII, 7)}$$

$$K_2 = 2\,\frac{\sqrt{S_0}}{b}\,\sqrt{a}\qquad\text{(XVIII, 7a)}$$

und für die ihr entsprechende — keineswegs über alle Maßen ansteigende
— Stromdichte der Entladung im Augenblick ihres Selbständigwerdens

$$i_z = -2\,\frac{a}{b}\,\Delta U_z = \sqrt{\frac{S_0}{a}}\,\sqrt{i_0} = K_3\,\sqrt{i_0};\qquad\text{(XVIII, 8)}$$

$$K_3 = \sqrt{S_0}\,\frac{1}{\sqrt{a}}\,.\qquad\text{(XVIII, 8a)}$$

Damit sind die von Rogowski-Fucks-Wallraff aufgestellten „Wurzelgesetze“ der fremdbestrahlten Entladung abgeleitet. Ausdrücklich
sei betont, daß bei der Herleitung der Gesetze keinerlei einengende
Voraussetzungen getroffen wurden außer der, daß sie nur für die Um-

gebung des Durchschlagpunktes gelten sollen. Zündstrom und Absenkung der Elektrodenspannung ergeben sich jeweils proportional der Wurzel aus der Fremdstromdichte.

Ferner gilt

$$K_3 = \frac{1}{2} \cdot \frac{K_2}{K_1}$$

und

$$\Delta U_Z = 2\,K_1\,i_Z\,, \qquad\qquad \text{(XVIII, 9)}$$

was bedeutet, daß die Spannungsabsenkung im Durchschlagpunkt und der dazugehörige Strom einander proportional sind und alle Zündpunkte auf einer Geraden von doppelter Neigung der Anfangscharakteristik liegen. In Abb. 142b ist diese Zündpunktlinie strichpunktiert eingetragen. Durch Multiplikation von (XVIII, 7) mit (XVIII, 8) leitet man noch ab

$$\Delta U_Z\,i_Z = 2\,\frac{S_0}{b}\,i_0\,, \qquad\qquad \text{(XVIII, 10)}$$

welche Gleichung dadurch bemerkenswert ist, daß in ihr die Größe $a = \frac{\partial \mu}{\partial i}$ nicht vorkommt und die rechte Seite lediglich eine Funktion der Spannung ist. Sofern $p\,d =$ const eingehalten wird, müssen daher nach dem PASCHEN-Gesetz bei einer Änderung von p bzw. d bei konstanter Einstrahlung alle Zündpunkte im $\Delta U - i$-Diagramm auf einer Hyperbel liegen [18]. Bei einer Auftragung von $\Delta U_Z\,i_Z$ über der Bestrahlungsintensität bzw. dem Fremdstrom ergibt sich eine durch den Nullpunkt gehende Gerade.

Die hier berücksichtigte Auswirkung der Stromstärke auf die Brennspannung der Entladung macht eine Ergänzung der *Ähnlichkeitsgesetze* notwendig. Als ähnliche Entladung bezeichneten wir solche, bei denen Strom und Spannung bei geometrisch ähnlicher Transformation des Entladungsraumes ungeändert bleiben. Ein Sonderfall der Ähnlichkeitsbeziehungen war das PASCHEN-Gesetz mit seiner Aussage der alleinigen Abhängigkeit der Zündspannung vom Produkt $p\,d$ im gleichförmigen Feld: $U = U(p\,d)$. Die obigen Aussagen über den Einfluß der Stromstärke auf die Elektrodenspannung fordern eine Erweiterung des Gesetzes. Da die Stromdichte bei einer d-fachen Vergrößerung der Linearabmessungen einer Entladungsstrecke um das d^2-fache zu erhöhen ist, wenn der Gesamtstrom ungeändert und somit die Entladung ähnlich bleiben soll, hängt die Brennspannung einer Entladung im Zündbereich nicht allein von $p\,d$, sondern auch vom Produkt der Entladungsstromdichte und dem Quadrat der Schlagweite ab, sofern die sonstigen Ähnlichkeitsvoraussetzungen erfüllt sind. In Erweiterung des PASCHEN-Gesetzes ist somit zu schreiben

$$U = U\,(p\,d;\; i\,d^2)\,.$$

Für $p\,d = \text{const}$ hängt die Spannung ähnlicher Entladungen nur noch von $i\,d^2$ ab. Für die Anfangscharakteristik der unbestrahlten Entladung gilt damit $-\,\Delta U = f\,(i\,d^2)$ und unter Beachtung von (XVIII, 4)

$$-\,\Delta U = K_1\,(d) \cdot i = k_1 d^2 i\,,$$

wobei k_1 den Wert von K_1 bei $d = 1$ darstellt. In entsprechender Weise findet man für die Druckabhängigkeit

$$-\,\Delta U = k_2 \frac{1}{p^2}\,i\,.$$

Bei Konstanthaltung von $p\,d$ müßte die Absenkungskonstante K_1 in Abhängigkeit von der Schlagweite quadratisch ansteigen. Eine Stromabhängigkeit der Konstanten K_2 und K_3 kann ebenso wie die von K_1 nur von a herrühren; daher lassen sich nach (XVIII, 7a) und (XVIII, 8a) die funktionellen Abhängigkeiten dieser Konstanten (ebenfalls unter den Voraussetzungen einer Gültigkeit der Ähnlichkeitsgesetze und $p\,d = \text{const}$) wie folgt angeben: $K_2 \sim d$; $K_3 \sim \dfrac{1}{d}$. Die Befolgung einer dieser Beziehungen wäre das sichere Zeichen für eine Erfüllung der Ähnlichkeitsgesetze.

Nachdem Raumladungen nicht ähnlichkeitsstörend sind, müssen Stromdichtebegünstigungen im Gefolge einer Verzerrung des elektrischen Feldes zu den eben entwickelten Abhängigkeiten führen. Dagegen dürften Stufenprozesse, die zu den verbotenen Prozessen bei ähnlichen Transformationen gehören, keine Abhängigkeit dieser Art zeigen. SCHADE [12] und BÜTTNER [20] und in allgemeiner Form MEILI [18] leiteten für Stufenprozesse ab (nach MEILI auch unter Einbeziehung des Stoßes von Elektronen gegen Metastabile), daß $K_1\,(d) = k_1\,d$ und die Neigung der Anfangscharakteristik somit nur proportional und nicht quadratisch mit der Schlagweite wächst.

Damit bietet sich die Möglichkeit, zwar nicht aus der Form der Gesetze der stromdichtebegünstigten Entladung, wohl aber von der Abstands- bzw. Druckabhängigkeit der Konstanten eine Entscheidung über den Anteil des Raumladeeffekts oder der Stufenionisierung an der Art der Stromdichtebegünstigung zu treffen [21]. Ergibt der Versuch eine näherungsweise quadratische Zunahme der Absenkungskonstante mit der Elektrodenentfernung, dann tragen Stufenprozesse zur Spannungsabsenkung nicht wesentlich bei und es dominiert der Einfluß der Feldverzerrung. Unentschieden bleibt in diesem Fall, ob die Raumladung die Rückwirkung positiver Ionen, Photonen oder Metastabiler an der Kathode begünstigte oder zu einer Zunahme der integralen Elektronenionisierung Anlaß gab.

b) Meßergebnisse. Eine umfassende Prüfung der abgeleiteten Gesetze wurde bisher nur im Bereich der Glimmentladung bei niederem

Druck durchgeführt, während sich die Messungen bei höherem Druck auf die Bestimmung der Zündspannungsabsenkung beschränkten. Nachdem nur geringe Absenkungen der Elektrodenspannung bei einer Vergrößerung des Entladungsstromes zu erwarten sind, handelt es sich um sehr subtile Messungen, die große Anforderungen an die Konstanz der Betriebsspannungen und Empfindlichkeit der Meßvorrichtungen sowie an die Reinheit der verwendeten Gase und Werkstoffe stellen. Über geeignete Meßschaltungen zur Aufnahme der Zündspannungsabsenkungen und der Charakteristiken bei den niederen Spannungen von Glimmentladungen s. die Arbeiten von SCHADE [22], BÜTTNER [20] und MEILI [18]. Daß sich bei nicht vollkommen übersichtlichen Versuchsumständen leicht Fehler in die Messungen einschleichen können, konnte SCHADE [22] an Messungen von FUCKS und SEITZ [19] nachweisen, wo an Stelle von Spannungsabsenkungen bei Verstärkung der Fremdeinstrahlung Spannungserhöhungen in der Umgebung des Durchschlagminimums mit Argon und Stickstoff als Füllgase gemessen wurden.

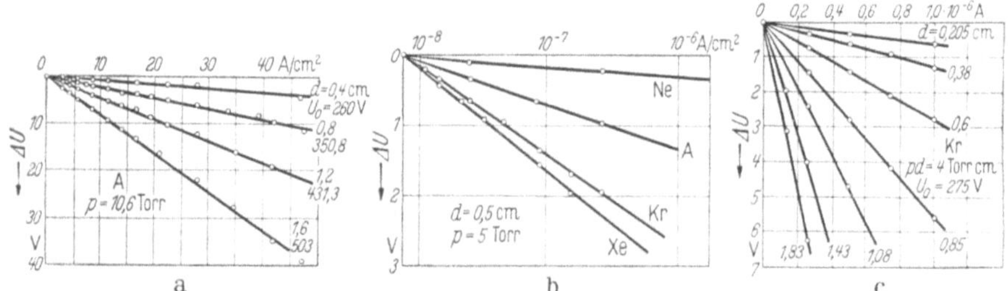

Abb. 143. a) Anfangscharakteristik für Argon von 10,6 Torr (Nickelelektroden) bei verschiedenen Schlagweiten [22].
b) Anfangscharakteristik für Ne, A, Kr, Xe (Nickelelektroden) bei $d = 0,5$ cm, $p = 5$ Torr [20].
c) Anfangscharakteristik für Krypton (Nickelelektroden) bei $p\,d = 4$ Torr cm für verschiedene Schlagweiten [18].

Messungen bei niederem Druck. Der Verlauf der Anfangscharakteristik wurde von SCHADE [22] in Argon mit Reinnickel- und bariumbedampften Nickelelektroden für konstanten Druck bei veränderlichem Elektrodenabstand bestimmt (Abb. 143a); vom gleichen Verfasser [12] in Neon-Argongemischen (Nickelelektroden) bei $d = 0,9$ cm und $p = 10$ Torr; von BÜTTNER [20] mit Nickelelektroden in den Edelgasen (Abb. 143b) mit Ausnahme von Helium, das auf Verunreinigungen besonders empfindlich ist und für das daher reproduzierbare Meßwerte nur sehr schwer zu erlangen sind; von MEILI [18] ebenfalls mit Nickelelektroden in Argon und Krypton (Abb. 143c) sowie Wasserstoff und Stickstoff. Die vorkommenden Entladungsströme bewegen sich in einem Bereich von 10^{-8}—10^{-6} A, die Absenkungen erreichen bestenfalls einige Prozent der Anfangsspannung. Alle Messungen bestätigen die vorausgesagte geradlinige Absenkung der Elektrodenspannung bei Vergrößerung des Entladungsstromes mit überraschend hoher Genauigkeit, ja man findet, daß das Gesetz in einem ausgedehnteren Bereich erfüllt ist, als nach Art seiner Herleitung zu erwarten war.

Die stärkere Absenkung der Charakteristik in den schwereren Gasen wird von BÜTTNER auf deren kleinere Diffusionskoeffizienten und die deswegen größere mittlere Lebensdauer der metastabilen Atome zurückgeführt. Die für $p\,d = $ const aus den Messungen von BÜTTNER und MEILI mit ihrer Abhängigkeit vom Druck bzw. von der Schlagweite bestimmten Absenkungskonstanten K_1 (s. Abb. 144 mit $K_1\,(d)$ in doppeltlogarithmischer Auftragung für Argon) erfüllen zumindest bei kleinen Elektrodenabständen recht gut die Beziehung $K_1 \sim d$ bzw. $K_1\,p = $ const; nur bei den größeren Abständen steigt die $K_1\,(d)$-Kurve rascher als proportional

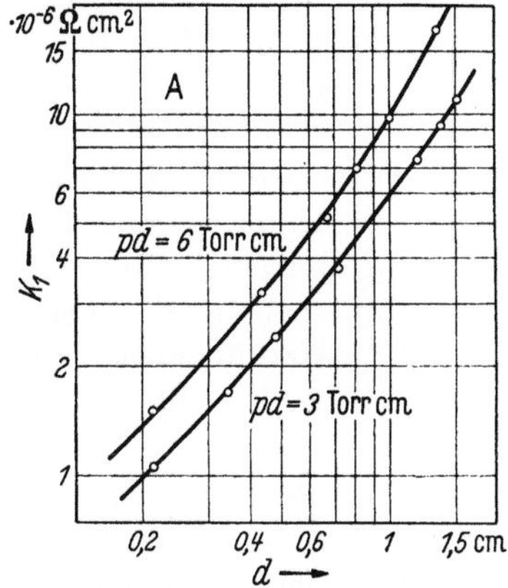

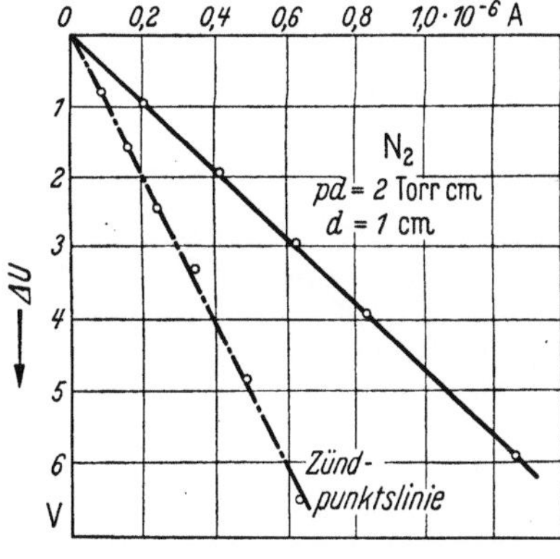

Abb. 144. Absenkungskonstante K_1 für Argon bei $p\,d = 3$ und 6 Torr cm als Funktion der Schlagweite nach MEILI.

Abb. 145. Anfangscharakteristik und Zündpunktslinie für Stickstoff bei $p\,d = 2$ Torr cm, $d = 1$ cm [18].

an. Der lineare Anstieg beweist eine Begünstigung der Ionisierung durch Stufenprozesse; die überlineare Abstandsabhängigkeit deutet an, daß bei größeren Abständen auch ähnlichkeitstreue Raumladungsprozesse mit im Spiel sind. In Krypton stellt sich nach MEILI diese stärkere Zunahme von K_1 schon bei relativ kleinen Abständen ein, so daß der Raumladungseinfluß in diesem Gas deutlicher wird und bei größeren Abständen fast allein zur Erklärung der beobachteten Spannungsabsenkung ausreicht. Sicherlich ist dieses Hervortreten eine Folge der geringeren Beweglichkeit der schweren Kryptonionen.

Wie genau die Beziehung (XVIII, 9) erfüllt ist, daß die Zündpunktslinie als geometrischer Ort der Zündpunkte für $p\,d = $ const gerade die doppelte Neigung der fremdstromfreien Anfangscharakteristik besitzt, zeigt Abb. 145 mit Messungen von MEILI [18] in Stickstoff. Gleichfalls erweist sich die durch (XVIII, 10) ausgedrückte Beziehung, wonach das Produkt aus Zündstrom und Zündspannungsabsenkung nur von der Einstrahlungsstärke abhängt und verhältnisgleich mit dieser ansteigt,

bei Messungen von Schöfer [23] in Argon mit bariumbedampften Nickelelektroden vorzüglich erfüllt. Demselben Verfasser gelang es auch, die
Stromspannungscharakteristiken bei mehreren Festwerten der Einstrahlungsstärke bis über die Durchschlagpunkte hinaus aufzunehmen
(Abb. 146). Die zu einer gleichbleibenden Fremdstromstärke gehörenden
Meßpunkte liegen ausnahmslos auf der durch (XVIII, 6) beschriebenen
hyperbelähnlichen Kurve. Erst in einiger Entfernung vom Kurven-
scheitel beginnen die Meßpunkte wegen des Umschlags der Entladung
in die kontrahierte Form schneller zu fallen, als dies die gestrichelte
Fortsetzung der Kurven angibt. Wegen der Inkonstanz der Brennspannung von Glimmentladungen über längere Zeit war es bei den hohen
Genauigkeitsanforderungen der Messungen nicht möglich, die Absolut-

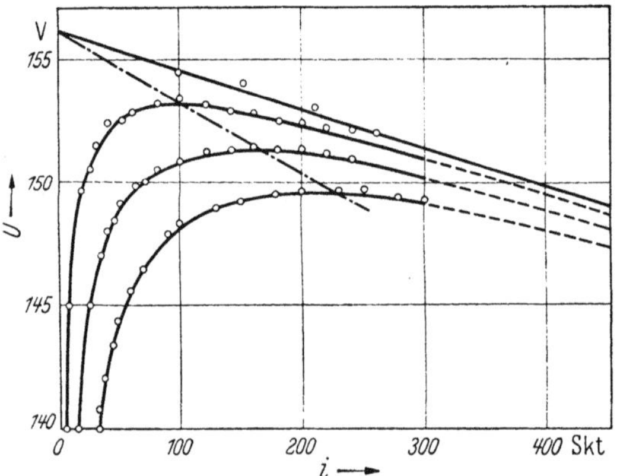

Abb. 146. Strom-Spannungscharakteristiken für verschiedene
Einstrahlungsstärken in Argon.

werte der Spannun-
gen aufzunehmen. Bei
einer bestimmten Ent-
ladungsstromstärke
wurde jeweils der Un-
terschied der Brenn-
spannungen bei be-
strahlter Entladung und
nach Abblenden der
Lichtquelle ermittelt,
also der Spannungs-
unterschied zwischen
dem gesuchten Kurven-
punkt und dem senk-
recht über ihm liegen-
den Punkt der fremdstromfreien Anfangscharakteristik.

Aus weiteren hier nicht wiedergegebenen Messungen von Meili in
Stickstoff und Wasserstoff ergibt sich, daß für die Begünstigung der
Zündung durch Bestrahlung in diesen Molekülgasen in erster Linie
Raumladungseinflüsse maßgebend sind. Da beide Gase im molekularen
Zustand keine Metastabilen besitzen, entspricht dieses Ergebnis den Erwartungen. Andererseits ist der nicht vollquadratische Anstieg der
$K_1(d)$-Kurve bei $p\,d = $ const ein Hinweis darauf, daß doch noch irgendwelche Stufenprozesse mitwirken. In einer ausführlichen Untersuchung
der Gründe für die Durchschlagsenkung in Wasserstoff kommen Fucks
und Kettel [13] zu einem ähnlichen Resultat. Nachdem mit der Bildung von metastabilen Atomen in Wasserstoff nicht gerechnet werden
kann, versuchen diese Verfasser für den sicherlich vorhandenen Anteil
der Stufenprozesse an der Stromdichtebegünstigung eine Resonanz-
strahlung des Wasserstoffs verantwortlich zu machen. Hierbei müßten
von der Lawine abgestrahlte Photonen von Nachbarmolekeln absorbiert

und sofort von neuem emittiert werden; durch das vielmalige Weiterreichen des Photons von Molekel zu Molekel steht seine Energie auch noch nach langer Zeit zur Verfügung, und es kann die Rolle eines metastabilen Atoms bei einem Stufenprozeß übernehmen.

Wegen der geringen Masse der Wasserstoffmolekel ist die Beweglichkeit ihrer positiven Ionen groß; daher erreicht deren Raumladung bei weitem nicht die Dichte, wie sie in schweren Gasen angetroffen wird. Die Raumladebegünstigung der Trägervermehrung ist infolgedessen klein; dementsprechend ist auch die Neigung der Anfangscharakteristik in Wasserstoff rund eine Größenordnung geringer als in anderen Gasen.

Eine der Messungen von FUCKS-KETTEL der Zündspannungserniedrigung in Wasserstoff von höherem Druck ($p = 115$ und 451 Torr) ist mit ihren Ergebnissen für mehrere Schlagweiten in Abb. 147 wiedergegeben.

Eine besonders große Absenkung der Zündspannung bis zu 15% beobachtete ZOUCKERMANN [24] bei einer Hochfrequenzentladung in Wasserstoff im Bereich des Durchschlagminimums. Ihre Ursachen sind sicherlich anderer Art als die hier behandelten.

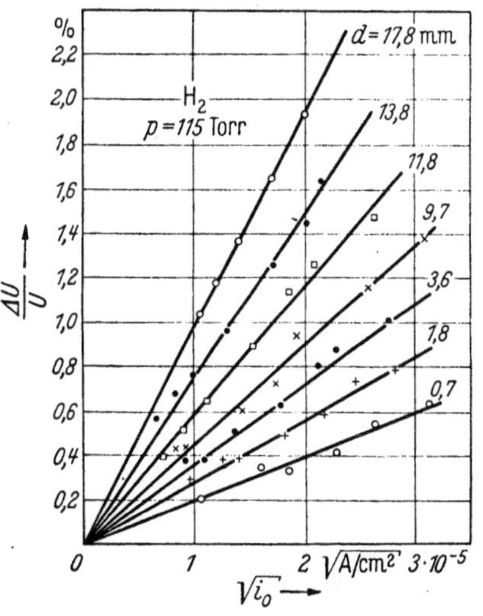

Abb. 147. Zündspannungsabsenkung in Wasserstoff als Funktion der Fremdstromdichte (Platinelektroden) [13].

Zündspannungsabsenkung bei hohem Druck. Die Fundierung der Wurzelgesetze auf die raumladungserweiterte TOWNSEND-Theorie läßt ihren Gültigkeitsbereich in erster Linie bei niederen $p\,d$-Werten suchen. Nach den an anderer Stelle (S. 238) angestellten Überlegungen über die Ablösung des TOWNSEND-Aufbaus mit vielen Ionisierungsspielen und wechselweiser Trägersteigerung durch den Einlawinendurchschlag der Kanalentladung müßten die abgeleiteten Beziehungen spätestens oberhalb $p\,d \approx 10^3$ Torr cm ihre Gültigkeit verlieren. Immerhin wäre damit im gleichförmigen Feld bei Atmosphärendruck selbst noch bis zu fast 1,5 cm Schlagweite und somit bis zu Spannungen von rd. 50 kV eine Befolgung der Wurzelgesetze zu erwarten. Nachdem jedoch bei den größeren Schlagweiten schon eine einzige Lawine zur Herbeiführung des instabilen Trägeranstiegs genügt, kann sich während des Lawinenablaufs weder eine Raumladung vor der Kathode ausbilden noch besteht etwa die Möglichkeit zur Begünstigung der Rückwirkungsausbeute durch metastabile Atome. Im Gebiet der Meek-Raetherschen Kanalentladung scheint daher kein Platz für die auf dem Boden der Townsendtheorie abgeleiteten Gesetzmäßigkeiten der Stromdichtebegünstigung einer Entladung zu sein.

Tatsächlich wurden jedoch bei den wenigen der in diesem Gebiet größerer Schlagweiten durchgeführten Messungen ebenfalls Beeinflussungen der Zündspannung durch Einstrahlung festgestellt. Allerdings ist eine Aufnahme etwa der fremdstromfreien Anfangscharakteristik oder etwa des hyperbolischen Strom-Spannungszusammenhangs bei Bestrahlung noch über den Durchschlagpunkt hinaus bei hohem Druck wegen der sich einem solchen Unterfangen entgegenstellenden Schwierigkeiten bisher nicht versucht worden. Diese sind wesentlich größer als bei kleinen $p\,d$-Werten, weil der Umschlag in die Lichtbogenentladung in der außerordentlich kurzen Zeit von etwa $2 \cdot 10^{-8}$ sek erfolgt und hierbei keine Möglichkeit zur Herbeiführung und Beobachtung eines zwischenliegenden Gleichgewichtszustandes besteht. Daher wurde bisher bei hohem Druck allein der Einfluß der Bestrahlung auf die Zündspannungshöhe untersucht.

Zur qualitativen Deutung der zweifelsfrei festgestellten Spannungsabsenkung bei Bestrahlung der Kathode (und nur dieser! [25, 26, 44]) bietet sich die Annahme einer Begünstigung der Zündlawine durch kurz zuvor denselben Pfad benutzende Einzellawinen, die zwar nicht die zur Zündung erforderliche Größe erreichen, aber doch durch ihre zurückgelassenen Produkte den Ablauf einer nachfolgenden oder auch vielleicht einer parallel ablaufenden Lawine erleichtern und diese dadurch befähigen, bis hin zur Anode die zum wirksamen Umbau des Feldes erforderliche kritische Größe zu erreichen [27]. Bei Annäherung an die (bei Bestrahlung tiefer liegende) Zündspannung werden ja Myriaden von völlig getrennt voneinander ablaufenden Einzellawinen ausgelöst; ihre Zahl ist um so größer, je mehr Anfangselektronen durch äußere Einwirkung zur Verfügung gestellt werden. Bei nicht zu kleiner Fremdstromdichte besteht eine gewisse Aussicht für eine Lawine, noch die Ionen ihres denselben Pfad benutzenden Vorgängers anzutreffen. So werden beispielsweise bei einer Fremdstromdichte von 10^{-11} A/cm² rd. 10^8 Elektronen je Sekunde an der Kathode ausgelöst, was auf einer Fläche von 10^{-3} cm² als ungefährem Lawinenquerschnitt zu einer Aufeinanderfolge von Lawinen in mittleren Abständen von je 10^{-5} sek führt. Damit die Masse der Ionen bei beisp. 2 cm Schlagweite den Weg von Anodennähe bis Kathode zurücklegen kann, wird in der freien Atmosphäre im Bereich der Zündfeldstärke eine Zeit von ca. $2 \cdot 10^{-5}$ sek benötigt; im angenommenen Fall wären daher die Ionen bei der Entstehung der nachfolgenden Lawine noch im Feldraum anwesend und könnten in ihr Mikrofeld gelangende Elektronen stärker beschleunigen und so zur Erhöhung der integralen Elektronenionisierung beitragen. Nach dieser Vorstellung müßte bei einem mehr oder weniger scharf ausgeprägten Schwellenwert der Fremdstromdichte ein Zustand erreicht werden, bei dem die unabhängig voneinander ablaufenden Lawinen sich so dicht folgen, daß die Trägerzahl der begünstigten Nachfolgelawine über der des ionenfreien Feldes liegt. Ein solcher Mindestwert der Bestrahlungsintensität zur Hervorrufung einer Zündspannungserniedrigung wurde bisher nicht festgestellt, wobei allerdings zu bedenken ist, daß die Mehrzahl der Untersuchungen erst bei größeren Fremdstromdichten und Absenkungen von mehr als $^1/_2\%$ beginnt. Bei einer Begünstigung des Entladungsstroms durch langlebige Anregungszustände, die bei Elektronenstößen leichter zur Ionenpaarbildung führen als neutrale Molekel, wäre ein solcher Mindestwert nicht zu erwarten, weil die

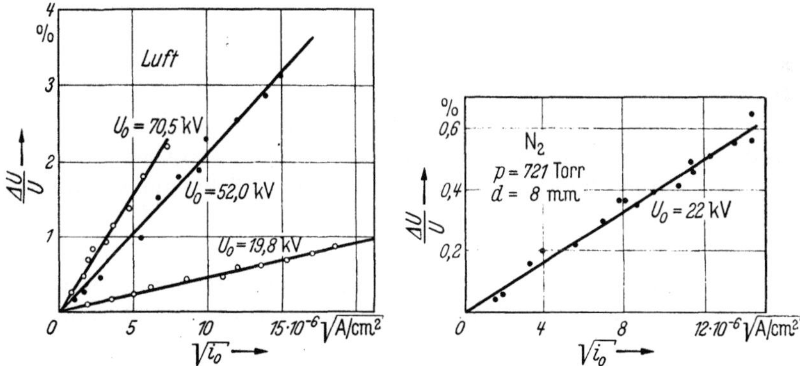

Abb. 148. Zündspannungsabsenkung in Luft und Stickstoff.

metastabilen Atome als Folge der Diffusion über den ganzen Entladungsraum zerstreut werden und jede an beliebiger Stelle ablaufende Lawine unterstützen; gleiches gilt auch für die Wirksamkeit von Lawinenphotonen.

Mit dieser Vorstellung einer Ionisierungsbegünstigung durch Vorgängerlawinen versuchte MEEK [28] eine mathematische Formulierung des Bestrahlungseinflusses auf die Kanalentladung, ohne allerdings auf die Wurzelgesetze zu stoßen. Deren etwaige Befolgung im Gebiet des Leuchtfadenmechanismus muß daher vorläufig als Zufall oder als Ausfluß eines noch nicht klar erkannten Tatbestandes angesehen werden.

Zur Kennzeichnung der Zündspannungserniedrigung durch kurzwellige Bestrahlung im Bereich atmosphärischen Drucks sind in Abb. 148 zwei Diagramme mit Messungen von FUCKS und SCHUMACHER [29] für Luft und sorgfältig gereinigten Stickstoff wiedergegeben. Längs der Abszisse ist jeweils die Wurzel aus der Fremdstromdichte i_0 in Absolutwerten aufgetragen. Die Kurven lassen eine über den ganzen Meßbereich mit der Wurzel aus dem Fremdstrom absinkende Zündspannung erkennen und gehen einwandfrei durch den Ursprung des Koordinatensystems. Die angewandten Fremdstromdichten der Größenordnung 10^{-12}—10^{-10} A/cm² entsprechen solchen, wie sie sich mit einer Quecksilberdampflampe mühelos verwirklichen lassen. Die Messungen konnten bis zu recht schwacher Einstrahlung und damit kleinen Zündspannungsbeeinflussungen ausgedehnt werden, weil mit abgezogenen und ausgeheizten Entladungsrohren und trockenem Füllgas gearbeitet wurde und deswegen die Konstanz der eingestellten Zündspannungen besser als bei Untersuchungen in freier Atmosphäre war, wo feinste Schwebeteilchen zu unkontrollierbaren Schwankungen der Zündspannung führen [*30*].

In überwiegendem Maß wurden die in freier Luft angestellten Messungen bei Stoßzündung durch eine photoionisierende Auslösefunkenstrecke („Funkenlampe" nach TOEPLER [*31*]) durchgeführt. Die Versuchsanordnung besteht hierbei aus zwei elektrisch gänzlich getrennten Stoßkreisen, von denen der Meßkreis beim Ansprechen der Primärfunkenstrecke des anderen Kreises mitgerissen wird. Bei geringer Entfernung beider Funkenstrecken erreicht der ausgelöste Elektronenstrom wegen der sehr starken Ionisierungswirkung des Funkenlichts außergewöhnlich große Werte. Schon allein aus diesem Grund entfällt die Voraussetzung für eine Gültigkeit der Wurzelgesetze, selbst wenn die Funkenspannung noch unter 50 kV liegt und die Entladung des Meßkreises sich über viele Ionisierungsspiele aufbaut. Für eine solche starke Einstrahlung leiten ROGOWSKI und WALLRAFF [*11*] auf dem Boden einer Raumladebegünstigung der positiven Oberflächenionisierung eine nur noch logarithmische Abnahme der Zündspannung her.

Mit einer solchen Anordnung zweier nur durch das Funkenlicht gekoppelter Stoßkreise stellte WHITE [*32*] eine beträchtliche Einwirkung des ungeschwächten Funkenlichts auf die Zündspannung in Luft, Kohlensäure und Helium fest. Durch Zwischenschieben absorbierender Schirme in den Strahlengang konnte bei festem Abstand beider Funkenstrecken die Intensität der Einstrahlung zur Versuchsfunkenstrecke in angebbaren Bruchteilen geändert werden. Nach einer hier nicht wiedergegebenen Meßreihe fällt die Durchbruchspannung einer Kugelfunkenstrecke von ihrem Anfangswert (17 kV) bei steigender Bestrahlungsstärke zunächst sehr rasch und später nur noch langsam ab. Insgesamt kann die Funkenspannung um mehr als 10% durch Funkenlicht und bis zu 5% mit einem UV-Strahler erniedrigt werden. Das PASCHEN-Gesetz findet WHITE ebenfalls unter Verwendung einer 4 cm-Kugelfunkenstrecke im Bereich 25—450 Torr cm auch für die bestrahlte Funkenstrecke gültig. Die Funkenspannung wird um so stärker erniedrigt, je größer $p\,d$ (s. hierzu a. [*43*]).

Gleichartige Untersuchungen in Luft bei Zündspannungen von 5—50 kV wurden etwa zur selben Zeit von ROGOWSKI und WALLRAFF [33] bei veränderlichem Abstand der beiden Funkenstrecken ausgeführt und hatten bei mäßigen Beleuchtungsstärken, also größeren Entfernungen der Funkenstrecken, zum Wurzelgesetz für die Zündspannung geführt. Eine hier besonders interessierende Messung beginnt leider erst bei stärkerer Einstrahlung und einer bereits erreichten Spannungserniedrigung von 2% und kennzeichnet daher nur den Bereich großer Fremdstromdichte. Sie zeigt in gleicher Weise wie auch die anderen Meßreihen bei kleinen Entfernungen der beiden Kugelpaare eine ungefähr der 4. Wurzel aus der Einstrahlung proportionale Erniedrigung der Zündspannung.

Die Fremdstromdichte bzw. die ihr proportionale Zahl der einfallenden Lichtquanten wurden bei diesen Versuchen nicht absolut bestimmt, sondern unter willkürlicher Festlegung der Bestrahlungseinheit bei einem bestimmten Abstand, und für die anderen Abstände durch quadratische Reduktion ermittelt. Gewisse Abweichungen bei den Messungen gaben zur Vermutung Anlaß, daß die Zahl der befreiten Photoelektronen bei einer Vergrößerung des gegenseitigen Abstands beider Funkenstrecken trotz der punktförmigen Lichtquelle nicht streng proportional dem Quadrat des Abstandes entsprechend dem optischen Entfernungsgesetz abnimmt und daß durch eine unrichtige Reduktion Abweichungen vom Wurzelgesetz vorgetäuscht würden. Eine genaue Umrechnung muß den Photonenverlust durch Absorption in der durchstrahlten Luftstrecke berücksichtigen. Mit dieser Aufgabe beschäftigen sich die Arbeiten von WALLRAFF und HORST [34] und BRINKMANN [35], [36]. Nach älteren Messungen [37] werden in Luft (hauptsächlich vom Sauerstoffanteil) nur solche Lichtstrahlen merklich absorbiert, deren Wellenlänge unterhalb 2000 Å liegt. Von ausschlaggebender Bedeutung ist es daher, ob das Licht der Anregungsfunkenstrecke sich nur aus Wellenlängen > 2000 Å zusammensetzt — dann gilt das optische Entfernungsgesetz ohne Korrektur — oder ob auch Photonen größerer Energie im Funkenlicht enthalten sind. Im letzteren Fall nimmt die Ausbeute an Photoelektronen rascher als quadratisch mit dem Abstand ab.

Zu einem guten Teil hängt die Ionisierungswirkung vom Werkstoff der Beleuchtungsfunkenstrecke ab; für chemisch ähnliche Elemente ist sie von ungefähr gleicher Größe [38]. Eine Alterung von Spitzenelektroden durch ihre Abnutzung bei oftmaligem Funkenüberschlag wirkt sich auf die Strahlhelle nicht merklich aus [38]. Die Abhängigkeit vom Elektrodenmaterial rührt davon her, daß die dem Funken nachfolgende Lichtbogenentladung sehr hohe Temperaturen erzeugt und an ihren Ansatzstellen Metall verdampft, weshalb das Funkenspektrum auch Linien des Elektrodenmetalls enthält. Nach TOEPLER [38] wird die wirksame

Strahlung in erster Linie von elektrodennahen Gebieten ausgesandt; das an Metalldämpfen arme Zwischenstück der Entladung trägt nur wenig zur Zündspannungserniedrigung bei. Die Versuche von BRINKMANN ergaben, daß bei Verwendung von Zink- oder Kupferelektroden im wesentlichen nur Photonen von $\lambda > 2000$ Å erzeugt werden. Mit solchen Elektroden gilt das quadratische Umrechnungsgesetz uneingeschränkt, während etwa bei einer Aluminiumfunkenstrecke die Bestrahlungsstärke rascher als quadratisch mit der Entfernung fällt, wie sich durch Ausmessung der Elektronenausbeute nachweisen läßt. Erst nach Aussiebung des kurzwelligen Anteils der Strahlung gilt das quadratische Reduktionsgesetz auch in diesem Fall (bei großen Abständen).

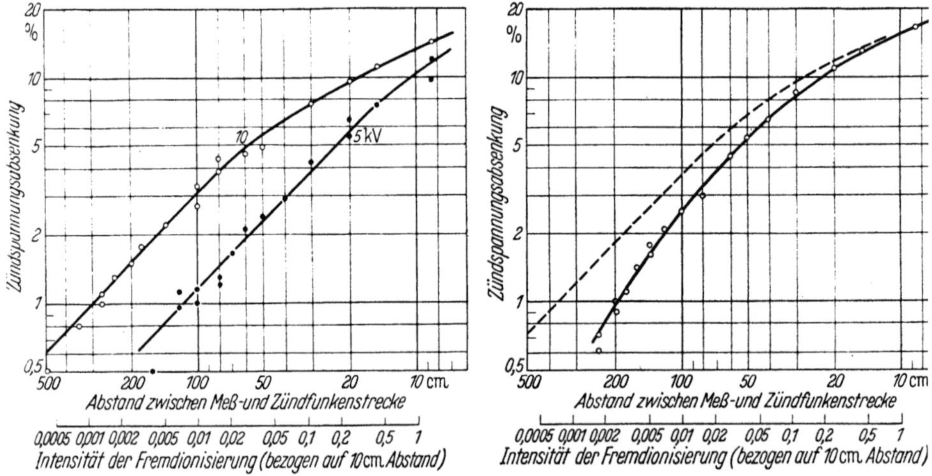

Abb. 149. Zündspannungsabsenkung als Funktion des Abstandes beider Funkenstrecken nach BRINKMANN [35]. (Stoßkapazität des Primärkreises 0,1 μ F.)
a) Zündfunkenstrecke mit Zinkkugeln bestückt, Meßfunkenstrecke mit Aluminiumkugeln.
b) Zündfunkenstrecke mit Aluminiumkugeln bestückt, Meßfunkenstrecke mit Messingkugeln.
(Ausgezogene Kurve bezieht sich auf oberen Abszissenmaßstab; die gestrichelte Kurve berücksichtigt die Luftabsorption und bezieht sich auf den unteren Abszissenmaßstab.)

In Abb. 149 sind die gemessenen prozentualen Erniedrigungen der Meßspannung ($U_0 = 5$ bzw. 10 kV) in Abhängigkeit vom gegenseitigen Abstand der Funkenstrecken bzw. in Bruchteilen der willkürlich bei 10 cm Abstand zu 1 angenommenen Bestrahlungsintensität aufgetragen. Bei der gewählten doppeltlogarithmischen Auftragung entspricht einer Wurzeläbhängigkeit eine um 45° ansteigende Gerade. Bei Zinklicht (Abb. 149 a) wird das Wurzelgesetz sehr gut eingehalten; dagegen steigt die Kurve für Aluminiumlicht in Abhängigkeit vom Abstand stärker als quadratisch an, und der durch einfache Umrechnung erhaltene Intensitätsmaßstab gilt erst dann, wenn die Absorption des kurzwelligen Funkenlichtanteils im durchstrahlten Luftraum berücksichtigt wurde. Diese Korrektur ist bei der gestrichelten Kurve von Abb. 149b erfolgt; danach steigt auch diese

Kurve bei den gewählten Maßstäben unter 45° an und kennzeichnet damit eine Wurzelabhängigkeit zwischen Zündspannungserniedrigung und Intensität des auf die Kathode auftreffenden Lichtes.

Zur Kleinhaltung der Streuung, die sich auch bei den WHITEschen Messungen störend bemerkbar gemacht hatte, schmirgelte BRINKMANN die Elektroden der Meßfunkenstrecke nach jedem Durchschlag. Der Funken bevorzugt blanke Stellen auf den Elektroden als Ansatz. Nach dem ersten Durchschlag sind die Fußpunkte der Entladung auf den Kugelscheiteln etwas verändert und unempfindlich geworden. Der nächstfolgende Durchschlag setzt daher etwas außerhalb der Achse an und hat bei leicht erhöhter Funkenspannung eine längere Bahn. Das Wandern der Ansatzpunkte auf den Kugeloberflächen führt zu einer gewissen Spannungsüberhöhung und Streuung des Zündeinsatzes und kann wirksam nur durch oftmalige Reinigung der Elektroden unterdrückt werden.

Von WALLRAFF und HORST [34] wurde die vom Funkenblitz an Metalloberflächen ausgelöste Elektronenmenge durch Messung des Ladungsverlustes einer negativ aufgeladenen Elektrode ermittelt. Bei der höchsten Funkenspannung von etwas mehr als 20 kV und einer Entladekapazität $C = 0,1\,\mu$F erreichte die auf einer in 15 cm Abstand aufgestellten Meßelektrode ausgelöste Elektronenmenge $4 \cdot 10^{10}$ Elektronen pro Raumwinkeleinheit; somit kann bei jedem Stoß der erstaunlich hohe Betrag von $5 \cdot 10^{11}$ Elektronen in der gesamten Umgebung der Funkenstrecke ausgelöst werden. WHITE [32] hatte mit vergleichbaren Stoßkreisdaten bei allerdings größerem Abstand der Funkenstrecken gefunden, daß von jedem Blitz etwa $3 \cdot 10^{8}$ Elektronen an der Kathode der Meßfunkenstrecke (Messingkugel von 4 cm $\varnothing$) befreit werden.

Die Elektronenausbeute steigt nicht etwa verhältnisgleich zur verfügbaren Energie $\frac{1}{2} C U^2$ des Stoßkreises an, da ja nur ein kleiner Teil der Gesamtenergie in Form von Licht und von diesem wiederum nur ein wechselnder Anteil als wirksame UV-Strahlung emittiert wird. Nach HORST und WALLRAFF [34] erhöht sich die Elektronenausbeute etwa proportional $C^{0,7}$ (s. hierzu a. TOEPLER [31], der die Strahlintensität ungefähr verhältnisgleich zur Stoßkreiskapazität findet) und unterhalb von 10 kV Funkenspannung stärker als quadratisch mit der Spannung (ungefähr proportional $U^{2,6}$), darüber langsamer mit einem Potenzexponent zwischen 1,5 und 2. Doch soll nach einer ergänzenden Bemerkung die Intensität des abgestrahlten Funkenlichts bei noch höheren Spannungen sehr viel rascher als nur quadratisch mit der Funkenspannung ansteigen. Eine Erhöhung der Funkenspannung erweist sich daher zur Erzielung einer großen Elektronenausbeute weit wirkungsvoller als eine solche der Kondensatorgröße.

Nach TOEPLER [*38*] ist die Strahlhelligkeit der durch den Funkenkanal geflossenen Elektrizitätsmenge verhältnisgleich. Von ihr hängt die Strahlwirkung ab, welche TOEPLER durch die Zunahme der Meßfunkenstreckenschlagweite bei Bestrahlung durch einen Funkenblitz mißt. Sie nimmt etwa verhältnisgleich mit der Schlagweite der Meßfunkenstrecke zu [*31*].

Die größten Absenkungen der Funkenspannung ergeben sich bei Verwendung von Magnesium oder Aluminium als Kathodenwerkstoff der Meßfunkenstrecke; andere Werkstoffe lassen keine erheblichen Unterschiede ihrer Empfindlichkeiten erkennen [*39*]. Nach FUCKS und BONGARTZ [*26*] reicht eine bestrahlte Kathodenfläche von 1,5 mm² nahezu zur Erzielung der vollen Absenkung aus; bei weiterer Verkleinerung des bestrahlten Querschnitts (durchgeführt bis herab zu 0,008 mm²) verringert sich der Bestrahlungseinfluß rasch.

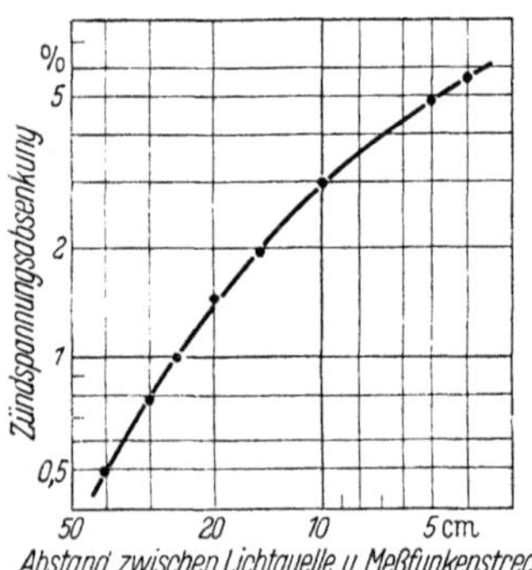

Abb. 150. Zündspannungsabsenkung bei Quarzlampenbestrahlung ($U_0 = 10$ kV, Aluminiumkugeln).

Die mit Funkenlicht erzielbaren Absenkungen der Funkenspannung sind entsprechend der hohen Fremdstromdichte außerordentlich groß und können bis über 20% ansteigen; Voraussetzungen hierfür sind hohe Energie des Anregefunkens, kleiner Abstand der beiden Funkenstrecken und oftmalige Reinigung der Meßfunkenstrecke. Der Effekt ermöglicht daher auch noch in größerer Entfernung eine sichere Mitnahme von Funkenstrecken, wovon bei der Synchronisierung von Kurzzeitvorgängen in großem Umfange Gebrauch gemacht wird.

Wie eine Messung von BRINKMANN [*36*] deutlich erkennen läßt, genügt bei kleinem Abstand Strahler–Empfängerfunkenstrecke bereits eine Quecksilberdampflampe, um recht bedeutende Absenkungen der Zündspannung hervorzurufen (s. Abb. 150). Wegen der erheblichen Ausdehnung der Leuchtfläche ist hierbei die Abstandsabhängigkeit der Bestrahlungsstärke zunächst unbekannt und daher eine Nachprüfung des Wurzelgesetzes ohne Absolutmessung der ausgelösten Ladungsmenge nicht möglich. Als Regel ergibt sich aus Abb. 150, daß eine zur Aufhebung des Zündverzugs benutzte Quarzlampe nicht zu nahe der Meßfunkenstrecke angeordnet werden darf. Bei Bestrahlung einer 2 cm-Funkenstrecke mit dem Licht eines Kohlelichtbogens stellt LEWIS [*40*] noch bei 50 cm Abstand zwischen Strahlenquelle und Funkenstrecke neben einer Verringerung der Streuung der Durchschlagswerte auf etwa ein Viertel eine Absenkung der Zündspannung um rd. $2^1/_2$% fest.

Der Einfluß einer UV-Bestrahlung auf die Zündspannung im mäßig ungleichförmigen Feld wurde von SCHOLTHEIS [41] untersucht. Für Kugeln von 2,5, 1,25 und 0,625 cm Durchmesser als Kathode einer Meßfunkenstrecke mit einem ebenen Maschennetz als geerdeter Anode in 0,5 cm Abstand, durch dessen Öffnungen die Strahlen einer Quecksilberdampflampe senkrecht auf die maßgebliche Kathodenoberfläche fallen konnten, findet er in trockener Luft dieselbe Gesetzmäßigkeit wie im gleichförmigen Feld, also bei nicht zu starker Einstrahlung eine Vergrößerung der Zündspannungsabsenkung mit der Wurzel aus der Fremdstromdichte. Bei sonst ungeänderten Versuchsbedingungen ist der Absolutbetrag der Erniedrigung um so geringer, je stärker die Kathode gekrümmt ist. In Übereinstimmung mit den für das Spitzenfeld erhaltenen Versuchsergebnissen kann daraus geschlossen werden, daß die Anfangsspannung einer spitzen Kathode durch mäßige Bestrahlung nicht merklich geändert wird. Bei Untersuchung eines ausgedehnten Schlagweitenbereichs zwischen Kugeln oder Kugel–Platte findet CLAUSSNITZER [42] bei Bestrahlung der Kathode mit dem Licht eines Stoßfunkens, daß die Funkenspannung nur bei kleinen Schlagweiten abnimmt und daß die Absenkung einen Größtwert bei der Schlagweite erreicht, welche der ·TOEPLERschen Knickstelle entspricht (s. S. 539). Darüber vermindert sich der Bestrahlungseinfluß und schlägt bei großen Elektrodenabständen sogar in eine Erhöhung der Funkenspannung bei Belichtung um. Durch die Bestrahlung wird in diesem Bereich starker Feldinhomogenität nach CLAUSSNITZER die positive Glimmentladung in ihrer Ausbildung behindert und dafür die negative Entladungsform begünstigt, welche den vollkommenen Durchbruch erst bei weiter erhöhter Spannung zuläßt.

Literaturhinweise zu Kapitel XVIII.

1. HERTZ, H.: Wied. Ann. **31** (1887) 983.
2. WARBURG, E.: Ann. Phys. **5** (1901) 811; F. W. PEEK: Dielectric Phenomena in High-Voltage Engineering, McGraw-Hill Book Co. New York 1929, S. 134.
3. HERWEG, J.: Ann. Phys. **19** (1906) 333.
4. HERWEG, J.: Phys. Z. **7** (1906) 924.
5. PFLÜGER, A.: Ann. Phys. (4) **13** (1904) 890.
6. LAMBERTZ, A.: Phys. Z. **26** (1925) 254.
7. GREINACHER, H.: Phys. Z. **26** (1925) 376.
8. MASCH, K.: Arch. Elektrotechn. **24** (1930) 561.
9. ROGOWSKI, W.: Z. Phys. **115** (1940) 261.
10. ROGOWSKI, W. u. W. FUCKS: Arch. Elektrotechn. **29** (1935) 326.
11. ROGOWSKI, W. u. A. WALLRAFF: Z. Phys. **102** (1936) 183.
12. SCHADE, R.: Z. Phys. **108** (1938) 353.
13. FUCKS, W. u. F. KETTEL: Z. Phys. **116** (1940) 657.
14. ROGOWSKI, W.: Z. Phys. **108** (1938) 1.
15. ROGOWSKI, W.: Z. Phys. **114** (1939) 1.
16. ROGOWSKI, W.: Z. Phys. **117** (1941) 265.
17. ROGOWSKI, W.: Z. Phys. **115** (1940) 157.

18. Meili, E.: Helv. Phys. Acta 18 (1945) 79.
19. Seitz, W. u. W. Fucks: Z. techn. Phys. 17 (1936) 387; Phys. Z. 37 (1936) 813.
20. Büttner, H.: Z. Phys. 111 (1939) 750.
21. Fucks, W.: Arch. Elektrotechn. 40 (1950) 16.
22. Schade, R.: Z. Phys. 105 (1937) 595.
23. Schöfer, R.: Z. Phys. 110 (1938) 21.
24. Zouckermann, R.: C. R. 206 (1938) 331.
25. Toepler, M.: Phys. Z. 35 (1934) 161.
26. Fucks, W. u. H. Bongartz: Z. techn. Phys. 20 (1939) 205.
27. Raether, H.: Z. Phys. 117 (1941) 524.
28. Meek, J. M.: Proc. Phys. Soc. 52 (1940) 547 u. 822; L. B. Loeb u. J. M. Meek: The mechanism of the electric spark, Stanford Press 1941, S. 145.
29. Fucks, W. u. G. Schumacher: Z. Phys. 112 (1939) 605.
30. Fisher, L. H.: Phys. Rev. 72 (1947) 423; El. Engng. 69 (1950) 613.
31. Toepler, M.: Phys. Z. 39 (1938) 523.
32. White, H. J.: Phys. Rev. 48 (1935) 113.
33. Rogowski, W. u. A. Wallraff: Z. Phys. 97 (1935) 758.
34. Wallraff, A. u. E. Horst: Arch. Elektrotechn. 31 (1937) 789.
35. Brinkmann, C.: Z. Phys. 111 (1939) 737.
36. Brinkmann, C.: Arch. Elektrotechn. 33 (1939) 121.
37. Kreusler, H.: Ann. Phys. 6 (1901) 412.
38. Toepler, M.: Phys. Z. 40 (1939) 206.
39. Arnold, M.: Phys. Z. 40 (1939) 687.
40. Lewis, A. B.: J. Appl. Phys. 10 (1939) 573.
41. Scholtheis, H.: Arch. Elektrotechn. 34 (1940) 237.
42. Claussnitzer, J.: Phys. Z. 34 (1933) 891.
43. Jørgensen, M. O.: Elektr. Funkenspannungen, Verl. E. Munkgaard, Kopenhagen 1943, S. 108.
44. Meek, J. M.: J. I. E. E. 89, I (1942) 335.

XIX. Der Hochfrequenzdurchschlag[1].

a) Ursachen der Zündspannungsbeeinflussung. Wird zur Herbeiführung einer Gasentladung eine periodisch pulsierende Spannung an die Elektroden gelegt, so wechselt die Polarität der Elektroden im Takte der doppelten Frequenz und die Feldstärke im Entladungsraum steigt jeweils nur während eines Bruchteils der Halbwellendauer über den zum Zünden erforderlichen Wert an. Sofern das elektrische Feld homogen ist und auch die Frequenz der Pulsationen eine gewisse obere Grenze nicht überschreitet, ändert der stete Wechsel der Feldrichtung nichts an den Entladebedingungen, wie sie für das von einer unveränderlichen Spannung erregte Feld gelten. Der Durchschlag entwickelt sich schon bei einer an und für sich nur geringfügigen Spannungsüberhöhung über den statischen Durchbruchwert und bei nicht zu kleinem $p\,d$ so rasch, daß die für ihn benötigte Zeitspanne im Vergleich zu der Zeit, während der sich die Wechselspannung im Bereich ihrer Scheitelhöhe befindet, äußerst kurz ist.

---

[1] Literaturhinweise zu diesem Kapitel s. S. 448.

Ausgehend von niedriger Elektrodenspannung sei gerade jener Zustand erreicht, bei dem die Scheitelfeldstärke eine merkliche Ionisierung durch bereits vorhandene Elektronen ermöglicht. Wegen der bald darauffolgenden Abnahme der elektrischen Erregung bleibt die Größe der gebildeten Elektronenlawine noch so klein, daß die Zahl der Lawinenprodukte weder zur sicheren Auslösung eines Nachlieferungselektrons noch zu einer deutlichen Verzerrung des Feldes ausreicht. Erst bei einer weiteren Erhöhung der Spannung setzt die merkliche Ionisierung schon vor dem Erreichen des Höchstwertes der Feldstärke ein, und in dem sich zunächst noch geringfügig verstärkenden Feld geht in jeder Halbwelle von der jeweiligen Kathode eine Lawine oder auch ein ganzer Schwarm von Lawinen aus, deren Größe mit der Spannung rasch anwächst. Schließlich nimmt die Trägerballung solche Werte an, daß sie den Funkendurchbruch einleitet, und zwar bei den kleinen $p\,d$-Werten über einen Aufschaukelungsvorgang mit vielen Ionisierungsspielen und bei den hohen über die explosive Trägervermehrung der Leuchtfadenentladung.

Nachdem bei einer 50 Hz-Wechselspannung die Feldstärke im Entladungsraum während jeder Halbwelle fast 1000 μsek oberhalb 99% ihres Scheitelwertes verweilt, ist bei einer solch vergleichsweise langen Beanspruchungsdauer der Gasstrecke kein deutlich merkbarer Verzögerungseffekt zu erwarten. Auch können die bei den Stoßvorgängen gebildeten Ionen während der Pause von nahezu Halbwellendauer zwischen den Ionisierungen zweier aufeinanderfolgender Halbwellen aus dem Entladungsraum entweichen, wodurch bis zum neuerlichen Lawinenablauf der alte Zustand des trägerfreien Feldes wiederhergestellt ist. Als Zeit für das Abfließen der Ionen von ihrem hauptsächlichen Entstehungsort vor der momentanen Anode zur neutralisierenden Kathode steht etwas weniger als die Dauer einer Viertelswelle zur Verfügung; in dieser Zeit vermag ein Ion unter dem Antrieb des zeitlich cosinusförmig mit der Kreisfrequenz $\omega = 2\,\pi\,f = \dfrac{2\,\pi}{T}$ pulsierenden Feldes der Amplitude E_0 den Weg

$$\int\limits_0^{\pi/2} b\,E\,\mathrm{d}t = \frac{b}{\omega} \int\limits_0^{\pi/2} E_0 \cos \omega\,t \, \mathrm{d}\omega\,t = \frac{b\,E_0}{\omega} = \frac{b\,E_0}{2\,\pi\,f}$$

zurückzulegen. Bei 50 Hz und einer Scheitelfeldstärke von 30 kV/cm, wie sie zum Durchschlag atmosphärischer Luft bei kleinem Elektrodenabstand benötigt wird, errechnet sich danach mit $b\,E_0 \approx 10^5$ cm/sek ein theoretischer Weg des Ions von rd. 300 cm; dies bedeutet, daß die Ionenwolke den Entladungsraum bei technischer Wechselspannung sehr bald nach ihrer Entstehung wieder verläßt.

Erst bei Erhöhung der Frequenz auf einige hundert oder tausend Wechsel pro Sekunde besteht die Möglichkeit, daß die für die Entwicklung des Durchschlags im Scheitelbereich zur Verfügung stehende Zeitspanne zu knapp bemessen ist und die Zeitverkürzung durch eine schwache, aber doch schon merkbare Spannungserhöhung aufgewogen werden muß. Auf diese Auswirkung des Zündverzugs in Richtung einer geringen Erhöhung der Durchschlagspannung bei erhöhter Frequenz hat FUCKS[1] hingewiesen, ohne daß jedoch bisher ein solcher Effekt mit Sicherheit festgestellt werden konnte. Anderseits besteht bei ausreichend raschem Wechsel der Feldrichtung die Möglichkeit, daß der Entladungsraum bis zum neuerlichen Beginn der Ionisierungsvorgänge nicht vollständig von den in der zuvorgehenden Halbwelle erzeugten Ionen gesäubert wurde. Bei stark elektronegativen Gasen handelt es sich hierbei nicht nur um die positiven, sondern auch um negative Ionen als Über-

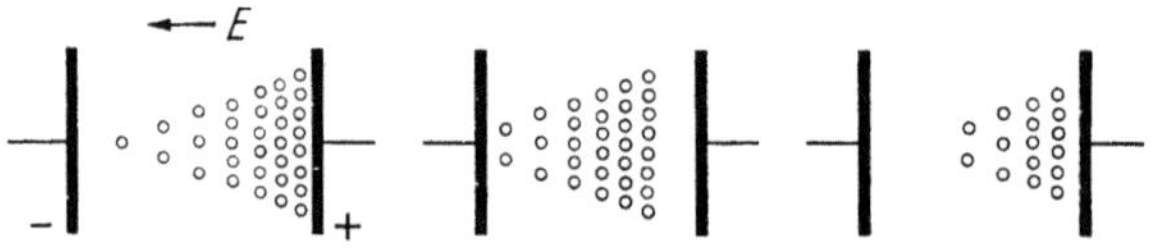

Abb. 151. Ausbildung der im Entladungsraum pendelnden Ionenwolke.
a) Ionenverteilung unmittelbar nach Eintritt der Elektronen in die Anode.
b) Ionenwolke beim ersten darauffolgenden Nulldurchgang der Spannung.
c) Restladung nach Ablauf einer weiteren Halbwelle.

bleibsel der Elektronen, die sich zur Zeit des Feldabbaus nach Überschreiten der Ionisierungsfeldstärke noch im Entladungsraum befanden. Beschränken wir uns auf die Betrachtung der positiven Raumladung und nehmen somit an, daß alle negativen Ladungsträger vermöge ihrer hohen Geschwindigkeit kurz nach ihrer Entstehung in die Anode eintreten, so ergibt sich für die Verteilung der von der zuletzt ablaufenden Lawine einer Halbwelle ausgebildeten positiven Raumladung die in Abb. 151 wiedergegebene Verteilung. In Abb. 151a ist der Augenblick festgehalten, in dem der Lawinenkopf gerade die Anode erreicht; die Ionen mit ihrer zur Anode hin exponentiell zunehmenden Dichte verharren praktisch noch an ihrem Erzeugungsort. Im Verlauf der nach dem Scheiteldurchgang abnehmenden Feldstärke schiebt sich die Ionenwolke unter Erhaltung der Ladungsverteilung zur Kathode hin, an welcher die Teilchen in exponentiell zunehmender Zahl ankommen. Sinkt die Feldstärke bei hoher Frequenz auf null ab, bevor alle Ionen die Kathode erreichten, so bleibt im Entladungsraum eine Ladungswolke zurück (Abb. 151b), die nach dem Nulldurchgang der Spannung und der damit verbundenen Änderung der Feldrichtung ihre Bewegung umkehrt und der jetzigen Kathode zueilt. Für diesen Weg steht den Ionen die volle Dauer einer Halbwelle zur Verfügung, in der sie mit ihrem Geschwindigkeitsmittel vom π-ten Teil des Höchstwertes $b\,E_0$ einen Weg der Länge $\dfrac{b\,E_0}{\pi f}$ zurückzulegen vermögen. Gelangt die Ionen-wolke auch in dieser Zeit nicht voll an ihr Ziel (Abb. 151c), so befindet sie sich auch beim abermaligen Feldrichtungswechsel noch im Ent-ladungsraum und kann wegen der zu raschen Umkehr der Antriebs-richtung die jeweilige Kathode nie mehr erreichen. Die positive Rest-ladung pendelt zwischen den Elektroden und wird durch jeden La-winenablauf im Scheitelbereich einer Halbwelle weiter vergrößert, weil die aus der jeweiligen Kathode quellenden Anfangselektronen sich ex-ponentiell vermehren und hierbei Ursache weiterer positiver Rest-ladungen sind. Deren nur durch Rekombination und Diffusion behindertes Anwachsen verzerrt das Elektrodenfeld und erhöht die Feldstärke vor der Kathode. Damit liegt der gleiche Sachverhalt vor, den wir im zuvor-gehenden Kapitel der Zündspannungsbeeinflussung durch Fremdbe-strahlung bereits untersucht hatten: Sei es über eine verstärkte Ausbeute an Nachlieferungselektronen durch die erhöhte Aufprallenergie der Ionen oder durch verringerte Rückdiffusion der Elektronen oder sei es über eine Erhöhung der integralen Elektronenionisierung im verzerrten Feld, auf jeden Fall wird die bleibende Raumladung über die Begünstigung der Trägerproduktion zu einer Absenkung der Zündspannung führen.

Zur Entstehung einer bleibenden Raumladung muß die Frequenz bei vorgegebener Schlagweite oberhalb eines gewissen „kritischen" Wertes liegen, oder es muß bei fester Frequenz die Schlagweite größer als die kritische sein. Bei kleineren Elektrodenabständen oder langsameren Pulsationen des Feldes vermögen alle Ionen spätestens bis zum zweiten Nulldurchgang nach ihrer Entstehung die augenblickliche Anode zu erreichen und können das Feld nicht nachhaltig und merklich verzerren. Die kritischen Werte von Frequenz und Schlagweite sind durch die Beziehung

$$d_{\mathrm{kr}} = \frac{b\,E_0}{\pi} \cdot \frac{1}{f_{\mathrm{kr}}}$$

miteinander verknüpft. Beispielsweise muß bei einer Schlagweite von $d = 0,5$ cm in Luft ($E_0 \approx 34\,\mathrm{kV/cm}$) die Frequenz der erregenden Wechsel-spannung höher als rd. 60 kHz sein ($\lambda < 5000$ m), damit die Raum-ladungswolke sich ausbilden und die Zündspannung absenken kann. Nur bei der Neutralisierung der stationären positiven Raumladung durch eine annähernd gleichgroße negative Trägeransammlung dürfte die Durch-schlagspannung auch bei überkritischen Frequenzen nicht beeinflußt werden. Dieser Fall läßt sich sowohl durch die Verwendung eines elek-tronegativen Gases realisieren, das selbst raschfliegende Elektronen zu negativen Ionen umbildet, als auch durch Übergang zu solch hohen Frequenzen, bei denen es auch den freien Elektronen nicht mehr gelingt, während der Dauer einer Halbwelle die anziehende Elektrode zu erreichen. Bei Versuchen mit dem stark elektronegativen Frigen konnte GÄNGER [2] nachweisen, daß dessen Festigkeit im homogenen Feld bei 110 kHz bis hin zum Sättigungsdruck tatsächlich die gleiche ist wie bei 50 Hz.

Unter der vereinfachenden Annahme einer Elektrodenspannung von rechteckiger Kurvenform übertrug BÖCKER [3] die ROGOWSKISchen Vorstellungen über die Auswirkung der positiven Raumladung auf die Zündspannung beim statischen Durchbruch auf die Berechnung der zu erwartenden Zündspannungssenkung bei Hochfrequenz. Nach Bestimmung der stationären, nur durch Diffusion begrenzten Raumladungsdichte leitete BÖCKER ab, daß bei geringer Überschreitung der kritischen Frequenz die Zündspannung proportional der relativen Periodenverkürzung $\dfrac{T_{kr} - T}{T_{kr}}$ sei $\left(T_{kr} = \dfrac{1}{f_{kr}} \right)$ und bei weiterer Frequenzerhöhung nur noch mit der Wurzel aus diesem Ausdruck absinke; bei weit überkritischen Fre-

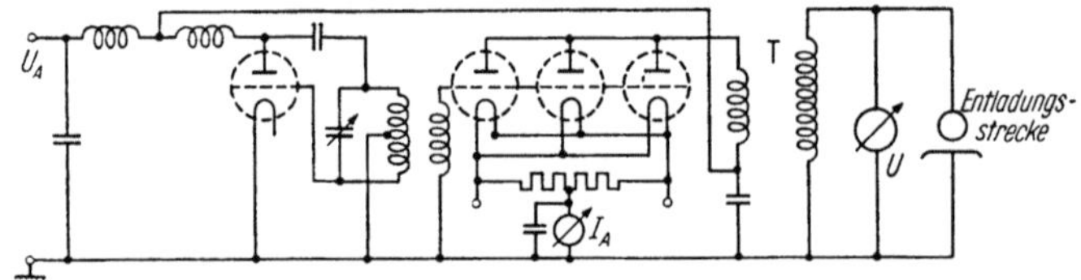

Abb. 152. Schaltung zur Erzeugung hochfrequenter Hochspannung.

quenzen soll die Zündspannung nur noch mit der vierten Wurzel aus der Frequenz abnehmen. Es genüge hier dieser Hinweis auf den Versuch einer mathematischen Behandlung des Problems; eine ausführliche Würdigung erübrigt sich, da die vorausgesetzte Rechteckform der Wechselspannung eine so weitgehende Vereinfachung darstellt, daß eine mehr als größenordnungsmäßige Übereinstimmung zwischen Rechnung und Experiment nicht erwartet werden kann.

b) Meßergebnisse bei Mittelwellen. Mit Ausnahme der älteren Arbeiten von ALGERMISSEN [4] und von LEONTIEWA [5] mit rasch abklingenden Hochfrequenzschwingungen eines stoßerregten TESLA-Generators wurde die Mehrzahl der Untersuchungen über die Entladungsausbildung bei hohen Frequenzen mit ungedämpfter Hochfrequenz ausgeführt. Hierzu wurden von CLARK und RYAN [6] und von REUKEMA [7] Lichtbogengeneratoren nach POULSEN und von allen nachfolgenden Experimentatoren Röhrengeneratoren benutzt. Eine für derartige Untersuchungen geeignete Schaltung mit selbsterregter Steuerstufe und nachfolgender induktiv gekoppelter Verstärkerstufe zeigt Abb. 152. Die aus nur wenigen Windungen bestehende Spule des Ausgangskreises ist Erregerspule des eisenlosen Teslatransformators T, dessen einlagige

Sekundärwicklung mit der resultierenden Kapazität des Hochvoltkreises die Arbeitsfrequenz bestimmt. Die dem Prüfling zugeführte Spannung wird durch Änderung der Abstimmung, der Anoden- oder der Heizspannung der Röhren geregelt. Zur Erzielung hoher Spannungen ist der Hochspannungskreis möglichst verlustarm aufzubauen. Doch bedarf es auch dann noch einer Ausgangsleistung von mindestens 1 kW, um hochfrequente Spannungen beachtlicher Höhe zu erzeugen. Bei Frequenzen über 1 MHz sinkt die erzielbare Höchstspannung wegen der zwangsläufigen Verkleinerung der Spulenwindungszahl und der Güteminderung der Abstimmkreise.

Die vorliegenden Arbeiten über den Hochfrequenzdurchschlag von sehr langen Wellen bis herab zu Wellenlängen von 3 m lassen sich in zwei Gruppen scheiden: In eine solche, deren Verfasser bestrebt sind, bis zu recht kurzen Wellen vorzustoßen und sich hierbei mit verhältnismäßig niedrigen Spannungen begnügen (Scheitelwert max. 15 kV), und in eine zweite Gruppe von Untersuchungen bei längeren Wellen, jedoch höheren Spannungen (65—140 kV Scheitelwert). Zur ersten Gruppe gehören die Arbeiten von

GOEBELER [8] mit den Wellenlängen $\lambda = 3500/3000/2500$ m und Verwendung von Kugeln von 2 cm $\varnothing$, Platten von 5,2 cm $\varnothing$ und Spitzen als Elektroden;

LASSEN [9], $\lambda = 2700/2100/970/340/122$ m, einpolig geerdete 3 cm-Platten- und 2,5 cm-Kugelfunkenstrecke;

MÜLLER [10], $\lambda = 340/120/90/25/12$ m, einpolig geerdete 1 cm-Funkenstrecke, Luft von erniedrigtem Druck (bis herab zu 50 Torr);

SEWARD [11], $\lambda = 2500—330$ m, einseitig geerdete 0,5 und 1,4 cm-Kugel- und Nadelfunkenstrecke.

Der zweiten Gruppe hoher Hochfrequenzspannungen gehören an die Arbeiten von

CLARK und RYAN [6], $\lambda = 2440/1180/490$ m, symmetrische 17,8 cm-Kugelfunkenstrecke;

REUKEMA [7], $\lambda = 8500—5800$ und $5000—700$ m, unsymmetrische 6,25 cm-Kugelfunkenstrecke;

KAMPSCHULTE [12], $\lambda = 4000/2800$ m, einseitig geerdete Funkenstrecke mit Kugeln von 1—15 cm $\varnothing$, 15 cm-Platten, Spitze–Platte, Stützer, Überschlag längs verschiedener Isolatoren;

MISERÉ [13], $\lambda = 700—300$ m, symmetrische Schaltung von 1,6 bis 15 cm-Kugeln, 4 cm-Platten, 60°-Spitzen;

LUFT [14], $\lambda = 830—370$ m, symmetrische und unsymmetrische Schaltung von 5 und 10 cm-Kugelfunkenstrecken, 35°- und 60°-Spitze, Spitze–Platte, Stützer;

ROHDE und WEDEMEYER [15], $\lambda = 3000/300/30/3$ m, 1 cm-Kugelfunkenstrecke bei 2 mm Schlagweite;

GÄNGER [2], $\lambda = 2700/2400/870$ m, einseitig geerdete Funkenstrecke mit 14 cm-Platten, 0,5 und 5 cm-Kugel gegen Platte, 25°-Spitze gegen Platte; außer verdichteter Luft noch Stickstoff bis 40 at Überdruck, Frigen bis zu 5 at.

Schon die ersten Messungen von RYAN und CLARK [6] sowie von REUKEMA [7] ergaben ein Absinken der Durchschlagspannung bei höherer Frequenz. Zwar konnte GOEBELER [8] eine solche Verringerung der Gasfestigkeit nicht mit Sicherheit feststellen, doch arbeitete er nur mit kleinen Schlagweiten (bis 4 mm) und verhältnismäßig niedrigen Frequenzen, also im unterkritischen Bereich, wo die Durchschlagspannung noch nicht von dem bei Gleich- oder technischer Wechselspannung gemessenen Wert abweicht. Das Auftreten einer kritischen, von der Frequenz abhängigen Schlagweite konnte LASSEN [9] nachweisen. Seine Meßergebnisse mit kleinen Kugelelektroden sind in Abb. 153 wiedergegeben und gelten fast unverändert auch für Plattenelektroden. Aus der graphischen Veranschaulichung geht klar hervor, daß. die Durchschlagspannung bei kleinen Schlagweiten von der Frequenz nicht abhängt und daß bei einer Vergrößerung der Schlagweite die Absenkung um so früher eintritt, je höher die Frequenz der an die Elektroden gelegten Wechselspannung gewählt wird. In Übereinstimmung mit den Über-

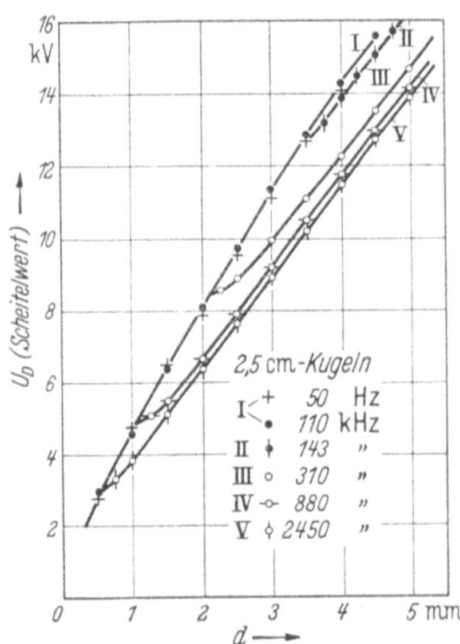

Abb. 153. Funkenspannungen (Scheitelwerte) in Luft von Normalzustand zwischen 2,5 cm-Kugeln in Abhängigkeit von der Schlagweite bei verschiedenen Frequenzen der Wechselspannung.

legungen von BÖCKER [3] sinkt die Festigkeit des Gases bei Überschreiten des kritischen Wertes zunächst stärker und späterhin nur noch wenig ab. Ob sich die Abweichung der Hochfrequenzwerte von den statischen Durchschlagspannungen knapp oberhalb der kritischen Frequenz bzw. Schlagweite so scharf ausprägt, wie dies die Messungen von LASSEN angeben, sei dahingestellt; andere Messungen zeigen ein allmählicheres Auseinanderstreben der Kurvenäste von Nieder- und Hochfrequenzdurchschlagspannung. Unbestritten ist jedoch, daß die Festigkeit im annähernd homogenen Feld bis auf rd. $^4/_5$ des bei niedriger Frequenz gemessenen Wertes zurückgehen kann.

Für eine Frequenz von rd. 450 kHz gibt Abb. 154 Messungen von Miseré [13] und Luft [14] für 10 cm-Kugeln bei beiderseitig isolierten Elektroden; zum Vergleich sind die Eichwerte der Durchbruchspannung bei 50 Hz miteingetragen. Ab einer zwischen 0,5 und 1 cm liegenden kritischen Schlagweite liegt die Hochfrequenzkurve unter stetiger Vergrößerung der Absenkung unterhalb der für 50 Hz. Einseitige Erdung ergibt etwas tiefere Werte.

Eine Zusammenstellung der vorliegenden Messungen mit Kugelfunkenstrecken in atmosphärischer Luft gibt Abb. 155; die auf statische Durchschlagspannung bezogenen Hochfrequenzdurchschlagspannun-

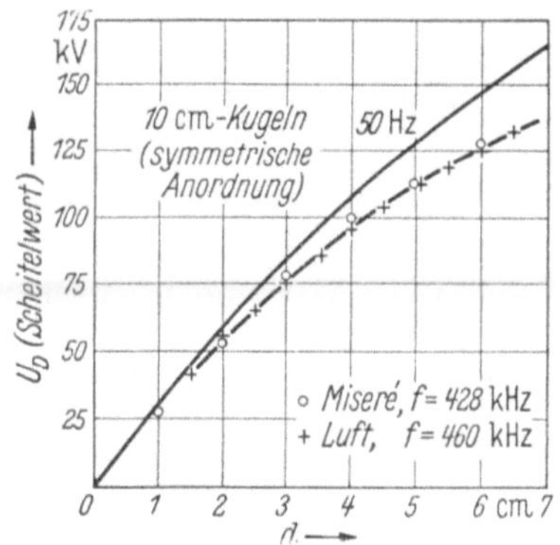

Abb. 154. Vergleich der Durchschlagspannungen einer 10 cm-Kugelfunkenstrecke bei 50 Hz- und bei Hochfrequenzwechselspannung.

gen sind in Abhängigkeit von der Frequenz aufgetragen. Wenn auch die Streuung bei den sehr unterschiedlichen Kugelgrößen und Schlagweiten recht groß ist, so lassen sich aus dieser Zusammenstellung doch zweifelsfrei folgende Tatsachen entnehmen [16]:

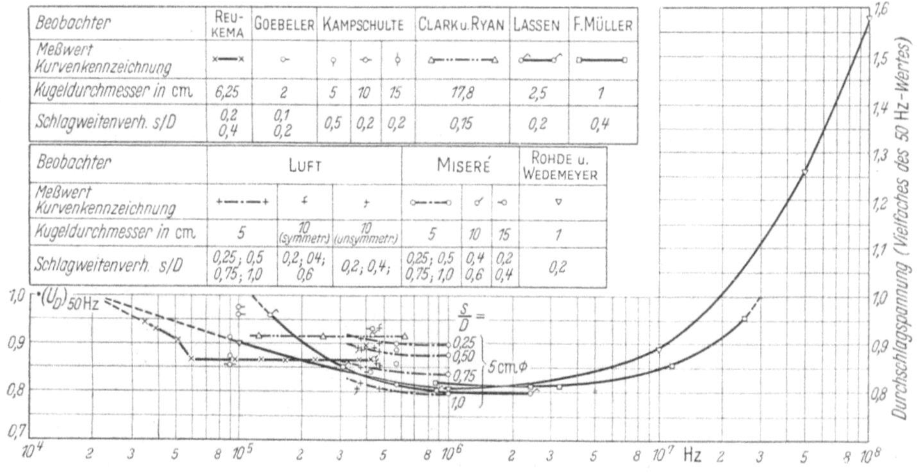

Beobachter	REU-KEMA	GOEBELER	KAMPSCHULTE			CLARK u. RYAN	LASSEN	F.MÜLLER
Meßwert Kurvenkennzeichnung	x——x	o–	♀	–o–	◊	o–··——··–Δ	⌐—ᐤ	o—o
Kugeldurchmesser in cm	6,25	2	5	10	15	17,8	2,5	1
Schlagweitenverh. s/D	0,2 0,4	0,1 0,2	0,5	0,2	0,2	0,15	0,2	0,4

Beobachter	LUFT			MISERÉ			ROHDE u. WEDEMEYER
Meßwert Kurvenkennzeichnung	+——·——+	ƒ	+	o—·—o	♂	–o	▽
Kugeldurchmesser in cm	5	10 (symmetr.)	10 (unsymmetr.)	5	10	15	1
Schlagweitenverh. s/D	0,25; 0,5 0,75; 1,0	0,2; 04; 0,6	0,2; 0,4;	0,25; 0,5 0,75; 1,0	0,4 0,6	0,2 0,4	0,2

Abb. 155. Frequenzabhängigkeit der Durchschlagspannung von Kugelfunkenstrecken.

1. Oberhalb einer Frequenz von rd. 20—40 kHz muß bei den üblicherweise vorkommenden Schlagweiten von Kugelfunkenstrecken mit einer Zündspannungserniedrigung gerechnet werden.

2. Die Absenkung ist um so größer, je größer die Schlagweite bei vorgegebenem Kugeldurchmesser ist und je mehr die kritische Frequenz der Anordnung überschritten wird.

3. Die Absenkung nimmt oberhalb 1 MHz nur noch wenig zu und erreicht bei einer Frequenz von rd. 3 MHz ($\lambda = 100$ m) ihr größtes Ausmaß, um dann wieder kleiner zu werden. Bei noch weiterer Frequenzerhöhung steigt die Funkenspannung sogar wieder an und erreicht bei einer Wellenlänge von rd. 15 m oder noch darunter wieder den statischen Durchbruchwert, um bei noch kürzeren Wellen zunächst noch weiter anzusteigen.

Diese Erholung der Festigkeit geht ebenfalls aus Abb. 156 hervor. Zur Messung wurde hierbei im wesentlichen die gleiche Anordnung benutzt, mit welcher die Werte von Abb. 153 gewonnen wurden. Die Kurven 2 und 3 mit $\lambda = 340$ bzw. 120 m stimmen gut mit den entsprechenden Kurven IV und V von Abb. 153 überein. Bei noch kürzerer Wellenlänge (Kurve 4 mit $\lambda = 90$ m) ändert sich die Funkenspannung zunächst nicht; erst bei noch höherer Frequenz verringert sich die Absenkung gegenüber statischer Beanspruchung, wobei gleichzeitig die kritische Schlagweite zunimmt.

Unzweifelhaft ist dieser Wiederanstieg der Durchschlagspannung darauf zurückzuführen, daß bei ausreichend hoher Frequenz die Elektrodenladungen so rasch wechseln, daß selbst die leichtbeweglichen Elektronen vom Feldabbau und der Feldrichtungsumkehr im Entladungsraum

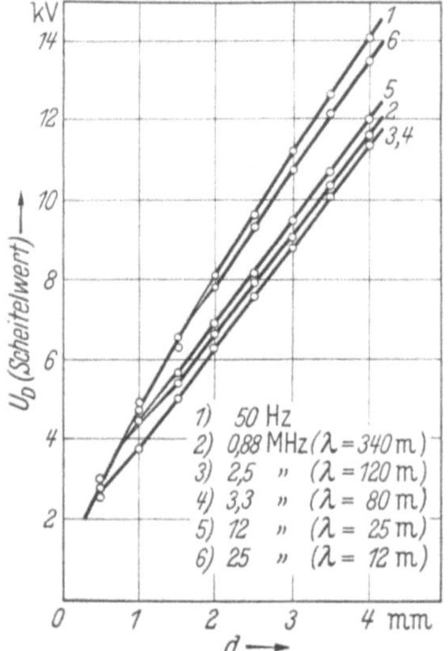

Abb. 156. Durchschlagspannung in Luft ($\delta = 1$) zwischen 1 cm-Kugeln in Abhängigkeit von der Schlagweite für verschiedene Frequenzen [10].

überrascht werden und ebenso wie die Ionen eine bleibende Raumladung ausbilden. Bei einer Geschwindigkeit von rd. $2 \cdot 10^7$ cm/sek zur Zeit ihrer Bildung erreichen die Elektronen die Anode bis zum Nulldurchgang des Feldes nur, wenn diese nicht weiter als $\dfrac{2 \cdot 10^7}{2\pi f}$ cm entfernt ist; bei $f = 10^7$ Hz darf somit die Entfernung zwischen den Elektroden nicht größer als 0,3 cm sein, damit auch noch die zuletzt ausgebildeten Elektronen ihr Ziel erreichen. Bei weiter vergrößerter Schlagweite oder Frequenz bleiben in jeder Halbwelle Elektronen im Entladungsraum zurück; ihre Dichte steigt solange an, bis sich ein Gleichgewichtszustand zwischen Elektronenerzeugung und -verlust ausgebildet hat. Die negative Raumladung verdünnt die positive und macht deren Feldverzerrung und Ionisierungsbegünstigung mindestens teilweise rückgängig, weshalb sich die Funkenspannung unter diesen Bedingungen dem statischen Wert annähert.

Die Druckabhängigkeit der Hochfrequenzdurchschlagspannung wurde von MÜLLER [10] unterhalb atmosphärischen Drucks, von GÄNGER [2] in Luft und Stickstoff bis zu 40 at sowie in Frigen bis nahe zum Sättigungsdruck untersucht. Wie Abb. 157 für Messungen bei einer Frequenz von 880 kHz zeigt, treten gegenüber Gleichspannungsbeanspruchung keinerlei

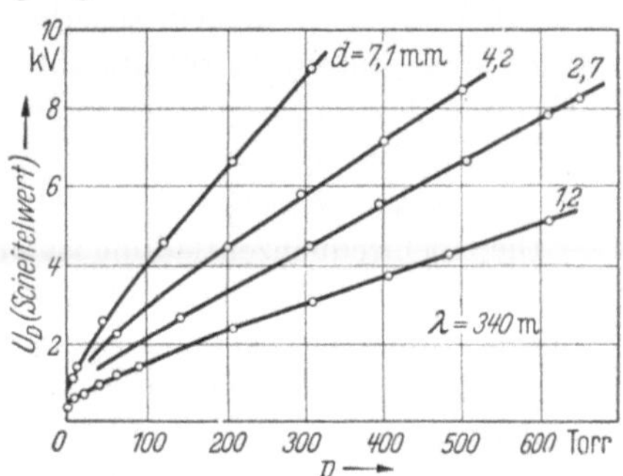

Abb. 157. Durchschlagspannung zwischen 1 cm-Kugeln in Abhängigkeit vom Druck [10].

Besonderheiten auf, außer daß eben die Hochfrequenzwerte bei mittleren Wellenlängen tiefer liegen und bei noch kürzeren Wellen wieder ansteigen, wie durch weitere Messungen nachgewiesen wurde. Gleichartiges ergibt sich auch aus den Messungen bei hohem Druck, von denen Abb. 158 einen Ausschnitt mit den Ergebnissen in Stickstoff liefert.

Einige wenige Untersuchungen beschäftigen sich mit der Festigkeit des inhomogenen Feldes bei Hochfrequenz. Im Feld konzentrischer Zylinder findet MISERÉ [17] eine schwache Absenkung der Koronaeinsatzspannung in Luft an Drähten von 0,045 bis 0,01 cm Durchmesser bei 500 Hz um 1,4—2% und bei Hochfrequenz (f=119—1620 kHz) im

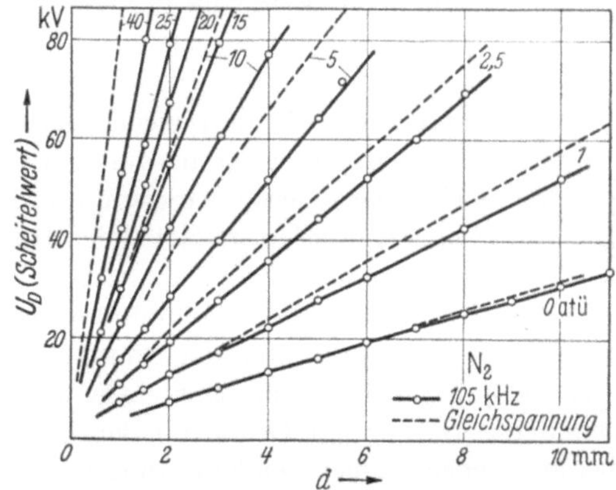

Abb. 158. Durchschlagspannung zwischen Platten in Stickstoff bei einigen Festwerten des Druckes [2].

Mittel um 5,5%. Nach Messungen von LANGE [18] mit einem 0,1 mm-Draht in einem 3,3 cm weiten Zylinder bei 567 kHz und im Bereich 100—760 Torr wird die Sprüheinsatzspannung in Luft, reinstem Stickstoff und Sauerstoff gegenüber den Werten bei technischer Wechselspannung um 17—30% abgesenkt. Die Randfeldstärke am Innenleiter beim Koronaeinsatz läßt sich nach MISERÉ [19] durch die Formel

$$E_{r_Z} = 8{,}05\,\delta + 11{,}62\,\sqrt{\frac{\delta}{r}}$$

E_{r_Z} in kV/cm
r Drahtradius in cm
δ Gasdichte, auf 20° C und 760 Torr bezogen

wiedergeben. Von PETERS [19] werden für eine vergleichbare Frequenz (150 kHz) und gleichdünne Drähte ($r = 0{,}015 - 5$ cm) sehr viel niedrigere Einsatzfeldstärken angegeben, doch scheinen diese Messungen keinen Anspruch auf Genauigkeit zu erheben. Für eine 10 m über dem Erdboden ausgespannte Horizontalantenne geben ROHDE und WEDEMEYER [15] die Anfangsspannung bei Drahtdurchmessern von $1 - 8$ mm und für $f = 100$ kHz an. Gegenüber einem Draht mit glatter Oberfläche liegt sie bei Verwendung einer Litze um rd. 15% tiefer.

Die Hochfrequenzentladung ist wegen der höheren Energieumsetzung wesentlich lichtstärker als bei Gleich- oder technischer Wechselspannung. Nur bei stark verringertem Druck ($p < 100$ Torr) ist der Sprühdraht von einer glatten rötlich-violett leuchtenden Lichthülle umgeben. In ihr können einzelne helle, unruhig hin und her wandernde Lichtpunkte unterschieden werden [17]. Bei Erhöhung des Drucks wird die Lichthaut immer mehr durch solche Lichtpünktchen ersetzt, die sich bei mäßiger Spannungssteigerung zu Lichtpinseln und Büschelentladungen auswachsen. Oberhalb 200 Torr bleibt die Lichthülle aus. Der Draht ist dann mit diskreten Sprühentladungen bedeckt, die schon bei geringer Steigerung der Spannung über den Einsatzwert hinaus beträchtliche Länge erreichen. Ebenso wie bei niederer Frequenz gerät ein frei ausgespannter Draht als Folge der ungleichmäßigen Erwärmung der Lufthülle und von Wirbelablösungen an seiner Oberfläche in mechanische Schwingungen.

Während bei Gleich- und niederfrequenter Wechselspannung das Anwachsen des Entladungsstroms durch den hohen Widerstand der nicht durchbrochenen Gasstrecke wirksam begrenzt wird, welche von den Ionen durchquert werden muß, ist der Hochfrequenzwiderstand einer solchen Gasstrecke sehr viel kleiner, weil die Ladungen nur zum kleinsten Teil durch den Konvektionsstrom und hauptsächlich als Verschiebungsstrom über die Kapazitäten der Anordnung transportiert werden. Der niedrigere Blindwiderstand läßt einen ungleich stärkeren Trägernachschub zu. Dies ist der Grund für den Umschlag der Koronaentladung bei ausreichend hoher Senderleistung in eine frei in den Raum hineinbrennende einpolige Bogenentladung [15, 20]. Bei hohen Frequenzen schließen sich die vielen, bei niedrigerer Frequenz noch dünnen Einzelfäden einer Büschelentladung zusammen, und die Entladung ähnelt der Flamme eines Bunsenbrenners (Fackel). Eine weitere Folge der hohen kapazitiven Leitfähigkeit der Gastrennstrecke ist die niedere Anfangs- und Funkenspannung im inhomogenen Feld. So gibt LUFT [14] an, daß bei einer einseitig geerdeten Spitzenfunkenstrecke die bei 390 kHz gemessenen Funkenspannungen bei den Schlagweiten 15, 20, 25 und 30 cm gegenüber 50 Hz-Beanspruchung um 56, 62, 65 und 69% tiefer liegen und selbst noch bei Schlagweiten unter 15 cm mit einer Absenkung auf rund die Hälfte gerechnet werden muß. Ein ähnlich starker Rückgang der Funkenspannung zwischen Nadeln wurde auch von SEWARD [11] beobachtet. Messungen der Durchbruchspannung im Spitzenfeld bei 75 kHz sind in Abb. 159 gemeinsam mit den bei 50 Hz gemessenen Werten dargestellt. Wegen Messungen mit beiderseits isolierten Spitzen s. [13] bis 36 cm Schlagweite bei 500 und 1000 kHz sowie [14]. Für sehr große Schlagweiten steigt die Koronaeinsatzspannung kaum noch und auch die Funkenspannung nur wenig an; mit mäßig hohen Hochfrequenzspannungen können daher sehr große Elektrodenentfernungen überbrückt werden. Eine Erhöhung der Frequenz wirkt sich nur in bescheidenem Ausmaß auf eine weitere Absenkung der Funkenspannung aus. Allgemein wird von den Beobachtern die gegenüber der erheblichen Streuung bei Niederfrequenz sehr gute Konstanz der Hochfrequenzmeßwerte auch bei kleinen Schlagweiten hervorgehoben.

Über die Erniedrigung der Funkenspannung einer positiven Spitze gegenüber geerdeter Platte bis zur Hälfte durch Überlagerung einer Hochfrequenzspannung von nur kleinen Bruchteilen der an den Elektroden anstehenden Gleichspannung s. [21]. Messungen der Überschlagfestigkeit von Stützern und Isolatoren bei Hochfrequenz s. [12, 14, 19].

In verdichteter Luft und in Stickstoff untersuchte GÄNGER [2] die Entladung zwischen Spitze—geerdeter Platte bei 125 und 345 kHz bis zu 35 at, in Frigen bis zum Sättigungsdruck. Während bei mäßigem Druck

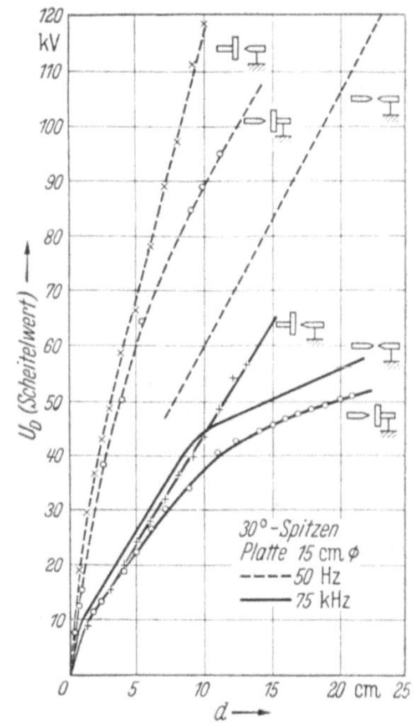

Abb. 159. Funkenspannungen im Spitzenfeld bei 50 Hz und bei 75 kHz [12].

die Korona als Vorläufer des Funkens sich durch ein unruhig zuckendes, rötlich-violettes Büschel anzeigt, wird bei Drucken über 8 at jede Vorentladung unterdrückt, und der Funke entwickelt sich unvermittelt selbst noch beim größten untersuchten Elektrodenabstand von 3,5 cm. Die bei Gleichspannung im Gebiet des kritischen Drucks festgestellte Absenkung der Funkenspannung tritt bei Hochfrequenz nicht auf. Mit Ausnahme kleinster Schlagweiten liegt die Funkenspannung erheblich unter den für niedrige Frequenzen gültigen Werten.

c) Durchschlag im Meterwellengebiet. Vorbedingung für Messungen bei den kurzen und ultrakurzen Wellen des Metergebiets war die Entwicklung entsprechender Hochfrequenzgeneratoren ausreichender Leistung. Die erforderliche Beschränkung auf Spannungen mäßiger Höhe schloß Untersuchungen im Gebiet atmosphärischen Drucks aus und war Ursache der fast alleinigen Verwendung verdünnter Gase. Auch treten erst bei größeren freien Wegen der Elektronen im Gas neue Erscheinungen auf, denen besonderes Interesse gebührt.

Zur Erregung einer Gasentladung in einem abgeschlossenen Raum bestehen zwei Möglichkeiten. Entweder wird das elektrische Feld in der üblichen Weise hauptsächlich durch die Elektrodenladungen verursacht — die Elektroden können hierbei auch außerhalb des Gefäßes angeordnet sein, da die Glaswand dem dielektrischen Fluß bei den hohen Frequenzen keinen erheblichen Widerstand entgegensetzt — oder das Feld wird im Innern einer vom Hochfrequenzstrom durchflossenen Spule als Folge des raschen Wechsels des magnetischen Spulenfeldes induziert. Die Wirkung des Magnetfeldes ist eine zweifache: Es erregt ein elektrisches Feld und zwingt Elektronen zum Lauf auf konzentrisch zur Spulenebene liegenden Kreisbahnen. Die rasch bewegten Träger repräsentieren einen in sich geschlossenen Stromkreis. Bei niederem Gasdruck geben die sich abspielenden Stoßprozesse in Höhe der Spule zu einem hellen Lichtring oder mehreren konzentrischen Ringen verschiedener Farbe Anlaß, welche der von HITTORF entdeckten Erscheinung den Namen *elektrodenlose Ringentladung* gegeben haben.

TOWNSEND und DONALDSON [22] konnten wahrscheinlich machen, daß bei den üblichen Spulenabmessungen die von den Ladungen verursachten elektrostatischen Kräfte sehr viel größer sind als die von der Änderung des Magnetfeldes herrührenden. Durch Abschirmung mit Schutzringen kann die elektrostatische Einwirkung unterbunden werden. Es ist nicht möglich, an dieser Stelle auf das Für und Wider der unterschiedlichen Auffassungen über den Anteil von elektrostatischem und magnetischem Feld an der elektrodenlosen Entladung einzugehen. Nur soviel sei gesagt, daß sehr wahrscheinlich beide Effekte bedeutungsvoll sind, und zwar dürfte die elektrostatische Wirkung vorwiegend zur Erzeugung der Anfangselektronen und damit zur Einleitung der Entladung beitragen, und es dürfte die magnetische Wirkung hauptsächliche Ursache der stationär brennenden Ringentladung sein [23].

Durch die Verwendung von Außenelektroden bei hochfrequenten Gasentladungen ist es möglich, Beeinflussungen des Gases und der Entladung durch den Werkstoff und die Beschaffenheit der Elektroden zu vermeiden. Diese werden oft in Streifen einer leitenden Folie auf die Außenseite des Glasgefäßes geklebt oder auch mit einem Luftzwischenraum angeordnet. Je nachdem, ob bei Verwendung von Kreislochplatten (Abb. 160a) oder von wandparallelen Elektroden (Abb. 160b) das elektrische Feld parallel oder senkrecht zur Gefäßwand erregt wird, spricht man von einer *longitudinalen* oder einer *transversalen* Entladung. Wesentlich für das Zustandekommen der je nach Elektrodenanordnung verschiedenartigen Entladungserscheinungen ist, daß bei der Transversalentladung offensichtlich eine größere Zahl von Ladungsträgern auf die Gefäßwand aufprallt und daher in diesem Fall dem Wandeinfluß wegen der bei Drucken unter 1 Torr gleichen Größenordnung von mittlerer freier Weglänge der Elektronen und Gefäßabmessungen eine größere Rolle zukommt [24]. Form und Anordnung der Elektroden vermögen sich beträchtlich auf Zünd- und Brennspannung der Entladung auszuwirken.

Mit zu den ersten Untersuchungen auf dem Gebiet des Höchstfrequenzdurchschlages bei Unterdruck gehören die Arbeiten von GUTTON [25] und KIRCHNER [26, 27] mit Wellenlängen bis herab zu 15 bzw. 8,5 m und außen aufgeklebten Elektroden. Die Messungen von KIRCHNER in Luft, H_2, O_2 und Ne erbrachten das überraschende Ergebnis, daß Hochfrequenzentladungen bei geeignetem Druck

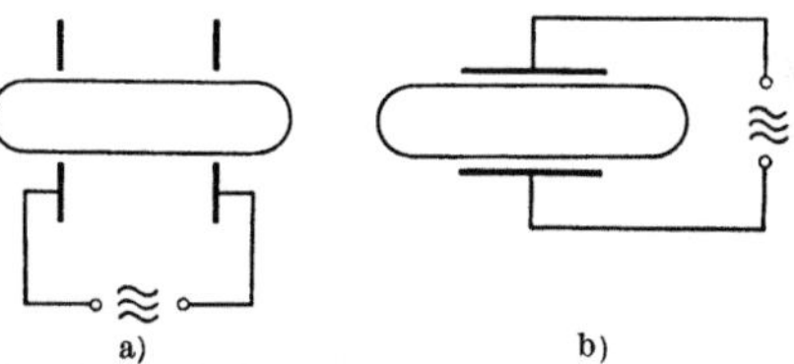

Abb. 160. a) Longitudinales und b) transversales Feld.

mit abnorm niederen Spannungen brennen können, die in Neon bis auf 15 V absinken und damit sogar noch unter der Anregungsspannung dieses Gases liegen. Damit war klar zu erkennen, daß die Trägervermehrung sich nicht in der bei Gleichspannung oder langsamen Feldänderungen üblichen Weise gemäß der TOWNSEND-Vorstellung durch Stoßprozesse der Elektronen auf ihrem Weg zur Anode abspielt, nachdem ja ein Elektron selbst bei unbehindertem Durchfallen der ganzen Potentialdifferenz zwischen den Elektroden noch nicht die zur Ionisierung benötigte Energie erlangt, sondern daß die sehr raschen Pulsationen der angelegten Hochfrequenzspannung Ursache der Ionisationen auch schon bei sehr kleinen Beschleunigungsspannungen sind. Dies ist bei Ausschaltung von Stufenprozessen nur dadurch möglich, daß die Masse der Elektronen wegen ihrer raschen Pendelbewegungen im Hochfrequenzfeld während der Dauer einer Halbwelle die augenblickliche Anode nicht erreicht und sich über längere Zeit im Feldraum aufhält und dort bei oftmaligen elastischen Stößen mit den Gasmolekeln allmählich die Energie akkumuliert, die Voraussetzung einer schließlichen Ionisation ist.

Auf das Elektron wirkt im Wechselfeld der Amplitude E_0 und Kreisfrequenz $\omega = 2\pi f$ die Kraft $m \dfrac{d^2 x}{dt^2} = e\, E_0 \sin \omega t$ ein. Kann es dieser Kraft ohne Beeinträchtigung durch Zusammenstöße folgen (bei sehr niederem Gasdruck oder sehr hoher Frequenz), so ergibt sich seine Geschwindigkeit zur Zeit t zu

$$v = \frac{dx}{dt} = \int_0^t \frac{e}{m} E_0 \sin \omega t \, dt = -\frac{e}{m} \cdot \frac{E_0}{\omega} \cos \omega t + \frac{e E_0}{\omega m} \, .$$

Die größte Geschwindigkeit $v_{max} = 2 \dfrac{e E_0}{m \omega}$ tritt bei der Richtungsumkehr des Feldes zur Zeit $t = \pi/\omega$ auf. Bei Angabe der Feldstärke in V/cm ist $v_{max} = 5{,}6 \cdot 10^{14} \dfrac{E_0}{f}$ [cm/sek]. Die Elektronen, die sich bereits zu Beginn einer Halbwelle im Entladungsraum befanden, legen einen Weg der Länge

$$s = \int_0^{\pi/\omega} \frac{dx}{dt} \, dt = \left[-\frac{e E_0}{m \omega^2} \sin \omega t + \frac{e E_0}{m \omega} t \right]_0^{\pi/\omega} = \frac{e E_0}{m \omega^2} \pi = 1{,}38 \cdot 10^{14} \frac{E_0}{f^2} \text{ [cm]}$$

zurück.

Im Hochvakuum pendeln die Elektronen als Folge ihrer Trägheit mit 90° Phasenverschiebung im erregenden Wechselfeld; Energie kann hierbei im Mittel nicht auf sie übertragen werden. Die Anwesenheit von Gasmolekeln führt zu einem grundsätzlichen anderen Verhalten. Die Elektronen (Masse m) stoßen dann gelegentlich elastisch mit Molekeln (Masse M) zusammen. Sie verlieren dabei höchstens den sehr kleinen Anteil $4 \dfrac{m}{M}$ ihrer augenblicklichen kinetischen Energie $\dfrac{1}{2} m v^2$ und werden unter nahezu voller Erhaltung derselben in beliebige Richtungen des Raumes gestreut[1]. Den anschließenden Freiflug beginnt das Elektron mit einer Anfangsgeschwindigkeit, die dann am größten ist, wenn der Stoß zufällig im Augenblick der Richtungsumkehr des Wechselfeldes bei der Elektronengeschwindigkeit v_{max} erfolgte. Bei einem Zusammenstoß in einer anderen Phase der Halbperiode ist die beibehaltene Energie zwar geringer, doch erbringt der Stoß und die mit ihm verbundene Störung der Beziehung zwischen Elektronenbewegung und Wechselfeld im Mittel eine Vermehrung der kinetischen Energie des Elektrons, auch ohne daß es hierzu einer gerichteten Bewegung im Feld bedarf. Zwar hängt es von den Zufälligkeiten des nächstfolgenden Stoßes ab, ob das Elektron wiederum seine Energie vergrößern kann oder ob es die gewonnene Energie verliert, jedoch sorgen die quadratisch genommenen Geschwindigkeiten bei der Mittelung über viele Stoßvorgänge für eine Hervorhebung der über dem Durchschnitt liegenden Energiewerte. Der

---

[1] Die Energieverteilung von Elektronen in einem Hochfrequenzfeld wird von HOLSTEIN [28], MARGENAU [29] sowie von MacDONALD und BROWN [30] behandelt; über eine Methode zur Bestimmung der mittleren Elektronengeschwindigkeit s. [31], über Sondenmessungen in einer Hochfrequenzentladung zum gleichen Zweck s. [32].

mittlere Energiegewinn pro Stoß auch unter Zulassung von Stößen aus beliebigen Richtungen errechnet sich zu $\frac{1}{m}\left(\frac{e E_0}{\omega}\right)^2$ [33, 60]. Mit dem Zuwachs an Bewegungsgröße steigt zwar auch die Energieabgabe bei elastischen Stößen an; solange jedoch der mittlere Gewinn den mittleren Verlust übertrifft, erhöht sich bei jedem Zusammenstoß die dem Elektron verbleibende Energie, und es besteht die Möglichkeit, daß das Elektron nach einer großen Zahl von elastischen Stößen die zur Ionisierung nötige Energie aufgenommen hat. Bei unveränderlichem Wert von E/p ist die Energieübertragung vom Feld auf das Elektron um so besser, je größer das Verhältnis p/f ist, da sich dann während einer Halbperiode viele Kollisionen ereignen und die Phasenverschiebung zwischen Feld und Elektronengeschwindigkeit abnimmt.

Nach dieser Überlegung ist es somit einem Elektron möglich, an beliebiger Stelle des Feldraumes ohne ein Fortschreiten zur Anode, allein als Folge seiner Pendelbewegung im Feld und der Massenungleichheit der Stoßpartner zu ionisieren und dadurch einen Trägeranstieg einzuleiten. Nur in den Randzonen vor den Elektroden oder Gefäßwänden verarmt das Gas an Elektronen; wegen des Mangels an ionisierenden Elektronen findet dort keine nennenswerte Trägererzeugung statt. Am stärksten häufen sich die Ladungen in Mitte des Entladungsraums, kenntlich nach Beginn der Entladung an einer hellen Leuchtzone. Im dort vorhandenen Plasma überwiegt wegen der viel kleineren Diffusionsgeschwindigkeit der Ionen die positive Raumladung; sie führt zu einer Abschwächung des äußeren Feldes und einer Verkleinerung der Schwingungsweiten der Elektronen [34]. Parallel hiermit geht eine Verringerung des Elektronenverlusts durch Diffusion zu den Wänden, weshalb zur Erhaltung des Gleichgewichts der Trägerkonzentration eine geringere Feldstärke ausreicht. Die Brennspannung einer Hochfrequenzentladung liegt daher teilweise sehr erheblich unter ihrer Zündspannung.

An Stelle der Ausbildung einzelner Leuchtzonen, wie dies von der Gleichspannungsentladung her bekannt ist und auch in Wechselspannungsentladungen niedriger Frequenz bei strobokopischer Beobachtung gefunden wird, zeigt die Höchstfrequenzentladung nur eine leuchtende Gaswolke mit schmalem Dunkelraum vor jeder Elektrode[1]. Bei Überlagerung einer Gleichspannung weicht die Leuchtwolke nach der einen oder anderen Elektrode zurück, wobei sie sich so verhält, als wäre sie insgesamt positiv geladen [27]. Durch eine zu hohe Gleichspannung wird die Entladungsausbildung oberhalb einer kritischen Schlagweite erschwert [59, 60]. Schließlich erlischt das Leuchten, weil sich der Pendelbewegung der Elektronen eine starke gerichtete Geschwindigkeits-

---

[1] Über die Beobachtung einer starkleuchtenden Zone vor j e d e r Elektrode s. [64].

komponente überlagert, die sie aus dem Feldraum heraus und zur Anode führt [35]. Ebenfalls kann die Anwendung einer zu hohen Elektrodenspannung eine brennende Entladung zum Erlöschen bringen [36].

Mit noch kürzeren Wellen als KIRCHNER arbeiteten WOOD [37] sowie ROHDE [38]; von weiteren wesentlichen Arbeiten dieser Anfangszeit sei die von GUTTON [39] genannt. Eine vollständige Übersicht über alle einschlägigen Arbeiten gibt Mme. CHENOT [40] (s. a. [59]). Diese Messungen zeigen, daß Zünd- und Brennspannung mit wachsender Frequenz abnehmen, wobei sich jedoch stärkere Änderungen erst oberhalb 1 MHz einstellen. In Abhängigkeit vom Druck bildet sich ein Minimum der Zündspannung aus, ähnlich dem gleichartigen Verlauf im TOWNSEND-Gebiet als Folge der gegenläufigen Einflüsse von freier Elektronenweglänge und Molekelzahl auf die Ionisierungsbedingungen. Bei einer Verringerung des Drucks nimmt somit die Durchschlagspannung im Gebiet hohen Druckes ab und bei niederem Druck zu. Doch ist die Lage des Minimums frequenzabhängig: eine Verkleinerung der Wellenlänge läßt es zu niedrigeren Drucken wandern. Dabei spielen die Anordnung und die Abmessungen von Gefäß und Elektroden eine größere Rolle, als man dies von Versuchen mit niedrigen Wechselfrequenzen gewohnt ist [40, 41]. So verschieben sich beispielsweise die Kurven im Minimumgebiet durchweg in Richtung geringeren Druckes bei einer Zunahme der Röhrenlänge.

Wie GUTTON [39] für Wasserstoff zeigen konnte, ändert sich die Zündspannung bei einem von der Frequenz abhängigen Druck jeweils sehr plötzlich, was er als Folge eines Resonanzeffekts im Gas zu deuten versuchte. Die Unwahrscheinlichkeit einer solchen Erklärung und die bedeutende Rolle der Wände für den Aufbau einer Hochfrequenzentladung konnten GILL und DONALDSON [24] durch Versuche in Luft von niederem Druck (unterhalb 15 Torr) bei Wellenlängen zwischen 20 und 130 m nachweisen. Während sie bei Longitudinalentladungen ebenso wie ihre Vorgänger stets nur ein Minimum im Verlauf der Zündspannung über dem Druck erhielten, konnten sie bei der Transversalentladung für längere Wellen als 50 m zwei Minima in der Kurve der Zündspannung feststellen (die Kurve der Brennspannung hat stets nur ein Minimum!); das eine Minimum liegt nahezu unveränderlich bei einem gewissen niederen Druck, während sich der bei höherem Druck liegende andere Kleinstwert mit steigender Wellenlänge noch weiter entfernt. Ähnliche Kurven erhielt auch Mme. CHENOT [40] bei Verwendung abgeschlossener zylindrischer Glasröhren bestimmter Abmessungen mit auf den parallelen Endflächen aufgeklebten Außenelektroden. Hier nicht wiedergegebene Zündspannungskurven für größere Längen der Glaszylinder zeigen eine stetige Verminderung der Zündspannung bei einer Absenkung des Drucks bis hin zum Minimum; nach

Durchschreiten dieses Kleinstwertes nimmt die Zündspannung unter den vorliegenden Umständen bei weiterer Druckverminderung sehr rasch zu, und zwar bei Wellenlängen zwischen 35 und 90 m mit fast senkrechtem Anstieg. Für die Wellenlängen unter 100 m zeigen die Kurven (Abb. 161) bei kurzen Versuchszylindern einen gleichartigen Verlauf: ausgehend von niederem Druck fällt die Zündspannung bei einem scharf ausgeprägten Wert des Druckes bis fast zur Minimumspannung ab, um mit weiter wachsendem Druck wieder langsam anzusteigen. Bei Wellen über $\lambda = 100$ m erfolgt der Abfall zur Minimumspannung bei Vergrößerung des Drucks nicht mehr so abrupt, dafür wird jedoch der zunächst langsame Wiederanstieg rechts vom Minimum

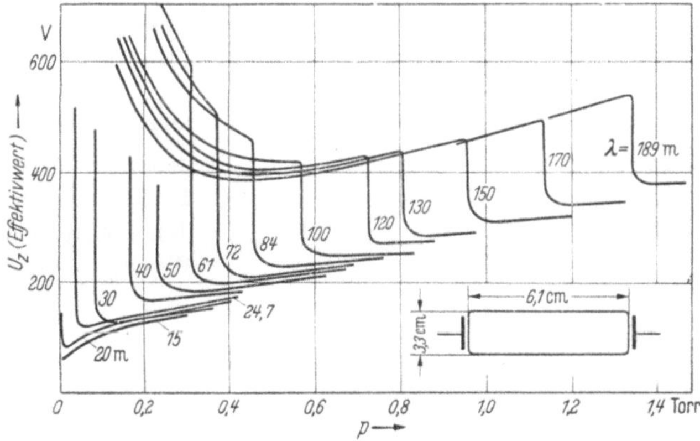

Abb. 161. Zündspannungen der Hochfrequenzentladung in Wasserstoff veränderlichen Drucks für verschiedene Wellenlängen [40].

durch einen nochmaligen unvermittelten Rückgang unterbrochen. Hierdurch bildet sich ein bei höherem Druck gelegenes und mit Abnahme der Frequenz in die Richtung zu noch höherem Druck verschiebendes zweites Minimum aus.

Gleichartige Kurven wie GILL und DONALDSON [24] sowie Mme. CHENOT [40] mit 2 Minima erhielten auch THOMSON [23] sowie GITHENS [41] und PIM [59], allerdings bei Verwendung von Innenelektroden. Damit entkräften diese Versuche die Vermutung, daß das zweite Minimum (bei höherem Druck) durch Aufprall von Elektronen auf die Gefäßwand und Emission von Sekundärelektronen bedingt sei. Das einzige übereinstimmende Kennzeichen aller bisherigen Untersuchungen besteht in der Verwendung planparalleler Elektroden. Mehr als dieses rein äußerliche Merkmal läßt sich als Bedingung für die Ausbildung zweier Minima der $U_Z\,(p)$-Kurve nicht angeben. Die von GITHENS [41] ebenfalls in Wasserstoff bei Frequenzen von 5—11 MHz in einem größeren Druckbereich (10^{-3}—150 Torr) erhaltenen Ergebnisse sind auszugsweise durch die Kurven von Abb. 162 gemeinsam mit der Zündspannungskurve für Gleichspannung veranschaulicht. GITHENS unterscheidet drei Bereiche: 1. Bei hohem Druck ($>$ 30 Torr) ist die Zündspannung von der Frequenz unabhängig und erhöht sich geradlinig mit dem Druck. Ihr Scheitelwert erreicht ungefähr die halbe Gleich-Durchschlagspannung. 2. Mit Verringerung des Druckes bildet sich ein erstes Minimum aus, das sich mit steigender Frequenz zu niedrigeren Drucken verschiebt. Unterhalb des zugehörigen kritischen Drucks liegt die Zündspannung der Hochfrequenzentladung über der des Gleichspannungsdurchschlags. 3. Ungefähr beim selben Druck (1,3 Torr), bei dem die Gleichspannungskurve durch ihren Tiefstwert hindurchgeht, kreuzen sich die nach Durchlaufen des zweiten Minimums steil ansteigenden Kurven der Hochfrequenz-

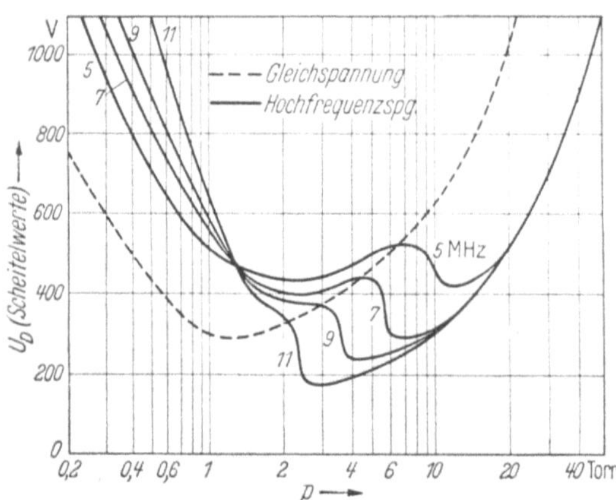

Abb. 162. Zündspannung in H_2 bei 1 cm Abstand der planparallelen Elektroden.

Zündspannung in einem Punkt. Bemerkenswert ist die Feststellung von GITHENS, daß in diesem dritten Bereich der Durchschlag zwischen den Elektroden und den Wänden erfolgt und nicht mehr längs der kürzesten Entfernung zwischen den Elektroden. Somit bildet die Entladung bei sehr niedrigem Gasdruck das Gegenstück zum Nahdurchschlag auf dem steil ansteigenden Ast links von Minimum einer behinderten TOWNSEND-Entladung.

Die eindeutige Abgrenzung dieser drei Durchschlagbereiche stößt in der Praxis auf Schwierigkeiten, weil sie im selben Versuchsraum gemeinsam aufzutreten vermögen und der Durchschlag bei einer Änderung der Frequenz, des Druckes oder der geometrischen Abmessungen von der einen zur anderen Art übergehen kann.

Der wichtige Einfluß der Gefäßwand wurde von GILL und v. ENGEL [42, 34] herausgestellt. Bei einem Druck von 0,1 Torr hat ein Elektron in Wasserstoff einen mittleren Freiweg von 8,2 mm; ein Teil der an einer Elektrode befreiten Elektronen durchfällt bei den üblichen Gefäßabmessungen hierbei die volle Potentialdifferenz des elektrischen Wechselfeldes während einer Halbperiode und prallt mit einer Geschwindigkeit der Größenordnung 100 V auf die Anode oder bei Außenelektroden auf die Gefäßwand auf. Dabei vermag jedes Primärelektron etwa 1 bis

2 Sekundärelektronen freizumachen, die ihrerseits in der nachfolgenden Halbwelle entweder eine lawinenförmige Trägervermehrung im Gas einleiten oder in ihre Ursprungsrichtung zurücklaufen und auf der Gegenseite des Gefäßes neue Elektronen herausschlagen. Die Trägerzahl wird hierbei bis zu einem Gleichgewichtszustand vermehrt, bei dem sich die Zahl der neuerzeugten und der verlorengehenden Elektronen gerade Gleichgewicht hält. Ist die Aufrechterhaltung eines solchen Gleichgewichts bei einer weiteren Erhöhung der Spannung wegen des zu raschen Anstiegs der Trägerzahl nicht mehr möglich, dann schnellt der Strom innerhalb eines engen Spannungsbereichs auf große Werte hoch: die Entladung zündet. Die stationär brennende Entladung ist allerdings nicht mehr an eine Neuerzeugung von Elektronen an den Wänden gebunden, weil die im Innern des Gefäßes aufgebaute positive Raumladung eine Verringerung der Elektronenwege zur Folge hat und die Mehrzahl der Elektronen dann nicht mehr die Gefäßwände erreicht, sondern mit kleiner Amplitude im Takt der Wechselfrequenz im Innern pendelt und hierbei die Trägerverluste durch Stoßionisierung der Gasmolekel wettmacht [34].

Mit der Annahme, daß der Durchschlag dann eintritt, wenn Feldstärke, Frequenz und Gasdruck gerade die Werte besitzen, bei denen die Elektronen während eines gewissen Bruchteils der Periodendauer die volle Elektrodenentfernung frei durchfallen und hierbei eine Energie vom Betrag der Ionisierungsarbeit des Gases gewinnen, unternahm HALE [43] einen Versuch zur Berechnung der Zündspannung einer Hochfrequenzentladung in Abhängigkeit vom Druck. Die auf Grund dieser Voraussetzungen ermittelten Werte stimmen im Bereich des Minimumgebietes in Argon recht gut, in Xenon weniger gut mit den experimentell bestimmten Werten überein. Doch dürfte eine solche ungefähre Übereinstimmung mehr zufälliger Art sein, wenn in Betracht gezogen wird, daß die ausschlaggebend in die Rechnung eingehenden freien Elektronenwege nicht konstant sind, sondern nach den RAMSAUER-Messungen von den Beschleunigungsspannungen selbst abhängen. Da auch die physikalischen Voraussetzungen einiger der getroffenen Annahmen zweifelhafter Art sind, möge hier der bloße Hinweis auf diesen Versuch einer rechnerischen Vorausbestimmung der Zündspannung genügen.

Aus dem Bisherigen geht hervor, daß die Fülle des vorliegenden Versuchsmaterials keine eindeutigen Aussagen über die Art des Gasdurchbruchs in verdünnten Gasen bei sehr hohen Frequenzen gestattet. Dieser unbefriedigende Zustand ist unzweifelhaft dadurch bedingt, daß sich zu viele Einflüsse auf Trägererzeugung und -verlust auswirken und der Entladungsmechanismus von den jeweiligen Bedingungen (Gasdruck, Frequenz, Elektrodenanordnung und Gefäßabmessungen) bestimmt wird.

Entscheidend für das Verhalten der Entladung ist das Verhältnis der Zahl der Stöße eines Elektrons auf seinem Zickzackweg im Gas zur Zahl der Feldwechsel in der gleichen Zeit. Bei hohem Druck übersteigt die Stoßfrequenz der Elektronen die Frequenz der an die Elektroden gelegten Spannung, und das Elektron erleidet viele Zusammenstöße während einer Halbwelle. Dann erfolgt die Trägervermehrung im wesentlichen noch lawinenförmig nach der TOWNSEND-Vorstellung während des Laufs eines Anfangselektrons zur jeweiligen Anode. Die einzige Veränderung im Entladungsmechanismus besteht hierbei in der Ausbildung einer bleibenden positiven Raumladung, die durch ihre Feldverzerrung die Elektronenionisierung begünstigt und die Zündspannung erniedrigt. Bei sehr hoher Frequenz treten Sekundäreffekte an den Wänden und Elektroden an Bedeutung zurück. Dann führt die Trägheit der Elektronen zu einer immer stärkeren Phasenverschiebung zwischen ihrer Pendelbewegung und der sinusförmig pulsierenden Feldstärke, womit die Bedingungen für die Übertragung von Energie auf ein Elektron und für dessen Ionisierungsvermögen ungünstiger werden. Beim Übergang vom Bereich vieler Stöße pro Periode des erregenden Feldes zum Bereich vieler Pendelschwingungen des Elektrons pro Periode durchläuft die Zündspannung ihr Minimum, soweit von Wandeinflüssen abgesehen werden kann.

Unter alleiniger Berücksichtigung der Diffusion als Trägerverlust versuchte TOWNSEND [44] ein Bild vom Mechanismus der elektrodenlosen Ringentladung zu geben.

Untersuchungen über den Einfluß eines senkrecht zu den elektrischen Feldlinien verlaufenden statischen Magnetfeldes auf Hochfrequenzentladungen wurden in verdünnter Luft von TOWNSEND und GILL [45], in sehr reinem Stickstoff und Helium von BROWN [46] angestellt. Messungen bei Mikrowellen s. [60, 61]. Durch Gleichsetzung des Energiegewinns eines Elektrons im elektrischen Feld mit dem Verlust bei Stößen im stationären Zustand konnte abgeleitet werden, daß in einem engbegrenzten Bereich der Magnetfeldstärke die Zünd- und in geringem Maße auch die Brennspannung einer Hochfrequenzentladung von niederem Druck herabgesetzt werden. Am größten ist die resonanzartige Verringerung, wenn zwischen Frequenz f, Magnetfeld H (in Gauß) und der spezifischen Elektronenladung $\frac{e}{m}$ die Beziehung $\frac{e}{m} H = 2\pi f$ besteht. Unter Verwendung eines kugeligen Glasgefäßes von rd. 13 cm $\varnothing$ und äußerer planparalleler Elektroden konnte gezeigt werden, daß diese Bedingung mit großer Genauigkeit erfüllt ist. Abb. 163 gibt für zwei Frequenzen die größtmögliche Verringerung der Zündfeldstärke in Stickstoff bei passend gewählter Magnetfeldstärke. Für die kürzere Welle hat die optimale Magnetfeldstärke den Wert 18,1 Gauß, für die längere Welle 11,6 Gauß.

Den Einfluß eines Magnetfeldes auf die Brennspannung einer elektrodenlosen Entladung in Wasserstoff untersuchten KOCH und NEUERT [47]. Auch sie finden eine resonanzartige Ausprägung des Effekts, vor allem bei niederem Druck.

In zylindrischen Glasrohren mit aufgeklebten Außenelektroden stellte ZOUCKERMANN [48] einen starken Bestrahlungseinfluß auf die Zündspannung in Wasserstoff niederen Druckes fest. Im Bereich des Durchschlagminimums (bei 10^{-2} Torr) erniedrigte sich die Zündspannung von 96 auf 83 V bei Einstrahlung von ultraviolettem oder blauem Licht, um allerdings bei ausreichender Druckerhöhung fast ungeändert zu bleiben.

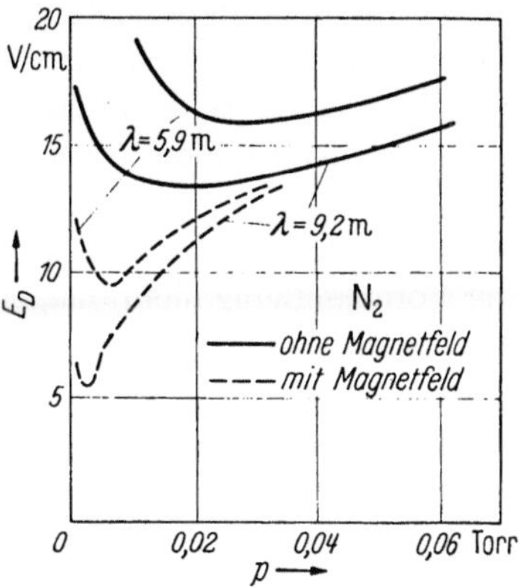

Abb. 163. Größte Auswirkung eines Magnetfeldes auf die Zündfeldstärke in Stickstoff niederen Drucks [46].

d) Der Mikrowellendurchschlag. Wird die Wellenlänge bis auf die von Dezimeter- oder Zentimeterwellen erniedrigt, so kann sich ein Elektron in einer Halbwelle des pulsierenden Feldes nur noch über eine winzige Wegstrecke bewegen. Es vermehrt seine kinetische Energie in bereits dargestellter Weise durch Akkumulierung des im Mittel bei jeder Streuung verbleibenden Gewinns solange, bis es stoßionisieren kann. Bei niederen Drucken von Bruchteilen eines Torr ist seine mittlere freie Weglänge weit größer als seine Schwingungsamplitude, weshalb es zwischen zwei Zusammenstößen vielmals hin und her pendelt. Sekundärprozesse an den Raumbegrenzungen treten an Bedeutung zurück; die im Innern des Gasvolumens sich abspielende Stoßionisierung ist fast alleinige Ursache einer Trägervermehrung. Durch große Abmessungen lassen sich störende Wandeinflüsse sogar völlig beseitigen. Aus diesem Grunde ist der Mechanismus des Höchstfrequenzdurchschlags der exakten theoretischen Erfassung grundsätzlich leichter zugänglich als der sich bei niederen Frequenzen abspielende Vorgang.

Ermöglicht und angeregt wurden Untersuchungen bei Frequenzen über 1000 MHz erst durch die Entwicklung der Verfahren zur Funkortung. Nach Kriegsende erschien im amerikanischen Schrifttum eine große Zahl von Veröffentlichungen, durch welche das völlig neue Gebiet solcher Mikrowellen-Gasentladungen in vielseitiger Weise behandelt wurde.

Bedingung für den Eintritt des Durchschlags ist, daß der Zuwachs an Elektronen mindestens den gleichzeitigen Verlust durch Abwanderung zu den Raumbegrenzungen, durch Rekombination oder als Folge einer Bildung negativer Ionen in den elektronenanlagernden Gasen deckt.

Sobald der Gleichgewichtszustand durch eine minimale Erhöhung der Feldstärke oder eine sonstige Begünstigung der Ionenpaarbildung auch nur geringfügig überschritten wird, erhöht sich die Trägerzahl durch die Mehrerzeugung an Elektronen rasch; bei hoher Entladestromstärke geht hierbei der Widerstand der Gasstrecke auf kleine Werte zurück.

Maßgebend für die Natur des Trägerverlusts sind Gasart, Gasdruck und Abmessungen des Versuchsraums. Bei der theoretischen Behandlung des Durchschlagvorgangs beschränkte sich HARTMANN [49] unter der Voraussetzung nichtanlagernder Gase und eines großen Gasvolumens auf die alleinige Erfassung der Volumenrekombination als Trägerverlust. Dagegen berücksichtigten HERLIN und BROWN [50 bis 52] sowie MAC-DONALD und BROWN [53 bis 55,60] in einer Reihe von Aufsätzen nur den Einfluß der Elektronendiffusion zu den Wänden. Hinzuweisen ist ferner auf eine rein experimentelle Untersuchung der Zünd- und Brennspannung in Argon im näherungsweise homogenen Feld [56]. Während die experimentellen Untersuchungen dieser Forscher durchweg bei stationärer Hochfrequenz durchgeführt wurden und als Füllgase neben verdünnter Luft vorwiegend Edelgase und Wasserstoff niederen Drucks Verwendung fanden, beschäftigte sich POSIN [57] mit dem

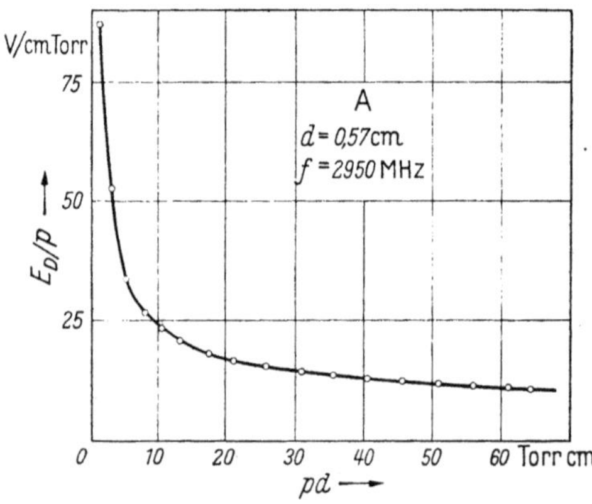

Abb. 164. Reduzierte Durchbruchfeldstärke im homogenen. Feld als Funktion von $p\,d$ in Argon bei 3000 MHz [56].

Verhalten von Luft in einem weiten Druckbereich bis über Atmosphärendruck hinaus bei Beanspruchung mit Hochfrequenzimpulsen veränderlicher Dauer und Zahl bei sehr kleinen Elektrodenentfernungen. Als einzigen Trägerverlust bezog er die Bildung negativer Ionen durch Anlagerung der Elektronen in den Kreis seiner Betrachtung ein. Alle diese Arbeiten führten zu einer befriedigenden und meist besser als größenordnungsmäßigen Übereinstimmung zwischen gemessener und errechneter Durchbruchfeldstärke. Für eine Druckänderung zwischen 3—100 Torr zeigt Abb. 164 die gemessenen Werte von E_D/p beim Zündeinsatz für Argon.

Nachdem sich der Rechnungsgang für einen alleinigen Elektronenverlust durch Diffusion besonders übersichtlich gestaltet und seine geschlossene Durchführung keine besonderen Schwierigkeiten bietet, sei im nachstehenden der wesentliche Inhalt der Ausführungen von HERLIN und BROWN [50, 51] wiedergegeben. Auszuschließen ist hierbei der

Fall des sehr niederen Gasdrucks, bei dem die freie Weglänge der Elektronen in die Größenordnung der Versuchsraumabmessungen fällt, da die Diffusionstheorie unter solchen Umständen den Verlauf des Trägerstroms nicht mehr wiederzugeben vermag.

Ausgang ist die Kontinuitätsgleichung der Elektronen, die unter Berücksichtigung des Elektronenzuwachses durch Stoßprozesse und unter Ausschluß von Raumladungseffekten nach (IV, 3) wie folgt anzuschreiben ist

$$\frac{dn}{dt} = b\,n + \nabla^2 D\,n\,.$$

Hierin ist n die Elektronendichte, D der Diffusionskoeffizient für Elektronen und b der Koeffizient der Trägererzeugung durch die Stoßprozesse, gemessen in Elektronen pro Elektron. Soll auch noch ein Trägerverlust durch Anlagerung berücksichtigt werden, der ja ebenfalls der Elektronendichte verhältnisgleich ist, so wäre zu schreiben $b = b_1 - b_a$, worin b_1 den Trägerzuwachs durch ein Elektron und b_a den Trägerverlust durch Anlagerung ebenfalls pro Elektron und pro sek und cm³ kennzeichnen. Außer von der Vorionisation hängt die Elektronendichte in erster Linie von der Stärke des elektrischen Feldes ab. Ohne Feld ist $b = 0$ oder negativ (sich selbst überlassene Trägerdichte einer zerfallenden Entladung). Mit Erhöhung des Feldes werden mehr Elektronen bei Stoßionisierungen erzeugt; dabei steigt die Elektronendichte an, bis bei der kritischen Feldstärke der Gleichgewichtszustand erreicht wird, bei dem Neuerzeugung und Verlust sich gerade die Waage halten. Bei schwächster weiterer Verstärkung des Feldes vermag der Trägerverlust durch Diffusion zu den begrenzenden Wänden nicht mehr mit der rasch sich steigernden Trägererzeugung Schritt zu halten. Durchschlagbedingung ist somit, daß das angelegte Feld gerade einen stationären Elektronenfluß zu den Wänden des Raumes ausbildet:

$$\frac{dn}{dt} = 0 \qquad \text{oder} \qquad b\,n + \nabla^2 D\,n = 0\,. \tag{XIX, 1}$$

Wird angenommen, daß die sich selbst überlassene Elektronenanhäufung nach einer e-Funktion mit der Zeitkonstanten T abnimmt, so darf gesetzt werden

$$D\,n = (D\,n)_0\,(x,\,y,\,z)\,e^{-t/T}\,.$$

Dies in (XIX, 1) eingesetzt, ergibt

$$\nabla^2 \psi + \frac{b}{D}\psi = 0\,.$$

Hierin ist die Ersatzgröße $\psi = (D\,n)_0$ nur noch orts-, jedoch nicht mehr zeitabhängig. Mit der weiteren Substitution $\zeta = \dfrac{b}{D\,E^2}$ (E = Effektivwert der Stärke des hochfrequenten Feldes) wird

$$V^2 \psi + \zeta E^2 \psi = 0 \,. \qquad\qquad (XIX, 2)$$

Die von Feldstärke und Gasdruck sowie Frequenz bzw. Wellenlänge λ abhängige Größe $\zeta = \zeta\left(\dfrac{E}{p},\ \dfrac{p}{f}\right)$ mißt die Zahl der von einem Elektron bei seiner Diffusionsbewegung bewirkten Ionisationen und stellt daher das Gegenstück zum TOWNSENDschen Stoßionisierungskoeffizienten α bzw. $\eta = \dfrac{\alpha}{E}$ des Gleichfeldes dar.

Die Lösung von (XIX, 2) setzt die Kenntnis der Feldstärkeabhängigkeit von ζ voraus. Andererseits ermöglicht es diese Beziehung, mit

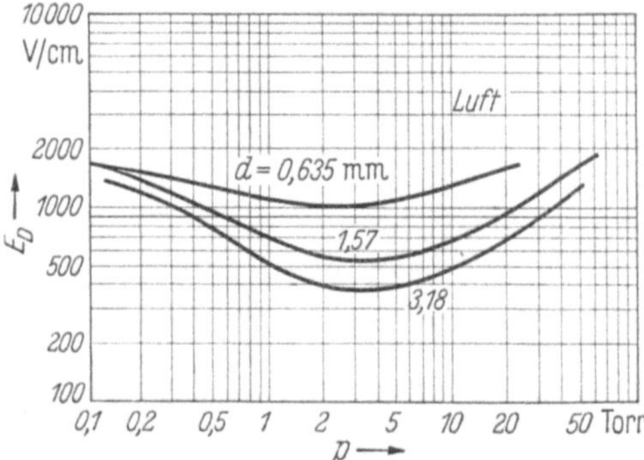

Abb. 165. Durchschlagfeldstärke (Effektivwert) im homogenen Feld in Luft als Funktion des Drucks bei einer Wellenlänge von $\lambda \approx 10$ cm [50].

ihrer Hilfe ζ aus gemessenen Werten der Durchbruchfeldstärke zu bestimmen. Wird auf diese Art ζ etwa aus Messungen im homogenen Feld gewonnen, so kann unter Verwendung von (XIX, 2) die Durchbruchfeldstärke anderer Feldformen im Höchstfrequenzgebiet vorausberechnet werden.

Für das homogene Feld (Plattenabstand d) wird

(XIX, 2) durch einen Ansatz der Form $\psi = A \sin \pi \dfrac{x}{d}$ erfüllt, in der A eine Konstante darstellt und die Variable x den von der einen Platte aus gemessenen Aufpunktsabstand. Dies führt zur Durchschlagbedingung des homogenen Feldes

$$\zeta_D = \frac{\pi^2}{E_D^2\, d^2} \,.$$

Im koaxialen Zylinderfeld von Halbwellenlänge und kleinem Innenleiterradius führen HERLIN und BROWN die analoge Rechnung aus [51], desgleichen für den Fall des Hohlraumes beliebiger Länge [52]. Nach Herleitung des Energieverteilungsgesetzes der Elektronen vermögen MACDONALD und BROWN den Ionisierungskoeffizienten des Höchstfrequenzfeldes für Helium [53] sowie für Wasserstoff [55] auf theoretischer Grundlage ohne jede willkürliche Konstantenwahl allein unter Verwendung der jeweiligen Wirkungsquerschnittkurven für Elektronen und der Zahlenwerte der Ionisierungsenergie zu berechnen, wobei ausgezeichnete Übereinstimmung mit den Meßwerten erzielt wird.

Abb. 165 zeigt gemessene Durchschlagfeldstärken des gleichförmigen Feldes für drei verschiedene Plattenentfernungen in Luft in Abhängig-

keit vom Druck. Wegen der bei kleinem Abstand erhöhten Trägerverluste an den Elektroden wächst die Festigkeit des Gases mit Verringerung des Abstandes an. Alle Kurven durchlaufen ein Minimum,
das für verschiedene Schlagweiten stets beim selben Druck liegt und
somit nichts mit dem PASCHENminimum des Gleichspannungsdurchschlags zu tun hat. Es liegt an der Stelle größter Ionisierungsausbeute,
also größter ζ-Werte, und kennzeichnet den Übergang von vielen Zusammenstößen pro Schwingung zu vielen Schwingungen pro Stoß. Von
hohen Werten bei niederem Druck fällt die Durchschlagfeldstärke bei
Druckerhöhung ab, weil die Diffusionsverluste kleiner werden und die
Energieübertragung auf die Elektronen wegen der Erhöhung ihrer Stoßzahl verbessert wird. Mit dem Druckanstieg verringert sich jedoch
wegen der kürzer werden-
den freien Wege der Ener-
giegewinn pro Stoß nach
Durchlaufen eines opti-
malen Wertes wieder. Im
Widerspiel der beiden
gegenläufigen Einflüsse
bildet sich ein Minimum
in der $E_{\mathrm{D}}(p)$-Kurve aus.
Diesem Minimum ent-
spricht ein Maximum des
Ionisierungsbeiwertes ζ bei
einer Auftragung über
E/p, wie ihn die graphische
Veranschaulichung der ζ-
Werte auch tatsächlich
andeutet (Abb. 166). Die
in das Diagramm mitein-
gezeichnete Linie kenn-

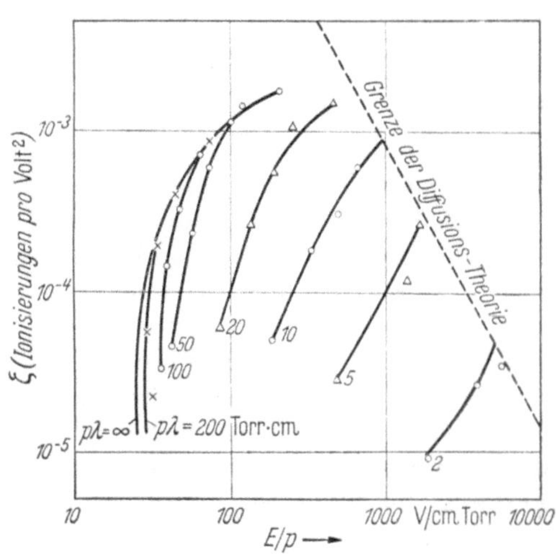

Abb. 166. Ionisierungsbeiwert ζ von Luft in Abhängigkeit
von E/p für mehrere Werte des Produkts aus Druck und
Wellenlänge [52].

zeichnet die ungefähre Grenze der Diffusionstheorie. Sie wurde für ein

Verhältnis $\dfrac{\pi\,\bar\lambda_{\mathrm{El}}}{d} = 1$ angegeben, also für gleiche Größenordnung von

Elektrodenabstand und mittlerem freiem Elektronenweg. Über eine genauere Abschätzung der Gültigkeitsgrenzen der Diffusionstheorie s. [54].

Über den Versuchsaufbau und die Einzelheiten der Messungen beim
Arbeiten mit Mikrowellen finden sich in den genannten Originalarbeiten
ausführliche Angaben. Als Entladungsraum wird meist ein Hohlraum
oder die allmähliche Verengung einer Rohrleitung benutzt, wobei im
letzteren Fall der Ort der Entladung im voraus angebbar ist. Die Feldstärke an dieser Stelle ist entweder durch direkte Messung zu bestimmen
oder aus der übertragenen Leistung gemäß den Gesetzmäßigkeiten der

Wellenausbreitung [63]. So ist beispielsweise für Rechteckquerschnitt des Hohlleiters die größte Feldstärke in Mitte des Rohrs in einer fortschreitenden H_{10}-Welle bei der Wellenlänge λ_0 im freien Raum und der pro Flächeneinheit des Rohrquerschnitts transportierten Leistung $\dfrac{N}{ab}$ in W/cm² [57, 58]

$$E_{\max} = 38,8 \; \sqrt{\frac{N}{ab}} \; \frac{1}{\sqrt{1-(1-\lambda_0/a)^2}} \; \text{V/cm (Scheitelwert)}.$$

Zur Vermeidung einer Zündverzögerung ist auch beim Hochfrequenz- bzw. Mikrowellendurchschlag der Versuchsraum durch Fremdionisierung mit der ausreichenden Anzahl von Anfangselektronen zu versorgen[1]. Dies gilt in erhöhtem Maß bei Untersuchungen mit kurzen Hochfrequenzimpulsen [57]. Fast durchweg wird hierzu an der dünnen Außenwand des Hohlraums ein radioaktives Präparat angebracht. Zur Herbeiführung eines Durchbruchs im Gas wird die Feldstärke durch Erhöhung der vom Sendemagnetron zugeführten Leistung solange allmählich erhöht, bis im Gas eine Leuchterscheinung zu bemerken ist oder der Durchbruch sich etwa durch ein Geräusch bemerkbar macht. Bei sehr niederem Druck ist das Knacken beim Entladungseinsatz so schwach, daß es zweckmäßig sein mag, ein Mikrophon zur Aufnahme zu verwenden, wenn eine Beobachtung der Leuchterscheinung wegen der geschlossenmetallischen Umhüllung des Hohlraumes entfällt. Auch kann die plötzliche Änderung der dielektrischen Eigenschaften des ionisierenden Gases zur Kennzeichnung des Durchschlagbeginns herangezogen werden, weil hierbei ein erhöhter Teil der zugeführten Leistung unter Ausbildung stehender Wellen an der ionisierten Schicht reflektiert und dadurch die Anpassung gestört wird.

Literaturhinweise zu Kapitel XIX.

1. FUCKS, W.: Z. Phys. **103** (1936) 709.
2. GÄNGER, B.: Arch. Elektrotechn. **37** (1943) 267.
3. BÖCKER, H.: Arch. Elektrotechn. **31** (1937) 166.
4. ALGERMISSEN, J.: Ann. Phys. **19** (1906) 1016.
5. LEONTIEWA, A.: Phys. Z. **23** (1922) 55.
6. CLARK, J. C. u. H. J. RYAN: Proc. A .I. E. E. **33**, 2 (1914) 937.
7. REUKEMA, L. E.: J. A. I. E. E. **46** (1927) 1314.
8. GOEBELER, E.: Arch. Elektrotechn. **14** (1925) 491.
9. LASSEN, H.: Arch. Elektrotechn. **25** (1931) 322.
10. MÜLLER, F.: Arch. Elektrotechn. **28** (1934) 341.
11. SEWARD, E. W.: J. I. E. E. **84**, I (1939) 288.
12. KAMPSCHULTE, J.: Arch. Elektrotechn. **24** (1930) 525.
13. MISERÉ, F.: Arch. Elektrotechn. **26** (1932) 123.

---

[1] Messungen über den Durchschlagverzug in ein- und zweiatomigen Gasen [62] wurden erst nach Abschluß des Manuskripts veröffentlicht.

14. Luft, H.: Arch. Elektrotechn. **31** (1937) 93.

15. Rohde, L. u. G. Wedemeyer: ETZ **61** (1940) 1161.

16. Jacottet, P.: ETZ **60** (1939) 92.

17. Miseré, F.: Arch. Elektrotechn. **28** (1934) 411.

18. Lange, K.: Arch. Elektrotechn. **31** (1937) 411.

19. Peters, W.: Hochsp.probl. b. Großsender-Antennen, Druck Limpert Bn. 1942, 12.

20. Rohde, L. u. H. Schwarz: Z. Phys. **83** (1933) 161; A. Alford u. S. Pickles: Trans. AIEE **59** (1940) 129; J. D. Cobine u. D. A. Wilbur: J. Appl. Phys. **22** (1951) 835.

21. Deutsch, W.: Ann. Phys. **26** (1936) 193.

22. Townsend, J. S. u. R. H. Donaldson: Phil. Mag. (7) **5** (1928) 178.

23. Thomson, J.: Phil. Mag. (7) **10** (1930) 280; **18** (1934) 696; **23** (1937) 1; K. A McKinnon: Phil. Mag. (7) **8** (1929) 605.

24. Gill, E. W. B. u. R. H. Donaldson: Phil. Mag. (7) **12** (1931) 719.

25. Gutton, M. C.: C. R. **178** (1924) 427.

26. Kirchner, F.: Ann. Phys. **77** (1925) 287.

27. Kirchner, F.: Ann. Phys. **7** (1930) 798.

28. Holstein, T.: Phys. Rev. **70** (1946) 367.

29. Margenau, H.: Phys. Rev. **73** (1948) 297.

30. MacDonald, A. D. u. S. C. Brown: Phys. Rev. **76** (1949) 411.

31. Varnerin, L. J. u. S. C. Brown: Phys. Rev. **79** (1950) 946.

32. Beck, H.: Z. Phys. **97** (1935) 355.

33. Biondi, M. A.: El. Engng. **69** (1950) 806.

34. Francis, G. u. A. v. Engel: Proc. Phys. Soc. B **63** (1950) 823.

35. Varela, A.: Phys. Rev. **71** (1947) 124; F. Kirchner: Phys. Rev. **72** (1947) 348.

36. Alfvén, H.: Tekn. Tidskr. vom 6. Juni 1942, 87.

37. Wood, R. W.: Phys. Rev. **35** (1930) 673.

38. Rohde, L.: Ann. Phys. **12** (1932) 569.

39. Gutton, C. u. H.: C. R. **186** (1928) 303; H. Gutton: Ann. phys. **13** (1930) 62.

40. Chenot, M.: Ann. phys. (12) **3** (1948) 277.

41. Githens, S.: Phys. Rev. **57** (1940) 822.

42. Gill, E. W. B. u. A. v. Engel: Proc. Roy. Soc. A **192** (1948) 446.

43. Hale, D. H.: Phys. Rev. **73** (1948) 1046.

44. Townsend, J. S.: Phil. Mag. (7) **13** (1932) 745.

45. Townsend, J. S. u. E. W. B. Gill: Phil. Mag. (7) **26** (1938) 290.

46. Brown, A. E.: Phil. Mag. (7) **29** (1940) 302.

47. Koch, B. u. H. Neuert: Z. Naturf. 4a (1949) 456.

48. Zouckermann, R.: C. R. **206** (1938) 331.

49. Hartmann, L. H.: Phys. Rev. **73** (1948) 316.

50. Herlin, M. A. u. S. C. Brown: Phys. Rev. **74** (1948) 291.

51. Herlin, M. A. u. S. C. Brown: Phys. Rev. **74** (1948) 910.

52. Herlin, M. A. u. S. C. Brown: Phys. Rev. **74** (1948) 1650.

53. MacDonald, A. D. u. S. C. Brown: Phys. Rev. **75** (1949) 411.

54. MacDonald, A. D. u. S. C. Brown: Phys. Rev. **76** (1949) 1629.

55. MacDonald, A. D. u. S. C. Brown: Phys. Rev. **76** (1949) 1634; s. a. Allis u. Brown: Phys. Rev. **87** (1952) 419.

56. Krasik, S., D. Alpert u. A. O. McCoubrey: Phys. Rev. **76** (1949) 722.

57. Posin, D. Q.: Phys. Rev. **73** (1948) 496; s. a. R. Cooper: J. I. E. E. **94**, III (1947) 315 sowie H. A. Wheeler: Electronics **25** (1952) 148.

58. Meinke, H. H.: Elektrotechn. **2** (1948) 1.

59. Pim, J. A.: J. I. E. E. **96**, III (1949) 117.

60. Brown, S. C.: Proc. Inst. Radio Engrs. **39** (1951) 1493.

61. Lax, B., W. P. Allis u. S. C. Brown: J. Appl. Phys. **21** (1950) 1297.

62. Prowse, W. A. u. W. Jasinski: Proc. I. E. E. **99**, III (1952) 215.
63. Rose, D. J. u. S. C. Brown: J. Appl. Phys. **23** (1952) 719.
64. Allis, W. P., S. C. Brown u. E. Everhart: Phys. Rev. **84** (1951) 519.

XX. Gleitentladungen[1].

a) Gleitanordnungen. Als Gleitentladungen seien Entladungen auf der Oberfläche von Dielektriken längs der Grenze zwischen Gasraum und dem vorzugsweise festen Isolator bezeichnet. Sie können in ihren ungefähren Erscheinungsformen bei kräftigen Entladungen bereits ohne Hilfsmittel unmittelbar mit dem Auge beobachtet werden, doch lassen sich beim Festhalten ihres Verlaufs auf besonders präparierter Oberfläche sehr viel mehr Einzelheiten erkennen. Ihr Entdecker ist der Göttinger Professor Georg Christoph Lichtenberg [1], der beim Experimentieren bemerkte, daß bei der Bestäubung eines Harzkuchens sich überall dort die Spuren von Entladungen abzeichneten, wo er Funken aus der aufgeladenen Masse gezogen hatte. Derartige Entladungsbahnen werden heute allgemein als *Lichtenberg-Figuren* bezeichnet.

Vor einem Jahrhundert wurde gefunden, daß eine elektrische Entladung auch auf Daguerrotypplatten und Jodsilberpapier ihre Spuren hinterläßt [2] und diese durch den photographischen Entwicklungsprozeß sichtbar gemacht werden können. Gleichartige Entladungsspuren bilden sich auch auf den lichtempfindlichen Schichten von Trockenplatten [3]. In der Folgezeit beschäftigten sich bis zum heutigen Tag viele weitere Forscher mit der Aufnahme und Deutung solcher Figuren [4], einmal um aus dieser Selbstniederschrift des Entladungsvorgangs Schlüsse auf seine Entwicklung und seinen Mechanismus zu ziehen, und zum anderen wegen des großen technischen Interesses an einer einfachen Kenntlichmachung und Registrierung flüchtiger Überspannungen in elektrischen Anlagen. Auch pflegen Entladungen längs dielektrischer Flächen wesentlich größere Längen als im freien Gasraum anzunehmen, weshalb die elektrische Festigkeit technischer Anordnungen wie z. B. von Hochspannungsdurchführungen oder von Stützern beim Auftreten von Gleitentladungen herabgesetzt wird.

Zur Herstellung von *Staubfiguren* wird feines Pulver auf die Gleitplatte aufgestreut, für die ein beliebiges Isoliermaterial wie etwa Glas, Hartgummi, Siegellack oder Glimmer benutzt werden kann. Als Bestäubungspulver eignet sich Ruß, Bärlappsamen oder z. B. eine Mischung von Mennige mit pulverisiertem Kolophonium oder Schwefel; der Schwefelstaub bleibt an positiv geladenen Stellen haften, was gelbliche Figuren ergibt (bei Kolophonium weißliche Figuren), während bei negativem Stoß die Entladungsbahnen durch Bindung des Mennigepulvers eine rötliche Färbung annehmen. Am Ort der sich ausbildenden Ent-

---

[1] Literaturhinweise zu diesem Kapitel s. S. 476.

ladung wirken auf die Staubpartikel durch die Trägerbewegung und die Aufladung mechanische Kräfte ein, die einen Teil des Pulvers fortreißen und dabei unter Bildung von Furchen und Rippen zur Aufzeichnung der Entladungsbahn führen. Die auftretende Druckwirkung wurde von Kluss [5] unter Verwendung berußter Glasplatten studiert. Wegen des langsamen Abklingens der Aufladung der Isolatoroberfläche ist es auch zulässig, das Bestäubungsmittel erst nach der elektrischen Beanspruchung auf die Gleitplatte aufzustreuen; durch die Restladungen werden die Staubkörnchen immer noch zu den Oberflächenfiguren geordnet [6, 7]. Schon bloßes Anhauchen der Gleitflächen macht die Entladungsfigur bei schrägem Lichteinfall auch noch nach längerer Zeit sichtbar, wobei sie spiegelnd auf trübem Grund erscheint [8]. Solche *Hauchfiguren* verdanken ihr Dasein einer unterschiedlichen Bereitwilligkeit der Plattenoberfläche zur Absorption von Wasserdampf der von der Entladung überstrichenen bzw. freigebliebenen Flächen; aufgeladene Flächenteile überziehen sich mit einer zusammenhängenden Schicht, nicht aufgeladene mit einzelnen feinen Tröpfchen. Bei geeigneten Dielektriken wie etwa Harz- oder Gummimassen gelingt es durch Erwärmen des Materials bis zum Erweichen und anschließendem Wiedererstarren, die Entladungsspuren in reliefartiger Darstellung zu fixieren [53].

Die Entladungsspur weist bei Verwendung einer photographischen Platte bzw. Films meist mehr Einzelheiten auf und ist besonders an den Figurenbegrenzungen feiner durchgezeichnet. Allerdings gibt Przibram [9] an, daß er in einigen Gasen mit Staubfiguren deutlichere Randausbildungen als mit Photoplatten erhielt. Empfindlichkeit und Gradation des Aufnahmematerials spielen eine untergeordnete Rolle. Sollen etwa in einer nachträglich starken Vergrößerung auch noch sehr feine Details erkennbar sein, so empfiehlt sich die Verwendung einer feinkörnigen Emulsion verringerter Lichtempfindlichkeit. Zur Erzeugung des latenten Bildes bestehen an und für sich zwei Möglichkeiten: Die Silberkörnchen könnten sowohl durch Energieaufnahme bei Stößen mit den vom elektrischen Feld beschleunigten Ladungsträgern als auch durch Absorption von Photonen des Entladungslichtes umgewandelt werden. Soweit die vorliegenden Versuche eine Aussage zulassen, dürfte in erster Linie die mittelbare Trägereinwirkung über die erzeugte elektromagnetische Strahlung für die Ausbildung der beobachteten Spuren verantwortlich sein. Hierfür spricht etwa die Beobachtung, daß ein farbloser Lacküberzug die Figurenausbildung nicht beeinträchtigt, obwohl die Entladung sich hierbei sicherlich nicht mehr in der lichtempfindlichen Schicht ausbildet, während eine Dunkelfärbung des Lacks jede Einwirkung auf die Emulsion unterdrückt [10]. Die figurenerzeugende Strahlung muß oberhalb 450 mμ liegen, wie Rogowski und Mit-

arbeiter [*11*] bei Verwendung eines Farbfilms aus dem Vergleich der
Strahleneinwirkung mit der eines Quecksilberdampfbrenners heraus-
fanden. Sogar unter Öl zeichnen sich Gleitentladungen mit allen Feinheiten auf Photoplatten auf, wenn nur einer Zersetzung der Emulsion
durch Überzug mit einem farblosen Lack vorgebeugt wird [*12, 13*].

Die Größe der erhaltenen Figuren wird durch die Art des Anzeige-
mittels nur wenig beeinflußt. PRZIBRAM [*9*] fand im Rahmen der erheblichen Streuung keine systematischen Unterschiede bei wahlweiser
Verwendung von Bestäubungspulver und von Photoplatten. TOEPLER
[*14, 15*] konnte nachweisen, daß die Ausdehnung der Staubfiguren auf
Glasplatten bei trockener und feuchter Oberfläche praktisch die gleiche
ist und nur wenig abnimmt, wenn sich eine Wasserpfütze auf der Gleitfläche bildet. Ebenfalls ändert eine mäßige Bestäubung an den Verhältnissen nichts; erst bei sehr starker Bestäubung werden die Entladungsgebilde etwas größer. Nachdem zu ihrer Sichtbarmachung schon

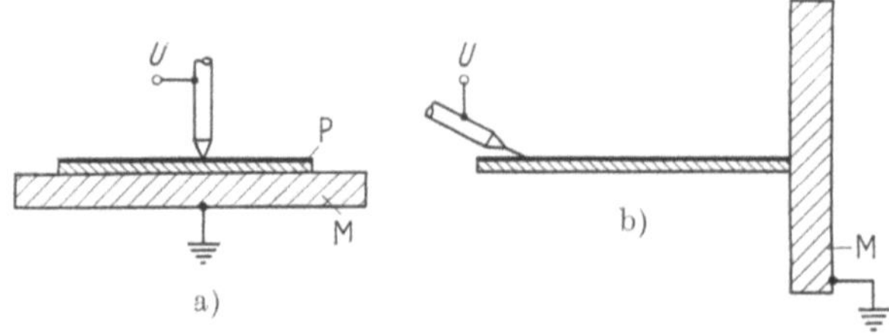

Abb. 167. Ebene Gleitanordnung.
a) nach TOEPLER   b) nach MARX

eine schwache Bestäubung ausreicht, darf die durch das Aufbringen des
Pulvers verursachte geringe Begünstigung der Entladungsausbildung
vernachlässigt werden. Insgesamt kommt demnach der Oberflächenbeschaffenheit und dem Oberflächenwiderstand nur geringer Einfluß auf
die Ausbildung der Gleitentladung zu.

Zur Aufnahme der LICHTENBERG-Figuren können unterschiedliche
Anordnungen Verwendung finden.

1. Bei der von TOEPLER angegebenen Gleitanordnung (Abb. 167a)
liegt die Gleitplatte P auf einer leitenden, mit dem Gegenpol (meist
Erde) verbundenen Unterlage M; senkrecht auf der Schicht der auf-
zeichnenden Fläche steht der Gleitpol, meist ein zugespitzter Stab, manchmal auch eine Elektrode anderer Formgebung. Selbstverständlich kann
die Schaltung auch symmetrisch gegen Erde aufgebaut werden, oder es
mag im Sonderfall auch zweckmäßig sein, die leitende Unterlage auf
hohes Potential zu bringen und den Gleitpol zu erden. Nach dem Eintreffen des Spannungsstoßes an der Hochvoltelektrode bildet sich in der
Anzeigeschicht rings um den Gleitpol eine ungefähr kreisförmig begrenzte Entladungsfigur als Bild des Ladungsergusses aus. Zur Ver-

meidung eines Kurzschlusses darf die Höhe der Stoßspannung weder die Überschlag- noch die Durchschlagfestigkeit der Gleitplatte erreichen. Bei hoher Meßspannung ist es erforderlich, diese vor Zuführung zur Gleitanordnung herabzusetzen (meist durch kapazitive Spannungsteilung) oder die Durchschlagfestigkeit der Gleitplatte etwa durch Aufeinanderlegen mehrerer Glasplatten und Ausgießen der Fugen mit Äthylalkohol ($\varepsilon_r = 26$) [15] zu erhöhen. Besteht die Gegenelektrode aus einem auf die Rückseite der Gleitplatte aufgeklebten schmalen Stanniolstreifen, so erstreckt sich die Gleitfigur bei dann ovaler Form hauptsächlich in Richtung des Streifens [14]. Mit koaxialen Elektroden arbeiten beisp. WILKINSON [16] und MERRILL und v. HIPPEL [10].

An Stelle einer planen Gleitfläche kann das Filmband auch über eine uhrwerksgetriebene trommelförmige Gegenelektrode ablaufen (Bauart des Klydonographen) oder auf eine schnell rotierende Trommel aufgespannt sein, um etwa aus der gegenseitigen Verschiebung zweier Figuren bei bekannter Drehgeschwindigkeit auf die zeitliche Verzögerung der Auslösung beider Gleitfiguren zu schließen [17]. Zum gleichen Zweck benutzte PEDERSEN [18,19] als Gleitpol-Elektroden zwei

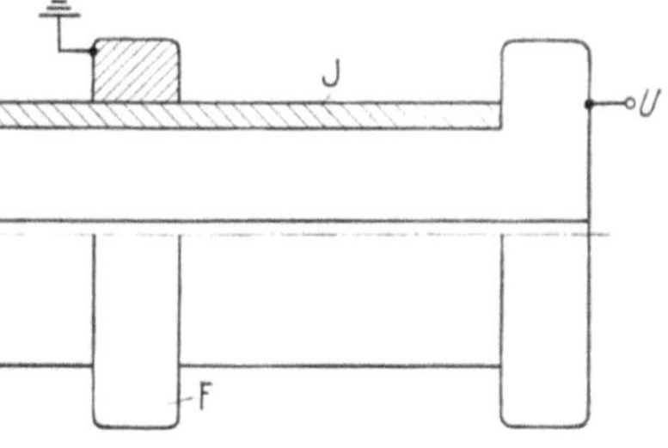

Abb. 168. Gleitrohr (Durchführung).

parallelgeschaltete längliche Metallstücke, die nebeneinander in einigem Abstand so auf die photographische Platte gelegt werden, daß ihre benachbarten Kanten einen spitzen Winkel einschließen. Wegen des Anschlusses des einen Metallstücks über eine Umwegleitung wird diese Elektrode beim Stoß mit einstellbarer zeitlicher Verzögerung gegen die andere aufgeladen und ist in der Ausbildung ihrer Entladungsfigur benachteiligt; aus der sich einstellenden Lage der geradlinigen Grenze zwischen beiden Figuren kann auf ihre Ausbildungszeiten geschlossen werden.

Sollen mit einem Stoß gleichzeitig die Figuren für die positive und die negative Entladung aufgezeichnet werden, so sind beide Elektroden der Gleitanordnung ohne Erdung der Unterlage auf die Schichtseite der Gleitplatte aufzusetzen, oder es werden zwei Photoplatten mit ihren Rückseiten aufeinandergelegt und auf jede Schicht eine Elektrode aufgesetzt.

2. Während bei der TOEPLERschen Anordnung die Feldlinien die Gleitplatte im allgemeinen schräg durchsetzen, läßt sich nach dem Vorschlag von MARX [20] auch eine vorzugsweise Erstreckung der Feldlinien in Richtung der Gleitplatte erreichen. Hierzu wird die Gegenelektrode M (Abb. 167b) senkrecht zur Gleitplatte gestellt; der Gleitpol

taucht bei fast gleicher Richtung wie die Plattenfläche in diese mit seiner Spitze ein. Als Folge der Längssymmetrie des Feldes bildet sich die Gleitfigur nicht mehr kreisförmig um den Gleitpol herum aus, sondern erstreckt sich im wesentlichen in Richtung der Feldlinien mit scharfer Zusammenfassung an der Spitze und recht gleichmäßiger Verteilung vor der Platte. Daher ist in diesem Fall eine sektorförmig vom Gleitpol ausstrahlende Figur zu erwarten.

3. Beim *Gleitrohr* trägt ein geerdeter Flansch F (s. Abb. 168) ein Isolierrohr J, das die hochspannungführende Innenelektrode (Durchführungsbolzen) umschließt. Bei ausreichend hoher Spannung U wachsen die Entladungsgebilde auf der Oberfläche des Isolierrohres vom Flansch aus in Richtung zur Gegenelektrode vor [21]. Bei Verwendung von Innenelektroden breitet sich die Gleitentladung längs der Innenwand des Isolierrohres aus. Durch Verwendung von Glaskapillaren ist es auf diese Weise möglich, die Entladungsbahn etwa zum Zweck der photographischen Aufnahme im voraus festzulegen [22].

Wegen der hohen Geschwindigkeit der Figurenbildung wäre bei längerer Dauer der Spannungsbeanspruchung die Fläche in der Nachbarschaft des Gleitpols mit einer Unzahl sich überkreuzender und überlagernder Entladungsspuren überzogen, was eine Auswertung zum mindesten stark erschweren würde. Aus diesem Grund werden bei den Untersuchungen fast durchweg nur kurzdauernde Spannungsstöße angewandt, wie sie durch die plötzliche Entladung eines Kondensators auf einen Kreis mit passendem Dämpfungs- und Entladungswiderstand in vorausbestimmbarer Form erzeugt werden.

b) Die Entladungsausbildung. Die vielfach höhere elektrische Festigkeit des festen Isolierstoffes läßt ihn nicht aktiv am Aufbau der Entladung teilnehmen, weshalb die Trägerbildung und -vermehrung nur im angrenzenden Luftraum stattfindet. Nach TOEPLER [23] ist die Grenzschicht für das Vorwachsen der Entladung von besonderer Bedeutung, weil das elektrische Feld nicht nur in Plattenrichtung verläuft, sondern auch eine Komponente senkrecht hierzu besitzt, durch deren Wirkung die Träger polgleichen Vorzeichens an das Dielektrikum angepreßt und in ihrem Fortschreiten behindert werden. Die Entladung wird zu einem Wachstum vorzugsweise entlang der Trennfläche gezwungen. In geringerem Maß gilt dies auch für die Anordnung nach MARX; im festen Isolierstoff mit dessen kleinerem dielektrischem Widerstand werden die Kraftlinien konzentriert, wodurch das Feld auch in diesem Fall eine Komponente senkrecht zur Fortschreitrichtung der Ladungsträger erhält.

Wegen des sehr ungleichmäßigen Feldes zwischen Gleitpol und Gegenelektrode mit starker Zusammendrängung der Feldlinien am Pol und raschem Abfall des Feldes nach außen steht es von vornherein fest, daß der Figurenaufbau am Gleitpol beginnen muß und daß sich das für eine

Ionisierung notwendige Potentialgefälle vom Pol aus zum Rand der Gleitfläche hin vorschiebt [*24*], unabhängig vom Vorzeichen des Stoßes. Bei der Behandlung der Spitzenentladung wurde nachgewiesen (S. 339), daß die Feldstärke bereits wenige zehntel Millimeter von der Spitze entfernt unter den zur Aufrechterhaltung der Ionisierungsvorgänge erforderlichen Wert absinkt und daß daher trägerreiche Entladungsbahnen sich keinesfalls selbständig ausbilden und etwa aus dem Raum zur Spitze laufen können, wie dies in älteren Arbeiten fast durchweg angenommen wird. Nachdem die Darstellung der Entladungserscheinungen des inhomogenen Feldes im freien Raum den Leuchtfaden als beherrschende Erscheinung herausgestellt hatte, ist auch für die Gleitentladungen — vorzugsweise bei positivem Gleitpol, also Laufrichtung der Elektronen zum Pol hin — die klare Ausprägung desselben raketenartig vorschießenden Ionisationsvorgangs mit zurückbleibender Leitfähigkeit seiner Bahn zu erwarten. Nur die Mitwirkung einer ionisierenden Lawinenstrahlung ermöglicht der positiven Entladung ein rasches Vorwachsen in den Raum. Für beide Polaritäten wird das Verhalten der Entladungen von der gebildeten Raumladung und der Verzerrung des Zündfeldes maßgeblich bestimmt. Während die ionisierenden Elektronen bei der positiven Entladung in ein ansteigendes Feld hineinlaufen und die Bremswirkung der zurückbleibenden positiven Ionen ihr Weiterlaufen nur wenig zu beeinträchtigen vermag, bewegen sie sich bei negativem Stoß vom Pol weg aus dem Feld heraus. Zwar wird das divergierende Radialfeld zwischen Gleitpol und Lawinenkopf durch die zurückgelassene Raumladung angehoben, doch wird es im allein für das weitere Vorwachsen in Frage kommenden Gebiet vor dem Lawinenkopf entscheidend geschwächt und mit einer Tangentialkomponente ausgestattet. Infolgedessen werden die Elektronen bei dieser Stoßpolarität schlecht durch das resultierende Feld geführt und über einen größeren Sektor zerstreut, wo sie nur noch in abnehmendem Maß zu ionisieren vermögen.

Entsprechend dieser unterschiedlichen Beeinflussung der vorstoßenden und ionisierenden Elektronen sind deutliche Unterschiede in der Figurenausbildung je nach Polarität der Stoßspannung zu erwarten. Die aus Leuchtfäden zusammengesetzte positive Figur müßte eine strahlige Struktur mit feinen Kanälen besitzen, die negative Figur müßte wegen der schlechten Führung der Elektronen im Feld aus radial verlaufenden Sektoren nach außen abnehmender Elektronendichte zusammengesetzt sein. Jeder Ast der positiven und jeder Sektor der negativen Figur hat seinen Ursprung in einem Anfangselektron, das die Trägerlawine in Nachbarschaft der scharfkantigen Elektrode oder bei negativem Stoß an deren Oberfläche beginnen läßt. Bei höherem Druck ist es auch im Falle der negativen Entladung wenig wahrscheinlich, daß die von der Spitze aus vordringende Ladungswolke sich mit gleichmäßig abnehmender Dichte über die Fläche des bestrichenen Sektors ergießt; unter diesen Umständen wird sich die Entladung auf schmale Bahnen zusammenziehen und ebenfalls eine strahlige, ja vielleicht sogar eine fadenförmige Struktur annehmen.

Bei niederem Druck (unterhalb 50 Torr) sorgt die Diffusion der Ladungsträger in jedem Fall für eine Verbreiterung der Entladungsbahnen; die zerfließenden Konturen der formlos nebligen Strahlen können schließlich auch bei der positiven Entladung nicht mehr gegeneinander abgegrenzt werden [10, 33, 51]. Die Gesamtfigur ist dann strukturlos und besteht nur noch aus einem verschwimmenden Leuchtfleck um den Gleitpol. Unterhalb von 0,1 Torr können selbst bei Stoßspannungen bis zu 5 kV keine Lichterscheinungen am Gleitpol oder Schwärzungen einer Photoplatte beobachtet werden [25]. Überraschenderweise lassen sich jedoch auch noch bei einem Luftdruck unter 50 Torr klare verästelte Gleitfiguren erzeugen, wenn ein starkes magnetisches Feld die Gleitplatte senkrecht durchsetzt [26]. Gegeneinander abgegrenzte streifenförmige Entladungsbahnen zeichnen sich bei niederem Druck auch dann auf, wenn eine Hochfrequenzentladung das Gas knapp unter der Bildungsspannung der Lichtenbergfigur vorionisiert und der Stoßvorgang erst nach Schaffung zahlreicher Ladungsträger eingeleitet wird [10]. Die Verwendung eines kräftigen, senkrecht zu den Ladungsbahnen verlaufenden Magnetfeldes läßt die überragende Bedeutung der negativen Elektrizitätsträger für die Entladung klar hervortreten [26]. Wie auch die Polarität des Spannungsstoßes gewählt wird, stets erweisen sich die Gleitbahnen nach der Richtung hin gekrümmt, die für die Bewegung negativer Teilchen im Magnetfeld zu fordern ist (Abb. 169). Dies zeigt deutlich, daß die trägen positiven Ionen im Vergleich zu den Elektronen fast unbeweglich und daher auch nur sehr viel weniger der magnetischen Ablenkkraft ausgesetzt sind. Mit der Entfernung vom Gleitpol nimmt die Bahnkrümmung zu.

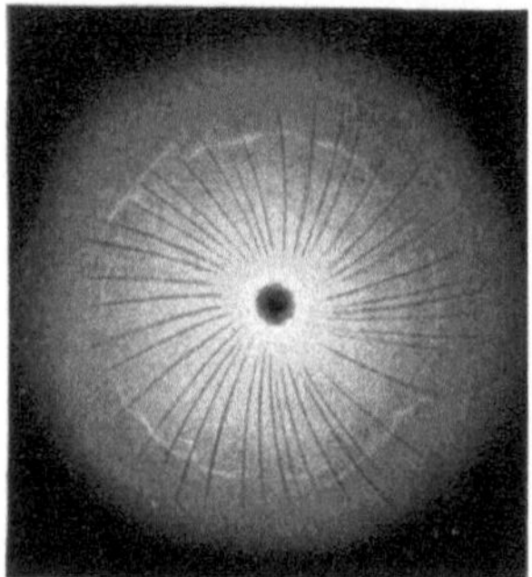

Abb. 169. Krümmung der Elektronenbahnen im Magnetfeld [10]. (Negativer Stoß, 300 Torr, 15 kV, 13 000 Gauß, Magnetfeld auf Beschauer zu gerichtet).

Einen Einblick in den Aufbau der Entladung vermag die Anwendung äußerst kurzer Spannungsstöße zu geben. Sobald normale Stoßwellen üblicher Stirn- und Rückenzeiten benutzt werden, zeigen sich stets nur voll ausgebildete Entladungsteile. Von ROGOWSKI und Mitarbeitern [11] wurde nachgewiesen, daß nur die Verwendung von Spannungen mit einer ionisierungswirksamen Dauer von weniger als 10^{-8} sek den ge-

wünschten Einblick gewährt. Mit in der Stirn abgeschnittenen Stoßwellen konnten sie erstmalig die Anfangsphasen der Entladungsausbildung auf der photographischen Platte sichtbar machen. Bei der kürzesten Stoßdauer waren bei negativem Stoß in Luft an einigen Stellen
des (kreisrunden) Gleitpols die ersten sichtbaren Lichteindrücke auf der
photographischen Platte gerade noch aufgezeichnet. In der Vergrößerung lassen sich dabei Miniatur-Sprühbüschel von Sektorform erkennen,
die mit weniger als 0,1 mm Durchmesser scharf begrenzt an der Elektrode ansetzen und sich bei einem Öffnungswinkel von rd. 35° höchstens
1,5 mm tief in den Raum hinein erstrecken. ROGOWSKI spricht eine
solche Schwärzungsspur als Bahn einer an der Elektrode startenden
Elektronenlawine an, doch ist zu vermuten, daß in diesem Stadium nicht
erst eine Elektronenlawine abgelaufen ist, sondern es sich bereits um
eine selbständige Entladung handelt und eine Zündbedingung der Form
$\Gamma e^{\int \alpha \, \mathrm{d}x} = 1$ bereits erfüllt wurde. Die einzelnen Spuren sind nicht gleichmäßig ausgebildet, weil die Entladungen nicht alle zur gleichen Zeit
begonnen wurden. Etwas später gebildete Entladungen werden von bereits stärkeren als Folge der elektrostatischen Abstoßung gleichartiger
Ladungen zur Seite gedrückt. Die Entladungen setzen an den Stellen
größter Elektronenergiebigkeit der Kathode ein oder schaffen während
ihres Brennens möglicherweise erst solche Stellen durch die Ablösung
von Oberflächenschichten. Jedenfalls benützen nachfolgende Entladungen auch bei vielfacher Wiederholung der Stöße immer wieder
dieselben Ansatzstellen, was es ermöglichte, die Entladungsfigur auch in
solchen Gasen niederzuschreiben, die bei nur einmaligem Stoß noch keine
ausreichende Schwärzung liefern. Dies trifft für Sauerstoff oder Wasserstoff zu, wo die Anwendung dieses Kunstgriffes auch noch bis zu 35-
maliger Stoßfolge klare Bilder mit deckender Überschreibung der Einzelentladungen erbrachte. In Stickstoff wie auch in Luft reichte dagegen
schon ein einziger Stoß zur deutlich erkennbaren Schwärzung der photographischen Schicht aus. Wird die Stoßdauer zu lang gewählt (über
$(3-5) \cdot 10^{-8}$ sek), so quellen aus der Elektrodenbegrenzung immer mehr
Einzelentladungen heraus, die sich gegenseitig stören und durchkreuzen.
In dem Gemisch verlieren sich die Einzelheiten der Entladungsausbildung.

Die Zeit für die volle Ausbildung positiver Gleitfiguren liegt unter
10^{-7} sek [27] und wurde unter Verwendung im Rücken abgeschnittener
Stoßwellen für positive Figuren zu rd. $4 \cdot 10^{-8}$ sek, für negative Figuren
zu rd. $6 \cdot 10^{-8}$ sek bestimmt [28].

Bei der Untersuchung der positiven Figur mit extrem kurzen Spannungsstößen ist es nicht möglich, zur besseren Erkennbarkeit der Entladungsausbildung mit mehrfacher Stoßfolge zu arbeiten, da die Figuren
nie an derselben Stelle des Raumes um den Gleitpol ausgelöst werden.

Im Gas gibt es eben keinen bevorzugten Ort für die Bildung des Erstelektrons, das bei Stoßbeginn von seinem zufälligen Aufenthaltsort zur
Elektrode gezogen wird und an der Grenze des Ionisierungsbereichs
erstmalig ein Ionenpaar bildet. Daher gelang es nur in Luft und N_2,
nicht aber auch in H_2 und O_2, die Anfangsphase der positiven Gleitfigur
sichtbar zu machen. Die Photoplatte zeigt in dieser ersten Stufe zunächst
nur das Bild schmaler und kurzer tiefschwarzer Striche, die stets bis zur
Elektrode reichen und damit beweisen, daß die Entladung trotz des Laufs
der Elektronen in Gegenrichtung vom Gleitpol aus vorwächst. Zwar läßt
Rogowski die Möglichkeit offen, daß vielleicht bei noch kürzerer Stoßdauer, wie sie nicht mehr verwirklicht werden konnte, doch noch
Ladungskanäle aufgefunden werden könnten, die ohne Verbindung zur
Anode wären, doch muß eine solche Möglichkeit von unserer Vorstellung
her als ausgeschlossen gelten.

Bei Verlängerung der Stoßdauer um etwa 10^{-8} sek wachsen einige der
Kanäle der positiven Entladung in einer Länge von mehreren Millimeter
zur Gegenelektrode vor. Nach der Raether-
schen Theorie geschieht dies durch vom Ioni-
sierungsherd abgestrahlte Photonen, die vor dem
Lawinenkopf Photoelektronen im Gas bilden
und so Anlaß zu einem neuen Lawinenablauf
von einem vorgeschobenen Punkt geben. Die
hierbei gebildeten Produkte verzerren das Feld
und lösen überdies weiter vorn neue Lawinen
aus, welches Spiel sich in vielfacher Folge solange wiederholt, bis der Entladungskanal eine
derartige Länge erreicht hat, daß die resul-

Abb. 170. Ausbildungsstufen
der positiven Entladung.

tierende Feldstärke von Elektroden- und Raumladungsfeld unter
die zur Aufrechterhaltung des Leuchtfadenmechanismus notwendige
abgesunken ist. Der Ionisierungszentrum und Gleitpol verbindende Entladungsschlauch enthält wegen der raschen Abwanderung der Elektronen
einen Überschuß an positiven Ladungsträgern und entwickelt dadurch
ein Radialfeld, das seitlich in der Nähe gebildete Elektronen zu sich
heranzieht. Dadurch entstehen Seitenäste, in denen sich derselbe Vorgang der Anstückelung kurzer Lawinen wie im Hauptkanal wiederholt.
Diese Nebenäste münden alle in den Stamm des Hauptkanals ein und
schaffen so die kennzeichnende Struktur der positiven Entladung mit
starker Verästelung der spitz auslaufenden Kanäle (Abb. 170). Ein weiterer augenfälliger Beweis für die unipolare Ladung des Stammes ergibt
sich bei der Betrachtung von positiven Gleitentladungen in einem weiter
fortgeschrittenen Ausbildungszustand [23]. Wie z. B. Abb. 172 erkennen
läßt, erreichen nachträglich ausgebildete Leuchtfäden nicht die volle
Länge der ersten, unbehindert vorschießenden Leuchtfäden, sondern

bleiben kürzer und werden an ihren Enden zu den älteren Kanälen hingekrümmt. Nur die elektrostatische Anziehung zwischen positiver Überschußladung im Stamm und den im Leuchtfadenkopf reichlich vorhandenen Elektronen kann Ursache dieser auffälligen Figurenausbildung sein. An den Vereinigungsstellen von Leuchtfadenende und Stamm des Nachbarleuchtfadens sieht man auf der rechten Seite von Abb. 172 die Spuren kleiner heller Fünkchen als Zeichen des kräftigen Ausgleichs der entgegengesetzten Ladungen.

Bei Reihenschichtung von Luft mit einem flüssigen Isoliermittel und bei gleicher Form beider Elektroden — der in Luft und jener in der Flüssigkeit — erreicht das elektrische Feld im Gasraum wesentlich höhere Werte und gibt wegen der geringeren Gasfestigkeit bereits Anlaß zu Entladungen bei Spannungen, bei denen der Gegenpol noch völlig frei von Entladungen bleibt. Derartige Gleitfiguren im zweigeschichteten Dielektrikum Luft–Isolieröl wurden von HONDA [13] mit zwei Spitzen als Elektroden bei einer Gesamtschichtstärke bis zu 4 cm untersucht. Nachdem die Komplikation der Versuchsbedingungen durch die je nach Dicke des flüssigen Isoliermittels variable Feldüberhöhung in der Luft und die Aufladung der Grenzschicht beider Medien durch die vorwachsenden Gleitfiguren das Verständnis der Entladungsausbildung nicht gerade erleichtert, möge hier der Hinweis auf diese Arbeit ohne weiteres Eingehen genügen.

c) Figurenformen. In Abhängigkeit von den jeweiligen Versuchsumständen zeigen die voll ausgebildeten Lichtenberg-Figuren einen überaus großen Formenreichtum mit vielen Spielarten und Übergängen. Von besonders großer Bedeutung für die Figurenausbildung sind Polarität, Höhe und Dauer der angewandten Spannung sowie Druck und Art des Gases, in dem der Gleitprozeß stattfindet. Allgemein gilt, daß die Figuren um so größer und differenzierter ausfallen, je höher der Scheitelwert der angelegten Spannung und je größer die Steilheit des Wellenanstiegs sind. Die Abhängigkeit von der Schnelligkeit der Spannungsänderung rührt von der Begünstigung der vorwachsenden Entladung durch den Verschiebungsstrom $i = C\dfrac{du}{dt}$ her, der bei der Aufladung der Elementarkapazitäten C den Konvektionsstrom im vorschießenden Ladungskanal zum geschlossenen Kreisstrom ergänzt. Es kommt demnach auch der Elementarkapazität der Gleitanordnung (gemessen in pF/cm^2) eine gewisse Bedeutung zu, und zwar wird ihre Verkleinerung etwa beim Übergang zu dickeren Platten oder zu einem Dielektrikum kleinerer Dielektrizitätskonstante den Aufbau der Entladung beeinträchtigen. Neben der Spannungshöhe wirkt sich vor allem der Gasdruck auf die Länge der Gleitfiguren aus, weil sich die Festigkeit des Gases mit dem Druck stark ändert. Selbstverständlich kommt auch der Gasart große Bedeutung zu; für die Edelgase als den Gasen geringster elektrischer Festigkeit ist unter gegebenen Bedingungen größte Figurenausdehnung zu erwarten. Wegen ihrer großen Bereitwilligkeit zur Bindung freier Elektronen und Bildung nicht mehr ionisierungsfähiger negativer Ionen werden die elektronegativen Gase nur relativ kleine Figuren entstehen lassen. Der Grad der Elektronenaffinität spielt eine bedeutsame Rolle [10], nicht nur wegen der etwaigen Verringerung der Zahl der verfügbaren Elektronen, sondern auch wegen des Aufbaus einer negativen Raumladung, welche die bereits bestehende positive Raumladung verdünnt und in ihrer Wirkung abschwächt.

Eine gewisse Willkür läßt sich nicht vermeiden, wenn es gilt, aus dem vorhandenen umfangreichen Versuchsmaterial, bei dessen Gewinnung jeweils nur einige wenige Parameter variiert wurden, gewisse Figuren als typisch für bestimmte Versuchsumstände herauszugreifen, weil bei einer Änderung der nicht untersuchten Abhängigkeiten die Figurenform sehr wohl wechseln kann und unter den neuen Versuchsumständen die zuvor angegebenen Kennzeichen nicht mehr zuzutreffen brauchen. Diese Einschränkung ist stets im Auge zu behalten, wenn im nachfolgenden „charakteristische" Figuren beschrieben werden. Soweit nichts anderes angegeben, beziehen sich die Angaben durchweg auf Gleitentladungen in Luft, nachdem nur wenige Untersuchungen über die Figurenausbildung in den anderen Gasen vorliegen und auch weil die Luft nun einmal unseren wichtigsten Isolierstoff darstellt.

Der unterschiedliche Bildungsmechanismus je nach Polarität des Gleitpols hat auch verschiedenartige Gleitfiguren zur Folge sowohl der Struktur als auch der Ausdehnung nach. Die Ausprägung von Polarität und Höhe der einwirkenden Spannung führte zur technischen Verwertung des Effekts zur Polaritätsanzeige [37] oder in der Form der sogenannten Wellenschreiber (*Klydonographen*) [27, 29 bis 31] (zusammenfassenden Bericht s. [32]), die vor zwei Jahrzehnten in elektrischen Netzen anzutreffen waren und deren Aufgabe die Registrierung flüchtiger Überspannungen war.

Je nach der Höhe des Gasdrucks unterscheidet PRAETORIUS [33] drei Grundformen der positiven und der negativen Entladung, die unter sich jeweils eine Reihe von Spielarten besitzen[1].

Positive Figur. Bei niederem Druck (≈ 100 Torr) bildet sich um den Gleitpol ein heller kreisrunder Fleck aus, von dem helleuchtende Kanäle kurzer Länge ausgehen und sich in wenigen hellen und dünnen Leuchtfäden fortsetzen. Die Enden der in feinsten Spitzen auslaufenden und verästelten Leuchtfäden liegen ungefähr auf einem Kreis (bei der TOEP-

---

[1] Für die Bezeichnung der Figurenarten dienen im nachfolgenden die Vorschläge des Ausschusses für Einheiten und Formelgrößen (AEF) als Richtlinien [34].

ʟᴇʀschen Gleitanordnung). Mit Erhöhung des Drucks muß auch die Spannung vergrößert werden, um wieder etwa gleiche Figurenausdehnung zu erhalten. Die zentrale Leuchtrosette und die heller leuchtenden *Stiele* besitzen dann nur noch sehr geringe Ausdehnung; die *Leuchtfäden* mit nahezu gleicher Helligkeit über ihre ganze Länge erstrecken sich sternförmig in den Raum, wobei ihre äußere Begrenzung von der Kreisform abweichen kann. Bei noch weiterer Drucksteigerung verschwindet die zentrale Leuchtrosette und die stark leuchtenden Stiele setzen direkt am Gleitpol an; unter baumartiger Verästelung gehen sie allmählich in die Leuchtfäden über (Abb. 171). Bei längerer Stoßdauer werden die vom Gleitpol ausgehenden Strahlen zahlreicher und bilden ein vielfach ver-

zweigtes Gleitbüschel, wobei sich zwischen die bereits vorhandenen Leuchtfäden weitere einschieben. Tᴏᴇᴘʟᴇʀ [23] gibt an, daß dieser Vorgang des Einbaus neuer Leuchtfäden in die Zwischenräume der noch weiter vorwachsenden älteren Kanäle nur bei rascher Spannungssteigerung erfolgt und daß bei langsamer Erhöhung der Spannung die weitere Ladungsausgießung vorzugsweise unter Benützung der bereits vorhandenen Kanäle stattfindet.

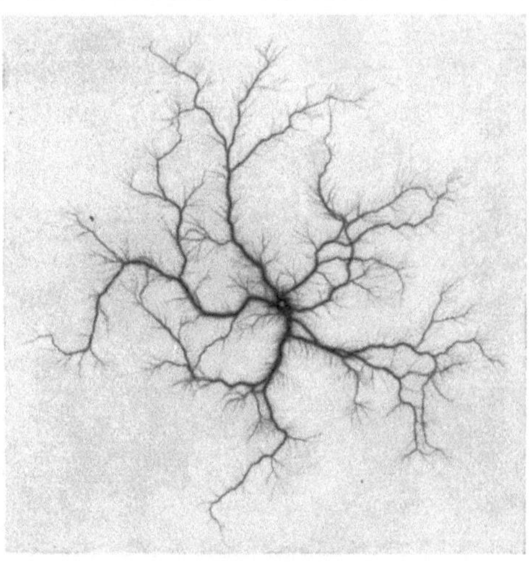

Abb. 171. Positive Gleitfigur in Luft.

Wird die naheliegende Annahme als richtig unterstellt, daß größere Helligkeit (= stärkere Schwärzung des Negativs) auf verstärkte Ionisierung im Ladungskanal schließen läßt, so sind die hellen Leuchtstiele als Orte besonders kräftiger Ionisierung zu deuten. Da der ganze Trägernachschub zum vorschießenden Ionisationsherd über das gleitpolnahe Kanalstück erfolgen muß, liegt es nahe, die Ursache für die Umbildung seiner Eigenschaften in der großen Menge der transportierten Ladungen zu suchen. Die freiwerdende Energie der Trägerströmung erhitzt das Gas im Kanal und führt zu Temperaturionisation und damit zu einem Plasma hoher Dichte der positiven und negativen Ladungen. Im hellen Stiel sind nur sehr geringe Potentialunterschiede möglich; er verhält sich gleichartig wie die Funkenentladung in der Schlußphase ihrer Ausbildung oder gar wie der Lichtbogen, besitzt also eine negative Charakteristik mit fallendem Spannungsbedarf bei Vergrößerung des Durchgangsstroms. Somit stellt der Stiel eine quasimetallische Brücke zwischen Gleitpol und vorwachsendem Leuchtfaden her; der Fadenentladung steht zur weiteren Ausbildung nahezu die volle Potentialdifferenz zwischen den Elektroden zur Verfügung.

Eine positive Entladungsfigur für die MARXsche Anordnung knapp unterhalb der Durchbruchspannung zeigt Abb. 172. Die voll entwickelten Leuchtfäden reichen bereits bis zur Gegenelektrode, ohne jedoch zum stromstarken *Gleitfunken* als Verbindungskanal niedrigen Widerstands zwischen den Elektroden längs der Isolatorfläche zu führen, weil hierfür zuvor eine kathodische Ansatzstelle hoher Elektronenergiebigkeit auf-

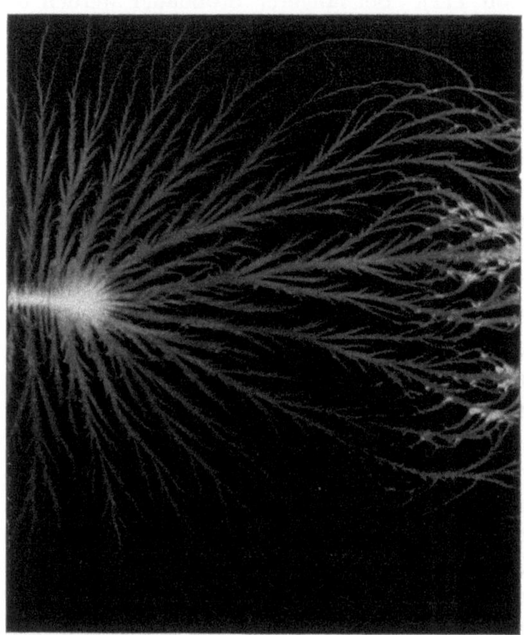

zufinden bzw. zu schaffen ist und erst eine Rückwärtsentladung von der Kathode zur Anode stattfinden muß. Daher vermag sich ein Funken erst bei weiterer, wenn vielleicht auch nur geringfügiger Spannungserhöhung auszubilden. In erster Annäherung kann jedoch die größte Gleitbüschelerstreckung gleich der Gleitfunkenlänge gesetzt werden [35]. Bei negativem Stoß gilt diese Regel nicht mehr, weil unter diesen Umständen die Abmessungen der Gleitfigur viel kleiner ausfallen. Nachdem bei mäßigen Schlagweiten die Funkenspan-

Abb. 172. Positive Gleitentladung kurz vor Funkenübergang [20].
(Links Anodenspitze, am rechten Bildrand Elektrodenplatte.)

nungen für beide Polaritäten ungefähr dieselben sind, übertrifft die Funkenlänge bei negativem Stoß den Radius der Gleitfigur erheblich. Nach TOEPLER [35] gilt, daß die Funkenlänge hierbei rd. doppelt so groß ausfällt als die Reichweite der Gleitfigur. Nicht im Einklang hiermit sind die ohne Begründung bei PRAETORIUS [33] zu findenden Angaben, wonach bei negativem Stoß der Überschlag dann eintritt, wenn die Entladungsfigur gerade die Gegenelektrode erreicht, und daß bei positivem Stoß die Leuchtfäden der ungestört gedachten Figur die doppelte Länge des Abstandes zwischen den Elektroden erreichen müßten, bevor der Überschlag eintrete.

Negative Gleitfigur. Während die positive Gleitfigur bei aller Differenziertheit ihrer Formen doch stets eine unverkennbar strahlige Struktur besitzt, können die Formen des negativen Ergusses bei sehr viel stärkerer Ausprägung des Stielelements mit negativer Strom-Spannungscharakteristik auch große Abweichungen vom radialen Vorwachsen zeigen. Wiederum bieten die Entladungsspuren bei niederem Druck und kleiner Spannung das Bild einer in ihrer Helligkeit zum Rande hin abnehmenden Lichtrosette, deren Durchmesser sich wegen der verschwimmenden Kontur nur angenähert angeben läßt. Mit Druckerhöhung und der hierbei notwendigen Spannungssteigerung und der meist damit verbundenen Versteilerung des Wellenanstiegs nimmt die Rosette ein mehr strahlenförmiges Aussehen von oft erstaunlicher Regelmäßigkeit an mit sich deutlich von der Umgebung abhebender kreisförmiger Begrenzung (Abb. 173). Fächerartig liegen hierbei die hellen Leuchtstreifen mit stumpfen Enden nebeneinander. Noch immer stellt sich jedoch die zentrale Leuchterscheinung als Fleck gleichmäßiger Schwärzung auf der Photoplatte ohne jede Details dar. TOEPLER [*15*] vermutet, daß es sich hierbei um die Superposition lückenlos nebeneinander liegender Entladungskanäle handelt, die erst zum Rand hin durch schmale Sektoren voneinander getrennt sind. Die Einwirkung der Entladung auf die photographische Schicht nimmt nach außen hin stetig ab, was eine Folge der schlechten Führung

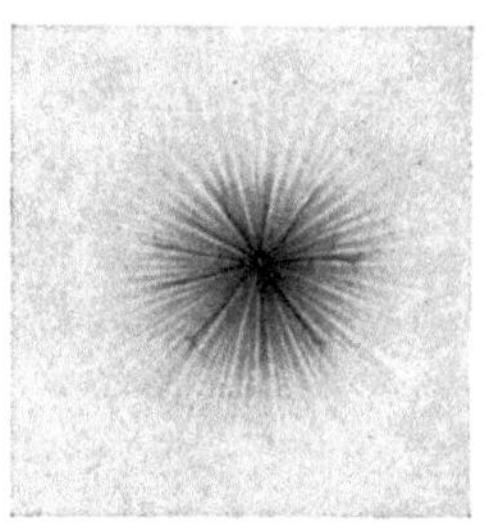

Abb. 173.
Negatives Gleitbüschel.

der Elektronen im Feld und ihrer beträchtlichen seitlichen Streuung ist [*36*].

Oberhalb einer gewissen Grenzspannung wird das symmetrisch aufgebaute Büschel durch einen oder auch mehrere helleuchtende Stiele durchbrochen, an deren Enden neue Gleitbüschel fächerartig ansetzen. Wegen der Behinderung durch das bereits vorhandene Polbüschel überdeckt ein derartiges neu entstandenes Büschel nur noch eine Halbkreisfläche. Abb. 174 macht in schematischer Darstellung die einzelnen Ausbildungsstufen eines solchen *Gleitstielbüschels* kenntlich. Vom Gleitpol als Ladungsquelle lädt der Erguß zunächst die Kreisfläche des symmetrisch zu P liegenden *Gleitbüschels* auf. Vielleicht durch Nebeneinanderlagerung zufällig an fast gleicher Stelle ausgebildeter Kanäle [*15*], vielleicht auch durch eine Zufallsbegünstigung der Ionisierungsvorgänge eines Kanals [*33*] entwickelt sich dieser bevorzugt, wodurch er — alle Leuchtfäden werden von der gleichen Spannung getrieben — von den benachbarten Entladungspfaden Ladungen abzieht; dadurch erhöhen sich seine Ionendichte und Gastemperatur noch weiter, und er wandelt sich durch kräftige Temperaturionisation zum gutleitenden *Gleitstiel* um.

Das hierdurch zum Ende von S_1 bzw. S_2 (Abb. 174) vorgeschobene Potential des Gleitpols läßt dort eine neue Büschelentladung entstehen. Zuerst erscheint ein kurzer Lichtpinsel, aus dem das Büschel rasch zur vollen Größe erwächst. Von dieser Stelle geht vielleicht ein weiterer Stiel aus, der im Raum zwischen den bereits vorhandenen Gebilden zum Keim eines neuen Büschels wird. So offenbart die geknickte Form der Gleitstielbüschel, daß die Gesamtfigur nicht in einem einzigen Erguß, sondern in *ruckweisen Wachstumsstufen* geschaffen wurde [15].

Bei Steigerung des Drucks bis zu einem Höchstwert von 20 at findet PRAETORIUS [33] ein starkes Zusammenschrumpfen der Rosette des negativen Gleitbüschels. Diese spaltet sich schließlich in einige wenige,

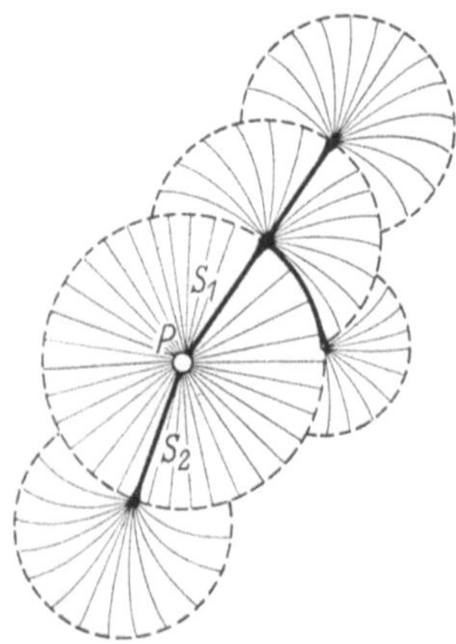

Abb. 174. Schematische Darstellung eines Gleitstielbüschels nach TOEPLER [15].

scharf gegeneinander abgegrenzte Sektoren auf, die bei hoher Spannung auf der Gleitfläche vorwachsen. Dabei beschreiben sie stark gewundene und vielfach unterteilte Bahnen und versuchen die Fläche um den Gleitpol möglichst auszufüllen. Auch die aus ihnen entspringenden Seitenäste sind bei den hohen Drucken wegen der in ihnen herrschenden hohen Trägerdichte sehr lichtstark. Derartige sichelförmig das Polbüschel umklammernde Entladungsgebilde hatte TOEPLER [38] bereits einige Jahre zuvor vorzugsweise bei negativem Stoß oder auch bei Verwendung von Wechselspannung längerer Einschaltdauer (≈ 1 sek) gefunden und hatte einen solchen Gleiterguß als *Kreisfunken* bezeichnet. Von gleicher Art sind auch die Figuren, die sich bei Ersetzung der Luft durch elektronegative Gase bzw. Dämpfe oder deren Zumischung zu Luft auch schon bei atmosphärischem Druck einstellen (untersucht von MERRILL und v. HIPPEL [10] in Stickstoff und Stickstoff–Tetrachlorkohlenstoff-Mischungen bis zu 30 at und in Frigen bis zum Sättigungsdruck bei Zimmertemperatur).

Die Rückschlagfigur. Wird die Spannung von den Elektroden der Gleitanordnung unmittelbar nach der Ausbildung der Primärfigur wieder weggenommen, etwa durch einen kurzschließenden Überschlagfunken längs der Gleitplatte oder durch eine Abschneidefunkenstrecke, die über eine Leitung einstellbarer Länge zur Gleitanordnung parallel geschaltet ist, so erscheinen die inneren Details der Figur überstrahlt bzw. ausgelöscht, und es hat den Anschein, als wäre der Primärentladung eine weitere entgegengesetzter Polarität und verkleinerter Abmessungen überlagert. TOEPLER [14, 35] erklärt diese Erscheinung durch das plötzliche Freiwerden der Ladungen in der vorgeschobenen Kanalspitze beim Zu-

sammenbruch der Spannung und deren allseitigem Zurückfließen zum
Pol unter dem Antrieb des Eigenfeldes. Eine solche „Rückschlagfigur"
wird sich nur bei raschem Abfall des Spannungsrückens ausbilden, weil
nur dann die Kanäle nach Überschreitung des Spannungshöchstwertes
noch die hohe Leitfähigkeit besitzen, die Voraussetzung einer Rückführung der freiwerdenden Ladungen ist. Bei nur langsamem Abklingen
der Spannung verschwinden die Ladungen allmählich durch Rekombination und Diffusion, ohne eine selbständige Entladung auszubilden;
ihr eigenes Feld gewinnt kein entscheidendes Übergewicht über das nur
langsam schwächer werdende äußere Feld und vermag keine Rückent-
ladung zu veranlassen.

Nach TOEPLER [35] erreicht der Halbmesser der positiven Rückschlagfigur im negativen Gleitbüschel nahezu zwei Drittel des Halbmessers der
Primärfigur (s. hierzu a. Abb. 173); der Halbmesser der Rückschlagfigur des positiven Gleitbüschels hat rund ein Drittel der Länge des
Halbmessers der Primärfigur. Diese Angaben und die Deutung des
Effekts sind vielfach übernommen worden, ohne daß eine eingehende
Überprüfung stattfand. Die Auffassung von PRZIBRAM [4], daß die Rückschlagfigur nur bei schwacher Dämpfung im Stoßkreis auftrete und von
der zweiten Halbschwingung entgegengesetzter Polarität erzeugt werde,
dürfte wohl nur in wenigen Fällen den wahren Sachverhalt treffen. In
diesem Zusammenhang ist auf die Arbeit von MERRILL und v. HIPPEL [10]
hinzuweisen, in der die Rückschlagfigur in ihren wesentlichen Zügen
ebenfalls auf das Freiwerden von Ladungen zurückgeführt wird, die
Verfasser jedoch angeben, daß eine Rückschlagfigur sich nur aus einer
negativen Primärfigur entwickle. Ob dies als experimenteller Befund
gelten soll oder nur Ausfluß gewisser Spekulationen über die Ladungsverteilung im verbleibenden Trägerschlauch unter Berücksichtigung der
nur für Elektronen anzunehmenden Ionisierungsfähigkeit ist, läßt sich
der Veröffentlichung nicht entnehmen.

d) Figurenabmessungen. Die Mehrzahl der Arbeiten über Gleitentladungen befaßte sich mit der Erstreckung der Gesamtfigur und ihrer
Aufbauelemente in Abhängigkeit von den jeweiligen Versuchsbedingungen.
Hierbei ist wohl zu beachten, daß die Längenausdehnungen der Figuren
und etwa die Höhe der zur Erzeugung von Gleitfunken benötigten
Spannungen in viel größerem Maß streuen, als man dies von Gasentladungen gewohnt ist. Wie TOEPLER schon frühzeitig beobachtete, wird
die Ausbildung von Gleitentladungen bei rascher Folge der Spannungsstöße durch eine Nachwirkung der vorausgehenden Entladung beeinflußt. Diese Nachwirkung beruht einesteils auf der nur allmählich abklingenden Temperatursteigerung im Gleitstiel und der benachbarten
Isolatoroberfläche und andererseits auf dem Zurückbleiben von Ladungen in den Leuchtfäden. Soweit beim Erguß Gleitstiele gebildet

werden, begünstigt die verbliebene Ionisation in den noch nicht er-
kalteten Kanälen die bald nachfolgende Entladung und läßt sie weiter
als beim ersten Stoß vorwachsen, während die Ladungsreste in den
Leuchtfäden die neuerliche Ausgießung von gleichnamigen Ladungen
durch deren Rückstoß verhindern, weshalb die Ladungsnachwirkung
zur Verkürzung der Gleitfigur führt. Zur Erfassung des letztangeführten
Einflusses bestimmte SCHIERING [41] die Figurenlänge bei veränderlicher Stoßfolge und gleichbleibender Spannung. Durch Vergleich mit
den Werten, die frei von jeder Nachwirkung bei langem Warten zwischen
den Stößen bzw. bei jedesmaliger Reinigung der Gleitplatten vor dem
Stoß erhalten wurden, ließ sich bei positiver Entladung noch nach einer
Zeit bis zu 10 sek eine geringe Behinderung im Figurenwachstum feststellen; vor allem bei den höheren Spannungen und größeren Figuren-
erstreckungen nahm diese Behinderung mit Verkürzung der Wartezeiten
zwischen den Stößen rasch zu, obwohl dann die Entladung zum Teil
schon durch Gleitstiele durchbrochen war. Bei raschester Stoßfolge
mit einer Pause von nur 0,6 sek zwischen den Entladungen ging die
Figurenlänge bis auf rd. $^2/_3$ ihres Wertes bei unbehinderter Entladung
zurück. Aus den Versuchen ergibt sich als Regel, daß bei mehrfacher
Aufeinanderfolge der Spannungsstöße eine ausreichende Erholungszeit
von mindestens 10 sek einzuschalten ist, um stets mit den anfänglichen
Entladungsbedingungen rechnen zu können. Nur bei wasserdampfgesättigter Luft werden die Restladungen durch die Tauschicht auf der
Isolatoroberfläche sofort abgeführt und vermögen auch bei rascher Stoßfolge die Büschelausbildung nicht zu beeinträchtigen [21].

Der Rand des von den Ladungen überstrichenen Bereichs fällt nicht
mit der Schwärzungsgrenze des photographischen Bildes zusammen.
TOEPLER [35] beobachtete, daß die Leuchterscheinung bereits sehr
schwach geworden ist, noch ehe die Aufladung ihre Grenzen erreicht.
Die äußerste Zone wird somit durch Vorschieben von Ladungen ohne
Hinterlassung von Spuren auf der lichtempfindlichen Platte aufgeladen,
so daß die wahre Reichweite der Ladungsfigur größer als die des sichtbaren Bildes ist. Zur Sichtbarmachung auch dieses Außengebietes
wandte TOEPLER den Kunstgriff der Hilfsverschleierung an, bei dem
die Photoplatte während der Aufnahme von einer schwachen Lichtquelle
zusätzlich bestrahlt wird. Die resultierende Einwirkung auf die Silberkörnchen überschreitet dann den Schwellenwert und erzeugt eine
Schwärzung der Schicht bis zur wahren Grenze des Ladungsergusses.

An oft vorkommenden und nicht immer gänzlich vermeidbaren
Quellen von Meßungenauigkeiten seien hier außer den nicht beein-
flußbaren statistischen Schwankungen etwaige Lufteinschlüsse zwischen
Isolierplatte und geerdeter Unterlage genannt, ferner der Einfluß einer
Änderung von Dichte und Feuchtigkeitsgehalt der Luft sowie von

Änderungen in Spannungsanstieg und Wellenform. So hat nach MÜLLER-HILLEBRAND [29] eine Erhöhung der Luftdichte oder der Luftfeuchtigkeit bei negativer Figur eine Verkleinerung der Ausdehnung, bei positiver Figur eine Verkleinerung der Streuung der Figurenabmessungen zur Folge. Dagegen soll nach WILKINSON [16] die Figurengröße (gemessen nach sekundenlangem Einwirken der Spannung) von Luftfeuchtigkeit und Lufttemperatur unabhängig sein. Schon bei den negativen Gleitbüscheln muß mit einem Meßfehler von durchschnittlich 5% gerechnet werden, wobei aber auch maximale Abweichungen bis zu 10% nicht ausgeschlossen sind. Wegen der vielgestaltigeren Ausbildung von Gleitstielbüscheln sind bei diesen mittlere Abweichungen von 10% noch als üblich zu bezeichnen, doch sind auch Streuungen bis zu 30% möglich, mit welchen Unsicherheiten auch bei den sich auf positive Leuchtfadenentladungen beziehenden Angaben gerechnet werden muß [29, 33, 42, 43].

In der TOEPLERschen Gleitanordnung wurde von PRZIBRAM [9] die größte radiale Erstreckung der LICHTENBERG-Figuren (abzüglich des halben Gleitpoldurchmessers) in verschiedenen Gasen gemessen. Der Gleitpol endete in einer abgerundeten Spitze; Dicke der Gleitplatte 2 mm. Abb. 175 gibt eine Zusammenstellung der Ergebnisse.

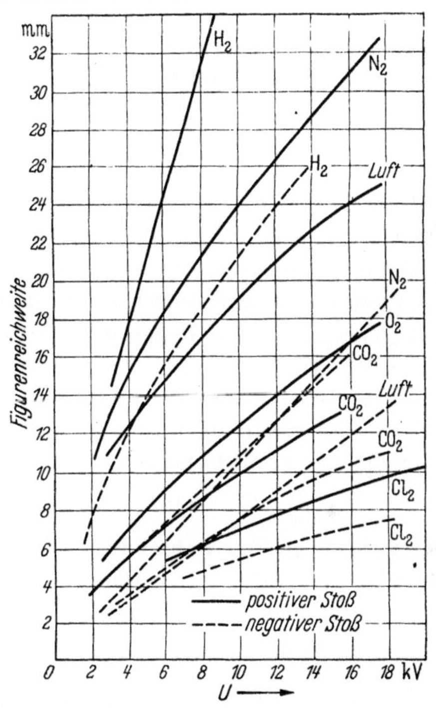

Abb. 175. Reichweite der LICHTENBERG-Figuren in verschiedenen Gasen nach PRZIBRAM [9].

Deutlich ist die Abnahme der Figurenlänge mit stärkerer Elektronenaffinität in der Reihenfolge: H_2, N_2, Luft, CO_2, Cl_2 zu erkennen. In derselben Reihenfolge nehmen auch die polaren Unterschiede in der Figurenausdehnung ab, ja im stark elektronegativen Gas Chlor erreicht die negative Figur bei den höheren Spannungen sogar größere Ausdehnung als die positive. Für Luft ergibt sich ein ungefähres Durchmesserverhältnis von positiver zu negativer Figur von 2:1, das jedoch unter anderen Versuchsbedingungen erheblich von diesem oft genannten Mittelwert abweichen kann. Nach älteren Untersuchungen desselben Verfassers [44] ist in den

Edelgasen He und A der Größenunterschied von positiver und negativer Figur noch etwas stärker als in Luft. Bei sekunden- oder gar minutenlanger Einwirkdauer der Spannung findet WILKINSON [16] für positive Gleichspannung und für Wechselspannung dieselbe Figurengröße.

Die Reichweite der Gleitbüschel in Luft wurde vielfach gemessen und die Ergebnisse durch empirische Formeln wiedergegeben. Mit Ausnahme von MIKOLA [45], der eine Zunahme der Figurengröße nur mit der Wurzel aus der Spannung aus seinen Messungen erschließt, geben alle anderen Beobachter [15, 16, 29, 32, 33, 42, 43] für die Ausdehnung des positiven Gleitbüschels eine proportionale Beziehung zwischen Scheitelspannung und dem Radius R der Leuchtfäden an (gemessen vom Rand des Gleitpols bis zum fernsten aufgeladenen Punkt; s. hierzu auch [54]) oder genauer gesagt eine geradlinige Zunahme der Figurengröße mit der Spannung, wobei die Gerade die Spannungsachse bei dem Kleinstwert der Spannung schneidet, der zur eben merklichen Ausbildung einer Figur benötigt wird. Dieser Kleinstwert U_{min} liegt für atmosphärischen Druck bei 2—3 kV; MÜLLER-HILLEBRAND [29] gibt ihn beim Klydonographen mit 2,5 kV an, nach PRAETORIUS [33] liegt er bei einer 1,4 mm-Photoplatte und bei Verwendung der Stoßwelle 1|50 bei 3,8 kV. Bei veränderlichem Druck gilt die Beziehung $U_{min} = 0,14\sqrt{p}$ für U_{min} in kV und p in Torr [33][1]. Nach TOEPLER [15] errechnet sich die benötigte Spannung U (in kV) aus dem Radius R (in cm) der Leuchtfadenfigur des positiven Büschels (also noch ohne Gleitstielausbildung!) unabhängig von Plattendicke bzw. Elementarkapazität zu

$$U = 6,0\,R \qquad \text{bzw.} \qquad U = 5,9\,R' \quad [35] \qquad\qquad (XX, 1)$$

mit R' als größter wahrer Leuchtfadenlänge, wie sie sich unter Zuhilfenahme der Hilfsverschleierung mit schwachem Fremdlicht ergibt. Die Anstiegsteilheit des Prüfstoßes lag bei den TOEPLERschen Messungen bei $\frac{du}{dt} \approx 50$ kV/μs. Für eine 8 mm starke Hartgummiplatte findet DRAGU [43] eine rd. 25% größere Figurenausdehnung als bei einer 1 mm-Photoplatte. Mit zunehmender Steilheit des Spannungsanstiegs nimmt die Figurenerstreckung für beide Stoßpolaritäten zunächst rasch zu und bei weiterer Vergrößerung über 200 kV/μs hinaus nur noch geringfügig [43].

---

[1] Bei der Anordnung zweier paralleler dünner Drähte, die durch eine Platte aus (aufgerauhtem) Glas oder einem anderen Dielektrikum überbrückt sind, bemerkt man noch bei sehr viel niedrigerer Spannung ein schwaches Leuchten am positiven Draht [46]. Im Dunkeln genügen bereits 500 V zur Ausbildung einer mit dem Auge beobachtbaren Leuchterscheinung; bei tagelanger Versuchsdauer wird eine Photoplatte selbst bei einer Spannung von nur 200 V am Ort des positiven Drahtes geschwärzt. Als Folge des Feldabbaus in Elektrodennähe durch die auf der Platte haftenden polgleichnamigen Ladungsträger nimmt das Leuchten während der Versuchsdauer allerdings ab.

Auch für das negative Gleitbüschel gilt eine geradlinige Beziehung zwischen Figurengröße und Stoßspannung. TOEPLER [15] gibt hierfür an

$U = 11{,}5\,R + 2{,}5$ für eine Glasplattendicke von 1,6—5,5 mm

bzw.

$$U = 11{,}5\,R',$$

$$\text{(XX, 2)}$$

und für eine Glasplattendicke von 16,5 mm: $U \approx 13\,R + 4$. Der Vergleich mit (XX, 1) zeigt, daß nach TOEPLER die Radien von negativem und positivem Gleitbüschel sich wie 5,9:11,5, also nahezu wie 1:2 verhalten. Einer Tabelle von PRAETORIUS [33] kann nach einer kleinen Umrechnung die etwas größere Figurenabmessungen ergebende Formel (für negatives Büschel) $U = 14{,}3\,R + 3{,}9$ entnommen werden[1].

Beim Erreichen der Grenzspannung des Büschels wird der Gleitstiel ausgebildet. Dies geschieht beim positiven Büschel bei rd. 8 kV, beim negativen erfolgt der Durchbruch bei einer Spannung U_St zwischen 16 und 20 kV [33] bzw. bei der sich aus der maximalen Reichweite der Polbüschelspuren nach (XX, 2) ergebenden Beziehung $U_\text{St} = 11{,}5\,R_\text{max} + 2{,}5$ [15]. Unter Vernachlässigung der wenig ausmachenden Konstanten wird somit der Gleitstiel ausgebildet, sobald auf die Längeneinheit der Kanalentladung eine Potential-

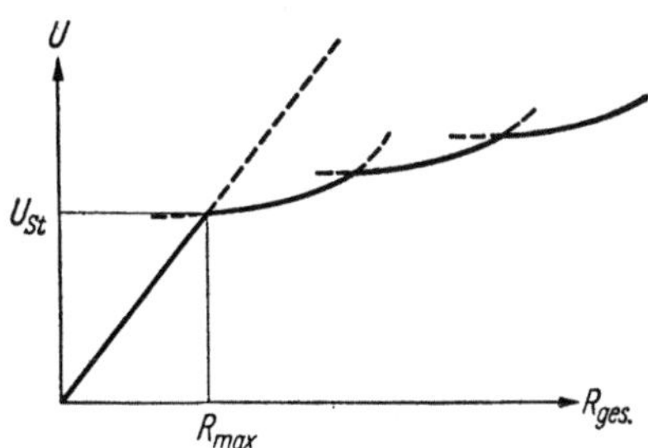

Abb. 176. Zusammenhang zwischen Gleitbüschel- bzw. Gleitstielbüschellänge und angelegter Spannung bei negativem Erguß [55].

differenz von 11,5 kV entfällt. Die radiale Ausdehnung des Polbüschels im Augenblick des Stieldurchbruchs errechnet sich bei einer a cm dicken Glas-Gleitplatte zu

$$R_\text{max} = 4{,}215\,\sqrt{a}\ . \qquad\qquad \text{(XX, 3)}$$

Durch die Vorverschiebung der Polspannung über den gutleitenden Gleitstiel wächst nunmehr die Entladungsfigur weiterhin sehr viel schneller mit der Spannung an. TOEPLER [14, 35] findet eine Zunahme der Gleitlänge mit der 4.—5. Potenz der Spannung, was durch Messungen mit Gleitröhren unterschiedlichen Durchmessers [47] und auch für Durchführungen bis zu einer kritischen Größe bestätigt wird [21].

In Abb. 176 ist der Zusammenhang zwischen Figurenreichweite R_ges und dem Scheitelwert der an die Gleitanordnung gelegten Spannung

---

[1] Gelegentlich wird statt der Gleitbüschellänge als Luftlinie vom Pol bis zum fernstgeladenen Punkt die Bahnlänge des längsten Ladungskanals angegeben, wofür natürlich etwas größere Werte gelten.

bei negativem Stoß dargestellt. Auf den proportionalen Anstieg folgt nach dem Durchbruch der Zentralrosette bei der Spannung U_{st} die Ausbildung der ersten Ruckstufe, im Diagramm gekennzeichnet durch den Übergang von der Geraden zu einer nur schwach ansteigenden Kurve. Schon bei einer geringen Spannungssteigerung bildet sich die zusätzliche Büschelkrone am Ende des ersten Gleitstiels aus. Daran schließen sich bei ausreichend hoher Stoßspannung weitere Durchbrüche und Gleitstiele mit Halbrosetten an, so wie dies durch weitere Bögen in Abb. 176 schematisch angedeutet ist. Beim positiven Büschel entfallen die mehrfachen Ruckstufen; dort gibt es nur einen ebenfalls recht scharfen Übergang vom anfänglichen proportionalen Anstieg zur neuen Charakteristik.

Die Druckabhängigkeit der Figurengröße wurde von MIKOLA [45] in Luft unterhalb Atmosphärendruck bis herab zu $p = 100$ Torr, von WILKINSON [16] zwischen 400 und 850 Torr und in einer sehr gründlichen Arbeit von PRAETORIUS [33] von 20—15500 Torr untersucht. MIKOLA gibt für beide Polaritäten als seinen Meßwerten am besten entsprechende Formel an

$$R = \frac{R_1}{\left(\dfrac{p}{p_0} + k_0\right)^{3/2}} \, ,$$

in der R_1, p_0 und k_0 nicht näher angegebene Konstanten bezeichnen. Nach TOEPLER [24] ist bei Verwendung enger Gleitrohre die Länge der Leuchtfäden und Gleitfunken der Wurzel aus dem Druck umgekehrt verhältnisgleich. Aus seinen über einen besonders großen Druckbereich ausgedehnten Messungen zieht PRAETORIUS den Schluß, daß sich angesichts des Formenreichtums der Entladungen eine durchweg gültige Formel für die Druckabhängigkeit der Figurenausdehnung des positiven und negativen Ergusses nicht aufstellen lasse, sondern jeweils nur eine für einen bestimmten Entladungstypus zugeschnittene Gleichungsform. Allgemein kann man wohl ansetzen R bzw. $R_{\mathrm{ges}} = A\,p^{-n}$, wobei A und n spannungsabhängige Konstanten darstellen, ohne jedoch damit viel gewonnen zu haben. Bei niedrigen Spannungen erreicht der Potenzexponent n seinen größten Wert und kann bis auf 2,5 steigen; bei höheren Spannungen und Drucken sinkt n bis auf 0,5 bei negativer und 0,3 bei positiver Figur ab. Wegen der Einzelheiten dieser Abhängigkeiten muß auf die Originalarbeit verwiesen werden, in der die Figurengrößen der drei Grundformen abhängig von Spannung und Druck dargestellt sind.

Für die Temperaturabhängigkeit der Gleitlänge gilt nach TOEPLER [48], daß die Länge von Gleitfunken etwas weniger als verhältnisgleich mit der absoluten Temperatur zunimmt.

Nach (XX, 1) bzw. (XX, 2) darf sich der Büschelradius R bei positivem Erguß gar nicht und bei negativem Erguß nur wenig mit der

Kapazität der Gleitanordnung ändern. Die Gleitstiellänge des durchbrochenen negativen Gleitbüschels wird in stärkerem Maß von der Geometrie der Anordnung beeinflußt, und zwar ist nach TOEPLER [15] das Produkt aus Gleitstiellänge und Wurzel aus der Elementarkapazität eine Konstante. Daraus folgt, daß bei einer Verkleinerung der Elementarkapazität das Polbüschel ausgedehnter wird, ehe sich ein stromstarker Leuchtfadenstiel ausbildet. Sehr wohl ist zwischen Elementarkapazität der Gleitplatte und wahrer Figurenkapazität zu unterscheiden. Die letztere ist wesentlich kleiner, da die Kapazität von Isolatoren bei Stoß kleiner als bei Gleichspannung oder niederfrequenter Wechselspannung zu sein scheint [49] und vor allem weil die Figurenfläche wegen der strahligen Struktur des Ergusses nicht gleichmäßig aufgeladen wird, wie dies bei beiderseitig metallischer Belegung der Gleitplatte der Fall wäre. DRAGU [43] bestimmte die wirksame Figurenkapazität $C = Q/U$ aus oszillographischen Aufnahmen des Gleitstroms $i(t)$ und Planimetrieren der unter der Kurve liegenden Fläche $Q = \int i \, dt$. Er gibt an, daß die wirksame Figurenkapazität linear mit dem Scheitelwert der Stoßspannung ansteige, und zwar bei der 1,6 mm-Photoplatte schneller als bei einer 8 mm-Hartgummiplatte. Nach JEŽEK [47] ist die wirksame Kapazität 55% des statischen Werts. PRAETORIUS [33] rechnet mit rd. einem Drittel der aus den geometrischen Abmessungen und der Materialkonstante bestimmten Flächenkapazität. Er findet, daß sich die Abhängigkeit der Figurengröße von der Kapazität mit zunehmendem Druck deutlicher ausprägt. Während bei 200 Torr der negative Erguß keinen klaren Einfluß einer Kapazitätsänderung erkennen läßt und nur bei positivem Stoß beispielsweise eine Halbierung der Kapazität zu einer Abnahme der Figurengröße um etwa 20% führt, gilt gleiches für die negative Figur erst bei Atmosphärendruck. Beim höchsten untersuchten Druck (20 at) war der Einfluß einer Kapazitätsänderung für beide Polaritäten am größten; bei einer Verdopplung der Plattendicke, also Halbierung der geometrischen Kapazität, nahm die Figurengröße auf die Hälfte ab. Zur Verringerung der geometrischen Kapazität wurde von HARTJE [50] ein Luftspalt veränderlicher Dicke zwischen Gleitplatte (1 mm-Photoplatte) und rückseitigem Metallbelag eingefügt. Nur bei negativem Erguß nimmt die Figurenerstreckung hierbei ab, was sich mit den Angaben von TOEPLER und PRAETORIUS deckt; dagegen erhält HARTJE bei positivem Stoß zunächst eine Zunahme und erst bei einem größeren Luftspalt als 5 mm wieder einen allmählichen Rückgang der Figurenausdehnung. Vorteilhaft ist die durch den Luftspalt erhöhte Auswertgenauigkeit als Folge einer größeren und klareren Aufzeichnung der Figuren und der 5% nicht übersteigenden Streuung um den Mittelwert der Figurengröße.

e) Vorwachsgeschwindigkeit der Figuren. Zur Beobachtung der Ausbildungsstufen arbeitete Toepler [*14*] mit abgebrochenen Gleitentladungen, wie sie sich durch Parallelschalten einer Kugelfunkenstrecke oder durch mäßigen Abstand der beiden Elektrodenränder der Gleitanordnung erzielen lassen, und wie sie sehr viel später von Rogowski und Mitarbeitern [*11*] bei noch kürzeren Stoßzeiten zur Untersuchung der allerersten Entladungsspuren ebenfalls verwandt wurden. Die Gleitentladung kann sich dabei nicht zur vollen, ungestörten Länge entwickeln, welche dem Scheitelwert der Stoßspannung entsprechen würde, sondern wird in ihrem Vorwachsen durch den kurzschließenden Funken gestoppt. Wird die Funktion der Abschneidefunkenstrecke einer am fernen Ende kurzgeschlossenen Doppelleitung veränderlicher Länge übertragen, so läßt sich in sehr einfacher Weise die Dauer des Gleitergusses durch die Länge der Verzögerungsleitung regeln [*51*]. Negative Figuren werden durch die plötzliche Wegnahme der treibenden Spannung nicht sehr verändert und werden insgesamt nur kleiner und schwächer mit weniger Kanälen und größeren Lücken zwischen den Sektoren niedergeschrieben. In sehr viel stärkerem Ausmaß wird dagegen die positive Figur dadurch beeinflußt, daß Anzahl und Helligkeit der Leuchtfäden erheblich verringert werden [*35*]; nur die durch den plötzlichen Spannungsabbau verursachte Rückschlagfigur ist kräftig ausgebildet. Diese Beobachtung zeigt, daß die normale Büschelform der positiven Gleitfigur bei längerer Dauer der Stoßspannung das Ergebnis zahlreicher, vielfach verästelter und zu verschiedenen Zeiten entstandener Leuchtfäden ist.

Mit Hilfe der umständlichen und weniger genauen, von A. Toepler angegebenen Schlierenmethode, bei der die in einer Flüssigkeit sich ausbreitende, von der Schaltfunkenstrecke des Stoßkreises ausgelöste Schallwelle mit dem Licht des kurzschließenden Überschlagfunkens bestrahlt wird, konnte M. Toepler als Erster die Ausbreitgeschwindigkeit der gestielten Lichtenberg-Figuren bestimmen [*14*]. Voraussetzung hierbei ist die Kenntnis der Schallwellengeschwindigkeit in der Flüssigkeit. Es ergaben sich bei Stielbüschellängen bis zu rd. 1 m Ausbildungszeiten bis zu 18 μsek, also mittlere Vorwachsgeschwindigkeiten der Größenordnung 50 km/sek. Der positive Erguß wächst etwa doppelt so rasch als der negative [*24*]. In einer neueren Arbeit benutzt Fünfner [*22*] ebenfalls die Schlierenmethode zur Bestimmung der Ausbreitungsgeschwindigkeit der Gleitentladung in verschiedenen Gasen bei Spannungen zwischen 15 und 30 kV. Die Geschwindigkeit steigt ungefähr linear mit der treibenden Spannung an und erhöht sich in Luft von 50 auf rd. 300 km/sek; in Wasserstoff und Argon liegt sie bei gleicher Spannung um rd. 100 km/sek höher.

PEDERSEN [18] verwandte zur Geschwindigkeitsbestimmung das von ihm entwickelte Verfahren der Aufspaltung des Gleitpols in zwei längliche, über unterschiedlich lange Leitungen mit dem Stoßkreis verbundene Metallstücke. Er enthält eine exponentiell mit der Zeit und linear mit der Entfernung von der Elektrode aus abnehmende Ausbreitungsgeschwindigkeit. Die Ausbildungszeit der vollen Figur liegt nach seiner Schätzung bei 10^{-7} sek. Mit derselben Methode erhalten Cox und LEGG [30] gleichartige Ergebnisse; sie finden die Ausbildungszeit einer negativen Figur rd. 4—5mal so lang als die einer positiven Figur.

Genaueste Geschwindigkeitsbestimmungen erlaubt der Hochleistungsoszillograph durch Ausmessung der Einwirkdauer abgeschnittener Stoßwellen. ROGOWSKI und Mitarbeiter [11] erhalten auf diese Weise in der ersten Phase bei höchstens einige Millimeter langen Entladungsspuren Wachstumsgeschwindigkeiten von $4 \cdot 10^6$ cm/sek bei negativem und fünffache Geschwindigkeit, also $2 \cdot 10^7$ cm/sek $= 200$ km/sek, bei positivem Stoß. DRAGU [43] findet, daß die Ausbreitungsgeschwindigkeit für beide Polungen proportional der Wellensteilheit ist und bei positivem Stoß wesentlich höher liegt. So erreichte die höchste gemessene Geschwindigkeit auf einer 8 mm-Hartgummiplatte 1040 km/sek bei einer Steilheit des positiven Spannungsanstiegs von 274 kV/μsek und nur 147 km/sek bei sogar noch etwas größerer Steilheit des negativen Stoßes. Im Bereich kleiner Steilheiten (≈ 1 kV/μsek) wächst die Gleitfigur bei positivem Stoß nicht mehr; im Gegensatz hierzu nehmen negative Figuren auch noch bei sehr flachem Spannungsanstieg an Größe zu und dehnen sich sogar noch zu Zeiten aus, während der die Spannung konstant bleibt.

f) Einfluß von Schirmen. Ein äußerer Eingriff in den Aufbau von Gleitentladungen durch mechanische Behinderung der Trägerströmung, Vernichtung von Lawinenphotonen oder eine Ladungsverzerrung des Feldes muß sich auf die Ausbildung der Gleitfiguren und die Überschlagspannung der Anordnung auswirken. Während die beiden erstgenannten Einflüsse auf eine Verkleinerung und Unterdrückung der Entladung hinarbeiten, hängt die Auswirkung einer Feldverzerrung durch räumlich oder flächenhaft verteilte Ladungen von deren Vorzeichen und Lage im Raum ab. Die Verwendung von ebenen oder gekrümmten, den Gleitpol teilweise umfassenden Schirmen bietet die Möglichkeit, die Entladungsfiguren willkürlich abzugrenzen und ihr Wachstum unter den neuen Bedingungen zu studieren. Die Schirme aus beliebigem Isoliermaterial werden hierzu mit einem geeigneten Bindemittel senkrecht auf die Schichtseite der Gleitplatte aufgeklebt, wodurch die Trägerbahnen mit Sicherheit unterbrochen werden. Die Schirme laden sich auf und verändern das elektrische Feld in ihrer Umgebung.

Gleitentladungen auf Photoplatten unter Verwendung solcher Schirme wurden von MARX [52] und STAACK [12] aufgenommen. Wie zu erwarten, hat ein Schirm bei Aufstellung in Spitzennähe größten Einfluß auf die Entladung. Die Aufnahmen zeigen vom Gleitpol bis an den Schirm heran die Entladungsfiguren im gewohnten, ungestörten Verlauf. Während sich die Entladung bei negativem Stoß mit nur geringer Hemmung durch den Schirm ausbreiten kann, wird die positive Entladung stärker behindert. Ist die Schirmfläche nicht allzu ausgedehnt, so greifen Gleitstiele der positiven Entladung um ihn herum und setzen ihr Wachstum zur Gegenelektrode hin auf diesem Umweg fort. Sofern nur der Schirm aus einem dichten Stoff ohne Poren besteht, also für die Elektrizitätsträger undurchlässig ist, spielen seine Beschaffenheit und Dicke eine untergeordnete Rolle. Wird dagegen Fließpapier verwendet, so bilden sich die Stielbüschel nach einer kurzen Unterbrechung hinter dem Schirm als Fortsetzung der unterbrochenen Bahnen wieder. Über den Einfluß von Schirmen bei technischen Durchführungen s. [21].

g) **Das Toeplersche Gleitfunkengesetz.** Unter gewissen Annahmen konnte Toepler [14] die während des Aufbaus der Entladung von der Zeit $t = 0$ ab Beginn bis zum Zeitpunkt t durch einen Gleitstiel durchgeflossene Ladungsmenge $Q_t = \int i\, dt$ sowie dessen gerade vorhandenen Widerstand R_t pro Längeneinheit ermitteln. Bei der Bestimmung des Produkts beider Größen zu verschiedenen Zeitpunkten während des Entladungsaufbaus ergab sich stets ungefähre Konstanz, selbst bei veränderlicher Dicke der Gleitplatte. Es gilt somit im Gleitstiel das Gesetz

$$R_t Q_t = k l, \qquad\qquad (XX, 4)$$

welches besagt, daß die Leitfähigkeit im Gleitstiel jederzeit proportional der bereits durch ihn geflossenen Elektrizitätsmenge ist. Wird in dieser empirischen Formel der Widerstand R_t von 1 cm des Gleitstiels zur Zeit t in Ohm, die Summe der von Beginn bis zum betrachteten Zeitpunkt durch den Kanal geflossenen Ladungen in Coulomb und die Länge des Stiels l (zuvor als R_{max} bezeichnet) in cm gemessen, so ist nach den ersten Messungen Toeplers für die Konstante als Mittelwert aus einer großen Zahl von Einzelauswertungen von Gleitfunkenbeobachtungen $k = 8 \cdot 10^{-4}$ zu setzen. Schon zur Zeit der Auffindung vor nunmehr fast einem halben Jahrhundert erkannte Toepler die Bedeutung dieser formelmäßigen Verknüpfung wichtigster Kenngrößen der Entladung. Er schloß aus dem so bestimmten Verlauf der Gleitentladung in Luft und der weitgehenden Unabhängigkeit der Büschel- und Gleitstielbildung von den jeweiligen Versuchsumständen auf eine Gültigkeit seines Gesetzes für die Stiele aller räumlichen Büschelentladungen und damit auch für den Funken in freier Atmosphäre.

Der Umschlag der lichtschwachen Fadenentladung in die kräftig leuchtende Stielentladung erfolgt nach (XX, 2) näherungsweise bei der

Kanalfeldstärke $E = 11{,}5$ kV/cm. Die Länge der Entladung im Augenblick des Gleitstieldurchbruchs hatte sich gemäß (XX, 3) zu $l = R_{max}$ $= 4{,}215 \sqrt{a}$ ergeben. Die Breite eines Leuchtfadens gibt Toepler [15] mit $b = 0{,}02$ cm an. Aus diesen Daten errechnet sich die bis zum Umschlag der Entladung vom Gleitpol zugeflossene Elektrizitätsmenge Q_t unter Ansetzung der resultierenden Kapazität zur Hälfte der gesamten Fadenkapazität (und Vernachlässigung der beiderseitigen Randfelder des Fadens), also mit $C_{res} = \varepsilon_0 \varepsilon_r \dfrac{b\,l}{2\,a}$, zu

$$Q_t = C_{res}\,U = \varepsilon\,\frac{b\,l}{2\,a}\,E\,l = \varepsilon\,\frac{b\,l^2 \cdot 4{,}215^2}{2\,l^2}\,E = 0{,}786 \cdot 10^{-12}\,\varepsilon_r\,b\,E\ .$$

Wird die relative Dielektrizitätskonstante ε_r entsprechend dem Toeplerschen Versuchsaufbau mit einer Glas-Gleitplatte zu 6 angenommen, so ergibt sich

$$Q_t = 1{,}08 \cdot 10^{-9}\,\text{C}\ .$$

Unabhängig von der Dicke der Gleitplatte tritt der Umschlag zur Stielentladung demnach stets dann ein, wenn dem Ladungskanal vom Pol aus eine Elektrizitätsmenge der Größenordnung $10^{-9}\,\text{C} = \dfrac{1}{3}$ elektrostat. Einheit zugeflossen ist.

Wir erhalten somit das bemerkenswerte Ergebnis, daß zur Umbildung des Ladungskanals in einen solchen hoher Leitfähigkeit eine ganz bestimmte Elektrizitätsmenge, die von den Versuchsumständen nur wenig abhängt, durch den Kanal fließen muß. Während Toepler seinerzeit den physikalischen Grund dieses Umschlags noch nicht angeben konnte, gibt es heute keinen Zweifel mehr, daß die Erhitzung des Trägerpfades nach Durchgang einer gewissen Ladungsmenge ein solches Ausmaß erreicht, daß thermische Ionisation sich maßgeblich an der Trägerbildung beteiligen kann. Die raschsteigende Trägerdichte bedeutet erhöhte Leitfähigkeit und Vergrößerung des Stromes in dem Kanal, der durch irgendwelche Zufallseinwirkungen im Laufe seines Wachstums etwas begünstigt wurde und dann wegen seiner erhöhten Leitfähigkeit den Ladungstransport der mit ihm konkurrierenden Kanäle in steigendem Maße an sich zieht. Im Wechselspiel einer Vergrößerung der Trägerdichte und Erhöhung der Temperatur sinkt der Widerstand der bevorzugten Bahn auf geringe Beträge ab. Der Strom erhöht sich bei absinkender Elektrodenspannung auf einen hohen Wert. Im Gegensatz zum Leuchtfaden besitzt demnach die Stielentladung eine *negative* Charakteristik.

So läßt sich der Aufbau aller Erscheinungsformen von Gleitentladungen trotz des großen Formenreichtums doch im einzelnen allein unter Zuhilfenahme zweier Aufbauelemente, der vorstoßenden Fadenentladung geringer Trägerdichte und der bei weiterem Stromdurchgang sich aus ihr bildenden Stielentladung, verstehen. Wenn auch die Übertragung mancher aus der Entladungsausbildung im freien Luftraum gewonnenen Erkenntnisse auf die zweidimensionalen Gebilde der Gleitentladung etwas bedenklich erscheinen mag, so dürfte doch das dadurch erzielte bessere Verständnis und die erreichte Einheitlichkeit der Grundvorstellungen nachträglich als ausreichende Rechtfertigung dieses Vorgehens gelten. Andererseits wirkt das Studium der Gleitentladungen wieder zurück auf die Anschauungen über die Entladungsausbildung im freien Raum und hat das Verständnis der Umbildung des Vorentladungskanals zum Lichtbogenschlauch und der Ausbildung langer Funken bei atmosphärischen Entladungen in hohem Maße gefördert.

Literaturverzeichnis zu Kapitel XX.

1. LICHTENBERG, G. C.: Novi Comment. Gött. 8 (1777) 168.
2. PINAUD: La Lumière 1 (1851) 118.
3. DUCRETET, E.: C. R. 99 (1884) 959; E. L. TROUVELAT: C. R. 107 (1888) 684 und 784; 108 (1889) 346; J. BROWN: Phil. Mag. (5) 26 (1888) 502.
4. Eine ausgezeichnete Übersicht über die älteren Arbeiten über Gleitentladungen wurde von K. PRZIBRAM in Hdbch. d. Phys. 24, S. 391 u. f. gegeben.
5. KLUSS, E.: Arch. Elektrotechn. 30 (1936) 187.
6. TORIYAMA, Y. u. U. SHINOHARA: Jap. Veröff., Referat in ETZ 53 (1932) 870; Arch. Elektrotechn. 28 (1934) 105.
7. PLEASANT, G.: El. Engng. 53 (1934) 300.
8. KARSTEN, G.: Pogg. Ann. 60 (1843) 1; J. T. BAKER: Phil. Mag. (6) 44 (1922) 752.
9. PRZIBRAM, K.: Phys. Z. 21 (1920) 480.
10. MERRILL, F. H. u. A. v. HIPPEL: J. Appl. Phys. 10 (1939) 873.
11. ROGOWSKI, W., O. MARTIN u. H. THIELEN: Arch. Elektrotechn. 35 (1941) 424.
12. STAACK, H.: Arch. Elektrotechn. 25 (1931) 13.
13. HONDA, T.: Arch. Elektrotechn. 33 (1939) 458.
14. TOEPLER, M.: Ann. Phys. 21 (1906) 193.
15. TOEPLER, M.: Ann. Phys. 53 (1917) 217.
16. WILKINSON, E.: ETZ 54 (1933) 627.
17. IWATAKE, M.: Jap. Veröff., Referat ETZ 49 (1928) 625.
18. PEDERSEN, P. O.: Ann. Phys. 69 (1922) 205.
19. PEDERSEN, P. O.: Ann. Phys. 71 (1923) 317.
20. MARX, E.: Arch. Elektrotechn. 20 (1928) 589.
21. ELSNER, R. u. J. REBHAHN: Arch. Elektrotechn. 31 (1937) 398; H. BAASCH, Diss. ETH Zürich 1935; H. KAPPELER: Bull. SEV 40 (1949) 807.
22. FÜNFNER, E.: Z. angew. Phys. 1 (1949) 295.
23. TOEPLER, M.: Arch. Elektrotechn. 27 (1933) 374.
24. TOEPLER, M.: Arch. Elektrotechn. 10 (1921) 157.
25. STEKOLNIKOFF, J. u. K. RIASCHENZEF: Arch. Elektrotechn. 26 (1932) 491.
26. MAGNUSSON, C. E.: J. A. I. E. E. 49 (1930) 756; 51 (1932) 117.
27. PETERS, J. F.: El. World 83 (1924) 769.
28. STOERK, C. u. T. BUNGARDEAN: ETZ 51 (1930) 676.
29. MÜLLER-HILLEBRAND: Siemens-Mitt. 7 (1927) 547.
30. COX, J. H. u. J. W. LEGG: J. A. I. E. E. 44 (1925) 1094.

31. FOUST, C. M.: Gen. el. Rev. **34** (1932) 235; J. L. CANDLER: J. I. E. E. **87**,II (1940) 597; F. R. PERRY: J. I. E. E. **88**, II (1941) 69.

32. MÜLLER, H.: Hescho-Mitt. 1926, H. 27, S. 813 u. 1927, H. 34, S. 1049.

33. PRAETORIUS, G.: Arch. Elektrotechn. **34** (1940) 83.

34. AEF: ETZ **54** (1933) 831.

35. TOEPLER, M.: Phys. Z. **21** (1920) 706.

36. HIPPEL, A. v.: Z. Phys. **80** (1933) 19.

37. McMILLAN, F. O. u. E. C. STARR: Trans. A. I. E. E. **50** (1931) 23.

38. TOEPLER, M.: Z. techn. Phys. **14** (1934) 527; W. JACOBI: dto. 530.

39. PRZIBRAM, K.: Hdbch. d. Phys. **24**, S. 397.

40. TOEPLER, M.: Ann. Phys. **66** (1898) 1061.

41. SCHIERING, R.: Arch. Elektrotechn. **30** (1936) 457.

42. LEE, E. S. u. C. M. FOREST: J. A. I. E. E. **46** (1927) 149.

43. DRAGU, G.: Arch. Elektrotechn. **31** (1937) 131.

44. PRZIBRAM, K.: Wien. Ber. **116** (1907) 570; Phys. Z. **19** (1918) 299.

45. MIKOLA, S.: Phys. Z. **18** (1917) 158.

46. COEHN, A. u. W. ZIEGLER: Z. techn. Phys. **14** (1933) 246.

47. JEŽEK, F. J.: Dissert. T. H. Dresden 1931.

48. TOEPLER, M.: Abh. d. naturwiss. Gesellsch. „Isis" Dresden 1907, H. 1 (zitiert nach [33]).

49. BINDER, L.: Wanderwellenvorgänge auf experimenteller Grundlage, S. 71 Berlin: Springer 1928.

50. HARTJE, F.: ETZ **53** (1932) 939.

51. ROSENLÖCHER, P.: Arch. Elektrotechn. **26** (1932) 19.

52. MARX, E.: Arch. Elektrotechn. **24** (1930) 61; ETZ **51** (1930) 1161.

53. SWANN, J. W.: Proc. Roy. Soc. **62** (1897) 38; THOMAS: Nature **156** (1945) 451.

54. WILSON, W.: Disk. beitr. in J. I. E. E. **87**, II (1940) 611.

XXI. Der Übergang zum Lichtbogen[1].

a) Der Spannungssturz nach der Zündung. Alle bisherigen Betrachtungen über die Ausbildung der selbständigen Entladung beim Funkendurchbruch dienten in erster Linie dem Verständnis der Trägervermehrungsprozesse in der Gasstrecke, wobei stillschweigend stets Unveränderlichkeit der Elektrodenspannung vorausgesetzt wurde. Wegen der Winzigkeit der Vorentladungsströme ist eine solche Annahme auch noch bei Ladungsquellen verhältnismäßig hohen Innenwiderstandes oder selbst bei der Einschaltung großer Begrenzungswiderstände in den Stromkreis fast immer zulässig. Mit der Erfüllung der im Einzelfall jeweils gültigen Zündbedingung stellt sich jener instabile Trägeranstieg ein, der das hervorragende Kennzeichen der Funkenausbildung ist. In Kapitel XVIII wurde das Strom- und Spannungsverhalten beim Zünden einer Gasstrecke und dann auch nur in der Umgebung des Durchschlagpunktes untersucht; dabei hatte sich ergeben, daß die Spannung an der Funkenstrecke ihren Anfangswert nicht beibehält, sondern noch beim

---

[1] Literaturhinweise zu diesem Kapitel s. S. 500.

Durchschlag absinkt. Dem weiteren Verlauf der Elektrodenspannung in Abhängigkeit von der Zeit gelten die nachfolgenden Betrachtungen.

Die Übertragung des bei der Gleitfunkenausbildung von TOEPLER gefundenen Funkengesetzes für die zeitliche Änderung des Widerstandes im Gleitstiel, nach welchem dessen Widerstand zu jedem Zeitpunkt der durchgeflossenen Ladungsmenge umgekehrt proportional ist, auf den Funkenvorgang im freien Raum liefert bei Kenntnis des Zahlenwertes der TOEPLERschen Funkenkonstante k die Grundlage zur Vorausbestimmung des Spannungsverlaufs an den Elektroden im weiteren Ablauf des Entladungsvorgangs. Allerdings sind die maßgebenden physikalischen Einflußgrößen in beiden Fällen nicht dieselben, so daß erst das Experiment die Richtigkeit des Analogieschlusses zu erweisen hat.

Im folgenden sei unter der Annahme einer Gültigkeit des TOEPLER-Gesetzes auch für den Funken im Raum der Spannungsverlauf im Anschluß an die Ausbildung der selbständigen Entladung berechnet. Im einfachsten Fall besteht der Entladekreis aus einem Kondensator als Ladungsquelle und der mit den Kondensatorbelägen verbundenen Funkenstrecke. Oft wird der Kreis auch noch einen zusätzlichen ohmschen oder vielleicht auch einen stark induktiven Widerstand besitzen.

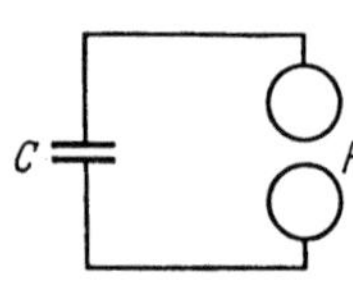

Abb. 177. Kreis, bestehend aus aufgeladenem Kondensator und Schaltfunkenstrecke.

1. *Verlauf des Ausgleichvorgangs bei der Funkenzündung in einem Kreis ohne Dämpfungswiderstand.* Nach Einleitung der Entladung gleichen sich die auf den Belägen des Kondensators C aufgehäuften Ladungen über die Funkenstrecke F nach Maßgabe deren Leitfähigkeit aus. Ist über die Gasstrecke der Länge l bis zum Zeitpunkt t die Ladungsmenge $Q = \int i\,\mathrm{d}t$ geflossen, so hat sich die Spannung am Kondensator auf den Wert $C(U_0 - u)$ erniedrigt. Hierin sei U_0 die höchste Ladespannung (= Durchschlagspannung von F) und u die zeitabhängige Spannung an der Funkenstrecke, die stets der Kondensatorspannung entgegengesetzt gleich ist. Sie läßt sich als Produkt des augenblicklichen Funkenwiderstands $R = \dfrac{k\,l}{Q}$ und des augenblicklichen Stromes $i = \dfrac{\mathrm{d}Q}{\mathrm{d}t} = C\,\dfrac{\mathrm{d}u}{\mathrm{d}t}$ darstellen.

$$u = Ri = -\frac{k\,l}{C(U_0 - u)} \cdot \frac{\mathrm{d}Q}{\mathrm{d}t} = -\frac{k\,l}{U_0 - u} \cdot \frac{\mathrm{d}u}{\mathrm{d}t}.$$

Für die zeitliche Spannungsänderung folgt

$$-\frac{\mathrm{d}u}{\mathrm{d}t} = u\,\frac{U_0 - u}{k\,l}$$

und für ihren Größtwert aus $\dfrac{d^2 u}{d t^2} = 0$

$$\left(\frac{d u}{d t}\right)_{\max} = -\frac{1}{4} \cdot \frac{U_0^2}{k\,l} \qquad \text{an der Stelle} \qquad u = 0{,}5\,U_0\,. \qquad \text{(XXI, 1)}$$

Die Integration der Differentialgleichung ist nach Trennung der Veränderlichen und einer einfachen Partialbruchzerlegung ohne Schwierigkeiten möglich. Sie ergibt

$$\int \frac{d u}{u\,(U_0 - u)} = \frac{1}{U_0} \int \frac{d u}{u} - \frac{1}{U_0} \int \frac{-\,d u}{U_0 - u} = -\frac{t}{k\,l}$$

$$-\,[\ln u - \ln (U_0 - u)] = -\frac{U_0}{k\,l}\,t\,;$$

$$\ln \frac{u}{u - U_0} = -\frac{U_0}{k\,l}\,t \qquad \text{oder} \qquad u = \frac{U_0}{1 + e^{\frac{U_0}{k\,l}\,t}}\,. \qquad \text{(XXI, 2)}$$

Infolge der Ansetzung der Integrationskonstanten zu Null ist die Zeit ab $u = 0{,}5\,U_0$, also von der elektrischen Funkenmitte aus zu zählen.

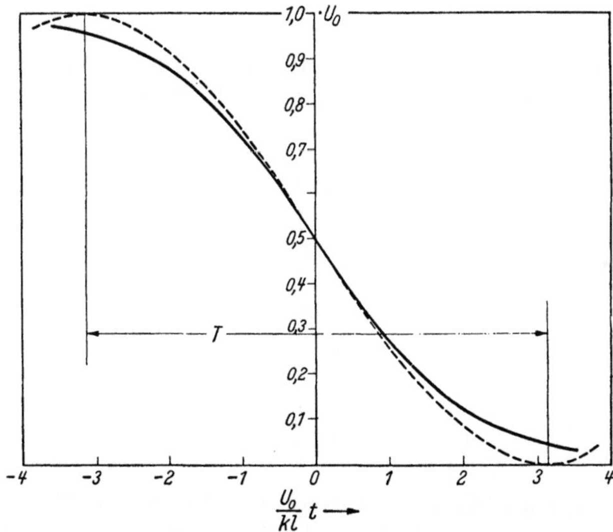

Abb. 178. Verlauf der Funkenspannung (gestrichelt Sinushalbwelle als Ersatzkurve).

Abb. 178 zeigt den Spannungsverlauf an der Funkenstrecke in Abhängigkeit von $\dfrac{U_0}{k\,l}\,t$. Vom Anfangswert U_0 sinkt die Spannung zuerst langsam, dann rascher und gegen Ende des Vorgangs wieder verlangsamt auf den rechnungsmäßig erst nach überaus langer Zeit erreichten Nullwert ab. Wegen der Symmetrie der Kurve fallen elektrische und zeitliche Funkenmitte zusammen. Von der Größe des Kondensators ist der Ausgleichvorgang unabhängig.

Die asymptotische Annäherung an Ausgangs- und Endwert zeigt, daß das Funkengesetz die Grenzzustände der Funkenausbildung nicht richtig zu beschreiben vermag und nur im Bereich stärker veränderlicher Elektrodenspannung gilt. Die Umbildung der Vorentladungsbahn sehr geringer Stromdichte in den Funkenpfad liegt außerhalb des Gültigkeitsbereichs des TOEPLERschen Gesetzes [45], desgleichen vermag dieses das Ende des Vorgangs nach weitgehender Erschöpfung der Kondensatorladung und Absinken der Kondensatorspannung unter die Brennspannung der herbeigeführten· Lichtbogenentladung nicht mehr richtig wiederzugeben, nachdem sowohl bei seiner Herleitung als auch bei der Aufstellung der Differentialgleichung die Grenzbedingungen außer acht blieben. Das Funkengesetz gilt erst dann, wenn durch den Kanal bereits eine Elektrizitätsmenge der Größenordnung 10^{-9} C geflossen ist und nicht ab dem ersten minimalen Stromfluß. Wird $Q = 10^{-9}$ C in das Funkengesetz eingeführt, so ergibt sich zu Beginn seiner Gültigkeit ein Anfangs-Bahnwiderstand von $R_\mathrm{a} = \dfrac{k}{10^{-9}}\ \Omega/\mathrm{cm}$ und ein Strom von $\dfrac{U_0}{k\,l}\,10^{-9}$ A.

Der symmetrische Verlauf gemäß Abb. 178 kann angenähert durch eine Sinushalbwelle gleicher Steilheit an der Stelle $u = 0{,}5\,U_0$ wiedergegeben werden (gestrichelte Kurve). Diese Ersatzkurve gehorcht der Gleichung $u' = \dfrac{1}{2}\,U_0\left(1 - \sin\dfrac{U_0\,t}{2\,k\,l}\right)$ und besitzt eine Halbwellendauer von

$$T = 2\pi\frac{k\,l}{U_0} = 2\,\pi\,\frac{k}{E_0} \qquad (\text{XXI, 3})$$

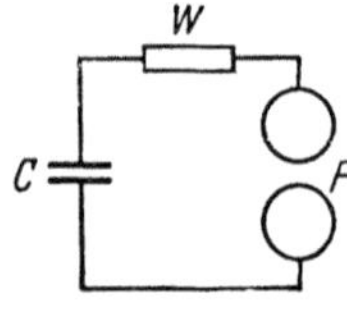

Abb. 179.
Kreis mit Dämpfungswiderstand.

($E_0 = U_0/l$ = Zündfeldstärke des homogenen Feldes bzw. mittlere Zündfeldstärke bei beliebiger Feldform). Wegen der Abweichungen an den Grenzen kann in dieser Zeit nicht etwa die volle Ladung des Kondensators ausgeglichen werden, sondern nur 92% dieses Wertes [1].

2. *Dämpfungswiderstand im Kreis.* Die Berechnung des durch einen zusätzlichen Dämpfungswiderstand W ergänzten Kreises (Abb. 179) wurde ebenfalls von TOEPLER durchgeführt [1 bis 3]. Die Kondensatorspannung wird nunmehr dazu aufgebraucht, um in jedem Zeitpunkt sowohl den Spannungsverbrauch der Funkenstrecke als auch im ohmschen Widerstand W zu decken. Während bei der Zündung oder kurz danach noch fast die volle Spannung auf die Funkenstrecke entfällt, verschiebt sich mit der Vergrößerung ihrer Leitfähigkeit und des Stromes ein beträchtlicher Teil der verfügbaren Spannung auf den Reihenwiderstand.

Die Ausgangsgleichung des Problems nimmt die Form an

$$U_0 - \frac{Q}{C} = (W + R)\frac{dQ}{dt} = \left(W + \frac{kl}{Q}\right)\frac{dQ}{dt}.$$

Am leichtesten läßt sich die zeitliche Änderung der Kondensatorladung bzw. -spannung übersehen. Durch elementare Umformung der Ausgangsgleichung erhält man [4]

$$dt = C\frac{WQ + kl}{(Q_0 - Q)Q}\,dQ; \qquad\qquad (XXI, 4)$$

hierin bezeichnet $Q_0 = CU_0$ die Ladung des Kondensators zu Beginn des Ausgleichvorgangs. Die Aufspaltung des Bruches ergibt

$$dt = C\left(\frac{W + R_\infty}{Q_0 - Q} + \frac{R_\infty}{Q}\right)dQ,$$

wobei $R_\infty = \frac{kl}{Q_0}$ den Endwiderstand des Funkenkanals nach schließlichem Ausgleich der gesamten auf den Kondensatorbelägen aufgehäuften Ladungsmenge Q_0 angibt. Bei willkürlichem Nullsetzen der Integrationskonstanten, die wiederum nur den Beginn der Zeitzählung kennzeichnet, erbringt die Integration den Ausdruck

$$t = C\left[-(W + R_\infty)\ln(Q_0 - Q) + R_\infty \ln Q)\right]$$

als die gesuchte Beziehung zwischen Ladung Q und Zeit t.

Von besonderem Interesse ist der Größtwert des Ausgleichstroms im Kreis und damit der kurzzeitig auftretende Höchstwert der Spannung an W. Man erhält ihn gemäß der Maximumbedingung $\frac{di}{dQ} = 0$ durch Differenzieren von $i = \frac{dQ}{dt} = \frac{1}{C}\cdot\frac{Q(Q_0 - Q)}{WQ + kl}$ (gemäß (XXI, 4)) nach Q. Auf diese Weise ergibt sich der Wert von Q, bei dem der Strom seinen Höchstwert erreicht, zu

$$Q_{i=i_{\max}} = Q_0\frac{R_\infty}{W}\left(\sqrt{1 + \frac{W}{R_\infty}} - 1\right).$$

Für den Stromhöchstwert $\left(\frac{dQ}{dt}\right)_{\max}$ gilt unter Beachtung von $Q_0/C = U_0$

$$i_{\max} = \frac{U_0}{W}\left[1 - 2\frac{R_\infty}{W}\sqrt{1 + \frac{W}{R_\infty}} - 1\right]$$

und für die Höchstspannung am Widerstand W, bezogen auf die Anfangsspannung des Kondensators

$$\frac{U_{W\max}}{U_0} = 1 - 2\frac{R_\infty}{W}\left[\sqrt{1 + \frac{W}{R_\infty}} - 1\right]. \qquad\qquad (XXI, 5)$$

Durch Einsetzen von Zahlenwerten überzeugt man sich leicht davon, daß z. B. für $\frac{R_\infty}{W} = 0{,}01$ die Höchstspannung am Widerstand noch 82%

der Kondensatorladespannung erreicht; für $\frac{R_\infty}{W} = 0,1$ sind es noch 53%, für $\frac{R_\infty}{W} = 1,0$ noch 19%.

Für den Endwert des Funkenwiderstandes folgt nach Umformung von (XXI, 5)

$$R_\infty = \frac{W\,(U_0 - U_{W\max})^2}{4\,U_0\,U_{W\max}}, \qquad (XXI, 6)$$

woraus sich für die Funkenkonstante

$$k = \frac{R_\infty\,Q_0}{l} = \frac{C\,W\,(U_0 - U_{W\max})^2}{4\,l\,U_{W\max}} \qquad (XXI, 7)$$

errechnet, welche Gleichung zuerst von TOEPLER hergeleitet wurde [2][1]. Somit bietet die trägheitslose Messung der beim Entladevorgang am Dämpfungswiderstand auftretenden Spannungsspitze die Möglichkeit zur Bestimmung des Zahlenwerts der Funkenkonstanten.

Ohne Ableitung seien hier die Ergebnisse der von TOEPLER [2, 3] durchgeführten Rechnung für den gesamten zeitlichen Verlauf der Spannung an der Zündfunkenstrecke F angeschrieben. Wiederum bei Zählung der Zeit von der elektrischen Funkenmitte aus $(u = 0,5\,U_0)$ ergibt sich unter Verwendung der Abkürzung $a = \dfrac{C\,W\,U_0}{k\,l}$

$$e^{\frac{U_0}{k\,l}t} = \left[\frac{U_0 + a\,u}{(2 + a)\,u}\right]^a \cdot \frac{U_0 - u}{u} \quad \text{oder} \quad t = \frac{k\,l}{U_0}\left[a\ln\frac{(U_0 + a\,u)}{(2 + a)\,u} + \ln\frac{U_0 - u}{u}\right].$$

Für überaus großen Dämpfungswiderstand, also für $a \to \infty$, folgt

$$\frac{U_0}{k\,l}\,t = \frac{U_0 - u}{u} - 1 + \ln\frac{U_0 - u}{u}.$$

In Abb. 180 sind die sich in Abhängigkeit von $\frac{U_0}{k\,l}\,t$ ergebenden Spannungen an der Funkenstrecke für einige Werte des Parameters a aufgetragen. Der Sonderfall $a = 0$ mit steilstem Spannungsrückgang führt auf den bereits in Abb. 178 dargestellten Verlauf einer Entladung des Kondensators ohne besonderen Dämpfungswiderstand. Alle anderen Kurven für $W \neq 0$ zeigen einen flacheren und zur elektrischen Funkenmitte nicht mehr symmetrischen Rückgang der Spannung. Durch die Einschaltung eines Widerstandes wird demnach die Dauer des Entladevorgangs verlängert. *Die Konstanten des Kreises steuern den Funkenablauf.*

---

[1] Bei TOEPLER findet sich an Stelle des Faktors 4 im Nenner der Faktor 8, weil eine symmetrische Stoßschaltung vorausgesetzt ist und die Reihenschaltung der beiden Stoßkondensatoren durch den Funken die resultierende Kapazität $C/2$ ergibt.

Für die zeitliche Spannungsänderung ergibt sich

$$\frac{du}{dt} = -\frac{(U_0 - u)(U_0 + a\,u)}{(a + 1)\,k\,l\,U_0}.$$

An der Stelle

$$u = \frac{U_0}{3\,a}\left[a - 1 + \sqrt{a^2 + a + 1}\,\right] = \frac{U_0}{3\,a}\,A \qquad (XXI, 8)$$

mit A als Abkürzung für den Klammerausdruck ändert sich die Spannung am raschesten. Sie verschiebt sich mit Vergrößerung von W zu

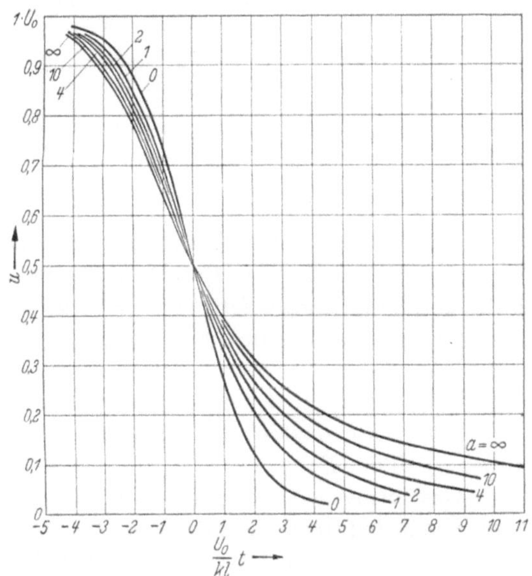

Abb. 180. Rückgang der Spannung an der Funkenstrecke bei Reihenschaltung eines Dämpfungswiderstandes.

negativen Werten von t, also zu $u > 0,5\,U_0$. Die größte Spannungsänderung selbst ergibt sich bei Einsetzen des u-Wertes von (XXI, 8) zu

$$\left(\frac{du}{dt}\right)_{\max} = -\frac{1}{4}\cdot\frac{U_0^2}{k\,l}\cdot\frac{8\,A\,(3 + A)(3a - A)}{27\,a^2\,(1 + a)}. \qquad (XXI, 9)$$

Stärkste Verflachung des Spannungsrückgangs stellt sich für $W \to \infty$ ein, und zwar nimmt die maximale Steilheit von $0,25\,\dfrac{U_0^2}{k\,l}$ nach (XXI, 1) in diesem Grenzfall bis auf $0,25\,\dfrac{U_0^2}{k\,l}\cdot\dfrac{16}{27} \approx 0,15\,\dfrac{U_0^2}{k\,l}$ ab. Die gleiche Maximalsteilheit ergibt sich auch bei der Ausbildung von Wanderwellen auf Leitungen, wenn nur der innere Widerstand des Stoßkreises sehr viel kleiner als der Wellenwiderstand der Leitung gehalten wird [4].

31*

Toepler [3] hat auch noch den Fall behandelt, daß ein Kondensator parallel zur Funkenstrecke F liegt. Experimentell wurde dieser Fall von Müller [5] untersucht. Beim Durchschlag von F laufen hierbei zwei Vorgänge nebeneinander her: einerseits entlädt sich der Parallelkondensator über die Funkenstrecke, zum anderen vollzieht sich der Ausgleichvorgang im eigentlichen Stoßkreis. Sofern die Kapazität des parallelgeschalteten Kondensators als groß und punktförmig konzentriert angenommen werden darf, wird der Funkenverlauf fast ausschließlich durch dessen Entladung bedingt. Erst wenn er eine beträchtliche Ausdehnung besitzt und seine Entladung als Wanderwellenvorgang an einer Kondensatorkette aufzufassen ist, wird die Kurve der zusammenbrechenden Spannung flacher und der scheinbare Wert der Funkenkonstanten erniedrigt.

3. *Stoßkreis mit Induktivität.* Zusätzlich zu den bereits vorausgesetzten Schaltelementen sei eine Reihendrossel in den Stoßkreis eingefügt. Übersteigt deren Induktivität den Wert $L = \frac{1}{4} R^2 C$ einer aperiodischen Entladung, wobei R den gesamten ohmschen Widerstand des Kreises bezeichne, so oszilliert der Entladungsstrom. Die gedämpfte Ausgleichschwingung klingt um so schneller ab, je größer der Funken- und der zusätzliche Dämpfungswiderstand sind; mit der Größe von L wächst die Schwingungsdauer. Versuche zu einer eingehenden experimentellen oder mathematischen Behandlung des Problems liegen bisher wohl nicht vor, wenn von ersten Anfängen abgesehen wird [6, 36]. Ungeklärt ist daher, ob der Funkenwiderstand einer späteren Halbwelle sich gemäß der Gesamtmenge der bisher über die Funkenstrecke geflossenen Ladungen einstellt oder ob er nur von den jeweils in der gerade betrachteten Halbwelle transportierten Ladungen abhängt. Die Entladung reißt ja spätestens bei jedem Nulldurchgang des Stromes ab und muß sich bei der Wiederkehr der Spannung aus dem restlichen Plasma neu aufbauen. Es darf als wahrscheinlich gelten, daß wegen des im Verlauf einer Halbwelle absinkenden Funkenwiderstandes die Stromkurve nicht durch eine rein exponentiell abklingende Sinusschwingung wiedergegeben wird, sondern der Strom in jeder Halbwelle in einer Art Hysereserscheinung gegenüber dem Sinusablauf verzögert auf seinen Höchstwert ansteigt und ebenfalls verzögert abklingt.

b) Zahlenwerte der Funkenkonstanten. Wie im vorhergehenden nachgewiesen wurde, findet der Abbau der auszugleichenden Ladungen nur dann in der kürzest möglichen Zeit statt, wenn einzig und allein der Funkenwiderstand den Höchstwert des Durchschlagstroms bestimmt. Sobald noch weitere Größen die Stromstärke beeinflussen — es wird dann der Ablauf des Funkens von außen „gesteuert" — wird die Spannung an der Funkenstrecke langsamer abgebaut. Eine derartige Steuerung liegt beispielsweise bei der Einschaltung eines zusätzlichen Widerstandes vor oder bei einer sonstigen Behinderung des Ausgleichs der beim Zünden freiwerdenden Kondensatorladungen etwa durch Einschaltung einer Verzögerungsleitung von bestimmtem Wellenwiderstand oder durch Aufbau des Stoßkreises nach einer Schaltung, wie sie Abb. 181 zeigt. In dieser Anordnung zur Erzeugung periodischer Spannungsstöße an einem Gleitsystem werden die beiden Kondensatoren C symmetrisch gegen Erde aufgeladen. Beim Ansprechen der Schaltfunkenstrecke F kann nur dann ein Ausgleich ihrer hochvoltseitigen Ladungen stattfinden, wenn den auf den Gegenbelägen bisher gebundenen Ladungen Gelegenheit zum Abfließen gegeben wird. Der zeitliche Verlauf des Funkens wird somit in diesem Fall durch die Größe des Auflade- bzw. Erdungswiderstandes R sowie vor allem durch die Art der Aufladung der Gleitplatte bestimmt. Das Gleitsystem nimmt maßgeblichen Anteil an der Ausbildung des Auslösefunkens an F. Die Rückwirkung ist nicht vorausberechenbar, weil die hierfür erforderlichen Unterlagen über das gesetzmäßige Vorwachsen des Gleitfigurenrandes und über die Stärke des zum Gleitpol fließenden Stromes fehlen.

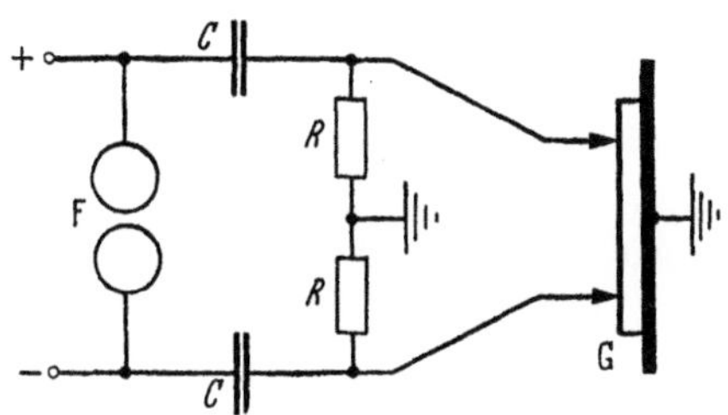

Abb. 181.
Symmetrische Stoßschaltung mit Gleitsystem.

Im allgemeinen hängt daher der Funkenverlauf an der Schaltstelle von den Elementen des Stoßkreises ab. Dies bedeutet, daß der TOEPLERschen Funken-„konstanten" ein dem jeweiligen Einzelfall entsprechender Wert zukommt und ihr scheinbarer Zahlenwert größer ist als der sich für $W = 0$ ergebende. Für Gleitentladungen hatte TOEPLER den verhältnismäßig hohen Wert $k \approx 8 \cdot 10^{-4}$ gefunden (s. S. 474). Für Funken in freier Atmosphäre bestimmte er k durch Ausmessung der Einhüllenden der Querspannungen von am offenen Leitungsende reflektierten Wanderwellen [1] bei nur geringer Zuverlässigkeit dieser Methode, ferner aus Messungen der Kopfform von Wanderwellen mittels der BINDERschen Schleifenmethode [7] zu $k = 4,8 \cdot 10^{-4}$ und nach der am genauesten arbeitenden Methode mit Messung der Höchstspannung an W durch eine Meßfunkenstrecke [2] im Mittel zu $k = 4,5 \cdot 10^{-4}$ bzw. nach späteren Messungen [8, 9] unter Ausscheidung verschiedener Fehlermöglichkeiten zu einem Mittelwert von $k = 1,4 \cdot 10^{-4}$. Der zuletzt angegebene genauere Wert setzt die Beseitigung bzw. Berücksichtigung störender Einflüsse voraus; hierzu gehören die Aufhebung des Zündverzugs an der Meßfunkenstrecke durch mäßig starke UV-Bestrahlung, die Vermeidung aller unnötigen Leitungslängen und Verwendung möglichst konzentrierter Kapazitäten, um die Verformung der Stoßwelle durch Längsinduktivitäten und Querkondensatoren [10] klein zu halten, die Verwendung einer nicht zu kleinen Stoßkapazität sowie schließlich die Berücksichtigung von Reflexionen an Übergangsstellen und der gegenseitigen induktiven Beeinflussung von Leitungsteilen.

Weitere Bestimmungen der Größe der Funkenkonstante wurden von MAYR [4], MÜLLER [5] und BINDER [11] durchgeführt. MAYR erhält bei $U_0 = 31,8$ kV und veränderlichem C ($1-9$ nF) und W ($55-1200\ \Omega$) Werte für k von $(0,74-1,33) \cdot 10^{-4}$ und für $C = 1\ \mu$F, $W = 600\ \Omega$ und $U_0 = 27,5-74,6$ kV in der Schaltung nach Abb. 179 bei Messung der Höchstspannung an W durch eine Kugelfunkenstrecke mit der Schlagweite bzw. der Spannung von $0,88 \cdot 10^{-4}$ bis auf $1,96 \cdot 10^{-4}$ ansteigende k-Werte. Bei ähnlichen Konstanten seines Stoßkreises findet MÜLLER aus punktweise aufgenommenen Wellenstirnen gleichfalls eine Zunahme der Funkenkonstante mit der Elektrodenspannung und auch mit dem Wellenwiderstand der Leitung. Je nach Versuchsanordnung liegen die von ihm gemessenen scheinbaren k-Werte in der Nähe von $1 \cdot 10^{-4}$ oder auch darüber bis über $2 \cdot 10^{-4}$. Die von BINDER mitgeteilten Meßwerte zeigen eine Veränderung des Zahlenwertes von k über der Dauer des Stirnanstiegs. Außer einer ungefähren Angabe für Wasserdampf [43] liegen Messungen der Funkenkonstante für andere Gase als Luft nicht vor.

Der aus Gleitversuchen gewonnene k-Wert ist gegenüber dem für die Funkenausbildung in freiem Raum gemessenen wesentlich größer. Die Ursachen hierfür dürften in der Mitwirkung nur der Hälfte aller vorhandenen Ladungsträger bei der Schaffung des Gleitstiels wegen des Andrückens der polgleichnamigen Ladungsträger auf die Plattenoberfläche zu suchen sein sowie im Umstand, daß die in die k-Berechnung eingehende geometrische Kapazität der Gleitplatte erheblich größer als die wirksame Figurenkapazität ist (s. S. 471). Wird die somit anzubringende doppelte Korrektur jeweils zu 50% geschätzt, so erniedrigt sich der Wert von $k = 8 \cdot 10^{-4}$ auf $2 \cdot 10^{-4}$ und liegt damit durchaus im Bereich der bei atmosphärischen Raumfunken gemessenen Werte[1].

In Übereinstimmung mit einer Angabe TOEPLERS [1] über Messungen in Luft von $1-2$ at finden MAY [12] und KÖHLER [13] im Bereich von $0,1-1$ at die Funkenkonstante (bei Mittelwerten von rd. $1,5 \cdot 10^{-4}$ bzw. $1,3 \cdot 10^{-4}$) unabhängig vom Luftdruck. Sie erweist sich ferner angenähert umgekehrt proportional zur absoluten Temperatur der Luft [14]. Bezeichnet k_0 den Wert der Funkenkonstante bei $0°$ C, so ist das Funkengesetz für hiervon abweichende Temperaturen demnach in der

---

[1] Der Verfasser verdankt diese Erklärung der Abweichungen in den k-Meßwerten einer privaten Mitteilung von Herrn Prof. TOEPLER.

Form anzuschreiben

$$R_{\overline{T}} = \frac{k_0 l}{Q} \cdot \frac{273}{T}.$$

Entwickelt sich der Funken nicht aus der Anfangsspannung, sondern geht ihm im ungleichförmigen Feld die Glimmentladung voraus, so herrscht in der späteren Funkenbahn eine beachtliche Vorionisation und vielleicht auch schon eine merklich erhöhte Temperatur; auch ist unter diesen Umständen die mittlere Durchschlagfeldstärke gegenüber der des homogenen Feldes niedriger. Messungen des k-Wertes mit stumpfer Spitze gegen Kugel ($d = 3$ cm, $U_0 = 45$ kV) erbringen knapp die Hälfte des Zahlenwerts im homogenen Feld ($k_{\mathrm{mittel}} = 0{,}44 \cdot 10^{-4}$) [4]. BINDER [11] findet für die Aufladung einer Leitung mit einem Wellenwiderstand von 480 Ω über Spitzen eine ungefähr geradlinige Zunahme von $k = 0{,}35 \cdot 10^{-4}$ bei $U_0 = 20$ kV auf $k = 0{,}5 \cdot 10^{-4}$ bei $U_0 = 160$ kV. Die Funkenbildung aus verschiedenen Grenzspannungen wurde eingehender von TOEPLER und SASAKI [15] unter Verwendung einer stumpfen und einer Nähnadelspitze gegen eine 10 cm-Kugel bei veränderlichem Abstand beider Elektroden untersucht. Hierbei ergab sich, daß die Funkenkonstante der ungestielten Glimmentladung fast die gleiche wie für die Funkenbildung im gleichförmigen Feld ist, ihr Zahlenwert also im Mittel bei rd. $1{,}2 \cdot 10^{-4}$ liegt. Sobald sich jedoch bei größeren Schlagweiten das Stielbüschel der positiven Leuchtfaden- oder der negativen Streifenentladung ausbildet, sinkt der Zahlenwert der Funkenkonstante bis nahezu auf die Hälfte ab. Ein solches Verhalten entspricht den Erwartungen, nachdem im Fall der Glimmentladung Vorionisation und etwaige Temperaturerhöhung auf die nächste Umgebung der scharfgekrümmten Elektrode beschränkt bleiben und der Funkenaufbau erst durch die stromstarken Entladungsstiele der weiterentwickelten Koronaformen stärker begünstigt wird.

Um eine Vorstellung von der Schnelligkeit des Spannungsrückgangs an einer zündenden Funkenstrecke zu geben, sei als wahrscheinlichster Mittelwert $k = 1{,}2 \cdot 10^{-4}$ für den Durchbruch im homogenen Feld angenommen. Nach (XXI, 3) folgt für die Dauer des kürzesten Spannungszusammenbruchs ($W = 0$) in atmosphärischer Luft ($E_0 \approx 30$ kV/cm)

$$t_{\mathrm{z}} = 2\,\pi\,\frac{1{,}2 \cdot 10^{-4}}{3 \cdot 10^4} \approx 2{,}5 \cdot 10^{-8} \text{ sek};$$ die technisch besonders bedeutungsvolle maximale Steilheit der Spannungskurve nimmt nach (XXI, 1) den Wert $\left(\dfrac{du}{dt}\right)_{\max} = 0{,}25\,\dfrac{E_0}{k}\,U_0$ an, also beisp. für $U_0 = 50$ kV den Wert 3100 kV/μsek und erreicht selbst im ungünstigsten Fall ($W \to \infty$) noch 1850 kV/μsek. Eine wirksame Versteilerung des Abfalls ist dadurch möglich, daß der Funke in einem hochverdichteten Gas oder bei Überspannung (Vergrößerung von E_0!) gezündet wird. Nachdem

die Funkenkonstante praktisch unabhängig vom Druck ist, nimmt die Zusammenbruchdauer umgekehrt proportional dem durch die Verdichtung des Gases erzielten Festigkeitsgewinn ab; die maximale Steilheit erhöht sich sogar mit dem Quadrat des Gewinns. So kann bei einer p-fachen Erhöhung des Druckes mit einer Verkürzung der Zusammenbruchdauer auf nahezu den p-ten Teil gerechnet werden. Für den Funkenwiderstand R_∞ am Ende der Entladung, wenn praktisch die ganze Ladungsmenge Q_0 des Stoßkondensators über den Funkenkanal geflossen und das Bogenplasma hergestellt ist, folgt aus dem TOEPLERschen Funkengesetz $R_\infty = \dfrac{k\,l}{Q_0} = \dfrac{k}{C\,E_0}$ und daher mit beisp. $C = 10^{-9}$ F für $R_\infty = 4\ \Omega/\text{cm}$. Durch Wahl ausreichend großer Kapazitäten und wiederum durch Verwendung eines verdichteten Gases kann der Endwert des Funkenwiderstandes auf beliebig kleine Beträge herabgedrückt werden. Nachdem von einem Funken erst gesprochen werden kann, wenn im Verlauf der zum Zünden führenden Vorprozesse rd. 10^{-9} C über die Entladungsbahn transportiert wurden, erhält man für den „Beginn" des Funkens einen Widerstand von $R_a = \dfrac{k}{10^{-9}} = 120\ \text{k}\,\Omega/\text{cm}$; der Strom hat dabei die Stärke $J_a = \dfrac{E_0}{R_a} = \dfrac{3 \cdot 10^4}{1,2 \cdot 10^5} = 0,25$ A.

c) Das Funkengesetz von ROMPE-WEIZEL. Die Inkonstanz der Funken-„konstanten" bei Veränderung der Schlagweite und vielleicht sogar während der Dauer des Funkens [11] und noch viel mehr der Mangel einer klaren physikalischen Untermauerung bilden starke Einwände gegen die von TOEPLER angegebene empirische Beziehung für den Funkenwiderstand. Solange es nicht gelungen ist, diese Beziehung oder auch eine ähnlich aufgebaute aus den Elementarvorgängen in der Funkenbahn herzuleiten, muß sie als eine für die Praxis zwar recht bequeme und geeignete Regel angesehen werden, die in ungefährer Annäherung eine Berechnung der interessierenden Kenngrößen des Funkens erlaubt, ohne daß ihr jedoch eine tiefere Bedeutung zukäme.

Der Weg zur physikalischen Fundierung einer entsprechenden Gesetzmäßigkeit ist unschwer anzugeben: Die zur Zündung führenden Vorprozesse schaffen längs der Entladungsbahn ein schwaches Plasma mäßiger Leitfähigkeit; dabei behält die Elektrodenspannung bei nicht zu geringer Ergiebigkeit des speisenden Generators vorerst noch ihren vollen Wert. Der Ladungstransport über den Kanal ist mit Energieumsetzung und Aufheizung des Gases im Entladungsschlauch verbunden, wobei einige der von Elektronen getroffenen Molekeln eine solch hohe Geschwindigkeit erlangen, daß sie beim Stoß mit anderen Molekeln zu spontaner Ionenpaarbildung führen. Die Erhöhung der inneren Energie durch die im einzelnen recht unterschiedlichen Prozesse der Energieübertragung bewirkt bei Zusammenstößen besonders raschfliegender

Molekel Ionisationen, wodurch die Elektronen im Endeffekt nicht nur direkt bei Zusammenstößen mit den Gasteilchen, sondern auch indirekt über den Umweg einer Erhöhung der Gastemperatur zu ionisieren vermögen. Nachdem ein Elektron unter atmosphärischen Bedingungen in 1 μsek rd. 10^5 Stöße erleidet, vollzieht sich die Erwärmung in sehr kurzer Zeit. Die zusätzliche Trägerbildung bei der thermischen Ionisation erhöht die Leitfähigkeit des Entladungsweges, weshalb Stromstärke und Wärmeproduktion weiter ansteigen. Im Wechselspiel von Trägerbildung und erhöhter Energieumsetzung klettert der Strom rasch auf hohe Werte. Die Ladung des Kondensators erschöpft sich hierbei, und die Spannung an der Funkenstrecke sinkt ab. Bei Speisung der Entladung durch einen Generator konstanter Spannung und Begrenzung des Durchschlagstroms durch einen Reihenwiderstand erniedrigt sich die Spannung bis auf den Wert der stationären Lichtbogenspannung [46].

Diese Vorstellung von der Entwicklung des Kanals wird gestützt durch die Beobachtung der sich ausbildenden Leuchterscheinung mit dem elektrooptischen Momentverschluß (s. S. 244), mit rasch rotierendem Spiegel [16] oder mittels der Methode des unterdrückten Durchbruchs [17]. Im großen und ganzen stimmen die Ergebnisse dieser Untersuchungen darin überein, daß das erste Leuchten zumeist an der Anode in Büschelform erscheint und daß dieses Büschel mit einer Kopfgeschwindigkeit von mehreren 10^8 cm/sek zur Kathode hin vorschießt. Daraufhin wächst in dem hier in erster Linie interessierenden Folgestadium wiederum von Anode zur Kathode ein Kanal hoher Leuchtkraft und gleichbleibendem Querschnitt, in dem das eingeschlossene Gas sich wahrscheinlich bereits auf hoher Temperatur befindet. Als Folge der Erhitzung der Elektroden brechen zumindest bei leichtverdampfenden Elektrodenmaterialien Dampfstrahlen senkrecht aus der Elektrodenfläche aus; ihre anfängliche Geschwindigkeit in die Entladungsbahn hinein wurde bei Hg-Elektroden in einer H_2-Atmosphäre zu 1,5 und $1,9 \cdot 10^5$ cm/sek für die kathoden- und anodenseitigen Dampfstrahlen gemessen [18].

Der Grad der thermischen Dissoziation der Molekel eines Gases in Ionen und Elektronen wird für den stationären Gleichgewichtszustand — der Trägerverlust durch Rekombinationen werde gerade durch den Zuwachs bei thermischen Ionisationen egalisiert — durch die auf Grund thermodynamischer Überlegungen abgeleitete Saha-Gleichung angegeben [19]

$$\log_{10} \frac{x^2}{1 - x^2}\, p = 2{,}5 \log_{10} T - \frac{5040}{T}\, V_i - 3{,}62 \,.$$

Hierin bezeichnet x den Dissoziationsgrad (= Verhältnis der Ionendichte zur Dichte der vor der Ionisierung vorhandenen Molekel), p den

Partialdruck des ionisierten Gases, T die absolute Temperatur und V_i die Ionisierungsspannung des Gases.

Bei der Berechnung des Dissoziationsgrades in Lichtbögen liefert die SAHA-Gleichung bei Kenntnis der Säulentemperatur Werte, die in befriedigender Übereinstimmung mit anderweitig erhaltenen sind. In diesem Fall bedarf ihre Anwendung keiner besonderen Rechtfertigung, ganz im Gegensatz zum Aufbauvorgang einer Gasentladung, wo keinesfalls das für ihre Anwendbarkeit voraussetzende Gleichgewicht zwischen Rekombination und Trägerbildung besteht. Auch ist zu bedenken, daß der Temperaturbegriff einen Gleichgewichtszustand mit einer ganz bestimmten Energieverteilung im Gas voraussetzt und von der „Temperatur" eines Elektrons oder einer Molekel dann nicht mehr gesprochen werden kann, wenn das Teilchen sich nicht mehr im thermischen Gleichgewicht mit seinen Nachbarn befindet [20].

Trotz all dieser Vorbehalte hat es nicht an Versuchen gefehlt, zur Darstellung des Zündvorgangs im Gas die thermische Ionisation in der Entladungsbahn nicht erst zur Erklärung der Schlußphase des Durchschlags als maßgebliche Ursache der Trägerbildung, sondern schon bereits bei den zum Selbständigwerden führenden Vorprozessen heranzuziehen. Zuerst versuchte SLEPIAN [21] und nach ihm MAYR [22] und GÄNGER [23], die zusätzliche thermische Ionenpaarbildung mit Hilfe der SAHA-Gleichung zu erfassen und damit eine neue Zündbedingung für den Durchschlag insbesondere bei höherem Gasdruck herzuleiten. Ein solcher Versuch wurde vor allem durch die damaligen Erstmessungen der sehr kurzen Stoßdurchschlagzeiten nahegelegt, die mit den bestehenden Anschauungen über den Zündmechanismus unvereinbar waren und auf eine Umformung oder Neugestaltung der Theorie drängten. Nachdem dieser rascharbeitende Mechanismus im RAETHERschen Einlawinendurchschlag und der Mithilfe der Lawineneigenstrahlung an der Nachlieferungselektronenproduktion aufgefunden worden ist, besteht kein sonderliches Interesse mehr an der Heranziehung eines Trägerbildungsprozesses, dem nach unseren heutigen Vorstellungen während des Aufbaus der Entladung eine nur untergeordnete Rolle zukommt. Es erscheint daher nicht erforderlich, auf die Einzelheiten der angeführten Arbeiten einzugehen, wenn auch nicht verkannt werden darf, daß der in ihnen steckende Kern für das Verständnis der späteren Funkenentwicklung nicht zu entbehren ist. Wie schon mehrfach betont, ist der Durchschlagvorgang unter Voraussetzung einer leistungsfähigen Energiequelle mit der Herstellung der selbständigen Entladung keineswegs abgeschlossen, sondern muß in eine Entladung mit hoher Stromstärke und geringer Brennspannung einmünden, in welcher die entladungserhaltenden Träger bei besserer Ökonomie erzeugt werden, als dies bei direkter Stoßionisierung der Molekel durch die Elektronen

möglich ist. Dies leistet die Thermoionisation, die mit der Dauer der
Entladung zunehmende Bedeutung erlangt und die direkte Elektronenionisierung als maßgebliche Trägererzeugung ablöst.

Unter Vermeidung einer Verwendung der Saha-Gleichung gelang es
Rompe und Weizel [24], aus einer physikalisch sehr durchsichtigen
Modellvorstellung des Funkenkanals unter Zuhilfenahme des Energiesatzes eine Beziehung abzuleiten, die eine entfernte Ähnlichkeit mit
dem Toeplerschen Gesetz besitzt. Ausgang ihrer Überlegungen ist
die Tatsache, daß bis zum Selbständigwerden der Entladung ein schwaches Plasma geschaffen wurde, das im hier zu betrachtenden weiteren
Stadium in das Lichtbogenplasma hoher Temperatur ($6000-10\,000°$)
der Vorentladungsbahn zu überführen ist. Zur Ableitung der gesuchten
Beziehung sei vorausgesetzt, daß der Ohmsche und induktive Widerstand der Verbindungen und Schaltelemente im Kreis gegenüber dem
Funkenwiderstand vernachlässigbar klein sei und somit der Kreis im
wesentlichen nur aus Kondensator (Kapazität C, höchste Ladespannung
U_0) und Schaltfunkenstrecke (Elektrodenabstand l, unveränderlicher
Querschnitt q des Vorentladungskanals) bestehe. In jedem Augenblick
ist der Zahlenwert der Spannung am Kondensator gleich dem an der
Funkenstrecke. Bezeichnen u und i die Augenblickswerte von Spannung und Strom, so gilt

$$u = \frac{\varrho\, l}{q}\, i \,,$$

mit ϱ als spezifischem Widerstand der Entladungsbahn (Ω/cm^3). Nach
Aussage des Energiesatzes findet sich die dem Kondensator entnommene
Energie $\frac{1}{2} C\, (U_0^2 - u^2)$ voll in der dem Entladungskanal zugeführten
Energie $w\,l\,q$ wieder, nachdem die getroffenen Annahmen ein sonstiges
Abfließen der Energie nicht zulassen ($w =$ innere Energie pro Raum-
einheit). Da der Übergang in den Endzustand bei nicht allzu niederem
Gasdruck in kürzerer Zeit als 10^{-7} sek vor sich geht, kann während der
Dauer der Umbildung des Entladungskanals seine Abstrahlung vernach-
lässigt werden, und es gilt

$$\frac{1}{2}\, C\, (U_0^2 - u^2) = w\,l\,q \,.$$

Durch die dem Gas zugeführte Energie erhöht sich die Geschwindigkeit der im Kanal befindlichen Molekeln, und es setzt thermische Ionisation ein. Als Näherung nehmen nun Rompe und Weizel an, daß die
Leitfähigkeit λ des Kanals der zugeführten Energie verhältnisgleich sei:

$$\lambda = \frac{1}{\varrho} = \frac{a}{p}\, w$$

mit a als nur wenig von der Temperatur abhängiger Konstante. Faßt
man diese drei Gleichungen durch Eliminierung von w und q zu einer

einzigen zusammen, so erhält man als Strom-Spannungscharakteristik der Entladung die Beziehung

$$i = \frac{a\,C\,(U_0^2 - u^2)\,u}{2\,p\,l^2}$$

und für den zeitabhängigen Widerstand des Entladungspfades

$$R = \frac{u}{i} = \frac{l^2\,p}{a} \cdot \frac{1}{\frac{1}{2}\,C\,(U_0^2 - u^2)} . \qquad \text{(XXI, 10)}$$

(XXI, 10) ist das Analogon zum Toeplerschen Funkengesetz. An Stelle einer Konstanz des Produkts aus Funkenwiderstand und durchgeflossener Ladungsmenge ergibt sich nunmehr eine Konstanz des Produkts aus jeweiligem Funkenwiderstand und bisher dem Entladungskanal zugeführter Energie.

Wird $\frac{\mathrm{d}i}{\mathrm{d}u}$ gebildet und gleich Null gesetzt, um den Höchstwert des Entladestroms zu bestimmen, so findet man

$$i_{\max} = \frac{a\,C\,U_0^3}{\sqrt{27}\,pl^2} \quad \text{an der Stelle} \quad u = \frac{1}{\sqrt{3}}\,U_0 . \qquad \text{(XXI, 11)}$$

Wegen $i_{\max} = -C\left(\dfrac{\mathrm{d}u}{\mathrm{d}t}\right)_{\max}$ stellt sich zur gleichen Zeit auch die rascheste Spannungsänderung ein. Diese hat den Wert

$$\left(\frac{\mathrm{d}u}{\mathrm{d}t}\right)_{\max} = -\frac{i_{\max}}{C} = -\frac{a\,U_0^3}{\sqrt{27}\,p\,l^2} . \qquad \text{(XXI, 12)}$$

Mit Hilfe der Grundgleichung $i = -C\,\dfrac{\mathrm{d}u}{\mathrm{d}t}$ läßt sich ferner aus

$$\mathrm{d}t = -\frac{C\,\mathrm{d}u}{i} = -\frac{2\,p\,l^2}{a\,(U_0^2 - u^2)\,u}\,\mathrm{d}u$$

der gesamte zeitliche Verlauf von Spannung und auch des Stromes bestimmen. Mit der Abkürzung $v = \dfrac{u}{U_0}$ gilt hierfür

$$i = \frac{a\,C}{2\,p\,l^2\,U_0^3}\,v\,(1 - v^2) = \frac{a\,C}{2\,p\,l^2\,U_0^3} \cdot f(v) . \qquad \text{(XXI, 13)}$$

Der Ausdruck für die Spannung lautet

$$\mathrm{d}t = -\frac{2\,p\,l^2}{a\,U_0^2} \cdot \frac{\mathrm{d}v}{v\,(1 - v^2)} = -\frac{2\,p\,l^2}{a\,U_0^2} \cdot \frac{\mathrm{d}v}{f(v)} . \qquad \text{(XXI, 14)}$$

Aus (XXI, 14) ist ersichtlich, daß die Dauer des Spannungszusammenbruchs durch das Zeitmaß $\dfrac{2\,p\,l^2}{a\,U_0^2} = \dfrac{2\,p}{a\,E_0^2}$ bestimmt wird ($E_0 = $ mittlere Entladefeldstärke). Wie eine Darstellung der Funktion $\int \dfrac{\mathrm{d}v}{v\,(1 - v^2)}$ zeigt, kann die Gesamtdauer des Spannungszusammenbruchs zum (3—4)fachen des Zeitmaßes angesetzt werden. Somit gilt nach Rompe-Weizel für die Zusammenbruchzeit

$$t_\mathrm{Z} \approx 8 \frac{p}{a E_0^2}. \qquad \qquad \text{(XXI, 15)}$$

Nachdem die Zündfeldstärke im gleichförmigen Feld in erster Annäherung als verhältnisgleich zum Gasdruck p angesetzt werden kann, ist nach (XXI, 15) die Dauer des Spannungszusammenbruchs dem Druck umgekehrt proportional. Auf die gleiche Aussage einer hyperbolischen Abnahme von t_Z bei Erhöhung des Drucks führt auch die

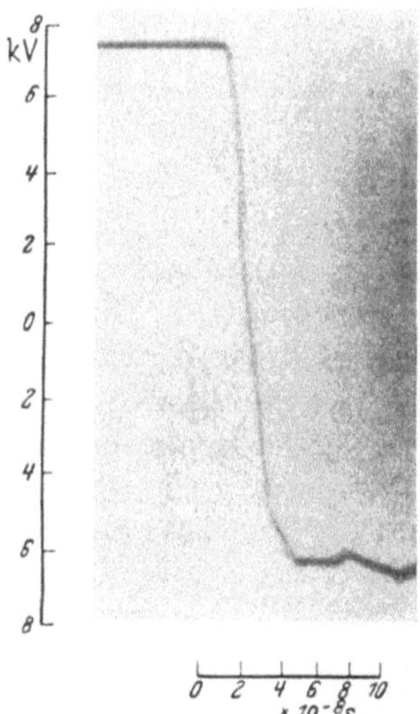

Abb. 182. Statischer Durchschlag zwischen Plattenelektroden [25].

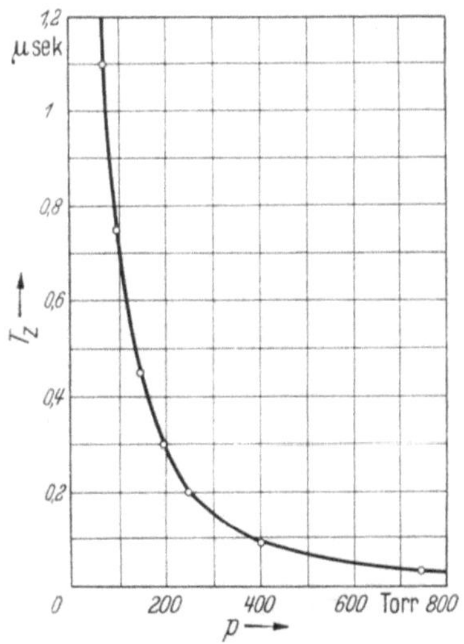

Abb. 183. Dauer des Spannungszusammenbruchs in Abhängigkeit vom Luftdruck (gleichförmiges Feld, 25% Überspannung, kein Reihenwiderstand) [26].

auf Grund des Toeplerschen Funkengesetzes abgeleitete Beziehung (XX1, 3). Von seiten der Druckabhängigkeit der Zusammenbruchdauer ist demnach kein Entscheid über die Richtigkeit der beiderseitigen Ansätze möglich.

Abb. 182 gibt das Oszillogramm eines Spannungssturzes zwischen 1,8 mm entfernten Plattenelektroden bei Atmosphärendruck, Abb. 183 die Auswertung oszillographischer Reihenmessungen der Zeit ab erkennbarem Absinken der an der Funkenstrecke liegenden Spannung bis fast zu ihrem Nullwerden bei einer Druckerniedrigung bis zum zehnten Teil des atmosphärischen Drucks. Dabei erhöht sich die Zusammenbruchdauer von kleinen Bruchteilen von 10^{-7} sek rasch auf verhältnismäßig lange Zeiten, und zwar sind diese länger, als bei hyperbolischem Verlauf der Kurve zu erwarten wäre. Die Erklärung der Abweichung ist naheliegend: Bei längerer Dauer als etwa 10^{-7} sek ist die Vernachlässigung der Abstrahlung vom Entladungskanal zur Umgebung im Ansatz von ROMPE-WEIZEL nicht mehr zu rechtfertigen; die Berücksichtigung dieses Energieverlustes vermöchte den langsameren Anstieg von Temperatur und Ionisierungsgrad und damit auch des Durchschlagstromes zu erklären.

Am ehesten ließe sich von seiten des Experiments dann eine Entscheidung zugunsten von (XXI, 3) oder (XXI, 15) treffen, wenn die Funkenstrecke bei Überspannung durchbrochen wird. Gegenüber der Gleichspannungszündung müßte sich die Zusammenbruchzeit beim Stoßfaktor f nach TOEPLER mit $1/f$ und nach ROMPE-WEIZEL mit $1/f^2$ ändern. So wäre z. B. für 50% Überspannung im ersten Fall eine Verkürzung um nur $^1/_3$, nach ROMPE-WEIZEL jedoch auf etwas weniger als die Hälfte der Zusammenbruchzeit gegenüber statischer Beanspruchung zu erwarten.

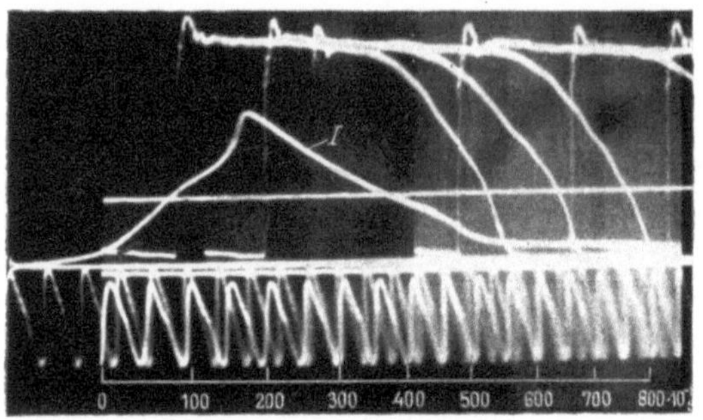

Abb. 184. Oszillogramm des (für die Spannung mehrfach aufgenommenen) Durchschlagvorgangs bei negativer Spitze gegen Platte in 4,5 cm Abstand bei einem Stoßfaktor von $f = 3,0$ und $p = 80$ Torr [*26*].

Im ungleichförmigen Feld liegt die mittlere Zündfeldstärke $E_0 = U_0/l$ tiefer. Sofern die Vorprozesse zu einem Schlauch beachtlicher Ladungsdichte und damit auch bereits zu einer Vergleichmäßigung der Feldstärkeunterschiede längs des Kanals geführt haben, wird die Zusammenbruchzeit im selben Maß länger sein, in dem die Zündspannung kleiner als die des gleichförmigen Feldes ist. Bei gleichen Durchschlagspannungen darf die Polarität der scharfgekrümmten Elektrode keine erheblichen Verschiedenheiten im Spannungszusammenbruch erbringen; nur wenn größere Polaritätsunterschiede wie etwa in Luft bei größeren Schlagweiten zwischen Spitze–Platte-Elektroden vorkommen, dann ist ein solcher Unterschied zu erwarten.

Im stark verzerrten Feld sinkt die Spannung an der Funkenstrecke bei mäßiger Überspannung anfänglich überaus langsam ab. Die Spannungskurve strebt der Nullinie in einem nach oben gewölbten Bogen zu. Der Beginn der Absenkung ist unter diesen Umständen nur ungenau angebbar, wie dies aus Abb. 184 für eine negative Spitze und stark abgesenkten Druck hervorgeht. Im Oszillogramm ist eine Aufnahme des Durchschlagstromes I mitgeschrieben. Durchweg zeigen solche Aufnahmen des Stromverlaufs, daß merkbarer Stromanstieg erst mit dem Beginn der Spannungsabsenkung einsetzt; im Gebiet großer Flankensteilheit der Spannungskurve ist die Zunahme am größten. Der Strom erreicht seinen Höchstwert kurz vor oder zur gleichen Zeit, in der die Spannung bis auf den verschwindend kleinen Wert der Brennspannung des Lichtbogens zurückgegangen ist [47]. Ebenfalls setzt die starke Lichtemission des Funkens erst bei zusammenbrechender Spannung ein und erreicht mit dem Strom ihr Maximum [27]. Wie an anderer Stelle bereits nachgewiesen wurde, ist der Endwiderstand des Ent-

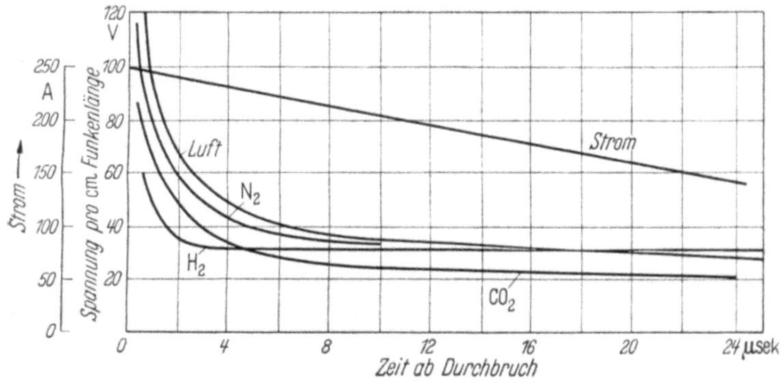

Abb. 185. Spannungsbedarf pro cm Kanallänge für verschiedene Gase als Funktion der Zeit ab Zündung der Entladung [28].

ladungspfades recht klein, weshalb die sonstigen Widerstände im Kreis diesen Stromhöchstwert bestimmen, wobei es selbstverständliche Voraussetzung ist, daß die im Stoßkondensator angehäufte Ladung sich nicht vorzeitig erschöpft.

Die Herleitung des Funkengesetzes nach Rompe-Weizel hatte zur Voraussetzung, daß die Ausbildung des Entladungskanals in weniger als 10^{-7} sek erfolgt, um die Energieverluste durch Abstrahlung sowie die Trägerverluste durch Rekombination und auch die Aufweitung des Kanaldurchmessers als Folge der Elektronendiffusion vernachlässigen zu können. Durch den schroffen Temperaturanstieg im Funkenkanal steigt ja dessen Temperatur auf sehr hohe Werte, was eine Vergrößerung des Gasdrucks und eine rapide Expansion des Kanals von dem sehr kleinen Durchmesser, wie er durch den Lawinenablauf bis zum Einsatz der selbständigen Entladung geschaffen wurde, nach sich zieht. Wird der Verlauf der Stromstärke im Funkenkanal nicht mehr allein von den physikalischen Vorgängen in diesem, sondern in der Hauptsache durch die übrigen Schaltelemente des Kreises vorgeschrieben, so erhöht sich die Dauer des Zusammenbruchs. Die Elektrodenspannung sinkt langsamer auf die schließliche Lichtbogenspannung ab, und der Kanal-

durchmesser nimmt noch während der Ausbildung der hohen Trägerdichte zu.

Mit einem achtstufigen Stoßgenerator von 1000 kV Summenspannung stellten HIGHAM und MEEK solche Versuche über die Änderung der
verlangsamt zusammenbrechenden Elektrodenspannung [28] (s. a. [47])
und des Durchmessers [29] von 10—40 cm langen Funken in verschiedenen Gasen bei atmosphärischem und tieferem Druck an. Der Stoß-
strom erreichte seinen Höchstwert von 60—700 A in $1/_4$ μsek und klang
mit einer Halbwertzeit von 10—28 μsek ab. Als deutliches Zeichen für
das Fehlen einer merklichen Beeinflussung der Vorgänge in der langen
Säule durch erhöhte Spannungsabfälle vor den Elektroden als Folge der
Ausbildung von Dampfstrahlen an diesen war die Elektrodenspannung
stets der wahren Kanallänge proportional. Für einen bestimmten Abfall des Stromes ist in Abb. 185 die zeitliche Änderung der Spannung
pro Längeneinheit des Kanals aufgetragen. Wie die Meßwerte erkennen
lassen, sind die am Ende der Beobachtungszeit vorhandenen Gradienten,
verglichen mit denen von unter gleichen Bedingungen brennenden Lichtbögen, recht hoch, woraus hervorgeht, daß selbst nach 25 μsek der Endzustand noch nicht erreicht ist. Für Luft und N_2 ergeben sich praktisch
dieselben Werte, und zwar größere als in O_2 und H_2. In H_2 erreicht
der Spannungsbedarf nach einigen μsek einen Kleinstwert und steigt
späterhin sogar leicht an. Durch photographische Aufnahme des Entladungskanals unter Verwendung eines mit 12 000 Umläufen pro Sekunde sich drehenden Spiegels und bei einer Auflösungsgeschwindigkeit
des Vorgangs auf dem Film von 1,5 mm/μsek konnte der Durchmesser
des Kanals in den aufeinanderfolgenden Stadien bis zu 14 μsek nach
der Zündung ausgemessen werden (Abb. 186). Nach anfänglicher rascher
Zunahme weitet sich der Kanal späterhin nur noch wenig auf. Sein
Durchmesser hängt nur vom Höchstwert, nicht aber von der Änderungsgeschwindigkeit des Stromes ab. Bei einem Strom von 500 A Scheitelwert dehnt sich der Kanal beisp. 1 μsek nach der Zündung mit einer
Geschwindigkeit von nahezu 1 km/sek aus (s. a. [29a]). Wie hier
nicht wiedergegebene Vergleichsmessungen zeigen, entspricht die Aus-
dehnungsgeschwindigkeit in N_2 und O_2 etwa der in Luft; somit sind
auch die Stromdichten in diesen Gasen ungefähr gleich. Die anfänglich
schnellere Expansion in H_2 geht schon nach 5 μsek in eine Konstanz
des Kanaldurchmessers über.

Messungen über den Spannungsbedarf des Trägerkanals nach kurzer
stromloser Pause geben Auskunft über das Anwachsen der Gasfestigkeit
beim Rückgang von Gastemperatur und Trägerdichte, über die Chance
der Wiederzündung von Wechselstrombögen nach dem Nulldurchgang
[30] sowie über die Dauer der erforderlichen Entionisierungszeiten in
gesteuerten Entladungsgefäßen [44]. Der Vorgang der *Wiederzündung*

ist als Durchschlag im stark vorionisierten Gas aufzufassen, wobei
der Bogenentladung eine flüchtige Glimmentladung zuvorgeht [*31*]. Die
Wiederzündspannung ist außer von der Dauer der Stromunterbrechung
und der Größe der Phasenverschiebung zwischen stationärem Strom
und Spannung hauptsächlich vom Elektrodenabstand sowie von Dauer
und Stromstärke der abgelaufenen Entladung abhängig [*32*]. Mit
Erhöhung des Gasdrucks steigt sie an [*33*]. Bei einer Verkleinerung des
Elektrodenabstandes mögen durch die verstärkte Abkühlung der erhitzten Gassäule an großflächigen oder gar gekühlten Elektroden die
Bedingungen für eine Wiederzündung nach dem Stromnulldurchgang
so verschlechtert werden, daß die Entladung erlöschen muß bzw. es

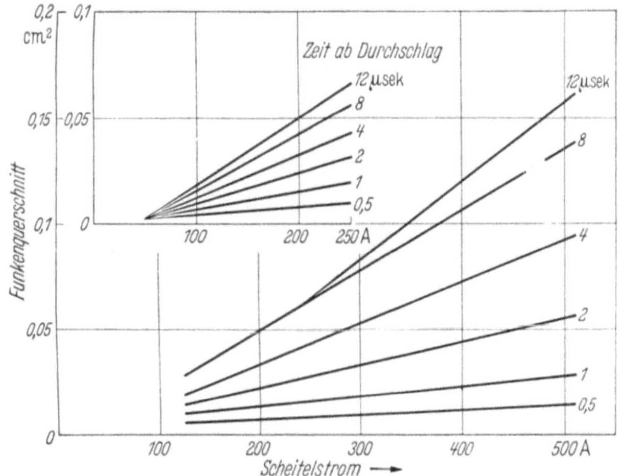

Abb. 186. Kanalquerschnitt in Abhängigkeit vom Scheitelwert des Stoßstromes
zu verschiedenen Zeiten nach der Zündung der Entladung (oberes Diagramm
für eine Halbwertzeit des Stromes von 28 µ sek, unteres Diagramm für eine
Halbwertzeit von 13 µ sek) [*29*].

zur Erstzündung einer Erhöhung der an die Elektroden gelegten Spannung bedarf [*34*].

d) Die Stufe im Spannungsrückgang. Mehrfach wurde bei kathoden-
strahloszillographischen Aufnahmen das Auftreten einer Stufe in der
zusammenbrechenden Spannung beobachtet [*13, 25, 26, 35—38*]. Sie
äußert sich durch eine kürzeres oder längeres Verweilen der Spannung
etwa bei halber Höhe und erst daran anschließenden weiteren Rückgang.
Die Stufe tritt nicht immer, sondern nur unter gewissen Versuchsumständen, vor allem bei erniedrigtem Druck, deutlich hervor. Doch
wurde sie in H_2 zuweilen selbst noch bis zu 2 at festgestellt [*37*]. In
manchen Fällen ist ihre wahre Form durch eine Schwingung des Meßkreises bis zur Unkenntlichkeit verzerrt oder die Stufe wird durch eine
solche Störschwingung auch nur vorgetäuscht [*36, 38*], doch kann ihre

physikalische Realität unter für ihre Ausbildung günstigen Bedingungen nicht mehr angezweifelt werden.

In Wasserstoffgas ist die Stufendauer besonders lang [25, 38], in Leuchtgas, Luft oder Stickstoff ist sie kürzer; am wenigsten soll sich die Stufe in Kohlendioxyd ausprägen [38]. Für denselben Druck streuen die Werte der Stufendauer mitunter recht erheblich, was mit seinen Grund darin hat, daß vor allem bei größeren Elektrodenentfernungen die Funkenbahn nicht die kürzeste Verbindung zwischen den Elektroden darstellt und sich von Entladung zu Entladung in ihrer Länge ändert. Vom Werkstoff der Elektroden und der Stärke der Fremdbestrahlung erweist sich die Ausbildung der Stufe unabhängig [13]. Abb. 187 gibt

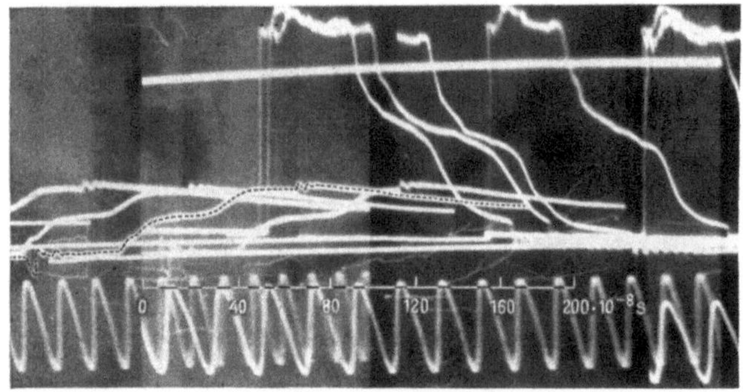

Abb. 187. Oszillogramme des Stoßdurchschlags mit Stufe in halber Höhe und Umschlag der Glimm- in die Lichtbogenentladung (gleichförmiges Feld, $d = 2$ cm, $p = 80$ Torr, 20% Überspannung; eine Stromkurve durch Punktieren hervorgehoben) [26].

Spannungs- und Stromaufnahmen des mehrfach wiederholten Durchbruchvorgangs im gleichförmigen Feld bei niederem Druck. Sowohl in der absinkenden Spannung als auch im ansteigenden Strom läßt sich jeweils in etwa halber Höhe das Verharren des Zustandes über eine gewisse Zeit deutlich erkennen, nach welcher erst der Durchbruchvorgang in sein letztes Stadium eintritt.

Eine Deutung der Erscheinung versuchte ROGOWSKI [39] mit der Annahme, daß der erste rasche Spannungsabstieg durch die von der positiven Raumladung bewirkte Feldverzerrung, durch eine „Längsinstabilität" der Entladung, hervorgerufen werde und die zeitliche Verzögerung des Spannungszusammenbruchs, also die Stufe selbst, die Folge einer radialen Verbreiterung des Kanalquerschnitts, der „Querinstabilität", sei. Dieser Erklärungsversuch läßt sich nicht aufrecht erhalten, da die Längsinstabilität der Entladung der Phase des Zündvorgangs vor dem Selbständigwerden der Entladung angehört und somit vor der Zeit der merklichen Spannungsabsenkung liegt und weil zum anderen eine sehr starke Zunahme des Kanaldurchmessers bis zur großflächigen Bedeckung

der Elektrode zwar bei der Glimmentladung, nicht aber beim Funken
auftritt.

An Hand zahlreicher Oszillogramme des Durchbruchvorgangs konnte
GÄNGER [26] nachweisen, daß entgegen älteren Angaben die Stufe bei
allen Elektrodenformen, also auch im stark inhomogenen Feld, unter
geeigneten Bedingungen möglich ist, und zwar sowohl beim statischen
als auch beim Stoßdurchschlag. Unerläßliche Vorbedingung ist jedoch,
daß der Stoßkreis Dämpfungswiderstände enthält; ohne solche konnte
eine deutliche ausgeprägte Stufe nicht festgestellt werden. Diese Beobachtung liefert den Schlüssel zum Verständnis der Stufenausbildung:
Ohne Widerstand in Reihe zur Funkenstrecke liegt an ihr stets die
volle Kondensatorspannung, was größte Energieumsetzung und rascheste Erhitzung und Umbildung des Entladungskanals bedeutet. Dagegen verlagert sich *mit* einem Reihenwiderstand ein mehr oder weniger
großer Bruchteil der treibenden Spannung beim Hochschnellen des
Stromes auf den Widerstand, was mit einer Behinderung der Entladungsentwicklung und einer Verlangsamung der Temperaturprozesse verbunden ist. Die starke Bremsung nach anfänglichem Hineinschießen in
den neuen Zustand ergibt das beobachtete Verharren von Strom und
Spannung in einer gewissen Phase der Kanalausbildung, bei welcher
die der Funkenstrecke verbleibende Spannung gerade noch genügt,
dem Gas jene Energie zuzuführen, die zur Erhaltung des Zustandes
benötigt wird. Erst wenn die Gastemperatur der Säule so weit erhöht
wurde, daß die thermische Ionisation einen entscheidenden Beitrag zur
Trägerbildung liefern kann, sinkt die Spannung von neuem ab unter
weiterer Erhöhung des Stromes auf den vom Gesamtwiderstand des
Kreises vorgeschriebenen Höchstwert.

Ebenfalls als Folge des Spannungsverbrauchs im vorhandenen OHM-
schen Widerstand, jedoch mit der weiteren Annahme eines stufenweisen
Vorwachsens der Entladung, versuchten ALLIBONE und MEEK [40] die
Stufe in der zusammenbrechenden Spannung zu erklären. Wenn auch
bei sehr langen Funken an der Ausbildung derartiger Ruckstufen nicht
zu zweifeln ist, so wurde von den genannten Autoren doch übersehen,
daß die Ruckstufen den Vorprozessen zuzurechnen sind, welche die
Anfangsleitfähigkeit in der Entladungsbahn schaffen, und nicht etwa dem
hier allein interessierenden Schlußzustand der Kanalentwicklung; ferner,
daß bei den mäßigen Elektrodenentfernungen der Stufenoszillogramme
eine absatzweise Umwandlung des Kanals zu einem solchen hoher Leitfähigkeit in Widerspruch zur Masse des Beobachtungsmaterials steht.

Mit der Stufenbildung hängt eine ähnliche Erscheinungsform des
Spannungssturzes zusammen, die bei sehr hoher Überspannung und mit
Reihenwiderstand vorkommt. Selbst bei niederem Druck veranlaßt dann
die hohe Überspannung eine äußerst rasche erste Spannungsabsenkung

32*

an der Funkenstrecke bis etwa auf den Wert der statischen Durchbruch-spannung; hieran schließt sich der übliche, bei niederem Druck stark verzögerte weitere Abfall bis zur Nullinie an [26, 41].

Im Gebiet niederen Drucks (unter 150 Torr) kann im gleichförmigen Feld noch eine letzte sprunghafte Änderung des Entladezustandes be-merkt werden. Abb. 187 zeigt außer der Stufe in halber Höhe von Strom und Spannung noch einen plötzlichen Abbruch der Spannungskurve wenig oberhalb der Nullinie von einem Restwert von 700—900 V auf eine nicht mehr erfaßbare Spannung; auch im Strom prägt sich der Sprung in Nähe des Höchstwertes schwach aus. Sicher-lich ist die Restspannung von rd. 800 V die Brennspannung der *strom-starken Glimmentladung*, welche unter geeigneten Bedingungen auch bei Atmosphärendruck auftreten kann [34, 42] und erst bei kräftiger Auf-heizung der Kathode und thermischer Emission der Elektronen in einen Lichtbogen umschlägt. Bei höherem Druck durchläuft die Entladung die ineinandergreifenden Phasen von den Vorprozessen über die normale und stromstarke Glimmentladung bis zum Lichtbogen mit entschei-dendem Anteil der Kathode an der Trägerbildung bei hoher Elektroden-spannung so rasch, daß die Stufe oft nur noch schwach ausgeprägt ist und der Sprung in den Lichtbogen sich der Beobachtung entzieht.

Literaturhinweise zu Kapitel XXI.

1. TOEPLER, M.: ETZ **45** (1924) 1045.
2. TOEPLER, M.: Arch. Elektrotechn. **17** (1926) 61.
3. TOEPLER, M.: Arch. Elektrotechn. **18** (1927) 549.
4. MAYR, O.: Arch. Elektrotechn. **17** (1926) 52.
5. MÜLLER, H.: Arch. Elektrotechn. **18** (1927) 328.
6. JACOBS, H.: Arch. Elektrotechn. **20** (1928) 309; W. BEINDORF: Arch. Elektro-techn. **32** (1938) 654.
7. TOEPLER, M.: Arch. Elektrotechn. **14** (1925) 305.
8. TOEPLER, M.: Arch. Elektrotechn. **21** (1929) 433.
9. TOEPLER, M.: Arch. Elektrotechn. **26** (1932) 111.
10. LAUE, H.: Arch. Elektrotechn. **35** (1941) 507 und 609; M. SCHILLING: dto **25** (1931) 97.
11. BINDER, L.: Die Wanderwellenvorgänge auf experimenteller Grundlage. Berlin: Springer 1928, S. 48.
12. MAY, K.: Arch. Elektrotechn. **21** (1929) 467.
13. KÖHLER, A.: Arch. Elektrotechn. **30** (1936) 528.
14. TOEPLER, M.: Arch. Elektrotechn. **22** (1929) 243.
15. TOEPLER, M. u. T. SASAKI: Arch. Elektrotechn. **26** (1932) 111.
16. SNODDY, L. B.: Phys. Rev. **40** (1932) 409.
17. SCHWAAB, H.: Dissert. T. H. Aachen 1931; W. HOLZER: Z. Phys. **77** (1932) 676.
18. HAYNES, J. R.: Phys. Rev. **73** (1948) 891.
19. SAHA, M. N.: Phil. Mag. **40** (1920) 472 u. 807; Z. Phys. **6** (1921) 40.
20. HOLM, R. u. B. KIRSCHSTEIN: Arch. Elektrotechn. **26** (1932) 640; L. B. LOEB, Fundamental Processes of Electrical Discharge in Gases, J. Wiley & Sons, New York 1939, S. 651.

21. SLEPIAN, J.: El. World **91** (1928) 761.
22. MAYR, O.: Arch. Elektrotechn. **26** (1932) 353.
23. GÄNGER, B.: Arch. Elektrotechn. **34** (1940) 701.
24. ROMPE, R. u. W. WEIZEL: Z. Phys. **122** (1944) 636; Ann. Phys. (6) **1** (1947) 285.
25. BUSS, K.: Arch. Elektrotechn. **26** (1932) 266.
26. GÄNGER, B.: Arch. Elektrotechn. **39** (1949) 508.
27. FÜNFNER, E.: Z. angew. Phys. **1** (1949) 295.
28. HIGHAM, J. B. u. J. M. MEEK: Proc. Phys. Soc. B **63** (1950) 633.
29. HIGHAM, J. B. u. J. M. MEEK: Proc. Phys. Soc. B **63** (1950) 649.
29a. FLOWERS, J. W.: Phys. Rev. **64** (1943) 225.
30. SLEPIAN, J.: Trans. A. I. E. E. **47** (1928) 1398; E. MARX: Lichtbogenstrom-
    richter, Berlin: Springer 1932, Kap. 17—19; J. BIERMANNS: ETZ **59** (1938) 194.
31. TIMOSHENKO, G.: Z. Phys. **84** (1933) 783.
32. McCANN, G. D. u. J. J. CLARK: Trans. A. I. E. E. **62** (1943) 45; E. J. HAR-
    RINGTON u. E. C. STARR: Trans. A. I. E. E. **68** (1949) 997.
33. COBINE, J. D., R. B. POWER, L. P. WINSOR: J. Appl. Phys. **10** (1939) 420.
34. v. ENGEL, A., R. SEELIGER u. M. STEENBECK: Z. Phys. **85** (1933) 144.
35. ROGOWSKI, W., E. FLEGLER u. R. TAMM: Arch. Elektrotechn. **18** (1927) 506;
    W. ROGOWSKI: dto. **20** (1928) 99; W. ROGOWSKI u. R. TAMM: dto. **20** (1928)
    625; O. MAYR: dto. **24** (1930) 15; H. SCHWAAB: Dissert. T. H. Aachen 1931;
    M. MESSNER: Arch. Elektrotechn. **30** (1936) 133.
36. KRUG, W.: Z. techn. Phys. **13** (1932) 377.
37. BUSS, K.: Arch. Elektrotechn. **27** (1933) 35.
38. TAMM, R.: Arch. Elektrotechn. **19** (1928) 235.
39. ROGOWSKI, W.: Arch. Elektrotechn. **25** (1931) 551; Z. Phys. **100** (1936) 1.
40. ALLIBONE, T. E. u. J. M. MEEK: Proc. Roy. Soc. London A **169** (1939) 246.
41. FLETCHER, R. C.: Phys. Rev. **76** (1949) 1501.
42. GROTRIAN, W.: Ann. Phys. (4) **47** (1915) 41; H. THOMA u. L. HEER: Z. techn.
    Phys. **13** (1932) 464; **14** (1933) 385.
43. WEICHELT, E.: Phys. Z. **32** (1931) 182.
44. OSTENDORF, W.: ETZ **59** (1938) 87; P. K. HERMANN: Arch. Elektrotechn. **30**
    (1936) 555; E. T. WHEATCROFT u. T. G. HAMMERSTON: Phil. Mag. **26** (1938)
    684; M. BERNBAUM: Trans. A. I. E. E. **67** (1949) 209; H. DE B. KNIGHT:
    J. I. E. E. **96**, III (1949) 257.
45. KARAPETOFF, V.: Arch. Elektrotechn. **25** (1931) 315.
46. KLEMPERER, H.: Arch. Elektrotechn. **25** (1931) 73.
47. STEKOLNIKOV, J. u. A. BELJAKOV: Elektrichestvo (russ.) 1938.

XXII. Die Entladungsfeldstärke bei technisch wichtigen Elektrodenformen.

Die Durchbruchfeldstärke im gleichförmigen Feld[1].

Der Anordnung zweier planparalleler Elektroden mit korrigierter Randausbildung (s. S. 9) kommt wegen der Gleichförmigkeit des Feldes im Mittelraum zwischen den Platten für eine Verwendung als Meßfunkenstrecke
besondere Bedeutung zu. Unterhalb einer durch die Plattengröße bestimmten Grenzschlagweite fallen Anfangs- und Funkenspannung zusammen und der den Meßwert durch scharfen Spannungszusammenbruch und

---

[1] Literaturhinweise zu diesem Unterkapitel s. S. 511.

hohen Durchschlagstrom markierende Funke entwickelt sich ohne vorhergehende Entladungen in einem völlig unverzerrten Feld. Der weitausladende Elektrodenrand schirmt den Entladungsweg gegen feldbeeinflussende Fremdpotentiale gut ab. Für die Fußpunkte der Entladung steht auf den großflächigen Elektroden ein großer Querschnitt zur Verfügung, weshalb auch bei oftmaliger Wiederholung der Durchschlagversuche stets noch unbeanspruchte Oberflächenelemente mit ungeänderten Versuchsbedingungen für einen Ansatz der Entladung zur Verfügung stehen. Das große Gasvolumen zwischen den Platten ergibt auch schon bei der natürlichen Fremddionisation einen geringen Funkenverzug bei statischer Beanspruchung, was sich günstig auf eine Kleinhaltung der Streuung innerhalb einer Meßreihe auswirkt. Für Plattenelektroden ist das PASCHEN-Gesetz streng erfüllt, weshalb es ohne Änderung der Elektrodenabmessungen möglich ist, beliebig viele geometrisch ähnliche Feldbilder gleichbleibender Funkenspannung bei Variation von Druck und Schlagweite herzustellen. Wegen der über den ganzen Entladungsraum völlig gleichen Feldstärke sind Polaritätsunterschiede der Durchschlagspannung in Abhängigkeit von der Schaltung und der räumlichen Anordnung der Elektroden, ob etwa die Spannung unsymmetrisch oder symmetrisch angelegt wurde oder die Achse der Elektroden senkrecht oder waagerecht liegt oder die untere oder obere Elektrode geerdet wurde, von vornherein ausgeschlossen.

Als ein gewisser Nachteil erweist es sich für die Verwendbarkeit als Meßfunkenstrecke, daß bei hohen Spannungen und den dann großen Elektrodenentfernungen der Plattendurchmesser groß gewählt werden muß, selbst wenn durch eine etwas stärkere Abkrümmung als bei dem von ROGOWSKI angegebenen Profil eine leichte Überhöhung des Randfeldes über das Mittelfeld zugestanden wird. Nach Untersuchungen von RENGIER [1] ist es zulässig, an Stelle der mittleren Niveaufläche $\varphi = \frac{1}{2}\varphi_0$ die Fläche mit dem Potential $\varphi = \frac{2}{3}\varphi_0$ als Elektrode zu wählen, wodurch zwar die Feldstärke am Rand bis zu 15% über die des Mittelteils ansteigt, die Durchschläge jedoch weiterhin noch im Mittelteil erfolgen. Dadurch ist eine Verkleinerung der Elektrodenabmessungen und des Platzbedarfs sowie eine fühlbare Verminderung des bei hohen Spannungen beträchtlichen Gewichtes der Anordnung und ihres Preises möglich.

Zu beachten ist, daß die Profilierung unter Voraussetzung einer senkrecht zur Schnittebene überaus großen Halbebene als Elektrode berechnet wurde und die kreisförmige Begrenzung der zur Verwendung kommenden Elektroden zu einer der Größe nach unbekannten Überhöhung des Randfeldes über das Feld im Mittelteil des Kondensators führt. Tatsächlich liegen die Dinge also so, daß es auch für das nach Rogowski ausgebildete Feld nicht bekannt ist, wie groß das Verhältnis von Schlagweite zu Elektrodendurchmesser gewählt werden muß, um an jeder Stelle noch innerhalb einer zulässigen Abweichung vom Wert der Feldstärke im Mittelteil zu bleiben. Doch ermöglicht eine Beobachtung der Funkenausbildung eine annähernde Festlegung der besonders wichtigen Grenze des Verwendungsbereichs der Funkenstrecke: Solange alle Durchschläge ausnahmslos im Innern der Anordnung übergehen und solange ein Polaritätseffekt der unsymmetrisch geschalteten Funkenstrecke nicht beobachtet werden kann, sind dies deutliche Kennzeichen für eine noch unter der Beobachtungsgrenze liegende Abweichung des Randfeldes vom vorausgesetzten Verlauf.

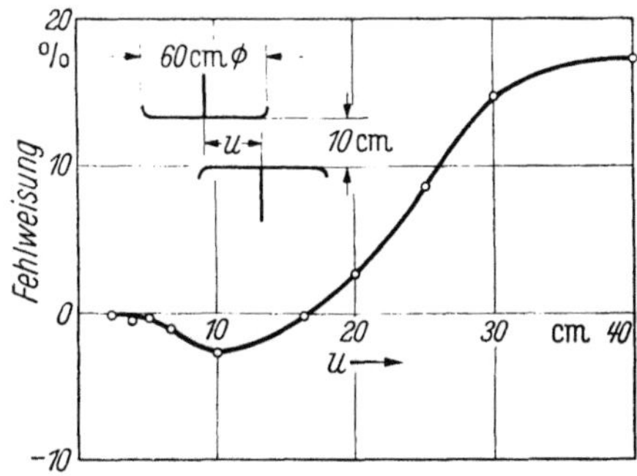

Abb. 188. Einfluß einer gegenseitigen Verschiebung der Elektrodenplatten auf die Fehlweisung der Funkenstrecke (bei 50 Hz).

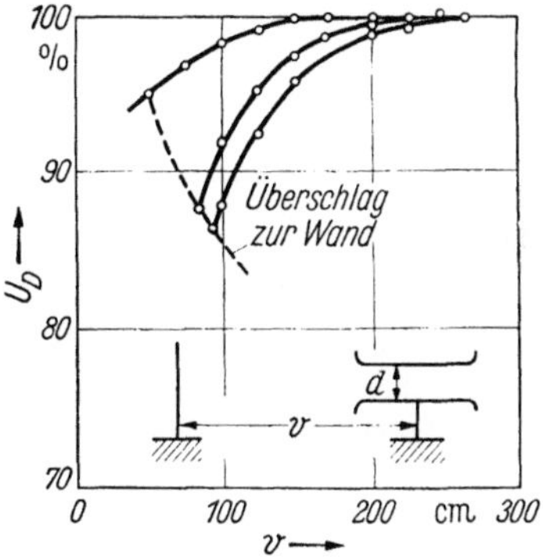

Abb. 189. Einfluß von benachbarten geerdeten Wänden auf die Festigkeit einer Plattenfunkenstrecke von 60 cm ø für drei d-Werte (10, 20 und 30 cm).

Vorbedingung für die Ausbildung eines Homogenfeldes ist eine einwandfreie Justierung der Platten, vor allem ihre gute Paralleleinstellung [23]. Eine geringe gegenseitige Verschiebung der Achsen beider Platten ist ohne Einfluß auf die Meßgenauigkeit (s. Abb. 188) [2]. Erst bei größeren Achsenexzentrizitäten, die sich dann leicht erkennen lassen, nimmt die Durchschlagspannung wegen der das Meßfeld störenden Inhomogenität an der eingeschobenen Kante der Funkenstrecke zunächst ab und bei noch größeren Verschiebungen wegen der beginnenden Verlängerung des kleinsten Plattenabstandes zu. Der Einfluß benachbarter geerdeter Wände auf die Höhe der Durchschlagspannung bei unsymmetrischer Schaltung wurde ebenfalls von Holzer [2] untersucht (Abb. 189). Die Meßergebnisse lassen deutlich die stärkere Verzerrung des Meßfeldes bei der Annäherung geerdeter Teile bei größeren Plattenentfernungen durch die eintretende Absenkung der Funkenspannung erkennen.

Einen bedeutenden Einfluß übt die Oberflächenbeschaffenheit der Elektroden auf die Höhe der Durchbruchspannung aus. Jegliche Spitzenwirkung durch Wassertropfen, Staub oder Fasern an den Elektroden führt zu einer sehr starken Einbuße an elektrischer Festigkeit (s. hierzu a. S. 294). Die Auswirkung verschiedener Oberflächenzustände und einiger Reinigungsmethoden auf die Durchbruchspannung ist nach HOLZER in Tab. 17 zusammengestellt. Eine oft angewandte Reinigung besteht in einer Behandlung der Elektroden mit feinstem Schmirgel und anschließendem Polieren mit einem geeigneten Putzmittel, um zunächst die Brandspuren früherer Durchschläge zu entfernen; zuletzt werden die Elektroden mit einem weichen und sauberen

Tabelle 17. *Einfluß der Oberflächenbeschaffenheit von Kupferelektroden auf die Durchbruchspannung bei Plattenelektroden und bei Kugeln von 25 cm Durchmesser.*

Zustand der Elektroden	Durchbruch-spannung in % der Nenn-spannung	Zustand der Elektroden	Durchbruch-spannung in % der Nenn-spannung
Ein Tropfen Wasser	55—80	Mit Äther poliert	97—100
Naß abgewischt	75—90	Mit Öl gereinigt und dann poliert	100
Wasser zerstäubt	60—80	Fasern auf der Ölschicht	80—90
Mit Äther gereinigt	100	Grober Staub	52—79
Sichtbarer Ölfilm	80—97	Geschmirgelt	96—100
Unsichtbarer Ölfilm	96—99,5	Geschmirgelt und poliert	99—100
Mit Wasser gereinigt und poliert	95—99	Geschmirgelt, geölt, poliert	100
Mit Wasser gereinigt	97—100		

Leder nachpoliert und mit Äther oder Alkohol abgewischt, ohne sie nochmals mit den Fingern zu berühren. Wenn auch RENGIER [1] angibt, daß die Festigkeit durch Einbrandstellen auf den Elektroden nicht herabgesetzt wird, so ist deren Beseitigung in der angegebenen Weise doch zu empfehlen. Zur Vermeidung übermäßig starker Brandwirkungen auf den Elektroden werden allgemein bei Gleich- und technischer Wechselspannung hochohmige Dämpfungswiderstände in Reihe zur Funkenstrecke geschaltet; nur bei Versuchen mit Stoß- und hochfrequenter Wechselspannung ist ein solcher Schutz der Elektroden und auch des gesamten Kreises gegen die Auswirkungen hoher Durchschlagströme wegen der sonst unvermeidlichen Absenkung der Elektrodenspannung schon vor dem Durchschlag nicht oder höchstens in beschränktem Umfang möglich.

Vor der Aufnahme einer Meßreihe empfiehlt es sich, etwa doch noch an den Elektroden haftende Staubfasern durch mehrmalige Überschläge wegzubrennen; die Durchschlagspannung steigt hierbei im allgemeinen leicht an. Erst hiernach sind die Durchbruchwerte bei gegen Ende sehr langsamer und praktisch stufenloser Steigerung der Elektrodenspannung

und bei ausreichend langen Entionisierungspausen zwischen den Einzelentladungen aufzunehmen. Bei Beachtung aller Vorsichtsmaßregeln, zu
denen auch die Vornahme der Versuche in einem gleichmäßig tempe-
rierten Raum ohne starken Luftzug gehört, streuen die Einzelwerte der
Durchbruchspannung um nicht mehr als höchstens einige zehntel Prozent um den Mittelwert. Wird mit einem abgeschlossenen Versuchsgefäß
gearbeitet, das nach Evakuierung mit reiner und trockener Luft gefüllt
wurde, so steigt die Durchschlagspannung nach den Angaben von
FISHER [3] während der ersten 50 Durchschläge asymptotisch auf einen
Endwert an, der sehr scharf (bis auf wenige Volt) ausgeprägt ist. Allerdings bedarf es hierzu einer fortgesetzten Durchspülung der Versuchs-
kammer mit noch unbeanspruchtem Gas zur Wegführung der bei jeder
Entladung gebildeten Zersetzungsprodukte; andernfalls vermögen diese
— in Luft handelt es sich hauptsächlich um Stickoxyde — die Durchschlagspannung merklich herabzudrücken. Langes Warten zwischen den
Durchschlägen bei ruhendem Gas führt wohl zu einer gewissen Erholung
der Durchschlagspannung, doch wird hierdurch die Absenkung nicht
gänzlich rückgängig gemacht [4]. Bei gleichem Vorgehen, aber Füllung
des Gefäßes mit feuchter Luft, streuen die schließlich erreichten Festigkeitswerte wesentlich stärker, ohne jedoch die Streuung in freier Atmosphäre zu erreichen. Im Freiluft-Versuchsfeld sind genaue Bestimmungen
der Durchschlagspannung wegen der unvermeidlichen Luftströmungen
und Temperaturunterschiede und wegen des wechselnden Staub- und
Feuchtigkeitsgehalts der Luft nicht möglich.

Die bis 1923 ausgeführten älteren *Messungen der Durchbruchfeldstärke*
sind im Buch von SCHUMANN zusammengestellt und dort ausführlich
besprochen. Sie erstrecken sich fast durchweg nur auf kleine Schlagweiten. Vielfach kommt ihnen nur noch historische Bedeutung zu, da
erst im gleichen Jahr die Untersuchung von ROGOWSKI über die geeignete Elektrodenausbildung erschien und die notwendige Klarheit über
die Grenze des Anwendungsbereichs von Plattenelektroden vorgegebenen
Durchmessers bei der Messung hoher Spannungen brachte. Auch entsprechen die den älteren Veröffentlichungen zugrunde liegenden Arbeitsbedingungen meist nicht allen zu stellenden Anforderungen. So war oft
die Funkenstrecke nicht bestrahlt oder die Elektroden waren nicht einwandfrei sauber und poliert; zum Teil sind die Werte von Luftdruck
und -temperatur nicht angegeben und eine Umrechnung der Meßwerte auf
Normalzustand der Luft ist nicht möglich, oder es war die Spannungsmessung an und für sich zu ungenau. Durchweg liegt etwaigen Um-
rechnungen die gerade bei kleinen Schlagweiten zu Fehlern führende
Annahme einer Proportionalität zwischen Gasdichte und Durchbruchspannung zugrunde. Daher wurden hier für die Darstellung
der Mittelwertkurve der Durchbruchfeldstärke in Luft von Normal-

zustand oberhalb 0,06 cm Schlagweite nur die neueren Meßwerte benutzt, die bis 16 cm Schlagweite vorliegen (Abb. 190). Sie stammen von SCHUMANN [5] (dessen Angaben von STEPHENSON [25] bestätigt werden), SPATH [6], RENGIER [1], SAHLAND [7] (dessen Meßwerte nur geringfügig unter den zuvorgehenden von KLEMM [8] liegen), RITZ [9], HOLZER [2], FISHER [10] und BRUCE [23]. Zumeist wurden die Messungen mit 50 Hz-Wechselspannung durchgeführt, nur FISHER benutzte ausschließ-

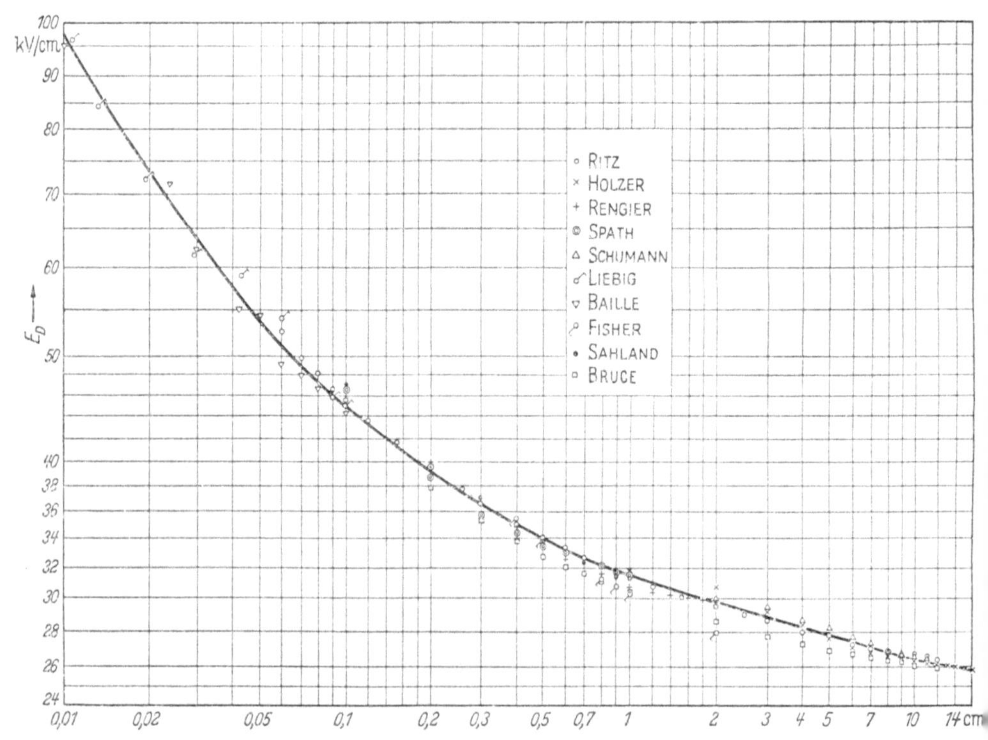

Abb. 190. Durchbruchfeldstärke von Luft zwischen ebenen Elektroden in Abhängigkeit von der Schlagweite bei 20° C und 760 Torr.

lich Gleichspannungen, während RENGIER und HOLZER die Durchbruchswerte im Schlagweitenbereich 0,2—2 cm sowohl mit Gleich- als auch mit Wechselspannung bestimmten. RENGIER erhielt bis auf einen Zwischenbereich von 0,6—1 cm Schlagweite mit größeren Abweichungen vorzügliche Übereinstimmung der Gleich- und Wechselspannungswerte bei den anderen Schlagweiten. Die Werte von BRUCE und FISHER, die ohne Berücksichtigung der deutschen Arbeiten seit 1923 angegeben sind und für die ein hoher Genauigkeitsgrad in Anspruch genommen wird, liegen fast durchweg wesentlich tiefer. Bei FISHER rührt der anzunehmende Fehler vermutlich von der ungenügenden Randabrundung der benutzten Elektroden her, teilweise vielleicht auch von einer Störung des Feldverlaufs durch die Nähe der einschließenden Gefäßwand.

Die Kurve der Durchbruchfeldstärke ist so gezogen, daß sie sich unter Nichtberücksichtigung offensichtlich aus der Reihe fallender Werte den wahrscheinlichsten Meßpunkten möglichst gut anschmiegt. Offen muß bleiben, ob die neueren Messungen von BRUCE und FISHER nicht doch in stärkerem Maße zu berücksichtigen wären. Erst die Vornahme weiterer sorgfältiger Messungen kann hier Klarheit erbringen. Ausgehend von großen Elektrodenabständen steigt die Kurve bei einer Verkleinerung der Schlagweite — also bei einer Verschlechterung der für die Elektronenionisierung maßgeblichen Bedingungen — zunächst langsam und dann immer rascher an. Nachdem neuere Messungen bei sehr kleinen Schlagweiten nicht vorliegen, wurde zur Ausdehnung des Diagrammbereichs bis herab zu 0,01 cm auf die älteren Messungen von BAILLE [*11*] und LIEBIG [*12*] zurückgegriffen. Diese erstrecken sich auch auf noch kleinere Entfernungen und werden im Bereich von $10^{-2} - 5 \cdot 10^{-4}$ cm durch Messungen von EARHART [*13*] ergänzt. Weil bei solchen Messungen mit kleinsten Elektrodenentfernungen der Oberflächengüte ein entscheidender Einfluß auf die Höhe der Durchschlagspannung zukommt und im Hinblick darauf, daß die Durchbruchspannung bei sehr kleinen Schlagweiten recht genau mit Hilfe des PASCHEN-Gesetzes aus Messungen bei erniedrigtem Druck und größerer Schlagweite bestimmt werden kann, wurden die unter $d = 0,01$ cm sehr rasch ansteigenden Feldstärkewerte nicht in Abb. 190 mit aufgenommen. Die logarithmische Unterteilung beider Achsen sichert für alle Werte gleiche prozentuale Ablesegenauigkeit und gestattet eine besonders genaue Wiedergabe der hauptsächlich interessierenden niedrigen Feldstärkewerte bei den größeren Schlagweiten.

Aus den Messungen von BAILLE [*11*] leitete TOWNSEND für die Durchbruchfeldstärke im Bereich kleiner Schlagweiten ($d \approx 0,1$ cm) die Formel ab

$$E_\mathrm{D} = 30 + \frac{1{,}35}{d} \qquad \text{bzw.} \qquad U_\mathrm{D} = 30d + 1{,}35$$

(d in cm, U_D in kV, E_D in kV/cm).

Durch einen gleichartigen Ausdruck mit etwas anderen Konstanten lassen sich auch die Meßergebnisse beim Durchschlag von Lufteinschlüssen in festen Isolierstoffen darstellen [*22*]. Daß die Formel nicht auch auf größere Schlagweiten angewandt werden darf, ist sofort aus dem Verlauf der Durchbruchfeldstärke in Abb. 190 ersichtlich; die Kurve nähert sich asymptotisch nicht etwa dem Wert 30 kV/cm, sondern einem etwas unter 25 kV/cm liegenden Wert. Zu einem die Meßwerte gut wiedergebenden und auch in einem größeren Bereich gültigen Ausdruck kommt man unter Verwendung der TOWNSEND-Zündbedingung $e^{\alpha d} = 1/\Gamma$ für das homogene Feld. Nachdem auch noch bei atmosphärischem Druck bei Schlagweiten bis über 1 cm die statische Zündung zumindest in ihrem Anfangsstadium sicherlich im Sinne der TOWNSEND-Vorstellung abläuft und erst in ihrer Schlußphase durch Raumladungseffekte beeinflußt wird, darf mit Recht aus der Verwendung der Zündbedingung ein in brauchbarer Annäherung gültiger Ausdruck für die Abhängigkeit der Durchschlagfeldstärke von der Schlagweite erwartet werden.

Zur Herleitung dieses Ausdruckes wird α in dem interessierenden Bereich $30 < E/p < 140$ für Luft mit guter Annäherung als eine quadratische Funktion der Feldstärke angesetzt:

$$\alpha = a(E - b)^2.$$

Dies in die Zündbedingung eingeführt, ergibt

$$a(E_\mathrm{D} - b)^2 \cdot d = \ln \frac{1}{\Gamma},$$

woraus für die Durchbruchfeldstärke folgt

$$E_\mathrm{D} = b + \sqrt{\frac{\ln 1/\Gamma}{a}} \cdot \frac{1}{\sqrt{d}}. \qquad (\text{XXII, 1})$$

Bei Einsetzung eines geeigneten Wertes für den zweiten TOWNSENDschen Ionisierungskoeffizienten und der Beiwerte der Elektronenionisierung in Luft könnten die Konstanten von (XXII, 1) errechnet werden. Eine bessere Annäherung an die wirklichen Verhältnisse ergibt sich jedoch, wenn sie aus dem Verlauf der gemessenen Feldstärkekurve von Abb. 190 ermittelt werden. Man erhält auf diese Weise mit einer Abweichung von höchstens 2% von der Mittelwertkurve zwischen 0,3—16 cm Schlagweite

$$E_\mathrm{D} = 24,5 + \frac{7}{\sqrt{d}} \qquad \text{bzw.} \qquad U_\mathrm{D} = 24,5\,d + 7\,\sqrt{d}. \qquad (\text{XXII, 2})$$

Gleichartige Ausdrücke mit nur wenig abweichenden Konstanten wurden mehrfach aus den jeweiligen Messungen abgeleitet [2, 9, 23, 25].

Für eine Umrechnung der im Bereich atmosphärischen Drucks gemessenen Durchschlagspannungen des Homogenfeldes auf einheitliche *Gasdichte*, also üblicherweise auf 760 Torr und 20° C, ist zunächst nur bekannt, daß die Anfangsspannung nicht genau proportional dem Produkt δd und somit bei unveränderlicher Schlagweite d nicht proportional der Gasdichte δ, sondern etwas langsamer ansteigt. In analoger Weise wie oben läßt sich die Abhängigkeit $U_\mathrm{D}(\delta)$ herleiten. Hierzu ist die δ enthaltende Gleichung der Elektronenionisierung $\dfrac{\alpha}{760\,\delta} = A\left(\dfrac{E}{760\,\delta} - B\right)^2$

in die Zündbedingung $\alpha d = \ln 1/\Gamma$ einzuführen, woraus sich nach Umformung die Durchbruchfeldstärke zu

$$E_{\mathrm{D}} = 760\,\delta B + 760\,\delta \sqrt{\frac{\ln 1/\Gamma}{760\,\delta A\,d}}$$

ergibt. Wird die bei Normalzustand ($\delta = 1$) gemessene Durchbruchfeldstärke mit E_{D_0} bezeichnet, so gilt

$$E_{\mathrm{D}_0} = 760\,B + \sqrt{\frac{760 \ln 1/\Gamma}{A\,d}} \ . \qquad\qquad \text{(XXII, 3)}$$

Für einen Umrechnungsfaktor k, mit dem die Bezugsfeldstärke zu multiplizieren ist, um die bei der relativen Gasdichte $\delta = \dfrac{b}{760} \cdot \dfrac{273 + 20}{273 + t} = 0{,}386\,\dfrac{b}{273 + t}$ notwendige Zündfeldstärke zu erhalten, gilt dann

$$k = \frac{E_{\mathrm{D}}}{E_{\mathrm{D}_0}} = \frac{760\,\delta B + \sqrt{\dfrac{760\,\delta \ln 1/\Gamma}{A\,d}}}{760\,B + \sqrt{\dfrac{760 \ln 1/\Gamma}{A\,d}}} = \frac{B\delta\sqrt{\dfrac{760\,A\,d}{\ln 1/\Gamma}} + \sqrt{\delta}}{B\sqrt{\dfrac{760\,A\,d}{\ln 1/\Gamma}} + 1} \ .$$

Der Vergleich von (XXII, 2) und (XXII, 3) liefert

$$760\,B = 24\,500 \qquad \text{und} \qquad \sqrt{\frac{760 \ln 1/\Gamma}{A}} = 7000 \ ,$$

womit sich für den Umrechnungsfaktor der einfache, in ähnlicher Form auch schon von Ritz [9] abgeleitete Ausdruck ergibt

$$k = \frac{3{,}5\sqrt{d}\,\delta + \sqrt{\delta}}{3{,}5\sqrt{d} + 1} \ . \qquad\qquad \text{(XXII, 4)}$$

Wie zu erwarten war, bleibt der hiernach errechnete Faktor k für eine Gasdichte $\delta < 1$ ebenfalls unter der Einheit und steigt mit δ darüber an. In Abb. 191 ist der sich aus (XXII, 4) ergebende Verlauf der $k(d)$-Kurven für einige Gasdichtewerte im hauptsächlich vorkommenden Bereich $0{,}8 < \delta < 1{,}1$ aufgetragen; hier nicht wiedergegebene Meßwerte von Ritz [9]

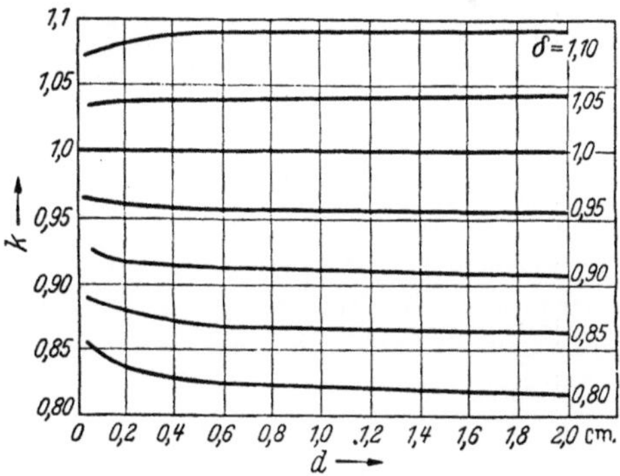

Abb. 191. Gasdichtefaktor k als Funktion der Schlagweite bei verschiedenen Gasdichten nach (XXII, 4).

liegen ausnahmslos auf den Kurven. Aus dem Diagramm ergibt sich, daß nur bei sehr großen Schlagweiten der Umrechnungsfaktor k mit dem Wert der relativen Gasdichte übereinstimmt. Der Fehler, der durch einfach proportionale Umrechnung der Durchschlagfeldstärke gemäß der relativen Gasdichte δ begangen wird, ist um so größer, je kleiner die Schlagweite ist und je mehr die Luftverhältnisse vom Normalzustand abweichen, und kann bis auf einige Prozent des wahren Wertes der Durchschlagspannung ansteigen. Das Ergebnis von WEICKER [14], wonach bei größeren Schlagweiten und einer relativen Gasdichte zwischen 0,9 und 1,1 die Durchschlagspannung der Gasdichte proportional ist, erweist sich daher als eine brauchbare Näherung, sofern diese Regel nicht auf außerhalb ihrer Grenzen liegende Verhältnisse übertragen wird.

Nach Messungen von RITZ [9] ist die Durchbruchspannung einer bestrahlten Plattenfunkenstrecke unabhängig von der *relativen Feuch*

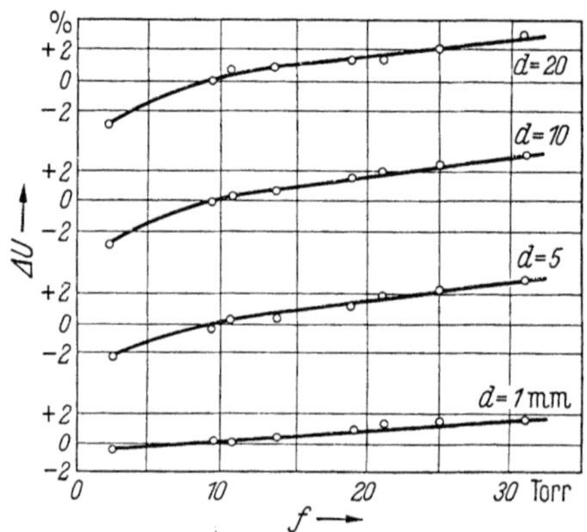

Abb. 192. Prozentuale Änderung der Durchschlagspannung zwischen Plattenelektroden von ihrem Bezugwert beim Dampfdruck $f = 10$ Torr in Abhängigkeit vom Dampfdruck für einige Schlagweiten (Spannungswerte auf $\delta = 1,0$ reduziert).

tigkeit der Luft; nur bei unbestrahlter Funkenstrecke liegen die Meßwerte unter starker Streuung um so höher, je trockener die Luft ist. Damit findet sich das Ergebnis älterer Untersuchungen (S. 276) bestätigt, daß die Funkenverzögerung (statistischer Anteil!) bei statischen Durchschlagmessungen mit zunehmender Luftfeuchtigkeit abnimmt und bei Sättigung der Luft mit Wasserdampf unmerklich wird. Dagegen ist die Durchschlagspannung auch bei Bestrahlung sehr wohl vom absoluten Wassergehalt der Luft abhängig (Abb. 192). Ihre Zunahme steigt mit dem Dampfgehalt der Luft und erhöht sich leicht bei einer Vergrößerung der Schlagweite. Beispielsweise nimmt die Durchschlagspannung bei einer Erhöhung des Wasserdampfdruckes von 7 auf 13 Torr (etwa vom Zustand 15°C auf 25°C bei einer ungeänderten relativen Feuchtigkeit von 55%) bei größeren Schlagweiten als 0,5 cm um rd. 1,5% zu [1].

Die *Verteilung der Durchschläge* auf die positive oder negative Halbwelle der angelegten Wechselspannung untersuchte HOLZER [2], indem er die Polarität der zum Durchschlag führenden Halbwelle mit Staubfiguren kenntlich machte (s. S. 450). Aus der Größe und Art der sich bei einem Entladungsstoß ausbildenden LICHTENBERG-Figur kann auf die Polarität des Stoßes geschlossen werden. Zur rascheren Durchführung

---

[1] Wasserdampftabelle s. z. B. [15]. Amerikanischen Angaben des Feuchtigkeitsgehaltes liegt ein Bezugswert von 6,5 grains/Kubikfuß = 14,93 g/m³ zugrunde.

einer großen Anzahl von Versuchen erzeugten McMillan und Starr [16] die Figuren auf einem nachleuchtenden Fluoreszenzschirm, was eine fortlaufende Beobachtung der Bilder in einem Lichtschutzkasten ermöglichte. Andere Polaritätsanzeiger arbeiten mit einem Oszillographen mit einmaliger Zeitlinienschreibung, dessen Zeitkreis durch den von einer Antenne in Nachbarschaft der Funkenstrecke aufgenommenen Entladungsstoß ausgelöst wird [17], oder mit zwei gegensinnig geschalteten Thyratrons, von denen beim Ansprechen der Funkenstrecke nur das positiv ausgesteuerte Rohr einen Anzeigestrom fließen läßt [18] (s. a. [24]). Bei größeren Schlagweiten kann die Polarität beim Durchschlag mit einiger Erfahrung oft auch nach dem Gehör bestimmt werden: die Entladung einer negativen Elektrode nach Erde erzeugt einen scharfen peitschenartigen Knall, während bei umgekehrter Durchschlagspolarität ein schwächeres, mehr summendes Geräusch zu hören ist. Die Messungen von Holzer ergaben, daß bei den kleinen Schlagweiten die Funkenstrecke vorzugsweise bei negativer Polung der Hochvoltelektrode durchschlägt, und bei mittleren Schlagweiten bis zur Grenze des mit Rücksicht auf die Homogenität des Feldes zulässigen Meßbereichs ($d_{max} = 16$ cm bei Holzer mit Plattenelektroden von 60 cm äußerem Durchmesser) die Durchschläge sich ziemlich gleichmäßig auf beide Halbwellen aufteilen (s. a. [23]). Bei noch größeren Elektrodenentfernungen kann das Feld nicht mehr als ausreichend gleichförmig angesehen werden; ab 20 cm Schlagweite traten alle Durchschläge bei positiver Polung der nichtgeerdeten Elektrode auf. Für Kugelfunkenstrecken großen Kugeldurchmessers gibt Allibone [19] an, daß im noch vorentladungsfreien Feld, also bei nicht zu großen Schlagweiten, die Mehrzahl der 50 Hz-Überschläge bei negativer Polung der nichtgeerdeten Elektrode erfolgt.

Durchschläge über ungewöhnlich große Schlagweiten vorzugsweise bei hoher positiver Aufladung der großflächigen Hochvoltelektrode beobachteten Bouwers und Kuntke [20, 21]. Solche anomalen Entladungen haben ihre Ursache entweder in Fasern, die frei in der Luft schweben und zum Ort großer Feldstärke gezogen werden, oder in Unebenheiten der Elektrodenoberfläche, von welchen Stellen starker Spitzenwirkung die positive Leuchtfadenentladung ausgeht. Im Gefolge solcher Unvollkommenheiten kann die Durchschlagfestigkeit des Plattenfeldes bis auf die des Spitzenfeldes mit weniger als 5 kV/cm absinken.

Literaturhinweise zu Kapitel XXII, Plattenfeld.

1. Rengier, H.: Arch. Elektrotechn. **16** (1926) 76.
2. Holzer, W.: Arch. Elektrotechn. **26** (1932) 874.
3. Fisher, L. H.: El. Engng. **69** (1950) 613.
4. Haseltine, W. R.: Phys. Rev. **58** (1940) 188.
5. Schumann, W. O.: Arch. Elektrotechn. **11** (1922) 1.
6. Spath, W.: Arch. Elektrotechn. **12** (1923) 331.

7. Sahland, W.: Arch. Elektrotechn. **19** (1927) 145.

8. Klemm, A.: Arch. Elektrotechn. **12** (1923) 553; s. a. H. Löber: Arch. Elektrotechn. **14** (1925) 511.

9. Ritz, H.: Arch. Elektrotechn. **26** (1932) 219.

10. Fisher, L. H.: Phys. Rev. **72** (1947) 423.

11. Baille, J. B.: Ann. chim. phys. **29** (1883) 181.

12. Liebig, G. A.: Phil. Mag. (5) **24** (1887) 106.

13. Earhart, R. F.: Phil. Mag. (6) **1** (1901) 147.

14. Weicker, W.: ETZ **32** (1911) 436.

15. Grimsehl-Tomaschek: Lehrbuch d. Physik I, Anhang Tab. X.

16. McMillan, F. O. u. E. C. Starr: J. A. I. E. E. **49** (1930) 859.

17. Davis, R. u. G. W. Bowdler: Trans. A. I. E. E. **82** (1938) 695.

18. Edwards, F. S. u. J. F. Smee: Trans. A. I. E. E. **82** (1938) 655.

19. Allibone, T. E.: Trans. A. I. E. E. **82** (1938) 672.

20. Bouwers, A. u. A. Kuntke: Z. techn. Phys. **18** (1937) 209; A. Bouwers, Elektr. Höchstspannungen. Berlin: Springer 1939, S. 247.

21. Kuntke, A.: VDE-Fachberichte **12** (1948) 157.

22. Dawes, C. L. u. P. H. Humphries: Trans. A. I. E. E. **59** (1940) 701; C. J. Berger u. E. L. Davey, J. I. E. E. **91**, II (1944) 35; J. H. Mason: Proc. I. E. E. **98**, I (1951) 44.

23. Bruce, F. M.: J. I. E. E. **94**, II (1947) 138; s. a. Stellungnahme hierzu von J. M. Meek: J. I. E. E. **98**, II (1951) 362 und Replik von Bruce, S. 363.

24. Raske, W.: ATM 1939, J 831—4.

25. Stephenson, J. D.: J. I. E. E. **73** (1933) 69.

Entladung im Zylinderfeld[1].

Konzentrische Zylinder. *Berechnung der Anfangsfeldstärke.* Wiederum darf zur Berechnung der Anfangsfeldstärke von der Townsendschen Zündbedingung ausgegangen werden, da das Elektrodenfeld erst bei Spannungen knapp unter der Anfangsspannung durch Raumladungen verzerrt wird. Bei der Anordnung gleichachsiger Zylinder entscheidet das Radienverhältnis R/r darüber, ob unvermittelt der Funkendurchbruch oder zunächst nur Korona und erst bei weiterer Spannungssteigerung der Durchschlag eintritt.

In der allgemeinen Zündbedingung $\ln 1/\Gamma = \int_r^R \alpha \, d\varrho$ ist $\alpha = p \cdot f\left(\dfrac{E}{p}\right)$ durch eine für das vorgegebene Gas in einem möglichst weiten Bereich gültige Funktion auszudrücken. Hierzu werde wie auch schon an anderer Stelle (S. 131) $\alpha/p = A\, e^{-\,Bp/E}$ gewählt; unter Einführung der Randfeldstärke am Innenleiter $E_r = E_\varrho \dfrac{\varrho}{r}$ kann die dort abgeleitete Beziehung für die Zündfeldstärke E_{r_Z} übernommen werden:

$$\ln 1/\Gamma = \frac{A}{B}\, r E_{r_Z}\left[e^{-\frac{Bp}{E_{r_Z}}} - e^{-\frac{Bp}{E_{r_Z}}\cdot\frac{R}{r}} \right].$$

---

[1] Literaturhinweise zu diesem Unterkapitel s. S. 532.

Für sehr kleine Radienunterschiede weicht das Feld nur wenig von dem zwischen planparallelen Elektroden ab. Wird mit dieser Voraussetzung $R = r + d$ geschrieben, so gilt

$$\ln 1/\Gamma = \frac{A}{B}\, r\, E_{r_Z}\, e^{-\frac{B\,p}{E_{r_Z}}}\left[1 - e^{-\frac{B\,p}{E_{r_Z}}\cdot\frac{d}{r}}\right];$$

bei Entwicklung der e-Funktion in der Klammer bis zum zweiten Glied

$$\ln 1/\Gamma = \frac{A}{B}\, r\, E_{r_Z}\, e^{-\frac{B\,p}{E_{r_Z}}}\left[1 - 1 + \frac{B\,p}{E_{r_Z}}\cdot\frac{d}{r}\right]$$

entsteht

$$\ln 1/\Gamma = p\, A\, e^{-\frac{B\,p}{E_{r_Z}}}\cdot d = \alpha_0 d\,,$$

also die wohlbekannte Durchschlagbedingung des homogenen Feldes mit ortsunabhängiger Ionisierungszahl α_0.

Für große Durchmesserunterschiede ($R/r \gg 1$), also auch im Falle eines parallel zu einer Ebene ausgespannten Drahtes, kann das zweite Glied in der Klammer unberücksichtigt bleiben. Nach Umformung gilt dann

$$r = \frac{B}{A\,p}\ln 1/\Gamma \cdot \frac{e^{\frac{B}{E_{r_Z}/p}}}{E_{r_Z}/p}\,. \tag{XXII, 5}$$

Nachdem die Zahlenwerte der Konstanten A und B der Ionisierungs-funktion wohlbekannt sind (für Luft $A = 8{,}6$, $B = 254$ im Bereich $36 < \frac{E}{p} < 180$, s. S. 118), bereitet es keinerlei Schwierigkeit, aus (XXII,5) nach Wahl eines geeigneten Zahlenwertes der Rückwirkungsausbeute Γ den zu einer gewissen reduzierten Zündfeldstärke E_{r_Z}/p gehörenden Innenleiterradius zu bestimmen. Doch ist die Form von (XXII, 5) nicht geeignet, in umgekehrter Weise die Zündfeldstärke bei vorgegebenem Leiterdurchmesser vorauszubestimmen. Hierzu ist für den E_{r_Z} ent-haltenden Bruch nach Möglichkeit ein einfacherer Ausdruck zu finden. Wie SCHUMANN in seinem Buch (S. 187) gezeigt hat, kann er in guter Annäherung durch $a(E_{r_Z}/p - b)^2$ ersetzt werden. Mit $a = 2{,}25\cdot 10^{-3}$ und $b = 39{,}5$ gilt die Näherung im Bereich $45 < E_{r_Z}/p < 180$. Somit geht (XXII, 5) über in

$$r = \frac{B\ln 1/\Gamma}{p\,A}\cdot\frac{1}{2{,}25\cdot 10^{-3}\,(E_{r_Z}/p - 39{,}5)^2}\,.$$

Daraus folgt

$$E_{r_Z}/p = 39{,}5 + 21{,}1\sqrt{\frac{B\ln 1/\Gamma}{A\,p\,r}}\,;$$

nach Einsetzen der oben angeführten Werte der Konstanten und mit $\ln 1/\Gamma = 10$ ergibt sich für die Anfangsfeldstärke

$$E_{r_Z} = 39{,}5\,p + 359\,\sqrt{\frac{p}{r}} = 30 \cdot 10^3\,\frac{p}{760} + 9{,}9 \cdot 10^3\,\sqrt{\frac{p/760}{r}}\,.$$

Wird für $p/760$ die relative Luftdichte δ eingeführt — es wird damit auch eine Abweichung von der üblichen Bezugstemperatur 20° C zugelassen — und wird außerdem die Feldstärke nicht mehr in V/cm, sondern in kV/cm gemessen, so wird

$$E_{r_Z} = 30\,\delta + 9{,}9\,\sqrt{\frac{\delta}{r}} = 30\,\delta\left(1 + 0{,}33\,\sqrt{\frac{1}{\delta r}}\right)\,. \qquad \text{(XXII, 6)}$$

Würde für $\ln 1/\Gamma$ anstatt 10 beisp. 5 eingesetzt, so wäre für die Konstante vor der Wurzel 6,6 an Stelle von 9,9 zu schreiben. Wegen der Unsicherheit hinsichtlich des für Γ anzunehmenden Wertes und auch im Hinblick auf die bei der Herleitung erforderliche Ersetzung von $\alpha(E)$ durch eine nur in Annäherung gültige analytische Funktion sind die Konstanten von (XXII, 6) für genaue Angaben durch das Experiment zu bestimmen.

Für den *Gasdichte*-Umrechnungsfaktor k folgt aus (XXII, 6) nach gleichartiger Rechnung wie im homogenen Feld (s. S. 509)

$$k = \frac{30\,\delta\left(1 + 0{,}33\,\dfrac{1}{\sqrt{\delta r}}\right)}{30\left(1 + 0{,}33\,\dfrac{1}{\sqrt{r}}\right)} \approx \frac{\sqrt{\delta} + 3\,\delta\sqrt{r}}{1 + 3\sqrt{r}}\,. \qquad \text{(XXII, 7)}$$

Messungen von PRINZ [35] bestätigen die durch (XXII, 7) ausgedrückte Abhängigkeit der Einsatzfeldstärke von der Gasdichte. Zuvor hatte PETERSON [35a] eine Abhängigkeit $\sim \delta^{2/3}$ vorgeschlagen, um den weniger als proportionalen Anstieg der Anfangsspannung mit der Gasdichte zu erfassen. Eine bessere Wiedergabe seiner bei veränderlicher Luftdichte gewonnenen Meßwerte der Anfangsspannung von Seilen als nach (XXII, 6) findet MÜLLER [20a] mit der Formel

$$E_{r_Z} = 29{,}8\,\delta\left(1 + \frac{0{,}30}{\delta\sqrt{r}}\right)\,.$$

Ist der Durchmesser des Innenzylinders wesentlich kleiner als der der Außenelektrode, so bildet sich bei Überschreiten der Anfangsfeldstärke die Korona aus. Der Innenzylinder überzieht sich hierbei mit einer glatten Leuchthaut, soweit von den Schwankungen in der Ausbildung unzähliger Einzelentladungen abgesehen werden kann. Merkliche Stoßionisierung und Trägervermehrung findet nur innerhalb dieser Ionisierungszone statt. Die verbleibende Strecke bis zur Gegenelektrode dient dem Transport der Ladungsträger vom Vorzeichen der sprühenden Elektrode zum Hüllzylinder. Auch wenn nach dem Koronaeinsatz die Elektrodenspannung zur Erhöhung des Koronastroms über die Einsatzspannung der Entladung hinaus gesteigert wird, so dürfte die Feldstärke am Rande des Innenleiters doch ungeändert bleiben, weil sich zwischen Raumladung, Randfeldstärke und Ionisierung mit dem Eintreten der selbständigen Entladung ein Gleichgewichtszustand ausbildet, der auch bei einer Erhöhung der Elektrodenspannung erhalten bleibt [1] (s. hierzu a. die abweichende Auffassung von UHLMANN [2]). Nur der Rand des Multiplikationsbereiches schiebt sich mit einer Vergrößerung der Spannung weiter in den Raum vor. Wird unterstellt, daß die Feldstärke in der Glimmhülle sich wie vor dem Eintritt der Entladung umgekehrt proportional zum Achsenabstand ändert und weiterhin, daß in atmosphärischer Luft unter 25 kV/cm die Stoßionisierung vernachlässigt werden darf (an dieser Grenze ist $\alpha \approx 1$ Ionenpaar pro cm), so folgt aus diesem Grenzwert der Feldstärke am Rande der Ionisierungszone in der Entfernung ϱ von der Achse für die Feldstärke am Rande des Innenleiters unter Verwendung von (XXII, 6)

$$E_r = 25\,\frac{\varrho}{r} = 30\left(1 + \frac{0{,}33}{\sqrt{r}}\right).$$

Um die *Schichtdicke s der Ionisierungszone* zu berechnen, bilden wir

$$\frac{\varrho}{r} - 1 = 1{,}2\left(1 + \frac{0{,}33}{\sqrt{r}}\right) - 1$$

und erhalten daraus

$$s = \varrho - r = 0{,}2\,r + 0{,}4\,\sqrt{r}.$$

Wäre angenommen worden, daß in Luft nur größere Feldstärken als 30 kV/cm ($\alpha \approx 10\,\text{cm}^{-1}$) einen maßgeblichen Beitrag zur Trägervermehrung erbringen, so hätte sich die Schichtdicke zu $s \approx \frac{1}{3}\sqrt{r}$ ergeben. Auf jeden Fall ist ersichtlich, daß die ionisierte Schicht beim Einsatz der Entladung nicht etwa konstante Dicke besitzt [3], sondern mit dem Drahtdurchmesser zunimmt.

Meßergebnisse. Wegen des Verzögerungseffektes empfiehlt es sich, als Anfangsspannung den mit hoher Genauigkeit bestimmbaren Wert anzugeben, bei dem die Entladung mit absinkender Elektrodenspannung gerade abreißt. Das Aussetzen der Entladung kann durch Beobachten der Lichterscheinung an der Sprühelektrode im Dunkeln oder durch Verfolgen des Sprühgeräusches mit dem Ohr eventuell unter Zuhilfenahme von Mikrophon und Lautsprecher festgestellt werden. Alle Methoden ergeben gleiche Werte, wenn jeweils eine größere Anzahl sorgfältiger Einzelmessungen gemittelt wird. Die visuelle Beobachtung ist unbequem und auch leichter Irrtümern unterworfen. Zur objektiven Beobachtung des Entladungseinsatzes wird oft die von WHITEHEAD angegebene Methode mit drei konzentrischen Elektroden benutzt [4—7].

Hierbei liegt der innere Draht an Hochspannung und die darauffolgende siebartig durchlöcherte Gegenelektrode an Erde. Zwischen dieser und dem äußeren, nur aus meßtechnischen Gründen vorhandenen Hüllzylinder liegt eine Hilfsspannung der Größenordnung 100 V, die einen Teil der aus der Ionisierungszone abgewanderten Ladungsträger durch die Maschen des geerdeten Zylinders hindurchzieht; der von den Ionen repräsentierte Strom zeigt sich am Ausschlag eines Strommessers im Hilfskreis an. Mit diesem Verfahren können bei Wechselspannung sogar die Sprüheinsätze der positiven und negativen Halbwelle getrennt bestimmt werden. Hierzu wird bei negativer Polung des Sprühdrahtes — es bewegen sich die negativen Ladungsträger zum Gitter — der Hüllzylinder positiv gegen das Gitter aufgeladen; umgekehrt wird bei negativer Aufladung der Hilfselektrode gegen Erde der Sprüheinsatz bei positiver Halbwelle gemessen. Die durch Änderung des Drahtdurchmessers und des Gasdruckes verhältnismäßig einfache Änderung der Anfangsspannung bei guter Reproduzierbarkeit der Meßwerte führte sogar zum Vorschlag der Verwendung dieser Dreielektrodenanordnung mit Hilfsstromkreis als „Koronavoltmeter" zur Hochspannungsmessung.

Abweichend von den WHITEHEADschen Angaben (s. a. [57]) liegt nach DAUBENSPECK [8] und FAULHABER [9] die mit der Dreielektrodenanordnung gemessene Anfangsspannung unter dem visuell aus dem Aussetzen der Leuchterscheinung bestimmten Wert.

In Luft von atmosphärischem Druck (über die Verhältnisse bei niederem Druck wurde bereits an anderer Stelle berichtet, s. S. 191) ist die Koronaeinsatzspannung bei positivem Draht etwas kleiner als bei negativer Polung des Drahtes, nur bei sehr dünnem Draht ($r < 0,01$ cm) setzt das Glimmen mit einer Innenkathode früher ein [3]. SCHAFFERS [3] findet bei einer Variation des Drahtradius von 0,0003—0,35 cm einen allmählichen Übergang des Polaritätseffektes (bei $R = 0,85$—5,85 cm). Die Gleichheit beider Spannungen bei $r \approx 0,01$ cm wird von DAUBENSPECK nicht bestätigt; im Gegensatz zu SCHAFFERS und auch zu LANGE [10], der für $r = 0,005$ cm eine erhebliche Überhöhung der positiven über die negative Einsatzspannung feststellte, beobachtete DAUBENSPECK für $r = 0,004$—0,01 cm eine zunächst geringe und mit dem Drahtdurchmesser noch weiter ansteigende Überhöhung der negativen über die positiven Spannungswerte. Wenig wahrscheinlich ist die von LANGE geäußerte Vermutung, daß die Verschiedenartigkeit der benutzten Elektrodenwerkstoffe Ursache dieser Unterschiede sei. Bis zu recht großen Leiterabmessungen (von $r = 0,005$—5 cm) bestimmte PRINZ [34] die Gleichspannungs-Einsatzfeldstärken und findet im ganzen Bereich ebenfalls etwas höher liegende negative Werte (6—1%). Wegen der größeren Empfindlichkeit der negativen Entladung auf örtliche Feldverdichtungen an der Elektrodenoberfläche liegt bei Leitern mit nicht glatter Oberfläche wie etwa bei verseilten oder aufgerauhten Leitern die negative Einsatzspannung unter der positiven [52]. Der Unterschied übersteigt 10% nach Messungen von MARX und GÖSCHEL [48] an Seilen üblicher Bauart; ebenso stellt KÜHN [49] bei ein- und zweipoligen Versuchsleitungen eine um rd. 5 kV/cm höhere Einsatzfeldstärke bei positivem Leiterseil fest.

In den anderen untersuchten Gasen, Wasserstoff und Kohlensäure [8] sowie reinstem Stickstoff und Sauerstoff [10], liegt der positive Sprüheinsatz bei 100—760 Torr über dem negativen. Ebenso fanden DAVIS und BREESE [11] in Wasserstoff bei $r = 0,038$ cm und Drucken unterhalb 760 Torr eine tiefer liegende Anfangsspannung bei negativer Polarität des Drahtes. Von allen bisher genannten Gasen hat (reinster!) Stickstoff bei negativem Draht nach LANGE [10] die niedrigste Anfangsspannung, die noch unter der von Wasserstoff liegt, und weist damit auch den größten Polaritätseffekt auf. Für Stickstoff üblicher Reinheit ergeben sich nach einer Zusammenstellung von WHITEHEAD (s. PEEK [12]) erheblich abweichende Werte, und zwar liegt bei Unterdruck die negative Einsatzspannung geringfügig unter der positiven. Der prozentuale Unterschied der Anfangsspannungen für beide Polaritäten ist in Sauerstoff sehr klein; in Kohlensäure und Wasserstoff liegt er im Bereich $r = 0,04—0,1$ mm bei rd. 18%.

Die positive Entladung beginnt regelmäßig beim selben Wert; dagegen ist der Sprüheinsatz eines negativen Drahtes mit größerer Streuung verbunden. Bei Wechselspannung setzt die Entladung in der Halbwelle niedrigerer Anfangsspannung ein. Vielfach ausgeführte Messungen zeigen, daß die Anfangsspannungen der sichtbaren Gleich- und Wechselspannungskorona sich nur wenig unterscheiden.

Alle diesbezüglichen Untersuchungen (s. hierzu außer den bereits genannten Arbeiten weiterhin [3, 11, 13, 14]) bestätigen die Aussage von der Unabhängigkeit der Randfeldstärke am Innenleiter beim Entladungseinsatz vom Durchmesser des Hüllzylinders. Erst wenn sich dieser der Innenelektrode so sehr nähert oder der Gasdruck im Entladungsraum so stark verringert wird, daß ein Teil des zur Ionenerzeugung nötigen Bereiches abgeschnitten wird, erhöht sich die Einsatzfeldstärke als Folge dieser Behinderung der Entladung. Aus demselben Grund bleibt die Zündfeldstärke am Innenleiter bis zu nicht allzu kleinem Elektrodenabstand auch bei exzentrischer Lage der beiden Zylinder ungeändert [14, 15].

Die lineare Zunahme der Anfangsfeldstärke mit $\dfrac{1}{\sqrt{r}}$ entsprechend (XXII,6) findet sich bei allen Untersuchungen gut bestätigt (s. Abb. 193), nur BROOKS und DEFANDORF [7] schlagen eine Ergänzung durch ein Korrektionsglied $-\dfrac{0,365}{r}$ vor. WHITEHEAD und BROWN [16] ermittelten die Konstanten im Ausdruck $E_{rz} = A\delta\left(1 + \dfrac{B}{\sqrt{\delta r}}\right)$ für $r = 0{,}037$ bis $0{,}12$ cm und Normalzustand der Luft (20° C, 760 Torr)

für positiven Koronaeinsatz zu $A = 34{,}3$ und $B = 0{,}3325$
für negativen Koronaeinsatz zu $A = 31{,}5$ und $B = 0{,}432$
für Wechselspannung (60 Hz) zu $A = 34{,}2$ und $B = 0{,}371$.

Diese Werte führen zumindest bei kleineren Radien zu befriedigender Übereinstimmung mit älteren Messungen von WATSON [17]. In einer weiteren Veröffentlichung gibt WHITEHEAD [4] die Konstanten für Wechselspannung an mit $A = 32{,}5$ und $B = 0{,}294$.

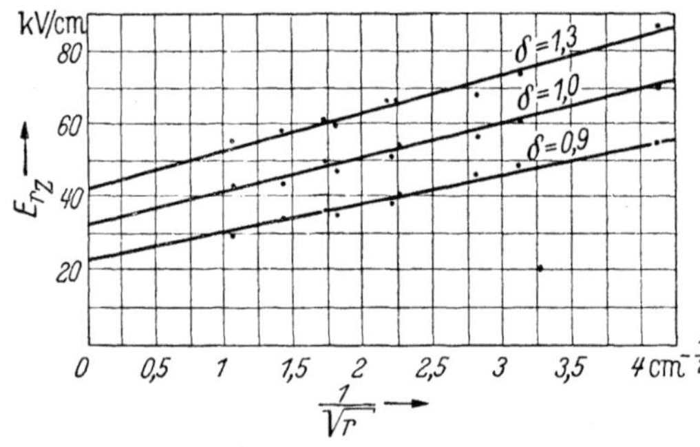

Abb. 193. Anfangsfeldstärke bei Wechselspannung (Maximalwerte) am Rande des Innenleiters in Abhängigkeit vom Leiterradius für unterschiedliche Gasdichten [13].

Für $\dfrac{1}{\sqrt{\delta r}} < 2{,}3$, also bei einem kleineren Drahtradius als 0,2 cm in freier Atmosphäre, setzt nach WHITEHEAD und ISSHIKI [5] im Druckbereich von 250—1390 Torr die Wechselspannungsentladung in der positiven Halbwelle ein (diese Angabe wird von FAULHABER [9] bei Messungen an einem 1 mm dicken Draht bestätigt), und zwar gelten hierfür die Konstanten $A = 33{,}5$ und $B = 0{,}258$; für $r > 0{,}2$ cm bildet sich die Entladung zunächst nur in der negativen Halbwelle aus mit $A = 30{,}3$ und $B = 0{,}33$.

Die beiden Kurven der Einsatzfeldstärken schneiden sich bei $E_r = 52{,}4$ kV/cm. MISERÉ [18] bestätigt die Brauchbarkeit der zuletzt genannten Werte für Drucke oberhalb 600 Torr und $r > 0{,}045$ cm. PEEK [19] schließt aus seinen Wechselspannungsmessungen auf Werte der Konstanten von $A = 31{,}5$ und $B = 0{,}305$, STEPHENSON [56] auf $A = 32{,}8$ und $B = 0{,}309$.

DAUBENSPECK [8] findet bei einer Änderung des Druckes im Bereich von 400—700 Torr für negativen Draht $A = 33$; $B = 0{,}245$

für positiven Draht $A = 9{,}2$ (?); $B = 0{,}99$(?) [1].

Weitere Zahlenwerte für CO_2 und H_2 finden sich gleichfalls bei DAUBENSPECK, für Hochfrequenz von 119—1620 kHz bei MISERÉ [18]. Vom Feuchtigkeitsgehalt der Luft ist die Anfangsfeldstärke unabhängig [5].

Aus einer vergleichenden Betrachtung der bis 1923 bekannten Messungen, die in der Zwischenzeit nicht wesentlich erweitert wurden,

---

[1] Alle hier angegebenen Werte sind auf 20° C und 760 Torr, also $\delta = 1{,}0$ bezogen.

schließt SCHUMANN [20] auf die in folgender Tabelle zusammengestellten Mittelwerte der Einsatzfeldstärke bei technischer Wechselspannung und $\delta = 1$. Bei größeren Zylinderradien gelten die aufgeführten Werte auch für Gleichspannung, wie PRINZ [34] bestätigen konnte.

r (cm)	0,05	0,06	0,08	0,1	0,2	0,3	0,4	0,5	0,6	0,8
E_{rZ}(kV/cm)	75,1	70,9	65,3	62,0	53,3	49,0	46,7	44,8	43,5	41,5

r (cm)	1,0	2	3	4	5	6	8	10	12	15
E_{rZ}(kV/cm)	40,2	36,6	34,7	33,7	33,1	32,6	31,9	31,3	30,9	30,5

Die Erniedrigung der Einsatzfeldstärke durch Feldüberhöhung am Umfang eines Leiters als Folge seines Aufbaus aus verseilten Drähten oder durch Riefenbildung und Fremdteilchen an der Oberfläche eines glatten Leiters wird durch einen empirischen Zusatzfaktor m (< 1, meist in der Nähe von 0,8) zu (XXII, 6) erfaßt [19a, 20a].

Die Konstante A in der Formel für die Anfangsfeldstärke am Rande des Innenzylinders kennzeichnet die höchstmögliche Beanspruchung des Dielektrikums bei sehr schwacher Krümmung der Elektroden ($r \rightarrow \infty$). Ihr Zahlenwert fällt allerdings nicht mit der für größere Schlagweiten im Homogenfeld des Plattenkondensators gemessenen Festigkeit zusammen, sondern liegt über diesem Wert. Nachdem die bei einem Freiflug eines Elektrons von diesem aufgenommene kinetische Energie sein Ionisierungsvermögen maßgebend bestimmt, kann vermutet werden, daß die Festigkeit eines Gases in irgendeiner Weise von der mittleren freien Weglänge für Elektronen in diesem Gas abhängt. Aus Messungen der Koronaeinsatzspannung im koaxialen Zylinderfeld bei Wechselspannung bestimmte THORNTON [21] die Konstante A für eine große Zahl von Gasen (s. a. [56, 57]) und setzte sie zu den gaskinetischen Wirkungsquerschnitten (= Kehrwert der mittleren Elektronenwege) in Beziehung. In Tab. 18 sind diese A-Werte gemeinsam mit $\dfrac{1}{\bar{\lambda}_E} = \dfrac{1}{4\sqrt{2}\,\bar{\lambda}_G}$ zusammengestellt und in Abb. 194 graphisch veranschaulicht. Ein Blick auf die graphische Darstellung läßt erkennen, daß eine gewisse Zuordnung gleichartiger Gase besteht, indem die Festigkeitswerte der Gase innerhalb einer Gruppe im allgemeinen jeweils auf einer Geraden durch den Ursprung liegen. In jeder der so gebildeten Gruppen sind demnach elektrische Festigkeit und Wirkungsquerschnitt einander proportional, wobei es nicht klar ist, ob es sich hierbei um ein Spiel des Zufalls oder um noch unbekannte Zusammenhänge handelt. Nicht zu vergessen ist, daß die tatsächlichen freien Elektronenwege nur unter Berücksichtigung der RAMSAUER-Messungen angegeben werden können und sich unter Umständen beträchtlich von den hier verzeichneten gaskinetischen Werten unterscheiden.

Von allen in Tabelle 18 aufgeführten Elementargasen hat Chlor die höchste Festigkeit; die wohl noch höher liegende von Bromdampf konnte nicht ermittelt werden, weil die Entladungseinsätze als Folge chemischer Reaktionen zu stark streuen. Eine Substituierung des elektrisch recht schwachen Wasserstoffs durch Chlor in einer chemischen Verbindung führt zu einer sehr erheblichen Erhöhung der Festig-

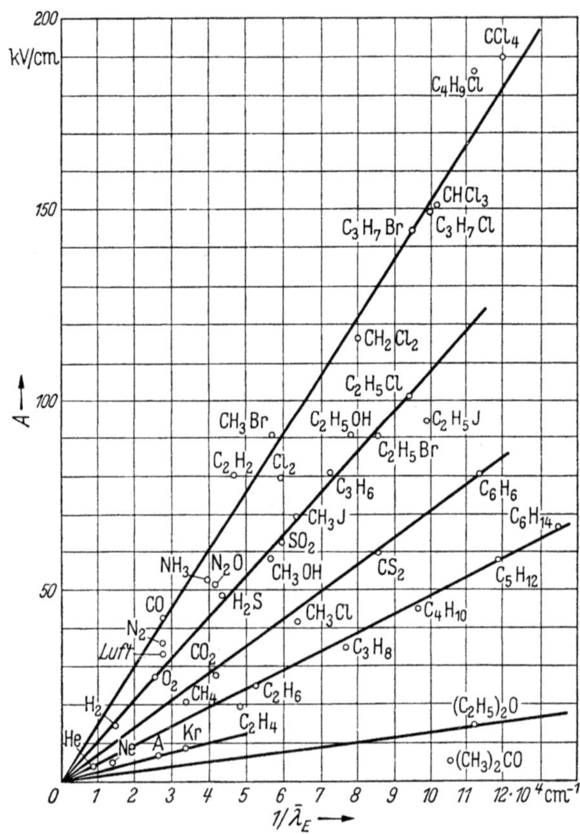

Abb. 194. Graphische Veranschaulichung der Zahlenwerte von Tab. 18.

keit. So steigt die von Methan, CH_4, von 20,7 kV/cm bei Ersetzung eines H-Atoms durch ein Cl-Atom beim Methylchlorid, CH_3Cl, auf 42,5 kV/cm an, beim Dichlorid, CH_2Cl_2, auf 117,2, beim Chloroform, $CHCl_3$, auf 150,5 und beim Tetrachlorkohlenstoff, CCl_4, gar auf 190 kV/cm. Außergewöhnlich hohe Festigkeitswerte finden sich ferner beim Dichloräthan ($C_2H_4Cl_2$) mit 223 kV/cm und beim Amylchlorid ($C_5H_{11}Cl$) mit 246 kV/cm. Sehr niedrige Festigkeitswerte ergeben die Edelgase und die gesättigten Kohlenwasserstoffe von geringem Molekulargewicht.

Tabelle 18. *Elektrische Festigkeit von Gasen bei sehr großen Zylinderabmessungen sowie Wirkungsquerschnitte (50 Hz-Wechselspannung, 20° C und 760 Torr, Feldstärke in kV/cm Scheitelwert).*

Gas	A (kV/cm)	$1/\bar{\lambda}_E$ (cm^{-1})	Gas	A (kV/cm)	$1/\bar{\lambda}_E$ (cm^{-1})
Luft	33	$2{,}73 \cdot 10^4$	C_2H_2	70	$4{,}68 \cdot 10^4$
H_2	14,4	1,47	C_2H_4	19,8	4,86
He	3,7	0,91	C_3H_6	81,3	7,25
Ne	4,2	1,36	C_6H_6	80,7	11,35
A	6,7	2,59	CH_2Cl_2	117,2	8,03
Kr	8,8	3,39	$CHCl_3$	150,8	10,2
O_2	27,1	2,55	CCl_4	190	12,0
N_2	35,4	2,75	CH_3Cl	42,5	6,35
Cl_2	79	5,97	C_2H_5Cl	101,3	9,45
CO	42,4	2,77	C_3H_7Cl	149,7	10,0
CO_2	24,4	4,17	C_4H_9Cl	186	11,2
NH_3	52,8	3,94	$C_5H_{11}Cl$	246	13,1
N_2O	51,4	4,17	CH_3Br	90,3	5,7
H_2S	48,5	4,36	C_2H_5Br	91,2	8,56
SO_2	62,5	6,0	C_3H_7Br	144,2	9,5
CS_2	59,7	8,53	CH_3I	69,8	6,34
CH_4	20,7	3,4	C_2H_5I	94,6	9,9
C_2H_6	24,4	5,25	CH_3OH	58,2	5,66
C_3H_8	34,6	7,69	C_2H_5OH	90,2	7,83
C_4H_{10}	44,4	9,63	$(C_2H_5)_2O$	14,2	11,2
C_5H_{12}	58,8	11,85	$(CH_3)_2CO$	5,0	10,54
C_6H_{14}	67	13,7	$C_2H_4Cl_2$	223	—

Äußerst schwach im elektrischen Feld sind Äther- und Azetondampf mit 13,2 und 5 kV/cm.

Die Strom-Spannungscharakteristiken. Bei positiver Polung überzieht sich die Innenelektrode oberhalb des Entladungseinsatzes mit einer gleichmäßig leuchtenden bläulich-weißen Lichthülle. Die sichtbare äußere Grenze der Leuchterscheinung ist deutlich markiert. Ihr Durchmesser ergibt sich bei photographischer Aufnahme größer als bei unmittelbarer Beobachtung mit dem Auge und ist bei Verwendung von Quarz- an Stelle von Glaslinsen nochmals um 20% größer, was ein deutliches Anzeichen des UV-Gehalts der emittierten Strahlung ist [22]. Nur bei rauher oder verschmutzter Oberfläche oder bei am Draht anhängenden Tropfen bilden sich auch bei positiver Polung vereinzelte Entladungen mit hellem Ansatz auf dem Leiter und kurzem, sich verästelndem Stiel, der die Büschelkrone trägt [23]. Bei negativer Innenelektrode ist der Entladungseinsatz am Aufleuchten einiger weniger Stellen der Drahtoberfläche sowie durch ein pfeifendes oder rasselndes Geräusch erkennbar. Schon zuvor können bei einem Bruchteil der üblicherweise beobachteten Einsatzfeldstärke vereinzelte TRICHEL-Impulse auf dem Leuchtschirm eines Oszillographen bemerkt werden, deren Zahl mit Erhöhung der

Spannung rasch zunimmt [23]. Von den hellen, sich sprunghaft ändern-
den Ansatzstellen einer Kathodenhaut züngeln fadenförmig violette
Stiele zur Gegenelektrode vor. Mit steigender Spannung wird die Zahl
der helleuchtenden Ansätze längs des Drahtes größer, bis sich schließlich
die Grenzen zwischen den Einzelentladungen verwischen und die Elektrodenoberfläche von einer großen Zahl unruhig flackernder Büschel
umgeben ist. An manchen Punkten haftet die Entladung besonders fest
und bildet dort sehr starke Büschelentladungen aus. Insgesamt ist die
radiale Ausdehnung und Stärke der negativen Entladung größer als bei
positivem Draht [22a]. Daher bietet die Wechselspannungskorona mit
ihrer schnellen Aufeinanderfolge der beiden Lichterscheinungen dem un-
bewaffneten Auge im wesentlichen den Eindruck der negativen Entladungsform. Doch zeigt die stroboskopische Betrachtung, daß das Aus-

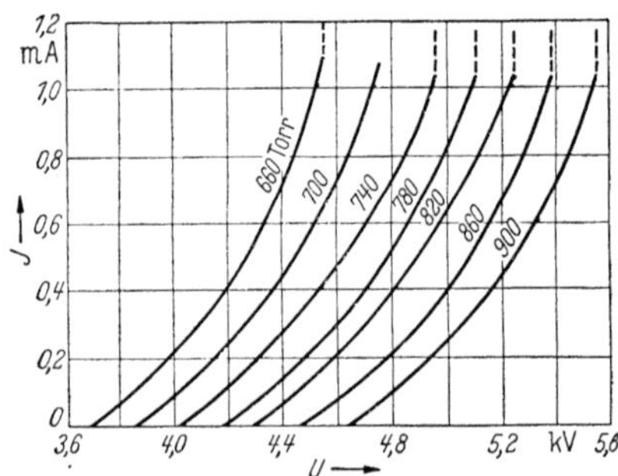

Abb. 195. Strom-Spannungscharakteristik bei
positivem Draht in Luft ($r = 0,145$ mm,
$R = 0,4$ cm, 20° C) [28]. Oberes Ende der
Kurven kennzeichnet Funkenspannung.

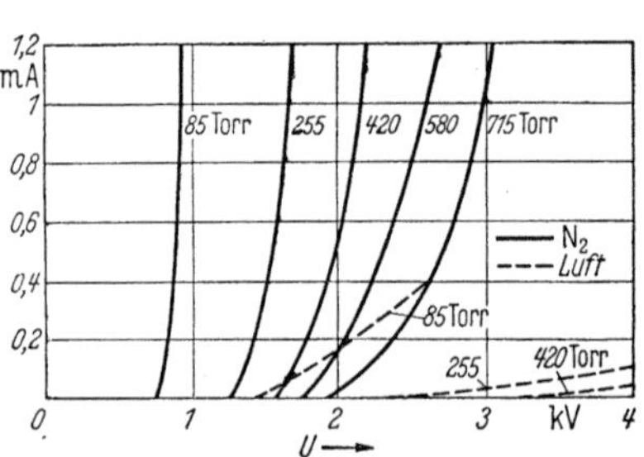

Abb. 196. Strom-Spannungscharakteristik bei
negativem Draht in Stickstoff (sehr rein) und
in Luft ($r = 0,05$ mm, Platindraht;
$R = 16,5$ mm) [10].

sehen der Entladung in jeder Halbwelle mit der entsprechenden Erscheinungsform bei Gleichspannung übereinstimmt [50].

Messungen des Stroms bei ansteigender Gleichspannung über dem
Koronaeinsatz im Bereich atmosphärischen Drucks wurden bei veränderlichem Radienverhältnis in großer Zahl angestellt [2, 10, 24—28,
49, 51], bei Drucken im Arbeitsbereich von Zählrohren von Townsend
[29] und Werner [30, 31]. Anfänglich ist die Charakteristik geradlinig
und läßt sich somit durch die Gleichung $U - U_0 = RJ$ darstellen, in der
U_0 die Einsatzspannung und R den Widerstand der Gasstrecke bezeichnen [30]. Bei weiter erhöhter Spannung steigt der Strom überlinear
an; die Charakteristik gehorcht dann nach Almy [25] der Gleichung
$J = c\,r^{-3}\,U\,(U - U_0)$, was Fazel und Parson [26] nur für kleine Stromstärken bestätigt finden. Nach ihnen nimmt $\dfrac{U(U - U_0)}{J}$ mit steigendem
U ab. Eine Proportionalität des Stromes mit $U(U - U_0)$ gibt auch

Prinz [51] an. De Fassi [27] leitet auf theoretischem Weg eine Änderung des Koronastroms mit $(U - U_0)^2$ ab.

Für Luft und Stickstoff sind Strom-Spannungscharakteristiken in Abb. 195 und 196 wiedergegeben. Schon sehr geringe Verunreinigungen des Stickstoffs durch Sauerstoff vermögen die Stromstärke herabzudrücken; bei 1% Sauerstoffzusatz unterscheidet sich der Verlauf der Charakteristik fast nicht mehr von dem in Luft.

Bei positivem Draht finden Hinderer und Walter [28] eine Abhängigkeit des Koronastroms vom Druck entsprechend $p^{-3/2}$.

Bei Wechselspannung tritt eine Gleichrichterwirkung auf. Daubenspeck [8] findet, daß der Sprühstrom in Luft bei Frequenzen von 50 und 500 Hz, in CO_2 nur bei 50 Hz, unmittelbar nach dem Entladungseinsatz positiv ist (Strom fließt vom Draht zum Zylinder), bei Spannungssteigerung auf Null zurückgeht und schließlich in umgekehrter Richtung fließt. Durch getrennte Ausmessung des positiven und des negativen Anteils am Gesamtstrom konnte er nachweisen, daß es sich hierbei um einen Summeneffekt handelt: Zunächst überwiegt der Transport positiver Ladungsträger — bei positiver Polung des Drahtes liegt die Anfangsspannung tiefer als bei der negativen der folgenden Halbwelle — erst bei weiterer Spannungssteigerung erreicht die negative Ausströmung die positive und übertrifft sie sogar. Der Effekt ist in hohem Maße von Frequenz, Gasart, Gasdruck und Zylinderdurchmesser [9a] abhängig. Durchaus kann es wie im Falle der Kohlensäure oder in Luft bei sehr weitem Hüllzylinder vorkommen, daß sich beide Stromanteile in einem gewissen Bereich gerade kompensieren und der genaue Wert des Entladungseinsatzes durch eine Strommessung gar nicht ermittelt werden kann. Mit Hilfe einer Gleichrichteranordnung mißt Faulhaber [9] getrennt den Mittelwert des Glimmstroms jeder Halbwelle (Abb. 197). Der Strom steigt vor dem Entladungseinsatz als Verschiebungsstrom der geometrischen Kapazität des Zylinderkondensators verhältnisgleich zur Spannung an; der Sprühbeginn ($U_Z^+ = 15{,}7$ kV eff.,

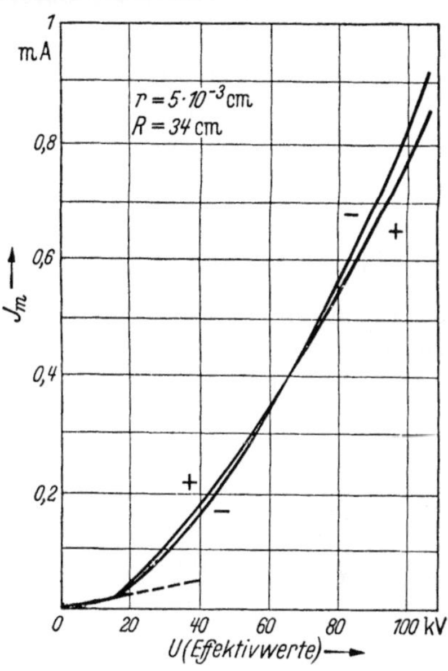

Abb. 197. Strommittelwert in den Gleichrichterzweigen bei 50 Hz-Wechselspannung in Luft ($r = 0{,}5$ mm, $R = 34$ cm) [9].

$U_Z^- = 15,9$ kV) markiert sich durch einen Knick in der Stromkurve, nach welchem diese steiler ansteigt. Erst bei einer recht hohen Spannung (67 kV) erreicht der Strom der negativen Halbwelle die Höhe der anderen Halbwelle. Vor dem Durchschlag (oberes Ende der Kurven von Abb. 197), der bei positivem Draht erfolgt, zeigt somit ein Gleichstrominstrument im Wechselstromkreis einen vom Zylinder zum Draht gerichteten Strom an.

Strom-Spannungscharakteristiken bei negativem Zentraldraht ($r = 0,12$ mm, $R = 2,5$ cm) in Luft, einem Luft–CCl_4-Gemisch und in CH_3Cl bei Temperaturen bis 500° C und 1—5 at s. bei [32].

Die Funkenspannung. Die Ausbildung der plasmaartigen Glimmhülle um den Innenleiter stellt in elektrischer Hinsicht eine Vergrößerung dessen scheinbaren Durchmessers dar. Je nach dem Anfangswert des Verhältnisses R/r zieht eine Zunahme von r eine Verkleinerung oder Vergrößerung der Randfeldstärke $E_r = \dfrac{U}{r \ln R/r}$ nach sich; nur auf dem linken Ast der Kurve von Abb. 1 ist eine stabile Glimmentladung möglich, rechts vom Minimum schlägt die Entladung wegen der durch ihren Einsatz noch weiter erhöhten Randfeldstärke unverzögert in den vollständigen Durchbruch um.

Wird die Gleichung der Einsatzfeldstärke $E_r = A(1 + B/\sqrt{r})$ auch noch bei großen Werten von r/R als gültig vorausgesetzt, so läßt sich die größtmögliche Anfangsspannung (= Funkenspannung U_D) bei vorgegebenem Außenleiterdurchmesser bestimmen. Hierzu wird der Ausdruck $U_D = A(1 + B/\sqrt{r})\, r \ln R/r$ nach r differenziert und gleich Null gesetzt; daraus ergibt sich für die Stelle des Kurvenhöchstwertes

$$\ln \frac{R}{r} = \frac{1 + \dfrac{B}{\sqrt{r}}}{1 + 0,5\,\dfrac{B}{\sqrt{r}}}.$$

Da der Wert des Bruches auf der rechten Seite größer als eins ist, folgt, daß der Höchstwert der Funkenspannung bei einem Wert von R/r auftreten muß, der größer als $e = 2,72$ ist.

Messungen der Funkenspannung konzentrischer Zylinder bei veränderlichem Durchmesser der Innenelektrode wurden von PEEK [33] ($R = 6,67$ cm; nur Wechselspannung) sowie von UHLMANN [2] ($R = 3$, 5, 10 cm; Gleich- und Wechselspannung) in Luft angestellt. Abb. 198 mit $R = 3$ cm ist der UHLMANNschen Arbeit entnommen. Es lassen sich zwei Bereiche unterscheiden: Für $r/R < 0,1$ liegt die Funken- über der Anfangsspannung, darüber fallen beide zusammen. Im ersten Bereich kleiner Innenleiterdurchmesser ist demnach die Glimmentladung stabil und kann erst bei einer mehr oder weniger starken Erhöhung der angelegten Spannung in die Funkenentladung umschlagen. Von ihrem höchsten Wert bei dünnstem Innenleiter fällt die Funkenspannung rasch ab und durchläuft bei $r/R = 0{,}1$ ein Minimum. Allerdings sind im Zwischengebiet zwischen den Spannungswerten für Koronaeinsatz und angegebener Funkenspannung vor allem bei Annäherung an das Minimum auch Durchschläge mit niedrigerer Spannung möglich. Eigentlich war das Zusammenfallen von Funken- und Anfangsspannung erst für $R/r = e$ und darüber zu erwarten. Da jedoch die Kurve der Feldstärke im Minimumgebiet sehr flach verläuft (s. Abb. 1), darf wohl vermutet werden, daß im Bereich $\dfrac{r}{R} = 0{,}1$ bis $\dfrac{r}{R} = \dfrac{1}{2{,}72} = 0{,}37$ die Koronaeinsatzspannung nur knapp unter der Funkenspannung liegt und eine Trennung der

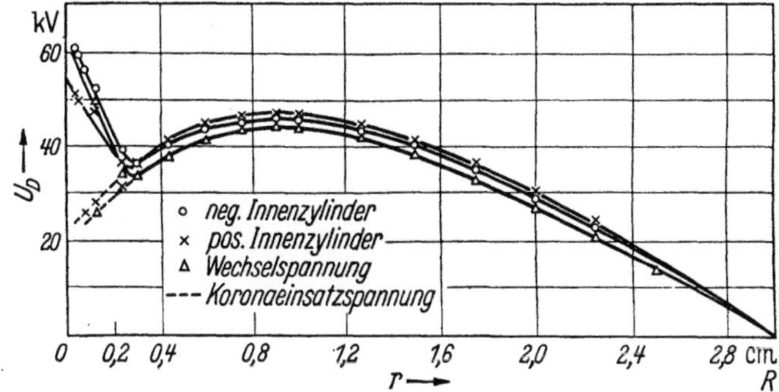

Abb. 198. Anfangsspannungen konzentrischer Zylinder in Luft bei Gleich- und Wechselspannung.

beiden beim Versuch auf zu große Schwierigkeiten stößt, weshalb von UHLMANN in diesem Bereich nur die etwas höherliegende Funkenspannungskurve aufgenommen wurde. Nach dem Minimum erreicht die Funkenspannung ihren Höchstwert bei $R/r \approx 3$, also tatsächlich jenseits von 2,7, wie dies die Rechnung voraussagte. Die mäßige Inhomogenität des Feldes im untersuchten Bereich äußert sich in einem nur schwachen Polaritätseffekt: Bei positiver Polung der Innenelektrode liegt die Anfangsspannung nur wenige Prozent über der für Innenkathode gültigen Kurve; bei Wechselspannung liegen die Werte noch tiefer als bei Gleichspannung.

Die bei negativem dünnem Zentraldraht wesentlich höhere Funkenspannung ist der Hauptgrund für die Bevorzugung dieser Polung bei der wichtigsten technischen Verwertung der Gleichspannungskorona in den Elektrofiltern zur elektrischen Gasreinigung [53].

Nichteinhüllende Zylinder. Zur Ableitung der Zündbedingung einer Entladung zwischen zwei parallelen, sich nicht einhüllenden Kreiszylindern gleichen Durchmessers ist die Feldstärke längs der kürzesten Verbindung an der Stelle x zweckmäßigerweise durch die Höchstfeldstärke am Zylinderrand auszudrücken. Dies gelingt unter Verwendung von (I, 15) und (I, 17). Man erhält

$$\frac{E_r}{E_x} = \frac{\sqrt{\frac{d+2\,r}{d-2\,r}}\,(d^2 - 4\,r^2 - 4\,x^2)}{2\,r \cdot 2\,\sqrt{d^2 - 4\,r^2}} = \frac{d^2 - 4\,r^2 - 4\,x^2}{4\,r\,(d-2\,r)} = \frac{d+2\,r}{4\,r} - \frac{x^2}{r\,(d-2\,r)} \cdot$$

Mit $\alpha = p\,A\,e^{-\frac{B\,p}{E_x}} = p\,A\,e^{-\frac{B\,p}{E_r}\left(\frac{d+2\,r}{4\,r} - \frac{x^2}{r\,(d-2\,r)}\right)}$

nimmt die Zündbedingung die Form an

$$\ln\frac{1}{\Gamma} = \int\limits_{-\left(\frac{d}{2}-r\right)}^{\frac{d}{2}-r} x\,\mathrm{d}x = 2\,p\,A\,e^{-\frac{B\,p}{E_{r\mathbf{Z}}}\cdot\frac{d+2\,r}{4\,r}} \cdot \int\limits_{-\left(\frac{d}{2}-r\right)}^{\frac{d}{2}-r} e^{\frac{B\,p}{E_{r\mathbf{Z}}}\cdot\frac{x^2}{r\,(d-2\,r)}}\,\mathrm{d}x\,.$$

Wird zur Abkürzung $u = \sqrt{\dfrac{B\,p}{r\,E_{r\mathbf{Z}}\,(d-2\,r)}}$ gesetzt, so wird aus der Zündbedingung

$$\ln\frac{1}{\Gamma} = p\,A\,e^{-\frac{p\,B}{E_{r\mathbf{Z}}}\cdot\frac{d+2\,r}{4\,r}} \cdot \sqrt{\frac{r\,E_{r\mathbf{Z}}\,(d-2\,r)}{p\,B}} \cdot \int\limits_{-\sqrt{\frac{p\,B\,(d-2\,r)}{4\,r\,E_{r\mathbf{Z}}}}}^{\sqrt{\frac{p\,B\,(d-2\,r)}{4\,r\,E_{r\mathbf{Z}}}}} e^{u^2}\,\mathrm{d}u$$

$$= p\,A\,e^{-\frac{p\,B}{E_{r\mathbf{Z}}}\cdot\frac{d+2\,r}{4\,r}} \cdot \sqrt{\frac{r\,E_{r\mathbf{Z}}\,(d-2\,r)}{p\,B}}\left[\psi\left(\sqrt{\frac{p\,B\,(d-2\,r)}{4\,r\,E_{r\mathbf{Z}}}}\right) - \psi\left(-\sqrt{\frac{p\,B\,(d-2\,r)}{4\,r\,E_{r\mathbf{Z}}}}\right)\right],$$

worin $\psi(y) = \int\limits_0^y e^{u^2}\,du$ ein von Schumann [36] untersuchtes und tabelliertes Integral darstellt. Für kleine Argumente läßt sich die Integration nach Reihenentwicklung der e-Funktion unmittelbar ausführen, und man erhält $\psi(y) = y + \dfrac{y^3}{3} + \dfrac{y^5}{10} + \dfrac{y^7}{42} + \ldots$ Für große Argumente gilt näherungsweise $\psi(y) = \dfrac{e^{y^2}}{2\,y}$. Bis zu $y = 2{,}5$ sind die Funktionswerte in Abb. 199 graphisch wiedergegeben.

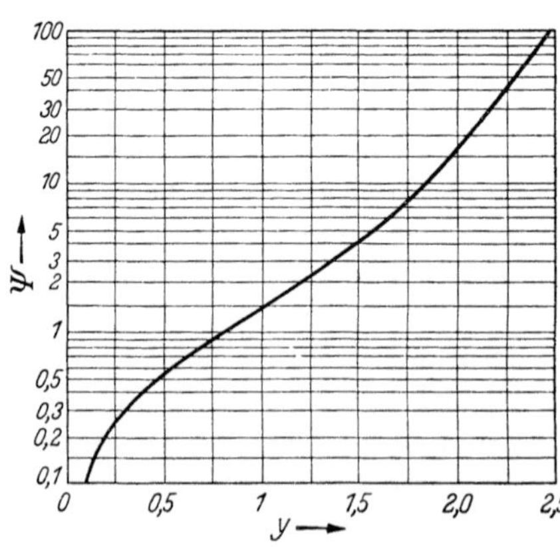

Abb. 199. Verlauf der Funktion

$$\psi(y) = \int\limits_0^y e^{u^2}\,d u\,.$$

Für kleine Zylinderabstände $\delta = d - 2\,r\ (2\,r \rightarrow d)$ darf die Reihenentwicklung nach dem ersten Glied abgebrochen werden. Die Zündbedingung lautet damit

$$\ln \frac{1}{\Gamma} = p\,A \sqrt{\frac{r\,E_{r\mathrm{Z}}\,\delta}{p\,B}} \cdot e^{-\frac{p\,B}{E_{r\mathrm{Z}}}} \left[\sqrt{\frac{p\,B\,\delta}{4\,r\,E_{r\mathrm{Z}}}} + \sqrt{\frac{p\,B\,\delta}{4\,r\,E_{r\mathrm{Z}}}} \right] = \alpha_0\,\delta$$

mit α_0 als konstanter Ionisierungszahl, womit die Entladungsbedingung des gleichförmigen Feldes wiedergefunden wurde.

Für große Schlagweiten $(d \gg r)$ ist die andere Näherung zu benutzen. Man erhält

$$\ln \frac{1}{\Gamma} = p\,A \sqrt{\frac{r\,E_{r\mathrm{Z}}\,d}{B\,p}}\; e^{-\frac{p\,B\,(d+2\,r)}{4\,r\,E_{r\mathrm{Z}}}} \left[\frac{e^{\frac{p\,B\,(d-2r)}{4\,r\,E_{r\mathrm{Z}}}}}{2\sqrt{\frac{p\,B\,d}{4\,r\,E_{r\mathrm{Z}}}}} - \frac{e^{\frac{p\,B\,(d-2r)}{4\,r\,E_{r\mathrm{Z}}}}}{-2\sqrt{\frac{p\,B\,d}{4\,r\,E_{r\mathrm{Z}}}}} \right]$$

$$= p\,A \sqrt{\frac{r\,E_{r\mathrm{Z}}\,d}{p\,B}}\; e^{-\frac{p\,B\,(d+2r)}{4\,r\,E_{r\mathrm{Z}}}} \cdot e^{\frac{p\,B\,(d-2\,r)}{4\,r\,E_{r\mathrm{Z}}}} \cdot \frac{1}{\sqrt{\frac{p\,B\,d}{4\,r\,E_{r\mathrm{Z}}}}} = 2\,\frac{A}{B}\,r\,E_{r\mathrm{Z}}\, e^{-\frac{p\,B}{E_{r\mathrm{Z}}}}.$$

Zwischen Zylinderradius r und Höchstfeldstärke an der Zylinderoberfläche beim Entladungseinsatz besteht somit die gesuchte Beziehung

$$r = \frac{1}{2}\ln\frac{1}{\Gamma}\cdot\frac{B}{A}\cdot\frac{1}{E_{r\mathrm{Z}}}\, e^{\frac{p\,B}{E_{r\mathrm{Z}}}}.$$

Bei der vorausgesetzten großen Zylinderentfernung ist die Zündfeldstärke demnach vom Elektrodenabstand unabhängig und das Feld um jeden Leiter fast kreissymmetrisch. Der Vergleich mit der entsprechenden Gleichung (XXII, 5) des Feldes zweier konzentrischer Zylinder zeigt, daß bei gleicher Zündfeldstärke der Halbmesser sich nichtumhüllender Zylinder nur halb so groß wie der von konzentrischen Zylindern ist. Wie SCHUMANN [37] gezeigt hat, läßt sich demnach aus Meßwerten der Zündfeldstärke konzentrischer Zylinder die für parallele Leiter ableiten. Wegen des flachen Verlaufs von $E_{r\mathrm{Z}}(r)$ bei größeren r-Werten liegt die Kurve der parallelen, nichtachsengleichen Zylinder nur wenig unter der für die konzentrische Anordnung gültigen; erst bei kleinen Radien werden die Unterschiede größer.

Die Unabhängigkeit der Zündfeldstärke vom Abstand bei nicht zu nahe liegenden Leitern wurde von PEEK [13] bestätigt (Messungen mit Paralleldrähten von $r = 0{,}17$ mm bei einem gegenseitigen Abstand von $2{,}5-106{,}8$ cm ergeben mit Wechselspannung für die Zündfeldstärke des sichtbaren Entladungseinsatzes 99 kV/cm (Scheitelwert), mit $r = 4{,}1$ mm im Bereich von $2{,}5-61$ cm eine mittlere Feldstärke von

43,5 kV/cm). Den Gang der Zündfeldstärke mit dem Leiterradius (für $d/r \gg 1$) zeigt Abb. 200. Aus seinen Messungen mit Wechselspannung z. T. bis über 1000 kV bei glatten Leitern bis 8,9 cm $\varnothing$ und Abständen von 185—460 cm leitete PEEK [38] die Formel ab

$$E_{r_Z} = 30,3\,\delta \left(1 + \frac{0,3}{\sqrt{\delta r}}\right) \text{kV/cm} \qquad\qquad \text{(XXII, 8)}$$

(δ Gasdichte, bezogen auf $20°$ C und 760 Torr, r in cm). Der Vergleich der Konstanten mit den entsprechenden Zahlenwerten der gleichachsigen Zylinderanordnung läßt nochmals den früheren Entladungseinsatz im Falle der Doppelleitung erkennen.

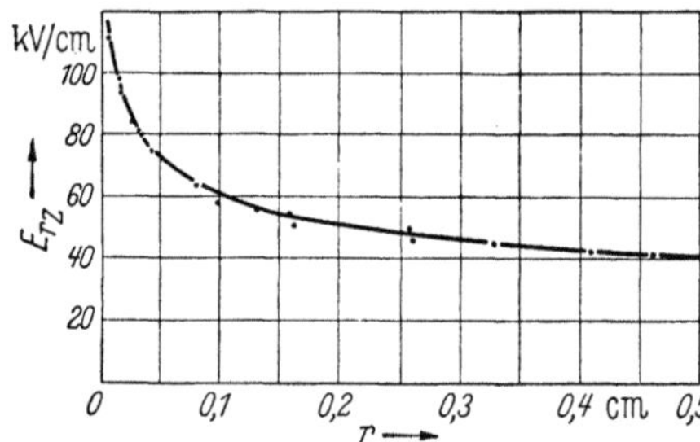

Abb. 200. Feldstärke am Leiter beim sichtbaren Koronaeinsatz in Abhängigkeit vom Halbmesser der parallelen Leiter (Luft, $25°$ C, 760 Torr) [13].

Weitere Messungen der Anfangsspannung zwischen zwei gleichen Drähten von 2 und 0,23 mm Radius bei Schlagweiten von 0,1—2,5 cm s. [39], für $r = 1,5$—6 mm bis zu 17 mm Schlagweite [54] (s. a. [55]).

Bei Leiterseilen, die aus einer größeren Zahl dünner Einzeldrähte aufgebaut sind, ist die lokale Feldüberhöhung an der nicht mehr glatten Oberfläche durch einen empirischen Faktor zu berücksichtigen. Nach PEEK treten die ersten unregelmäßig und vereinzelt erscheinenden Koronaleuchtpunkte schon 28% unter dem nach (XXII, 8) für glatte Leiter errechneten Feldstärkehöchstwert auf, Dauerkorona setzt bei einem um 18% erniedrigten Wert ein. Bei Beregnung geben die am Seil hängenden Tropfen zu einer weiteren Absenkung der Anfangsspannung Anlaß.

Untersuchungen von PEEK mit polierten Paralleldrähten von $r = 1,3$—4,8 mm zeigen, daß bis zu einem Wert des Verhältnisses von Schlagweite

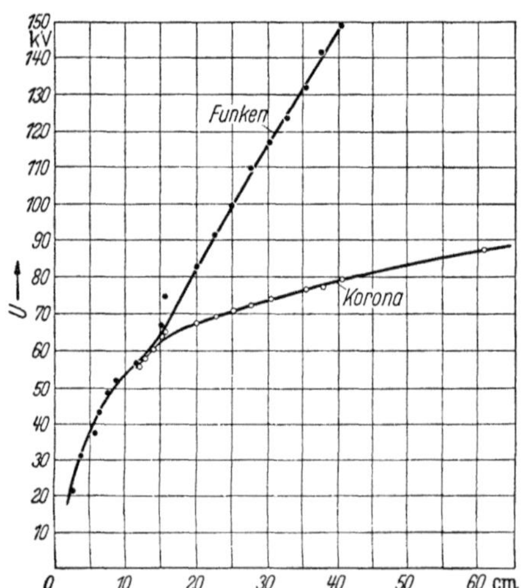

Abb. 201. Einsatzspannung (Scheitelwert) der sichtbaren Korona und Funkenspannung paralleler glatter Runddrähte bei Wechselspannung ($r = 4,1$ mm; $25°$ C, 760 Torr) [41].

und Radius von ≈ 30 Anfangs- und Funkenspannung zusammenfallen und Korona sich erst bei größeren Leiterabständen als

stationäre Entladungsform ausbildet. Für einen Durchmesser von
8,25 mm sind Einsatz- und Funkenspannung in Abb. 201 wiedergegeben.
Nach Messungen von DAVIS [41] mit Drähten von 0,17—2,6 mm Radius entfernt sich die Kurve der Funkenspannung erst bei größeren
Abständen von der Koronaanfangsspannung; das von ihm angegebene
kritische Verhältnis d/r schwankt für verschiedene Drahtdicken sehr
stark um einen bei 50 liegenden mittleren Wert.

Anordnung Zylinder-Ebene. Wird
gemäß Abb. 202 der Radius des
zur leitenden Ebene parallelen Zylinders mit r und sein Mittelpunktsabstand mit h bezeichnet, so gilt
nach (I, 13) und (I, 14)

$$\frac{E_r}{E_x} = \frac{h^2 - r^2 - x^2}{2\,r\,(h-r)}.$$

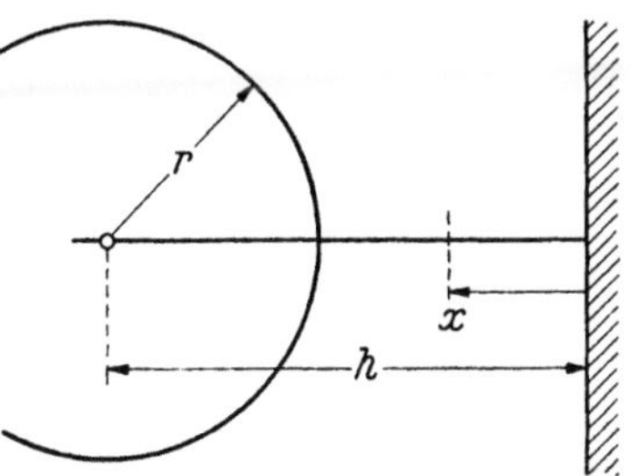

Abb. 202. Anordnung Zylinder-Ebene.

Wiederum mit dem Ansatz

$$\alpha = p A e^{-\frac{B p}{E_x}} = p A e^{-\frac{B p}{E_r} \cdot \frac{h^2 - r^2}{2\,r\,(h-r)}} \cdot e^{\frac{B p}{E_r} \cdot \frac{x^2}{2\,r\,(h-r)}}$$

lautet die Zündbedingung

$$\ln \frac{1}{\Gamma} = \int_0^{h-r} \alpha\,\mathrm{d}x = p A e^{-\frac{p B}{E_{rZ}} \cdot \frac{h^2 - r^2}{2\,r\,(h-r)}} \cdot \int_0^{h-r} e^{\frac{p B}{E_{rZ}} \cdot \frac{x^2}{2\,r\,(h-r)}}\,\mathrm{d}x.$$

Mit der Substitution $u^2 = \frac{p B}{E_{rZ}} \cdot \frac{x^2}{2\,r\,(h-r)}$ wird

$$\ln \frac{1}{\Gamma} = p A e^{-\frac{p B}{E_{rZ}} \cdot \frac{h^2 - r^2}{2\,r\,(h-r)}} \cdot \sqrt{\frac{E_{rZ}}{p B}\,2\,r\,(h-r)} \int_0^{\sqrt{\frac{p B}{E_{rZ}} \cdot \frac{h-r}{2\,r}}} e^{u^2}\,\mathrm{d}u$$

$$= p A e^{-\frac{p B}{E_{rZ}} \cdot \frac{h+r}{2\,r}} \cdot \sqrt{\frac{E_{rZ}}{p B}\,2\,r\,(h-r)} \left[\psi\left(\sqrt{\frac{p B}{E_{rZ}} \cdot \frac{h-r}{2\,r}}\right) - \psi(0) \right].$$

Für kleine Abstände und nicht zu dünne Leiter darf gesetzt werden:
$\frac{h+r}{2\,r} \approx 1$; $h-r = \delta$. Wird noch beachtet, daß $\psi(0) = 0$ und im angenommenen Fall $\psi(y) \approx y$, so vereinfacht sich die Zündbedingung zu

$$\ln \frac{1}{\Gamma} = p A e^{-\frac{p B}{E_{rZ}}} \cdot \sqrt{\frac{E_{rZ}}{p B}\,2\,r\delta} \cdot \sqrt{\frac{p B}{E_{rZ}} \cdot \frac{\delta}{2\,r}} = p A e^{-\frac{p B}{E_{rZ}}} \cdot \delta = \alpha_0\,\delta,$$

womit auch dieser Sonderfall zur Zündgleichung des homogenen Feldes
führt.

Für große Schlagweiten wird mit $\psi(y) = \dfrac{e^{y^2}}{2\,y}$

$$\ln\frac{1}{\Gamma} = p\,A\,e^{-\frac{pB}{E_{rZ}}\cdot\frac{h+r}{2r}} \cdot \sqrt{\frac{E_{rZ}}{pB}\,2\,r(h-r)} \cdot \frac{e^{\frac{pB}{E_{rZ}}\cdot\frac{h-r}{2r}}}{2\sqrt{\frac{pB}{E_{rZ}}\cdot\frac{h-r}{2r}}}$$

$$= \frac{1}{2}\,p\,A\,e^{\frac{pB}{E_{rZ}}\left(\frac{h-r}{2r}-\frac{h+r}{2r}\right)} \cdot \frac{E_{rZ}}{pB}\,2\,r = r\,\frac{A}{B}\,E_{rZ}\,e^{-\frac{pB}{E_{rZ}}}.$$

Der zur Zündfeldstärke E_{rZ} gehörige Leiterhalbmesser bestimmt sich somit zu

$$r = \frac{B}{A}\ln\frac{1}{\Gamma}\cdot\frac{1}{E_{rZ}}\,e^{\frac{pB}{E_{rZ}}}. \tag{XXII, 9}$$

Gegenüber den Verhältnissen bei einer Doppelleitung ist demnach bei der Anordnung Zylinder–entfernte Ebene der Leiter bei gleicher Einsatzfeldstärke doppelt so dick und damit gerade ebenso groß wie im Fall konzentrischer Zylinder.

Für mittlere Schlagweiten bringen die Näherungslösungen der beiden Grenzfälle zu große Fehler mit sich, und es ist in einem solchen Falle der sich aus Abb. 199 oder aus der Tabelle von SCHUMANN ergebende ψ-Wert zu benutzen.

Dem Verfasser sind nur wenige hierher gehörende Messungen der Entladespannung bekannt. SCHUMANN [14, 15] mißt bei Wechselspannung die Anfangs- und Funkenspannung unter Verwendung eines langen Zylinders und einer flachen Schale von 60 cm Durchmesser als Elektroden und findet, daß sich die Funkenspannung bei einem Zylinderradius von $r = 1{,}15$ cm ab $d/r = 5{,}2$ von der Anfangsspannung trennt, für $r = 2{,}4$ cm sogar schon ab $d/r \approx 3{,}4$. Messungen im vorentladungsfreien Feld bei kleinen Schlagweiten s. [54]. UHLMANN [2] bestimmte die Funkenspannung zwischen einem ausgespannten dünnen Draht und einer Kugel bei veränderlichem Abstand mit Gleichspannung. Seine Ergebnisse für verschiedene Kugeldurchmesser sind in Abb. 203 wiedergegeben.

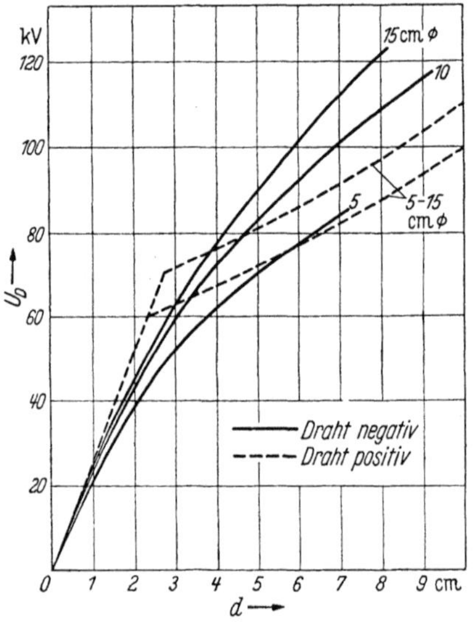

Abb. 203. Durchschlagspannung in Luft zwischen Draht ($r = 0{,}5$ mm) und Kugel (von wahlweise 5, 10 und 15 cm ⌀) abhängig von der Schlagweite.

Während bei positivem Draht dem Durchschlag eine vom Draht zur Gegenelektrode vorwachsende Leuchtfadenentladung vorausgeht, bleibt bei negativem Draht die Sprüherscheinung nach Überschreiten der Anfangsspannung zunächst auf die nächste Umgebung des Drahtes beschränkt; der vollkommene Durchbruch kann erst dann eintreten, wenn auch an der Kugeloberfläche die kritische Feldstärke überschritten und die positive Leuchtfadenentladung genügend weit in den Raum vorgetragen wurde. Dieser je nach Polung der Elektroden unterschiedliche Mechanismus der Funkenbildung ergibt bei **positivem** Draht eine weitgehende Unabhängigkeit der Funkenspannung von der Kugelgröße. Anfänglich steigt U_D verhältnisgleich mit der Schlagweite an, und zwar steiler als bei negativem Draht, um oberhalb 2,5 cm Abstand bei großer Streuung aller Meßwerte nach einen Knick in der Kurve innerhalb der beiden angegebenen Grenzkurven zu liegen. Bei **negativem** Draht ist eine deutliche Abhängigkeit der Funkenspannung von der Kugelgröße vorhanden; je weniger die Kugel gekrümmt ist und je mehr sich damit die untersuchte Anordnung dem Vorbild Draht-Parallelebene nähert, desto höher liegt die Funkenspannung.

Über orientierende Versuche zur Erhöhung der Anfangsspannung einer Einfachleitung durch Aufteilung des gesamten Leiterquerschnitts auf mehrere Teilleiter, die sich auf gleichem Potential befinden und durch die Überlagerung ihrer Einzelfelder bei günstiger Anordnung die Höchstfeldstärke am Leiterrand bei gegebener Spannung fühlbar absenken (Prinzip des *Bündelleiters*), berichten WHITEHEAD [42] und PEEK [43]. Berechnungen der Randfeldstärke des Einzelleiters im Bündel s. [44].

Zwei gekreuzte Zylinder. Senkrecht zueinander gekreuzte Zylinder wurden von A. SCHWAIGER zur Benutzung als Meßfunkenstrecke vorgeschlagen. Messungen hoher Spannungen mit Kugelfunkenstrecken sind mit dem Nachteil verknüpft, daß die Kugeln groß und teuer werden: dagegen können große Zylinderelektroden in einfacher und genauer Weise als gerade Röhren mit verrundeten Enden hergestellt werden. Hinzu kommt, daß die genaue Bestimmung des Elektrodenabstandes bei sehr großen Kugeln im Gegensatz zu Zylindern umständlich und zeitraubend ist. Allerdings ist die vorgeschlagene Anordnung sperriger als die mit Kugeln und ihr Feld der Rechnung nicht mehr zugänglich.

Messungen mit gekreuzten Zylindern wurden von PEN-TUNG SAH [45] und WERNER [46] angestellt[1]. Das Ergebnis der WERNERschen Messungen bei Wechselspannung mit Zylindern, die zur Unterdrückung von Entladungen an den Enden fünfmal so lang als die größte Schlagweite waren, ist in Abb. 204 wiedergegeben. Die Spannung steigt über einen

---

[1] Nach Abschluß des Manuskripts erschien eine weitere Arbeit, in der über Messungen mit Elektroden bis 250 mm Durchmesser und Durchschlagspannungen bis 500 kV berichtet wird [55].

viel weiteren Schlagweitenbereich als bei vergleichbaren Kugelfunken-
strecken fast proportional der Schlagweite an. Die Messungen von
Pen-Tung Sah mit Zylindern von 12,5 und 25 cm Durchmesser bis
420 kV liegen nach Umrechnung von Effektiv- auf Scheitelwerte unter
Voraussetzung einer Sinusspannung um ein geringes niedriger als die nach
Abb. 204 zu erwartenden Werte.

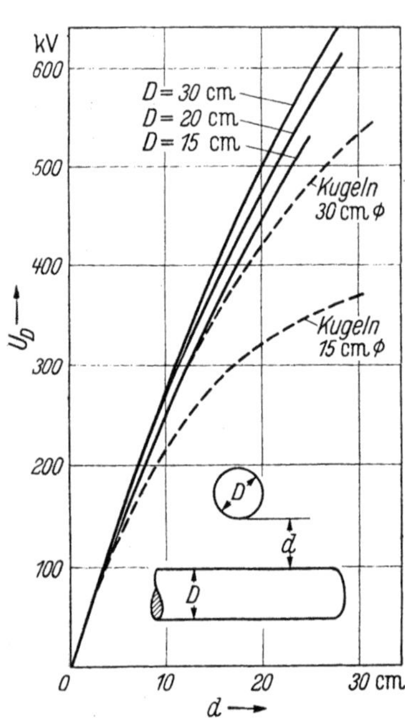

Abb. 204. Durchschlagspannung gekreuzter
Zylinder vom Durchmesser D als Funktion
der Schlagweite d (20° C, 760 Torr.).
Gestrichelt: Eichkurven von 15 cm- und
30 cm-Kugelfunkenstrecken.

Nach Werner ist der Fremd-
einfluß bei der Zylinderanordnung
wesentlich kleiner als bei einer Kugelfunkenstrecke mit Kugeln vom
selben Durchmesser; so soll bei einer
Schlagweite vom 2,5fachen Zylinderdurchmesser die Fremdfeldstörung
beim Versuch erst 5% erreicht haben,
während sie bei Kugeln auf 40%
anstieg und damit deren Verwendung zur Spannungsmessung bei
solch großen Abständen ausschließt.

Über den Einfluß einer Aufheizung zweier gekreuzter Drähte
von je 0,8 mm Durchmesser in 4 cm
Abstand auf die Höhe der Funkenspannung finden sich Angaben bei
Marx [47]. Bei einer Aufheizung
auf 800° C geht die Funkenspannung
um 16%, 22% oder um 30% zurück,
je nachdem, ob nur die Anode oder
nur die Kathode oder ob beide Elektroden aufgeheizt werden.

Literaturhinweise zu Kapitel XXII, Zylinderfeld.

1. Hesselmeyer, C. T. u. J. K. Kostko: J. A. I. E. E. 44 (1925) 1068; C. H.
   Willis, J. A. I. E. E. 46 (1927) 272; O. Mayr, Arch. Elektrotechn. 18 (1927)
   270; R. Holm, Arch. Elektrotechn. 18 (1927) 567.
2. Uhlmann, E.: Arch. Elektrotechn. 23 (1929) 323.
3. Schaffers, V.: Phys. Z. 14 (1913) 981.
4. Whitehead, J. B.: J. Franklin Inst. 183 (1917) 433.
5. Whitehead, J. B. u. T. Isshiki: Trans. A. I. E. E. 39, 2 (1920) 1057.
6. Whitehead, J. B. u. N. Inonye: J. A. I. E. E. 41 (1922) 1.
7. Brooks, H. B. u. F. M. Defandorf: Bur. Stand. J. Res. 1 (1931) 589.
8. Daubenspeck, O.: Arch. Elektrotechn. 30 (1936) 581.
9. Faulhaber, F.: Arch. Elektrotechn. 35 (1941) 431.
9a. Waldorf, S. K.: J. A. I. E. E. 49 (1930) 272.
10. Lange, K.: Arch. Elektrotechn. 31 (1937) 411.
11. Davis, J. W. u. C. S. Breese: Trans. A. I. E. E. 36 (1917) 153.

12. Peek, F. W.: Dielectric Phenomena in High-Voltage Engineering, McGraw-Hill Book Co. New York 1929, S. 67.
13. Peek, F. W.: Dielectric Phenomena in High-Voltage Engineering, McGraw-Hill Book Co. New York 1929, S. 55.
14. Schumann, W. O.: Elektr. Durchbruchfeldstärke von Gasen, S. 76 u. folg. Berlin: Springer 1923.
15. Schumann, W. O.: Arch. Elektrotechn. 11 (1922) 1.
16. Whitehead, J. B. u. W. S. Brown: Trans. A. I. E. E. 36 (1917) 169.
17. Watson, E. A.: Electrician 62 (1909) 851.
18. Miseré, F.: Arch. Elektrotechn. 28 (1931) 411.
19. Peek, F. W.: Dielectric Phenomena in High-Voltage Engineering, McGraw-Hill Book Co. New York 1929, S. 64.
19a. Peek, F. W.: Dielectric Phenomena in High-Voltage Engineering, McGraw-Hill Book Co. New York 1929, S. 299.
20. Schumann, W. O.: Elektr. Durchbruchfeldstärke v. Gasen, S. 85. Berlin: Springer 1923.
20a. Müller, U.: ETZ 57 (1936) 825.
21. Thornton, M.: Phil. Mag. (7) 28 (1939) 666.
22. Whitehead, J. B.: Trans. A. I. E. E. 31 (1912) 1093.
22a. Žebrowski, S. P.: Arch. Elektrotechn. 25 (1931) 649.
23. Pélissier, R. u. D. Renaudin: Bull. S. F. E. 89 (1949), Febr.-Heft.
24. Jaumann, G.: Wiener Ber. (2) 97 (1888) 1587; V. Schaffers, Phys. Z. 15 (1914) 404; E. Watson, Electrician 63 (1910), Febr.-Heft; S. P. Farwell, Proc. A. I. E. E. 33 (1914) 1693.
25. Almy, J. E.: Amer. J. Sci. (4) 12 (1901) 175.
26. Fazel, C. J. u. J. R. Parson: Phys. Rev. (2) 23 (1924) 598.
27. Fassi, G. de: Elettrotecn. 22 (1935) 163.
28. Hinderer, H. u. A. Walter: Z. Phys. 117 (1941) 213.
29. Townsend, J.: Phil. Mag. (6) 28 (1914) 83.
30. Werner, S.: Z. Phys. 90 (1934) 384.
31. Werner, S.: Z. Phys. 92 (1934) 705.
32. Koller, L. R. u. H. A. Fremont: J. Appl. Phys. 21 (1950) 741.
33. Peek, F. W.: Dielectric Phenomena in High-Voltage Engineering, McGraw-Hill Book Co. New York 1929, S. 115.
34. Prinz, H.: Korona auf Freileitungen, Aufsatz in: Fortschr. d. Hochsp.techn. I, Akad. Verl. Ges. Becker & Erler, Leipzig 1944, S. 263; s. a. W. Stockmeyer, Wiss. Veröff. Siemens-Werk 13, 2 (1934) 27 u. C. H. Willis, J. A. I. E. E. 46 (1927) 272.
35. Prinz, H.: Dissert. T. H. München 1934; Korona auf Freileitungen, Aufs. in: Fortschr. d. Hochsp.techn. I, Akad. Verl. Becker & Erler, Leipzig 1944, S. 279.
35a. Peterson, W. S.: Trans. A. I. E. E. 52 (1933) 62.
36. Schumann, W. O.: Elektr. Durchbruchfeldstärke v. Gasen, S. 238. Berlin: Springer 1923.
37. Schumann, W. O.: Elektr. Durchbruchfeldstärke v. Gasen, S. 207/8. Berlin: Springer 1923.
38. Peek, F. W.: El. World 78 (1921), Dez.-Heft.
39. Sahland, W.: Arch. Elektrotechn. 19 (1927) 145.
40. Davis, C. M.: Proc. A. I. E. E. 30 (1911).
41. Peek, F. W.: Dielectric Phenomena in High-Voltage Engineering, McGraw-Hill Book Co. New York 1929, S. 110.
42. Whitehead, J. B.: Trans. A. I. E. E. 30 (1911) 1857.
43. Peek, F. W.: Dielectric Phenomena in High-Voltage Engineering, McGraw-Hill Book Co. New York 1929, S. 82.

44. v. Mangoldt, W.: Sonderheft „Bündelleitungen" der SSW, 1942; F. Cahen u. R. Pélissier, Bull. S. F. E. **79** (1948) 111.
45. Pen-Tung Sah, A.: J. A. I. E. E. **46** (1927) 1073.
46. Werner, E.: Arch. Elektrotechn. **22** (1929) 1.
47. Marx, E.: Lichtbogenstromrichter. Berlin: Springer 1932, S. 24.
48. Marx, E. u. H. Göschel: ETZ **54** (1933) 1112.
49. Kühn, E.: ETZ **56** (1935) 609.
50. Läpple, H.: ETZ **65** (1944) 25.
51. Prinz, H.: Arch. Elektrotechn. **31** (1937) 756; **32** (1938) 114.
52. Prinz, H.: Wiss. Veröff. Siemens-Werk **19**, 3 (1940) 88.
53. Ladenburg, R.: Ann. Phys. (5) **4** (1930) 863; G. Mierdel u. R. Seeliger: Arch. Elektrotechn. **29** (1935) 149; G. W. Penney: El. Engng. **70** (1951) 1009; H. J. White: El. Engng. **71** (1952) 67.
54. Löber, H.: Arch. Elektrotechn. **14** (1925) 511.
55. Pankow, W.: Elektrotechn. **6** (1952) 109.
56. Stephenson, J. D.: J. I. E. E. **73** (1933) 69.
57. Lee, F. W. u. B. Kurrelmeyer: Trans. A. I. E. E. **44** (1925) 184.

Die Kugelfunkenstrecke[1].

Die angenäherte Berechnung der Zündfeldstärke zweier Kugelelektroden gleicher Größe ist dann möglich, wenn die Feldstärke längs der Verbindungslinie der sich gegenüberliegenden Kugelscheitel durch einen einfachen Ausdruck in ihrer Abhängigkeit vom Ort gegeben ist. Eine derartige Beziehung war in Kap. I unter Ersetzung des wahren Feldstärkeverlaufs durch eine Parabel abgeleitet worden. Wird die sich aus (I, 26) ergebende Beziehung $E_x = E_r \left(1 - \dfrac{1}{2} \cdot \dfrac{S}{R} + \dfrac{2\,x^2}{R\,S}\right)$ in einen geeigneten Ansatz für α, etwa $\alpha = p\,A'\exp\left[\dfrac{B'E_x}{p}\right]$ eingeführt und danach die Zündbedingung aufgestellt, so ergeben sich ähnliche Ausdrücke wie im bereits behandelten Fall paralleler Zylinder. Die Integration von $\int \alpha\,dx$ ist ebenfalls durchführbar, wenn wie bei den zuvor behandelten Feldformen die Näherung $\alpha = p\,A\exp\left[-\dfrac{B\,p}{E_x}\right]$ benutzt wird; nur muß in diesem Fall das Verhältnis von Feldstärke am Kugelscheitel zu der an beliebiger Stelle durch die von Schumann [1] in einem gleichartigen Rechnungsgang abgeleitete Gleichung $\dfrac{E_r}{E_x} = 1 + \dfrac{1}{2} \cdot \dfrac{S}{R} - \dfrac{2\,x^2}{R\,S}$ wiedergegeben werden. Auf eine Durchführung der Rechnung werde hier verzichtet, da infolge der doch nur begrenzt gültigen Ansätze die so abgeleiteten Durchbruchbedingungen den Anforderungen der Praxis auf Darstellung der Zündspannung als Funktion der Schlagweite mit einer Ungenauigkeit von möglichst nicht mehr als 1% doch nicht genügen, auch dann nicht, wenn die vorkommenden Konstanten den Meßergebnissen angepaßt werden.

---

[1] Literaturhinweise zu diesem Unterkapitel s. S. 550.

Zur Darstellung der Ergebnisse von Durchschlagmessungen wurden schon frühzeitig empirische Formeln aufgestellt, nachdem erkannt worden war, daß die Durchschlagspannung weniger als verhältnisgleich mit der Schlagweite anwächst [2]. Auf Grund der damals für Gleichspannung vorliegenden Eichwerte von Funkenstrecken mit Kugeln bis zu 6 cm $\varnothing$ gab TOEPLER [3] die Beziehung an

$$U_{\mathrm{D}} = 29{,}1\, D \left(1 + \frac{2/3}{\sqrt{D}}\right)\left(\frac{S}{D}\right)\frac{1}{f}\,.$$

U_{D} Durchschlagspannung in kV,
D Kugeldurchmesser in cm,
S Schlagweite in cm,
$f = \varphi(S/D)$, Verhältnis der maximalen zur „mittleren" Feldstärke U_{D}/S (s. S. 14).

Wegen $E_r = \dfrac{U}{S}\, f$ gilt danach für die Maximalfeldstärke am Kugelscheitel

$$E_{r_{\mathrm{D}}} = 29{,}1\left(1 + \frac{2/3}{\sqrt{D}}\right).$$

Nach den Untersuchungen von WEICKER [4] läßt sich die Formel auch zur Darstellung der Durchschlagwerte bei Wechselspannung verwenden. Von PEEK [5] wurde die Beziehung durch Wahl geänderter Konstanten besser an inzwischen hinzugekommene Messungen auch mit größeren Kugeln und Schlagweiten angepaßt; unter Berücksichtigung der Abhängigkeit von der relativen Luftdichte δ gilt nach PEEK

$$U_{\mathrm{D}} = 27{,}75\, \delta D \left(1 + \frac{0{,}757}{\sqrt{\delta D}}\right)\left(\frac{S}{D}\right)\frac{1}{f}\,.$$

Die im Jahre 1926 herausgekommenen und in dieser Erstfassung bis 1940 gültigen VDE-Regeln 0430 für das Messen mit Kugelfunkenstrecken enthielten auf Grund dieser empirischen Formel berechnete Eichtabellen, obwohl bereits bekannt war, daß der TOEPLER-PEEKschen Formel nur bedingte Gültigkeit zukommt. Doch wollte man die Tabellenwerte auf einheitlicher Grundlage aufbauen, zumindest solange die Unbrauchbarkeit der so gewonnenen Werte nicht zweifelsfrei nachgewiesen war.

In der Folgezeit zeigte es sich, daß die Extrapolation von Spannungswerten nach der Formel zu höheren als bei ihrer Aufstellung durchgemessenen Spannungen stets zu hohe Rechenwerte erbrachte. Auch die weitere Verfeinerung des Formeltypus durch Hinzunahme von weiteren Gliedern konnte diesen Nachteil nicht grundsätzlich beheben. So schlug z. B. TOEPLER [6] vor, im Ausdruck für die Einsatzfeldstärke die Klammergröße $\left(1 + \dfrac{2/3}{\sqrt{D}}\right)$ durch eine Reihenentwicklung nach D zu ersetzen; WHITEHEAD [7] erzielte eine recht gute Übereinstimmung mit den Eichwerten bei Verwendung eines Ausdrucks der Form $E_{r_{\mathrm{D}}} = E_0\left(1 + \dfrac{\Phi(S/D)}{\sqrt{D}}\right)$. Es ist wenig wahrscheinlich, daß eine Weiterverfolgung dieses Weges zu einer wesentlich genaueren und doch noch handlichen Formel als die von TOEPLER-PEEK für die Errechnung der Durchschlagwerte von Kugelfunkenstrecken führt. Ein weiterer Nachteil des TOEPLER-PEEKschen Formeltypus ist, daß die Rechnung bei gleicher Schlagweite und unterschiedlicher Größe der Kugelpaare mit dem Versuch nicht ausreichend übereinstimmende Durchschlagwerte liefert, wie wohl erstmalig von PALM [8] erkannt wurde. Sowohl für symmetrische [9] als auch für unsymmetrische Schaltung [10] wurde in der Folgezeit nachgewiesen, daß parallelgeschaltete Strecken mit unterschiedlich großen Kugelpaaren Werte erbringen, die mit denen der Eichtafel nicht übereinstimmen. Gleichfalls erwies sich für genauere Messungen bei größeren Schlagweiten die Berücksichtigung der Abweichungen in den Durchschlagspannungen bei positiver und negativer Aufladung der isolierten Kugel in der Schaltung mit einseitiger Erdung als unbedingt erforderlich.

Der Klärung all dieser Unstimmigkeiten dienten umfassende weitere Untersuchungen mit Kugelfunkenstrecken bis zu 2 m Durchmesser und entsprechend großen Schlagweiten nach einem zuvor ausgearbeiteten Versuchsplan in verschiedenen Laboratorien. Vor allem sollten hierdurch Unterlagen für die Aufstellung verbesserter Eichtafeln gewonnen und Nebeneinflüsse genauer untersucht werden. Die bis 1930 durchgeführten Messungen finden sich in Aufsätzen von FRANCK [12, 13] zusammengestellt und besprochen. In der nachfolgenden Zeit erschien eine größere Zahl bedeutsamer Arbeiten über die Eichung von Kugelfunkenstrecken vorzugsweise bei höheren Spannungen, also großen Kugeldurchmessern, sowie beim Stoß mit Normwellen. Eine zusammenfassende Darstellung dieser neueren Arbeiten geben WEICKER und HÖRCHER [14]. Unter Zugrundelegung dieser Untersuchungen wurden von seiten des VDE wegen der Wichtigkeit der Kugelfunkenstrecke zur Scheitelmessung hoher Spannungen und vor allem wegen ihrer großen Bedeutung für die Messung von Stoßspannungen neue Regeln in Anlehnung an internationale (IEC-) Festlegungen ausgearbeitet, die seit Beginn 1940 in Kraft sind. Weil bei größeren Schlagweiten die Durchschlagspannungen einer einseitig geerdeten Funkenstrecke von der Polarität der isolierten Kugel abhängen, war es notwendig, Eichtabellen für drei verschiedene Fälle aufzustellen. *Tafel I* gibt die Durchschlagwerte bei einpoliger Erdung für Wechselspannung und negative Gleich- oder Stoßspannung, *Tafel II* für symmetrische Potentialverteilung, welche Anordnung kleinste Schlagweiten bei vorgegebener Spannungshöhe und damit höchste elektrische Festigkeit ergibt, *Tafel III* enthält die Werte für positive Gleich- und Stoßspannung bei einpoliger Erdung, die bei den größeren Schlagweiten zwischen denen der beiden anderen Tafeln liegen. An Stelle einer Wiedergabe der Zahlenwerte in Tabellenform wird hier nach dem Vorschlag von EDWARDS u. SMEE [11] (s. a. [11a]) eine

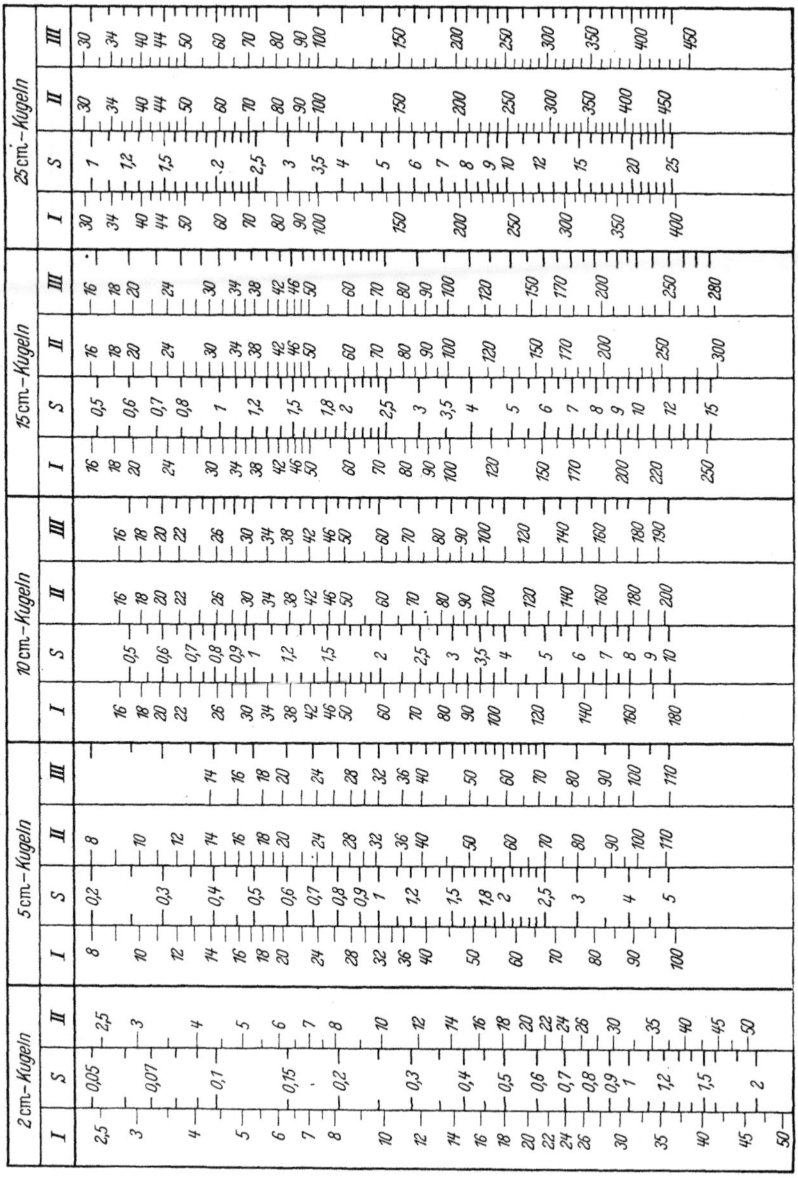

Abb. 205. Durchschlagspannungen (Scheitelwerte, in kV) von Kugelfunkenstrecken mit Kugeln bis 25 cm $\varnothing$.
Spalten I: für einpolige Erdung bei betriebsfrequenzer Wechselspannung, negativer Gleich- und negativer Stoßspannung. Spalten II: für symmetrische Spannungsverteilung. Spalten III: für einpolige Erdung bei positiver Gleich- und positiver Stoßspannung.

graphische Veranschaulichung gewählt, was nicht nur eine Ablesung der Spannungen für glatte Zahlenwerte der Schlagweite, sondern auch von beliebigen Zwischenwerten gestattet (s. Abb. 205 u. 206). In einer senkrechten Spalte ist der für die betreffende Kugelgröße in Frage kommende Schlag-

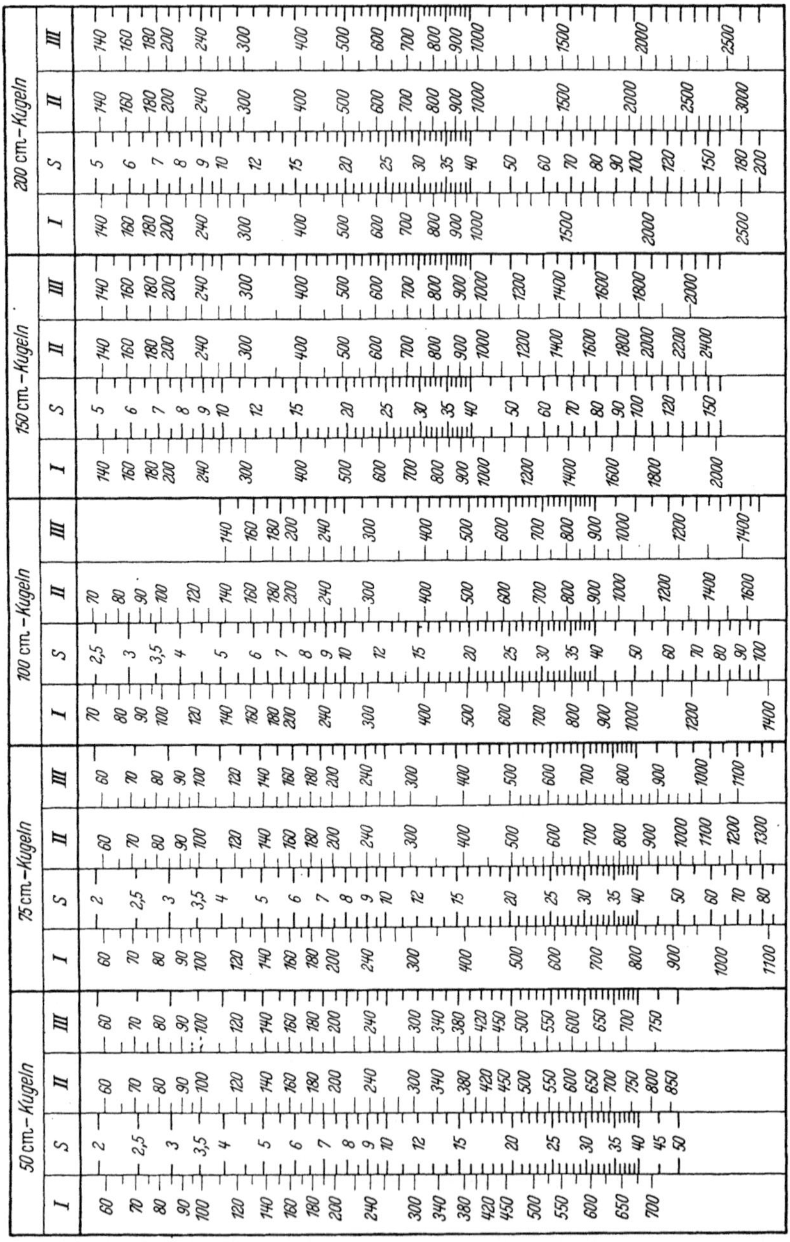

Abb. 206. Durchschlagspannungen (Scheitelwerte, in kV) von Kugelfunkenstrecken mit Kugeln von 50—200 cm ⌀.
Spalten I: für einpolige Erdung bei betriebsfrequenter Wechselspannung, negativer Gleich- und negativer Stoßspannung;
Spalten II: für einpolige Erdung bei positiver Gleich- und positiver Stoßspannung. Spalten III: für symmetrische Spannungsverteilung.

weitenbereich (in cm) logarithmisch unterteilt aufgetragen und seitlich neben dieser Spalte die zugehörigen Spannungswerte (in kV, Scheitelwerte) für die drei verschiedenen Fälle in glatten Zahlen. Eine solche

Darstellung bietet wegen der logarithmischen Auftragung der Elektrodenentfernung den Vorzug gleichbleibender prozentualer Ablesegenauigkeit; für die Spannungen steigt die Genauigkeit bei den größeren Werten leicht an. Wiedergegeben sind alle vom VDE aufgestellten Eichtabellen mit Ausnahme der für die Kugelgrößen 6,25/12,5/125 und 175 cm. Neuere Messungen mit 2 cm-Kugeln s. bei [53].

Bei einer Auftragung der Durchbruchspannung über der Schlagweite für mehrere Kugelgrößen ergibt sich der aus Abb. 207 ersichtliche Ver-

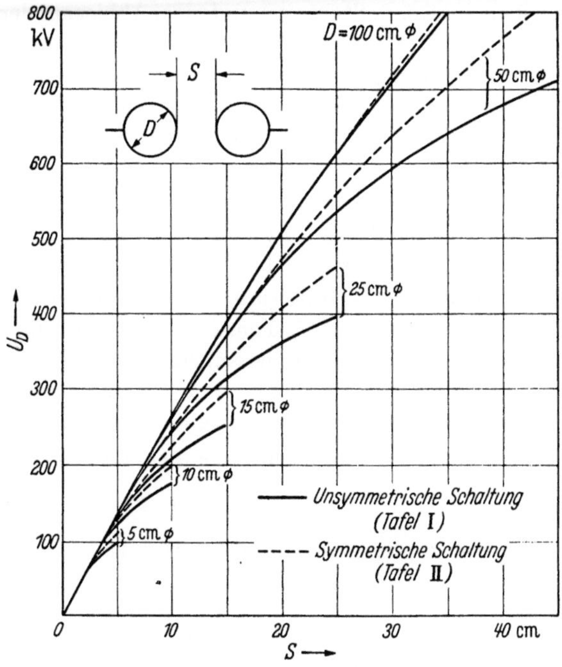

Abb. 207. Durchbruchspannungen nach VDE in Abhängigkeit von der Schlagweite für einige Kugeldurchmesser bei unsymmetrischer (Tafel I) und symmetrischer Schaltung (Tafel II).

lauf. An einen ersten, für alle Kugelgrößen gemeinsamen steilen Spannungsanstieg bei Vergrößerung der Schlagweite schließen sich mit einem bei dieser Darstellung wenig ausgeprägten Knick schwächer ansteigende Kurven an, die für jede Kugelgröße einen anderen Verlauf nehmen. Für das Gebiet unterhalb der *Knickstelle* gab TOEPLER [15] die Interpolationsformel

$$U_D = 25\,S + 6,7\,\sqrt{S}$$

an, die bei einem Zuschlag von 0,6% zu der so errechneten Durchschlagspannung eine noch bessere Anpassung an neuere Messungen ergibt [16].

Ein Einfluß der Schaltung bzw. der Polarität prägt sich deutlich erst oberhalb des Knickpunktes aus [17]. Die Einsatzstelle des Polaritätseinflusses verschiebt sich bei einer Änderung der Kugelanordnung und durch Schirmung [18]. Wie schon angegeben, verlaufen die Kurven für unsymmetrische Schaltung bei Wechselspannungsbetrieb oder negativer Polung der isolierten Kugel unterhalb denen für die anderen Betriebsweisen [19, 20].

Nach der TOEPLER-PEEKschen Formel müßten sich die Funkenspannungskurven verschieden großer Kugelpaare schneiden. Das Auftreten eines gemeinsamen Stammes und das Abbiegen der Seitenäste für jede Kugelgröße bei der jeweiligen Knickstelle schließen eine Gültigkeit der Formel für den ersten Bereich aus, wo sie zu hohe Werte liefert. Dies wurde zuerst von TOEPLER [21] klar erkannt und ausgesprochen. Durch Vergleich der Schlagweitendifferenz zweier parallelgeschalteter Kugelpaare sehr unterschiedlicher Größe konnte er nachweisen, daß die Schlagweiten beider Strecken bis hin zu einer gewissen Grenze nahezu gleich sind und die Differenz erst ab der Knickstelle plötzlich anwächst. Gleichartige Messungen bei Gleichspannung [22] und bei Wechselspannung [23] bestätigten dieses Ergebnis. Nach CLAUSSNITZER [22] liegt beisp. für eine 5 cm-Funkenstrecke die Knickstelle bei $S_K = 2$ cm; für andere Kugelabmessungen ist die ungefähre Lage der Knickstelle, die sich je nach Versuchsumständen noch in engen Grenzen ändern kann, in der nachstehenden Tabelle verzeichnet. DATTAN [17] berechnet die Lage der Knickstelle nach der Formel $S_K = 1{,}13\sqrt{D}$.

D (cm)	2	5	10	15	25	50	75	100
S_K (cm)	0,90	2,05	3,65	5,00	7,15	11,0	14,1	17,0

Lage der Knickstelle für verschiedene Kugeldurchmesser [23].

Bei Einbau der Elektroden in einen engen Käfig liegen die Knickstellen tiefer als bei freistehenden Kugeln [24]. In gewissem Widerspruch zu dieser Angabe von TOEPLER ist die von DATTAN [18], daß die Anbringung von Schutzplatten (es werden hierunter Bleche verstanden, die auf jeden Kugelschaft bis zur Berührung mit der Kugel aufgeschoben werden) die Lage der TOEPLERschen Knickstelle nicht beeinflusse (s. a. die Untersuchungen von JØRGENSEN mit Halbkugeln auf Metallplatten [49]).

Sehr sorgfältige Messungen [11, 25, 26] zeigten allerdings, daß bei sehr kleinen Schlagweiten die kleineren Kugeln doch eine geringfügig höhere Durchbruchspannung ergeben, wie dies auch die VDE-Eichtafeln für die kleinen Schlagweiten erkennen lassen. Eine gewisse Streuung zu negativen Schlagweitendifferenzen bei Annäherung an die Knickstelle kann man bereits aus den Messungen von TOEPLER [21] und CLAUSSNITZER

[22], vor allem bei Wechselspannung [23] entnehmen. Die Eichkurve eines Kugelpaares wird also doch von den Kurven aller kleineren Kugelpaare um ein weniges hinterschnitten.

Schon TOEPLER [21] vermutete, daß die zweierlei Gesetzmäßigkeiten für die Funkenspannung unterhalb und oberhalb der Knickstelle Ausdruck für zwei verschiedene Arten der Funkenbildung sind. Eine Erklärung vom Standpunkt der Kanalentladung gibt MEEK [27]. Danach ist bei kleinen Schlagweiten das Feld noch so gleichmäßig, daß bei praktisch konstanter Elektronenionisierungszahl α längs der gesamten Kugelentfernung die Funkenentwicklung in der vom streng gleichförmigen Feld her bekannten Weise erfolgt und α erst bei Schlagweiten oberhalb der Knickstelle im Mittelteil des Schlagraums so klein wird, daß die an der Kathode gestartete Lawine nach anfänglichem Wachstum verkümmert; die weiterlaufenden Elektronen können erst wieder im Anodenbereich kräftig ionisieren und bis hin zur Anode gerade noch die zur Ausbildung eines rückwärts zur Kathode gerichteten Schlauchs erforderliche Lawinengröße erzeugen (s. S. 265). Der Bereich der Knickstelle kennzeichnet danach den Übergang von der einen zur anderen Funkenausbildung und ist mit vergrößerter Streuung der Durchschlagswerte verbunden [17, 28].

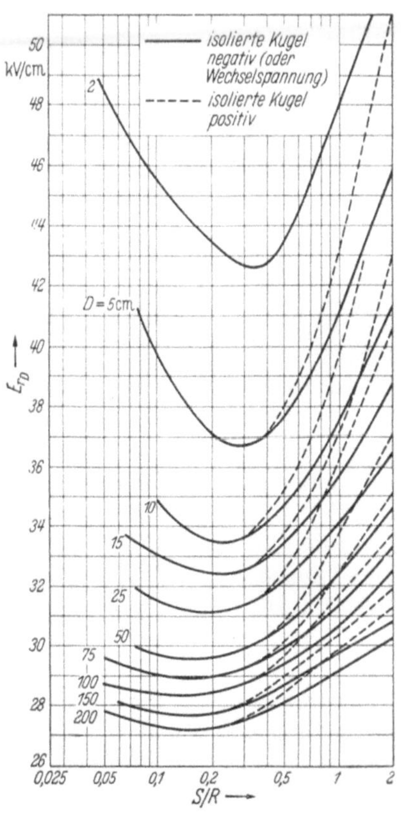

Abb. 208. Durchbruchs-Randfeldstärken von Kugelfunkenstrecken bei einpoliger Erdung.

Wird gemäß $E_{r_D} = \dfrac{U_D}{S}\,f$ die Maximalfeldstärke am Kugelscheitel beim Entladungseinsatz aus der „mittleren" Durchschlagfeldstärke $\dfrac{U_D}{S}$ und dem RUSSELschen Faktor f errechnet und diese *Durchbruchs-Randfeldstärke* über $S/R = 2\,S/D$ aufgetragen, so ergeben sich die Kurven von Abb. 208. Die Einsatzfeldstärke liegt um so höher, je stärker die Elektroden gekrümmt sind. Gleichartig wie im Plattenfeld bei kleinen Abständen fällt sie bei Vergrößerung der Schlagweite zunächst ab, um zwischen $S/R = 0{,}15$ und $0{,}4$ einen Kleinstwert zu durchlaufen und anschließend anzusteigen. Das Auftreten eines Minimums erklärt sich aus der zunehmenden Inhomogenität des Feldes bei Vergrößerung der Schlagweite und der Abhängigkeit der Anfangsspannung bzw. der Lawinengröße von der Feldstärkeverteilung in der Umgebung der Kugel und nicht allein von dem nur an einer Stelle des Schlagraums auftretenden Höchstwert. Mit zunehmender Kugelgröße verflachen die Kurven, und das Minimum verschiebt sich zu kleineren S/R-Werten. Nach dem Minimum gabeln sich die Kurven jeweils in zwei Äste, da bei positiver Polarität der Hochvoltkugel die Funkenspannungen und damit auch die Randfeldstärken bei den größeren Schlagweiten höher liegen. Nach McMillan und Starr [29, 42] liegt die Einsatzstelle des *Polaritätseffekts* bei $S = 1,6\sqrt{R}$, also bei etwas größeren Schlagweiten, als sie Dattan [17] für die Knickstelle angibt. Im Gegensatz hierzu vermögen Davis und Bowdler [30] eine klare Abhängigkeit der Einsatzstelle von der Kugelgröße nicht aufzufinden; nach ihren Messungen wird der Unterschied beider Durchbruchspannungen ab $S/R = 0,4$—$0,7$ merklich. Durch den Einbau von Schirmen kehrt sich der Polaritätseffekt bei den kleineren Schlagweiten um, wobei gleichzeitig die Anfangsspannungen erhöht werden [31].

Die in Abb. 208 nicht mitaufgenommenen Kurven für symmetrische Potentialverteilung steigen nach dem Minimum erheblich langsamer an als im dargestellten Fall einseitig geerdeter Kugelpaare, was eine Folge der guten Symmetrie und schwächeren Inhomogenität dieses Feldes und der daher mit S/R langsamer zunehmenden f-Werte ist.

Einfluß der Luftdichte. Bereits im homogenen Feld erwies sich die Durchschlagspannung vor allem bei kleineren Schlagweiten als nicht streng verhältnisgleich dem Druck und umgekehrt proportional der Temperatur, sondern nahm beim Anstieg der Gasdichte weniger als verhältnisgleich zu. Je inhomogener das Feld, desto mehr bleibt die Festigkeitszunahme hinter der bei proportionalem Anstieg zurück.

Bei konstant gehaltener Gasdichte ändert sich die Durchschlagspannung einer Kugelfunkenstrecke auch bei beliebiger Einstellung der Gastemperatur nicht; dies wurde durch Versuche bei Temperaturen bis zu $900°$ C unter Verwendung unterschiedlicher Elektrodenwerkstoffe in H_2 und N_2 nachgeprüft und bestätigt gefunden [32]. Nach Aussage der Ähnlichkeitsgesetze bleibt die Anfangsspannung einer Funkenstrecke bei einer Änderung der Gasdichte nur dann konstant, wenn alle Abmessungen des Versuchsraums im umgekehrten Verhältnis geändert werden. Daher wäre bei der relativen Gasdichte δ nicht nur die Schlagweite, sondern auch der Kugeldurchmesser auf den δ-ten Teil zu verkleinern, um mit derselben Spannung wie bei Normalzustand die Zündung herbeizuführen. Die Änderung der Luftdichte wirkt ebenso, als ob mit dem Kugeldurchmesser δD und der Schlagweite δS bei der Bezugsdichte $\delta = 1$, anstatt mit den wahren Größen D und S bei der Dichte δ gemessen würde. Dies bedeutet, daß bei einer Änderung der Gasdichte die zu berücksichtigende Korrektur eigentlich nicht an der Spannung, sondern am Kugeldurchmesser anzubringen wäre und erst mit der neuen Kugelgröße die neue Zündspannung bestimmt werden kann. Wegen der Umständlichkeit eines solchen Verfahrens begnügt man sich bei nicht allzu großen Abweichungen der Gasdichte vom Bezugswert durchweg mit einer angenäherten Umrechnung. Hierzu wird meist die PEEKsche Formel der Durchschlagspannung unter Ersetzung von D durch δD benutzt bzw. es wird die Korrektur am Spannungswert angebracht, wozu den Eichtafeln eine kleine Nebentabelle beigegeben ist. Der Korrektionsfaktor wurde so gewählt, daß er für mittlere Werte von S/R und R ungefähr stimmt.

In einer umfangreichen Arbeit bestimmte FRANCK [33] hauptsächlich für Kugelelektroden den Faktor k, mit dem die Anfangsspannung bei Normalzustand des Gases multipliziert werden muß, um bei der abweichenden Dichte δ die zugehörige Anfangsspannung zu erhalten $\left(k = \dfrac{U_\delta}{U_{\delta=1}} \right)$. Für δ-Werte unterhalb 1 ist k stets größer als δ, darüber stets kleiner, weil eben die Anfangsspannung langsamer als verhältnisgleich mit δ ansteigt. Für $\delta S > 0,5$ cm ist k von der Schlagweite nahezu unabhängig und wird nur von der Elektrodenform beeinflußt. k wächst mit δ um so langsamer, je stärker die Elektroden gekrümmt sind. Für $\delta S < 0,5$ cm nimmt k wesentlich langsamer als δ zu.

Bei einer Auftragung von k über S/R ergibt sich ein gleichartiger Verlauf wie bei der Durchbruchfeldstärke; mit zunehmendem S/R fällt die Kurve einer Kugelgröße zunächst ab und steigt nach Durchlaufen eines Kleinstwertes wieder an. Die Potentiale der Kugeln und ihre Polarität wirken sich nur auf die Art dieses Anstiegs nach dem Minimum aus; der Anstieg ist bei symmetrischer Spannungszuführung am kleinsten und bei positiver Polung der isolierten Kugel am größten. Für kleine Kugeln ist der Korrektionsfaktor wesentlich größer als für große [34]. In einer weiteren Arbeit konnte FRANCK [13] sogar zeigen, daß die Minima der E_{r_D}- und der k-Kurven zusammenfallen und sich nur bei größeren Unterschieden der Produkte aus Gasdichte und Schlagweite etwas gegeneinander verschieben. Zufolge der Definition des k bedeutet dies, daß bei einer Änderung der Gasdichte die geringste Abweichung vom proportionalen Anstieg der Anfangsspannung und somit ihre größte prozentuale Änderung mit der Gasdichte dort auftritt, wo die Zündfeldstärke ihren Kleinstwert durchläuft. Für 10 cm-Kugeln beispielsweise liegt das Minimum nach Abb. 208 bei $S/R = 0,32$, weshalb man für diese Kugelgröße bei der Schlagweite $S = 1,6$ cm die größte prozentuale Änderung der Funkenspannung bei Veränderung der Gasdichte erhält.

Wegen des bei symmetrischer Potentialverteilung sehr schwachen Anstiegs der $k\,(S/R)$-Kurven nach dem Minimum darf in diesem Fall innerhalb $S/R = 0{,}2-2{,}0$ mit einem nur vom Kugeldurchmesser abhängigen Mittelwert für k gerechnet werden. Die von FRANCK hierfür angegebenen Werte sind in nachfolgender Tabelle zusammengestellt. Bei einseitig geerdeter Funkenstrecke wären mit S/R ansteigende Korrektionen erforderlich, die bei positiver Spannung am höchsten ausfallen.

Tabelle 19. *Korrektionsfaktor k zur Berücksichtigung des Luftdichteeinflusses bei Kugelfunkenstrecken mit symmetrischer Spannungsverteilung, gültig für $S\delta > 0{,}5\ cm$ [33].*

δ	Kugeldurchmesser in cm									
	2	5	10	15	25	50	75	100	150	200
0,50	0,578	0,557	0,544	0,538	0,532	0,526	0,524	0,522	0,521	0,520
0,60	0,666	0,644	0,636	0,632	0,628	0,624	0,623	0,622	0,621	0,621
0,70	0,752	0,731	0,726	0,724	0,722	0,719	0,719	0,718	0,718	0,717
0,80	0,837	0,821	0,818	0,816	0,814	0,813	0,812	0,812	0,812	0,812
0,85	0,878	0,866	0,863	0,862	0,861	0,860	0,859	0,859	0,859	0,859
0,90	0,919	0,910	0,909	0,908	0,907	0,906	0,906	0,906	0,906	0,906
0,95	0,959	0,955	0,954	0,954	0,954	0,953	0,953	0,953	0,953	0,953
1,00	1,000	1,000	1,000	1,000	1,000	1,000	1,000	1,000	1,000	1,000
1,05	1,041	1,045	1,046	1,046	1,046	1,047	1,047	1,047	1,047	1,047
1,10	1,081	1,090	1,091	1,092	1,093	1,094	1,094	1,094	1,094	1,094

Feuchtigkeitseinfluß. Nach PEEK [35] hat Feuchtigkeit keine merkliche Auswirkung auf die Durchschlagspannung von Kugelfunkenstrecken, sofern nur die Elektrodenoberflächen trocken sind. Die genauen Untersuchungen von FRANCK [33] zeigten, daß unabhängig von der Kugelgröße die Durchbruchspannung mit der Luftfeuchtigkeit ansteigt, und zwar von $f = 0-50\%$ linear (um rd. 1%) und darüber schneller (größte Zunahme gegenüber absolut trockener Luft nahezu 3,5%). LEWIS [46] findet eine Zunahme der Durchschlagspannung um 0,13% pro Torr Dampfdruckerhöhung in der Atmosphäre. Im Hinblick auf den üblicherweise nicht allzu sehr schwankenden Grad der Luftfeuchtigkeit darf nach VDE 0430 die geringe Abhängigkeit der Durchschlagspannung von der Feuchtigkeit unberücksichtigt bleiben.

Alterung der Elektroden. Kleinste und dabei symmetrische Streuung um den Mittelwert der Durchbruchspannung setzt Einbrennen der Kugeln durch oftmals wiederholte Entladungen mit nicht zu kleiner Stromstärke voraus [36]. Zu tief liegende Frühdurchschläge werden meist durch in der Luft schwebende Fasern o. dgl. ausgelöst und lassen sich nur durch völlige Staubfreiheit der Versuchsluft sowie durch Putzen und erneutes Einbrennen der Elektroden nach jeder Versuchspause vermeiden. Im Verlauf der ersten hundert Funken einer Kondensatorentladung findet TOEPLER [24] eine zunächst rasche und später nur noch langsame Steigerung der Funkenspannung um rd. 2%; eine weitere Alterung der benutzten Messingelektroden im Verlauf von rd. 20 000 Funkenübergängen erhöhte die Festigkeit nur noch um weniger als 1%.

Anordnungseinfluß. Die in den Eichtafeln verzeichneten Durchschlagwerte gelten nur unter der Voraussetzung eines praktisch durch äußere Einflüsse nicht gestörten Kugelfeldes. Solche Störungen können von einer zu großen Annäherung spannungführender oder auch ungeladener Körper herrühren; auch Nichtleiter vermögen durch ihre Aufladung das Feld der Kugelfunkenstrecke zu beeinflussen [37]. Je größer die Schlagweite im Verhältnis zum Kugeldurchmesser ist, desto unangenehmer werden die Störeinflüsse äußerer Felder bzw. von Störkörpern oder Störflächen. Die Eichtabellen verzeichnen die Durchbruchspannungen nur bis zu einer größten Schlagweite von $S = D$, wobei jedoch schon ab $S = D/2$ die Einhaltung eines unter 3% bleibenden Fehlers nicht mehr zugesichert werden kann. Überdies fällt bei stärkerer Inhomogenität des Feldes die Anfangs- nicht mehr mit der Funkenspannung zusammen und der Funke entwickelt sich unter erhöhter Streuung aus der Koronaentladung. Nach PEEK [38] tritt sichtbares Glimmen für $S > 4\,D$ ein; TOEPLER [39] gibt nachfolgende relative Schlagweiten für den Beginn der Abweichung von Anfangs- und Funkenspannungen an:

bei symmetrischer Potentialaufteilung: $\qquad\qquad S/D \approx 5{,}5$
bei unsymmetrischer Schaltung und isolierter Anode: $\quad S/D \approx 2{,}0$
bei unsymmetrischer Schaltung und isolierter Kathode: $S/D \approx 1{,}3$
und für die Anordnung Kugel–geerdete Platte
$\qquad\qquad\qquad\qquad$ bei positiver Kugel: $\;\; S/D \approx 1{,}7$
$\qquad\qquad\qquad\qquad$ bei negativer Kugel: $\; S/D \approx 0{,}9.$

Mit der Bestimmung der einzuhaltenden Schutzabstände von geerdeten Wänden bzw. spannungführenden oder auch geerdeten kugelförmigen Störkörpern beschäftigen sich mehrere Arbeiten [26, 40, 41]. Aus den Untersuchungen von BINDER und HÖRCHER [26] geht beispielsweise hervor, daß ein spannungführender Störkörper (Kugel von 1 m $\varnothing$) die Durchschlagspannung der Meßfunkenstrecke viel stärker beeinflußt als ein geerdeter. Bei 80 cm entfernter Störkugel wird ihr Einfluß auf eine 50 cm-Funkenstrecke ab $S/D = 0{,}4$ merklich und erreicht mit weiter zunehmender Schlagweite rasch große Beträge. Nahe der Funkenstrecke verlaufende Zuleitungen vermögen die Funkenspannung auch schon vor Glimmeinsatz erheblich zu beeinflussen [6]. Gänzlich unerwartete Auswirkungen solcher sprühender Leitungen auf das Ansprechen der Funkenstrecke beobachteten EDWARDS und SMEE [11]. Dagegen vermögen selbst kräftige Büschelentladungen im Hochvoltkreis die Einsatzspannung nicht zu ändern [26]. Allgemein wird festgestellt, daß die Nachbarschaft geerdeter Teile die Funkenspannung erniedrigt. Aus den Messungen von KUNTZ und LÄPPLE [41] an einer einseitig geerdeten 25 cm-Funkenstrecke, der eine geerdete Fläche genähert wird, ergibt sich, daß der Wandeinfluß praktisch bedeutungslos ist, solange die Schlagweite innerhalb 30% des Kugeldurchmessers bleibt. Für eine relative Schlagweite $S/D = 0,5$ wird der Einfluß dann merklich, wenn der Wandabstand kleiner als $4\,D$ ist. Oberhalb $S = 0,5\,D$ wird die Durchschlagspannung in rasch zunehmendem Maß abgesenkt.

Die Aufstellung der Funkenstrecke, ob waagerecht oder senkrecht, und die Art des Anschlusses, ob bei einseitiger Erdung die obere oder untere Kugel an Spannung gelegt wird, wirken sich nur insofern auf die Durchschlagspannung aus, als hierdurch die relative Lage der Elektroden zur Umgebung geändert wird. Bei unsymmetrischem Betrieb und senkrechter Aufstellung kommt im allgemeinen der Fall: Erdung der oberen Kugel, dem Grenzfall einer Funkenstrecke im weit ausgedehnten Raum am nächsten.

Wegen der Einzelheiten der einzuhaltenden Mindest-Schutzabstände, der Länge und Dicke der Kugelschäfte, der Ausführung der Anschlußleitungen u. dgl. muß auf die VDE-Regeln verwiesen werden.

Zur Vermeidung der Abhängigkeit von unkontrollierbaren Störfeldern schlug TOEPLER [39] die Einschließung der Kugeln in einen Sprossenkäfig vor. Hierdurch wird bewußt von der berechenbaren Anordnung von Kugeln im freien Raum abgewichen, um ein wohldefiniertes Feld zu schaffen und durch Ausschaltung aller Fremdeinflüsse die absolute Meßgenauigkeit zu erhöhen. Bei großen Kugeln wäre eine solche *Käfigung* nur schwierig durchzuführen, weshalb sie in erster Linie für kleinere Funkenstrecken in Frage kommt, vor allem dann, wenn räumliche Beschränkungen die Einhaltung der in den Regeln vorgesehenen Schutzabstände nicht zulassen. Durch eine Schirmung wird auch erreicht, daß die Werte für geerdete und symmetrische Anordnung nahezu übereinstimmen [19]. Messungen für eine gekäfigte Funkenstrecke gibt z. B. HUETER [28] für 10 cm-Kugeln an (s. a. [25]).

Durchschlagspolarität bei Wechselspannung. Beim Wechselspannungsbetrieb einer einseitig geerdeten Kugelfunkenstrecke äußern sich Polaritätseinflüsse durch eine Bevorzugung der positiven oder negativen Halbwelle beim Durchschlag von der Hochvolt- zur geerdeten Elektrode. Eine Änderung der Häufigkeit der Durchbrüche eines Vorzeichens bei einer Änderung der Schlagweite wäre ein Hinweis auf eine etwaige Umbildung des Entladungsmechanismus. Mit Sicherheit läßt sich zunächst nur voraussagen, daß bei kleinsten Schlagweiten in dem dann gut homogenen Feld weder die eine noch die andere Elektrode für die Ausbildung des Funkens bevorzugt wird und bei gleichmäßiger Oberflächenbeschaffenheit die Entladungen sich mit unregelmäßiger Streuung im Einzelfall bei einer großen Zahl von Durchschlägen ungefähr hälftig auf beide Halbwellen aufteilen müssen. Andererseits wird bei sehr großen Schlagweiten in dem dann schon recht stark verzerrten Feld, das sich dem der Anordnung Spitze–Ebene nähert, der Durchschlag stets im Bereich des Scheitelwerts der positiven Halbwelle an der isolierten Kugel erfolgen, nachdem die Funkenspannung in Luft bei einer positiven Polung der Elektrode größerer Feldverdichtung tiefer liegt.

Die vorliegenden Untersuchungen des Polaritätseffektes durch Aufnahme von Lichtenberg-Figuren [29, 42], unter Verwendung einer Neon-Glimmröhre [19], zweier entgegengesetzt geschalteter Stromtore [11] oder eines Hochleistungsoszillographen [30] lassen im allgemeinen gleichen Charakter der Häufigkeitsverteilung der Durchschlagspolarität an der isolierten Kugel erkennen, wenn auch die zahlenmäßigen Ergebnisse z. T. erheblich voneinander abweichen. Nur Hueter [28] konnte im untersuchten Schlagweitenbereich bei völlig unregelmäßiger Verteilung der Durchschläge auf beide Halbwellen keine Bevorzugung einer bestimmten Polarität feststellen. Die eingehenden neueren anglo-amerikanischen Untersuchungen [11, 30, 43] zeigen, daß sich mit Ausnahme der Ergebnisse für die größten Kugeln (100—200 cm $\varnothing$) drei bzw. vier verschiedene Bereiche unterscheiden lassen. Bei sehr kleinen Schlagweiten kommen erwartungsgemäß beide Polaritäten zum Zug, wobei allerdings die Tendenz zu einem Überschlagsplus bei isolierter Kathode erkennbar wird; eingebettet in diesen Anfangsbereich ist ein engbegrenzter Zwischenbereich (Bereich des Minimums der Durchbruchfeldstärke ?), in dem die positive Polarität bevorzugt wird [43]. Im anschließenden Schlagweitenbereich, der nach Davis und Bowdler [30] mit kleinen Kugeln bei $S = 0,4\,D$, mit großen bei $S = 0,8\,D$ und nach McMillan [43] bei $S = 0,27\,D + 1,5$ beginnt und sich nach letzterer Angabe somit bei großen Kugeln kaum noch verschiebt, setzen alle Entladungen bei negativer Hochvoltkugel ein. Diese Grenze kennzeichnet damit den Eintritt des Polaritätseinflusses. In einem letzten, recht scharf ausgeprägten Übergang, den Edwards und Smee [11] mit $S = (1,5—2)\,D$ und McMillan bei kleineren Schlagweiten angeben (Umgebungseinfluß!), wechselt die Durchschlagpolarität von rein negativen zu rein positiven Entladungen. Dem vollkommenen Durchbruch gehen dann Vorentladungen voraus, auch wenn die Einsatzspannung der sichtbaren Korona wegen des knappen Spielraums zwischen Anfangs- und Funkenspannung nicht für sich festgestellt werden kann.

Bestrahlungseinfluß. Bei unzureichender Versorgung des für die Entladung in Frage kommenden Gebiets [45a u. b] mit Anfangselektronen streuen die Werte der statischen Durchbruchspannung nach oben, wo-

35*

durch eine zu hohe Durchbruchspannung vorgetäuscht wird. Besonders störend wirkt sich dies bei verkürzter Einwirkdauer des Spannungshöchstwertes — etwa bei spitzer Form der Wechselspannungskurve [51] — und bei den kurzen Beanspruchungszeiten von Stoßwellen aus und führt dann unter Umständen zu groben Fehlmessungen [44, 52]. Die Zahl der durch natürliche Ionisation entstehenden Trägerpaare nimmt mit dem Volumen des Entladungsgebiets ab. So ist in erster Linie bei sehr kleinen Schlagweiten, also bei der Messung niedriger Spannungen, ein Verzögerungseffekt und eine unregelmäßige Überhöhung der Meßwerte zu erwarten. Eine Bestrahlung mit kurzwelligem Licht vermag durchgreifende Abhilfe zu verschaffen und ist daher bei der Ausmessung mäßig hoher Spannungen (nach VDE bis 50 kV Scheitelwert) und von Stoßspannungen nicht zu entbehren. Recht einfach ist auch eine Ionisation durch schwach glimmende Zuleitungen [37], wobei allerdings die Gefahr einer Feldbeeinflussung besteht. Meist wird eine Quecksilberdampflampe mit Quarzumhüllung verwandt, die sich in einer solchen Entfernung befindet, daß ihre Nähe das Meßfeld noch nicht merklich verzerrt und außer der Unterdrückung der Streuung bzw. des statistischen Anteils des Funkenverzugs die Zündspannung nicht abgesenkt wird, seltener kommen offene Lichtbögen, Röntgenstrahlen oder radioaktive Präparate zur Anwendung. Beim Arbeiten mit Stoßspannungen empfiehlt es sich vor allem bei positivem Stoß, die Meßfunkenstrecke so anzuordnen, daß das Licht der Schaltfunkenstrecken zu ihr gelangen kann [52]. Bei Benutzung einer radioaktiven Substanz gelingt es nach dem Vorschlag von VAN CAUWENBERGHE und MARCHAL [45a u. b], jede Feldstörung durch den Strahler bzw. seine Halterung dadurch auszuschließen, daß das Präparat an der Innenwand der Hochvoltkugel in der Verlängerung des Schaftes angebracht wird, gegebenenfalls unter vorheriger Schwächung der Elektrodenwand an dieser Stelle zur Verminderung der Absorptionsverluste der γ-Strahlung im Metall. Eine solche Anordnung sichert die Erhaltung des ungestörten Feldes und eine Erzeugung der Anfangselektronen genau an der Stelle, wo sie benötigt werden. Eine Ausnutzung auch der Materiestrahlung des radioaktiven Präparats ist nur bei seiner Anordnung dicht neben dem Schlagraum und Inkaufnahme einer Feldstörung möglich [54] oder auch bei Verwendung aktivierter Elektroden (radioaktiver Kobalt [55]). VAN CAUWENBERGHE und MARCHAL fanden, daß bei einer auf diese Weise bestrahlten 5 cm-Funkenstrecke bei 0,3 cm Schlagweite bereits die Verwendung von 0,5 mg Radium sehr beständige Messungen ermöglicht; dagegen lagen die Meßwerte ohne künstliche Vorionisation unter sonst gleichen Umständen im Mittel um 11% zu hoch bei Einzelüberhöhungen bis zu 30%. Wegen der Zunahme des durchstrahlten Raumes und der Zahl der Photoelektronen geht die Streuung bei einer Vergrößerung der Schlagweite noch weiter zurück [*45b, 52, 53, 55*].

Nach LEWIS [*46*] wird die Ansprechspannung einer 2 cm-Funkenstrecke bei 0,4 cm Schlagweite ($U_D = 14,8$ kV) unter dem Einfluß der Strahlenwirkung eines offenen Lichtbogens in 90 cm Entfernung um rd. 2,5% erniedrigt und die Streuung der Einzelbeobachtungen auf den 4. Teil herabgesetzt; ähnliches hatten MASCH [*47*] sowie WHITEHEAD und CASTELLAIN [*37*] schon zuvor gefunden. Weitere Angaben über Zündspannungssenkung bei Bestrahlung s. Kap. XVIII. EDWARDS und SMEE [*11*] finden, daß bei Verwendung kleiner Kugeln ohne Bestrahlung unter ungünstigen Umständen Fehlmessungen bis zum 1,8fachen des wahren Wertes möglich sind. Die Streuung erreichte bei $U_D = 2$ kV (eff.) ihren Größtwert und war selbst bei 24 kV noch gut nachweisbar; sie änderte zeitlich und örtlich völlig unregelmäßig ihre Größe. Ähnliche Ergebnisse hatte bereits KLEMM [*25*] bei Gleichspannungsversuchen mit einer 4 cm-Kugel gegen Platte bei kleinsten Abständen erhalten. Unter ungünstigen Umständen (Abschirmung der Kugeln, positiver Stoß) ist die Ansprechverzögerung selbst noch bei Spannungen von einigen 100 kV unerwartet groß [*52*].

Die Ansprechgenauigkeit von Kugelfunkenstrecken innerhalb einer ununterbrochenen Versuchsreihe ist zumindest bis $S/D = 0,5$ recht hoch (Abweichungen vom Mittelwert höchstens einige Promille bei Beobachtung der gebotenen Vorsichtsmaßregeln) [*26, 36*], doch sind zeitlich und örtlich auseinanderliegende Messungen mit einer in ihren Ursachen nicht ganz klaren Streuung von 1—3% behaftet, auch wenn alle Einflußgrößen möglichst unverändert gehalten werden [*26*].

Bei Anwendung technischer Stoßwellen sind wegen des im Vergleich zur Aufbauzeit der stromstarken Entladung relativ langdauernden Verweilens der Spannung im Bereich ihres Scheitelwerts keine merklichen Spannungserhöhungen auch nicht für den kürzesten Stoß 1|5 μsek zu erwarten, sofern die Funkenstrecke bestrahlt ist. Es bedarf in diesem Fall somit noch keiner Zuschläge zu den Eichwerten [*18, 28, 30*]. Bei Stößen von weniger als einigen Mikrosekunden Dauer liegt die Funkenverzögerung in der Größenordnung der Scheitelwert„breite", was sich in einer Erhöhung des Stoßfaktors über die Einheit auch bei Bestrahlung auswirkt [*48*]. In geringem Umfang dürfte auch die Definition der Stoßdurchschlagspannung ihre tatsächliche Höhe beeinflussen, je nachdem, ob der Messung eine 10, 50 oder 90%ige Trefferzahl zugrunde gelegt wird. Dagegen führt die Anwendung von Vielfachstößen (bis zu 3000 pro sek) auch bei sehr kurzer Dauer des Einzelstoßes (bis herab zu 0,1 μsek) zu keiner klar feststellbaren Erhöhung der Funkenspannung [*50*].

Literaturhinweise zu Kapitel XXII, Kugelfunkenstrecken.

1. SCHUMANN, W. O.: El. Durchbruchfeldstärke von Gasen, S. 222. Berlin: Springer 1923.
2. HEYDWEILLER, A.: Ann. Phys. Chem., Neue Folge **40** (1890) 464.
3. TOEPLER, M.: Ann. Phys. (4) **7** (1902) 477; **10** (1903) 730.
4. WEICKER, W.: ETZ **32** (1911) 436 u. 460.
5. PEEK, F. W.: Trans. A. I. E. E. **37** (1914) 923.
6. TOEPLER, M.: ETZ **51** (1930) 777.
7. WHITEHEAD, S.: J. A. I. E. E. **84** (1939) 408.
8. PALM, A.: ETZ **47** (1926) 904.
9. BECHDOLDT, H.: ETZ **50** (1929) 1394.
10. STOERK, C. u. W. HOLZER: Z. techn. Phys. **10** (1929) 317.
11. EDWARDS, F. S. u. J. F. SMEE: J. A. I. E. E. **82** (1938) 655.
11a. British Standards 358—1939 (Measurement of voltage with sphere-gaps), Fig. 1—12.
12. FRANCK, S.: ETZ **51** (1930) 778; Meßentladungsstrecken, S. 19/20. Berlin: Springer 1931.
13. FRANCK, S.: Arch. Elektrotechn. **23** (1929) 226.
14. WEICKER, W. u. W. HÖRCHER: ETZ **59** (1938) 1029 u. 1064.
15. TOEPLER, M.: Z. techn. Phys. **13** (1932) 386.
16. TOEPLER, M.: Arch. Elektrotechn. **30** (1936) 663; **32** (1938) 485.
17. DATTAN, W.: ETZ **57** (1936) 777.
18. DATTAN, W.: Arch. Elektrotechn. **31** (1937) 342.
19. MEADOR, J. R.: El. Engng. **53** (1934) 942.
20. BELLASCHI, P. L. u. P. H. McAULEY: El. J. 1934, S. 228; Energia elettr. **11** (1934) 559.
21. TOEPLER, M.: ETZ **53** (1932) 1219.
22. CLAUSSNITZER, J.: ETZ **54** (1933) 911.
23. CLAUSSNITZER, J.: ETZ **57** (1936) 177.
24. TOEPLER, M.: Phys. Z. **39** (1938) 523.
25. KLEMM, A.: Arch. Elektrotechn. **12** (1923) 553.
26. BINDER, L. u. W. HÖRCHER: ETZ **59** (1938) 161.
27. MEEK, J. M.: J. Franklin Inst. **230** (1940) 229.
28. HUETER, E.: ETZ **57** (1936) 621.
29. McMILLAN, F. O. u. E. C. STARR: J. A. I. E. E. **49** (1930) 859.
30. DAVIS, R. u. G. B. BOWDLER: J. A. I. E. E. **82** (1938) 645.
31. BERGER, K. u. B. C. ROBINSON: Bull. S. E. V. **31** (1940) 157.
32. BOWKER, H. C.: Proc. Phys. Soc. London **43** (1931) 96.
33. FRANCK, S.: Arch. Elektrotechn. **21** (1928) 318.
34. FRANCK, S.: Arch. Elektrotechn. **33** (1939) 54.
35. PEEK, F. W.: Dielectric Phenomena in High-Voltage Engineering, McGraw-Hill, S. 119, New York 1929; s. a. P. B. JACOB u. G. M. L. SOMMERMANN: El. Engng. **70** (1951) 595.
36. TOEPLER, M.: Arch. Elektrotechn. **26** (1932) 429.
37. WHITEHEAD, S. u. A. CASTELLAIN: J. A. I. E. E. **69** (1931) 898.
38. PEEK, F. W.: Dielectric Phenomena in High-Voltage Engineering, McGraw-Hill, S. 68. New York 1929.
39. TOEPLER, M.: Z. techn. Phys. **3** (1922) 327.
40. SCHUEP, M., R. VAN CAUWENBERGHE u. M. J. KOPELIOVITCH: CIGRE 2 (1931) S. 28/30/34; H. KASTENBEIN u. W. KELLERMEYER: ETZ **52** (1931) 969.
41. KUNTZ, H. u. H. LÄPPLE: ETZ **60** (1939) 1301.
42. McMILLAN, F. O. u. E. C. STARR: Trans. A. I. E. E. **50** (1931) 23.

43. McMillan, F. O.: Trans. A. I. E. E. **58** (1939) 56.

44. Nord, G. L.: El. Engng. **54** (1935) 955.

45a. van Cauwenberghe, R. u. G. Marchal: Rev. gén. Electr. **27** (1930) 331.

45b. van Cauwenberghe, R.: Bull. S. F. E. **7** (1937) 1005.

46. Lewis, A. L.: J. Appl. Phys. **10** (1939) 573.

47. Masch, K.: Arch. Elektrotechn. **24** (1930) 561.

48. Förster, W.: Dissert. T. H. Dresden 1933; ETZ **55** (1934) 689; P. L. Bellaschi u. W. L. Teague: El. J. **32** (1935) 120; s. hierzu a. S. 282 u. folg.

49. Jørgensen, M. O.: Elektr. Funkenspannungen. Verl. E. Munksgaard, Kopenhagen 1943, S. 79—100.

50. Cooper, R.: J. I. E. E. **95**, II (1948) 378.

51. Koppelmann, F.: Arch. Elektrotechn. **25** (1931) 781.

52. Meek, J. M.: J. I. E. E. **89**, I (1942) 335; **93**, II (1946) 97.

53. Cooper, R., D. E. M. Garfitt u. J. M. Meek: J. I. E. E. **95**, II (1948) 309.

54. Berkey, W. E.: El. J. **31** (1934) 101; H. K. Müller: El. Bahn. **19** (1943)172.

55. Hardy, D. R. u. J. D. Craggs: Trans. A. I. E. E. **69** (1950) 584.

XXIII. Die Koronaverluste[1].

Bei einer Sprühentladung sind nur in der Ionisierungszone in nächster Umgebung des starkgekrümmten Leiters Ladungsträger beiderlei Vorzeichens vorhanden, in einiger Entfernung jedoch nur noch Ladungen vom Vorzeichen der Sprühelektrode, sofern nicht auch die Gegenelektrode den Raum mit Ladungen ihrer Polarität versorgt. Zur Aufrechterhaltung dieses Zustandes muß dem System laufend Energie zur Ermöglichung der Ionisierungsvorgänge sowie zur Deckung der Verluste bei den Anregungs- und elastischen Stößen der Träger mit den Molekeln auf ihrem Weg zur Gegenelektrode zugeführt werden. Die Summe dieser Verluste macht den Leistungsbedarf der Korona aus. Die Koronaverluste sind für die Technik der Übertragung hoher elektrischer Leistungen auf weite Entfernungen von größter Bedeutung und bestimmen bei Übertragungsspannungen über 100 kV den Leiterdurchmesser. Ihre Beherrschung und eine hinreichend genaue Voraussage der zu erwartenden Verluste ist unumgängliches Erfordernis für die geplanten oder auch bereits in Ausführung begriffenen Höchstspannungs-Übertragungsanlagen wegen ihrer entscheidenden Auswirkung auf die Wirtschaftlichkeit des Betriebs und der Gefahr unvorhergesehener Störungen durch Beeinträchtigung des drahtlosen Empfangs in der Nachbarschaft.

Sprühen beide Elektroden (Zweidrahtleitung), so sind im Raum zwischen den Ionisierungszonen Träger beiderlei Vorzeichens vorhanden, was die strombegrenzende Wirkung der Einzelraumladung verringert. Es ist daher zu erwarten, daß die Koronaverluste in diesem Fall höher liegen als die Summe der Verluste zweier Eindrahtleitungen gleicher Randfeldstärke an den Leitern.

---

[1] Literaturhinweise zu diesem Kapitel s. S. 568.

Die **Wechselspannungskorona** unterscheidet sich dadurch von der Gleichspannungskorona, daß die Ladungen nicht mehr kontinuierlich von der sprühenden Elektrode abwandern, sondern die nur im Bereich der Scheitelfeldstärke erzeugten Ionen in der Zeit bis zum Nulldurchgang der Feldstärke von der Sprühelektrode **weg** und in der nachfolgenden Zeit **auf sie zu** pendeln. Es läßt sich leicht zeigen, daß bei den hohen Wechselspannungen und daher großen Elektrodenabständen der Freileitungstechnik die Ionen in der zur Verfügung stehenden Zeit die Gegenelektrode nicht erreichen können. Unter Voraussetzung einer Unveränderlichkeit der treibenden Spannung gilt nach (IX, 12)

$$t = \frac{\ln R/r}{2\,b\,U}\,(R^2 - r^2) \approx \frac{\ln R/r}{2\,b\,U}\,R^2$$

für die von den Ladungsträgern zum Durchwandern des Feldes zweier koaxialer Zylinder benötigte Zeit. Wird für den Höchstwert der (rechteckförmig gedachten) Wechselspannung die Randfeldstärke $E_r = \dfrac{U}{r \ln R/r}$ an der Oberfläche des Innenzylinders eingesetzt, so folgt für den Weg der Ionen in der Zeit t

$$R = \sqrt{2\,br\,E_r\,t}\,.$$

Mit $b_+ = 1{,}3$ cm²/Vsek und einem angenommenen Innenleiterradius von $r = 1$ cm (Einsatzfeldstärke $E_r = 40$ kV/cm) vermag danach ein beim Einsatz der (positiven) Entladung erzeugtes Ion in einer Viertelswelle ($= {}^1/_{200}$ sek bei 50 Hz) einen Weg von $R \approx 23$ cm zurückzulegen. Bei der in Wirklichkeit ungefähr sinusförmig schwankenden Spannung ist der zurückgelegte Weg noch kürzer, selbst wenn die angelegte Spannung über die des Einsatzes hinaus gesteigert wird. Damit ist nachgewiesen, daß bei größeren Elektrodenentfernungen als 10—15 cm die während einer Halbwelle erzeugten Ionen von der Gegenelektrode nicht aufgenommen werden können und beim Nulldurchgang der Spannung im Raum verharren, wobei sie sogar auf der Ausgangselektrode eine Influenzladung vom Vorzeichen der nachfolgenden Halbwelle erzeugen. Bereits zu diesem Zeitpunkt haben sie daher ihre Bewegung umgekehrt und laufen zunehmend rascher zur Ausgangselektrode zurück. Werden bei überhöhter Spannung und daher früherem Einsatz der Entladung in der zweiten Halbwelle bereits wieder Träger erzeugt, noch ehe alle Ionen der zuvorgehenden Halbwelle zurückgekehrt sind, so wirkt die restliche Raumladung wie eine Annäherung der Gegenelektrode. Sie muß kompensiert werden, bevor eine gleichartige Raumladung, jetzt aber mit dem anderen Vorzeichen, ausgebildet werden kann, und führt hierdurch zu einer Vermehrung der Koronaverluste.

Bereits im vorhergehenden Kapitel (S. 522) wurde für das Feld konzentrischer Zylinder ein Überblick über die aufgestellten Formelausdrücke für die Abhängigkeit des Sprühstromes von der Spannung gegeben. Die Bestimmung der Koronaverluste bei Gleichspannung gestaltet sich einfach: es ist das Produkt aus Stromgröße und der angelegten Spannung zu bilden. Ihre Abhängigkeit von der Spannung läßt sich mit der wohl am besten ihren anfänglichen Verlauf wiedergebenden Beziehung

$$N = \lambda U^2 (U - U_0)$$

darstellen, in der λ den „Leitwertanstieg" der Anordnung [1, 2] charakterisiert. Eine vergleichende Betrachtung aller in der Literatur angegebenen Ansätze für die Gleichstromkoronaverluste ist bei PRINZ [1, 3] zu finden. Zur Bestimmung der Verluste bzw. der durch Ionisation gebildeten Ladungen bei kurzzeitigen Stößen auch bereits innerhalb der ersten Mikrosekunden nach Anlegen der Spannung wurde von MONNEY [43] (s. a. [44]) eine sinnreiche Schaltung unter Zuhilfenahme des KO entwickelt. Damit konnte er nachweisen, daß die Verluste bei Überschreiten der Einsatzspannung zunächst rasch hochschnellen und anschließend langsamer auf ihren stationären Wert ansteigen, der nach einigen tausendstel Sekunden erreicht wird.

Die Verluste eines unter Wechselspannung stehenden Leitergebildes können nicht mehr in der einfachen Weise der Gleichstrommessung aus den Strom- und Spannungsgrößen bestimmt werden, weil die Phasenverschiebung zwischen beiden zunächst unbekannt ist und auch der Koronastrom selbst bei Sinusform der Spannung wegen seines plötzlichen Einsatzes beim kritischen Wert nichtsinusförmig mit hohem Oberwellengehalt verläuft. Zur Ermittlung der Koronaverluste bei Wechsel- und Drehstrom bedurfte es der Entwicklung besonderer Methoden. Am einfachsten ist die Erfassung der entstehenden Wattverluste auf der Niederspannungsseite des Speisetransformators, doch ist dieses Verfahren selbst bei getrennter Messung der Eisen- und Kupferverluste des Umspanners und Abzug von den Gesamtverlusten wegen der gleichen Größenordnung beider Anteile und der wechselnden Magnetisierung des Eisenkreises nicht ausreichend genau. Verfahren, die nur die Leitungsverluste erfassen, arbeiten mit Wattmetern (bzw. Wattstundenzählern bei der Energiemessung) auf der Hochvoltseite am Leitungsanfang oder mit der SCHERING-Brücke. Die Brückenmessung liefert die Kapazität C und den Verlustwinkel δ des von der Leitung gegen Erde gebildeten Kondensators. Die Verluste der Grundwelle errechnen sich daraus zu $N = \omega C U^2 \operatorname{tg} \delta$. Die abzugleichenden Brückenglieder liegen auf Hochspannung, was ihre Anordnung innerhalb eines auf Hochvoltpotential befindlichen Schirmkäfigs voraussetzt, der auch den Beobachter aufnimmt. Gerade bei kleinen Verlusten unterhalb und in Nähe der kritischen Einsatzfeldstärke ermöglicht die Brücke sehr genaue Messungen und erlaubt auch oszillographische Aufnahmen nach dem C-Abgleich und damit die Bestimmung von Phasenlage und Art des Stromeinsatzes sowie des weiteren Koronastromverlaufs. Für Dauermessungen und Messungen bei rasch wechselnden Umweltsbedingungen ist die Brücke wegen des erforderlichen punktweisen und zeitraubenden Handabgleichs weniger geeignet, sofern nicht von der Möglichkeit des selbsttätigen Abgleichs und einer fortlaufenden Registrierung der Meßwerte Gebrauch gemacht wird. Oft werden daher Wattmeterschaltungen besonderer Art benutzt, die diesen Nachteil nicht kennen. Allerdings sind die Arbeitsbedingungen für ein Wattmeter im vorliegenden Fall sehr ungünstig, weil der Ladestrom der Anlage den Korona-Wattstrom weit überwiegt und der Leistungsfaktor $\cos \varphi$ bei kleinen Verlusten bis unter 10^{-3} absinken kann. Es werden daher Wattmeter mit besonders hoher Überlastbarkeit des Strompfades benötigt; meist besitzen sie eine zweite Stromwicklung, die über einen verlustfreien Kondensator bestimmter Kapazität an Erde liegt und einen dem Verschiebungsstrom der Leitung genau entgegengesetzt gleichen Strom führt. Die Komplikation einer besonderen Wattmeterbauart kann umgangen werden, wenn ein Spezialstromwandler Verwendung findet, der eine fast vollkommene Kompensation der wattlosen Komponente des Ladestroms und dadurch die Verwendung eines bei gutem Leistungsfaktor arbeitenden normalen Wattmeters erlaubt. Große Schwierigkeiten bietet jedoch weiterhin der Spannungspfad; dessen auf Hochspannungspotential befindliche Spannungsspule liegt über einen möglichst induktions- und kapazitätsfreien Hochohmwiderstand an Erde, von dem verlangt wird, daß sein Winkelfehler nur kleine Bruchteile eines Grads erreicht, um den Meßwert nicht erheblich zu fälschen. Teils werden Flüssigkeitswiderstände mit dauernd umgewälzter und temperierter schlechtleitender Flüssigkeit verwendet, teils Hochohm-Drahtwiderstände besonderer Bauart.

Die Mehrzahl der bisher ausgeführten Untersuchungen erfolgte mit Prüfspannungen unter 200—300 kV. Der Zwang zur großräumigen übernationalen Verbundwirtschaft hat jedoch der Entwicklung von 400 kV-Drehstrom-Übertragungsanlagen einen mächtigen Impuls verliehen und so sind in den letzten Jahren von verschiedenen Seiten Koronauntersuchungen im Bereich dieser Spannungen in großem Maßstab meist in Gemeinschaftsarbeit der interessierten Werke durchgeführt worden oder sind z. T. auch noch in der Durchführung begriffen. In Deutschland waren dies Messungen von SSW [4, 5] während des Krieges an einer Einphasenleitung von 80 m Länge (Einfachseil und Viererbündel), in der Schweiz von BBC an einer Zwei- und Dreidrahtleitung von rd. 500 bzw. 50 m Meßlänge [6, 7]; 500 kV-Versuchsstationen entstanden nach dem Krieg in Chevilly bei Paris [8, 9] (Messungen mit großer und kleiner Reuse, Alu-Hohlseile von 40—50 mm $\varnothing$, Zweifachbündel, Meßlänge

500 m) sowie in Nordamerika beim Tidd-Kraftwerk in der Nähe von Brilliant, Ohio [10] (3 Drehstrom-Versuchsleitungen bis zu 2,4 km Länge, verkettete Spannungen bis zu 500 kV (eff.), Seile bis 50 mm $\varnothing$, auch Zweifachbündel).

Es hat nicht an Bemühungen gefehlt, auf Grund von Versuchen und theoretischen Überlegungen Formeln zur Vorausberechnung der Koronaverluste bei Wechselspannung aufzustellen. Doch blieb allen Anstrengungen dieser Art ein nachhaltiger Erfolg versagt wegen der überaus starken Abhängigkeit der Verluste von einer Vielzahl von Einflüssen, vor allem bei wechselnden atmosphärischen Bedingungen. Daher ist man nach dem Fehlschlag dieser Bemühungen bescheidener geworden und beschränkt sich heute auf die Vorausbestimmung der Gesamtverluste durch Ausmessung der Verluste eines kurzen Stückes des für den späteren Einbau vorgesehenen Leiterseils; die zu erwartenden Betriebsverluste können aus einer Einphasenmessung mit ausreichender Genauigkeit abgeleitet werden.

Am bekanntesten von allen Formeln zur Vorausbestimmung der Koronaverlustleistung bei Wechselspannung ist die von PEEK [11] auf Grund von Messungen bei systematischer Änderung der Versuchsbedingungen hergeleitete Beziehung

$$N = \frac{2{,}38 \cdot 10^{-3}}{\delta} \sqrt{\frac{r}{d}}\,(f + 25)(U - U_0)^2$$

in kW pro km Leiterlänge (oder W/m). Hierin bezeichnet U die angelegte Spannung gegen Erde in kV (eff.), f die Frequenz, r den Leiterradius, d den Abstand zum Rückleiter und δ die relative Gasdichte, bezogen auf 20° C und 760 Torr. Unter U_0 will PEEK nicht etwa, wie oft fälschlich angegeben wird, die Einsatzspannung des sichtbaren Glimmens und auch nicht die tiefer liegende Spannung des ersten Auftretens gerade merklicher Verluste verstanden wissen, sondern einen Zwischenwert, der den Beginn des nach der Formel zu erwartenden Parabelanstiegs kennzeichnet. Die Verluste wachsen somit nach PEEK quadratisch mit der Spannung und linear mit der Frequenz (wobei sehr niedere Frequenzen nicht mehr in den Gültigkeitsbereich der Formel fallen). Von der Abszisse würde sich die Verlustkennlinie demnach schleichend entfernen. Wie PEEK selbst schon erkannte und wie auch durch nachfolgende Messungen immer wieder herausgestellt wurde, vermag sein Ansatz die Verlustkurve unterhalb der Einsatzspannung des sichtbaren Glimmens nicht oder doch nur sehr mangelhaft wiederzugeben.

Eine gewisse Bedeutung hat eine von HOLM [12] auf Grund theoretischer Überlegungen über Lage und Wirkung der Raumladung abgeleitete und durch empirische Konstanten ergänzte Beziehung erlangt.

Für den Fall einer Zweidrahtleitung lautet sie

$$N = 1{,}11 \cdot 10^{-3}\, f \cos\left(0{,}6\,\frac{U}{U_0}\right)\left[\frac{2}{\ln\dfrac{d}{L_1}} - \left(1 + \frac{\ln\dfrac{d}{L_2}}{\ln\dfrac{d}{L_1}}\right)\frac{1}{\ln\dfrac{d}{r}}\right] U\,(U - U_0)\ \mathrm{kW/km}.$$

Wiederum bezeichnen U und U_0 die Effektivwerte in kV der Einsatz-
und angelegten Spannung, f die Frequenz und d den Leiterabstand.
L_1 und L_2 geben die Entfernungen des Ionenschwerpunktes beim Höchstwert und beim Nulldurchgang der Spannungswelle an; Näherungsformeln für ihre Berechnung wurden von Holm abgeleitet. Die Kompliziertheit des Formelaufbaus und die wenig übersichtliche Spannungsabhängigkeit der Verluste lassen die Holmsche Formel für die praktische
Anwendung wenig geeignet erscheinen, wenn sie auch in einigen Fällen
eine angenähert zutreffende Vorausbestimmung der Verluste ermöglichte.

Etwa gleichzeitig mit der Erstveröffentlichung von Holm leiteten
Ryan und Henline [13], wenige Jahre danach Willis [14] und neuerdings Pélissier und Renaudin [15] ebenfalls aus dem Ladungs-Span-
nungsdiagramm einen der Holmschen Verlustbeziehung grundsätzlich
gleichartigen Ausdruck ab. Ohne Ableitung gibt Peterson [16] eine auf
theoretischem Weg gefundene und durch empirische Konstanten an-
gepaßte Beziehung der Form

$$N = \frac{10^{-3}}{9\left(\ln\dfrac{d}{r}\right)^2}\, f\, U^2 \Phi\left(2\ln\frac{U}{U_0} + \left(\frac{U}{U_0}\right)^2 - 1\right)\ \mathrm{kW/km\ Leiterlänge}.$$

Hierin ist U die Spannung eines Leiters gegen Erde; die graphisch
angegebene Hilfsfunktion Φ wird in ihrer Abhängigkeit von U/U_0 aus
vorliegenden Verlustmessungen erschlossen. Die Peterson-Formel hat
in den letzten Jahren anläßlich der Diskussion über die bestgeeignete
Darstellungsweise gemessener Verlustkurven eine gewisse Bedeutung
erlangt. Von Frey [17] wurde ohne Nachprüfung ihrer Richtigkeit
darauf hingewiesen, daß bei Einführung der Randfeldstärke $E_r = \dfrac{U}{r\ln d/r}$
die Verluste nach Peterson nur von der Randfeldstärke und dem Quadrat des Leiterradius abhängen und daher eine Auftragung von $\dfrac{N}{r^2}$ über
E_r auch bei unterschiedlichen Seildurchmessern zu einer einzigen Kurve
führen müsse. Nach Böcker [18] ergibt die entsprechende Darstellung
$\dfrac{N}{n\,r^2}$ über $E_{r\,\mathrm{max}}$ sogar bei Bündelleitungen mit n Teilleitern pro Phase
eine einheitliche Darstellung der Verlustwerte, wenn unter $E_{r\,\mathrm{max}}$ der
Maximalwert der (am Umfang des Teilleiters angenähert sinusförmig
schwankenden) Oberflächenfeldstärke verstanden wird. Abweichend hiervon ziehen Cahen und Pélissier [9] bei Bündelleitern eine Auftragung

der Verluste in Abhängigkeit vom Mittel aus arithmetischem Mittelwert und Höchstwert des Oberflächengradienten vor $\left(E_{r_{\text{äqu}}} = \dfrac{E_{r\max} + E_{r\text{mit}}}{2}\right)$.

Eine ausführliche Besprechung der Formeln für die Koronaverluste bei Wechselspannung einschl. der Erwähnung hier nicht genannter Ansätze findet sich bei PRINZ [19]. Dieser selbst stellt eine neuartige, seinem Gleichspannungsgesetz analoge Beziehung auf. Sie lautet mit

$$\lambda = \frac{\Lambda}{\delta\, d^2}$$

$$N = \lambda f U^2 (U - U_0)\, 10^{-3}\ \text{kW/km}.$$

Die empirisch bestimmte „Leitwertkenngröße" Λ hängt ab vom Leiterabstand, Frequenz und Art der Leiteranordnung.

Aus bereits dargelegten Gründen kann darauf verzichtet werden, hier die Einzelheiten der in den Formeln vorkommenden Abhängigkeiten zu diskutieren, da eben die Praxis sich damit abgefunden hat, den Leistungsverlust eines bestimmten Leiterseils nicht durch Rechnung, sondern durch den Versuch zu bestimmen. Nur soviel sei gesagt, daß fast alle Überprüfungen der PEEKschen Formel ihre Brauchbarkeit im Gebiet großer Verluste bestätigten, wo die Verluste tatsächlich in guter Annäherung quadratisch mit der Spannung ansteigen, nicht mehr jedoch im technisch vorzugsweise interessierenden Gebiet kleiner Verluste im Bereich der Einsatzspannung oder noch darunter. An Leitungen treten nämlich wegen der in keinem Fall völlig glatten Leiteroberfläche an den Stellen stärkerer Feldverdichtung auch schon unterhalb der Spannung, bei der sich der Leiter mit einer zunächst nur im völligen Dunkel bemerkbaren Leuchthülle überzieht, einzelne unzusammenhängende Entladungen auf. Ihre Ursachen sind wohl in erster Linie in Bearbeitungs- oder Montageriefen oder in der Verwitterung der Oberfläche ehemals glatter Leiter zu suchen oder in Schwebeteilchen oder Wassertropfen, die sich auf dem Leiter festsetzen; auch können bei Seilen einzelne an der Oberfläche liegende Drähte geknickt oder aus ihrer Normallage verschoben oder gar gebrochen sein. Fest steht, daß unter besonders ungünstigen Verhältnissen an Seilen noch Verluste bis herab zum zehnten Teil der Spannung des visuellen Koronaeinsatzes gemessen wurden und daß bei Übertragungsanlagen so hohe Verluste, wie sie oberhalb U_0 entstehen würden, aus wirtschaftlichen Gründen keinesfalls tragbar sind.

Die Verlustkurven älterer Arbeiten zeigen vielfach einen plötzlichen und keinen schleichenden Anstieg ab einer wohldefinierten Spannung — der Anfangsspannung — doch ist zu vermuten, daß sich auch schon zuvor auftretende Verluste wegen ihrer vergleichsweise sehr viel geringeren Höhe einer Erfassung entzogen. Vor allem dürfte dies für Wechselspannungsmessungen gelten, nachdem es ganz besonderer Sorgfalt bedarf, um bei dem hier äußerst kleinen Verlustwinkel Leistungen unter einigen 100 W/km Leitungslänge festzustellen und zu messen. Auch handelt es sich dabei in ihrer überwiegenden Mehrzahl um Messungen in der Reuse an kurzen Leitern mit glatter und sorgfältig gereinigter Oberfläche, wie sie bei Freileitungsseilen niemals vorliegt. An Hand von in der Reuse aufgenommenen Verlustkurven glatter Leiter sei der Nachweis geführt, daß sich ein eigentlicher Einsatz der Verluste gar nicht angeben läßt und diese sich mit Verminderung der einwirkenden Spannung so sehr erniedrigen, daß sie unterhalb einer durch das Meßverfahren und die Sorgfalt der Versuchsdurchführung festgelegten Grenze nicht mehr beobachtbar sind (s. Abb. 209).

Diese Grenze liegt erheblich unter dem Einsatz des sicht- oder hörbaren Glimmens. Mit zunehmender Spannung steigen die Verluste immer rascher an, um ab einer gewissen Spannungshöhe bei der gewählten halblogarithmischen Darstellung fast senkrecht in die Höhe zu schnellen und dabei in einem sehr engen Spannungsbereich um mehr als eine Größenordnung zu wachsen. Diese Spannung der sprunghaften Erhöhung liegt nach CAHEN und PÉLISSIER [20] immer noch um rd. 5% unter der eigentlichen Einsatzspannung U_0 des sichtbaren Glimmens. Oberhalb der Spannung des steilen Verlustanstiegs lassen sich die Verluste recht gut durch die Beziehung $N \sim U(U - U_1)$ wiedergeben [15, 20]. Wenn auch andere Beobachter im allgemeinen keinen so steilen Verlustanstieg bei U_1 feststellen konnten, so stimmen die neueren Untersuchungen doch darin überein, daß die Verlustkurve im technisch interessierenden Bereich aus einem unteren flachverlaufenden, wenig stabilen und einem rasch ansteigenden Ast besteht.

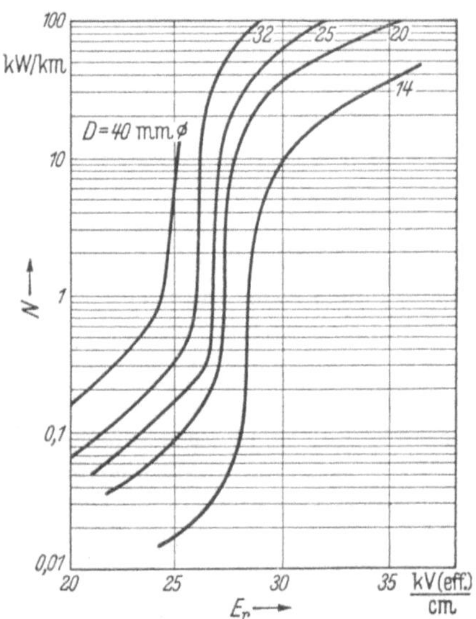

Abb. 209. Koronaverluste glatter Leiter unterschiedlichen Durchmessers bei 50 Hz in der Reuse in Abhängigkeit von der Oberflächenfeldstärke E_r [20].

Bei der Spannung U_0 überzieht sich der Leiter auf seiner ganzen Länge mit einer Glimmhülle. Die Plasmahaut der anfänglichen Dicke $s \approx \sqrt{r/3}$ (s. S. 515) vergrößert scheinbar den Durchmesser des Drahtes, was sich in einer Erhöhung der Kapazität auswirkt. Mit weiter steigender Spannung wächst die Dicke der Glimmhülle. Die Versuche zeigen, daß oberhalb U_0 die Kapazität ungefähr geradlinig mit der Spannung ansteigt [5, 20, 44, 46]. Die rechnerisch aus der Kapazitätszunahme folgende Durchmesservergrößerung des Leiters ist größer als die sich durch Ausmessung der sichtbaren Glimmhülle ergebende [7]. Abb. 210 zeigt das Verhalten für unterschiedlich dicke Leiter: Nahezu bis hin zur Spannung U_0 bleibt die Kapazität konstant, um dann geradlinig zu wachsen. Während in diesem Fall glatter und sehr sauberer Leiter der Knick sich deutlich ausprägt, ist der Übergang bei technischen Leiterseilen wegen der mit der Spannung zunehmenden Zahl glimmender Stellen auf der rauhen Oberfläche viel allmählicher [4]. Hinzu kommt, daß die Höhenlage der Leiter sich längs des Spannfeldes ändert und damit auch die Kapazität pro Längeneinheit und die Oberflächenfeldstärke. Die Korona beginnt an der Stelle geringsten Erdabstandes und breitet sich

bei ansteigender Spannung von hier nach beiden Seiten aus, bis erst bei ausreichend hoher Spannung die Leitung auf ihrer ganzen Länge sprüht.

Allgemein werden für Drehstrom-Höchstspannungsleitungen Schönwetterverluste von rd. $^1/_2$ kW/km Leitungslänge, für 400 kV-Leitungen vielleicht auch noch das Doppelte als zulässig genannt [21], was einen Betrieb der Anlage unterhalb oder vielleicht auch noch nahe der kritischen Spannung zur Voraussetzung hat. Nur bei Störung des Normalbetriebs durch Erdschluß ist bei der sich im ungünstigsten Fall bis zum

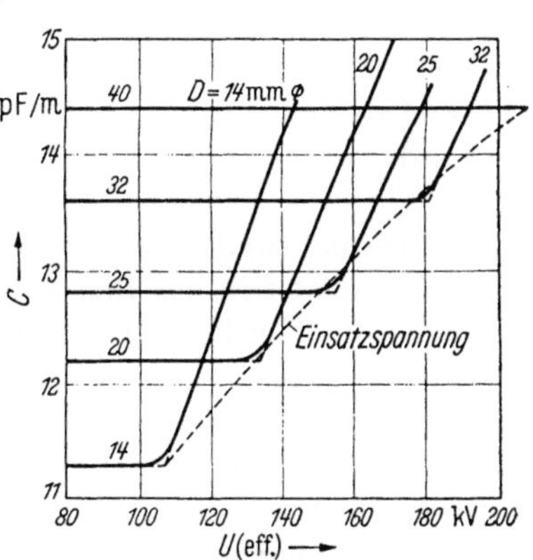

Abb. 210. Änderung der in der Reuse gemessenen Kapazität glatter Leiter mit der Spannung bei verschiedenen Leiterdurchmessern D [20].

1,73 fachen erhöhenden Spannung der gesunden Phasen gegen Erde die Einhaltung dieser Werte bei Höchstspannungen nicht mehr möglich, doch treten die dann sehr hohen Wattverluste auf der Leitung nur während der Dauer der Störung auf und können bei den Wirtschaftlichkeitsbetrachtungen außer Ansatz bleiben (Messungen an einer Drehstromleitung bei Erdschluß s. [22]). Allerdings wirken sich die Erdschluß-Koronaverluste sehr ungünstig in gelöschten Netzen aus, wo sie wegen des hohen Reststromes an der Erdschlußstelle als Folge des großen Wattstromes und der Oberwellenanteile die Wirksamkeit der PETERSEN-Spule zur Behebung eines Lichtbogenüberschlags in Frage stellen [5, 46] und möglicherweise zum Betrieb mit starr geerdetem Netznullpunkt zwingen. Dagegen vermögen die Koronaverluste Wanderwellen hoher Steilheit und Überspannung schon nach wenigen km Lauf wirksam zu dämpfen [47, 48].

Bei nicht zu kleiner Entfernung der Gegenelektrode, was in guter Annäherung bei Hochspannungsfreileitungen immer vorausgesetzt werden darf, ist das Feld im Bereich des sprühenden Leiters fast radialsymmetrisch und fällt unter Vernachlässigung der Raumladung nach außen umgekehrt verhältnisgleich dem Leiterabstand ab. Die Berücksichtigung der Raumladung um den Leiter mit ihrem Schwerpunkt in einigen cm Abstand vom Sprühdraht ändert zwar den Feldverlauf, doch sind weiterhin die Felder unterschiedlicher Leiteranordnungen wegen der Einflußlosigkeit einer Lageänderung der Gegenelektrode bei gleichen Verlustströmen auch gleich. Stets ermöglicht nur das Feld in Leiternähe Stoßionisation und beachtliche Ionengeschwindigkeiten, weshalb der weit überwiegende Teil der Gesamtverluste nur in Leiterumgebung auftritt [17]. Dies bedeutet, daß bei gleichen (raumladungsfrei errechneten) Randfeldstärken unabhängig von der Leiteranordnung auch gleiche Koronaverluste zu erwarten sind. Mit Hilfe dieser von POTTHOFF [23] zuerst in etwas anderer Form ausgesprochenen Gesetzmäßigkeit ist es möglich, die Koronaverluste einer Drehstromleitung bei einer bestimmten Spannung im voraus anzugeben, wenn für das betreffende Seil Verlustmessungen bei der äquivalenten Spannung etwa an einer Ein- oder Zweidrahtleitung oder in der Reuse vorliegen. Wegen der Abhängigkeit der Verluste von Oberflächenform und -zustand ist die Messung mit einem Seil der endgültigen Ausführung vorzunehmen. Die somit vorauszusetzende Gleichheit der Leiterdurchmesser ermöglicht es, die POTTHOFFsche Gesetzmäßigkeit in der Form auszusprechen, daß gleiche Verluste bei beliebigen Anordnungen gleichgroße Ladungen auf der Längeneinheit der sprühenden Leiter verlangen. Bei der Einphasenleitung gilt mit C_1 als (unveränderlich angenommener!) Kapazität der Leitung gegen Erde

$$Q = C_1 U_1 \, ,$$

während bei der Drehstromleitung für die Ladung bei der verketteten Spannung U_v

$$Q = C_\mathrm{B} \frac{U_\mathrm{v}}{\sqrt{3}}$$

anzusetzen ist mit C_B als Betriebskapazität einer Phase. Wegen der Gleichheit der Ladungen folgt daraus als Umrechnungsformel für die Spannungen

$$U_\mathrm{v} = \sqrt{3} \, \frac{C_1}{C_\mathrm{B}} \, U_1 \, .$$

Die Koronaleistung $N_\mathrm{Dr} = \sqrt{3} \, U_\mathrm{v} \, I_\mathrm{Kor}$ der Drehstromübertragung errechnet sich aus der Einphasenleistung der Versuchsstrecke $N_1 = U_1 I_\mathrm{Kor}$ zu

$$N_\mathrm{Dr} = 3 \, \frac{C_1}{C_\mathrm{B}} \, N_1 \, .$$

Potthoff [24] konnte durch Vergleich der von ihm in der Reuse mit den von anderer Seite an einer Drehstromleitung gemessenen Verlusten ein und derselben Leiterbauart (28 mm-Hohlseil) die Brauchbarkeit seines Ansatzes nachweisen. Ebenfalls wurde durch nachfolgende Messungen [6, 7, 25] die Nützlichkeit der Umrechnungsformel für die Vorausbestimmung der Drehstromverluste aus Einphasenmessungen unter Beweis gestellt. Nach Böcker [18] ist die Umrechnung sogar für die Teilleiter von Bündelleitungen zulässig. Bei genauen Rechnungen ist zu beachten, daß bei der für Höchstspannungsleitungen wohl allein in Frage kommenden Anordnung der Leiter in einer Ebene die Feldstärke am mittleren Leiter rd. 5—7% höher ist als an den beiden äußeren [9].

Vergleich der Gleich- und Wechselspannungsverluste. Sobald die angelegte Gleichspannung den Einsatzwert überschreitet, bildet sich am Leiter — von Pulsationen des Stromes sei abgesehen — die nicht mehr aussetzende Gleichspannungskorona aus. Im Gegensatz hierzu zündet und erlischt die Wechselentladung periodisch im doppelten Takt der Netzfrequenz und brennt jeweils nur im Bereich des Scheitels. Zunächst kann sich das Sprühen bei völlig glattem Leiter und einer nur knapp über U_0 hinausreichenden Spannung nur in der Halbwelle mit positivem Draht ausbilden, weil die Einsatzspannung bei negativer Polarität des Drahtes etwas höher liegt und die Entladung erst bei leicht erhöhter Spannung auch in der negativen Halbwelle zündet. Hierbei ist vorausgesetzt, daß bis zum neuerlichen Einsatz der Entladung die Raumladung von der Ausgangselektrode wieder aufgenommen wurde und sie somit die Zündspannung nicht zu beeinflussen vermag. Bei nicht völlig sauberer Oberfläche und bei verseilten Leitern, also in allen Fällen der Praxis, liegen andere Verhältnisse vor. Nunmehr beginnt die Entladung am negativen Leiter; erst bei erheblicher Steigerung der Spannung kommt auch die positive Halbwelle zum Zug.

Bei der Einsatzspannung und noch etwas darüber, solange die jeweilige Brennzeit der Wechselstromentladung nur einen kleinen Bruchteil der Halbwellendauer ausmacht und überdies nur jede zweite Halbwelle eine Entladung ausbilden kann, müssen die Koronaverluste bei Wechselspannung kleiner als bei Gleichspannung sein. Dies wird durch vergleichende Messungen an Kupferseilen in der Reuse [26] und an einer mit 3 mm-Kupferdraht belegten Doppelleitung [27] bestätigt (s. Abb. 211). Für größere Drahtdurchmesser gelten nach Strigel weniger übersichtliche Verhältnisse (s. hierzu a. [42]). Weil im Wechselfeld zusätzliche Umladungsverluste auftreten und die Einsparung durch verkürzte Brennzeit gegenüber der stetigen Gleichspannungsentladung wettmachen, müssen sich die Kurven überkreuzen. Bei hohen Spannungen ist demnach der Leistungsverbrauch im Wechselfeld größer. Doch ist der Unterschied nicht allzu groß und verschwindet beim Schnittpunkt, der meist in der Nähe des Betriebspunktes liegen dürfte, weshalb eine mit Gleichspannung betriebene Leitung keine besonderen Vorzüge gegenüber der mit gleichem Scheitelwert betriebenen Wechselspannungsleitung zu bieten hat. Unabhängig davon ist selbstverständlich die Leistungsfähigkeit der Gleichstromübertragung bei gleichen **Effektiv**spannungen wesentlich größer.

Einfluß der Oberflächenbeschaffenheit und der Leiteranordnung. Alle bisherigen Verlustmessungen stimmen darin überein, daß der Werkstoff des sprühenden Leiters ohne Einfluß auf Beginn und Höhe der Verluste ist [1, 27—29, 43]. Zwar vermutete v. ENGEL [30] auf Grund von Versuchen mit Kupferdrähten mit künstlich erzeugtem CuO-Überzug, daß die chemische Zusammensetzung der Oberflächenschicht die Ausbeute an Nachlieferungselektronen und dadurch die Höhe der Zündspannung und den Verlauf der Verlustkurve beeinflusse, doch ist eine solche direkte Auswirkung der Art des Werkstoffes wenig wahrscheinlich. Sehr viel eher ist anzunehmen, daß etwaige Unterschiede der Verluste bei unterschiedlichen Werkstoffen ihre Ursache in einem ungleichen Oberflächenzustand haben und das eine Material nach derselben Behandlung eine glattere Oberfläche besitzt als das andere.

Wegen ihrer tiefer liegenden Anfangsspannung sind die Koronaverluste verseilter Leiter und von diesen wieder die mit Runddrahtdecklage höher als die von glatten Leitern bzw. Seilen mit Flachdrahtdecklage gleichen Durchmessers. Über vergleichende Untersuchungen an Seilen mit 1,4″ Durchmesser in sechs verschiedenen Ausführungsarten s. [31]. Die Verseilung wirkt sich bei

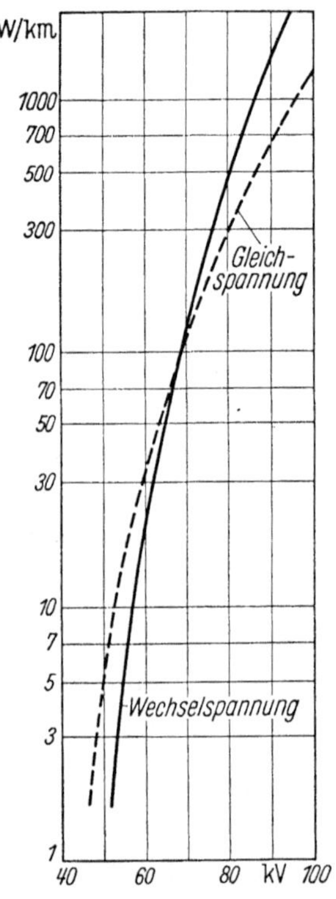

Abb. 211. Vergleich der Gleich- und Wechselspannungsverluste einer Doppelleitung mit 3 mm-Draht (*d/r* = 400) [*27*].

üblichen Typen mit Runddrähten in der Decklage in einer Verschiebung um 8—10%, bei starken Drähten bis zu 15% in Richtung der Abszisse hin zu kleineren Spannungen aus [*20*]. Scharfe Kanten der Lamellen von Hohlseilen mit flacher Decklage wirken im Bereich des Kapazitätsknicks ähnlich wie eine Runddrahtdecklage und senken also gleichfalls die Einsatzspannung ab (um 5—12%), führen jedoch bei den niedrigeren Spannungen zu wesentlich höheren Verlusten [*20*].

Vom gegenseitigen Abstand und der Entfernung gegen den Boden hängen die Verluste nur geringfügig ab [29]. Dagegen findet STRIGEL [27], daß zwar die Anfangsspannung nur wenig, jedoch der Anstieg der Verlustkurve erheblich mit zunehmendem Leiterabstand kleiner wird. Aus dem Vergleich verschiedener Messungen mit dem PEEKschen Ansatz, der eine Verringerung der Verluste mit $1/\sqrt{d}$ voraussagt, zieht PRINZ [32] den Schluß, daß die Verluste mit wachsendem Leiterabstand stärker abnehmen, als dies die Formel angibt. Je größer der Abstand, desto langsamer beginnt die Verlustkurve anzusteigen.

Durch Erdseile werden die Teilkapazitäten der Leiter gegen Erde und damit auch die Randfeldstärken und hierdurch wiederum die Koronaverluste leicht erhöht. In der Praxis darf diese Vermehrung selbst noch bei zwei Erdseilen vernachlässigt werden [33].

Fett und andere Fremdstoffe, wie sie der Oberfläche eines Leiterseils noch von der Herstellung anhaften, vermehren die Koronaverluste stark [34]. Durch Behandlung mit einem fettlösenden Mittel, Abbürsten und Nachwaschen mit Wasser lassen sie sich herabdrücken [31]. Im Verlustdiagramm $N(U)$ äußert sich eine solche Behandlung im wesentlichen durch eine Parallelverschiebung der Verlustkurve in Richtung höherer Spannungswerte. Anschließendes Polieren der Seiloberfläche ergibt eine nochmalige, aber nicht anhaltende Verminderung der Verluste [34]. Wenige tiefe Riefen an der sonst glatten Leiteroberfläche erhöhen die Verluste stark [27]; werden die Riefen durch Abschmirgeln bis auf feine Kratzspuren beseitigt, so werden die Verluste auf einen kleinen Bruchteil herabgesetzt. Das Ziehen eines sorgfältig gereinigten Seiles über den Erdboden längs einer Strecke von $^3/_4$ km hat eine starke Erhöhung der Verluste zur Folge, die dann fast die Höhe der anfänglichen im Anlieferungszustand des Seiles erreichen [34].

In der gleichen Richtung einer erheblichen Verringerung der Strahlungsverluste wie eine Nachbehandlung des Leiters, zumindest im Gebiet nicht allzu hoher Spannungen, wirkt die Korrosion der Seiloberfläche durch die Atmosphäre [29]. In einem allmählichen Alterungsprozeß wird das Seil entfettet; vorstehende Spitzen und Kanten werden abgetragen und hierdurch die Oberfläche geglättet. BÖCKER [25] sowie PÉLISSIER [9, 15] führen die Alterung auf eine Folge der Verkohlung organischer Substanzen und der Bildung von Metallsalzen zurück unter dem Einfluß der örtlichen Temperaturerhöhung und vor allem wohl auch der chemischen Zersetzung der Luft in der Sprühzone; im Betrieb entsteht hierdurch ein die Rauhigkeit der Oberfläche herabsetzender schwarzer, ziemlich glatter Überzug, der hauptsächlich aus verkohltem Staub und Fasern besteht. Bis zum Erreichen des Endzustandes niedrigster Verluste vergeht etwa $^1/_2$ bis 1 Jahr [33]. In Industriegebieten und am Rande von Großstädten dürften die Leiterseile wegen des größeren Staubgehaltes der Luft wohl schneller altern. Besonders rasch geht der Alterungsprozeß vor sich, wenn die Leitung mit erhöhter Spannung im Gebiet hoher Verluste betrieben wird [5, 7, 25, 34, 43]. Damit bietet sich eine Möglichkeit, neuen Leiterseilen rasch eine Oberflächenbeschaffenheit zu geben, die der bei natürlicher Alterung nahekommt, und die Koronaverluste innerhalb kurzer Zeit zu verkleinern. Allerdings „verjüngt" sich die Seiloberfläche bei einer längere Zeit außer Betrieb genommenen Leitung durch anfliegenden Staub wieder, doch genügen dann wenige Stunden mit unter Spannung stehender Anlage, um die Verluste wieder auf die Höhe der gealterten Leitung zu bringen [9]. Die von mehreren Seiten beobachteten Schwankungen der Verluste von Tag zu Tag auch bei Konstanz aller erfaßbaren Einflußgrößen dürften in erster Linie das Werk eines veränderlichen Staubgehalts der Luft und des je nach Oberflächenzustand unterschiedlichen Adhäsionsvermögens der Leiteroberfläche sein [33].

Atmosphärische Einflüsse. Nach der PEEKschen Formel sind die Verluste der relativen Gasdichte δ umgekehrt proportional, sofern die Änderung der Anfangsspannung unberücksichtigt bleibt. Messungen von PRINZ [32] an Drähten bestätigen diese Aussage. CAROLL und ROCKWELL [35] geben an, daß sich die Verlustkurve bei einer Änderung von δ einfach parallel zur Abszisse verschiebt. In Höhenlagen wird die Luftdichteverringerung daher oftmals zu einer Vergrößerung des Leiterdurchmessers von Höchstspannungsleitungen zwingen.

Mit der relativen Feuchtigkeit f der Atmosphäre steigen die Verluste an, wenn auch manche Messungen [9, 27, 35] diesen Einfluß nicht klar hervortreten lassen. POTTHOFF und MATHIESEN [36] finden bei Untersuchungen mit einer von der Außenwelt abgeschlossenen Reuse bei $f = 25-95\%$ einen zunächst langsamen und oberhalb 80% bei Annäherung an den Taupunkt immer rascheren Anstieg der Verlustkurve, was LÄPPLE [4] bei Freileitungsmessungen bestätigen kann. Hingegen vermag BÖCKER [25] eine ausgesprochene Schwelle des steilen Verlustanstiegs nicht zu finden, sondern nur eine allmähliche Zunahme oberhalb $f = 60\%$. Nach ihm liegen die Verluste bei feuchtem Wetter um eine ganze Größenordnung über denen bei Schönwetter. Am gealterten Seil wirkt sich hohe Luftfeuchtigkeit weniger als am neuen Seil aus [36]. Durch eine Fettung der Seiloberfläche (Einreiben mit Vaseline) werden die Verluste bei hohen Feuchtigkeitsgraden verringert [36]. Die von POTTHOFF und MATHIESEN [36] zur Deutung des Feuchtigkeitseinflusses entwickelte Theorie, wonach die Wasserhaut auf der Oberfläche die Nachlieferungselektronenausbeute verringere und den Zündeinsatz bei Wechselspannungsbetrieb erschwere und verzögere, hat nur geringe Wahrscheinlichkeit für sich. Allerdings muß es sich um einen Oberflächeneffekt im Gefolge der Kondensation von Wasserdampf am Leiter handeln, nachdem die bei erhöhter Luftfeuchtigkeit verringerte Beweglichkeit der Ionen im Raum zwischen den Elektroden keinesfalls die Verluste erhöhen könnte, sondern sich in Richtung einer Verlustminderung auswirken müßte [27], sofern sie überhaupt merklich würde.

Noch sehr viel höhere Verluste, und zwar ebenfalls als Folge einer Oberflächenumgestaltung des Leiters, treten bei Schlechtwetter, also bei Regen, Schnee oder gar Nebel auf [4, 7, 27, 52]; sie sind keinesfalls allein eine Folge stark erhöhter Isolatorenverluste bei Beregnung, wie KÜHN [37] aus Gleichspannungsmessungen erschloß. Sowohl bei Gleich- als auch bei Wechselspannung sind demnach die Koronaverluste in außerordentlich großem Umfang von den Wetterverhältnissen abhängig. Niedrigste Verluste ergeben sich bei trockenem, sonnigem Wetter, um etwa eine [27] oder gar zwei [6] Größenordnungen höhere bei heftigem Schauerregen, Schnee oder dichtem Nebel [9, 25]; noch größere Verluste wurden bei Rauhreif gemessen [7], bei dem Frostablagerungen aus überkalteten Nebelteilchen zerklüftete Gebilde an der Seiloberfläche entstehen lassen [38, 50, 52]. Von einer Seite [5] wird allerdings angegeben, daß Regen die ungünstigsten Verhältnisse hinsichtlich der Koronaverluste schafft. All diese Schlechtwettereinflüsse äußern sich im wesentlichen durch eine Verschiebung der Verlustkennlinie nach links, so daß diese unter Umständen schon bei der Hälfte des Wertes der Schönwetterkurve beginnt [6, 7, 46]. Bei wechselnder Witterung wird somit ein breites Verlustgebiet überstrichen [4, 27, 33].

Am Leiter hängende Regentropfen werden unter dem Einfluß des starken elektrischen Feldes zu Spitzen ausgezogen und zersprühen einen Teil ihrer Flüssigkeitsmenge in den Raum (s. S. 353). Am größten sind die damit verbundenen Verluste zu Beginn der Beregnung, solange die Leiteroberfläche noch trocken ist und sich an allen Stellen des Auftreffens von Tropfen diskrete Entladungen ausbilden [9, 15, 20, 39]. Bei starkem Regenfall ist die Oberfläche nach wenigen Minuten benetzt; Einfetten des Seiles verhindert dies und führt bei Regen zu höheren Verlusten [15]. Am nassen Seil hängen die Tropfen nur an der Unterseite, und zwar wegen der zwischen ihnen wirksamen elektrostatischen Kräfte halbwegs gleichmäßig über die Leiterlänge verteilt [9, 20]. Ihr Abstand wird von Windstärke und Heftigkeit des Regens beeinflußt. Bei großen Spannfeldweiten sammeln sich die Tropfen an der Stelle des größten Durchhangs an, und die Verluste teilen sich dann recht ungleichmäßig über die ganze Leitungslänge auf. Den Rückgang der Verluste bei länger anhaltendem Regen oder auch im Anschluß an die sprungartige Erhöhung bei plötzlich aufziehendem Nebel erklären GEISER und BELDI [6] durch die benetzungshemmende Wirkung der Korona; im Verlauf von etwa 20 min stellt sich ein neuer Gleichgewichtszustand mit gegenüber dem anfänglichen Höchstwert erniedrigten Verlusten ein. Nach Aufhören des Regens fallen die Verluste innerhalb kürzester Zeit um rd. ein Viertel [33]. Unter Spannung trocknet das Seil durch Abschleudern der Tropfen rascher [4]. Die Trocknung vollzieht sich bei höherer Spannung schneller [15] und ist nach einigen 10 min oder auch nach einer Stunde unter Rückgang der Verluste auf ihre alte Höhe vor der Beregnung beendet [15, 33]. Mit Erhöhung der Regenmenge nehmen die Koronaverluste nicht in gleichem Maße zu [4] und steigen bei mehr als 0,5 cm/h nur noch geringfügig an [33]. Durch Abzählen der am Seil hängenden Regentropfen konnten CAHEN und PÉLISSIER [20] feststellen, daß die Verluste schon durch sehr wenige Tropfen stark erhöht werden und die Verlustkurve bei weitem langsamer als verhältnisgleich zur Tropfenzahl ansteigt. Selbst bei relativ großer Entfernung der Tropfen tritt also noch eine gegenseitige Beeinflussung ihrer Raumladungen und Ströme ein. Mehr als etwa 50 Tropfen pro m Seillänge erbringen keinen weiteren Zuwachs der Verluste. Der Knick in der Kapazitätskurve geht mit steigender Tropfenzahl in einen immer weiter geschwungenen Bogen über.

Zu beachten ist, daß im Vergleich zu den im Versuch bei vernachlässigbarer Strombelastung der Leiter bestimmten Verluste bei Nebel und feuchtem Wetter die im praktischen Betrieb bei hoher Durchgangsleistung auftretenden Verluste niedriger liegen dürften: Die OHMschen Verluste erhöhen die Temperatur der Leiter über die der Umgebung, weshalb sich an belasteten Leitern Wasserdampfhäute nicht so leicht ausbilden können. Messungen hierüber stehen noch aus.

Funkstörung. Die an vorspringenden Ecken und Kanten oder Fremdteilchen schon weit unterhalb des sichtbaren Glimmens ansetzenden Entladungsimpulse bewirken die Abstrahlung von Wellenzügen in einem breiten und unregelmäßig schwankenden Frequenzband, durch das der Funkempfang in Leitungsnähe unter Umständen empfindlich gestört wird. Über diese Auswirkung der Korona liegen erst vorläufige Untersuchungen vor und auch diese nur im Mittelwellengebiet [9, 15, 40, 42, 45, 50, 51]. Wegen der erhöhten Spitzenwirkung bei Regen sind die Störungen in diesem Falle stärker [15]. Schon unterhalb meßbarer Koronaverluste treten Funkstörungen auf und sind bei relativ kleinen Verlusten schon sehr stark; bei hohen Spannungen bleiben die Störimpulse in ihrer Stärke nahezu ungeändert [9] oder werden sogar wieder schwächer [15, 45]. Ein stetiges Anwachsen mit der Spannung ist deswegen nicht möglich, weil bei gegebener Leitungslänge die Zahl der diskreten Einzelentladungen infolge ihrer gegenseitigen Behinderung ein gewisses Maß nicht übersteigen kann und anderseits der sich aus vielen Einzelimpulsen aufbauende Gesamtstrom immer weniger um einen Mittelwert schwankt. Die Länge der Leitung ist ohne Einfluß auf die Stärke der Abstrahlung, so daß auch schon kurze Versuchsleitungen eine Erforschung des Effekts ermöglichen [9]. Mit zunehmendem seitlichem Abstand von der Leitung nimmt die Störwirkung rasch ab und ist bei mehr als 30—50 m Entfernung nur noch sehr schwach [9, 40].

Bündelleitungen. Werden bei einer Freileitung die Phasenleitungen jeweils unter sich in Teilleiter aufgespalten und diese in einem bestimmten Abstand voneinander symmetrisch um eine Achse angeordnet, so entsteht die *Bündelleitung.* Die Aufteilung der Ladungen auf die Einzelleiter vermindert die Feldstärke an der Oberfläche jedes Leiters in wirksamer Weise. Durch die gegenseitige Abschirmung der Teilleiter wird die Randfeldstärke auf der dem Bündelmittelpunkt zugekehrten Seite auf einen Kleinstwert erniedrigt und erreicht auf der gegenüberliegenden Außenseite einen Höchstwert (s. Abb. 212). Zwischen den Extremen schwankt der Gradient nahezu sinusförmig [5, 9, 50]. Sein höchster Wert liegt bei nicht zu großem Abstand der Teilleiter immer noch weit unter dem bei üblicher Ausführung der Anlage mit einem Leiter pro Phase, weshalb die Bündelleitung hervorragend geeignet ist, die Koronaverluste von Höchstspannungsleitungen durch Heraufschieben des Koronaeinsatzes niedrig zu halten.

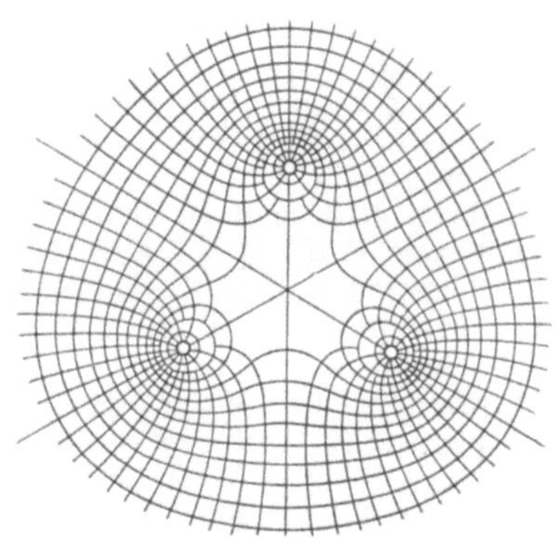

Abb. 212. Feldverlauf beim Dreifachbündel [41].

Während der Kleinstwert der Oberflächenfeldstärke bei einer Vergrößerung des Teilleiterabstandes im Bündel stetig zunimmt, wird der Größtwert zunächst kleiner, um erst nach Durchschreiten eines flachen Minimums ebenfalls anzusteigen. Es gibt demnach einen hinsichtlich des Koronaeinsatzes unter sonst gleichbleibenden Bedingungen günstigsten Teilleiterabstand. Für ein Zweifachbündel geben CAHEN und PÉLISSIER [9] diesen optimalen Abstand mit rd. 29 cm, v. MANGOLDT [41] für ein Viererbündel mit rd. 25 cm an. Wegen der am Umfang eines Teilleiters ungleichförmigen Feldstärke bildet sich eine Entladung zunächst nur an der Außenseite des Leiters und dehnt sich erst bei weiterer Erhöhung der Spannung über seinen ganzen Umfang aus. Infolgedessen steigen die Koronaverluste langsamer als bei Einfachleitungen an und können auch unter ungünstigen Witterungsverhältnissen und im Erdschlußbetrieb eher auf tragbarer Höhe gehalten werden [49]. Ob der Maximalgradient [18] oder ein geeignet anzusetzender Mittelwert [9] über die Höhe der Verluste entscheidet, kann noch nicht mit Bestimmtheit gesagt werden. Beim Zweifachbündel ist die Art der Leiteranordnung, ob die beiden Teilleiter senkrecht übereinander oder in die Horizontale gelegt werden, ohne Einfluß auf die Höhe der Verluste[9].

Literaturhinweise zu Kapitel XXIII.

1. PRINZ, H.: Dissert. T. H. München 1934.
2. PRINZ, H.: Arch. Elektrotechn. **32** (1938) 114.
3. PRINZ, H.: Arch. Elektrotechn. **31** (1937) 756.
4. LÄPPLE, H.: ETZ **65** (1944) 25.
5. BUSEMANN, F. u. W. v. MANGOLDT: Aufsatz: Koronaverhalten der Bündelleitung, im Sonderheft „Bündelleitungen" von SSW 1942.
6. GEISER, P. u. F. BELDI: BBC-Mitt. **30** (1943) 250.
7. BELDI, F.: Rev. BBC 1946, Nov. Heft, S. 363; CIGRE 408 (1948).
8. AILLERET, P. u. F. CAHEN: CIGRE **410** (1948).
9. CAHEN, F. u. R. PÉLISSIER: Bull. S. F. E. **6.** Ser. 8 (1948) 111 (Heft 79).
10. GROSS, I. W. u. C. F. WAGNER: CIGRE **415** (1948).
11. PEEK, F. W.: J. A. I. E. E. **30** (1911) 1458; Dielectric Phenomena in High-Voltage Engineering, McGraw Hill Book Co. New York 1929, Kap. VI u. X.
12. HOLM, R.: Wiss. Veröff. Siemens-Werk 4 (1925) 14; Arch. Elektrotechn. **18** (1927) 567.
13. RYAN, H. J. u. H. H. HENLINE: Trans. A. I. E. E. **43** (1924) 1118.
14. WILLIS, C. H.: J. A. I. E. E. **46** (1927) 272.
15. PÉLISSIER, R. u. D. RENAUDIN: Bull. S. F. E. **6.** Ser. 9 (1949) 53 (Heft 89).
16. PETERSON, W. S.: Trans. A. I. E. E. **52** (1933) 62 (Diskussionsbeitr. zu [*34*]); s. hierzu W. A. LEWIS, Disk.-Beitrag in Trans. A. I. E. E. **66** (1947) 1577.
17. FREY, W.: BBC-Mitt. **35** (1948) 202.
18. BÖCKER, H.: VDE-Fachber. **13** (1949) 313.
19. PRINZ, H.: Wiss. Veröff. Siemens-Werk **19**, 3 (1940) 88.
20. CAHEN, F. u. R. PÉLISSIER: Rev. gén. Electr. **58** (1949) 279.
21. SPORN, TH. u. A. C. MONTEITH: Trans. A. I. E. E. **66** (1947) 1571; C. F. WAGNER, A. WAGNER, E. L. PETERSON u. I. W. GROSS, Trans. **66** (1947) 1583.
22. CARROLL, J. S. u. D. M. SIMMONS: El. Engng. **54** (1935) 846.
23. POTTHOFF, K.: ETZ **54** (1933) 169.
24. POTTHOFF, K.: ETZ **57** (1936) 1054.
25. BÖCKER, H.: VDE-Fachber. **12** (1948) 12.
26. MARX, E. u. H. GÖSCHEL: ETZ **54** (1933) 1112.
27. STRIGEL, R.: Wiss. Veröff. Siemens-Werk **15**, 1 (1936) 68.
28. STOCKMEYER, W.: Wiss. Veröff. Siemens-Werk **13**, 2 (1934) 27.
29. CARROLL, J. S., L. H. BROWN u. D. P. DINAPOLI: Trans. A. I. E. E. **50** (1931) 36.
30. ENGEL, A. v.: Z. Phys. **68** (1931) 768.
31. CARROLL, J. S., B. COZZENS u. M. BLAKESLEE: Trans. A. I. E. E. **53** (1934) 1727.
32. PRINZ, H.: Arch. Elektrotechn. **35** (1941) 705.
33. GROSS, I. W., C. F. WAGNER, O. NAEF u. R. L. TREMAINE: El. Engng. **70** (1951) 224; TREMAINE, JONES u. NAEF, Westingh. Eng. 11 (1951) 144.
34. CARROLL, J. S. u. B. COZZENS: Trans. A. I. E. E. **52** (1933) 55.
35. CARROLL, J. S. u. M. ROCKWELL: Trans. A. I. E. E. **56** (1937) 558.
36. POTTHOFF, K. u. B. MATHIESEN: ETZ **56** (1935) 3.
37. KÜHN, E.: ETZ **56** (1935) 609.
38. BÜRKLIN, A.: Aufsatz: Bündelleitungen im Winter, im Sonderheft „Bündelleitungen" von SSW 1942.

39. CARROLL, J. S., L. H. BROWN u. D. P. DINAPOLI: J. A. I. E. E. **49** (1930) 987.
40. CAHEN, F. u. R. PÉLISSIER: Bull. S. F. E. **6**. Ser. 9 (1949) 693.
41. MANGOLDT, W. v.: Aufsatz: Elektrotechn. Grundl. d. Bündelleitung, im Sonderheft „Bündelleitungen" von SSW 1942; M. TEMOSHOK: Trans. A. I. E. E. **67** (1948) 1583.
42. HENNING, B.: CIGRE 1946 Nr. 135.
43. MONNEY, J.: Dissert. ETH Zürich 1946.
44. GAY, V. V., S. L. ZAYENZ u. M. V. KOSTENKO: CIGRE 1948 (III) Nr. 417.
45. BENNETT, W. H.: J. Appl. Phys. **13** (1942) 199.
46. GERBER, O.: BBC-Mitt. **35** (1948) 192.
47. STRIGEL, R.: Arch. Elektrotechn. **31** (1937) 338.
48. BÖCKMANN, M., N. HYLTÉN-CAVALLIUS, S. RUSCK: CIGRE 1950 (III) Nr. 314: H. M. LACEY: J. I. E. E. **96**, II (1949) 287.
49. GERBER, O.: CIGRE 1950 (III) Nr. 403.
50. AILLERET, P. u. F. CAHEN: CIGRE 1950 (III) Nr. 411.
51. SLEMON, G. R.: Trans, A. I. E. E. **68** (1949) 198.
52. SEYLAZ, E. u. K. BERGER: Bull. S. E. V. **43** (1952) 593.

XXIV. Die Blitzentladung [1].

In diesem Schlußkapitel werde auf die bisherige Art der Darstellung verzichtet und stichwortartige Hinweise auf die Forschungsergebnisse und wichtigeren Veröffentlichungen mögen zur Umreißung des Wissensstandes genügen. Ein solches Vorgehen erscheint um so eher zulässig, als eine sehr empfehlenswerte Monographie von CH. MAURAIN [1] über Blitzentstehung und Blitzablauf unter Erfassung aller neuen Erkenntnisse vorliegt und auch STRIGEL [2] und LOEB [3] in ihren Werken der Blitzentladung jeweils ein Kapitel gewidmet haben (s. a. [4—6]).

Die Entstehung feldbildender freier Ladungen in der Atmosphäre auch bereits bei schönem Wetter ist noch nicht befriedigend geklärt [7]. Mittelwert des Schönwetterfeldes $\approx 10^2$ V/m, Erdboden hierbei Kathode [8]. Sehr viel stärkere elektrische Felder im Bereich von Gewitterwolken. Wärmegewitter im Gefolge örtlicher Bodenerwärmungen, Frontgewitter beim Zusammentreffen einer Warm- und einer Kaltluftfront bei Wetterumschlägen. Rasch (mit mehr als 10 m/sek) zu großer Höhe (bis über 8000 m) aufsteigende und expandierende Luftmassen; Kondensation, Unterkühlung, Vereisung, Bewegungsinversion der Schwebeteilchen. Ladungstrennung wohl weniger beim Zusammenstoß von im schwachen Feld influenzierten, unterschiedlich großen Wassertropfen im aufsteigenden Luftstrom (ELSTER u. GEITEL, WILSON), beim Zersprühen von Wassertropfen (LENARD, SIMPSON) oder bei der Kondensation oder Verdunstung von Wasser [9], sondern sehr wahrscheinlich in erster Linie mit dem Gefrieren von Wasser und der Bildung von Eiskristallen verknüpft [10, 11]. Ergebnis: In instabilen Gewitterwolken

---

[1] Literaturhinweise zu diesem Kapitel s. S. 573.

Anhäufungen erheblicher Ladungsmengen; unten (oft in etwa 2 km Höhe) vielfach negative, weiter oben positive Ladungen. Nach TOEPLER [12] Zentrum der Gewittertätigkeit in rd. 4 km Höhe.

Gewittertätigkeit auch in Sandstürmen (Reibungselektrizität) und im Eruptionsbereich von Vulkanen (Kondensation des aufsteigenden Wasserdampfes).

Feldstärken in und unterhalb von Gewitterwolken: Messungen ungenau, große gegenseitige Abweichungen; von 10^2 V/cm [13] bis zu mehreren 10^3 V/cm [11]. Sicher dürfte sein, daß zum Beginn der Gasentladung am Blitzanfang Feldstärken der Größenordnung $3 \cdot 10^4$ V/cm gehören. Beginn auch von Erdseite aus, wenn durch Spitzenwirkung starke Feldverdichtung („Elmsfeuer" an hohen Masten oder Türmen).

Verfahren der Blitzuntersuchung. Messung der maximalen Stromstärke nach Vorschlag von M. TOEPLER vermittels Stahldrahtbündel aus bleibender Magnetisierung [14—16]; bei Anordnung einer großen Zahl solcher Bündel am Umfang einer rasch rotierenden Scheibe (Fulchronograph) sogar Bestimmung der zeitlichen Änderung des Blitzstromes [17]; durch Erfassung des Ladestromes eines Kondensators kann die größte Spannungsänderung bestimmt werden [54]. Aufnahme des zeitlichen Verlaufs von Strom und Spannung bei Nahmessungen durch Widerstand in der Erdleitung der Auffangstange mit Kathodenstrahl- oder Schleifenoszillograph [18—20], bei Fernmessungen durch Registrierung und Deutung der von Horizontal- oder Vertikalantenne aufgenommenen Impulse [21—25, 36].

Ungefähre Messung von Anfangssteilheit und Höhe der Spannung auch mittels Klydonograph (s. S. 460) oder mit Staffelfunkenstrecke [26]. Versuch einer Bestimmung der Blitzstromstärke aus Schwärzung von lichtempfindlichen Schichten s. bei [27]. Aufnahme des zeitlichen Ablaufs der Blitzentladung oder langer Funken auf lichtempfindlicher Schicht entweder vermittels zweier rasch rotierender Linsensysteme und feststehendem Film (BOYS-Kamera) oder ruhenden Linsen und schnell bewegtem Film [18, 28—33]. Abschätzung der Ladungsmenge aus Schmelzspuren [32a].

Blitzdaten. In Europa und Nordamerika Blitzentladung vorwiegend zur Erde; in Südafrika dagegen Mehrzahl der Entladungen zwischen Wolken. In seltenen Fällen auch Entladungen nach oben in den klaren Himmelsraum [34, 35]. Bisher nur die Entladungen zur Erde genauer erforscht [28a].

Stromstärke: Die überwiegend aus negativen Wolkenteilen kommenden Blitzentladungen führen Ströme vorzugsweise von 10—30 kA [14—16, 36]; von an die tausend untersuchten Entladungen wiesen nur 2,6% Ströme über 100 kA auf [16], in sehr seltenen Fällen Stromstärke auch bis zum Mehrfachen [16, 24].

Nach der Erde abgeführte Ladung: Im Mittel 10—30 C [*18, 22, 36—38*], vereinzelt auch bis zu mehreren hundert Coulomb.

Änderungsgeschwindigkeit des Stromes: Größenordnung 10^4 A/μsek [*16, 22*].

Spannung: Schätzungen für die gesamte Blitzspannung von 50 MV (sicherlich zu niedrig) bis über 10^9 V [*3, 5, 39, 40*].

Durchmesser des Blitzkanals (nach Schätzung beim Anblick sowie durch Ausmessung von Photographien und von Blitzröhren im Sand): 10—45 cm [*12, 41*].

Zeitlicher Ablauf der Entladung: Durch photographische Aufnahmen bei bewegter Kamera zuerst von WALTER nachgewiesen [*42*], daß Gesamtentladung nach Erde vielfach (vor allem bei Frontgewittern [*30*]) aus zeitlich getrennten Einzelschlägen besteht (Dauer der Pausen etwa 2 msek bis zu 0,5 sek). Meist nicht mehr als 5—6 aufeinanderfolgende Einzelschläge [*36, 43*], doch auch schon bis zu 27 Schläge innerhalb eines Vielfachblitzes beobachtet [*30*]. Nach Messungen unter Zuhilfenahme des Schleifenoszillographen langdauerndes Nachfließen von Ladungen nach jedem Hauptschlag mit Stromstärken der Größenordnung 10^2 A [*20*]; dadurch Nachleuchten [*53*] und verzögerte Entionisierung der Blitzbahn. Gesamtdauer der Entladung bis zu etwa 1 sek, je nach Zahl und zeitlichem Abstand der Einzelschläge. SCHONLAND [*44*] vermutet, daß die Ladungen der Einzelschläge aus verschiedenen Wolkenteilen stammen und unter Benutzung des von der ersten Entladung geschaffenen Kanals nach Erde abfließen.

Durch die Untersuchungen von SCHONLAND und seiner Mitarbeiter Erkenntnis, daß jeder Einzelschlag sich innerhalb der gesamten Blitzentladung in zwei Stufen vollzieht: Eine von der Wolke abwärts gerichtete *Leitentladung* mäßiger Stromstärke führt einen Teil der Wolkenladung fast bis zur Erde nieder; ihr folgt unmittelbar anschließend eine schnellere Rückwärtsentladung hoher Stromstärke von Erde zur Wolke, die den helleuchtenden Blitzkanal entstehen läßt. Die Leitentladung des ersten Einzelschlags wächst, wie aus photographischen Aufnahmen von ausreichend großem zeitlichem Auflösungsvermögen hervorgeht, in *Ruckstufen* vor („stepped leader") und hat ihre größte Helligkeit am Kopf. Länge der einzelnen Stufen ca. 10—50 m; Durchmesser am Kopf (errechnet nach (IV, 5c)) etwa 0,2—1 cm; Trägerdichte rd. 10^{14} Ionen pro cm^3; mittlere Zeitspanne zwischen den Ruckstufen etwa 50 μsek. Vermutlich geht den Ruckstufen eine nicht mehr beobachtbare hypothetische *Lotsenströmung* (pilot leader) mit einer Stromstärke von nur 0,1—1 A voraus [*44*] (s. hierzu a. [*45*]), die mit gleichmäßiger Geschwindigkeit (rd. $2 \cdot 10^7$ cm/sek, also Geschwindigkeit der Elektronenströmung im gerade zur Ionisierung ausreichenden Feld) in die noch nicht ionisierte Luft vordringt. Dieser Lotsenströmung überlagert sich als Folge der Trägerverarmung durch Rekombination im rückwärtigen Gebiet und der Erhöhung des Durchgangswiderstandes für den Konvektionsstrom und damit des Spannungsabfalls pro Längeneinheit die stoßweise Niederführung von Ladungen durch einen neuerlichen Durchschlag im absterbenden Kanal von der Wolke bis hin zum Kopf der Lotsenströmung [40]. Ursache des ruckartigen Nachfließens größerer Elektrizitätsmengen und des jedesmaligen Aufleuchtens des Kanals möglicherweise auch im sehr hohen „Innen"widerstand der Wolke zu suchen, die ja nicht etwa als metallisch leitend gedacht werden darf. Bei Laboratoriumsversuchen mit Stoßspannungen bis zu 2 MV [33, 46] führt jedenfalls die Einschaltung eines großen Widerstandes in den Stoßkreis zu Stufenbildung (s. hierzu a. S. 497). Richtung der weiter vorwachsenden Lotsenströmung von Zufälligkeiten abhängig, daher keine gerade, sondern vielfach gezackte Bahn. Gleichartiges gilt für die oft beobachteten Verästelungen: einer der miteinander konkurrierenden Vorentladungskanäle wird Bahn der Hauptentladung.

Hauptentladung großer Stromstärke kann nur vom Boden ausgehen, da dort Ionisierung gerade am stärksten und nur diese Elektrode die Energie der hochlaufenden Welle ohne zu großen Spannungsabfall (Potentialtrichter) an der Auftreffstelle zu liefern vermag. Geschwindigkeit der Potentialwelle 10^9—10^{10} cm/sek. Im geschaffenen Plasmakanal hoher Trägerdichte schnellt der Strom unter Abführung bzw. Neutralisierung der Ladung des betroffenen Wolkenteils auf die mit Oszillograph oder Stahlstäbchen gemessenen Stromstärken der Größenordnung 10^4—10^5 A. Halbwellendauer der nicht oszillierenden Entladungen einige 10 μsek. Etwa nachfolgende Entladungen benutzen alle denselben, noch teilweise ionisierten Pfad. Wiederum geht dabei dem von Erde zur Wolke gerichteten Hauptstrahl eine abwärts gerichtete Vorentladung voraus (dart streamer), die jedoch gleichbleibend hohe Geschwindigkeit besitzt ($\approx 2 \cdot 10^8$ cm/sek; Grenzwerte $1 \cdot 10^8$—$2 \cdot 10^9$ cm/sek) und sich höchstens bei sehr alten Kanälen verästelt. Keine Rückwärtsentladung bei Entladungen von Wolke zu Wolke [30] oder wenn Ladung der Wolke nicht ausreicht, um die Leitentladung bis zur Erde vorzutreiben.

Leitentladung nur in flachem Gelände mit wenig herausragenden Erhebungen von Wolke zu Erde gerichtet. Bei starker Spitzenwirkung auf Erdseite (Auffangstange auf Turm des Empire State Building in New York 380 m über Boden, Messungen auf dem Gipfel des Monte Salvatore von BERGER) Leitstrahl vorwiegend von Ableiterspitze → Wolke und somit Leit- und nachfolgende Hauptentladung gleichgerichtet.

Seltene Spielarten der Blitzentladung. Perlschnurblitz [47], gekennzeichnet durch perlenartige Lichtknoten an den Stellen der Ruckstufen; vermutlich fehlt der andernfalls die Leitentladung überdeckende und überstrahlende Hauptschlag. *Kugelblitz*: Gelegentlich Beobachtung von sich langsam bewegenden und dann unvermittelt lautlos oder unter Knall zerstiebender Leuchtmassen im Gefolge von Blitzen [*48*]. Durchmesser der leuchtenden Kugeln bis zu mehreren Meter. Erklärungsversuche s. [*49*].

Schutzbereich eines Blitzableiters: Erst in unmittelbarer Nähe der späteren Einschlagstelle verläuft die Blitzbahn zum Ableiter hin [*12, 50*]. In Einschränkung früherer Abschätzungen wird heute als Schutzbereich eines mäßig hohen Ableiters meist der von einem Kreiskegel eingegrenzte Raum angegeben, dessen Grundradius gleich der Höhe der Auffangstange ist [*51*]. Doch gewährt auch dieser Raum keinen absoluten Schutz gegen Einschlag. Wert von Modellversuchen zur Bestimmung des Schutzbereiches [*51, 52*] umstritten.

Literaturhinweise zu Kapitel XXIV.

1. MAURAIN, CH.: La Foudre, Coll. A. Colin Paris Nr. 248, 1948.
2. STRIGEL, R.: El. Stoßfestigkeit, S. 47. Berlin: Springer 1939.
3. LOEB, L. B.: Fundamental Processes of El. Discharge in Gases. Verl. J. Wiley & Sons. New York 1939, S. 540.
4. LOEB, L. B.: The mechanism of lightning discharge, J. Franklin Inst. **246** (1948) 123.
5. BERGER, K.: Zum Stand der Gewitterforschung. Bull. S. E. V. **34** (1943) 269; Etat actuel des questions techniques dans le domaine de la foudre et des surtensions, CIGRE **327** (1948).
6. MEEK, J. M.: Electronic Engng., Aug. 1944.
7. MICHEL, G.: Zum Grundproblem der atmosphärischen Elektrizität. Z. Phys. **117** (1941) 205.
8. GRIMSEHL-THOMASCHEK: Lehrb. d. Physik III (1943) 394.
9. GUNN, R.: The electricity of rain and thunderstorms, Terrestrial Magnetism and atmosph. Electr. **40** (1935) 201.
10. FINDEISEN, W.: Über die Entstehung der Gewitterelektrizität, Meteorol. Z. **57** (1940) 201; E. LANGE, Voltapotentiale an H_2O-Phase als Quelle der Gewitterelektrizität, Meteorol. Z. **57** (1940) 429; J. A. CHALMERS, The separation of electricity in clouds, Phil. Mag. (7) **34** (1943) 63 (s. hierzu a. Stellungnahme von G. C. SIMPSON, Phil. Mag. (7) **34** (1943) 285); E. J. WORKMAN u. S. E. REYNOLDS, Electrical phenomena occurring during the freezing of dilute aqueous solutions and their possible relationship to thunderstrom electricity, Phys. Rev. **78** (1950) 254; H. LUEDER, Vergraupelungselektrisierung als eine Ursache der Gewitterelektrizität, Z. angew. Phys. **3** (1951) 288.
11. GUNN, R.: Electric field intensity inside of natural clouds, J. Appl. Phys. **19** (1948) 481; The electrical charge on precipitation at various altitudes and its relations to thunderstorms. Phys. Rev. **71** (1947) 181.
12. TOEPLER, M.: Blitzbildung und Blitzschläge, aus Bericht über Blitzschutzfragen, herausgeg. v. Verb. sächs. El.-Werke eV., Dresden A 24, Bismarckpl. 6, vom 24. 10. 1932.
13. SIMPSON, G. u. G. D. ROBINSON: Proc. Roy. Soc. A 177 (1941) 281.
14. GRÜNEWALD, H.: Die Messung von Blitzstromstärken an Blitzableitern und Freileitungen, ETZ **55** (1934) 505 u. 536.

15. Foust, C. M. u. G. F. Gardener: Gen. el. Rev. **37** (1934) 324.

16. Baatz, H.: Blitzeinschlag-Messungen in Freileitungen, ETZ **72** (1951) 191.

17. Wagner, C. F. u. G. D. McCann: Instruments for recording lightning currents, Trans. A. I. E. E. **59** (1940) 1061.

18. McEachron, K. B.: Lightning to the Empire State Building, J. Franklin Inst. **227** (1939) 149.

19. Berger, K.: Die Blitzmeßstation auf dem Monte Salvatore, Bull. S. E. V. **34** (1943) 803.

20. Berger, K.: Blitzmessungen am Monte Salvatore, Bull. S. E. V. **37** (1946) 319; K. B. McEachron, Wave shapes of successive lightning current peaks, El. World, Heft v. 10. Febr. 1940.

21. Norinder, H.: Untersuchungen von Blitzentladungen und atmosphärischen Rundfunkstörungen mit Kathodenstrahloszillograph, ETZ **56** (1935) 393.

22. Norinder, H.: Lightning currents and their variations, J. Franklin Inst. **220** (1935) 69.

23. Norinder, H.: The relation between lightning discharges and atmospherics in radio receivings, J. Franklin Inst. **221** (1936) 585.

24. Appleton, E. V. u. F. W. Chapman: On the nature of atmospherics IV, Proc. Roy. Soc. London A **158** (1937) 1.

25. Watson-Watt, R., F. H. Herd u. F. E. Lutkin: On the nature of atmospherics, V, Proc. Roy. Soc. London A **162** (1937) 267.

26. Heyne, H.: Messungen von Gewitterspannungen mittels Staffelfunkenstrecke, Arch. Elektrotechn. **24** (1930) 469.

27. Flowers, J. W.: Lightning, Gen. el. Rev. **47** (1944) 9.

28. Allibone, T. E. u. B. F. J. Schonland: Development of the spark discharge, Nature **134** (1934) 736.

28a. Hagenguth, J. H.: Photographic study of lightning, Trans. A. I. E. E. **66** (1947) 577.

29. Schonland, B. F. J. u. H. Collens: Progressive lightning I, Proc. Roy. Soc. London A **143** (1934) 654.

30. Schonland, D. J. Malan u. Collens: Progressive lightning II, Proc. Roy. Soc. London A **152** (1935) 595.

31. Schonland, D. B. Hodges u. Collens: Progressive lightning V, Proc. Roy. Soc. London A **166** (1938) 56.

32. Strigel, R.: Über die Aufbauzeit des Entladeverzugs im Spitzenfeld, Wiss. Veröff. Siemens-Werk **15**, 3 (1936) 13.

33. Allibone, T. E. u. J. M. Meek: The development of the spark discharge, I, II, Proc. Roy. Soc. London A **166** (1938) 97; **169** (1939) 246.

33a. Hagenguth, J. H.: Lightning stroke damage to aircraft, Trans. A. I. E. E. **68** (1949) 1036.

34. Maurain, Ch.: La Foudre, Coll. A. Colin Paris Nr. 248 (1948), S. 98—100.

35. Mühleisen, K.: Blitzentladung nach oben, Naturwiss. **38** (1951) 140.

36. Norinder, H.: Gewitterforschung in Schweden, Bull. S. E. V. **38** (1947) 799.

37. Appleton, E. V., R. Watson-Watt u. J. F. Herd: On the nature of atmospherics III, Proc. Roy. Soc. London A **111** (1926) 654.

38. Wormell, T. A.: The effects of thunderstorms and lightning discharges on the Earth's electric field, Phil. Trans. Roy. Soc. London A **238** (1939) 249.

39. Wilson, C. T. R.: Some thundercloud problems, J. Franklin Inst. **208** (1929) 1; C. E. R. Bruce u. R. H. Golde: The lightning discharge, J. I. E. E. **88**, II (1941) 487.

40. Meek, J. M.: Mechanism of the lightning discharge, Phys. Rev. **55** (1939) 972.

41. Maurain, Ch.: La Foudre, Coll. A. Colin Paris Nr. 248 (1948) S. 75.

42. WALTER, B.: Über d. Entstehungsweise d. Blitzes, Ann. Phys. (4) **10** (1903) 393.
43. MALAN, D. u. H. COLLENS: Progressive lightning III, The fine structure of return lightning strokes, Proc. Roy. Soc. London A **162** (1937) 175.
44. SCHONLAND, B. F. J.: Progressive ligthning IV, The discharge mechanism, Proc. Roy. Soc. London A **164** (1938) 132.
45. WALTER, B.: Über die Entstehungsweise der Bahnlinie eines Blitzes und die weiteren Vorgänge in ihr, Ann. Phys. (5) **34** (1939) 644.
46. ALLIBONE, T. E.: Lightning and spark phenomena, Nature **163** (1949) 708.
47. TOEPLER, M.: Zur Kenntnis der Gesetze der Bildung von Leuchtmassen bei Perlschnurblitzen, Meteorolog. Z. 1917, H. 6/7.
48. TOEPLER, M.: Zur Kenntnis der Kugelblitze, Ann. Phys. (4) **2** (1900) 623; W. BRAND: Der Kugelblitz, Verlag H. Grand, Hamburg 1923; J. C. JENSEN: Physics **4** (1934) 372 u. Nature **133** (1934) 95; R. GARREAU: Observation d'un coup de foudre en boule, C. R. **209** (1939) 60; W. GUTKNECHT: Bull. S. E. V. **43** (1952) 711.
49. NEUGEBAUER, Th.: Zum Problem des Kugelblitzes, Z. Phys. **106** (1937) 474; A. MEISSNER: Kugelblitze, Meteorolog. Z. 1930, H. 1.
50. WALTER, B.: Von wo ab steuert der Blitz auf seine Einschlagstelle zu? Z. techn. Phys. **18** (1937) 105.
51. MATTHIAS, A. u. W. BURKHARDTSMAIER: Der Schutzraum von Blitzfang-Vorrichtungen und seine Ermittlung durch Modellversuche, ETZ **60** (1939) 681 u. 720.
52. MATTHIAS, A.: Modellversuche über Blitzeinschläge, ETZ **58** (1937) 881, 928 u. 973; W. WEBER: Der Einfluß einer Wolke bei Blitz-Modellversuchen, ETZ **61** (1940) 57.
53. CRAGGS, J. D., W. HOPWOOD u. J. M. MEEK: On the localized afterglows observed with long sparks in various gases, J. Appl. Phys. **18** (1947) 919.
54. LEWIS, W. W. u. C. M. FOUST: Lightning investigation on transmission lines VIII, Trans. A. I. E. E. **64** (1945) 107.

Sachverzeichnis.

MIX
Papier aus verantwortungsvollen Quellen
Paper from responsible sources
FSC® C105338

FSC
www.fsc.org

If you have any concerns about our products,
you can contact us on
ProductSafety@springernature.com

In case Publisher is established outside the EU,
the EU authorized representative is:
Springer Nature Customer Service Center GmbH
Europaplatz 3, 69115 Heidelberg, Germany

Printed by Libri Plureos GmbH
in Hamburg, Germany